Größen des magnetischen Feldes

Größen	Formelzeichen	SI-Einheiten
elektrische Durchflutung	Θ	A
magnetische Feldstärke	H	A/m
magnetischer Fluss	Φ	Wb; Vs
magnetische Flussdichte	B	T; Vs/m^2
magnetischer Widerstand	R_m	1/H; A/Vs
magnetischer Leitwert	Λ	H; Vs/A
Induktivität	L	H; Vs/A
Permeabilität	μ	H/m; Vs/Am
magnetische Feldkonstante	μ_0	H/m; Vs/Am
Permeabilitätszahl; relative Permeabilität	μ_r	1

Größen des Wechselstromkreises

Größen	Formelzeichen	SI-Einheiten
Zeit, Zeitspanne	t	s
Periodendauer	T	s
Zeitkonstante	τ	s
Frequenz	f	Hz; 1/s
Kreisfrequenz	ω	1/s
Augenblickswert, z. B. Stromstärke	i	A
Scheitelwert, z. B. Stromstärke	$\hat{i}$	A
Effektivwert, z. B. Stromstärke	I	A
elektrolytischer Mittelwert, z. B. Stromstärke	$\bar{i}$	A
Wirkwiderstand	R	Ω
Wirkleitwert	G	S
Blindwiderstand	X	Ω
Blindleitwert	B	S
Scheinwiderstand	Z	Ω
Scheinleitwert	Y	S
Wirkleistung	P	W
Blindleistung	Q	var
Scheinleistung	S	VA
Phasenverschiebungswinkel	φ	rad
Verlustwinkel	δ	rad
Leistungsfaktor	$\cos\varphi$*)	1

*) Nur bei sinusförmigem Stromverlauf

Elektrotechnik

Tabellen – Formeln – Übersichten

Horst Spanneberg
Günter Franz
Frank Preißler
Gunter Sandrock

3., überarbeitete Auflage

Handwerk und Technik · Hamburg

Zur Arbeit mit dem Tabellenbuch

Das Tabellenbuch wendet sich an Auszubildende der Elektroberufe in Industrie und Handwerk sowie an die in der Praxis tätigen Facharbeiter, Gesellen, Meister und Techniker.

Der Inhalt des Buches wird durch die Anforderungen, die an energietechnische Elektroberufe gestellt werden, bestimmt. Dazu gehören
- typische Fachbegriffe mit praxisnahen, leicht verständlichen Erläuterungen,
- Formeln als Ausdücke physikalisch-technischer Sachverhalte unter ausschließlicher Verwendung mathematischer Zeichen und Symbole der physikalischen Größen,
- Datentabellen und
- technologische Sachverhalte.

Durch den Bezug zu den aktuellen Ausgaben der DIN-Normen und VDE-Bestimmungen entspricht der Inhalt des Tabellenbuches dem Stand der Technik. In diesem Zusammenhang muss darauf verwiesen werden, dass für den Anwender einer Norm nur diese selbst in ihrer neuesten Ausgabe maßgebend ist.

Neben der Fasslichkeit und Anschaulichkeit der Darstellung sind solche Gestaltungsmittel unter informationspsychologischen und typografischen Aspekten gewählt worden, die schnellen Zugriff zu den Informationen gewährleisten.

Grundsätzlich kann die Arbeit mit dem Tabellenbuch durch folgende Zielvorgaben bestimmt werden:
1. Finden einer speziellen Information und ihre Einordnung in den entsprechenden Sachzusammenhang:
   Der Weg führt über das zweisprachige Sachwortverzeichnis und die Einordnung der Information über den lebenden Kolumnentitel am Kopf der Buchseite in das entsprechende Kapitel.
2. Erkennen des Umfangs und der Systematik von Sachzusammenhängen.
   Dazu ist der Inhalt in vier durch Leitfarben gekennzeichnete Komplexe

   Grundlagen der Elektrotechnik

   Anlagen der Elektrotechnik

   Arbeitsprozesse

   Mathematische und physikalisch-technische Grundlagen

   geordnet. Ihre Systematik ist an der Dezimalklassifikation nach DIN 1421 und durch bildhafte Strukturen erkennbar. Den Unterabschnitten der Komplexe sind wiederum Strukturen vorangestellt, die durch Angabe der Abschnittsnummerierung und der Seitenangabe ergänzt werden.
3. Reaktivieren des mathematischen und physikalisch-technischen Grundwissens.
   Im letzten Komplex sind Angaben über Zahlenmengen und -systeme, Rechenoperationen, Konstanten der Physik und Eigenschaftswerte von Stoffen sowie Schaltzeichen und Merkmale von Schaltplänen zusammengestellt.

Zur Schnellinformation sind
- auf den vorderen Einband-Innenseiten die elektrischen und magnetischen Größen, ihre Formelzeichen und Einheiten tabellarisch geordnet,
- auf den hinteren Einband-Innenseiten kurzgefasste Algorithmen zum Umstellen von Formeln angegeben.

Für Hinweise sind die Autoren und der Verlag jederzeit aufgeschlossen und dankbar.

Autoren und Verlag

ISBN 978-3-582-0**3665**-0

Verlag Handwerk und Technik GmbH, Lademannbogen 135, 22339 Hamburg; Postfach 63 05 00, 22331 Hamburg – 2010
E-Mail: info@handwerk-technik.de – Internet: www.handwerk-technik.de

Computersatz: comSet Helmut Ploß, 21031 Hamburg
Druck: Grafisches Centrum Cuno, 39240 Calbe

Inhaltsübersicht

1 Gleichstromkreise

Gleichstromkreise

1.1 Größen und Gesetzmäßigkeiten

Seite 2

- **Strom** – Ladungsmenge, Stromstärke, Stromdichte
- **Spannung** – Quellenspannung, Spannungsfall
- **Arbeit** – Elektrische Arbeit, Elektrische Leistung
- **Widerstand** – Strom-Spannungs-Verhalten, Leitwert, Bemessung des Leitungswiderstandes, Temperaturabhängigkeit des Widerstandes

1.2 Einfacher Stromkreis

Seite 3

- **Zählpfeilsystem**
- **Grundstromkreis** – Größen, Betriebsverhalten

1.3 Erweiterte Stromkreise

Seite 4

- **Unverzweigter Stromkreis** – Reihenschaltung von Stromquellen und Widerständen
- **Verzweigter Stromkreis** – Parallelschaltung von Stromquellen und Widerständen
- **Gemischtschaltungen** – Belasteter Spannungsteiler, Brückenschaltung, Ersatzstromquelle

1.1 Größen und Gesetzmäßigkeiten

Grundgrößen der Elektrotechnik

Strom	**Ladungsmenge**	$Q = N \cdot (\pm e)$	e Elementarladung in As oder C 1 C = 1 As; (C: Coulomb) $e = 1{,}602 \cdot 10^{-19}$ As N Anzahl der Ladungsträger
	Stromstärke	$I = \frac{Q}{t}$	I Stromstärke in A Q Ladungsmenge in As t Zeit in s
	Stromdichte	$J = \frac{I}{A}$	J Stromdichte in A/mm² I Stromstärke in A A Leiterquerschnittsfläche in mm²
Spannung	**Quellen-spannung**	$U_Q = \frac{W_{zu}}{Q}$	U_Q Quellenspannung in V W Arbeit in Ws Q Ladungsmenge in As
	Spannungsfall	$U = \frac{W_{ab}}{Q}$	U Spannungsfall in V W Arbeit in Ws Q Ladungsmenge in As
Arbeit	**Energie, Arbeit**	$W = U \cdot I \cdot t$	W Arbeit in Ws U Spannung in V I Stromstärke in A t Zeit in s
	Leistung	$P = \frac{W}{t}$ $P = U \cdot I$	P Leistung in W W Arbeit in Ws t Zeit in s U Spannung in V I Stromstärke in A
Widerstand	**Widerstand** (Definitions-gleichung)	$R = \frac{U}{I}$	R Widerstand in Ω; 1 Ω = 1 V/A U Spannung in V I Stromstärke in A
	Leitwert	$G = \frac{1}{R}$	G Leitwert in S; 1 S = 1 A/V R Widerstand in Ω
	Widerstand (Bemessungs-gleichung)	$R = \frac{\varrho \cdot l}{A}$ $R = \frac{l}{\varkappa \cdot A}$	R Leitungswiderstand in Ω l Leiterlänge in m A Leiterquerschnittsfläche in mm² ϱ spezifischer Widerstand in $\frac{\Omega \cdot mm^2}{m}$ $\varkappa$ spez. Leitfähigkeit; $\varkappa = 1/\varrho$
	Widerstand (Temperatur-abhängigkeit)	$R_w = R_{20} \cdot (1 + \alpha \Delta\vartheta)$	R_w Warmwiderstand R_{20} Widerstand bei 20 °C α Temperaturkoeffizient in 1/K $\Delta\vartheta$ Temperaturdifferenz in K

Eigenschaften der Leiterwerkstoffe

Leiterwerkstoff	Chemisches Zeichen	Dichte ϱ $\frac{kg}{dm^3}$	Schmelzpunkt ϑ °C	Spezifische Wärmekapazität c $\frac{kJ}{kg \cdot K}$	Spezifischer Widerstand ϱ $\frac{\Omega \cdot mm^2}{m}$	Spezifische Leitfähigkeit $\varkappa$ $\frac{m}{\Omega \cdot mm^2}$	Temperaturkoeffizient α 10^{-3} 1/K
Aluminium	Al	2,7	660	0,899	0,02857	35,0	3,77
Blei	Pb	11,34	327	0,130	0,2083	4,8	3,9
Eisen	Fe	7,87	1535	0,466	0,0962	10,4	6,4
Gold	Au	19,3	1063	0,130	0,022	45,4	4,0
Kupfer	Cu	8,93	1083	0,390	0,01786	56,0	3,93
Magnesium	Mg	1,74	650	0,924	0,046	21,7	3,9
Nickel	Ni	8,9	1452	0,441	0,0746	13,4	6,7
Platin	Pt	21,4	1769	0,134	0,1075	9,3	3,92
Quecksilber	Hg	13,96	– 38,9	0,138	0,9615	1,04	0,92
Silber	Ag	10,5	961	0,230	0,0163	61,3	3,8
Wolfram	W	19,3	3380	0,143	0,0556	18,0	4,1
Zink	Zn	7,13	420	0,395	0,0606	16,5	3,7
Zinn	Sn	7,29	232	0,228	0,1149	1,04	0,92

1.2 Einfacher Stromkreis

Zählpfeilsystem

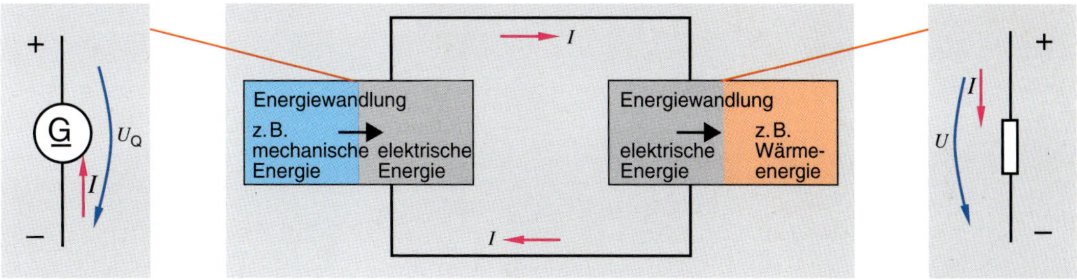

Stromquelle:
Wert der elektrischen
Leistung negativ ($I \cdot U_Q < 0$)

Verbrauchsmittel:
Wert der elektrischen
Leistung positiv ($I \cdot U > 0$)

Der einem Schaltelement zugeordnete Zählpfeil gibt an, welche Richtung der im Schaltelement zusammenwirkenden Größen als positiv angesehen wird.
Da die Zählpfeile am „Verbraucher" in ihrer Richtung übereinstimmen (und einen positiven Leistungsumsatz ergeben), bezeichnet man diese Richtungszuordnung als „Verbraucher-Zählpfeilsystem".

Grundstromkreis

Größen und Verhalten

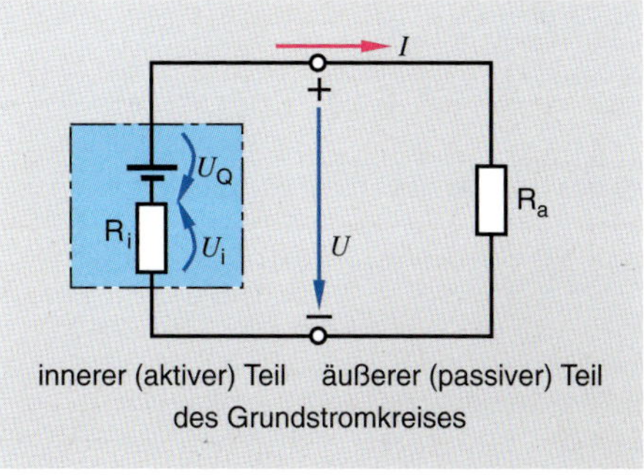

innerer (aktiver) Teil äußerer (passiver) Teil
des Grundstromkreises

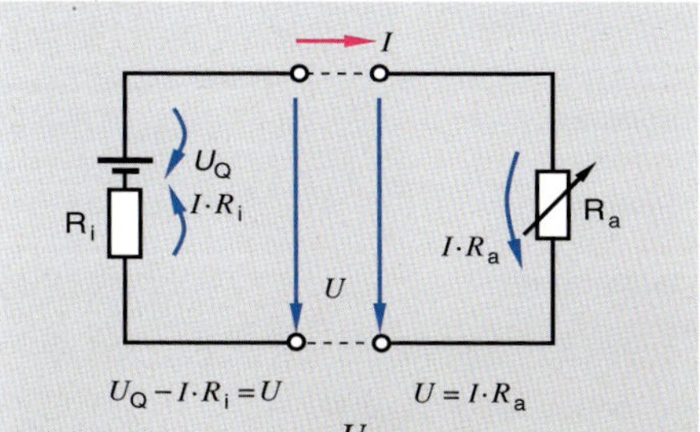

$$I = \frac{U_Q}{R_i + R_a}$$

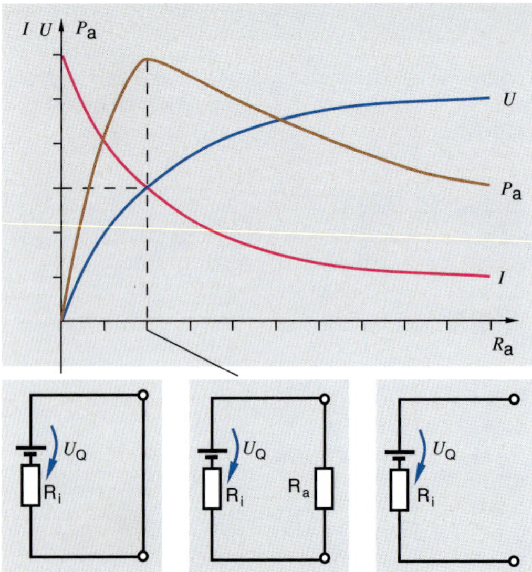

$R_a = 0$ Kurzschluss | $R_a = R_i$ Anpassung | $R_a \to \infty$ Leerlauf

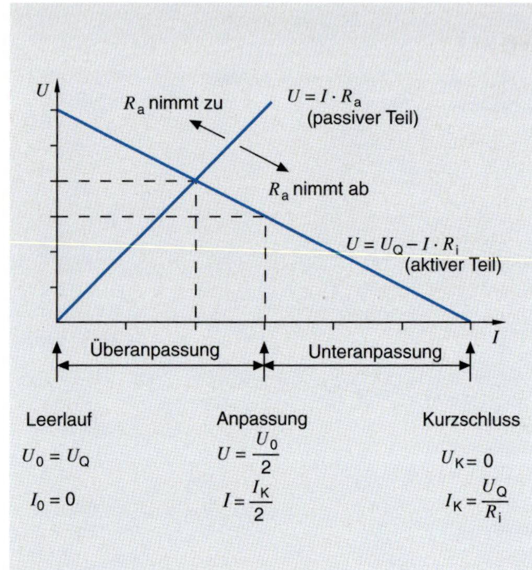

1.3 Erweiterte Stromkreise

Erweiterungen, unverzweigt

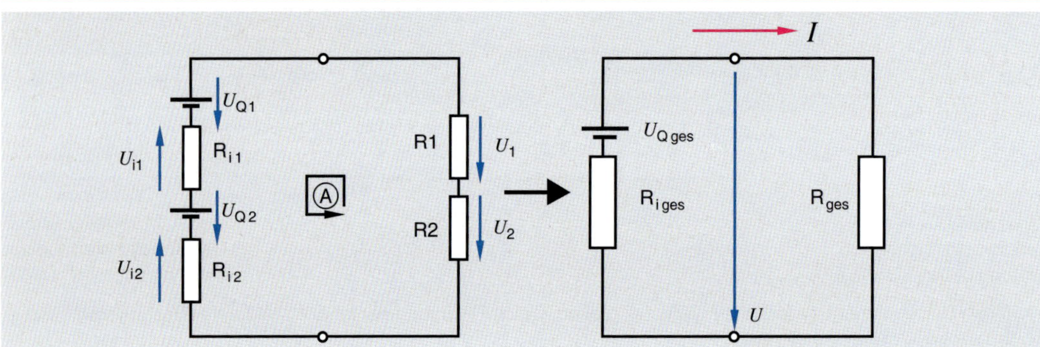

Maschensatz (2. Kirchhoff'sches Gesetz)
In jeder Masche ist die Summe der (richtungsbehafteten) Spannungen Null.

Für Ⓐ gilt: $\Sigma U = 0$

$U_{Q1} - U_{i1} + U_{Q2} - U_{i2} - U_2 - U_1 = 0$

oder $U_{Q1} + U_{Q2} = U_{i1} + U_{i2} + U_1 + U_2$

Spannung	$U_{Q\,ges} = U_{Q1} + U_{Q2} + \ldots + U_{Qn}$	$U = U_1 + U_2 + \ldots + U_n$
Stromstärke	Durch alle Elemente des Stromkreises fließt derselbe Strom I.	
Widerstände **n gleiche Widerstände**	$R_{i\,ges} = R_{i1} + R_{i2} + \ldots + R_{in}$ $R_{i\,ges} = n \cdot R_{i1}$	$R_{ges} = R_1 + R_2 + \ldots + R_n$ $R_{ges} = n \cdot R_1$
Verhältnisse		$\frac{U_1}{U_2} = \frac{R_1}{R_2}$; $\frac{U_1}{U_{ges}} = \frac{R_1}{R_{ges}}$

Erweiterungen, verzweigt

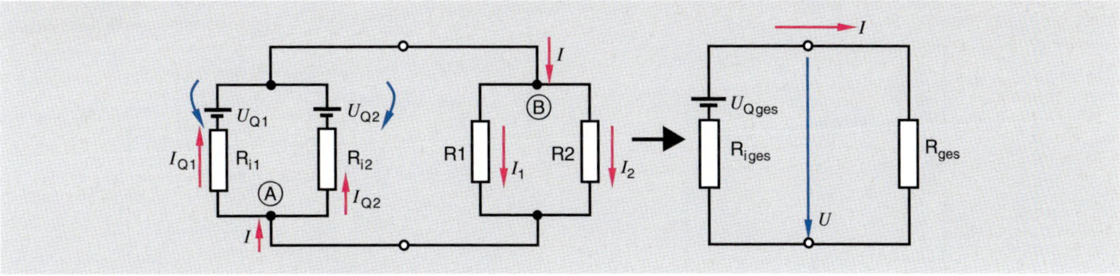

Knotenpunktsatz (1. Kirchhoff'sches Gesetz)
In jedem Knotenpunkt ist die Summe der (richtungsbehafteten) Ströme Null.

Für (A) gilt: $\Sigma I = 0$
$I - I_{Q1} - I_{Q2} = 0$
oder $I = I_{Q1} + I_{Q2}$

Für (B) gilt: $\Sigma I = 0$
$I - I_1 - I_2 = 0$
oder $I = I_1 + I_2$

Spannung	Alle Quellenspannungen müssen in Betrag und Richtung gleich sein.	Alle Widerstände liegen an derselben Spannung U.
Stromstärke	$I_{ges} = I_{Q1} + I_{Q2} + \ldots + I_{Qn}$	$I_{ges} = I_1 + I_2 + \ldots + I_n$
Leitwerte		$G_{ges} = G_1 + G_2 + \ldots + G_n$
Widerstände	$1/R_{iges} = 1/R_{i1} + 1/R_{i2} + \ldots + 1/R_{in}$	$1/R_{ges} = 1/R_1 + 1/R_2 + \ldots + 1/R_n$
2 Widerstände	$R_{iges} = \dfrac{R_{i1} \cdot R_{i2}}{R_{i1} + R_{i2}}$	$R_{ges} = \dfrac{R_1 \cdot R_2}{R_1 + R_2}$
n gleiche Widerstände	$R_{iges} = R_{i1}/n$	$R_{ges} = R_1/n$
Verhältnisse	$\dfrac{I_{Q1}}{I_{Q2}} = \dfrac{R_{i2}}{R_{i1}}$	$\dfrac{I_1}{I_2} = \dfrac{R_2}{R_1}$; $\dfrac{I_1}{I_{ges}} = \dfrac{R_{ges}}{R_1}$

Erweiterungen, gemischt

Gesamtwiderstand, Schrittfolge

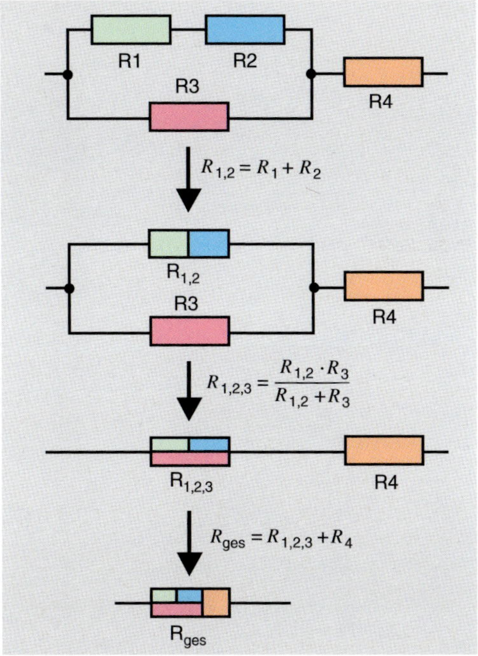

1. Schritt:
Ersetzen aller Zweige mit reiner Reihenschaltung durch einen Ersatzwiderstand

2. Schritt:
Ersetzen aller Zweige mit reiner Parallelschaltung durch einen Ersatzwiderstand

3. Schritt
(und weitere Schritte):
Wiederholung der Schritte 1 und 2 so lange, bis nur noch ein Ersatzwiderstand vorliegt.

Belasteter Spannungsteiler

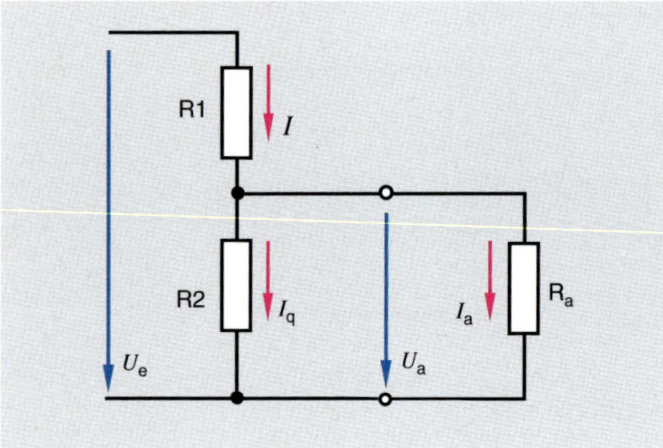

$$U_a = \frac{R_{2,a}}{R_1 + R_{2,a}} \cdot U_e \quad \text{mit} \quad R_{2,a} = \frac{R_2 \cdot R_a}{R_2 + R_a}$$

Abgeglichene Brückenschaltung

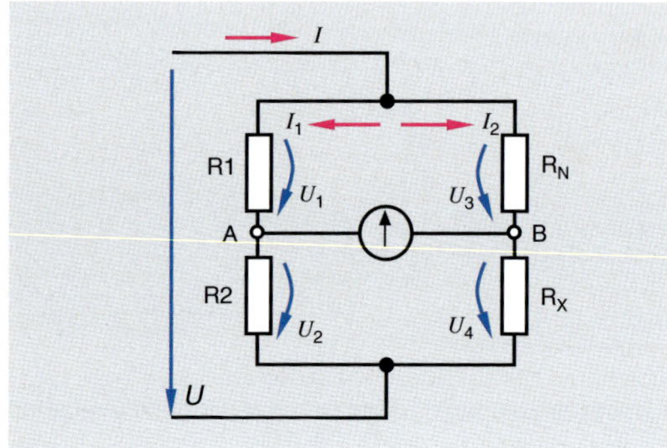

$$R_X = \frac{R_2}{R_1} \cdot R_N$$

Bildung einer Ersatzstromquelle

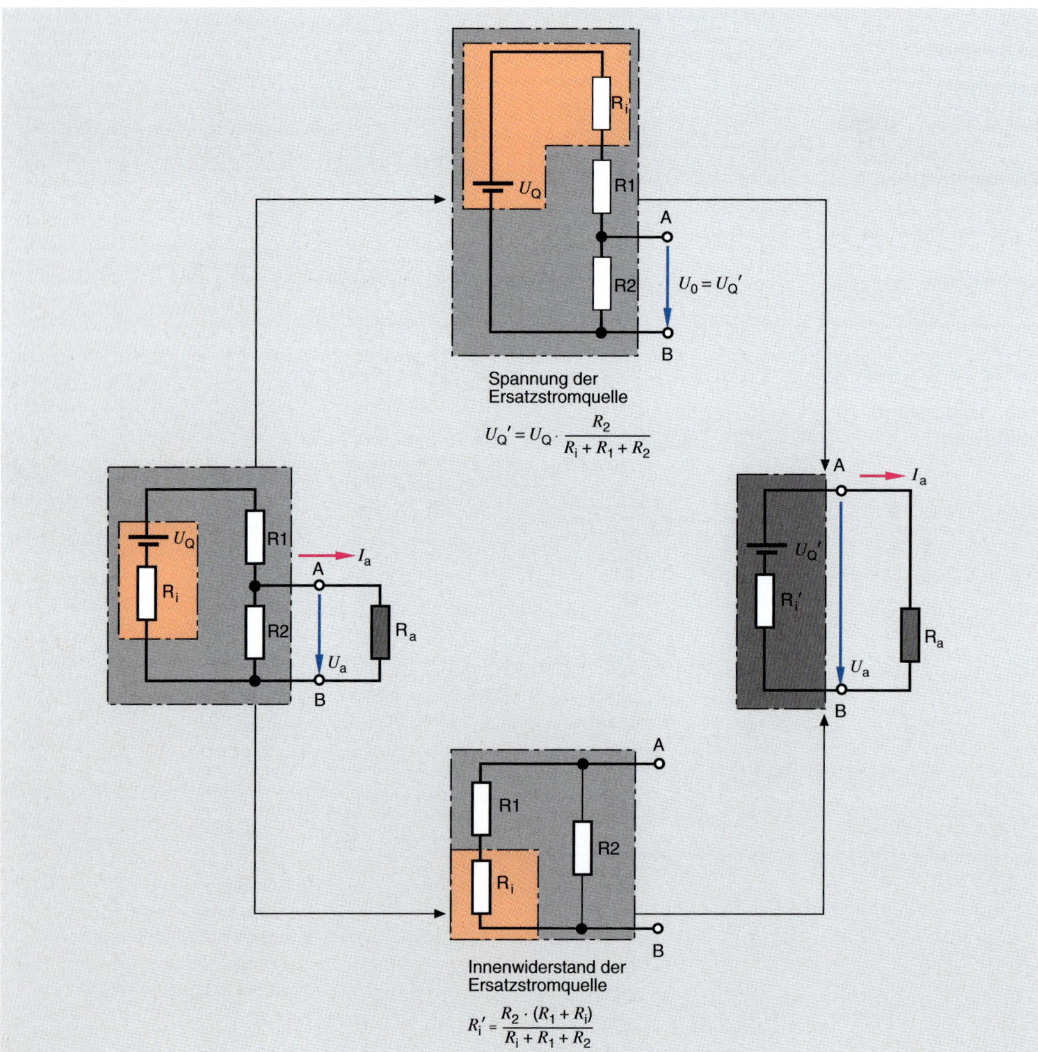

2 Felder und Bauteile

Felder und Bauteile

Begriffe

Stromquelle	Element des Stromkreises zur Erzeugung elektrischer Energie/Spannung durch Umwandlung aus einer anderen Energieform
Leitung	Element zur Fortleitung der elektrischen Energie in metallischen Leitern zwischen Stromquelle und Verbrauchsmittel mit geringstem elektrischen Widerstand
Verbrauchsmittel	Element/elektrisches Betriebsmittel zur zielgerichteten Wandlung elektrischer Energie in eine andere, gewünschte Energieform
Spezifischer elektrischer Widerstand	Widerstandswert eines Drahtes von 1 m Länge und einem Querschnitt von 1 mm^2 bei einer Temperatur von 20 °C
Widerstandsbauelement	Konstruktives Element, welches die physikalische Erscheinung „elektrischer Widerstand" repräsentiert.
Elektrostatisches Feld	Zustand eines Raumes zwischen ruhenden elektrischen Ladungen
Isolierstoff/Nichtleiter	Werkstoff mit großem elektrischen Widerstand
Kapazität	Eigenschaft eines Kondensators, Ladungen zu speichern
Kondensator	Bauelement, welches die physikalische Eigenschaft „Kapazität" in einer Leiter-Nichtleiter-Leiter-Anordnung repräsentiert.
Relative Permittivität	Weist aus, um das Wievielfache die Ladungsdichte steigt, wenn in einer Leiter-Nichtleiter-Leiter-Anordnung bei gleicher Feldstärke Luft durch einen anderen Isolierstoff ersetzt wird.
Zeitkonstante	Gibt an, in welcher Zeit beim Laden eines Kondensators (in Reihe mit einem Widerstand) dessen Spannung auf 63 % der angelegten Spannung angestiegen ist.
Elektromagnetisches Feld	Zustand eines Raumes um bewegte elektrische Ladungen
Magnetischer/Ferro-Werkstoff	Werkstoff, welcher die Fähigkeit besitzt, den magnetischen Fluss zu bündeln und zur Verstärkung des Magnetfeldes beizutragen.
Magnetischer Kreis	Setzt sich aus der felderzeugenden Spule und der vorgesehenen Bahn, unverzweigt oder verzweigt, für die Ausbreitung der Feldlinien zusammen.
Elektromagnetische Induktion	Spannungserzeugung in einer geschlossenen Leiteranordnung, wenn diese einem sich ändernden Magnetfeld ausgesetzt ist.
Induktivität	Umfasst die Gesamtheit der konstruktiven Größen einer Spule, in der durch Selbstinduktion eine Spannung erzeugt wird.
Halbleiter	Chemische Elemente, welche in Abhängigkeit der Temperatur eine begrenzte Zahl an Ladungsträgern (frei bewegliche Elektronen und positive Ionen) besitzen.
Stromrichtungs-unabhängiges Halbleiterbauelement	Bauelement, dessen Widerstand sich in Abhängigkeit nicht-elektrischer Größen, (Temperatur, Spannung, Beleuchtungsstärke und Magnetflussdichte) nichtlinear ändert.
Sperrschicht-Halbleiterbauelement	Elektronisches Bauelement, das durch das Vorhandensein eines oder mehrerer PN-Übergänge den Stromfluss richtungsabhängig beeinflusst.
Feldeffekt-Halbleiter	Elektronisches spannungsgesteuertes Bauelement, welches den Stromfluss durch Variation des Kanalquerschnittes bzw. tranversalen elektrostatischen Feldes steuert.

2.1 Elemente des Stromkreises

2.1.1 Merkmalbildende Elemente

Merkmalbildende Elemente		
Stromquelle	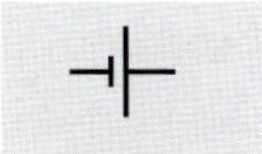	Primärelement/ Akkumulator
Leitung	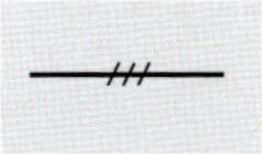	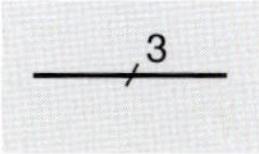
Verbrauchsmittel	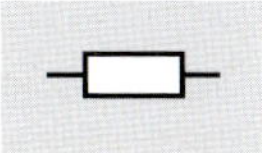	allgemein Widerstand

Elektrochemische Spannungsreihe

Werkstoff	Potenzial in V („unedle" Metalle)
Lithium	– 3,04
Kalium	– 2,93
Natrium	– 2,71
Aluminium	– 1,66
Mangan	– 1,07
Zink	– 0,76
Eisen	– 0,45
Cadmium	– 0,40
Nickel	– 0,26
Blei	– 0,13
Wasserstoff	± 0,00

Werkstoff	Potenzial in V („edle" Metalle und Kohle)
Wasserstoff	± 0,00
Kupfer	+ 0,34
Kohle	+ 0,74
Silber	+ 0,80
Quecksilber	+ 0,85
Platin	+ 1,20
Gold	+ 1,50

Primärelemente

Kennzeichnung erfolgt durch Buchstaben- und Ziffernkombination

1. Buchstabe ➜ elektrochemisches System
2. Buchstabe ➜ Bauform

Ziffer ➜ Größe/Abmessung

Beispiel: L R 14

- Alkali-Mangan-Zelle — L
- Rundzelle — R
- Baugröße Babyzelle / $d = 26\,\text{mm}$; $h = 50\,\text{mm}$ — 14

Elektrochemisches System (1. Buchstabe):

Primärelemente	Kennbuchstabe	Nenn-Spannung U_n in V	Besondere Merkmale	Anwendungen
Zink-Kohle (ZnC)	–	1,5	für weniger anspruchsvolle Anwendungen	Taschenlampen, Spielzeuge, Fernbedienungen
Alkali-Mangan (AlMn)	L	1,5	wird hoher Belastbarkeit und Dauernutzung gerecht	tragbare Audiogeräte, Fotoapparate, Spiele
Zink-Luft (Zn-Luft)	A/P	1,4	hohe Belastbarkeit	Hörgeräte, Personenrufgeräte
Lithium (Li)	B/C	3	hohe Belastbarkeit	Fotoapparate mit hohem Strombedarf, elektronische Datenspeicher
Silberoxid (AgO; Ag_2O)	S/T	1,55	hohe bis mittlere Belastbarkeit	Uhren, Fotoapparate Taschenrechner

Bauformen (Auswahl) (2. Buchstabe):

Kennbuchstabe	Kennzeichnung
R	Rundzelle
S	Quadratzelle
F	Flachzelle

Kennwerte am Beipiel von Zink-Kohle-Elementen

Handels-bezeichnung	IEC-Norm-Bezeich-nung	Abmessungen				Nenn-spannung	Mittlere Arbeits-spannung	Belas-tungsstrom 2…4 Stun-den je Tag	Kapazität beim angegebenen Belastungs-strom
		d in mm	l in mm	b in mm	h in mm	U_n in V	U_m in V	I in mA	Zink-Kohle Q in mAh
Lady	R 1	12	–	–	30	1,5	1,2	ca. 4	400
Micro	R 03	10,5	–	–	40,5	1,5	1,2	ca. 4	370
Mignon	R 6	14,5	–	–	50,5	1,5	1,2	ca. 30	1000
Baby	R 14	26	–	–	50	1,5	1,2	ca. 30	2600
Mono	R 20	34	–	–	61,5	1,5	1,2	ca. 60	5800
Normal	3 R 12	–	62	22	67	4,5	3,6	ca. 50	1600
Energieblock	6 F 22	–	26,5	17,5	48,5	9	7,5	ca. 9	380

Sekundärelemente/Akkumulatoren

Typische Zellensysteme	Technologie	Handels-bezeichnungen	Nenn-spannung U_n in V	Kapazität Q in mAh
NiMH-Systeme	Nickel-Metall-Hybrid-Technologie	Knopfzellen mit und ohne Lötpins Micro Mignon Baby Mono Energieblock	 1,2…6 1,2 1,2 1,2 1,2 9	 16… 600 500… 750 1100…2000 2000…3500 2200…7000 120… 160
NiCd-Systeme	Nickel-Cadmium-Technologie	Lady Micro Mignon Baby Mono Energieblock mit oder ohne Lötpins	1,2 1,2 1,2 1,2 1,2 9	150… 190 250… 300 600…1100 1500…2600 4400…6800 120… 150
Blei-Systeme	Bleiplatten-Technologie	Bleiakkumulatoren mit Säure Bleigelakkumulatoren	 6; 12 2…12	 1300… 65 000 1200…230 000

Leiterwerkstoffe

Leiterwerkstoff	Eigenschaften/Anwendung
Kupfer	Schwermetall mit der zweitgrößten elektrischen Leitfähigkeit, kalt gut verformbar, durch dünne Oxidschicht gegen Wasser und Rauchgas beständig; vorwiegend Leiterwerkstoff für Installationsleitungen, Wicklungen, Stromschienen und Leiterbahnen in gedruckten Schaltungen
Messing	Kupfer-Zink-Legierung mit einem Kupfergehalt meist über 56 %. Gusslegierung für Armaturen im Freileitungsbau, als Knetlegierung für Fassungen, Klemmen, Ösen, Schrauben, Muttern, Kontaktfedern
Bronze	Kupfer-Zinn-Legierung mit einem Kupfergehalt meist über 80 % für korrosionsbeständige, stromführende Federn
Aluminium	Leichtmetall mit hoher elektrischer Leitfähigkeit, geschützt durch dichte, korrosionsbeständige Oxidschicht, gut verformbar für Kondensatorfolien, Freileitungen, Kabelmäntel und Stromschienen, gießbarer Legierungsbestandteil für Läuferkäfige
Nickel	Legierungsbestandteil für Platten von Ni-Fe- und Ni-Cd-Akkumulatoren, in hartmagnetischen Werkstoffen und Elektroblechen
Blei	Chemisch beständig gegen Schwefel- und Salzsäure für Akkumulatorenplatten, für Bleimäntel von Kabeln, Strahlenschutz und Legierungsbestandteil in Loten
Wolfram	Weiß glänzendes Metall mit hohem Schmelzpunkt für Glühlampendrähte, Elektroden und Antikatoden in Röntgenröhren, oft Legierungsbestandteil in harten und warmfesten Stählen

Kontaktwerkstoffe

	Werkstoff	Kontakteigenschaften	Anwendungen
Schmelzlegierungen	Silber-Kadmium	Oxidbildung beim Schalten, geringe Schweißneigung, hohe Abbrandfestigkeit	schweißfeste Gleichstromkontakte
	Silber-Kupfer	mit zunehmendem Cu-Gehalt: stärkere Oxidbildung beim Schalten, höhere mechanische Festigkeit, geringere Materialwanderung	Relaiskontakte für höhere Spannungen und Ströme, mechanisch stark beanspruchte Kontakte
	Gold-Silber oder Gold-Nickel	chemisch beständig, sehr niedrige Kontaktwiderstände	Feinkontakte in der Informationstechnik, besonders in der HF-Technik bei hohen Anforderungen an die Korrosionsbeständigkeit
Sinterlegierungen	Silber-Nickel	geringe Oxidation, mechanisch sehr widerstandsfähig, geringe Schweißneigung, gute Abbrandfestigkeit	Schaltschütze, Temperaturregler, Hochstromtrennschalter der Niederspannungstechnik
	Silber-Kadmiumoxid	hohe Verschleißfestigkeit, günstige Lichtbogenlöschung, geringer Abbrand	Luftschütze für höchste Beanspruchungen
Tränklegierungen	Wolfram-Silber oder Wolfram-Kupfer	ähnliche Eigenschaften wie die entsprechenden Sinterwerkstoffe, jedoch höhere Abbrandfestigkeit	vgl. Sinterwerkstoffe

Widerstandswerkstoffe

Widerstandswerkstoffe

als

Heizleiter	Technische Widerstände	Messwiderstände
In Heizgeräten, Widerstandsöfen	Für Anlass- oder Stellvorgänge, für elektronische Schaltungen	Für Widerstandsnormale, Vorwiderstände oder Shunts
■ Chrom-Nickel-Legierungen (Fe-freie, Fe-arme mit 15 bis 20 % Fe, Fe-reiche mit 48 bis 55 % Fe) ■ Chrom-Aluminium-Legierungen	■ Gusseisen, Eisendraht und -blech ■ Chrom-Nickel-Legierungen ■ Chrom-Aluminium-Legierungen	■ Cu-Ni-Legierungen (Konstantan, Nickelin) ■ Cu-Mn-Legierungen (Manganin, Isabellin)

Widerstandsbauformen

Widerstandsbauelemente

- Festwiderstände

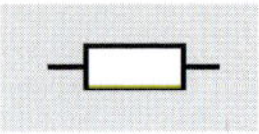

- Veränderbare Widerstände

  - stufenlose Widerstandsänderung
    - Potentiometer als Schiebe- oder Drehwiderstände

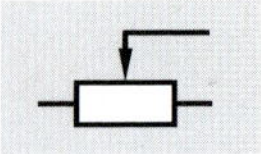

    - Trimmwiderstände
  - Widerstandsänderung in Stufen
    - Stellwiderständen

mit

- linearer Widerstandsänderung

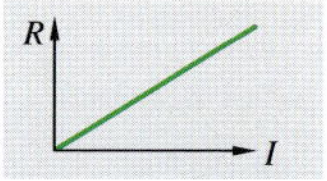

- logarithmischer Widerstandsänderung

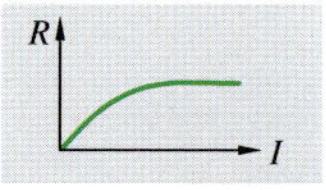

Festwiderstände

IEC-Normenreihe

Widerstandsnennwerte in Ω, kΩ und MΩ		
Reihe E 6 (± 20 %)	Reihe E 12 (± 10 %)	Reihe E 24 (± 5 %)
1,0	1,0	1,0 1,1
	1,2	1,2 1,3
1,5	1,5	1,5 1,6
	1,8	1,8 2,0
2,2	2,2	2,2 2,4
	2,7	2,7 3,0

Widerstandsnennwerte in Ω, kΩ und MΩ		
Reihe E 6 (± 20 %)	Reihe E 12 (± 10 %)	Reihe E 24 (± 5 %)
3,3	3,3	3,3 3,6
	3,9	3,9 4,3
4,7	4,7	4,7 5,1
	5,6	5,6 6,2
6,8	6,8	6,8 7,5
	8,2	8,2 9,1

Toleranzfelder der E-6-Reihe

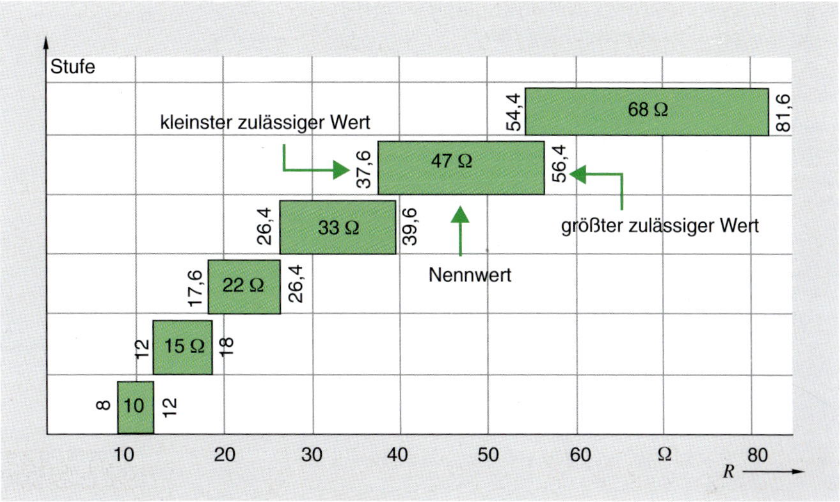

IEC-Farbcode

Kennfarbe	1. Ring (Wert der 1. Ziffer)	2. Ring (Wert der 2. Ziffer)	3. Ring Multiplikator	4. Ring Toleranz
keine	–	–	–	± 20 %
silber	–	–	10^{-2}	± 10 %
gold	–	–	10^{-1}	± 5 %
schwarz	0	0	10^{0}	–
braun	1	1	10^{1}	± 1 %
rot	2	2	10^{2}	± 2 %
orange	3	3	10^{3}	–
gelb	4	4	10^{4}	–
grün	5	5	10^{5}	± 0,5 %
blau	6	6	10^{6}	–
violett	7	7	10^{7}	–
grau	8	8	10^{8}	–
weiß	9	9	10^{9}	–

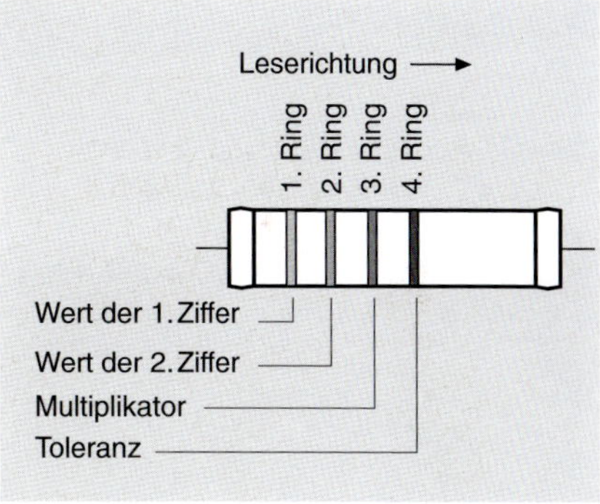

Buchstaben- und Ziffernkennzeichnung für Widerstandswerte

Kennbuchstabe	Multiplikator	Widerstandswert	Kennzeichnung
R	10^{0} –	2,2 kΩ	2K2
K	10^{3} Kilo	22 kΩ	22K
M	10^{6} Mega	220 kΩ	220K
G	10^{9} Giga		
T	10^{12} Tera		

Buchstaben- und Ziffernkennzeichnung für Widerstandstoleranzen

Buchstabe	Zulässige Toleranz	Beispiele
D	± 0,5 %	
F	± 1 %	2K2 F = 2,2 kΩ ± 1 %
G	± 2 %	
J	± 5 %	
K	± 10 %	2K2K = 2,2 kΩ ± 10 %
M	± 20 %	

Typische Bauformen mit Leistungsstufung unter Umgebungstemperatur bis 70 °C

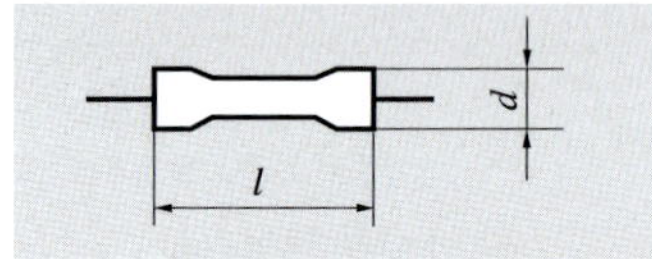

Kohleschichtwiderstände:
Standardwertebereich 1R…4M7

Typ	P in W	l in mm	d in mm
0204	1/10	3,4 ±0,5	1,7 ±0,5
0207	1/4	6,0 ±0,5	2,3 ±0,5
0411	1/2	8,5 ±1,0	2,7 ±0,5

Metallschichtwiderstände:
Standardwertebereich 10R…1M

Typ	P in W	l in mm	d in mm
0207	1/4	6,0 ±0,5	2,3 ±0,5
0207	0,6	6,0 ±0,5	2,3 ±0,5
0414	1	11,5 ±1,0	4 ±0,5

Metalloxidwiderstände:
Standardwertebereich 1R…150K

Typ	P in W	l in mm	d in mm
0100	1	9,0 ±1,0	1,7 ±0,5
0200	2	11,0 ±1,0	2,3 ±0,5
0300	3	15,0 ±1,0	2,7 ±0,5
0500	5	18,0 ±1,5	4,8 ±0,5
0600	6	24,0 ±1,5	7,8 ±0,5

Drahtwiderstände:

Standardwertebereich in Ω	P in W	$l \cdot b \cdot h$ in mm
0,010 bis 0,051	4	18 · 6,4 · 6,4
0,10 bis 15 k	5	25 · 6,4 · 6,4
0,33 bis 47 k	11	50 · 9 · 9
0,10 bis 10 k	25	27 · 14 · 14
0,10 bis 10 k	50	50 · 16 · 16
0,10 bis 10 k	100	62,5 · 27 · 26

Drehwiderstände (Auswahl)

P in W 0,15

Widerstandswerte in Ω 100/220/470; 1/2,2/4,7/10/22/47/100/220/470 k 1 M

Ausführungsform

Kurvenform linear | 4-mm-Achse
Drehwinkel 270° | Hartpapier

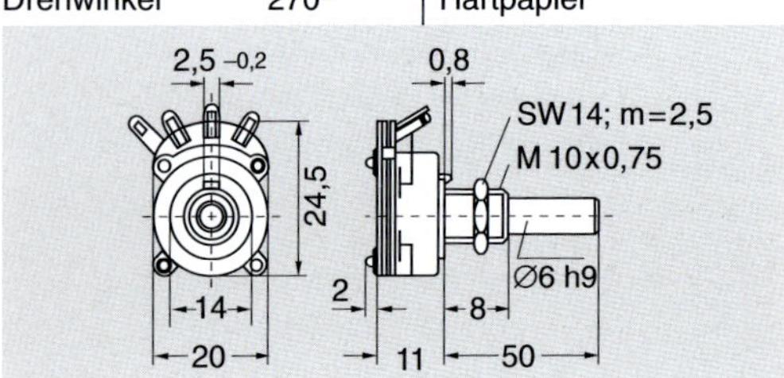

P in W 0,2

Widerstandswerte in Ω 100/470; 1/2,2/4,7/10/22/47/100/220/470 k 1 M

Ausführungsform

Kurvenform linear | 6-mm-Achse
Drehwinkel 270° | Hartpapier

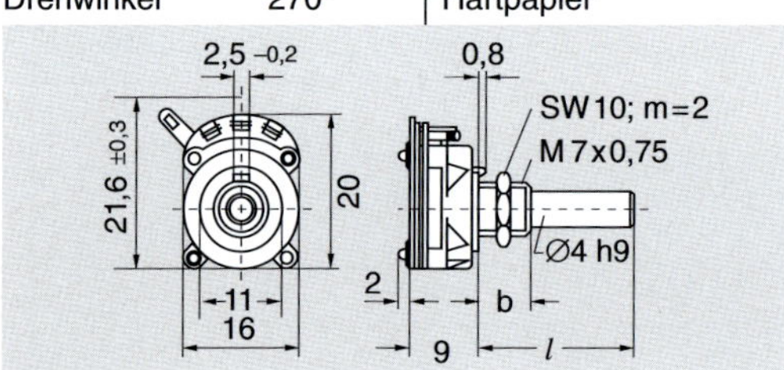

P in W 1

Widerstandswerte in Ω 100/220/470; 1/2,2/4,7/10/22/47/100/220/470 k 1 M

Ausführungsform

Grenzspannung 320 V | 4-mm-Achse
Kurvenform linear | Keramik
Drehwinkel 285°

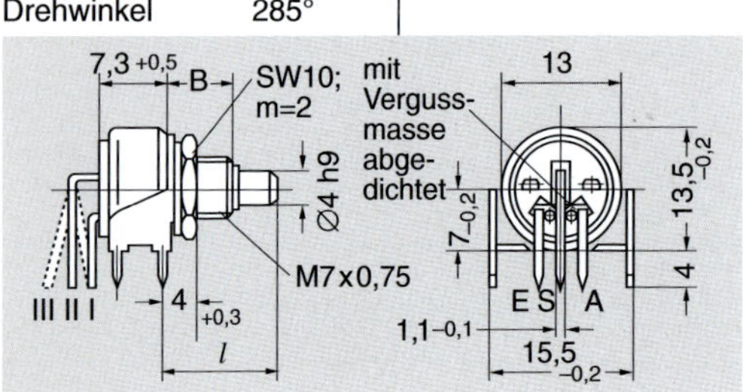

P in W 2

Widerstandswerte in Ω 100/220/470; 1/2,2/4,7/10/22/47/100/220/470 k 1 M

Ausführungsform

Grenzspannung 450 V | 6-mm-Achse
Kurvenform linear | Keramik
Drehwinkel 270°

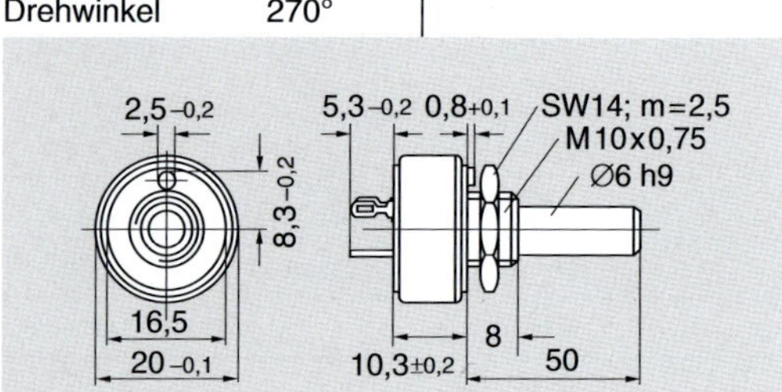

Trimmwiderstände

Standard-Trimmwiderstände (Auswahl)

P in W 1/10

Widerstandswerte in Ω 100/220/470;
1/2,2/4,7/10/22/47/100/220/470k 1 M

Ausführungsform
Umdrehungen 1
Drehwinkel 220°
Widerstands-Toleranz ±20 %
Hartpapier/stehend/offen

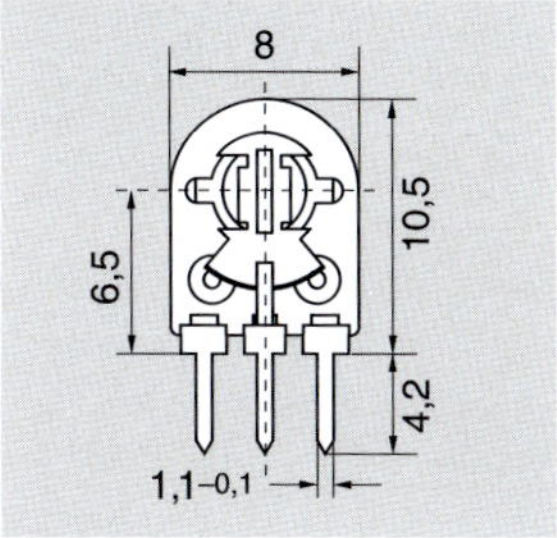

P in W 1/10

Widerstandswerte in Ω 100/470;
1/2,2/4,7/10/22/47/100/220/470k 1 M

Hartpapier/liegend/offen

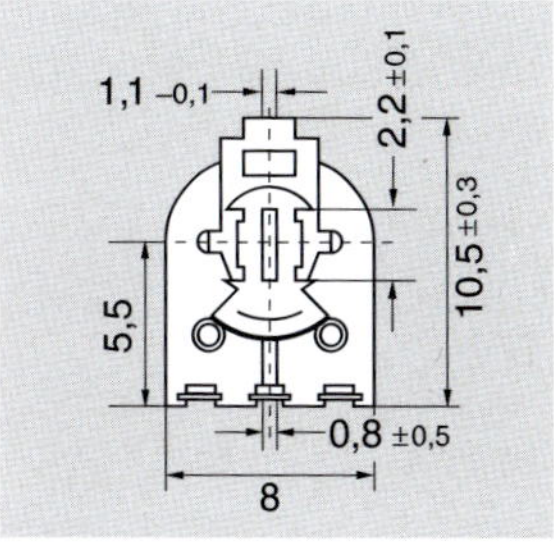

P in W 1/4

Widerstandswerte in Ω 100;
1/2,2/4,7/10/22/47/100/220/470k 1 M

Ausführungsform
Umdrehungen 1
Drehwinkel 270°
Widerstands-Toleranz 100 R - 1 M 20 %
4,7 M 30 %
Hartpapier/stehend/geschlossen

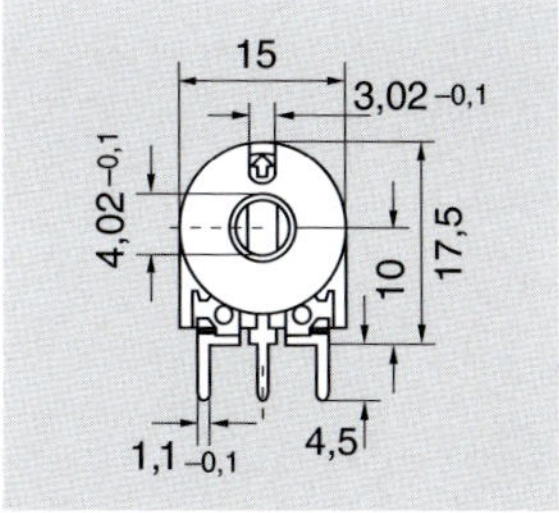

P in W 1/2

Widerstandswerte in Ω 100/220/470;
1/2,2/4,7/10/22/47/100/220/470k 1 M

Ausführungsform
Umdrehungen 1
Drehwinkel 230°
Widerstands-Toleranz ±20 %
Keramik/stehend/offen

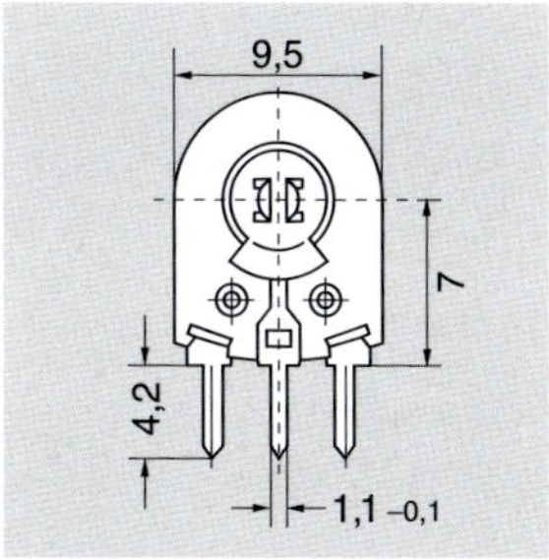

P in W 1/2

Widerstandswerte in Ω 100/220/470;
1/2,2/4,7/10/22/47/100/220/470k 1 M

Keramik/liegend/offen

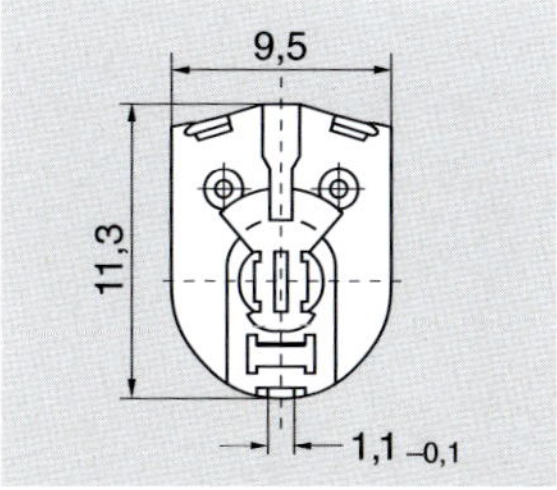

P in W 1

Widerstandswerte in Ω 100/220/470;
1/2,2/4,7/10/22/47/100/220/470k

Umdrehungen 1
Drehwinkel 270°
Widerstands-Toleranz 20 %
Keramik/stehend/offen

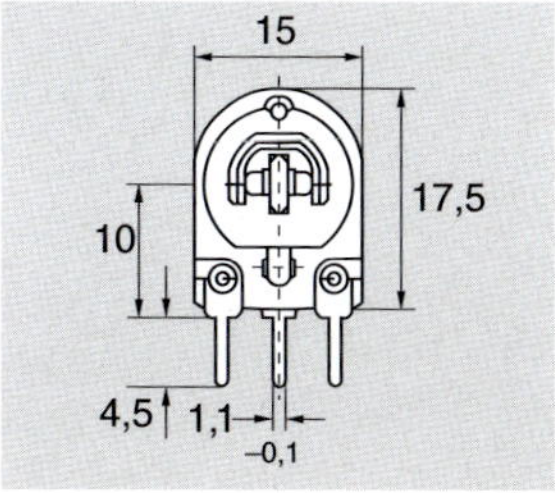

2.1.2 Betriebsführende Elemente

Betriebsführende Elemente

- Schalteinrichtung
- Schutzeinrichtung
- Kontrolleinrichtung
- Messeinrichtung

Schalteinrichtung

Elemente zum Ein-, Aus- und Umschalten von Verbrauchsmitteln durch Schalter als

	Ruhezustand	Betätigter Zustand
Schließer	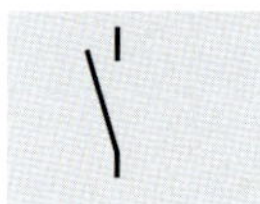	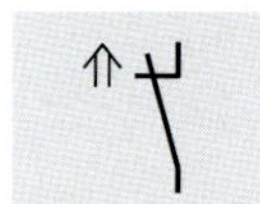

	Ruhezustand	Betätigter Zustand
Öffner		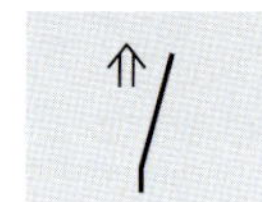

Zusatzkennzeichnung für die Schalter durch Schalterart und Antriebsart

Schalterart		Handbetrieb			
Tastschalter	Stellschalter	Allgemein	Drücken	Kippen	Drehen
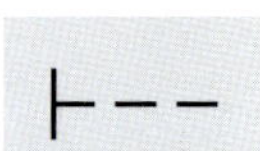	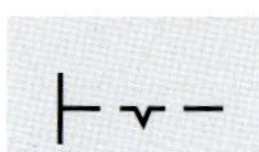	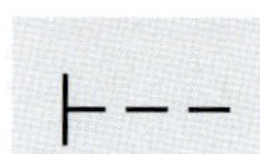	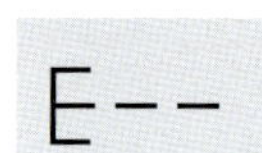	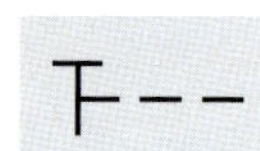	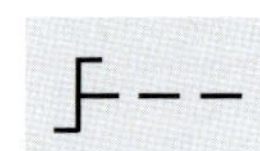

s. auch „Installationsanlagen" ab Seite 233

Schutzeinrichtungen

Elemente als Überlast- und Kurzschlussschutz durch z. B.

	Überlastschutz Zeitlich verzögerte Auslösung	**Kurzschlussschutz** Unverzögerte Auslösung
Schmelzsicherung	durch NEOZED, DIAZED oder NH-Sicherungen 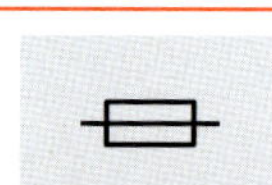	durch NEOZED, DIAZED oder NH-Sicherungen
Leitungsschutz-schalter	durch Thermo-Bimetallauslöser 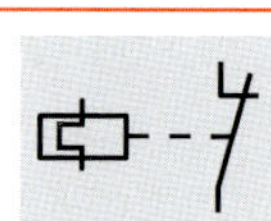	durch elektromagnetische Auslöser 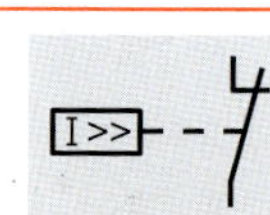

Kontrolleinrichtung

Elemente zum Melden und Anzeigen von Betriebszuständen durch z. B. Orientierungs- bzw. Kontrollbeleuchtung mit Glimmlampen oder Glühlampen geringer Leistung

Orientierungsbeleuchtung	Kontrollbeleuchtung
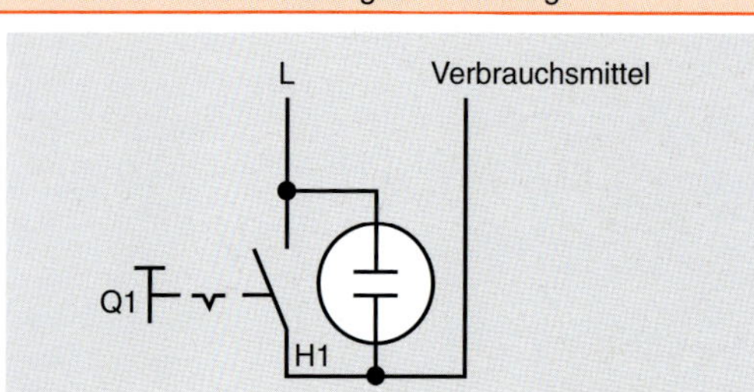	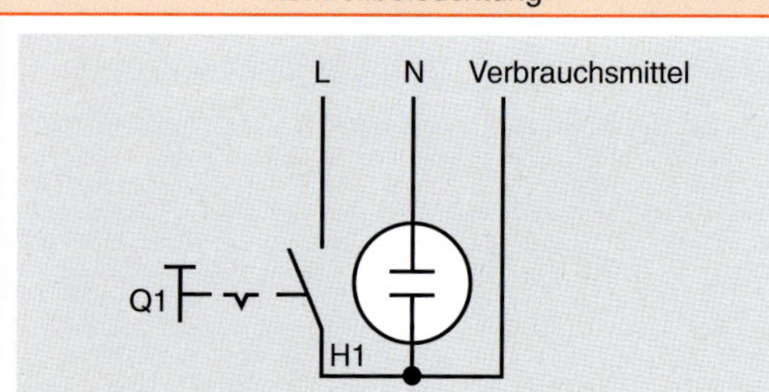

Messeinrichtung

Elemente zum quantitativen Erfassen elektrischer Größen z. B.

Messgerät	Schaltzeichen	Elektrische Größe
Strommesser	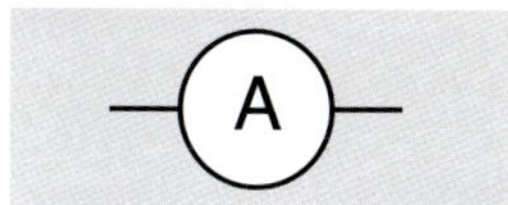	Stromstärke
Spannungmesser	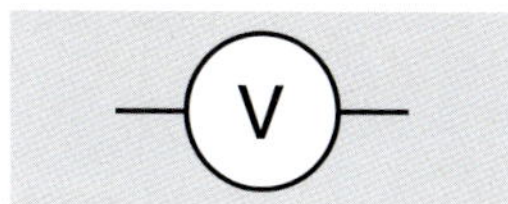	Spannung
Leistungsmesser	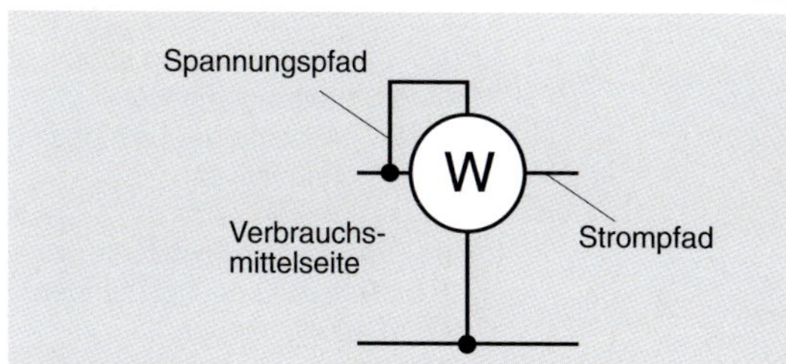	Leistung
Elektrizitätszähler	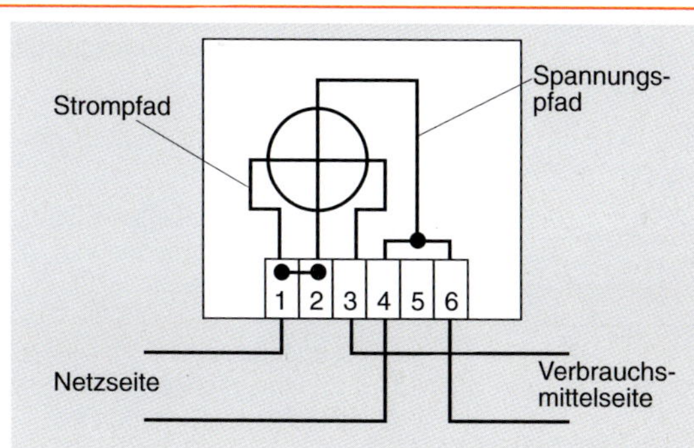	Arbeit

2.2 Elektrostatisches Feld und Kondensator

2.2.1 Elektrostatische Felder

Parallelhomogenes elektrostatisches Feld	Radialhomogenes elektrostatisches Feld	Inhomogenes elektrostatisches Feld
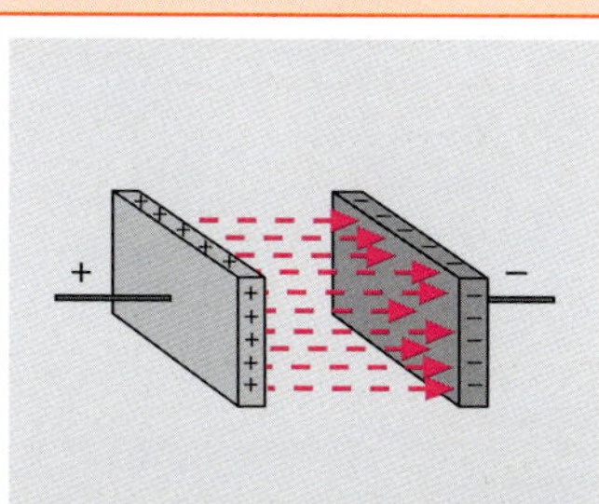	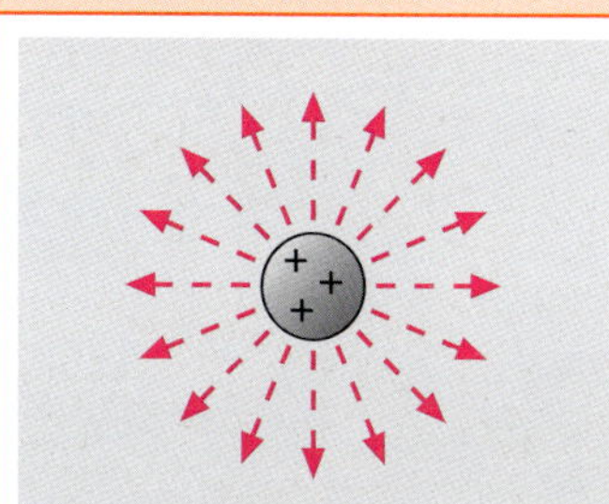	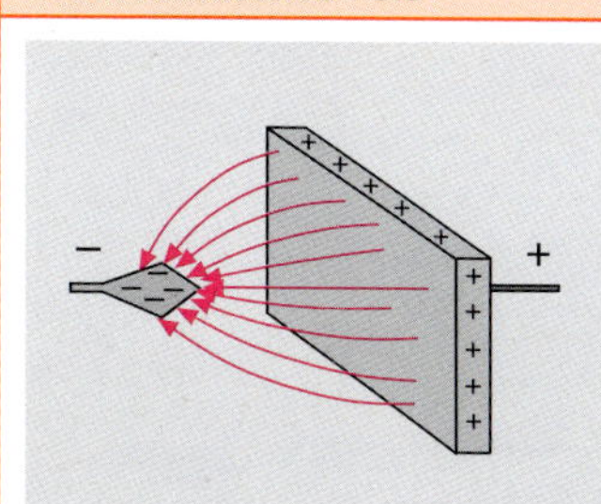

Kräfte im elektrostatischen Feld

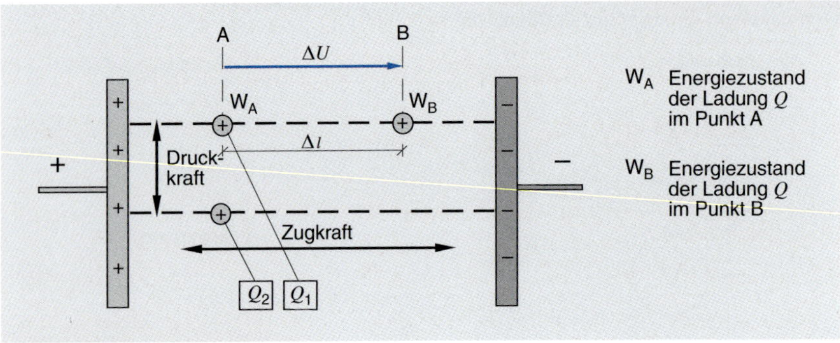

Kraft zwischen Ladungen Coulomb'sches Gesetz	$F = \frac{Q_1 \cdot Q_2}{4 \pi \varepsilon \cdot l^2}$	F Kraft zwischen Ladungsträgern / Druckkraft Q_1; Q_2 Ladungsmengen l Abstand der Ladungsmengen ε Permittivität
Elektrische Feldstärke	$E = \frac{F}{Q}$ $E = \frac{\Delta U}{\Delta l}$ $[E] = 1 \frac{V}{m}$	E elektrische Feldstärke F Kraft auf Ladungsmengen/ Zugkraft Q Ladungsmenge U Potenzialunterschied l Abstand bzw. zurückgelegter Weg der Ladung
Durchschlagsfestigkeit	$E_D = \frac{U_D}{d}$	E_D maximale elektrische Feldstärke U_D Durchschlagsspannung d Materialdicke
Ladungsdichte/ Verschiebungsflussdichte	$D = \frac{Q}{A}$ $[D] = 1 \frac{\text{As}}{\text{m}^2}$	D Ladungsdichte Q Ladungsmenge A Fläche der Elektroden

Wirkungen des elektrischen Feldes

im Leiter → Influenz		im Nichtleiter → dielektrische Polarisation
Ladungstrennung	Abschirmung faradayscher Käfig	Dipolbildung der Isolierstoffmoleküle
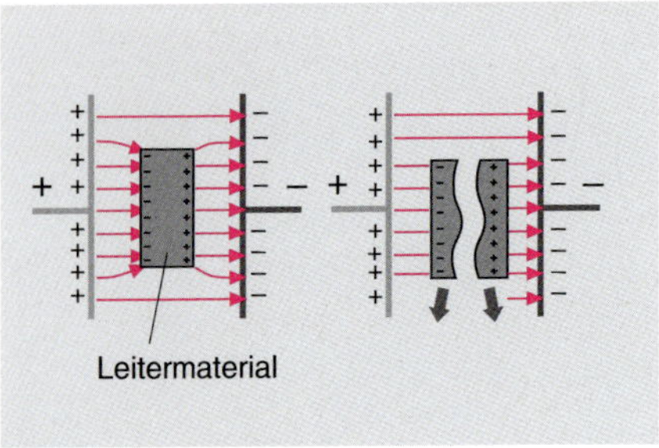	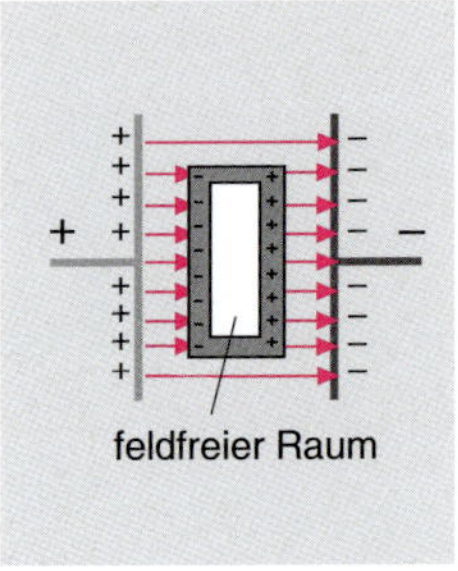	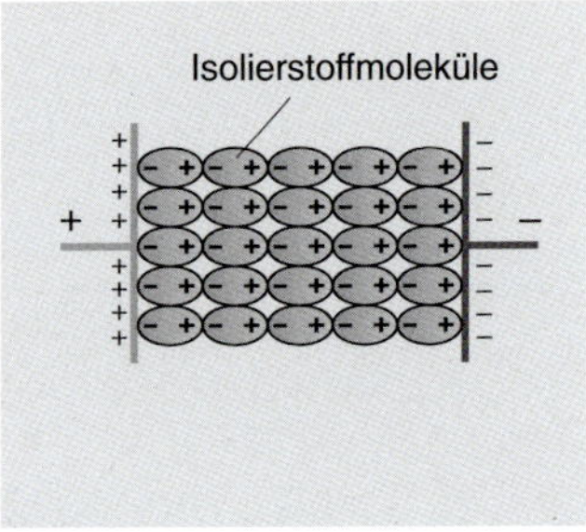

Isolierstoffe

Elektrische Eigenschaften von Isolierstoffen

Elektrische Isolierstoffe

- Anorganische Isolierstoffe
  - Gasförmige Isolierstoffe
    - Luft
    - Stickstoff N,
    - Wasserstoff H,
    - Kohlendioxid CO_2,
    - Schwefelhexafluorid SF_6
  - Flüssige Isolierstoffe
    - Mineralöle
    - Silikonöle
  - Feste Isolierstoffe
    - Asbest
    - Glimmer
    - Quarz
    - Keramik
- Organische Isolierstoffe
  - Abgewandelte Naturstoffe
    - Naturharze
      - Bernstein
      - Schellack
    - Naturfasern
      - Baumwolle
      - Seide
      - Leinen
    - Auf Cellulosebasis
      - Papier
      - Pressspan
      - Celluloseazetat
      - Ethyl-Cellulose
      - Benzyl-Cellulose
    - Isolieröle
      - Kabelöle
      - Schalteröle
      - Transformatorenöle
    - Isolierlacke
      - Drahtlacke
      - Tränklacke
    - Vergussmassen
  - Vollsynthetische Stoffe
    - Plastomere
      - Polyvinylchlorid
      - Polystyrol
      - Polyamin
      - Polyester
    - Duromere
      - Phenolharz
      - Expoxidharz
      - Melaninharz
      - Silikonharz
    - Elastomere
      - Polybutadien
      - Styrolkautschuk
      - Chloropren-Kautschuk

Durchschlags-festigkeit	$E_D = \frac{U_D}{d}$	E_D maximale elektrische Feldstärke U_D Durchschlagsspannung d Materialdicke

Isolationswiderstand ausgewählter Isolierstoffe

Isolierstoff	Spezifischer Widerstand ϱ in $\frac{\Omega\ mm^2}{m}$
Glas	10^6
Hartporzellan	$10^7 \dots 10^8$
PVC (Vinidur)	$10^{12} \dots 10^{13}$

Durchschlagsfestigkeit ausgewählter Isolierstoffe

Isolierstoff	Durchschlagsfestigkeit E_D in $\frac{kV}{mm}$
Luft (20 °C; 0,1 MPa)	3,3
Papier	10
Porzellan	15
Transformatorenöl	12,5 … 23

Permittivitätszahl ε_r ausgewählter Isolierstoffe

Permittivität	$\varepsilon = \frac{D}{E}$ $[\varepsilon] = 1 \frac{As}{Vm}$ $\varepsilon = \varepsilon_0 \cdot \varepsilon_r$	ε Permittivität D Ladungsdichte E elektrische Feldstärke ε_0 elektrische Feldkonstante $\varepsilon_0 = 8{,}85 \cdot 10^{-12}\ \frac{As}{Vm}$ ε_r Permittivitätszahl

Isolierstoff	Permittivitätszahl ε_r
Quarz	2 … 4
Aluminiumoxid	6 … 9
Glas	5 … 16

Isolierstoff	Permittivitätszahl ε_r
Glimmer	6 … 8
Luft	1
Papier	1,8 … 2,6

2.2.2 Kondensatoren

Kapazität

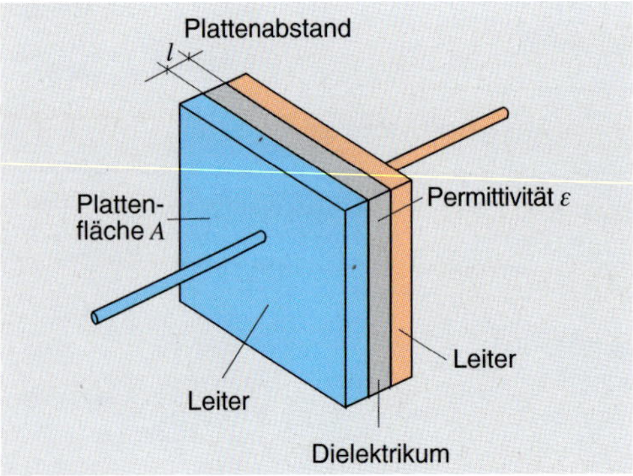

$C = \frac{Q}{U}$

$C = \frac{\varepsilon \cdot A}{l}$

$[C] = 1 \frac{\text{As}}{\text{V}} = 1\ \text{F}$

C	Kapazität
Q	Ladungsmenge
U	anliegende Spannung
ε	Permittivität
A	wirksame Fläche
l	Plattenabstand

Energie des elektrischen Feldes eines Kondensators

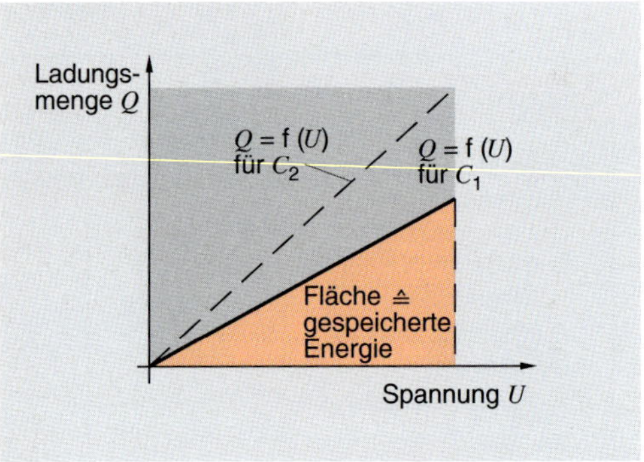

$W = \frac{1}{2} C \cdot U^2$

$[W] = 1 \frac{\text{As}}{\text{V}} \cdot \text{V}^2 = 1\ \text{Ws}$

W	elektrische Energie
C	Kapazität
U	anliegende Spannung

Kondensatoren in Reihenschaltung

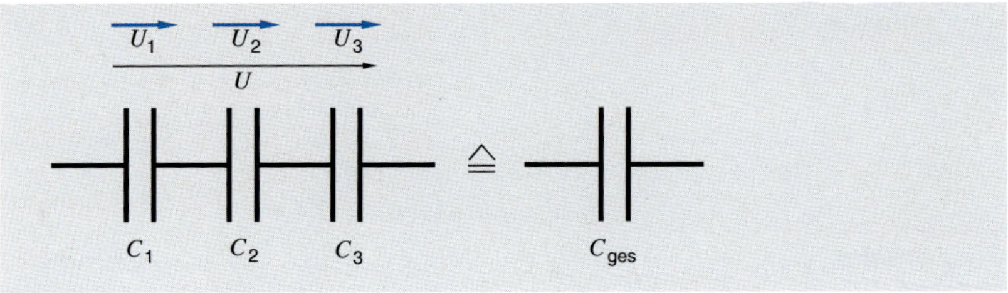

$\frac{1}{C_{ges}} = \frac{1}{C_1} + \frac{1}{C_2} + \ldots + \frac{1}{C_n}$

$\frac{U_1}{U_2} = \frac{C_2}{C_1}$

C_{ges} Gesamtkapazität

Spannungen und Kapazitäten verhalten sich indirekt proportional zueinander.

Kondensatoren in Parallelschaltung

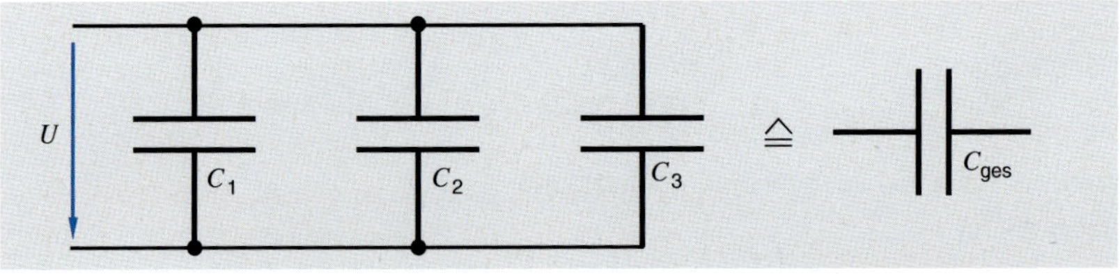

$C_{ges} = C_1 + C_2 + \ldots + C_n$

$\frac{Q_1}{Q_2} = \frac{C_1}{C_2}$

C_{ges} Gesamtkapazität

Ladungesmengen und Kapazitäten verhalten sich direkt proportional zueinander.

Elektrisches Verhalten von Kondensatoren bei Schaltvorgängen

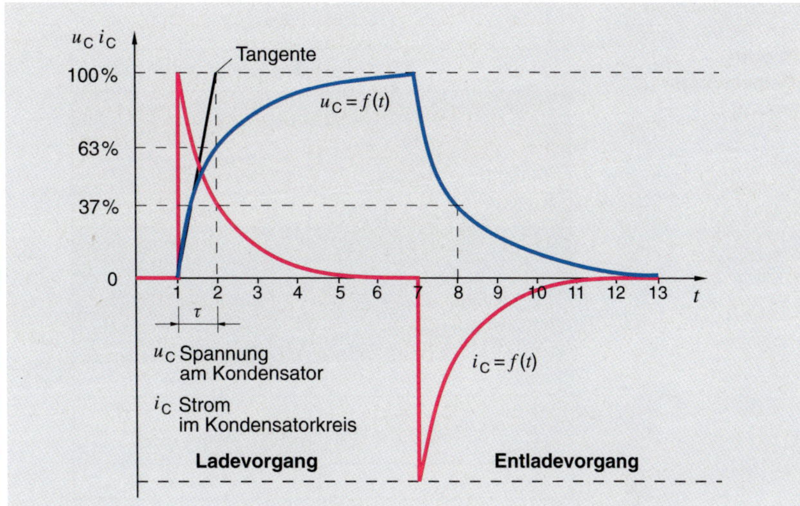

Ladevorgang	$u_C = U\,(1 - e^{-\frac{t}{\tau}})$	u_C	Kondensatorspannung
	$i_C = \frac{U}{R} \cdot e^{-\frac{t}{\tau}}$	i_C	Ladestrom
Entladevorgang	$u_C = U \cdot e^{-\frac{t}{\tau}}$	u_C	Kondensatorspannung
	$i_C = -\frac{U}{R} \cdot e^{-\frac{t}{\tau}}$	i_C	Entladestrom
	$\tau = R \cdot C$	τ	Zeitkonstante
	$[\tau] = \frac{1\,\text{V}}{\text{A}} \cdot \frac{1\,\text{As}}{\text{V}} = 1\,\text{s}$		

Arten von Kondensatoren

Kondensatoren

- **Festkondensatoren**
  - **Dielektrikum**
    - Cellulosepapier
      - Papierkondensatoren
      - Metallpapierkondensatoren
    - Kunststofffolie
      - Kunststofffolienkondensatoren
    - Oxidschicht
      - Aluminium-Elektrolytkondensatoren
      - Tantal-Elektrolytkondensatoren
    - Glimmer Hartpapier
      - Blockkondensatoren
    - Keramik
      - Rohrkondensatoren
      - Durchführungskondensatoren
- **Veränderbare Kondensatoren**
  - **Dielektrikum**
    - Luft Glimmer
      - Drehkondensatoren
    - Luft Keramik
      - Trimmerkondensatoren

Festkondensatoren

Farbcode für Bemessungsspannung

Farbe	Bemessungsspannung
braun	100 V
rot	200 V
orange	300 V
gelb	400 V
grün	500 V
blau	600 V
violett	700 V
grau	800 V
weiß	900 V
gold	1000 V
silber	2000 V
ohne Farbe	500 V

Typische Bauelement-Kennzeichnungen und -Kennwerte

Cellulose- und Kunststoff-Folienkondensatoren

Kennzeichnung

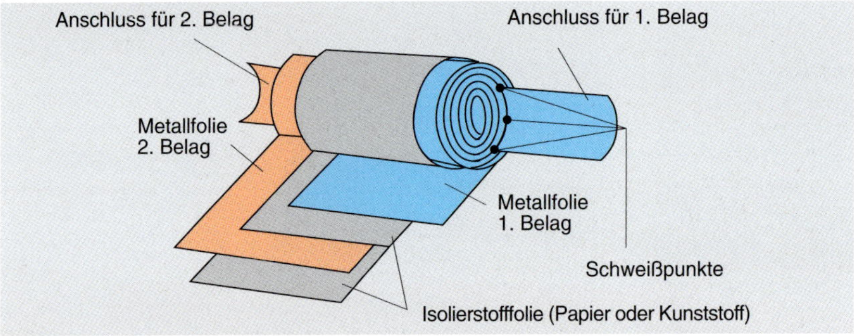

Buchstabe	Werkstoff	Kennbuchstabe
1. Buchstabe **Art des Belages**	metallisierte Beläge Metallfolien	M F oder keine Kennzeichnung
2. Buchstabe **Dielektrikum**	Kunststoff Papier	K P
3. Buchstabe **Spezifizierung des Dielektrikums**	Polycarbonat Polypropylen Polyethylenterephthalat (Polyester) Celluloseazetat	C P S/T U

Beispiele: Metallisierter Polyesterfolien-Kondensator

M K S …

- Metallisierte Beläge (M)
- Kunststoffdielektrikum (K)
- Polyester (S)

Metallpapier-Kondensator

M P …

- Metallisierte Beläge (M)
- Papier (P)

Kennwerte

Folienkondensatoren	Kapazität	Nennspannung
MKT	0,068 µF … 1 µF 0,01 µF … 10 µF 0,01 µF … 4,7 µF 0,01 µF … 1,5 µF	63 V–/ 40 V ~ 100 V–/ 63 V ~ 250 V–/100 V ~ 400 V–/250 V ~
MKP	0,1 µF … 10 µF 0,068 µF … 6,8 µF 0,015 µF … 1 µF 1000 pF … 0,01 µF 1000 pF … 1 µF	250 V–/160 V ~ 400 V–/220 V ~ 630 V–/280 V ~ 1000 V–/400 V ~ 1600 V–/650 V ~
MKS	0,1 µF … 6,8 µF 1000 pF … 3,3 µF 0,1 µF … 6,8 µF 0,01 µF … 1 µF 1000 pF … 0,22 µF 0,010 µF … 0,22 µF	50 V–/ 30 V ~ 63 V–/ 40 V ~ 100 V–/ 63 V ~ 250 V–/160 V ~ 630 V–/300 V ~ 1000 V–/400 V ~
MP	1000 pF … 0,68 µF	250 V–/ 50 Hz

Elektrolyt-Kondensatoren

Kennzeichnung

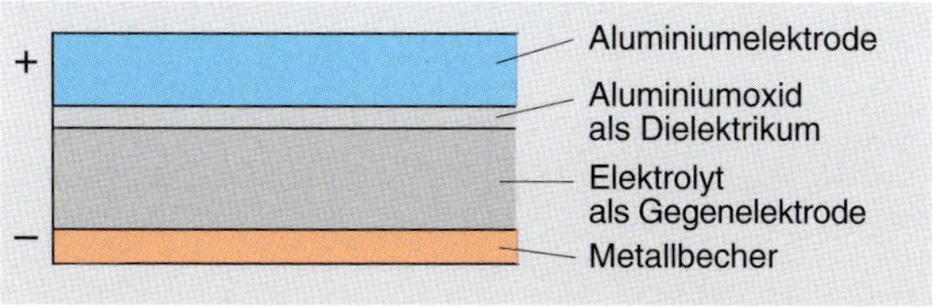

Kennung	Bezeichnung	Kennbuchstabe
1. Kennung **Bauelementtyp**	Tantal-Elektrolyt	TA
	Aluminium-Elektrolyt / radialer Anschluss	R
	Aluminium-Elektrolyt / axialer Anschluss	A
	Aluminium-Elektrolyt / Miniaturausführung radialer Anschluss	SAL-R
	Aluminium-Chip-Elektrolyt	C
2. Kennung **Ausführungsform**	Standard	S
	Perlen-/Tropfenform	P
	Lange Lebensdauer	LL
	SMD (engl. Surface Mounted Derices)	J

Beispiele:

Tantal-Elektrolyt-Kondensator: TA P …
- TA – Tantal-Elektrolyt
- P – Perlenform

Aluminium-Elektrolyt-Kondensator: R S …
- R – Aluminium-Elektrolyt / radialer Anschluss
- S – Standardausführung

Kennwerte

Folienkondensatoren	Kapazität in µF	Nennspannung in V
TAP	4,7 … 150 3,3 … 220 2,2 … 220 15 … 47 1,5 … 68 0,1 … 47 0,1 … 10	6,3 10 16 20 25 35 50
RS	1000 … 4700 47 … 1000 220 … 2200 47 … 2200 22 … 1000 220 … 470 10 … 1000 1 … 470 1 … 220 10 … 47 4,7 … 22	6,3 10 16 25 35 40 50 63 100 200 385

Folienkondensatoren	Kapazität in µF	Nennspannung in V
TAJ	4,7 … 150 3,3 … 100 1,5 … 68 1 … 47 0,68 … 33 0,47 … 22 0,1 … 15	4 6,3 10 16 20 25 35
AS	470 … 1000 22 …10 000 220 …10 000 10 … 4700 10 … 4700 0,047 … 2200 1 … 1000 2,2 … 100 4,7 … 47 1 … 47	6,3 10 16 25 40 63 100 250 350 385

Keramik-Kondensatoren

Kennzeichnung

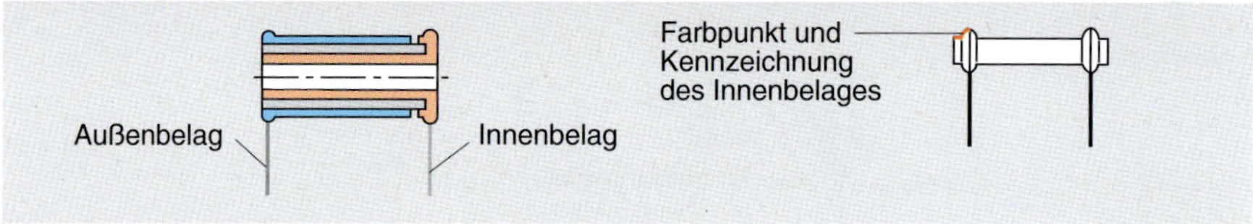

Rohr-, Stand-, Scheiben- und Perlkondensatoren

1. Buchstabe **Körperform**		2. Buchstabe **Art der Anschlüsse**		3. Buchstabe **Anordnung und Form der Anschlüsse**		4. Buchstabe **Oberfläche**	
Rohr	R	Drähte, gestreckt	D	Axial	A	Vollständig lackiert	L
Rohrbündel	M	Lötfahnen	F	Achsparallel	G	Teilweise lackiert	M
Scheibe (r)	S	Belotete Beläge	B	Parallel-radial	P/R	Unlackiert	Q
Scheibe (re)	E	Unbelotete Beläge	E	Parallel-tangential	Q/T	Vollständig lötlackiert	K
Mehrfach-Scheibe	G/K	Drähte, gestaucht	G	Parallele Lötflächen	F	Vollständig umhüllt	U/T
Perle	P	Sonderform	Z	Sonderform	Z	Teilweise umhüllt	N
Sonderform	Z					Berührungssicher umhüllt	J
						Sonderform	Z

Beispiele: Keramische Scheibenkondensatoren

S D P N
- Scheibe, rund
- Drähte, gestreckt
- Parallel-radial
- Teilweise umhüllt

E G P U
- Scheibe, rechteckig
- Drähte, gestaucht
- Parallel-radial
- Vollständig umhüllt

Durchführungskondensatoren

1. Buchstabe **Körperform**		2. Buchstabe **Art der Anschlüsse**		3. Buchstabe **Anordnung und Form der Anschlüsse**		4. Buchstabe **Oberfläche**	
Rohr	R	Drähte, gestreckt	D	Gewinde mit Bund	M	Vollständig lackiert	L
Lochscheibe	L	Lötfahnen	F	Metall-Lötbuchse	L	Teilweise lackiert	M
Buchse mit Bund	B	Belotete Beläge	B	Metall-Lötscheibe	L	Unlackiert	Q
Sonderform	Z	Unbelotete Beläge	E	Sonderform	Z	Vollständig lötlackiert	K
		Draht und runde Öse	U			Teilweise umhüllt	N
		Draht und ovale Öse	S				
		Sonderform	Z				

Beispiel: Durchführungskondensatoren
R B L N

Rohr — R
Belotete Beläge — B
Metall-Lötbuchse — L
Teilweise umhüllt — N

Kennwerte

Scheibenkondensatoren

Scheibenkondensatoren	Kapazität	Nennspannung in V
SDPN	0,022 µF … 0,1 µF	25
	0,01 µF … 0,047 µF	50
GZ…	220 pF … 4700 pF	400
SDPN	1 pF … 0,047 µF	500
SDPN	470 pF … 0,01 µF	2000
EGPU	1 pF … 1000 pF	100

Durchführungskondensatoren

Durchführungs-kondensatoren	Kapazität in pF	Nennspannung in V
RD…	5,6 … 2000	160

2.3 Magnetische Felder und Spulen

2.3.1 Magnetische Felder

Magnetfelder der Dauermagneten

Stabförmiger Dauermagnet

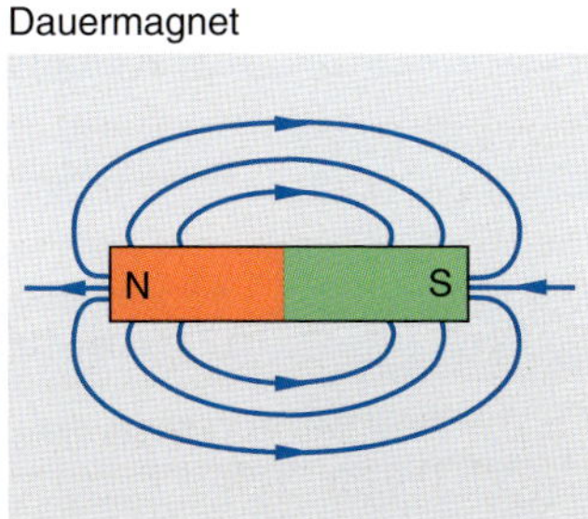

Parallel-homogenes Feld

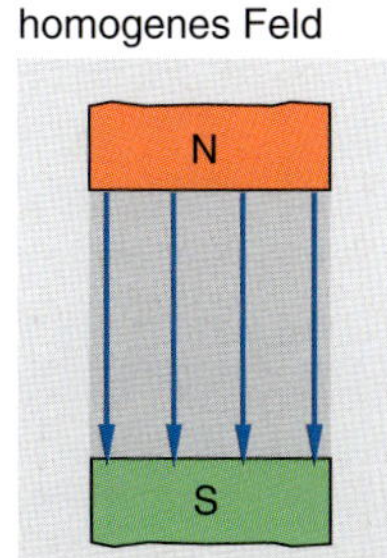

Radial-homogenes Feld

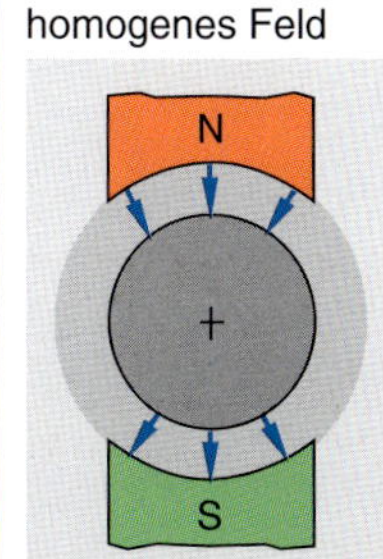

Magnetfelder stromdurchflossener Leiter	Gerader elektrischer Leiter	Stromdurchflossene Spule
	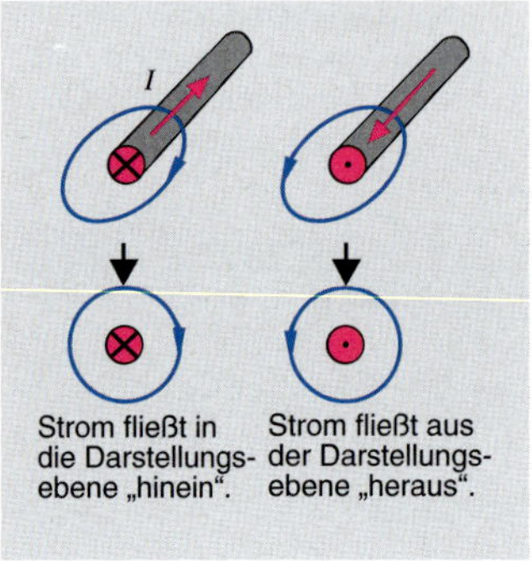	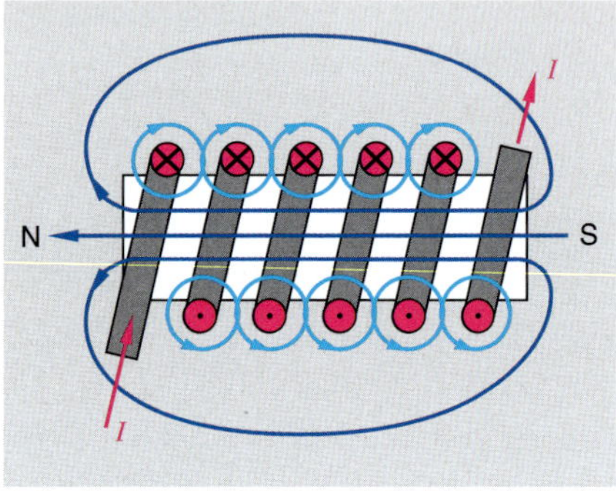

Feldgrößen

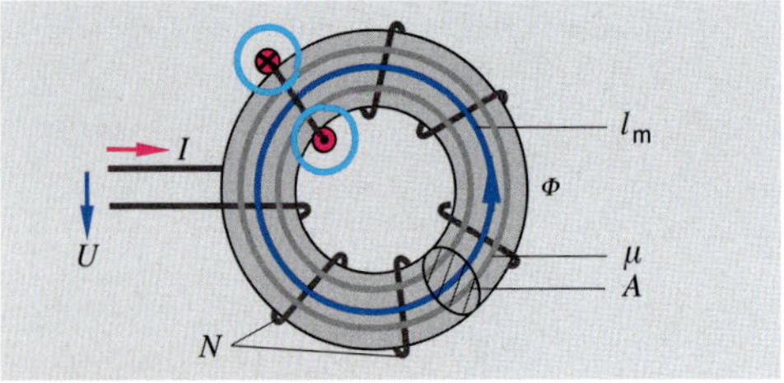

Magnetischer Fluss	Φ $[\Phi] = 1\ \text{Vs} = 1\ \text{Wb}$	Φ Magnetfluss 1 Wb = 1 Weber
Magnetische Flussdichte	$B = \frac{\Phi}{A}$ $[B] = 1\ \frac{\text{Vs}}{\text{m}^2}$	B magnetische Flussdichte A Fläche
Elektrische Durchflutung	$\Theta = I \cdot N$ $[\Theta] = 1\ \text{A}$	Θ elektrische Durchflutung I Stromstärke N Windungszahl
Magnetische Feldstärke	$H = \frac{\Theta}{l_m}$ $[H] = 1\ \frac{\text{A}}{\text{m}}$	H magnetische Feldstärke l_m mittlere Feldlinienlänge
Magnetischer Leitwert	$\Lambda = \frac{1}{R_m}$ $[\Lambda] = \left[\frac{1}{R_m}\right] = 1\ \frac{\text{Vs}}{\text{A}} = 1\ \text{H}$	Λ magnetischer Leitwert R_m magnetischer Widerstand 1 H = 1 Henry
Magnetischer Widerstand	$R_m = \frac{\Theta}{\Phi}$ $[R_m] = 1\ \frac{\text{A}}{\text{Vs}}$ $R_m = \frac{l_m}{\mu \cdot A}$ $\mu = \mu_r \cdot \mu_0$	R_m magnetischer Widerstand μ magnetische Durchlässigkeit (Permeabilität) μ_0 Feldkonstante (magnetische Durchlässigkeit des leeren Raumes) $\mu_0 = 1{,}256 \cdot 10^{-6}\ \frac{\text{Vs}}{\text{Am}}$

Magnetische Eigenschaften von Werkstoffen

Relative Permeabilität	$\mu_r = \frac{\mu}{\mu_0}$	μ_r Permeabilitätszahl (relative Permeabilität) μ magnetische Durchlässigkeit μ_0 Feldkonstante (magnetische Durchlässigkeit des leeren Raumes) $\mu_0 = 1{,}256 \cdot 10^{-6}\ \frac{\text{Vs}}{\text{Am}}$

Werkstoffbezeichnung	Ferromagnetisch (Fe, Co, Ni, Ferrite)	Paramagnetisch (Al, Mn, Cr, W)	Diamagnetisch (Cu, Zn, Ag, Wasser)
Permeabilitätszahl (relative Permeabilität)	$\mu_r >> 1$ nicht konstant, feldstärkeabhängig Beispiele: Elektroblech $\mu_r = (5 \ldots 9) \cdot 10^3$	$\mu_r > 1$ $\mu_r = 1$ Vakuum (Luft) Aluminium $\mu_r = 1{,}0002$	$\mu_r < 1$ Kupfer $\mu_r = 0{,}99999$

Ferromagnetische Werkstoffe

Hystereseschleife

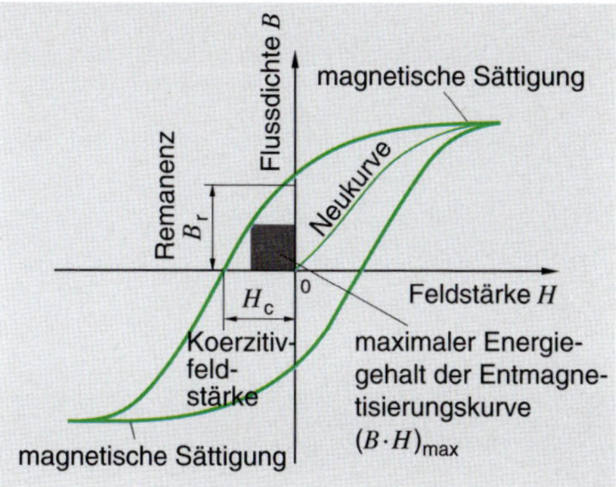

B_r Remanenz (Restmagnetismus)
H_c Koerzitivfeldstärke (Entmagnetisierungsfeldstärke)
Neukurve
Erstmagnetisierungskurve
$(B \cdot H)_{max}$
maximaler Energiegehalt der Entmagnetisierung (Gütemerkmal hartmagnetischer Werkstoffe)

$$[B \cdot H] = 1\,\frac{\text{Vs}}{\text{m}^2} \cdot 1\,\frac{\text{A}}{\text{m}} = 1\,\frac{\text{Ws}}{\text{m}^3} = 1\,\frac{\text{J}}{\text{m}^3}$$

Dauermagnete
hartmagnetische Werkstoffe
- breite Hystereseschleife
- großer Restmagnetismus B_r

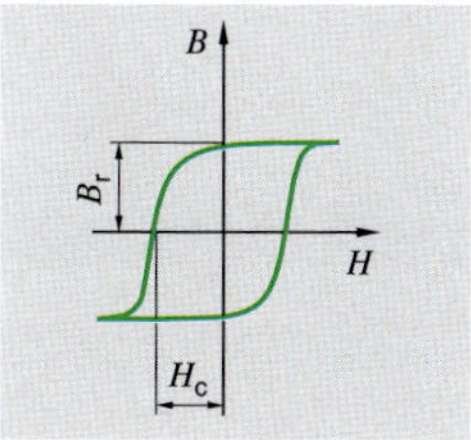

Elektromagnete
weichmagnetische Werkstoffe
- schmale Hystereseschleife
- geringe Koerzitivfeldstärke H_c
- geringer Restmagnetismus B_r

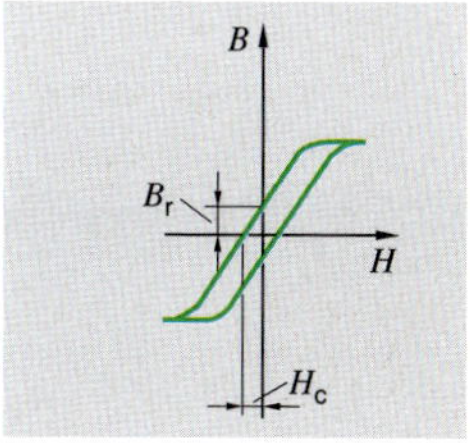

Hartmagnetische Werkstoffe

Entmagnetisierungskennlinien und Werkstoffbezeichnungen

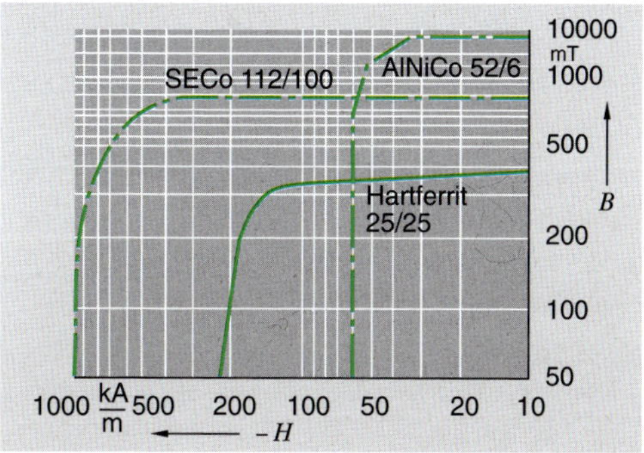

Gruppe	Hauptbestandteile	Werkstoff
Metallische Dauermagnetwerkstoffe	Aluminium-Nickel-Kobalt-Eisen-Kupfer-Titan (AlNiCo)	AlNiCo 9/5 AlNiCo 18/9 AlNiCo 52/6 AlNiCo 7/8 p
	Platin-Kobalt (PtCo)	PtCo 60/40
	Eisen-Kobalt-Vanadium-Chrom (FeCoVCr)	FeCoVCr 4/1
	Seltenerden-Kobalt (SECo)	SECo 112/110
Keramische Dauermagnetwerkstoffe	Hartferrite der Zusammensetzung MeO · Fe_2O_3 mit Me = Ba, Sr, Pb	Hartferrit 7/21 Hartferrit 25/25 Hartferrit 9/19 p

Beispiel: FeCoVCr 4 / 1

Werkstoffzusammensetzung

1. Zahl – Energieinhalt mit 4 kJ/m³
2. Zahl – Koerzitivfeldstärke mit 1 · 10 kA/m

Weichmagnetische Werkstoffe

Magnetisierungskennlinien und Werkstoffbezeichnungen

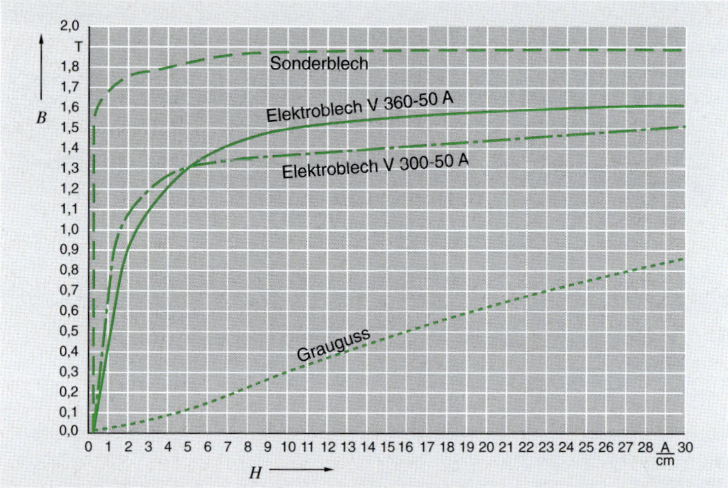

Kennwerte von Elektroblechen

Sorte	Nenndicke mm	Ummagnetisierungsverlust in W/kg bei 1,5 T	Ummagnetisierungsverlust in W/kg bei 1,0 T	Magnetische Flussdichte in T (Tesla) bei einer Feldstärke H in A/m: 2500	5000	10 000
V 250-35 A	0,35	2,50	1,00	1,49	1,60	1,70
V 270-35 A		2,70	1,10	1,49	1,60	1,70
V 300-35 A		3,00	1,20	1,49	1,60	1,70
V 330-35 A		3,30	1,30	1,49	1,60	1,70
V 310-50 A	0,50	3,10	1,25	1,49	1,60	1,70
V 350-50 A		3,50	1,50	1,50	1,60	1,70
V 400-50 A		4,00	1,70	1,51	1,61	1,71
V 470-50 A		4,70	2,00	1,52	1,62	1,72
V 700-50 A		7,00	3,00	1,58	1,68	1,76

Beispiel: V 350 - 50 A

Kennbuchstabe V: kaltgewalzt

Ummagnetisierungsverluste bei 1,5 T in $\frac{W}{kg}$ mal 100

Nenndicke d in mm mal 100

Schlussgeglühte Ausführung

Magnetischer Kreis

Unverzweigter Kreis

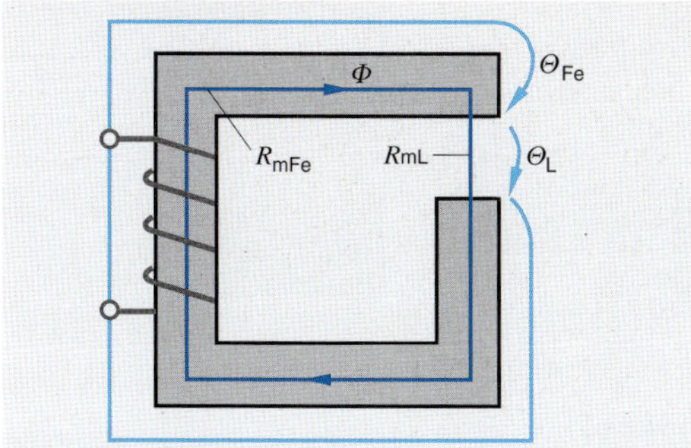

$\Theta = \Theta_{Fe} + \Theta_L$

$\Theta = \Phi\,(R_{mFe} + R_{mL})$

$\Theta = H_{Fe} \cdot l_{Fe} + H_L \cdot l_L$

Θ	elektrische Durchflutung
Φ	Magnetfluss
R_{mFe}	magnetischer Widerstand im Kern
R_{mL}	magnetischer Widerstand außerhalb des Kerns
H_{Fe}	magnetische Feldstärke im Kern
l_{Fe}	mittlere Feldlinienlänge im Kern
H_L	magnetische Feldstärke des Luftspaltes
l_L	mittlere Feldlinienlänge des Luftspaltes

Verzweigter Kreis

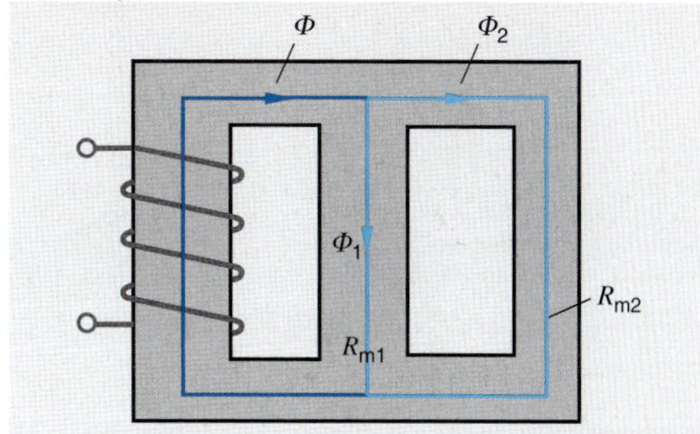

$\Phi = \Phi_1 + \Phi_2$

$\Phi = \Theta\left(\frac{1}{R_{m1}} + \frac{1}{R_{m2}}\right)$

Θ	elektrische Durchflutung
Φ	Magnetfluss
Φ_1; Φ_2	magnetische Teilflüsse
R_{m1}; R_{m2}	magnetische Teilwiderstände

Kräfte auf stromdurchflossenen Leiter

Kraftwirkung auf bewegte elektrische Ladungsträger

Lorentz-Kraft

$F_L = Q \cdot v \cdot B$ Bedingung $v \perp B$

Q	bewegte elektrische Ladung
v	Geschwindigkeit
B	magnetische Flussdichte

Merkregel für die Richtung der Kraft (Motorprinzip → Linke-Hand-Regel)

Hält man die linke Hand so in ein ortsfestes Magnetfeld, dass die Feldlinien in den offenen Handteller eintreten und die ausgestreckten vier Finger in die Richtung des Leiterstromes zeigen, dann weist der abgespreizte Daumen in Richtung der auf den beweglichen Leiter wirkenden Kraft.

Gerader stromdurchflossener Leiter

■ Stromrichtung in die Betrachtungsebene

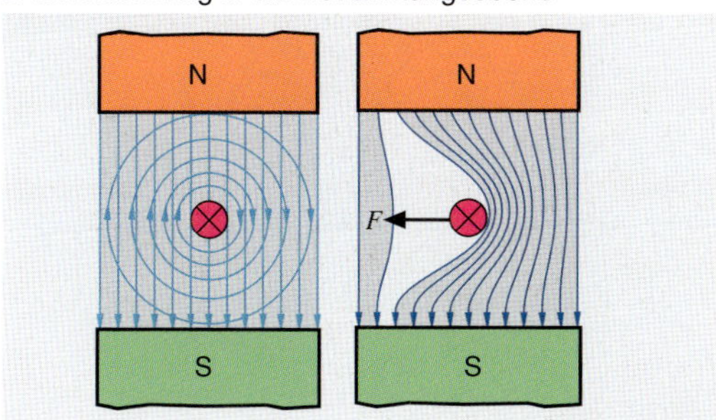

■ Stromrichtung aus der Betrachtungsebene

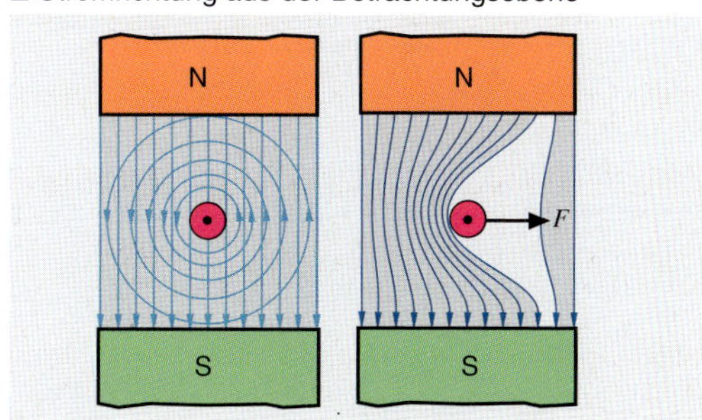

$F = I \cdot B \cdot l$

$[F] = 1\,\text{N}$

F	Kraft auf den Leiter	Bedingung
B	magnetische Flussdichte	$I \perp B$
I	Stromstärke	
l	wirksame Leiterlänge im Magnetfeld	

Stromdurchflossene Spule

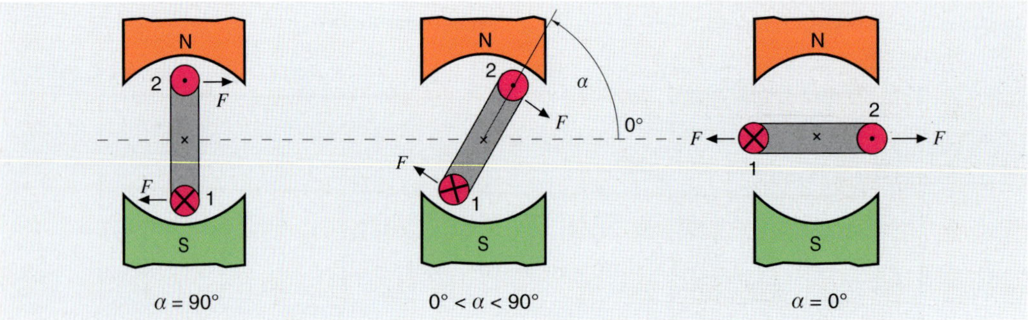

Kontinuerliche Drehbewegung mit Stromwender (Motorprinzip)

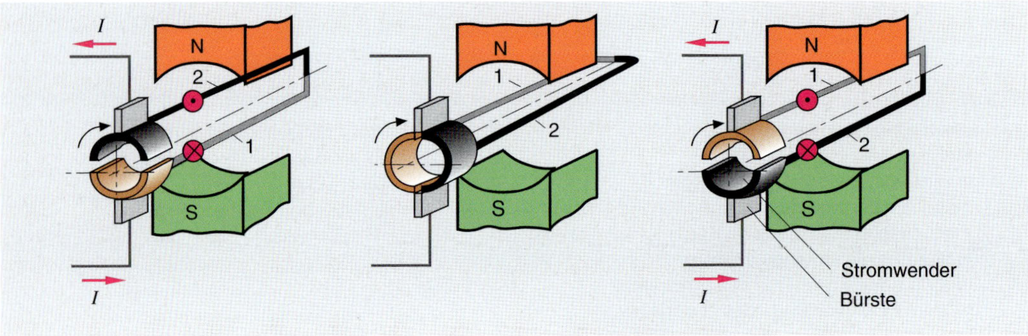

$M = c \cdot \Phi \cdot I$

$c = 2 \cdot \frac{l \cdot r}{A}$

$[M] = 1\,\text{VAs} = 1\,\text{Ws} = 1\,\text{J}$

$[c] = 1$

M	Drehmoment
c	Maschinenkonstante
l	wirksame Leiterlänge im Magnetfeld
r	Radius der Leiterschleife
A	Querschnittsfläche vom Magnetfeld durchsetzt

Kräfte zwischen parallelen stromdurchflossenen Leitern

Gleichsinnig durchflossen

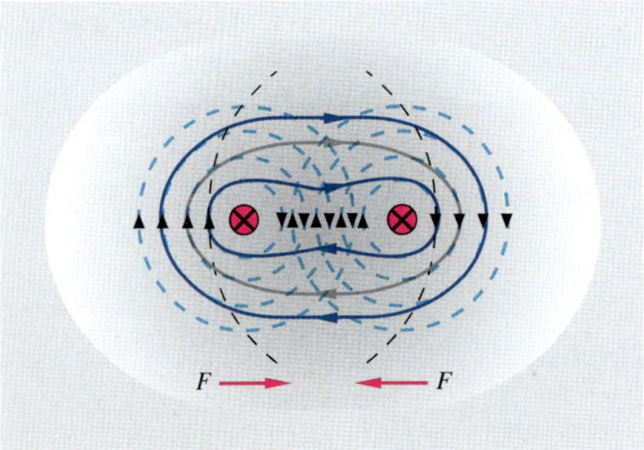

Gegensinnig durchflossen

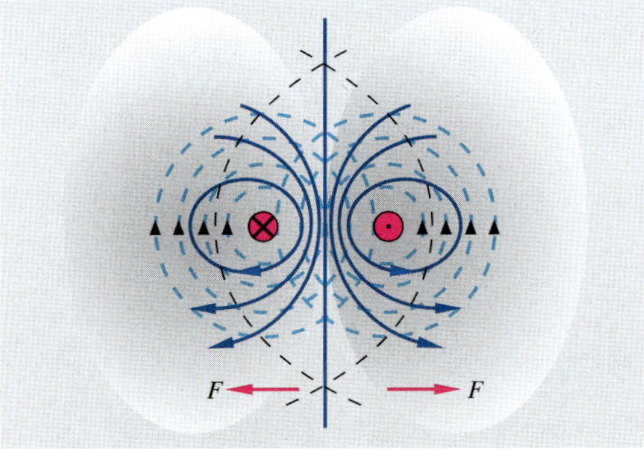

Kräfte zwischen parallelen stromdurchflossenen Leitern

$F = \frac{\mu_0}{2\pi} \cdot \frac{l}{a} \cdot I_1 \cdot I_2$

$[F] = 1\,\text{N}$

l	Leiterlänge
a	Leiterabstand
I_1; I_2	Stromstärken der parallelen Leiter

Zugkräfte auf magnetisierbare Stoffe

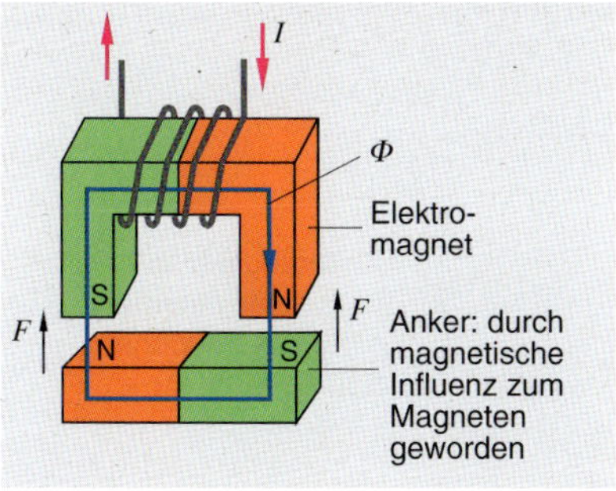

$$F = \frac{B^2 \cdot A}{2\mu_0}$$

$[F] = 1\,\text{N}$

F	Kraft
B	Magnetflussdichte
A	wirksame Magnetpolfläche

Anwendungen
- Hebevorrichtung
- Haltevorrichtung
- Bewegungsvorrichtungen
- Schaltvorrichtungen
- Dreheisenmesswerk

Induktionsgesetz

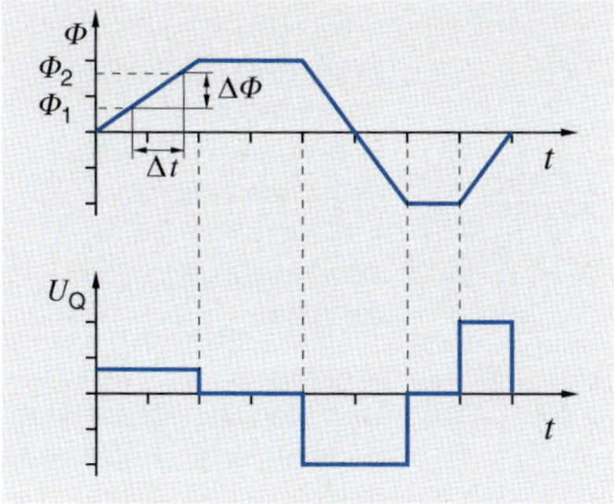

$$U_Q = N \cdot \frac{\Delta\Phi}{\Delta t}$$

$[U] = 1\,\text{V}$

$\Delta\Phi = \Phi_2 - \Phi_1$

U_Q	Induktionsspannung
N	Windungszahl
$\frac{\Delta\Phi}{\Delta t}$	Änderungsgeschwindigkeit des magnetischen Flusses

$\Phi_2 > \Phi_1 \rightarrow \Delta\Phi > 0 \rightarrow U_Q > 0$ (positiv)

$\Phi_2 < \Phi_1 \rightarrow \Delta\Phi < 0 \rightarrow U_Q < 0$ (negativ)

Lentzsches Gesetz: Ein von einer Induktions-Spannung angetriebener Strom ist stets so gerichtet, dass er die Entstehungsursache, die Magnetfeldänderung, zu verhindern versucht.

Induktion bei konstantem Magnetfluss

Änderung der räumlichen Lage zwischen Leiter und Magnetfeld → Induktion der Bewegung

Translatorische Bewegung eines geraden Leiters

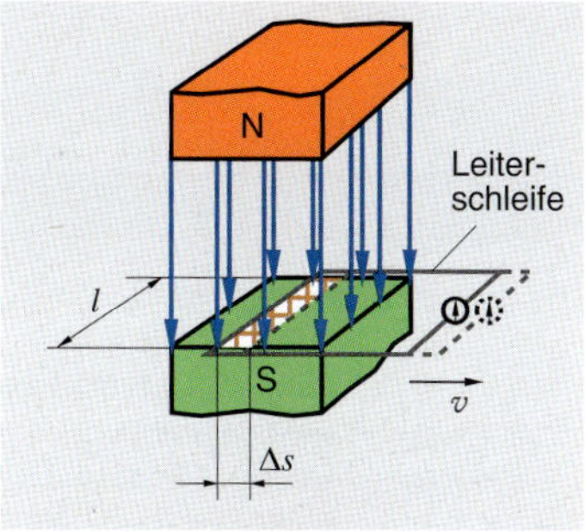

$$U_Q = N \cdot B \cdot \frac{\Delta A}{\Delta t}$$

$$U_Q = N \cdot B \cdot l \cdot v$$

Bedingung:
$B \perp A$

$\frac{\Delta A}{\Delta t}$	Änderung der die Feldlinien umfassenden Fläche bei unveränderter Magnetflussdichte

Drehbewegung einer Leiterschleife (Spule)

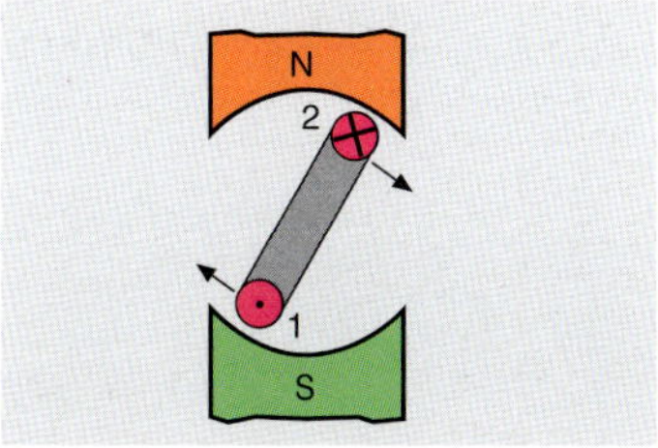

$$\Delta A = l \cdot \Delta s$$

$$U_Q = N \cdot B \cdot l \cdot v$$

$$U_Q = c \cdot \Phi \cdot n$$

$$c = \frac{N \cdot l \cdot 2 \cdot \pi \cdot r}{A}$$

l	magnetisch wirksame Leiterlänge
v	Geschwindigkeit der Leiterbewegung
U_Q	Induktionsspannung
n	Drehzahl
c	Maschinenkonstante

Induktion bei Flussänderung

Unveränderliche Lage zwischen Spule und Magnetfeld → Induktion der Ruhe

Ruheinduktion 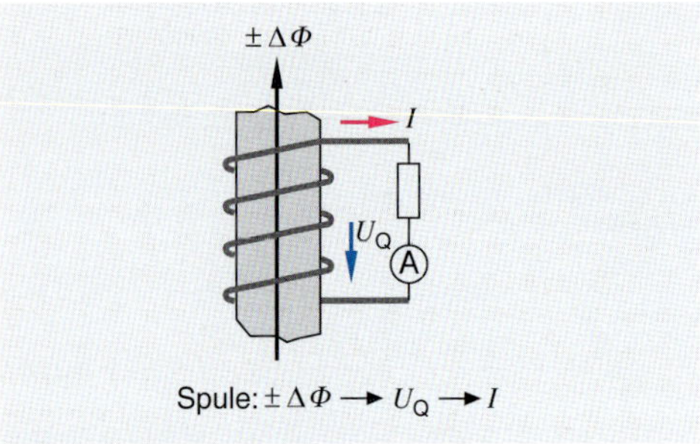	$U_Q = N \cdot \frac{\Delta \Phi}{\Delta t}$ $U_Q = N \cdot A \cdot \frac{\Delta B}{\Delta t}$	$\frac{\Delta B}{\Delta t}$ Änderung der Magnetflussdichte innerhalb einer unveränderten Spulenfläche A wirksame Spulenfläche
Gegeninduktion bei sinusförmiger Flussänderung 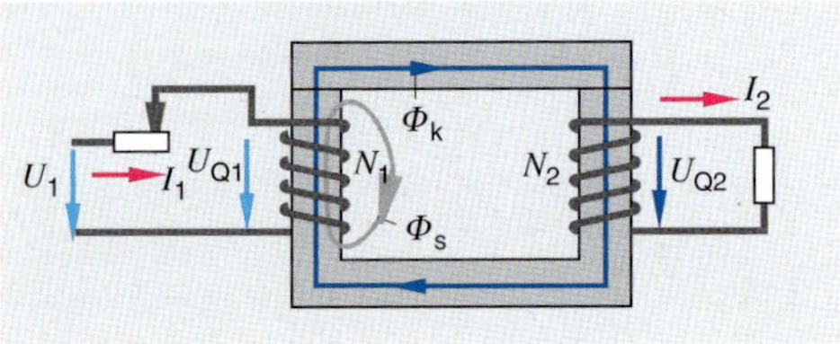	$U_{Q2} = \frac{2\pi}{\sqrt{2}} \cdot f \cdot N_2 \cdot \hat{\Phi}$ $\Delta \Phi = \frac{\hat{\Phi}}{\sqrt{2}}$ $\Delta t = \frac{1}{2\pi f}$	U_{Q2} sekundäre Induktionsspannung $\hat{\Phi}$ Scheitelwert des magnetischen Flusses $2\pi f$ Kreisfrequenz N_2 Windungszahl (Sekundärseite)
Selbstinduktion bei sinusförmiger Flussänderung	$U_{Q1} = \frac{2\pi}{\sqrt{2}} \cdot f \cdot N_1 \cdot \hat{\Phi}$ oder $U_Q = \frac{N}{R_m} \cdot \frac{\Delta \Theta}{\Delta t}$ $U_Q = \frac{N^2}{R_m} \cdot \frac{\Delta I}{\Delta t}$ $U_Q = L \cdot \frac{\Delta I}{\Delta t}$	U_{Q1} Selbstinduktionsspannung N_1 Windungszahl (Primärseite) R_m magnetischer Widerstand $\frac{\Delta \Theta}{\Delta t}$ Änderungsgeschwindigkeit der elektrischen Durchflutung $\frac{\Delta I}{\Delta t}$ Änderungsgeschwindigkeit des Stromes L Induktivität

2.3.2 Spulen

Induktivität

Induktivität	$L = \frac{N^2}{R_m}$ $[L] = 1\,\frac{Vs}{A} = 1\,H$ $L = \frac{N^2 \cdot \mu_0 \cdot \mu_r \cdot A}{l}$	L Induktivität N Windungszahl R_m magnetischer Widerstand μ_0 Feldkonstante μ_r Permeabilitätszahl l magnetisch wirksame Länge d Spulendurchmesser Gültigkeitsbedingung: $l \gg d$
Energie des elektromagnetischen Feldes	$W = \frac{1}{2} \cdot L \cdot I^2$ $[W] = [L] \cdot [I]^2$ $= 1\,\frac{Vs}{A} \cdot 1\,A^2 = 1\,Ws$	W Feldenergie des magnetischen Feldes L Induktivität I Stromstärke

Reihenschaltung von Spulen 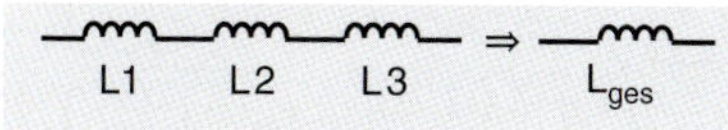	$L_{ges} = L_1 + L_2 + L_3$	L_{ges} Gesamtinduktivität $L_1; L_2; L_3$ Einzelinduktivitäten
Parallelschaltung von Spulen 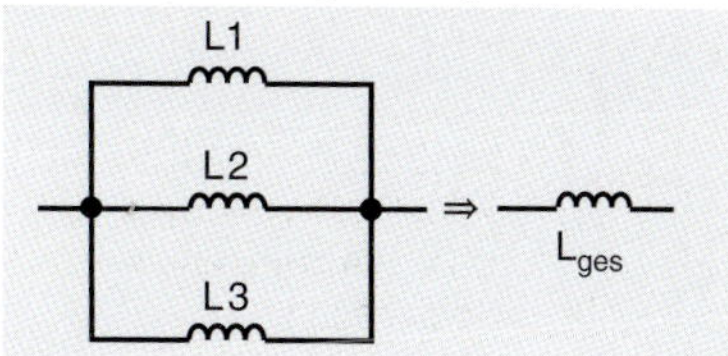	$\frac{1}{L_{ges}} = \frac{1}{L_1} + \frac{1}{L_2} + \frac{1}{L_3}$	L_{ges} Gesamtinduktivität $L_1; L_2; L_3$ Einzelinduktivitäten
Elektrisches Verhalten von Spulen bei Schaltvorgängen	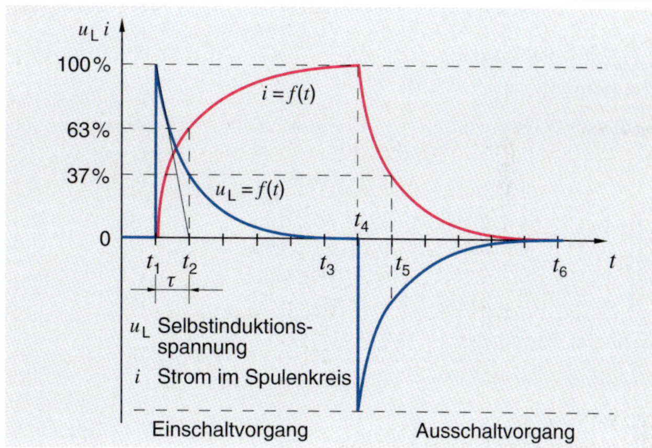	
Übergangsvorgang nach dem Einschalten:	$u_L = U \cdot e^{-\frac{t}{\tau}}$ $i = \frac{U}{R}\left(1 - e^{-\frac{t}{\tau}}\right)$	u_L Selbstinduktionsspannung i Strom im Spulenstromkreis
Übergangsvorgang nach dem Ausschalten:	$u_L = -U \cdot e^{-\frac{t}{\tau}}$ $i = \frac{U}{R} \cdot e^{-\frac{t}{\tau}}$ $\tau = \frac{L}{R}$ $[\tau] = \frac{[L]}{[R]} = \frac{1\,\frac{\text{Vs}}{\text{A}}}{1\,\frac{\text{V}}{\text{A}}} = 1\text{ s}$	τ Zeitkonstante

Arten von Spulen

Anwendungen

Spulenart

- Drosseln
  - Entstördrosseln
  - Funkentstördrosseln
  - HF-Induktivitäten
  - Speicherdrosseln
- Übertrager
  - Zündübertrager
  - Transformatoren

Schaltzeichen

Induktivität, Spule, Wicklung	Induktivität mit Eisenkern	Transformator/Übertrager
	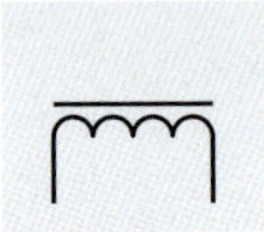	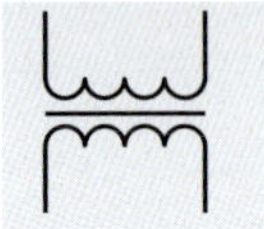

Entstördrosseln (Auswahl)

Bauform

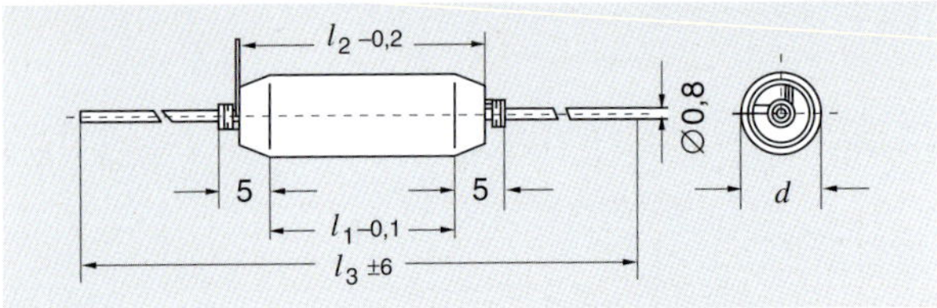

Abmessungen, isolierumhüllt

Bauform	Nennstrom I in A	Induktivität L in µH	Abmessungen l_1 in mm	l_2 in mm	l_3 in mm	d_{max} in mm
E	4…0,15	1… 100	10	13	82	5
G	6…0,15	1… 160	15	18	87	5,5
H	6…0,15	1…1200	20	24	92	7,5
K	6…0,15	6… 470	25	29	97	7,5

Elektrische Parameter

Nennstrom I in A	Induktivität L in µH	Widerstand R in mΩ	Bauform
0,1	1200	34000	H
0,15	100	19000	E
	160	18000	G
	350	19000	H
	470	20000	K
0,3	40	4100	E
	70	4500	G
	160	6600	H
	230	7200	K
	470	6500	H
0,7	14	760	E
	23	730	G

Nennstrom I in A	Induktivität L in µH	Widerstand R in mΩ	Bauform
0,7	55	1300	H
	75	1300	K
1,5	6	190	E
	10	230	G
	25	340	H
	30	360	K
	56	300	H
3	2	45	E
	3	38	G
	10	87	H
	12	83	K
	22	70	H

Funkentstördrosseln für Thyristoren

Bauform

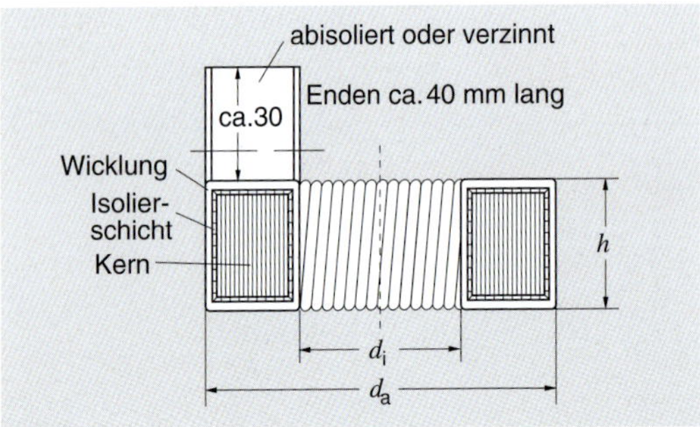

Abmessungen

Bauform	d_a in mm	d_i in mm	h in mm
1	37,5	17	14
2	44,5	16	19
3	58,5	25	30

Elektrische Parameter

Bauform	Nennstrom I_n in A	Wirksame Störspannungsdämpfung bei angegebenem Kondensator C a_{WS} in dB	Zur Messung von a_{WS} verwendeter Kondensator C in µF	Gleichstromwiderstand R_{Cu} in mΩ
1	2,5	54	0,15	200
2	6	54	0,15	70
3	16	52	0,15	30

HF-Spulen

Bauform

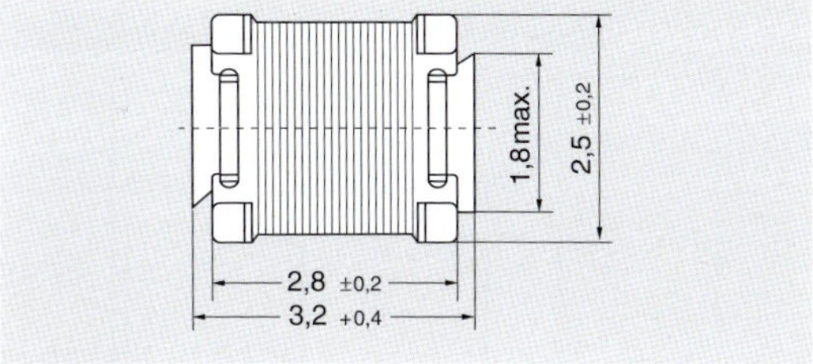

Elektrische Parameter

Induktivität L in µH	Güte bei Messfrequenz Q_{min}	bei f_{mess} in MHz	Nennstromstärke I_n in mA	Gleichstromwiderstand R_{Cu} in mΩ	Frequenz f_{min} in MHz
0,68	35	50	400	300	1250
0,1	35	50	380	350	950
0,15	35	50	340	430	800
0,22	35	50	300	550	630
0,33	35	50	260	700	510
0,47	35	50	225	1000	450
0,68	35	50	175	1600	400

Speicherdrosseln

Bauform

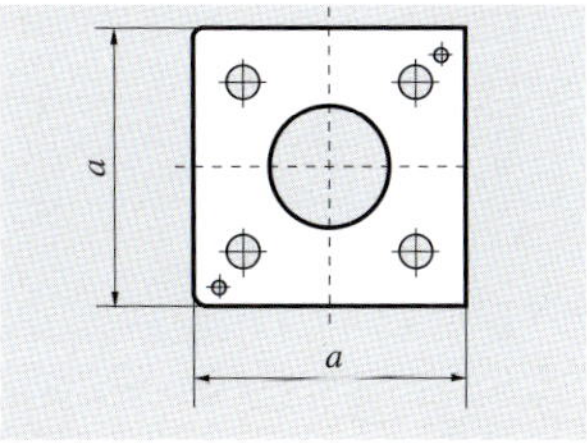

Abmessungen a in mm
22,3
29
32
49

Elektrische Parameter

Nennstromstärke I_n in A	Spuleninduktivität L in µH	Gleichstromwiderstand R_{Cu} in mΩ	Schaltfrequenz f_{max} in kHz
0,63	2500	880	100
1,0	1000	370	100
1,6	400	140 ... 280	100
2,5	160 ... 1000	60 ... 150	100
3,15	250 ... 1600	70 ... 200	100 ... 60
4,0	160 ... 400	43 ... 60	100
5,0	100 ... 1600	27 ... 100	100 ... 40
6,3	160 ... 400	25 ... 50	100 ... 60
10	63 ... 400	9,5 ... 25	100 ... 40

Zündübertrager zur Zündung von Thyristoren und TRIACs

Zulässige Isolationsspannung U_{ISO} in V	Spannungs-Zeit-Fläche $\sum U\Delta t$ in µVs	Spuleninduktivität L in mH	Streuinduktivität L_S in µH	Koppelkapazität C_K in pF
380	100 … 1000	1,1 … 6	0,4 … 0,6	55 … 150
500	500 … 1000	0,8 … 5,0	0,5 … 1,0	25 … 80
750	5000	50	18	30

Transformatoren

Typische Transformatorkernschnitte

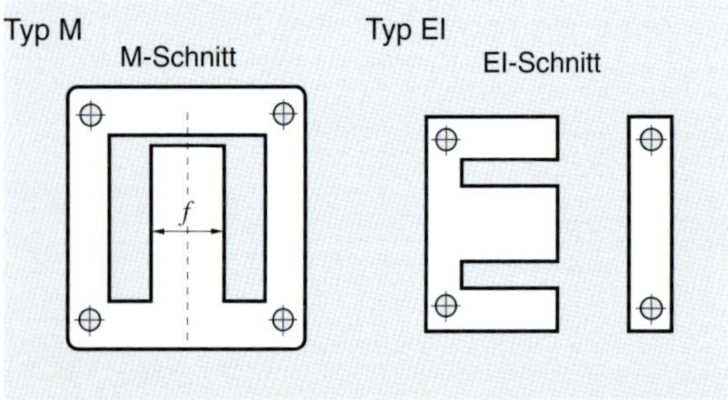

Spulenträgerbauform mit Abmessungen

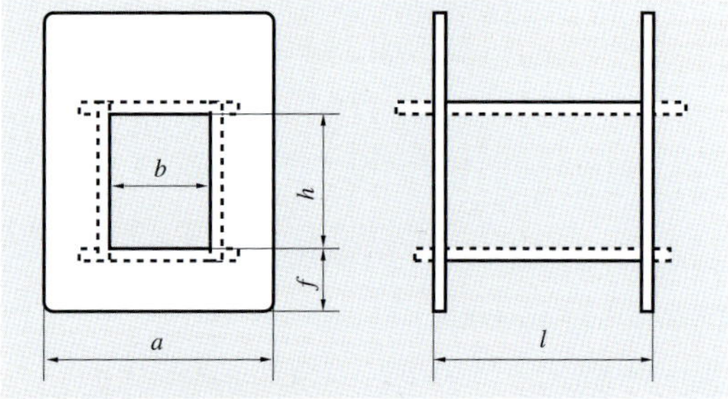

Abmessungen

Typ	Größtmaß a in mm	f in mm	l in mm	Kleinstmaß b in mm	h in mm	Mindesthöhe für Kern in mm
M 20	12,5	3,5	12	5,5	5,5	5,5
M 22	12,7	3,8	14	5,2	5,2	5,2
M 30za	17,3	5	18,7	7,3	7,3	7,3
M 30zb					10,5	10,5
M 30a	19	5,75	18,6	7,5	7,5	7,5
M 30b					11,3	11,3
M 42	29	8,1	28	12,6	15,7	14,6
M 55	37	9,6	35,5	17,6	21,7	20,6
M 65	44	11,6	42	20,6	27,8	26,7
M 74	50	13,1	48	23,6	33,5	32,4
M 85a	54,6	12,4	52	29,6	33,5	31,9
M 85b					46,5	44,9
M 102a	65	15,1	64	34,6	36,5	34,9
M 102b					54	52,4
EI 92a	67,4	–	50	23,6	24,5	22,9
EI 92b					33,5	31,9
EI 106a	75,4	–	55	29,6	33,5	31,9
EI 106b					46,5	44,9
EI 130a	92	–	69	35,7	37,7	36,1
EI 130b					47,7	46,1
EI 150a	107	–	79	40,7	41,7	40,1
EI 150b					51,7	50,1
EI 150c					61,7	60,1
EI 170a	121	–	94	45,7	56,7	54,5
EI 170b					66,7	64,5
EI 170c					76,7	74,5
EI 195a	136	–	124	56,5	57,7	55,5
EI 195b					70,7	68,5
EI 195c					85,7	83,5

2.4 Halbleiter

Halbleiter
- Stromleitung in Halbleitern
- Stromrichtungsunabhängige Halbleiterbauelemente
- Sperrschicht-Halbleiterbauelemente
- Feldeffekthalbleiter

2.4.1 Stromleitung in Halbleitern

Stromleitung
- Eigenleitung
- Störstellenleitung
  - mit fünfwertigen Fremdatomen
  - mit dreiwertigen Fremdatomen

Eigenleitung oder Intrinsikleitung

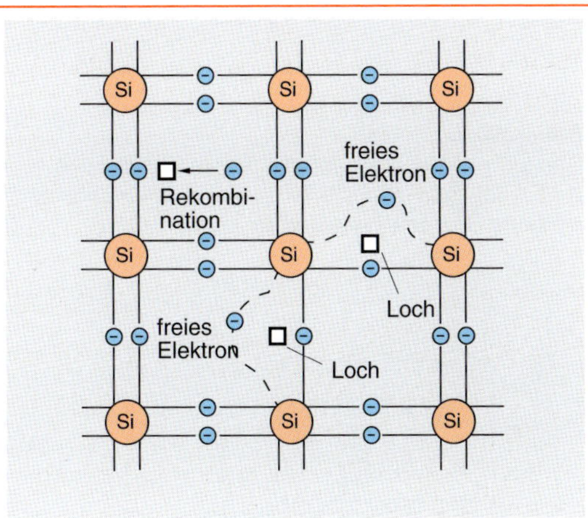

Generation und Rekombination von Ladungsträgern

■ Generation

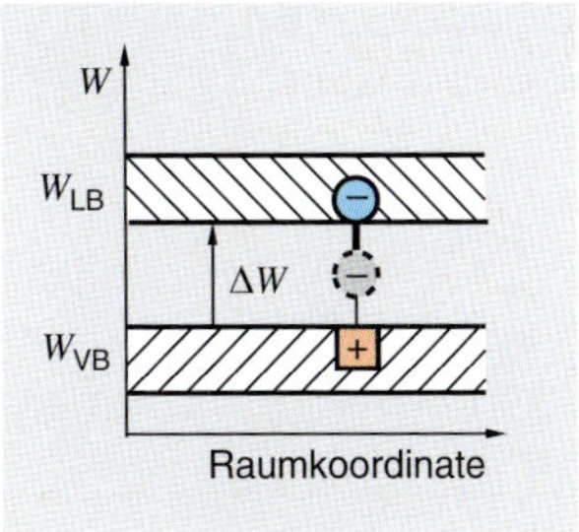

W_{LB} Energiezustand des Leitungsbandes
W_{VB} Energiezustand des Valenzbandes
ΔW Aktivierungsenergie

■ Rekombination

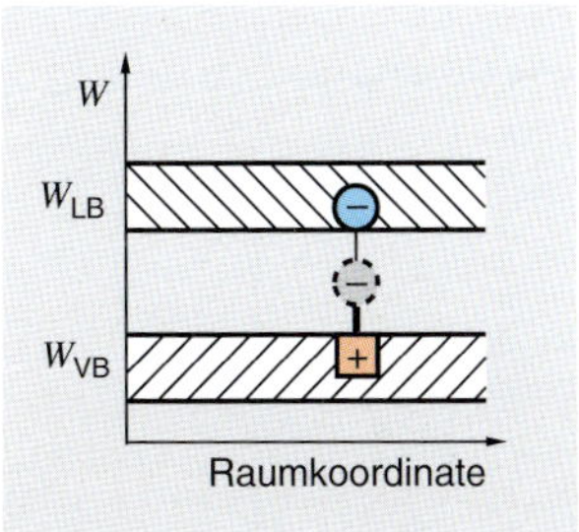

Elektronen-Löcher-Verhältnis: N = P

Störstellenleitung

Dotieren mit fünfwertigen Elementen
(Donatoren)

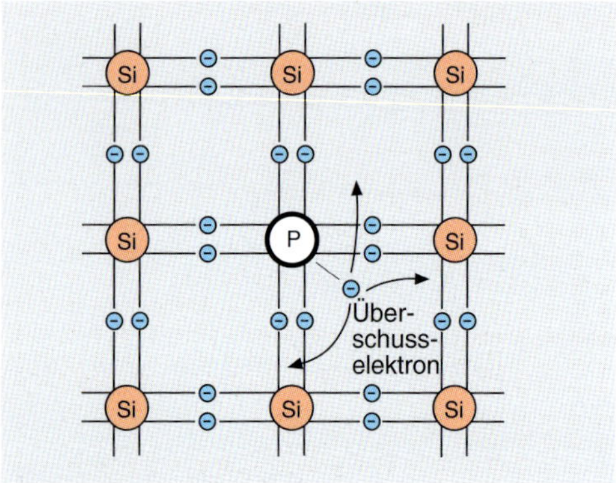

N-Leitung bei angelegter Spannung

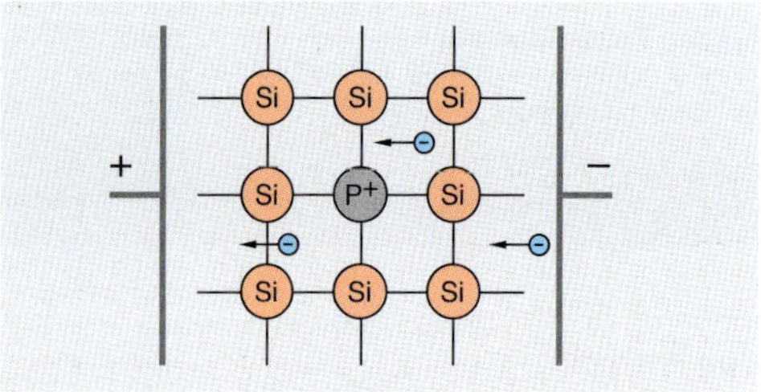

Generation
Geringere Aktivierungsenergie als bei Eigenleitung zur Erzeugung von freien Elektronen erforderlich

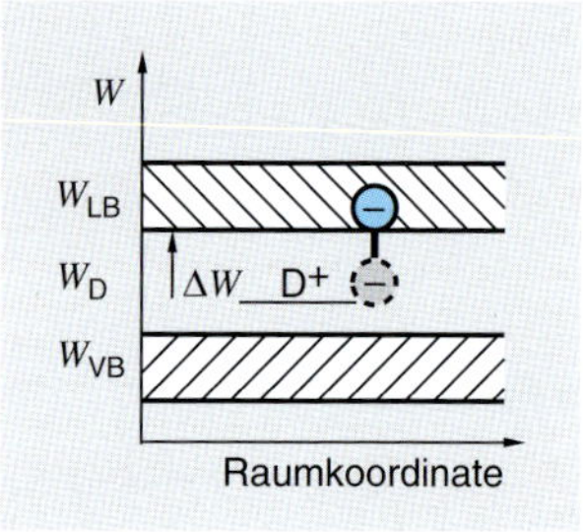

W_D Donatorenenergieniveau

➜ Bei Raumtemperatur immer ausreichend frei bewegliche Elektronen vorhanden
- gleichzeitige Entstehung positiv ionisierter Donatoren
- dominierende Elektronenleitung durch Überschusselektronen

Elektronen-Löcher-Verhältnis: N > P

Dotieren mit dreiwertigen Elementen
(Akzeptoren)

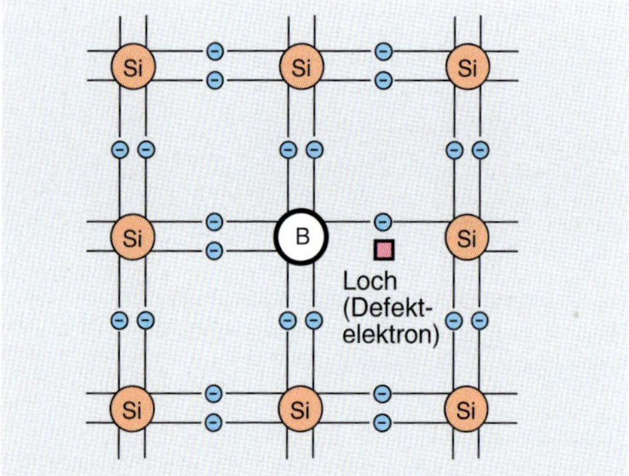

P-Leitung bei angelegter Spannung

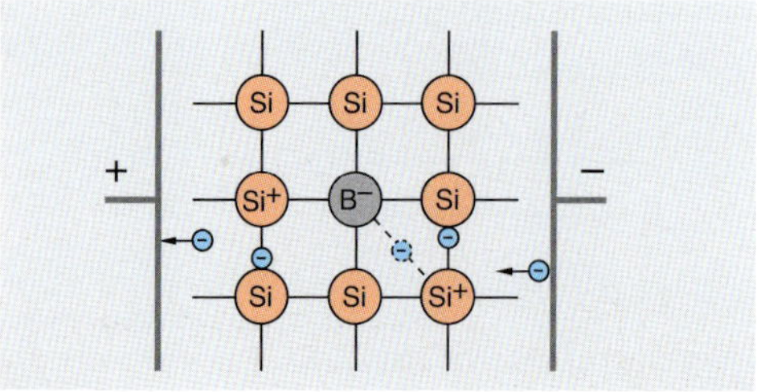

Generation
Geringere Aktivierungsenergie als bei Eigenleitung zur Erzeugung von positiven Ladungsträgern (positiv ionisierte Si-Atome) erforderlich

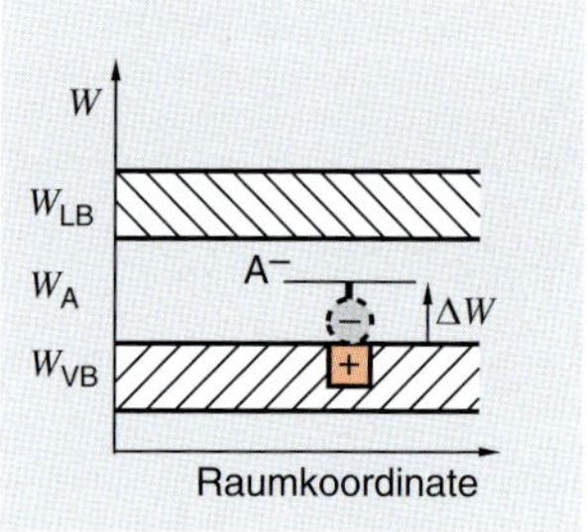

W_A Akzeptorenenergieniveau

➜ Bei Raumtemperatur immer ausreichend positive ortsfeste Si-Ionen vorhanden
- gleichzeitige Entstehung negativ ionisierter Akzeptoren
- dominierende, scheinbare Leitung der positiven Si-Ionen

Elektronen-Löcher-Verhältnis: N < P

Auswahl von Halbleiterwerkstoffen

Halbleiterwerkstoffe

Elementhalbleiter
- Elemente der IV. Hauptgruppe (Si, Ge)
- Elemente der VI. Hauptgruppe (Se, Te)

Verbindungshalbleiter
- $A^{IV}B^{V}$-Verbindungen (SiC)
- $A^{III}B^{V}$-Verbindungen (GaP; GaAS; InAs; InSb)
- $A^{II}B^{VI}$-Verbindungen (ZnO; ZnS; CdS; CdSe; MgO-TiO_2)
- Dreier-Mischverbindungen ($BaTiO_3$)

Kennzeichnung nach PRO ELECTRON (europäische Hersteller)

Alpha-numerische Bezeichnung mit

2 Buchstaben und 3 Ziffern | 3 Buchstaben und 2 Ziffern

drei — zwei

Ziffern als fortlaufende Kennzeichnung ohne technische Aussage

2. Buchstabe
Art des Bauelementes

A	Diode, allgemein	N	Optokoppler
B	Kapazitätsdiode	P	Fotodiode
C	NF-Transistor	Q	Leuchtdiode
D	NF-Leistungstransistor	R	Thyristor
E	Tunneldiode	S	Schalttransistor
F	HF-Transistor	T	steuerbarer Gleichrichter
G	Oszillatordiode	U	Leistungsschalttransistor
H	Hallsonde	X	Vervielfacher-Diode
K	Hallgenerator	Y	Leistungsdiode
L	HF-Leistungstransistor	Z	Z-Diode

1. Buchstabe
Art des Halbleiterwerkstoffes

A	Germanium	R	Fotohalbleiter und Hallgeneratoren-Ausgangsmaterial
B	Silicium		
C	Gallium-Arsenid		
D	Indium-Antimonid		

3. Buchstabe
Industrietypen

U, V, W, S, T, X, Y, Z

Kennzeichnung nach JEDEC (amerikanische, japanische Hersteller)

PN-Übergänge

1N	Diode
2N	bipolarer Transistor
3N	FET

und eine

zwei- bis vierstellige Seriennummer — ohne technische Aussage

2.4.2 Stromrichtungsunabhängige Halbleiterbauelemente

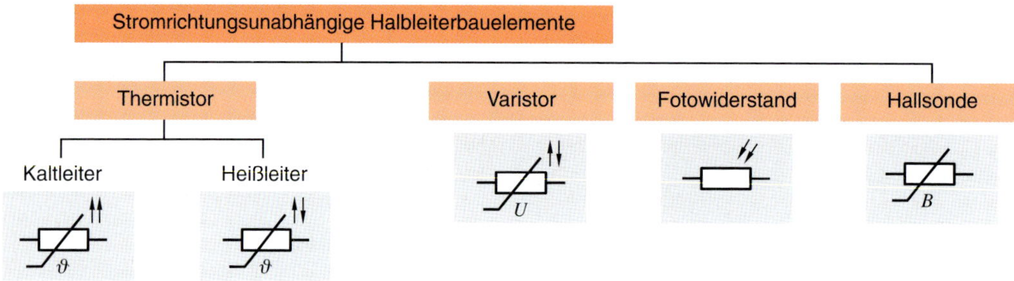

Thermistor (Thermically sensitive resistor – temperaturabhängige Widerstände)

Kaltleiter ($BaTiO_3$)

PTC-Widerstand (Positive Temperature Coefficient)
Temperaturabhängiger Halbleiterwiderstand, dessen Widerstandswert mit steigender Temperatur annähernd sprunghaft ansteigt, sobald eine bestimmte Temperatur überschritten wird.
$\alpha = +0{,}07 \ldots +0{,}60\ \text{K}^{-1}$

Widerstands-Temperatur-Kennlinie

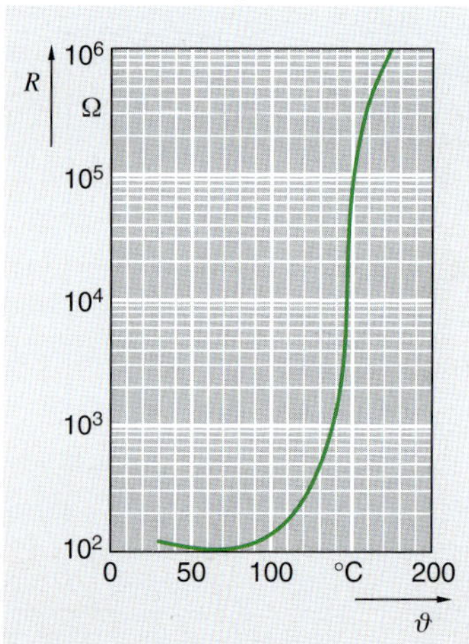

Strom-Spannungs-Kennlinie

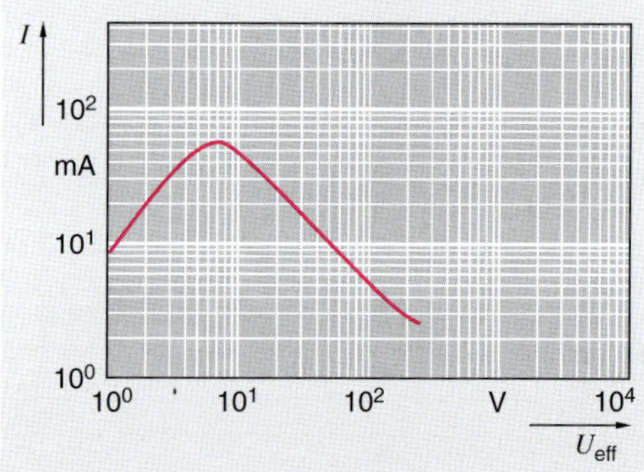

Anwendungen
- Übertemperaturschutz
- Überlastschutz
- selbstregelnde Heizelemente

Typische Bauelemente-Kennzeichnung und -Kennwerte

Bezeichnung	Nennspannung U_n in V	Wärmeleitwert G_{th} in mW/K	Bezugstemperatur, bei der der annähernd sprunghafte Anstieg des Widerstandswertes einsetzt. ϑ in °C	Widerstandswert bei 25 °C R_n in Ω	Farbcode
PTC 67291	25	5,7	70 90 130 150	30 … 50	violett weiß orange grün
PTC 6609	25	7	6 30 50 80 105	250 60 50 50 50	– rot orange gelb grün

Bauformen

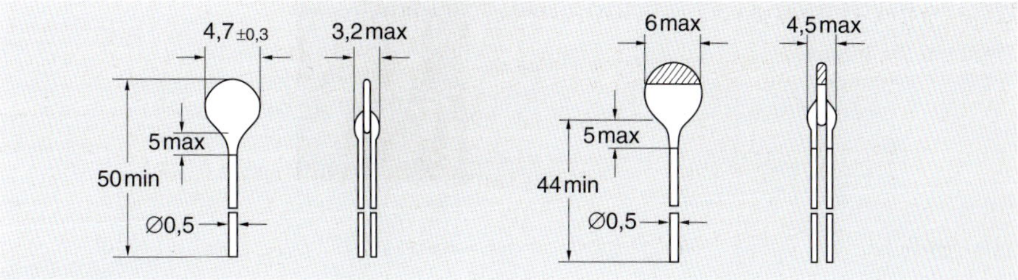

Heißleiter (keramischer Halbleiter $MgO\text{-}TiO_2$; $MgO\text{-}Al_2O_3$)

NTC-Widerstand (Negative Temperature Coefficient)
Temperaturabhängiger Halbleiterwiderstand, dessen Widerstandswert mit steigender Temperatur sinkt.
$\alpha = -0{,}025 \dots -0{,}045\ K^{-1}$

Widerstands-Temperatur-Kennlinie

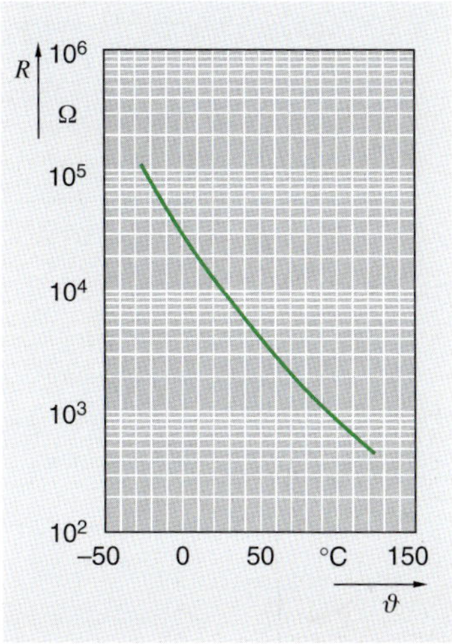

Strom-Spannungs-Kennlinie

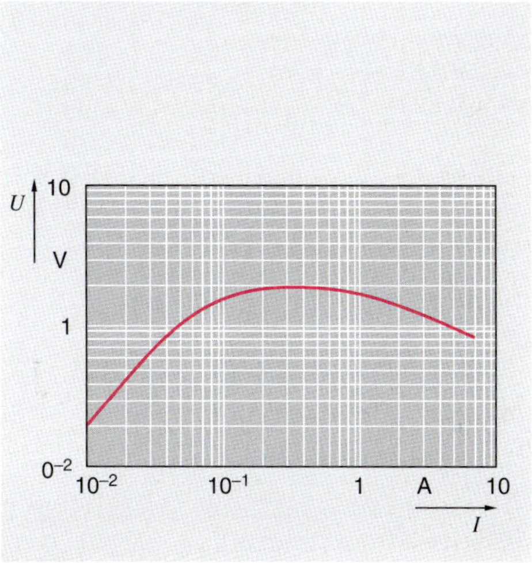

Anwendungen
- Temperaturmessung und -regelung
- Stromregelung
- Relaisverzögerung
- Einschaltstrombegrenzung
- Temperaturkompensation

Typische Bauelemente-Kennzeichnungen und -Kennwerte (Auswahl)

Bezeichnung	Temperaturbereich $\vartheta_{min} \dots \vartheta_{max}$ in °C	Verlustleistung P_{tot} in mW	Wärmeleitwert G_{th} mW/K	Widerstandswert bei 25 °C R_n in kΩ	Temperaturabhängiges Widerstandsverhältnis bei 25 °C und 85 °C B-Wert	Farbcode I	II	III
NTC 626 1				1	2075	braun	schwarz	rot
				2,2	2285	rot	rot	rot
				4,7	2485	gelb	violett	rot
	−25 … +200	100	0,8	10	3750	braun	schwarz	orange
				22	3560	rot	rot	orange
				47	3750	gelb	violett	orange
	−25 … +300			100	3900	braun	schwarz	gelb
NTC 633 1				1	2075			
				2,2	2285			
				4,7	2485			
				10	3750			
	−55 … +200	25		22	3560			
				47	3750			
				100	3900			
				220	3860			
				470	3950			

Typische Bauelemente-Kennzeichnungen und -Kennwerte (Auswahl)

Bezeichnung	Temperaturbereich $\vartheta_{min} \dots \vartheta_{max}$ in °C	Verlustleistung P_{tot} in mW	Wärmeleitwert G_{th} mW/K	Widerstandswert bei 25 °C R_n in kΩ	Widerstandsverhältnis der Temperaturabhängigkeit des Heißleiters aus den Widerstandswerten bei 25 °C und 85 °C *B*-Wert	Farbcode I	II	III
NTC 6406				2,2	3977	rot	rot	rot
				2,7	3977	rot	violett	rot
				3,3	3977	orange	orange	rot
				4,7	3977	gelb	violett	rot
				6,8	3977	blau	grau	rot
				10	3977	braun	schwarz	orange
				12	3740	braun	rot	orange
	–40 … +125	250		15	3740	braun	grün	orange
				22	3740	rot	rot	orange
				33	4090	orange	orange	orange
				47	4090	gelb	violett	orange
				68	4190	blau	grau	orange
				100	4190	braun	schwarz	gelb
				150	4370	braun	grün	gelb
				220	4370	rot	rot	gelb
				330	4570	orange	orange	gelb
				470	4570	gelb	violett	gelb

Bauformen

NTC 6261

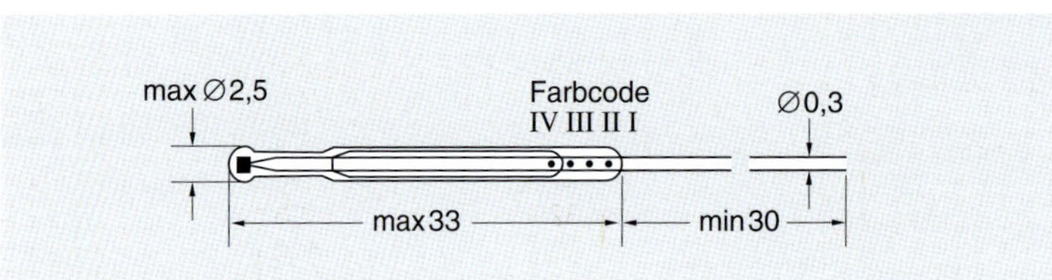

NTC 6331

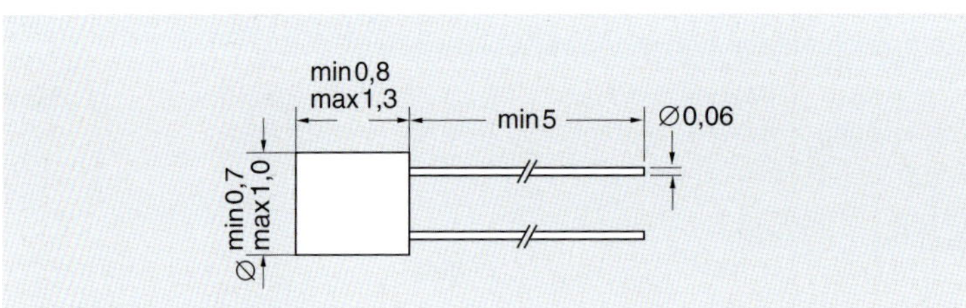

NTC 6406

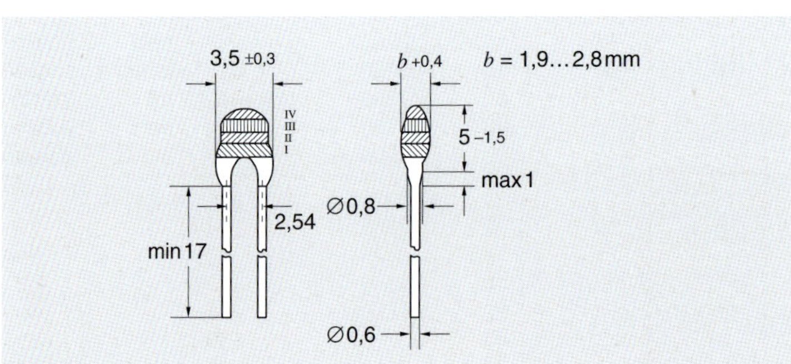

Varistor (ZnO; SiC)

VDR-Widerstand
(Voltage Dependent Resistor)

Spannungsabhängiger Widerstand mit symmetrischer Strom-Spannungs-Kennlinie, welcher bei steigender Spannung eine extrem starke Abnahme des differenziellen Widerstandes zeigt.

Strom-Spannungs-Kennlinie

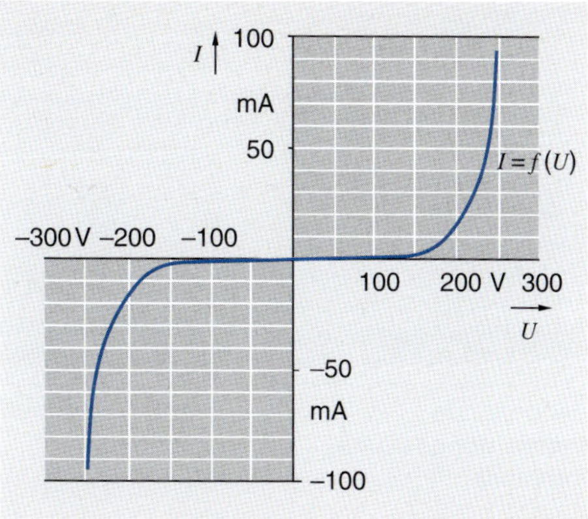

Anwendungen

- Überspannungsschutz
- Kontaktschutz
- Spannungsstabilisierung

Bezeichnung	Maximale Verlustleistung P_{tot} in mW	Maximal zulässiger Effektivwert der Sinuswechselspannung $U_{RMS\,max}$ in V	Maximal zulässiger Gleichspannungswert $U_{DC\,max}$ in V	Varistorspannung $U_{V\,bei\,1\,mA}$ in V	Maximal zulässiger, einmaliger Stoßstrom bei 8/20 µs Impulsdauer I_{max} in A
VDR 592	100	14	18	22	100
		30	38	47	100
		60	85	100	400
		75	100	120	400
		150	200	240	400
		250	320	390	400
		275	350	430	400
VDR 593	250	20	26	33	250
		30	38	47	250
		60	85	100	1200
		130	170	205	1200
		250	320	390	1200
		275	350	430	1200
		300	385	470	1200
		400	560	680	1200
VDR 594	400	30	38	47	500
		60	85	100	2500
		75	100	120	2500
		95	125	150	2500
		130	170	205	2500
		250	320	390	2500
		275	350	430	2500
		385	505	620	2500
		510	670	820	2500
VDR 595	600	14	18	22	1000
		30	38	47	1000
		60	85	100	4500
		250	320	390	4500
		275	350	430	4500
		300	395	470	4500
		460	615	750	4500
		550	745	910	4500

Bauformen

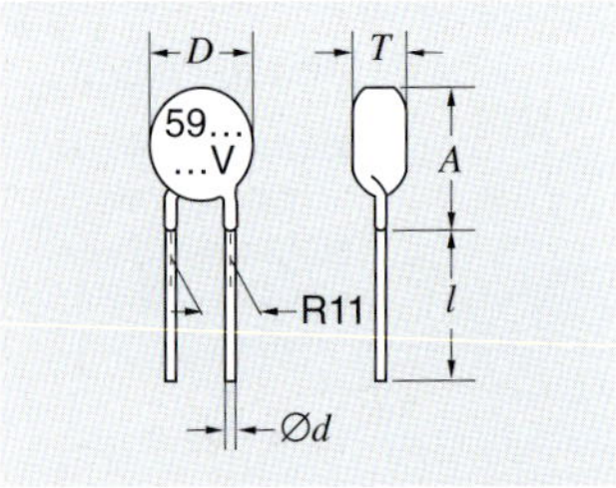

Abmessungen

Baureihe	D max	T max	A max	l min	d ±10 %
592	7	6,0	9	20	0,6
593	9	6,0	11	19	0,6
594	13,5	7,0	15,5	17	0,8
595	17	7,0	19	16	0,8

Fotowiderstand (CdS; CdSe; InAs; InSb)

LDR
(Light Dependent Resistor)

- Lichtabhängiger Widerstand, bei dem mit zunehmender Lichtintensität der Widerstand abnimmt.
- Dunkelwiderstand R_0 liegt bei ≥ 10 MΩ.
- Hellwiderstand R_h liegt bei 300 ... 800 Ω.

Widerstands-Beleuchtungsstärke-Kennlinie

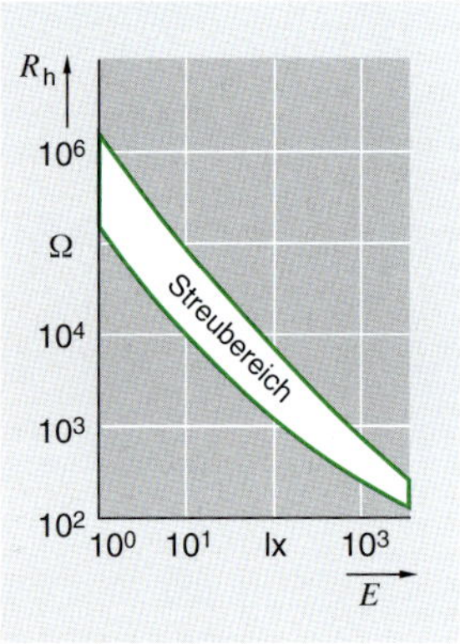

Strom-Spannungs-Kennlinie

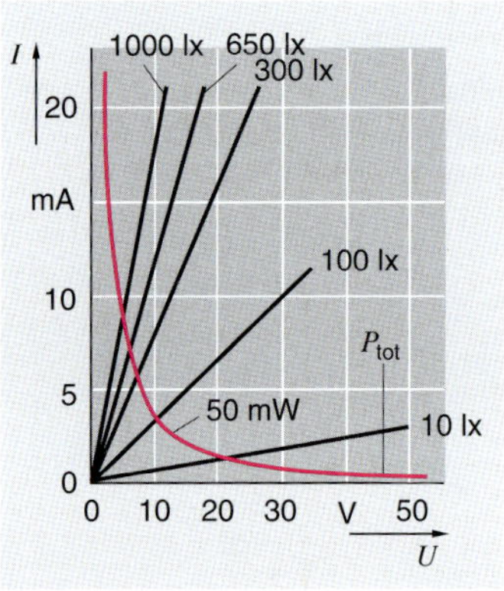

Anwendungen

- Lichtschranken
- Dämmerungsschalter
- Zähleinrichtungen
- Alarmanlagen
- Beleuchtungsstärkemesser

Typische Bauelemente-Kennzeichnungen und -Kennwerte (Auswahl)

Bezeichnung	Maximale Spannung (Gleich- oder Wechselspannung) U_{max} in V	Maximale Verlustleistung P_{tot} in mW	Widerstand bei 10 Lux Beleuchtungsstärke R_{10} in kΩ
LDR 150	150	250	28,0
LDR 200	200	250	8,3
LDR 300	300	250	8,0

Bauformen

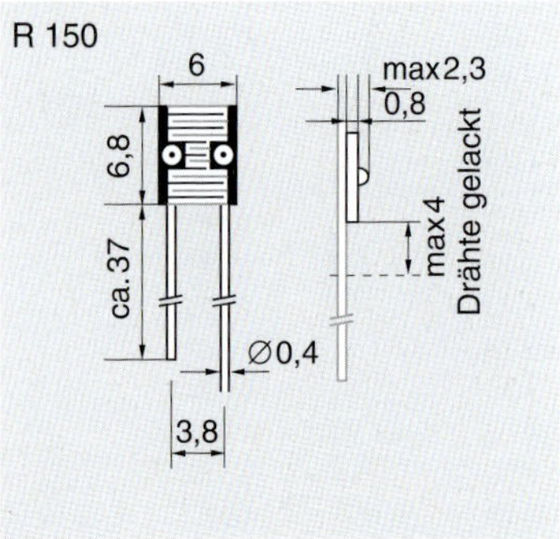

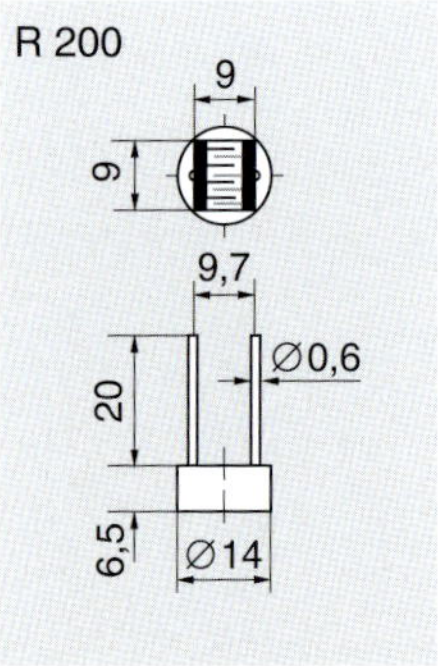

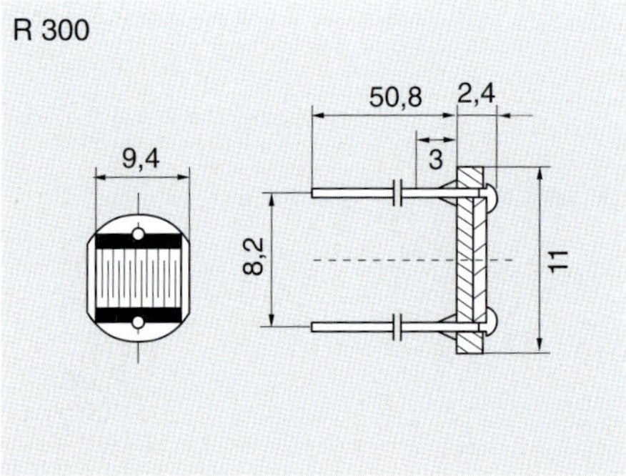

Hallsonde (InSb; InAs)

Hallsonde

Magnetfeldabhängiger Widerstand, der bei Zunahme des Betrages der Magnetflussdichte seinen Widerstand vergrößert.

N ➜ N-leitende Hallsonde
P ➜ P-leitende Hallsonde

Widerstands-Magnetflussdichte-Kennlinie

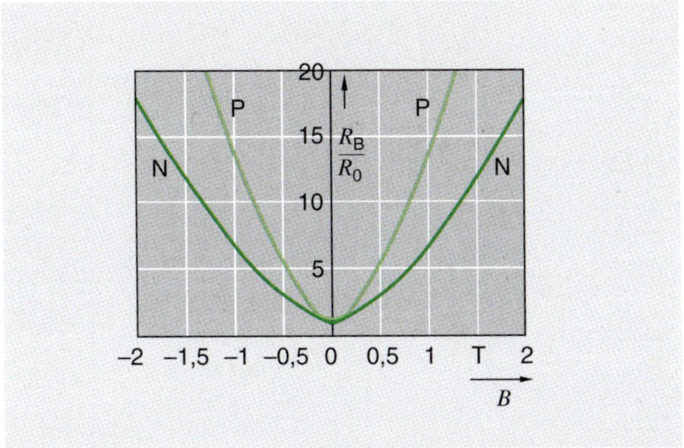

Anwendungen

- Berührungslose Positionserfassung
- prellfreie Taster, Relais
- Erfassen von Drehzahl, Drehrichtung und Magnetfeldern
- Messen von Gleich- und Wechselströmen, Magnetflussdichtewerten

Typische Bauelemente-Kennzeichnungen und -Kennwerte (Auswahl)

Bezeichnung	Nenn-spannung U_n in V	Maximaler Laststrom bei B = 0 T* I_{max} in mA	Maximale Schalt-frequenz f_{max} in kHz	Magnetische Feldstärke H in kA/m	Widerstand bei B = 0 T* und 25 °C R_0 in kΩ
Universal-Hallschalter					
RH 501	4,5 … 24	20	18		
RH 601	3,5 … 25	45	25		
Hallschalter					
TLE 49 XX	3,5 … 24	50			
Magnetfeld-sensoren					
RKMZ 10	5		1000	±0,5 … ±2	1,2 … 2,1
RKMZ 51	5			±0,2	

*B: Magnetische Flussdichte in Tesla

Bauformen

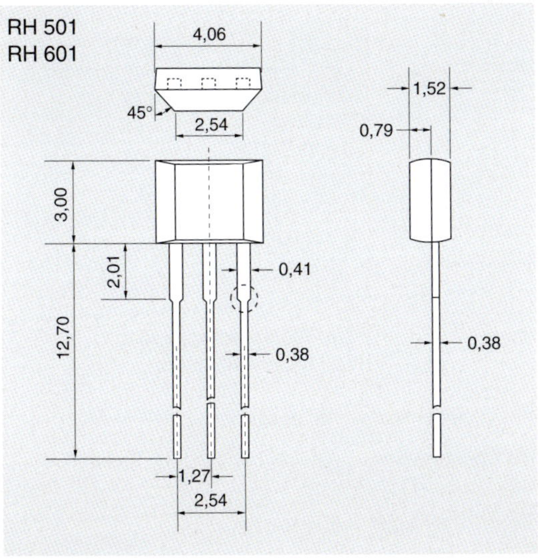

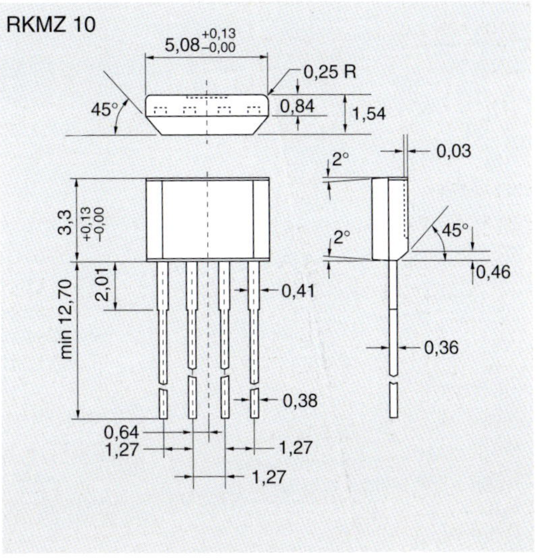

2.4.3 Sperrschicht-Halbleiterbauelemente

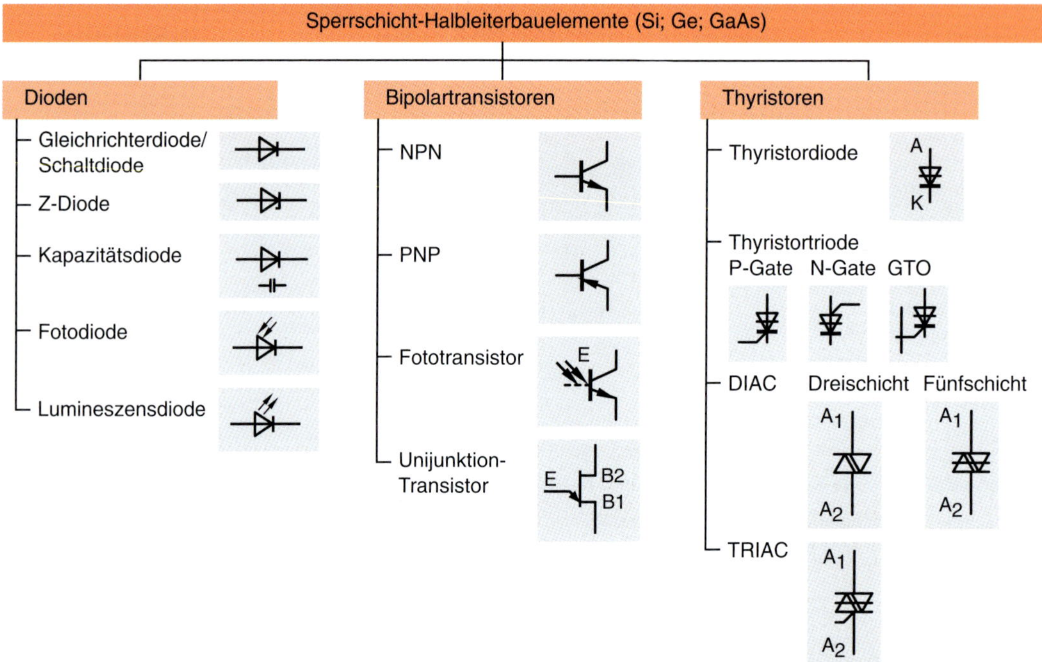

Stromleitung in Sperrschichthalbleitern

PN-Übergang

PN-Übergang ohne äußere Spannungsbeschaltung	PN-Übergang mit Spannungsbeschaltung für Durchlassrichtung	PN-Übergang mit Spannungsbeschaltung für Sperrrichtung
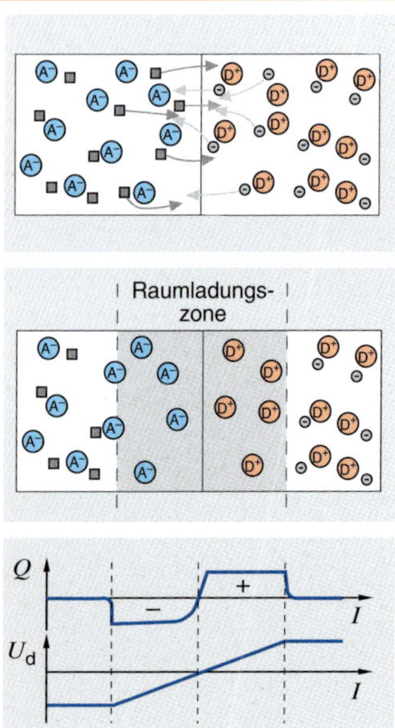	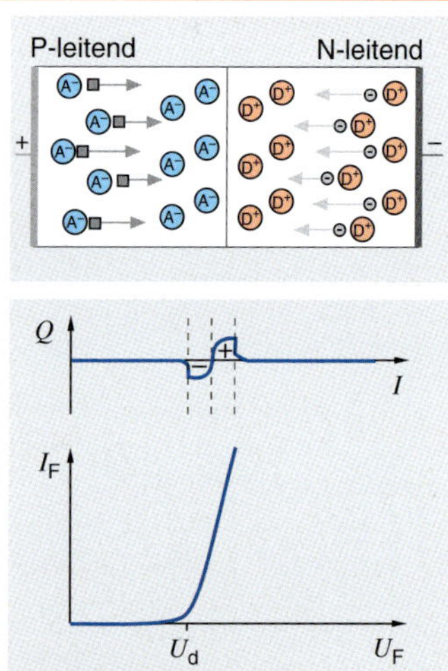	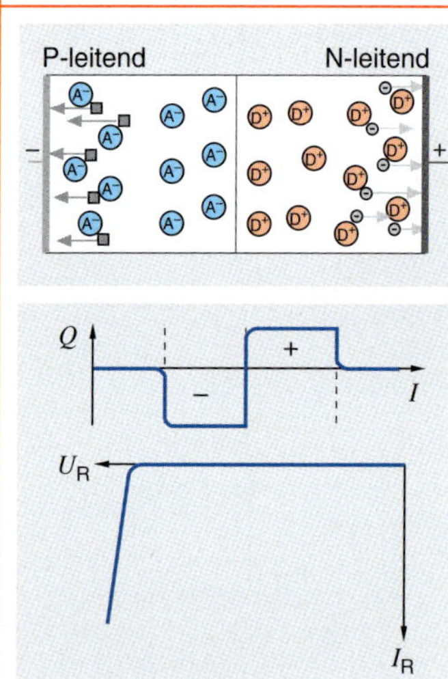
Q Raumladung U_d Diffusionsspannung U_d(Si) ≈ 0,5 V U_d(Ge) ≈ 0,3 V U_d(GaAs) ≈ 0,9 V	U_F Vorwärtsspannung I_F Vorwärtsstrom	U_R Rückwärtsspannung I_R Rückwärtsstrom

Ⓐ⁻ negativ ionisiertes Akzeptoratom
Ⓓ⁺ positiv ionisiertes Donatoratom
■ positiv ionisiertes Si-Atom
⊖ frei bewegliches Elektron

Gleichrichterdiode

Gleichrichterdiode, Schaltdiode

- Dioden allgemein; Schaltdiode
- Leistungsgleichrichterdiode
- PIN-Dioden
- Schottky-Dioden
- Mit steigender Spannung $U_F > U_d$ nimmt der Stromfluss in Flussrichtung deutlich zu.

Strom-Spannungs-Kennlinie

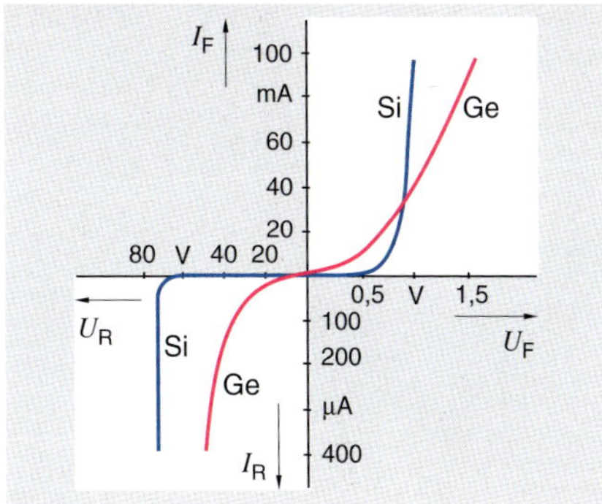

Anwendung

- Gleichrichtung von Wechselspannung
- Schalterfunktion
- Verpolschutz
- Spannungsbegrenzung

Typische Bauelemente-Kennzeichnungen und -Kennwerte (Auswahl)

Bezeichnung	Maximale Verlustleistung P_{tot} in mW	Maximale periodische Spitzensperrspannung U_{RRM} in V	Richtwert für Gleichstrom in Flussrichtung I_{FAV} in mA	Maximaler Stoßstrom für eine Sinushalbwelle (10 ms) I_{FSM} in A	Maximaler Sperrstrom I_R in µA
Dioden, allgemein					
BA …	300 … 400	20 … 250	150 … 200		< 0,1
1 N 4446 … 4449	500	100	150		< 25
Leistungsdioden					
BYD …		50 … 1250	2,4 … 1,3 A	50 … 20	
BYX …		300 … 1600	9,5 … 48	75 … 800	
BY …		1,8 … 30 kV	85 … 3		< 3
1 N 4001 … 4007		50 … 1000	1 A	50	< 5
Schottky-Dioden					
BAT 41 bis 48		100 … 40	100 … 200		0,1 … 25
BYV 121		35 … 45	30 A	650	
Schaltdioden					
BAS 19 bis 21		120 … 250	200		< 0,1

Bauformen (Auswahl)

BA …

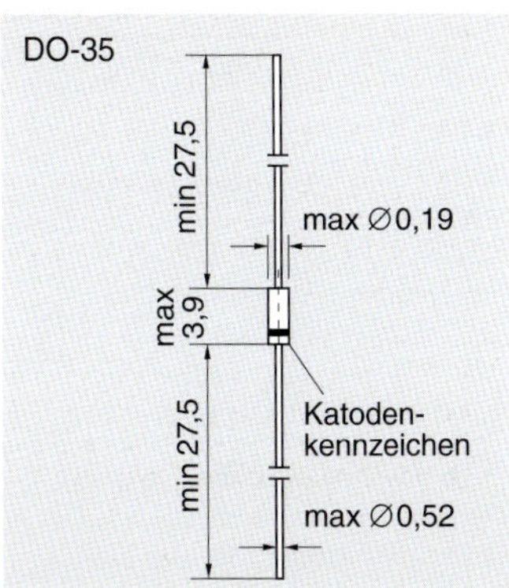

BY …

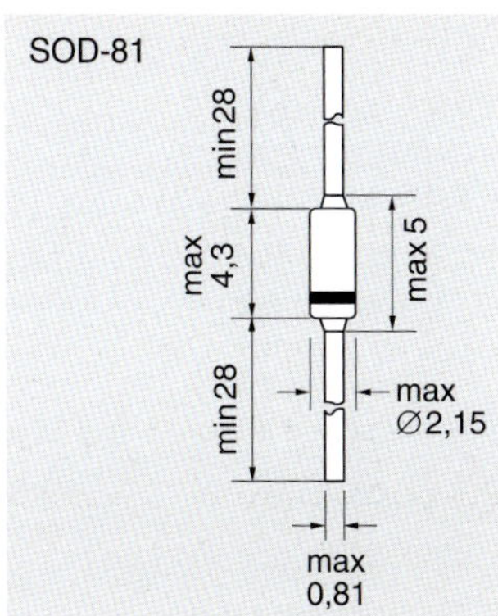

BYX …; BYV

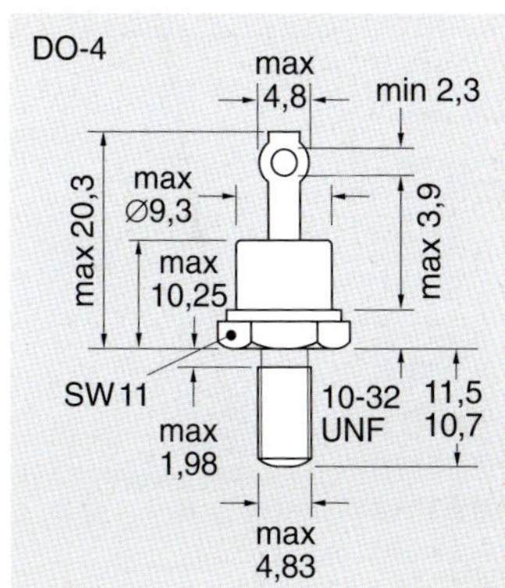

1 N 400	BAS
DO-41	SOT-23

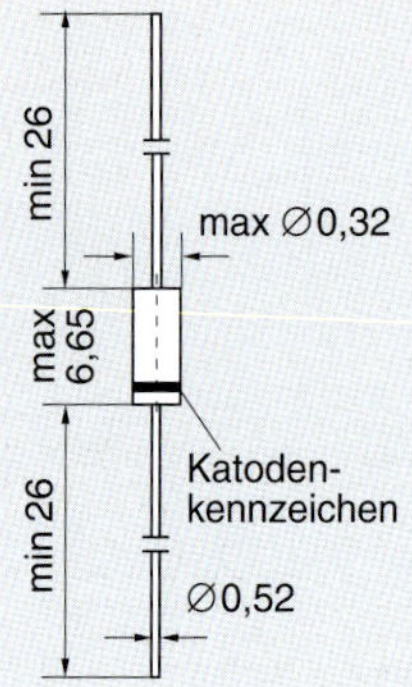

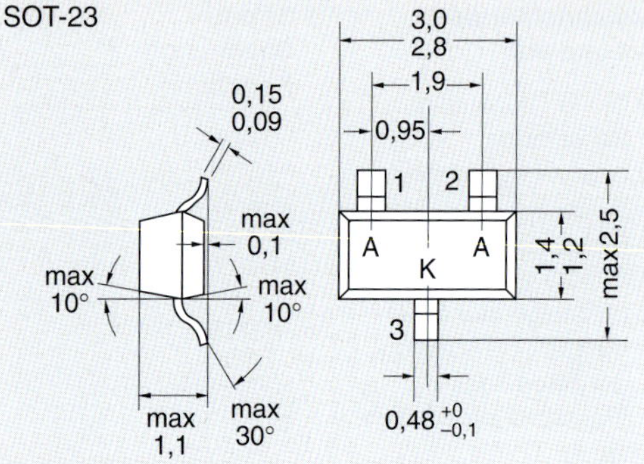

Z-Diode

Z-Diode

- Betrieb in Rückwärtsrichtung
- Mit steigender Sperrspannung $U_R > U_Z$ nimmt der Stromfluss in Sperrrichtung deutlich zu.
- U_Z –Zenerspannung

Strom-Spannungs-Kennlinie

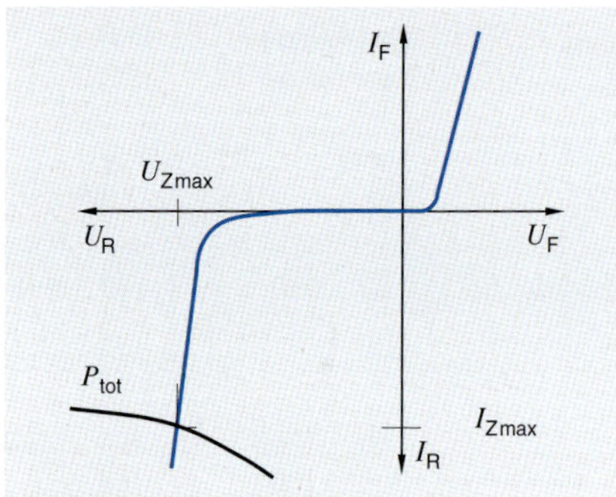

Anwendung

- Spannungsbegrenzung
- Spannungsstabilisierung

Typische Bauelemente-Kennzeichnungen und -Kennwerte (Auswahl)

Bezeichnung	Maximale Verlustleistung P_{tot} in W	Z-Spannung U_Z in V	Z-Strom (Richtwert) I_Z in mA	differenzieller Z-Diodenwiderstand r_Z in Ω
BZY 97C3V9	2	3,7 … 4,1	100	<7
BZY 97C5V1		4,8 … 5,4	100	<5
BZY 97C8V2		7,7 … 8,7	100	<2
BZY 97C13		12,4 … 14,1	50	<10
BZY 97C22		20,8 … 23,3	25	<15
BZY 97C91	2	85 … 96	5	<200
BZY 97C100		94 … 106		<200
BZY 97C150		138 … 156		<300
BZY 97C200		188 … 212		<350
1 N 5335B	5	3,7 … 4,1	320	<2
1 N 5338B		4,8 … 5,4	240	<1,5
1 N 5344B		7,7 … 8,7	150	<1,5
1 N 5350B		12,4 … 14,1	100	<2,5
1 N 5358B		20,8 … 23,3	50	<3,5
1 N 5377B	5	85 … 96	15	<75
1 N 5378B		94 … 106	12	<90
1 N 5383B		138 … 156	8	<330
1 N 5388B		188 … 212	5	<480

Bauformen

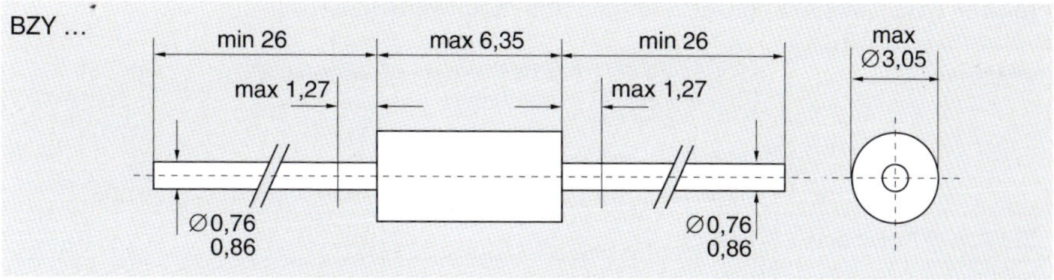

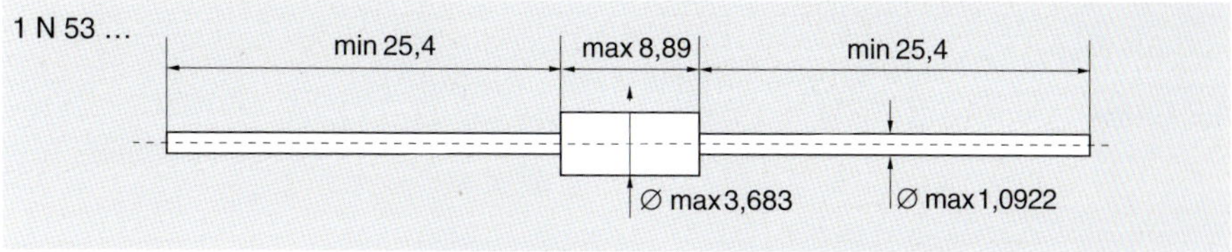

Kapazitätsdiode

Kapazitätsdiode

- Betrieb in Rückwärtsrichtung
- Mit steigender Sperrspannung sinkt die Diodenkapazität

Kapazitäts-Kennlinie

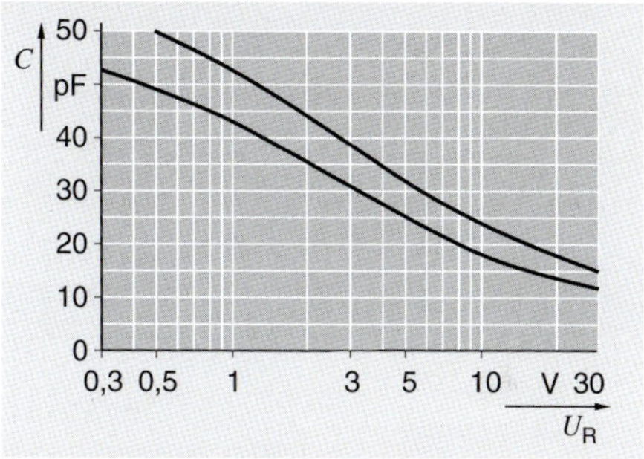

Anwendung

- Abstimmung von Schwingkreisen (AFC – Automatische Frequenz-Kontrolle)
- Frequenzvervielfachung

Typische Bauelemente-Kennzeichnungen und -Kennwerte (Auswahl)

Bezeichnung	Maximale Spitzen-sperr-spannung U_{RRM} in V	Sperr-strom I_R in µA	Dioden-kapazität C in pF bei U_R	Dioden-kapazität C in pF bei U_R	Fluss-strom I_F in mA
BB 112	12	<0,05	440 … 540 bei 1 V	17 … 29 bei 8,5 V	50
BB 215	30	<0,01	17 bei 1 V	1,8 … 2,2 bei 28 V	20
BBY 40	30	<0,05	26 … 32 bei 3 V	4,3 … 6,0 bei 25 V	20
BB 241	32	<0,01	>63 bei 0,5 V	2,5 … 3 bei 28 V	20

Fotodiode

Fotodiode

- Betrieb in Rückwärtsrichtung
- Lichtempfänger, bei dem mit steigender Beleuchtungsstärke der Stromfluss I_R linear zunimmt.

Strom-Spannungs-Kennlinie

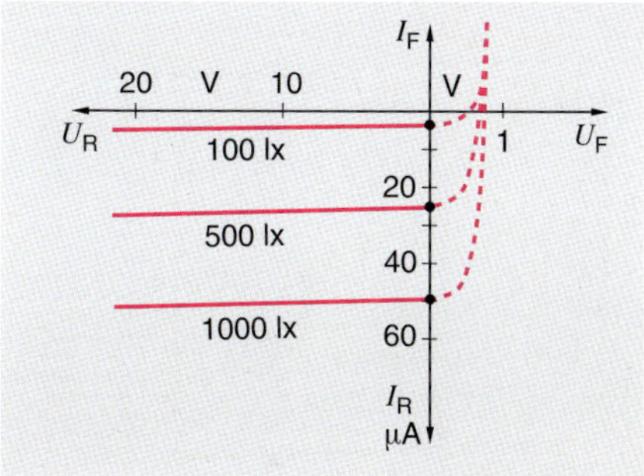

Anwendung

- Messwiderstand
- galvanische Trennung von Signalübertragungen in Verbindung mit Lichtsender

Typische Bauelemente-Kennzeichnungen und -Kennwerte (Auswahl)

Bezeichnung	Lichtempfindliche Fläche in mm^2	Sperrspannung U_R in V	Sperrstrom im Arbeitspunkt I_{RA} in µA bei U_R	Sperrstrom im Dunkelzustand I_{R0} in nA	Wellenlänge des einfallenden Lichtes λ in nm
BPW 24 (PIN-Diode)	0,64	10	42	2	530 … 1050
BPW 88 (PIN-Diode)	0,78	50	6,5	1	< 930
BP 104 (GaAs)	7,5	5	45	2	800 … 1000

Bauformen

BPW 24

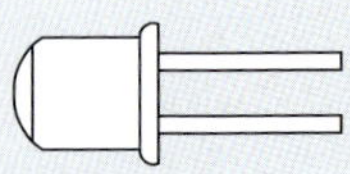

TO 18 mit Linse

BPW 88

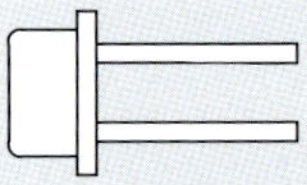

TO 18 planparalleles Fenster

BP 104

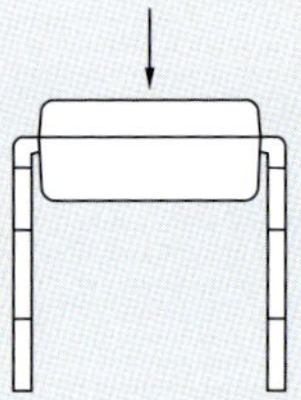

Lumineszensdiode (LED)

LED
(Light Emitting Diode)

- Betrieb in Vorwärtsrichtung
- Lichtsender, bei dem mit steigender $U_F > U_d$ die Leuchtstärke zunimmt.

Strom-Spannungs-Kennlinie

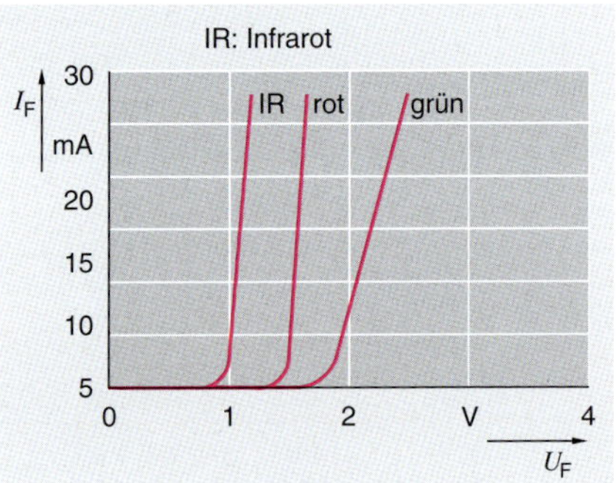

Anwendung

- optischer Signalgeber zur galvanischen Trennung
- Zustandsanzeige für digitale Informationen

Typische Bauelemente-Kennzeichnungen und -Kennwerte (Auswahl)

Bezeichnung	Flussspannung U_F in V	Lichtstärke I in mcd*	Flussstrom I_F in mA	Wellenlänge λ in nm	Farbe
CQY 40	1,6 … 3,2	1,6	10 … 20	640	rot
CQY 74	1,6 … 3,2	1,6	10 … 20	590	gelb
CQY 72	1,6 … 3,2	1,6	10 … 20	575	grün
CQX 42 N	1,6 … 3,2	15	15	620 … 640	rot
CQX 27 N	1.6 … 3,2	5	15	590	gelb
CQX 26 N	1,6 … 3,2	15	15	575	grün
TLSR 5100	1,6		10 … 20	660	rot
TLSY 5100	1,6		10 … 20	585	gelb
TLSG 5100	1,6		10 … 20	565	grün

* cd: Candela

Bauformen (Auswahl)

Bezeichnung	Geometrie	Abmessungen
CQY CQX	Rund 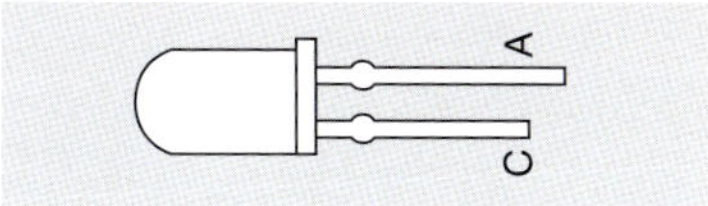	5 mm ∅ 3 mm ∅
TLS …	Rechteck 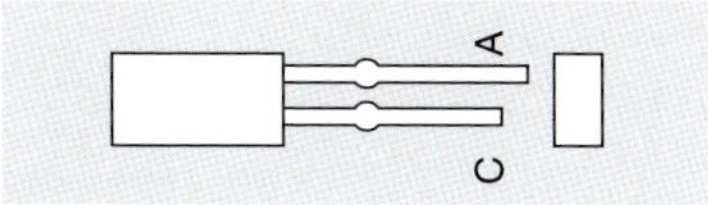	2,5 x 5 mm²

Bipolartransistoren (Si, Ge), NPN- und PNP-Transistoren

Bipolartransistoren	■ Stromsteuerndes Bauelement mit verstärkender Eigenschaft jeweils für Strom und/oder Spannung

NPN-Transistor

■ Spannungsbeschaltung

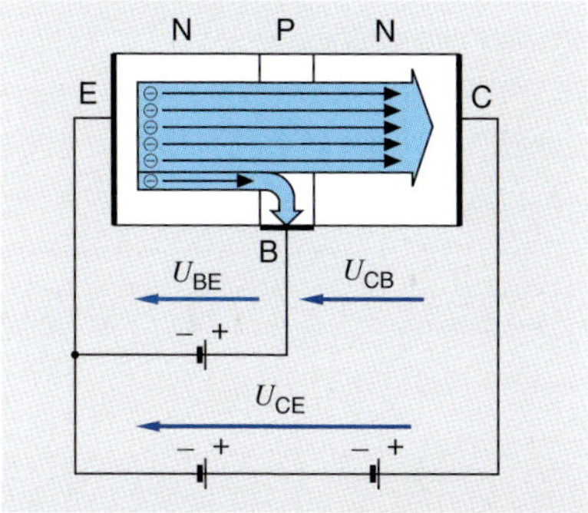

■ Zählpfeile für Ströme und Spannungen

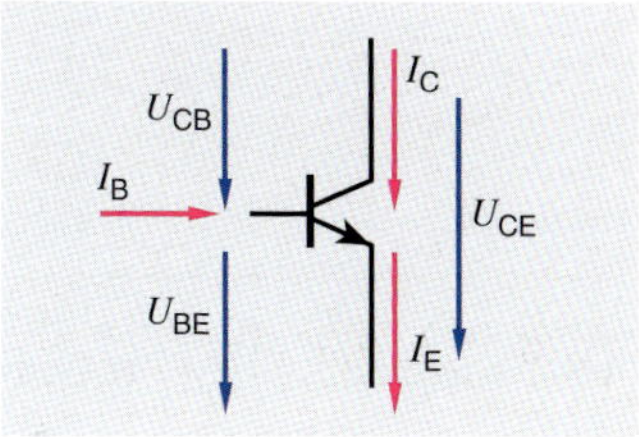

■ Knotenpunktsatz: $I_E = I_C + I_B$

■ Maschensatz: $U_{CE} = U_{BE} + U_{CB}$

■ Verlustleistung total: $P_{tot} = I_B \cdot U_{BE} + I_C \cdot U_{CE}$

Strom-Spannungs-Verhalten

■ Vierquadrantenkennlinienfeld mit Aussteuerbarkeitsgrenzen

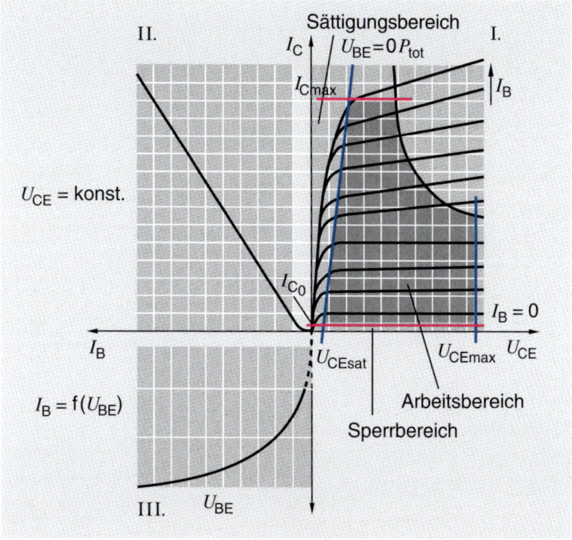

I. Quadrant Ausgangskennlinie
II. Quadrant Steuerkennlinie
III. Quadrant Eingangskennlinie
IV. Quadrant Spannungsrückwirkungskennlinie (nicht dargestellt – geringe praktische Bedeutung)

<table>
<tr><td>Strom-Spannungs-Verhalten</td><td>

■ Wechselstromkenngrößen

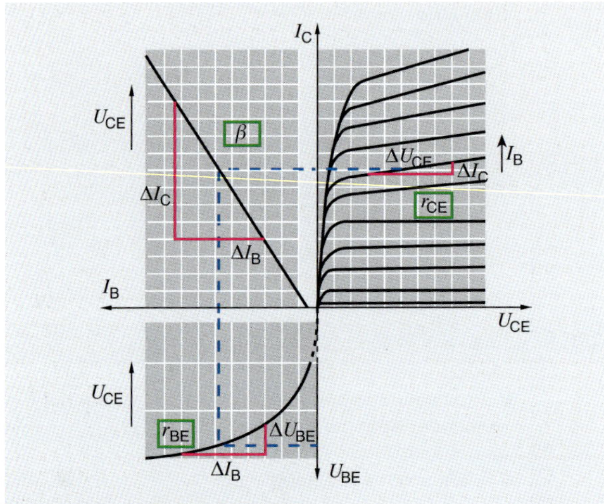

β Wechselstromverstärkung ($\beta = \Delta I_C/\Delta I_B$)
r_{BE} Wechselstromeingangswiderstand ($r_{BE} = \Delta U_{BE}/\Delta I_B$)
r_{CE} Wechselstromausgangswiderstand ($r_{CE} = \Delta U_{CE}/\Delta I_C$)

</td></tr>
<tr><td>Anwendung</td><td>Transistor als Schalter</td></tr>
</table>

<table>
<tr><td>PNP-Transistor</td><td>

■ Spannungsbeschaltung

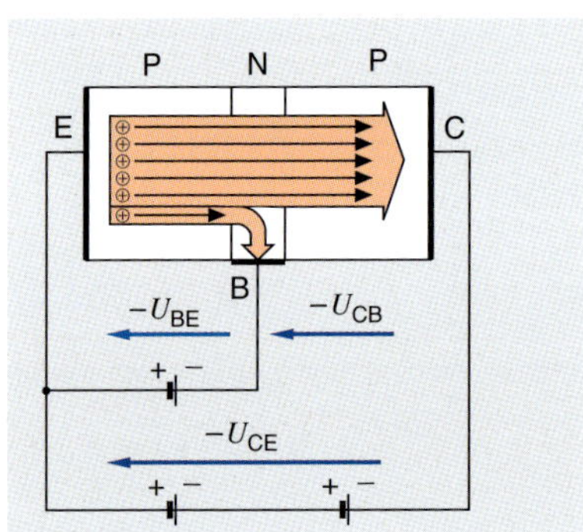

■ Zählpfeile für Ströme und Spannungen

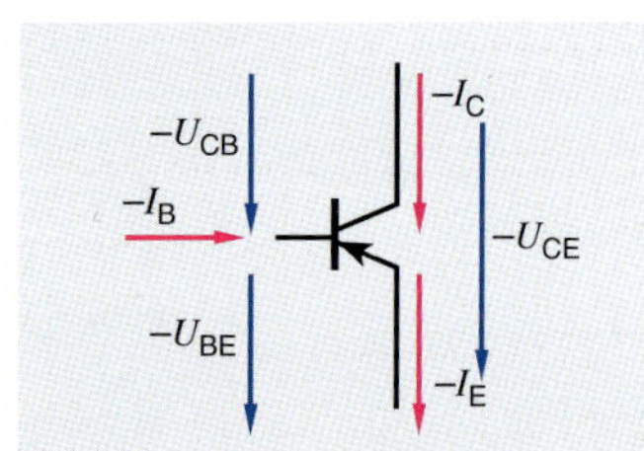

</td></tr>
<tr><td>Anwendung</td><td>Transistor als Verstärker
■ Emitterverstärker
■ Basisverstärker
■ Kollektorverstärker</td></tr>
</table>

Typische Bauelemente-Kennzeichnungen und -Kennwerte (Auswahl)

Bezeichnung	Kollektor-Emitter-Leerlaufspannung; maximal zulässige Kollektor-Emitter-Spannung U_{CE0} in V	Zulässiger Kollektorstrom I_C	Maximale Verlustleistung P_{tot}	Gleichstrom-, Wechselstrom-Verstärkungsfaktor $B(\beta)$
NPN				
BC 107	45	100 mA	300 mW	110…450
BC 140-10	40	1000 mA	3700 mW	63…100
BC 140-16	40	1000 mA	3700 mW	100…250
BC 550	45	100 mA	500 mW	200…800
BSW 65	80	1000 mA	5 W	>30
2 N 3439	350	1000 mA	10 W	40…160
BD 137-6	60	1,5 A	8 W	40…100
BD 137-10	60	1,5 A	8 W	63…160
BD 137-16	60	1,5 A	8 W	100…250
BDV 91	60	10 A	100 W	>20
BUV 89	800	8 A	125 W	>2,25
BUV 40	125	20 mA	120 W	>7,5
PNP				
BC 160-10	40	1000 mA	3700 mW	63…100
BC 160-16	40	1000 mA	3700 mW	100…250
BC 560	50	100 mA	500 mW	125…800
BD 138-6	60	1,5 A	8 W	40…100
BD 138-10	60	1,5 A	8 W	63…160
BD 138-16	60	1,5 A	8 W	100…250
BDV 92	60	10 A	100 W	>20

Bauformen (Auswahl)

BC 140, BSW 65; 2 N 3439 BC 160	BD 137 BD138
TO-39 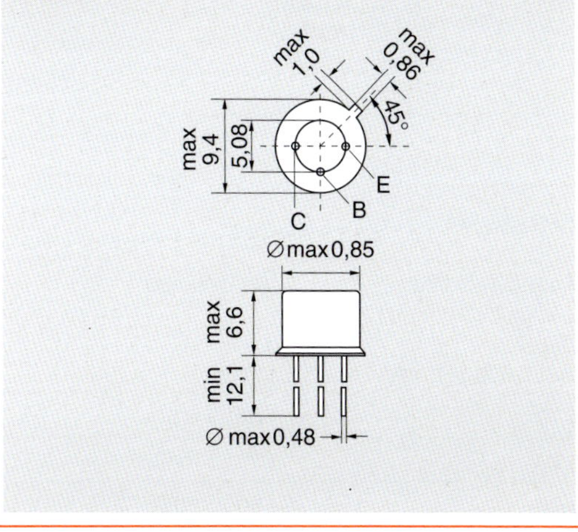	TO-126 oder SOT-32 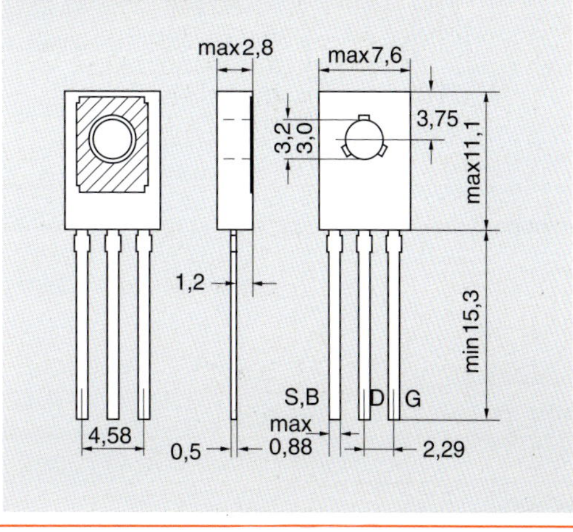

BDV 91, BUV 89 BDV 92	BUV 40
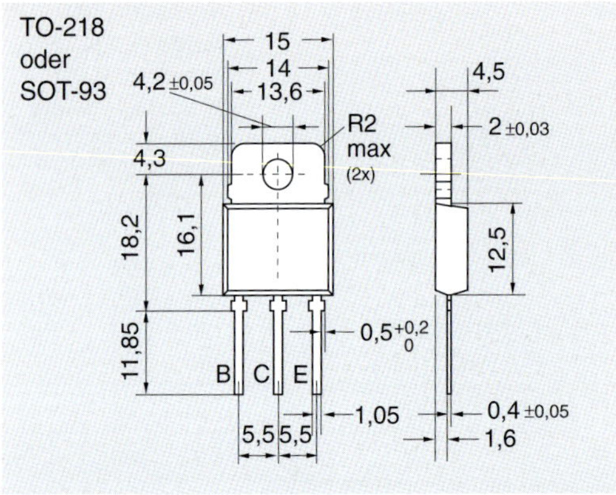	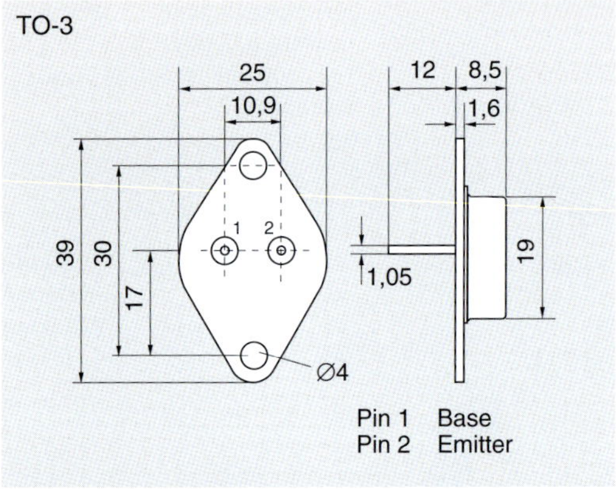

Fototransistor

Fototransistor

- Basis-Kollektor-Sperrschicht wirkt als Lichtempfänger.

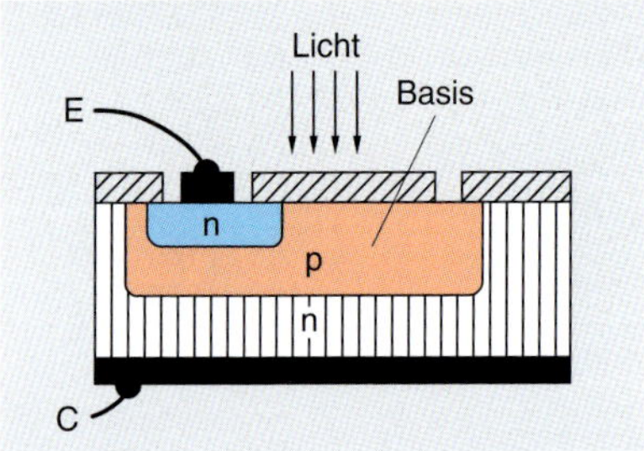

- Mit steigender Beleuchtungsstärke fließt der Kollektorstrom als Fotostrom I_P.

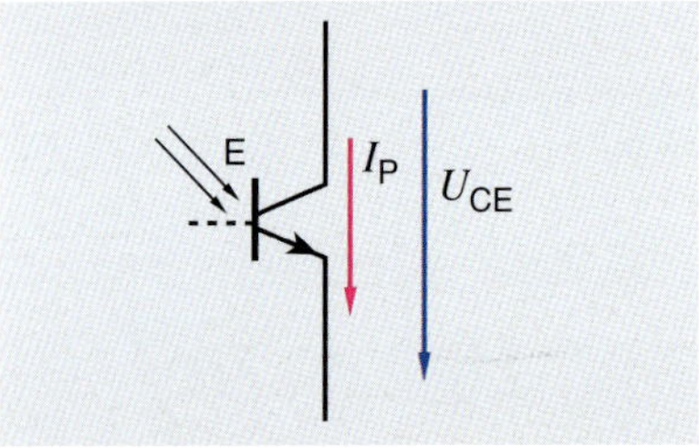

Strom-Beleuchtungs-Verhalten

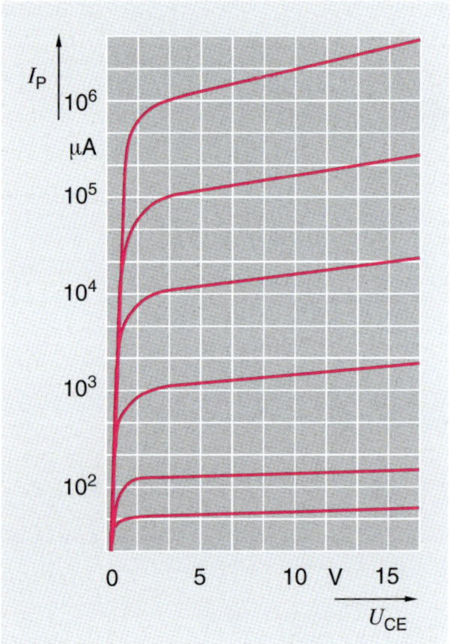

Anwendung

- Fotoelektronischer Empfänger
- galvanische Trennung von Signalübertragungen in Verbindung mit Lichtsender
- für geringe Leistungen

Typische Bauelemente-Kennzeichnungen und -Kennwerte (Auswahl)

Bezeichnung	Lichtempfindliche Fläche in mm²	Kollektor-Emitter-Leerlaufspannung U_{CE0} in V bei I_C = 1 mA	Wellenlänge λ in nm
BPW 47	0,28	>70	600 … 150
BPX 43	0,76	>70	630 … 1040
BPW 96	0,18	>70	560 … 980

Unijunktion-Transistor (UJT)

Unijunktion-Transistor

- Zweibasistransistor
- Steuerung der Leitfähigkeit zwischen den Basisanschlüssen vom hochohmigen in den niederohmigen Zustand durch positive Steuerspannung U_{EB1}

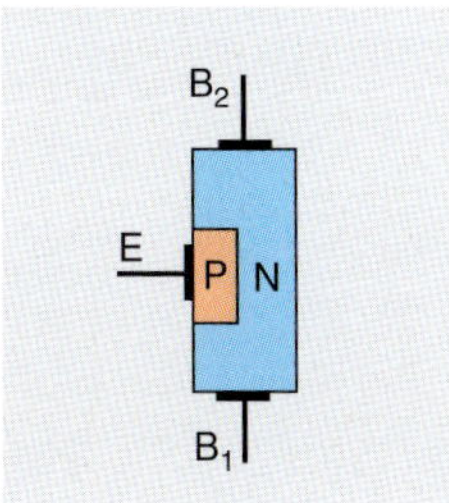

Strom-Spannungs-Verhalten

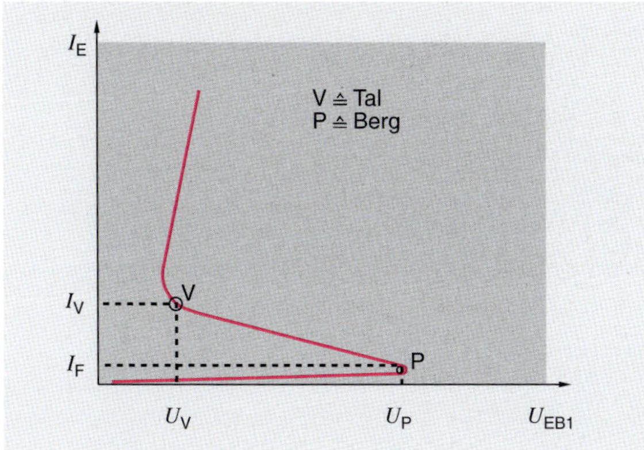

Anwendung

- Elektronischer Schalter
- Zündgenerator für Thyristoren geringerer Leistung

Typische Bauelemente-Kennzeichnungen und -Kennwerte (Auswahl)

Bezeichnung	Maximale Spannung zwischen den Basisanschlüssen $U_{B2,\,B1}$ in V	Maximaler Emitterstrom I_E (RMS) in mA	Maximale Verlustleistung P_{tot} in mW	Modulierter Basis(2)-Strom I_{B2} (moduliert) in mA
2 N 4871	35	50	300	15

Thyristordiode

Thyristordiode
(Vierschichtdiode)

- Betrieb in Vorwärtsrichtung
- leitfähig erst bei Überschreiten der Nullkippspannung $U_{(B0)}$
- sperrend erst bei Unterschreiten des Haltestromes I_H

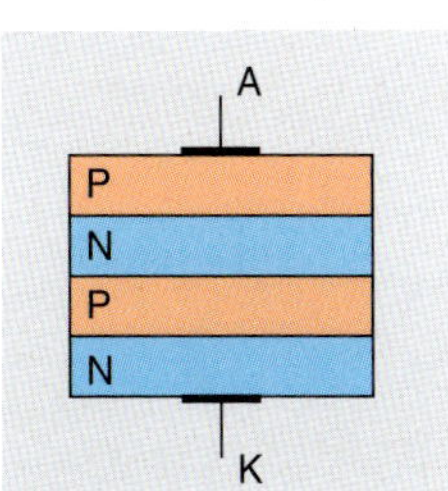

Strom-Spannungs-Verhalten

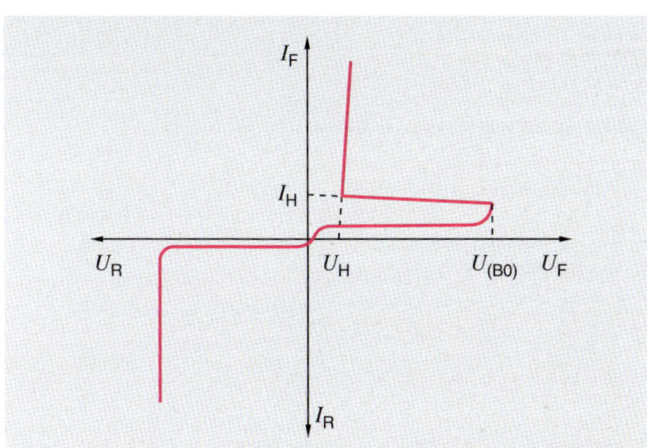

Anwendung

- Zündimpulserzeugung für Thyristortrioden

Thyristortriode

P-Gate-Thyristor

- Betrieb in Vorwärtsrichtung
- katodenseitige Steuerelektrode
- Sperren durch Unterschreiten des Thyristorstromes I_F unter den Haltestrom I_H

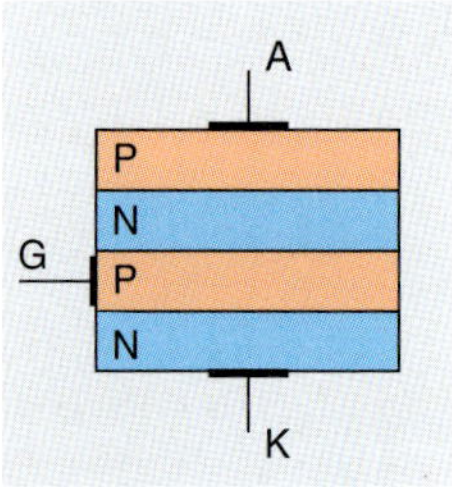

N-Gate-Thyristor

- Betrieb in Vorwärtsrichtung
- anodenseitige Steuerelektrode

GTO

(Gate Turn-Off)
(abschaltbarer Thyristor)

- Betrieb in Vorwärtsrichtung
- katodenseitige Steuerelektrode
- Sperren des Thyristorstromes I_F durch negativen Steuerimpuls an der Gateelektrode

Strom-Spannungs-Verhalten

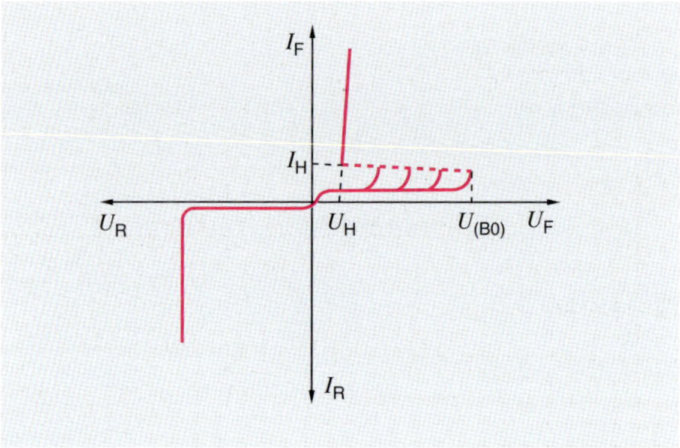

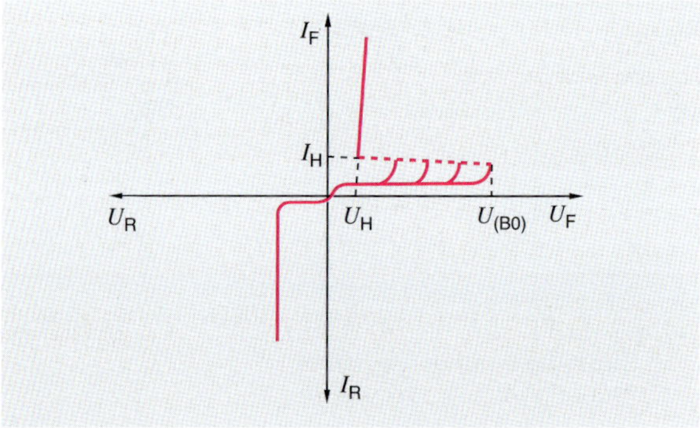

Anwendung

- Gleich- und Wechselstromsteller
- gesteuerte Gleichrichter
- für Wechselrichter
- für Umschalter

Typische Bauelemente-Kennzeichnungen und -Kennwerte (Auswahl)

Bezeichnung	Maximale spitzensperrspannung U_{RRM} in V	Maximale Thyristorspannung für GTO U_{DRM} in V	Maximale Thyristorflussspannung U_{FM} bei $I_F > I_H$ in V	Maximaler Thyristorflussstrom $I_{F(RMS)}$ in A	Maximaler Thyristorstrom für GTO $I_{D(RMS)}$ in mA	Zündstrom I_{GT} in mA	Haltestrom I_H in mA
BT 149 B bis G	200 … 600		0,8	0,8		0,2	
BT 145	500 … 800		1,0	25		35	
2 N 4443	400		1,5	8		30	6
BTW 58		1000 … 1500	1,5		25	200	

DIAC

DIAC
(DIode Alternating Current)

- Antiparallel geschaltete Thyristordioden liefern positive und negative Zündimpulse bei Überschreiten des Betrages der Nullkippspannung $U_{(B0)}$.

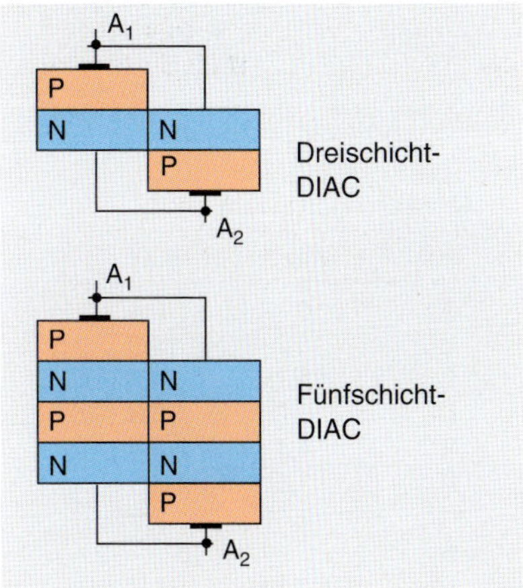

Strom-Spannungs-Verhalten

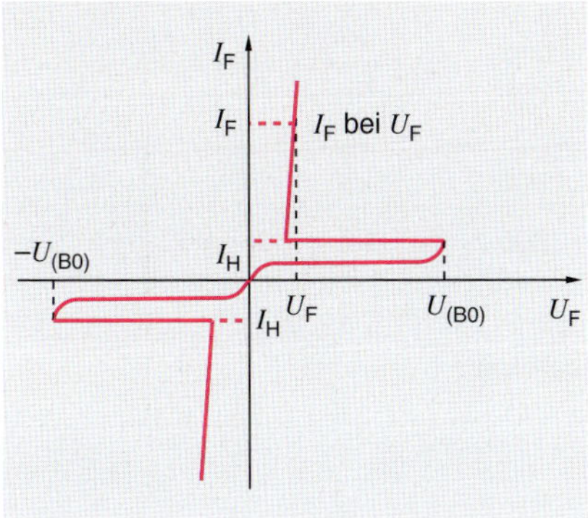

Anwendung

- Steuerung von Wechselströmen
- Zündimpulserzeugung für Thyristoren und TRIACs

Typische Bauelemente-Kennzeichnungen und -Kennwerte (Auswahl)

Bezeichnung	Maximaler Thyristor-Flussstrom I_{FM} in mA	Maximale Verlustleistung P_{tot} in mW	Nullkipp-spannung $U_{(B0)}$ in V	Haltestrom I_H in mA
D 3203	2	150	32 ±4	0,5 … 2
MBS 4991	2	500	8 ±2	0,7 … 1,5

TRIAC

TRIAC
(TRIode Alternating Current)

- Antiparallel geschaltete Thyristortrioden
- lässt sich mit positivem und negativem Zündimpuls an der Gateelektrode leitfähig steuern

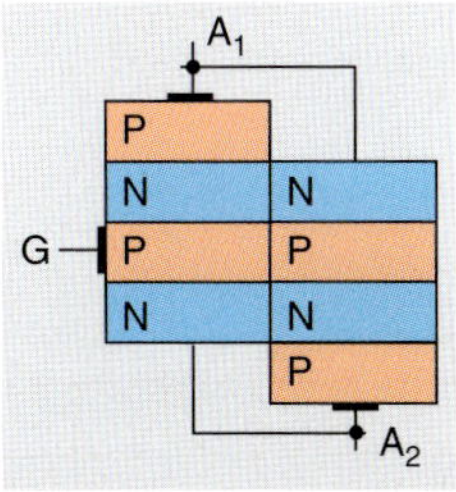

Strom-Spannungs-Verhalten

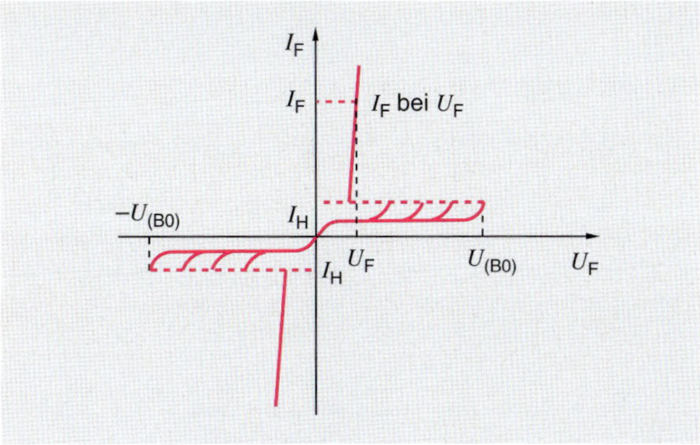

Anwendung

- Steuerung von Wechselströmen als Phasenanschnitts- bzw. Phasenabschnittssteuerung

Typische Bauelemente-Kennzeichnungen und -Kennwerte

Bezeichnung	Maximale-Sperrspannung bzw. Nullkippspannung $U_{RM}/U_{(B0)}$ in V	Maximale Thyristorflussspannung U_{FM} bei $I_T > I_H$ in V	Maximaler Thyristorflussstrom $I_{F(RMS)}$ in A	Zündstrom I_{GT} in mA	Stromanstiegsgeschwindigkeit di/dt in A/µs
BT 136	500 … 800	1,5	4	35	10
BT 138	600 … 800	1,5	12	35	30

UJT und Thyristoren, Bauformen (Auswahl)

BT 145
BTW 58
BT 136
BT 138

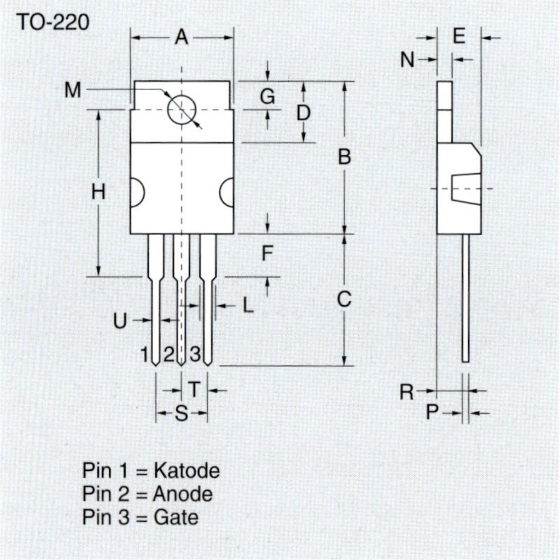

Abmessungen in mm

	min	max
A	10	10,4
B	15,2	15,9
C	12,7	13,7
D	6,2	6,6
E	4,4	4,6
F	3,5	5,5
G	2,65	2,95
H	17,6 typ	
L	1,14	1,7
M	3,75	3,85
N	1,23	1,32
P	0,41	0,64
R	2,4	2,72
S	4,95	5,51
T	2,4	2,7
U	0,61	0,94

2 N 4871
BT 149
MBS 4991

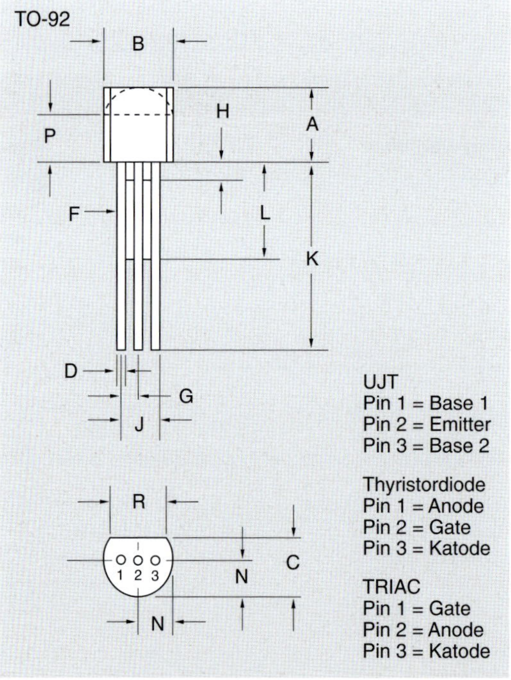

Abmessungen in mm

	min	max
A	4,32	5,33
B	4,45	5,20
C	3,18	4,19
D	0,41	0,55
F	0,41	0,48
G	1,15	1,39
H	–	2,54
J	2,42	2,66
K	12,70	–
L	6,35	–
N	2,04	2,66
P	2,93	–
R	3,43	–
S	0,39	0,50

2.4.4 Feldeffekthalbleiter

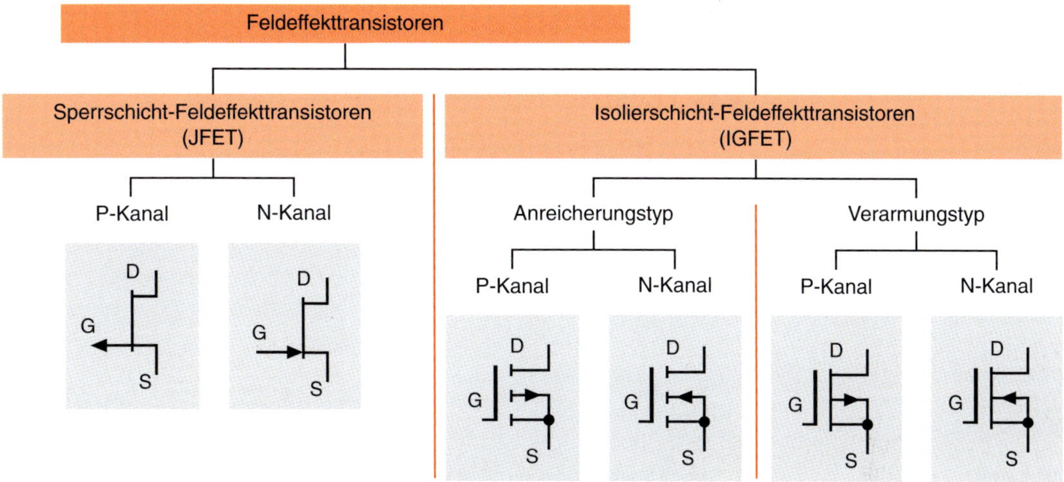

Sperrschicht-Feldeffekttransistoren	
Sperrschicht-FET (Field-Effect-Transistor)	■ Steuerung des Stromflusses zwischen Drain und Source durch Variation des wirksamen Kanalquerschnittes bei Steuerung der Ausdehnung der Raumladungen
N-Kanal 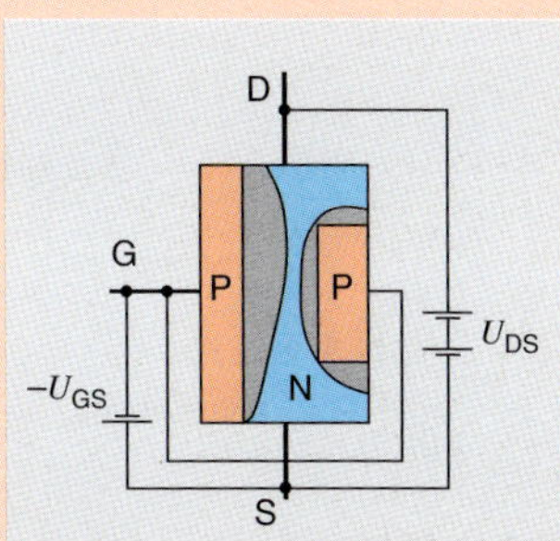	**Strom-Spannungs-Verhalten** 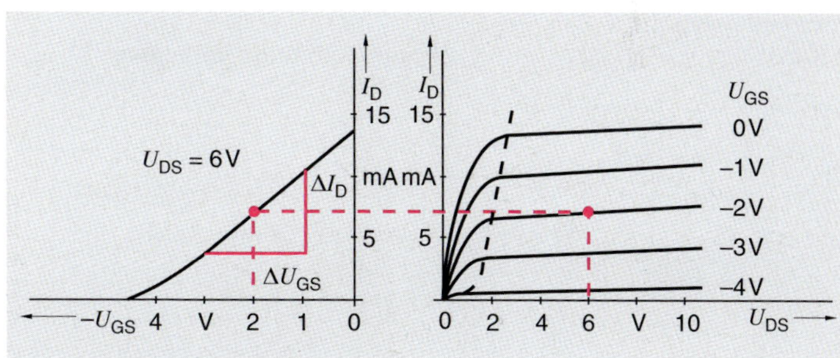
P-Kanal 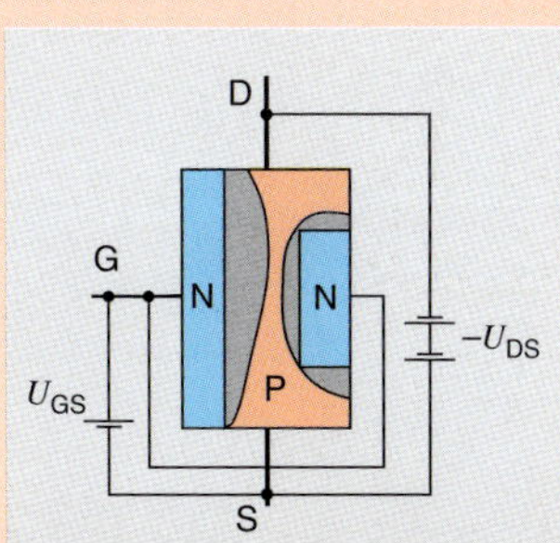	**Strom-Spannungs-Verhalten** 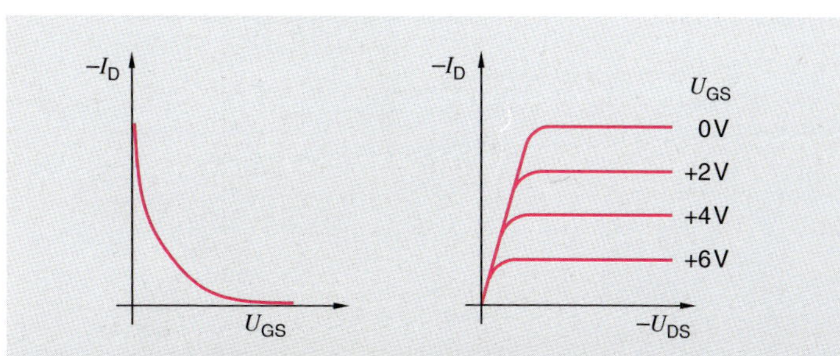
Anwendung	■ Elektronischer Schalter ■ Verstärkerschaltung

Isolierschicht-Feldeffekttransistoren

Isolierschicht-FET
(Field-Effect-Transistor)

- Steuerung des Stromflusses zwischen Drain und Source durch ein zusätzliches transversales elektrisches Feld unter Bildung einer Inversionsschicht und Ladungsträgerinfluenz

Anreicherungstyp
N-Kanal

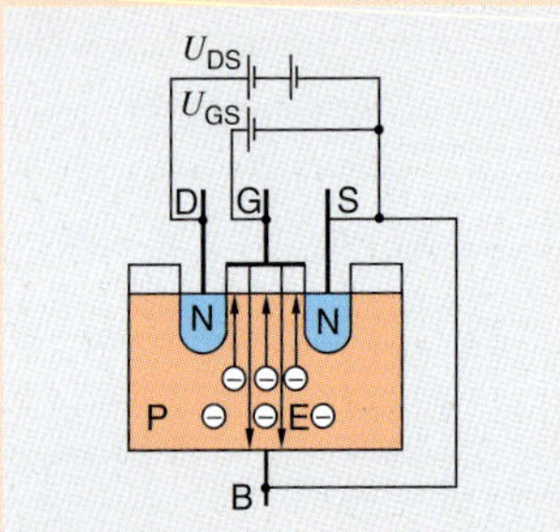

Strom-Spannungs-Verhalten

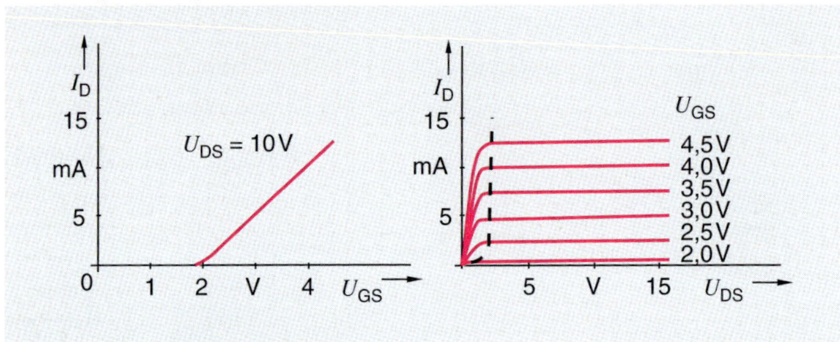

P-Kanal

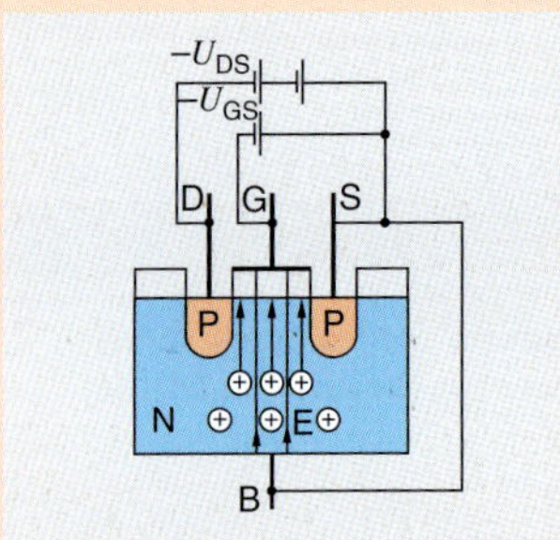

Strom-Spannungs-Verhalten

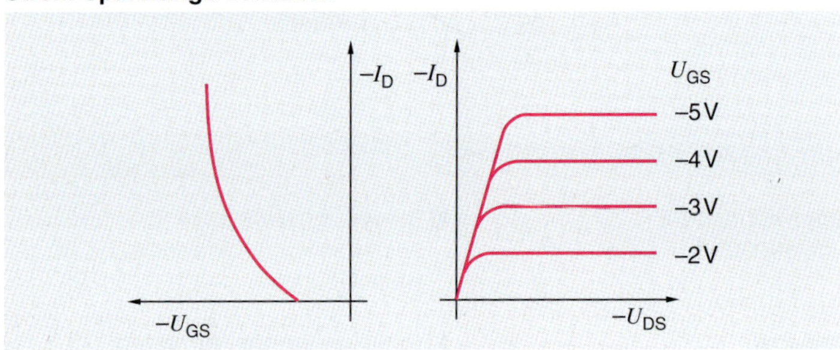

Verarmungstyp
N-Kanal

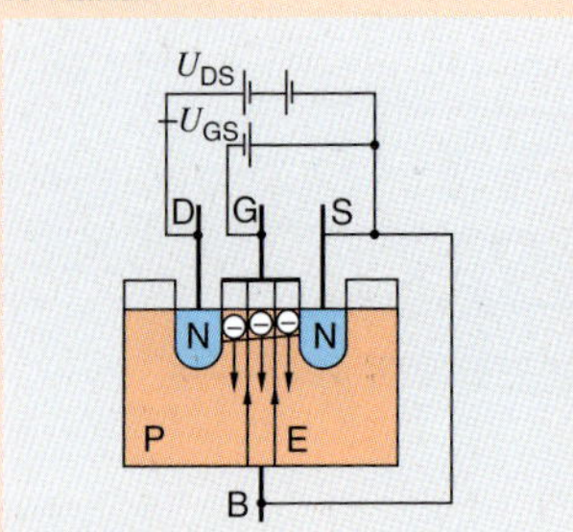

Strom-Spannungs-Verhalten

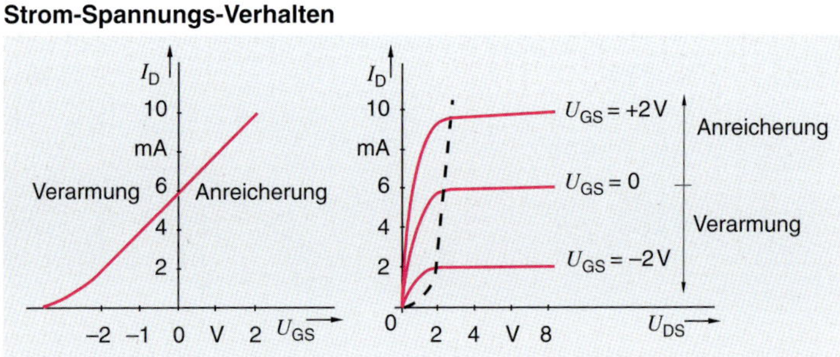

P-Kanal

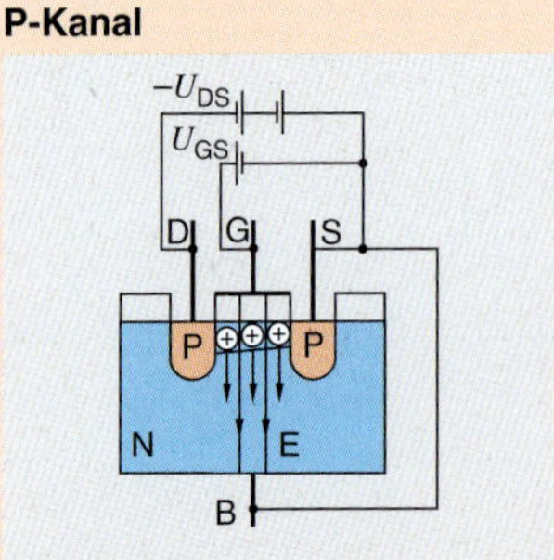

Strom-Spannungs-Verhalten

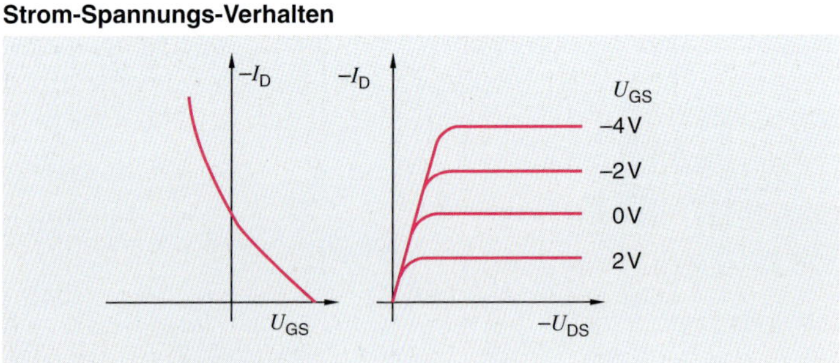

Anwendung

- Elektronischer Schalter
- Verstärkerschaltung

Typische Bauelemente-Kennzeichnungen und -Kennwerte

Bezeichnung	Zulässige Drain-Source-Spannung U_{DS} in V	Zulässiger Drainstrom I_D in mA	Drain-Source-Widerstand R_{DS} in Ω (leitend)	Verlustleistung total P_{tot} in mW	Kanaltyp
BF 244	±30	25		300	N
BUZ 10	50	20	0,07 … 13	80	N
BUZ 90	600	4,5	1,6 … 2,8	75	N
BUK 456	1000	1,5	<5	125	N
2 N 7008	60	0,5	<7,5		N

Bauformen (Auswahl)

BF 244/2 N 7008

TO-92

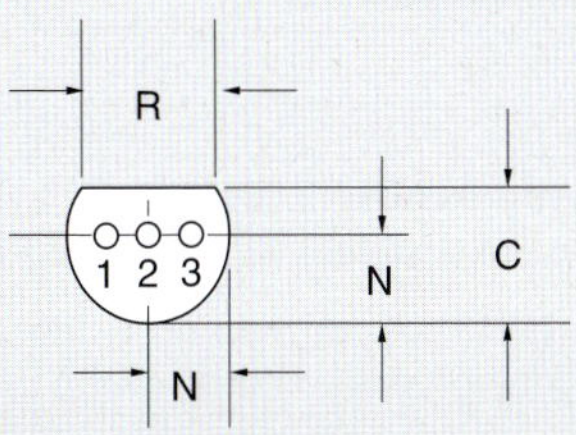

Pin 1 = Source
Pin 2 = Gate
Pin 3 = Drain

BUZ 10/BUZ 90/BUK 456

TO-220

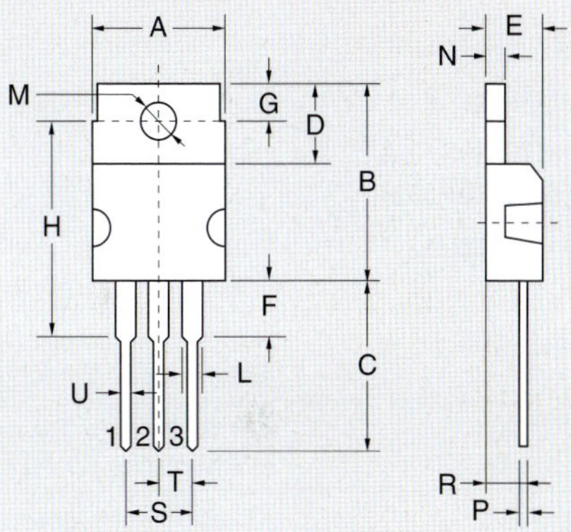

Pin 1 = Gate
Pin 2 = Drain
Pin 3 = Source

Normen

Stromquellen	
DIN EN 60086-1 (IEC 60086-1)	Primärbatterien – Teil 1: Allgemeines
DIN EN 60086-2 (IEC 60086-2)	Primärbatterien – Teil 2: Physikalische und elektrische Spezifikationen
DIN EN 60622 (IEC 60622)	Akkumulatoren und Batterien mit alkalischen oder anderen nichtsäurehaltigen Elektrolyten – Gasdichte, wieder aufladbare, prismatische Nickel-Cadmium-Einzelzellen
DIN EN 61951-1	Sekundärzellen und Batterien mit alkalischen oder anderen nichtsäurehaltigen Elektrolyten – Tragbare wieder aufladbare gasdichte Einzelzellen – Teil 1: Nickel-Cadmium

Widerstände	
DIN 44050	Schichtfestwiderstände; Begriffe, Anforderungen, Mess- und Prüfverfahren; Hinweise für die Anwendung
DIN EN 60062	Kennzeichnung von Widerständen und Kondensatoren
DIN IEC 60063	Vorzugsreihe für die Nennwerte von Widerständen und Kondensatoren
DIN IEC 60115-7	Festwiderstände zur Verwendung in Geräten der Elektronik
DIN 45922-13	Harmonisiertes Gütebestätigungssystem für Bauelemente der Elektronik; Rahmenspezifikation: Niedrig belastbare 1-Gang-Drehpotentiometer (CECC 41300)
Kondensatoren	
DIN VDE 0560-1	Bestimmungen für Kondensatoren – Allgemeine Bestimmungen
DIN EN 61071-1 (VDE 0560 Teil 120)	Kondensatoren der Leistungselektronik – Allgemeines
DIN EN 60384-1 (VDE 565 Teil 1)	Festkondensatoren zur Verwendung in Geräten der Elektronik – Fachgrundspezifikation
DIN IEC 60384-4	Festkondensatoren zur Verwendung in Geräten der Elektronik; Rahmenspezifikation: Aluminium-Elektrolyt-Kondensatoren mit festen oder flüssigen Elektrolyten
Spulen	
DIN VDE 0532-6	Transformatoren und Drosselspulen; Trockentransformatoren
DIN EN 60289 (VDE 0532 Teil 289)	Drosselspulen
DIN EN 61797-1	Transformatoren und Drosseln für nachrichtentechnische und elektronische Einrichtungen – Spulenkörperhauptmaße – Teil 1: Spulenkörper für lamellierte Kerne
DIN IEC 60852-1	Raumbedarfsmaße für Transformatoren und Drosseln für nachrichtentechnische elektronische Einrichtungen; Teil1: Transformatoren und Drosseln mit YEI 1-Kernen
DIN 41302-1 (IEC 60740)	Kernbleche für Transformatoren und Induktivitäten für nachrichtentechnische und elektronische Einrichtungen
DIN 41302-2	Kleintransformatoren, Übertrager und Drosseln; Kernbleche, Technische Lieferbedingungen
Halbleiter-Bauelemente	
DIN 44081	Temperaturabhängige Widerstände; Kaltleiter, Thermischer Maschinenschutz, klimatische Anwendungsklasse HFF
DIN 45923-1	Harmonisiertes Gütebestätigungssystem für Bauelemente der Elektronik – Fachgrundspezifikation: Varistoren
DIN IEC 60747-1	Halbleiterbauelemente; Einzel-Halbleiterbauelemente und Integrierte Schaltungen – Allgemeines
DIN IEC 60747-2	Halbleiterbauelemente; Einzel-Halbleiterbauelemente und Integrierte Schaltungen – Teil 2: Gleichrichtdioden
DIN IEC 60747-3	Halbleiterbauelemente; Einzel-Halbleiterbauelemente – Teil 3: Signaldioden und Stabilisatordioden
DIN IEC 60747-8-12 (Norm-Entwurf)	Halbleiterbauelemente; Einzel-Halbleiterbauelemente – Teil 8-12: Metalloxidschicht-Feldeffekttransistoren (MOSFETs) für Leistungsschalteranwendungen
DIN IEC 60747-10 (Norm-Entwurf)	Halbleiterbauelemente; Fachgrundspezifikation für Einzel-Halbleiterbauelemente und Integrierte Schaltungen
DIN VDE 0556	Bestimmungen für Vielkristallhalbleiter-Gleichrichter

3 Wechselstromkreise

Wechselstromkreise

Begriffe	
Wechselgrößen	Spannung und Ströme, die periodisch ihren Betrag sowie ihre Richtung ändern und deren über einen längeren Zeitraum gebildeter arithmetischer Mittelwert Null ist.
Schwingung	Eine durch eine positive und negative Halbwelle gekennzeichnete Zustandsänderung der Augenblickswerte von Wechselgrößen.
Phase	Schwingungszustand einer Wechselgröße zu einem entsprechenden Zeitpunkt. Der gleiche Zustand wiederholt sich in Zeitabständen, die der Periodendauer der Schwingung entsprechen.
Phasenverschiebung	Erscheinung im Wechselstromkreis, bei der Wechselgrößen gleicher Frequenz zu unterschiedlichen Zeitpunkten ihre Nulldurchgänge bzw. ihre Scheitelwerte erreichen.
Einphasen-Wechselstromkreis	Stromkreis, in dem eine meist sinusförmige Wechselspannung Voraussetzung für den Transport elektrischer Energie und deren Umwandlung in eine andere Energieform ist.
Dreiphasen-Wechselstromkreis	Stromkreis, der durch ein Dreileiter- oder Vierleiternetz mit drei phasenverschobenen, meist sinusförmigen Wechselspannungen gebildet wird.
Wirkwiderstand	Widerstandskomponente eines passiven Wechselstrom-Zweipols, bei der Strom und Spannung phasengleich sind. Er bestimmt die Umwandlung elektrischer Energie in Wärmeenergie oder in mechanische Energie.
Blindwiderstand	Widerstandskomponente eines passiven Wechselstrom-Zweipols, bei der Strom und Spannung gegenseitig um 90° phasenverschoben sind und die die Speicherung der Energie im Magnetfeld oder elektrischen Feld bestimmt.

3.1 Merkmale und Bestimmungsgrößen der Wechselspannung und des Wechselstromes

Stromarten

Gleichstrom	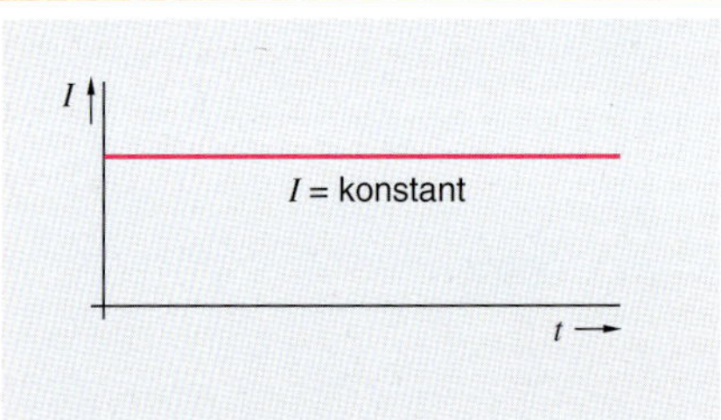
Sinusförmiger Wechselstrom	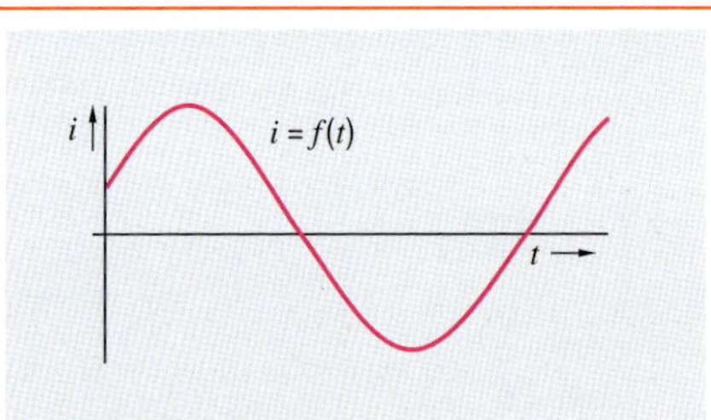
Mischstrom (pulsierender Gleichstrom)	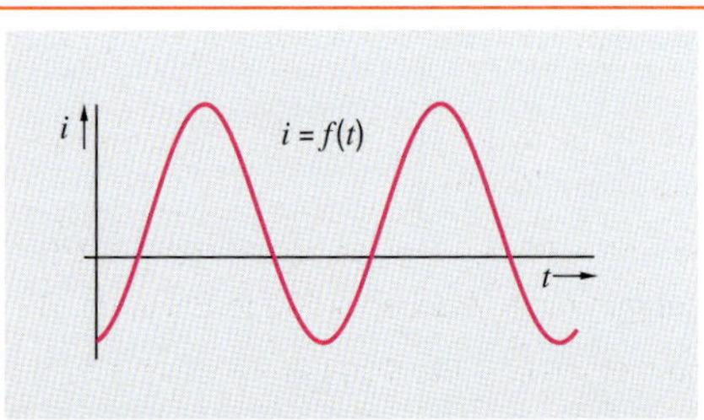

Sinusförmige Spannungen

Erzeugung:
- Drehen einer Leiterschleife im homogenen Magnetfeld
- Wechselstromgeneratoren (Leistungselektrotechnik)
- Schwingkreise (Informationstechnik)

Vorteile:
- In Stromkreisen mit den Grundschaltelementen Widerstand, Spule und Kondensator entstehen sinusförmige Ströme.
- Harmonische Änderung der Augenblickswerte, keine Sprünge und Spitzen.
- Drahtgebundene Übertragung und Transformierung mit dem relativ geringsten Materialaufwand.

Nichtsinusförmige Wechselströme

Harmonische Analyse

Zerlegung von Wechselgrößen in eine Summe von Sinus- und Cosinusfunktionen mit unterschiedlichen Frequenzen und Amplituden (Fourierreihe).

- Grundschwingung (1. Harmonische) bestimmt die Frequenz der nichtsinusförmigen Wechselgröße.
- Oberschwingungen sind ganzzahlige Vielfache der Frequenz der Grundschwingung.

Rechteckförmiger Wechselstrom

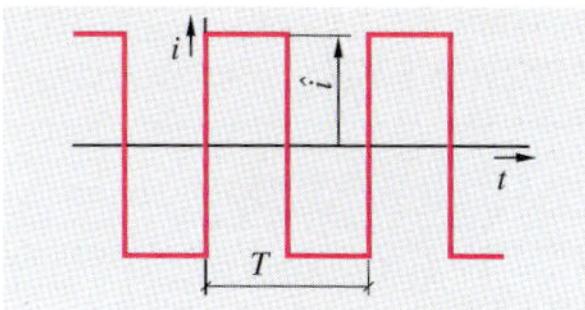

$$i(t)=\frac{4\cdot\hat{i}}{\pi}\cdot\left(\sin\omega t+\frac{1}{3}\sin 3\omega t+\frac{1}{5}\sin 5\omega t+\frac{1}{7}\sin 7\omega t+\frac{1}{9}\sin 9\omega t+\frac{1}{11}\sin 11\omega t+\ldots\right)$$

Dreieckförmiger Wechselstrom

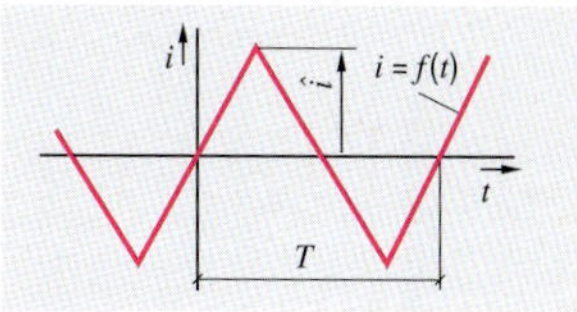

$$i(t)=\frac{8\cdot\hat{i}}{\pi^2}\cdot\left(\sin\omega t-\frac{1}{3^2}\sin 3\omega t+\frac{1}{5^2}\sin 5\omega t-\frac{1}{7^2}\sin 7\omega t+\frac{1}{9^2}\sin 9\omega t-\frac{1}{11^2}\sin 11\omega t+\ldots\right)$$

Sägezahnförmiger Wechselstrom

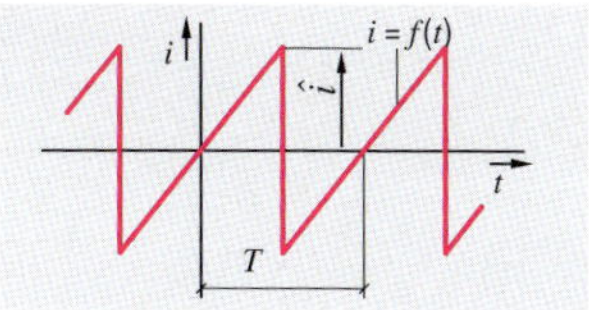

$$i(t)=\frac{2\cdot\hat{i}}{\pi}\cdot\left(\sin\omega t-\frac{1}{2}\sin 2\omega t+\frac{1}{3}\sin 3\omega t-\frac{1}{4}\sin 4\omega t+\frac{1}{5}\sin 5\omega t-\frac{1}{6}\sin 6\omega t+\ldots\right)$$

Trapezförmiger Wechselstrom

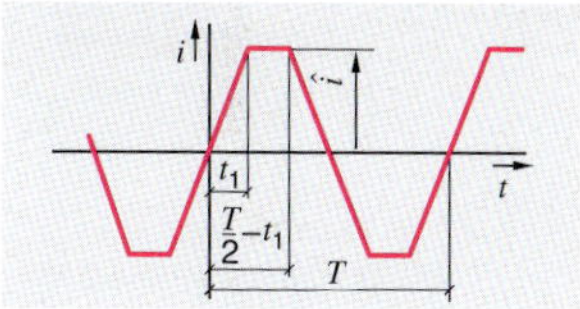

$$i(t)=\frac{4}{\pi}\cdot\frac{\hat{i}}{\omega\cdot t_1}\cdot\left(\sin\omega t_1\cdot\sin\omega t+\frac{1}{3^2}\sin 3\omega t_1\cdot\sin 3\omega t+\frac{1}{5^2}\sin 5\omega t_1\cdot\sin 5\omega t+\frac{1}{7^2}\sin 7\omega t_1\cdot\sin 7\omega t+\ldots\right)$$

Kennwerte von Wechselgrößen

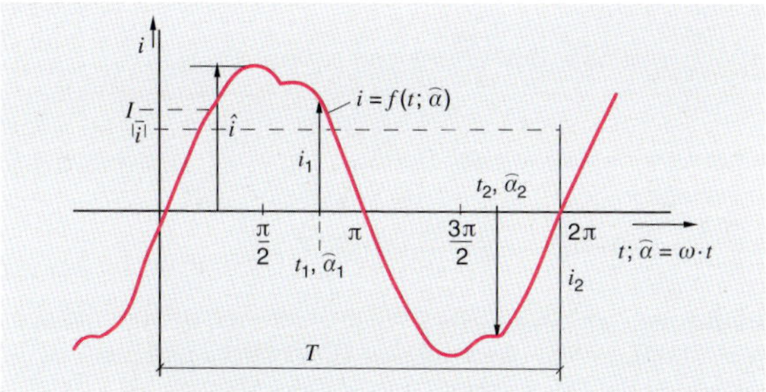

Augenblickswert Wert der Wechselgröße zum Zeitpunkt t oder bei dem Winkel $\widehat{\alpha}$:

Winkel im Bogenmaß $\omega\cdot t=\widehat{\alpha}=\alpha\cdot 2\cdot\frac{\pi}{360°}$

Augenblickswerte, auch Momentanwerte werden durch Kleinbuchstaben, z. B. u; i gekennzeichnet.

Scheitelwert Höchster Wert, den eine Wechselgröße bei einer Schwingung annehmen kann. Andere Bezeichnungen sind Maximalwert, Höchstwert oder Amplitude mit dem Dachsymbol über dem Kleinbuchstaben: $\hat{u}\ldots\hat{i}\ldots\hat{p}$.

Spitze-Spitze-Wert Wert der Wechselgröße zwischen dem positiven und dem negativen Scheitelwert, Bezeichnung U_{SS}; I_{SS}

Periode Vollständige Schwingung der Wechselgröße. Sie besteht aus einer positiven und einer negativen Halbwelle, d. h. aus zwei Wechsel.

Schwingungsdauer Zeit T für eine Periode (Periodendauer), gemessen in Sekunden: $[T]=1\,\text{s}$

Frequenz Anzahl der Schwingungen einer Wechselgröße je Sekunde. Sie ist der Kehrwert der Schwingungsdauer $f=\frac{1}{T}$, gemessen in Hertz (Hz) $[f]=1\,\text{Hz}=1\,\text{s}^{-1}$. In Wechselstromgeneratoren ist sie von der Polpaarzahl p und der Drehzahl n des Polrades abhängig: $f=p\cdot n$.

Anwendungsbereiche technischer Frequenzen

Frequenzen und Anwendungen Nach DIN 40015

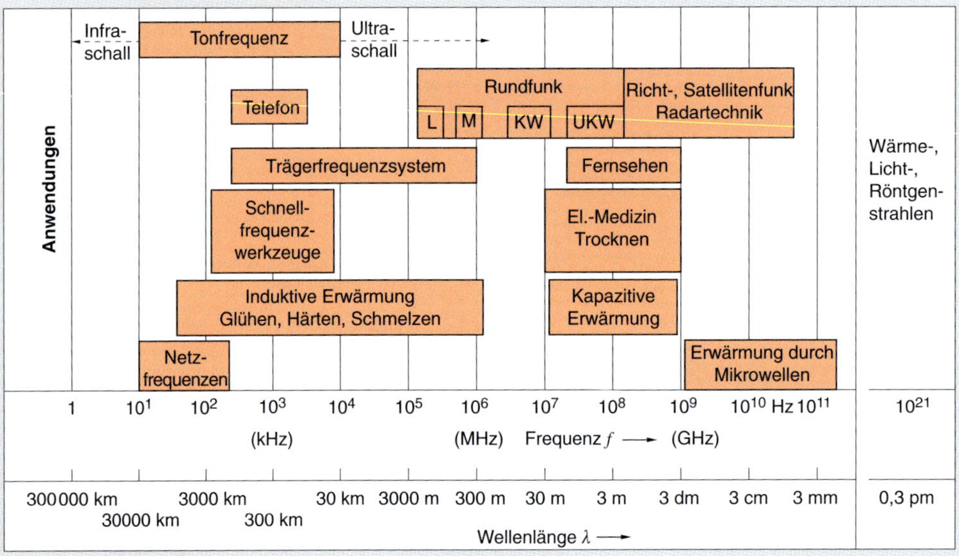

Kreisfrequenz

Geschwindigkeit, mit der der Winkel im Bogenmaß $\widehat{\alpha}$ durchlaufen wird:

$$\omega = \frac{\widehat{\alpha}}{t}$$

Für $\widehat{\alpha} = 2 \cdot \pi$ ist $t = T$: $\omega = \frac{2 \cdot \pi}{T} = 2 \cdot \pi \cdot f \quad [\omega] = 1\,\text{s}^{-1}$

Mittelwerte

Gleichrichtwert

Arithmetischer Mittelwert der Beträge, der durch Gleichrichtung entstehenden positiven Halbwellen der Periode einer Wechselgröße:

$$\overline{|u|} = \frac{2}{\pi} \cdot \hat{u} = 0{,}637 \cdot \hat{u} \qquad \overline{|i|} = \frac{2}{\pi} \cdot \hat{i} = 0{,}637 \cdot \hat{i}$$

Effektivwert

Quadratischer Mittelwert eines Wechselstroms, der die gleiche Wärmewirkung (Wirkung = Effekt) wie ein gleich starker Gleichstrom hat.
Bezeichnung der Effektivwerte mit Großbuchstaben:

$$U = \frac{\hat{u}}{\sqrt{2}} = 0{,}707 \cdot \hat{u} \qquad I = \frac{\hat{i}}{\sqrt{2}} = 0{,}707 \cdot \hat{i}$$

Scheitelfaktor

Verhältnis des Scheitelwertes $\hat{i}$ eines Wechselstromes zum Effektivwert I.

Formfaktor

Verhältnis des Effektivwertes I eines Wechselstromes zum Gleichrichtwert $\overline{|i|}$.

Kurvenform	Gleichrichtwert $\overline{\lvert i \rvert}$	Effektivwert I	Scheitelfaktor $\frac{\hat{i}}{I}$	Formfaktor $\frac{I}{\overline{\lvert i \rvert}}$
Sinus	$0{,}636 \cdot \hat{i}$	$\hat{i}/\sqrt{2} = 0{,}707 \cdot \hat{i}$	$\sqrt{2} = 1{,}414$	1,11
Dreieck, Sägezahn	$0{,}5 \cdot \hat{i}$	$\hat{i}/\sqrt{3} = 0{,}577 \cdot \hat{i}$	$\sqrt{3} = 1{,}732$	1,15
Rechteck	$\hat{i}$	$\hat{i}$	1,00	1,00

Sinusförmige Größen

Darstellung sinusförmiger Größen

Mathematische Darstellung

Funktionsgleichungen der Augenblickswerte

$u = \hat{u} \cdot \sin \widehat{\alpha}$ $\quad u = f(\widehat{\alpha})$

$i = \hat{i} \cdot \sin \widehat{\alpha}$ $\quad i = f(\widehat{\alpha})$

oder

$u = \hat{u} \cdot \sin \omega t$ $\quad u = f(t)$ Sinus-Zeit-Gesetz der Wechselspannung

$i = \hat{i} \cdot \sin \omega t$ $\quad i = f(t)$ Sinus-Zeit-Gesetz des Wechselstromes

Grafische Darstellung

Liniendiagramm

Den Phasenverschiebungen zwischen den als Kurven dargestellten frequenzgleichen Größen entsprechen Abschnitte auf der ωt- bzw. t-Achse.
Der Betrag der Phasenverschiebung wird als Phasenverschiebungswinkel φ angegeben:

$$2\pi f \cdot t = \omega t = \widehat{\alpha} \Rightarrow \alpha = \widehat{\alpha} \cdot \frac{360°}{\pi}$$

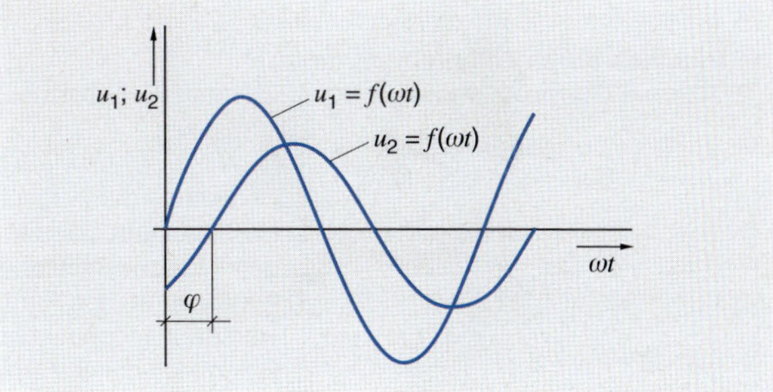

Zeigerdarstellung mit rotierenden Zeigern

Der Zeiger einer sinusförmigen Größe ist eine gerichtete Strecke (Pfeil), die sich mit der Winkelgeschwindigkeit $\omega = 2\pi \cdot f$ um ihren Anfangspunkt dreht.

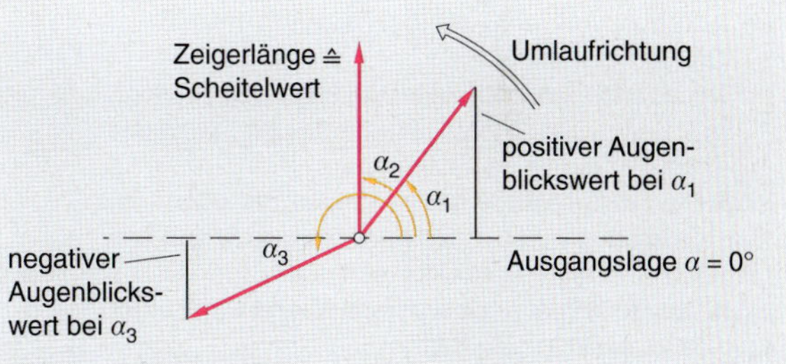

Festlegungen:

- Die Zeigerlänge entspricht dem Scheitelwert.
- Die Zeiger drehen sich entgegen dem Uhrzeigersinn (positiver Zählsinn).
- Die Ausgangslage ist die Waagerechte nach rechts: $\alpha = 0°$ oder $\widehat{\alpha} = 0$.

Zeigerdiagramm mit ruhenden Zeigern

Darstellungshinweise:

- Die Zeigerlänge entspricht dem Effektivwert, nur im Sonderfall dem Scheitelwert.
- Der positive Zählsinn ist gegen den Uhrzeigersinn gerichtet.
- Bei mehreren frequenzgleichen Größen wird der Bezugszeiger waagerecht nach rechts zeigend angeordnet.

Strom I_1 eilt dem Strom I_2 um den Phasenverschiebungswinkel φ_i voraus.

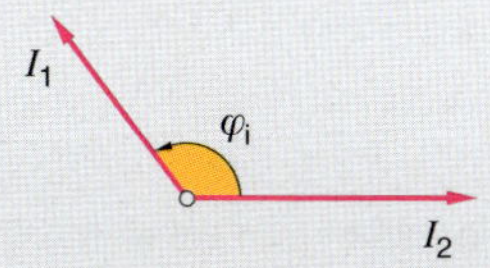

Spannung U_2 eilt der Spannung U_1 um den Phasenverschiebungswinkel φ_u nach.

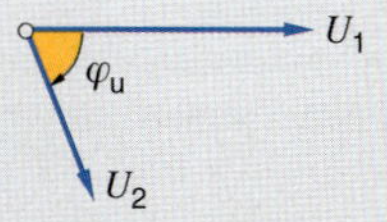

Addition frequenzgleicher sinusförmiger Größen

Die Summe bzw. Differenz der Wechselgrößen ist abhängig von
- ihren Beträgen, angegeben als Effektivwert, und
- ihrer Phasenlage zueinander, angegeben durch den Phasenverschiebungswinkel φ.

Addition im Liniendiagramm

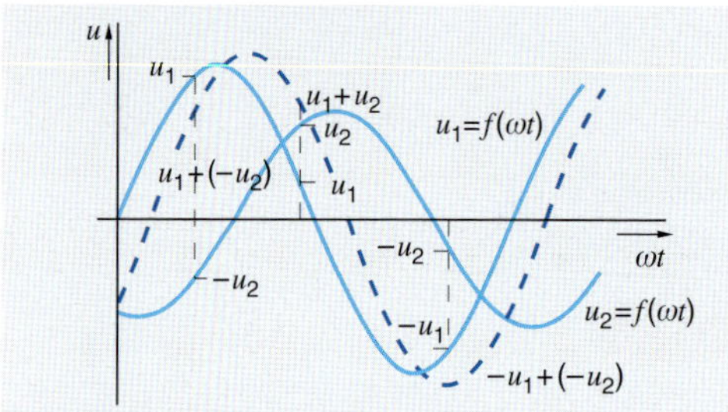

Punktweises Addieren der Augenblickswerte unter Beachtung ihrer Vorzeichen.
- $u_{ges} = u_1 + u_2$
  u_1 Augenblickswert der Spannung 1 zum Zeitpunkt t
  u_2 Augenblickswert der Spannung 2 zum Zeitpunkt t
- Nur bei Phasengleichheit:
  $\hat{u}_{ges} = \hat{u}_1 + \hat{u}_2$
- Auch nichtsinusförmige Wechselgrößen können im Liniendiagramm addiert werden.

Addition durch Zeigerdiagramm

Addition der ruhenden Zeiger von Wechselgrößen gleicher Art nach den Prinzipien des Kräfteparallelogramms.

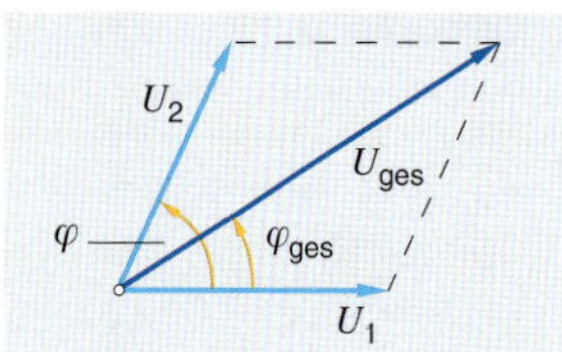

Lösungsweg:
1. Festlegen eines Maßstabes.
2. Berechnen der Zeigerlängen mithilfe des Maßstabes.
3. Maßstabsgerechtes Zeichnen der Zeiger unter Beachtung ihrer gegenseitigen Phasenverschiebung.
4. Konstruieren des Parallelogramms mit seiner Diagonalen als Gesamtgröße vom Ausgangspunkt beider Zeiger aus.
5. Berechnen der Gesamtgröße mithilfe des gewählten Maßstabes aus der Länge der Diagonalen.
6. Angabe der Phasenlage der Gesamtgröße durch Bestimmen des Winkels zwischen der Bezugswechselgröße und der Gesamtgröße.

Addition von mehr als zwei sinusförmigen Größen gleicher Art

Die zu addierenden Zeiger sind unter Beibehaltung ihrer Länge und Richtung parallel bis zur Spitze des anderen Zeigers zu verschieben.
- Die Gesamtgröße ist der Zeiger, der vom Ausgangspunkt des 1. Zeigers bis zur Spitze des letzten Zeigers gerichtet ist.
- Die Reihenfolge des Verschiebens der Zeiger kann beliebig gewählt werden.
- Die geometrische Subtraktion (≙) von Wechselgrößen wird auf eine Addition mit einem entgegengesetzt gerichteten Zeiger zurückgeführt.

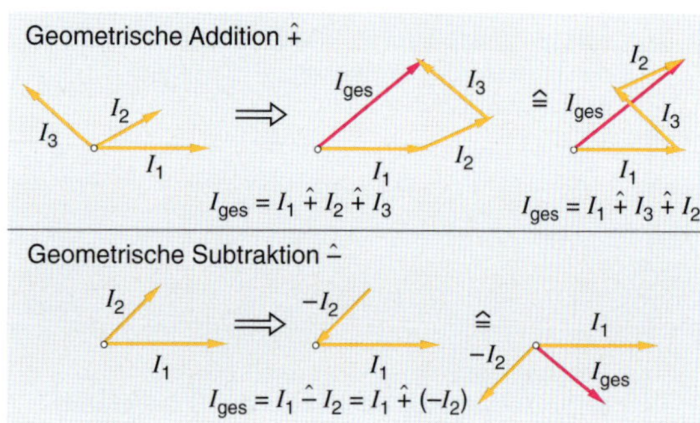

Abgeleitete Berechnungsgleichungen

Phasenverschiebung: $\varphi = 0°$ (360°) Gleichung: $U_{ges} = U_1 + U_2$ Zeigerbild: 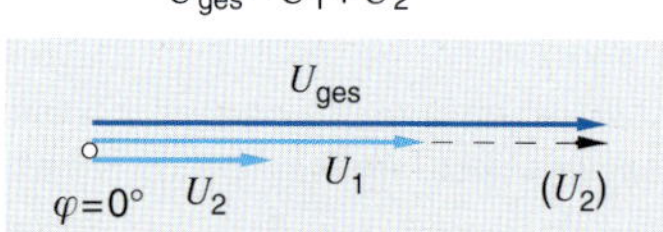	Phasenverschiebung: $\varphi = 180°$ Gleichung: $U_{ges} = U_1 - U_2$ Zeigerbild: 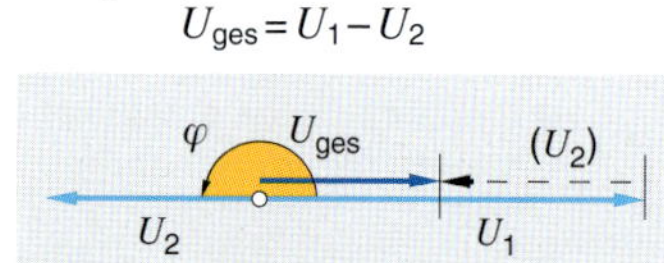
Phasenverschiebung: $\varphi = 90°$ (270°) Gleichung: $U_{ges} = \sqrt{U_1^2 + U_2^2}$ Zeigerbild: 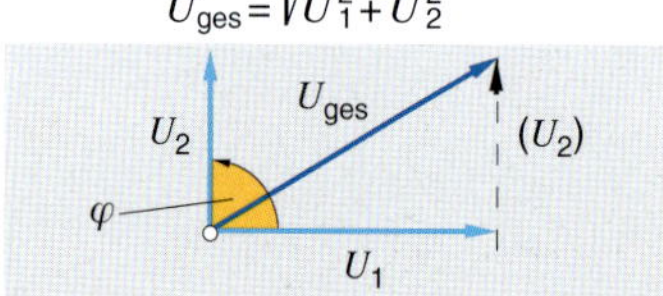	Phasenverschiebung: φ beliebig Gleichung: $U_{ges} = \sqrt{U_1^2 + U_2^2 + 2 \cdot U_1 \cdot U_2 \cdot \cos\varphi}$ Zeigerbild: 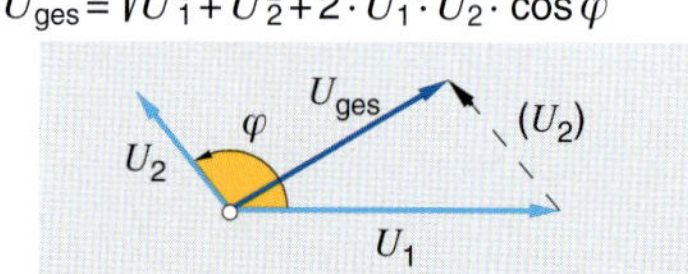

3.2 Grundschaltelemente des Wechselstromkreises

Gesetzmäßigkeiten der Grundschaltelemente

Grundschaltelemente sind ideale Schaltelemente. Bei ihnen wird nur die das Wesen des Schaltelementes bestimmende Eigenschaft als vorhanden angenommen und die anderen vernachlässigt.

Ohmsches Schaltelement

Funktion	Fortleiten von Strömen, Umwandlung elektrischer Energie in Wärme- und Lichtenergie
Wesentliche Eigenschaft	Elektrischer Widerstand R bzw. elektrischer Leitwert G, Betrag ist unabhängig vom zeitlichen Verlauf des durchfließenden Stromes: $R_{-} = R_{\sim}$
Frequenzverhalten	R bzw. G sind frequenzunabhängig.
Phasenlage von U und I	Strom I und Spannung U liegen in Phase.

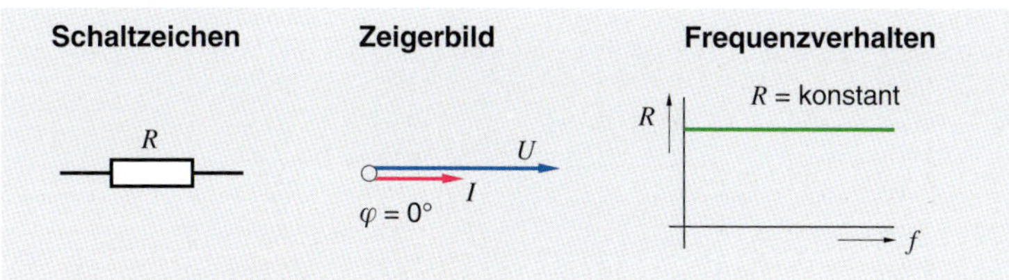

Dielektrisches Schaltelement

Funktion	Speichern von Ladungen und Energie im elektrischen Feld
Wesentliche Eigenschaft	Kapazität C und Wirken als kapazitiver Blindwiderstand X_C
Frequenzverhalten	Bei $f = 0 \Rightarrow X_C \to \infty$; der Gleichstrom wird gesperrt. Bei steigender Frequenz sinkt der kapazitive Blindwiderstand: $f\uparrow \Rightarrow X_C\downarrow$.
Phasenlage von U und I	Der Strom I eilt der Spannung U um 90° voraus.

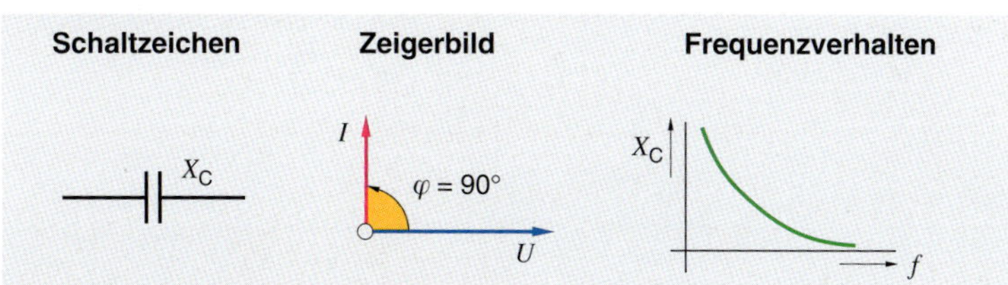

Magnetisches Schaltelement

Funktion	Aufbau eines Magnetfeldes, in dem magnetische Energie gespeichert ist.
Wesentliche Eigenschaft	Induktivität L und Wirken als induktiver Blindwiderstand X_L
Frequenzverhalten	Bei $f = 0 \Rightarrow X_L \to 0$; Blindwiderstand im Gleichstromkreis nicht wirksam. Bei steigender Frequenz steigt der induktive Blindwiderstand: $f\uparrow \Rightarrow X_L\uparrow$.
Phasenlage von U und I	Der Strom I eilt der Spannung U um 90° nach.

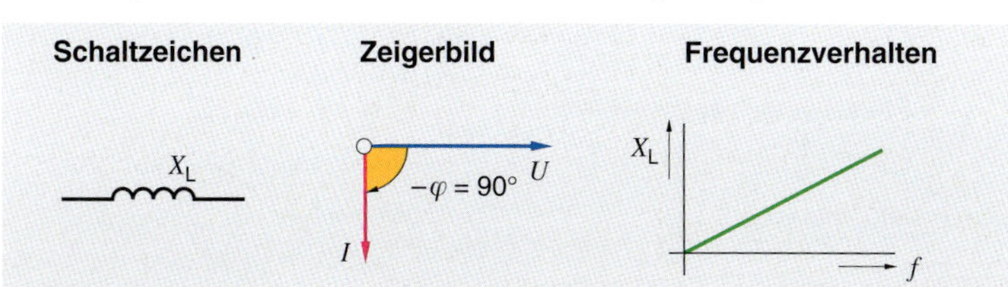

3.3 Schaltungskombinationen der Grundschaltelemente

Widerstands- und Leitwertgrößen

- Z Scheinwiderstand oder Impedanz
- Y Scheinleitwert oder Admittanz
- R ohmscher Widerstand (Wirkwiderstand) oder Resistanz
- G Wirkleitwert oder Konduktanz
- X_L induktiver Blindwiderstand oder Reaktanz
- X_C kapazitiver Blindwiderstand oder Reaktanz
- B_L induktiver Blindleitwert oder Suszeptanz
- B_C kapazitiver Blindleitwert oder Suszeptanz

Reihenschaltung der Grundschaltelemente

Schaltung	Widerstand	Stromstärke und Spannung
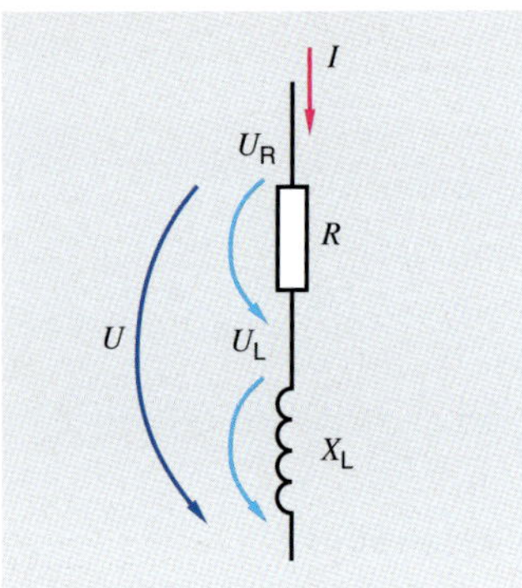	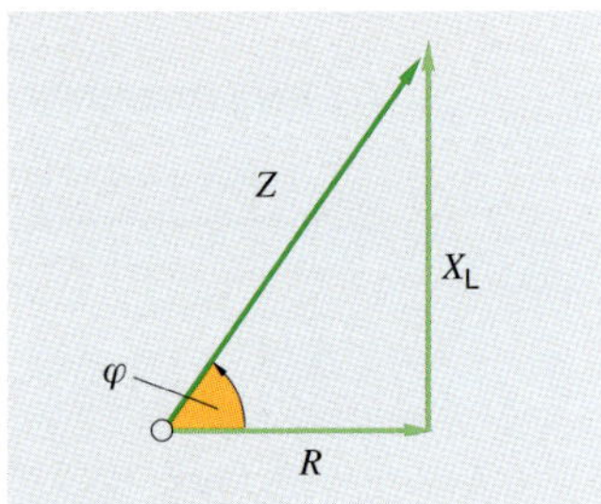 Scheinwiderstand $Z^2 = R^2 + X_L^2$ Phasenverschiebungswinkel $\cos\varphi = \frac{R}{Z}$ $0° < \varphi < 90°$	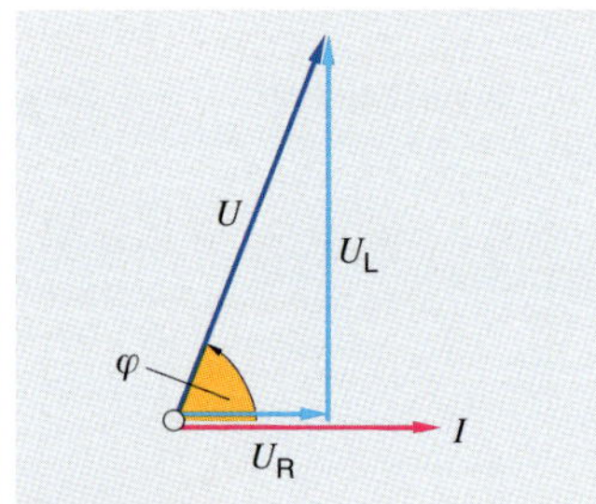 Stromstärke $I = \frac{U}{Z}$ Spannungen $U_R = I \cdot R$ $U_L = I \cdot X_L$ $U^2 = U_R^2 + U_L^2$ Phasenverschiebungswinkel $\cos\varphi = \frac{U_R}{U}$
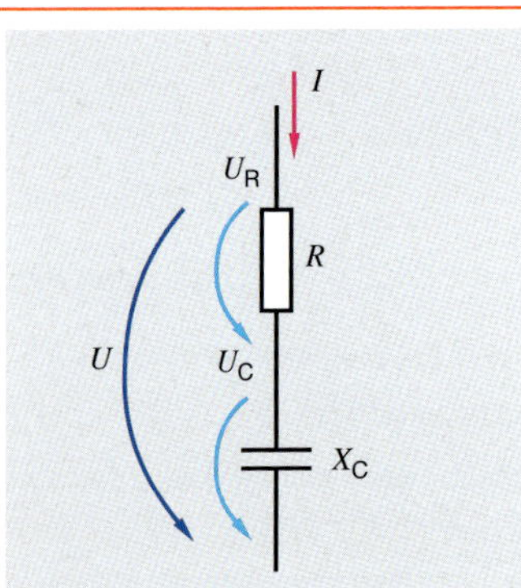	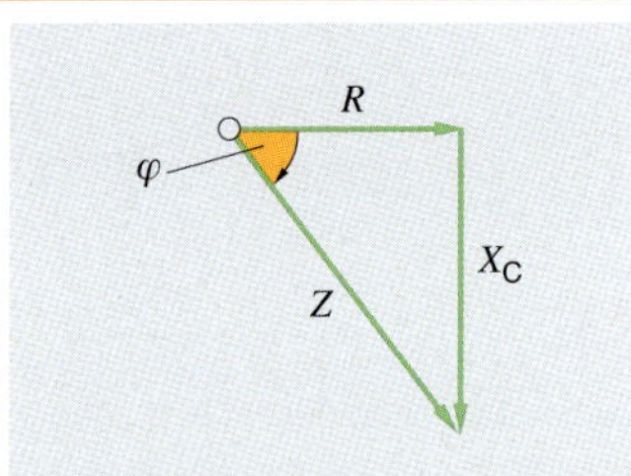 Scheinwiderstand $Z^2 = R^2 + X_C^2$ Phasenverschiebungswinkel $\cos\varphi = \frac{R}{Z}$ $-90° < \varphi < 0°$	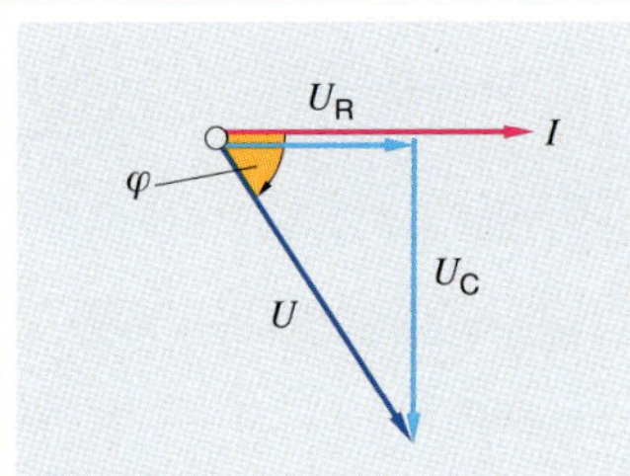 Stromstärke $I = \frac{U}{Z}$ Spannungen $U_R = I \cdot R$ $U_C = I \cdot X_C$ $U^2 = U_R^2 + U_C^2$ Phasenverschiebungswinkel $\cos\varphi = \frac{U_R}{U}$

Schaltung	Widerstand	Stromstärke und Spannung
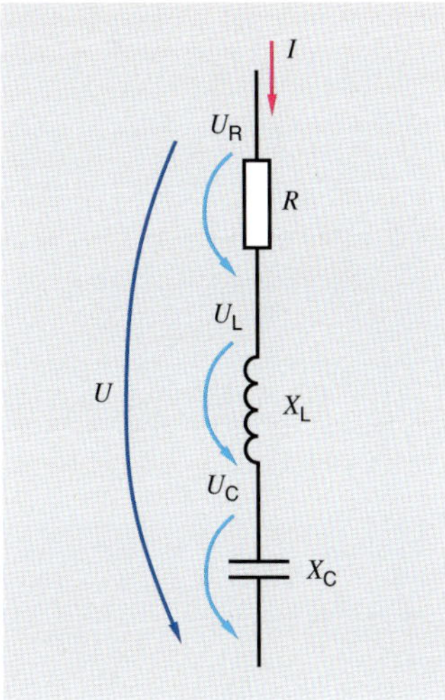	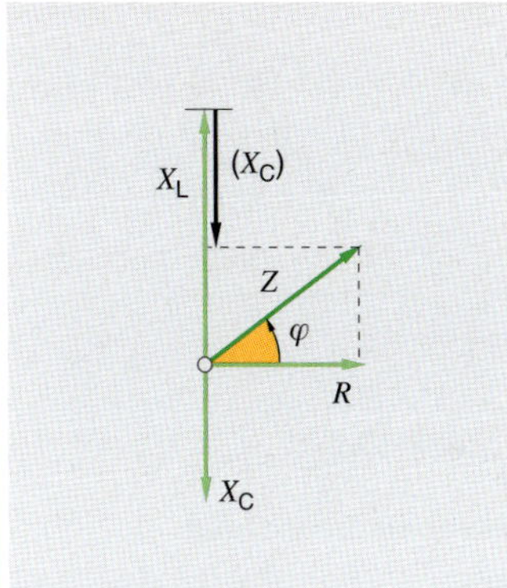 Scheinwiderstand $Z^2 = R^2 + (X_L - X_C)^2$ Phasenverschiebungswinkel $\cos\varphi = \frac{R}{Z}$	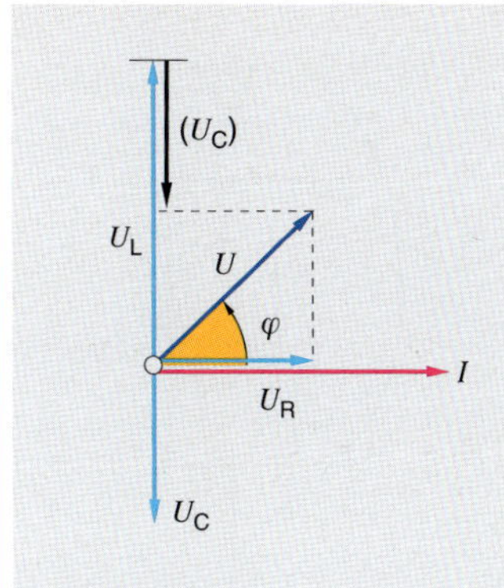 Stromstärke $I = \frac{U}{Z}$ Spannungen $U_R = I \cdot R$ $U_L = I \cdot X_L$ $U_C = I \cdot X_C$ $U^2 = U_R^2 + (U_L - U_C)^2$ Phasenverschiebungswinkel $\cos\varphi = \frac{U_R}{U}$
	$X_L > X_C$: Schaltung wirkt induktiv ⇒ Strom nacheilend $X_C > X_L$: Schaltung wirkt kapazitiv ⇒ Strom voreilend	

Parallelschaltung der Grundschaltelemente

Schaltung	Widerstand und Leitwert	Stromstärke und Spannung
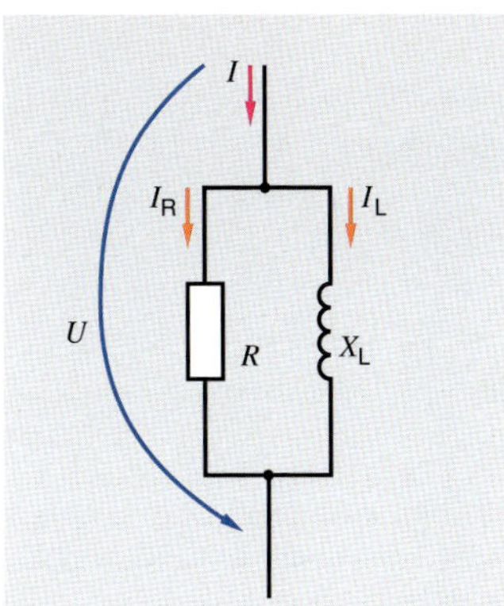	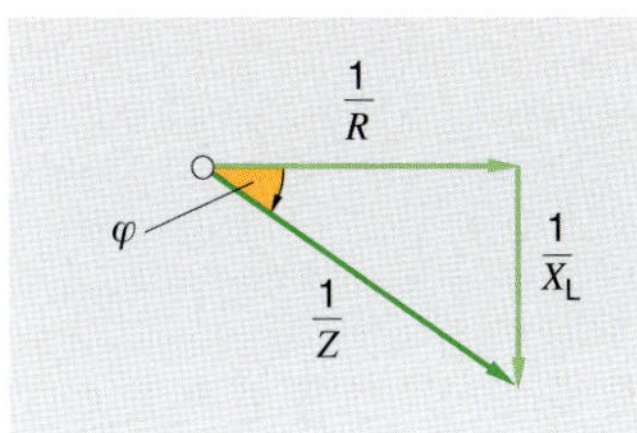 Leitwert $G = \frac{1}{R}$ induktiver Blindleitwert $B_L = \frac{1}{X_L}$ Scheinleitwert $Y = \frac{1}{Z}$ $Y^2 = G^2 + B_L^2$ Phasenverschiebungswinkel $\cos\varphi = \frac{G}{Y}$ $-90° < \varphi < 0°$	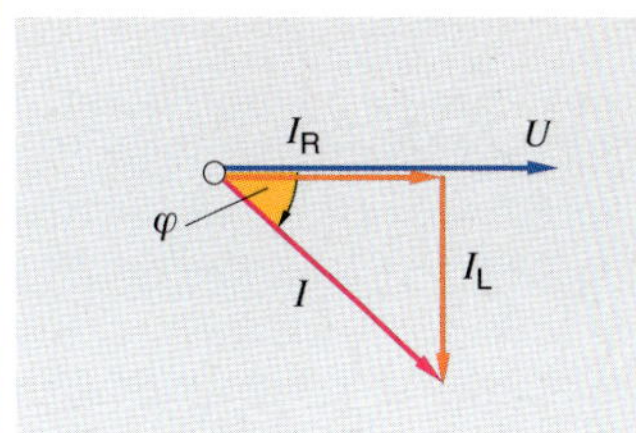 Stromstärke $I_R = \frac{U}{R}$ $I_L = \frac{U}{X_L}$ $I = \frac{U}{Z}$ $I^2 = I_R^2 + I_L^2$ Phasenverschiebungswinkel $\cos\varphi = \frac{I_R}{I}$

Schaltung	Widerstand und Leitwert	Stromstärke und Spannung
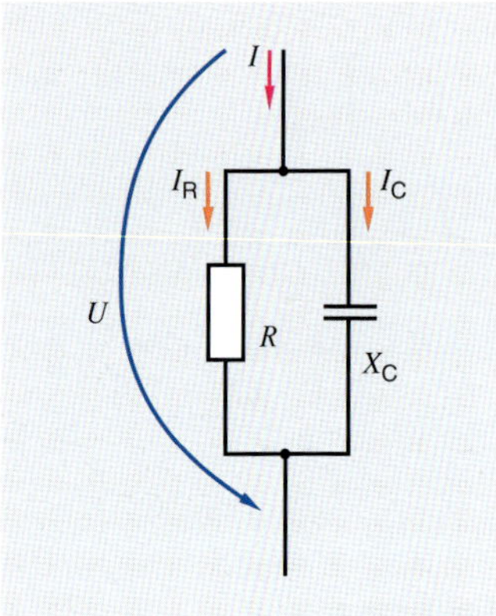	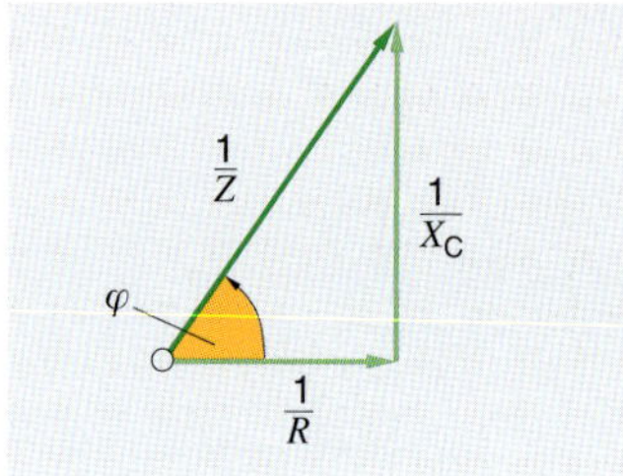 Leitwert $G = \frac{1}{R}$ kapazitiver Blindleitwert $B_C = \frac{1}{X_C}$ Scheinleitwert $Y = \frac{1}{Z}$ $Y^2 = G^2 + B_C^2$ Phasenverschiebungswinkel $\cos\varphi = \frac{G}{Y}$ $0° < \varphi < 90°$	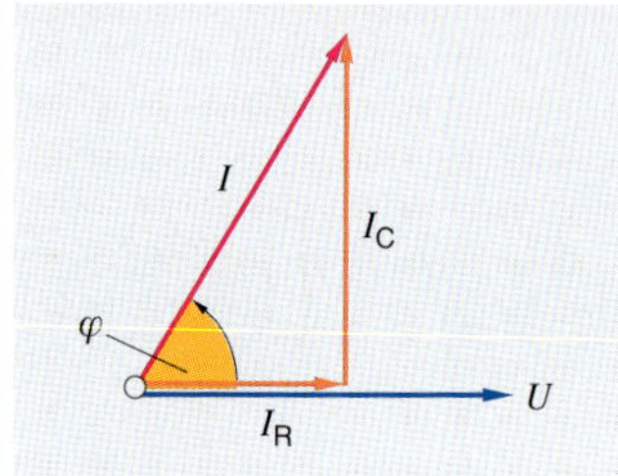 Stromstärke $I_R = \frac{U}{R}$ $I_C = \frac{U}{X_C}$ $I = \frac{U}{Z}$ $I^2 = I_R^2 + I_C^2$ Phasenverschiebungswinkel $\cos\varphi = \frac{I_R}{I}$
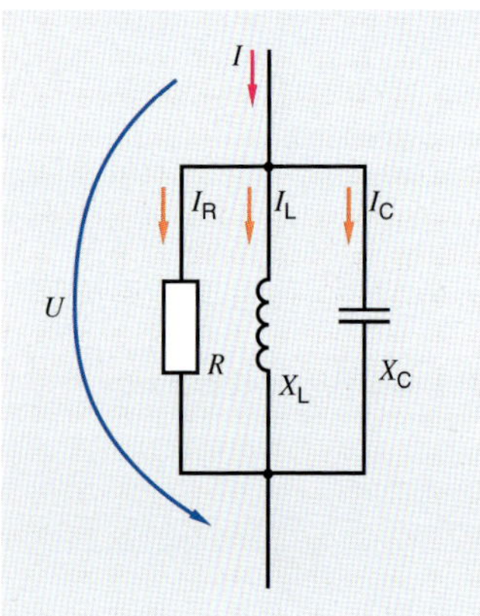	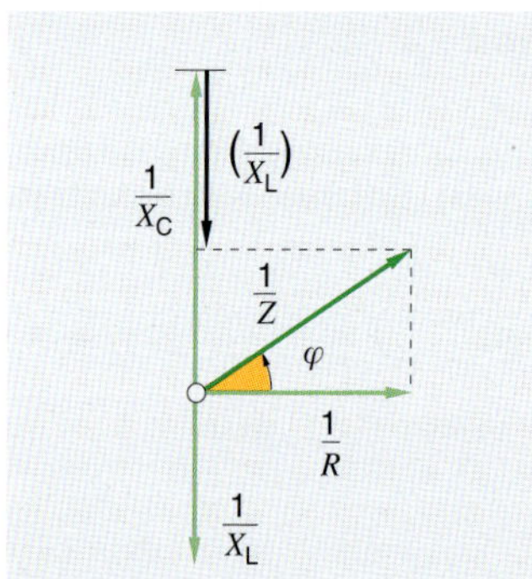 Leitwert $G = \frac{1}{R}$ induktiver Blindleitwert $B_L = \frac{1}{X_L}$ kapazitiver Blindleitwert $B_C = \frac{1}{X_C}$ Scheinleitwert $Y = \frac{1}{Z}$ $Y^2 = G^2 + (B_L - B_C)^2$ Phasenverschiebungswinkel $\cos\varphi = \frac{G}{Y}$ $0° < \varphi < 90°$	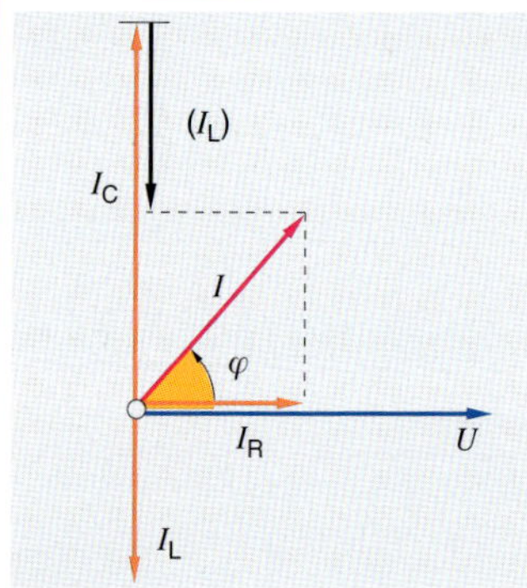 Stromstärke $I_R = \frac{U}{R}$ $I_L = \frac{U}{X_L}$ $I_C = \frac{U}{X_C}$ $I = \frac{U}{Z}$ $I^2 = I_R^2 + (I_L - I_C)^2$ Phasenverschiebungswinkel $\cos\varphi = \frac{I_R}{I}$
	$X_L < X_C \Rightarrow B_L > B_C$: Schaltung wirkt induktiv ⇒ Strom nacheilend $X_C < X_L \Rightarrow B_C > B_L$: Schaltung wirkt kapazitiv ⇒ Strom voreilend	

Transfiguration von Reihen- und Parallelschaltung der Grundschaltelemente

Änderung einer gegebenen Schaltung in eine andere widerstands- und phasengleiche Schaltung – $Z_{rei} = Z_{par}$; $\varphi_{rei} = \varphi_{par}$ – bei festgelegter Frequenz f bzw. ω durch Änderung der Widerstands-, Induktivitäts- und Kapazitätswerte.

Umwandlung Reihenschaltung in Parallelschaltung

R und X_L	R und X_C
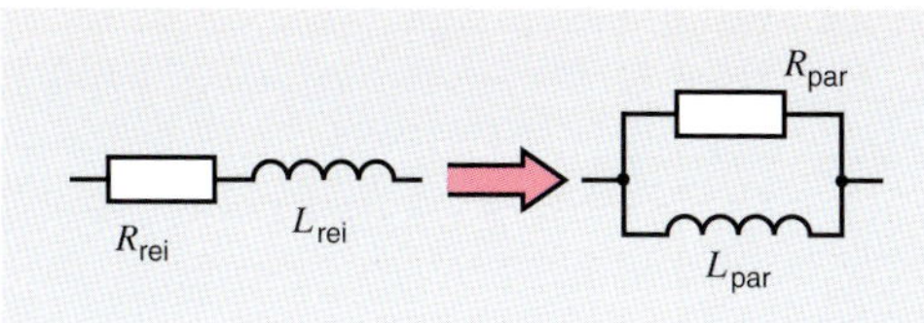	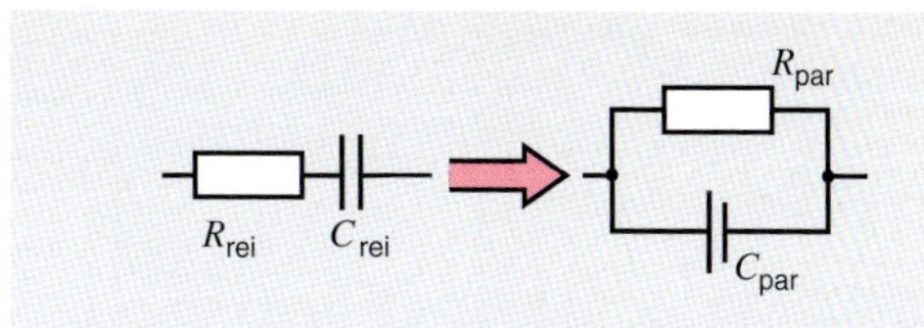
$R_{par} = \dfrac{R_{rei}^2 + (\omega L_{rei})^2}{R_{rei}}$ $L_{par} = \dfrac{R_{rei}^2 + (\omega L_{rei})^2}{\omega^2 \cdot L_{rei}}$	$R_{par} = \dfrac{R_{rei}^2 + \left(\dfrac{1}{\omega C_{rei}}\right)^2}{R_{rei}}$ $C_{par} = \dfrac{\dfrac{1}{\omega^2 C_{rei}}}{R_{rei}^2 + \left(\dfrac{1}{\omega C_{rei}}\right)^2}$

Umwandlung Parallelschaltung in Reihenschaltung

R und X_L	R und X_C
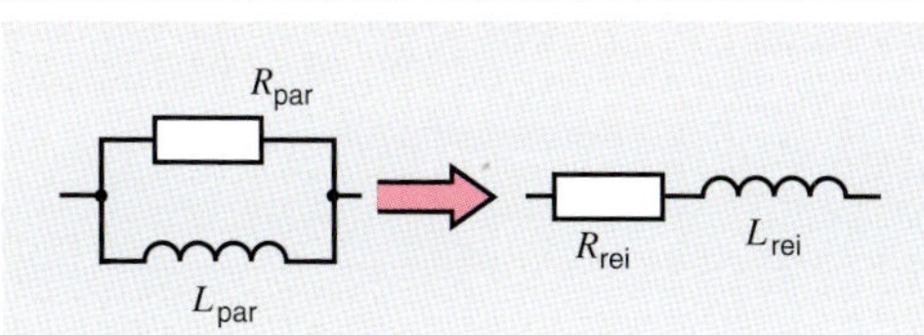	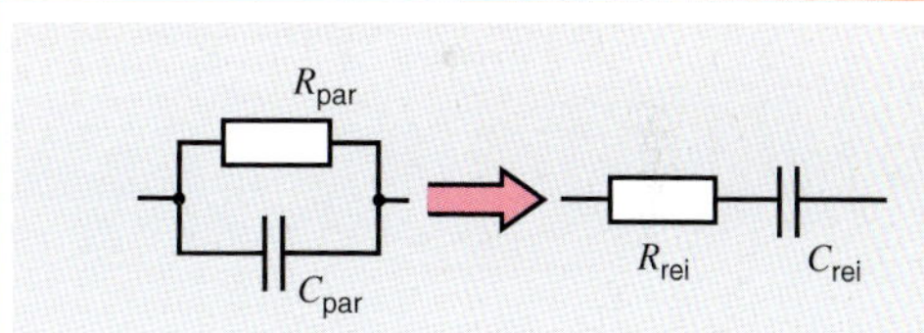
$R_{rei} = \dfrac{R_{par} \cdot (\omega L_{par})^2}{R_{par}^2 + (\omega L_{par})^2}$ $L_{rei} = \dfrac{L_{par} \cdot R_{par}^2}{R_{par}^2 + (\omega L_{par})^2}$	$R_{rei} = \dfrac{R_{par} \cdot \left(\dfrac{1}{\omega C_{par}}\right)^2}{R_{par}^2 + \left(\dfrac{1}{\omega C_{par}}\right)^2}$ $C_{rei} = C_{par} \cdot \left[1 + \left(\dfrac{1}{\omega C_{par} \cdot R_{par}}\right)^2\right]$

Reale Spule und realer Kondensator

Eigenschaften	Spule mit Eisenkern	Kondensator
	■ Wirken vorherrschend als induktiver Blindwiderstand X_L ■ Erwärmung durch Verluste: Kupferverluste des Drahtwiderstandes der Wicklung, Eisenverluste durch Ummagnetisierung des Eisens und durch Wirbelströme Kennzeichnung durch Wirkwiderstand R_V (Verlustwiderstand)	■ Wirken vorherrschend als kapazitiver Blindwiderstand X_C ■ Erwärmung durch Verluste: Verluste im Isolierstoff durch den großen, aber endlichen Widerstandswert und durch Polarisation der Isolierstoffmoleküle Kennzeichnung durch Wirkwiderstand R_V (Verlustwiderstand)

Ersatzschaltbild	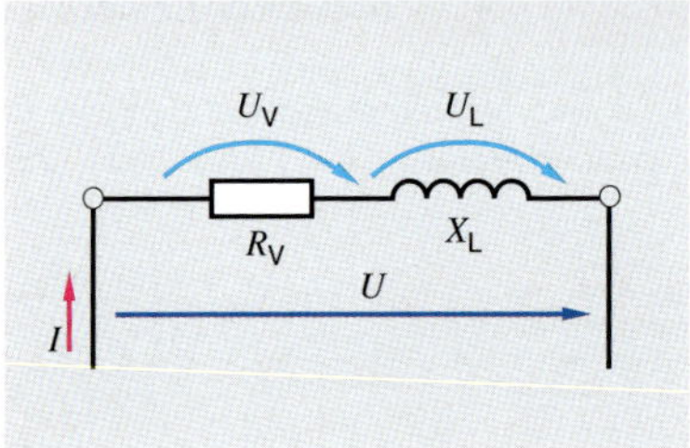	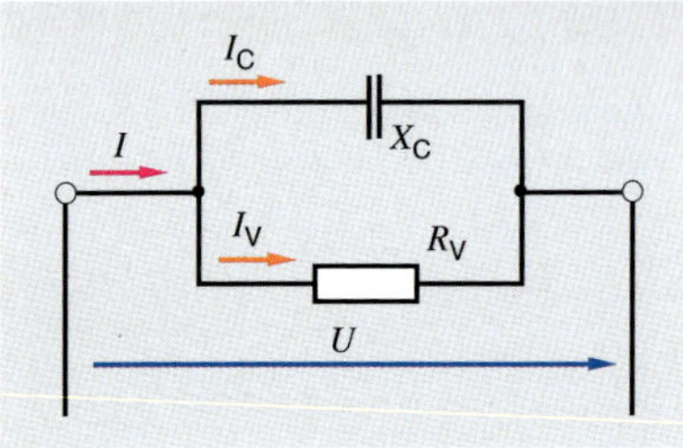
Zeigerbild	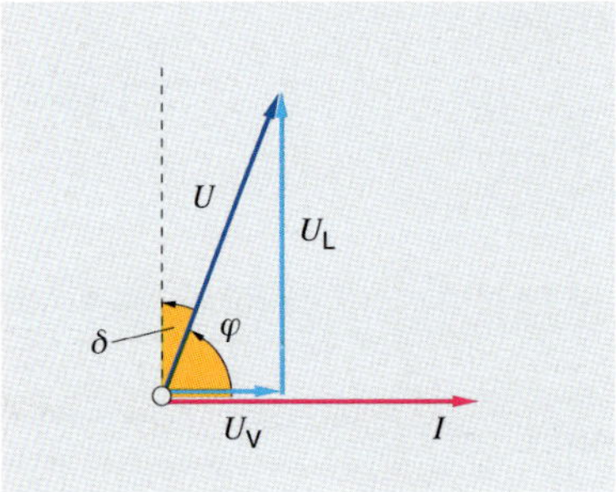 U_L und U_V sind nicht messbar.	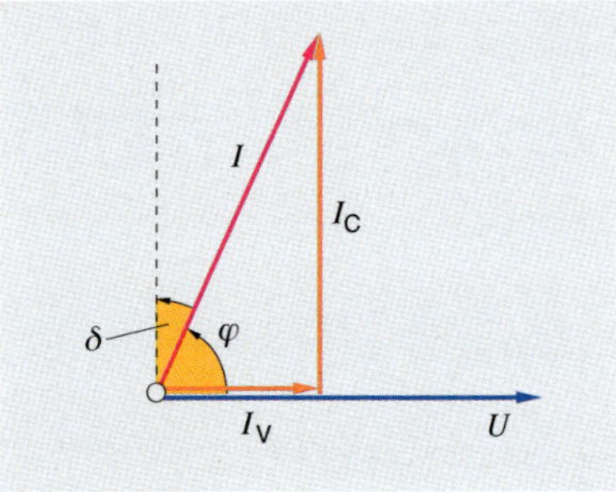 I_C und I_V sind nicht messbar.
Verlustgröße	Verlustwinkel $\delta = 90° - \varphi$; φ Phasenwinkel zwischen I und U Verlustfaktor $\tan\delta = \frac{R_V}{X_L} = \frac{R_V}{\omega \cdot L}$ Spulengüte $Q = \frac{1}{\tan\delta} = \frac{\omega \cdot L}{R_V}$	Verlustwinkel $\delta = 90° - \varphi$; φ Phasenwinkel zwischen I und U Verlustfaktor $\tan\delta = \frac{X_C}{R_V} = \frac{1}{\omega \cdot C \cdot R_V}$ Kondensatorgüte $Q = \frac{1}{\tan\delta} = R_V \cdot \omega \cdot C$

Hoch- und Tiefpässe

Frequenzabhängige Spannungsteilung am ohmschen Widerstand und am Blindwiderstand X_L oder X_C
Ausgangsspannung U_2 nähert sich der Eingangsspannung U_1 an

- bei niedrigen Frequenzen als **Tiefpass**
- bei hohen Frequenzen als **Hochpass.**

Grenzfrequenz: Frequenz, bei der $R = X_L$ bzw. X_C ist, dann ist $U_2 = \frac{U_1}{\sqrt{2}} = 0{,}707 \cdot U_1$.

Schaltung	Grenzfrequenz f_g	Durchlasskurve und Phasenverschiebungswinkel
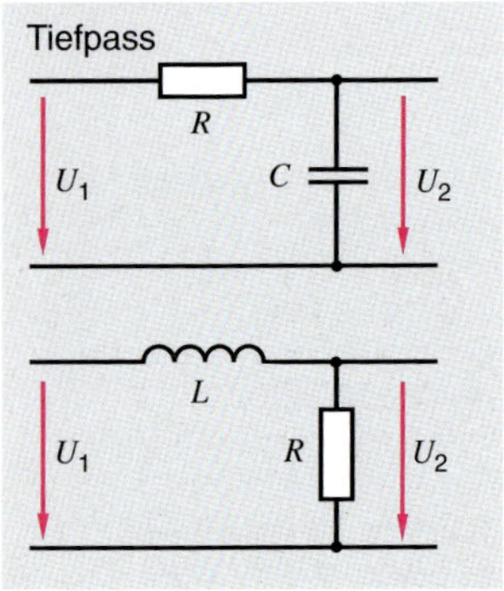	$f_g = \frac{1}{2\pi R \cdot C}$	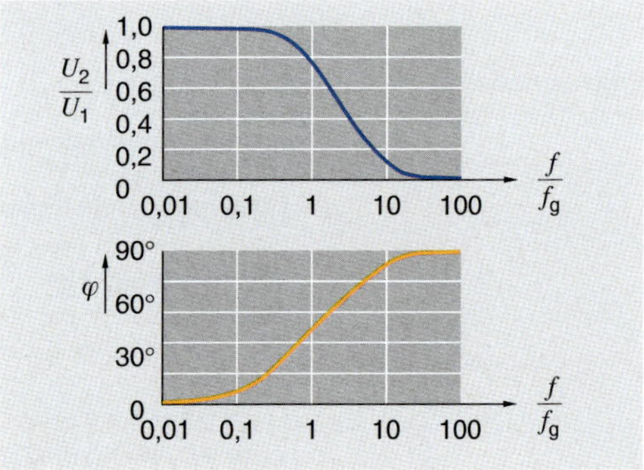
	$f_g = \frac{R}{2\pi L}$	

Schaltung	Grenzfrequenz f_g	Durchlasskurve und Phasenverschiebungswinkel
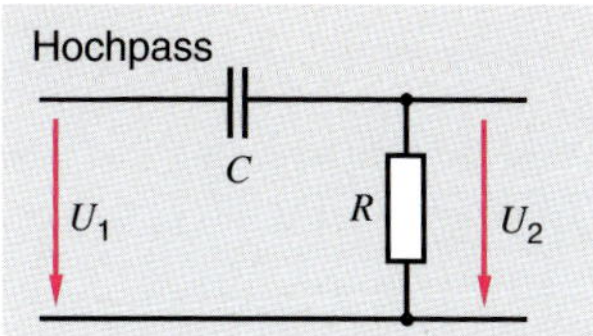	$f_g = \frac{1}{2\pi R \cdot C}$	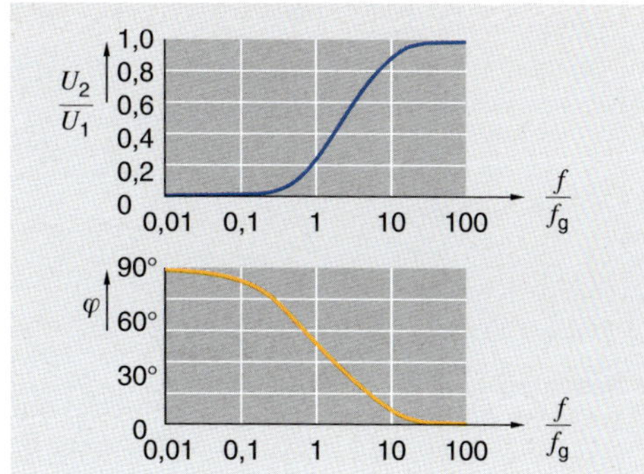
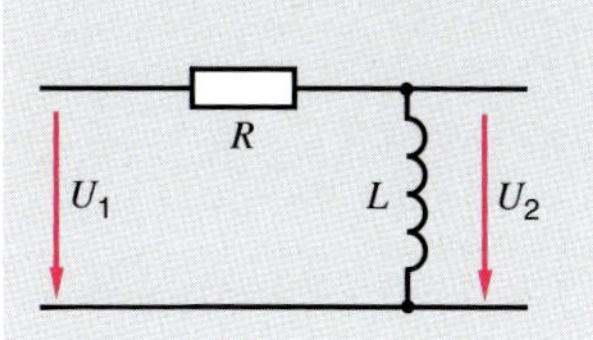	$f_g = \frac{R}{2\pi L}$	

Schwingkreise

Zusammenschaltung von Spule und Kondensator, bei denen der Energieaustausch zwischen den Blindwiderständen X_L und X_C ein sinusförmiger Schwingungsvorgang ist.

Ersatzschaltung

R_V erfasst die Verluste der realen Schaltelemente Spule und Kondensator.

Parallelschwingkreis	Reihenschwingkreis
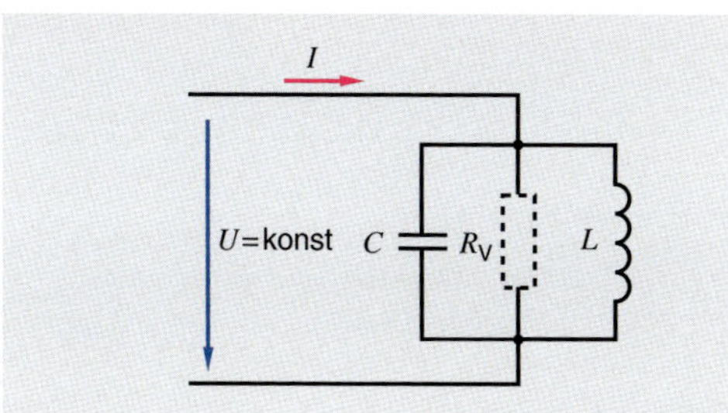	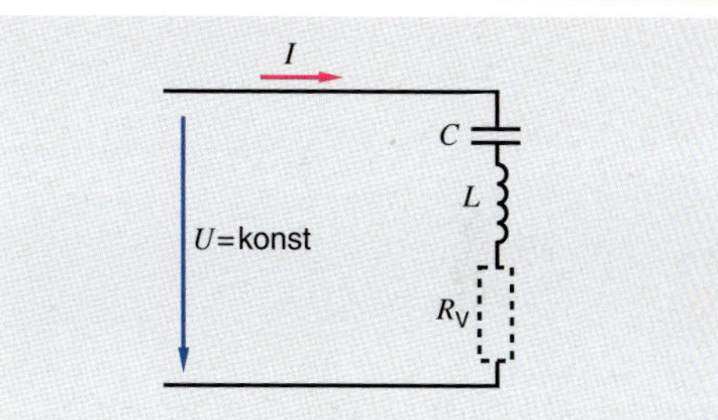

Frequenzabhängigkeit von Widerstand, Stromstärke und Phasenverschiebungswinkel φ

Widerstand	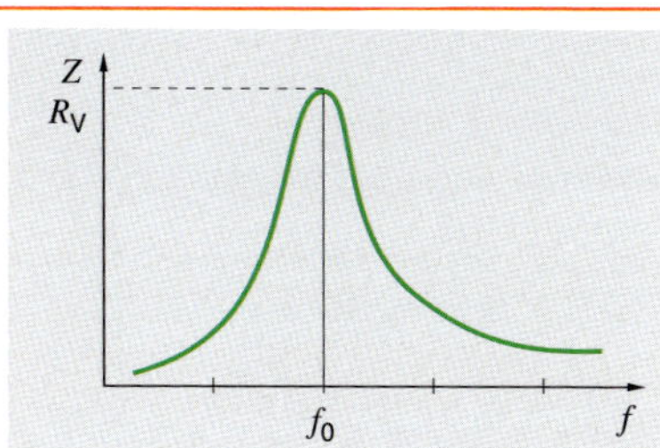	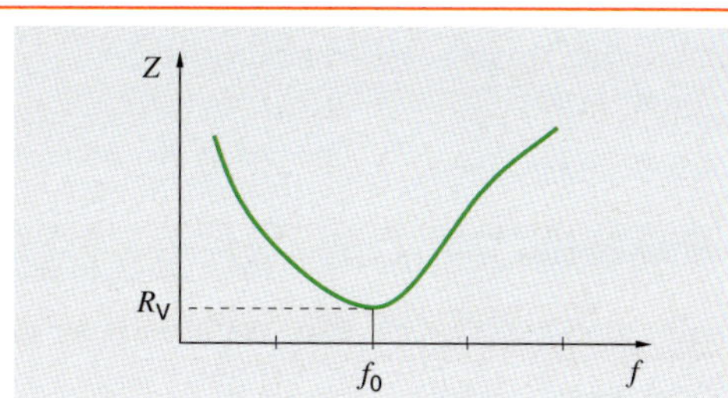
Stromstärke	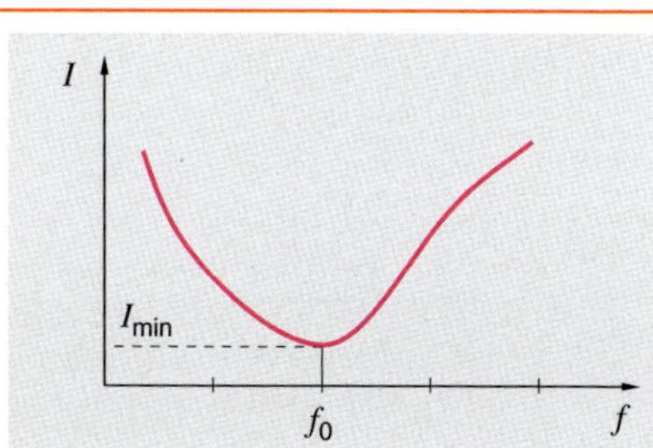	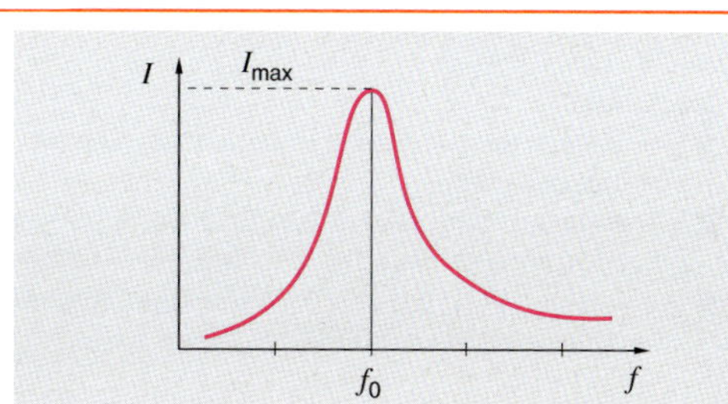

Phasenverschiebung

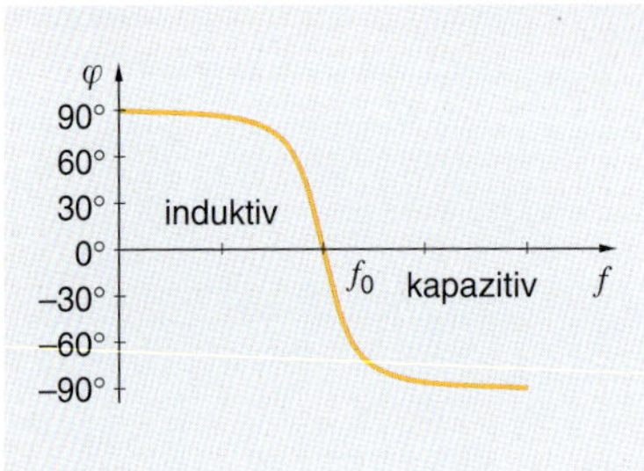

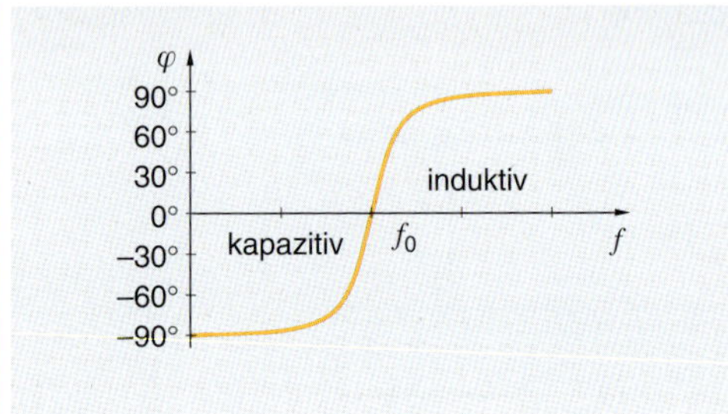

Resonanz

Induktiver und kapazitiver Blindwiderstand sind gleich: $X_L = X_C$.
Schwingkreis wirkt nur mit seinem Verlustwiderstand R_V.

Resonanzfrequenz $f_0 = \dfrac{1}{2\pi \cdot \sqrt{L \cdot C}}$

Bandbreite

Vergleichswert für die Güte von Schwingkreisen gleicher Resonanzfrequenz.
Flacher Verlauf der Resonanzkurve eines Schwingkreises bei größeren Verlusten.

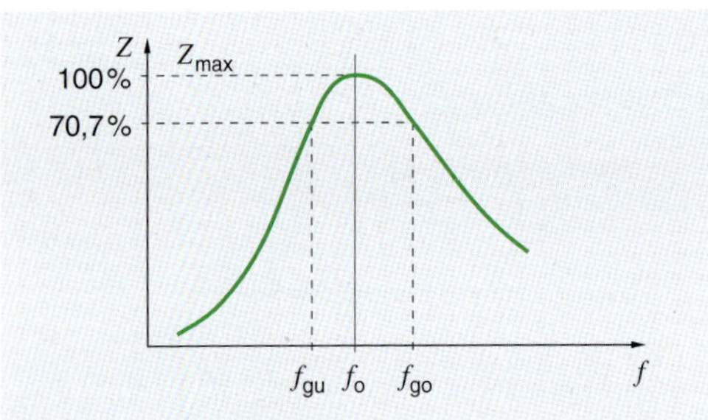

$B = f_{go} - f_{gu}$

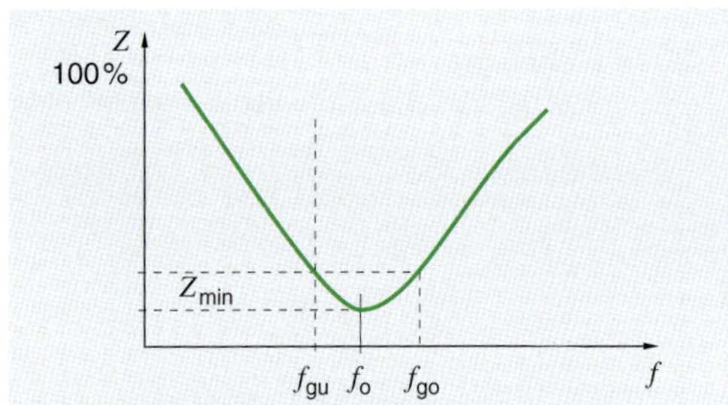

f_{go} obere Grenzfrequenz ($\varphi = 45°$)
f_{gu} untere Grenzfrequenz ($\varphi = 45°$)
B Bandbreite

3.4 Leistung und Arbeit

Die zeitgleich auftretenden Augenblickswerte von Spannung und Stromstärke ergeben unabhängig vom Kurvenverlauf einen ebenfalls zeitabhängigen Leistungswert:

$$p(t) = u(t) \cdot i(t).$$

Bei sinusförmigen Wechselgrößen hat die sinusförmige Leistung die doppelte Frequenz von U und I.

Leistungsgrößen

Leistung und Phasenverschiebung zwischen U und I

Phasengleichheit zwischen Strom und Spannung ⇒ $\varphi = 0°$

Merkmale

- Positive Leistungswerte ≙ Energiefluss vom aktiven Zweipol zum passiven.
- Umwandlung der elektrischen Energie im passiven Zweipol in Wärmeenergie oder mechanische Energie.
- Wirkleistung P ist die im zeitlichen Mittel aus dem Stromkreis austretende Leistung.

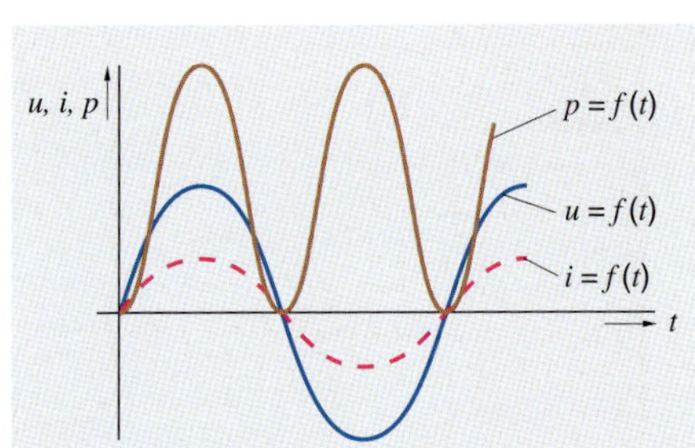

Phasenverschiebung zwischen Strom und Spannung

$\varphi = 90°$ (Blindwiderstand X_L oder X_C)

- Wechselnder Energiefluss zwischen aktivem Zweipol und induktivem oder kapazitivem Blindwiderstand.
- Kurzzeitige Speicherung der elektrischen Energie im elektrischen oder magnetischen Feld.
- Blindleistung Q ist die zwischen Stromquelle und induktivem oder kapazitivem Schaltelement hin- und herpendelnde Leistung.

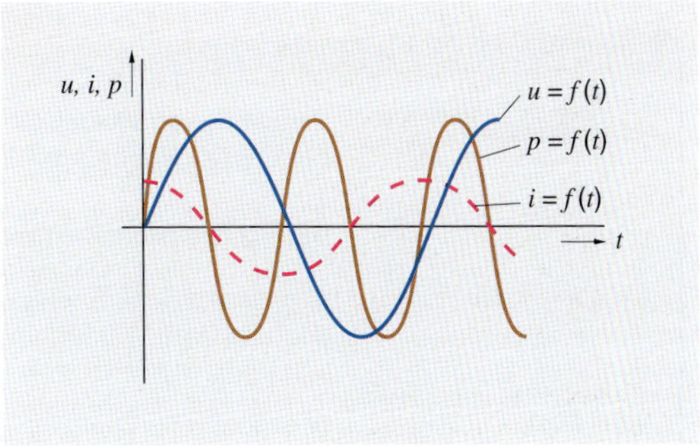

$0° < \varphi < 90°$ (komplexer Widerstand)

- Die zum passiven Zweipol fließende Energie ist größer als die zurückfließende.
- Die Zuleitung wird mit Wirk- und Blindenergie belastet.
- Scheinleistung S setzt sich aus Wirkleistung P und Blindleistung Q zusammen und ist eine reine Rechengröße.

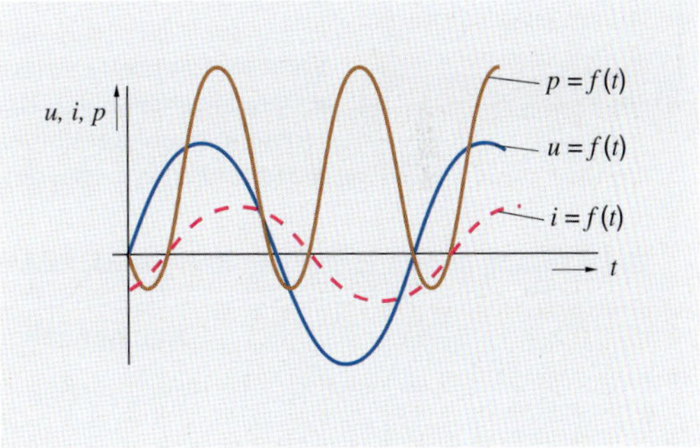

Leistungsbeziehungen

Zerlegung eines phasenverschobenen Stromes in die nicht messbaren Komponenten
- Wirkstrom I_w, in Richtung der Spannung U
- Blindstrom I_b, um 90° zur Spannung U phasenverschoben

$$I^2 = I_w^2 + I_b^2$$

$$I_w = I \cdot \cos\varphi$$

$$I_b = I \cdot \sin\varphi$$

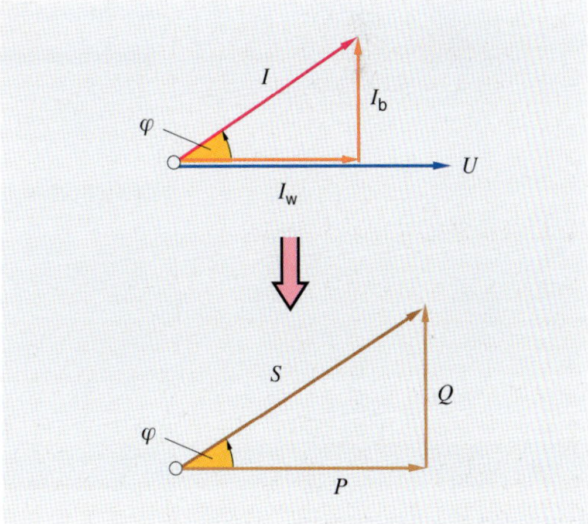

Wirkleistung	$P = I_w \cdot U$	$P = S \cdot \cos\varphi$	$[P] = 1$ W (Watt)
	Angabe als Bemessungsleistung von Wechselstrommotoren und Wärmegeräten		
Blindleistung	$Q = I_b \cdot U$	$Q = S \cdot \sin\varphi$	$[Q] = 1$ var (Voltampere reaktiv)
	Angabe als Bemessungsleistung von Kondensatorenanlagen		
Scheinleistung	$S = U \cdot I$	$S^2 = P^2 + Q^2$	$[S] = 1$ VA (Voltampere)
	Angabe als Bemessungsleistung von Generatoren und Transformatoren		

Leistungsfaktor

Wirtschaftlichkeit der Energieübertragung

Leistungsfaktor: Verhältnis von Wirkleistung zur Scheinleistung als Kenngröße für die Wirtschaftlichkeit der Energieübertragung und des Leistungsumsatzes in Geräten

$\cos\varphi = \frac{P}{S}$ Bei nichtsinusförmigen Wechselgrößen wird als Formelzeichen λ verwendet.

$0 < \cos\varphi < 0{,}6 \Rightarrow$ Unwirtschaftliche Energieübertragung, Anteil der Blindleistung ist größer als der Anteil der nutzbaren Wirkleistung;
unterer Grenzwert: $\cos\varphi = 0 \Rightarrow$ Netz wird nur mit Blindleistung belastet.

$0{,}8 < \cos\varphi < 1 \Rightarrow$ Wirtschaftliche Energieübertragung, Anteil der Wirkleistung ist größer als der der Blindleistung;
oberer Grenzwert: $\cos\varphi = 1 \Rightarrow$ Netz wird nur mit Wirkleistung belastet.

Phasenkompensation: Verbesserung des Leistungsfaktors der Energieübertragung im Wechselstromnetz durch
- Parallelschalten von Kondensatoren zu induktiven Verbrauchern
  oder in besonderen Fällen durch
- Zuschalten von rotierenden Phasenschiebern (übererregte Synchronmotoren)

Bestimmung der Kapazität des Kompensationskondensators

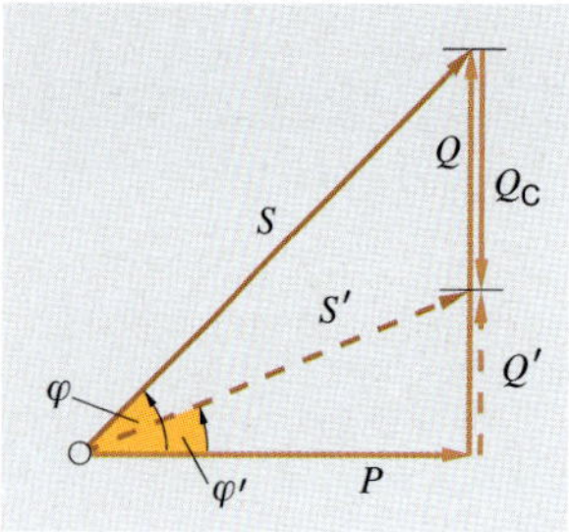

Kompensationsleistung $Q_C = P \cdot (\tan\varphi - \tan\varphi')$	φ Phasenverschiebungswinkel vor der Kompensation φ' Phasenverschiebungswinkel nach der Kompensation P auch bei Kompensation konstant bleibende Wirkleistung
Kompensationskapazität Einphasenwechselstromkreis $C = \frac{Q_C}{U_C^2 \cdot \omega}$ Drehstromkreis $C = \frac{Q_C}{3 \cdot U_C^2 \cdot \omega}$	ω Kreisfrequenz U_C Spannung am Kondensator

Arbeitsgrößen

Arbeit des Wechselstromes

Wirkarbeit	$W_w = P \cdot t = U \cdot I \cdot t \cdot \cos\varphi$	$[W_w]$ = Ws oder Wh
Blindarbeit	$W_b = Q \cdot t = U \cdot I \cdot t \cdot \sin\varphi$	$[W_b]$ = vars oder varh
Scheinarbeit	$W_s = S \cdot t = U \cdot I \cdot t$	$[W_s]$ = VAs oder VAh

3.5 Dreiphasen-Wechselstromkreise

Dreiphasenwechselstrom (Drehstrom) und Dreiphasenwechselspannung

Merkmale

Drei Wechselströme (-spannungen)
- gleicher Größe (Effektivwerte)
- gleicher Frequenz
- gegenseitige Phasenverschiebung um 120°
- Summe der Augenblickswerte ist bei sinusförmigen Größen in jedem Augenblick gleich null:

$U_1 = U_2 = U_3$ bzw. $I_1 = I_2 = I_3$
$f_1 = f_2 = f_3$
$\varphi_{12} = \varphi_{23} = \varphi_{31}$
$u_1 + u_2 + u_3 = 0$ bzw. $i_1 + i_2 + i_3 = 0$

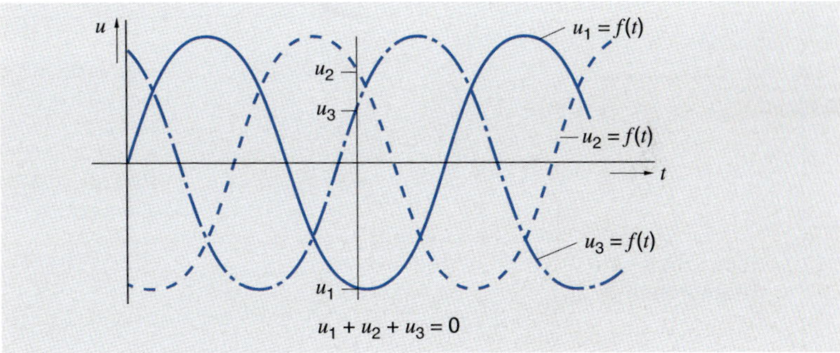

Erzeugung

Generatoren mit dreisträngigen um 120° versetzten Wicklungen

Anschlussbezeichnungen der Wicklungsstränge

Anfang	Ende
U1	U2
V1	V2
W1	W2

Spannungsebenen

Verteilungsnetze: 400/230 V, 690/400 V, 6 kV, 20 kV, 110 kV

Übertragungsnetze:
220 kV (schrittweiser Rückbau)
380 kV

Drehstromsysteme

Offenes System

- Stromkreise 1, 2 und 3 galvanisch voneinander getrennt
- Übertragung der elektrischen Energie im Sechsleiternetz

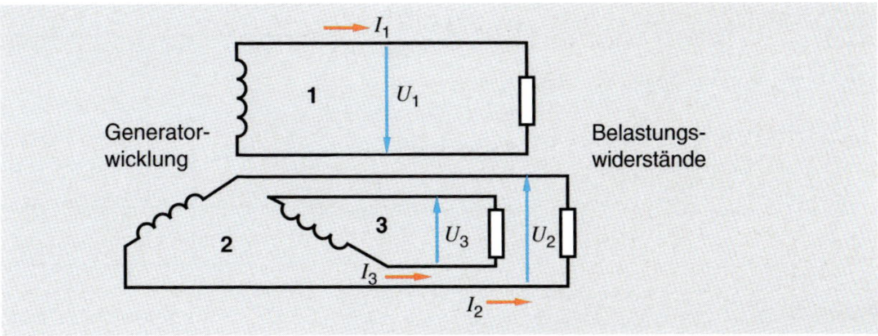

Verkettete Systeme

Zusammenschaltung der drei Wechselstromkreise zur Stern- oder Dreieckschaltung

Sternschaltung

Schaltregel

Die Ausgänge der Wicklungsstränge des Generators und/oder die der passiven Zweipole sind zu einem Punkt, dem Sternpunkt zu verbinden.

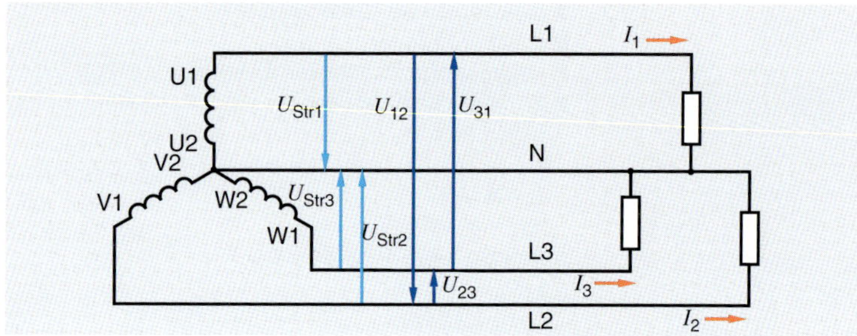

L1 ; L2 ; L3	Außenleiter, allgemein L
N	Neutralleiter (Sternpunktleiter)
U_{Str1} ; U_{Str2} ; U_{Str3}	Strangspannungen, allgemein U_{Str}
U_{12}; U_{23}; U_{31}	Leiterspannungen, allgemein U
I_{Str1}; I_{Str2}; I_{Str3}	Strangstromstärken, allgemein I_{Str}
I_1; I_2; I_3	Leiterstromstärken, allgemein I

Spannungs- und Stromgrößen

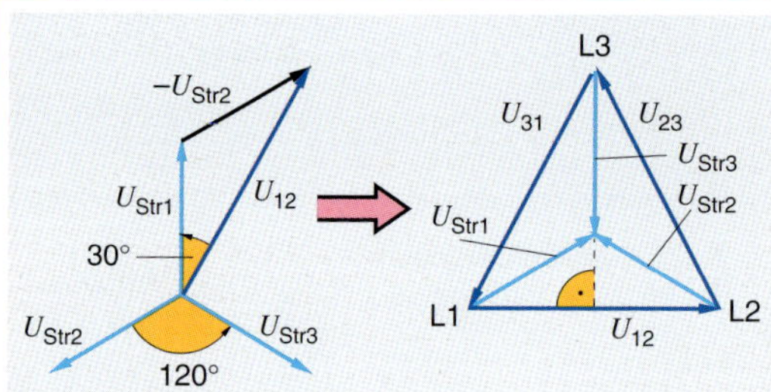

$U_{12} = U_{Str1} \hat{+} (-U_{Str2})$
$U_{23} = U_{Str2} \hat{+} (-U_{Str3})$
$U_{31} = U_{Str3} \hat{+} (-U_{Str1})$
$U = \sqrt{3} \cdot U_{Str}$
$I = I_{Str}$

$\hat{+}$ geometrische Summe
$\sqrt{3} = 1{,}7320$ Verkettungsfaktor

Phasenverschiebungen zwischen
- den Leiterspannungen ⇒ 120°
- den Strangspannungen ⇒ 120°
- Leiterspannung U_{12} und Strangspannung U_{Str3} ⇒ 90°
  Leiterspannung U_{23} und Strangspannung U_{Str1} ⇒ 90°
  Leiterspannung U_{31} und Strangspannung U_{Str2} ⇒ 90°

Übertragung

der elektrischen Energie im Vierleiter- oder Dreileiternetz

Dreieckschaltung

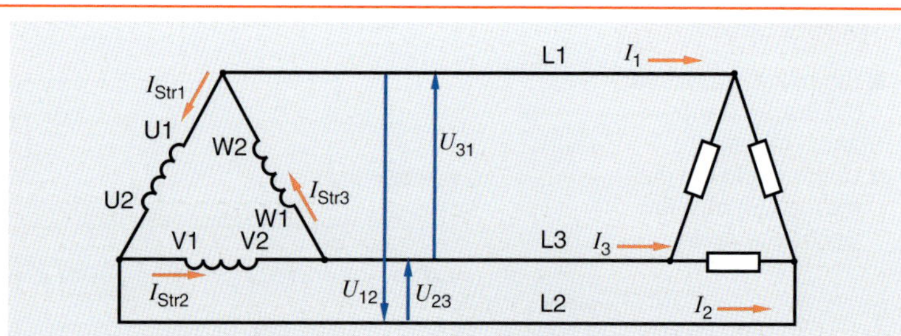

L1 ; L2 ; L3	Außenleiter, allgemein L
U_{Str1} ; U_{Str2} ; U_{Str3}	Strangspannungen, allgemein U_{Str}
U_{12}; U_{23}; U_{31}	Leiterspannungen, allgemein U
I_{Str1}; I_{Str2}; I_{Str3}	Strangstromstärken, allgemein I_{Str}
I_1; I_2; I_3	Leiterstromstärken, allgemein I

Schaltregel	Der Ausgang des einen Wicklungsstranges und/oder der des einen passiven Zweipols ist mit dem Eingang des nächsten Wicklungsstranges oder dem des nächsten passiven Zweipols zu verbinden.
Spannungs- und Stromgrößen	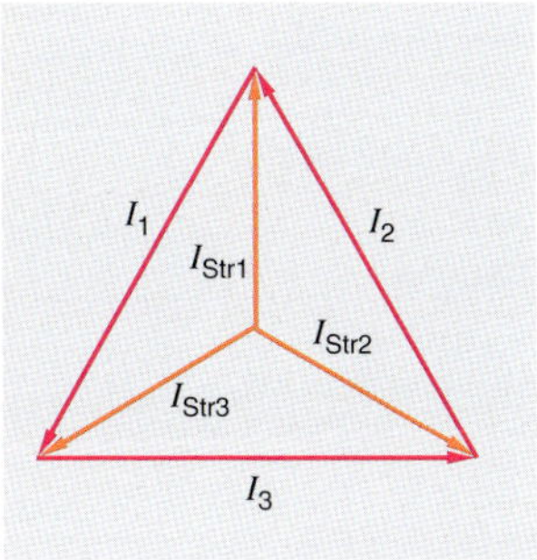 $I_1 = I_{Str3} \hat{+} (-I_{Str1})$ $\hat{+}$ geometrische Summe $I_2 = I_{Str1} \hat{+} (-I_{Str2})$ $I_3 = I_{Str2} \hat{+} (-I_{Str3})$ $I = \sqrt{3} \cdot I_{Str}$ $\sqrt{3} = 1{,}7320$ Verkettungsfaktor $U = U_{Str}$
Übertragung	der elektrischen Energie im Dreileiternetz

Belastungsformen der verketteten Systeme

Symmetrische Belastung

Bedingung	Drei widerstandsgleiche passive Zweipole mit gleichem Leistungsfaktor
Merkmale	■ gleiche Leiterstromstärken $I_1 = I_2 = I_3$ ■ stromloser Neutralleiter des Vierleiternetzes $I_N = 0$

Unsymmetrische Belastung

Ursache	■ einphasige Belastung oder ■ passive Zweipole mit unterschiedlichen Widerstandswerten und gleichen oder unterschiedlichen Leistungsfaktoren
Merkmale im Vierleiternetz	■ ungleiche Leiterstromstärken $I_1 \neq I_2 \neq I_3$ oder ■ gleiche Leiterströme mit unterschiedlichen Phasenverschiebungswinkeln $\varphi_1 \neq \varphi_2 \neq \varphi_3$ ■ Strom führender Neutralleiter $I_N = I_1 \hat{+} I_2 \hat{+} I_3$ ($\hat{+}$ geometrische Summe) 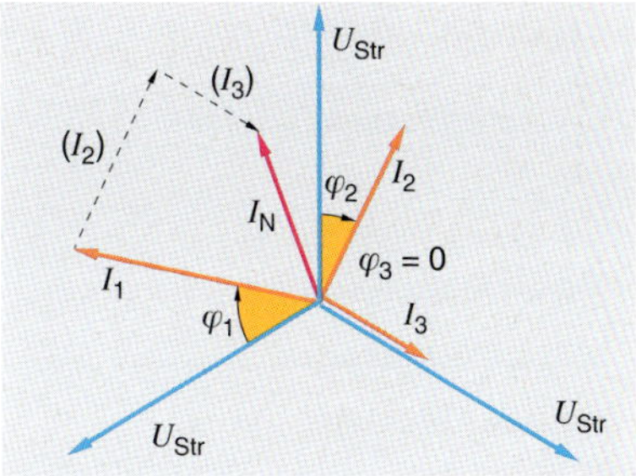
Merkmale im Dreileiternetz bzw. bei unterbrochenem Neutralleiter	■ ungleiche Leiterstromstärken $I_1 \neq I_2 \neq I_3$, jedoch $I_1 \hat{+} I_2 \hat{+} I_3 = 0$, dadurch weicht die gegenseitige Phasenverschiebung von 120° ab ■ trotz starrer Leiterspannungen ungleiche Strangspannungen an in Stern geschalteten passiven Schaltelementen ⇒ Sternpunktverschiebung 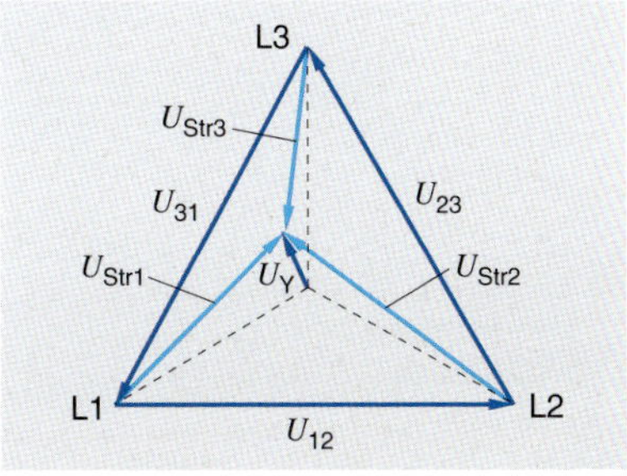

Leistungen bei unsymmetrischer Belastung

Allgemein	**Drehstromleistung = Σ Strangleistungen**	
Wirkleistung	$P = P_1 + P_2 + P_3$ Strangleistung $P_{Str} = U_{Str} \cdot I_{Str} \cdot \cos\varphi$	$[P] = 1\,W$
Blindleistung	$Q = Q_1 + Q_2 + Q_3$ Strangleistung $Q_{Str} = U_{Str} \cdot I_{Str} \cdot \sin\varphi$	$[Q] = 1\,var$
Scheinleistung	$S = S_1 + S_2 + S_3$ Strangleistung $S_{Str} = U_{Str} \cdot I_{Str}$	$[S] = 1\,VA$

Leistungen bei symmetrischer Belastung

Wirkleistung	$P = \sqrt{3} \cdot U \cdot I \cdot \cos\varphi$	$U; I$ Leitergrößen
Blindleistung	$Q = \sqrt{3} \cdot U \cdot I \cdot \sin\varphi$	$\sqrt{3}$ Verkettungsfaktor
Scheinleistung	$S = \sqrt{3} \cdot U \cdot I \qquad S^2 = P^2 + Q^2$	
Leistungsbeziehung	zwischen Stern- und Dreieckschaltung bei gleichen Spannungen und widerstandsgleichen Schaltelementen $\frac{P_Y}{P_\Delta} = \frac{1}{3}$	

Leistungen fehlerbehafteter Systeme

Sternschaltung der passiven Schaltelemente

	Unterbrechung eines Außenleiters oder Ausfall eines Strangwiderstandes	Unterbrechung zweier Außenleiter oder Ausfall zweier Strangwiderstände
mit N	$P' = \frac{2}{3} P$	$P' = \frac{1}{3} P$
ohne N	$P' = \frac{1}{2} P$	$P' = 0$

P' Leistung des fehlerbehafteten Systems
P Leistung des fehlerfreien Systems

Dreieckschaltung der passiven Schaltelemente

Unterbrechung/Ausfall		Unterbrechung eines Außenleiters und Ausfall eines Strangwiderstandes	
eines Außenleiters	$P' = \frac{1}{2} P$	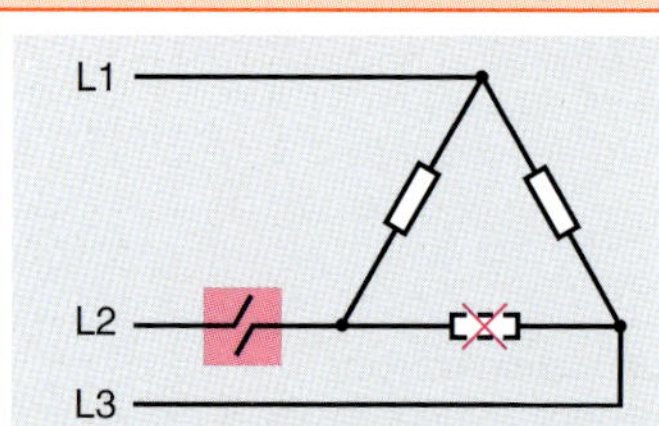	$P' = \frac{1}{3} P$
zweier Außenleiter	$P' = 0$		
eines Strangwiderstandes	$P' = \frac{2}{3} P$	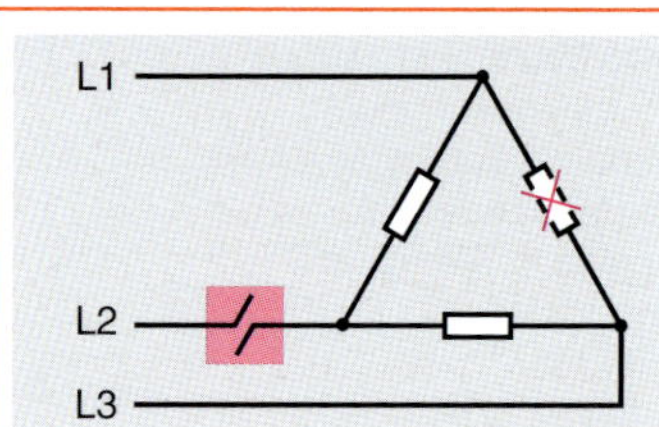	$P' = \frac{1}{6} P$
zweier Strangwiderstände	$P' = \frac{1}{3} P$		

P' Leistung des fehlerbehafteten Systems
P Leistung des fehlerfreien Systems

Magnetfeld des Drehstroms – Drehfeld

Merkmal	Ein mit konstanter Geschwindigkeit umlaufendes zwei- oder mehrpoliges Magnetfeld mit gleich bleibendem Betrag
Bedingungen	Drei um 120° phasenverschobene Ströme (Drehstrom) fließen durch drei kreisförmig angeordnete, gegenseitig um120° versetzte Wicklungsstränge.
Drehzahl n	Abhängig von der Frequenz f des Drehstroms und der Polpaarzahl p des Drehfeldes $n = \frac{f}{p}$ $[n]$ 1 s^{-1} $[f]$ 1 Hz $[p]$ unbenannt

Gesamtspulenzahl	Spulenzahl je Wicklungsstrang	Polpaarzahl	Drehzahl bei 50 Hz
3	1	1	3000 min^{-1}
6	2	2	1500 min^{-1}
9	3	3	1000 min^{-1}
12	4	4	750 min^{-1}

Umlaufrichtung	■ abhängig von Phasenfolge ■ Rechtslauf bei Anschluss der Außenleiter L1 an U1 L2 an V1 L3 an W1 ■ Änderung der Umlaufrichtung Vertauschen zweier beliebiger Außenleiter
Überlagerung zweier Drehfelder gleicher Drehzahl	■ mit gleicher Umlaufrichtung: Kreisdrehfeld, dessen konstanter Betrag von der Phasenlage der einzelnen Drehfelder zueinander abhängig ist; ■ mit entgegengesetzten Umlaufrichtungen bei gleichen Beträgen der Einzelfelder: Wechselfeld, das sich periodisch in Betrag und Richtung ändert, während seine Lage im Raum konstant bleibt; ■ mit entgegengesetzten Umlaufrichtungen bei ungleichen Beträgen der Einzelfelder: elliptisches Drehfeld, dessen Betrag sich zwischen einem größten und kleinsten Wert ändert.

Normen

DIN 1301 – 1	Einheiten; Einheitennamen, Einheitenzeichen
DIN 1301 – 2	Einheiten; Allgemein angewendete Teile und Vielfache
DIN 1302	Allgemeine mathematische Zeichen und Begriffe
DIN 1304 – 1	Formelzeichen; Allgemeine Formelzeichen
DIN 1304 – 4	Formelzeichen; Formelzeichen für elektrische Energieversorgung
DIN 1304 – 7	Formelzeichen; Formelzeichen für elektrische Maschinen
DIN 1313	Physikalische Größen und Gleichungen; Begriffe, Schreibweisen
DIN 5483 Teil 2	Zeitabhängige Größen; Formelzeichen
DIN 40108	Elektrische Energietechnik; Stromsysteme; Begriffe, Größen, Formelzeichen
DIN 40110 Teil 1	Wechselstromgrößen; Zweileiter-Stromkreise
DIN 40200	Nennwert, Grenzwert, Bemessungswert, Bemessungsdaten; Begriffe

4 Messtechnik

Messtechnik

- **4.1 Messfehler** – *Seite 85*
  - Fehlerarten
  - Fehlerrechnung
- **4.2 Messmittel** – *Seite 87*
  - Messmittelarten
  - Direkt wirkende Messgeräte
  - Elektronische Messgeräte
- **4.3 Messverfahren und -schaltungen** – *Seite 97*
  - Spannungs- und Strommessung
  - Widerstandsmessung
  - Messbrücken
  - Leistungsmessung
  - $\cos \varphi$-Messung
  - Arbeitsmessung

Begriffe

Messen	Experimentelle metrologische Tätigkeit des quantitativen (mengenmäßigen) Bestimmens des Wertes einer physikalischen Größe.
Prüfen	Metrologische Tätigkeit zum Feststellen, ob ein Prüfgegenstand (Prüfling, Probe, Messgerät) die vereinbarten, vorgeschriebenen oder erwarteten Bedingungen erfüllt.
Messgröße	Physikalische Größe, deren Wert durch Messen ermittelt wird.
Messwert	Gemessener Wert, auch Istwert, ist der durch eine Einzelmessung aus der Anzeige eines Messmittels ermittelte Wert einer physikalischen Größe.
Messergebnis	Quantitative Angabe, die aus einem, meist aus mehreren Messwerten gleicher oder verschiedener physikalischer Größen nach einer vorgegebenen Beziehung ermittelt wird.
Messprinzip	Nutzung einer charakteristischen physikalischen Erscheinung als Grundlage einer Messung, wodurch unter Einbeziehung einer Messmethode wesentlich das Messverfahren bestimmt wird.
Messmethode	Handlungsvorschrift, die die Art der Messung unabhängig vom Messprinzip kennzeichnet.
Messverfahren	Praktisches Vorgehen bei der Gewinnung von Messdaten.
Messmittel	Mittel, das die zu messende oder eine damit gesetzmäßig verknüpfte Größe in eine Anzeige oder eine der Anzeige gleichwertige Information umwandelt.
Messfehler	Sammelbegriff für alle Abweichungen eines durch Messen gewonnenen Wertes einer Größe von einem als richtig geltenden Wert (Sollwert).

4.1 Messfehler

Jede Messung als
- objektiver physikalischer Vorgang und als
- subjektive Tätigkeit

ist fehlerbehaftet.

Fehlerarten

Messfehler

Vermeidbare Fehler

Bedienungsfehler
Subjektive Fehler, die durch falsches Ablesen des Messwertes
- bei Zwischenstellung des Zeigers oder
- durch Ablesen unter verschiedenen Blickwinkeln (Parallaxenfehler) oder
- durch Nichtbeachten der Umkehrspanne entstehen.

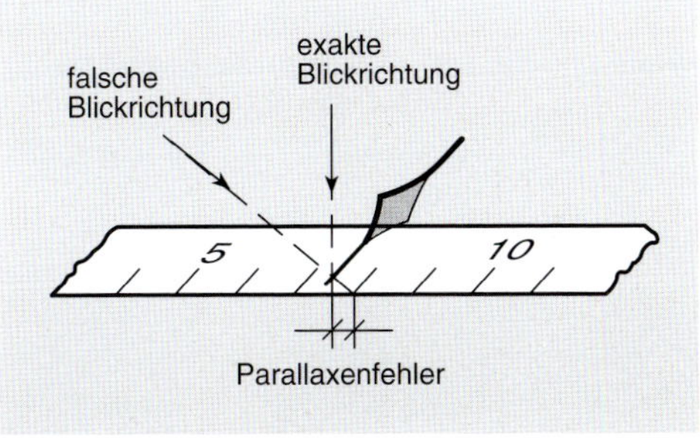

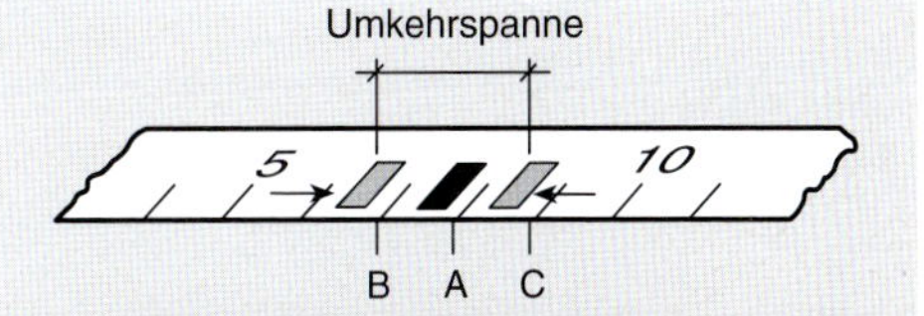

A Sollwert bei Ruhelage des Zeigers
B Istwert (Ruhelage des Zeigers) vom kleineren Messwert kommend
C Istwert (Ruhelage des Zeigers) vom größeren Messwert kommend

- **Umgebungseinflüsse**

Korrigierbare Fehler

Konstruktionsbedingte Fehler des Messgerätes

- Statische Fehler, die bei Gleichgewicht der Kräfte bei ruhender Messwertanzeige auftreten.
- Dynamische Fehler, die auf das nicht ideale (Zeit-)Verhalten der Messgeräte zurückzuführen sind.

Systematische Fehler

Objektive Fehler, die durch die Unvollkommenheit der Messmittel und -verfahren hervorgerufen werden. Systematische Fehler haben bei jedem Messwert einen bestimmten Betrag und sind korrigierbar.

Nicht korrigierbare bzw. nicht korrigierte Fehler

Streuung

Zufällige, nicht beeinflussbare bzw. erfassbare Fehler, die durch Änderungen des Messgerätes, des Messobjektes oder der Umwelt während des Messens entstehen.

Vernachlässigung

Objektive Fehler, die während oder nach der Messung nicht herausgelöst werden.

Fehlerrechnung

Absoluter Fehler $\Delta W = W' - W$	Differenz von abgelesenem Messwert W' (Istwert) und tatsächlichem Wert W (Sollwert) ■ Das unspezifische Zeichen W (Wert) ist durch das Formelzeichen der entsprechenden elektrischen Größe zu ersetzen. Der absolute Fehler wird immer mit der Einheit der Größe angegeben. ■ Vorzeichen geben die Richtung des Fehlers an, so gilt: negatives Vorzeichen $\Rightarrow$ $W' < W$ positives Vorzeichen $\Rightarrow$ $W' > W$ ■ Das Alternativzeichen ± kennzeichnet einen gleich großen absoluten Fehler oberhalb und unterhalb des Sollwertes.
Relativer Fehler	Verhältnis (Quotient) des absoluten Fehlers ΔW zum Sollwert W oder, ist dieser nicht bekannt, zum Istwert W'. $F_W = \frac{\Delta W}{W}$ oder $F_W \approx \frac{\Delta W}{W'}$
Genauigkeit von Analogmessgeräten	■ **Messgerätefehler** Verhältnis (Quotient) des maximalen absoluten Eigenfehlers ΔW_{max} zum Endwert des Messbereiches W_e. $F_G = \frac{\Delta W_{max}}{W_e}$
	■ **Genauigkeitsklasse** Auch Fehlerklasse oder kurz Klasse G, ist die Angabe der Garantiefehlergrenze eines Messmittels in Prozent des Messbereichsendwertes bei den entsprechenden Bezugsbedingungen. $G = 100 \cdot F_G$

International vereinbarte Werte von Genauigkeitsklassen

Messgerät	Klassenzeichen	Maximaler Eigenfehler des Messgerätes	Maximaler Eigenfehler des Zubehörs
Präzisions- oder Feinmessgeräte	0,05	± 0,05 %	± 0,02 %
	0,1	± 0,1 %	± 0,05 %
	0,2	± 0,2 %	± 0,1 %
	0,5	± 0,5 %	± 0,2 %
Betriebsmessgeräte	1	± 1 %	± 0,5 %
	1,5	± 1,5 %	± 0,5 %
	2,5	± 2,5 %	± 1 %
	5	± 5 %	± 1 %

Relativer Anzeigefehler

Verhältnis (Quotient) des maximalen absoluten Eigenfehlers ΔW_{max} zum angezeigten Messwert W'.

$$F_W = \frac{\Delta W_{max}}{W'}$$

Der Quotient des Anzeigefehlers zum Messgerätefehler ist gleich dem Quotienten des Messbereichsendwertes zum angezeigten Messwert.

$$\frac{F_W}{F_G} = \frac{W_e}{W'}$$

Genauigkeit von Digitalmessgeräten

Anzeigefehler

- **Quantisierungsfehler** ergibt sich aus der Auflösung des Analog/Digital-Wandlers und dem Anzeigebereich der Anzeigeeinheit; beträgt **mindestens 1 Digit.**

  Beispiel: Digital-Multimeter mit 3 ½-stelliger Anzeige und
  Quantisierungsfehler ± 2 Digit
  Messbereich 20 V
  größter Anzeigewert 19,99 V
  kleinster Anzeigewert 00,01 V
  Quantisierungsfehler ± 2 · 0,01 V = ± 20 mV

- **Grundfehler** entsteht durch die Toleranzen der Schaltungskomponenten; Angabe in **Prozent, bezogen auf den Messwert.**

- **Angabe** des Anzeigefehlers: ± (Grundfehler + Quantisierungsfehler)

Einfluss systematischer Fehler auf Messergebnisse

Formelzeichen
W_i' Messwerte Index i = 1; 2; 3; …
ΔW_i absoluter Fehler der Messwerte
F_{Wi} relativer Fehler der Messwerte
M Messergebnis
F_M relativer Fehler des Messergebnisses

Mathematische Verknüpfung der Messwerte	Fehler des Messergebnisses	Beispiel
$M = W_1' + W_2'$	$\Delta M = \Delta W_1 + \Delta W_2$	Bestimmen der Gesamtspannung aus zwei phasengleichen Teilspannungen
$M = W_1' - W_2'$	$\Delta M = \Delta W_1 - \Delta W_2$	Bestimmen des Fehlerstromes bei Körperschluss eines Betriebsmittels
$M = W_1' \cdot W_2'$	$F_M \approx F_{W1} + F_{W2}$	Bestimmen der Leistung aus Stromstärke und Spannung
$M = W_1' : W_2'$	$F_M \approx F_{W1} - F_{W2}$	Bestimmen des Widerstandswertes aus Stromstärke und Spannung

4.2 Messmittel

Messmittelarten

Technische Mittel zur Ausführung von Messungen

- Einzelmessmittel
  - Messgeräte
  - Messfühler
  - Messwandler
  - Normale (Maßverkörperungen)
- Messeinrichtungen
  - Einzelmessmittel mit Hilfseinrichtungen, z. B. Spannungskonstanthalter, Thermostate

Direkt wirkende Messgeräte

Messgeräte

- **Direkt wirkende Messgeräte**: Die elektrische Eingangsgröße bewirkt durch elektromechanische Wandlung im Messwerk direkt die Anzeige eines Messwertes. Die notwendige Energie wird dem Stromkreis, in dem gemessen wird, entzogen.
- **Elektronische Messgeräte**: Messwerte werden durch Schaltungen mit elektronischen Bauelementen, z. B. Dioden, Transistoren, Röhren, integrierten Schaltkreisen, gewonnen. Der Leistungseigenbedarf wird Netzteilen oder Batterien entnommen.

Skalenzeichen

Symbole und Angaben auf dem Skalenblatt, die ein Messgerät näher charakterisieren und Hinweise auf dessen Anwendung geben.

Sinnbilder/ Zeichen	Beispiel	Bedeutung
Einheitenzeichen der messbaren Größe	**A**	Stromstärke
Sinnbild für die Art des Messwerkes	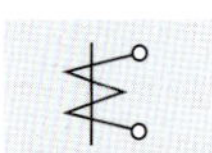	Dreheisenmesswerk
Stromart	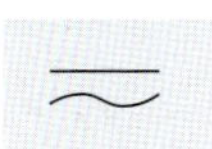	Gleich- oder Wechselstrom
Genauigkeitsklasse	**1,5**	Fehler in %, bezogen auf den Messbereichsendwert

Sinnbilder/ Zeichen	Beispiel	Bedeutung
Gebrauchslage	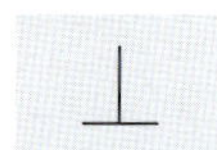	senkrechte Nennlage
Prüfspannung		Prüfspannung zwischen den elektrischen Teilen und dem Gehäuse 2 kV
Zusätzliches Bauelement	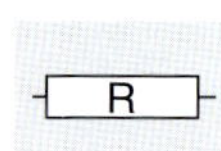	Nebenwiderstand (Shunt)
Spezielle Hinweise	**600/5 A**	Instrument für Wandleranschluss mit 600 A Primärstrom und 5 A Sekundärstrom

Sinnbilder der Messwerke

Zeichen	Benennung
	Drehspulmesswerk mit Dauermagnet, allgemein
	Drehspul-Quotientenmesswerk (Kreuzspulmesswerk)
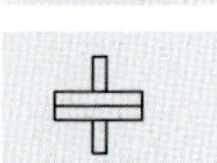	elektrodynamisches Messwerk, eisenlos
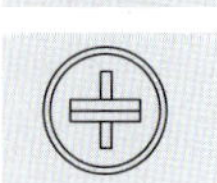	elektrodynamisches Messwerk, eisengeschlossen
	elektrodynamisches Quotientenmesswerk, eisenlos

Zeichen	Benennung
	elektrodynamisches Quotientenmesswerk, eisengeschlossen
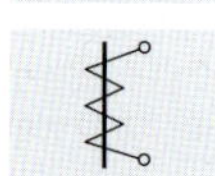	Dreheisenmesswerk
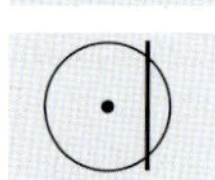	Induktionsmesswerk
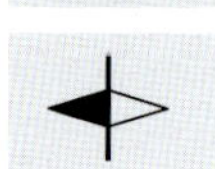	Drehmagnetmesswerk

Zeichen	Benennung
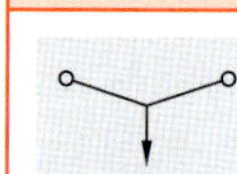	Hitzedrahtmesswerk
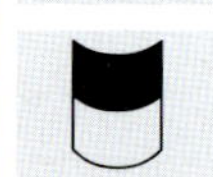	Bimetallmesswerk
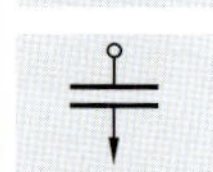	elektrostatisches Messwerk
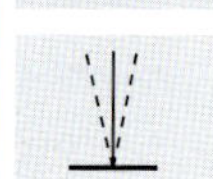	Vibrationsmesswerk

Symbole der Stromarten

Zeichen	Benennung
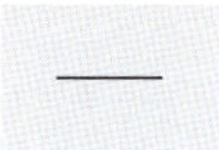	Gleichstrom
	Wechselstrom
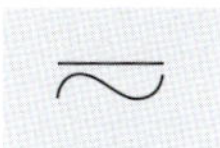	Gleich- und Wechselstrom
	Drehstrom, gemessen mit einem Messwerk
	Drehstrom, gemessen mit zwei Messwerken
	Drehstrom, gemessen mit drei Messwerken

Angabe der Gebrauchslagen

Zeichen	Benennung
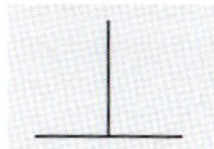	senkrechte Nennlage
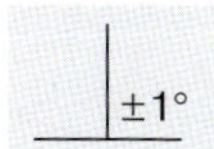	senkrechte Nennlage, mit Einflussbereich, z. B. ± 1°
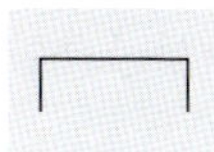	waagerechte Nennlage
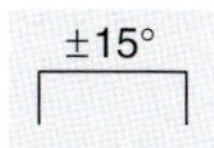	waagerechte Nennlage, mit Einflussbereich, z. B. ± 15°
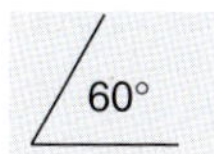	schräge Nennlage, Neigungswinkel, z. B. 60°

Symbole für Prüfspannungen

Zeichen	Benennung
	Prüfspannung 500 V
	Prüfspannung höher als 500 V, z. B. 2000 V
	Ohne Prüfspannung

Symbole für Zubehör

Zeichen	Benennung
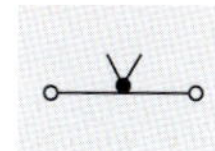	Thermoumformer, nicht isoliert
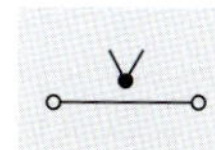	isolierter Thermoumformer
	Messinstrument mit Drehspulmesswerk und eingebautem, isoliertem Thermoumformer
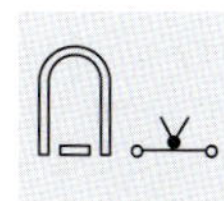	Messinstrument mit Drehspulmesswerk und getrenntem, nicht isoliertem Thermoumformer
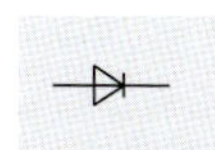	Gleichrichter
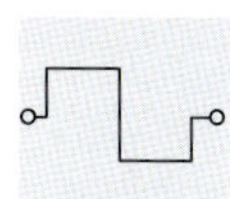	Hinweis auf getrennten Nebenwiderstand
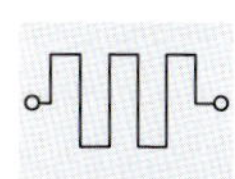	Hinweis auf getrennten Vorwiderstand
	Messinstrument mit Drehspulmesswerk und eingebautem Gleichrichter

Messwerke

Kombination der Bauteile, die ein Drehmoment oder eine Bewegung abhängig vom Wert der Messgröße erzeugen oder ausführen.

Drehspulmesswerk
Ohne zusätzliche Bauelemente nur zur Messung von Gleichströmen und -spannungen

- Außenmagnetwerk
  1 Außenmagnet
  2 Weicheisenkern
  3 Drehspule
  4 Nullstelleinrichtung
  5 Spiralfedern (Rückstellorgan und Stromzuführung zur Drehspule)

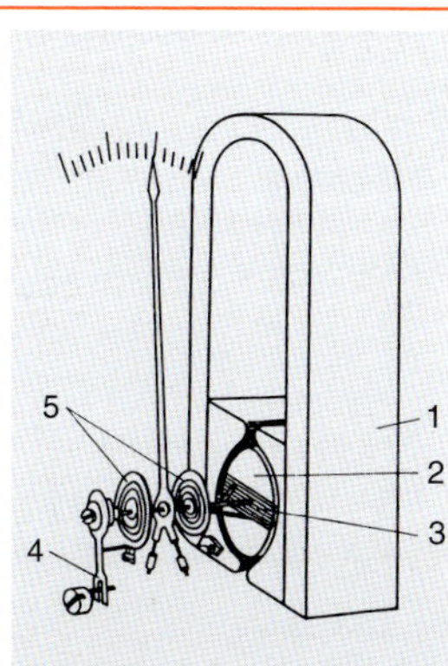

- Kernmagnetmesswerk
  1 Drehspule
  2 Kernmagnet
  3 Weicheisenjochring
  4 Spannbänder (Lager, Rückstellorgan und Stromzuführung zur Drehspule)

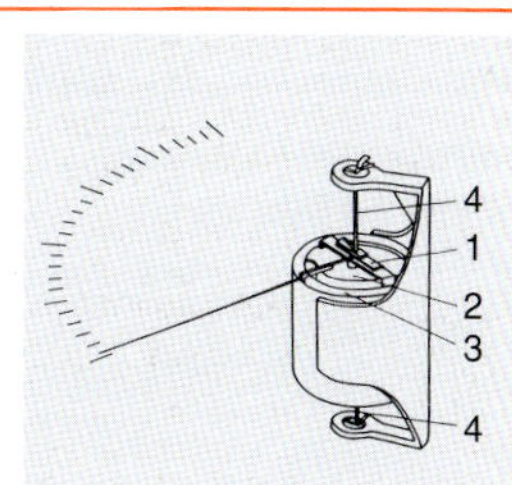

Kreuzspulmesswerk

Als Quotientenmesswerk kann das Verhältnis zweier Stromstärken oder Spannungen angezeigt werden oder der Quotient aus Spannung und Stromstärke, d. h. der Widerstand gemessen werden.

1 Außenmagnet mit Polschuhen
2 Weicheisenkern
3 Kreuzspule
4 richtkraftfreie Metallbänder als Stromzuführung

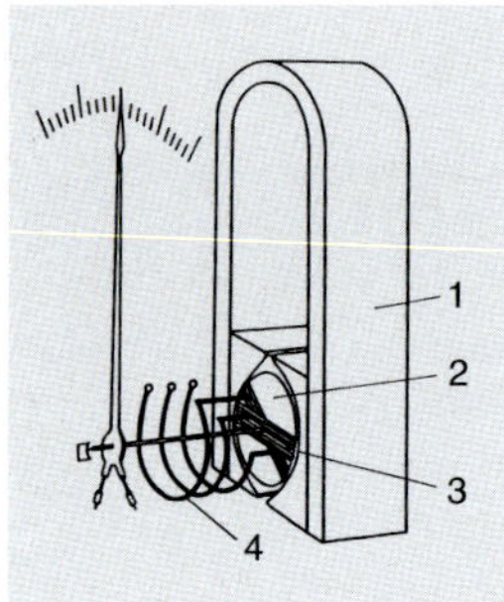

Kreuzspulwiderstandsmesser

a) im Strom-Spannungs-Verfahren

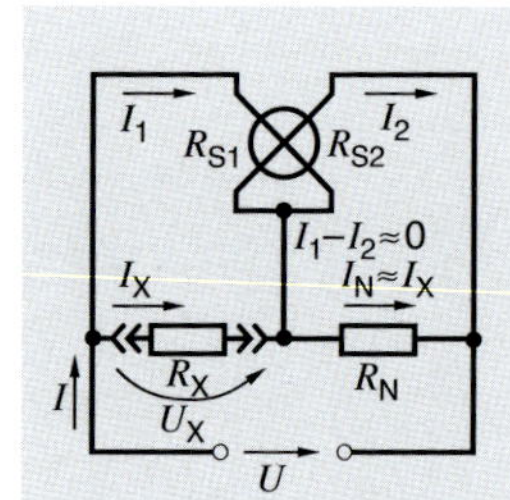

b) im Stromvergleichsverfahren

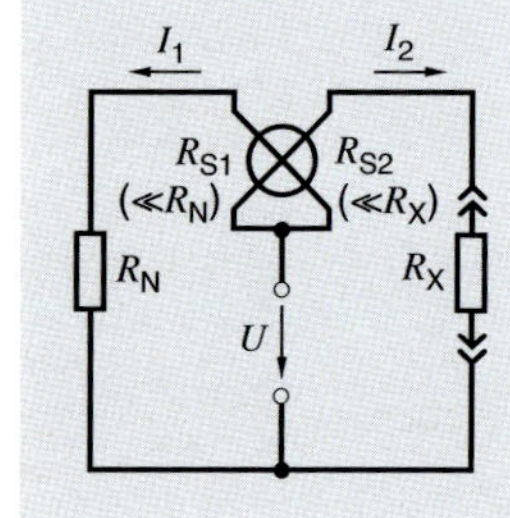

Drehmagnetmesswerk

Ohne zusätzliche Bauelemente nur zur Messung von Gleichströmen und -spannungen, stoß-, rüttelfest und überbelastungsunempfindlich

1 Drehmagnet
2 Richtmagnet
3 Verstelleinrichtung für den Richtmagneten
4 fest stehende Spule
5 Luftkammerdämpfung

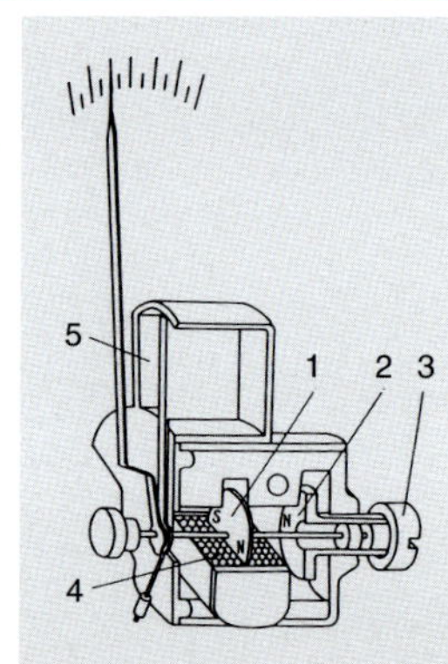

Elektrodynamisches Messwerk

Geeignet zur Messung von Gleich- und Wechselströmen

Die Phasenverschiebung zwischen dem Strom durch die Feldspule und dem Strom durch die Drehspule beeinflusst die Anzeige. Sie ist bei der Messung der Wirkleistung weitgehend unabhängig von Frequenz und Kurvenform des Messstromes und der -spannung.

- Eisenloses Messwerk
  1 feste Feldspule (meist Stromspule)
  2 Drehspule (meist Spannungsspule)
  3 Luftkammerdämpfung
  4 Spiralfedern (Rückstellorgan und Stromzuführung zur Drehspule)

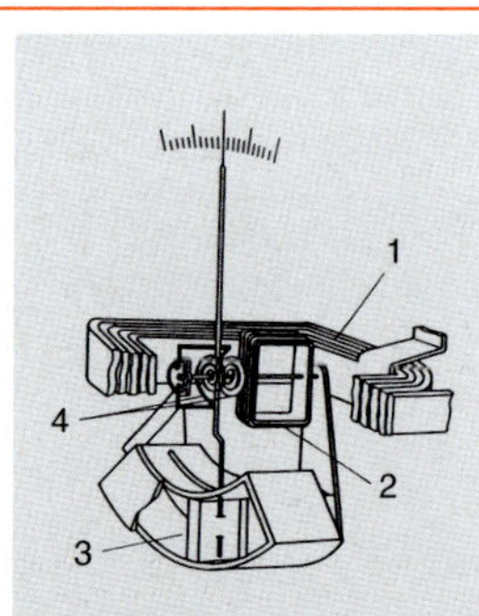

- Eisengeschlossenes Messwerk
  1 feste Feldspule
  2 Drehspule
  3 Eisenmantel
  4 Luftkammerdämpfung
  5 Nullstelleinrichtung
  6 Spiralfedern (Rückstellorgan und Stromzuführung zur Drehspule)

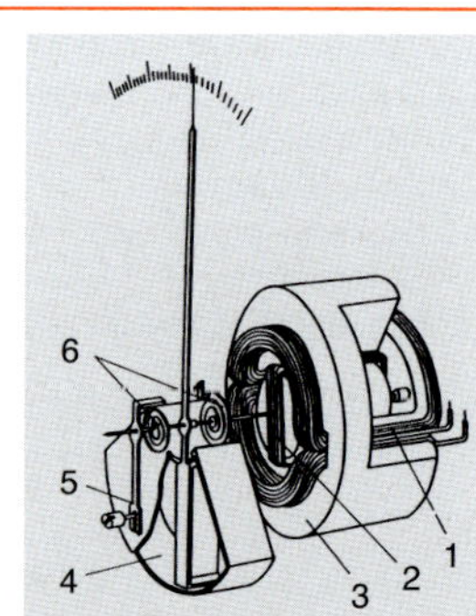

Elektrodynamisches Quotientenmesswerk

Das Verhältnis (Quotient) zweier Ströme einer Kreuzdrehspule oder das Kreuzfeld zweier fest stehender Spulen wird angezeigt. Je nach Schaltung können Leistungsfaktoren, Kapazitäten oder Induktivitäten gemessen werden.

- Messwerk mit Kreuzspule
  1 Eisenjoch
  2 Weicheisenkern
  3 Feldspule (Stromspule)
  4 Kreuzdrehspule (Spannungsspule)

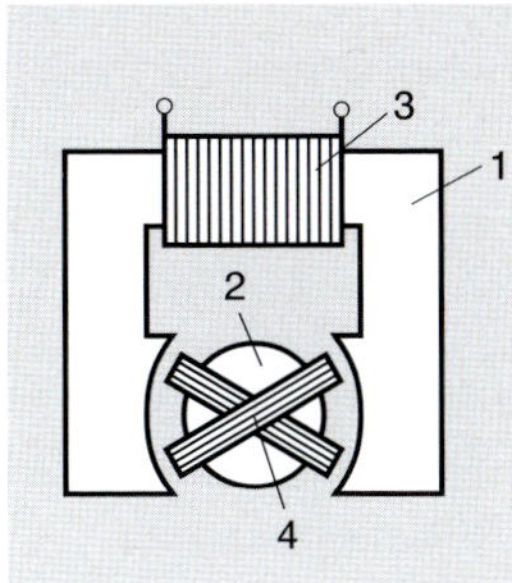

- Messwerk mit Kreuzfeld
  1 Eisenjoch
  2 Weicheisenkern
  3 Feldspulenpaar (Spannungsspulen) zur Erzeugung des Kreuzfeldes
  4 einfache Drehspule (Stromspule)

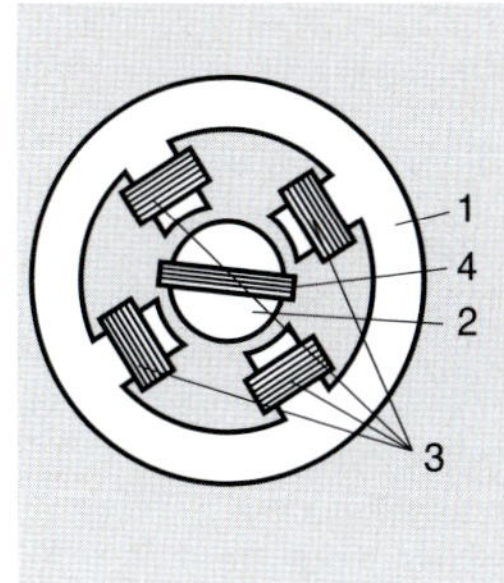

Dreheisenmesswerk

Messen von Gleichströmen und -spannungen und Anzeige der Effektivwerte von Wechselströmen und -spannungen, vorwiegend im Bereich der Leistungselektrotechnik

1 feste Feldspule
2 festes Weicheisenstück
3 bewegliches Weicheisenstück
4 Luftkammerdämpfung
5 Nullstelleinrichtung
6 Rückstellfeder

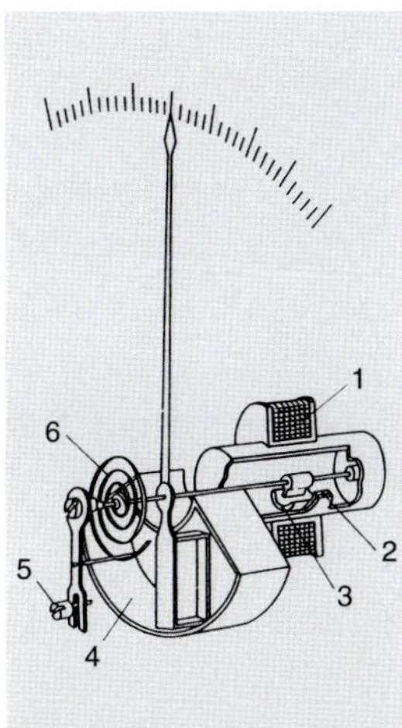

Vibrationsmesswerk

Messwerk mit schwingungsfähigen Stahlzungen, die elektromagnetisch in Resonanzschwingungen zur Frequenzanzeige von 10 Hz bis 2 kHz versetzt werden.

1 Erregerwicklung (Elektromagnet)
2 Anker bzw. Polschuh
3 Stahlzungenkamm

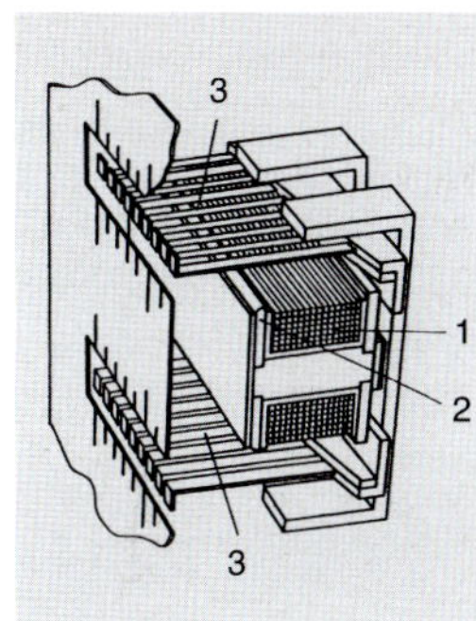

Induktionsmesswerk

Aluminiumscheibe wird in Richtung des entstehenden Wanderfeldes angetrieben. Die Umdrehungen je Zeiteinheit hängen von den Strömen in den Feldspulen ab. Am Zählwerk kann der Wert der elektrischen Arbeit abgelesen werden.

1 scheibenförmiger Aluminiumläufer
2 Bremsmagnet
3 Spannungseisen
4 Gegenpol
5 Stromspule
6 einstellbarer Widerstand

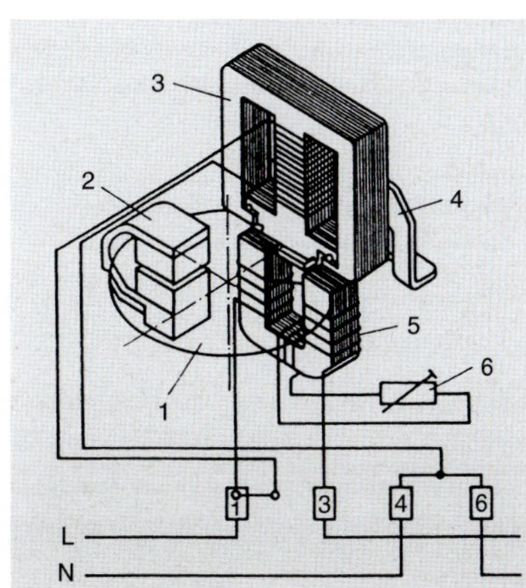

Leistungseigenbedarf

Notwendige Energieaufnahme eines direkt wirkenden Messgerätes aus dem Messkreis zur Bewegung von Einzelteilen, Ursache eines systematischen Fehlers

Messgerät	Leistungseigenbedarf
Drehspulmessgerät	
allgemein	< 5 mW
Galvanometer	10^{-11} … 10^{-5} W
Zeigermessgerät	10^{-6} … 10^{-3} W
Dreheisenmessgerät	0,1 … 5 VA
Elektrodynamisches Messgerät	
Spannungspfad	< 5 mVA
Strompfad	1 … 2 VA

Messgerät	Leistungseigenbedarf
Drehmagnetmessgerät	< 3 W
Induktionsmessgerät	
Spannungspfad	< 10 VA
Strompfad	< 5 VA
Elektrostatisches Messgerät	10^{-15}… 10^{-6} VA
Bimetallmessgerät	≈ 5 VA
Vibrationsmessgerät	< 10 VA

Messbereichserweiterung

Anpassung der Eigenschaften eines Messwerkes an eine Messaufgabe

Spannungsmessgeräte

Zum Messwerkwiderstand R_M ist der Vorwiderstand R_v in Reihe zu schalten, damit am Messwerk bei Endausschlag die zulässige Spannung U_M, die den maximalen Messwerkstrom I_M antreibt, nicht überschritten wird.

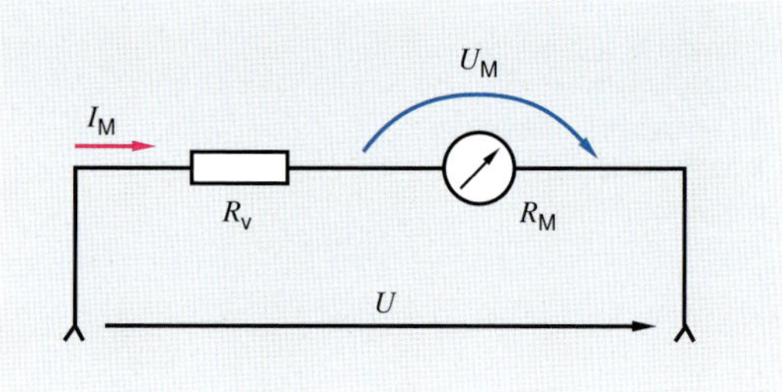

Erweiterungsfaktor des Spannungsmessbereiches

$$n = \frac{U}{U_M}$$

Vorwiderstand $R_v = \frac{U}{I_M} - R_M$

$$R_v = (n-1) \cdot R_M$$

Strommessgeräte

Zum Messwerkwiderstand R_M ist der Nebenwiderstand (Shunt) R_P parallel zu schalten, damit durch das Messwerk bei Endausschlag der zulässige Messwerkstrom I_M nicht überschritten wird.

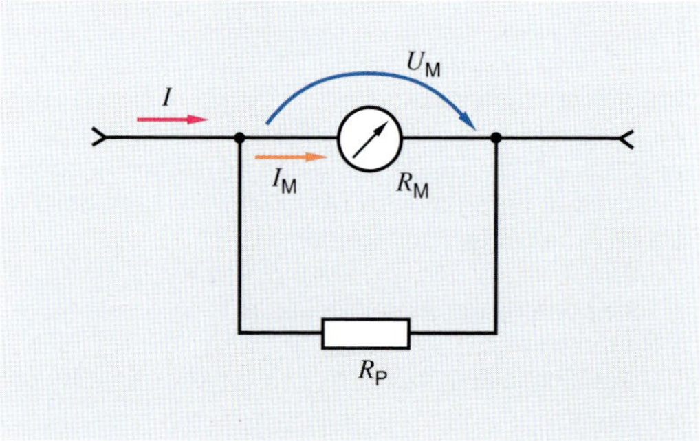

Erweiterungsfaktor des Strommessbereiches

$$m = \frac{I}{I_M}$$

Nebenwiderstand $R_P = \frac{I_M}{I - I_M} \cdot R_M$

$$R_P = \frac{1}{m-1} \cdot R_M$$

Vielfachmesser (Multimeter)

Messgerät mit mehreren Messbereichen für verschiedene elektrische Größen, die durch ein Drehspulmesswerk in Verbindung mit Gleichrichtern, Vor-, Neben- und Abgleichwiderständen, Messverstärkern, Schutzschaltungen und zusätzlicher Stromversorgung angezeigt werden.
Analoge Skale kann durch digitale Anzeige ergänzt oder ersetzt werden.

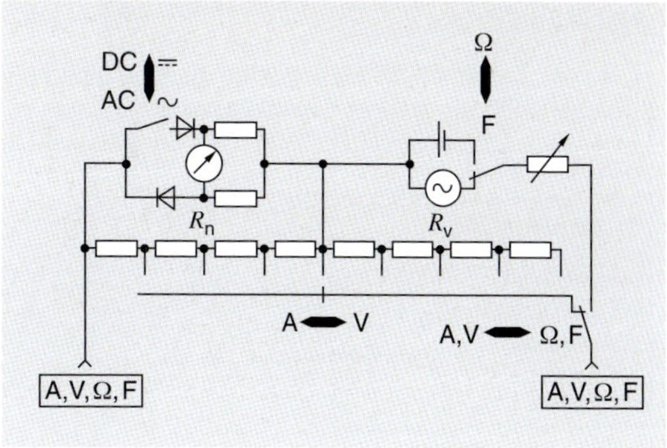

Gesamtmessbereich

Gebiet von der unteren Messgrenze des empfindlichsten (kleinsten) Messbereiches bis zur oberen Messgrenze des unempfindlichsten (größten) Messbereiches.

Skalenkonstante

Größe zur Berechnung der Messwerte unterschiedlicher Messbereiche, die durch eine Skale dargestellt werden.

$$\text{Skalenkonstante} = \frac{\text{eingestellter Messbereich}}{\text{Skalenendwert}}$$

Skalenendwert = Gesamtzahl der Skalenteile
Messwert = Skalenwert · Skalenkonstante
Skalenwert = Zahl der Skalenteile der jeweiligen Zeigerstellung

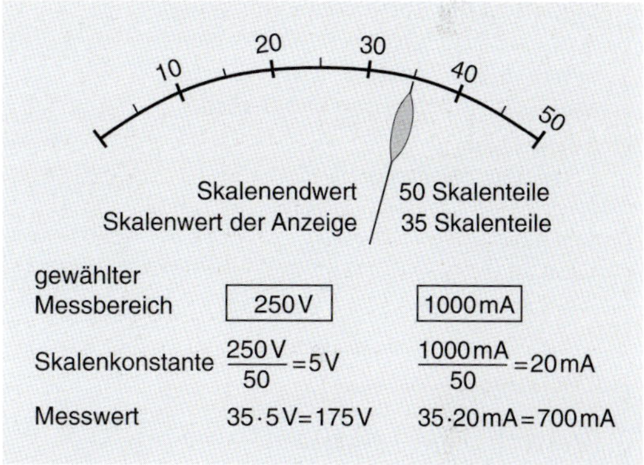

Spannungsmessung

Messgerätewiderstand R_{GV} am größten im unempfindlichsten Messbereich; Angabe als **Stromdämmung** D in Ω/V.

$$D = \frac{R_{GV}}{\text{Spannungsmessbereich}} \qquad D = \frac{1}{I_M}$$

I_M zulässiger Messwerkstrom

Richtwerte: $D = 200\ \Omega/V \ldots 1\ M\Omega/V$

Strommessung

Messgerätewiderstand R_{GA} am kleinsten im unempfindlichsten Messbereich; Angabe als Spannungsfall U_M in V.

$$U_M = R_{GA} \cdot \text{Strommessbereich}$$

Richtwerte: $U_M = 150\ mV \ldots 1{,}5\ V$

Widerstands- oder Kapazitätsmessung

Messwerk liegt in Reihe mit der eingebauten oder externen Gleich- bzw. Wechselstromquelle und dem angeschlossenen Messobjekt.
Auf dem in Ohm bzw. Farad kalibrierten Skalen ergibt sich der der Teilspannung proportionale Messwert.

Verstärkungs- und Dämpfungsmessung

Zurückführen des Spannungspegels in Dezibel (dB) auf eine Spannungsmessung mit der vereinbarten Bezugsgröße von 0,775 V

- Bei der Bezugsspannung 0,775 V entsteht an dem Widerstand von 600 Ω eine Leistung von 1 mW; die Dämpfung beträgt dann 0 dB.

Prüfung von Dioden und Transistoren

Grobe Funktionsprüfung einer Diode oder Diodenstrecke zwischen Basis, Kollektor und Emitter eines Transistors auf Kurzschluss oder Unterbrechung mit dem größten Widerstandsmessbereich

Elektronische Messgeräte

Digitalmessgeräte

Geräte, bei denen die Messgrößen als Eingangsgrößen in fest gegebenen Stufen quantisiert werden und die Ausgangsgröße als diskrete Signale bzw. die Anzeige in Ziffernform erscheint.
Der Messwert ergibt sich unstetig als Summe von Quantisierungseinheiten.

Impulszähler

1 Tor (UND-Verknüpfung)
2 Zählschaltung
3 Dekoder
4 Anzeige

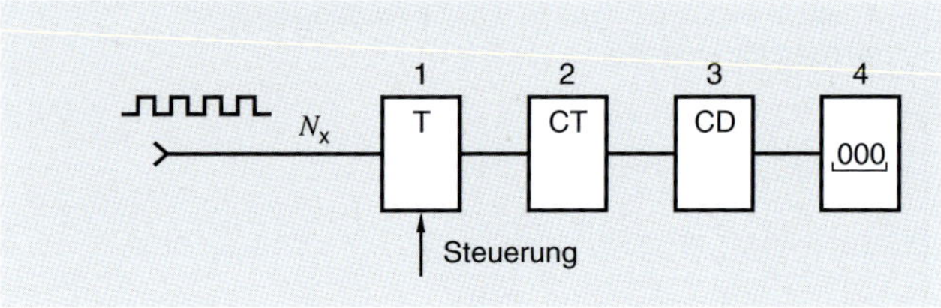

Frequenzzähler

Steuerung der Torschaltung mit einem quarzstabilisierten Generator. Bei sinusförmigen Spannungen ist am Eingang eine Signalaufbereitung erforderlich.

5 Generator
6 Signalaufbereitung

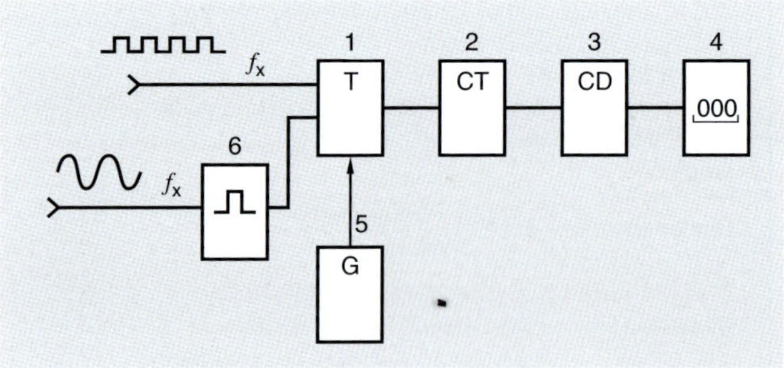

Zeitmesser

(Messung der Periodendauer)
Quarzstabilisierter Generator liefert an die Torschaltung eine Impulsfrequenz.

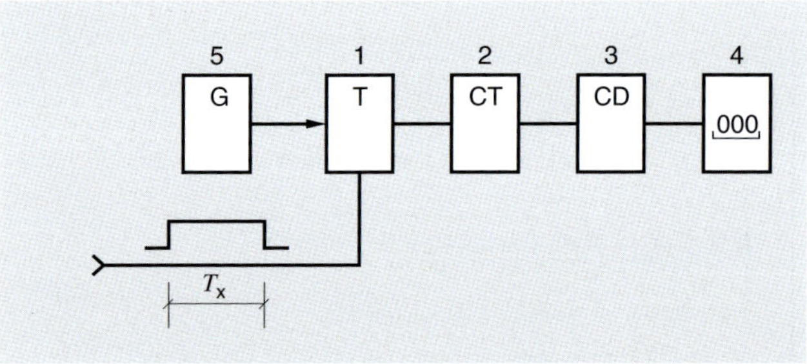

Strom- und Spannungsmesser

Analog-Digital-Wandler übersetzt die analoge elektrische Größe direkt in eine zählbare (digitale) Größe. Ein spannungsgesteuerter Oszillator erzeugt eine Frequenz, die eine Funktion der angelegten Spannung ist.

7 Analog-Digital-Wandler

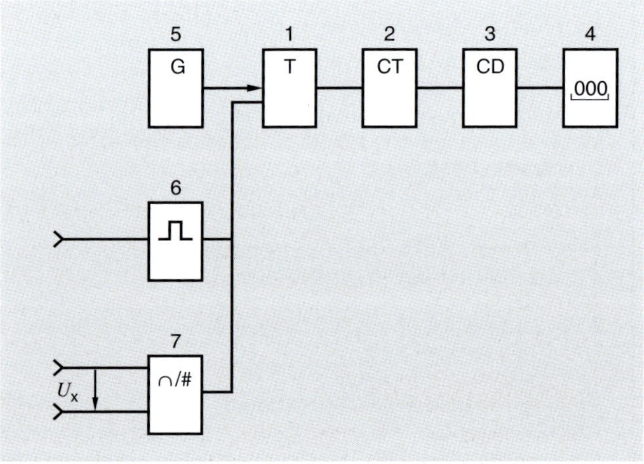

Elektronenstrahl-Oszilloskop

Elektronisches Messgerät, das physikalische Größen in ihren Augenblickswerten in Abhängigkeit von der Zeit oder einer anderen Größe auf einem Bildschirm als vergängliches Oszillogramm, das periodisch erneuert wird, darstellt.

Grundschaltung als Blockschaltbild

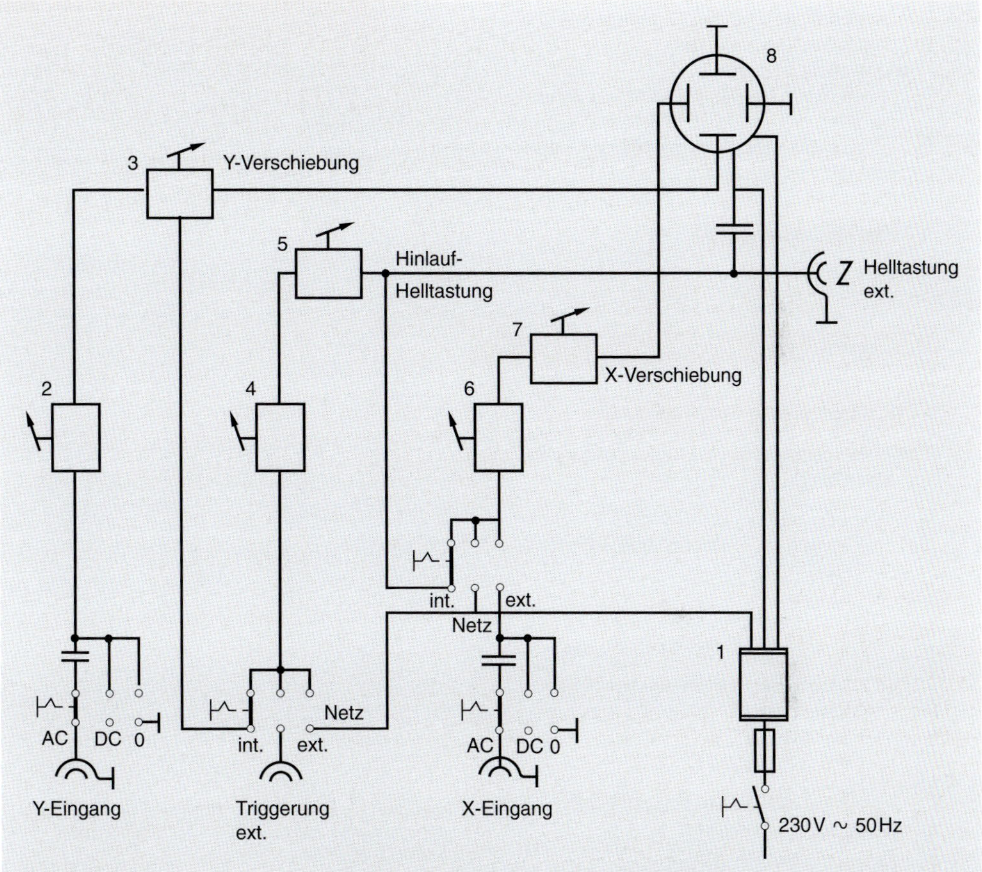

Elektronenstrahlröhre

■ Katode	Erzeugen des Elektronenstrahls, erste Bündelung durch Wehneltzylinder Steuern der Elektronenstrahlstärke (Oszillogrammhelligkeit)
■ Fokussierelektroden	Bündeln des Elektronenstrahls
■ Anode	Beschleunigen der Elektronen
■ Ablenkelektroden mit paarigen „Messplatten“	elektrostatisches Ablenken des Elektronenstrahls vertikal
und paarigen „Zeitplatten“	horizontal

Triggerung

Erzeugen eines „stehenden“ Oszillogramms durch einen festen Zeit- und Phasenbezug zwischen der Messspannung (Vertikalsignal) und der im Gerät erzeugten Sägezahnspannung zur Zeitablenkung

Darstellung zweier (oder mehrerer) Messsignale

Zweikanaloszilloskop

- Elektronenstrahlröhre mit **einem** Strahlerzeuger- und -ablenksystem
- Zweikanaldarstellung durch Umschaltung zwischen den beiden Signalen aus den vertikalen Vorverstärkern
- Umschaltung durch
  einen extern von Hand betätigten Schalter oder
  einen elektronischen Umschalter mit einer intern erzeugten festen Umschaltfrequenz

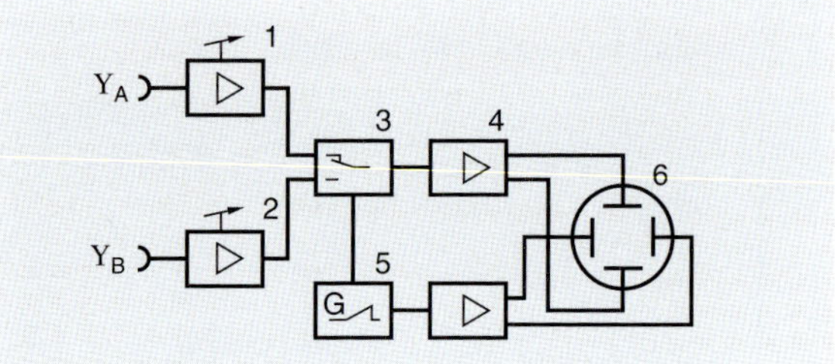

Zweistrahloszilloskop

Elektronenstrahlröhre mit **zwei** selbstständigen Strahlerzeuger- und -ablenksystemen

Messungen

Spannungs- und Strommessung

- Messspannung am Y-Eingang **ohne** Zeitablenkung

DC: Leuchtfleck mit der vertikalen Ablenkung y in „Teilungen" oder Division (div)

$U = A_y \cdot y$

A_y vertikaler Ablenkfaktor (Empfindlichkeit) in V/div

AC: senkrechter Leuchtstrich mit der Länge y in div

$u_{SS} = A_y \cdot y$

$u_{SS} = 2 \cdot \hat{u} = 2 \cdot \sqrt{2} \cdot U$

u_{SS} Spitze-Spitze-Spannung
$\hat{u}$ Scheitelwert
U Effektivwert

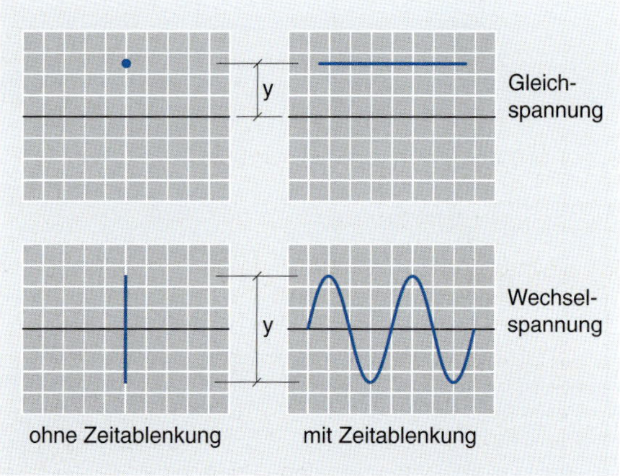

- Messspannung am Y-Eingang **mit** Zeitablenkung

DC: waagerechter Leuchtstrich

AC: Leuchtkurve (rechteck-, dreieck-, sinusförmig …)

Zeit- und Frequenzmessungen

- Zeitablenkung so einstellen, dass auf der gerasterten Schirmbreite mindestens eine vollständige Schwingung abgebildet wird. Horizontale Auslenkung x oder t entspricht der Periodendauer T.

$T = A_x \cdot x$

$f = \dfrac{1}{T}$

A_x horizontaler Ablenkfaktor in ms/div
f Frequenz

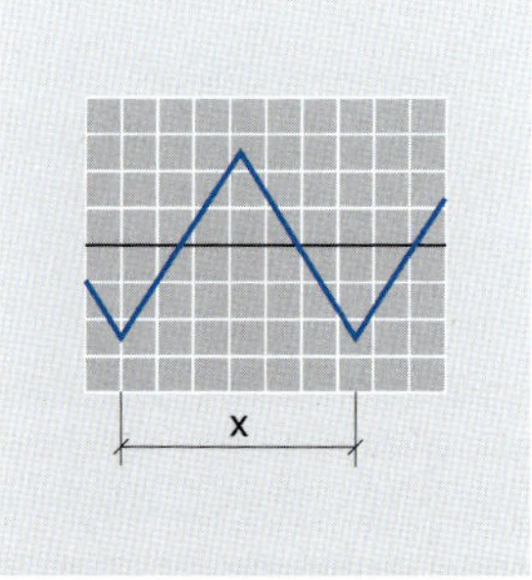

- Frequenzvergleich durch XY-Betrieb
  Zeitbasisgenerator im Unterschied zum Zeitbetrieb abschalten. Die Eingänge mit den Spannungen u_y und u_x belegen.

Bei einem **ganzzahligen Verhältnis der Frequenzen f_y und f_x** entsteht als Oszillogramm ein charakteristisches Schwingungsbild mit **m Kuppen (Berührungspunkte) an der oberen bzw. unteren Begrenzung**
und
n seitlichen Kuppen
$\Rightarrow f_y : f_x = m : n$.
Ist f_x eine bekannte, möglichst einstellbare Vergleichsfrequenz f_N, ist die andere **unbekannte Frequenz**

$$f_{unb} = f_N \cdot \frac{m}{n}$$

Die charakteristischen Schwingungsbilder (Lissajous-Figuren) sind vom Frequenzverhältnis, den Amplituden und der Phasenlage der Spannungen u_y und u_x abhängig.

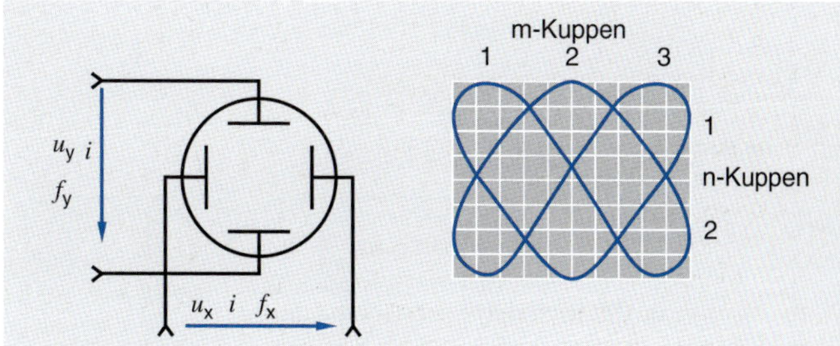

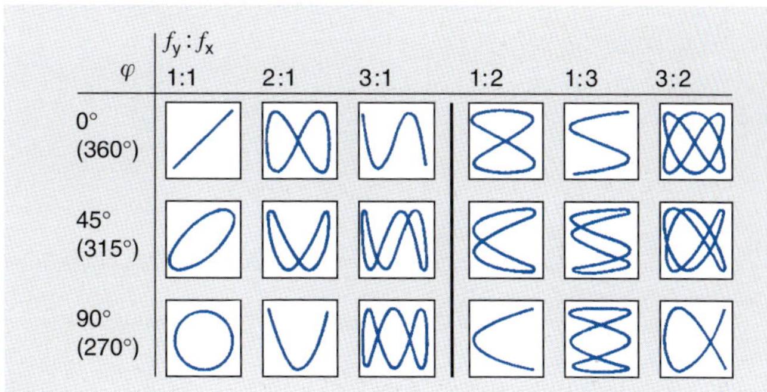

4.3 Messverfahren und -schaltungen

Spannungs- und Strommessung

Messen der Grundgrößen Spannung und Stromstärke

Spannungsmessung

Bestimmen des Potenzialunterschiedes zwischen zwei Punkten eines Stromkreises durch **Parallelschalten** eines möglichst **hochohmigen Spannungsmessers**

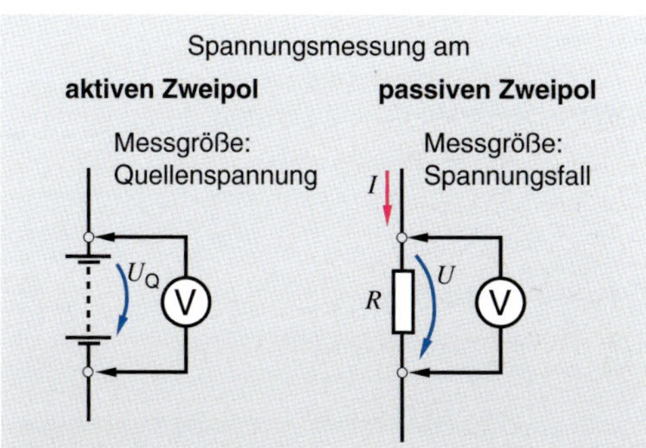

Strommessung

- Direktes Bestimmen der Stromstärke, d. h. der auf die Zeiteinheit bezogenen strömenden Ladungsmenge durch Auftrennen des Stromweges und in **Reiheschalten** eines möglichst **niederohmigen Strommessers**
- Indirektes Bestimmen der Stromstärke durch einen zusätzlichen in Reihe zu schaltenden Messwiderstand

$R_N \Rightarrow I = \frac{U}{R_N}$

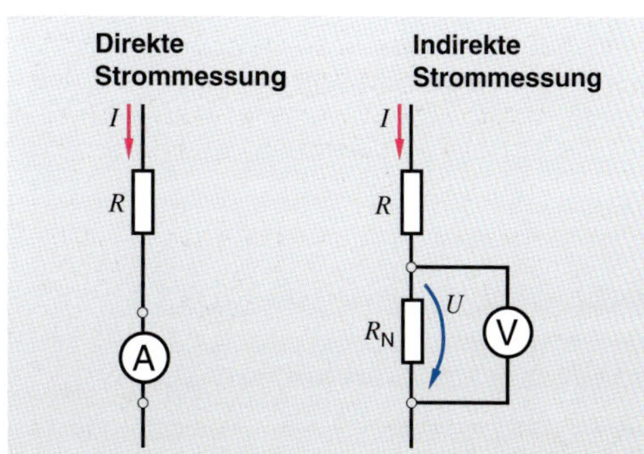

Kompensationsverfahren

Dem zu messenden unbekannten Wert einer physikalischen Größe wirkt ein genau bestimmbarer (messbarer) Wert derselben Größe entgegen. Kompensation ist dann erreicht, wenn sich die Wirkung beider Werte aufhebt ⇒ belastungsloses Messen.

Gleichspannungskompensator

■ **Grundschaltung**

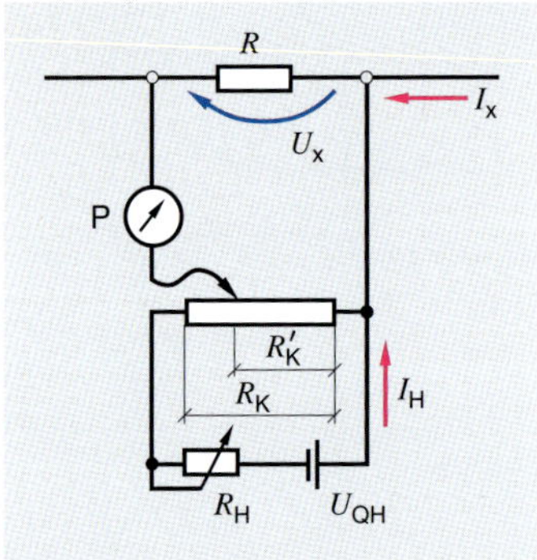

U_{QH} Hilfsspannungsquelle
I_H mit R_H einstellbarer Hilfsstrom
R_K von I_H durchflossener Kompensationswiderstand (kalibrierter Stellwiderstand)

■ **Spannungsmessung**
Zu messende Spannung U_x wird gegen den Spannungsfall über den bekannten Teilwiderstand R'_K des Kompensationswiderstandes geschaltet.
Bei Nullabgleich des Galvanometers P (Kompensation) ist
$U_x = I_H \cdot U'_K$

■ **Strommessung**
Widerstand R durch einen Messwiderstand R_N mit möglichst dekadischem Wert ersetzen.
Bei Nullabgleich ist $I_x = \frac{U_x}{R_N} = \frac{I_H \cdot R'_K}{R_N}$

Wechselspannungskompensator

■ Bestimmen des Betrages der Wechselspannung ohne Berücksichtigung der Phasenlage; Wandlung der Wechselspannung in eine Gleichspannung, z. B. mit Thermoumformer.

■ Bei Berücksichtigung der Phasenlage muss die unbekannte Spannung U_x mit der

Kompensationsspannung U_K	übereinstimmen, in
Amplitude	Einstellung durch Spannungsteiler
Frequenz	gleiche Spannungsquelle für beide Spannungen mit galvanischer Trennung durch Trenntransformator
Phasenlage	Einstellung mit graduiertem Phasenschieber

Widerstandsmessung

Direkte Widerstandsbestimmung

Kreuzspulwiderstandsmesser

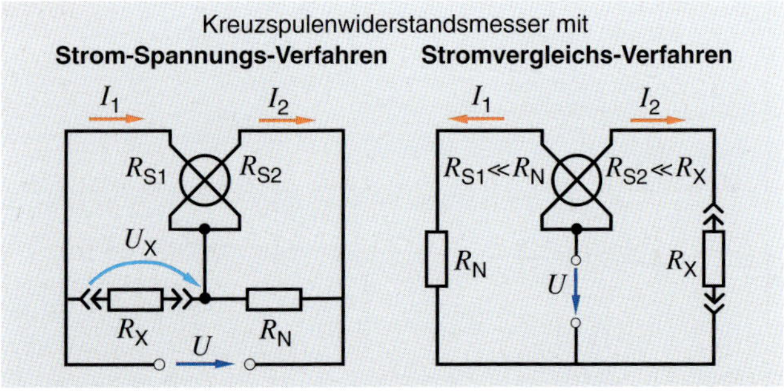

Ohm-kalibriertes Spannungsmesswerk

Spannungsmesserprinzip für hochohmige Widerstände

Durch Reihenschaltung des zu bestimmenden Widerstandes R_x mit dem Messwerk entsteht eine Spannungsteilung.
Der zum angezeigten Strom- bzw. Spannungswert I' bzw. U' gehörende Widerstandswert R_x ist bei bekannten Messwerkdaten R_M, I_M bzw. U_M

$$R_x = R_M \cdot \left(\frac{I_M}{I'} - 1\right) \quad \text{bzw.} \quad R_x = R_M \cdot \left(\frac{U_M}{U'} - 1\right)$$

Vor der Messung ist bei kurzgeschlossenen Anschlussklemmen – $R_x = 0$ – der Zeigerendausschlag einzustellen.

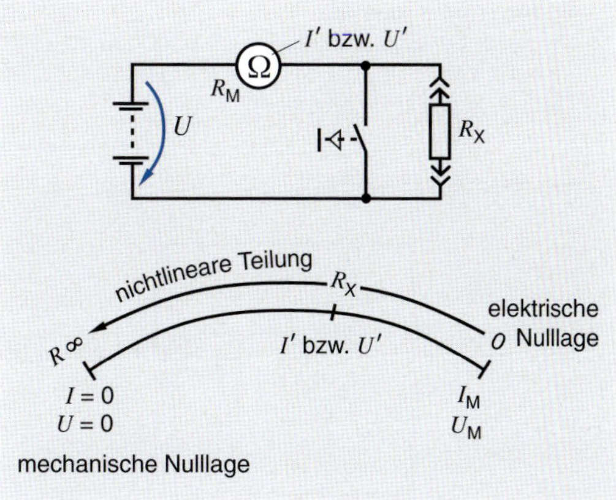

Indirekte Widerstandsbestimmung

Widerstandsbestimmung durch Strom- und Spannungsmessung

Nach dem ohmschen Gesetz können bei möglichst gleichzeitigem Messen von Gleichspannung U_x und Gleichstrom I_x der Wirkwiderstand R_x
oder
von Wechselspannung und Wechselstrom der Scheinwiderstand bestimmt werden.
Systematische Fehler entstehen durch die Widerstände der Messgeräte.

Spannungsfehler-Schaltung (stromrichtige Schaltung)	Stromfehler-Schaltung (spannungsrichtige Schaltung)

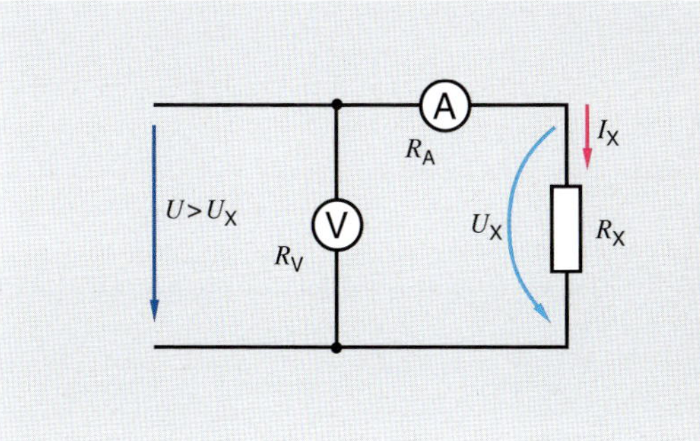

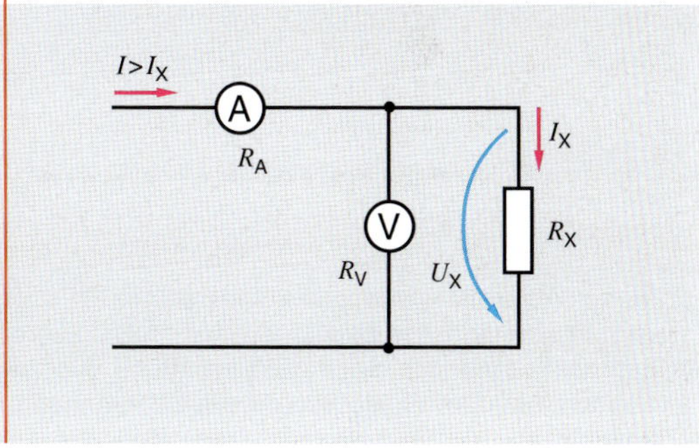

■ Betriebsmessungen mit hinreichender Genauigkeit (Abweichung etwa 5 %)

von **hochohmigen Widerständen**

wenn $R_A < \frac{1}{50} R_x$ bzw. Z_x

R_A Widerstand des Strommessers

$$R_x \approx \frac{U}{I}$$

von **niederohmigen Widerständen**

wenn $R_V > \frac{1}{50} R_x$ bzw. Z_x

R_V Widerstand des Spannungsmessers

$$R_x \approx \frac{U}{I}$$

■ Korrigierte Widerstandsbestimmung unter Beachtung der Messgerätewiderstände

$$R_x = \frac{U}{I} - R_A$$

$$R_x = \frac{U}{I - \frac{U}{R_V}}$$

Leitwert $G_x = \frac{I}{U} - \frac{1}{R_V}$

Widerstandsbestimmung durch Vergleichsverfahren

Spannungsvergleich

Vergleich der Spannungsfälle, die über den zu bestimmenden Widerstand R_x und den in Reihe geschalteten Messwiderstand R_N entstehen.

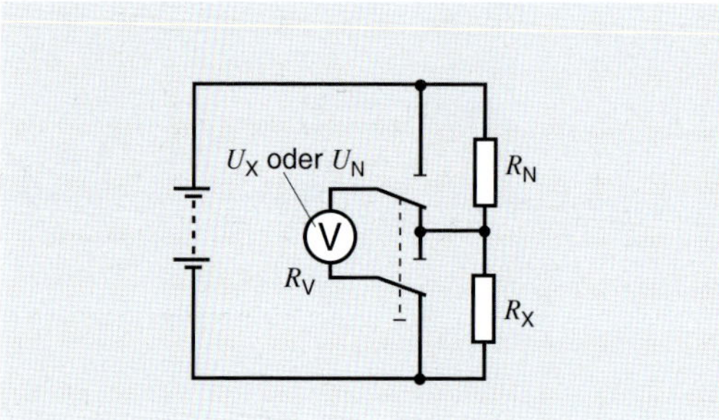

Stromvergleich

Vergleich der von derselben Spannung angetriebenen Ströme, die durch den zu bestimmenden Widerstand R_x und den parallel geschalteten Messwiderstand R_N fließen.

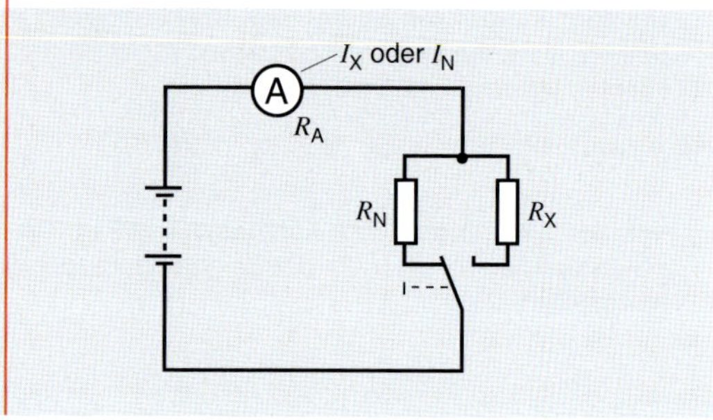

- Messungen mit hinreichender Genauigkeit, wenn

Widerstand des Spannungsmessers
$R_V \gg R_x$ ... und ... R_N

$$R_x \approx \frac{U_x}{U_N} \cdot R_N$$

Widerstand des Strommessers
$R_A \ll R_x$ ... und ... R_N

$$R_x \approx \frac{I_N}{I_x} \cdot R_N$$

- Korrigierte Widerstandsbestimmung unter Beachtung der Messgerätewiderstände

$$R_x = \frac{U_x \cdot R_N \cdot R_V}{(U_N - U_x) \cdot R_N + U_N \cdot R_V}$$

Leitwert $G_x = \frac{U_N}{U_x} \cdot \left(\frac{1}{R_N} + \frac{1}{R_V}\right) - \frac{1}{R_V}$

$$R_x = \frac{I_N}{I_x} \cdot (R_N + R_A) - R_A$$

Messbrücken

Brückenschaltungen zum Messen elektrischer Größen

Vier im Allgemeinen komplexe Widerstände R1 ... R4 oder Widerstandskombinationen sind im Ring so angeordnet, dass sich die Parallelschaltung von zwei Spannungsteilern ergibt. Bei angelegter Spannung U entsteht an den Spannungsteilerabgriffen das Ausgangssignal x_a.

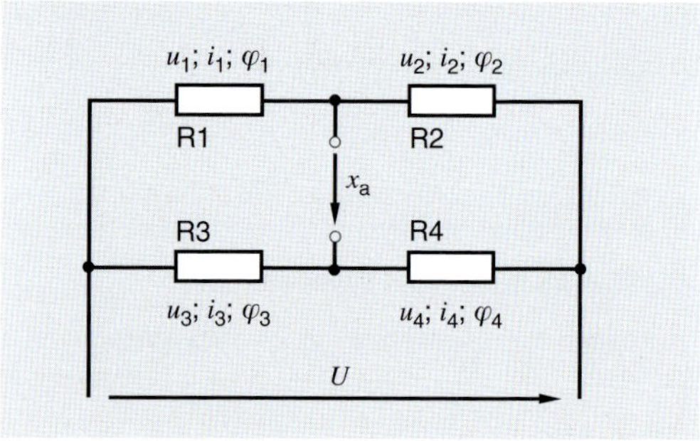

Ausgangssignal

- Anzeige des Ausgangssignals ⇒ **Ausschlagmessbrücke** zur direkten Anzeige einer (kleinen) Abweichung eines Brückenwiderstandes von einem eingestellten Sollwert.
  Bevorzugt zur Messung nichtelektrischer Größen, die sich in eine Widerstandsänderung wandeln lassen.
- Nullabgleich durch Variieren von mindestens einer der vier Brückenimpedanzen(-widerstände) ⇒ **Nullabgleichmessbrücke.**
  Das Ausgangssignal wird null.

Gleichstrommessbrücken

Messen von Wirkwiderständen

Wheatstone-Messbrücke	Thomson-Messbrücke

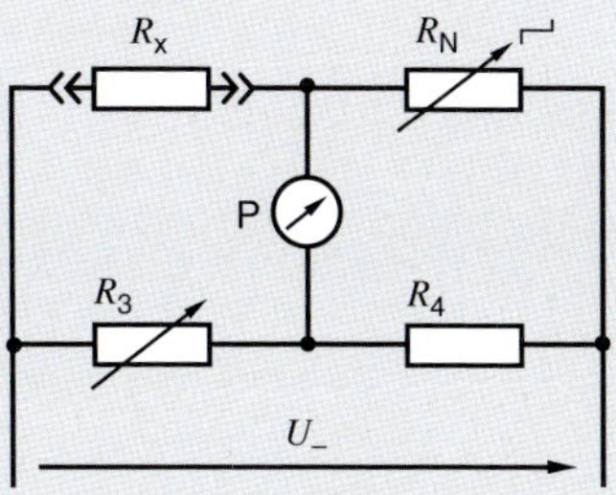

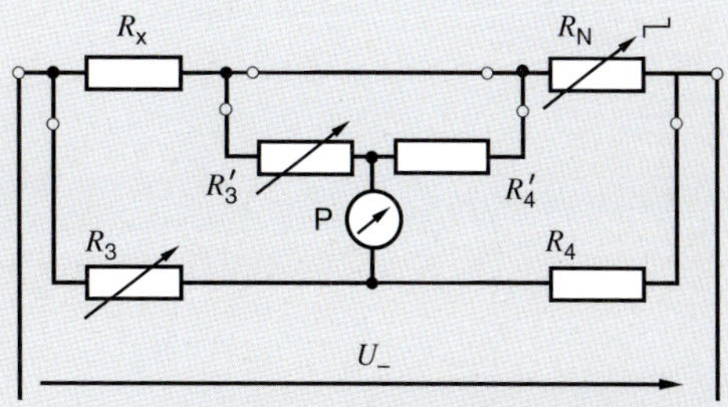

R_x unbekannter Widerstand
R_N Vergleichswiderstand mit bekanntem Wert

R_3; R_4 Verhältniswiderstände
P Nullindikator

R'_3; R'_4 Überbrückungswiderstände zum Widerstandsausgleich der Anschlussleitungen

Bei Brückenabgleich – Nullindikator stromlos – gilt das Widerstandsverhältnis

$$\frac{R_x}{R_N} = \frac{R_3}{R_4} \qquad R_x = \frac{R_3}{R_4} \cdot R_N$$

$$\frac{R'_3}{R'_4} = \frac{R_3}{R_4} = \frac{R_x}{R_N} \qquad R_x = \frac{R_3}{R_4} \cdot R_N$$

Wechselstrommessbrücken

Messen von Scheinwiderständen, Frequenzen oder Verzerrungen (Klirrfaktor)

Maxwell/Wien-Messbrücke

Messen der Kennwerte von Spulen: Induktivität L_x und Wirkwiderstand R_{Sp}
Kondensatoren: Kapazität C_x und Verlustwiderstand R_v

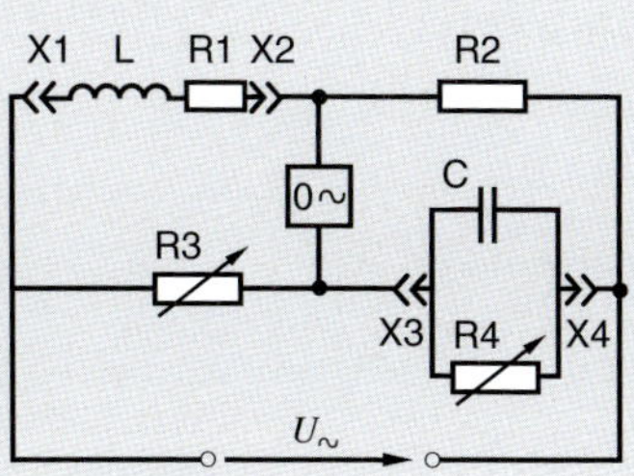

Allgemeine Abgleichbedingungen

$$R_2 \cdot R_3 = \frac{L}{C} \quad \text{und} \quad \frac{R_1}{R_2} = \frac{R_3}{R_4}$$

Messobjekt Spule

- Anschluss an die Klemmen X1 und X2
- Im Messgerät sind Messkondensator C_N und Widerstand R4 an X3 und X4 angeschlossen.

Bei Nullabgleich mit R3 und R4 gilt

$$L_x = C_N \cdot R_2 \cdot R_3 \qquad R_{Sp} = \frac{R_2 \cdot R_3}{R_4}$$

$$\tan \delta_L = \frac{1}{\omega \cdot C_N \cdot R_4}$$

Wien/Robinson-Messbrücke

Messen von Frequenzen f_x

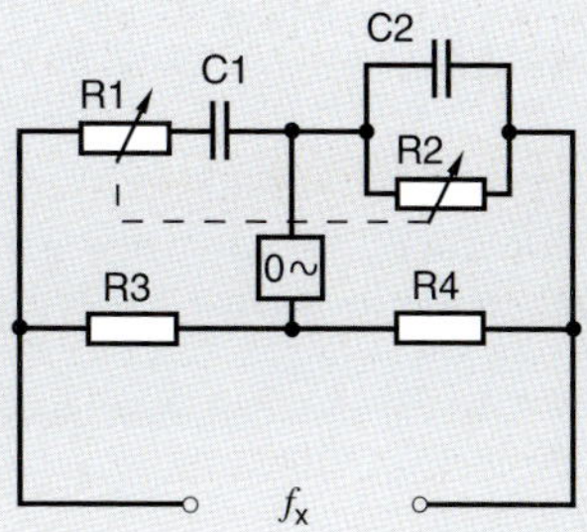

$$\frac{R_3}{R_4} = \frac{R_1}{R_2} + \frac{C_1}{C_2} \quad \text{und} \quad \omega^2 \cdot R_1 \cdot R_2 \cdot C_1 \cdot C_2 = 1$$

Auswahl der messbereichsbestimmenden Bauelemente $R_1 = R_2 = R$; $R_3 = 2 \cdot R_4$ und $C_1 = C_2 = C$

Bei Nullabgleich mit R3 und R4 gilt

$$f_x = \frac{1}{2\pi \cdot R \cdot C}$$

Messobjekt Kondensator

- Anschluss an die Klemmen X3 und X4
- Im Gerät ist Messspule L_N mit Wirkwiderstand R1 an X1 und X2 angeschlossen.

Bei Nullabgleich mit R3 gilt

$$C_x = \frac{L_N}{R_2 \cdot R_3} \qquad R_v = \frac{R_2 \cdot R_3}{R_1} \qquad \tan\delta_C = \frac{R_1}{\omega \cdot L_N}$$

Leistungsmessung

Direkte Leistungsmessung

Wirkleistungsmessung

- Elektrodynamisches Messwerk:
  Feldspule bildet den Strompfad und Drehspule, meist mit Vorwiderstand, den Spannungspfad.
- Überlastung von Teilen des Messwerks möglich, auch wenn der Endausschlag noch nicht erreicht ist.
- Anzeige ist vom Leistungsfaktor abhängig. Ausnutzung des vollen Messbereichs nur, wenn $\cos\varphi \geq 0{,}8$ ist.

Blindleistungsmessung

- Elektrodynamisches Messwerk:
  Feldspule bildet den Strompfad. Der Strom in der Drehspule (Spannungspfad) muss gegenüber der zugehörigen Lastspannung in seiner Phasenlage um 90° verschoben werden $\Rightarrow Q = S \cdot \sin\varphi \Rightarrow \sin\varphi = \cos(90° - \varphi)$
- Phasenverschiebung
  im Frequenz konstanten Einphasenwechselstromnetz durch Einfügen von Blindwiderständen in den Spannungspfad (Hummelschaltung);
  im Drehstromnetz durch den Anschluss des Spannungspfades an die gegenüber der Strangspannung um 90° verschobene Leiterspannung (verkettete Außenleiterspannung)

Scheinleistungsmessung

- Elektrodynamisches Messwerk:
  Die Wechselströme des Strom- und Spannungspfades werden durch eine Gleichrichterschaltung in proportionale Gleichströme umgeformt, deren Produkt direkt angezeigt wird.

Leistungsmesserschaltungen

Messschaltungsvarianten im Gleichstrom- und Wechselstromkreis

Unterscheidung nach dem Anschluss des Spannungspfades

Leistungsabgabe P_Q des aktiven Zweipols	Messschaltung	Leistungsaufnahme P_L des passiven Zweipols
spannungsrichtig gemessen $P_Q = P + P_{Sp}$ stromrichtig gemessen $P_Q = P + P_{St}$ P Anzeigewert P_{Sp} Leistungsbedarf der Spannungsspule P_{St} Leistungsbedarf der Stromspule	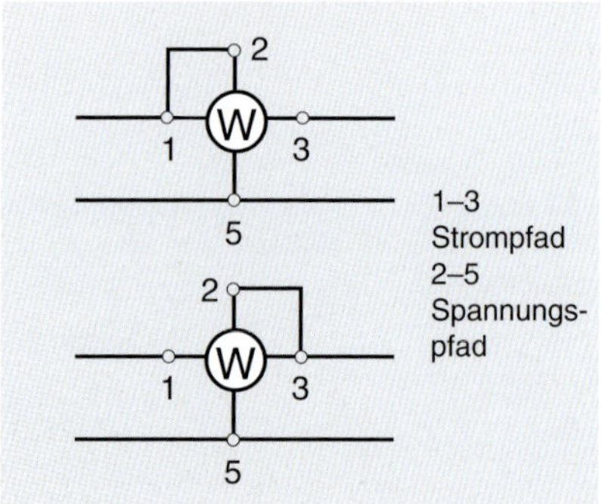	stromrichtig gemessen $P_L = P - P_{St}$ spannungsrichtig gemessen $P_L = P - P_{Sp}$ passiver Zweipol = Lastwiderstand

Anschlussvarianten im Wechselstromnetz

■ Direkte Leistungsmesserschaltung
Feldspule wird direkt in Reihe in den Stromkreis eingefügt. An der Drehspule ggf. mit Vorwiderstand liegt direkt die Messspannung.

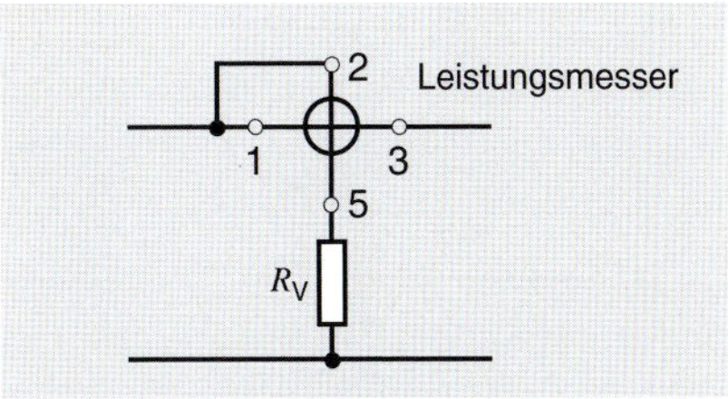

■ Halbindirekte Leistungsmesserschaltung
Im Stromkreis ist ein Stromwandler geschaltet, in dessen Sekundärkreis der Strompfad des Leistungsmessers liegt. Anwendung bei Strömen über 10 A und Spannungen bis 1 kV.

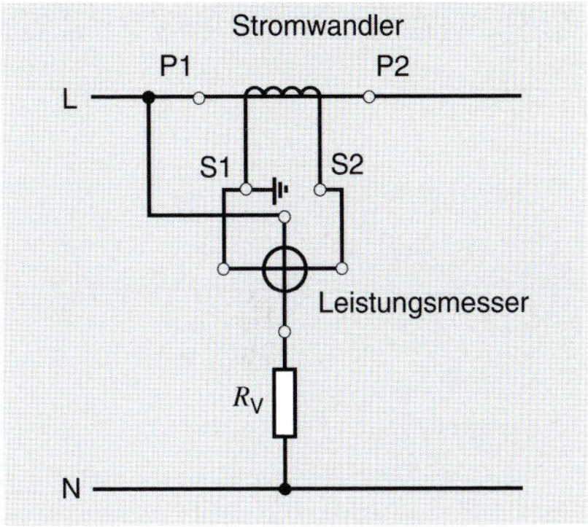

■ Indirekte Leistungsmesserschaltung
Strom- und Spannungspfad liegen in den Sekundärkreisen von Strom- und Spannungswandler.
Die sekundären Bemessungswerte der Wandler betragen im Allgemeinen 5 A und 100 V.
Anwendung bei der Blindleistungsmessung und in Hochspannungsanlagen.

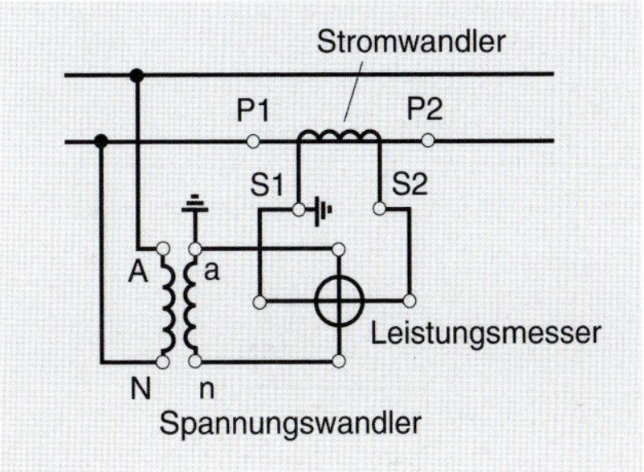

Messschaltungen im Drehstromnetz

■ Bezeichnung der Anschlussklemmen von Schalttafel-Messgeräten

	Bezeichnung der Klemme für		
	Strom von der Stromquelle	Spannung	Strom zum Verbraucher
Drehstromnetz			
Außenleiter L1	1	2	3
Außenleiter L2	4	5	6
Außenleiter L3	7	8	9
Neutralleiter N		11	
Gleichstrom-Dreileiternetz			
Leiter L+	1	2	3
Leiter L–	4	5	6
Mittelleiter M	10	11	12
Gleichstrom-Zweileiternetz			
Leiter L+	1	2	3
Mittelleiter M	4	5	6
oder			
Leiter L–	3	5	1
Mittelleiter M	4	2	6

■ **Wirkleistungsmessung**

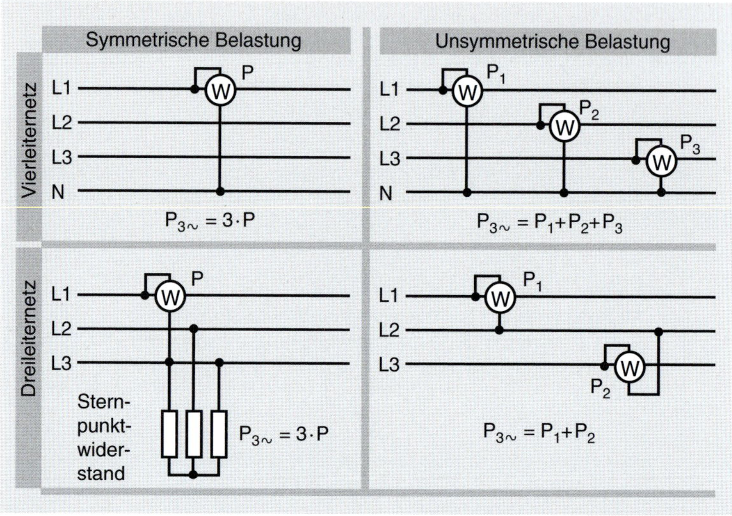

■ **Blindleistungsmessung**

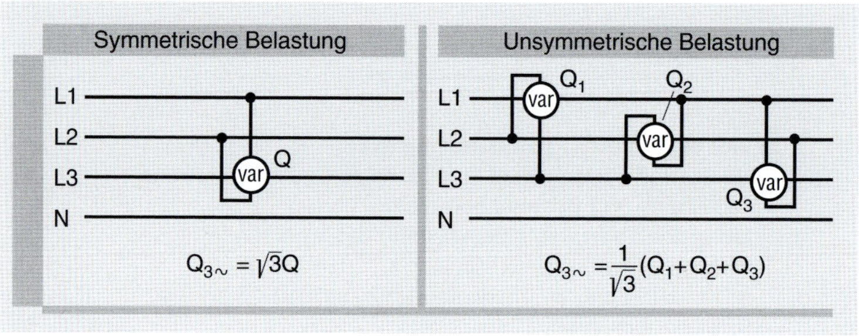

Indirekte Leistungsbestimmung

Leistungsbestimmung durch Strom- und Spannungsmessung

Leistung im Gleichstromkreis und Scheinleistung im Einphasen-Wechselstromkreis

Spannungsfehler-Schaltung (stromrichtige Schaltung)	Stromfehler-Schaltung (spannungsrichtige Schaltung)
bei hochohmigen Zweipolen	bei niederohmigen Zweipolen

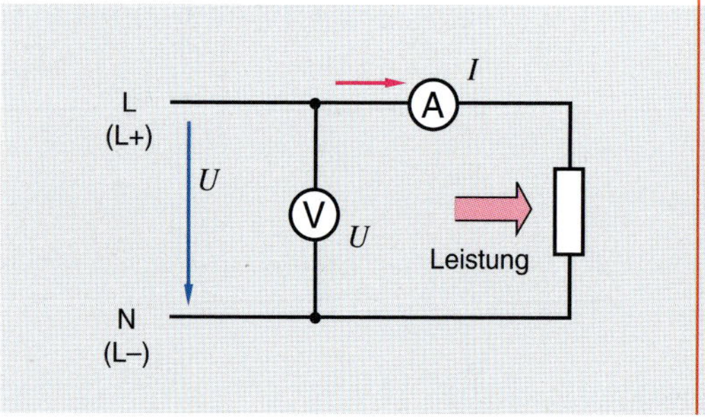

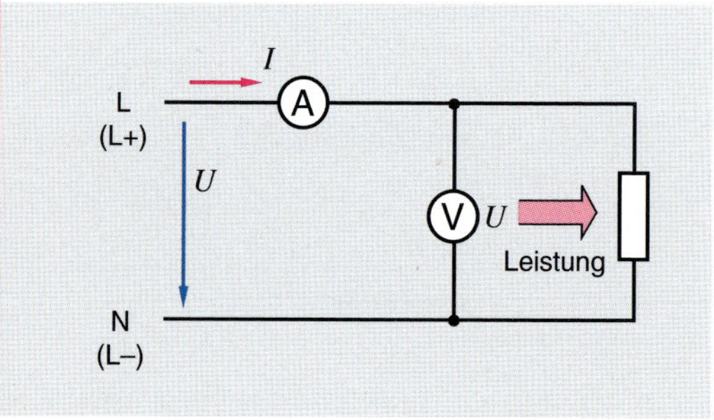

bei Betriebsmessungen mit hinreichender Genauigkeit $P_{-} = U_{-} \cdot I_{-}$
$S = U_{\sim} \cdot I_{\sim}$

Bestimmung der Wechselstromleistungen von Spulen

Reale Spule mit der Impedanz Z_{Sp} nimmt im Wechselstromkreis durch ihren induktiven Blindwiderstand $X_L \Rightarrow$ Blindleistung und ihren Wirkwiderstand $R \Rightarrow$ Wirkleistung auf.

Drei-Spannungsmesser-Verfahren	Drei-Strommesser-Verfahren
Reihenschaltung	Parallelschaltung

des rein ohmschen Messwiderstandes R_N mit definiertem Wert zur Spule

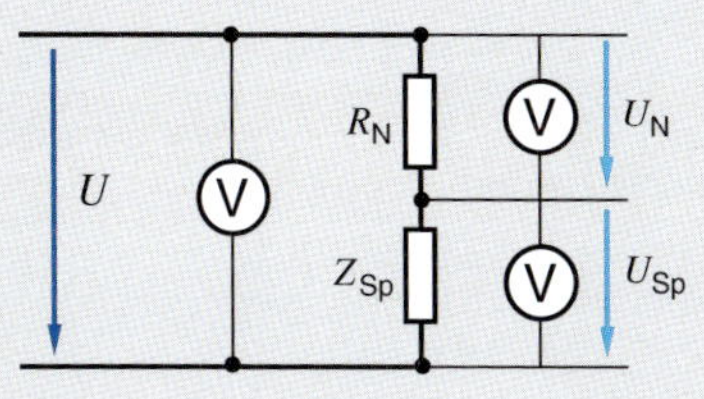

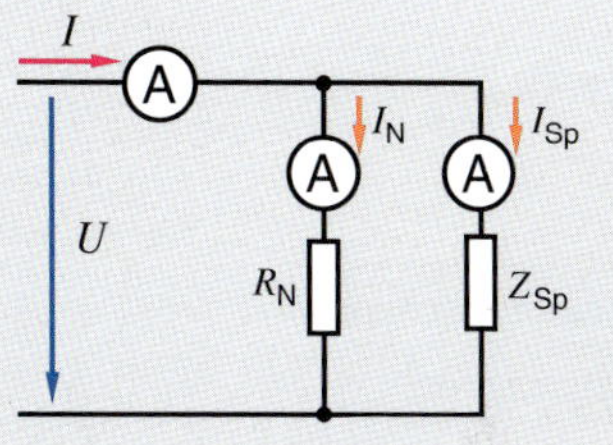

Drei-Spannungsmesser-Verfahren

Messgrößen U; U_{Sp}; U_N

Messergebnisse

Scheinleistung $S_{Sp} = U_{Sp} \cdot \dfrac{U_N}{R_N}$

Wirkleistung $P_{Sp} = \dfrac{1}{2 \cdot R_N}(U^2 - U_N^2 - U_{Sp}^2)$

Leistungsfaktor $\cos\varphi = \dfrac{U^2 - U_N^2 - U_{Sp}^2}{2 \cdot U_{Sp} \cdot U_N}$

Drei-Strommesser-Verfahren

Messgrößen I; I_{Sp}; I_N

Messergebnisse

Scheinleistung $S_{Sp} = I_{Sp} \cdot (I_N \cdot R_N)$

Wirkleistung $P_{Sp} = \dfrac{R_N}{2}(I^2 - I_N^2 - I_{Sp}^2)$

Leistungsfaktor $\cos\varphi = \dfrac{I^2 - I_N^2 - I_{Sp}^2}{2 \cdot I_{Sp} \cdot I_N}$

cos φ - Messung

Bestimmung des Leistungsfaktors

Direkte Anzeige mit elektrodynamischem Quotientenmesswerk

Anzeige ist von der Differenz zweier Drehmomente abhängig, die gebildet werden aus
- dem Strom des Strompfades (fest stehende Spule) und
- den Strömen der beiden Spannungspfade (Teilspulen der Kreuzdrehspule).
  Der Strom einer Teilspule eilt der Spannung um 90° nach: Phasenverschiebung im Einphasenwechselstromnetz durch eine frequenzabhängige Kunstschaltung, im Drehstromnetz durch eine entsprechend verkettete Leiterspannung.

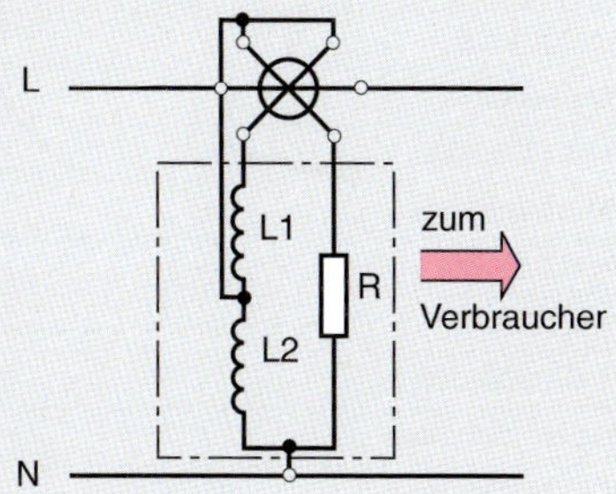

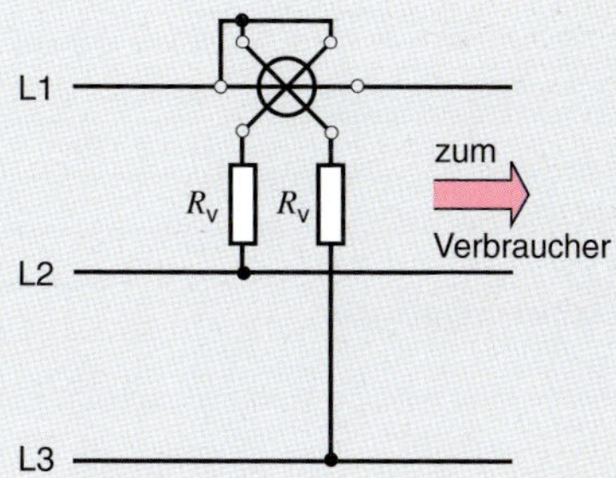

Indirekte Bestimmung durch Messung von
- **Wirkleistung, Strom und Spannung (Scheinleistung)** $\cos\varphi = \dfrac{P}{U \cdot I}$
- **Wirkleistung und Blindleistung** $\tan\varphi = \dfrac{Q}{P}$ $\quad \tan\varphi \Rightarrow \varphi \Rightarrow \cos\varphi$

Arbeitsmessung

Bestimmung der elektrischen Arbeit (Energie)

Elektrizitätszähler

■ Messprinzip

Durch die Wechselwirkung zwischen Wanderfeld und Wirbelströmen in der Läuferscheibe entsteht ein Drehmoment, das die Scheibe antreibt.
Die Läuferumdrehungen werden vom Zählwerk mit Ziffernrollen als Maß für die elektrische Energie angezeigt.

■ Technische Kennwerte des Zählers

	Einphasen-wechselstrom	Dreiphasen-wechselstrom		Wandleranschluss
Bemessungsspannung	230 V	230/400 V		100V
Bemessungsstrom	10 A	10 A oder 15 A		1 A oder 5 A
Grenzstrom	40 A oder	60 A	60 A	–

Zählerkonstante	C_Z in U/kWh		
	120 240 480 960	150 300 600 sowie die dekadischen Vielfachen und Teile	187,5 375 750

U Umdrehungen

■ Messergebnis

elektrische Arbeit $W = \frac{Z}{C_Z}$

Z Zahl der Scheibenumdrehungen

Zählerschaltungen

■ Bezeichnung der Anschlussklemmen

	Nummer	Klemmenart
Zähler	1 … 12	Strom- und Spannungspfade
	13	Zweitarifauslöser
	14	Maximumauslöser
	15	gemeinsamer Anschluss der Zusatzeinrichtungen
	16	Überbrückung für Kurzschließschaltung
	17, 18, 19	Maximum-Rückstellung
Tarifschaltuhren	1, 2	Netzanschluss
	3, 4	Tagesschalter
	3, 4, 5	Tagesumschalter
	5, 7	Maximumschalter
	8, 9	Wochenschalter
Rundsteuer-Empfänger	1, 2	Netzanschluss
	3, 4, 5	erster Umschalter
	6, 7, 8	zweiter Umschalter
	9, 10, 11	dritter Umschalter
	12, 13, 14	vierter Umschalter

■ Zählerschaltungen und Schaltungsnummern

Einphasenwechselstromzähler

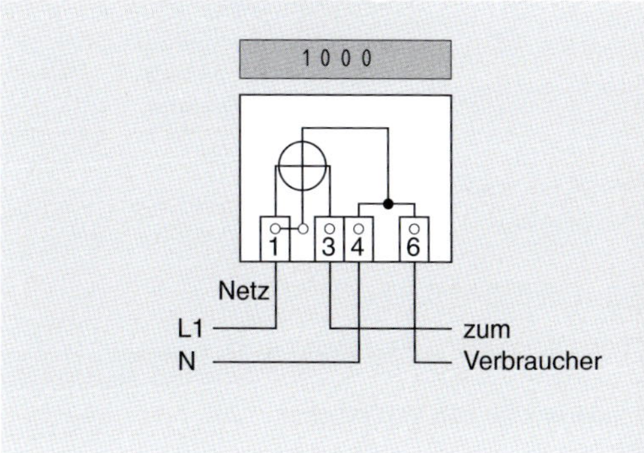

Drehstromzähler, Vierleiteranschluss

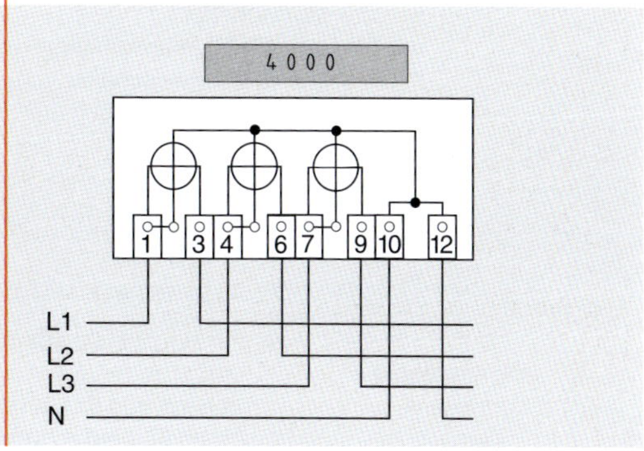

■ Schaltungsnummern nach DIN 43856

1	2	3	4	Zählerausführung
Zahlenstelle				
				Grundart des Zählers
1				einpoliger Wechselstrom-Wirkverbrauchzähler
2				zweipoliger Wechselstrom-Wirkverbrauchzähler
3				Dreileiter-Drehstrom-Wirkverbrauchzähler
4				Vierleiter-Drehstrom-Wirkverbrauchzähler
5				Dreileiter-Drehstrom-Blindverbrauchzähler mit 60°-Abgleich
6				Dreileiter-Drehstrom-Blindverbrauchzähler mit 90°-Abgleich
7				Vierleiter-Drehstrom-Blindverbrauchzähler mit 90°-Abgleich
				Zusatzeinrichtungen
	0			ohne Zusatzeinrichtung
	1			mit Zweitarifeinrichtung
	2			mit Maximumeinrichtung
	3			mit Zweitarif- und Maximumeinrichtung
	4			mit Maximumeinrichtung einschließlich elektrischer Rückstellung
	5			mit Zweitarif- und Maximumeinrichtung einschließlich elektrischer Rückstellung
	6			Impulsgabeeinrichtung
	7			Impulsgabeeinrichtung und Zweitarifeinrichtung
				Äußerer Anschluss der Grundart
		0		für unmittelbaren Anschluss
		1		für Anschluss an Stromwandler
		2		für Anschluss an Strom- und Spannungswandler
				Schaltungen der Zusatzeinrichtungen
			0	ohne äußeren Anschluss
			1	mit einpoligem inneren Anschluss der Zweitarifeinrichtung und/oder der elektrischen Maximum-Rückstellung
			2	mit äußerem Anschluss der Zweitarifeinrichtung und/oder der elektrischen Maximum-Rückstellung
			3	mit einpoligem inneren Anschluss der Zusatzeinrichtungen und Maximumauslöser in Öffnungsschaltung
			4	mit einpoligem inneren Anschluss der Zusatzeinrichtungen und Maximumauslöser in Kurzschließschaltung
			5	mit äußerem Anschluss der Zusatzeinrichtungen und Maximumauslöser in Öffnungsschaltung
			6	mit äußerem Anschluss der Zusatzeinrichtungen und Maximumauslöser in Kurzschließschaltung

Ziffernfolge	Ausführung der Tarifschaltuhr
01	mit Tagesschalter
02	mit Maximumschalter
03	mit Tages- und Maximumschalter
04	mit Tages- und Wochenschalter
05	mit Maximum- und Wochenschalter
06	mit Tages-, Maximum- und Wochenschalter
07	mit Wochenschalter

Ziffernfolge	Ausführung des Rundsteuerempfängers
11	mit einem Umschalter
12	mit zwei Umschaltern
13	mit drei Umschaltern
14	mit vier Umschaltern

Inteligente Zählertechnik zur Umsetzung der EU-Energieeffizienzrichtlinie

Installation von elektronischen Haushaltszählern durch Versorgungsnetzbetreiber in Neubauten und bei Renovierungen:

- Kontrolle des Energieverbrauchs und Kostentransparenz für den Verbraucher
- Zählerwechsel ohne Versorgungsunterbrechung
- Ergänzung durch spartenübergreifendes Erfassen der Verbrauchswerte von Strom, Wasser, Fernwärme und Gas

Normen

DIN 1319	Grundbegriffe der Messtechnik
DIN 16257	Nennlagen und Lagezeichen für Messgeräte
DIN 43701	Elektrische Schalttafel-Messinstrumente
DIN 43703	Elektrische Messgeräte; Nebenwiderstände
DIN 43740	Angabe der Eigenschaften von Elektronenstrahl-Oszilloskopen
DIN 43780	Elektrische Messgeräte; Direkt wirkende anzeigende Messgeräte und ihr Zubehör
DIN 43783	Elektrische Messwiderstände
DIN 43802	Skalen und Zeiger für elektrische Messinstrumente
DIN 43850	Elektrizitätszähler; Technische Werte
DIN 43856	Elektrizitätszähler, Tarifschaltuhren und Rundsteuerempfänger; Schaltpläne, Klemmenbezeichnungen und Benennungen
DIN VDE 0410	Elektrische Messgeräte; Sicherheitsbestimmungen für anzeigende und schreibende Messgeräte und ihr Zubehör
DIN VDE 0411	Elektronische Messgeräte und Regler; Schutzmaßnahmen für elektronische Messgeräte
DIN VDE 0413	Messen, Steuern, Regeln; Geräte zum Prüfen der Schutzmaßnahmen in elektrischen Anlagen
DIN VDE 0414	Messwandler
DIN EN 50470	Wechselstrom-Elektrizitätszähler
DIN IEC477	Messwiderstände
DIN IEC 523	Gleichspannungs-Kompensatoren
DIN IEC 564	Gleichstrom-Widerstandsmessbrücken

1 Bereitstellung elektrischer Energie Kraftwerksanlagen

Kraftwerksanlagen

Begriffe

Energie	Fähigkeit oder Möglichkeit eines Systems, Arbeit zu verrichten
Primärenergie	Energie, deren Träger direkt von der Natur zur Verfügung gestellt werden und noch keiner Umwandlung unterworfen wurden. Beispiele: Holz, Kohle, Erdöl, Erdgas, Uran, Wasser
Endenergie	Energieform, die durch die Umwandlung von Primärenergie verbrauchsgerecht am Ort ihrer Nutzung zur Verfügung steht.
Erneuerbare Energie	Energie, deren Träger oder Quellen sich ständig erneuern bzw. nachwachsen und somit nach menschlichem Ermessen unerschöpflich sind.
Energieintensität	Vergleichsziffer, die den Einsatz von Energie zur wirtschaftlichen Wertschöpfung in Beziehung setzt, d. h. das Verhältnis vom Primärenergieverbrauch und dem realen Bruttoinlandsprodukt beschreibt.
Energiereserven	Eindeutig identifizierbare Vorräte, die sich unter heutigen oder in naher Zukunft zu erwartenden Bedingungen technisch und wirtschaftlich nutzen lassen.
Energieressourcen	Vorräte, die über die Reserven hinausreichen, nachgewiesen bzw. wahrscheinlich sind, aber technisch und/oder wirtschaftlich zur Zeit nicht nutzbar sind.
Steinkohleeinheit (SKE)	Eine heute noch gebräuchliche internationale Energie-Einheit, die die verschiedenen Energie-Einheiten ihrer Träger Öl, Gas, Stein- und Braunkohle vergleichbar macht. 1 kg SKE entspricht 1 kg Steinkohle mit einem Heizwert von 29,3 Megajoule.
Kraftwerk	Elektrotechnische Anlage, in der durch Umwandlung der Energie primärer Energieträger elektrische Energie zur öffentlichen Elektrizitätsversorgung flächendeckend und zur industriellen Nutzung punktuell bereitgestellt wird.
Turbine	Kraftmaschine, die die Druckenergie von Dampf, Gas oder Wasser als Arbeitsmittel in Strömungsenergie und diese dann unmittelbar in mechanische Energie rotierender Bewegung umsetzt.
Generator	Drehende elektrische Maschine, die mechanische in elektrische Energie umformt und nach der entsprechenden Stromart (Gleich-, Wechsel- oder Drehstrom) benannt wird.

1.1 Energie – Wirtschaft – Umwelt

Internationaler Energiemarkt

Primärenergieverbrauch der Welt

Jahr	Kernenergie	Nicht erneuerbare Energien			Erneuerbare Energien		Insgesamt
		Kohle	Erdöl	Erdgas	Wasserkraft	Sonstige	
	in Mio t SKE						
1970	28	2277	3262	1326	146	827	7866
1980	247	2724	4320	1853	206	1066	10416
1990	738	3205	4477	2525	271	1420	12636
2000	955	3123	5005	3091	329	1535	14038
2002	1006	3429	5037	3263	317	1580	14632
2010	1076	3860	6106	3991	391	1889	17313
2020	1027	4469	7147	5044	467	2116	20270
2030	1004	5151	8241	6004	523	2361	23286

Kernenergie und erneuerbare Energien, mit Wirkungsgradansatz bewertet

Energiereserven

Erdölförderung, Reserven

Region	Kumulierte Förderung		Sicher gewinnbare Reserven		Zusätzliche gewinnbare Reserven	
	Mrd. t	%	Mrd. t	%	Mrd. t	%
OECD	30,7[1]) 38,9[2])	26,0 33,0	15,7	10,4	16,8	22,3
OPEC	43,0[1]) 47,0[2])	36,4 39,8	109,8	72,6	19,6	25,9
Übrige Länder	44,3[1]) 32,1[2])	37,6 27,2	25,8	17,0	39,2	51,8
Welt	118	100	151,2	100	75,6	100

[1]) für die Jahre der Mitgliedschaft/ Nichtmitgliedschaft in den entsprechenden Organisationen
[2]) seit Beginn der Förderung in den Mitgliedsländern (Stand Ende 1998)

Definierte Einheiten für Energie und Leistung[1]) in der Energiewirtschaft

Joule (J) für Energie, Arbeit, Wärmemenge
Watt (W) für Leistung, Energiestrom, Wärmestrom

1 Joule (J) = 1 Newtonmeter (Nm) = 1 Wattsekunde (Ws)

Umrechnungsfaktoren

	kJ	kcal	kWh	kg SKE	kg RÖE	m^3 Erdgas
1 Kilojoule (kJ)	–	0,2388	0,000278	0,000034	0,000024	0,000032
1 Kilokalorie (kcal)	4,1868	–	0,001163	0,000143	0,0001	0,00013
1 Kilowattstunde (kWh)	3600	860	–	0,123	0,086	0,113
1 kg Steinkohleeinheit (SKE)	29308	7000	8,14	–	0,7	0,923
1 kg Rohöleinheit (RÖE)	41868	10000	11,63	1,428	–	1,319
1 m^3 Erdgas	31736	7580	8,816	1,083	0,758	–

Heizwerte der Energieträger

Energieträger	Mengeneinheit	Heizwert in kJ	Heizwert in kcal	SKE-Faktor
Steinkohlen	kg	29638	7079	1,011
Braunkohlen	kg	8931	2133	0,305
Erdöl	kg	42733	10210	1,458
Dieselkraftstoff	kg	42960	10260	1,466
Heizöl, leicht	kg	42733	10210	1,458
Heizöl, schwer	kg	40968	9780	1,398
Stadtgas	m^3	15994	3820	0,546
Erdgas	m^3	31736	7580	1,083
Klärgas	m^3	15994	3820	0,546
Brennholz	kg	14654	3500	0,500
Brenntorf	kg	14235	3400	0,486
Elektrischer Strom aus				
– Wasserkraft, Windkraft, Fotovoltaik	kWh	3600	860	0,123
– Müll, Biomasse	kWh	9125	2179	0,311
– Kernenergie	kWh	10909	2606	0,372

[1]) Als gesetzliche Einheiten ab 1. 1. 1978 verbindlich. Die Kalorie (cal) und davon abgeleitete Einheiten wie Steinkohleeinheit (SKE) und Rohöleinheit (RÖE) sind nur hilfsweise, insbesondere mit internationalen Angaben zu verwenden.

Europäischer Energiesektor

Verbrauch der Energieträger in der Europäischen Union in Mio t SKE

Jahr	Kohle	Mineralöl	Gas	Kernenergie*)	Wasserkraft und sonstige Energien*)	Insgesamt
			EU-25			
2000	433,0	905,0	537,0	340,0	139,0	2354,0
2010	347,0	935,0	728,0	350,0	190,0	2550,0
2020	360,0	968,0	854,0	306,0	217,0	2705,0
2030	423,0	978,0	900,0	264,0	243,0	2808,0

Anteil der Energieträger an der Stromerzeugung in Europa in TWh

Jahr	Kohle	Mineralöl	Gas	Kernenergie	Wasserkraft und sonstige Energien	Insgesamt
			EU-25			
2000	915,0	176,0	463,0	921,0	423,0	2898,0
2010	703,0	99,0	1081,0	954,0	594,0	3431,0
2020	861,0	76,0	1523,0	834,0	694,0	3988,0
2030	1196,0	90,0	1634,0	766,0	792,0	4477,0

Nationaler Energiesektor

Verbrauch der Energieträger in Deutschland in Mio t SKE

Jahr	Mineralöl	Steinkohle	Braunkohle	Erdgas	Kern-energie*)	Wasserkraft u. Sonstige*)	Insgesamt
1990	178,7	78,7	109,2	78,2	56,9	7,2	508,9
2000	187,7	68,5	52,8	102,2	63,1	15,7	490,0
2002	183,0	64,3	56,6	106,2	61,4	17,0	488,5
2010	180,1	57,9	50,0	114,4	54,9	21,8	479,1
2020	168,2	65,9	52,6	122,6	4,0	24,5	437,8

*) Kernenergie und erneuerbare Energien mit Wirkungsgradansatz bewertet

Anteil der Energieträger an der Stromerzeugung in Deutschland in TWh

Jahr	Steinkohle	Braunkohle	Kernenergie	Mineralöl	Erdgas	Wasserkraft u. Sonstige	Insgesamt
1990	140,9	170,8	152,5	11,1	38,5	37,2	551,0
2000	143,1	148,3	169,6	5,2	49,2	61,0	576,4
2002	135,0	159,0	164,8	6,0	54,0	63,4	582,2
2010	132,0	153,6	147,8	2,3	82,8	80,8	599,3
2020	188,1	177,0	11,0	1,8	135,7	94,8	608,4

Klimaschutz

Einheit von **Energienutzung** und **Ressourcenschonung** durch regenerative Energien

Sonne als Energiespender

direkte Nutzung	Sonnenenergie	□ Fotovoltaik □ Sonnenkolektoren thermische Solarkraftwerke
indirekte Nutzung	Umgebungswärme	□ Solararchitektur □ Wärmepumpen
unterschiedliche Erwärmung von Luftmassen – Wind –	Windenergie	□ Windkraftanlagen
	Meereswellen, Meeresströmung	□ Wellenenergie
Wachstum von Pflanzen	Nutzung von Biomassen	□ Anbau von Stoffen zur Energieerzeugung □ Verbrennung von Abfallstoffen (Stroh, Holz)
Verdunstung von Wasser – Abregnung –	Wasserkraft	□ Speicherkraftwerke (großes Gefälle) □ Laufkraftwerke

Strommix im Jahr 2020

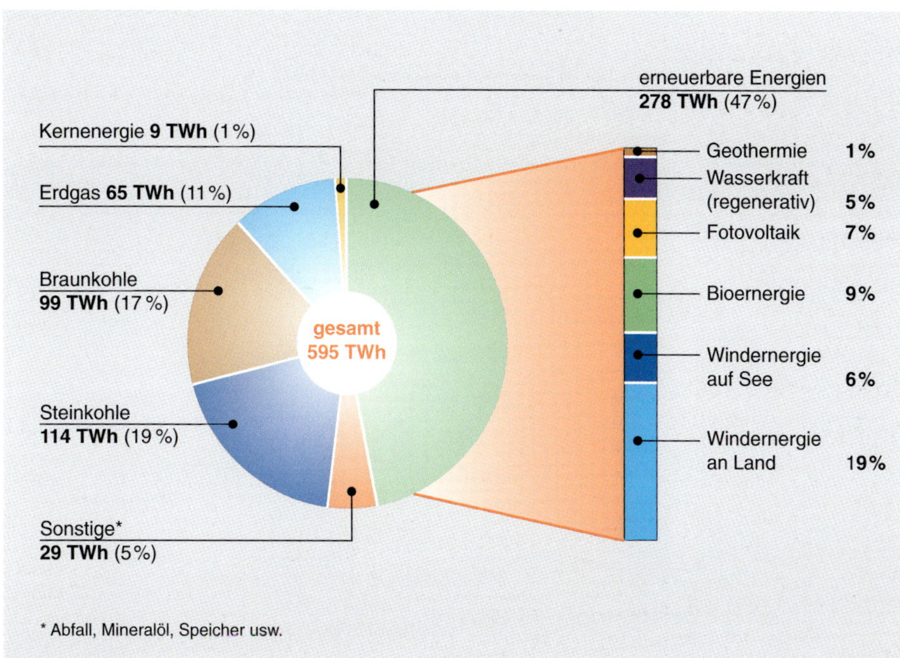

Quelle: Branchenprognose 2020; Agentur für erneuerbare Energie (BEE)

1.2 Kraftwerksarten und -maschinen

Kraftwerksarten

Kraftwerke

Wärmekraftwerke	Wasserkraftwerke	Anlagen mit regenerativer Energie
■ **Dampfkraftwerk** ■ **Kernkraftwerk** ■ **Gasturbinenkraftwerk**	■ **Laufwasserkraftwerk** **Gezeitenkraftwerk** ■ **Speicherkraftwerk** **Pumpspeicherkraftwerk**	■ **Solarthermische Anlagen** ■ **Solarelektrische Anlagen** ■ **Windkraftanlagen**

Kraftwerke

Systematisierung nach Anteil des **täglichen Energiebedarfs**

Kraftwerke	Leistung	Anfahrzeit	Betriebsstunden pro Jahr
Grundlastkraftwerke Braunkohle-, Kernkraftwerk	bis 5000 MW	4 … 8 Std.	6000
Mittellastkraftwerke Steinkohlekraftwerk	1000 MW	3 … 6 Std.	5000
Spitzenlastkraftwerke Pumpspeicherkraftwerk Gasturbinenkraftwerk	einige kW bis mehrere MW	Minuten	< 2000

Leistungsbedarf und Kraftwerkseinsatz

Tagesbelastungskurve

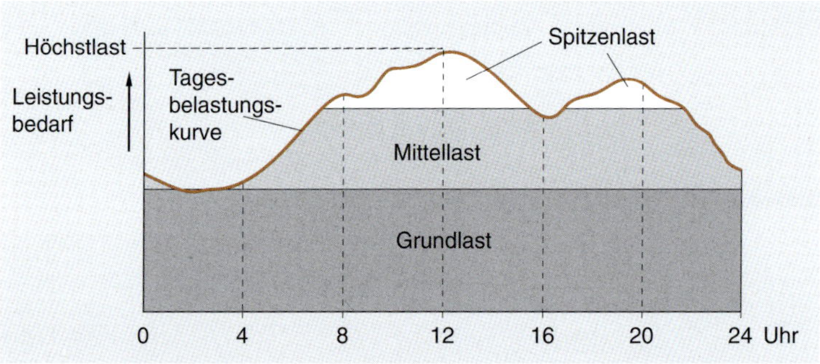

Wärmekraftwerke

Prinzipieller Aufbau von Wärmekraftwerken

Kohlekraftwerk

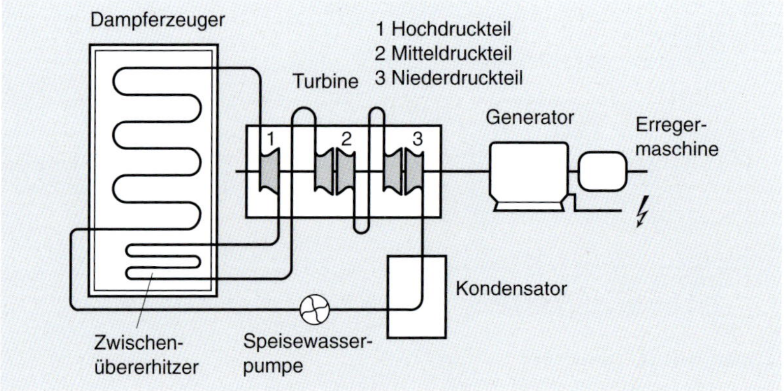

Kernkraftwerk

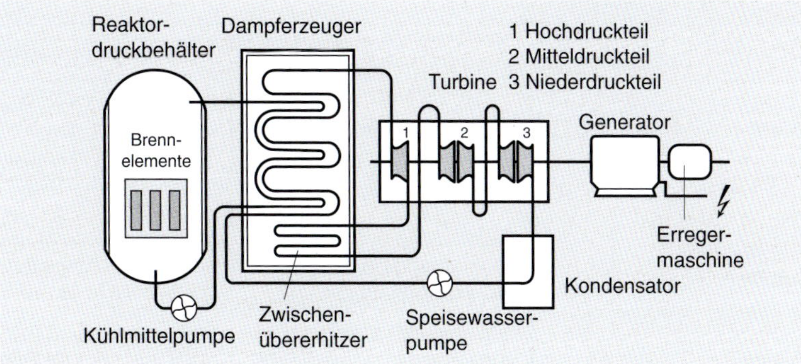

Gasturbinenkraftwerk

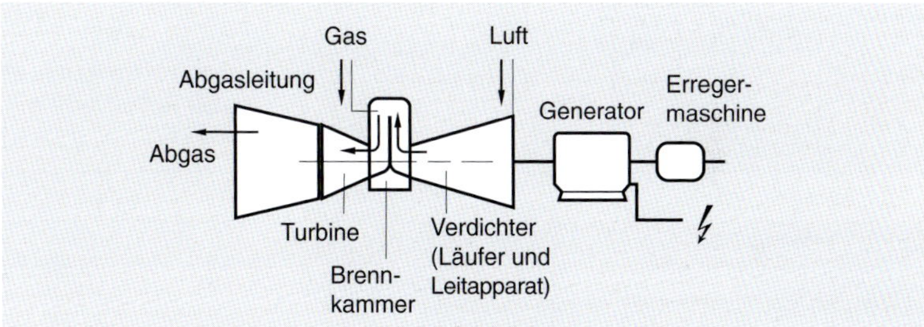

Wasserkraftwerke

Wasserturbinen

Hauptelemente
- Leitapparat zum Richten und Steuern des Wasserstromes
- Laufrad zum Umwandeln der Strömungsenergie des Wassers in Rotationsenergie

Gleichdruckturbinen oder Aktionsturbinen

Druck im Laufrad ist konstant.

Laufradformen

Durchström-Turbine oder Mitchell-Turbine

Leitapparat mit verstellbarer Zungendüse, Laufrad mit zylindrischen Schaufeln

Freistrahl-Turbine oder Pelton-Turbine

Leitapparat mit einer oder mehreren runden, verschließbaren Düsen durch längs verschiebbare, keglige Nadeln,
Laufrad mit am Umfang angegossenen becherförmigen Schaufeln

Überdruckturbinen oder Reaktionsturbinen

Druck geht im Leitapparat und Laufrad stetig zurück.

Spiral-Turbine oder Francis-Turbine

Frei stehendes zylindrisches oder kegeliges Leitrad mit verstellbaren finkschen Schaufeln und innen liegendem Laufrad

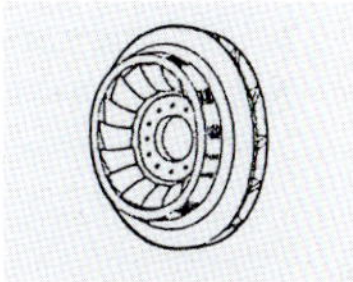

Propeller-Turbine oder Kaplan-Turbine

Frei stehender Leitapparat mit verstellbaren Schaufeln und propellerartigem Laufrad mit festen oder verstellbaren Schaufeln

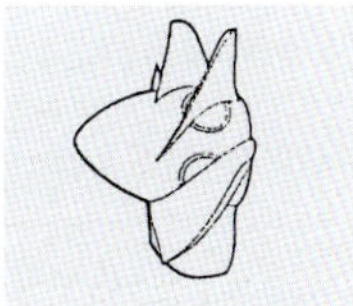

Fallhöhe und Turbinenart

	Fallhöhe H in m	Wasserführung	Wirtschaftlichkeit
Pelton-Turbine	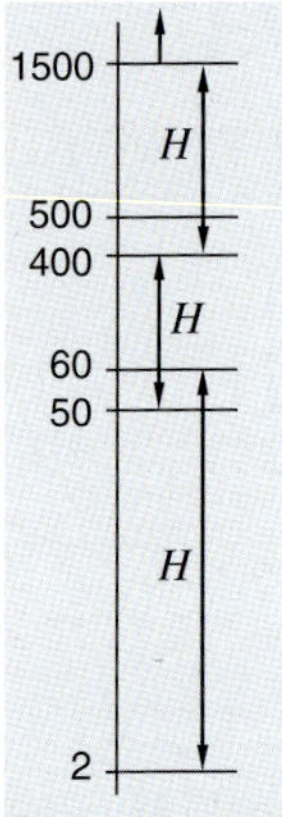	Einströmung über Düsen tangential auf das Laufrad	verlustarme Energieumwandlung durch wirbelfreie Strömung; Wirkungsgrad bei Nennlast bis 90 %; gutes Teillastverhalten
Francis-Turbine		Einströmung durch Leitapparat radial in das Laufrad, Ausströmung axial	in Pumpspeicherkraftwerken auch als Pumpe einsetzbar; Wirkungsgrad bei Nennlast 85 %; schlechtes Teillastverhalten
Kaplan-Turbine		Einströmung in den Leitapparat radial, axiale Durchströmung des Laufrades	Platz sparende Konstruktionseinheit von Turbine und Generator als Rohrturbine in Fluss- und Gezeitenkraftwerken; Wirkungsgrad bei Nennlast bis 90 %; gutes Teillastverhalten
Mitchell-Turbine		zweifach tangentiale Durchströmung des Laufrades	durch zweigeteilten, absperrbaren Leitapparat gutes Teillastverhalten; Wirkungsgrad bei Nennlast bis 80 %

Windkraftanlagen

Entstehung und Nutzung der Windenergie

Windenergie

- Wesen: spezielle Form der Strahlungsenergie der Sonne
- Entstehung: Umsetzung von annähernd 2,5 Prozent der Solarstrahlung in Luftströmung durch lokale und großräumige Ausgleichsbewegungen der Luft zwischen verschieden stark erwärmten Gebieten
- Umwandlung: bei aerodynamisch hoch entwickelten Rotoren 40 bis 45 Prozent in elektrische Energie
- Windkraftanlagen:

Stromerzeugung in TWh/a					
2008	Wind Land	40	2016	Wind Land Wind Offshore	51 20
2010	Wind Land	45	2018	Wind Land Wind Offshore	52 24
2012	Wind Land Wind Offshore	48 5			
2014	Wind Land Wind Offshore	50 15			

Quelle BMU

Leistungsbeeinflussende Faktoren

Windgeschwindigkeit

- Windleistung steigt mit der 3. Potenz der Windgeschwindigkeit.
- Stillstand der Rotorblätter unterhalb von 2 m/s
- automatisches Abschalten über 20 m/s

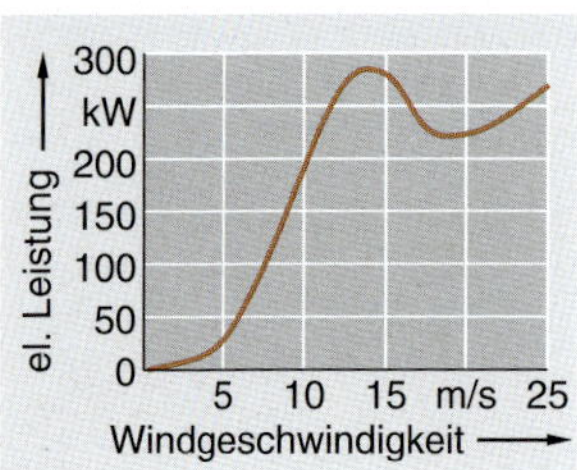

Leistungskurve einer WKA für 270 kW Nennleistung (Stall-Regelung; polumschaltbare Asynchronmaschine)

Rotordurchmesser

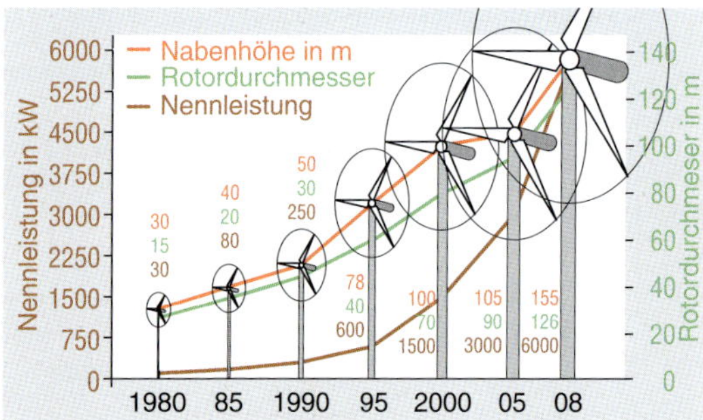

Größenentwicklung von Serien-Windkraftanlagen

Technische Grundkonzepte

Drehzahlfeste WKA (Stall-Prinzip)

- Selbstständige Leistungsbegrenzung zwischen Nennwindgeschwindigkeit und Abschaltwindgeschwindigkeit durch Strömungsabriss
- Bei höheren Windgeschwindigkeiten reißt die Luftströmung an den Rotorblättern ab. Hinter ihnen entstehen drehzahlhemmende Luftwirbel.

Netzgeführter Asynchrongenerator

- Polumschaltbare Drehstrommaschine
- typische Drehzahlen im übersynchronen Schlupfbereich 1003 min^{-1} 1507 min^{-1}
- dominierende Leistungsbereiche der Serienfertigung sind 300 kW und 600 kW, bei Einzelfertigung 1,5 MW, 2,5 MW und 5,4 MW.

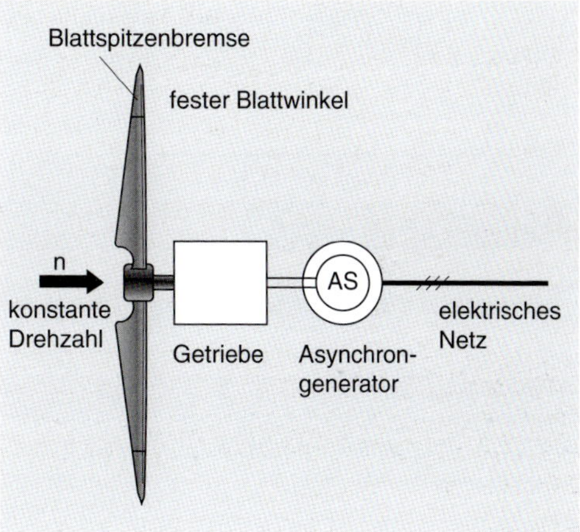

Drehzahlvariable WKA (Pitch-Prinzip)

- Leistungsbegrenzung zwischen Nennwindgeschindigkeit und Abschaltwindgeschwindigkeit durch Winkelverstellung der Rotorblätter

Synchrongenerator mit Umrichter

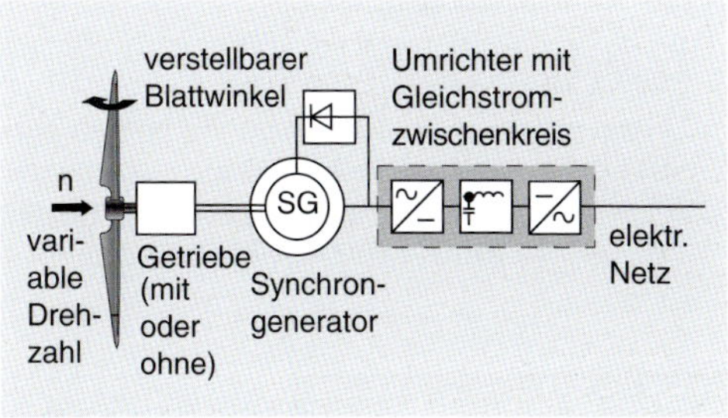

Doppelt gespeister Asynchrongenerator

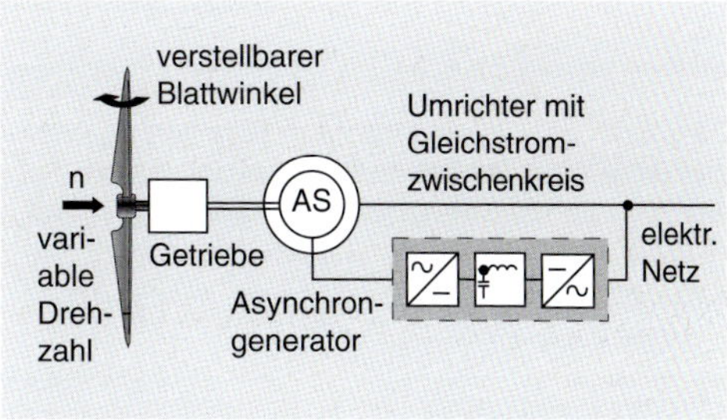

Anteile der Herstellungskosten – Durchschnittswerte einer 600-kW-WKA

Stall-Prinzip

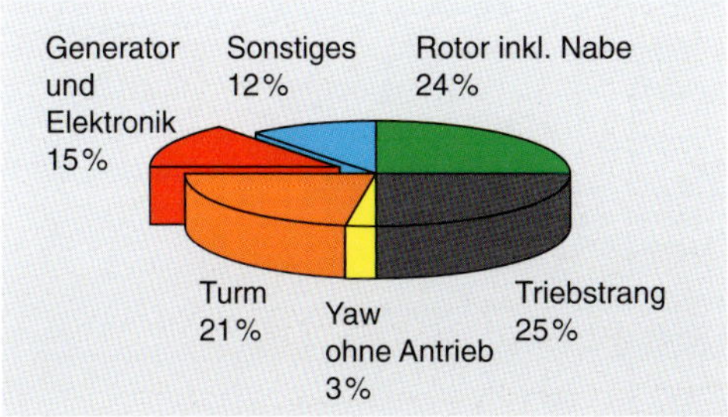

Pitch-Prinzip

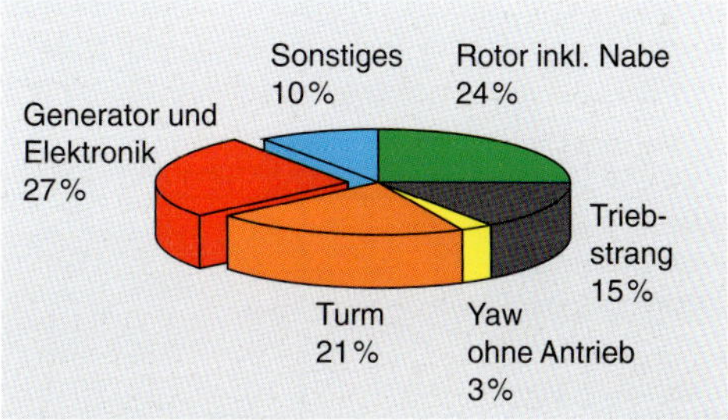

Technische Details einer WKA in der Windzone III (Stall-Prinzip)

■ Betriebsdaten

Nennleistung	600 kW bei
Nenn-Windgeschwindigkeit	13,5 m/s
Einschaltgeschwindigkeit	3 m/s
Ausschaltgeschwindigkeit	20 m /s
Nennscheinleistung	609 kVA
Nennspannung	690 V
Nennstrom	508 A

■ Rotor

Anzahl der Rotorblätter	3
Durchmesser	46 m
Masse	3 x 1900 kg

■ Generator

Typ	Ds-Asynchron-Käfigläufer
Polzahl	4 / 6 Pole, umschaltbar
Leistung	645 / 200 kW
Leistungsfaktor	0,9 / 0,86
Nennspannung	690 V (50 Hz)
Nennstrom	585 / 205 A
Frequenz	50 Hz
Blindleistungsbedarf	ca. 290 kVar

■ Turm

Nabenhöhe	50 m; 60 m oder 70 m
Turmlänge	48,4 m; 58,4 m oder 68,4 m
Masse	ca. 53 t; 71 t oder 73 t

Elektrotechnische Anlagen

Teilsysteme konventioneller Anlagen

Hauptanlage

Komplexer Anlagenteil zur Erzeugung der elektrischen Energie

- Generator
- Erregungseinrichtung
- Schutzeinrichtungen
- Blocktransformator
- Anwurfmotor (Gasturbinenanlagen)

Eigenbedarfsanlage

Anlage zur Versorgung solcher Bauteile und -gruppen mit elektrischer Energie, die den Betrieb der Hauptanlage gewährleisten.

- Hochspannungsanlage
- Niederspannungsanlage
- Schutzeinrichtungen

Netzersatzanlage

Anlage zur zeitlich begrenzten Bereitstellung elektrischer Energie bei Netzausfall

- Akkumulatoren
- Notstromaggregate

Generatoren

Synchronmaschinen

Das durch den Belastungsstrom (Drehstrom) entstehende Drehfeld hat die gleiche Drehzahl und Drehrichtung wie das umlaufende Erregerfeld (synchron = gleichlaufend).

Asynchronmaschinen

Übersynchroner Lauf im Generatorbetrieb zur Abgabe elektrischer Energie; Drehfeld des angetriebenen Läufers eilt dem Drehfeld des Belastungsstromes im Ständer voraus, überwiegend in Windkraftanlagen.

Synchrongenerator

Hauptteile des Synchrongenerators (Innenpolmaschine)

Ständer

(Stator, Anker) mit Leistung abgebender, in Nuten gleichmäßig verteilter Drehstromwicklung, bestehend aus k x 3 Strangspulen

k	Ständerspulen	Polpaarzahl des Drehfeldes
1	3	1
2	6	2
3	9	3
⋮	⋮	⋮
30	90	10

Strom übertragende Teile

- Klemmen der Ständerwicklung zur Übertragung der Maschinenleistung
- Fest stehende Bürsten und rotierende Schleifringe zur Übertragung der Erregerleistung

Läufer

(Rotor) mit Erregerleistung aufnehmender Gleichstromwicklung und Dämpfungswicklung

	Schenkelpolläufer (Polrad)	Vollpolläufer (Induktor)
Erregerwicklung (Gleichstromwicklung)	konzentrierte Wicklung auf ausgeprägten Polen	in Nuten gleichmäßig verteilte Wicklung
Nenndrehzahl für 50 Hz	n ≤ 1000 … 75 min^{-1} Langsamläufer	n = 3000 min^{-1} n = 1500 min^{-1} Schnellläufer
Polpaarzahl für 50 Hz	p ≥ 3 … 40	p = 1 p = 2
Abmessungen radial achsial	 großer Polraddurchmesser kurzer Läufer	 kleiner Induktordurchmesser langer Läufer
Schwungmoment	groß	klein
Antrieb	Wasserturbinen	Dampf- und Gasturbinen

Kenndaten der Kraftwerksgeneratoren

Maschinenspannung

$U_G = 1{,}05 \cdot U_n$

U_G Generatornennspannung
U_n Nennspannung des Netzes

Maschinenleistung	U_G
≤ 50 MW	6,3 kV
50 … 200 MW	10,5 kV
200 … 600 MW	21 kV
> 600 MW	27 kV

Bemessungsstrom

Generatorleistung in MVA	Maschinenspannung in kV	Bemessungsstrom in kA
300	21	8,26
600	21	16,52
1000	27	21,41

Nennfrequenz

$$f = \frac{n \cdot p}{60}$$

f Frequenz $[f] = 1\ \text{Hz} = 1\ \text{s}^{-1}$
n Läuferdrehzahl $[n] = 1\ \text{min}^{-1}$
p Polpaarzahl

	Nennfrequenz der Generatorspannung in Hz		
Polpaarzahl	16 2/3	50	60
Läuferdrehzahl bei p = 1	1000 min^{-1}	3000 min^{-1}	3600 min^{-1}
2	500 min^{-1}	1500 min^{-1}	1800 min^{-1}
3	333 min^{-1}	1000 min^{-1}	1200 min^{-1}
⋮	⋮	⋮	⋮
10	100 min^{-1}	300 min^{-1}	360 min^{-1}
⋮	⋮	⋮	⋮
30	33 min^{-1}	100 min^{-1}	120 min^{-1}

Generator-Kühlung		Kühlmittel: Luft; Wasser H_2O; Wasserstoff H_2				
Kühlsysteme und **Nennleistung** in MVA		< 90	40 … 235	150 … 250	190 … 1400	> 500
Kühlmittel	Ständer	Luft	H_2	H_2O (Öl)	H_2O (Öl)	H_2O
	Läufer	Luft	H_2	H_2	H_2 komprimiert	H_2O
Kühlmittelmenge und **Generatorleistung**		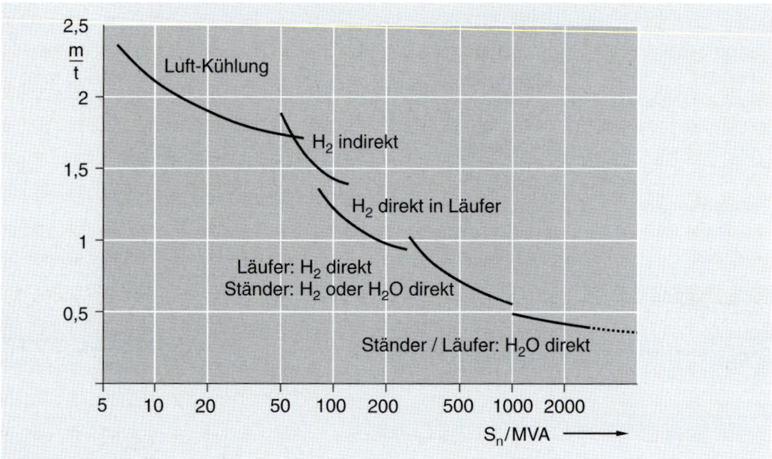				

Betriebsformen der Generatoren

Inselbetrieb

- Ein einzelner Generator speist Verbrauchernetz ein.
- Leistungsbedarf und Generatorbelastung sind gleich.
- Höhe der Klemmenspannung ist von Höhe und Art der Belastung abhängig.

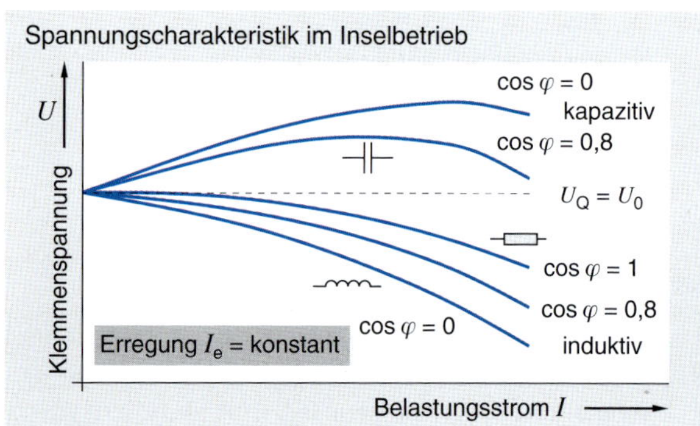

Parallelbetrieb (Verbundbetrieb)

- Mehrere Generatoren speisen ein Netz ein.
- Richtung des Energieflusses im mehrfach gespeisten Ring- und Maschennetz kann beeinflusst werden.
- Betrieb erfolgt am sog. starren Netz, d. h., die Spannung ist im entsprechenden Belastungsbereich konstant.

Parallelaufbedingungen
1. Spannungsgleichheit (Übereinstimmung der Effektivwerte)
2. Frequenzgleichheit
3. Phasengleichheit (Übereinstimmung der Augenblickswerte)
4. Gleichheit der Phasenfolge

Synchronisieren Herstellen der Parallelaufbedingungen durch Ändern des Antriebsmomentes und der Erregung

Änderung der Lastaufteilung

Maßnahme	Erhöhen des Antriebsmomentes eines Generators	Erhöhen der Erregerleistung eines Generators
Ergebnis	Übernahme eines größeren Wirklastanteils des Netzes	Übernahme eines größeren Blindlastanteils des Netzes

Generatorschutz

Auswahl der Schutzeinrichtungen

	S	B	S	B	S	B	S	B
Generatorleistung in MVA	bis 0,6		> 0,6 … 1		> 1 … 12,5		> 12,5…100	
Überlastmeldung	–	–	–	–	+	+	+	+
Überstromschutz	+	+	+	+	+	+	+[1])	+[1])
Distanzschutz	–	–	–	–	–	–	+[1])	+[1])
Differenzialschutz	–	–	+	+	+	+	+	+
Ständererdschlussschutz	+	+	+	+	+	+	+	+
Läufererdschlussschutz	–	–	–	–	+	+	+	+
Rückleistungsschutz	–	–	–	–	+	+	+	+
Feldschwächung	+	+	+	+	–	–	–	–
Schnellentregung	–	–	–	–	+	+	+	+
Thermogefahrenmelder	–	–	+	+	+	+	+	+

S Sammelschienenbetrieb
B Blockbetrieb
[1]) Bei Einsatz einer der gekennzeichneten Schutzeinrichtungen kann die andere entfallen.

Erregungseinrichtungen

Erregerstrom und Maschinenleistung

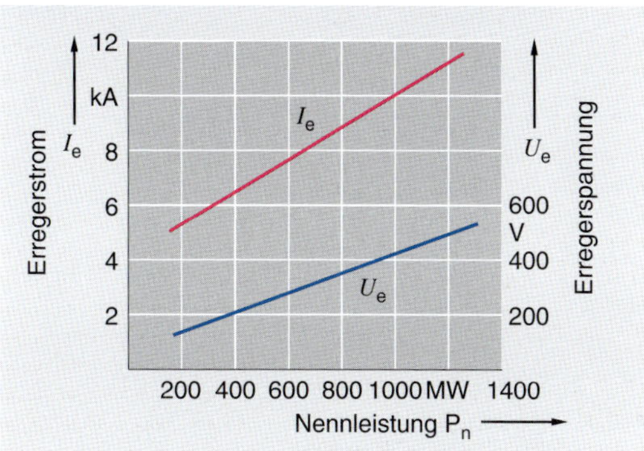

Erregerleistung von Turbogeneratoren

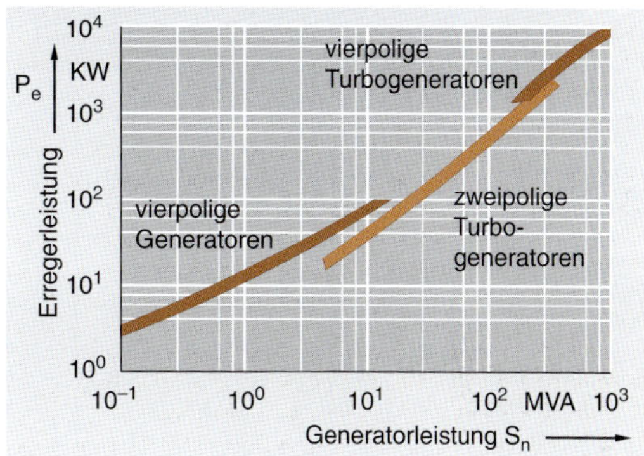

Erzeugen des Erregerstromes (Gleichstrom)

Statische Erregereinrichtungen

Umwandeln von Wechselspannungen in regelbare Gleichspannungen durch

Parallelschaltung
- gesteuerte Drehstrom-Brückenschaltung
- ungesteuerte Drehstrom-Brückenschaltung

Einspeisung der Brückenschaltung
- Spannungstransformator
- Stromtransformator

→ in der Generatorableitung (Selbsterregung)

beim Anfahren des Maschinensatzes Einspeisung durch Fremdnetz (Fremderregung)

Rotierende Erregungseinrichtung

Erzeugen von regelbaren Gleichspannungen durch
- **Hilfserregermaschine**
  Gleichstrom-Nebenschlussgenerator
  oder
  Drehstrom-Konstantspannungsgenerator
  und
- **Nebenschlussregler**
  und
- **Haupterregermaschine**

Gleichstrom-Nebenschlussgenerator

– Außenpolmaschine –

Ständer

- Konzentrierte Erregerwicklung auf ausgeprägten Polen in Parallelschaltung zur Ankerwicklung
- konzentrierte Wendepolwicklung in Reihenschaltung zur Ankerwicklung auf Hilfspolen, die zwischen den Hauptpolen angeordnet sind.

Läufer

- Verteilte Wicklung (Ankerwicklung) in Nuten des Läufereisens angeordnet
- Ankerwicklung mit Lamellen des Stromwenders verbunden

Strom übertragende Teile

- Übertragung vom rotierenden Läufer zum Ständer: Stromwender (Kommutator) als Teil des rotierenden Läufers und fest stehende Bürsten
- Übertragung vom Ständer zum Netz: Klemmen des Klemmbretts

Schaltung des Gleichstrom-Nebenschlussgenerators

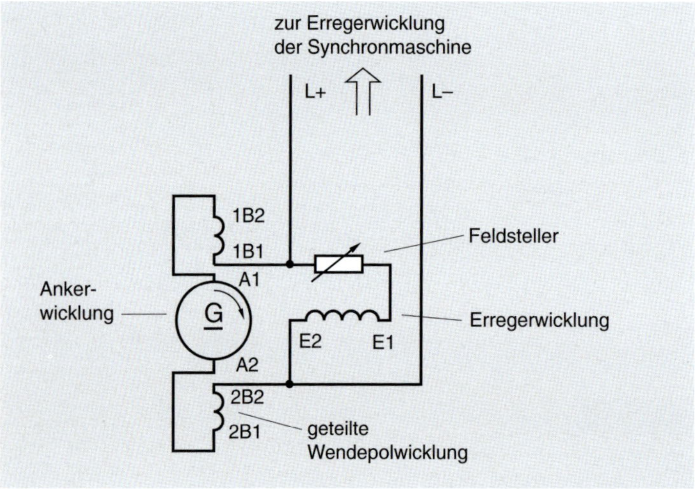

Anschlussbezeichnungen
Ankerwicklung A1 – A2
Feldwicklung E1 – E2
Wendepolwicklung B1 – B2

Normen	
DIN VDE 0491 Teil 1	Kernkraftwerke; Sicherheitstechnik
DIN VDE 0530 Teil 1	Drehende elektrische Maschinen; Bemessung und Betriebsverhalten
DIN VDE 0530 Teil 3	Drehende elektrische Maschinen; Besondere Anforderungen an Dreiphasen-Turbogeneratoren
DIN VDE 0530 Teil 4	Drehende elektrische Maschinen; Synchronmaschinen, Kenngrößen
DIN VDE 0530 Teil 16	Drehende elektrische Maschinen; Erregersysteme für Synchronmaschinen
DIN VDE 0530 Teil 2	Drehende elektrische Maschinen; Gleichstrommaschinen
DIN VDE 0530 Teil 8	Drehende elektrische Maschinen; Anschlussbezeichnungen und Drehsinn
DIN VDE 0510 Teil 2	Sicherheitsanforderungen für Batterien und Batterieanlagen; Stationäre Batterien

2 Übertragung elektrischer Energie
Elektrische Netze

Elektrische Netze

- **2.1 Stromverteilungssysteme und Erdungsanlagen** – *Seite 125*
  - Leiterarten
  - Erdungsarten
- **2.2 Freileitungsnetze** – *Seite 128*
  - Stützpunkte
  - Isolatoren
  - Leiterseile
- **2.3 Kabelnetze** – *Seite 143*
  - Starkstromkabel
  - Kabelgarnituren
- **2.4 Netzformen** – *Seite 153*
  - Grundformen
  - Netzberechnungen

Elektrische Netze

Begriffe

Netz	Gesamtheit von elektrisch leitenden, zusammenhängenden Leitungen und Kabeln gleicher Nennspannung zur Übertragung elektrischer Energie
Nennspannung	Spannung, nach der ein Netz benannt ist und auf die sich bestimmte Betriebsgrößen dieses Netzes beziehen.
Höchste/niedrigste Spannung	Höchster/niedrigster Spannungswert (Effektivwert), der unter normalen Betriebsbedingungen an einem beliebigen Netzpunkt ohne Berücksichtigung zeitweiser Spannungsschwankungen oder transienter Überspannungen auftritt.
Isolationskoordination	Festlegung der Isolationsanforderungen von Betriebsmitteln in einem Übertragungs- oder Verteilungsnetz, um Überspannungen auf Werte zu begrenzen, die unter dem genormten Nenn-Isolationspegel liegen.
Erdung	Gesamtheit aller Maßnahmen, einen Punkt der elektrischen Anlage galvanisch mit dem Erdreich zu verbinden.
Freileitungsnetz	Gesamtheit der oberirdisch frei gespannten Leiterseile zur Fortleitung der elektrischen Energie über relativ größere Entfernungen
Stützpunkte	Maste, deren Gründungen und Erdungen sowie in Niederspannungsnetzen auch die Dachständer
Gründungen	Teile der Stützpunkte einer Freileitung, die die auf Maste einwirkenden Belastungen in den Baugrund einleiten und die Maste vor kritischen Bewegungen des Baugrundes schützen.
Leiterseile	Blanke oder isolierte Leiter zwischen den Stützpunkten einer Freileitung
Freileitungsisolatoren	Bauteile, die die spannungsführenden Leiterseile elektrisch von den leitenden Trage- und Befestigungsteilen trennen. Sie übernehmen die mechanischen Beanspruchungen und halten die Leiter in ihrer definierten Lage.
Lasten	Kräfte, die lotrecht der Schwerkraft folgen und waagerecht seitlich angreifen, damit versuchen sie, einer horizontalen Linie zu folgen. Die tatsächlich wirkende Last ist die Resultierende der Einzelkräfte.
Durchhang	Abstand im tiefsten Punkt des Leiterseiles zwischen seinem Bogen und der gedachten Geraden zwischen den beiden Aufhängepunkten
Kritische Spannweite	Spannfeldlänge, bei der die gewählte Höchstzugspannung bei –20 °C ohne Zusatzlast und bei –5 °C mit Zusatzlast den gleichen Wert erreicht.
Kabelnetz	Gesamtheit der im Erdreich verlegten Starkstromkabel und ihrer Garnituren zur Fortleitung der elektrischen Energie, meist in Städten und Ortschaften
Kabel	Elektrisches Betriebsmittel, bestehend aus ein oder mehreren isolierten Adern mit den vom Einsatz abhängigen Aufbauelementen Schutzhülle, Mantel, Bewehrung und Schirm zur Übertragung elektrischer Energie oder elektrischer Signale zur Legung in Erde und Wasser
Bewehrung	Schutz der Kabel gegen mechanische Einflüsse. Bei Papierbleikabel durch Stahlbänder, die mit geringer Steigung in offener Wendel um das Kabel gewickelt sind, oder bei mehradrigen Kunststoffkabeln durch Stahldrähte.
Elektrische Schirmung	Kombination leitfähiger Schichten mit metallenen Bauelementen bei Kabeln mit einer Nennspannung U_0/U > 0,6/1 kV zur Potenzialsteuerung und Begrenzung der elektrischen Feldstärke sowie Fortleitung von Ableit- und Ladeströmen
Kabelgarnituren	Elektrische Bauelemente zum Verlängern oder Abzweigen von Kabeln (Muffen) sowie zum Anschluss von Leitungen an das Kabelende (Endverschluss)

2.1 Stromverteilungssysteme und Erdungsanlagen

Stromsysteme

Ungeerdetes Zweileitersystem

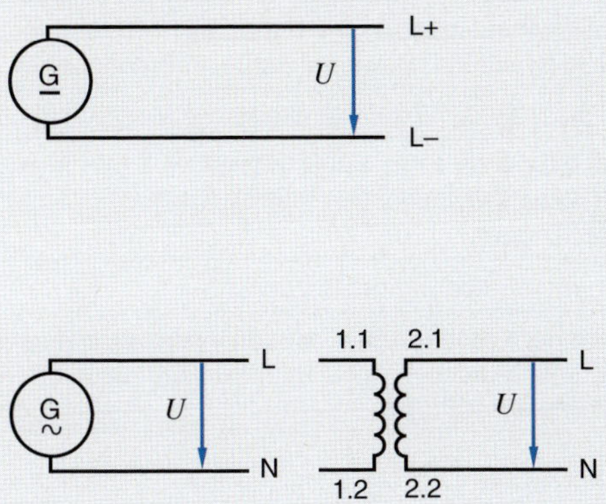

Ungeerdetes Dreileitersystem

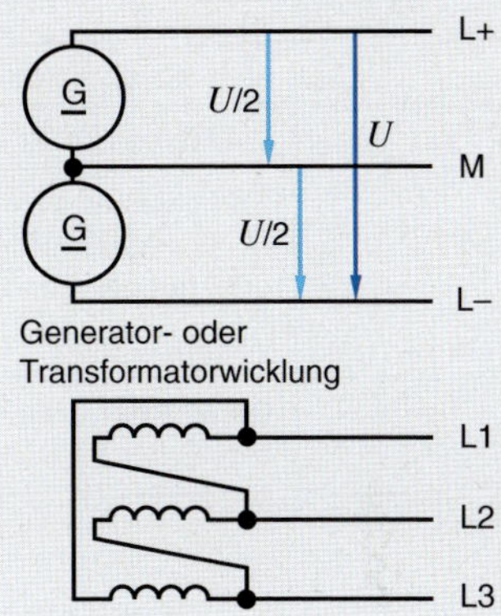

Ungeerdetes Vierleitersystem

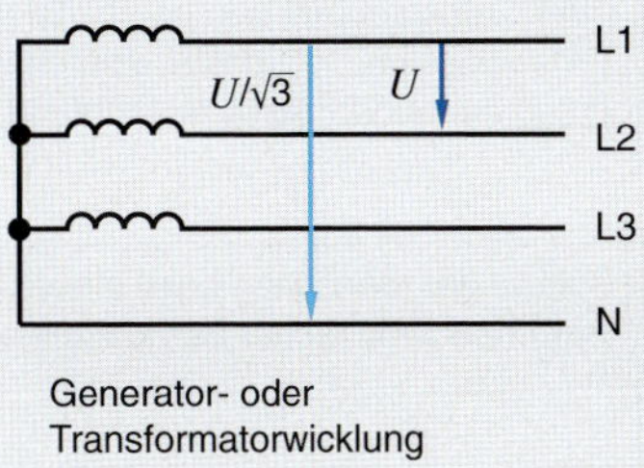

Geerdetes Vierleitersystem

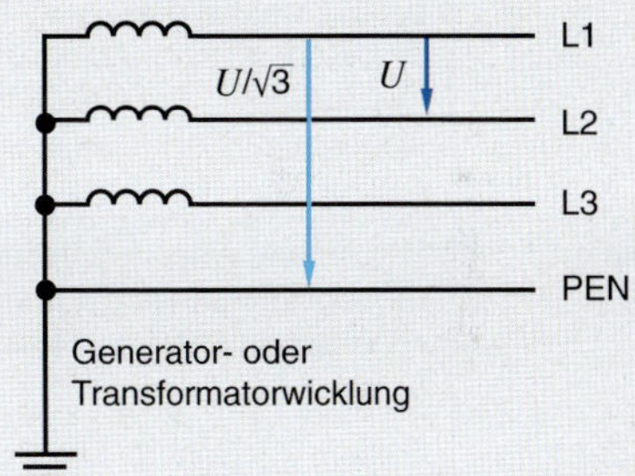

Leiterarten

Benennung	Kennzeichnung	Funktion
Plusleiter	L+	Leiter, der den Pluspol der Gleichstromquelle mit dem Verbrauchsmittel verbindet.
Minusleiter	L–	Leiter, der den Minuspol der Gleichstromquelle mit dem Verbrauchsmittel verbindet.
Mittelleiter	M	Leiter, der mit dem Mittelpunkt eines Gleichstromsystems verbunden ist und zur Übertragung elektrischer Energie beitragen kann.
Schutzleiter	PE	Geerdeter Leiter, der für einige Schutzmaßnahmen gegen gefährliche Körperströme erforderlich ist.
Außenleiter	L1; L2; L3	Leiter, die Wechselstromquellen mit Verbrauchsmitteln verbinden.
Neutralleiter	N	Leiter, der mit dem Mittel- oder Sternpunkt verbunden ist und zur Übertragung elektrischer Energie beitragen kann.
PEN-Leiter	PEN	Geerdeter Leiter, der gleichzeitig die Funktion des Schutz- und des Neutralleiters erfüllt.

Erdung

Begriffe

Erde	Leitfähiges Erdreich, dessen elektrisches Potenzial an jedem Punkt vereinbarungsgemäß gleich null gesetzt wird. Bei stromdurchflossenen Erdern hat das umgebene Erdreich ein von null abweichendes Potenzial.
Erdungsanlage	Örtlich abgegrenzte Gesamtheit leitend miteinander verbundener Erder oder in gleicher Weise wirkender Metallteile (Mastfüße, Bewehrungen) und Erdungsleiter
Erder	Leitfähiges Teil oder mehrere Teile, die mit Erde eine elektrische Verbindung bilden.
Spezifischer Erdwiderstand	Spezifischer elektrischer Widerstand der Erde, meist in $\Omega\,m^2/m = \Omega\,m$ angegeben. Er stellt dann den Widerstand eines Erdwürfels von 1 m Kantenlänge zwischen zwei gegenüberliegenden Würfelflächen dar.
Ausbreitungswiderstand	Widerstand der Erde zwischen dem Erder und der Bezugserde
Bezugserde	Bereich der Erde, insbesondere der Erdoberfläche, der von einem stromdurchflossenen Erder so weit entfernt ist, dass zwischen beliebigen Punkten dieses Bereiches keine messbaren Potenzialdifferenzen auftreten.

Erdungsarten

Bezeichnung	Merkmal	Funktion
Funktionserdung (Betriebserdung)	Erdung eines Punktes des Betriebsstromkreises; in Drehstromnetzen überwiegend der Sternpunktleiter in der Nähe des Transformators und zusätzlich an den Enden der Netzausläufer. Ein Gesamterdungswiderstand von 2 Ω wird als ausreichend angesehen.	Erdung verhindert die vom Isolationszustand eines fehlerfreien Netzes abhängige Sternpunktverschiebung und gewährleistet bei Erdschluss im Netz das Ansprechen einer entsprechenden Schutzeinrichtung.
Schutzerdung	Verbindung eines leitfähigen, nicht zum Betriebsstromkreis gehörenden Teils eines elektrischen Betriebsmittels (Körper) mit Erde	Schutz der Menschen beim indirekten Berühren elektrischer Betriebsmittel
Netzbetriebserdung	System der Schutz- und Funktionserdung in einem Elektrizitäts-Versorgungsnetz	vgl. Funktions- und Schutzerdung
Arbeitserdung	Erdung an freigeschalteten aktiven Teilen durch kontaktgebende Schaltgeräte (Erdungsschalter) oder ortsveränderliche (handgeführte) Vorrichtungen, die auch zum vorübergehenden Kurzschließen der freigeschalteten Betriebsmittel dienen.	Sicherstellen des spannungsfreien Zustandes an Arbeitsstellen und ggf. auch Entladen elektrischer Betriebsmittel von ihrer gespeicherten Ladungsmenge

Betriebserdung – Sternpunkterdung

Unmittelbare Erdung

Zwischen Sternpunkt und Erder sind keine weiteren Widerstände vorhanden.

Mittelbare Erdung

Zwischen Sternpunkt und Erder liegen
- niederohmige Widerstände zur Begrenzung des Erdschlusskurzschlussstromes und transienter Überspannungen oder
- induktive Widerstände (Erdungsdrosselspulen) zur Kompensierung des kapazitiven Erdschlussstromes, damit Aufrechterhaltung des Netzbetriebes.

Offene Erdung

Zwischen Sternpunkt und Erder befindet sich eine Trennfunkenstrecke bzw. ein Überspannungs- oder Ventilableiter. Erst bei Überspannung und Durchschlag entsteht eine Erdverbindung.

Spezifische Erdwiderstände

Bodenart	Werte aus DIN VDE in Ωm	Statistische Werte in Ωm
Moor, Sumpf	5 … 40	5 … 60
Lehm, Humus	20 … 200	20 … 300
Sand	200 … 2500	20 … 2000
Gestein, verwittert	< 1000	600 … 1200
Beton (Zement : Sand = 1 : 3)		150
Regenwasser		≈ 1000
Wasser der Bäche		≈ 100
Schmutzwasser		≈ 10
Salzwasser		≈ 3

Erder

Oberflächenerder

Merkmale	Einbettung parallel zur Erdoberfläche zwischen 0,5 m und 1 m tief verzinkte Bandstähle 25 mm x 4 mm 30 mm x 3,5 mm 40 mm x 3 mm verzinkte Rundstähle Durchmesser ≥ 10 mm	
Anordnung	gestreckt als Strahlenerder Winkel zwischen Strahlen ≥ 60° Länge der Strahlen 100 … 150 m ringförmig als Ringerder verzweigt als Maschenerder	
Ausbreitungswiderstand	$R_O = \frac{\varrho_E}{\pi \cdot l} \cdot \ln \frac{2 \cdot l}{d}$	R_O Ausbreitungswiderstand in Ω ϱ_E spezifischer Erdwiderstand in Ωm l Erderlänge in m d Durchmesser bei Rundmaterial oder halbe Bandbreite $d = b/2$ bei Bandmaterial ln natürlicher Logarithmus

Tiefenerder

Merkmale	Eintreiben der Staberder senkrecht oder schräg in größere Tiefen, Erdermaterial: verzinkte Vollstäbe, Rohre oder Profilstähle, Abstand parallel eingetriebener Staberder > wirksame Länge	
Ausbreitungswiderstand	$R_T = \frac{\varrho_E}{2 \cdot \pi \cdot l} \cdot \ln \frac{4 \cdot l}{d}$	R_T Ausbreitungswiderstand in Ω ϱ_E spezifischer Erdwiderstand in Ωm l Stablänge in m d Stabdurchmesser in m ln natürlicher Logarithmus

Fundamenterder

Merkmale	Einbau als geschlossener Ring in die Außenmauern des Fundamentes von Gebäuden, Anschlussfahnen in dem Hausanschlussraum oder in der Nähe der Hauptpotenzialausgleichsschiene, auch nach außen als Blitzschutzerder möglich. Erdermaterial: Bandstahl 30 mm x 3,5 mm oder Rundstahl 10 mm Durchmesser
Ausbreitungswiderstand	Wert normativ nicht festgelegt, bei gut leitenden Bodenarten zwischen 1 Ω und 10 Ω

Natürliche Erder

Merkmale

- Ein mit Erde oder Wasser unmittelbar oder über Beton in Verbindung stehendes als Erder wirkendes Metallteil, dessen ursprünglicher Zweck nicht die Erdung ist.
- Verwendung von Metallmänteln von Kabeln mit Zustimmung des Betreibers zulässig, im Erdreich befindlichen Metallbewehrungen der Betonteile
- Nicht zulässig sind Wasserrohrnetze (Eignung meist nicht sichergestellt) Leitungen, die dem Transport brennbarer Stoffe dienen.

Mindestabmessungen für Erder

Werkstoff	Erderform	Mindestquerschnitt in mm^2	Mindestdicke in mm
Stahl, feuerverzinkt Verlegung im Erdreich	Band	100	3
	Rundstahl	78 (entspricht Durchmesser von 10 mm)	
	Rohr	Durchmesser 25 mm	Wandstärke 2 mm
	Profilstäbe	100	3
Kupfer	Band	50	2
	Seil	35	
	Rundkupfer	35	
	Rohr	Durchmesser 20 mm	Wandstärke 2 mm

2.2 Freileitungsnetze

Spannungsbereiche

Netzbezeichnung		Nennspannung
Versorgungsnetz*)	Niederspannungsnetz	≤ 1000 V
Verteilungsnetze	Mittelspannungsnetz Hochspannungsnetz	> 1 kV ... ≤ 60 kV > 60 kV ... ≤ 150 kV
Übertragungsnetz	Höchstspannungsnetz	> 150 kV

*) örtliches Verteilungsnetz

Öffentliche Drehstrom-Niederspannungsnetze

IEC-Norm-spannungen in V	Anmerkungen
230/400	Vorhandene Ortnetze von 230/380 V wurden bis 2010 umgestellt.
277/480	nur für einzelne Sonderabnehmer
400/690	Vorhandene 380/660-V-Netze von Industriebetrieben und Großbauten wurden bis 2010 umgestellt.
1000	Dreileiternetz für Industriebetriebe

Drehstrom-Mittelspannungsnetze

IEC-Norm-spannung in kV	Höchste Spannung der Betriebsmittel in kV
10	12
20	24
30	36
60	72,5

Bauteile

Freileitung

- **Stützpunkte**
  - Maste — Gründungen, Isolatorträger
  - Dachständer — Isolatorträger
- **Leitungsteile**
  - Leiterseile
  - Isolatoren
  - → Armaturen und Zubehör
- **Hauseinführung**
  - Einführungsleitung oder -kabel
  - Hausanschlusskasten (Übergabestelle)

Stützpunkte

Mastarten	Merkmale
Tragmast	Mast trägt die Leiterseile in geraden Streckenbereichen, keine oder nur geringe Beanspruchung durch Leiterzugkräfte.
Winkeltragmast	Mast übernimmt im Winkelpunkt bei einem Winkel zwischen 160° und 180° Tragkräfte und resultierende Kräfte. Ausrüstung mit Stützenisolatoren oder mit zwei am Leiterseil starr verbundenen, V-förmig angeordneten Kettenisolatoren
Winkelmast	Mast nimmt die im Winkelpunkt wirkende resultierende Leiterzugkraft auf. Er ist nicht für unterschiedliche Leiterzugkräfte auf beiden Seiten des Mastes vorgesehen.
Abspannmast	Mast wird für Leitungswinkel und Abzweige eingesetzt. Er bildet im Leitungszug einen Festpunkt, der einen kaskadenartigen Mastumbruch verhindern soll.
Endmast	Mast bildet den Endpunkt des Leitungszuges und nimmt damit die gesamten einseitigen Leitungszugkräfte der Freileitungsstrecke auf.
Die Dimensionierung der Mastarten wird durch die gleichzeitig auftretenden Lasten bestimmt. Den Mastarten sind genormte Lastfälle zugeordnet, die die entsprechenden Lastarten und ihre Kombinationen erfassen.	

Lasten

Lasten

- **Lotrechte Lasten**
  - Ständige Lasten: Eigenlast der Maste, der Ausrüstung und der Leiter
  - Zusatzlasten: Lasten an Leiterseilen durch Schnee und Eisansatz
  - Montagelasten
- **Waagerechte Lasten**
  - Windlast: Wirkung rechtwinklig zu der vom Wind getroffenen Fläche
  - Leiterzugkräfte: Wirkung in Seillängsrichtung

Zusatzlasten	normale Zusatzlast für 1 m Leiterlänge $F_L = 5 + 0{,}1 \cdot d$	d Durchmesser des Leiters in mm F_L in N/m
	erhöhte Zusatzlast Angabe als Vielfaches von F_L, abhängig von den klimatischen Bedingungen	
Montagelasten	Querträger von Trage- und Winkelmasten mindestens 1,5 kN	
	alle übrigen Masten mindestens 3 kN	

Windlast

Berechnungsgleichungen

Windlast	auf Flächen $F_W = c_f \cdot q \cdot A$	F_W Windlast in kN c_f aerodynamischer Kraftbeiwert, abhängig von der Windschlüpfrigkeit des Bauteils q Staudruck in kN/m² A Fläche in m² l Spannweite in m
	auf Leiterseile bei Spannweiten ≤ 200 m $F_W = c_f \cdot q \cdot d \cdot l$ < 200 m $F_W = c_f \cdot q \cdot d \cdot (80 + 0{,}6 \cdot l)$	

Staudruck

Höhe der Freileitung über Gelände in m	Höhe der Bauteile über Gelände in m	Staudruck q in kN/m²	
		Maste, Querträger Isolatoren	Leiter
bis 20	bis 15	0,55	0,44*
	> 15 … 20	0,70	0,53
0 … 200	0 … 40	0,70	0,53

* Staudruck von 0,44 kN/m² entspricht einer Windgeschwindigkeit von etwa 95 km/h.

Aerodynamischer Kraftbeiwert

	Durchmesser in mm	Aerodynamischer Kraftbeiwert
Leiter	bis 12,5 > 12,5 … 15,8 > 15,8 unrunder Querschnitt	1,2 1,1 1,0 1,3
Allgemeine Bauteile	Stahlrohr-, Stahlbeton- und Holzmaste mit kreisförmigem Querschnitt	0,7
	Stahlrohr- und Stahlbetonmaste mit rechteckigem Querschnitt	1,4
	rechteckige Fachwerkmaste aus Rohren Profilen	 2,1 2,8
	ebene Fachwerkwände aus Rohren Profilen	 1,2 1,6

Mastwerkstoffe

Werkstoffe für Freileitungsmaste

	Eigenschaften	Einsatz
Holz	■ hochelastisch, bis zur Bruchgrenze reversibles Verhalten ■ weiches Torsionsverhalten ■ Verdrehungen bis 90° ohne Bruch ■ maximale Mastlänge 16 m ■ Nutzungsgrenze etwa 3000 N	Einfachmaste Doppelmaste A-Maste
Beton	■ geringe Auslenkung bei Biegebeanspruchung ■ Torsionssteifigkeit ■ Betonabplatzungen in der überbelasteten Druckzone und Ausknicken einzelner Bewehrungsstähle, kein Umbruch bei schlaff bewehrten Betonmasten, bei vorgespannter Bewehrung ist Riss und Umbruch möglich	Schleuder- und Rüttelbetonmaste für alle Stützpunktarten bei größeren Zugspannungen, Masthöhen und Spannweiten
Stahl	■ Stähle S235JR und S355J0 mit hoher Tragfähigkeit und Torsionssteifigkeit	alle Stützpunktarten

Holzmaste

Einfachmast

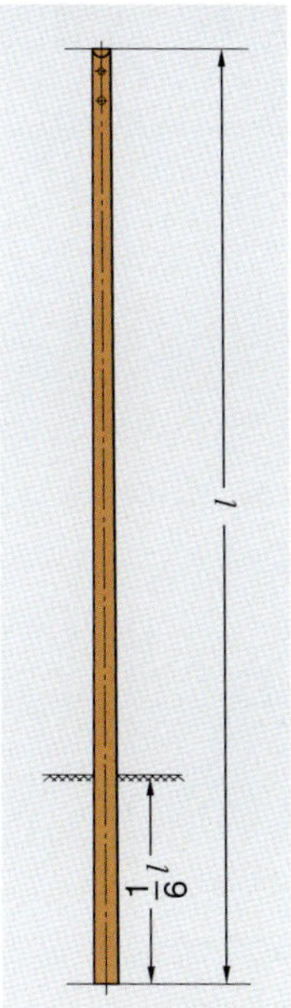

- Direktes Einsetzen ins Erdreich mit $^1/_6$ der Mastlänge, mindestens 1,60 m
- Erhöhen der Standsicherheit mit zusätzlich eingebauten Querhölzern oder mit Erdfüßen aus Stahl bzw. Beton

Mast mit Strebe

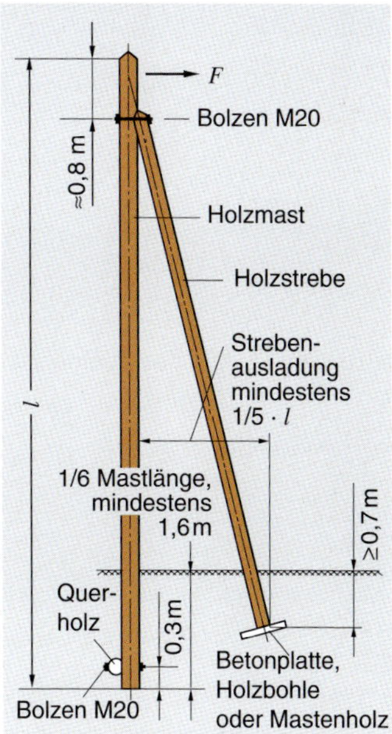

- Strebenausladung mindestens $^1/_5$ der Mastlänge
- Befestigung der Strebe 0,6 m bis 0,8 m unterhalb der Mastspitze mit Bolzen M20
- Verringerung der Bodenpressung durch seitliches Querholz von 1,20 m Länge

Mast mit Anker

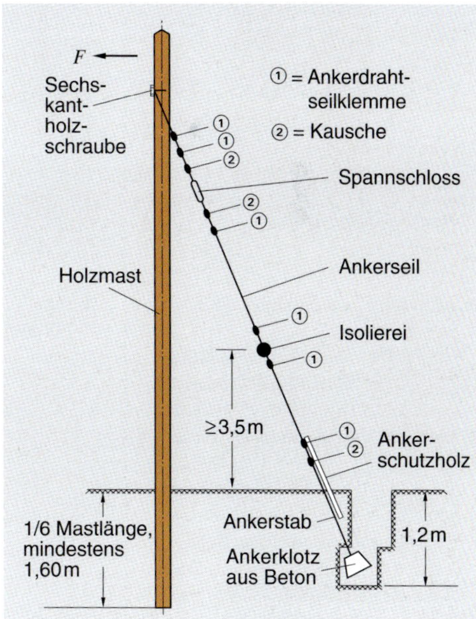

- Verzinktes Stahlseil und Zubehör müssen bei Normalbelastung mindestens das 2,5fache der auftretenden Kraft aufnehmen können.
- Abspannseil mit Nachspannvorrichtung und Isolierei außerhalb des Handbereiches

Doppelmast	A-Mast
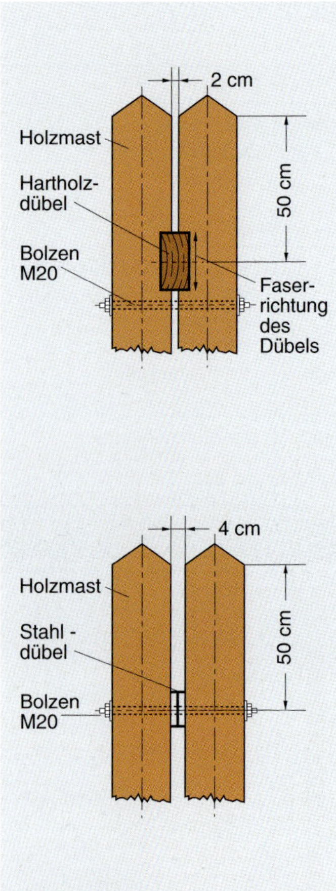	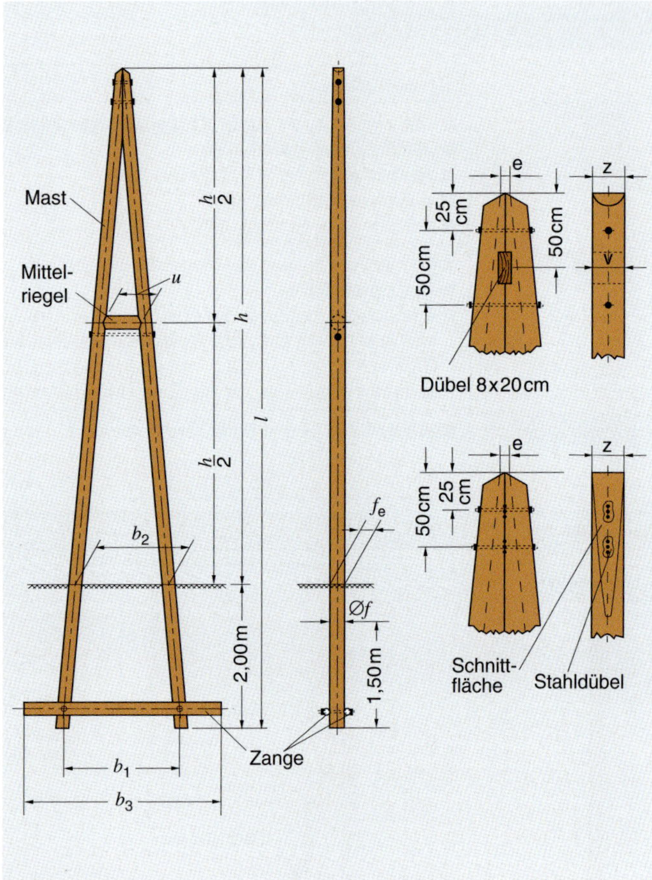
■ Verbindung durch Holz- oder Stahldübel Mastlänge 8 … 11 m 4 Dübel 12 … 14 m 5 Dübel 15 … 16 m 6 Dübel ■ Kraftrichtungsabhängiges Widerstandsmoment beträgt in Richtung der durch beide Maste verlaufenden Achse das Dreifache, in den anderen Richtungen das Zweifache des Widerstandsmomentes eines Einzelmastes	■ Mastfußspreizung und Länge des Querriegels von der Mastlänge abhängig

Kennwerte ausgewählter Holzmaste

Nenngröße*)	9 x 23	11 x 25	13 x 28	16 x 32
Länge *l* in m	9	11	13	16
Durchmesser Fuß f in cm Zopf Z in cm	 23 18	 25 18	 28 20	 32 21
Nutzzug an Mastspitze in N	2040	2000	2270	2600

*) Nenngröße = Länge in m x Fußdurchmesser in cm

Kennwerte ausgewählter A-Maste

Nenngröße	10 x 22	12 x 25	14 x 27	16 x 30
A-Mastlänge gesamt l in m über Erde h in m	 10 8	 12 10	 14 12	 16 14
Spreizung Mitte b_1 in m Erdoberfläche b_2 in m	 1,90 1,57	 2,30 1,96	 2,65 2,32	 3,00 2,67
Zange Durchmesser in cm Länge b_3 in m	 16 3,00	 17 3,20	 18 3,60	 19 4,00
Durchmesser der Maste am Zopf mindestens in cm am Erdaustritt mindestens in cm	 16 21,6	 17 24,6	 18 26,6	 19 29,6
Nutzzug an der Mastspitze in A-Mastebene in N senkrecht zur A-Mastebene in N	 8040 2710	 7610 3140	 6560 3160	 6460 3710

Betonmaste

Betonmaste

Schleuderbetonmaste

- Mit kreisförmigem Schaftquerschnitt, Durchmesser verläuft konisch, innen hohl
- Bei vorgespannten Bewehrungsstählen entstehen nach der Betonhärtung Druckvorspannungen, zulässige Zugbelastung kann erhöht werden, Querrissbildung wird vermieden.

Rüttelbetonmaste

- Durch Rüttelverfahren entstehen Vollmaste
- beschränkter Einsatz durch hohes Gewicht

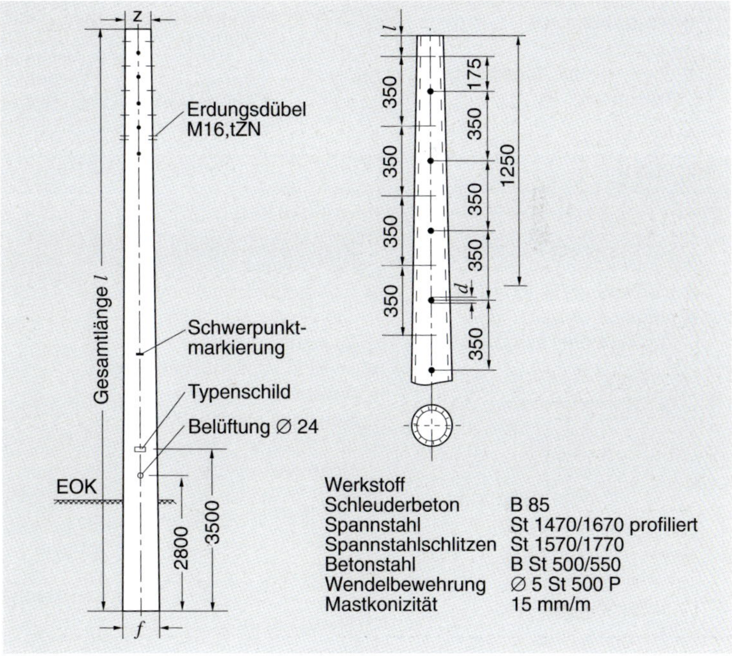

Nennwerte vorgespannter Schleuderbetonmaste für 1-kV-Freileitungen

Nenngröße	1004*)	1110	1015	1020
Länge l in m	10	11	10	10
Mindestdurchmesser Zopf (z) in cm Fuß (f) in cm	 17,0 32,0	 29,0 45,5	 29,0 44,0	 35,0 50,0
Nutzzug in kN	4	10	15	20
Gewicht in kg	800	1600	1600	1900

*) 1. und 2. Ziffer ⇒ Mastlänge in m; 3. und 4. Ziffer ⇒ Nutzzug in kN

Stahlmaste

Gittermaste

- Vier Mastwände, die fachwerkartig aus Winkelstahl aufgebaut sind;
- quadratischer Schaftquerschnitt mit konischem Längsverlauf
- Maste immer in den resultierenden Leitungszug stellen, d. h., die tatsächlich angreifende Kraft muss rechtwinklig zu einer Mastwand verlaufen.

Stahlvollwandmaste

- Durchgehend geschlossene Mastwände aus konisch geschweißten Blechen
- runde oder vieleckige Mastquerschnitte
- Gründung direkt in Beton möglich oder mit Ankerschrauben auf Betonfundament anflanschen
- Vermeidung von Korrosion durch gute Belüftung (Öffnungen)

Profilstahlmaste

- Mastschäfte aus 2 L-Profilen (Doppel-T) verschweißt
- durch geringe Torsionssteifigkeit nur als Tragmaste

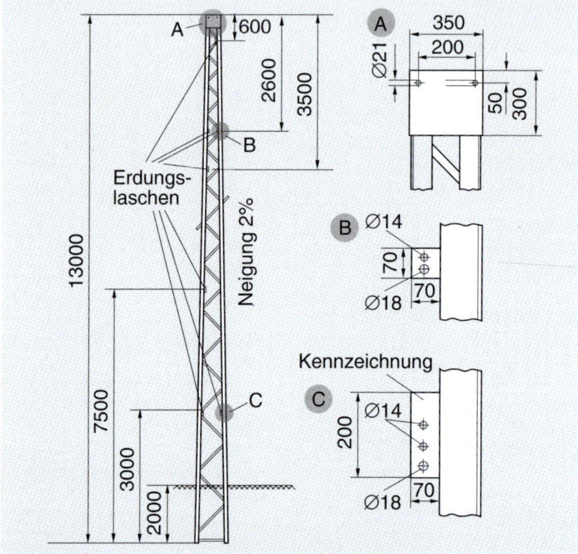

Material:	St 52, Profile nach DIN 1028
Länge:	13 m, andere Längen erforderlich, kein Standard
Nutzung:	25 kN und 32 kN, andere Nutzzüge erforderlich, kein Standard
Spreizung:	40 mm/m
Verkehrswege:	nach DIN VDE 0210, BGR 148

Querträger

Querträger aus Rüttelbeton

- Montage auf Betonmasten
- am Mast verkeilt und mit Zementmörtel vergossen

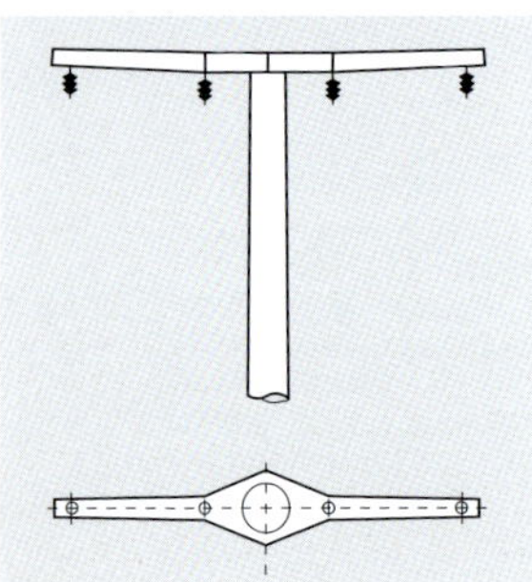

Querträger aus Stahl

- Querträger können mit Holz-, Stahl- oder Betonmasten kombiniert werden;
- im Niederspannungsbereich meist Winkel- oder U-Stahl-Konstruktionen, im Mittelspannungsbereich auch Rohrkonstruktionen

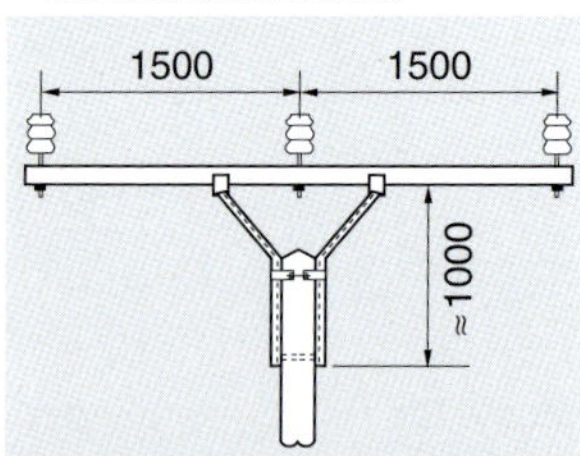

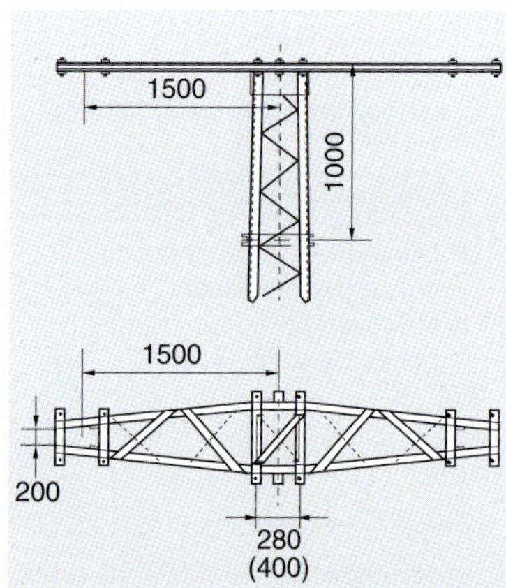

Gründungen

Kompaktgründung

- Mastschaft ist in einem einzelnen Fundamentkörper verankert (Einblockgründung).
- nur für Niederspannungs- und Mittelspannungsnetze

Aufgeteilte Gründung

- Getrennte Fundamente für die einzelnen Eckstiele
- nur für Hochspannungsnetze

Dachständer

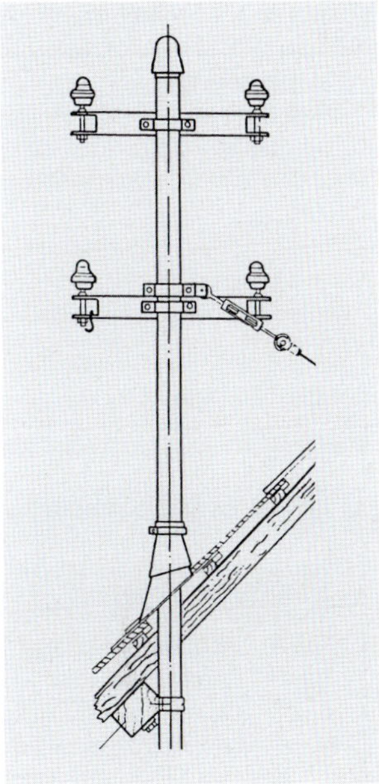

Merkmale der Dachständer

- Freileitungsstützpunkt und -hausanschluss mit Nennspannung bis 1000 V
- Bauteile nach DIN 48170 genormt:
  Dachständerrohr, Durchmesser 76,1 oder 88,9 mm (2,5 oder 3″)
  Querträger mit Isolatoren
  Befestigungsteile, evtl. Anker oder Strebe
  Dachschutz
- Leitende Verbindung zur Blitzschutzanlage ist nach DIN VDE 0211 nicht zulässig; Mindestabstand von 0,5 m ist einzuhalten.

Isolatoren

Beanspruchung

Elektrische Beanspruchung durch
- Temperaturwechsel
- Luftfeuchtigkeit, Tau, Nebel, Regen

Verschmutzung durch
- Niederschlag
- Staub, Salze, Verbrennungsrückstände
- Industriegase

Werkstoffe

Porzellan

- Mischungsverhältnis von Kaolin, Feldspat und Quarz bestimmt die Eigenschaften der Porzellane.
- Porzellane für Niederspannungs- und Hochspannungsisolatoren der
  Gruppe 100 sind Erzeugnisse aus Aluminiumsilikat-haltigen Massen und der
  Gruppe 200 sind Erzeugnisse aus Magnesiumsilikat-haltigen Massen.
- Kennwerte für Hartporzellan KER 110 (Bezeichnung nach IEC: C110):

spez. Durchgangswiderstand bei 50 Hz und 20 °C		$10^{11} \ldots 10^{12}$ Ωcm
Durchschlagsfestigkeit bis 150 °C		30 … 40 kV/mm
relative Permittivitätszahl		5,7 … 7
dielektrischer Verlustfaktor bei 20 °C und 50 Hz		$170 \ldots 250 \cdot 10^{-4}$
Zugfestigkeit	unglasiert	25 … 35 N/cm²
	glasiert	30 … 50 N/cm²
Druckfestigkeit	unglasiert	400 … 450 N/cm²
	glasiert	450 … 550 N/cm²
Biegefestigkeit	unglasiert	40 … 70 N/cm²
	glasiert	60 … 100 N/cm²

Glas

- Für Stützen- und Kappenisolatoren überwiegend ein Alkali-Kalk-Silikatgemisch, schwer schmelzbar, chemisch sehr widerstandsfähig;
- Durch unterschiedliche Abkühlungsgeschwindigkeiten entstehen in einzelnen Glaszonen des Isolierkörpers innen Druck- und außen Zugspannungen, dadurch höhere Festigkeitswerte.

Kunststoff

- Isolatoren im Außenbereich meist aus zykloaliphatischen Harzmischungen.
- Auswahl der Harze, Härter, Beschleuniger und Füllstoffe bestimmen die Werte der elektrischen und mechanischen Festigkeiten.

Isolatoren für Freileitungen bis 1000 V

	Einrillen-Stützen-isolator N 95 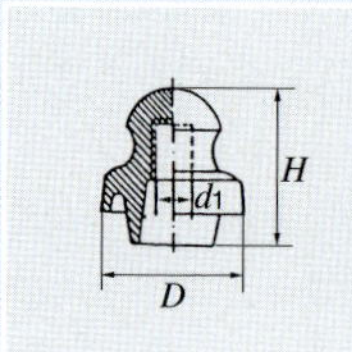	Zweirillen-Stützen-isolator N 95/2 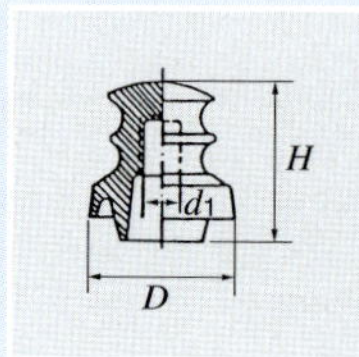	Schäkel-isolator S 115 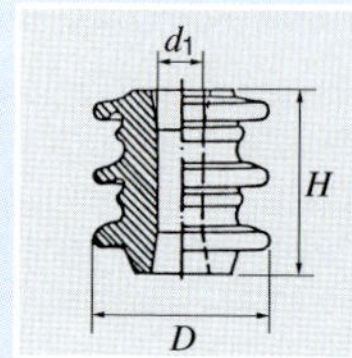
H	97	100	115
D	95	95	115
d_1	24	24	32

Isolatoren für Mittelspannungsnetze

Stützenisolatoren

Typ A nicht durchschlagsfest
Typ B durchschlagsfest
a Durchschlagsstrecke
b Überschlagsstrecke

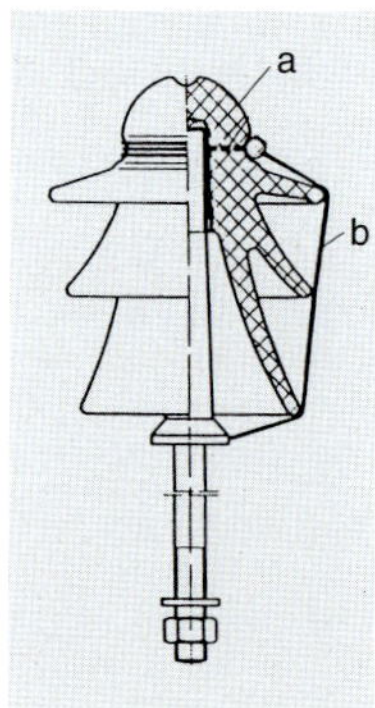

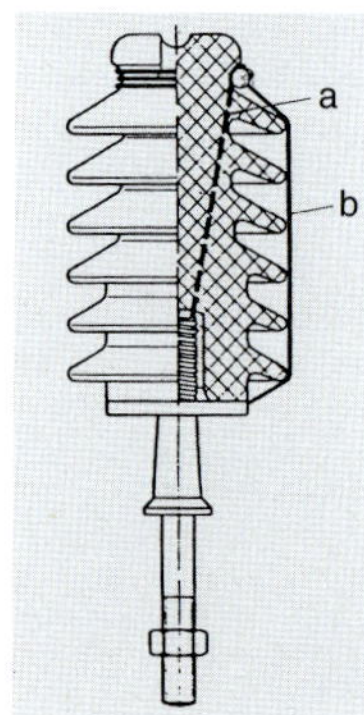

Kettenisolatoren

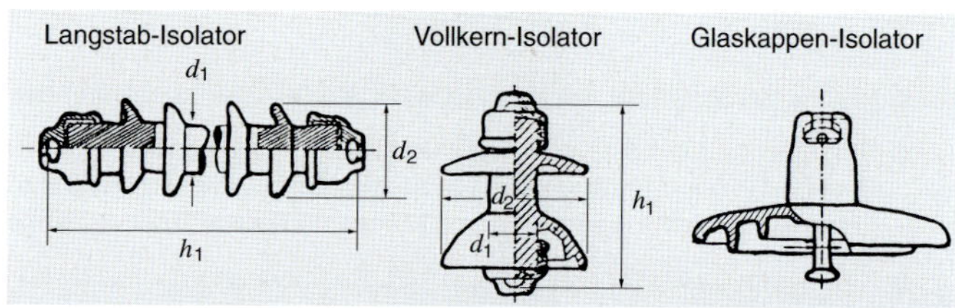

Leiter

Leiteraufbau und Leiterwerkstoffe

Leiter einer Freileitung sind grundsätzlich Seile mit mindestens 7 Einzeldrähten.

Einwerkstoffe

Kupfer, Aluminium
Aldrey (E-AlMgSi)

Stahl, Bronze
 als Erdseile in HS-Netzen
 als Abspannseile in NS- und MS-Netzen

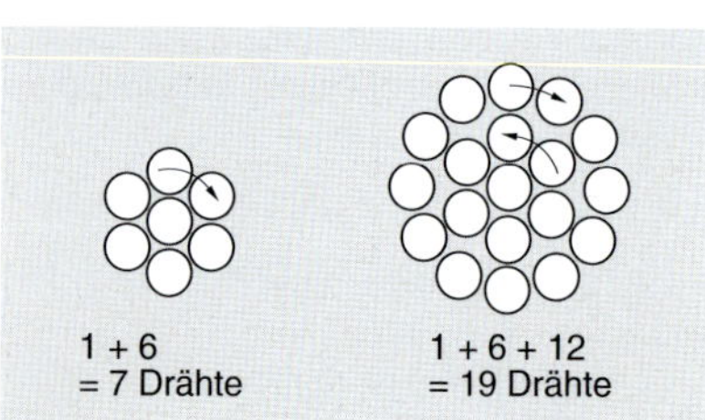

Zweiwerkstoffe

Verbundseile
 Einzeldrähte mit unterschiedlichen Metallen: innen verzinkter Stahl mit Schutzfettung und Al-Drähte als Ummantelung

Bimetallseile
 Einzeldrähte aus Stahl mit aufgesintertem Al-Mantel (mindestens 5 % des Drahtdurchmessers)

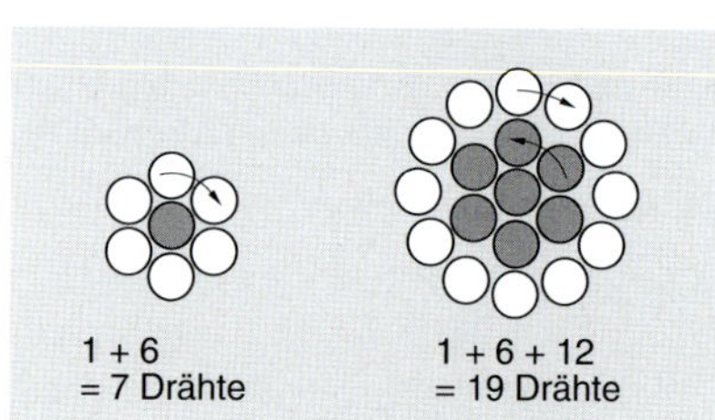

Werkstoffabhängige Mindestquerschnitte

Leiterwerkstoff	Mindestquerschnitt in mm² Netze bis 1000 V	Netze über 1 kV
Kupfer	10	25
Stahl	25	25
Stahl, Aluminium ummantelt		25
Aluminium	25	50
Aldrey (AlMgSi)	25	35
Aluminium/Stahl	25/4	35/6
Aldrey /Stahl	25 /4	35/6

Mechanische und elektrische Kennwerte für Leiterseile

Leiterseile aus Kupfer

Mechanische und elektrische Werte nach: DIN VDE 0210 und 0211/12.85; DIN 48201 Teil1/04.81							
Nennquerschnitt F_n	mm²	10	16	25	35	50	70
Sollquerschnitt F_s	mm²	10,02	15,89	24,25	34,36	48,35	65,81
Drähte	Anzahl/Stück ∅ mm²	7 1,35	7 1,7	7 2,1	7 2,5	19 1,8	19 2,1
Leiterdurchmesser d	mm	4,1	5,1	6,3	7,5	9,0	10,5
Leiterdurchmesser, vereist $d_{zus.}$	mm	30,57	31,01	31,56	32,14	32,91	33,7
Gewicht G	kg/ m	0,090	0,143	0,219	0,310	0,438	0,596
Normale Zusatzlast G_{zus} (0,5 + 0,01 · d)	kg/ m	0,541	0,551	0,563	0,575	0,590	0,605
Rechnerische Bruchkraft	kN	4,02	6,37	9,72	13,77	19,38	26,38
Vom Wind getroffene Seilfläche A je m	m²	$0{,}405 \cdot 10^{-2}$	$0{,}51 \cdot 10^{-2}$	$0{,}63 \cdot 10^{-2}$	$0{,}75 \cdot 10^{-2}$	$0{,}9 \cdot 10^{-2}$	$1{,}05 \cdot 10^{-2}$
Aerodynamischer Kraftbeiwert	c_f	1,2					
Staudruck q (Leiter) Bauteile über Gelände bis 15m Bauteile über Gelände zwischen 15 und 20 m	 N/m² N/m²	 440 530					
Querschnittsbezogene Längengewichtskraft QLK	$\frac{N}{m \cdot mm^2}$	0,0906					
Ausschwingwinkel φ bis 15 m über Gelände zwischen 15 und 20 m über Gelände		 67,2° 70,7°	 61,7° 66,2°	 56,6° 61,3°	 52° 57°	 47,2° 52,4°	 43° 48,2°
Längenausdehnungskoeffizient ε_t	$\frac{10^{-6}}{K}$	17					
Praktischer Elastizitätsmodul E	N/mm²	$113 \cdot 10^3$				$105 \cdot 10^3$	
Dauerzugspannung ϱ_D	N/mm²	300					
Zulässige Höchstzugspannung ϱ	N/mm²	175					
Dauerstrombelastbarkeit Umgebungs-Temperatur +35 °C Leiter-Endtemperatur +70 °C V_{Wind} = 0,6 m/s	A	90	125	160	200	250	310
Widerstand (+20 °C, 50 Hz)	Ω/km	1,782	1,124	0,736	0,52	0,369	0,271
Ringe	ca. m ca. kg	334 30	210 30	138 30	96 30	69 30	50,4 30

Leiterseile aus Aluminium

Mechanische und elektrische Werte nach: DIN VDE 0210 und 0211/12.85; DIN 48201 Teil 5/04.81

Nennquerschnitt F_n	mm^2	25	35	50	70	95
Sollquerschnitt F_s	mm^2	24,25	34,36	48,35	65,81	93,27
Drähte	Anzahl / Stück ∅ mm	7 2,1	7 2,5	19 1,8	19 2,1	19 2,5
Leiterdurchmesser d	mm	6,3	7,5	9,0	10,5	12,5
Leiterdurchmesser, vereist $d_{zus.}$	mm	31,56	32,14	32,91	33,73	34,8
Gewicht G	kg / m	0,066	0,094	0,133	0,181	0,256
Normale Zusatzlast G_{zus} (0,5 + 0,01 · d)	kg / m	0.563	0,575	0,590	0,605	0,625
Rechnerische Bruchkraft	kN	4,17	5,78	8,45	11,32	15,68
Vom Wind getroffene Seilfläche A je m	m^2	$0{,}63 \cdot 10^{-2}$	$0{,}75 \cdot 10^{-2}$	$0{,}9 \cdot 10^{-2}$	$1{,}05 \cdot 10^{-2}$	$1{,}25 \cdot 10^{-2}$
Aerodynamischer Kraftbeiwert	c_f	1,2				
Staudruck q (Leiter) Bauteile über Gelände bis 15m Bauteile über Gelände zwischen 15 und 20 m	 N/m^2 N/m^2	 440 530				
Querschnittsbezogene Längengewichtskraft QLK	$\frac{N}{m \cdot mm^2}$	0,0275				
Ausschwingwinkel φ bis 15 m über Gelände zwischen 15 und 20 m über Gelände		 77,9° 81°	 76,6° 78,8°	 74,4° 76,9°	 71,7° 74,8°	 68,8° 72,2°
Längenausdehnungskoeffizient ε_t	$\frac{10^{-6}}{K}$	23				
Praktischer Elastizitätsmodul E	N/mm^2	$60 \cdot 10^3$			$57 \cdot 10^3$	
Dauerzugspannung ϱ_D	N/mm^2	120				
Zulässige Höchstzugspannung ϱ	N/mm^2	70				
Dauerstrombelastbarkeit Umgebungs-Temperatur +35 °C Leiter-Endtemperatur +80 °C V_{Wind} = 0,6 m / s	A	145	180	225	270	340
Widerstand (+20 °C, 50 Hz)	Ω / km	1,185	0,836	0,594	0,437	0,308
Ringe	ca. m ca. kg	455 30	320 30	225,6 30	165,6 30	117,6 30

Leiterseile aus Aluminium / Stahl

Mechanische und elektrische Werte nach: DIN VDE 0210 und 0211/12.85; DIN 48204 Teil 5/04.84

Nennquerschnitt F_n		mm^2	35/6	50/8	70/12	95/15	120/20
Sollquerschnitt F_s		Al / St mm^2 Insgesamt mm^2	34,35/5,73 40,1	48,25/8,04 56,3	69,89/11,4 81,3	94,39/15,33 109,7	121,57/19,85 141,4
Drähte	Aluminiummantel	Anzahl / Stück ∅ mm	6 2,7	6 3,2	26 1,85	26 2,15	26 2,44
	Stahlkern	Anzahl / Stück ∅ mm	1 2,7	1 3,2	7 1,44	7 1,67	7 1,90
Stahlkerndurchmesser		mm	2,7	3,2	4,32	5,01	5,70
Leiterdurchmesser d		mm	8,1	9,6	11,7	13,6	15,5

Fortsetzung Tabelle „Leiterseile aus Aluminium/Stahl"

Leiterdurchmesser, vereist $d_{zus.}$	mm	32,44	33,2	34,42	35,56	36,78
Gewicht G	kg/m	0,140	0,196	0,284	0,383	0,494
Normale Zusatzlast G_{zus} (0,5 + 0,01 · d)	kg/m	0,581	0,596	0,617	0,636	0,655
Rechnerische Bruchkraft	kN	12,70	17,18	26,31	35,17	44,94
Vom Wind getroffene Seilfläche A je m	m²	$0,81 \cdot 10^{-2}$	$0,96 \cdot 10^{-2}$	$1,17 \cdot 10^{-2}$	$1,36 \cdot 10^{-2}$	$1,55 \cdot 10^{-2}$
Aerodynamischer Kraftbeiwert	c_f	1,2			1,1	
Staudruck q (Leiter) Bauteile über Gelände bis 15m Bauteile über Gelände zwischen 15 und 20 m	 N/m² N/m²	 440 530				
Querschnittsbezogene Längengewichtskraft QLK	$\frac{N}{m \cdot mm^2}$	0,0350				
Ausschwingwinkel φ bis 15 m über Gelände zwischen 15 und 20 m über Gelände		 71,8° 75°	 68,7° 72,4°	 65,5° 69,2°	 59,8° 64,2°	 56,8° 61,1°
Längenausdehnungskoeffizient ε_t	$\frac{10^{-6}}{K}$	19,2		18,9		
Praktischer Elastizitätsmodul E	N/mm²	$81 \cdot 10^3$		$77 \cdot 10^3$		
Dauerzugspannung ϱ_D	N/mm²	208				
Zulässige Höchstzugspannung ϱ	N/mm²	120				
Dauerstrombelastbarkeit Umgebungs-Temperatur +35 °C Leiter-Endtemperatur +80 °C V_{Wind} = 0,6 m/s	A	170	210	290	350	410
Widerstand (+20 °C, 50 Hz)	Ω/km	0,835	0,595	0,413	0,306	0,237

Mechanische Werte für Seile aus Stahl

Mechanische Werte nach: DIN VDE 0210 und 0211/12.85; DIN 48201 Teil 3/04.84		
Nennquerschnitt F_n	mm²	50
Sollquerschnitt F_s	mm²	48,35
Drähte	Anzahl/Stück ∅ mm	7 3
Seildurchmesser	mm	9,0
Gewicht G	kg/m	0,391
Rechnerische Bruchkraft	kN	31,69
Querschnittsbezogene Längengewichtskraft QLK	$\frac{N}{m \cdot mm^2}$	0,0792
Längenausdehnungskoeffizient ε_t	$\frac{10^{-6}}{K}$	11
Praktischer Elastizitätsmodul E	N/mm²	$175 \cdot 10^3$
Dauerzugspannung ϱ_D	N/mm²	560
Zulässige Höchstzugspannung ϱ	N/mm²	280
Ringe	Länge ca. m Gewicht ca. kg	76,7 30
Mittelzugspannung	N/mm²	120

Isolierte Leitungsseile

Merkmale isolierter Freileitungsseile

- Leiter bestehen aus Aluminiumdrähten. Das Isoliermaterial ist vernetztes Polyethylen (VPE) mit mindestens 2 % Ruß zur Einfärbung.
- Zwischen den Leitern eines Systems oder den Bündeln unterschiedlicher Stromkreissysteme sind keine Abstände notwendig.
- Die mechanische Festigkeit entspricht der blanker Seile.
- Bei entsprechender Isolierung des Zubehörs für die Schutzmaßnahme *Schutz durch doppelte oder verstärkte Isolierung* geeignet.

Mechanische und elektrische Werte für Einzelleiter Typ NFA2X

Mechanische und elektrische Werte der Einzelleiter nach: DIN VDE 0210 und DIN VDE 0274					
Nennquerschnitt F_n	mm^2	1 x 25	1 x 35	1 x 50	1 x 70
Sollquerschnitt F_s	mm^2	24,25	34,36	48,35	65,81
Drähte	Anzahl / Stück ∅ mm	7 2,1	7 2,5	19 1,8	19 2,1
Leiterdurchmesser d (min – max)	mm	5,6–6,5	6,6–7,5	7,7–8,6	9,3–10,2
Außendurchmesser Einzelleiter*	mm	10	11	12,5	14
Gewicht G	kg / m	0,10	0,15	0,18	0,25
Normale Zusatzlast** G_{zus} (5 + 0,01 · d)	$\frac{N}{m \cdot mm^2}$	0,2474	0,1775	0,1293	0,0972
Rechnerische Bruchkraft	kN	4,17	5,78	8,45	11,32
Vom Wind getroffene Seilfläche A je m	m^2	0,01	0,011	0,012	0,014
Aerodynamischer Kraftbeiwert	c_f	1,2		1,1	
Staudruck q (Leiter) bis 15 m Bauteile über Gelände	N/m^2	440			
Querschnittsbezogene Längengewichtskraft QLK	$\frac{N}{m \cdot mm^2}$	0,0412	0,0437	0,0372	0,0380
Ausschwingwinkel φ bis 15 m über Gelände		79,3°	75,5°	74,1°	69,7°
Längenausdehnungskoeffizient ε_t	$\frac{10^{-6}}{K}$	23			
Praktischer Elastizitätsmodul E	N/mm^2	$60 \cdot 10^3$		$57 \cdot 10^3$	
Dauerzugspannung ϱ_D	N/mm^2	120			
Zulässige Höchstzugspannung ϱ	N/mm^2	70			
Dauerstrombelastbarkeit Umgebungs-Temperatur +35 °C Leiter-Endtemperatur +80 °C v_{Wind} = 0,6 m / s	A	107	132	165	205
Widerstand (+20 °C, 50 Hz)	Ω / km	1,18	0,859	0,628	0,435

*) Höchstwert für Einzelleiter
**) bezogen auf Sollquerschnitt F_s

Mechanische und elektrische Werte für Bündelleiter Typ NFA2X

Mechanische und elektrische Werte der Bündel nach: DIN VDE 0210 und DIN VDE 0274							
Nennquerschnitt F_n	mm²	4·35	4·70	4·70 + 1·35		4·70 + 2·35	
Sollquerschnitt F_s	mm²	137,44	263,24	297,60		361,96	
Drähte	Anzahl / Stück	7	19	19	7	19	7
	Ø mm	2,1	1,8	1,8	2,1	1,8	2,1
Leiterdurchmesser d (min – max)	mm	6,6–7,5	9,3–10,2	9,3–10,2	6,6–7,5	9,3–10,2	6,6–7,5
Außendurchmesser	Einzelleiter* mm	11	14	14	11	14	11
	Bündel mm	25	32	36	36	40	40
Gewicht G	kg / m	0,55	1,00	1,15		1,25	
Normale Zusatzlast** G_{zus} (5 + 0,01 xd)	$\frac{N}{m \cdot mm^2}$	0,0546	0,0312	0,0289		0,0249	
Rechnerische Bruchkraft	kN	5,78	11,32	11,32 / 5,78		11,32 / 5,78	
Vom Wind getroffene Seilfläche A je m	m²	0,025	0,032	0,036		0,040	
Aerodynamischer Kraftbeiwert	c_f	1,3					
Staudruck q (Leiter) bis 15 m Bauteile über Gelände	N / m²	440					
Querschnittsbezogene Längengewichtskraft QLK	$\frac{N}{m \cdot mm^2}$	0,0400	0,0380	0,0437		0,0475	
Ausschwingwinkel φ bis 15 m über Gelände		69,0°	61,3°	61,0°			
Längenausdehnungskoeffizient ε_t	$\frac{10^{-6}}{K}$	23					
Praktischer Elastizitätsmodul E	N / mm²	60·10³		57·10³			
Dauerzugspannung ϱ_D	N / mm²	120					
Zulässige Höchstzugspannung ϱ	N / mm²	70					
Dauerstrombelastbarkeit Umgebungs-Temperatur +35 °C Leiter-Endtemperatur +80 °C V_{Wind} = 0,6 m / s	A	132	205				
Widerstand (+20 °C, 50 Hz)	Ω / km	0,876	0,443				

*) Höchstwert für Einzelleiter
**) bezogen auf Sollquerschnitt F_s

Durchhang

Der Durchhang ist der Abstand zwischen dem tiefsten Punkt des Leiterseilbogens und der gedachten Geraden, die zwischen den beiden Aufhängepunkten des Leiterseils verläuft.

Normative Festlegungen:

- **Größter Durchhang**
  ist der größere der beiden Werte, die sich bei –5 °C mit Zusatzlast oder bei +40 °C ohne Zusatzlast ergeben.
- **Kleinster Durchhang**
  ist der Wert, der sich bei einer Leitertemperatur von –20 °C ohne Zusatzlast ergibt.

Durchhangtabelle für Leiterseile aus Aluminium 70 mm²

Normative Werte: zulässige Höchstzugspannung 70 N / mm²; Grenzspannweite 283 m
Gewählte Werte der Tabelle: Höchstzugspannung 45 N / mm²; Höhendifferenz 0,00 m

Seiltemperatur	Spannweite in m							
	20		40		60		80	
	Durchhang in m	Zugspannung in N/mm²	Durchhang in m	Zugspannung in N/mm²	Durchhang in m	Zugspannung in N/mm²	Durchhang in m	Zugspannung in N/mm²
−20 °C	0,03	45	0,14	39,7	0,61	20,3	1,54	14,3
−5 °C mit Zusatzlast	0,17	35,6	0,53	45,00	1,19	45,0	2,13	45,0
+5 °C	0,09	15,1	0,34	16,2	0,98	12,6	1,91	11,5
+10 °C	0,12	11,1	0,40	13,8	1,05	11,8	1,98	11,1
+20 °C	0,20	7,0	0,52	10,7	1,18	10,5	2,11	10,5
+40 °C	0,32	4,3	0,71	7,7	1,40	8,8	2,35	9,4

Durchhangtabelle für isolierte Freileitungsseile Typ NFA2X 4 x 70 mm² RM

Gewählte Werte der Tabelle: Höchstzugspannung 20 N / mm²; Höhendifferenz 0,00 m

Seiltemperatur	Spannweite in m							
	20		40		60		80	
	Durchhang in m	Zugspannung in N/mm²	Durchhang in m	Zugspannung in N/mm²	Durchhang in m	Zugspannung in N/mm²	Durchhang in m	Zugspannung in N/mm²
−20 °C	0,095	20	0,474	15,9	1,34	12,8	2,55	11,9
−5 °C mit Zusatzlast	0,222	15,6	0,691	20,0	1,56	20,0	2,77	20,0
+5 °C	0,219	8,7	0,674	11,3	1,54	11,1	2,74	11,1
+10 °C	0,279	6,8	0,761	10,0	1,63	10,5	2,84	10,7
+20 °C	0,331	5,7	0,841	9,0	1,72	9,9	2,94	10,4
+40 °C	0,419	4,6	0,985	7,7	1,89	9,1	3,11	9,8

Durchhangtabelle für Leiterseile aus Aluminium / Stahl 50 / 8 mm²

Normative Werte: zulässige Höchstzugspannung 120 N / mm²; Grenzspannweite 415 m
Gewählte Werte der Tabelle: Höchstzugspannung 80 N / mm²; Höhendifferenz 0,00 m

Seiltemperatur	Spannweite in m							
	40		80		120		160	
	Durchhang in m	Zugspannung in N/mm²	Durchhang in m	Zugspannung in N/mm²	Durchhang in m	Zugspannung in N/mm²	Durchhang in m	Zugspannung in N/mm²
−20 °C	0,09	80,0	0,58	47,9	2,24	28,1	4,73	23,7
−5 °C mit Zusatzlast	0,38	74,8	1,41	80,0	3,17	80,0	5,64	80,0
+5 °C	0,16	43,6	0,97	29,0	2,70	23,3	5,17	21,7
+10 °C	0,19	37,1	1,05	26,8	2,79	22,6	5,25	21,3
+20 °C	0,27	26,3	1,21	23,2	2,95	21,3	5,42	20,7
+40 °C	0,47	15,0	1,50	18,7	3,27	19,3	5,74	19,5

Vogelschutz

Gefahrenpotenziale und Schutzmöglichkeiten

- Wenig vogelgefährdend sind NS-Freileitungen in Wohnbereichen. Auf NS-Mastköpfen ist ein gefahrloses Nisten von Störchen durch geeignete Konstruktionen des Nestunterbaues möglich.
- In weniger bebauten, ländlichen Gebieten werden die Stützpunkte der MS-Freileitungen von Späh- und Greifvögeln oft als Ansitz- und Ruheplätze genutzt. Insbesondere Beton- und Stahlmaste mit geerdeten Bauteilen und dichter Leitungsführung (Abzweigmaste) stellen für Vögel Gefahrenpotenziale dar.
- Empfohlene Maßnahmen
  - □ Stützenisolatoren auf nicht geerdeten Bauteilen (Holzmaste) vermeiden, auf geerdeten Bauteilen mit Vogelschutzhauben ausstatten
  - □ Hängeisolatoren auf geerdeten Bauteilen (Stahl- und Betonmaste) bevorzugen
  - □ Mittleres Leiterseil seitlich um den Mast führen, eventuell Seil isolieren
  - □ Schalteinrichtungen, z. B. Streckenschalter an Mastspitzen durch Sitzstangen oder Vogelschutzabweiser erweitern
  - □ Leitungszuführung der Mittelspannung an Gittermaststationen isoliert ausführen
  - □ Lichtbogenschutzarmaturen am Transformator entfernen
  - □ Überspannungsableiter nicht am Mastkopf, sondern unterhalb der Querträger montieren

Bauelemente zum Schutz der Vögel

- **Vogelschutzhauben**

  Abdeckung von Stützenisolatoren;
  Größe mit Isolatorabmessungen abstimmen, um Schirmflächen der Isolatoren zur Selbstreinigung weitgehend freizulassen

- **Vogelsitzstangen**

  Anordnung der Holz- oder Kunststoffstangen über den Stützenisolatoren; Aufsitzflächen möglichst dick und rau

- **Vogelabweiser**

  Strahlenförmig angeordnete Stäbe ohne waagerechte Sitzmöglichkeiten mit ausreichender Kriechstrom- und Spannungsfestigkeit, vorzugsweise zwischen den Polen von Mastschaltern angeordnet

2.3 Kabelnetze

Kabel

Kennzeichnung von Starkstromkabeln

Kennzeichnungselemente

- Bauartkurzzeichen
- Aderzahl mal Nennquerschnitt in mm^2
- Kurzzeichen für Leiterform und -art
- Nennquerschnitt des Schirmes oder des konzentrischen Leiters in mm^2
- Nennspannungen

Bauartkurzzeichen für Kabel mit Kunststoffisolierung

N	Kabel nach VDE-Norm
A ohne Zeichen	Aluminiumleiter Kupferleiter
Y 2Y 2X	Leiterisolierung aus Polyvinylchlorid (PVC) Leiterisolierung aus Polyethylen (PE) Leiterisolierung aus vernetztem Polyethylen (VPE)
C CW CE	konzentrischer Leiter aus Kupfer konzentrischer Leiter aus Kupfer, wellenförmig aufgebracht konzentrischer Leiter aus Kupfer, bei 3-adrigen Kabeln über jeder einzelnen Ader aufgebracht

Fortsetzung Übersicht „Bauartkurzzeichen für Kabel mit Kunststoffisolierung“

B	Bewehrung aus Stahlband
F	Bewehrung aus verzinkten Stahlflachstählen
R	Bewehrung aus verzinkten Stahlrundstählen
G	Gegen- und Haltewendel aus verzinktem Stahlband
K	Bleimantel
Y	PVC-Mantel
2Y	PE-Mantel

Kurzzeichen für Leiterform und -art

RE	runder, eindrähtiger Leiter
RM	runder, mehrdrähtiger Leiter
RF	runder, feindrähtiger Leiter
SE	sektorförmiger, eindrähtiger Leiter
SM	sektorförmiger, mehrdrähtiger Leiter

Aderkennzeichnung

1-kV-Kabel einadrig — nach Verwendungszweck gn ge oder sw

1-kV-Kabel mehradrig — in angegebener Reihenfolge

Kabel und Leitungen mit grün-gelber Ader

Anzahl der Adern	Farben der Adern[2])				
	Schutzleiter	Neutralleiter	weitere Leiter		
3	gn ge	hbl	br		
4	gn ge	–	br	sw	gr
4[1])	gn ge	hbl	br	sw	
5	gn ge	hbl	br	sw	gr

Kabel und Leitungen ohne grün-gelbe Ader

Anzahl der Adern	Farben der Adern[2])				
2	hbl	br			
3	–	br	sw	gr	
3[1])	hbl	br	sw		
4	hbl	br	sw	gr	
5	hbl	br	sw	gr	sw

[1]) nur für bestimmte Anwendungen

[2]) Blanke konzentrierte Leiter, wie metallene Mäntel, Armierungen oder Schirme, werden in dieser Tabelle nicht als Leiter betrachtet. Ein konzentrischer Leiter ist durch seine Anordnung gekennzeichnet und braucht daher nicht durch Farben gekennzeichnet zu werden.

Abkürzungen für die Farben

- gn ge grün-gelb (grün-naturfarben bei Papierisolierung)
- sw schwarz
- hbl hellblau
- br braun (naturfarben bei Papierisolierung)
- gr grau

Farbkennzeichnung nur für Kabel und Leitungen, deren Nennspannung nicht die obere Grenze des Spannungsbandes II (DIN VDE 0100-410) überschreitet

Kabel über 1 kV — Kennzeichnung naturfarben

Isolierung der Kunststoffkabel ohne Farbzusätze bzw. Papierisolierung ohne Deckpapierlage

Beispiele für die Kennzeichnung von Starkstromkabeln

- NYY-J 4 x 95 SM 0,6/1kV
  vieradriges Kabel mit sektorförmigen, mehrdrähtigen Kupferleitern, PVC-Isolierung und PVC-Außenmantel; eine Ader grün-gelb gekennzeichnet
- NAKBA 3 x 185 SM 6/10 kV
  dreiadriges Gürtelkabel mit sektorförmigen, mehrdrähtigen Aluminiumleitern, Bleimantel, innere Schutzhülle, Stahlband-Bewehrung und äußere Schutzhülle aus Faserstoffen

Kennzeichnung von Höchstspannungskabeln

Kennzeichnungselemente

- Bauartkurzzeichen
- Aderzahl mal Nennquerschnitt in mm^2
- Kurzzeichen für Leiterform und -art
- Nennquerschnitt des Schirmes in mm^2
- Nennspannung

Bauartkurzzeichen

N	Kabel nach VDE-Norm
P I Ö PÖ	Gasaußendruckkabel Gasinnendruckkabel Niederdruck-Ölkabel Hochdruck-Ölkabel
A 2X	Aluminiumleiter VPE-Isolierung
S	Kupferschirm
K KL KLD	Bleimantel glatter Aluminiummantel gewellter Aluminiummantel
(F)	Längswasserdichtigkeit im Schirmbereich oder unter Metallmantel

U	bei Niederdruckkabeln: unmagnetisch
D	Druckschutzbandage
V	bei Kabeln im Stahlrohr: verseilte Adern
GL	Gleitdrähte aus unmagnetischem Material
E	Schutzhülle mit eingebetteter Kunststofffolie
F R	Bewehrung aus Stahlflachdraht Bewehrung aus Stahlrunddraht
ST	Stahlrohr
(L) Y 2Y	beschichtetes Aluminiumband PVC-Mantel PE-Mantel

Leiterform und -art

RM RMS OM H	mehrdrähtiger Rundleiter mehrdrähtiger Rundleiter, in Segmente unterteilt mehrdrähtiger Ovalleiter Hohlleiter

Beispiele für die Kennzeichnung von Höchstspannungskabeln

- NIVFSTY 3 x 400 RM 64/110 kV
  dreiadriges Gasinnendruckkabel mit runden, mehrdrähtigen Kupferleitern und Papierisolierung; drei verseilte Adern mit innerer Schutzhülle und Stahlflachdrahtbewehrung im Stahlrohr mit PE-Schutzhülle
- NÖKUDEY 1 x 2000 RMS 12H 127/220 kV
  einadriges Niederdruck-Ölkabel mit rundem, mehrdrähtigem Kupferleiter (in Segmente unterteilt), ölgetränkter Papierisolierung, Bleimantel, unmagnetischer Druckschutzbandage, Schutzhülle mit eingebetteter Kunststofffolie und PVC-Mantel

Nenn- und Bemessungsspannungen von Energiekabeln

Angabe der Nennspannungen: U_0/U

U_0 Spannung zwischen Leiter und metallener Umhüllung oder Erde
U Spannung zwischen den Außenleitern

Nennspannung U_0/U in kV	Höchste Spannung U_m im Drehstromsystem in kV	Blitzstoß-spannung in kV
0,6 / 1	1,2	–
3,6 / 6	7,2	60
6 / 10	12	75
8,7 / 15	17,5	95
12 / 20	24	125

Nennspannung U_0/U in kV	Höchste Spannung U_m im Drehstromsystem in kV	Blitzstoß-spannung in kV
18 / 30	36	170
20 / 35	40,5	190
26 / 45	52	250
64 / 110	123	550
230 / 400	420	1425

Kabelbezeichnungen der Verteilungsnetzbetreiber (VNB)

Niederspannungskabel	Nennspannung 0,6/1 kV
Mittelspannungskabel	Nennspannung über 0,6/1 kV bis 18/30 kV (20/35 kV)
Hochspannungskabel	Nennspannung ab 26/45 kV bis 87/150 kV
Höchstspannungskabel	Nennspannung über 87/150 kV

Zulässige Einsatzgebiete von Niederspannungs- und Mittelspannungskabeln

Kabel	Zulässige Einsatzgebiete				
	in Erde	in Wasser	in Beton	im Freien	in Räumen
Kabel mit massegetränkter Papierisolierung und Metallmantel, außer Gasdruck- und Ölkabel	x	x		x	x
Kabel mit Kunststoffisolierung und Bleimantel für Starkstromanlagen	x	x	x	x	x
Kabel mit Isolierung und Mantel aus thermoplastischem PVC; Nennspannung bis 6/10 kV	x	x		x	x
Kabel mit Isolierung aus vernetztem Polyethylen	x	x		x	x

Leiteraufbau und -widerstände

Nennquerschnitt in mm²	Drahtzahl		Größter Gleichstromwiderstand bei 20 °C	
	Rundleiter	Sektorleiter	Kupferleiter in Ω/km	Aluminiumleiter in Ω/km
16	1	–	1,15	1,91
25	7	–	0,727	1,20
35	7	14	0,524	0,868
50	19	19	0,387	0,641
70	19	19	0,268	0,443
95	19	19	0,193	0,320
120	30	30	0,153	0,253
150	37	37	0,124	0,206
185	37	37	0,0991	0,164
240	60	60	0,0754	0,125

Kennwerte von Starkstromkabeln

Kunststoffkabel

NYY U_0/U = 0,6/1 kV
für feste Legung in Erde,
im Wasser, im Freien,
in Kabelkanälen,
in Innenräumen

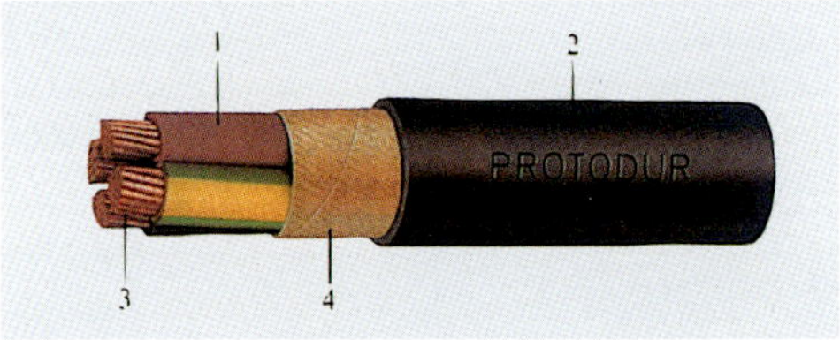

1 PVC-Isolierung
2 PVC-Mantel
3 Cu-Leiter
4 gemeinsame Aderumhüllung

Aderzahl und Nennquerschnitt in mm²	Isolierung in mm	Außendurchmesser in mm	Gewicht in kg/km	Belastbarkeit in Erde in A	Belastbarkeit in Luft in A
3x25 RM/16 RE	1,2/1,0	26	1600	128	106
3x35 SM/25 RE	1,2/1,0	27	1800	157	131
3x50 SM/25 RM	1,4/1,2	31	2400	185	159
3x70 SM/35 SM	1,4/1,2	34	3100	228	204
3x95 SM/50 SM	1,6/1,4	39	4100	275	244
3x120 SM/70 SM	1,6/1,4	42	5100	313	282
4x25 RM	1,2	26	1600	128	106
4x35 RM	1,2	27	1950	157	131
4x50 RM	1,4	31	2550	185	159
4x70 SM	1,4	36	3450	228	202
4x95 SM	1,6	40	4600	275	244
4x120 SM	1,6	44	5600	313	282

Kunststoffkabel

NAYY $U_0/U = 0{,}6/1$ kV
für feste Legung
in Erde, im Wasser,
im Freien, in Kabel-
kanälen, in Innen-
räumen

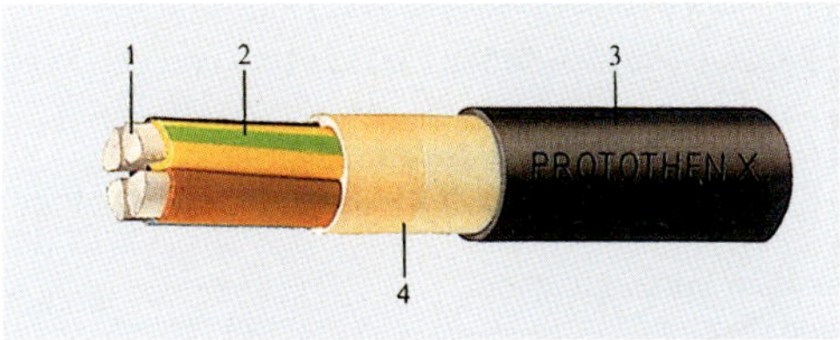

1 Al-Leiter
2 PVC- oder VPE-Isolierung
3 PVC-Mantel
4 gemeinsame Aderumhüllung

Aderzahl und Nennquerschnitt in mm²	Isolierung in mm	Außendurchmesser in mm	Gewicht in kg/km	Belastbarkeit in Erde in A	Belastbarkeit in Luft in A
4x25 RE	1,2	25	950	99	83
4x35 RE	1,2	28	1150	118	102
4x50 RE	1,4	29	1300	142	124
4x70 SE	1,4	34	1750	176	158
4x95 SE	1,6	38	2200	211	190
4x120 SE	1,6	41	2700	242	220

Papierisolierte Kabel

Gürtelkabel
N(A)KBA $U_0/U = 6/10$ kV
für feste Legung
in Erde, im Wasser, im
Freien, in Kabelkanälen,
in Innenräumen

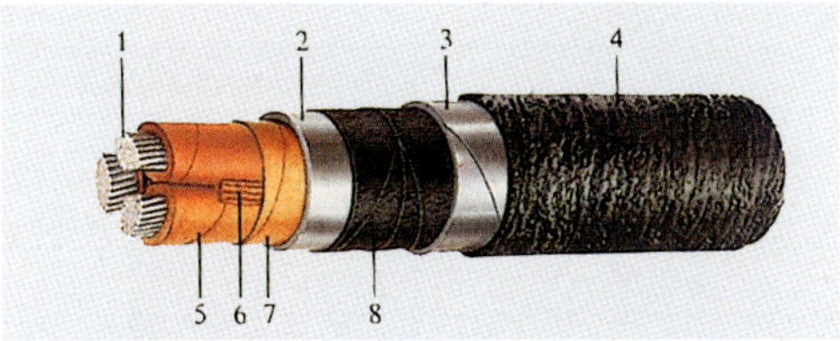

1 Cu- oder Al-Leiter
2 Bleimantel
3 Stahlbandbewehrung
4 äußere Schutzhülle
5 Aderisolierung (massegetränktes Papier)
6 Beilauf
7 Gürtelisolierung 0,5 mm (massegetränktes Papier)
8 Faserstofflagen in Masse

Aderzahl und Nennquerschnitt	Blei-mantel-stärke	Außen-durch-messer	Kabel mit Cu-Leiter			Kabel mit Al-Leiter		
			Gewicht	Belastbarkeit in Erde	Belastbarkeit in Luft	Gewicht	Belastbarkeit in Erde	Belastbarkeit in Luft
in mm²	in mm	in mm	in kg/km	in A	in A	in kg/km	in A	in A
3x35 SM	1,5	40	3900	143	120	3250	110	93
3x50 SM	1,5	41	4450	171	144	3550	132	112
3x70 SM	1,6	46	5950	212	181	4700	165	140
3x95 SM	1,6	49	7000	257	221	5250	200	172
3x120 SM	1,7	51	8100	293	254	5900	229	198
3x150 SM	1,8	54	9300	332	290	6600	259	226

Papierisolierte Kabel

Dreimantelkabel
N(A)EKEBA
$U_0/U = 12/20$ kV
für feste Legung in Erde,
im Wasser, im Freien,
in Kabelkanälen,
in Innenräumen

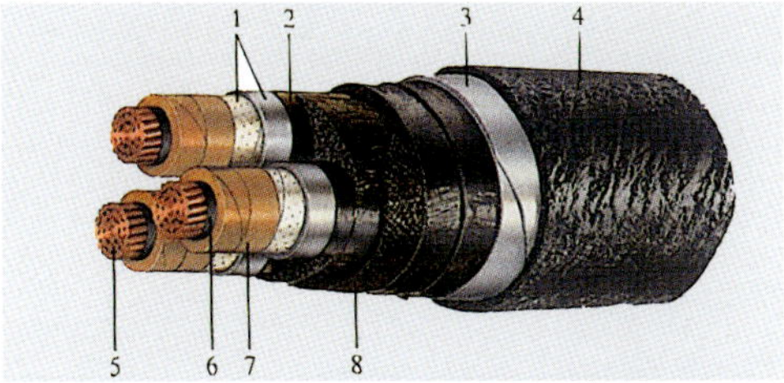

1 einzeln geschirmte, bleiummantelte Ader
2 Kunststoffband
3 Stahlbandbewehrung
4 Jutehülle
5 Cu- oder Al-Leiter
6 innere Leitschicht (Rußpapier)
7 Isolierung (massegetränktes Papier)
8 Faserstofflagen in Masse

Aderzahl und Nennquerschnitt	Blei-mantel-stärke	Außen-durch-messer	Kabel mit Cu-Leiter			Kabel mit Al-Leiter		
			Gewicht	Belastbarkeit in Erde	Belastbarkeit in Luft	Gewicht	Belastbarkeit in Erde	Belastbarkeit in Luft
in mm²	in mm	in mm	in kg/km	in A	in A	in kg/km	in A	in A
3x25 RM	1,3	57	6000	126	109	5600	97	85
3x35 RM	1,3	59	6600	151	132	6000	117	102
3x50 RM	1,3	62	7300	180	158	6400	140	123
3x70 RM	1,4	66	8600	222	196	7300	173	153
3x95 RM	1,4	70	10300	268	238	8500	208	185
3x120 RM	1,4	73	11400	304	272	9150	237	212
3x150 RM	1,5	77	12900	343	309	10150	267	241

Angaben über Belastbarkeit gelten

- ohne Beeinflussung anderer Wärmequellen (weitere Kabel, Heiztrassen) und den folgenden Bedingungen bei

□ Verlegung in Erde	Legetiefe		70 bis 80 cm
	Bodentemperatur in Legetiefe		20 °C
	spezifischer Bodenwärmewiderstand		1 K · m / W (feucht)
			2,5 K · m / W (trocken)
	Belastungsgrad im Versorgungsnetz		0,7
□ Verlegung in Luft	Umgebungstemperatur		30 °C
	Belastungsgrad		1,0 (Dauerlast)

und folgenden

□ maximalen Leitertemperaturen

Papierisolierte Kabel:	Gürtelkabel	3,6/6 kV	80 °C
		6/10 kV	65 °C
	Dreimantelkabel	12/20 kV	65 °C
		18/30 kV	60 °C
Kunststoffkabel:	PVC-Kabel		70 °C
	VPE-Kabel		90 °C

Umrechnung der Belastungswerte bei abweichenden Bodentemperaturen im Versorgungsnetz bei spez. Bodenwärmewiderstand von 1 K · m / W:

Kabelart		Umrechnungsfaktor bei			
		10 °C	15 °C	25 °C	30 °C
VPE-Kabel		1,05	1,02	0,98	0,95
PVC-Kabel		1,06	1,03	0,97	0,94
Gürtelkabel	bis 6 kV	1,03	1,03	0,97	0,95
	10 kV	1,00	1,03	0,97	0,94
Dreimantelkabel	10 kV	1,03	1,03	0,97	0,94
	20 kV	1,00	1,00	0,97	0,94
	30 kV	1,00	1,00	0,97	0,93

Induktivitäten von Starkstromkabeln

Kunststoffkabel
N(A)YY 1 kV*)
und 10 kV

Leiterquerschnitt in mm²	Induktivität in mH / km		
	1 kV 3-adrig	1 kV 4-adrig	6 kV 3-adrig
25	0,25	0,27	0,37
35	0,25	0,26	0,35
50	0,25	0,26	0,33
70	0,24	0,26	0,32
95	0,24	0,26	0,31
120	0,23	0,25	0,30
150	0,23	0,25	0,29

*) Für 1-kV-VPE-Kabel gelten angenähert dieselben Werte wie für 1-kV-PVC-Kabel

Papierisolierte Kabel

Dreileiter-Gürtelkabel
N(A)KBA 10 kV

Dreimantel-Kabel
N(A)EKEBA 20 kV

Leiterquerschnitt in mm²	Dreileiter-Gürtelkabel 10 kV Induktivität in mH / km	Dreimantel-Kabel 20 kV Induktivität in mH / km
25	0,39	0,49
35	0,36	0,46
50	0,34	0,44
70	0,32	0,42
95	0,31	0,40
120	0,30	0,39
150	0,29	0,38

Kapazität, Ladestrom, Erdschlussstrom von Starkstromkabeln

Kunststoffkabel 10 kV

Leiterquerschnitt in mm²	Kapazität PVC in µF/km	Kapazität VPE in µF/km	Ladestrom je Ader PVC in A/km	Ladestrom je Ader VPE in A/km	Erdschlussstrom PVC in A/km	Erdschlussstrom VPE in A/km
25	0,39	0,23	0,71	0,43	2,13	1,30
35	0,43	0,24	0,78	0,44	2,34	1,32
50	0,47	0,25	0,85	0,45	2,55	1,35
70	0,54	0,28	0,98	0,51	2,94	1,53
95	0,59	0,31	1,07	0,56	3,21	1,68
120	0,65	0,34	1,18	0,62	3,54	1,86
150	0,70	0,37	1,27	0,67	3,81	2,01

Papierisolierte Kabel Gürtelkabel 10 kV (A); Dreimantel-Kabel 20 kV (B)

Leiterquerschnitt in mm²	Kapazität (A) in µF/km	Kapazität (B) in µF/km	Ladestrom je Ader (A) in A/km	Ladestrom je Ader (B) in A/km	Erdschlussstrom (A) in A/km	Erdschlussstrom (B) in A/km
25	0,27	0,20	0,49	0,73	0,90	2,19
35	0,29	0,22	0,53	0,80	1,00	2,40
50	0,33	0,25	0,60	0,91	1,10	2,73
70	0,34	0,28	0,62	1,02	1,15	3,06
95	0,36	0,31	0,65	1,12	1,20	3,36
120	0,40	0,34	0,73	1,23	1,35	3,69
150	0,43	0,36	0,78	1,30	1,45	3,90

Isolier- und Mantelwerkstoffe der Starkstromkabel

Werkstoff	Kurzzeichen	Dichte in g/cm³	Spez. Widerstand bei 20 °C in Ω · cm	Relative Permittivität	Verlustfaktor tan δ · 10^{-3}
Thermoplaste					
Polyvinylchlorid	PVC				
Isoliermischung		1,3 ... 1,5	10^{13} ... 10^{15}	4,2 ... 8	50 ... 90
Mantelmischung		1,5	10^{11} ... 10^{13}	–	–
Polyethylen	PE				
niedrige Dichte	LD PE	0,92	10^{17}	2,3	0,5
hohe Dichte	HD PE	0,96	10^{17}	2,3	0,5
Thermoelaste und Elastomere					
Vernetztes Polyethylen	VPE	0,92	10^{17}	2,4	0,5
Natur-Kautschuk	NR	1,2 ... 1,7	$>10^{12}$	2,5 ... 5	0,5 ... 30
Chloropren-Kautschuk	CR	1,3 ... 1,7	10^{10} ... 10^{12}	7 ... 9	50
Papier					
Papierisolierung (massegetränkt)	–	0,7 ... 1,0	10^{15}	3,7	3

Polyvinylchlorid Grundstoffe Kohlenstoff, Chlor und Wasserstoff zu Riesenfaden-Molekülen polymerisiert. Verringerung der Härte durch Weichmacher und Erhöhung der thermischen Stabilität durch Füllstoffe und Zusätze.

Polyethylen Grundstoffe Kohlenstoff und Wasserstoff zu thermoplastischem Kunststoff polymerisiert. Homogenes, hochmolekulares PE niedriger Dichte (LDPE) von besonders reiner Qualität als Kabelisolierung, PE hoher Dichte (HDPE) bevorzugt als Mantelwerkstoff.

Vernetztes Polyethylen LDPE werden als typische Vernetzungsmittel organische Peroxide beigemischt. Durch die Vernetzung unter Wärme und Druck werden die Moleküle untereinander verknüpft, wodurch der thermoplastische Zustand in einen elastischen übergeht.

Verlegen von Kabeln

Allgemeine Richtlinien

- Beschädigungen beim Ziehen vermeiden.
- Kabelenden stets wasserdicht verschließen.
- Mindestbiegeradien einhalten.
- Maximal zulässige Zugkräfte nicht überschreiten.
- Legetiefen von mindestens 0,6 m, unter Straßen von mindestens 0,8 m einhalten.
- Einleiterkabel eines Drehstromsystems üblicherweise im Dreieck anordnen.
- Zusätzlicher Schutz durch Abdeckung (Backsteine, Kabelhauben) wird nicht gefordert. Bewährt hat sich der Einsatz von Trassenwarnbändern aus Kunststoff.
- Bei Führung durch Rohrstrecken
  - Innendurchmesser der Rohre sollte mindestens das 1,5fache des Kabeldurchmessers betragen;
  - Einleiterkabel eines Drehstromsystems durch ein gemeinsames Rohr führen.
- Bei Steilstrecken bestehen bis zu einem Gefälle
  - von maximal 4 % keine Einschränkungen;
  - bis maximal 10 % sollte der Streckenabschnitt 500 m nicht überschreiten;
  - bei größerem Gefälle sind Kunststoffkabel oder papierisolierte Kabel mit einer Spezialtränkung (Haftmasse) zu verwenden.
- Für papierisolierte Kabel mit normaler Massetränkung sollten bei senkrechter Verlegung folgende Höhenunterschiede nicht überschritten werden:

Kabelart		Höhenunterschied
Gürtel- und H-Kabel	bis 6 kV	50 m
	10 kV	20 m
Dreimantelkabel	bis 10 kV	30 m
	über 10 kV	15 m

Zulässige Biegeradien – Richtwerte

Kabelart	einadrig	mehr-/ vieladrig
Kabel mit massegetränkter Papierisolierung bis 36 kV		
mit Bleimantel	25 x D_a	15 x D_a
mit glattem Al-Mantel	30 x D_a	25 x D_a
mit gewelltem Al-Mantel	25 x D_a	15 x D_a
Kunststoffkabel bis 1 kV	15 x D_a	15 x D_a
Kunststoffkabel ab 6 kV bis 36 kV		
mit Kupferschirm	15 x D_a	15 x D_a
mit Bleimantel	25 x D_a	15 x D_a
mit Al-Schichtenmantel	25 x D_a	20 x D_a
mit integriertem LWL	25 x D_a	15 x D_a

D_a Außendurchmesser des Kabels

Vor Muffen und Endverschlüssen kann durch das einmalige Biegen der Biegeradius auf die Hälfte verringert werden, wenn bei 30 °C Erwärmung über Schablone gebogen wird.

Zulässige Zugkräfte

Beim maschinellen Einziehen von Starkstromkabeln in Rohre sind folgende Zugkräfte nicht zu überschreiten:

Ziehart	Kabelart	Zugkraft P in N
mit Ziehkopf an den Leitern	alle Kabeltypen	$P = A \cdot 50$ N/mm² für Kabel mit Cu-Leiter $P = A \cdot 30$ N/mm² für Kabel mit Al-Leiter
mit Ziehstrumpf	alle stahldrahtbewehrten Kabel Kabel ohne zugfeste Bewehrung:	$P = 9 \cdot D_a^2$
	Einmantelkabel	$P = 3 \cdot D_a^2$
	Dreimantelkabel	$P = 1 \cdot D_a^2$
	Kunststoffkabel ohne Metallmantel und ohne Bewehrung	$P = A \cdot 50$ N/mm² für Kabel mit Cu-Leiter $P = A \cdot 30$ N/mm² für Kabel mit Al-Leiter

P Zugkraft in N
A Gesamtleiterquerschnitt in mm²
D_a Kabel-Außendurchmesser in mm

Kabelverlegung bei tiefen Temperaturen

Nur oberhalb folgender Grenztemperaturen sind Kabel zu verlegen oder für die Endschlussmontage bzw. für Anschlussarbeiten aller Art zu biegen:

Kabelart	Grenztemperatur
Kunststoffkabel	−5 °C
Massekabel	+5 °C

Maßgebend ist die Kabeltemperatur, nicht die Umgebungstemperatur an der Baustelle oder Trasse. Durch Lagerung in einem beheizten Raum kann die entsprechende Kabeltemperatur erreicht werden.

Erden von Kabeln

Allgemeine Richtlinien

- Grundsätzlich sind alle metallenen Umhüllungen (Bewehrung, Mantel und Schirm) an Verbindungsstellen und zusätzlich an Muffen und Endverschlüssen zu verbinden und zu erden.
- Die Erdung ist so vorzunehmen, dass die im Kurzschluss und Erdschluss, bei Einzelleiterkabeln auch im Normalbetrieb, induzierten Spannungen keine gefährlichen Werte annehmen und die induzierten Ströme keine unzulässige Erwärmung verursachen.
- Mehradrige Kabel
  - **Gürtel- und Höchstädterkabel**
    Unerwünschte Mantelströme können sich nicht ausbilden, da die Kabeladern innerhalb des Metallgehäuses der Kabelgarnituren aufgeteilt werden. Metallmantel und Bewehrung sind über die am Gehäuse angebrachte Erdungsklemme zu erden.
  - **Dreimantelkabel**
    Kabel sind mit Einzel-Endverschlüssen für jede Ader ausgerüstet. Metallmäntel, meist Bleimäntel, und die Bewehrung werden an der Aufteilungsschelle miteinander verbunden und geerdet. Die einzelnen Endverschlüsse werden isoliert aufgestellt.
  - **Kunststoffkabel**
    Bei gemeinsamer Abschirmung von mehr- oder vieladrigen Kabeln sind Schirm und evtl. vorhandene Bewehrung direkt zu erden. Kunststoffkabel mit einzeln geschirmten Adern vgl. Dreimantelkabel.
- Einadrige Kabel
  In Wechselstromnetzen werden im Schirm oder Metallmantel Spannungen induziert, die von Übertragungsstrom, Kabellänge und Legeanordnung abhängig sind. Schirme oder Metallmäntel einschließlich zusätzlich vorhandener Aufbauelemente (unmagnetische Bewehrung, Al-Schichtmantel) sind an beiden Streckenenden mit den Stationserden zu verbinden.

Kabelgarnituren

Kabelgarnituren

Abzweig- und Verbindungsmuffen

Schutz der Kabelverbindung gegen Feuchtigkeit und mechanische Beschädigung

- **Gießharz-Muffen**
  für kunststoffisolierte Kabel bis 1 kV
- **Verbindungs- und Übergangsmuffen**
  für Kabel bis 24 kV

  G – G; G – K
  DM – DM; DM – K
  H – H; H – DM; H – K

G	Gürtelkabel
K	Kunststoffkabel
DM	Dreimantelkabel
H	Höchstädterkabel

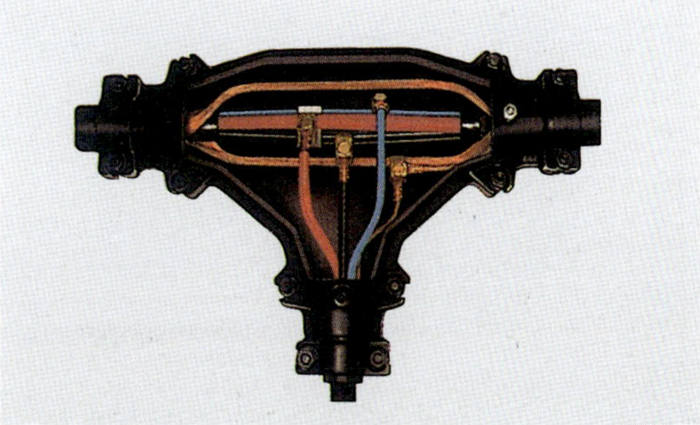

- **Aufschiebbare Verbindungsmuffen**
  für kunststoffisolierte Einleiterkabel bis 36 kV

⋮

Endverschlüsse

Übergang eines Kabels auf eine andere Verlegungsart oder Anschluss an Maschinen und Geräte

■ Aufschiebbare Endverschlüsse

für kunststoffisolierte Kabel bis 36 kV

Freiluft

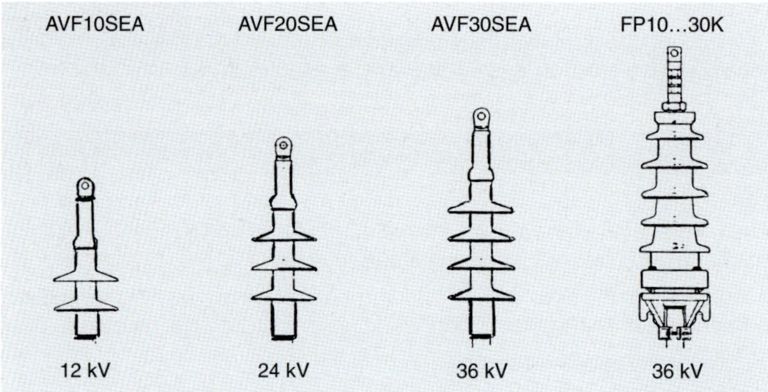

Innenraum

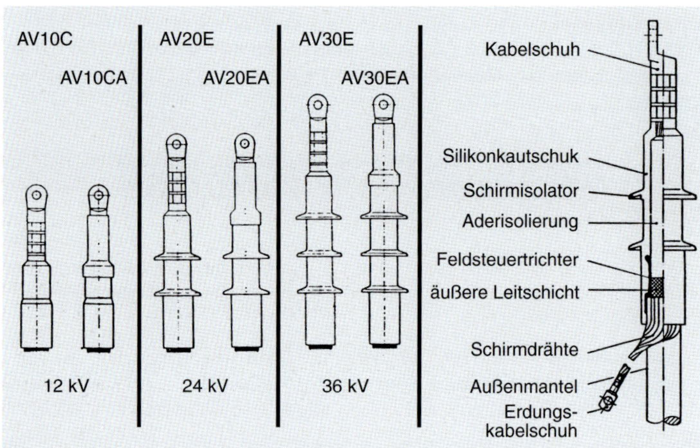

■ Endverschlüsse

für papierisolierte Kabel bis 36 kV

Freiluft

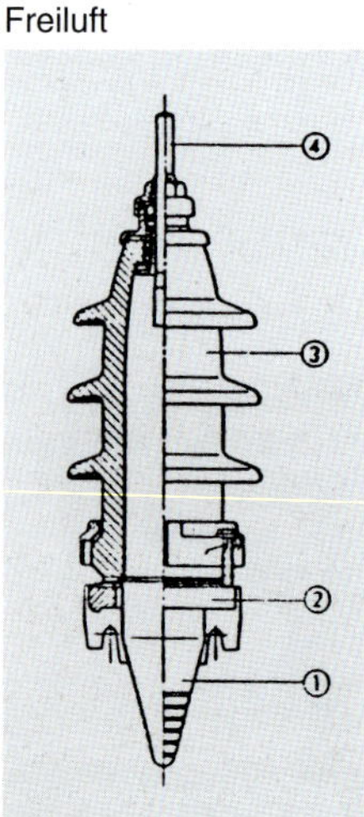

Innenraum

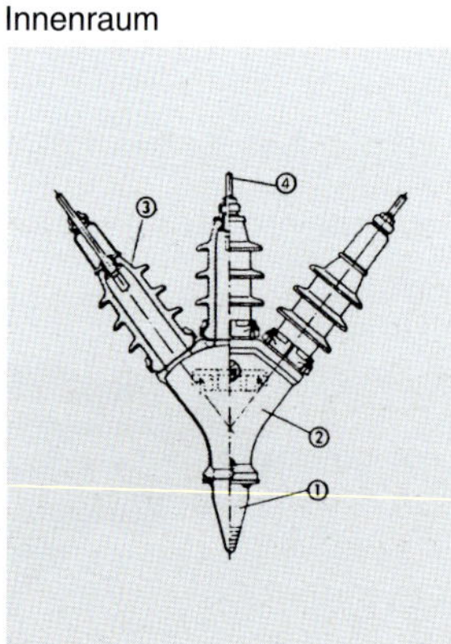

1 Einführungsbuchse
2 Fußarmatur
3 Isolator
4 Anschlussbolzen

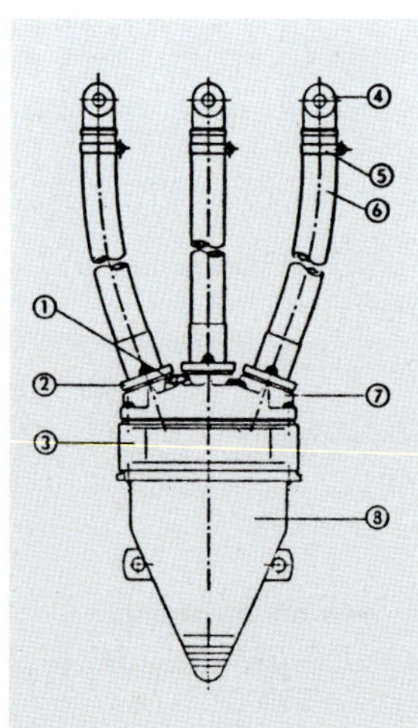

1 Öleinfüll-schraube
2 Stopfbuchsbrille
3 Sichtring
4 Presskabel-schuh
5 Schelle
6 Isolierschläuche
7 Metalldeckel
8 Gehäuse

Kabelsteckteile

Anschlussteile in SF_6-isolierten Schaltanlagen, für Transformatoren oder Motoren bis 36 kV, die durch die reduzierten Polmittenabstände keine offene Anschlussweise mit Endverschlüssen zulassen.

ASW 10/250 ASW 20/250	ASW 10/400 ASW 20/400	AST 10/400/630 AST 20/400/630	ASTS 10/400/630 ASTS 20/400/630	ASG 10/630 ASG 20/630	ASGS 10/630 ASGS 20/630	AST 10/630/1250 AST 20/630/1250 AST 30/630/1250

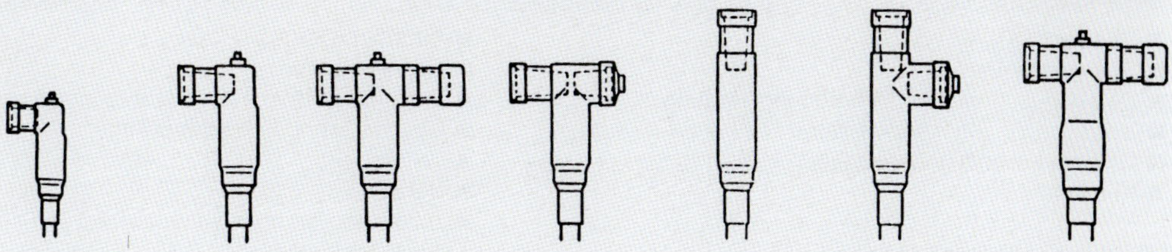

bis 120 mm^2	bis 240 mm^2	bis 240 mm^2	bis 240 mm^2	bis 240 mm^2	bis 240 mm^2	bis 500 mm^2

Kabelverteilerschränke

2.4 Netzformen

Grundformen der Netze

Offene Netze
Energiefluss in allen Netzteilen stets in einer Richtung

Geschlossene Netze
Energiefluss in Abhängigkeit von den Anschlussleistungen in unterschiedlichen Richtungen

Strahlennetz	Ringnetz	Maschennetz

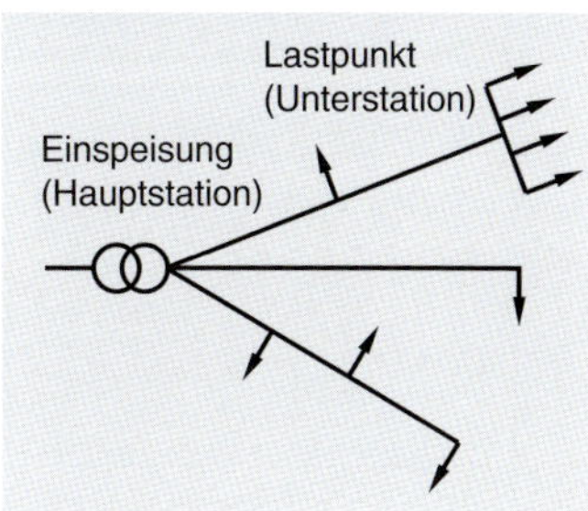

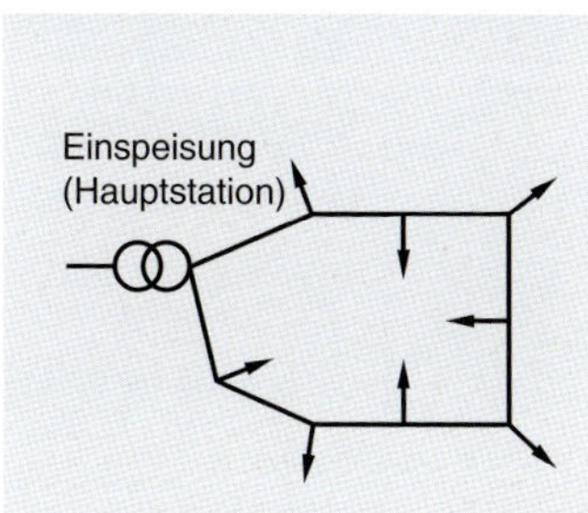

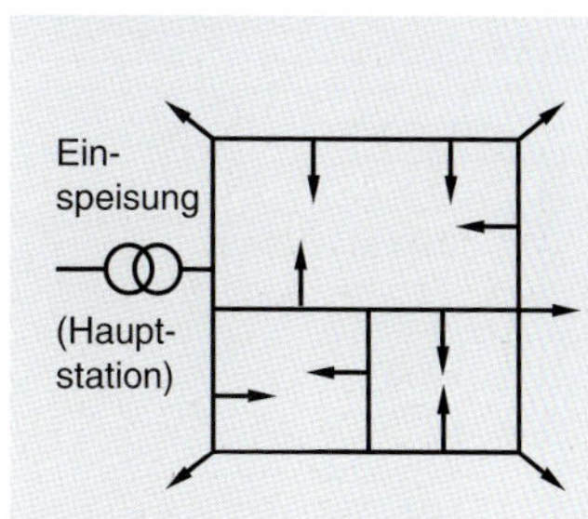

Merkmale

Strahlennetz:
- Einfacher, übersichtlicher Aufbau
- einfache Schutztechnik
- Begrenzung der Kurzschlussbeanspruchung
- schlechte Spannungshaltung
- geringe Versorgungssicherheit

Ringnetz:
- Zweiseitige Einspeisung im Talpunkt des Netzes
- übersichtlicher Aufbau
- hohe Versorgungssicherheit
- gute Spannungshaltung
- aufwändiger Netzschutz zum selektiven Abschalten

Maschennetz:
- Gute Spannungshaltung
- hohe Versorgungssicherheit
- einfache Anpassung an steigenden Leistungsbedarf durch zusätzliche Einspeisepunkte
- hoher Aufwand an Schalt- und Schutzeinrichtungen

Anwendung

Strahlennetz: Speisung einzelner Versorgungsschwerpunkte in größerer Entfernung

Ringnetz: Ringförmige Netzführung an der Peripherie eines Versorgungsgebietes

Maschennetz: Versorgungsleitungen netzartig im Bereich hoher Versorgungsdichte zusammengeschaltet

Netzberechnungen

Ziele der Netzberechnungen

Bestimmen der Versorgungsspannung und des Leistungsverlustes	oder	Bestimmen des Leiterquerschnitts als Planungsgröße
	Vorgaben	
■ Stromart: DC; AC ■ Spannungsebene ■ Belastungsstrom oder Übertragungsleistung ■ Netzausdehnung: Leitungslänge ■ Leiterquerschnitt und -material ■ Netzform		■ Stromart: DC; AC ■ Spannungsebene ■ Belastungsstrom oder Übertragungsleistung ■ Netzausdehnung: Leitungslänge ■ Leitermaterial ■ Netzform ■ zulässiger Spannungsunterschied und Leistungsverlust
	Ergebnis	
Vergleich mit Normvorgabe bzw. Kontrolle über die Einhaltung der Lieferbedingungen der Verteilungsnetzbetreiber (VNB) und der Wirtschaftlichkeit der Energieübertragung		Festlegung eines Leiterquerschnitts unter Beachtung der mechanischen und thermischen Sicherheit (Mindestquerschnitt und Dauerstrombelastbarkeit)

Grundlegende Festlegungen

- Zur Vereinfachung der Berechnungen werden nur die Wirkwiderstände der Leitungen berücksichtigt.
- Durch die übereinstimmenden Leiterquerschnitte von Hin- und Rückleiter werden ihre Widerstandswerte nur in **einem** Ersatzwiderstand R_L erfasst.
- Da der Spannungsfall über dem Leitungswiderstand nicht direkt messbar ist, wird der Spannungsunterschied ΔU zwischen der Einspeisung (Netzanfang) und dem Versorgungspunkt (Netzende) angegeben.
- Drehstromnetze werden als symmetrisch belastet (gleiche Leiterströme) angesehen.

Ersatzschaltplan

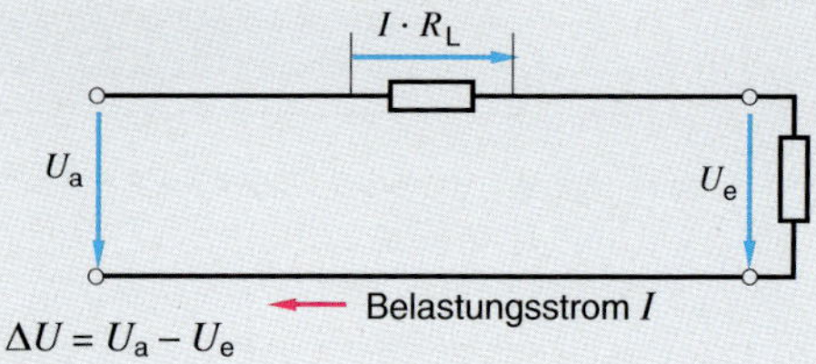

Endbelastete Stichleitung eines Strahlennetzes

	Leitungswiderstand		Spannungsunterschied	Leistungsverluste
Wechselstromnetz	$R_L = \frac{2 \cdot l}{\varkappa \cdot A}$ l Leitungslänge $\varkappa$ spez. Leitfähigkeit A Querschnitt	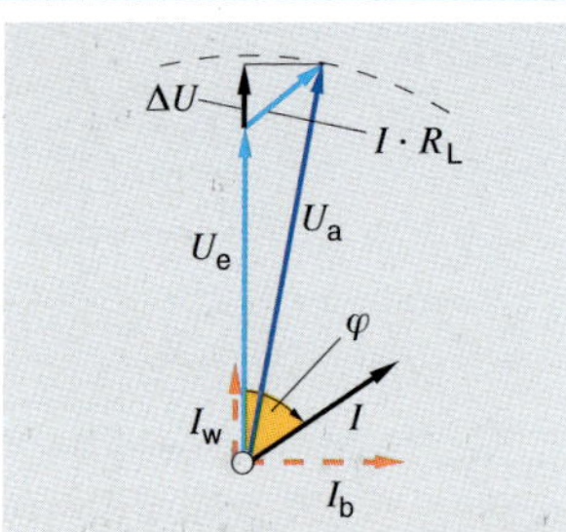	bei gegebenem Laststrom I $\Delta U = \frac{2 \cdot I \cdot l \cdot \cos\varphi}{\varkappa \cdot A}$ bei gegebener Wirklast P $P = U \cdot I \cdot \cos\varphi$ $\Delta U = \frac{2 \cdot P \cdot l}{\varkappa \cdot A \cdot U}$ [1]) [1]) U Strangspannung bzw. Leiter-Erde-Spannung	bei gegebenem Laststrom I $P_V = I^2 \cdot R_L$ $P_V = \frac{2 \cdot I^2 \cdot l}{\varkappa \cdot A}$ bei gegebener Wirklast P $P_V = \frac{2 \cdot P^2 \cdot l}{\varkappa \cdot A \cdot U^2 \cdot \cos^2\varphi}$
Drehstromnetz	$R_L = \frac{1 \cdot l}{\varkappa \cdot A}$	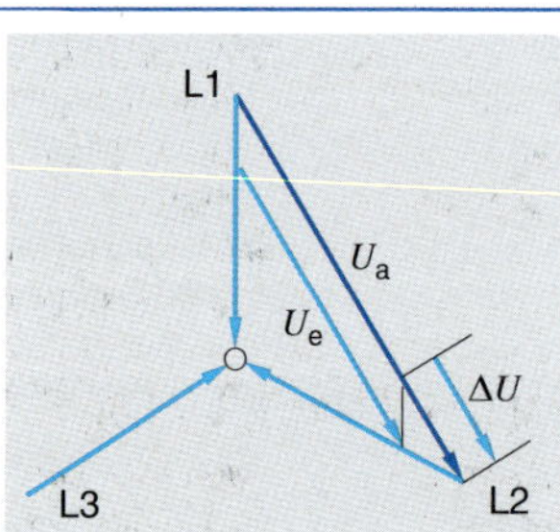	bei gegebenem Laststrom I $\Delta U = \frac{\sqrt{3} \cdot I \cdot l \cdot \cos\varphi}{\varkappa \cdot A}$ bei gegebener Wirklast P $P = \sqrt{3} \cdot U \cdot I \cdot \cos\varphi$ $\Delta U = \frac{P \cdot l}{\varkappa \cdot A \cdot U}$ [2]) [2]) U Leiterspannung	bei gegebenem Laststrom I $P_V = I^2 \cdot R_L$ $P_V = \frac{3 \cdot I^2 \cdot l}{\varkappa \cdot A}$ bei gegebener Wirklast P $P_V = \frac{P^2 \cdot l}{\varkappa \cdot A \cdot U^2 \cdot \cos^2\varphi}$ $\cos\varphi$ Leistungsfaktor

Punktweise belastete Stichleitung eines Strahlennetzes

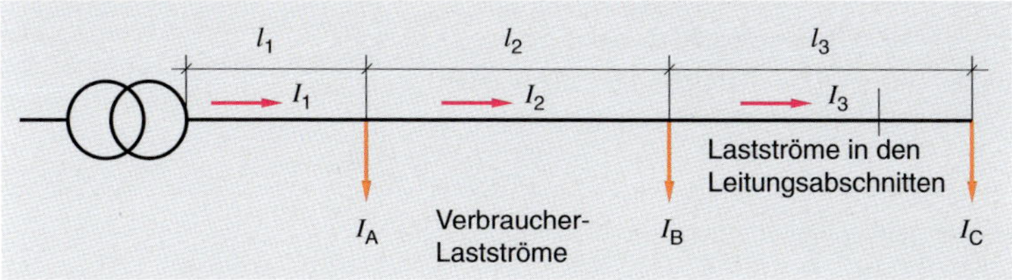

Gesamtspannungsunterschied
$\Delta U = \Delta U_1 + \Delta U_2 + \Delta U_3 + \ldots$

Gesamtleistungsverlust
$P_V = P_{V1} + P_{V2} + P_{V3} + \ldots$

Lastströme in den Leitungsabschnitten

bei gleicher Phasenlage der Verbraucher-Lastströme bzw. gleichen Leistungsfaktoren $I_{Leitung} = \sum_{\text{arithmetr.}} I_{Verbraucher}$

bei unterschiedlicher Phasenlage der Verbraucher-Lastströme $I_{Leitung} = \sum_{\text{geometr.}} I_{Verbraucher}$

Beispiel: Berechnung des Leiterstromes I_2 im Leitungsabschnitt 2 bei gegebenem Verbraucher-Laststrom I_C mit Phasenverschiebungswinkel φ_C und Verbraucher-Laststrom I_B mit Phasenverschiebungswinkel φ_B

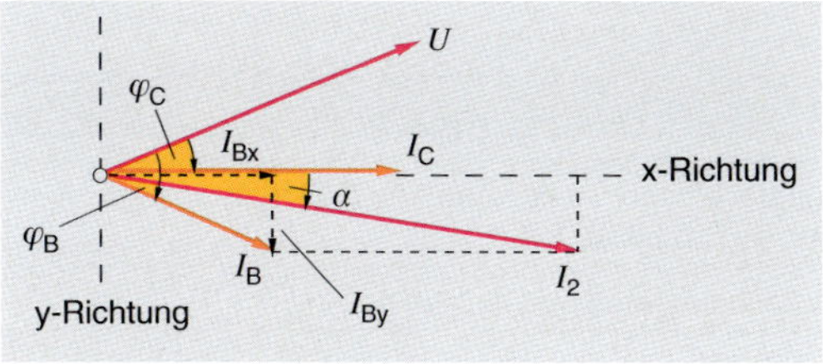

$I_2 = I_C \hat{+} I_B$ (geometrische Summe)

$I_2 = (I_C + I_{Bx})^2 + I_{By}^2$

$I_{Bx} = I_B \cdot \cos(\varphi_B - \varphi_C)$

$I_{By} = I_B \cdot \sin(\varphi_B - \varphi_C)$

Phasenverschiebungswinkel des Laststromes I_2 $\quad \varphi_2 = \varphi_C - \alpha$

$$\tan\alpha = \frac{I_{By}}{I_C + I_{Bx}}$$

Wirkleistung in den Leitungsabschnitten $P_{Leitung} = \sum_{\text{arithmetr.}} P_{Verbraucher}$

Spannungsunterschied bei durchgehend gleich großem Leiterquerschnitt

Wechselstromnetz
$$\Delta U = \frac{2}{\varkappa \cdot A} \cdot (I_1 \cdot l_1 \cdot \cos\varphi_1 + I_2 \cdot l_2 \cdot \cos\varphi_2 + I_3 \cdot l_3 \cdot \cos\varphi_3 + \ldots)$$
$$\Delta U = \frac{2}{\varkappa \cdot A \cdot U} \cdot (P_1 \cdot l_1 + P_2 \cdot l_2 + P_3 \cdot l_3 + \ldots)$$

Drehstromnetz
$$\Delta U = \frac{\sqrt{3}}{\varkappa \cdot A} \cdot (I_1 \cdot l_1 \cdot \cos\varphi_1 + I_2 \cdot l_2 \cdot \cos\varphi_2 + I_3 \cdot l_3 \cdot \cos\varphi_3 + \ldots)$$
$$\Delta U = \frac{1}{\varkappa \cdot A \cdot U} \cdot (P_1 \cdot l_1 + P_2 \cdot l_2 + P_3 \cdot l_3 + \ldots)$$

Leistungsverlust bei durchgehend gleich großem Leiterquerschnitt

Wechselstromnetz
$$P_V = \frac{2}{\varkappa \cdot A} \cdot (I_1^2 \cdot l_1 + I_2^2 \cdot l_2 + I_3^2 \cdot l_3 + \ldots)$$

Drehstromnetz
$$P_V = \frac{3}{\varkappa \cdot A} \cdot (I_1^2 \cdot l_1 + I_2^2 \cdot l_2 + I_3^2 \cdot l_3 + \ldots)$$

Ringnetz mit einer Einspeisung

Lösungsprinzip: Trennung der Einspeisung des Ringnetzes und Umwandlung in ein zweiseitig gespeistes Netz

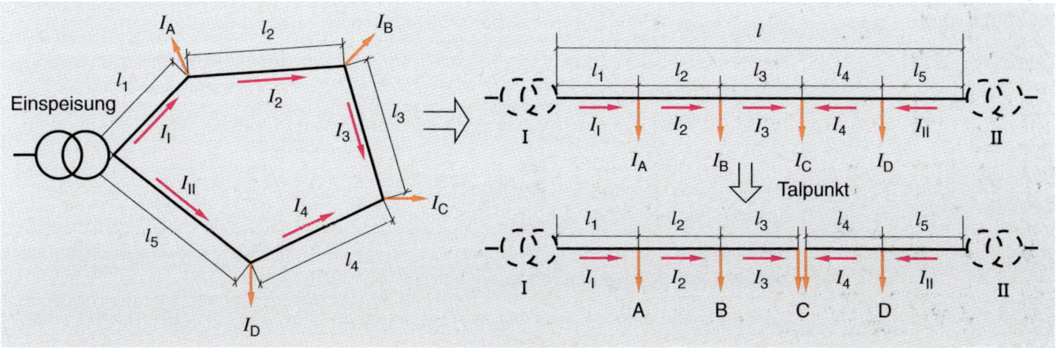

Lösungsweg:

1. Trennen des Ringnetzes an der Einspeisung
2. Umwandlung des Ringnetzes in ein zweiseitig gespeistes Netz, das punktweise belastet ist.
3. Berechnen der Ströme I_{I} und I_{II}, die die fiktiven Einspeisungen I und II belasten.
   Im Gleichgewichtszustand der Strommomente (Stromstärke x Länge) sind
   ohne Einspeisung II $I_{\text{I}} \cdot l = I_{\text{D}} \cdot l_5 + I_{\text{C}} \cdot (l_5 + l_4) + I_{\text{B}} \cdot (l_5 + l_4 + l_3) + I_{\text{A}} \cdot (l_5 + l_4 + l_3 + l_2)$
   ohne Einspeisung I $I_{\text{II}} \cdot l = I_{\text{A}} \cdot l_1 + I_{\text{B}} \cdot (l_1 + l_2) + I_{\text{C}} \cdot (l_1 + l_2 + l_3) + I_{\text{D}} \cdot (l_1 + l_2 + l_3 + l_4)$
4. Berechnen der Lastströme in den Leitungsabschnitten nach dem Knotenpunktsatz:
   $I_2 = I_1 - I_{\text{A}}; \quad I_3 = I_2 - I_{\text{B}}; \quad I_4 = I_{\text{II}} - I_{\text{D}}$
5. Bestimmen des Lastpunktes, der von beiden Seiten eingespeist wird (Talpunkt).
   Talpunkt ist der Punkt eines zweiseitig eingespeisten Netzes mit dem größten Spannungsunterschied, bezogen auf die gleich großen Spannungen der Einspeisungen.
6. Trennen des Netzes im Talpunkt. Zwei punktweise belastete, fiktive Stichleitungen entstehen.
7. Auswählen einer Leitung und weitere Berechnungen nach den Gleichungen einer punktweise belasteten Stichleitung des Strahlennetzes.

Normen

DIN 48004	Isolatoren für Starkstromfreileitungen, Isolierkörper für Stützenisolatoren St, mit Innenbefestigung, Reihenspannung 10 bis 30 kV
DIN 48006	Isolatoren für Starkstromfreileitungen, Langstabisolatoren LP
DIN 48150	Starkstromfreileitungen, Stützenisolatoren N; Nennspannung unter 1 kV
DIN 48154	Starkstromfreileitungen, Schäkelisolatoren S
DIN 48170	Dachständer für Starkstrom-Freileitungen mit Nennspannungen bis 1000 V, Zusammenstellung, Einzelteile
DIN 48200	Drähte für Leitungsseile
DIN 48201 Teil 1	Leitungsseile, Seile aus Kupfer
DIN 48201 Teil 5	Leitungsseile, Seile aus Aluminium
DIN 48207	Leitungsseile, Verlegen von Leitungsseilen
DIN 48350	Fernmelde- und Starkstrom-Freileitungen; Holzmaste
DIN 48351 Teil 1	Starkstrom-Freileitungen; A-Maste, Hauptmaße
DIN 48353	Stahlbetonmaste und -querträger
DIN VDE 0141	Erdungen für Starkstromanlagen mit Nennspannungen über 1 kV
DIN VDE 0210	Bau von Starkstromanlagen mit Nennspannungen über 1 kV
DIN VDE 0211	Bau von Starkstromanlagen mit Nennspannungen bis 1000 V
DIN VDE 0271	Kabel mit Isolierung und Mantel aus thermoplastischem PVC mit Nennspannungen bis 6/10 kV
DIN VDE 0272	Kabel mit Isolierung aus vernetztem Polyethylen
DIN VDE 0273	Kabel mit Isolierung aus thermoplastischem oder vernetztem Polyethylen mit Nennspannungen bis 18/30 kV
DIN VDE 0274	Isolierte Freileitungsseile mit Isolierung aus vernetztem Polyethylen; Nennspannungen U_0/U 0,6/1 kV
DIN VDE 0298 Teil 1	Verwendung von Kabeln und isolierten Leitungen; Allgemeines für Kabel mit Nennspannungen bis 18/30 kV
DIN VDE 0298 Teil 2	Verwendung von Kabeln und isolierten Leitungen; Empfohlene Werte für die Strombelastbarkeit von Kabeln mit Nennspannungen bis 18/30 kV
DIN VDE 0293 Teil 308	Kennzeichnug der Adern von Kabeln/Leitungen und flexiblen Leitungen durch Farben

3 Verteilungung elektrischer Energie Umspannanlagen und Transformatoren

Umspannanlagen und Transformatoren

- **3.1** Netzknotenpunkte im Elektroenergiesystem — *Seite 159*
  - Verteilungsumspannwerke
    - Schaltgeräte
      - Hochspannungsschaltgeräte
      - Niederspannungsschaltgeräte
    - Sammelschienenschaltungen
      - Grundschaltungen der Abzweige
      - Grundschaltungen der Abschnitte
  - Umspannstationen
- **3.2** Leistungstransformatoren — *Seite 168*
  - Aufbau und Wirkungsweise
    - Drehstromtransformatoren
  - Verteilungstransformatoren
- **3.3** Messwandler — *Seite 191*

Umspannanlagen und Transformatoren

Begriffe

Umspannanlage	Elektrische Anlage eines Netzknotenpunktes des Elektroenergiesystems zur Änderung der Parameter Spannung und Strom einer zu übertragenden elektrischen Energie
Nennwerte der Größen	Gerundete Werte von zum Beispiel Spannung, Stromstärke, Leistung und Frequenz, welche die Betriebsmittel und die Anlagen kennzeichnen.
Nennspannung eines Netzes	Spannung, nach der das Netz benannt ist und auf die sich bestimmte Betriebsgrößen dieses Netzes beziehen.
Übertragungsnetz	Gesamtheit aller Betriebsmittel der Höchstspannungsebene über 110 kV zur Übertragung elektrischer Energie über große Entfernungen
Verteilungsnetz	Gesamtheit aller Betriebsmittel der Hochspannungs- und Mittelspannungsebene über 1 kV bis einschließlich 110 kV zum flächendeckenden Verteilen der elektrischen Energie
Ortsnetz	Verteilungsnetz mit Spannungen < 1000 V zur Versorgung überwiegend allgemeiner Tarifabnehmer in Wohngebieten
Sammelschiene	Elektrischer Anlagenteil zur Auflösung eines Netzknotenpunktes mit einer beliebigen Anzahl von Zu- sowie Ableitungen und je nach System mit entsprechenden Kupplungen
Abzweig	Selbstständige, abgeschlossene schaltungstechnische Einheit einer Zu- oder Ableitung von Sammelschienen
Betriebsmäßiges Schalten	Vorgang, bei dem die Stromversorgung einer elektrischen Anlage oder ein Teil von ihr unter normalen Bedingungen eingeschaltet, ausgeschaltet oder verändert wird.
Trennen	Öffnen von Strombahnen mit einer zum Schutz von Personen ausreichenden Strecke (Trennstrecke), um den Kontakt zu jeder Stromquelle aufzuheben.
Schaltgerät	Elektrisches Betriebsmittel zum vielmaligen Schalten oder Trennen belasteter oder unbelasteter Strompfade
Bemessungsstrom	Wert der elektrischen Stromstärke, der unter vorgegebenen Betriebsbedingungen die Verwendbarkeit eines elektrischen Betriebsmittels oder einer Anlage bestimmt.
Überstrom	Jeder Wert einer Stromstärke, der den Bemessungswert überschreitet. Der Bemessungswert für Leiter ist die zulässige Strombelastbarkeit.
Überlaststrom eines Stromkreises	Überstrom, der in einem fehlerfreien Stromkreis auftritt.
Kurzschlussstrom	Überstrom, verursacht durch einen Fehler vernachlässigbarer Impedanz zwischen aktiven Leitern, die im ungestörten Betrieb unterschiedliches Potenzial haben.
Sicherung	Schaltgerät zum einmaligen Unterbrechen von Strompfaden (Fehlerabschaltung) durch Abschmelzen eines Schmelzleiters mithilfe der Stromwärme, wenn in einer bestimmten Zeit der fließende Strom den Bemessungswert überschreitet.
Umspanner	Bezeichnung für Transformator im Elektroenergiesystem
Transformator	Ruhende elektrische Maschine, mit der die Energie eines Netzes auf ein anderes mit meist geänderten Spannungs- und Stromwerten bei gleicher Frequenz übertragen wird.
Wicklungen	Träger der elektrischen Kreise, die ihre Lage zueinander nicht verändern, bezeichnet nach der Energierichtung im Transformator oder nach Spannungshöhe.
Eisenkern	Träger des magnetischen Kreises, der die feste magnetische Kopplung zwischen Primär- und Sekundärwicklung bewirkt.
Übersetzungen	Beziehungen zwischen den primären und sekundären Größen Spannung, Strom und Widerstand
Schaltgruppe	Schaltungsart der Wicklungen, insbesondere von Drehstromtransformatoren mit der Bezeichnung der Phasenlage der ihnen zugeordneten Spannungen
Messwandler	Sondertransformator kleiner Bemessungsleistung, der zur Speisung von Messgeräten, Schutzrelais und anderer ähnlicher Einrichtungen vorgesehen ist.

3.1 Netzknotenpunkte im Elektroenergiesystem

Umspannanlagen

Umspannanlagen im Elektroenergiesystem

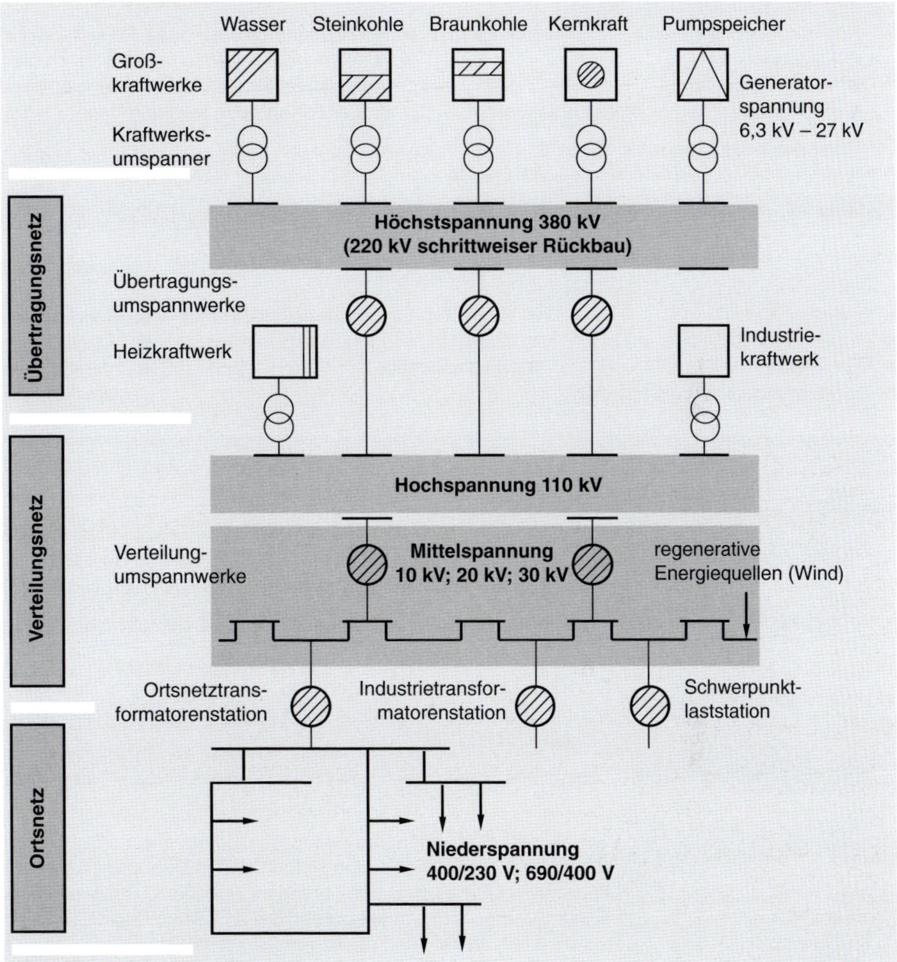

Grundsätze zur schaltungstechnischen Gestaltung

- **Grundgrößen für die Gestaltung der Umspannanlagen**
  - Technische Parameter des Elektroenergiesystems am Netzknotenpunkt, wie zum Beispiel Betriebsspannung, Durchgangsleistung, Kurzschlussstromwerte u. a.
  - örtliche Bedingungen des Standortes (räumliche Anordnung)
  - Forderungen an die Mess-, Schutz- und Steuerungstechnik
- **Zielstellungen für die räumliche Gestaltung**
  - Gewährleistung der erforderlichen Zuverlässigkeit für den Betrieb und einer maximalen Sicherheit für das Bedienungspersonal
  - Sicherung eines optimalen Materialeinsatzes und Raumbedarfs
  - Senkung des Bedienungs- und Wartungsaufwandes
  - weitgehende Verwendung genormter Schaltungen und Baueinheiten
- **Forderungen zur technisch-wirtschaftlich begründeten Auswahl der Ausrüstungen**
  - Gewährleistung der mechanischen und thermischen Festigkeit im Normal- und Fehlerfall durch Auslegung für Dauer- und Kurzzeitbetrieb
  - Senkung der Elektroenergieverluste
  - Sicherung einer geringen Störanfälligkeit und Begrenzung der Störung auf kleinstem Raum
  - effektive Schaltung zur gleichmäßigen elektrischen Belastung aller Bauteile und für hinreichende Übersichtlichkeit zum schnellen Erkennen und kurzzeitigen Verändern des Schaltzustandes

Bauweise von Umspannwerken

Übertragungsumspannwerk

Höchstspannungsbereich als Freiluftanlage in
- Flachbauform
- Mittelhochbauform
- Hochbauform (nur in älteren Anlagen)

Platzbedarf der Bauformen 6 : 3 : 2

Verteilungsumspannwerk

- Hochspannungsbereich als Freiluft- oder Innenraumanlage
- Mittelspannungsbereich grundsätzlich als Innenraumanlage, vorzugsweise als raumsparender gekapselter Schaltanlagentyp, ältere Anlagen auch in offener mehrgeschossiger Bauweise

Baugruppen der Umspannwerke

Hauptanlage

- Sammelschienen
- Abzweige mit Schalteinrichtungen
- Kupplungen
- Transformator und Drosselspulen

Eigenbedarfsanlagen

- Drehstrom-Eigenbedarfsversorgung
- Gleichstrom-Eigenbedarfsversorgung
- Druckluftanlage

Schutz- und Meldeanlagen

- Einrichtungen zur Steuerung
- Überwachung, Messung
- Informationsübertragung und zum Schutz

Schaltgeräte

Hochspannungsschaltgeräte

Leistungsschalter	Schalter zum Ein- und Ausschalten von Betriebs- und Überströmen, insbesondere von Kurzschlussströmen. Nennausschaltvermögen gilt für einen Leistungsfaktor ≥ 0,15.
Leistungstrennschalter	Leistungsschalter, der im geöffneten Zustand eine sichtbare Trennstrecke besitzt.
Lastschalter	Schalter zum Ein- und Ausschalten von Betriebs- und Überströmen. Kurzschlussströme können nicht ausgeschaltet werden. Nennausschaltvermögen gilt für einen Leistungsfaktor ≥ 0,7.
Lasttrennschalter	Lastschalter, der im geöffneten Zustand eine sichtbare Trennstrecke besitzt.
Trenner	Schaltgerät zum annähernd stromlosen Öffnen und Schließen von Strompfaden. Im geöffneten Zustand wird eine sichtbare Trennstrecke hergestellt. Trenner können kapazitive Ströme von Durchführungen, Sammelschienen und kurzen Kabelstrecken sowie Ströme von Spannungswandlern und Spannungsteilern schalten.
Erdungsschalter	Schaltgerät zum Erden abgeschalteter Anlagenteile. Sie können mit Trennern und Lasttrennschaltern kombiniert werden.
Hochspannungs-Hochleistungssicherung	Schaltgerät zum einmaligen Ausschalten von Überlast- und Kurzschlussströmen im Hochspannungsbereich.

Hochspannungs-Leistungsschalter

- **Vom Leistungsschalter zu schaltende Ströme**

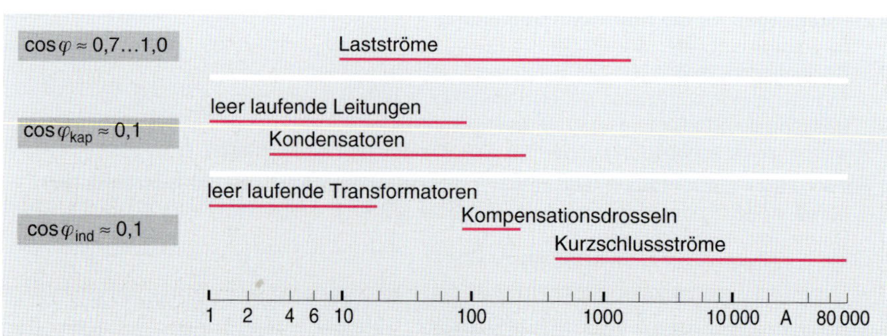

■ Löschen des Ausschaltlichtbogens

Löschmittel:

fest	Quarzsand in Sicherungen, Gas abgebende Isolierwände in Lasttrennschaltern	
flüssig	Mineralöl:	ölarme Leistungsschalter
	Wasser:	Expansionsschalter
gasförmig	Druckluft bis etwa 4 MPa: Druckgasschalter Schwefelhexafluorid (SF_6) Vakuum, Restdruck etwa $1{,}3 \cdot 10^{-3}$ Pa: Vakuumschalter	

■ Entwicklung der Leistungsschalter

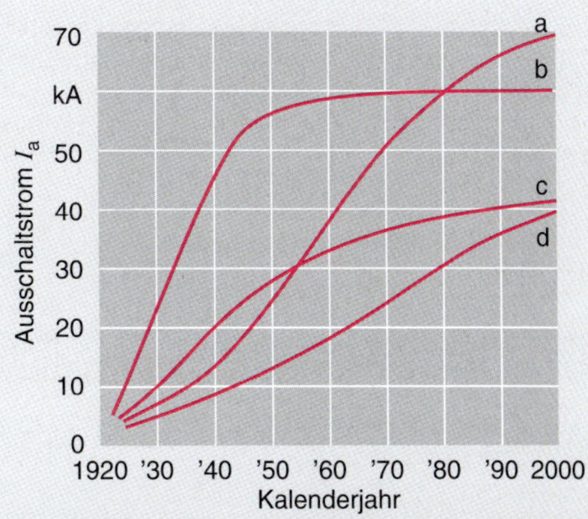

a) Druckluftschalter für Mittelspannungen bis 36 kV
b) Druckluftschalter für Hochspannungen ab 123 kV
c) ölarme Schalter und Vakuumschalter bis 36 kV
d) ölarme Schalter und SF_6-Schalter ab 123 kV

■ Hauptparameter der Strombahnen

Schaltgeräte-nennspannung in kV	Nennausschalt-strom[1]) in kA	Nennstrom						
		300 A	400 A	630 A	800 A	1250 A	2000 A	2500 A
12	10	La				L		
	16		La		L			
	20			T	L	L; T		
	25				L	L		L; T
	31,5				L			
24	10	La						
	12,5				L			
	20			T	L	L; T		
36	20			T	L	L; T		
123	25						L; T	
	31,5					L; T		
	40						L; T	
245	40						L; T	
	50						L	T
420	40						L; T	
	50						L	T

[1]) nur für Leistungsschalter
L Leistungsschalter
La Lasttrennschalter
T Trenner

Bauformen der Trenner

Mittelspannungstrenner

□ Messerkontakttrenner

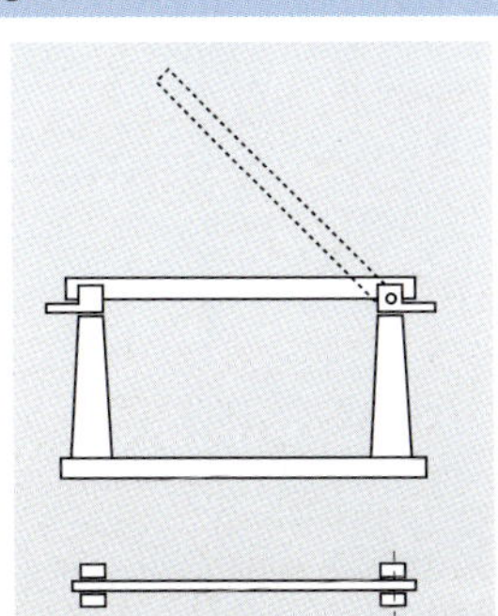

□ Linienkontakttrenner

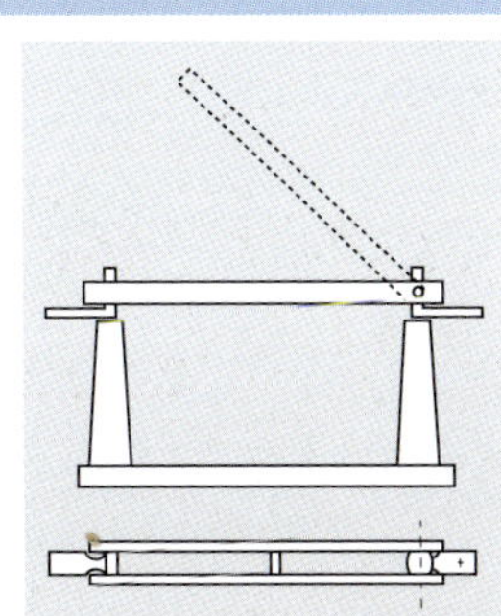

Schaltgerätenennspannung
12 kV
24 kV
36 kV

⋮

Hochspannungstrenner

□ Zweistützer-Drehtrenner	□ Zweistützer-Scherentrenner (Pantografentrenner)	□ Einstützer-Scherentrenner

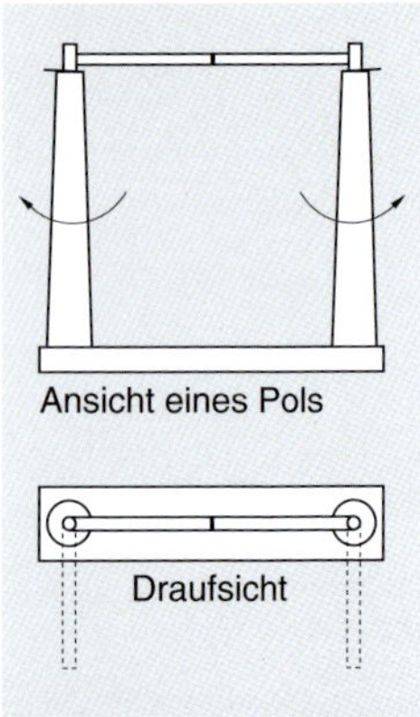

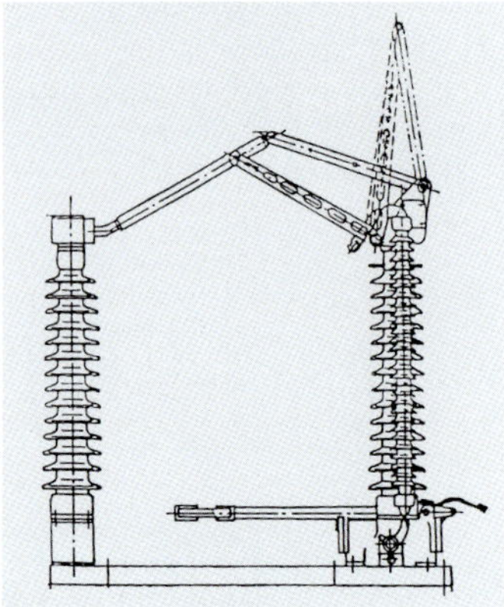

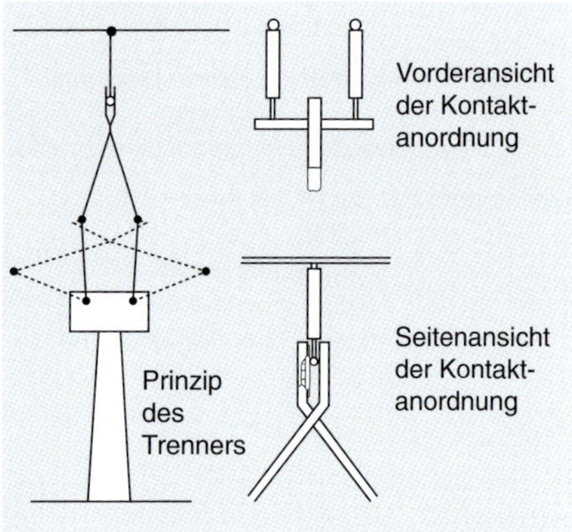

Schaltgeräte-nennspannung	123 kV 245 kV	123 kV	123 kV

□ Zweistützer-Klapptrenner Schaltgerätenennspannung 245 kV / 420 kV

Hochspannungs-Hochleistungssicherungen

Einsatz Mit Lasttrennschaltern als Kurzschlussschutz in Mittelspannungsanlagen

Merkmale Zusammenhang von Abschmelzzeit und Überstrom

Abschmelzkennlinie

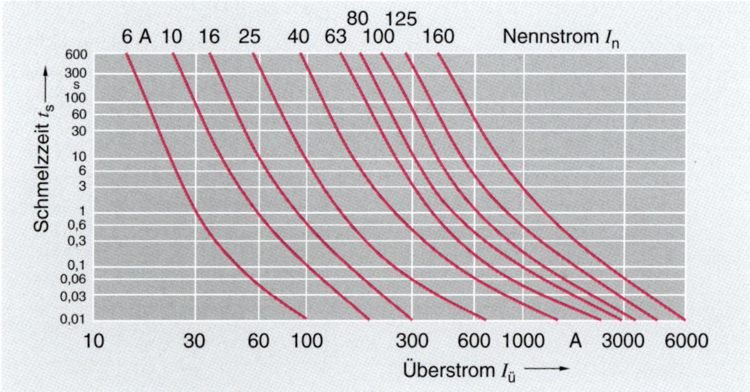

Zusammenhang von Durchlassstrom und Kurzschlussstrom

Schutzwertkennlinie

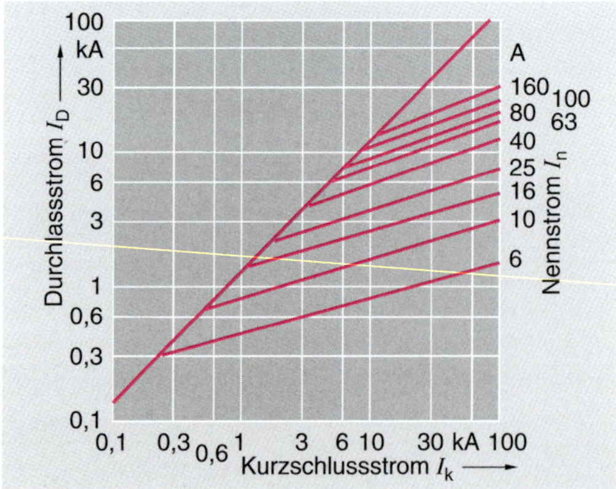

Niederspannungsschaltgeräte

Leistungsschalter	oder	Lastschalter
nur in Einspeisefeldern hoher Stromstärke mit Überlast-, Kurzschlussstrom- und Unterspannungsauslösung		Schalten bis zur Nennstromstärke in Stromkreisen mit einem Leistungsfaktor > 0,7; im Schaltvorgang kurzzeitig mit dem 1,25fachem der Nennstromstärke überlastbar

- mit Niederspannungs-Hochleistungssicherungen
- oder Trennlaschen

Einbau in Abzweige, die nicht durch Sicherungen geschützt werden müssen;
Herstellen einer sichtbaren Trennstelle beim Entfernen im stromlosen Zustand des Abzweiges

NH-Sicherungen als Überstrom-Schutzeinrichtung

Funktionsklassen	
Funktionsklasse g Ganzbereichssicherungen	Funktionsklasse a Teilbereichssicherungen
Sicherungseinsätze, die Ströme bis zu ihrem Nennstrom dauernd führen und Ströme vom kleinsten Schmelzstrom bis zum Nennausschaltstrom ausschalten können	Sicherungseinsätze, die Ströme bis zu ihrem Nennstrom dauernd führen und Ströme oberhalb eines bestimmten Vielfachen ihres Nennstromes bis zum Nennausschaltstrom ausschalten können

Schutzobjekte	
L	Kabel- und Leitungsschutz
M	Schaltgeräteschutz
R	Halbleiterschutz
B	Bergbauanlagenschutz
Tr	Transformatorenschutz

Betriebsklassen	
gL	Ganzbereichs-Kabel- und -Leitungsschutz
aM	Teilbereichs-Schaltgeräteschutz
aR	Teilbereichs-Halbleiterschutz
gR	Ganzbereichs-Halbleiterschutz
gB	Ganzbereichs-Bergbauanlagenschutz
gTr	Ganzbereichs-Transformatorenschutz

	Nennspannungen in V	Nennströme in A
Wechselspannung	**230** **400** **500** **690** 750 1000	2 4 6 10 16 20 25 32 35 40 50 63 80 100 125 160 200 250 315 400 500 630 800 1000 1250
Gleichspannung	**220** **440** 500 **660** **750** 1200 **1500** 2400 **3000**[1])	

[1]) fett gedruckte Werte bevorzugt

Strom- und Zeitwerte für das Nichtabschmelzen und das Abschmelzen von Sicherungseinsätzen

Nennstrom I_n in A	Prüfstrom kleiner	Prüfstrom großer	Prüfdauer in h
bis 4	1,5 I_n	2,1 I_n	1
über 4 … 10	1,5 I_n	1,9 I_n	1
über 10 … 25	1,4 I_n	1,75 I_n	1
über 25 … 63	1,3 I_n	1,6 I_n	1
über 63 … 160	1,3 I_n	1,6 I_n	2
über 160 … 400	1,3 I_n	1,6 I_n	3
über 400	1,3 I_n	1,6 I_n	4

Strom-Zeit-Bereiche für NH-Sicherungseinsätze der Betriebsklasse gL

Kennlinien zeigen das zeitliche Verhalten von Sicherungseinsätzen in Abhängigkeit vom Ausschaltstrom, der den Schmelzleiter zum Schmelzen und die Sicherung zum Ausschalten bringt.
Linke Kennlinie eines Nennstromwertes kennzeichnet die Minimalwerte (Schmelzzeit-Kennlinie), rechte Kennlinie die Maximalwerte (Ausschaltzeit-Kennlinie).

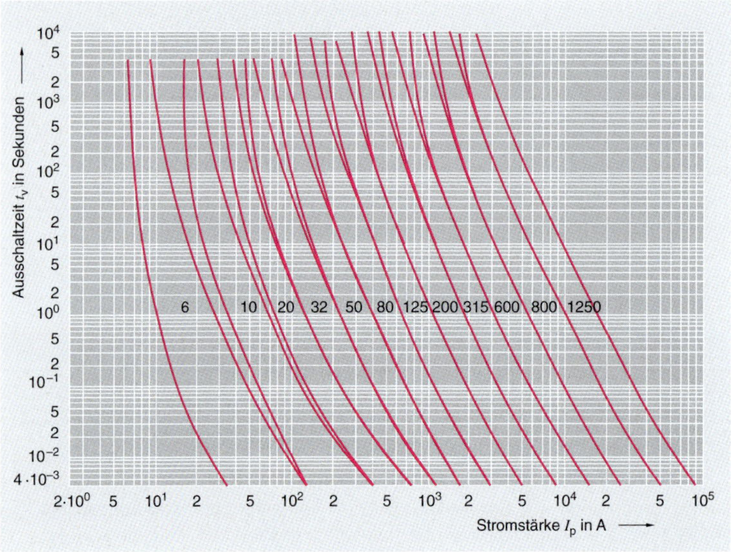

Beachte:

- NH-Schmelzeinsätze können durch ihren Aufbau hinsichtlich ihres Nennstromes und bis auf eine Ausnahme auch hinsichtlich ihrer Nennspannung verwechselt werden.
- NH-Sicherungen sind so genannte Sicherungen zum „Gebrauch durch ermächtigte Personen". Nur Elektrofachkräfte oder elektrotechnisch unterwiesene Personen dürfen unter Verwendung
  - eines NH-Sicherungs-Aufsteckgriffs mit Armschutzstulpe sowie
  - eines Gesichtsschutzschirms und Helms

  Schmelzeinsätze entfernen.

Sammelschienenschaltungen

Sammelschienenschaltungen mit mehreren Systemen

- **Kriterien für den Aufbau**
  - Reservehaltung zur Wartung eines Systems oder zur Aufrechterhaltung der Versorgung im Störfall
  - Netzaufteilung durch Zuordnung bestimmter Abgänge zu entsprechenden Ableitungen, um die Kurzschlussleistungen anpassen zu können.
  - Gruppenbildung der Zu- und Abgänge auf Grund von netztechnischen Umstellungen, wie Spannungsumstellungen oder Leistungserhöhungen
  - Aufteilung von Abgängen aus betrieblichen Gründen, zum Beispiel zur getrennten Energiezählung von verschiedenen Abnehmergruppen, zur Blindleistungskompensation einzelner Abnehmer oder zum Abschalten einzelner Teile bei Überlast oder Schwachlast (Nachtbetrieb)

Mehrfachsammelschienensysteme

Sammelschienen verlaufen über alle Zweige, die im Allgemeinen an jedes System angeschlossen sind.

Doppelsammelschienensystem SSI und SSII

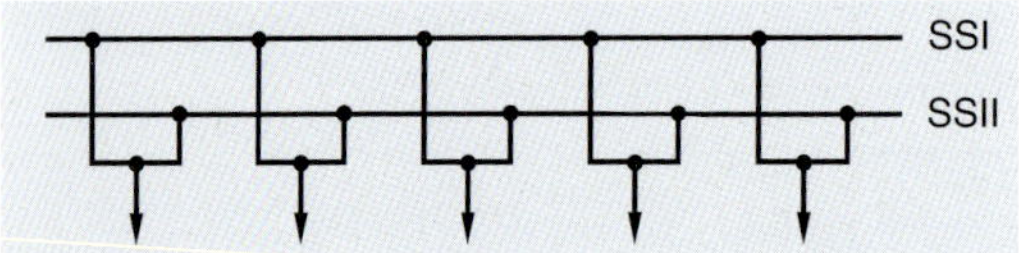

Dreifachsammelschienensystem SSI ; SSII ; SSIII

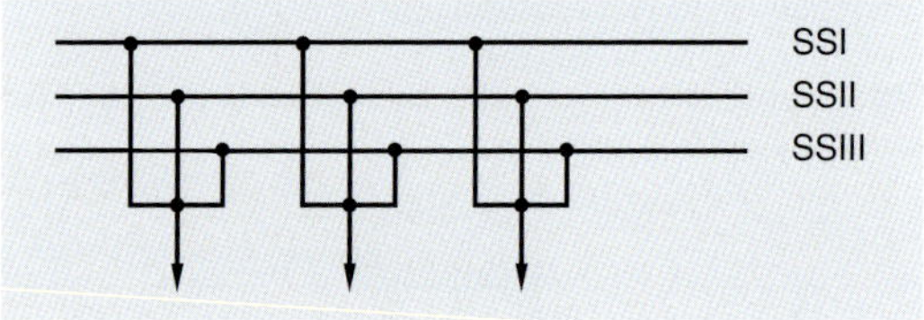

Sammmelschienenabschnitte

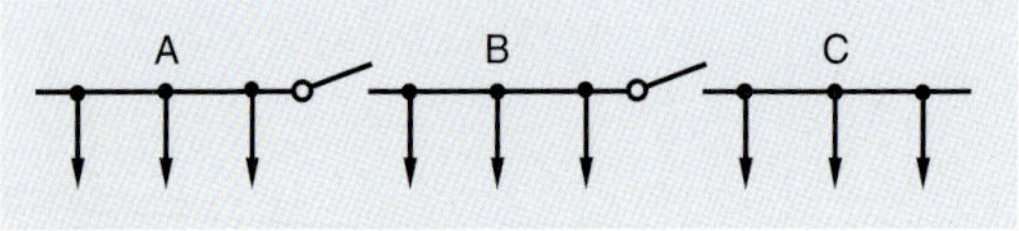

Unterteilung von Einfach- oder Mehrfachsammelschienensystemen in Abschnitte, denen ein Teil der Abzweige zugeordnet wird. Die dadurch entstehenden Gruppen von Abzweigen sind an einer untrennbaren Teilsammelschiene A oder B oder C angeschlossen.

Abzweigschaltungen

Vollständiger Abzweig eines Doppelsammelschienensystems (Höchstspannungsanlage)

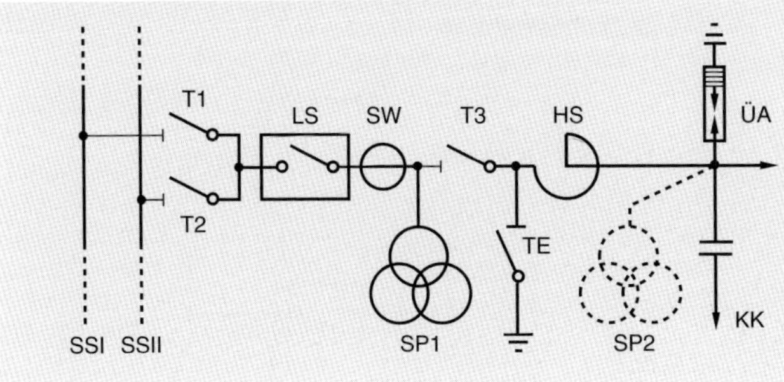

SSI; SSII	Sammelschienensystem
LS	Leistungsschalter
SP1 (2)	Spannungswandler
TE	Erdungstrenner
KK	Koppelkondensator für TFH
ÜA	Überspannungsableiter
TI ; TII	Auswahltrenner
SW	Stromwandler
T3	Abgangstrenner
HS	TFH-Hochfrequenzsperre

Grundschaltungen der Abzweige

Grundschaltung 1
Abzweig mit Trenner

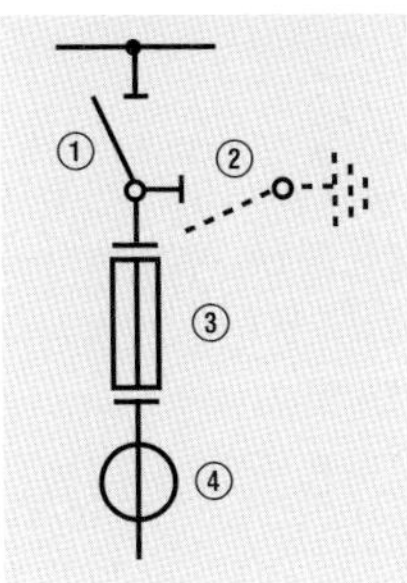

Maximale Bestückung:
① Trenner
② Erdungstrenner
③ Hochleistungs-sicherung
④ Stromwandler

Varianten:
- nur Trenner ①
- Trenner ① und Erdungstrenner ②
- Trenner ① und Sicherung ③
- Trenner ①, wahlweise Sicherung ③ und Stromwandler ④

Grundschaltung 2
Abzweig mit Lasttrennschalter
a) Anlage mit fest eingebauten Geräten
b) Anlage mit ausfahrbarem Lasttrenner

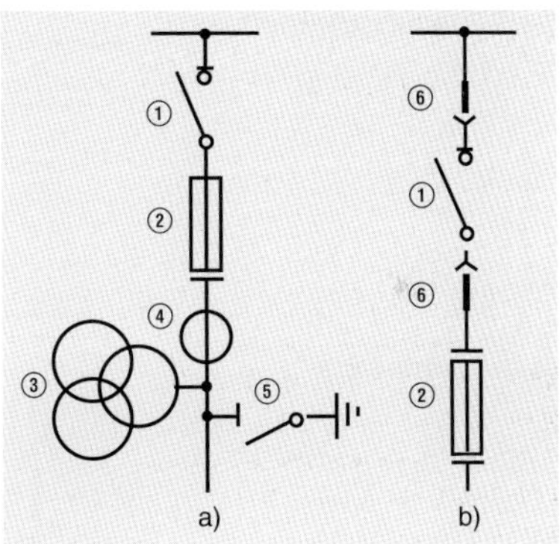

Maximale Bestückung:
① Lasttrenner
② Hochleistungs-sicherung
③ Spannungs wandler
④ Stromwandler
⑤ Erdungs-trenner
⑥ Trennkontakte

Varianten:
- nur Lastschalter ①
- Lasttrenner ① und Sicherung ②
- Lasttrenner ①, Sicherung ② und Erdungstrenner ⑤
- alle genannten Varianten zusätzlich mit Stromwandler ④

Grundschaltung 3
Abzweig mit Leistungsschalter
A Abzweig ohne Leitungstrenner

B Abzweig mit Leitungstrenner

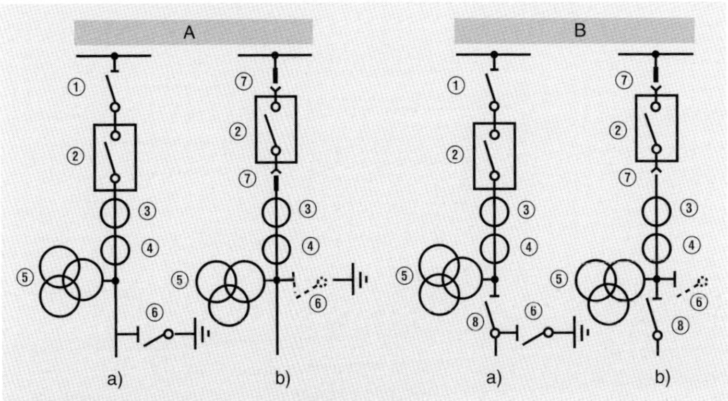

Maximale Bestückung:

①	Sammelschienentrenner
②	Leistungsschalter
③; ④	Stromwandler
⑤	Spannungswandler
⑥	Erdungstrenner
⑦	Trennkontakte
⑧	Leitungstrenner

Variante:
- ohne Strom- und Spannungs-wandler

a) Anlage mit fest eingebauten Geräten
b) Anlage mit ausfahrbarem Leistungsschalter

Kupplungsschaltungen

Grundschaltungen der Sammelschienenabschnitte und -systeme

- **Längskupplung**
  der Sammelschienenabschnitte A und B

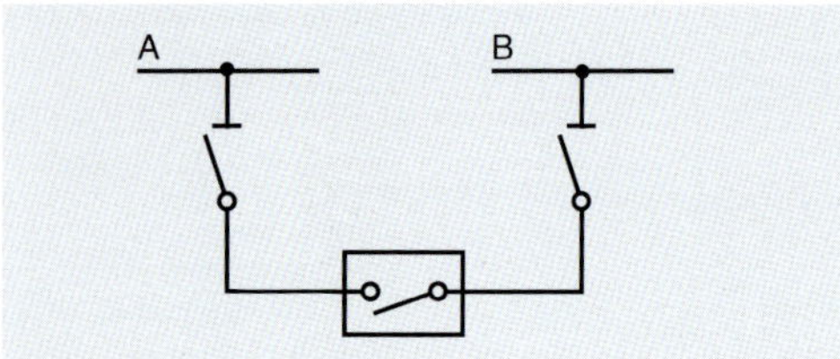

- **Querkupplung**
  der Sammelschienensysteme I und II

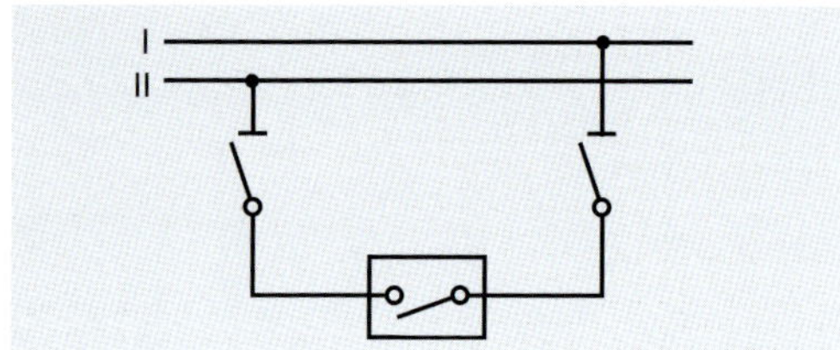

Vollkupplung des geteilten Doppelsammelschienensystems

Durch den Kupplungsschalter (Leistungsschalter) zu realisierende Verbindungen:

- Längskupplung der Abschnitte A und C oder der Abschnitte B und D
- Querkupplung der Systeme A und B oder der Systeme C und D
- Diagonalkupplung der Systemabschnitte A und D oder der Systemabschnitte B und C

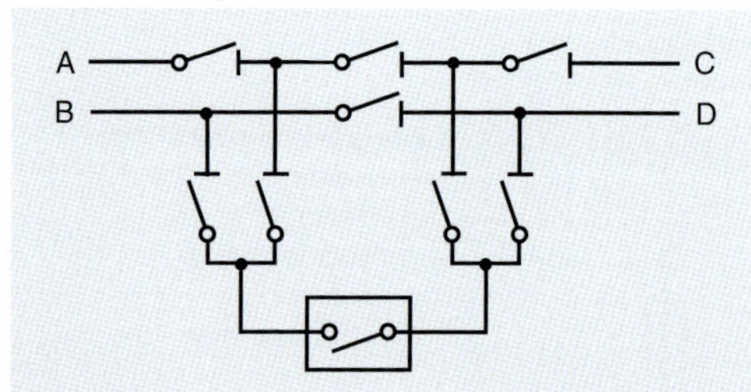

Verteilungsumspannwerke

Sammelschienenloses Umspannwerk der 110-kV-Ebene

Eingliederung in das Elektroenergiesystem

- am Leitungsende im Doppelstich oder
- durch Einschleifen in das 110-kV-Netz

Merkmale:

- Bis zu zwei Leitungsanschlüsse mit maximal zwei Transformatoren
- größte Kurzschlussleistung im Netzpunkt 5000 MVA
- Transformatorenleistung bis 63 MVA
- Zuordnung einzelner Geräte oder zusammengehöriger Gerätegruppen in Hochspannungsbereiche (HB), die sich bausteinartig zur 110-kV-Außenanlage zusammensetzen;
- Leistungsschalter in der Querverbindung (Hochspannungsbereich HB5) nur bei Leitungseinschleifung erforderlich

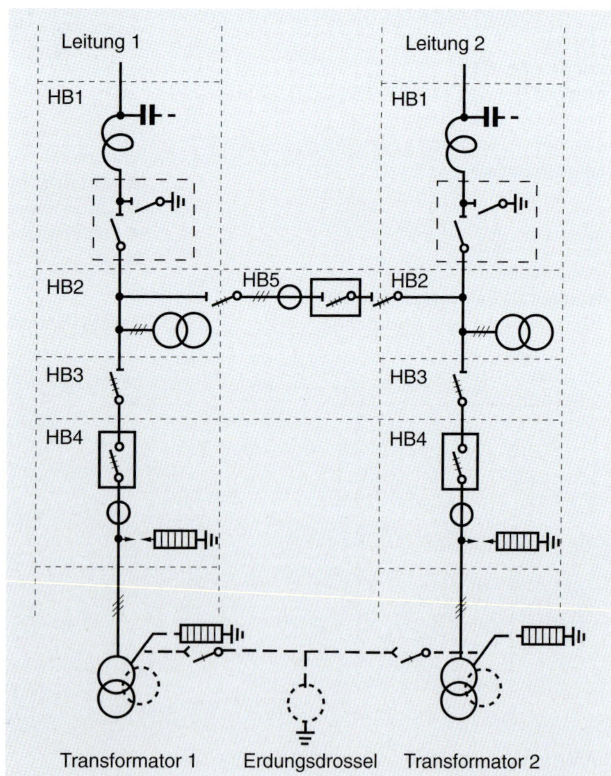

Umspannwerk mit mehr als zwei Leitungsanschlüssen

Freiluftanlagen (Prinzip der Tandembauweise)

- Anordnung der Sammelschienen (Leiterseile) oft direkt auf den Stützen der Sammelschienentrenner
  oder
- Kabelanschluss am Freileitungsendmast
- Leitungs- und Transformatorabzweige sind weitgehend normiert.

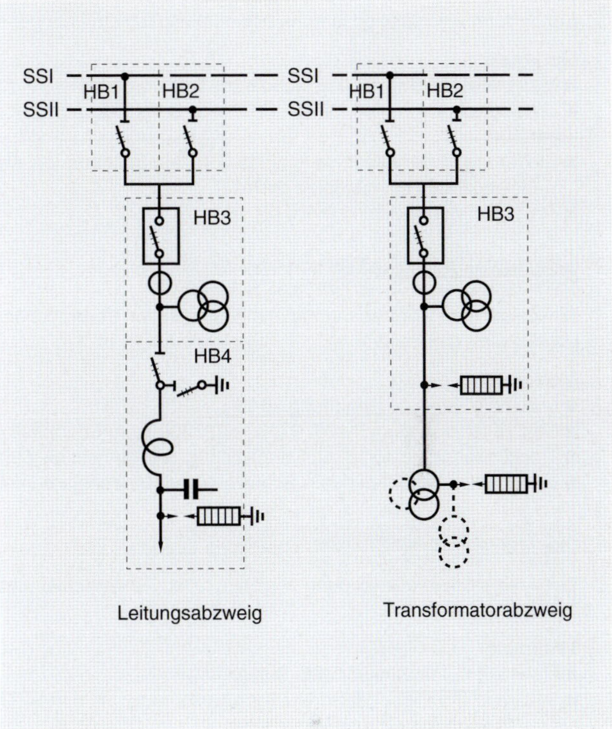

Umspannstationen

Arten der Umspannstationen

Ortsfeste Industrie-Transformatorenstation

Einspeisung von Industriebetrieben und ähnlichen Verbrauchern

Hauptelemente:

- Gekapselte Mittelspannungs-Schaltanlage oder Mittelspannungs-Schaltzelle in halboffener Bauweise mit Kabeleinspeisung
- Niederspannungs-Schaltanlage
- Kondensatorenanlage
- Drehstrom-Öltransformator bis 630 kVA, teilweise 1600 kVA
- Eigenbedarfsverteilung
- Batteriezellen

Hauptkennwerte:

Nennoberspannung in kV	6	10	20
Nennunterspannung in V		400	690
max. Nennausschaltleistung in MVA	250	350	250
Transformatorenleistung in kVA	3 x 630 oder 4 x 1600		

Ortsnetz-Transformatorenstation

Versorgung von Niederspannungs-Ortsnetzen als Kabel- oder Freileitungsstation

Hauptelemente:

- Mittelspannungs-Schaltanlage, als Durchgangsstation mit maximal drei Abgängen
- Niederspannungsverteilung als offene Wandverteilung
- Drehstrom-Öltransformator der Schaltgruppe Dyn5 oder Yzn5

⋮

Hauptkennwerte:

Nennoberspannung in kV	10	20
Nennunterspannung in V	400/230	
Transformatorenleistung in kVA	250; 400	bis 630

Maststation

Sonderform einer Station in dünn besiedelten Gebieten mit geringem Leistungsbedarf

Merkmale:
- Mastpodest in etwa 4,50 m Höhe trägt Transformator
- Mittelspannung von 10 kV oder 20 kV wird mit Ausnahme von Endstationen über Trenner zum Transformator geführt.
- Sicherungen der Niederspannungs-Freileitungsabgänge werden am nächsten Stützpunkt angeordnet, bei Kabelabgängen am nächsten Verteiler.
- Transformatorenleistung meist bis 160 kVA

Schwerpunktlaststation

Einspeisung der Mittelspannung unmittelbar in den Verbraucherschwerpunkt von Industrieanlagen, Wohnhäusern und Gesellschaftsbauten

Merkmale:
- Maximale Nennoberspannung 20 kV
- Nennunterspannungen 400 / 230 V; 690 / 400 V, im Sonderfall auch 1 oder 3 kV
- Trockentransformatoren mit Nennleistungen allgemein bis 630 kVA, selten auch 1000 kVA
- In Industrieanlagen oft durch Schützen- und Kondensatorenfelder ergänzt

Gekapselte Freiluftstationen

Zeitweilige Energieversorgung von Baustellen, Braunkohletagebauen, geologischen Untersuchungsstätten oder Großveranstaltungen

Merkmale:
- Meist auf Kufen transportable Station
- Station in einteiliger oder dreiteiliger Ausführung, bei der die Oberspannungs-, die Unterspannungs- und die Transformatorbereiche getrennt sind;
- Transformatorennennleistungen 400; 630; 1000 und 1600 kVA

3.2 Leistungstransformatoren

Wirkungsweise

Vorgang der Gegeninduktion

Ein sich ändernder Strom ΔI eines Leiters (1) induziert in einem anderen Leiter (2) eine Spannung U_Q, wenn der sich ändernde Magnetfluss $\Delta\Phi$ des Stromes den zweiten Leiter durchsetzt.

Prinzipieller Aufbau eines Transformators

als technische Anwendung der Gegeninduktion

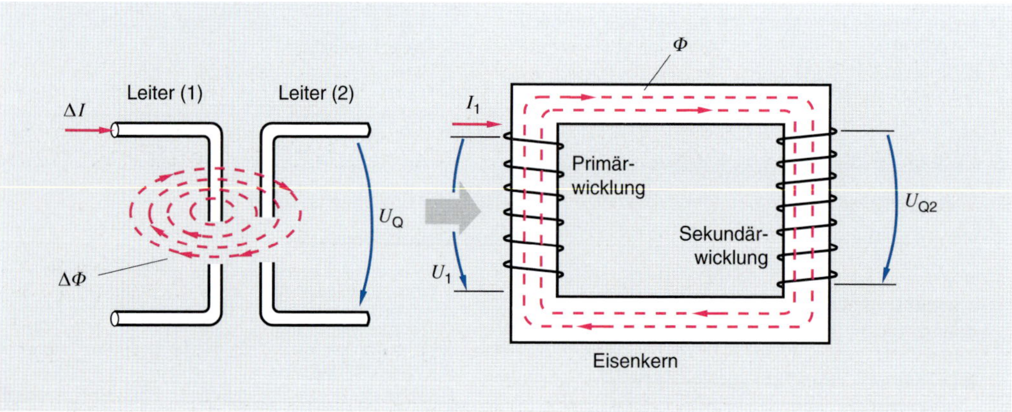

Primärwicklung (Eingangswicklung)	Aufnahme der Wirkleistung aus dem speisenden Netz (Primärnetz) unter Betriebsbedingungen Kennzeichnung der Größen mit dem Index 1
Eisenkern	feste magnetische Kopplung der Transformatorwicklungen Verstärkung des Magnetfeldes
Sekundärwicklung (Ausgangswicklung)	Abgabe der Wirkleistung an den Belastungsstromkreis (Sekundärnetz) unter Betriebsbedingungen Kennzeichnung der Größen mit dem Index 2

Kausaler Zusammenhang der Wechselgrößen

Primäre elektrische Größen	$U_1 \rightarrow I_1 \searrow$ $\quad\nearrow U_{Q1}$
magnetische Größen	$\Theta_1 \rightarrow \Phi$
sekundäre elektrische Größen	$\searrow U_{Q2}$

U_1 Primärspannung
I_1 Primärsrtrom
Θ_1 primäre Durchflutung
Φ Magnetfluss
U_{Q1} Selbstinduktionsspannung
Strom hemmende Spannung
U_{Q2} (Gegen)Induktionsspannung
Strom antreibende Spannung

Transformatorhauptgleichung

Größe der Induktionsspannung	$U_Q = 4{,}44 \cdot f \cdot N \cdot \hat{\Phi}$ $\hat{\Phi} = \hat{B} \cdot A_{Fe}$ $U_Q = 4{,}44 \cdot f \cdot N \cdot \hat{B} \cdot A_{Fe}$	U_Q in V — Induktionsspannung $4{,}44 = 2\pi/\sqrt{2}$ — Umrechnungskonstante f in Hz — Frequenz N — Windungszahl $\hat{\Phi}$ in Vs (Wb) — Scheitelwert des Magnetflusses $\hat{B}$ in T — Scheitelwert der Magnetflussdichte A_{Fe} in m² — Querschnittsfläche des Eisenkerns
Sekundäre Leerlaufspannung	U_{20}*) $= U_{Q2}$ *)lies: U zwei null $U_{20} = 4{,}44 \cdot f \cdot N_2 \cdot \hat{B} \cdot A_{Fe}$	U_{Q2} in V — sekundäre Induktionsspannung N_2 — sekundäre Windungszahl
Magnetflussdichte (Scheitelwert) im Eisenkern	Im Leerlauf $U_{Q1} \approx U_1$ $\hat{B} = \dfrac{U_1}{4{,}44 \cdot f \cdot N_1 \cdot A_{Fe}}$	U_{Q1} in V — primäre Selbstinduktionsspannung U_1 in V — Primärspannung N_1 — primäre Windungszahl
Kausaler Zusammenhang	bei ■ konstruktiv unveränderlichem Transformator und ■ konstanter Frequenz Ursache — Wirkung / Ursache — Wirkung $U_1 \uparrow \Rightarrow \hat{B} \uparrow \Rightarrow U_{20} \uparrow$ (↑ Betrag der Größe steigt)	
Bedingungen für das Transformieren	■ magnetische Kopplung der Transformatorenwicklungen und ■ unterschiedliche Windungszahlen der Wicklungen $N_2 \neq N_1$ **Hochtransformieren** $N_2 > N_1$, dann $U_{20} > U_1$ **Herabtransformieren** $N_2 < N_1$, dann $U_{20} < U_1$	

Übersetzungen

Nennübersetzung

Verhältnis der Nennspannung einer Wicklung zur niedrigeren einer anderen Wicklung:

U_{OS}/U_{US}

OS Oberspannung
US Unterspannung

Nennspannung einer Wicklung

Spannung, die

- zwischen den Leiteranschlüssen einer Wicklung eines Mehrphasentransformators (Anschlüsse der Hauptleiter) oder
- zwischen den Anschlüssen einer Wicklung eines Einphasentransformators anzulegen ist bzw. im Leerlauf auftritt.

Übersetzungsverhältnis

Rechengröße, die das Verhältnis der primären zur sekundären Windungszahl angibt:

$$ü = \frac{N_1}{N_2}$$

Jeder Transformator hat zwei Übersetzungsverhältnisse, da seine Arbeitsweise bei gleicher konstruktiver Ausführung geändert werden kann.

	Arbeitsweise des Transformators	
	Hochtransformieren	Herabtransformieren
Funktion der US-Wicklung	Energie aufnehmend – Primärwicklung –	Energie abgebend – Sekundärwicklung –
Funktion der OS-Wicklung	Energie abgebend – Sekundärwicklung –	Energie aufnehmend – Primärwicklung –
Übersetzungsverhältnis	$ü = \frac{N_{US}}{N_{OS}}$	$ü' = \frac{N_{OS}}{N_{US}}$
	$ü = \frac{1}{ü'}$	

Spannungsübersetzung

$$\frac{U_{Q1}}{U_{Q2}} = \frac{N_1}{N_2} = ü$$

Im Leerlauf mit hinreichender Genauigkeit

$$\frac{U_1}{U_{20}} = \frac{N_1}{N_2} = ü$$

U_1 Primärspannung
U_{20} sekundäre Leerlaufspannung

Windungsspannung
Betrag der Spannung, die über einer Windung einer Spule abfällt bzw. in einer Windung induziert wird.

$$U_W = \frac{U}{N}$$

Primärwicklung $U_{W1} = \frac{U_1}{N_1}$

Sekundärwicklung $U_{W2} = \frac{U_2}{N_2}$

$U_{W1} = U_{W2}$

Die Beträge der Windungsspannungen sind primär und sekundär gleich.

Stromübersetzung

Bei Nennbelastung und Vernachlässigung der Verluste:
$S_1 = S_2$

Leistungsaufnahme = Leistungsabgabe
$S_1 = U_1 \cdot I_1$ $S_2 = U_2 \cdot I_2$

$\frac{I_1}{I_2} = \frac{U_2}{U_1}$ Die Ströme und Spannungen stehen im umgekehrten Verhältnis zueinander.

Mit hinreichender Genauigkeit

$$\frac{I_1}{I_2} = \frac{N_2}{N_1} = \frac{1}{ü}$$

elektrische Durchflutung
$\Theta = I \cdot N$

Primärwicklung $\Theta_1 = I_1 \cdot N_1$
Sekundärwicklung $\Theta_2 = I_2 \cdot N_2$

$\Theta_1 = \Theta_2$

Die Beträge der durch die primären und sekundären Astströme entstehenden elektrischen Durchflutungen sind gleich. Das Durchflutungsgleichgewicht stellt sich selbstständig ein.

Widerstandsübersetzung

Impedanz (Scheinwiderstand)

$$Z = \frac{U}{I}$$

Aus der Spannungs- und Stromübersetzung ergibt sich

$$\frac{Z_1}{Z_2} = \left(\frac{N_1}{N_2}\right)^2 = ü^2 \text{ *)}$$

*) Beziehung gilt analog auch für ohmsche Widerstände und Blindwiderstände.

Auf den Primärkreis bezogene Sekundärgrößen

bezogene Sekundärspannung
$U_2' = ü \cdot U_2$

bezogener Sekundärstrom
$I_2' = \frac{1}{ü} \cdot I_2$

bezogene Sekundärimpedanz
$Z_2' = ü^2 \cdot Z_2$

Konstruktive Merkmale der Wicklungen

OS-Wicklung	Wicklung mit der größten Windungszahl, dem kleinsten Drahtquerschnitt, dem größten Isolationsaufwand
US-Wicklung	Wicklung mit der kleinsten Windungszahl, dem größten Drahtquerschnitt, dem kleinsten Isolationsaufwand

Bauteile

Bauteile der Transformatoren

Aktive Bauteile

Teile, die für die Wirkungsweise der Transformatoren notwendig sind.

- Eisenkern
- Wicklungen

Passive Bauteile

Teile, die die Betriebsfähigkeit der Transformatoren gewährleisten.

- Press- und Stützkonstruktionen
- Gehäuse oder Kessel mit Deckeldurchführungen
- Schutzeinrichtungen

Eisenkern

Transformatorenbleche

Merkmale

- Kohlenstoffarme, siliziumlegierte Stähle mit geringer Blechdicke
- weichmagnetische Werkstoffe mit hoher magnetischer Durchlässigkeit, großen Magnetflussdichtewerten und geringer Koerzitivfeldstärke
- einseitige, auch zweiseitige Blechisolation mit
  - ofen- oder lufttrocknenden Kunstharz- oder Öllacken
  - Metalloxiden durch chemische Behandlung der Oberflächen
  - Keramik-Glimmerschicht oder Korundschicht aus modifiziertem Aluminiumoxid mit färbenden Beimengungen hoher Temperaturbeständigkeit und fester Bindung zum Trägermaterial

Kenngrößen

- Verlustziffer $v_{1,0}$ und $v_{1,5}$ zur Kennzeichnung der Ummagnetisierungsverluste in W/kg bei einer Wechselfeldmagnetisierung von 50 Hz und sinusförmigem Verlauf der Magnetflussdichte mit den Scheitelwerten von 1,0 und 1,5 T bei 20 °C
- magnetische Flussdichte zur Beurteilung der Magnetisierbarkeit
- Biegezahl zur Kennzeichnung der Zähigkeit des Bandes oder Bleches, die sich beim Hin- und Herbiegen um 90° in wechselnder Richtung bis zum Bruch ergibt.
- Widerstand der Isolation zur Bewertung der Güte der Isolierschicht
- Alterungskoeffizient, der die prozentuale Erhöhung der Ummagnetisierungsverluste und die prozentuale Verringerung der Permeabilität durch Altern der Bleche angibt.

Blecharten

- Warmgewalzte Bleche
  Blechdicke 0,5 oder 0,35 mm
  mittlerer Kohlenstoffgehalt 0,05 %
  mittlerer Siliziumgehalt 4,0 bis 4,3 %
  Verlustziffer $v_{1,0}$ = 0,9 bis 1,1 W/kg
  Flussdichte B_{25} = 1,4 bis 1,5 T (Scheitelwert)
- Kaltgewalzte kornorientierte Bleche (Texturbleche)
  hohe Magnetisierbarkeit und geringe Ummagnetisierungsverluste in Walzrichtung
  Blechdicke ≤ 0,35 mm
  Verlustziffer $v_{1,0}$ = 0,46 bis 0,7 W/kg
  Flussdichte B_{25} = 1,8 bis 1,85 T (Scheitelwert)

Schnittformen

- Streifenschnitte als 90°-, 60°- und 45°-Schnitte

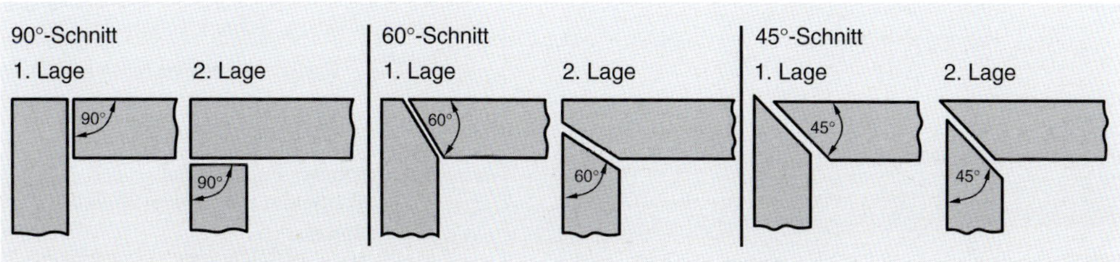

- Formschnitte der Kleintransformatoren: M-; L-; UI-; EI-Schnitte

Transformatorenkerne

Schenkel	bewickelte Teile des Kernes
Joche	unbewickelte Teile als Ober- und Unterjoch
Rückschlussschenkel	unbewickelte Teile zur Verringerung der Bauhöhe und zur Unterdrückung der Oberwellen

Formen

■ Schenkelkern

– Zweischenkelkern –
Kern des Einphasentransformators

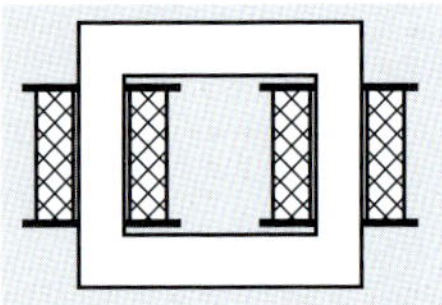

– Dreischenkelkern –
Kern des Drehstromtransformators

– Fünfschenkelkern –
(äußere Schenkel sind unbewickelt)

■ Mantelkern

Kern des Einphasentransformators

Schenkel-Joch-Verbindung

■ Stumpfjoch

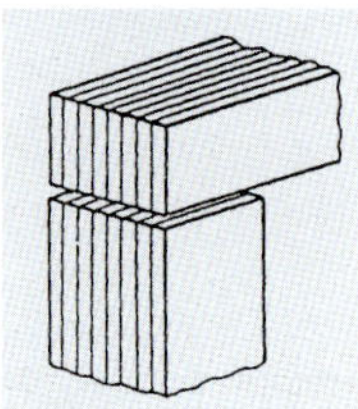

■ Schachteljoch

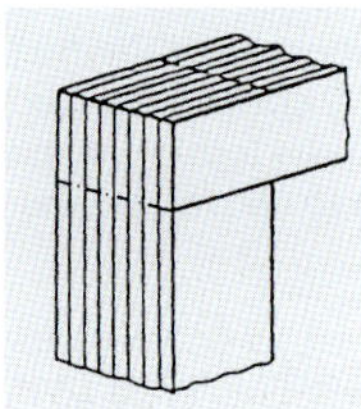

Schenkelquerschnitt

■ rechteckiger Querschnitt

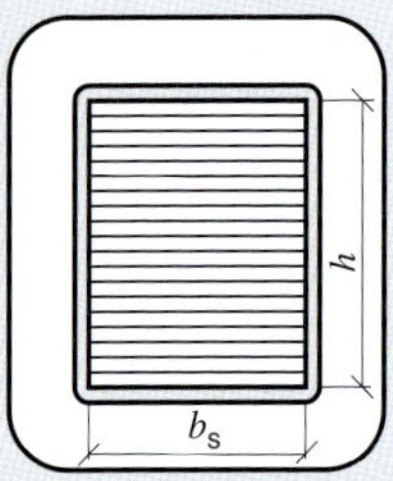

b_s Schenkelbreite
h Schichthöhe

■ quadratischer Querschnitt

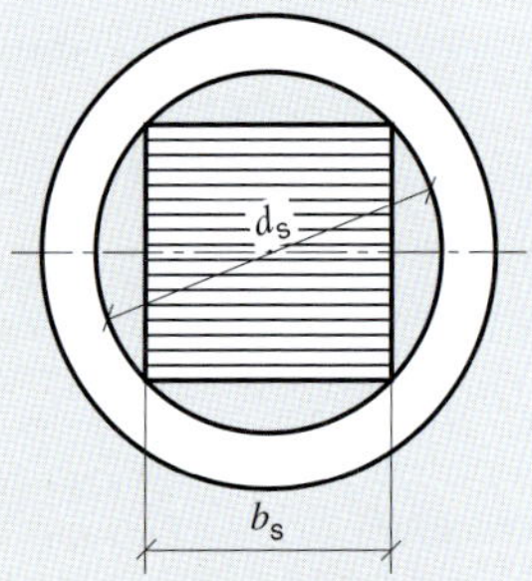

d_s Schenkeldurchmesser

■ abgestufter Querschnitt

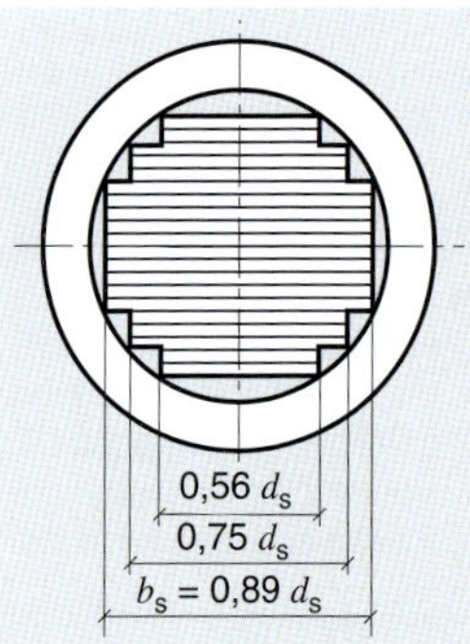

■ Schenkelquerschnitt und Bemessungsleistung

$$A_{Fe} = c_{Fe} \sqrt{\frac{S}{n \cdot f}}$$

A_{Fe} in cm^2	effektiver Schenkelquerschnitt
c_{Fe} in $\frac{cm^2}{\sqrt{VAs}}$	Konstruktionskonstante im Bereich von 4 bis 8, kleinere Werte für hohe Magnetflussdichtewerte
S in VA	Bemessungsleistung
n	Anzahl der bewickelten Schenkel
$n = 1$	Mantelkern
$n = 2$	Zweischenkelkern
$n = 3$	Dreischenkelkern
f in Hz	Frequenz

Wicklungen

Wicklungen

Wicklung ist die Gesamtheit der Windungen, die einen elektrischen Kreis mit einer dem Transformator zugeordneten Spannung bilden:

Oberspannungs-(OS-)Wicklung; Unterspannungs-(US-)Wicklung; Mittelspannungs-(MS-)Wicklung

Wicklungsarten

■ Scheibenwicklung

Merkmale:
- OS- und US-Wicklungen sind mehrfach geteilt.
- Wicklungsteile werden abwechselnd in axialer Richtung der Schenkel übereinander angeordnet.
- Zwischen den Wicklungsteilen befinden sich scheibenförmige Trennflächen (Hauptisolation).
- Wicklungsteile gleicher Spannungsebene werden in Reihe geschaltet.

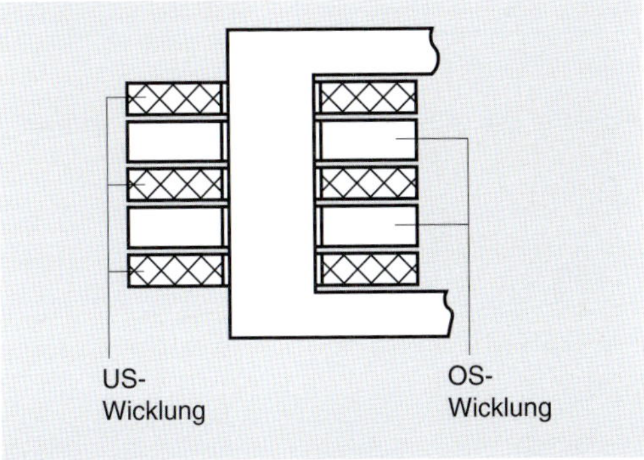

■ Zylinderwicklung

Merkmale:
- OS- und US-Wicklungen von Einphasentransformatoren sind zweifach geteilt.
- OS-Teilwicklungen bzw. OS-Strangwicklungen von Drehstromtransformatoren werden in radialer Richtung des Schenkels über den US-Teilwicklungen bzw. US-Strangwicklungen angeordnet.
- Zwischen den Wicklungen befinden sich zylindrische Trennflächen (Hauptisolation).

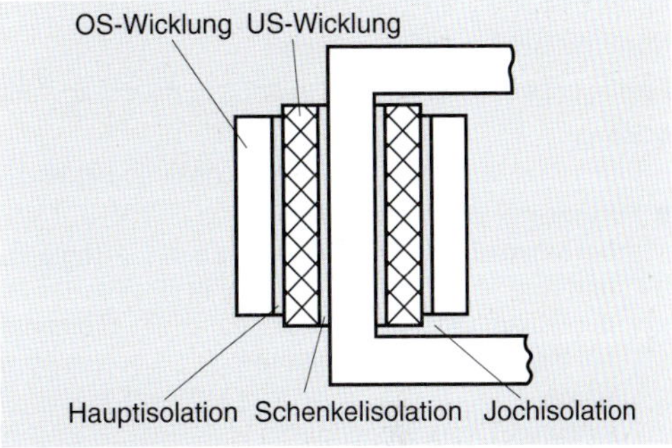

Spulenarten

■ Lagenspule

Teil einer Wicklung, bei dem ein Draht oder mehrere gleichzeitig axial nebeneinander entsprechend einer Schraube gewickelt sind.

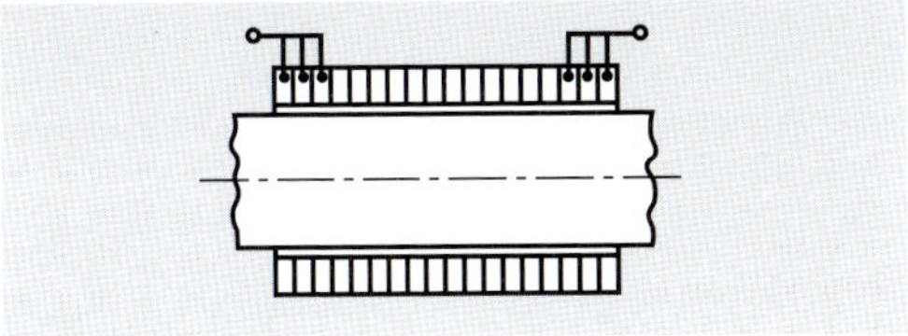

■ Wendelspule

Teil einer Wicklung, bei dem mehrere Drähte gleichzeitig radial übereinander entsprechend einer Schraube so gewickelt sind, dass die Windungen axial nebeneinander liegen, oft mit Verdrillungsstellen zum Ausgleich der unterschiedlichen Lagenwiderstände.

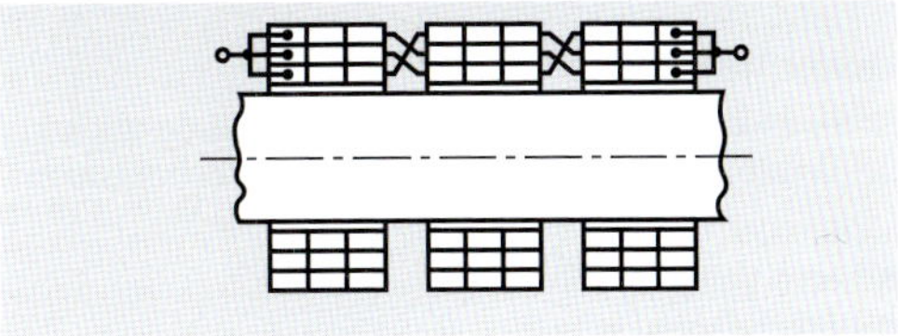

■ Scheibenspule

Teil einer Wicklung, bei dem ein Draht oder mehrere gleichzeitig radial übereinander entsprechend einer Spirale gewickelt sind.

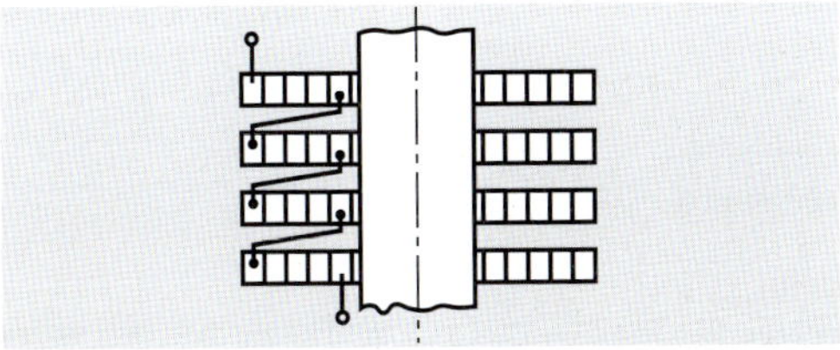

■ Doppelscheibenspule

Teil einer Wicklung, der aus zwei fortlaufend in entgegengesetztem Wickelsinn axial nebeneinander gewickelten Scheibenspulen besteht.

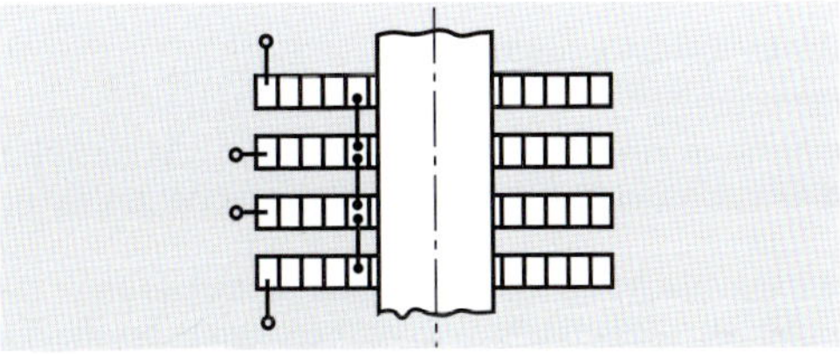

Isolation der Wicklungen

- **Drahtisolation** Isolation zwischen benachbarten Windungen, beansprucht durch die Windungsspannung
- **Lagenisolation** Isolation zwischen den Lagen einer Spule, beansprucht durch die Spannung, die zwischen der ersten Windung einer Lage und der letzten Windung der darüber liegenden Lage anliegt.
- **Schenkelisolation** Isolation zwischen dem Schenkel und der darüber liegenden Wicklung
- **Jochisolation** Isolation zwischen dem Ober- bzw. Unterjoch und den entsprechenden Spulen
- **Hauptisolation** Isolation zwischen der OS- und der US-Wicklung

Betriebszustände

Betriebsverhalten

Verhalten des Transformators bei unterschiedlichen Widerstandswerten des Sekundärkreises in den Betriebszuständen Leerlauf, Belastung und Kurzschluss, wenn primärseitig die Bemessungsspannung mit Bemessungsfrequenz anliegt.

	Leerlauf	Belastung	Kurzschluss
Sekundärkreis	geöffnet	über Verbrauchsmittel geschlossen	Sekundärklemmen mit vernachlässigbarer Impedanz verbunden
Außenwiderstand	$Z_a \to \infty$	$0 < Z_a < \infty$	$Z_a = 0$

Normale Betriebsbedingungen

Festlegungen, bei denen die in den Normen aufgeführten Anforderungen während des Betriebes gültig sind.

- **Höhe**
  Eine Höhe über N.N., die 1000 m nicht übersteigt.
- **Temperatur des Kühlmittels**
  - bei luftgekühlten Transformatoren — Temperatur $\leq 40\,°C$
    und
    bei Freilufttransformatoren — Temperatur $\geq -25\,°C$
    bei Innenraumtransformatoren — Temperatur $\geq -5\,°C$
    sowie
    mittleren Tagestemperaturen $\leq 30\,°C$
    und
    mittleren Jahrestemperaturen $\leq 20\,°C$
  - bei wassergekühlten Transformatoren
    Eintrittstemperatur des Wassers $\leq 25\,°C$
- **Kurvenform der angelegten Spannung**
  Eingangsspannung mit annähernd sinusförmiger Kurvenform
- **Symmetrie der angelegten mehrphasigen Spannung**
  Gleiche Beträge und Phasenverschiebungswinkel zwischen den Spanungen

Idealer Transformator

ist als Modell ein vereinfachtes ideelles Ersatzobjekt von realen Transformatoren, das nur ihre wesentlichen Verhaltensweisen zeigt und in Form von Ersatzschaltbildern oder Ersatzschaltungen dargestellt wird.

Merkmale:

- keine Verluste, d. h.
- Wirkungsgrad gleich 1
- Ausgangsleistung gleich Eingangsleistung
- im Leerlauf keine primäre Stromaufnahme
  und
- vollständige magnetische Kopplung der Sekundärwicklung mit der Primärwicklung, d. h. kein Streufeld

Realer Transformator

Merkmale:

- Verluste in Wicklungen und Eisenkern, die diese Bauteile erwärmen
- Eingangsleistung stets geringfügig größer als die Ausgangsleistung
  und
- magnetische Streuung der stromdurchflossenen Wicklungen
  Wesen: Der mit der Sekundärwicklung verkettete Magnetfluss ist kleiner als der von der Primärwicklung erzeugte.

Ein Teil der Feldlinien (Streufeldlinien) verläuft außerhalb des Eisenkerns.

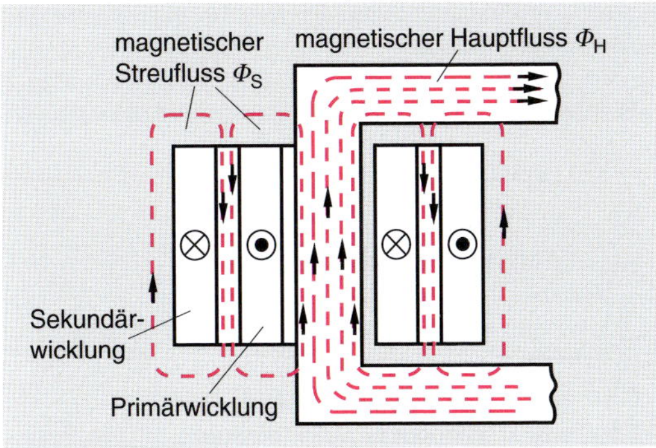

Ursache:
- Abstände der Wicklungen vom Schenkel und Joch durch ihre notwendige Isolierung
- magnetischer Widerstand des Eisenkerns
- geringe magnetische Leitfähigkeit der die Wicklungen umgebenden Medien

Wirkung: Streufeldlinien induzieren in den Transformatorwicklungen Selbstinduktionsspannungen, die als induktive Blindwiderstände (Streuwiderstände) wirken.
Das Streufeld wirkt als Quelle mit geringer elektromagnetischer Verträglichkeit und kann insbesondere mikroelektronische Schaltungen empfindlich stören.

Transformatoren großer Bemessungsleistungen nähern sich weitgehend den Merkmalen eines idealen Transformators an.

Leerlauf

■ Größen im Ersatzschaltbid

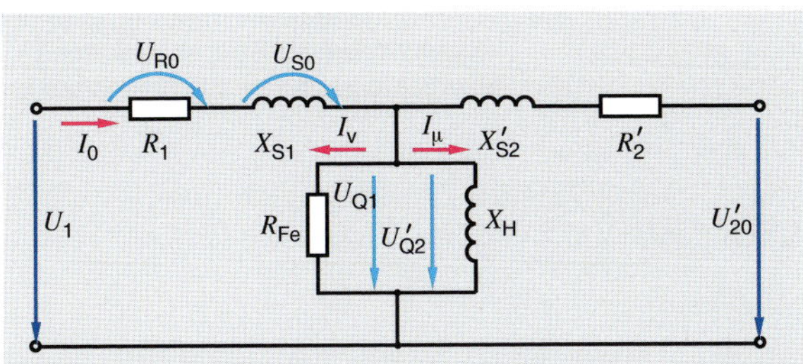

Hinweis: Durch die fiktive Verbindung von Primär- und Sekundärkreis sind die realen Sekundärgrößen auf den Primärkreis zu beziehen, d. h., sie sind mit dem entsprechenden Übersetzungsverhältnis umzurechnen.

Längsglied des Ersatzschaltbildes

R_1 Wirkwiderstand der Primärwicklung
X_{S1} Streuwiderstand der Primärwicklung

Querglied des Ersatzschaltbildes
R_{Fe} Wirkwiderstand zur Kennzeichnung der Eisenverluste
X_H induktiver Blindwiderstand zur Kennzeichnung des Hauptflusses
U_1 Primärspannung
U_{Q1} primäre Selbstinduktionsspannung

X'_{S2} bezogener Streuwiderstand der Sekundärwicklung
R'_2 bezogener Wirkwiderstand der Sekundärwicklung

U'_{Q2} bezogene sekundäre Induktionsspannung
U'_{20} bezogene sekundäre Leerlaufspannung
U_{R0}; U_{S0} Spannungsfälle über den Widerständen der Primärwicklung
I_0 Leerlaufstrom
I_v Eisenverluststrom (Wirkstrom)
I_μ Magnetisierungsstrom (induktiver Blindstrom)

■ Zeigerbild

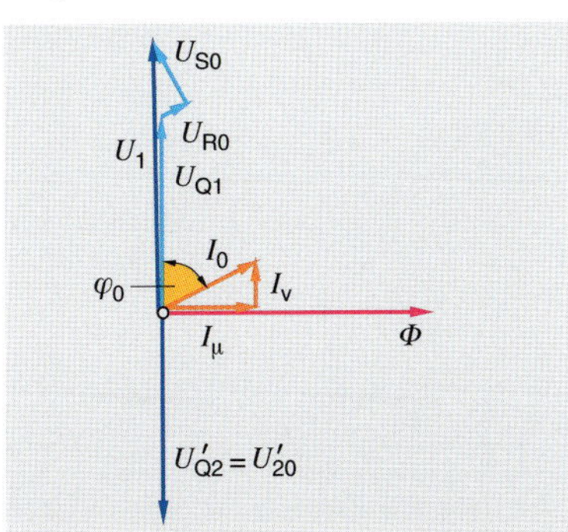

$I_0 = I_v \hat{+} I_\mu$ ($\hat{+}$ geometrische Summe)
$U_1 = U_{Q1} \hat{+} U_{R0} \hat{+} U_{S0}$
$U'_{20} = U'_{Q2} = -U_{Q1}$

Leerlaufstrom

$$I_0 = \sqrt{I_v^2 + I_\mu^2}$$

$$I_v = \frac{P_0}{U_1}$$

$$I_\mu = \frac{\Theta_{Fe} + \Theta_L}{N_1}$$

I_v Eisenverluststrom
I_μ Magnetisierungsstrom
P_0 Eisenverluste (Leerlaufverluste)
U_1 Primärspannung
Θ_{Fe} Teildurchflutung des Eisenkerns
Θ_L Teildurchflutung der Luftspalte
N_1 primäre Windungszahl

■ **Einschaltstrom** (Rush-Effekt)

Beim Einschalten entsteht eine Stromspitze, die in Abhängigkeit vom Einschaltaugenblick das 10- bis 30fache des Nennstroms beträgt; rasches Abklingen der Stromspitze nach wenigen Perioden.
Ursache sind elektromagnetische Ausgleichsvorgänge.
Effekt hat in Umspannanlagen Einfluss auf die Wahl der HH-Sicherungen und auf die Einstellung des Auslösers von Leistungsschaltern.

Belastung

■ **Größen im Ersatzschaltbild**

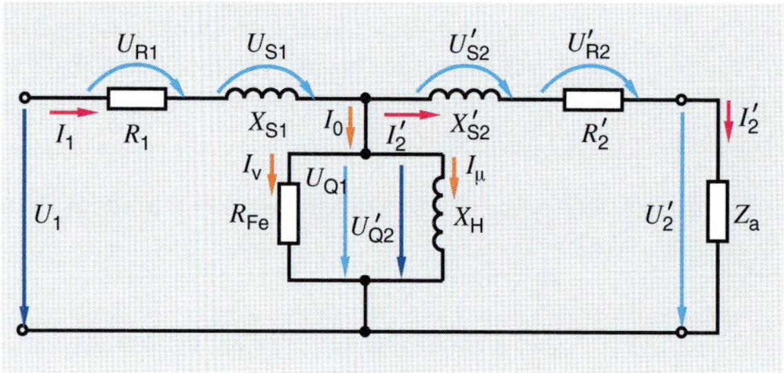

Strom- und Spannungsgrößen

- I_1 Primärstrom
- I_0 Leerlaufstrom
- I_v Eisenverluststrom
- I_μ Magnetisierungsstrom
- I'_2 bezogener Sekundärstrom
- U_1 Primärspannung
- U_{R1}; U_{S1} Spannungsfälle über den Widerständen der Primärwicklung
- U_{Q1} primäre Selbstinduktionsspannung
- U'_{Q2} bezogene sekundäre Induktionsspannung
- U'_{R2}; U'_{S2} bezogene Spannungsfälle über den Widerständen der Sekundärwicklung
- U'_2 bezogene sekundäre Klemmenspannung

■ **Vereinfachtes Zeigerbild** (induktive Belastung)

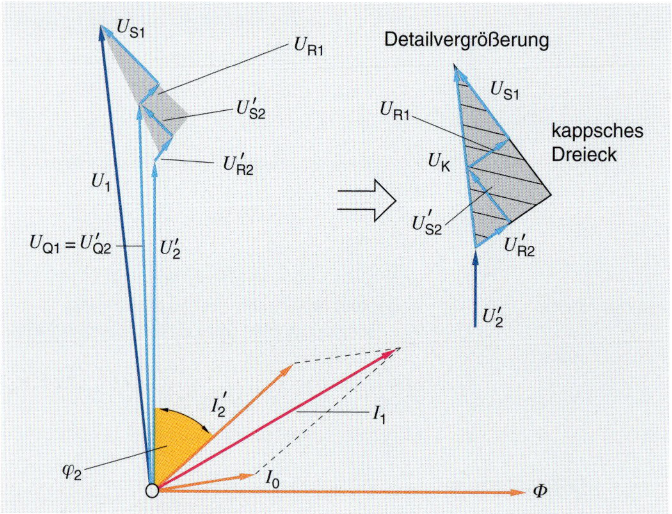

$I_1 = I'_2 \hat{+} I_0$ ($\hat{+}$ geometrische Summe)
$U'_2 = U'_{Q2} \hat{-} (U'_{R2} \hat{+} U'_{S2})$
$U_1 = U_{Q1} \hat{+} (U_{R1} \hat{+} U_{S1})$

■ **(Nenn)Kurzschlussspannung**

Wesen: geometrische Summe der inneren Spannungsfälle bei (Nenn)Belastung

Experimentelle Bestimmung:
- Sekundärklemmen widerstandslos verbinden (Kurzschluss)
- Primärspannung von null so weit erhöhen, bis die Nennströme fließen
- primär anliegende Spannung U_1^* messen
- $U_1^* = U_K$ $\quad U_K = (U_{R1} \hat{+} U_{S1}) \hat{+} (U'_{R2} \hat{+} U'_{S2})$ vgl. kappsches Dreieck

Berechnungsgleichungen

$$U_K = \sqrt{(U_{R1} + ü \cdot U_{R2})^2 + (U_{S1} + ü \cdot U_{S2})^2}$$
$$U_K = \sqrt{U_R^2 + U_S^2}$$

U_{R1}; U_{R2}	ohmsche Spannungsfälle
U_{S1}; U_{S2}	Streuspannungsfälle
$ü$	Übersetzungsverhältnis

bezogene (relative) Kurzschlussspannung

$$u_K = \frac{U_K}{U_1} \cdot 100$$

u_K in %	
U_K in V	absolute Kurzschlussspannung
U_1 in V	Primärspannung

Der Prozentwert von u_K
- ist unabhängig von der Arbeitsweise des Transformators, d. h., ob er hoch- oder herabtransformiert
- ermöglicht einen Vergleich zwischen Transformatoren verschiedener Bemessungsgrößen.

relativer ohmscher Spannungsfall

$$u_R = \frac{U_R}{U_1} \cdot 100 \qquad u_R = \frac{P_K}{S_n} \cdot 100$$

u_R in %
P_K in W Kurzschlussverluste
S_n in VA Nennleistung

relativer Streuspannungsfall

$$u_S = \frac{U_S}{U_1} \cdot 100 \qquad u_K = \sqrt{u_R^2 + u_S^2}$$

u_S in %
U_S in V Streuspannungsfall
U_1 in V Primärspannung

Bedeutung:

Die Kurzschlussspannung bestimmt
- die Änderung der sekundären Klemmenspannung bei Belastung,
- das Kurzschlussverhalten,
- die Lastaufteilung im Parallelbetrieb von Transformatoren.

Spannungsänderung

Spannungsänderung u_φ ist die auf die sekundäre Klemmenspannung bezogene Spannungserhöhung oder -erniedrigung, wenn der mit Nennstrom belastete Transformator bei konstanter Primärspannung entlastet wird.

$$u_\varphi = \frac{U_{20} - U_2}{U_2} \cdot 100$$

$$u_\varphi \approx u_R \cdot \cos\varphi_2 + u_S \cdot \sin\varphi_2 \text{ *)}$$

u_φ in % Spannungsänderung
U_{20} in V sekundäre Leerlaufspannung
U_2 in V sekundäre Klemmenspannung
φ_2 in ° sekundärer Phasenverschiebungswinkel

*) Bei kapazitiver Belastung ist $\sin\varphi_2$ mit negativem Zahlenwert einzusetzen.

Spannungskennlinien

sekundäre Klemmenspannung U_2 in Abhängigkeit von Höhe und Art der Belastung

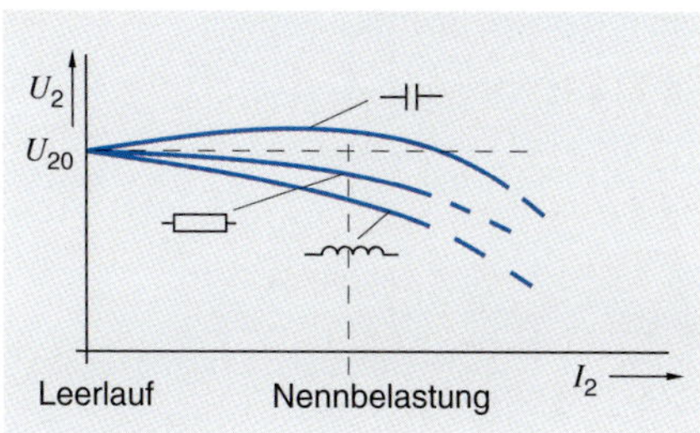

Verluste

Eisenverluste oder Leerlaufverluste	Wicklungsverluste oder Kurzschlussverluste
– Hystereseverluste (Ummagnetisierungsverluste) – Wirbelstromverluste	
Aufgenommene Wirkleistung, wenn Nennspannung bei Nennfrequenz an einer Wicklung anliegt und die andere unbelastet bleibt.	Die bei Nennfrequenz aufgenommene Wirkleistung, wenn an eine Wicklung eine auf die Kurzschlussspannung verringerte Spannung anliegt und die Anschlüsse der anderen Wicklung kurzgeschlossen sind.

Schaltung

Leerlaufversuch

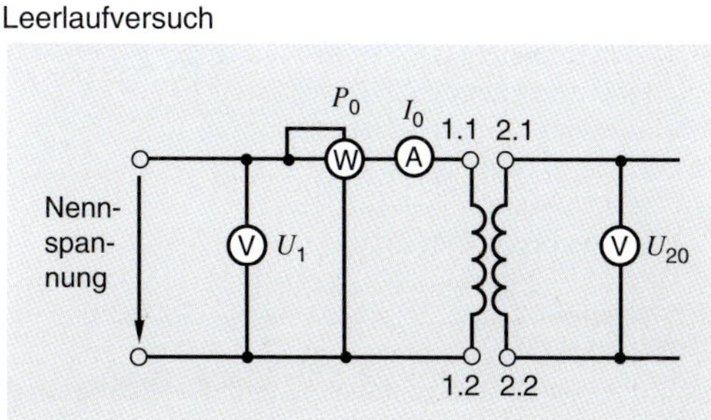

Kurzschlussversuch

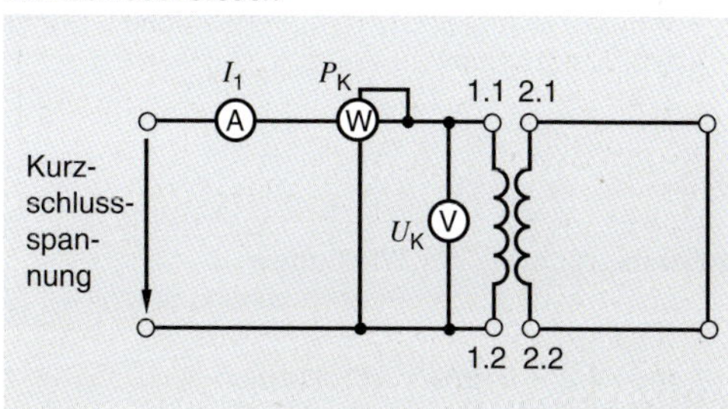

Berechnungsgleichungen

$P_0 = U_1 \cdot I_0 \cdot \cos\varphi_0$

$P_0 = v_{1,0} \cdot \hat{B}^2 \cdot m_{Fe}$

P_0 in W	Leerlaufverluste
U_1 in V	primäre Nennspannung
I_0 in A	Leerlaufstrom
$\cos\varphi_0$	Leerlaufleistungsfaktor
$v_{1,0}$ in W/kg	Eisenverlustziffer
$\hat{B}$ in T	Magnetflussdichte (Scheitelwert)
m_{Fe} in kg	Gewicht des Eisenkerns

$P_K = U_K \cdot I_{1n} \cdot \cos\varphi_K$

$P_K = P_{K1} + P_{K2}$

$P_{K1(2)} = c \cdot J^2_{1(2)} \cdot m_{1(2)}$

P_K in W	Kurzschlussverluste
U_K in V	absolute Kurzschlussspannung
I_{1n} in A	primärer Nennstrom
$\cos\varphi_K$	Kurzschlussleistungsfaktor
$P_{K1(2)}$ in W	Kurzschlussverluste der Primär- bzw. Sekundärwicklung
c in $\Omega \cdot mm^4/kg$	Materialkonstante Kupfer $c = 2{,}5\ \Omega \cdot mm^4/kg$ Aluminium $c = 13{,}8\ \Omega \cdot mm^4/kg$
$J_{1(2)}$ in A/mm^2	primäre bzw. sekundäre Stromdichte
$m_{1(2)}$ in kg	Masse der Wicklungen

Einfluss des Betriebszustandes

Eisenverluste bei konstanter Eingangsspannung im Leerlauf und im gesamten Lastbereich konstant

Wicklungsverluste durch das Quadrat der Stromstärke bzw. der Stromdichte stark lastabhängig ⇒ Belastungsfaktor

■ **Wirkungsgrad**

Verhältnis der abgegebenen zur zugeführten Transformator-Wirkleistung

$$\eta = \frac{P_{ab}}{P_{zu}} \qquad \eta = \frac{P_{ab}}{P_{ab} + P_V}$$

Gesamtverluste des Transformators,

$$P_V = P_0 + a^2 \cdot P_K$$

abhängig von der Höhe der Belastung

$$\text{Belastungsfaktor } a = \frac{\text{Betriebstlast}}{\text{Nennleistung}}$$

$a < 1$	Unterbelastung
$a = 1$	Nennbelastung
$a > 1$	Überbelastung (nur zeitlich begrenzt zulässig)

Arbeitswirkungsgrad (Jahreswirkungsgrad) kennzeichnet als Betriebsgröße die Wirtschaftlichkeit von Umspannanlagen

$$\eta = \frac{W}{W + W_0 + W_K}$$

W in Wh	Wirkarbeit
W_0 in Wh	Leerlaufverlustarbeit während der jährlichen Einschaltzeit von 8760 Std.
W_K in Wh	Kurzschlussverlustarbeit als statistischer Mittelwert
η	Jahreswirkungsgrad

Kurzschluss

■ **Merkmale**

- Beim plötzlichen Überbrücken der Sekundäranschlüsse fließt während eines elektromagnetischen Ausgleichsvorganges der Stoßkurzschlussstrom I_S, der nach einigen Millisekunden in den Dauerkurzschlussstrom I_K übergeht:

  $I_S = 1{,}5$ bis $2{,}4\ I_K$
- Extreme Beanspruchung der Wicklungen und ihrer Ableitungen
- Sekundäre Klemmenspannung bricht zusammen.

■ **Dauerkurzschlussstrom**

$$I_K = \frac{U_1}{Z_i} \qquad Z_i = \frac{U_K}{I_{1n}}$$

$$I_K = I_{1n} \cdot \frac{100}{u_K}$$

U_1 in V	Primärspannung
Z_i in Ω	Innenwiderstand des Transformators
U_K in V	absolute Kurzschlussspannung
I_{1n} in A	primärer Nennstrom
u_K in %	relative Kurzschlussspannung
I_K in A	Dauerkurzschlussstrom

■ **Beanspruchung der Wicklungen**

- starke dynamische Beanspruchung durch den Stoßkurzschlussstrom, meist Deformierung der Spulen und ihrer Ableitungen
- thermische Beanspruchung durch den Dauerkurzschlussstrom, dadurch Reduzierung der Isolationsfestigkeit der Wicklungen

Drehstromtransformatoren

Transformieren von Dreiphasenwechselspannungen

■ Transformieren mit Einphasentransformatoren

Wicklungen von Einphasentransformatoren gleicher Spannungen werden durch das äußere Verbinden zur Stern- oder Dreieckschaltung als Drehstrombank geschaltet.

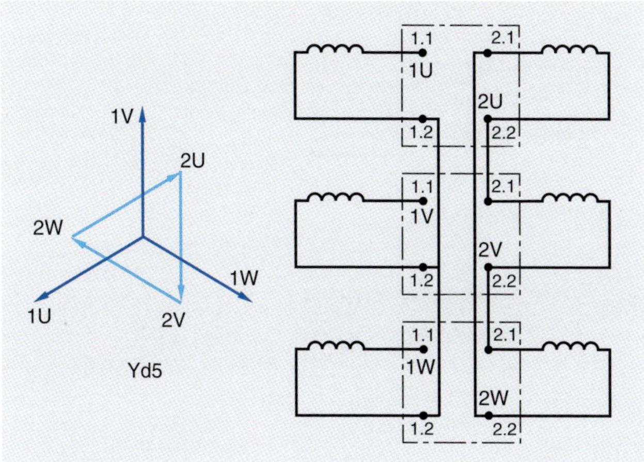

■ Schaltungen von Mehrphasenwicklungen

Schaltungsart	Symbol		Merkmale
	OS	US	
Sternschaltung	Y	y	Das Ende jedes Wicklungsstranges ist zu einem gemeinsamen Punkt (Sternpunkt) zusammengeschaltet. Das andere Ende ist mit dem entsprechenden Leiteranschluss verbunden.
Dreieckschaltung	D	d	Die Wicklungsstränge werden in Reihe geschaltet und bilden einen geschlossenen Kreis.
Zickzackschaltung	(Z)*	z	Das Ende jedes Wicklungsstranges ist zu einem gemeinsamen Punkt (Sternpunkt) zusammengeschaltet. Jeder Wicklungsstrang besteht aus zwei Teilen mit gleicher Windungszahl. Die Wicklungsteile sind auf verschiedenen Schenkeln des Drehstromkerns angeordnet (Sonderform der Sternschaltung).
Offene Wicklungen	III	iii	Die Wicklungsstränge sind innerhalb des Transformators nicht verbunden.

*) Auf der Oberspannungsseite als Schaltung üblicherweise nicht ausgeführt.

Schaltungskombinationen

Yy	Yd	Yz	Yiii
Dy	Dd	Dz	Diii
IIIy	IIId	IIIz	IIIiii

■ Phasenlage der Spannungen

- Strangspannungen einer Spannungsebene:
  gegenseitig um 120° phasenverschoben
- Leiterspannungen einer Spannungsebene:
  gegenseitig um 120° phasenverschoben
- Strang- oder Leiterspannungen zwischen gleichnamigen Leiteranschlüssen von Wicklungen unterschiedlicher Spannungsebenen:
  jeder Phasenverschiebungswinkel zwischen 0° und 360°, der das ganzzahlige Vielfache von 30° beträgt und als Kennzahl angegeben wird.

Darstellung der Kennzahl durch die Stundenzahl einer Uhr
- Der große (Minuten-)Zeiger zeigt auf die 0 bzw.12 und hat mit dem Spannungszeiger zwischen dem Sternpunkt (reell oder fiktiv) und dem Leiteranschluss 1V der OS-Wicklung dieselbe Richtung.
- Der kleine (Stunden-)Zeiger in Richtung des Spannungszeigers zwischen dem Sternpunkt (reell oder fiktiv) und dem gleichnamigen Leiteranschluss 2V der US-Wicklung zeigt auf die Kennzahl.

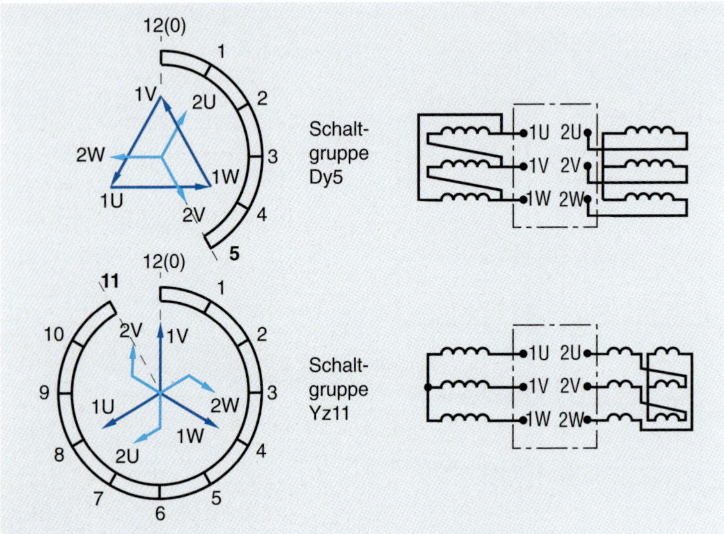

Hinweise:
- Bei den Wicklungen wird gleicher Wickelsinn vorausgesetzt.
- Die Bezugsrichtung ist stets die Richtung des OS-Zeigers.
- Die Spannungszeiger drehen sich entgegen dem Uhrzeigersinn.
- Bei der Schaltgruppe Dy5 wurde OS-seitig ein fiktiver Sternpunkt angenommen. Der Sternpunkt der Schaltgruppe Yz11 ist reell.

■ Schaltgruppen

Schaltgruppe ist eine festgelegte Bezeichnung, die die Schaltungen der Oberspannungs-, Mittelspannungs- (falls vorhanden) und Unterspannungswicklung sowie die gegenseitige(n) Phasenverschiebung(en) gleichnamiger Spannungen, als Kennzahl ausgedrückt, angibt.
Bei herausgeführtem Sternpunkt ist hinter dem Schaltungssymbol der entsprechenden Wicklung N bzw. n zu ergänzen.

Elemente der Schaltgruppenbezeichnungen	
Ohne ausgeführten Sternpunkt	□ □ □ Schaltungssymbol der OS-Wicklung Schaltungssymbol der US-Wicklung Kennzahl Beispiel: (nicht genormte Schaltgruppe) D y 7
Mit ausgeführtem Sternpunkt	□ N □ □ Beispiel: Y N d 5 □ □ n □ Beispiel: D y n 11

Gebräuchliche Schaltgruppen in Deutschland

Kennzahl	Schaltungskombination
0 oder 6	Yy Dd Dz
5 oder 11	Yd Dy Yz

Kennzahl	Schaltgruppe[1])	Zeigerbild OS US	Schaltbild[2]) OS US
0	Dd 0	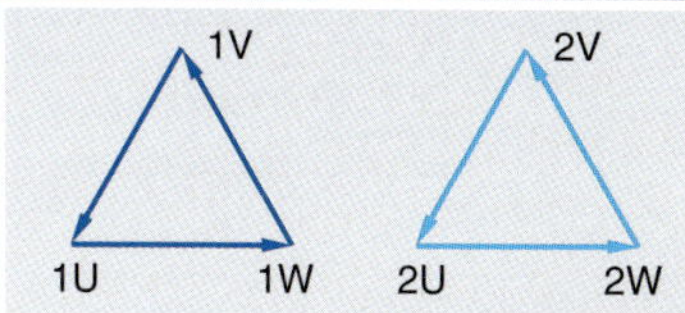	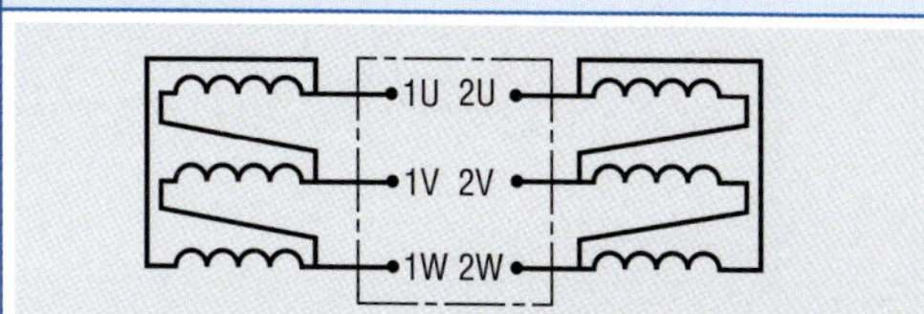
	Yy 0	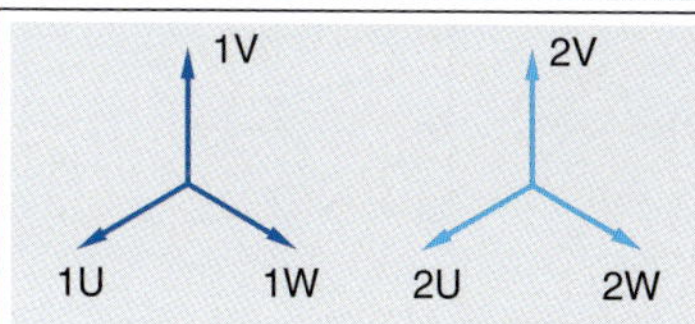	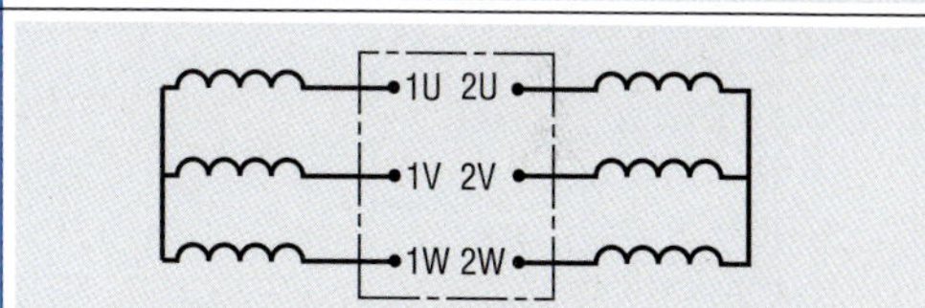
	Dz 0	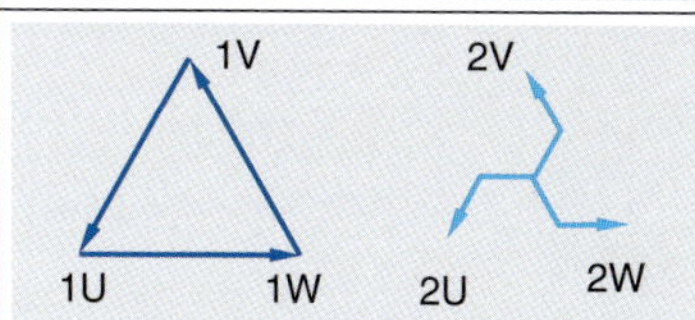	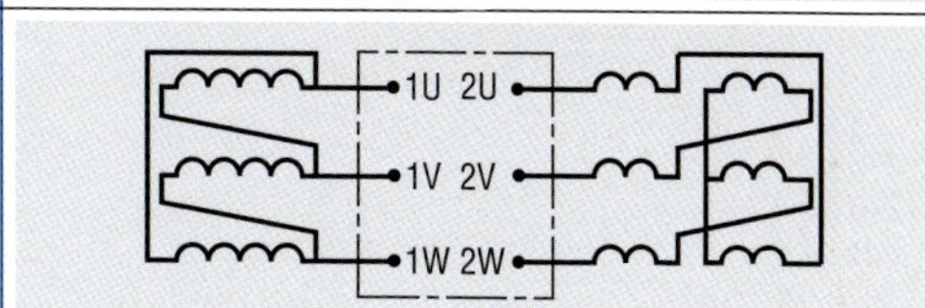
5	Dy 5	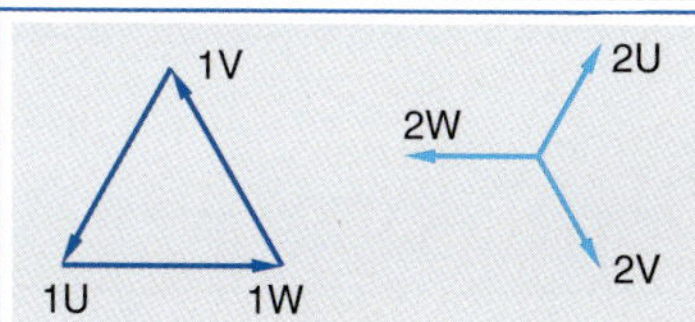	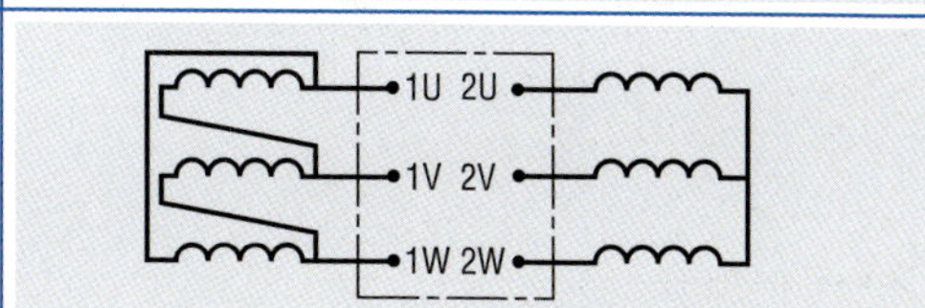
	Yd 5	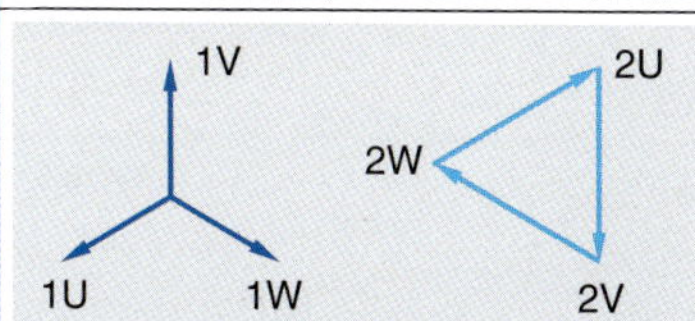	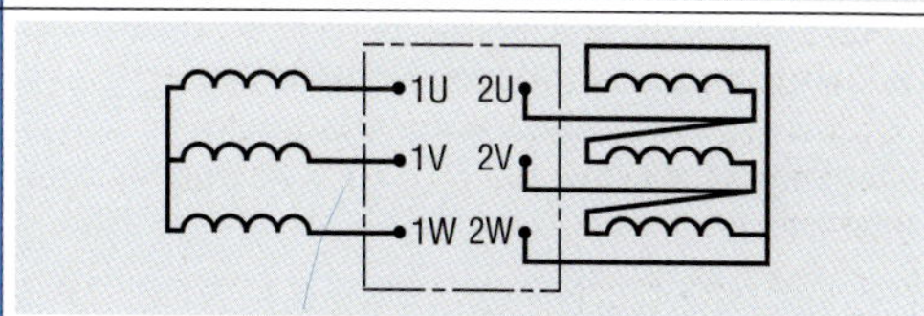
	Yz 5	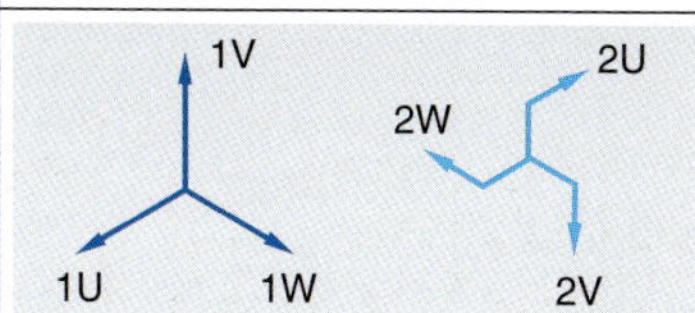	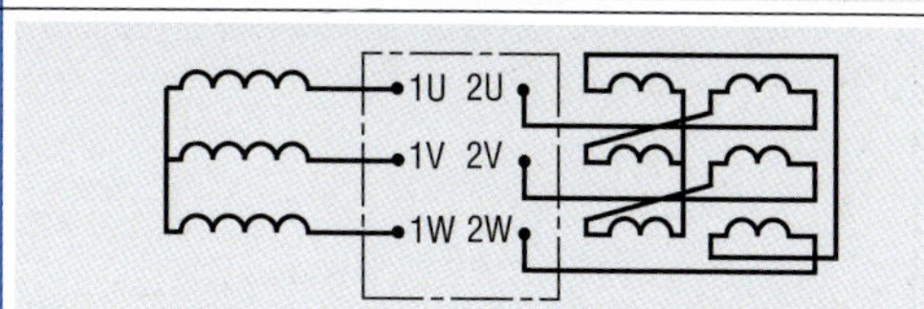
6	Dd 6	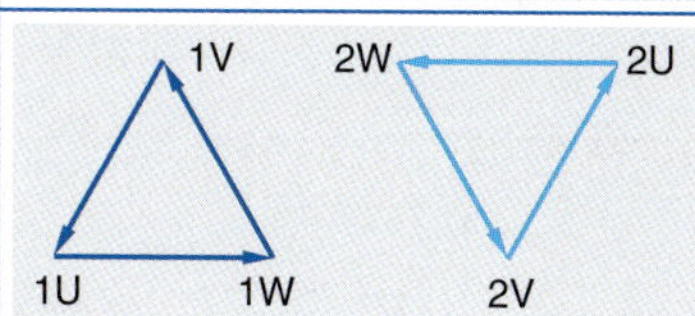	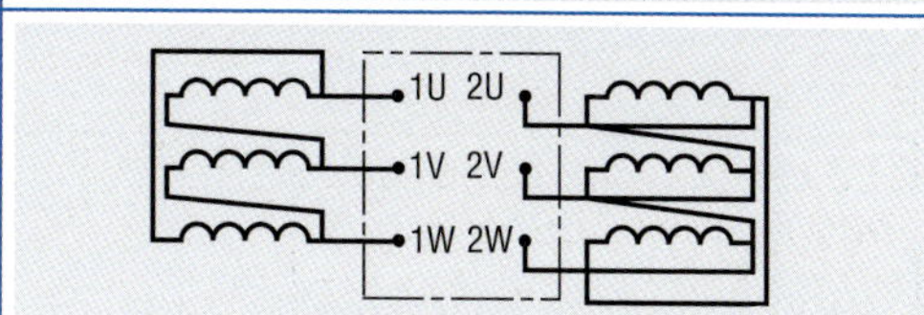

Fortsetzung Seite 182

[1]) Bei herausgeführtem Sternpunkt ist hinter dem Schaltungssymbol der Wicklung N oder n zu ergänzen. Die in den Elektrizitätsversorgungssystemen bevorzugten Schaltgruppen sind durch Umrandungen gekennzeichnet

[2]) Bei den Wicklungen wird gleicher Wickelsinn vorausgesetzt. Räumlich gesehen, sind in den Schaltbildern die Wicklungen nach unten geklappt zu denken.

Kennzahl	Schaltgruppe[1])	Zeigerbild OS US	Schaltbild[2]) OS US
6	Yy 6	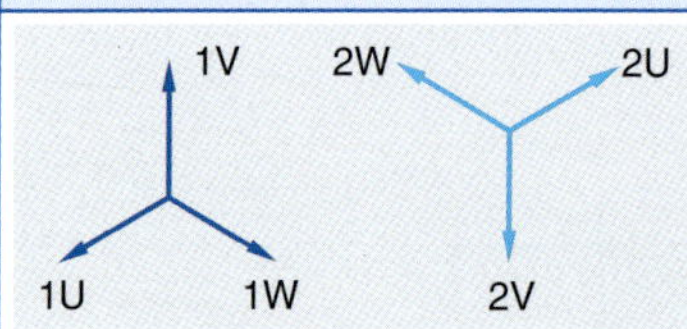	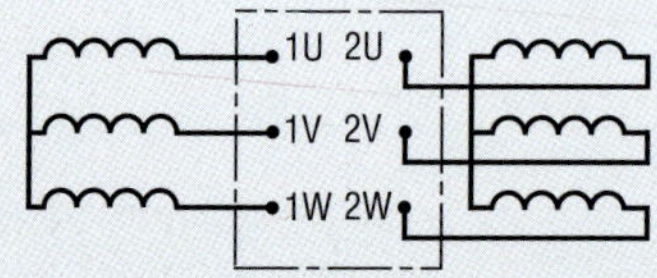
	Dz 6	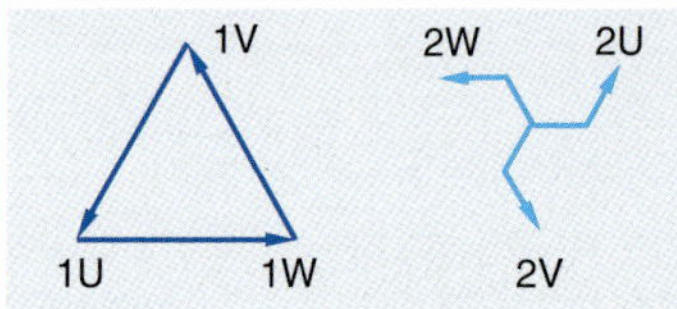	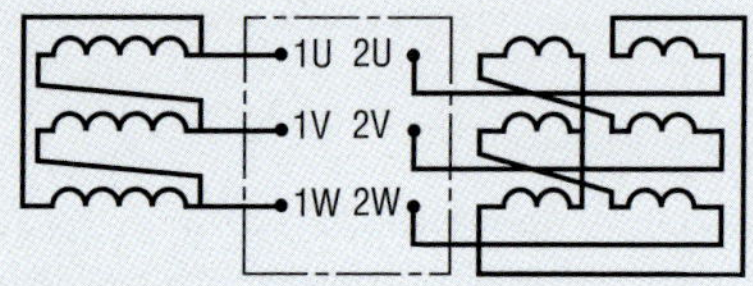
11	Dy 11	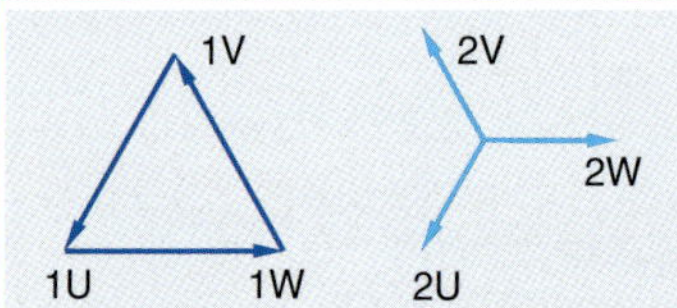	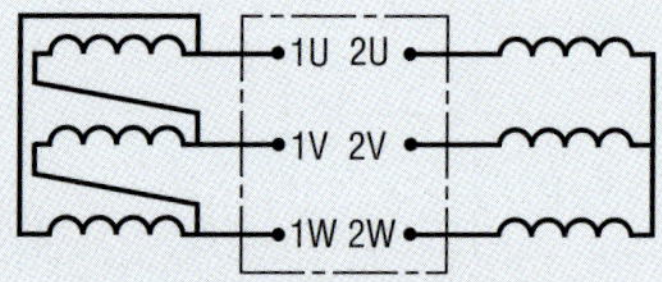
	Yd 11	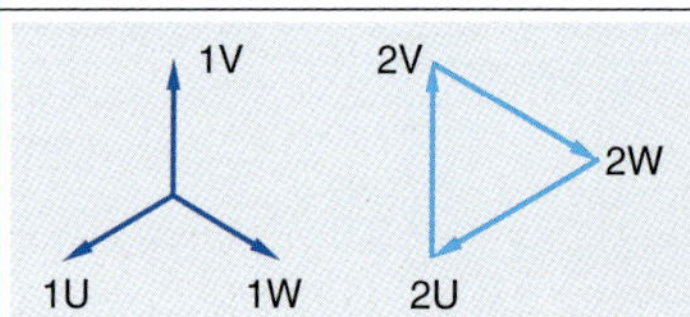	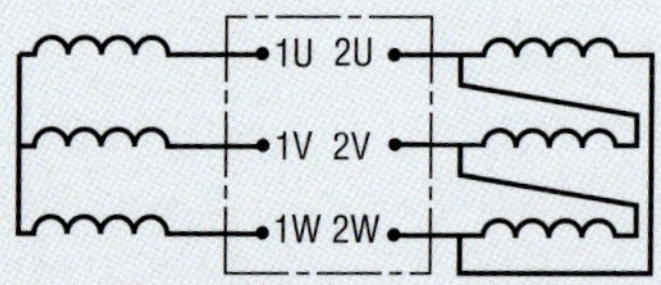
	Yz 11	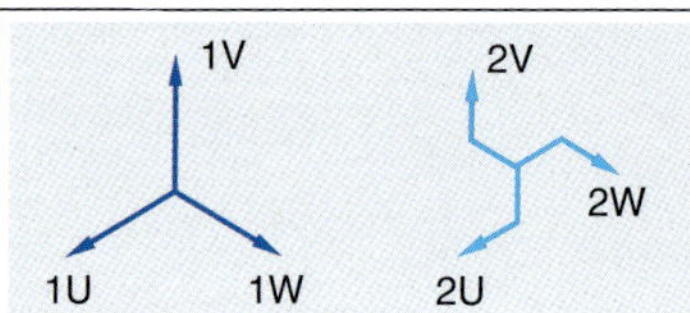	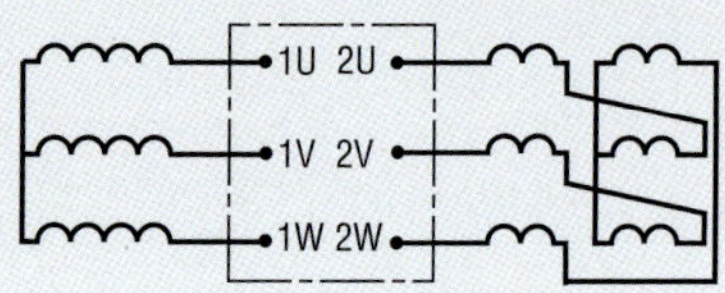

[1]) + [2]) siehe Seite 181

Schaltgruppen mit offenen Wicklungen

Kennzahl	Schaltgruppe	Zeigerbild OS US	Schaltbild OS US
0	Yiii 0	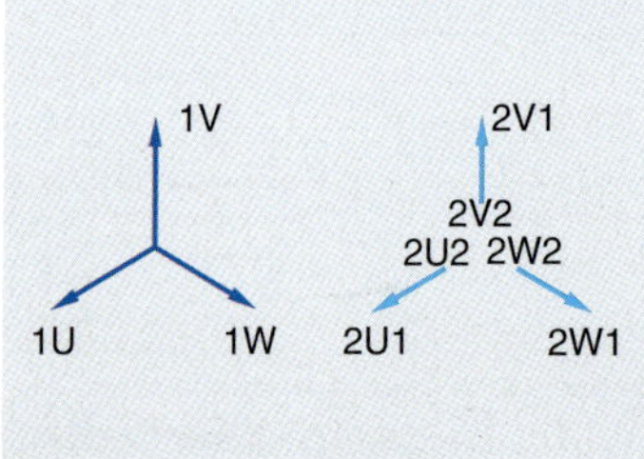	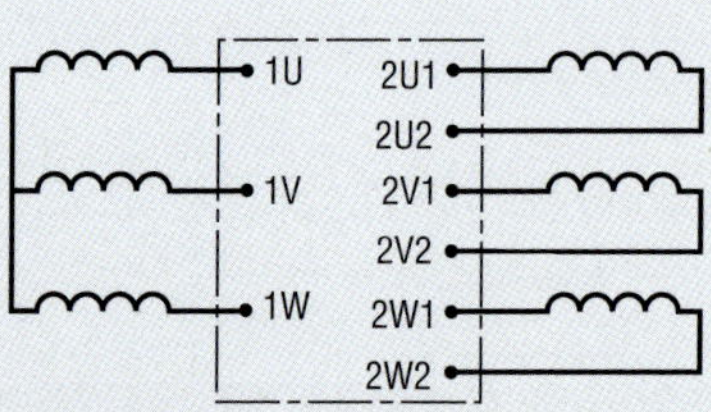
11	Diii 11	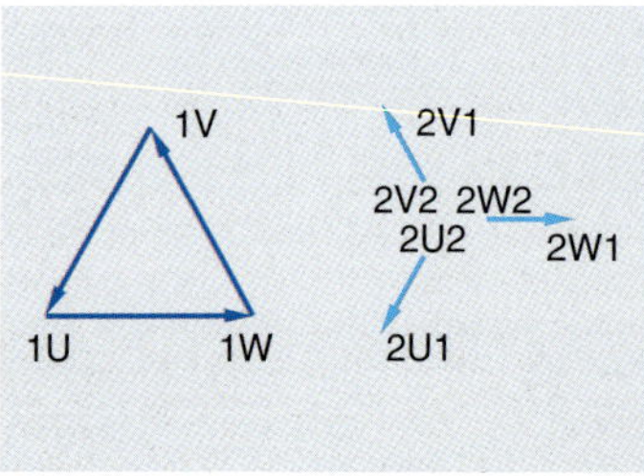	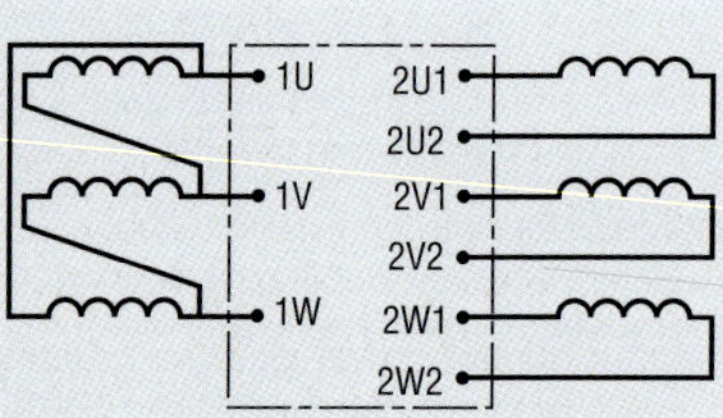

Kennzahl	Schaltgruppe[1]	Zeigerbild OS US	Schaltungsbild[2] OS US
0	IIIy 0	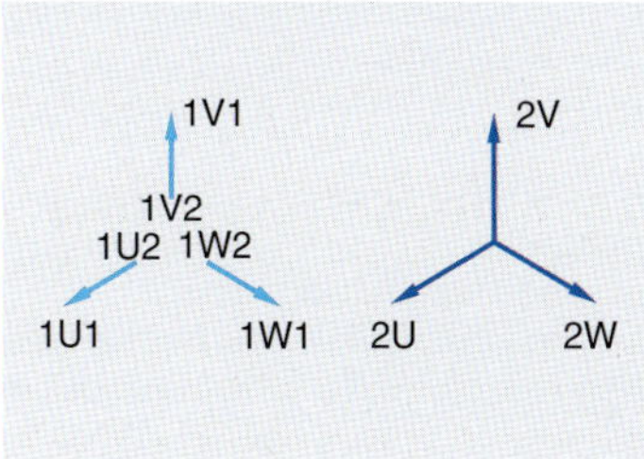	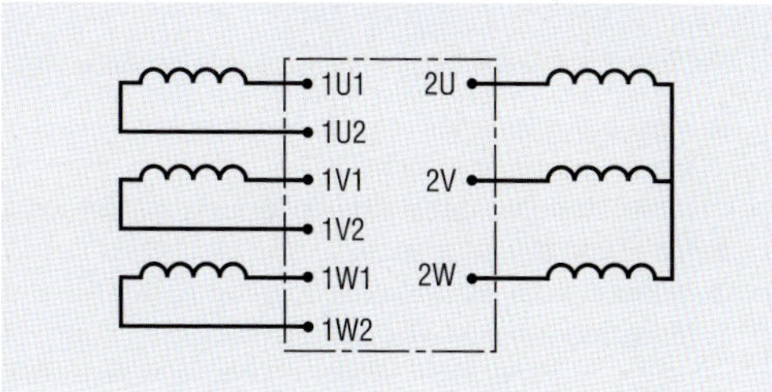
5	IIId 5	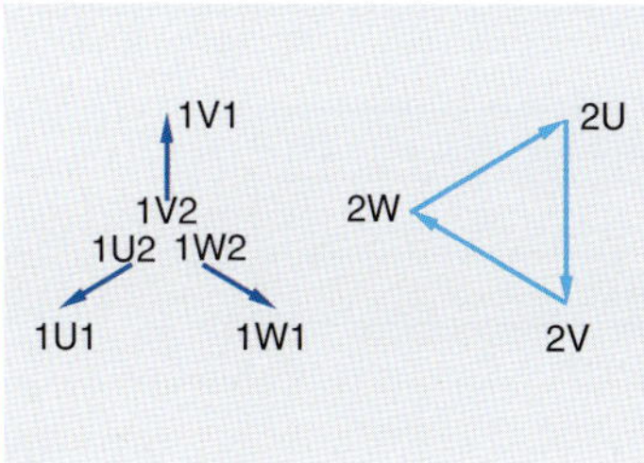	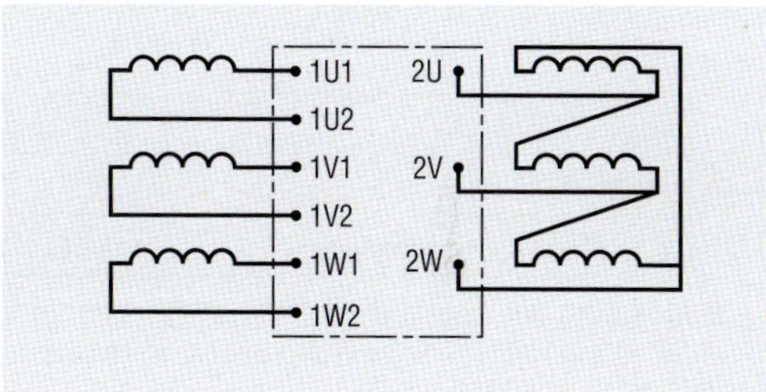

[1]) + [2]) siehe Seite 181

Erweiterungsfaktor f des Übersetzungsverhältnisses $ü$ in Abhängigkeit von der Schaltgruppe

Erweiterungsfaktor f	1	$\frac{1}{\sqrt{3}}$	$\sqrt{3}$	$2\frac{1}{3}$	$2\frac{1}{\sqrt{3}}$
Schaltgruppe	Dd0 (6) Yy0 (6)	Dy5 (11)	Yd5 (11)	Dz0 (6)	Yz5 (11)

$$ü = \frac{U_1}{U_2} = f \cdot \frac{N_1}{N_2}$$

- $\frac{U_1}{U_2}$: Verhältnis der Leiterspannungen
- f: Erweiterungsfaktor
- $\frac{N_1}{N_2}$: Verhältnis der Windungszahlen je Strang

U_1; U_2 Spannungen zwischen den primären und sekundären Leiteranschlüssen (Nennspannungen)

N_1; N_2 Windungszahlen der primären und sekundären Strangwicklungen

Beispiel: Schaltgruppe Dy5 $ü = \frac{U_1}{U_2} = \frac{1}{\sqrt{3}} \cdot \frac{N_1}{N_2}$

Verteilungstransformatoren

Bevorzugte Schaltgruppen im Elektroenergiesystem

- Yyn0 Schaltgruppe von Verteilungstransformatoren kleiner Bemessungsleistung, deren Sternpunktleiter nur bis 10 % des Bemessungsstromes belastet werden dürfen.
- Yzn5 Schaltgruppe von Verteilungstransformatoren kleiner Bemessungsleistung, deren Sternpunktleiter mit vollem Bemessungsstrom belastet werden dürfen.
- Dyn5 Schaltgruppe von Verteilungstransformatoren mit großer Bemessungsleistung, deren Sternpunktleiter mit vollem Bemessungsstrom belastet werden dürfen.
- Yd5 Schaltgruppe von Haupttransformatoren der Kraftwerke und Motorstationen

Prüfungen von Leistungstransformatoren

Stückprüfung

Prüfung, der jeder Transformator unterzogen wird.

- Messung des Wicklungswiderstandes
  Messung mit Gleichstrom
  Widerstandsangabe jeder Wicklung mit Temperaturangabe
- Messung der Übersetzung und Nachweis der Polarität oder der Schaltgruppe
- Messung der Kurzschlussspannung, der Kurzschlussimpedanz und der Kurzschlussverluste
  Messung an einer Wicklung (Hauptanzapfung) bei Nennfrequenz mit annähernd sinusförmiger Speisespannung, während die andere Wicklung kurzgeschlossen ist;
  bei Messung mit beliebiger Stromstärke, möglichst zwischen 50 und 100 % des Nennstromes, ist auf den Nennwert und Bezugstemperatur umzurechnen:

Isolierstoffklasse	Bezugstemperatur
A; E; B	75 °C
sonstige Isolierstoffklasse	115 °C

- Messung des Leerlaufstromes und der Leerlaufverluste
  Messung mit Nennspannung bei Nennfrequenz

- Spannungsprüfungen
  Wicklungsprüfung zum Nachweis ausreichender Isolierung zwischen
  – benachbarten Wicklungen sowie zwischen
  – Wicklungen und geerdeten Teilen
  Windungsprüfung zum Nachweis ausreichender Isolierung zwischen benachbarten Windungen, Lagen, Einzelspulen und Schaltverbindungen
  Spannungswerte im Verteilungsbereich

Höchste Spannung U_m für Betriebsmittel*) in kV	Bemessungs-Steh-Wechsel-spannung in kV	Bemessungs-Steh-Blitzstoß-spannung in kV
> 1,1	3	–
3,6	10	40
7,2	20	60
12	28	75
24	50	125
36	70	170
123	230	550

*) U_m ist höchster Effektivwert der Leiter-Leiter-Spannung, für den eine Transformatorwicklung hinsichtlich ihrer Isolation ausgelegt ist.

- Prüfungen der Stufenschalter (falls vorhanden)

Typprüfung

Prüfung, die an einem Transformator durchgeführt wird, der für andere einer Serie kennzeichnend ist.

- Erwärmungsmessungen
- Spannungsprüfungen

Sonderprüfung

Prüfung, die keine Stück- oder Typprüfung ist und zwischen Hersteller und Abnehmer vereinbart wird.

- Spannungsprüfungen
- Messung der Nullimpedanzen
- Nachweis der Kurzschlussfestigkeit
- Geräuschmessung
- Messung der Oberschwingungen des Leerlaufstromes
- Messung des Eigenverbrauchs der Lüfter- und Ölpumpenmotoren

Kühlungsarten und Übertemperaturen

Kennzeichen der Kühlungsarten

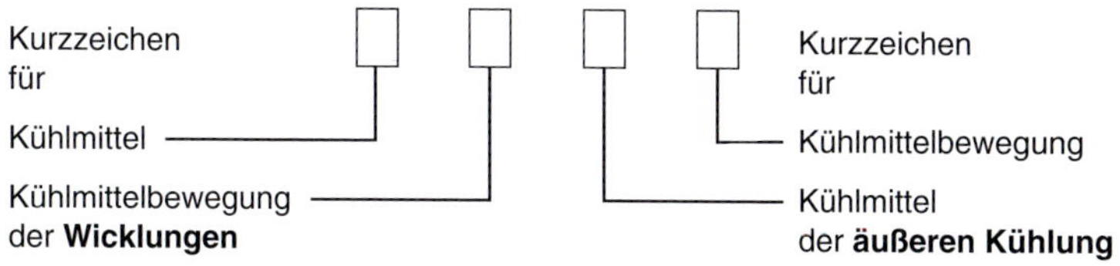

Kurzzeichen

Kurzzeichen	Kühlmittel
O	Mineralöl oder synthetische Isolierflüssigkeit mit Brennpunkt ≤ 300 °C
K	Isolierflüssigkeit mit Brennpunkt > 300 °C
L	Isolierflüssigkeit mit nicht messbarem Brennpunkt
G	Gas
W	Wasser
A	Luft
	Kühlmittelbewegung
N	natürlich
F	erzwungen (forciert), Öl nicht gerichtet
D	erzwungen, Öl gerichtet

Bezeichnungsbeispiele:

Trockentransformator	ohne dicht schließendes Schutzgehäuse bei natürlicher Luftbewegung	AN
Öltransformator	mit Selbstkühlung	ONAN
	mit natürlicher Öl- und erzwungener Luftbewegung	ONAF

Zulässige Übertemperaturen

■ für **Öltransformatoren**

Teil	Zulässige Übertemperatur in K
Wicklungen thermische Klasse A (bestimmt durch Widerstandsmessung)	65 bei natürlicher oder erzwungener nicht gerichteter Ölströmung 70 bei erzwungener gerichteter Ölströmung
Öl (oben)	60 bei Transformatoren mit Ausdehnungsgefäß oder bei einem luftdicht abgeschlossenen Transformator 55 ohne luftdichten Abschluss und Ausdehnungsgefäß

■ für **Trockentransformatoren**

Teil	Kühlungsart	Thermische Klasse	Übertemperatur in K
Wicklungen (bestimmt durch Widerstandsmessung)	Luft, natürlich oder erzwungen	A E B F H	60 75 80 100 125

Parallelbetrieb

Formen

- Sammelschienenparallelbetrieb
  - Aufstellung in einer Station bzw. einem Umspannwerk
  - nahezu widerstandslose Verbindungen der Anschlüsse über Stromschienen
- Netzparallelbetrieb
  - Räumlich getrennte Aufstellung in verschiedenen Stationen
  - Verbindung über Freileitungs- oder Kabelnetze

Bedingungen

- Verbinden gleichnamiger OS- und US-Anschlüsse
- gleiche Übersetzung, d. h. gleiche Nennspannungen
- Schaltgruppen gleicher Kennzahl *)
- annähernd gleiche Kurzschlussspannungen, maximale Abweichung der relativen Kurzschlussspannungen ± 10 %
- Nennleistungsverhältnis zwischen dem größten und dem kleinsten Transformator soll 3 : 1 nicht überschreiten.

Anschluss der Hauptleiter	Oberspannung 1L1	1L2	1L3	Unterspannung 2L1	2L2	2L3
an die Anschlüsse des Transformators mit der Kennzahl 5	1U	1V	1W	2U	2V	2W
mit der Kennzahl 11	**1U**	1W	1V	2W	**2V**	2U
oder	1W	**1V**	1U	2V	2U	**2W**
oder	1V	1U	**1W**	**2U**	2W	2V

*) Parallelbetrieb von Transformatoren mit den Schaltgruppen-Kennzahlen 5 und 11 ist möglich, wenn zwei äußere Anschlüsse jeder Spannungsebene vertauscht werden.

Lastaufteilung

Gegeben: Nennleistungen der Transformatoren $S_{n1}; S_{n2}; S_{n3} \ldots$

Kurzschlussspannungen $u_{K1}; u_{K2}; u_{K3} \ldots$

Gesamtbelastung S

Gesucht: Einzelbelastungen $S_1; S_2; S_3 \ldots$

Lösung: Gesamtnennleistung $S_n = S_{n1} + S_{n2} + S_{n3} + \ldots$

$S_n = \sum S_{ni}$ | Index i = 1; 2; 3; …

resultierende Kurzschlussspannung $\frac{S_n}{u_K} = \frac{S_{n1}}{u_{K1}} + \frac{S_{n2}}{u_{K2}} + \frac{S_{n3}}{u_{K3}} + \ldots$

$$u_K = \frac{S_n}{\sum \frac{S_{ni}}{u_{Ki}}}$$

Einzelbelastung $S_i = u_K \cdot \frac{S}{S_n} \cdot \frac{S_{ni}}{u_{Ki}}$

Ergebniskontrolle: $S_1 + S_2 + S_3 + \ldots = S \qquad \sum S_i = S$

Gefahr der Überlastung des Transformators mit der kleinsten Kurzschlussspannung besteht

Sonderfälle:

- Transformatoren mit gleichen Kurzschlussspannungen

  Gesamtnennleistung $S_n = S_{n1} + S_{n2} + S_{n3} + \ldots$

  Einzelbelastung $S_i = \frac{S_{ni}}{S_n} \cdot S$

- Verringerung der Gesamtbelastung bei stark abweichenden Kurzschlussspannungen zur Vermeidung von Überlastungen einzelner Transformatoren

  resultierende Kurzschlussspannung = kleinste gegebene Kurzschlussspannung $u_K = u_{K\,min}$

  reduzierte Gesamtbelastung S'

$$S' = u_{K\,min} \cdot \left(\frac{S_{n1}}{u_{K1}} + \frac{S_{n2}}{u_{K2}} + \frac{S_{n3}}{u_{K3}} + \ldots\right) \qquad S' = u_{K\,min} \sum \frac{S_{ni}}{u_{Ki}}$$

Öl-Verteilungstransformatoren – 50 bis 2500 kVA

Elektrische Kenndaten

- **Bemessungsleistung** **50** – 63 – **100** – **160** – **250** – 315 – **400** – 500
  630 – 800 – **1000** – 1250 – **1600** – 2000 – **2500** kVA
  Halbfette Größen sind Vorzugswerte.

- **Höchste Spannung für Betriebsmittel U_m**
  Oberspannungswicklung 3,6 – 7,2 – 12 – 17,5 – 24 kV
  Unterspannungswicklung 1,1 kV

- **Bemessungsspannungen der Wicklungen U_r**

Oberspannung

U_m in kV	3,6	7,2	12	17,5	24
U_r in kV	3 bis 3,3	5 bis 6,6	10 bis 11,5	12 bis 16	20 bis 22

Unterspannung

400 – 410 – 420 – 433 V

Bei einer Bemessungsspannung von 410 V wird in Niederspannungssystemen von ursprünglich 380 V ein Bereich von 400 V $^{+6}_{-10}$ % erreicht.

- **Anzapfungen**
  Anzapfungsbereich der Oberspannungswicklung ± 2,5 % oder
  ± 2 x 2,5 % oder
  + 2 x 2,5 % – 3 x 2,5 %
  Anzapfungen werden mit einem Umsteller zur Betätigung im spannungslosen Zustand verbunden.

- **Schaltungen**

Bemessungsleistung	Schaltgruppe
< 250 kVA	Yzn5 (11) oder Dyn5 (11)
≥ 250 kVA	Dyn5 (11)

- **Kurzschlussspannung**
  Vorzugswerte bei Bemessungsstrom und Bezugstemperatur von 75 °C:
  – bis 630 kVA ⇒ 4 %
  – für 630 kVA ⇒ 4 % oder 6 %
  über 630 kVA ⇒ 6 %

- **Verluste und Geräusche** (ausgewählte Vorzugs-Listenkombination)

Bemessungsleistung in kVA	Kurzschlussverluste in W	Leerlaufverluste in W	Schallleistungspegel in dB	Kurzschlussspannung in %
50	875	125	47	4
100	1 475	210	49	
160	2 000	300	52	
250	2 750	425	55	
400	3 850	610	58	
630	5 400	860	60	
630	5 600	800	60	6
1 000	9 500	1 100	63	
1 600	14 000	1 700	66	
2 500	22 000	2 500	71	

Isolier- und Kühlflüssigkeiten

■ Arten

- Mineralöle, die durch Vakuumdestillation über 350 °C und Raffination, d. h. durch Entfernen ungesättigter Kohlenwasserstoffe, schwefel- und stickstoffhaltiger sowie saurer Produkte gewonnen werden
- Silikonflüssigkeit mit Brennpunkt > 300 °C
- Esterflüssigkeit mit Brennpunkt > 300 °C

- Anmerkung:
  Das Inverkehrbringen und Verwenden von synthetischen Isolierflüssigkeiten, die polychlorierte Biphenyle (z. B. Askarele) mit einer Konzentration über 50 mg PCB / kg Isolieröl enthalten, ist nach der PCB-Verordnung vom Juli 1989 grundsätzlich verboten.

■ Anforderungen an neue und gebrauchte Isolieröle

Eigenschaften	Einheit	Neuöle		Betriebsöle	
		Klasse A	Klasse B	Klasse A	Klasse B
Reinheit (Aussehen)	–	klar, frei von Feststoffen			
Dichte bei 15 °C bei 20 °C	g / ml	≤ 0,898 ≤ 0,895	≤ 0,873 ≤ 0,870		
Kinematische Viskosität bei 20 °C bei –30 °C	mm^2 / s	≤ 25 ≤ 1800	≤ 6 ≤ 65		
Flammpunkt	°C	≥ 130	≥ 100		
Neutralisationszahl	mg KOH / g	≤ 0,03		≤ 0,50	
Korrosiver Schwefel		nicht anwesend			
Durchschlagspannung in Transformatoren und Wandler mit U_m bis 72,5 kV über 72,5 … 170 kV über 170 kV	kV	≥ 50		≥ 30 ≥ 40 ≥ 50	
In Schaltgeräten mit U_m bis 36 kV über 36 … 72,5 kV über 72,5 kV		≥ 50			≥ 10 ≥ 15 ≥ 20
Dielektrischer Verlustfaktor tan δ bei 90 °C		≤ 0,005		≤ 1	
Verseifungszahl	mg KOH / g	≤ 0,60			
Schlammzahl	Gew.-%	≤ 0,06			

Schutz- und Überwachungseinrichtungen

■ Buchholzschutz

Einbau des Buchholzrelais in die Rohrleitung zwischen Kessel und Ausdehnungsgefäß

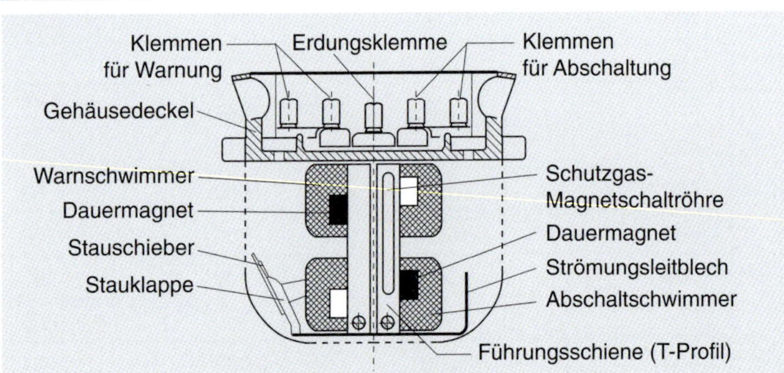

- Fehlerwarnung
  Bildung von Zersetzungsgasen bei örtlicher Überhitzung oder stromschwachen Lichtbögen, die durch Eisenbrand, Windungs- oder Lagenschluss entstehen. Aufsteigende Gase verdrängen die Isolierflüssigkeit im Buchholzrelais. Der obere Schwimmer sinkt ab und schließt die Warnkontakte.
- Abschaltung
  Bei stürmischer Gasentwicklung durch schwere Fehler entstehen Druckwellen in der Isolierflüssigkeit, die die Stauklappe auslenken. Durch ihre mechanische Verbindung zum unteren Schwimmer sprechen die Abschaltkontakte in der Regel in 100 ms an.

■ **Differenzialschutz**
Vergleich der primären und sekundären Transformatorströme durch Stromwandler. Bei einem inneren Fehler ist das Durchflutungsgleichgewicht gestört.

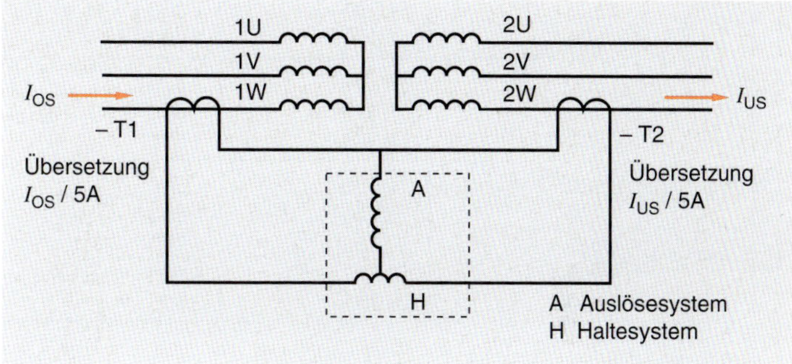

■ **Öltemperaturüberwachung**
- Stabtemperaturwächter und
- Zeigerthermometer

Anordnung unter dem Deckel, Einstellwert der Öltemperatur meist 80 °C

■ **Ölstandsüberwachung**
- Ölstandsanzeiger in Glasversion oder
- magnetischer Ölstandsanzeiger mit integriertem Meldeschaltglied

Trocken-Verteilungstransformatoren – 1000 bis 2500 kVA

Elektrische Kenndaten

■ **Bemessungsleistung** **100** – **160** – 200 – **250** – 315 – **400** – 500 – **630** – 800 – **1000** – 1250 – **1600** – 2000 – **2500** kVA
Halbfette Größen sind Vorzugswerte.

■ **Höchste Spannung für Betriebsmittel U_m**
Oberspannungswicklung 3,6 – 7,2 – 12 – 17,5 – 24 kV
Unterspannungswicklung 1,1 kV

■ **Bemessungsspannungen der Wicklungen U_r**

Oberspannung

U_m in kV	3,6	7,2	12	17,5	24
U_r in kV	3 bis 3,3	5 bis 6,6	10 bis 11,5	12 bis 16	20 bis 22

Unterspannung

400 – 410 – 420 – 433 V

Bei einer Bemessungsspannung von 410 V wird in Niederspannungssystemen von ursprünglich 380 V ein Bereich von 400 V $^{+6}_{-10}$ % erreicht.

■ **Anzapfungen**
Anzapfungsbereich der Oberspannungswicklung ± 2,5 %; ± 2 x 2,5 % oder + 2 x 2,5 % – 3 x 2,5 %
Eine Einstellung erfolgt durch Umklemmen.

■ **Schaltungen**

Bemessungsleistung	Schaltgruppe
< 250 kVA	Yzn5 (11) oder Dyn5 (11)
≥ 250 kVA	Dyn5 (11)

■ Verluste, Schallleistung, Kurzschlussspannung

U_m in kV	Bemessungsleistung in kVA	Kurzschlussverluste in W	Leerlauf-Verluste in W	Schallleistungspegel in dB	Kurzschlussspannung in %
12	100	2000	320	51	4
	250	3500	600	57	
	630	7300	1150	62	
	1600	14000	2100	68	6
	2500	21000	3000	71	
24	100	1710	400	51	4
	250	3450	800	57	
	630	6900	1600	62	
	100	2050	340	51	6
	250	3800	650	57	
	630	7800	1250	62	
	1600	16000	2400	68	
	2500	23000	3600	71	

Zubehör

- Oberspannungsanschlüsse
- Unterspannungsanschlüsse
- Erdungsanschlüsse
- Thermometer oder Temperaturfühler
- Warnschild
- Anschlussbezeichnung
- Anhebevorrichtung (Öse)
- Rollen

Spartransformatoren

Merkmale:
- Einpolige Verbindung zweier Wicklungsteile, wodurch ein Wicklungsteil sowohl zum Primärkreis als auch zum Sekundärkreis gehört.
- Leistungsübertragung zum Teil induktiv, d. h. über das beide Wicklungen durchsetzende Magnetfeld und direkt (galvanisch).
- Verringerung von Masse, Volumen und Verlustleistung im Vergleich zu einem Volltransformator (VT) mit gleichen elektrischen Bemessungsgrößen.
- Wirkung als induktiver Spannungsteiler, wenn der Transformator herabtransformiert.

■ Sparschaltung des Einphasentransformators

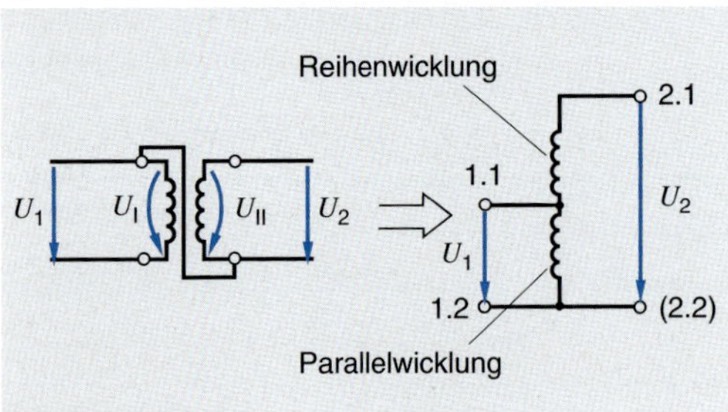

Primärspannung $U_1 = U_I$

Sekundärspannung $U_2 = U_I + U_{II}$

Durchgangsleistung S_D Leistung, die
- induktiv **und** direkt vom Primärkreis auf den Sekundärkreis übertragen wird und die
- die Bemessungsleistung des SpT ist.

$S_D = U_1 \cdot I_1$ $S_D = U_2 \cdot I_2$

■ Spannungen, Ströme, Leistungen

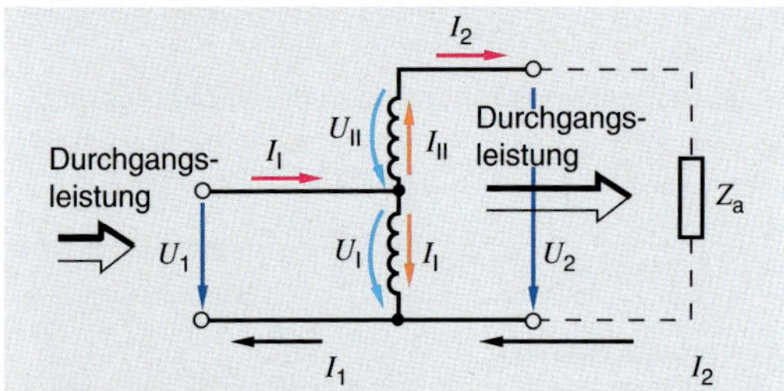

Index I für Größen der Parallelwicklung Index II für Größen der Reihenwicklung

Primärstrom $I_1 = I_I + I_{II}$

Sekundärstrom $I_2 = I_{II}$

Eigenleistung S_E Leistungsteil, der
- induktiv übertragen wird und
- für den Kern, Reihen- und Parallelwicklung zu bemessen sind.

$S_E = U_I \cdot I_I$ $S_E = U_{II} \cdot I_{II}$

$S_E = U_1 \cdot (I_1 - I_2)$ $S_E = (U_2 - U_1) \cdot I_2$

$$S_E = S_D \cdot \left(1 - \frac{U_1}{U_2}\right)$$

■ **Einsatz**

- wirtschaftlich, wenn der Unterschied zwischen Eingangs- und Ausgangsspannung gering ist;
- in Stromkreisen mit sicherem Kurzschlussschutz, da der Kurzschlussstrom im Vergleich zum VT entsprechend der Spannungserhöhung von U_{II} auf U_2 steigt;
- in Stromkreisen mit erhöhter Isolationsfestigkeit der Unterspannungsseite gegen Erde, da bei Unterbrechung der Verbindung zwischen Primär- und Sekundärseite das Oberspannungspotenzial auf der Unterspannungsseite wirksam wird.

■ **Sparschaltung der Drehstromtransformatoren**

SpT in Sternschaltung

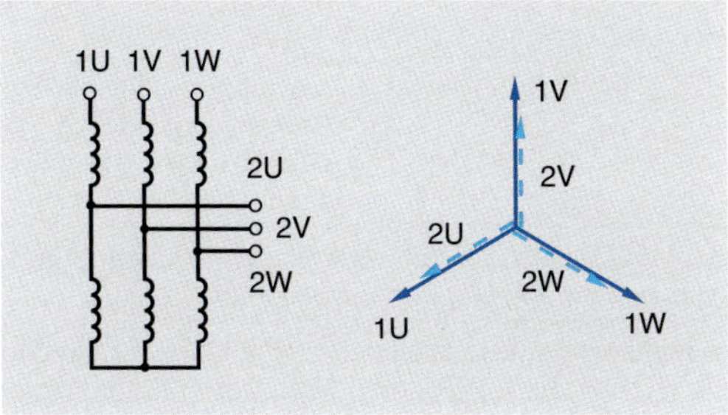

- Ober- und Unterspannungen liegen in Phase;
- jedes beliebige Übersetzungsverhältnis kann gewählt werden.

SpT in Dreieckschaltung

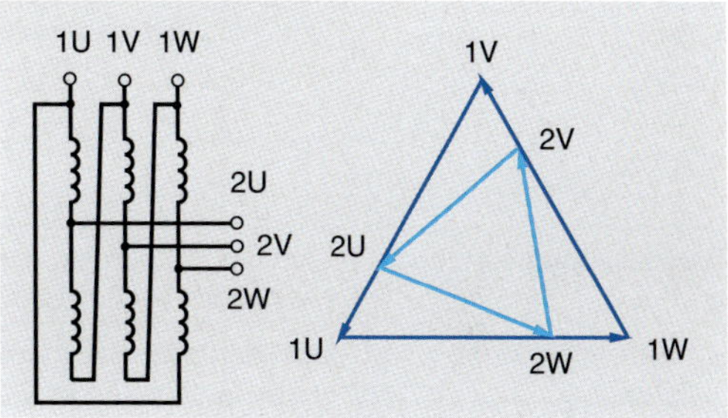

- Ober- und Unterspannungen sind in Abhängigkeit vom Verhältnis der Windungszahlen der Reihen- und Parallelwicklung phasenverschoben;
- das Übersetzungsverhältnis kann 2 : 1 nicht übersteigen, d. h. $U_{\text{OS}} \leq 2U_{\text{US}}$.

3.3 Messwandler

Messwandler

Transformatoren kleiner Bemessungsleistung und nur einer bevorzugten sekundären Bemessungsgröße, die zur Speisung von
- Messgeräten,
- Schutzrelais und anderen ähnlichen Einrichtungen vorgesehen sind.

- Spannungswandler
- Stromwandler

} für Mess- und/oder Schutzzwecke

Spannungswandler

Begriffe und Betriebsbedingungen

Spannungswandler	Messwandler, bei dem unter üblichen Betriebsbedingungen die Sekundärspannung der Primärspannung praktisch proportional ist und ihr gegenüber um einen Winkel abweicht, der annähernd null ist.
Bemessungs-übersetzung	Verhältnis der primären Bemessungsspannung zur sekundären Bemessungsspannung
Spannungs-Messabweichung	Abweichung zwischen tatsächlicher Übersetzung, d. h. der, die ein Spannungswandler bei der Messung einer Spannung verursacht, und der Bemessungsübersetzung. – Spannungsfehler in % $F_{\text{u}} = \frac{K_{\text{n}} \cdot U_{\text{s}} - U_{\text{p}}}{U_{\text{p}}} \cdot 100$ K_{n} Bemessungsübersetzung U_{p} tatsächliche primäre Spannung U_{s} tatsächliche sekundäre Spannung, wenn U_{p} unter Messbedingungen anliegt

Fortsetzung: **Begriffe und Betriebsbedingungen**

Fehlwinkel	Phasenverschiebung der Sekundärspannung gegen die Primärspannung. Die Spannungsrichtungen sind so gewählt, dass bei einem idealen Spannungswandler der Fehlwinkel gleich null ist. Er wird in Minuten oder Zentiradiant angegeben.
Genauigkeitsklasse	Bezeichnung für einen Spannungswandler, dessen Messabweichungen unter festgelegten Bedingungen innerhalb bestimmter Grenzen bleiben.
Bürde	Der in Siemens angegebene Scheinleitwert des Sekundärkreises mit Angabe des Leistungsfaktors. Die Bürde wird üblicherweise als Scheinleistung in VA angegeben, die bei festgelegtem Leistungsfaktor und sekundärer Bemessungsspannung aufgenommen wird: $Y_{ns} = \frac{S_n}{U_{ns}^2}$ Y_{ns} sekundärer Scheinleitwert S_n Bemessungsleistung U_{ns} sekundäre Bemessungsspannung
Bemessungsleistung	Wert der Scheinleistung in VA bei festgelegtem Leistungsfaktor, den der Spannungswandler bei sekundärer Bemessungsspannung und Bemessungsbürde abgibt.
Thermische Grenzleistung	Wert der Scheinleistung, der bei primärer Bemessungsspannung an einer Sekundärwicklung entnommen werden kann, ohne die festgelegten Grenzwerte für die Übertemperatur zu überschreiten.
Höchste Spannung für Betriebsmittel U_m	Effektivwert der höchsten Leiter-Leiter-Spannung, für die ein Messwandler hinsichtlich seiner Isolation bemessen ist.
Bemessungs-Isolationspegel	Kombination von Spannungswerten, für die die Isolation des Spannungswandlers bemessen ist.
Bemessungs-Spannungsfaktor	Das Vielfache der primären Bemessungsspannung, bei dem ein Spannungswandler den thermischen Anforderungen während einer festgelegten Beanspruchungsdauer und seiner Genauigkeitsklasse entsprechen muss.

Betriebsbedingungen

- **Temperatur der umgebenden Luft**

höchste Temperatur	40 °C
niedrigste Temperatur des Innenraumwandlers	–5 °C
niedrigste Temperatur des Freiluftwandlers, Klasse 25	–25 °C
niedrigste Temperatur des Freiluftwandlers, Klasse 40	–40 °C

- **Höhenlage**
  bis 1000 m über N.N.

- **Erdung des Netzes**
  Betrieb in isolierten Netzen; d. h. in
  - Netzen mit wirksam geerdetem Sternpunkt, der direkt oder über einem ohmschen oder induktiven Widerstand mit Erde verbunden ist. Dieser muss hinreichend klein sein, um transiente Schwingungen erheblich zu verringern und um bei Erdschluss eine selektive Ausschaltung durch eine ausreichende Stromstärke zu ermöglichen;
  - Netzen mit Erdschlusskompensation, deren Sternpunkte über Erdschlussspulen so geerdet sind, dass durch deren Reaktanz die kapazitive Komponente des Erdschlussstromes im Wesentlichen kompensiert wird.

Kennwerte und Anforderungen

- **Primäre Bemessungsspannungen**
  - Werte der Nennspannungen der Netze, in denen die Wandler eingesetzt werden und
  - solche Werte, wodurch eine Bemessungsübersetzung mit einem der folgenden Werte erreicht wird: 10 – 12 – 15 – 20 – 25 – 30 – 40 – 50 – 60 – 80 sowie ihre dezimalen Vielfachen.

- **Sekundäre Bemessungsspannungen**
  - 100 V und 110 V
  - 200 V für ausgedehnte Sekundärkreise

■ **Bemessungsleistungen**

10 – 15 – **25** – 30 – **50** – 75 – **100** – 150 – **200** – 300 – 400 – **500** VA
bei einem Leistungsfaktor 0,8 induktiv.
Die **halbfetten** Werte sind Vorzugswerte.

■ **Bemessungs-Spannungsfaktor**

Bemessungs-Spannungsfaktor	Beanspruchungs-dauer	Anschluss der Primärwicklung und Netzerdung
1,2	dauernd	zwischen den Leitern in jedem Netz, zwischen Transformator-Sternpunkt und Erde in jedem Netz
1,2	dauernd	zwischen Leiter und Erde in einem wirksam geerdeten Netz
1,5	30 s	
1,2	dauernd	zwischen Leiter und Erde in einem nicht wirksam geerdeten Netz mit selbsttätiger Erdschlussausschaltung
1,9	30 s	
1,2	dauernd	zwischen Leiter und Erde in einem isolierten Netz ohne selbsttätige Erdschlussausschaltung oder in einem kompensierten Netz
1,9	8 h	

■ **Grenzwerte für Übertemperaturen**

Isolierstoffklasse	Maximale Übertemperaturen in K
Isolierstoffe aller Klassen unter	
– Öl	60
– Öl und hermetischem Luftabschluss	65
– bituminöser Isoliermasse	50
Isolierstoffe nicht unter Öl oder bituminöser Isolierstoffmasse	
– Y	45
– A	60
– E	75
– B	85
– F	110
– H	135

■ **Bemessungs-Isolationspegel für Primärwicklungen**

Höchste Spannung für Betriebsmittel U_m (Effektivwert) in kV	Bemessungs-Steh-Blitzstoß-spannung (Scheitelwert) in kV	Bemessungs-Steh-Kurzzeit-Wechselspannung (Effektivwert) in kV
0,72	–	3
1,2	–	6
3,6	20 40	10
7,2	40 60	20
12	60 75	28
17,5	75 95	38
24	95 125	50
36	145 170	70

■ **Isolationsanforderungen an Sekundärwicklungen**

Steh-Kurzzeit-Wechselspannung von 3 kV (Effektivwert) bei einer Wirkungsdauer von 1 Minute

Kennzeichnungen

Angaben des Leistungsschildes
- Name des Herstellers
- Fertigungsnummer oder Typbezeichnung
- primäre und sekundäre Bemessungsspannung, z. B. 6,6/0,11 kV
- Bemessungsfrequenz, z. B. 50 Hz
- Bemessungsleistung und Genauigkeitsklasse, z. B. 50 VA, Klasse 1
- höchste Spannung für Betriebsmittel, z. B. 12 kV
- Bemessungs-Isolationspegel, z. B. 60/28 kV

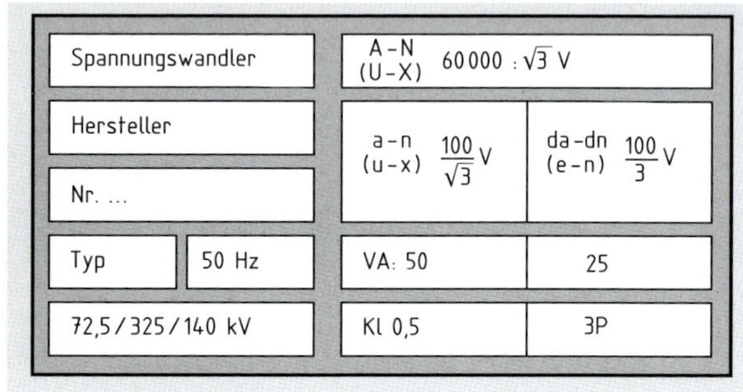

Anschlussbezeichnungen

Zweipolig isolierter Spannungswandler

☐ mit einer Sekundärwicklung

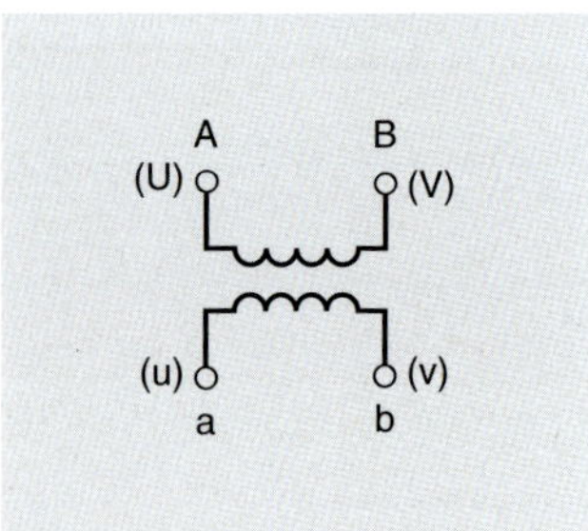

☐ mit einer Sekundärwicklung und Anzapfungen

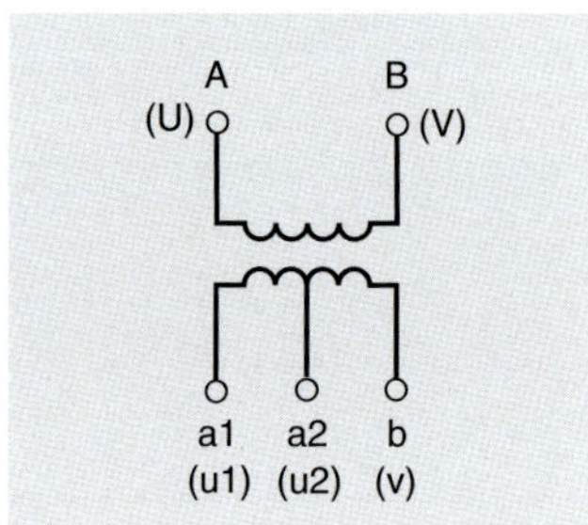

☐ mit zwei Sekundärwicklungen

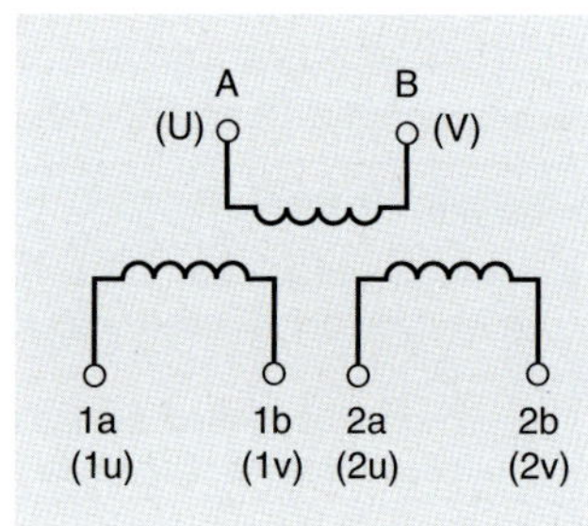

Einpolig isolierter Spannungswandler

☐ mit einer Sekundärwicklung

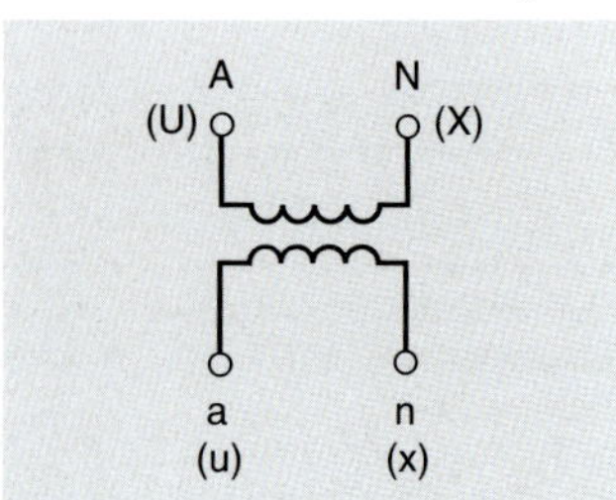

☐ mit Wicklung zur Erdschlusserfassung

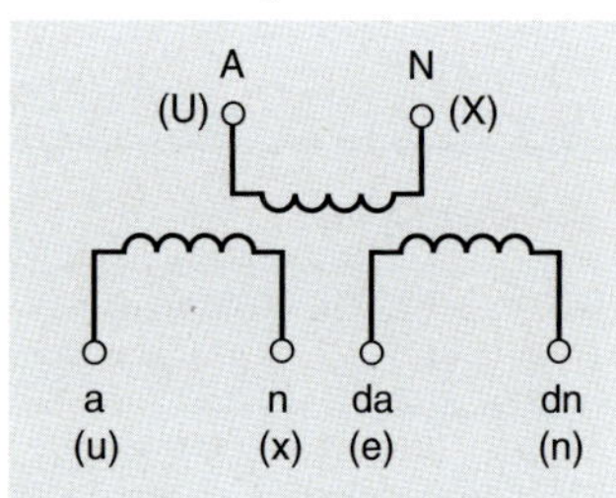

In Deutschland können alternativ die in Klammern angegebenen Anschlussbezeichnungen verwendet werden.

Zusätzliche Anforderungen an Spannungswandler für Messzwecke

Norm-Genauigkeitsklassen

Kennzeichnung der Genauigkeitsklasse durch eine Zahl, die den Grenzwert der prozentualen Spannungsmessabweichung bei Bemessungsspannung und Bemessungsbürde angibt.
0,1 – 0,2 – 0,5 – 1 – 3

Fehlergrenzen

Genauigkeitsklasse	Spannungsmessabweichung in %	Fehlwinkel	
		Minuten	Zentiradiant
0,1	0,1	5	0,15
0,2	0,2	10	0,3
0,5	0,5	20	0,6
1	1	40	1,2
3	3	nicht festgelegt	nicht festgelegt

Zusätzliche Anforderungen an Spannungswandler für Schutzzwecke

- **Norm-Genauigkeitsklassen**
  3 P und 6 P („P" Protection)

- **Fehlergrenzen**

Genauigkeitsklasse	Spannungsmessabweichung in %	Fehlwinkel	
		Minuten	Zentiradiant
3 P 6 P	3 6	120 240	3,5 7

- **Sekundäre Bemessungsspannungen der Wicklungen für Erdschlusserfassung**

Vorzugswerte in V		Nicht bevorzugte Werte in V
100	110	200
$\frac{100}{\sqrt{3}}$	$\frac{110}{\sqrt{3}}$	$\frac{200}{\sqrt{3}}$
$\frac{100}{3}$	$\frac{110}{3}$	$\frac{200}{3}$

Wicklung für Erdschlusserfassung

Wicklung eines Spannungswandlers, die in einem Satz von drei Spannungswandlern im offenen Dreieck geschaltet wird, um

- bei Erdschluss eine Verlagerungsspannung zu liefern,
- eine Bedämpfung von Kippschwingungen (Ferro-Resonanzen) zu ermöglichen.

Hinweis: **Bei allen Betriebsschaltungen der Spannungswandler ist eine Klemme der Sekundärwicklung zu erden (Schutzerdung).**

Stromwandler

Begriffe und Betriebsbedingungen

Stromwandler	Messwandler, bei dem unter üblichen Betriebsbedingungen die Sekundärstromstärke der Primärstromstärke praktisch proportional ist und ihr gegenüber um einen Winkel abweicht, der bei gegebenem Anschlusssinn annähernd null ist.
Bemessungsübersetzung	Verhältnis der primären Bemessungsstromstärke zur sekundären Bemessungsstromstärke
Strom-Messabweichung	Abweichung zwischen tatsächlicher Übersetzung, d. h. der, die ein Stromwandler bei der Messung einer Stromstärke verursacht, und der Bemessungsübersetzung. Strom-Messabweichung Stromfehler in % $F_i = \frac{(K_n \cdot I_s - I_p)}{I_p} \cdot 100$ K_n Bemessungsübersetzung I_p tatsächliche primäre Stromstärke I_s tatsächliche sekundäre Stromstärke
Fehlwinkel	Phasenverschiebung des Sekundärstroms gegen den Primärstrom. Die Stromrichtungen sind so gewählt, dass bei einem idealen Stromwandler der Fehlwinkel gleich null ist. Er wird in Minuten oder Zentiradiant angegeben.
Genauigkeitsklasse	Bezeichnung für einen Stromwandler, dessen Messabweichungen unter festgelegten Bedingungen innerhalb bestimmter Grenzen bleiben.

Fortsetzung: **Begriffe und Betriebsbedingungen**

Bürde	Die in Ohm angegebene Impedanz des Sekundärkreises mit Angabe des Leistungsfaktors. Die Bürde wird üblicherweise als Scheinleistung in VA angegeben. $Z_{n2} = \frac{S_n}{I_{n2}^2}$ Z_{n2} sekundäre Bemessungsimpedanz S_n Bemessungsleistung I_{n2} sekundärer Bemessungsstrom
Bemessungsleistung	Wert der Scheinleistung in VA bei festgelegtem Leistungsfaktor, den der Stromwandler bei sekundärer Bemessungsstromstärke und Bemessungsbürde abgibt.
Thermische Bemessungs-Kurzzeitstromstärke I_{th}	Effektivwert der primären Stromstärke, die der Stromwandler eine Sekunde bei kurzgeschlossener Sekundärwicklung ohne Beschädigung aushält.
Bemessungs-Stoßstromstärke I_{dyn}	Scheitelwert der primären Stromstärke, deren Kraftwirkung der Stromwandler bei kurzgeschlossener Sekundärwicklung ohne elektrische oder mechanische Beschädigung aushält.
Thermische Bemessungs-Dauerstromstärke	Wert der Dauerstromstärke in der Primärwicklung, bei dem die Übertemperatur den festgelegten Wert nicht überschreitet, wenn die Sekundärwicklung mit der Bemessungsbürde belastet ist.

Betriebsbedingungen vgl. Spannungswandler, S. 192

Kennwerte und Anforderungen

- **Primäre Bemessungsstromstärke 10** – 12,5 – **15** – 20 – 25 – **30** – 40 – **50** – 60 – 75 A und die dezimalen Vielfachen und Teile. Die **halbfetten** Werte sind Vorzugswerte.
- **Sekundäre Bemessungsstromstärke** 1 – 2 – 5 A.
  Der bevorzugte Wert ist 5 A.
- **Bemessungsleistung** 2,5 – 5,0 – 10 – 15 – 30 VA (Auch Werte über 30 VA dürfen gewählt werden.)
- **Bemessungs-Stoßstromstärke** i. Allg. $I_{dyn} = 2{,}5\ I_{th}$
- **Grenzwerte für Übertemperaturen, Bemessungs-Isolationspegel der Primärwicklungen, Isolationsanforderungen an Sekundärwicklungen** vgl. Spannungswandler, S. 193

Kennzeichnungen

- **Kennzeichnungen des Leistungsschildes**
  - Fertigungsnummer oder/und Typbezeichnung
  - primäre und sekundäre Bemessungsstromstärke, z. B. K_n = 100/5 A
  - Bemessungsfrequenz, z. B. 50 Hz
  - Bemessungsleistung und Genauigkeitsklasse, z. B. 15 VA, Klasse 0,5
  - höchste Spannung für Betriebsmittel, z. B. 1,2 kV
  - Bemessungs-Isolationspegel, z. B. 6/– kV

- **Anschlussbezeichnungen**

Stromwandler

□ mit einer Sekundärwicklung

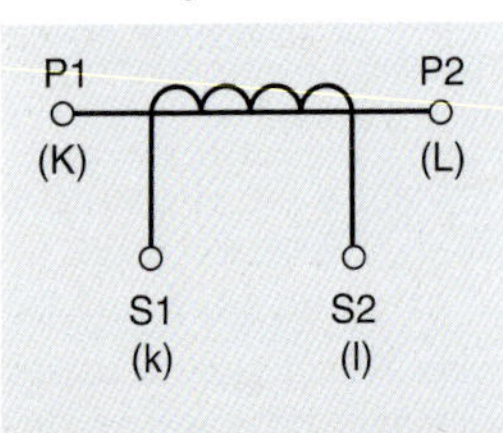

□ mit Anzapfung der Sekundärwicklung

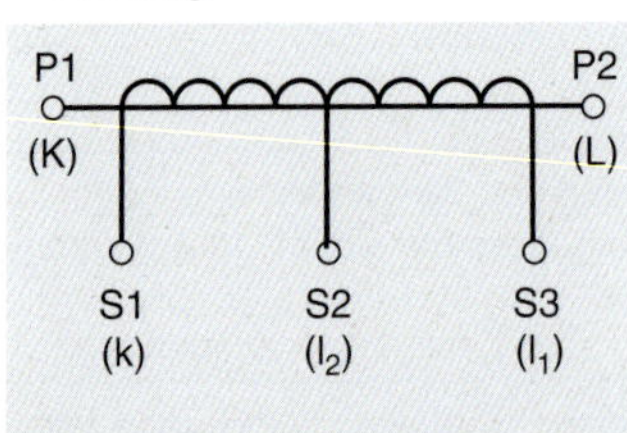

□ mit zwei Sekundärwicklungen

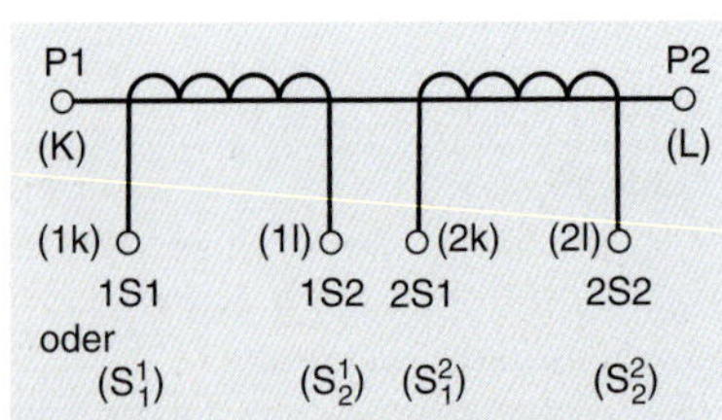

In Deutschland können alternativ die in Klammern angegebenen Anschlussbezeichnungen verwendet werden.

Zusätzliche Anforderungen an Stromwandler für Messzwecke

- **Norm-Genauigkeitsklassen** 0,1 – 0,2 – 0,5 – 1 – 3 – 5
- **Fehlergrenzen**

Genauig-keits-klasse	Strommessabweichung bei prozentualer Bemessungsstromstärke in %				Fehlwinkel bei prozentualer Bemessungsstromstärke							
					Minuten				Zentriradiant			
	5	20	100	120	5	20	100	120	5	20	100	120
0,1	0,4	0,2	0,1	0,1	15	8	5	5	0,45	0,24	0,15	0,15
0,2	0,75	0,35	0,2	0,2	30	15	10	10	0,9	0,45	0,3	0,3
0,5	1,5	0,75	0,5	0,5	90	45	30	30	2,7	1,35	0,9	0,9
1	3	1,5	1	1	180	90	60	60	5,4	2,7	1,8	1,8

Genauigkeits-klasse	Strommessabweichung in % bei prozentualer Bemessungsstromstärke	
	50	120
3	3	3
5	5	5

Für die Klassen 3 und 5 sind keine Fehlwinkel angegeben.

Zusätzliche Anforderungen an Stromwandler für Schutzzwecke

- **Norm-Genauigkeitsklassen** 5 P und 10 P („P" Protection)
- **Fehlergrenzen**

Genauig-keits-klasse	Strommessabweichung bei primärer Bemessungsstromstärke in %	Fehlwinkel bei primärer Bemessungsstromstärke	
		Minuten	Zentriradiant
5 P	1	60	18
10 P	3	–	–

Hinweis:
- **Bei allen Betriebsschaltungen des Stromwandlers ist eine Klemme der Sekundärwicklung zu erden (Schutzerdung).**
- **Der sekundäre Stromwandlerkreis darf nie abgesichert werden.**
- **Beim Ausbau von Messgeräten oder Schutzeinrichtungen sind die Sekundärklemmen kurzzuschließen.**

Normen

DIN VDE 0101	Errichten von Starkstromanlagen mit Nennspannungen über 1 kV
DIN VDE 0141	Erdungen in Wechselstromanlagen für Nennspannungen über 1 kV
DIN IEC 60038	IEC-Normspannungen
DIN 40200	Nennwert, Grenzwert, Bemessungswert, Bemessungsdaten; Begriffe
DIN VDE 0111	Isolationskoordination für Betriebsmittel in Drehstromnetzen über 1 kV
DIN VDE 0670	Wechselstromschaltgeräte für Spannungen über 1 kV
DIN EN 60947-3 (VDE 0414 Teil 107)	Niederspannungsschaltgeräte; Lastschalter, Trennschalter, Lasttrennschalter und Schalter-Sicherungs-Einheiten
DIN VDE 0636	Niederspannungssicherungen
DIN VDE 0532	Transformatoren und Drosselspulen
DIN 42500	Drehstrom-Öl-Verteilungstransformatoren; 50 Hz, 50 bis 2500 kVA
DIN 42523	Trockentransformatoren; 50 Hz, 100 bis 2500 kVA
DIN 42402	Anschlussbezeichnungen für Transformatoren und Drosselspulen
DIN VDE 0414	Messwandler; Stromwandler
DIN EN 60044-2	Messwandler; Induktive Spannungswandler
DIN VDE 0370	Isolieröle

4 Nutzung elektrischer Energie Verbraucheranlagen

Nutzung elektrischer Energie Verbraucheranlagen

4.1 Schutzmaßnahmen

Schutzmaßnahmen

4.1.1

Gefahren des elektrischen Stromes

Seite 201

Gefahren für Personen und Sachwerte

Wirkungen des elektrischen Stromes im menschlichen Körper

Verhaltensregeln bei elektrischen Unfällen

4.1.2

Netzsysteme und sicherheitstechnische Maßnahmen

Seite 205

Arten der Netzsysteme

Fehlerstromkreis

Schutzziele

4.1.3

Merkmale und Ausführung der Schutzmaßnahmen

Seite 208

Allgemein erlaubte Schutzmaßnahmen

- Schutz durch automatische Abschaltung der Stromversorgung
- Schutz durch doppelte oder verstärkte Isolierung
- Schutz durch Schutztrennung für die Versorgung eines Verbrauchsmittels
- Schutz durch Kleinspannung SELV und PELV

} mit Vorkehrungen für den Basisschutz unter normalen Bedingungen durch Basisisolierung oder Abdeckungen oder Umhüllungen

Schutzmaßnahmen mit eingeschränkter Anwendung

In Anlagen

- mit oder ohne Fehlerschutz, die nur **zugänglich** sind durch Elektrofachkräfte oder elektrotechnisch unterwiesene Personen oder Personen, die durch diese beaufsichtigt werden

  Vorkehrungen des Basisschutzes unter besonderen Bedingungen durch
  - Hindernisse

  oder
  - Anordnung außerhalb des Handbereiches
- die ausschließlich durch Elektrofachkräfte oder elektrotechnisch unterwiesene Personen **überwacht** werden
  - Schutz durch nicht leitende Umgebung
  - Schutz durch erdfreien örtlichen Schutzpotenzialausgleich
  - Schutz durch Schutztrennung für die Versorgung von mehr als einem Verbrauchsmittel

4.1.4

Prüfen der Schutzmaßnahmen

Seite 228

Begriffe

Aktives Teil	Leiter und leitfähige Teile der Betriebsmittel, die bei ungestörtem Betrieb unter Spannung stehen, einschließlich des Neutralleiters, aber vereinbarungsgemäß nicht der PEN-Leiter
Körper	Berührbare, leitfähige Teile von elektrischen Betriebsmitteln, die normalerweise nicht unter Spannung stehen, jedoch im Fehlerfall unter Spannung stehen können
Fremdes leitfähiges Teil	Leitfähige Teile, die nicht Teil einer elektrischen Anlage sind, aber ein elektrisches Potenzial einschließlich des Erdpotenzials übertragen können
Einpoliges Berühren	Überbrücken des Spannungspotenzials eines aktiven Teils oder eines körperschlussbehafteten Betriebsmittels gegen Erde durch den Menschen
Zweipoliges Berühren	Überbrücken zweier aktiver Leiter oder aktiver Teile mit unterschiedlichem Potenzial gegen Erde durch den Menschen
Elektrischer Schlag	Pathophysiologischer Effekt, ausgelöst durch einen elektrischen Strom, der den menschlichen Körper durchfließt
Erdung	Gesamtheit aller Mittel und Maßnahmen zum Verbinden eines Punktes des Betriebsstromkreises oder des Körpers der Betriebsmittel mit Erde
Betriebserdung	Erdung eines Punktes des Betriebsstromkreises, die für den ordnungsgemäßen Betrieb von Geräten oder Anlagen notwendig ist
Schutzerdung	Erdung eines nicht zum Betriebsstromkreis gehörenden leitfähigen Teils von Betriebsmitteln zum Schutz von Personen gegen den elektrischen Schlag
Bezugserde	Bereich der Erde, insbesondere der Erdoberfläche, der von einem stromdurchflossenen Erder so weit entfernt ist, dass zwischen beliebigen Punkten dieses Bereiches keine messbaren Potenzialdifferenzen auftreten
Fehlerspannung	Spannung, die zwischen Fehlerstelle (körperschlussbehaftetes Betriebsmittel) und der Bezugserde auftritt
Berührungsspannung	Spannung, die zwischen gleichzeitig berührbaren Teilen während eines Isolationsfehlers auftreten kann. Vereinbarungsgemäß wird dieser Begriff nur im Zusammenhang mit den Schutzmaßnahmen beim indirekten Berühren angewendet.
Höchstzulässige Berührungsspannung	Vereinbarte Grenze der Berührungsspannung, die im Falle eines Fehlers mit vernachlässigbarer Impedanz zeitlich unbegrenzt bestehen bleiben darf
Schutz gegen direktes Berühren	Alle Maßnahmen, die das Berühren aktiver Teile durch Menschen oder Nutztiere verhindern (Basisschutz)
Schutz beim indirekten Berühren	Alle Maßnahmen, die auch im Fehlerfall beim Berühren der Körper von elektrischen Betriebsmitteln durch Menschen oder Nutztiere einen elektrischen Schlag oder seine lebensgefährlichen Auswirkungen verhindern (Fehlerschutz)
Schutzleiter	Leiter, die für einige Schutzmaßnahmen gegen gefährliche Körperströme erforderlich sind und die Verbindung von Körpern elektrischer Betriebsmittel zu fremden leitfähigen Teilen, Haupterdungsklemmen, Erdern oder geerdeten Punkten der Stromquellen herstellen
PEN-Leiter	Geerdeter Leiter, der zugleich die Funktion des Schutzleiters und des Neutralleiters erfüllt
Potenzialausgleichsleiter	Leiter zum Sicherstellen des Potenzialausgleichs zwischen Körpern elektrischer Betriebsmittel und fremden leitfähigen Teilen
Schutzart	Ein durch die Gehäuseausführung eines elektrischen Betriebsmittels erreichter Schutz von Personen gegen das Berühren spannungsführender und rotierender Teile sowie Schutz der Betriebsmittel gegen das Eindringen von Fremdkörpern und Wasser
Schutzklassen	Klassifizierung elektrischer Betriebsmittel hinsichtlich des Schutzes gegen den elektrischen Schlag

4.1.1 Gefahren des elektrischen Stromes

Gefahren für Personen und Sachwerte

Gefährdung

von Menschen und ihnen anvertrauten Nutztieren

durch

- elektrische Körperströme
- elektromagnetische Felder
- elektrisch gezündete Brände

von Betriebsmitteln und Anlagen

durch

- mechanische, thermische, elektrische Überbeanspruchung
- elektrisch gezündete Brände

Fehler in Betriebsmitteln und Anlagen als Ursache von Gefahren

Kurzschluss

Eine durch einen Fehler entstandene leitende Verbindung zwischen betriebsmäßig gegeneinander unter Spannung stehender Leiter ohne Nutzwiderstand im Fehlerstromkreis

Erdschluss

Eine durch einen Fehler oder über einen Lichtbogen entstandene leitende Verbindung eines Außenleiters oder eines betriebsmäßig isolierten Neutralleiters mit Erde oder mit geerdeten Teilen

Körperschluss

Eine durch einen Fehler entstandene leitende Verbindung zwischen Körpern und aktiven Teilen elektrischer Betriebsmittel

Leiterschluss

Eine durch einen Fehler entstandene leitende Verbindung zwischen einem an einer Schalteinrichtung ankommenden Leiter mit demselben abgehenden Leiter, so dass im Fehlerstromkreis ein Nutzwiderstand liegt.

Fehlerarten im Drehstromnetz

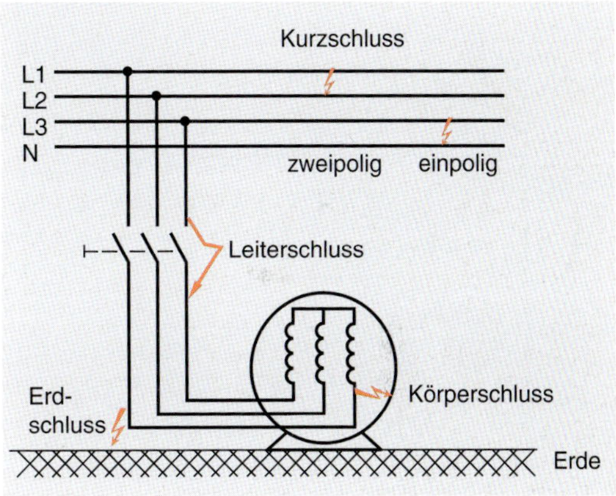

Gefahren beim Berühren

Gefahrenquellen

- **Aktive Teile** Die betriebsmäßig Spannung führenden Leiter L1; L2; L3; N eines Drehstromnetzes, L+; L– eines Gleichstromnetzes, Klemmen in den Abzweigdosen- und Anschlusskästen, Lampenfassungen in Leuchten, Wicklungen der Transformatoren und Motoren
- **Körper** Leitfähige und berührbare Gehäuse der Betriebsmittel, Kessel der Transformatoren, Abdeckungen der Schaltschränke, die normalerweise nicht unter Spannung stehen.
- **Fremde leitfähige Teile** Metallkonstruktionen von Gebäuden, metallene Gas-, Wasser- und Heizungsrohre und mit diesen verbundene nichtelektrische Einrichtungen, die im Fehlerfall ein Spannungspotenzial aufweisen können, auch nicht isolierende Fußböden und Wände.

Berührungsarten

- **Zweipoliges Berühren**
  extreme Gefährdung durch Körperquerdurchströmung

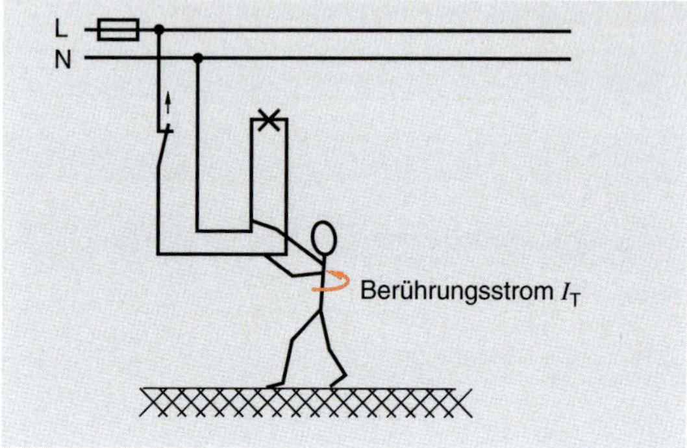

- **Einpoliges Berühren**
  meist Körperlängsdurchströmung

Der geschlossene Stromweg wird im **geerdeten Netz** durch den zwangsläufigen Standortübergangswiderstand des Menschen, das Erdreich und den Betriebserder gebildet;

Der geschlossene Stromweg wird im **isolierten** Netz durch den zwangsläufigen Standortübergangswiderstand des Menschen, das Erdreich, die endlichen Isolationswiderstände der parallelen Stromkreise des Netzes und ihre Leiter-Erde-Kapazitäten gebildet.

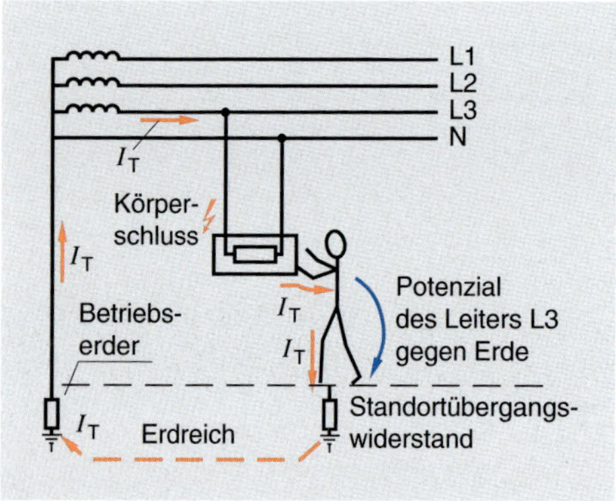

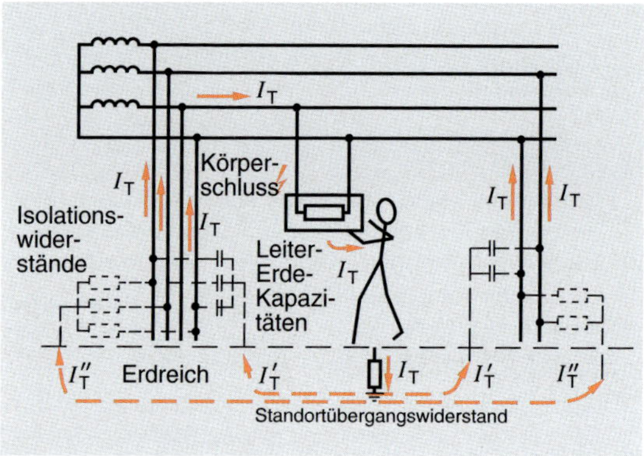

Wirkungen des elektrischen Stromes im menschlichen Körper

- **Physikalische Wirkungen**
  - weiße bis schwarze Pünktchen, auch flächenhafte Verkohlungen als so genannte Strommarken an der Stromeintrittsstelle
  - Verkochung des Zellwassers und Flüssigkeitsverluste
  - Verbrennungen bei Lichtbogeneinwirkungen
- **Physiologische Wirkungen**
  - aktive Verkürzung der Muskeln (Kontraktion)
  - unvollständiger, später vollständiger Starrkrampf
  - Blutdrucksteigerung
  - Herzrhythmusstörungen, teils mit kurzzeitigem Herzstillstand
  - ungeordnete Koordination der Herzmuskelbereiche (Herzkammerflimmern) mit Blutdruckabfall

Stromstärke und Einwirkungsdauer

- **Reaktionen menschlicher Körperzellen,** bestimmt durch die Kenngrößen des Stromimpulses
  - Intensität (Stromdichte)
  - Nutzzeit (Dauer des Reizes)
  - Steilheit des Stromimpulsanstieges

■ **Mögliche Schädigungen** bei Körperlängsdurchströmungen von der linken Hand zu beiden Füßen in Abhängigkeit von Stromstärke und Zeitdauer

☐ Wirkungsbereiche von Körper-Wechselströmen (Effektivwerte bei 50 bis 60 Hz)

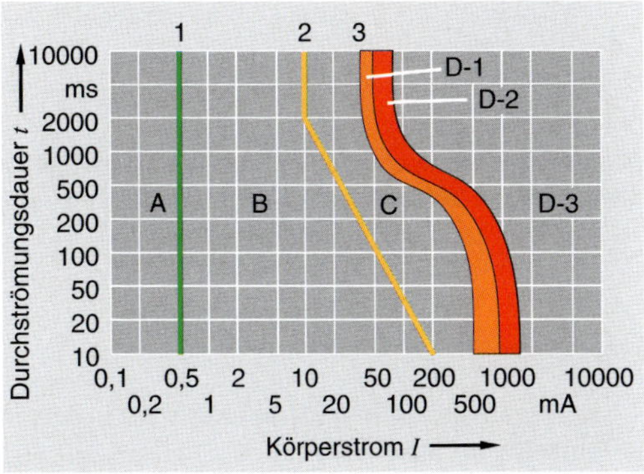

☐ Wirkungsbereiche von Körper-Gleichströmen

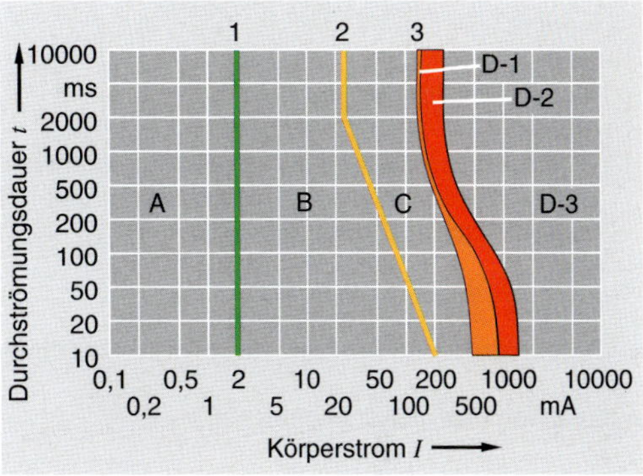

Wirkungen in den Bereichen

A keine Einwirkungen wahrnehmbar

B keine schädigenden physiologischen Wirkungen

C Blutdrucksteigerung, Muskelverkrampfungen, reversible Herzrhythmusstörungen, geringe Gefahr des Herzkammerflimmerns

D pathophysiologische Wirkungen, z. B. Herz- und Atemstillstand

- **D – 1** Gefahr des Herzkammerflimmerns bei max. 5 % der Verunfallten
- **D – 2** Gefahr des Herzkammerflimmerns noch unter 40 %
- **D – 3** Gefahr des Herzkammerflimmerns bei über 50 %

Schwellen, die die Bereiche begrenzen

1 Wahrnehmbarkeitsschwelle
Kleinstwert des Stromes, der von der durchströmten Person noch wahrgenommen wird

2 Loslassschwelle
Größtwert des Stromes, bei dem eine Person die spannungsführenden Teile noch loslassen kann

3 Schwelle des Herzkammerflimmerns
Kleinstwert des Stromes, der Herzkammerflimmern bewirkt

Zusammenhang zwischen Elektrokardiogramm (EKG) und Blutdruckänderung in Abhängigkeit von der Einwirkungsdauer

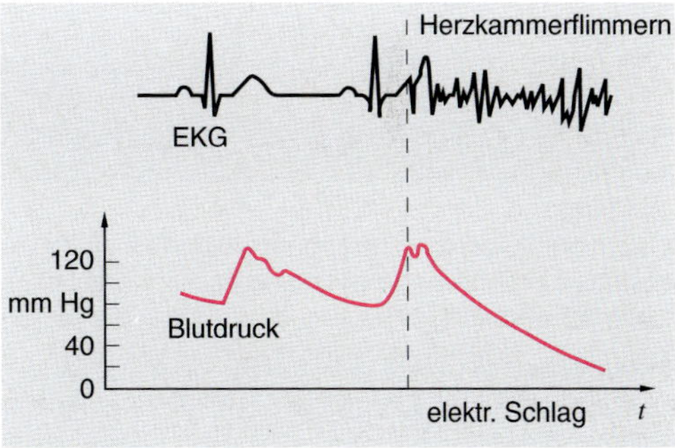

Stromstärke und Frequenz

■ Gefährdungen des Körperstromes im **Frequenzbereich von 0 Hz (Gleichstrom) bis 400 Hz**

■ Maximum der Gefährdungen bei **50 bis 60 Hz**

■ Kennzeichnung des Einflusses der Frequenz im Vergleich zu 50 Hz durch **Frequenzfaktor**

■ Ströme hoher Frequenz in der **physikalischen Therapie**
- mit Reizströmen unterschiedlicher Kurvenform 10 kHz
- endogene Wärmewirkungen im Kondensatorfeld 500 kHz
- mit Kurzwellen im Bereich von 30 MHz
- mit Mikrowellen zur zusätzlichen Stimulierung durch physikalisch-chemische Prozesse im Bereich von 2 GHz

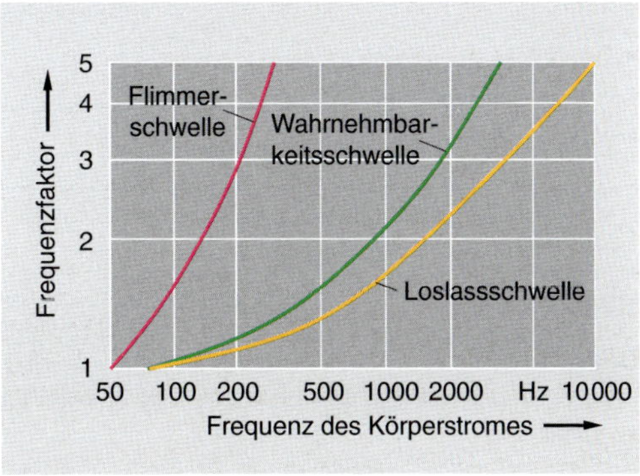

Frequenzfaktoren der Schwellen

Stromweg und Körperwiderstand

Haut, Blut, Muskeln, anderes Gewebe und Gelenke des menschlichen Körpers setzen der elektrischen Durchströmung eine entsprechende

Gesamtkörperimpedanz Z_T entgegen,

bestehend aus

Hautimpedanz Z_p

mit einer halb isolierenden Schicht der trockenen Hornhaut (kapazitive Komponente) und den Poren als kleine leitende Elemente (ohmsche Komponente); Änderung des hochohmigen Verhalten von 50 bis 100 kΩ durch Isolationsdurchschlag, beginnend bei etwa 20 V

Körperinnenwiderstand R_i

überwiegend eine vom Stromweg abhängige ohmsche Komponente.

Impedanzen des menschlichen Körpers

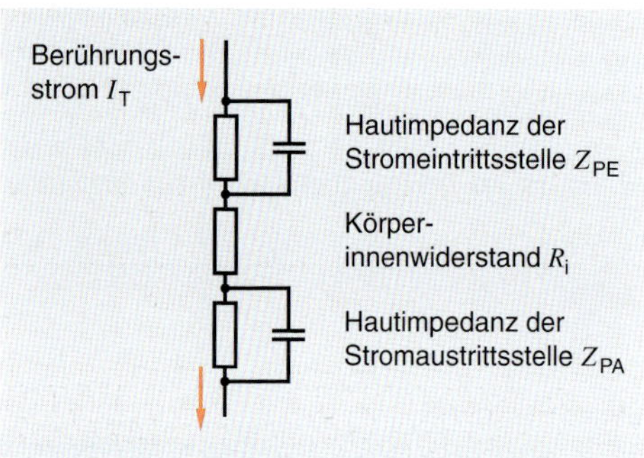

Körperinnenwiderstände bei 230 V AC in Abhängigkeit vom Stromweg

Stromweg	Körperinnenwiderstand R_i
Hand zu Hand Hand zu Fuß Fuß zu Fuß	1000 Ω
Hand zu Füße	750 Ω
Hände zu Füße Hand zur Brust	500 Ω
Hände zur Brust	250 Ω

Verhaltensregeln bei elektrischen Unfällen

Grundsatz

- Nach dem Gesetz ist jedermann zur Hilfeleistung verpflichtet.
- Handeln Ersthelfer schnell und richtig, kann das Leben der Unfallopfer meist gerettet werden.

Schrittfolge

1. Unterbrechen des Stromweges durch
   - Abschalten
   - eventuell Auslösen eines Kurzschlusses
2. Bergung des Verunfallten
   - Verunfallten aus dem Gefahrenbereich bringen
   - Verunfallten vor möglichem Absturz sichern
   - Atmung und Puls fühlen
   - ärztliche Hilfe veranlassen
3. Einleiten von Maßnahmen der Ersten Hilfe

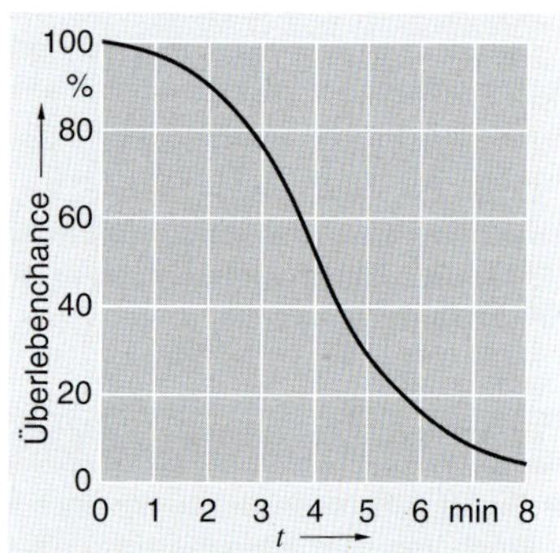

Überlebenschance in Abhängigkeit von der Zeit zwischen Atemstillstand und künstlicher Beatmung

Pathophysiologische Maßnahmen elektrischer Durchströmungen	Maßnahmen	
Bewusstlosigkeit – Personen sind nicht ansprechbar – Atmung und Herztätigkeit sind intakt	– Bewusstlosen in die rechtsseitige stabile Seitenlage bringen – beengte Kleidungsstücke öffnen – Atemwege freimachen	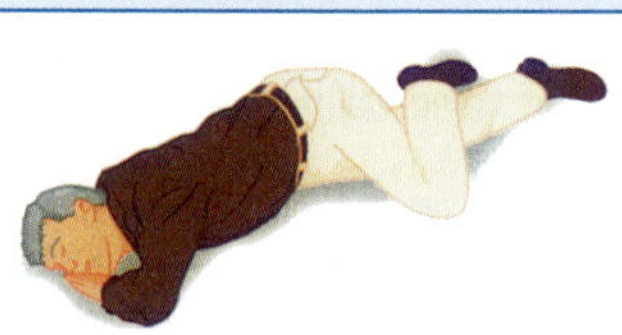

Atemstillstand – fehlende Atemgeräusche – keine Bewegung des Oberbauchs	– Unfallopfer in die Rückenlage bringen – Kopf des Verunglückten möglichst extrem in den Nacken überstrecken Mund-zu-Mund-Beatmung Mund-zu-Nase-Beatmung – Automatischen externen Defibrillator (AED) einsetzen	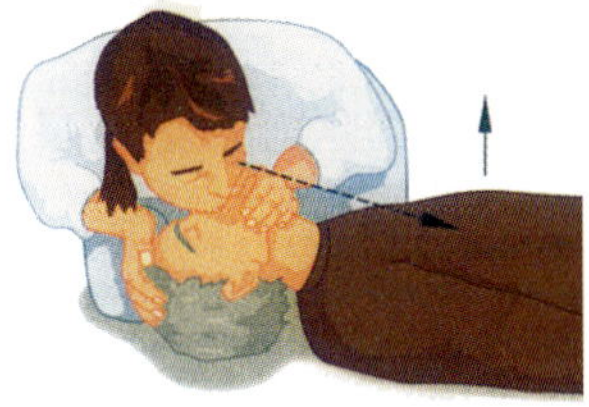
Herzstillstand – Herztöne sind nicht mehr hörbar – Pulsschläge sind an der Halsschlagader nicht mehr fühlbar – reaktionslose Pupillen	– Verunfallten in Rückenlage bringen – Oberkörper des Verunfallten freimachen – Brustkorb senkrecht von oben stoßartig in Abständen von etwa einer Sekunde 4 bis 5 cm in Richtung der Wirbelsäule drücken – Dreißig Massagestöße folgen im fortwährenden Wechsel zwei bis drei Beatmungen	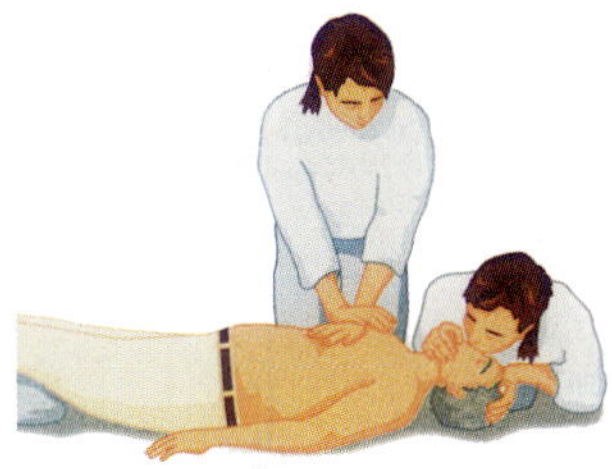
Verbrennungen – Haut ist gerötet – Blasen haben sich gebildet – Gewebe stark geschädigt	– Betroffene Gliedmaßen in kaltes Wasser tauchen – Brandwunden keimfrei abdecken – ansprechbaren Verletzten Flüssigkeiten zum Trinken geben, möglichst Wasser mit Kochsalz oder Natron	

4.1.2 Netzsysteme und sicherheitstechnische Maßnahmen

Netzsysteme

Merkmale der Netzsysteme

Unterscheidung nach der Stromart

- **Gleichstromnetz** als Zweileiter- oder Dreileiternetz
- **Wechselstromnetz** als Zweileiter- oder Dreileiternetz
- **Drehstromnetz** als Dreileiter-, Vierleiter- oder Fünfleiternetz

Internationale Kennzeichnung der Stromversorgungsnetze

Verbindliche Reihenfolge:

1. Anzahl der Außenleiter	L oder L1; L2; L3 L+; L–		
2. andere Leiter	Neutralleiter N; PEN-Leiter Mittelleiter M		
3. Spannungs- bzw. Stromart	Gleichspannung	DC	⎓
	Wechselspannung	AC	∼
	Gleich- oder Wechselspannung	UC	∼
4. Frequenz	Zahlenwert und Einheit		
5. Spannung	Zahlenwert und Einheit		

Beispiele:

2/M DC 110 V	Gleichstrom-Dreileiternetz 110 V mit Plus- , Minus- und Mittelleiter
3/PEN ~ 50 Hz 400 V	Drehstrom-Vierleiternetz 400 V mit 3 Außenleitern und PEN-Leiter

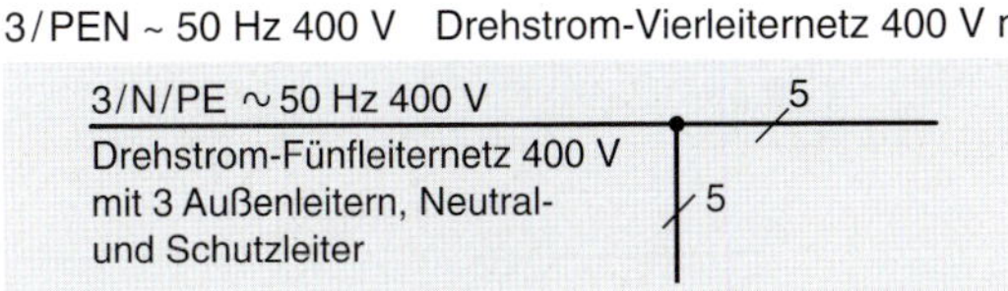

Unterscheidung nach der Art der Erdverbindungen

- **Erdungsbedingungen der speisenden Stromquelle**
  - **T** (franz. terre)
    Stromquelle oder Netzpunkt, im Allgemeinen der Sternpunkt des Transformators, über dem Betriebserder direkt geerdet
  - **I** (franz. isolation)
    alle aktiven Teile von Erde isoliert
- **Erdungsbedingungen der Körper elektrischer Betriebsmittel**
  - **T** Körper direkt über Anlagen- oder Schutzerder geerdet
  - **N** Körper direkt über Netzleiter mit Betriebserder verbunden

Internationale Kennzeichnung der Systeme im Niederspannungsbereich

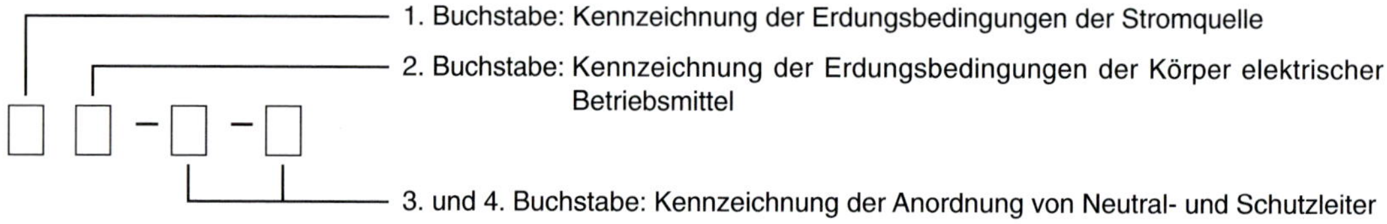

TN–S **S** (engl. separated) Neutral- und Schutzleiter getrennt oder
TN–C **C** (engl. combined) Neutralleiter- und Schutzleiterfunktion in einem Leiter (PEN-Leiter) kombiniert oder
TN–C–S TN-System mit den beiden Teilsystemen C und S

IT-System

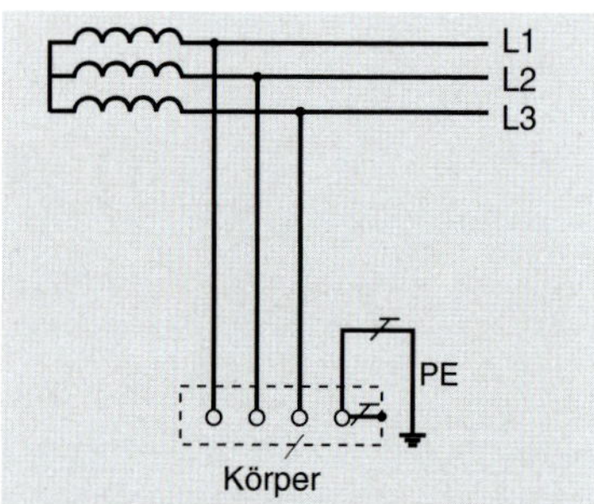

TT-System

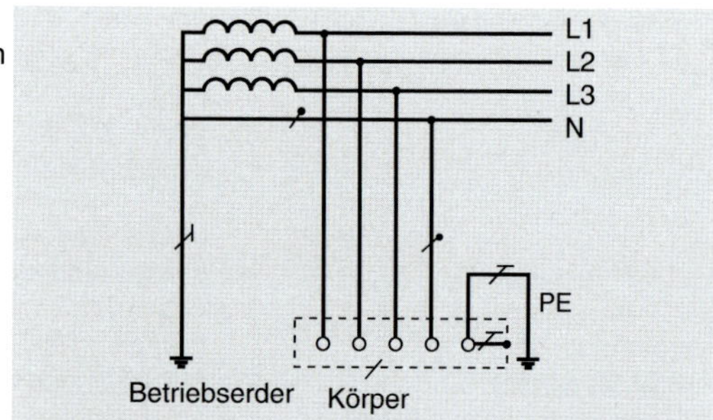

TN-C-System

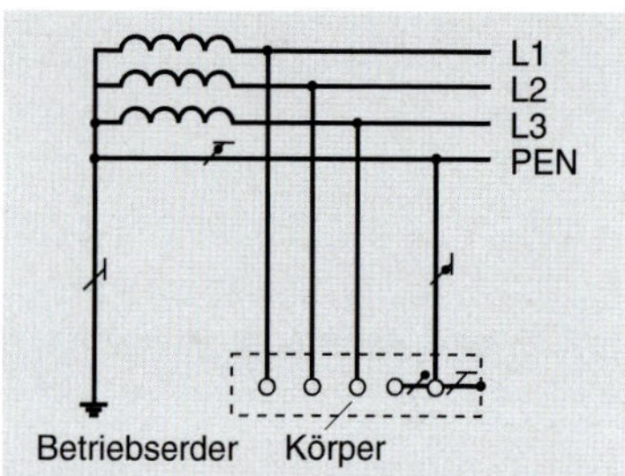

TN-S-System

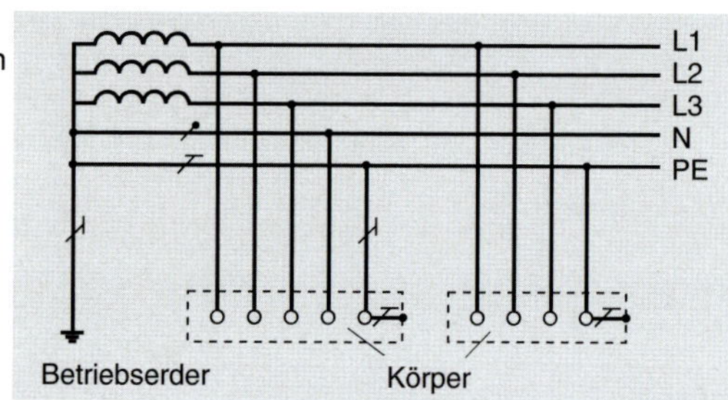

Fehlerstromkreis

Größen des Fehlerstromkreises

L oder L1; L2; L3
Außenleiter

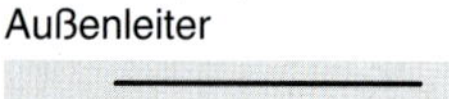

N
Neutralleiter

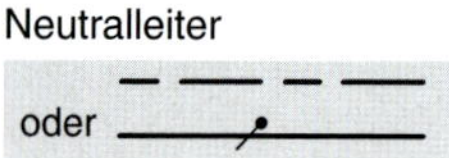

PE
Schutzleiter
Potenzialausgleichsleiter
Erdungsleiter

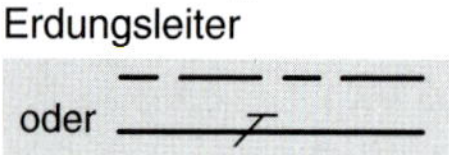

PEN
PEN-Leiter

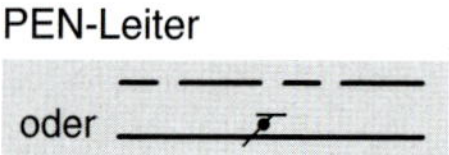

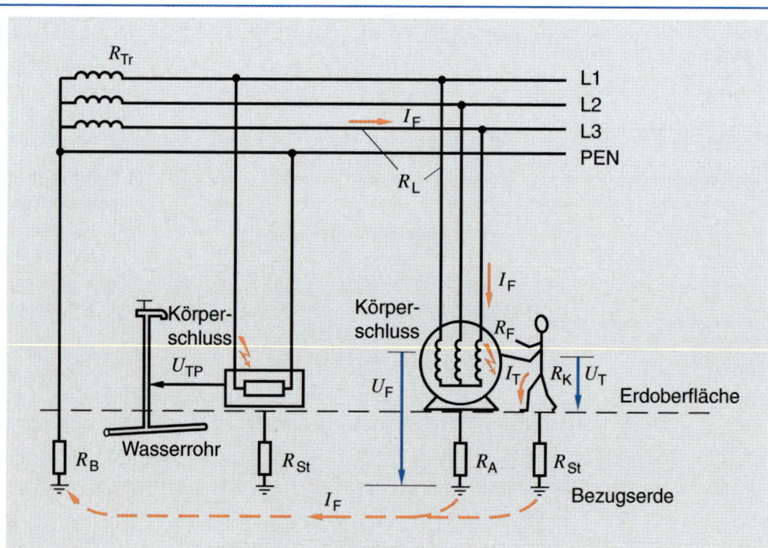

Fehlerstrom I_F	ist der durch eine Isolationsminderung über die Fehlerstelle fließende Strom. Sein Betrag ist im geerdeten Netz vom Widerstand der Fehlerstromschleife (Schleifenimpedanz) mit folgenden Teilwiderständen abhängig: R_{TR} Innenwiderstand des Transformators R_L Leitungswiderstand R_F Widerstand der Fehlerstelle R_A Widerstand des Anlagenerders R_K Widerstand des menschlichen Körpers R_{St} zwangsläufiger Standortwiderstand der Personen oder der elektrischen Betriebsmittel
Fehlerspannung U_F	Spannung, die bei einem Körper- oder Erdschluss zwischen der Fehlerstelle und der Bezugserde auftritt.
Berührungsstrom I_T	(engl. touch current) ist der bei einem elektrischen Schlag durch den Körper eines Menschen fließende Strom.
Berührungsspannung	(engl. touch voltage) ist die Spannung, die während eines Isolationsfehlers zwischen gleichzeitig berührbaren Teilen auftreten kann. Zu unterscheiden sind die
prospektive Berührungsspannung U_{TP}	eine Spannung, die infolge eines Fehlers auftritt, ohne dass sie durch eine Person oder ein Nutztier überbrückt wird, und die
beeinflusste Berührungsspannung U_T	Sie wird durch die Widerstände des Fehlerstromkreises beeinflusst und ist der Spannungsfall über dem Widerstand des menschlichen Körpers zwischen Stromeintritts- und Stromaustrittsstelle
Höchstzulässige Berührungsspannung U_L	in Niederspannungsanlagen nach internationaler Vereinbarung festgelegt für – **Menschen AC 50 V** oder **DC 120 V** – **Nutztiere AC 25 V** oder **DC 60 V;** in medizinischen Einrichtungen mitunter noch niedrigere Werte. Die Beträge bei Wechselspannung sind Effektivwerte, die bei Gleichspannung arithmetische Mittelwerte mit einer Welligkeit ≤ 10 %, oberschwingungsarm.
Bezugserde	ist der Bereich der Erde (Erdoberfläche), der außerhalb des Einflussbereiches eines stromdurchflossenen Erders – neutrales Erdreich – liegt. 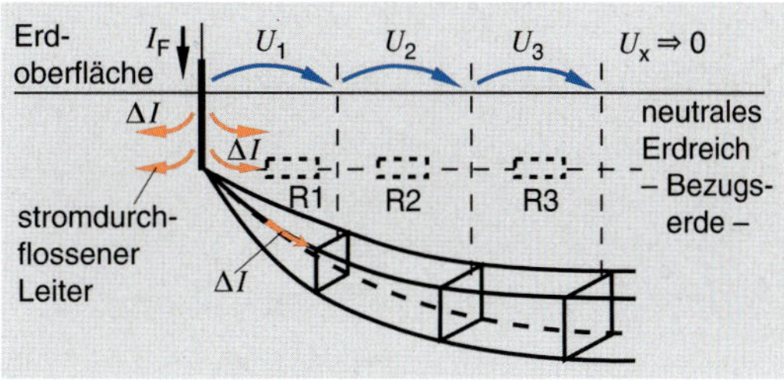 Die Widerstandswerte des Erdreiches nehmen mit zunehmender Entfernung ab, ebenso die Potenzialdifferenzen. In Netzen bis 1000 V gehen in etwa 20 m Entfernung vom stromdurchflossenen Erder die Potenzialdifferenzen $U_x \Rightarrow 0$.

Schutzziele

Rangfolge der sicherheitstechnischen Maßnahmen

1. Stufe Unmittelbare Sicherheitstechnik	Technische Erzeugnisse so gestalten, dass von ihnen keine Gefahren ausgehen.
2. Stufe Mittelbare Sicherheitstechnik	Werden Gefahren bei der Stufe 1 nur teilweise ausgeschlossen, sind zusätzliche **„Besondere sicherheitstechnische Mittel“** anzuwenden.
3. Stufe Hinweisende Sicherheitstechnik	Führen die Maßnahmen der 1. und 2. Stufe nur unvollständig zum Ziel, sind Verhaltensregeln für die Nutzer der technischen Erzeugnisse anzugeben.

Fünf Sicherheitsregeln

Regeln zum Herstellen und Sicherstellen des spannungsfreien Zustandes vor und beim Arbeiten an aktiven Teilen oder in ihrer Nähe in zwingender Reihenfolge

1. Freischalten
Allpolig und allseitig alle aktiven Leiter abschalten
- Öffnen der Schalter
- Ziehen des Netzsteckers
- Entladen von Kondensatoren

2. Gegen Wiedereinschalten sichern
- Arretieren von Schalterantrieben
- sicheres Verwahren von Schmelzeinsätzen
- Anbringen von Warnschildern

3. Spannungsfreiheit feststellen
Potenzialfreiheit am Arbeitsort durch Elektrofachkraft oder elektrisch unterwiesenes Personal feststellen
- optische Kontrolle der Trennung
- Feststellen mit Spannungsprüfer oder Multimeter

Zusätzlich in Hochspannungsanlagen

4. Erden und Kurzschließen
An der Schaltstelle und am Arbeitsort alle aktiven Leiter widerstandslos und mit Erde verbinden.

5. Gegen benachbarte, unter Spannung stehende Teile schützen
Durch Abdecken oder Abschranken zufälliges Berühren der im Arbeitsbereich befindlichen aktiven Leiter verhindern.

4.1.3 Merkmale und Ausführung von Schutzmaßnahmen

Anwendungen und Anforderungen

Sicherheitsgrundnorm DIN IEC 60364-4-41 und VDE 0100 Teil 410

Inhalt der Grundnorm
- Wesentliche Anforderungen für den Schutz von Personen und Nutztieren gegen den elektrischen Schlag
- Anwendung und Koordinierung der Anforderungen in Beziehung zu äußeren Einflüssen

Allgemeine Anforderungen
- In jedem Teil einer Anlage müssen eine oder mehrere Schutzmaßnahmen angewendet werden.
- Die in der Anlage angewendeten Schutzmaßnahmen sind bei der Auswahl und beim Errichten der Betriebsmittel zu berücksichtigen.
- Unterschiedliche Schutzmaßnahmen in derselben Anlage dürfen sich in ihrer Schutzwirkung nicht beeinträchtigen.

Notwendige Bestandteile der Maßnahmen

Kombination einer Basisschutzvorkehrung und einer unabhängigen Fehlerschutzvorkehrung	**oder**	eine verstärkte Schutzvorkehrung, die den Basis- und den Fehlerschutz gewährleistet,	**und**	zusätzlicher Schutz unter bestimmten Bedingungen äußerer Einflüsse und in besonderen Räumlichkeiten

Grundregeln des Schutzes
- Beim Basisschutz (Schutz unter normalen Bedingungen) als Schutz gegen direktes Berühren dürfen gefährliche aktive Teile nicht erreichbar sein
  und
- beim Fehlerschutz als Schutz bei indirektem Berühren dürfen erreichbare, leitfähige, nicht zum Betriebsstromkreis gehörende Teile weder unter normalen Bedingungen noch unter Einfehlerbedingungen gefährlich aktiv werden.

Zulässige Schutzmaßnahmen

allgemein erlaubte Schutzmaßnahmen
- Schutz durch automatische Abschaltung der Stromversorgung
- Schutz durch doppelte oder verstärkte Isolierung
- Schutz durch Schutztrennung für die Versorgung eines Verbrauchsmittels
- Schutz durch Kleinspannung (SELV und PELV)

nur für Anlagen, die durch Elektrofachkräfte zugänglich und überwacht werden
- Schutz durch Hindernisse
- Schutz durch Abstand
- Schutz durch nicht leitende Räume
- Schutz durch erdfreien örtlichen Potenzialausgleich
- Schutz durch Schutztrennung für die Versorgung mehrerer Verbrauchsmittel

Ausnahmen bei Fehlerschutzvorkehrungen

Fehlerschutzvorkehrungen dürfen bei folgenden Betriebsmitteln entfallen:

- Metallene Stützen bei Freileitungsisolatoren an Gebäuden, die sich nicht im Handbereich befinden.
- Stahlbewehrung von Freileitungs-Betonmasten, wenn die Bewehrung nicht erreichbar ist.
- Körper von Betriebsmitteln, die wegen ihrer kleinen Abmessungen (etwa 50 mm x 50 mm) oder ihrer Anordnung nicht umgriffen werden können.
- Metallrohre oder -gehäuse zum Schutz von Betriebsmitteln mit doppelter oder verstärkter Isolierung.

Allgemein erlaubte Schutzmaßnahmen

Schutzmaßnahme: automatische Abschaltung der Stromversorgung

Merkmale Schutzmaßnahme, bei der **der Basisschutz** durch

- Basisisolierung der aktiven Teile oder durch
- Abdeckung oder durch
- Umhüllungen

und der **Fehlerschutz** durch

- Schutzpotenzialausgleich und
- automatische Abschaltung im Fehlerfall gewährleistet ist.

Anforderungen an den Basisschutz

Maßnahmen des Basisschutzes verhindern sowohl beabsichtigtes als auch unbeabsichtigtes Berühren aktiver Teile

- **Basisisolierung aktiver Teile**
  - Isolierungen müssen aktive Teile vollständig umgeben.
  - Isolierung kann nur durch ihre Zerstörung entfernt werden.
  - Isolierung für Betriebsmittel muss mit der entsprechenden Norm dieser Betriebsmittel übereinstimmen.
- **Abdeckungen oder Umhüllungen**
  - Aktive Teile müssen im Inneren von Umhüllungen oder hinter Abdeckungen mindestens der Schutzart IPXXB oder IP2X entsprechen.
    Ausnahme: große Öffnungen, z. B. bei Lampen oder Sicherungen
  - Mindestschutzart für leicht zugängliche horizontale Oberflächen: IPXXD oder IP4X
  - sichere Befestigung und ausreichende Festigkeit entsprechend den äußeren Einflüssen
  - notwendiges Entfernen oder Öffnen nur
    mit Schlüssel oder Werkzeug oder nur
    bei erzwungener Abschaltung der Versorgung aktiver Teile
  - Für Betriebsmittel, die nach dem Abschalten gefährliche elektrische Ladungen speichern, ist eine Warnaufschrift erforderlich.

  Hinweis: Unabsichtliches Berühren wird als nicht gefährlich angesehen, wenn die Spannung statischer Ladungen auf DC 120 V innerhalb von 5 s nach dem Abschalten absinkt.

Schutzart

Graduierung des Schutzes elektrischer Betriebsmittel

Merkmale

Systematische Ordnung der Funktionen von Gehäusen elektrischer Betriebsmittel

- zum Schutz der sie nutzenden Personen vor
  - spannungsführenden Teilen
  - umlaufenden Teilen — Berührungsschutz
- zum Schutz ihrer inneren Konstruktionsteile gegen das Eindringen von
  - festen Körpern und Staub — Fremdkörperschutz
  - Wasser — Wasserschutz

Kennzeichnung

- Kodierungssystem

IP □ □ □ □

Kennbuchstaben: engl. **i**nternational **p**rotection → IP
1. Kennziffer: 0 bis 6 Grad für den Berührungs- und Fremdkörperschutz → 1. □
2. Kennziffer: 0 bis 8 Grad für den Wasserschutz → 2. □
Zusätzlicher Buchstabe: A; B; C; D Art des Zugangs zu gefährlichen Teilen → 3. □
Ergänzender Buchstabe: H; M; S; W spezielle ergänzende Informationen → 4. □

Bedeutung der Kennziffern und Buchstaben

Bestandteil	Ziffer oder Buchstabe	Bedeutung für den Schutz des Betriebsmittels	Bedeutung für den Schutz von Personen
Kennbuchstabe	IP	–	–
Erste Kennziffer		gegen Eindringen von festen Fremdkörpern	gegen Berühren von gefährlichen Teilen mit
	0	(nicht geschützt)	(nicht geschützt)
	1	≥ 50 mm Durchmesser	Handrücken
	2	≥ 12,5 mm Durchmesser	Finger
	3	≥ 2,5 mm Durchmesser	Werkzeug
	4	≥ 1,0 mm Durchmesser	Draht
	5	staubgeschützt	Draht
	6	staubdicht	Draht
Zweite Kennziffer		gegen Eindringen von Wasser mit schädlichen Wirkungen	
	0	(nicht geschützt)	
	1	senkrechte Tropfen	
	2	Tropfen, 15° Neigung	
	3	Sprühwasser	
	4	Spritzwasser	
	5	Strahlwasser	
	6	starkes Strahlwasser	
	7	zeitweiliges Untertauchen	
	8	dauerndes Untertauchen	
Zusätzlicher Buchstabe (nicht zwingend)			gegen Berühren von gefährlichen Teilen mit
	A	–	Handrücken
	B	–	Finger
	C	–	Werkzeug
	D	–	Draht
Ergänzender Buchstabe (nicht zwingend)		ergänzende Informationen speziell für	
	H	Hochspannungsgeräte	
		Wasserprüfung	
	M	mit Bewegung	
	S	bei Stillstand	
	W	Wetterbedingungen	

Anwendung

- In der Regel in
  - trockenen Räumen IP20
  - feuchten Räumen IP41
  - im Freien IP43
  - in nassen Räumen IP54
- Bei Anforderungen an nur **eine Art** des Schutzes wird die nicht benötigte Kennziffer durch die Unbekannte X ersetzt:
  IP2X Wasserschutz ist freigestellt
  IPX4 Berührungs- und Fremdkörperschutz ist freigestellt
- Bei Festlegungen **nur** des Berührungs- bzw. Zugangsschutzgrades werden die 1. und 2. Kennziffer durch das Buchstabenpaar XX ersetzt und an dritter Stelle der zusätzliche Buchstabe platziert:
  IPXXC

Fehlerschutz

Anforderungen an den Fehlerschutz

Maßnahmen des Fehlerschutzes verhindern das Bestehenbleiben einer gefährlichen Berührungsspannung.

Schutzpotenzialausgleich

- In jedem Gebäude müssen der Erdungsleiter, die Haupterdungsschiene und die folgenden leitfähigen Teile zum Schutzpotenzialausgleich verbunden werden:
  - metallene Rohrleitungen von Versorgungssystemen, z. B. Gas, Wasser
  - zugängliche, fremde leitfähige Teile der Gebäudekonstruktion, metallene Zentralheizungs- und Klimasysteme
  - metallene Verstärkungen von Gebäudekonstruktionen aus bewehrtem Beton, soweit praktikabel
- Metallmäntel von Fernmeldekabeln, wenn das Einverständnis des Eigners oder Betreibers vorliegt.

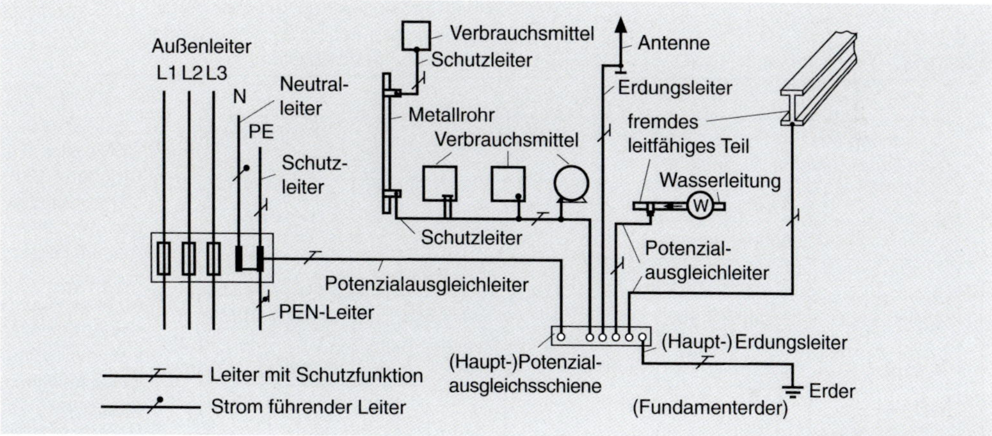

Schutzerdung

(Erdung über den Schutzleiter)

- Körper der Betriebsmittel müssen für jedes System nach der Art der Erdverbindung mit einem Schutzleiter verbunden werden.
  Gleichzeitig zugängliche Körper müssen mit demselben Erdungssystem einzeln, in Gruppen oder gemeinsam verbunden werden.
- Jeder Stromkreis muss einen Schutzleiter enthalten, der an die für diesen Stromkreis zuzuordnende Erdungsklemme angeschlossen ist.

Benennung	Merkmale	Querschnitte	Kennzeichnung
PEN-Leiter	Geerdeter Leiter, der zugleich die Funktionen des Schutzleiters (PE) und des Neutralleiters (N) erfüllt.	Mindestquerschnitt 10 mm² Cu oder 16 mm² Al vgl. Tabelle	Isolierte PEN-Leiter und Schutzleiter **müssen** in ihrem gesamten Verlauf durchgehend grün-gelb gekennzeichnet sein. Zusätzlich müssen PEN-Leiter an den Leiterenden mit einer hellblauen Markierung versehen werden.
Schutzleiter	Leiter, der für einige Schutzmaßnahmen gegen gefährliche Körperströme erforderlich ist, um die elektrische Verbindung zu – Körpern der elektrischen Betriebsmittel, – fremden leitfähigen Teilen, – Haupterdungsklemmen oder -schienen[1]), – Erdern, – geerdeten Punkten der Stromquelle oder künstlichem Sternpunkt herzustellen.	Querschnitt A des Schutzleiters ist vom zugeordneten Außenleiterquerschnitt A_L abhängig. (siehe Tabelle unten) [1]) Potenzialausgleichsschiene	

Außenleiter	Schutzleiter
$A_L \leq 16 mm^2$	$A = A_L$
$16\ mm^2 < A_L \leq 35\ mm^2$	$A = 16\ mm^2$
$A_L > 35\ mm^2$	$A = \frac{A_L}{2}$

Benennung	Merkmale	Querschnitte	Kennzeichnung
Potenzial- ausgleichs- leiter	Leiter mit Schutzfunktion zum Sicherstellen des Potenzial-ausgleichs	vgl. Tabelle	Pozentialaus-gleichsleiter und Erdungsleiter **dürfen** grün-gelb gekennzeichnet sein. Eine andere Kennzeichnung ist zulässig, außer gelb oder grün oder zweifarbige Kombinationen.
Erdungs- leiter	Leiter mit Schutzfunktion, der die Haupterdungsklemme oder -schiene[1]) mit dem Erder verbindet [1]) Potenzialausgleichsschiene	Erdungsleiter außerhalb des Erdreiches vgl. Schutzleiter Erdungsleiter im Erdreich (Mindestquer-schnitt) – mit mechanischem Schutz und Korro-sionsschutz vgl. Schutzleiter – mechanisch ungeschützt mit Korro-sionsschutz 16 mm^2 Cu oder 16 mm^2 Fe – ohne Korrosionsschutz mit oder ohne mechanischen Schutz 25 mm^2 Cu oder 50 mm^2 Fe, feuerverzinkt	

Zuordnung der Mindestquerschnitte von Schutzleitern zum Querschnitt der Außenleiter					
1	2	3	4		5
	Nennquerschnitte				
	Schutzleiter oder PEN-Leiter[1])		Schutzleiter[3]), getrennt verlegt		
Außenleiter in mm^2	Isolierte Stark-stromleitungen in mm^2	0,6/1-kV-Kabel mit 4 Leitern in mm^2	geschützt Cu in mm^2	 Al in mm^2	ungeschützt[2]) Cu in mm^2
bis 0,4	0,5	–	2,5	4	4
0,75	0,75	–	2,5	4	4
1	1	–	2,5	4	4
1,5	1,5	1,5	2,5	4	4
2,5	2,5	2,5	2,5	4	4
4	4	4	4	4	4
6	6	6	6	6	6
10	10	10	10	10	10
16	16	16	16	16	16
25	16	16	16	16	16
35	16	16	16	16	16
50	25	25	25	25	25
70	35	35	35	35	35
95	50	50	50	50	50
120	70	70	50	50	50

[1]) PEN-Leiter ≥ 10 mm^2 Cu oder ≥ 16 mm^2 Al.

[2]) Ungeschütztes Verlegen von Leitern aus Aluminium ist nicht zulässig.

[3]) Ab einem Querschnitt des Außenleiters ≥ 95 mm^2 vorzugsweise blanke Leiter anwenden.

[4]) Hauptschutzleiter im Sinne dieser Festlegung ist der
- von der Stromquelle kommende oder
- vom Hausanschlusskasten oder dem Hauptverteiler abgehende Schutzleiter.

[5]) Ungeschützte Verlegung von Leitern aus Aluminium ist nicht zulässig.

Querschnitte für Potenzialausgleichleiter			
	Schutzpotenzialausgleich	Zusätzlicher Schutzpotenzialausgleich	
normal	0,5 x Querschnitt des Hauptschutzleiters[4])	zwischen zwei Körpern	1 x Querschnitt des kleineren Schutzleiters
		zwischen einem Körper und einem fremden leitfähigen Teil	0,5 x Querschnitt des Schutzleiters
mindestens	6 mm^2 oder gleichwertiger Leitwert	bei mechanischem Schutz	2,5 mm^2 Cu 4 mm^2 Al
		ohne mechanischen Schutz	4 mm^2 Cu
mögliche Begrenzung	25 mm^2 Cu oder gleichwertiger Leitwert[5])	–	–

Automatische Abschaltung im Fehlerfall

Allgemeines Wirkprinzip

Ursache	Bedingung
Körperschluss	niederohmiger Stromweg durch Schutzleiter
Fehler- bzw. Berührungsspannung	

Fehler- bzw. Auslösestrom

Wirkung automatisches Abschalten der Stromversorgung

Prinzipielle schaltungstechnische Realisierung

Stromversorgung

Zuleitung — Abschalt- bzw. Schutzeinrichtung
- Überstrom-Schutzeinrichtung
- Fehlerstrom-Schutzeinrichtung

Betriebsmittel — Schutzleiterverbindung vom Körper des Betriebsmittels zum ⇐ Schutzerdung

- Betriebserder über PE- oder PEN-Leiter des Netzes ⟹ TN-System
- Schutz- bzw. Anlagenerder ⟹ TT-System
- fremden leitfähigen Teil der Anlage ⟹ IT-System

Maximale Abschaltzeiten

- Bei einem Fehler mit vernachlässigbarer Impedanz zwischen einem Außenleiter und dem Körper eines Betriebsmittels oder dem Schutzleiter des Stromkreises muss eine automatische Abschaltung der Stromversorgung oder des Betriebsmittels in der geforderten Zeit erfolgen.
- Die in der folgenden Tabelle angegebenen maximalen Abschaltzeiten müssen für Endstromkreise mit einem Nennstrom nicht größer als 32 A eingehalten werden.

	50 V < $U_0 \leq$ 120 V		120 V < $U_0 \leq$ 230 V		230 V < $U_0 \leq$ 400 V		U_0 > 400 V	
System	AC	DC	AC	DC	AC	DC	AC	DC
TN	0,8 s	*	0,4 s	5 s	0,2 s	0,4 s	0,1 s	0,1 s
TT	0,3 s	*	0,2 s	0,4 s	0,07 s	0,2 s	0,04 s	0,1 s

* Abschaltung kann aus anderen Gründen als dem Schutz gegen elektrischen Schlag verlangt sein

- Abschaltzeiten für Verteilungsstromkreise des TN-Systems $t_a \leq 5$ s, des TT-Systems $t_a \leq 1$ s.
- Für Stromerzeugungs- und Stromverteilungsanlagen dürfen größere Werte für Abschaltzeiten und Spannung zugelassen werden.
  Kleinere Werte dürfen für elektrische Anlagen und Bereiche besonderer Art gefordert werden.
- Ist die Wirksamkeit des Schutzpotenzialausgleichs innerhalb der Anlage eines TT-Systems garantiert, sind die maximalen Abschaltzeiten des TN-Systems zulässig.
- Bei IT-Systemen ist die automatische Abschaltung bei Auftreten des ersten Fehlers nicht gefordert.
- Kann die geforderte Abschaltzeit nicht erreicht werden, muss ein zusätzlicher Schutzpotenzialausgleich vorgesehen werden.

Zusätzlicher Schutz für Endstromkreise im Außenbereich und für Steckdosen

In Wechselspannungssystemen muss ein zusätzlicher Schutz vorgesehen werden für
- Steckdosen mit einem Bemessungsstrom bis 20 A, die durch Laien genutzt werden,
  und für
- Endstromkreise mit tragbaren Betriebsmitteln, die bei einem Bemessungsstrom bis 32 A im Außenbereich verwendet werden,
  durch
  Fehlerstrom-Schutzeinrichtungen (RCDs) mit einem Bemessungsdifferenzstrom $I_{\Delta n} \leq$ 30 mA.

TN-System

Schutz durch automatisches Abschalten im TN-System

Fehlerstromweg bei Körperschluss

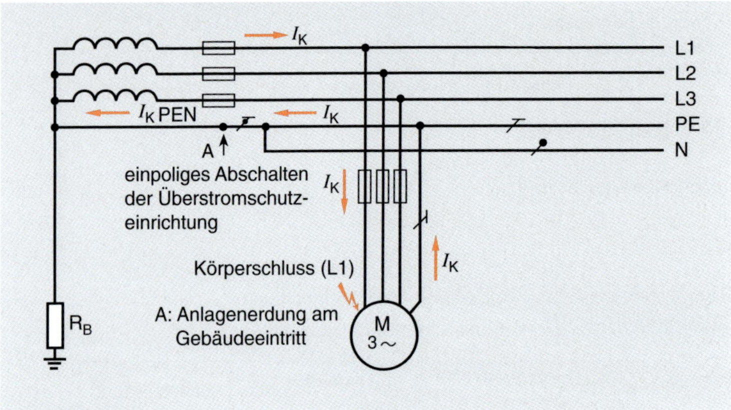

Bedingungen

- **Erdung des Neutral- oder Mittelpunkts** des Versorgungssystems
  Verbindung der Körper der Anlage mit dem geerdeten Punkt des Versorgungssystems über Schutzleiter, Haupterdungsschiene, Schutzleiter (PE) oder einen kombinierten Schutzerdungs- und Neutralleiter
  Empfohlene Erdung des Schutzleiters (PE und PEN) an der Eintrittsstelle in Gebäuden oder Anwesen
- **Gleichzeitige Übernahme von Schutz- und Neutralleiterfunktion** eines einzelnen Leiters (PEN-Leiter) in festinstallierten Anlagen ist zulässig. In den PEN-Leiter ist keine Schalt- oder Trenneinrichtung einzusetzen.
- **Abschaltstrom und Schleifenimpedanz**
  Anforderungen an die Kennwerte der Schutzeinrichtungen und an die Stromkreisimpedanzen:
  Körperschluss im TN-System ist einem einpoligen Kurzschluss gleichzusetzen, deshalb gilt für den einpoligen Kurzschlussstrom $I_{K(1)} \geq I_a$.
  Bedingung ist erfüllt, wenn die Schleifenimpedanz entsprechende Werte nicht überschreitet.

$$Z_S \leq \frac{U_0}{I_a}$$

Z_S Impedanz der Fehlerschleife in Ω besteht aus den Teilwiderständen
- Z_{Tr} Innenwiderstand des Netztransformators
- Z_{Netz} Widerstand des vorgelagerten Netzes (Widerstand: Außenleiter PEN-Leiter), zusammengefasst als Vorimpedanz Z_V der Leiterschleife: Stromquelle (Transformator) – Anschlusspunkt des fehlerbehafteten Stromkreises
- Z_L Widerstand des Außenleiters einschließlich Sicherung bis zum Fehlerort und
- Z_{PE} Widerstand des Schutzleiters zwischen Fehlerort und Stromquelle

I_a Abschaltstrom in A, der das automatische Abschalten innerhalb der festgelegten Abschaltzeit t_a bewirkt.
Bei einer Fehlerstrom-Schutzeinrichtung (RCD) muss der Abschaltstrom dem Bemessungsdifferenzstrom entsprechen: $I_a = I_{\Delta n}$

U_0 Nennwechselspannung oder Nenngleichspannung in V gegen Erde

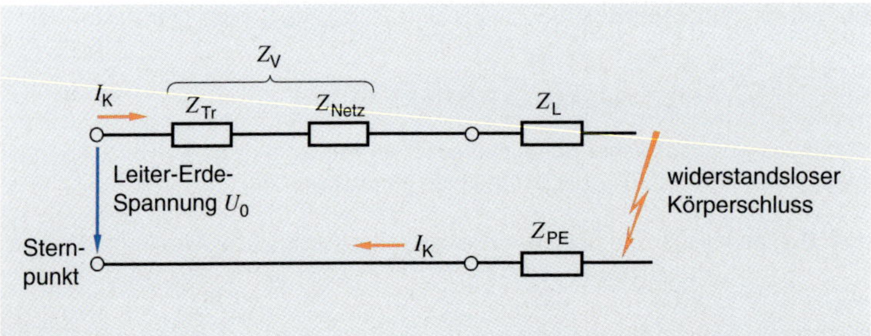

Schutz- bzw. Abschalteinrichtungen

- Überstrom-Schutzeinrichtungen
  - Schmelzsicherung
  - Leitungsschutzschalter
- Fehlerstrom-Schutzeinrichtungen
  Einsatzbedingungen der Fehlerstrom-Schutzeinrichtungen:
  - Verwendung im TN-C-System nicht zulässig
  - Anschluss des PEN-Leiters auf der Lastseite der RCD im TN-C-S-System nicht zulässig, d. h. die Verbindung des Schutzleiters mit dem PEN-Leiter stets auf der Versorgungsseite des RCD herstellen.

Strom-Zeit-Kennlinien von gL/gG[1])-Sicherungen zur Bestimmung des Abschaltstromes

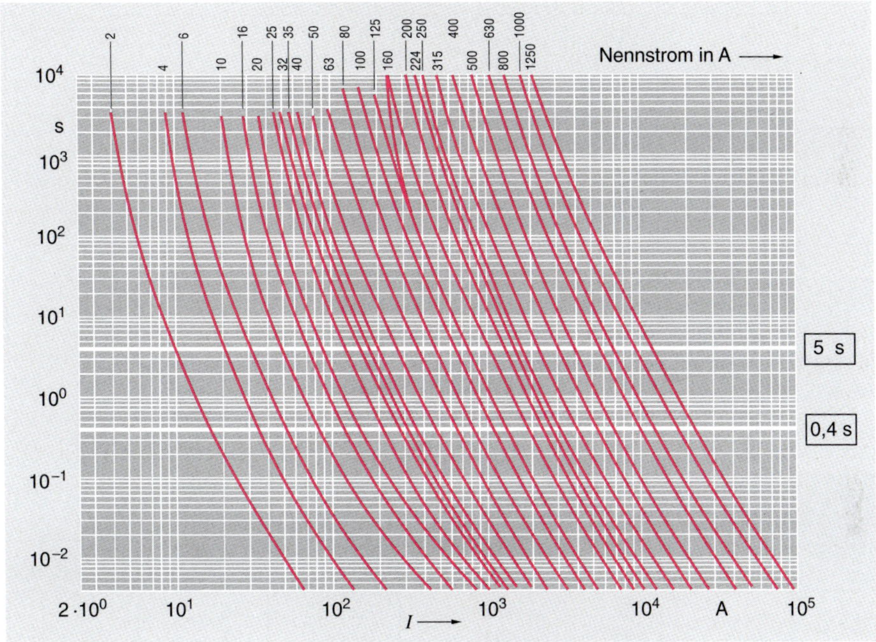

[1]) Global- bzw. Generalschutz für das Schutzobjekt „Leitungen"

Näherungswerte des Abschaltstromes von Schmelzsicherungen

	Abschaltstrom bei einer Abschaltzeit	
	$t_a = 0{,}4$ s	$t_a = 5$ s
Schmelzsicherung der Betriebsklasse gL oder gG	$I_a > 14 \cdot I_n$	$I_a > 7{,}5\ I_n$

Abschaltströme und Schleifenimpedanzen im 400/230-V-Netz

Nennstrom der Sicherung I_n in A	Abschaltzeit t_a in s	Abschaltstrom I_a in A	Maximale Schleifenimpedanz Z_S in Ω
10	0,4 5	82 47	2,8 4,8
16	0,4 5	107 65	2,1 3,5
25	0,4 5	180 110	1,2 2,0
35	0,4 5	295 173	0,7 1,3

Maximal zulässige Leitungslängen (Abstand Sicherung – Betriebsmittel) für ausgewählte Cu-Querschnitte im 400/230-V-Netz in Abhängigkeit von der Vorimpedanz Z_v

Abschaltzeit t_a = 0,4 s

Querschnitt A in mm²	Nennstrom der Sicherung I_n in A	Kurzschlussstrom I_K in A	Höchstzulässige Länge in m bei einer Vorimpedanz Z_v bis zur Sicherung				
			50 mΩ	100 mΩ	200 mΩ	400 mΩ	600 mΩ
1,5	10	82	90	88	85	78	71
	16	107	68	67	63	56	50
	25	180	40	38	35	28	21
	35	300	23	22	18	11	4
2,5	20	145	83	81	75	63	52
	25	180	67	64	58	47	35
	35	300	39	36	30	19	7
	50	460	24	21	16	4	–
4	25	180	107	102	93	75	56
	35	300	62	58	48	30	12
	50	460	39	34	25	7	–
	63	550	32	27	18	–	–
6	35	300	93	86	73	45	18
	50	460	58	51	38	11	–
	63	550	48	41	27	–	–
	80	820	30	23	9	–	–

Abschaltzeit t_a = 5 s

Querschnitt A in mm²	Nennstrom der Sicherung I_n in A	Kurzschlussstrom I_K in A	Höchstzulässige Länge in m bei einer Vorimpedanz Z_v bis zur Sicherung				
			50 mΩ	100 mΩ	200 mΩ	400 mΩ	600 mΩ
1,5	10	47	158	156	153	146	139
	16	72	103	101	97	91	84
	25	120	61	59	56	49	42
	35	173	42	40	37	30	23
2,5	20	88	139	136	131	119	108
	25	120	101	99	93	81	70
	35	173	69	67	61	49	38
	50	260	45	42	37	25	14
4	25	120	162	158	149	130	112
	35	173	111	107	97	79	61
	50	260	72	68	59	40	22
	63	351	52	48	39	21	2
6	35	173	166	160	146	119	91
	50	260	108	102	88	61	33
	63	351	84	72	58	31	3
	80	452	65	53	39	12	–

Strom-Zeit-Kennlinien von Leitungsschutzschaltern
der Auslösecharakteristik B, C und D[1])

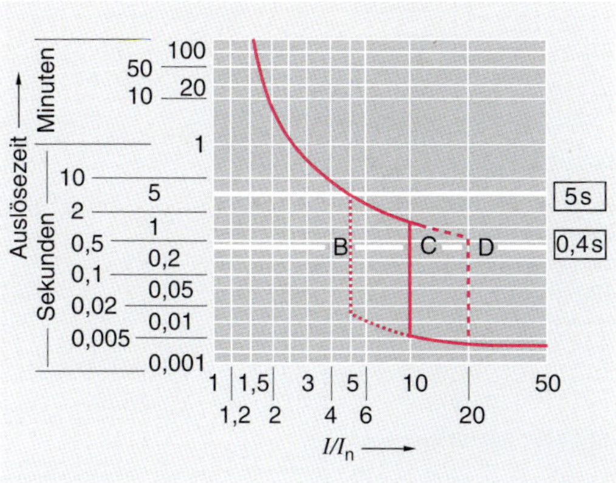

Näherungswerte der Abschaltströme von LS-Schaltern

LS-Schalter	Abschaltstrom bei einer Abschaltzeit $t_a = 0{,}4$ s	$t_a = 5$ s
Typ B	$I_a \approx 5 \cdot I_n$	
Typ C	$I_a \approx 10 \cdot I_n$	$I_a \approx 7 \cdot I_n$
Typ D	$I_a \approx 20 \cdot I_n$	$I_a \approx 7 \cdot I_n$

1) Meist durch die K-Charakteristik ($I/I_n = 14$) ersetzt.

Abschaltströme und Schleifenimpedanzen im 400/230-V-Netz
LS-Schalter Typ B

Nennstrom des LS-Schalters I_n in A	Abschaltzeit t_a in s	Abschaltstrom I_a in A	Maximale Schleifenimpedanz Z_S in Ω
10	0,4 und 5	50	4,6
16		80	2,8
25		125	1,8
35		175	1,3

Maximal zulässige Leitungslängen (Abstand LS-Schalter – Betriebsmittel) für ausgewählte Cu-Querschnitte im 400/230-V-Netz in Abhängigkeit von der Vorimpedanz Z_v

LS-Schalter Typ B; t_a = 0,4 und 5 s

Querschnitt A in mm²	Nennstrom des LS-Schalters I_n in A	Kurzschlussstrom I_K in A	Höchstzulässige Länge in m bei einer Vorimpedanz Z_v bis zum LS-Schalter 50 mΩ	100 mΩ	200 mΩ	400 mΩ	600 mΩ
1,5	13	65	114	113	109	102	95
	16	80	93	91	87	81	74
	25	125	59	57	54	47	40
	35	175	42	40	37	30	23
2,5	20	100	123	120	114	103	91
	25	125	98	95	89	78	66
	35	175	69	66	61	49	38
	50	250	48	45	39	28	16
4	25	125	156	152	142	124	106
	35	175	110	106	97	78	60
	50	250	76	71	62	44	26
	63	315	59	55	46	28	9
6	35	175	165	158	144	117	90
	50	250	114	107	93	66	38
	63	315	89	82	68	41	14
	80	400	69	62	48	21	–

TT-System

Schutz durch automatisches Abschalten im TT-System

Fehlerstromweg bei Körperschluss

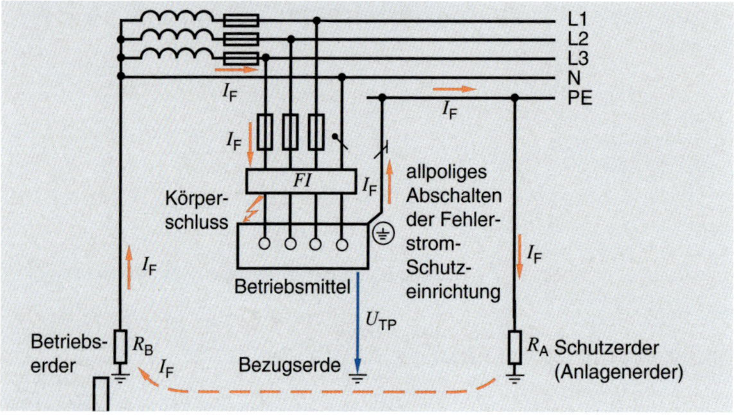

Bedingungen

- **Erdung des Neutral- oder Mittelpunktes** des Stromversorgungssystems
- **Anschluss der Körper aller Betriebsmittel durch Schutzleiter,** die durch die gleiche Schutzeinrichtung geschützt sind, an einen gemeinsamen Erder.
- **Abschaltstrom und Schleifenimpedanz**
  Da der Körperschluss im TT-System einem Erdschluss gleichzusetzen ist, gilt für den Fehlerstrom $I_F \geq I_a$
  Bedingung ist erfüllt, wenn die Impedanz der Fehlerschleife entsprechende Werte nicht überschreitet:

$$Z_S \leq \frac{U_0}{I_a}$$

Z_S Impedanz der Fehlerschleife in Ω, bestehend aus
- Vorimpedanz der Leiterschleife von Stromquelle (Transformator) bis zum Anschlusspunkt des betrachteten Stromkreises
- Widerstand des Außenleiters einschließlich Sicherung
- Widerstand des Schutz- und Erdungsleiters
- Widerstand des Anlagenerders (Schutzerders)
- Widerstand des Betriebserders der Stromquelle

I_a Abschaltstrom in A, der das automatische Abschalten in der festgelegten Abschaltzeit t_a bewirkt.
Der Abschaltstrom ist den Abschmelz- bzw. Auslösekennlinien der Schmelzsicherungen oder LS-Schalter in Abhängigkeit ihres Nennstromes zu entnehmen.

U_0 Nennwechselspannung oder Nenngleichspannung in V gegen Erde

- **Bemessungsdifferenzstrom und Anlagenerder**
  Bei einer Fehlerstrom-Schutzeinrichtung (RCD) darf ebenfalls bei Körperschluss die Berührungsspannung am fehlerbehafteten Betriebsmittel 50 V nicht überschreiten. Dies wird erreicht bei

$$R_A \leq \frac{50\ \text{V}}{I_{\Delta n}}$$

R_A Summe der Widerstände des Anlagenerders (Schutzerders) und des Schutzleiters
$I_{\Delta n}$ Bemessungsdifferenzstrom der Fehlerstrom-Schutzeinrichtung

Widerstandswerte der Fehlerstromschleife im 400/230-V-Netz bei einer Abschaltzeit von 0,2 s

Sicherung Betriebsklasse gL/gG		Fehlerstromschleife
Nennstrom I_n in A	Abschaltstrom I_a in A	Schleifenimpedanz Z_S in Ω
10	100	2,30
16	130	1,76
25	220	1,04
32	290	0,79

Widerstandswerte des Anlagenerders in Stromkreisen mit Fehlerstrom-Schutzeinrichtungen

FI-Schutzeinrichtung	Anlagenerder
Bemessungsdifferenzstrom $I_{\Delta n}$ in mA	Erdungswiderstand R_a in Ω
10	5000
30	1660
100	500
300	166
500	100

Schutz- bzw. Abschalteinrichtungen

- Fehlerstrom-Schutzeinrichtungen
- Überstrom-Schutzeinrichtungen
  nur, wenn sehr niedrige Werte der Schleifenimpedanz erreichbar sind

Hinweis: Fehlerspannungs-Schutzeinrichtungen sind für besondere Anwendungen zulässig.

RCD

RCD – *engl.* **r**esidual **c**urrent protective **d**evices

mit hilfsspannungsabhängiger Auslösung
- Differenzstrom-Schutzeinrichtung

ohne hilfsspannungsabhängige Auslösung
- Fehlerstrom (FI)-Schutzeinrichtung

- **Arten**

Fehlerstrom-Schutzschalter

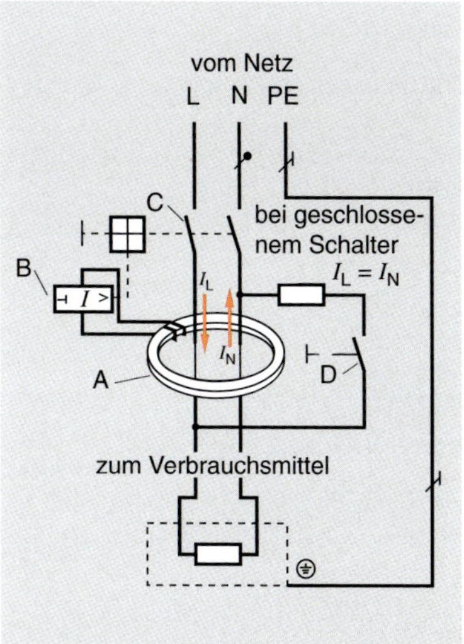

A Summenstromwandler mit den Leitern L und N (auch L1; L2; L3; N) als Primärwicklung
B Fehlerstrom-Auslösespule, angeschlossen an der Sekundärwicklung des Summenstromwandlers
C zweipolige, auch vierpolige Schalteinrichtung mit Schaltschloss
D Prüftaste mit Strombegrenzungswiderstand

Fehlerstrom-Steuereinrichtung
Zum Schalten großer Bemessungsströme mit den konstruktiv getrennten Bauelementen Summenstromwandler und Fehlerstrom-Steuerschalter, der einen Leistungsschalter oder ein Leistungsschütz ansteuert.

■ Wirkprinzip

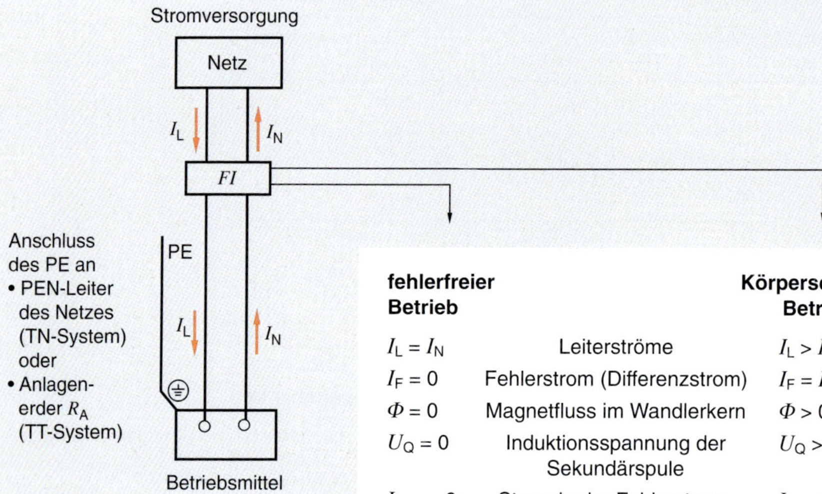

fehlerfreier Betrieb		**Körperschluss am Betriebsmittel**
$I_L = I_N$	Leiterströme	$I_L > I_N$
$I_F = 0$	Fehlerstrom (Differenzstrom)	$I_F = I_L - I_N > 0$
$\Phi = 0$	Magnetfluss im Wandlerkern	$\Phi > 0$
$U_Q = 0$	Induktionsspannung der Sekundärspule	$U_Q > 0$
$I_{Ausl} = 0$	Strom in der Fehlerstrom-Auslösespule	$I_{Ausl} > 0$
bleibt eingeschaltet	FI-Schutzschalter	schaltet Netzeinspeisung ab, wenn $I_F > I_{\Delta n}$

■ Abschaltbedingungen

Innerhalb von 0,2 s müssen FI-Schutzschalter bei folgenden Fehlerströmen abschalten:

- Wechselstrom $I_a = 0{,}5$ bis $1{,}0\ I_{\Delta n}$
- pulsierender Gleichstrom $I_a = 0{,}35$ bis $1{,}4\ I_{\Delta n}$ bei $\alpha = 0°$ elektrisch
  $I_a = 0{,}25$ bis $1{,}4\ I_{\Delta n}$ bei $\alpha = 90°$ elektrisch
  $I_a = 0{,}11$ bis $1{,}4\ I_{\Delta n}$ bei $\alpha = 135°$ elektrisch
  (α Steuerwinkel des Stromrichters)

Richtwert handelsüblicher FI-Schutzschalter:
Auslösezeit zwischen 10 und 30 ms bei 80 % des Bemessungsdifferenzstromes

■ Auswahlkriterien

□ **Bemessungsdifferenzstrom $I_{\Delta n}$**

10 mA; 30 mA hochempfindliche Schalter, auch zur Verhütung von elektrisch gezündeten Bränden
- Räume mit Badewanne und Dusche
- Steckdosen bis 32 A für Anlagen im Freien

0,1 A; 0,3 A
0,5 A
- Straßenverkehrs-Signaleinrichtungen
- feuergefährdete Betriebsstätten
- Ersatzstrom-Versorgungsanlagen
- Bergbauanlagen
- Speisepunkte für fliegende Bauten

1 A
- Sonderfälle, meist Kleinspannungsanlagen

□ **Nennstrom**
Vorzugswerte in der Kombination zum Bemessungsdifferenzstrom

Nennstrom I_n in A	Bemessungsdifferenzstrom $I_{\Delta n}$ in A
10; 13; 16; 25	0,01
10; 13; 16; 25 40; 63; 100	0,03
25; 40; 63; 100	0,1
25; 40; 63; 100 125; 160; 200; 224	0,3 und 0,5
100; 125; 160; 200; 224	1

□ **Nennspannung**
Vorzugswerte für

– zweipolige FI-Schutzschalter	220 V; 230 V; 240V
– vierpolige FI-Schutzschalter	380/220V; 400/230 V; 415/240 V
– dreipolige FI-Schutzschalter (Drehstromnetze ohne Neutralleiter)	380 V; 400 V; 415 V; 500 V

□ **Art des Fehlerstromes**
Fehlerwechselströme mit Gleichstromanteilen

– FI-Schutzschalter Typ A
pulsstromsensitiver Schalter, Symbol 

– FI-Schutzschalter Typ B
allstromsensitiver Schalter, Symbol 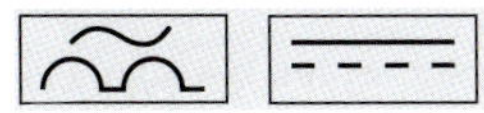

– FI-Schutzschalter Typ AC
wechselstromsensitiver Schalter ohne jeglichen Gleichstromanteil, in Deutschland für Neuanlagen nicht mehr zulässig.

□ **Spezielle Ausführungsart**
– in Kombination mit LS-Schalter, d.h. mit Überlast- und Kurzschlussschutz
Kurzbezeichnung: RCBO engl.: **r**esidual **c**urrent operated circuit-**b**reaker with integral **o**vercurrent protection
– für ortveränderlichen Einsatz mit zusätzlicher Überwachung des Schutzleiters auf Durchgang
Kurzbezeichnung: PRCD-S engl.: **p**ortable **r**esidual **c**urrent protective **d**evice-**s**afty
– in Steckdosenausführung
Kurzbezeichnung: SRCD engl.: **s**ocket outlet with **r**esidual **c**urrent protective **d**evice

IT-System

Schutz im IT-System

Anlagen im Fehlerzustand

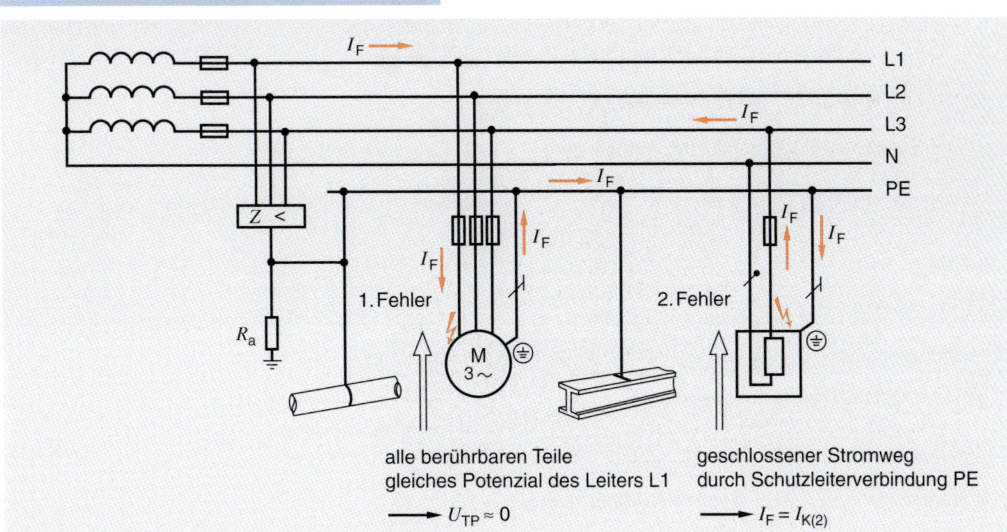

Bedingungen

■ **Galvanische Trennung vom einspeisenden Versorgungssystem**
in der Regel durch einen separaten Transformator
Zulässig ist eine hochohmige Erdung am Neutral- oder Mittelpunkt des Versorgungssystems, keine Abschaltung durch niedrigen Fehlerstrom bei Einzelfehler.

- **Isolierung aktiver Teile gegen Erde**
- **Erdung der Körper** der Betriebsmittel
  einzeln, gruppenweise oder gemeinsam unter folgenden Bedingungen:

in Wechselstromsystemen	$R_A \leq \frac{50\text{ V}}{I_d}$	R_A Summe der Widerstände in Ω des Anlagenerders und des Schutzleiters des Betriebsmittels
in Gleichstromsystemen	$R_A \leq \frac{120\text{ V}}{I_d}$	I_d Fehlerstrom in A bei einem 1. Fehler mit vernachlässigbarer Impedanz an der Körperschlussstelle

- **Meldung des ersten Fehlers**
  durch ein akustisches und/oder optisches Signal einer Isolationsüberwachungseinrichtung
- **Abschaltung der Stromversorgung bei einem zweiten Fehler**
  (zweiter Körperschluss an einem anderen Betriebsmittel durch einen anderen Außenleiter)

  Abschaltstrom und Abschaltzeit entsprechend den Festlegungen für
  - **TN-Systeme,** wenn alle Körper durch Schutzleiter verbunden und gemeinsam geerdet und folgende Bedingungen erfüllt sind:

Wechselstromsystem ohne Neutralleiter und Gleichstromsystem ohne Mittelleiter	$Z_S \leq \frac{U}{2 \cdot I_a}$	Z_S Impedanz der Fehlerschleife in Ω, die durch Außen- und Schutzleiter des Stromkreises gebildet wird
Systeme mit Neutral- bzw. Mittelleiter	$Z'_S \leq \frac{U_0}{2 \cdot I_a}$	Z'_S Impedanz der Fehlerschleife in Ω, die durch Neutral- und Schutzleiter gebildet wird
		U_0 Nennwechsel- oder Nenngleichspannung in V zwischen Außen- und Neutral- bzw. Mittelleiter
		U Nennwechsel- oder Nenngleichspannung in V zwischen Außenleitern
		I_a Strom in A, der das Abschalten der Schutzeinrichtung innerhalb der für TN-Systeme geforderten Zeit bewirkt

  - **TT-Systeme,** wenn die Körper gruppenweise oder einzeln geerdet sind.

    Hinweis: Fehlerstrom-Schutzeinrichtungen mit einem Bemessungsdifferenzstrom > 30 mA sind nur in Stromkreisen mit einem einzelnen Verbrauchsmittel zulässig.

Überwachungs- und Schutzeinrichtungen

- Isolationsüberwachungseinrichtungen
- Isolationsfehler-Ortungssysteme
- Überstrom-Schutzeinrichtungen
- Fehlerstrom-Schutzeinrichtungen

FELV

Maßnahmen in Stromkreisen mit Funktionskleinspannung – FELV

(keine selbstständige Schutzmaßnahme)

Merkmale der Stromkreise

- **Nennspannung ≤ 50 V Wechselspannung** oder
  120 V Gleichspannung
- **Bedingungen der Schutzmaßnahmen SELV oder PELV sind nicht vollständig erfüllt,** z. B. unzureichende Isolierung der Stromkreise mit Transformatoren, Relais, ferngesteuerte Schalter

SELV **s**afety **e**xtra **l**ow **v**oltage – Sicherheits-Kleinspannung

PELV **p**rotective **e**xtra **l**ow **v**oltage – Schutz-Kleinspannung

FELV **f**unctional **e**xtra **l**ow **v**oltage – Funktions-Kleinspannung

Ergänzende Maßnahmen zur Gewährleistung des Schutzes

- Anforderungen für den Basisschutz
  - Basisisolierung entsprechend der Nennspannung des Primärkreises der Stromquelle
    oder
  - Abdeckungen bzw. Umhüllungen
- Anforderungen für den Fehlerschutz
  - Verbindung der Körper der Betriebsmittel des FELV-Stromkreises mit dem Schutzleiter des Primärkreises der Stromquelle, wenn im Primärkreis der Schutz durch automatisches Abschalten realisiert wird.
- Stromquellen
  - Transformatoren als Stromquellen von FELV-Stromkreisen müssen mindestens eine einfache galvanische Trennung zwischen den Wicklungen aufweisen.
- Stecker und Steckdosen
  - Stecker dürfen nicht in Steckdosen anderer Spannungssysteme passen.
  - In Steckdosen dürfen keine Stecker anderer Spannungssysteme passen.
  - Steckdosen müssen einen Schutzkontakt haben.

Doppelte/verstärkte Isolierung

Schutzmaßnahme: doppelte oder verstärkte Isolierung

Merkmale

Allseitige und umfassende Isolierung verhindert das Entstehen einer Berührungsspannung bei fehlerhafter Basisisolierung.

Betriebsmittel

durch

Einsatz typgeprüfter Betriebsmittel	Maßnahmen beim Errichten der Anlagen	
Betriebsmittel der Schutzklasse II mit **doppelter oder verstärkter Isolierung** **Totalisolierung** bei fabrikfertigen Gerätekombinationen	Betriebsmittel nur mit Basisisolierung durch **zusätzliche Isolierung** ergänzen	Anlagenteile mit nicht isolierten aktiven Teilen durch **verstärkte Isolierung** vervollständigen

Kennzeichnung

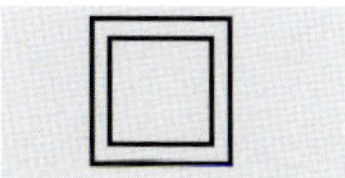

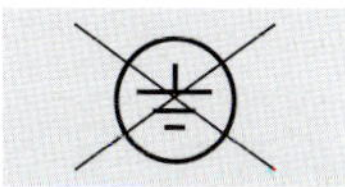

Betriebsisolierung ist die für die Reihenspannung der Betriebsmittel bemessene Isolierung der aktiven Teile untereinander oder gegen ihren Körper. Sie gewährleistet die Betriebsfähigkeit des Betriebsmittels.
Basisisolierung ist die Isolierung der aktiven Teile zum grundlegenden Schutz gegen direktes Berühren. Sie gewährleistet die Gebrauchsfähigkeit für den Anwender.
Zusätzliche Isolierung ist eine unabhängige Isolierung, die den Schutz gegen elektrischen Schlag auch dann sicherstellt, wenn die Basisisolierung durchschlagen ist.
Verstärkte Isolierung ist eine einzige Isolierung, die gleichzeitig die Funktion der Basisisolierung und der zusätzlichen Isolierung erfüllt, ohne dass ihre Isolationswerte getrennt bestimmt werden können.

Umhüllungen

- Leitfähige Teile eines betriebsfertigen Betriebsmittels, die von aktiven Teilen nur durch die Basisisolierung getrennt sind, müssen von einer isolierenden Umhüllung mit einer Schutzart mindestens IPXXB oder IP2X umschlossen sein.
  - Durch die Umhüllung keine leitfähigen Teile führen
  - Umhüllung ohne Schrauben aus isolierendem Material
  - keine Beeinträchtigung des normalen Betriebes
- Leitfähige Teile innerhalb der Umhüllung nicht mit einem Schutzleiter verbinden.

Hinweis: Zuleitungen mit Schutzleiter für andere Betriebsmittel dürfen durch die Umhüllung geführt werden.

Errichtung

- Befestigen der Betriebsmittel und Anschließen der Leiter ohne Beeinträchtigung des Schutzes
- In Stromkreisen mit Betriebsmitteln der Schutzklasse II muss der Schutzleiter zu jedem Punkt der Leitungsverlegung mitgeführt und in dem Installationsgerät an eine Klemme angeschlossen werden.

Kabel und Leitungen

- Bemessungsspannung der Kabel und Leitungen muss mindestens 300/500 V betragen.
- Ausreichender mechanischer Schutz der Basisisolierung durch
  - nicht-metallenen Mantel des Kabels oder
  - nicht-metallene Kabelkanäle oder Installationsrohre

Hinweis: Kabel- oder Leitungssysteme nicht mit den Symbolen der Betriebsmittel (Seite 223) kennzeichnen.

Schutztrennung

Schutzmaßnahme: Schutztrennung

Merkmale

- Einfache (galvanische) Trennung des Stromkreises mit der Schutzmaßnahme Schutztrennung von anderen Stromkreisen und von Erde
- Anschluss nur eines Verbrauchsmittels an eine ungeerdete Stromquelle

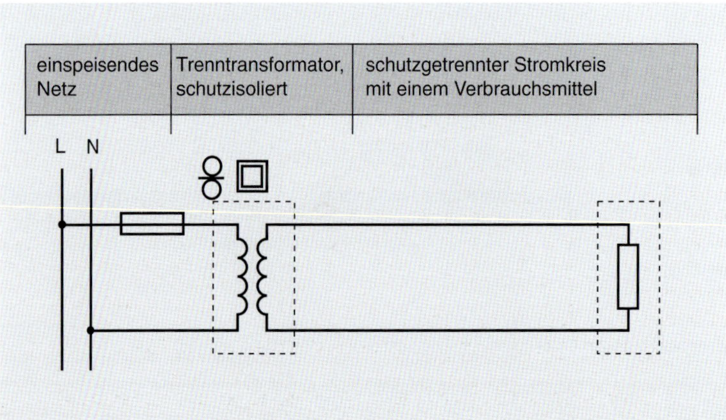

Anforderungen an den Basisschutz

- Basisschutz durch Basisisolierung der aktiven Teile oder durch Abdeckungen oder Umhüllungen wie bei der Schutzmaßnahme automatisches Abschalten

Anforderungen an den Fehlerschutz

- Versorgung des Stromkreises von einer Stromquelle mit mindestens einfacher Trennung, z. B. Trenntransformator mit einer maximalen Sekundärspannung von 500 V
- keine Verbindung der aktiven Teile mit einem anderen Stromkreis oder mit Erde oder mit einem Schutzleiter
- sichtbare Legung flexibler Kabel und Anschlussleitungen über ihre gesamte Länge
- Verwendung einer möglichst getrennten Kabel- und Leitungsanlage
- Körper der Betriebsmittel nicht mit Schutzleiter oder Körper anderer Stromkreise oder mit Erde verbinden.

Kleinspannung

Schutzmaßnahme: Schutz durch Kleinspannung – SELV und PELV

Merkmale

- Maßnahme begrenzt die Spannung auf die höchstzulässige Berührungsspannung.
- Schutzmaßnahme besteht aus zwei unterschiedlichen Kleinspannungssystemen:
  - SELV engl. **s**afety (Sicherheit) **e**xtra **l**ow **v**oltage (Kleinspannung)
  - PELV engl. **p**rotective (Schutz) **e**xtra **l**ow **v**oltage (Kleinspannung)
- sichere galvanische Trennung zu allen anderen Stromkreisen
- Unverwechselbarkeit der Steckvorrichtungen

Anforderungen an den Basis- und Fehlerschutz

Anforderungen werden erfüllt, wenn

- die Nennspannung die obere Grenze von AC 50 V oder DC 120 V des Spannungsbandes I für elektrische Anlagen von Gebäuden nicht überschreitet,
- die Versorgung aus einer der unten genannten Stromquellen erfolgt und
- Basisisolierung zwischen den Stromkreisen des SELV-Systems und Erde

Stromquellen für SELV und PELV

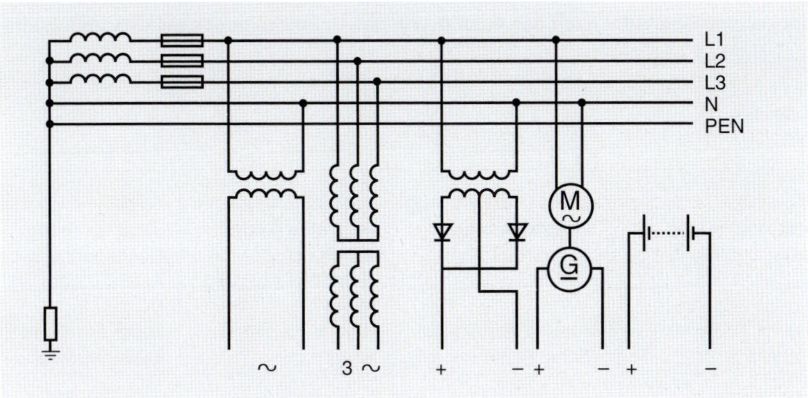

- Versorgung mit folgenden Quellen
  - Sicherheitstrenntransformator
  - Motorgenerator mit gleichwertig getrennten Wicklungen
  - elektrochemische Stromquelle, deren Ladespannung einen maximalen Wert von AC 75 V oder DC 150 V nicht überschreiten darf.
- Mit Niederspannung versorgte ortsveränderliche Stromquellen müssen nach den Anforderungen der Schutzmaßnahme doppelte oder verstärkte Isolierung ausgewählt und errichtet werden.

Anforderungen an SELV- und PELV-Stromkreise

- Sichere Trennung muss bestehen zwischen aktiven Teilen der SELV- und PELV-Stromkreise zu aktiven Teilen anderer Stromkreise, ausgenommen andere SELV- und PELV-Stromkreise durch
  - doppelte oder verstärkte Isolierung oder
  - Basisisolierung und Schutzschirmung für die höchste vorkommende Spannung.
- Basisisolierung zwischen aktiven Teilen und anderen SELV- und PELV-Stromkreisen
- Basisisolierung zwischen aktiven Teilen und Erde
- Stecker der Betriebsmittel von SELV- und PELV-Stromkreisen dürfen nicht in Steckdosen für andere Spannungssysteme eingeführt werden können.
- In Steckdosen dürfen keine Stecker von anderen Spannungssystemen passen.
- Gegenüberstellung von SELV- und PELV-Stromkreisen

<table>
<tr><th></th><th>Kleinspannung SELV</th><th>Kleinspannung PELV</th></tr>
<tr><td>Art der Trennung</td><td colspan="2">sichere Trennung in Stromquellen und der Stromkreise</td></tr>
<tr><td>Erdung der Stromkreise</td><td>nicht zulässig</td><td>zulässig aus Funktionsgründen in Anlagen der Informations-, Steuerungs- und Messtechnik</td></tr>
<tr><td>Schutzleiteranschluss an Körper der Betriebsmittel</td><td>nicht zulässig</td><td>zulässig</td></tr>
<tr><td>Steckvorrichtungen mit Schutzkontakten</td><td>nicht zulässig</td><td>zulässig</td></tr>
<tr><td rowspan="4">Maßnahmen zum Schutz gegen direktes Berühren

Basisschutz</td><td colspan="2">nicht erforderlich bei AC $U \leq 6$ V oder DC $U \leq 15$ V</td></tr>
<tr><td colspan="2">unter normalen, trockenen Umgebungsbedingungen
bei AC $U \leq 25$ V oder DC $U \leq 60$ V</td></tr>
<tr><td>nicht erforderlich</td><td>nicht erforderlich
bei Schutzleiterverbindung zwischen Körper und Haupterdungsschiene</td></tr>
<tr><td colspan="2">erforderlich bei Eintauchen der Betriebsmittel unter Wasser oder
bei AC $U > 25$ V oder DC $U > 60$ V
durch Basisisolierung der aktiven Teile oder durch Abdeckungen oder Umhüllungen</td></tr>
</table>

Schutzklassen

Klasssifizierung elektrischer Betriebsmittel nach der Ausführung des Schutzes gegen elektrischen Schlag

Gewährleistung des Schutzes durch
- die Umgebung oder
- das Betriebsmittel selbst oder
- das Versorgungssystem

Schutzklasse	0	I	II	III
Hauptmerkmale der Betriebsmittel	Basisisolierung **keine** Anschlussstelle für Schutzleiter	Basisisolierung Anschlussstelle für Schutzleiter	verstärkte Basisisolierung oder doppelte Isolierung, **keine** Anschlussstelle für Schutzleiter	Basisisolierung, Nennspannung bis AC 50 V oder DC 120 V, **keine** Anschlussstelle für Schutzleiter
Kennzeichnung	keine		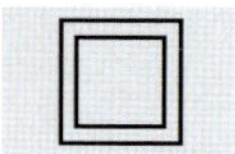	
Voraussetzung für den Schutz	Umgebung frei von Erdpotenzial	Anschluss an Schutzleiter	keine	Anschluss an SELV-Stromquelle (Schutzkleinspannung)

Schutzmaßnahmen mit eingeschränkter Anwendung

Schutzvorkehrungen zur ausschließlichen Anwendung in Anlagen mit oder ohne Fehlerschutz, die nur von Elektrofachkräften oder elektrotechnisch unterwiesenen Personen oder von diesen beaufsichtigte Personen **zugänglich** sind, z. B. abgeschlossene elektrische Betriebsstätten.

Alle elektrischen Betriebsmittel müssen mit Vorkehrungen des Basisschutzes (Basisisolierung oder Abdeckungen) ausgestattet sein.

Schutzmaßnahmen, die nur den Basisschutz vorsehen

Schutz durch Hindernisse

- Schutzvorkehrung ist vorgesehen, um unabsichtliches Berühren aktiver Teile zu verhindern, aber nicht absichtliches Berühren durch bewusstes Umgehen des Hindernisses.
- Hindernisse müssen verhindern
  - unbeabsichtigte körperliche Näherung zu aktiven Teilen und
  - unbeabsichtigtes Berühren von aktiven Teilen während des Bedienens der Betriebsmittel im normalen Betrieb
- gesicherte Schutzleisten, Geländer oder Gitter dürfen ohne Verwendung eines Schlüssels oder Werkzeugen entfernt werden

Schutz durch Anordnung außerhalb des Handbereiches

- Maßnahme verhindert unbeabsichtigtes Berühren aktiver Teile.
- Gleichzeitig zugängliche Teile unterschiedlichen Potenzials dürfen nicht innerhalb des Handbereiches angeordnet sein.

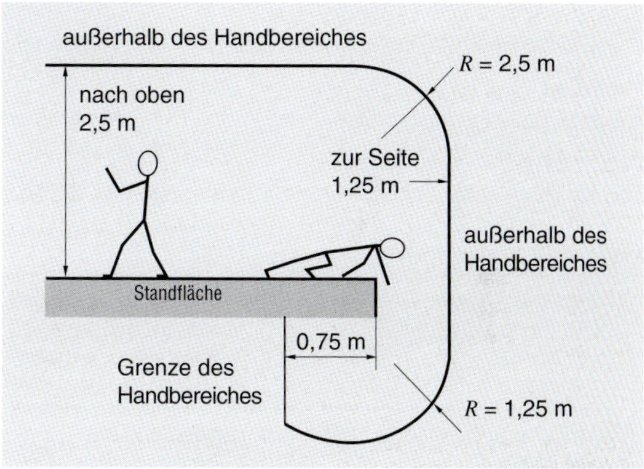

Schutzvorkehrungen ausschließlich zur Anwendung in Anlagen, die nur von Elektrofachkräften oder elektrotechnisch unterwiesenen Personen **betrieben** oder **überwacht** werden
Alle elektrischen Betriebsmittel müssen mit Vorkehrungen des Basisschutzes (Basisisolierung oder Abdeckungen) ausgestattet sein

Schutzvorkehrungen in Anlagen, in denen unbefugte Änderungen nicht vorgenommen werden können

Schutz durch nicht leitende Umgebung

- Anordnung der Betriebsmittel so, dass unter normalen Umständen
  - zwei Körper oder
  - ein Körper und ein fremdes leitfähiges Teil

  nicht gleichzeitig berührt werden können (Abstand $\geq$ 2,5 m).
- In einer nicht leitenden Umgebung darf kein Schutzleiter sein.
- Der Widerstand von isolierenden Fußböden und Wänden darf nicht kleiner als
  - 50 kΩ bei einer Nennspannung der Anlage bis 500 V bzw.
  - 100 kΩ bei einer Nennspannung über 500 V sein.

Schutz durch erdfreien örtlichen Schutzpotenzialausgleich

- Maßnahme verhindert das Auftreten einer gefährlichen Berührungsspannung.
- Verbindung aller gleichzeitig zugänglichen Körper und fremden leitfähigen Teile durch einen Schutzpotenzialausgleichsleiter
- keine elektrische Verbindung des örtlichen Schutzpotenzialausgleichssystems mit Erde

Schutztrennung bei mehreren Verbrauchsmitteln

- Maßnahme verhindert Ströme, die einen elektrischen Schlag beim Berühren von Körpern fehlerbehafteter Betriebsmittel verursachen.
- Alle Bedingungen der Schutztrennung mit einem Verbrauchsmittel sind zu erfüllen.
- Die Körper der Betriebsmittel im getrennten Stromkreis müssen miteinander durch isolierte, nicht geerdete Schutzpotenzialausgleichsleiter verbunden sein.
- Ausschließen von Erdschlüssen durch Längenbegrenzung des Kabel- oder Leitungssystems auf
  - 500 m

  und Einhalten möglichst folgender Bedingung
  - Leitungslänge $l \leq \frac{100\,000}{U_n}$

l in m
U_n in V

4.1.4 Prüfen der Schutzmaßnahmen

Prüfvorschriften

Funktion der Prüfungen

- Feststellen des Zustandes von Betriebsmitteln und elektrischen Anlagen, ihrer Eigenschaften und Merkmale,
- insbesondere des sicherheitstechnischen Standards hinsichtlich des Personen- und Brandschutzes sowie der
- Nachweis für die in Normen ausgewiesenen Anforderungen.

Prüfpflicht

obliegt dem Errichter, Instandhalter und Betreiber im gewerblichen und Elektrizitätsversorgungsbereich.

Prüfrecht

haben Verteilungsnetzbetreiber (VNB) ohne Übernahme einer Haftung für fehlerhafte Arbeiten an elektrischen Anlagen.

Prüffristen

sind im Verzeichnis der Unfall**v**erhütungsvorschriften der **B**erufs**g**enossenschaften (BGV) festgelegt.

Anlage/Betriebsmittel	Prüffrist	Prüfumfang	Prüfer
Elektrische Anlagen und Betriebsmittel, allgemein	– vor der ersten Inbetriebnahme – nach einer Änderung oder Instandsetzung	ordnungsgemäßer Zustand	Elektrofachkraft oder unter Aufsicht einer Elektrofachkraft
Elektrische Anlagen und ortsfeste Betriebsmittel	mindestens alle 4 Jahre	ordnungsgemäßer Zustand	Elektrofachkraft
Nicht ortsfeste elektrische Betriebsmittel; Anschlussleitungen mit Stecker; Verlägerungs- und Geräteanschlussleitungen mit ihren Steckvorrichtungen	mindestens alle 6 Monate	ordnungsgemäßer Zustand	Elektrofachkraft; bei Verwendung geeigneter Prüfgeräte auch elektrotechnisch unterwiesene Personen
FI-Schutzeinrichtungen bei – stationären und – nicht stationären Anlagen	– mind. alle 6 Monate – arbeitstäglich	einwandfreie Funktion durch Betätigen der Prüfvorrichtung	Benutzer

Prüfungsarten

Erstprüfungen
nach DIN VDE 0100 Teil 610

vor Inbetriebnahme
einer neu errichteten Installationsanlage oder einer erweiterten Anlage

Wiederkehrende Prüfungen
nach DIN EN 50110-1 und BGV A2

während des Betriebes
von Starkstromanlagen in festgelegten Prüfzeiträumen

Sicherheitsprüfungen
an Elektrogeräten nach DIN VDE 0701

nach Instandsetzungen
von Gebrauchs- und Arbeitsgeräten sowie Geräten der Informationstechnik

Prüfhandlungen

Reihenfolge des Prüfens

Besichtigen	Feststellen äußerlich erkennbarer Mängel und Schäden an Betriebsmitteln
Erproben und Messen	Kontrolle der Funktionsfähigkeit eingebauter Einrichtungen für Schutzaufgaben und Feststellen von Beträgen elektrischer Größen, die für die Beurteilung der Wirksamkeit der Schutzmaßnahmen notwendig sind.
Dokumentieren	Protokollieren der Prüfergebnisse – zum Nachweis der Normenkonformität und bei Zustandsänderungen der Anlage – zum Festlegen von Umfang und Zeitpunkt notwendiger Instandhaltungsmaßnahmen

Visuelles Prüfen der elektrischen Anlage

Feststellen, ob u. a.

- die elektrischen Betriebsmittel den Einflüssen am Einsatzort standhalten können,
- die Betriebsmittel keine erkennbaren Schäden oder Mängel aufweisen,
- die Isolierungen keine Überschlags- oder Durchschlagsspuren besitzen,
- die Überstromschutzeinrichtungen richtig ausgewählt bzw. richtig eingestellt sind,
- die Beschriftungen der einzelnen Stromkreise und die Dokumentation der Anlage vollständig sind.

Erproben der Einrichtungen für Schutzzwecke

- Betätigen der Prüftaste von FI-Schutzschaltern und Isolationsüberwachungseinrichtungen
- Erproben der Wirksamkeit von Schutzrelais, Not-Aus-Tastern, Verriegelungen, Endschaltern u. a.
- Erproben der Funktion von Notbeleuchtungs-, Belüftungsanlagen, Brandschutzeinrichtungen
- Funktionsprobe von Melde- und Anzeigeeinrichtungen.

Kontrolle der Betriebszustände elektrischer Anlagen

Messen von

- Spannung
- Stromstärke
- Frequenz
- Leistungsfaktor
- Leistung u. a.

Prüfen der Schutzmaßnahmen

- Messschaltungen und -methoden nach DIN VDE 0100 Teil 640
- Mess- und Prüfgeräte nach DIN VDE 0413

In Abhängigkeit von Art und Umfang der elektrischen Anlage können folgende Messungen notwendig sein:

■ Isolationswiderstand	R_{isol}
■ niederohmiger Widerstand	$R_{<<}$
■ Erdungswiderstand	R_A
■ Schleifenimpedanz	Z_S
bzw. Kurzschlussstrom	I_K
■ Berührungsspannung	U_T
■ Auslöseprüfungen von FI-Schutzeinrichtungen	$I_{\Delta n}$
■ Netzspannung	U_0

Schutzmaßnahmen	Messungen zur Erstprüfung						
	R_{isol}	$R_{<<}$	Z_S	R_a	U_T	U_0	$I_{\Delta n}$
Schutzmaßnahmen ohne Schutzleiter							
Kleinspannung SELV	●					●	
Kleinspannung PELV	●	●				●	
Schutzisolierung	keine Messungen erforderlich						
Schutz durch nicht leitende Räume	●	●					
Schutztrennung	●	●	●				
Hauptpotenzialausgleich		●					
Zusätzlicher Potenzialausgleich		●					
Schutzmaßnahmen mit Schutzleiter							
Messungen für alle Systeme	●	●		●			
Überstromschutzeinrichtungen im TT- oder TN-System			●				
FI-Schutzeinrichtungen im TT- oder TN-System					●		●
Messungen im IT-System	wie im TT- oder TN-System je nach Abschaltbedingung						

Anlage / Betriebsmittel	Messspannung DC	Mindestisolationswiderstand
Erstprüfungen in Anlagen bis AC 1000 V DC 1500 V		
– mit Verbrauchsmittel	≥ Nennspannung der Anlage	300 Ω/V
ohne Verbrauchsmittel		1000 Ω/V
– Anlagen im Freien		
mit Verbrauchsmittel		150 Ω/V
ohne Verbrauchsmittel		500 Ω/V
– IT-Systeme		50 Ω/V
– SELV und PELV		0,25 MΩ/V
Wiederkehrende Prüfungen		
– SELV und PELV	250 V	≥ 0,5 MΩ
– Anlagen bis 500 V und FELV	500 V	≥ 1,0 MΩ
über 500 V	1000 V	≥ 1,0 MΩ

Anlage / Betriebsmittel	Mindestisolationswiderstand
Instandsetzung von Geräten	
a) der Schutzklasse I mit/ohne Anschlussleitung	≥ 0,3 MΩ/1,0 MΩ
b) der Schutzklasse II	≥ 2,0 MΩ
c) der Schutzklasse III	≥ 0,25 MΩ
Elektrowerkzeuge	
a) Grundisolation	2 MΩ
b) Verstärkte Isolation	7 MΩ
c) Schutzklasse II	
zwischen unter Spannung stehenden Teilen und Metallteilen	2 MΩ
zwischen unter Spannung stehenden Teilen, Metallteilen und Körpern	5 MΩ

Genauigkeit der Messungen

- Maximal zulässige Gebrauchsfehler der Geräte zum Prüfen elektrischer Anlagen

Prüf- und Messgeräte	Fehlergrenzen
Isolationsmessgeräte	± 30 %
Isolationsüberwachungsgeräte mit überlagerter Gleichspannung für Wechselspannungsnetze	± 15 %
Schleifenwiderstands-Messgeräte	± 30 %
Widerstands-Messgeräte	± 30 %
Erdungs-Messgeräte nach dem Kompensations-Messverfahren	± 30 %
Erdungs-Messgeräte nach dem Strom-Spannungs-Messverfahren	± 30 %
Geräte zum Prüfen von FI-Schutzeinrichtungen	
– Fehlerspannung	+ 20 %
– Auslösestrom	± 10 %

- Faktoren zur Bestimmung des ungünstigsten Falls (worst case)

Messgröße	Faktor
Isolationswiderstand	0,7
Niederohmwiderstand	1,3
Erdungswiderstand	1,3
Schleifenimpedanz	1,3
Kurzschlussstrom	0,77
Fehlerspannung (FI-Schutzeinrichtung)	1,2
Auslösestrom (FI-Schutzeinrichtung)	0,9

Wiederholungsprüfung elektrischer Geräte – Prüfschritte

Geräte der Schutzklasse I

Vorprüfung des Netzanschlusses

- Durchgang des Schutzleiters
- Messung der Schleifenimpedanz
- Messung der Netzspannung

Schrittfolge der Geräteprüfung

Besichtigen

Nachweis des niederohmigen Durchganges des Schutzleiters
zulässige Grenzwerte:
- 0,3 Ω bei ortsveränderlichen Geräten mit einer maximalen Leitungslänge von 5 m zuzüglich 0,1 Ω je weitere 7,5 m und
- 1,0 Ω bei ortsfesten Geräten

Nachweis der Isolationsfestigkeit durch
- Messen des Isolationswiderstandes
  zulässiger Mindestwert bei Geräten mit eingeschalteten Heizelementen: 0,3 MΩ
- Messen des Ersatzableitstromes bei Geräten mit eingeschalteten Heizelementen ≥ 3,5 kW
  zulässiger Grenzwert: 5,5 mA
  oder
- direktes oder indirektes Messen des Stromes im Schutzleiter

Ergänzende Prüfschritte

Funktionsprüfung der Schutzeinrichtung

Funktionsprüfung des Gerätes

Bewertung der Prüfergebnisse

Protokollieren der Prüfergebnisse

Geräte der Schutzklassen II und III

Schrittfolge der Geräteprüfung

Besichtigen

Nachweis der Isolationsfestigkeit durch
- Messen des Isolationswiderstandes
  zulässige Mindestwerte:
  - 2,0 MΩ bei Geräten der Schutzklasse II
  - 250 kΩ bei Geräten der Schutzklasse III und Batterie gespeisten Geräten
- direktes oder indirektes Messen des Berührungsstromes

Ergänzende Prüfschritte

Funktionsprüfung der Schutzeinrichtung

Funktionsprüfung des Gerätes

Bewertung der Prüfergebnisse

Protokollieren der Prüfergebnisse

Normen

DIN VDE V 0140 – 479	Wirkungen des elektrischen Stromes auf Menschen und Nutztiere; Allgemeine Aspekte
DIN 31000 / VDE 1000	Allgemeine Leitsätze für das sicherheitsgerechte Gestalten technischer Erzeugnisse
DIN EN 61140	Schutz gegen elektrischen Schlag; Gemeinsame Anforderungen für Anlagen und Betriebsmittel
DIN VDE 0100 – 300	Errichten von Niederspannungsanlagen, Bestimmungen allgemeiner Merkmale
DIN VDE 0110 – 410	Errichten von Niederspannungsanlagen Teil 4 – 41: Schutzmaßnahmen; Schutz gegen elektrischen Schlag
DIN VDE 0100 – 420	Errichten von Niederspannungsanlagen; Schutzmaßnahmen; Schutz gegen thermische Einflüsse
DIN VDE 0100 – 430	Errichten von Niederspannungsanlagen; Schutzmaßnahmen; Schutz von Kabeln und Leitungen bei Überstrom
DIN VDE 0100 – 510	Errichten von Niederspannungsanlagen; Auswahl und Errichtung elektrischer Betriebsmittel; Allgemeine Bestimmungen
DIN VDE 0100 – 530	Errichten von Niederspannungsanlagen; Auswahl und Errichtung elektrischer Betriebsmittel; Schalt- und Steuergeräte
DIN VDE 0100 – 540	Errichten von Niederspannungsanlagen; Auswahl und Errichtung elektrischer Betriebsmittel; Erdung, Schutzleiter, Potenzialausgleichsleiter
DIN VDE 0100 – 537	Elektrische Anlagen von Gebäuden; Auswahl und Errichtung elektrischer Betriebsmittel; Geräte zum Trennen und Schalten
E DIN VDE 0100 – 530	Elektrische Anlagen von Gebäuden; Auswahl und Errichtung elektrischer Betriebsmittel; Fehlerstrom- und Isolationsüberwachungseinrichtungen
EN 60898	Leitungsschutzschalter für den Haushalt und ähnliche Anwendungen
DIN EN 60269 – 1	Niederspannungssicherungen; Allgemeine Anforderungen
DIN VDE 0105 – 100	Betrieb von elektrischen Anlagen
UVV BGV A2	Unfallverhütungsvorschriften „Elektrische Anlagen und Betriebsmittel“ einschließlich Durchführungsanweisungen der Berufsgenossenschaft der Feinmechanik und Elektrotechnik
DIN VDE 0100 – 610	Errichten von Starkstromanlagen mit Nennspannungen bis 1000 V; Prüfungen; Erstprüfungen
DIN VDE 0413	Messen Steuern Regeln; Geräte zum Prüfen der Schutzmaßnahmen in elektrischen Anlagen
DIN EN 60335 – 1	Sicherheit elektrischer Geräte für den Hausgebrauch und ähnliche Zwecke; Allgemeine Anforderungen
DIN VDE 0701	Instandsetzung, Änderung und Prüfung elektrischer Geräte
DIN VDE 0702	Wiederholungsprüfungen an elektrischen Geräten

4.2 Installationsanlagen

Verteilung sowie Messung und Verrechnung der elektrischen Energie in der Verbraucheranlage

4.2.1 Auswahl und Bemessung von Leitungen und Kabeln

Seite 235

- Aufbau und Bezeichnung
- Strombelastbarkeit
- Überstromschutz
- Leitungsdimensionierung

4.2.2 Elektroinstallation in Wohngebäuden

Seite 246

- Hausanschluss
- Hauptstromversorgung
- Zählerplatz
- Stromkreisverteilung

4.2.3 Gebäudesystemtechnik (EIB)

Seite 254

- Systemaufbau
- Systemkomponenten
- Funktion der Betriebsmittel
- Informationsübertragung

4.2.4 Elektroinstallation in Betriebsstätten, Räumen und Anlagen besonderer Art

Seite 258

- Räume mit Badewanne oder Dusche
- Baustellen
- Landwirtschaftliche Betriebsstätten
- Medizinisch genutzte Bereiche
- .....

Begriffe

Technische Anschlussbedingung (TAB)	Regelungen für den Anschluss und den Betrieb von Verbraucheranlagen am Niederspannungsnetz. Die TAB sind – abgeleitet aus einem Musterwortlaut – auf das jeweilige Bundesland ausgerichtet.
Verteilungsnetzbetreiber (VNB)	Verantwortlicher für den sicheren und zuverlässigen Betrieb des Netzes in einem bestimmten Gebiet
Errichter	Unternehmen, das eine elektrische Anlage errichtet, erweitert, ändert oder unterhält, bzw. derjenige, der die durchgeführten Arbeiten überpüft hat und die Verantwortung für deren ordnungsgemäße Ausführung übernimmt
Anschlussnehmer	Natürliche oder juristische Person, deren elektrische Anlage an das öffentliche Verteilungsnetz des VNB angeschlossen ist
(Starkstrom-)Anlage	Gesamtheit aller elektrischen Betriebsmittel zum Erzeugen, Umwandeln, Speichern, Fortleiten, Verteilen und Verbrauchen elektrischer Energie mit dem Zweck des Verrichtens von Arbeit
Verbraucheranlage	Gesamtheit aller elektrischen Betriebsmittel hinter der Übergabestelle des Verteilungsnetzbetreibers (Hausanschlusskasten)
Elektrische Betriebsstätte	Raum oder abgegrenzter Bereich eines begehbaren Raumes bzw. eines Ortes im Freien, der im Wesentlichen dem Betrieb elektrischer Anlagen und Betriebsmittel dient
Installierte Leistung	Summe aller Anschlusswerte der Verbrauchsmittel in einer elektrischen Anlage ohne Berücksichtigung des Gleichzeitigkeitsfaktors
Gleichzeitigkeitsfaktor	Verhältnis der an einer Stelle des Netzes bzw. der Installationsanlage in Anspruch genommenen Leistung zu der hinter dieser Stelle installierten Leistung
Leistungsbedarf	In einer elektrischen Anlage gleichzeitig benötigte maximale elektrische Leistung. Der Leistungsbedarf ist das Produkt aus installierter Leistung und Gleichzeitigkeitsfaktor.
Hausanschlusskasten	Übergabestelle vom öffentlichen Verteilungsnetz zur Verbraucheranlage
Hauptpotenzialausgleich	An zentraler Stelle im Gebäude angeordnete elektrische Verbindung zwischen dem (Haupt-)Erdungsleiter, dem (Haupt-)Schutzleiter und den berührbaren fremden leitfähigen Teilen
Hauptleitung	Verbindungsleitung zwischen der Übergabestelle des Verteilungsnetzbetreibers und dem Zähler. Die Hauptleitung führt nicht gemessene Energie.
Hauptstromversorgungssystem	Zusammenfassung aller Hauptleitungen und Betriebsmittel hinter der Übergabestelle (Hausanschlusskasten) des Verteilungsnetzbetreibers (VNB), die nicht gemessene elektrische Energie führen
Zählerplatz	Einrichtung zur Aufnahme von Zählern und/oder Tarifschaltgeräten, Steuergeräten, Klemmen, Überstromschutzeinrichtungen usw.
Plombenverschluss	Verschluss mit Sicherungsfunktion, der elektrische Betriebsmittel und elektrische Energie vor unbefugtem Zugriff schützen soll
Netzrückwirkung	Durch Betriebsmittel verursachte Rückwirkungen im Verteilungsnetz, die unter Umständen die Versorgung anderer Stromkunden stören können. Solche Rückwirkungen können sein: Oberschwingungen, Spannungsschwankungen.
Installationszone	Festgelegter Bereich, in dem die unsichtbar verlegten (verdeckten) ortsfesten Kabel und Leitungen sowie Installationsgeräte angeordnet werden
Überstrom-Schutzeinrichtung	Einrichtung, die den Strom bei Überschreiten der durch ihren Nennstrom festgelegten Grenze selbsttätig unterbricht (z. B. Schmelzsicherung, Leitungsschutzschalter)
Selektives Verhalten	Abschaltung des überlasteten oder fehlerbehafteten Stromkreises in der elektrischen Anlage. Alle davor oder daneben liegenden Stromkreise bleiben unbeeinflusst.
Ausstattungswert	Klassifizierung des Installationsumfanges (Anzahl der Stromkreise, Steckdosen und Auslässe sowie Anschlüsse für Verbrauchsmittel von 2 kW und mehr), bezogen auf die Raumnutzung und -größe

4.2.1 Auswahl und Bemessung von Leitungen und Kabeln

Leitung / Kabel

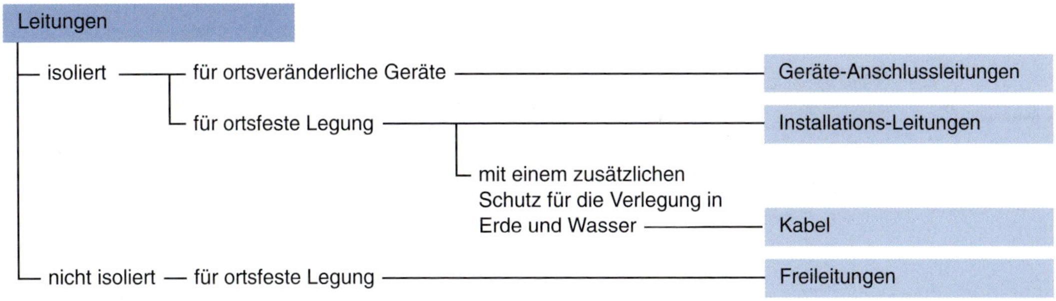

Kennzeichenschlüssel für harmonisierte Starkstromleitungen[1])

Beispiel: H 05 R R – F 3 G 2,5

Kennzeichen der Bestimmung	
harmonisierte Bestimmung	**H**
anerkannter nationaler Typ	**A**
Nennspannung U_0/U	
300/300 V	**03**
300/500 V	**05**
450/750 V	**07**
Isolierwerkstoff	
PVC	**V**
Natur- und/oder Styrol-Butadienkautschuk	**R**
Silikon-Kautschuk	**S**
Mantelwerkstoff	
PVC	**V**
Natur- und/oder Styrol-Butadienkautschuk	**R**
Polychloroprenkautschuk	**N**
Glasfasergeflecht	**J**
Textilgeflecht	**T**
Textilbeflechtung mit flammwidriger Masse	**T2**
Besonderheiten im Aufbau	
flache, aufteilbare Leitung	**H**
flache, nicht aufteilbare Leitung	**H2**
Kerneinlauf (kein Tragelement)	**D5**
Leiterart	
eindrähtig	**-U**
mehrdrähtig	**-R**
feindrähtig bei Leitungen für feste Verlegung	**-K**
feindrähtig bei flexiblen Leitungen	**-F**
feinstdrähtig bei flexiblen Leitungen	**-H**
Lahnlitze	**-Y**
Aderzahl	**...**
Schutzleiter	
ohne Schutzleiter	**X**
mit Schutzleiter	**G**
Nennquerschnitt des Leiters	**...**

[1]) Kennzeichenschlüssel für Kabel – vgl. Abschnitt 2.3, S.143

Kabel und Leitungen mit grün-gelber Ader

Anzahl der Adern	Farben der Adern				
	Schutzleiter	Neutralleiter	weitere Leiter		
3	Grün Gelb	Blau	Braun		
4	Grün Gelb		Braun	Schwarz	Grau
4[1])	Grün Gelb	Blau	Braun	Schwarz	
5	Grün Gelb	Blau	Braun	Schwarz	Grau

[1]) Nur für bestimmte Anwendungen

Kabel und Leitungen ohne grün-gelbe Ader

Anzahl der Adern	Farben der Adern				
	Neutralleiter	weitere Leiter			
2	Blau	Braun			
3		Braun	Schwarz	Grau	
3[1])	Blau	Braun	Schwarz		
4	Blau	Braun	Schwarz	Grau	
5	Blau	Braun	Schwarz	Grau	Schwarz

[1]) Nur für bestimmte Anwendungen

Geräte-Anschlussleitungen

Kurzzeichen	Bezeichnung/ Nennspannung U_0/U	Muster	Aufbau	Verwendung
H03VH-H	Zwillingsleitung 300/300		Feindrähtiger Kupferleiter, mit geringem Abstand nebeneinander gelegt und mit einer PVC-Hülle so umgeben, dass sie sich ohne Beschädigung der Isolierhülle trennen lassen.	in trockenen Räumen bei sehr geringen mechanischen Beanspruchungen; für leichte Handgeräte, nicht für Wärmegeräte
H03VV-F	leichte Kunststoffschlauchleitung 300/300		feindrähtiger Kupferleiter, Isolierhülle aus PVC, Adern verseilt, darüber ein Mantel aus PVC	in trockenen Räumen bei geringen mechanischen Beanspruchungen; für leichte Handgeräte
H05VV-F	mittlere Kunststoffschlauchleitung 300/500		feindrähtiger Kupferleiter, Isolierhülle aus PVC, Adern verseilt, darüber ein Mantel aus PVC	in trockenen Räumen bei mittleren mechanischen Beanspruchungen; für Haus- und Küchengeräte, auch in feuchten Räumen

U_0 Spannung zwischen Außenleiter und Erde,
U Spannung zwischen zwei Außenleitern

Kurzzeichen	Bezeichnung/ Nennspannung U_0/U	Muster	Aufbau	Verwendung
H05RR-F	leichte Gummischlauchleitung 300/500		verzinnter, feindrähtiger Kupferleiter, Isolierhülle aus vulkanisierter Gummimischung, Adern verseilt, darüber ein Gummimantel aus schwer entflammbarem und ölbeständigem Chloropren-Kautschuk	in trockenen Räumen bei geringen mechanischen Beanspruchungen für leichte Hand- und Elektrowärmegeräte; in trockenen, feuchten und nassen Räumen sowie im Freien bei geringen mechanischen Beanspruchungen für Gartengeräte oder andere leichte Geräte
H07RN-F	schwere Gummischlauchleitung 450/750		verzinnter, feindrähtiger Kupferleiter, Isolierhülle aus vulkanisierter Gummimischung, Adern verseilt, Gummi-Innenmantel, darüber ein zweiter Mantel aus schwer entflammbarem und ölbeständigem Chloropren-Kautschuk	bei mittleren mechanischen Beanspruchungen in trockenen, feuchten und nassen Räumen sowie in explosionsgefährdeten Betriebsstätten zulässig; im Freien, in landwirtschaftlichen und feuergefährdeten Betriebsstätten sowie in Nutzwasser für Werkzeuge, fahrbare Motoren, Bahnmotoren und landwirtschaftliche Geräte sowie auf Baustellen

Installationsleitungen

Kurzzeichen	Bezeichnung/ Nennspannung U_0/U	Muster	Aufbau	Verwendung
H05V-U sw	Kunststoffaderleitung 500		Kupferleiter eindrähtig (U)	Verdrahtungsleitungen innere Verdrahtungen
H05V-K gnge	Kunststoffaderleitung 500		oder mehrdrähtig (R oder K) PVC-Isolierung	
H07V-U H07V-R	Kunststoffaderleitungen 750		ein- oder mehrdrähtiger Kupferleiter	in trockenen Räumen in Betriebsmitteln, Schalt- und Verteilungsanlagen, in Rohr auf und unter Putz (in Bade- und Duschräumen von Wohnungen und Hotels nur in Kunststoffrohren) und auf Isolierkörpern über Putz außerhalb des Handbereiches
H07V-K			feindrähtiger Kupferleiter, Isolierhülle aus PVC	

U_0 Spannung zwischen Außenleiter und Erde,
U Spannung zwischen zwei Außenleitern

Kurzzeichen	Bezeichnung/ Nennspannung U_0/U	Muster	Aufbau	Verwendung
NYIF	Stegleitung 300/500		eindrähtiger Kupferleiter, Isolierhülle aus PVC, 2, 3, 4 oder 5 Adern mit Abstand in einer Ebebene angeordnet, mit einer Hülle aus hellem, vulkanisiertem Gummi umgeben	in trockenen Räumen für feste Verlegung im und unter Putz; ohne Putzabdeckung in Hohlräumen von Decken und Wänden aus Beton, Stein oder ähnlichen nicht brennbaren Baustoffen
NYM	Mantelleitung 300/500		ein- oder mehrdrähtiger Kupferleiter, Isolierhülle aus PVC	in trockenen, feuchten oder nassen Räumen, feuer- und explosionsgefährdeten Betriebsstätten und Lagerräumen, landwirtschaftlichen Betriebsstätten sowie im Freien (jedoch nicht im Erdboden) für feste Verlegung über und auf Putz sowie im und unter Putz
			bei mehradrigen Leitungen Adern verseilt und mit plastischer Füllmischung umpresst, darüber Mantel aus PVC	
NYMT	PVC-Mantelleitung mit Tragseil 300/500		Installationsleitung mit selbsttragender Aufhängung	für den Anschluss von Straßenbeleuchtung; Hausanschlussleitung über Dachständer (Zugbeanspruchung bei Mindestdurchhang je nach Spannweite, auf Herstellerangaben achten)

U_0 Spannung zwischen Außenleiter und Erde,
U Spannung zwischen zwei Außenleitern

Überstrom-Schutzeinrichtungen

Überstrom

- Überlaststrom
  - Belastung über Bemessungswert im fehlerfreien Stromkreis
- Kurzschlussstrom
  - Fehlerbehafteter Stromkreis durch Kurzschlussverbindung

Thermische Überlastung der Leitung/des Kabels wird verhindert durch

Überstrom-Schutzeinrichtungen

- thermische Auslösung — Schmelz-Sicherungen
  - Diazed-Sicherungssystem (D-System)
  - Neozed-Sicherungssystem (DO-System)
  - NH-Sicherungssystem
- thermische und magnetische Auslösung — Leitungsschutz-Schalter — typabhängiges Auslöseverhalten Z-, B-, C-, K-, D-Typ

Schmelzsicherungen

Sicherungseinsätze

System, Bemessungsspannung	Bemessungsstrom in A	Farbe des Kennmelders	Größe des Schmelzeinsatzes System D	Größe des Schmelzeinsatzes System DO	Gewindegröße der Schraubkappe System D	Gewindegröße der Schraubkappe System DO
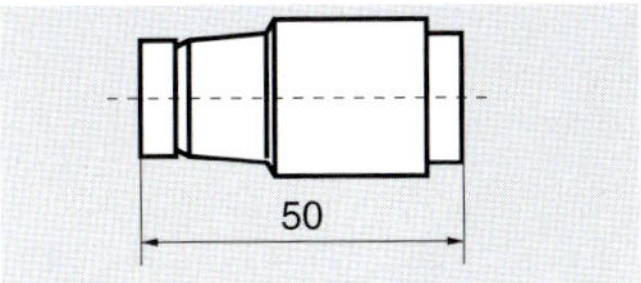	2 4 6 10 16	Rosa Braun Grün Rot Grau	ND und D II	DO 1	D II (E 27)	DO 1 (E 14)
D-System Diazed, AC 500 V; bis 100 A, DC 660 V, bis 63 A	20 25	Blau Gelb	D II	DO 2		DO 2 (E 18)
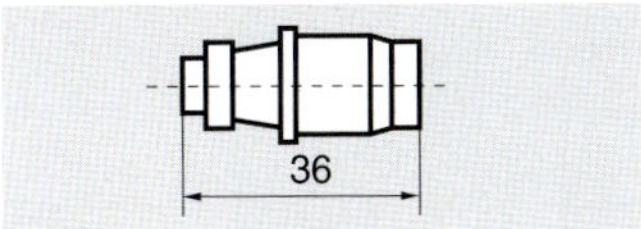	35 50 63	Schwarz Weiß Kupfer	D III		D III (E 33)	
	80 100	Silber Rot	D IV H	DO 3	D IV (R 1/4″)	DO 3 (M 30x2)
DO-System Neozed, AC 400 V und DC 250 V; bis 100 A						

NH-Sicherungen

System, Bemessungsspannung	Bemessungsstrom Einsatz in A	Bemessungsstrom Unterteil in A	Größe	Länge in mm
	35 … 100	100	00	80
	35 … 160	160	0	125
	80 … 250	250	1	135
	125 … 400	400	2	150
	315 … 630	630	3	150
AC 500 V und	500 … 1000	1000	4	200
DC 400 V; bis 1250 A	500 … 1250	1250	4a	200

Auslöseverhalten der Schmelzsicherungen (vgl. auch Abschnitt 3.1, Seite 163, 164)

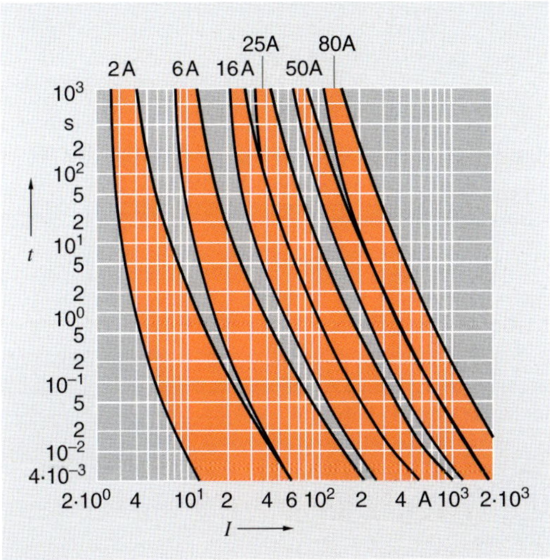

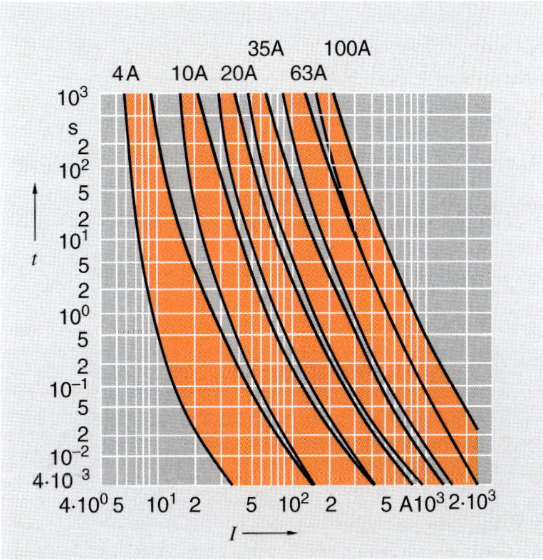

Leitungsschutzschalter

Auslösecharakteristiken und Einsatzzwecke	
Z	Verwendung für ■ Überstromschutz von Leitungen ■ Steuerstromkreise mit hohen Impedanzen (lange Leitungen, kleine Versorgungsspannung), jedoch ohne betriebsmäßige Stromspitzen ■ Spannungswandler-Stromkreise ■ Halbleiterschutz
B, C	Verwendung für ■ Überstromschutz von Leitungen ■ Zuordnung der LS-Schalter erfolgt nach I_z der Leitungen
K	Verwendung für ■ Überstromschutz von Leitungen ■ Stromkreise mit betriebsmäßigen Stromspitzen (z. B. Motoren, Schweißtransformatoren)

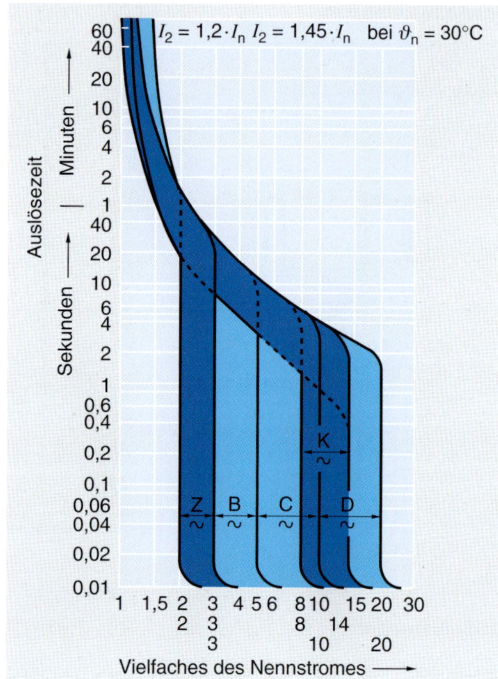

Auslöseverhalten

Typ	Bemessungsstromstärke	Überstromschutz thermisch	Zeit	Kurzschlussschutz elektromagnetisch	Zeit
Z	0,5 … 63 A	$1{,}05\ I_n \ldots 1{,}2\ I_n$	< 2 h	$2\ I_n \ldots 3\ I_n$	< 0,2 s
B	6 … 63 A	$1{,}13\ I_n \ldots 1{,}45\ I_n$	< 1 h	$3\ I_n \ldots 5\ I_n$	< 0,1 s
C	0,5 … 63 A	$1{,}13\ I_n \ldots 1{,}45\ I_n$	< 1 h	$5\ I_n \ldots 10\ I_n$	< 0,1 s
K	0,2 … 8 A	$1{,}05\ I_n \ldots 1{,}2\ I_n$	< 2 h	$8\ I_n \ldots 12\ I_n$	< 0,2 s
K	10 … 63 A	$1{,}05\ I_n \ldots 1{,}5\ I_n$	< 2 min	$10\ I_n \ldots 14\ I_n$	< 0,2 s

Bildzeichen, Schaltvermögen und Energiebegrenzungsklasse

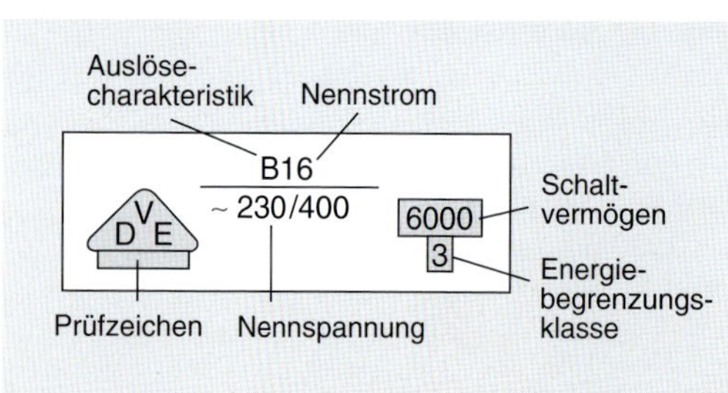

Leitungsschutzschalter Typ B				
Nennstrom in A	Schaltvermögen in A	Zulässige Durchlass-I^2-t-Werte in A^2s der Energiebegrenzungsklassen 1	2	3
bis 16	3000 6000 10000	keine besonderen Prüfanforderungen	31000 100000 200000	15000 35000 70000
20 25 32	3000 6000 10000		40000 130000 310000	18000 45000 90000

Anordnung der Überstromschutzeinrichtungen

Überstromschutzeinrichtungen sind erforderlich bei konstruktionsbedingter Minderung der Strombelastbarkeit, d. h. bei

- Verringerung des Leiterquerschnittes (a)
- Änderung der Verlegeart (b)
- Wechsel des Isolierwerkstoffes (c)

Bei Hintereinanderschalten von Überstromschutzeinrichtungen ist auf selektives Verhalten zu achten.
Dies ist im Allgemeinen erreicht, wenn sich deren Nennwerte mindestens um den Faktor 1,6 unterscheiden.

Auswahl und Bemessung der Installationsleitungen

1. Schritt	Ermitteln der Stromstärke im betreffenden Stromkreis $I = \frac{P}{U \cdot \cos\varphi}$ Wechselstrom $I = \frac{P}{U \cdot \sqrt{3} \cdot \cos\varphi}$ Drehstrom
	↓
2. Schritt	Auswahl der Schutzeinrichtung; Bestimmung des Nennstromes I_n der Sicherung, des Leitungsschutzschalters oder des Einstellstromes des Leistungsschalters
	↓
3. Schritt	Ermittlung der Leiterquerschnitte (Außenleiter, Neutralleiter, PEN-Leiter, Schutzleiter) unter Beachtung der Mindest-Querschnitte; VDE 0100 T 520
	↓
4. Schritt	Überprüfung, ob Abschaltbedingungen bei Schutz gegen gefährliche Körperströme eingehalten werden; DIN VDE 0100 T 410 $Z_s \leq \frac{U_0}{I_a}$ $R_A \leq \frac{U_L}{I_a}$
	↓ ja
5. Schritt	Überprüfung, ob Überstrom- und Kurzschlussschutz gewährleistet sind; DIN VDE 0100 T 430
	↓ ja
6. Schritt	Überprüfung des Spannungsfalls Δu; DIN VDE 0100 T 520 DIN 18015 TAB
	↓ ja
7. Schritt	Überprüfung der Selektivität der Schutzeinrichtungen; DIN VDE 0636, –0641 …

Schritte 4 bis 7: nein → zurück zu Schritt 2 bzw. 3.

Eine Leitung gilt im Allgemeinen als geschützt, wenn
- der Mindestquerschnitt beachtet,
- die Überstromschutzeinrichtung nach der Strombelastbarkeit ausgewählt und
- der zulässige Spannungsfall eingehalten wurde.

Leitungsauswahl nach der mechanischen Festigkeit

Mindest-Leiterquerschnitte

Verlegungsart	Querschnitt in mm²
feste geschützte Verlegung	Cu 1,5; Al 2,5
Leitungen in Schaltanlagen und Verteilern ■ bis 2,5 A ■ über 2,5 A … 16 A ■ über 16 A	 0,5 0,75 1,0
offene Verlegung auf Isolatoren Isolatorabstand bis 20 m über 20 m … 45 m	 4,0 6,0
Fassungsadern	0,75
Starkstromleitungen aus Kupfer Stahl Aluminium Aluminium-Stahl	 10 25 25 25/4

Verlegeart	Querschnitt in mm²
bewegliche Leitungen für den Anschluss von	
– leichten Handgeräten bis 1 A, Länge der Anschlussleitung ≤ 2m	0,1
– Geräten bis 2,5 A, Länge der Anschlussleitung ≤ 2 m	0,5
– Geräten bis 10 A	0,75
Gerätesteckdosen und Kupplungsdosen bis I_n = 10 A	0,75
– Geräten über 10 A	1,0
– Mehrfachsteckdosen, Gerätesteckdosen und Kupplungsdosen bis I_n = 10 A	1,0
Lichtketten für Innenräume ■ zwischen Lichtkette und Stecker ■ zwischen den einzelnen Lampen	 0,75 0,5

Leitungsauswahl nach der Strombelastbarkeit

Verlegeart	A1	A2		B1	B2
Darstellung					
Verlegebedingung	Verlegung in wärmegedämmten Wänden			Verlegung in Elektro-Installationsrohren oder geschlossenen Elektro-Installationskanälen auf oder in Wänden oder in Kanälen für Unterflurverlegung	
	Aderleitungen oder einadrige Kabel/Mantelleitungen im Elektroinstallationsrohr oder -kanal	mehradrige Kabel oder Mantelleitungen		Aderleitungen oder einadrige Kabel/Mantelleitungen	mehradrige Kabel oder Mantelleitungen
		im Elektro-Installationsrohr oder -kanal	direkt verlegt		

Verlegeart [1]	C					E	F	G
Darstellung	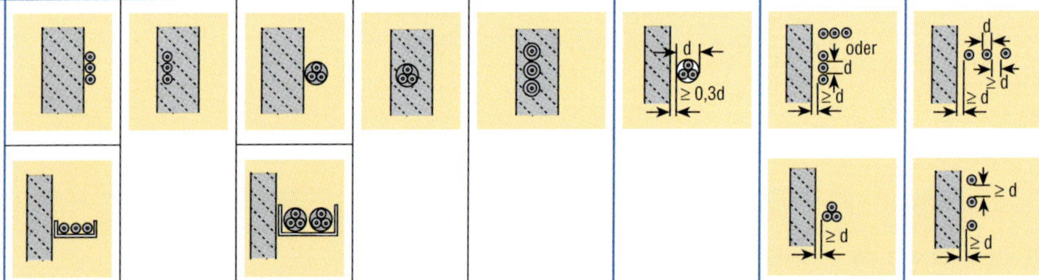							
Verlegebedingung	direkte Verlegung auf oder in Wänden/Decken oder in Kabelwannen				Stegleitungen in Wänden/Decken oder Hohlräumen	Verlegung frei in Luft, an Tragseilen sowie auf Kabelpritschen und -konsolen		
	einadrige Kabel oder Mantelleitungen		mehradrige Kabel oder Mantelleitungen			mehradrige Kabel oder Mantelleitungen	einadrige Kabel oder Mantelleitungen	
							mit Berührung	ohne Berührung, auch Aderleitungen auf Isolatoren

[1]) Die Verlegeart D (direkte Verlegung mehradriger Kabel in Erde) ist zzt. nicht genormt. Empfehlung: Anwendung der Werte gemäß Verlegeart C.

Verlegeart		A1		A2		B1		B2		C		E		F			G	
Anzahl der gleichzeitig belasteten Adern		2	3	2	3	2	3	2	3	2	3	2	3	2	3	3	3	3
														neben-einander vertikal/ horizontal		ge-bün-delt	ho-ri-zon-tal	ver-tikal
Nennquer-schnitt in mm^2		Strombelastbarkeit I_z in A Nennstrom I_n in A Dauerbetrieb, Umgebungstemperatur 25 °C, Betriebstemperatur 70 °C																
1,5	I_z	17	15	17	14	19	17	18	16	21	19	23	20	–	–	–	–	–
	I_n	16	13	16	13	16	16	16	16	20	16	20	20	–	–	–	–	–
2,5	I_z	21	20	20	19	25	22	24	21	29	25	32	27	–	–	–	–	–
	I_n	20	20	20	16	25	20	20	20	25	25	32	25	–	–	–	–	–
4	I_z	28	25	27	25	35	30	32	29	38	35	42	36	–	–	–	–	–
	I_n	25	25	25	25	35	25	32	25	35	35	40	35	–	–	–	–	–
6	I_z	36	33	35	31	43	38	40	36	50	43	54	46	–	–	–	–	–
	I_n	35	32	35	25	40	35	40	35	50	40	50	40	–	–	–	–	–
10	I_z	49	45	46	41	60	53	55	50	67	63	74	64	–	–	–	–	–
	I_n	40	40	40	40	50	50	50	50	63	63	63	63	–	–	–	–	–
16	I_z	65	59	60	55	81	72	73	66	90	81	100	85	–	–	–	–	–
	I_n	63	50	50	50	80	63	63	63	80	80	100	80	–	–	–	–	–
25	I_z	85	77	80	72	107	94	95	85	119	102	126	107	139	121	117	155	138
	I_n	80	63	80	63	100	80	80	80	100	100	125	100	125	100	100	125	125
35	I_z	105	94	100	88	133	117	118	105	146	126	157	134	172	152	145	192	172
	I_n	100	80	100	80	125	100	100	100	125	125	125	125	160	125	125	160	160
50	I_z	126	114	117	105	160	142	141	125	178	153	191	162	208	184	177	232	209
	I_n	125	100	100	100	160	125	125	125	160	125	160	160	200	160	160	200	200

I_z maximal zulässige Stromstärke
I_n Bemessungsstromstärke der Überstromschutzeinrichtung

Minderungen

Bei abweichenden Bedingungen müssen die genannten Tabellenwerte korrigiert werden.

Abweichungen

- erhöhte Wärmeentwicklung
  - mehr als 3 Adern Strom führend → Faktor f_1
  - gebündelte (gehäufte) Legung → Faktor f_2
- veränderte (meist verminderte) Wärmeabfuhr
  - abweichende Umgebungstemperatur → Faktor f_3

Umrechnungsfaktoren für mehradrige Leitungen

Zahl der belasteten Adern	5	7	10	14	19	24	40	61
Umrechnungsfaktoren f_1	0,75	0,65	0,55	0,50	0,45	0,40	0,35	0,30

Umrechnungsfaktoren für gehäuft verlegte Leitungen

Zahl mehradriger Leitungen mit 2 oder 3 Strom führenden Leitungen	1	2	3	4	5	6	7	8	9	10	12	14	16	18	20
Umrechnungsfaktoren f_2	1	0,8	0,7	0,65	0,6	0,57	0,54	0,52	0,5	0,48	0,45	0,43	0,41	0,39	0,38

Umrechnungsfaktoren für abweichende Umgebungstemperaturen

Umgebungstemperatur in °C	10	15	20	25	30	35	40	45	50	55	60
Umrechnungsfaktoren f_3	1,15	1,11	1,06	1,00	0,95	0,87	0,82	0,75	0,67	0,58	0,47

Leitungsauswahl nach dem Spannungsfall

vgl. auch Abschnitt 2.4, Seite 154

	Gleichstrom-leitungen	Wechselstrom-leitungen	Drehstrom-leitungen
Zeiger-darstellung	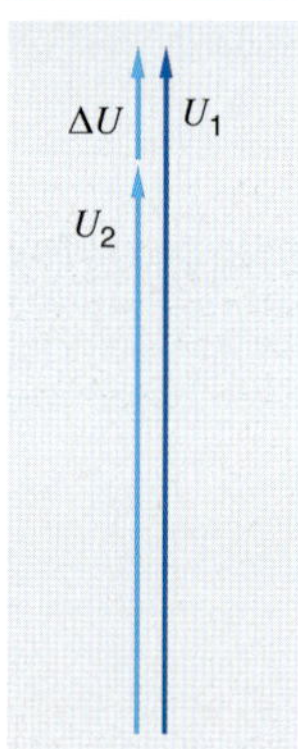	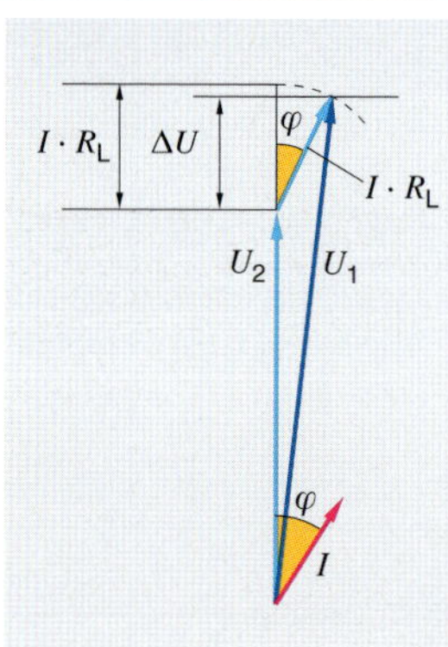	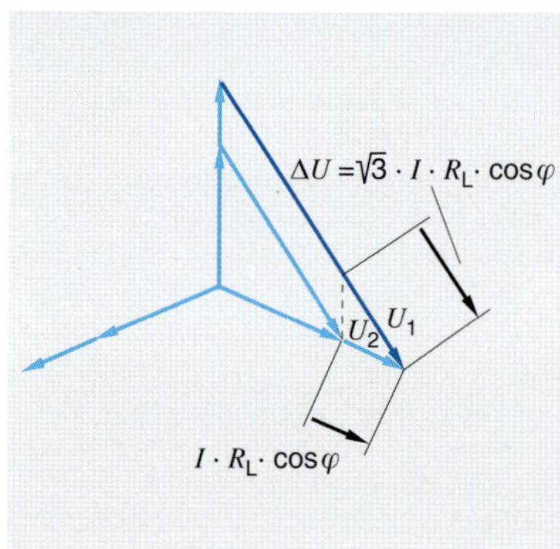
Wirkleistung	$P = U \cdot I$	$P = U \cdot I \cdot \cos\varphi$	$P = \sqrt{3} \cdot U \cdot I \cdot \cos\varphi$
Spannungsfall	$\Delta U = 2 \cdot I \cdot \frac{l}{\varkappa \cdot A}$	$\Delta U = 2 \cdot I \cdot \frac{l}{\varkappa \cdot A} \cdot \cos\varphi$	$\Delta U = \sqrt{3} \cdot I \cdot \frac{l}{\varkappa \cdot A} \cdot \cos\varphi$
Leistungsverlust	$P_V = 2 \cdot I^2 \cdot \frac{l}{\varkappa \cdot A}$		$P_V = 3 \cdot I^2 \cdot \frac{l}{\varkappa \cdot A}$
prozentuale Angaben	$\frac{\Delta u}{100\,\%} = \frac{\Delta U}{U}$ $\quad \frac{p_v}{100\,\%} = \frac{P_v}{P}$		

Blindleistungskompensation

Leistungsfaktoren einiger Betriebsmittel

Elektrisches Betriebsmittel	Leistungsfaktor
Schütz oder Relais, angezogen	0,2 … 0,5
Leuchtstofflampen-Schaltung	0,3 … 0,7
leer laufender Transformator	0,2 … 0,4
Motor bei Nennbetrieb	0,75 … 0,95
Heizwiderstände	1,0

Gemäß TAB muss der Leistungsfaktor in der Verbraucheranlage durch Kompensation zwischen $\cos\varphi_{kap} = 0{,}9$ und $\cos\varphi_{ind} = 0{,}9$ liegen.

Kompensationsarten

■ Einzelkompensation	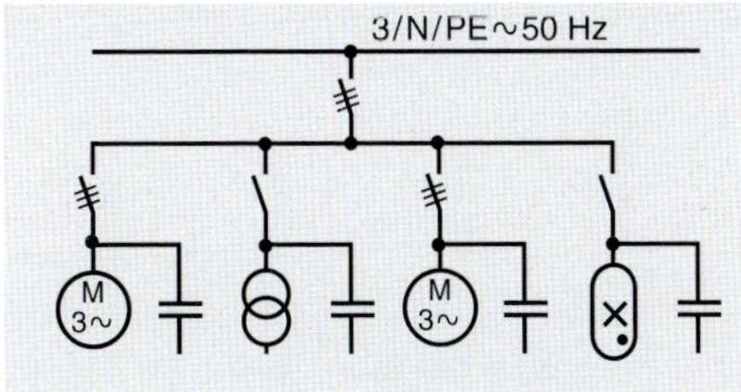	Blindleistungsverbraucher mit parallel geschalteten Kondensatoren (bei Drehstrom: Dreieckschaltung)
■ Gruppenkompensation	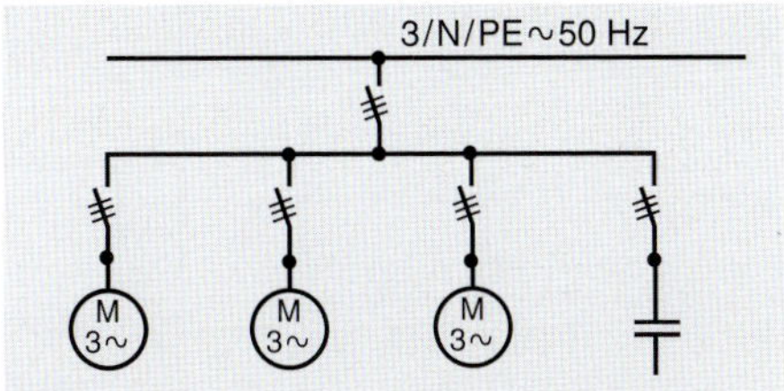	Blindleistungsverbraucher mit einer parallel geschalteten Kondensatoreinheit
■ Zentralkompensation	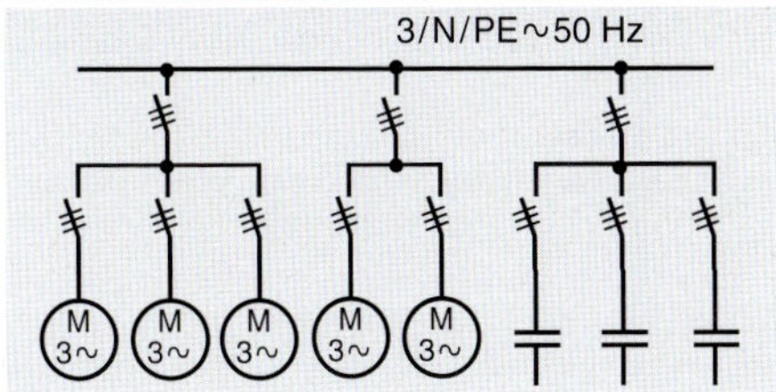	zentrale Kompensation der gesamten Blindleistung der Verbraucheranlage durch Kondensatorregeleinheit

Einzelkompensation

Parallelkompensation

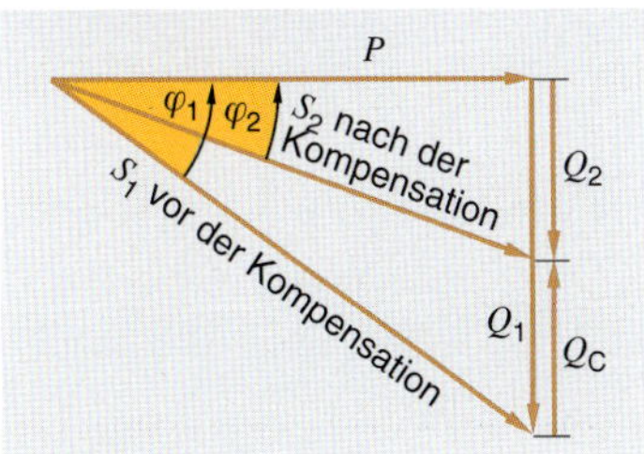

Bei gleich bleibender Wirkleistung:

$Q_C = Q_1 - Q_2$

$Q_1 = P \cdot \tan \varphi_1$

$Q_2 = P \cdot \tan \varphi_2$

$$Q_C = P \cdot (\tan \varphi_1 - \tan \varphi_2)$$

$$C = \frac{Q_C}{\omega \cdot U^2}$$

Reihenkompensation

$$C = \frac{I^2}{\omega \cdot Q_C}$$

Bei f = 50 Hz gilt: $C = 60\,\frac{\mu F}{kvar}\left(\frac{230\ V}{U}\right)^2 \cdot Q_C$

Kompensation einphasig U = 230 V

$$C = 60\,\frac{\mu F}{kvar} \cdot Q_C$$

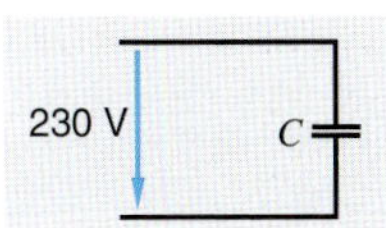

Kompensation dreiphasig 400 V / 230 V

$$C = 20\,\frac{\mu F}{kvar} \cdot Q_C$$

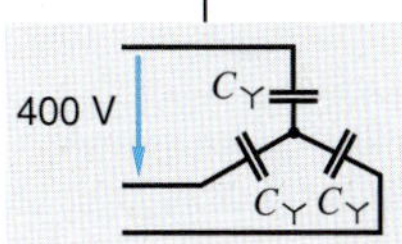

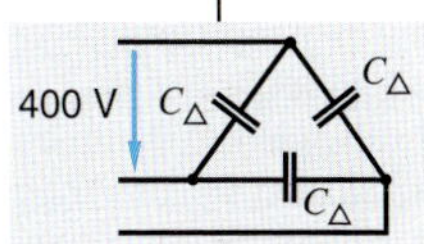

$$\frac{C}{3} = C_Y \qquad \frac{C_Y}{3} = C_\Delta$$

Q_C	(gesamte) Kondensatorblindleistung
P	Wirkleistung
$\cos \varphi_1$	Leistungsfaktor vor der Kompensation
$\cos \varphi_2$	Leistungsfaktor nach der Kompensation
C	(gesamte) Kompensationskapazität
f	Frequenz
ω	Kreisfrequenz
U	Spannung am Kondensator
I	Stromstärke im Kondensatorkreis

4.2.2 Elektroinstallation in Wohngebäuden

Hausanschluss

Hausanschlusseinrichtungen

- **Hausanschlussnische**
  vorzugsweise für nicht unterkellerte Einfamilienhäuser
- **Hausanschlusswand**
  für Gebäude bis zu 4 Wohneinheiten
- **Hausanschlussraum**
  für Gebäude mit mehr als 4 Wohneinheiten, jedoch auch für kleinere Gebäude

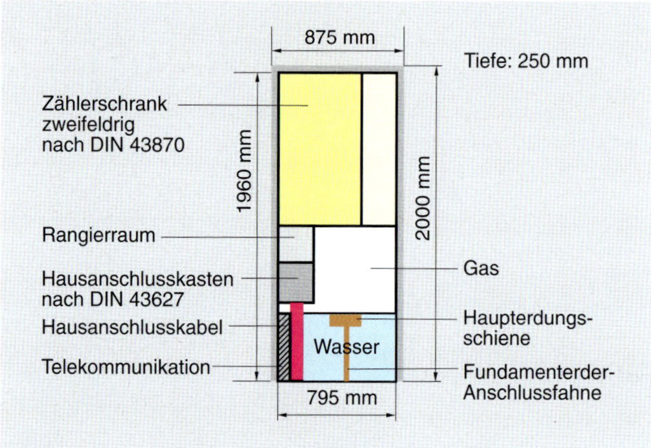

Beispiel für die Anordnung von Anschluss- und Betriebseinrichtungen in einer Hausanschlussnische

Beispiel für die Anordnung von Anschluss- und Betriebseinrichtungen in einem Hausanschlussraum

a) bei einseitiger Belegung

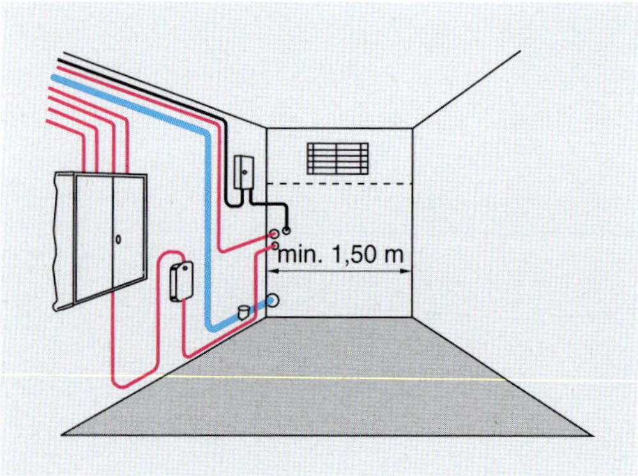

b) bei zweiseitiger Belegung

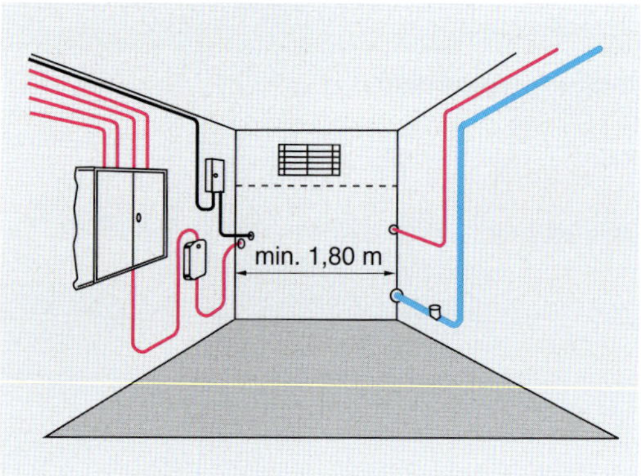

Für Hausanschlussräume gelten Mindestmaße. Diese betragen:

- 2 m in der Höhe
- 2 m in der Länge
- 1,5 m in der Breite bei Belegung nur einer Hausanschlusswand
- 1,8 m in der Breite bei Belegung gegenüberliegender Hausanschlusswände
- 1,8 m freie Durchgangshöhe unter Rohren, Leitungen und Kanälen

Hausanschlussräume müssen

- über allgemein zugängliche Räume erreicht werden können,
- an der Außenwand des Gebäudes liegen,
- alle Ver- und Entsorgungseinrichtungen sowie gegebenenfalls nachgeschaltete Betriebseinrichtungen (z. B. Zähler) aufnehmen können.

Potenzialausgleich

Hausanschluss mit Hauptpotenzialausgleich (Schutzpotenzialausgleich über die Haupterdungsschiene)

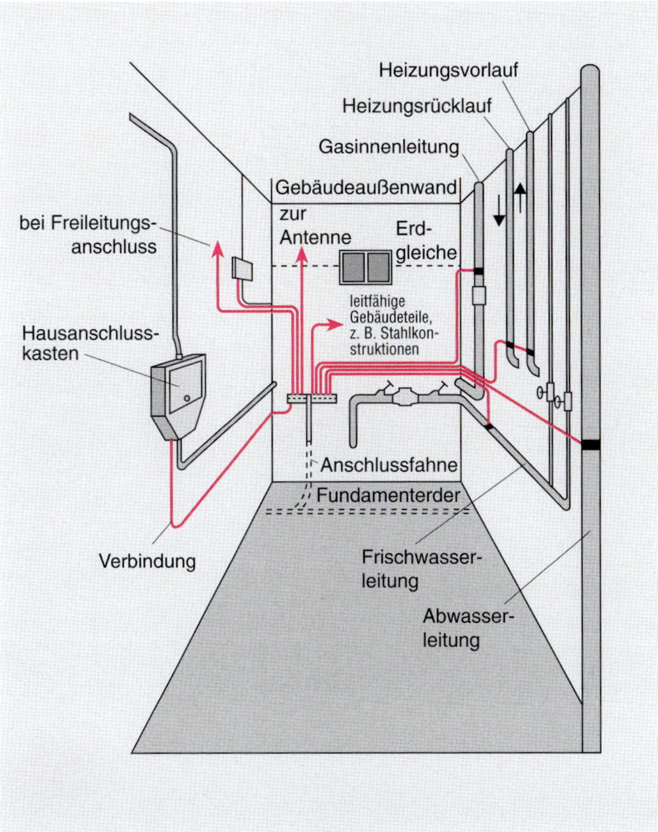

Zu Hausanschlüssen in Gebäuden gehören:

- für die Wasserversorgung: die Hauptsperreinrichtung
- für die Entwässerung: die letzte Reinigungsöffnung vor dem Anschlusskanal
- für die Fernwärmeversorgung: die Übergabestelle
- für die Gasversorgung: die Hauptsperreinrichtung
- für die Stromversorgung: der Hausanschlusskasten
- für die Telekommunikationsversorgung: die Anschlusspunkte der allgemeinen Netze

Querschnitte für Schutzpotenzialausgleichsleiter

Abstufung	Hauptpotenzialausgleich	Zusätzlicher Schutzpotenzialausgleich	
normaler Querschnitt	0,5 · PE-Querschnitt des größten Schutzleiters der elektrischen Anlage	zwischen zwei Körpern	1 · PE-Querschnitt des kleineren PE-Leiters
		zwischen einem Körper und einem fremden leitfähigen Teil	0,5 · PE-Querschnitt
Mindest-querschnitt	6 mm² Cu	bei mechanischem Schutz 2,5 mm² Cu	
		ohne mechanischen Schutz 4 mm² Cu	
maximaler Querschnitt	25 mm² Cu oder gleicher Leitwert	–	–

Hauptstromversorgung

Die Verbindungsleitung zwischen der Übergabestelle des Verteilungsnetzbetreibers (Hausanschlusskasten) und dem Zähler heißt Hauptleitung. Sie ist der Teil der Verbraucheranlage, in dem nicht gemessene Energie transportiert wird.

An Hauptleitungen werden folgende Anforderungen gestellt:

- Ausführung als Drehstromleitung
- Mindestbelastbarkeit 63 A
- Mindestquerschnitt 10 mm² Cu (oder 16 mm² Al)

Die **Hauptstromversorgung** kann vier- oder fünfadrig erfolgen.

- **TN-System**
  - **TN-C-System** – vieradrig mit grün-gelber Ader (PEN)
    - ankommender PEN mit HES verbunden
  - **TN-S-System** – fünfadrig mit grün-gelber Ader (PE ab HAK)
- **TT-System**
  - fünfadrig mit grün-gelber Ader (PE ab HAK) (Schutzleiter in gemeinsamer Umhüllung)
  - vieradrig ohne grün-gelbe Ader (Schutzleiter als separate Leitung geführt)

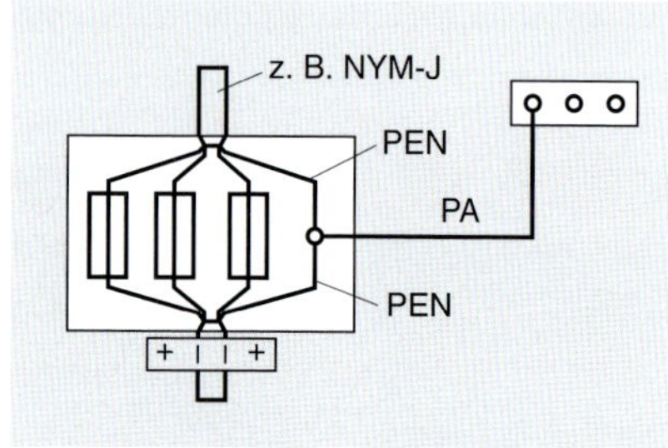

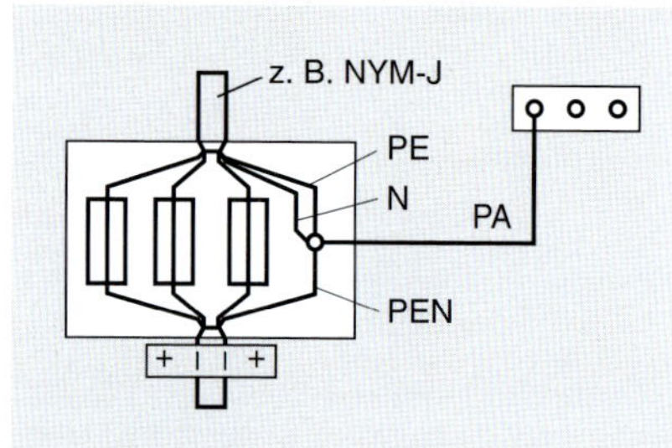

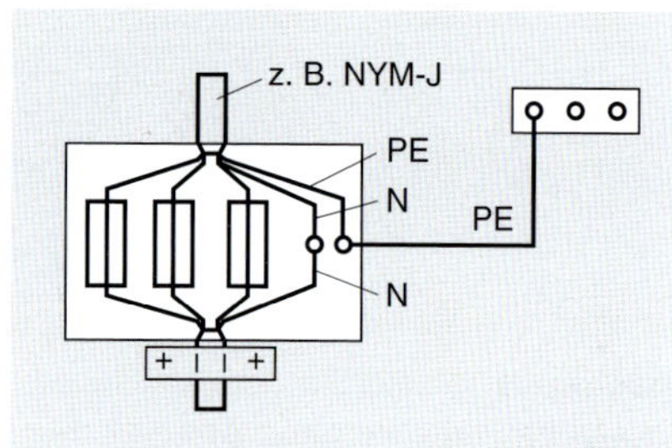

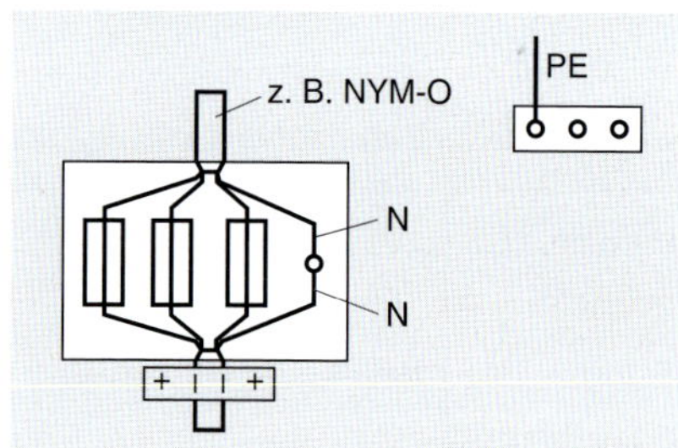

HES Haupterdungsschiene
HAK Hausanschlusskasten

Höchstzulässiger Spannungsfall in % der Nennspannung

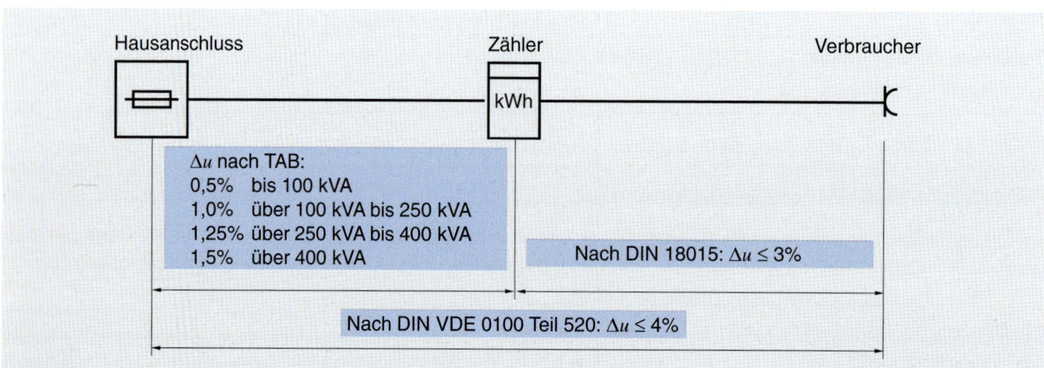

Bemessung von Hauptleitungen für Wohnungen (ohne Elektroheizung)

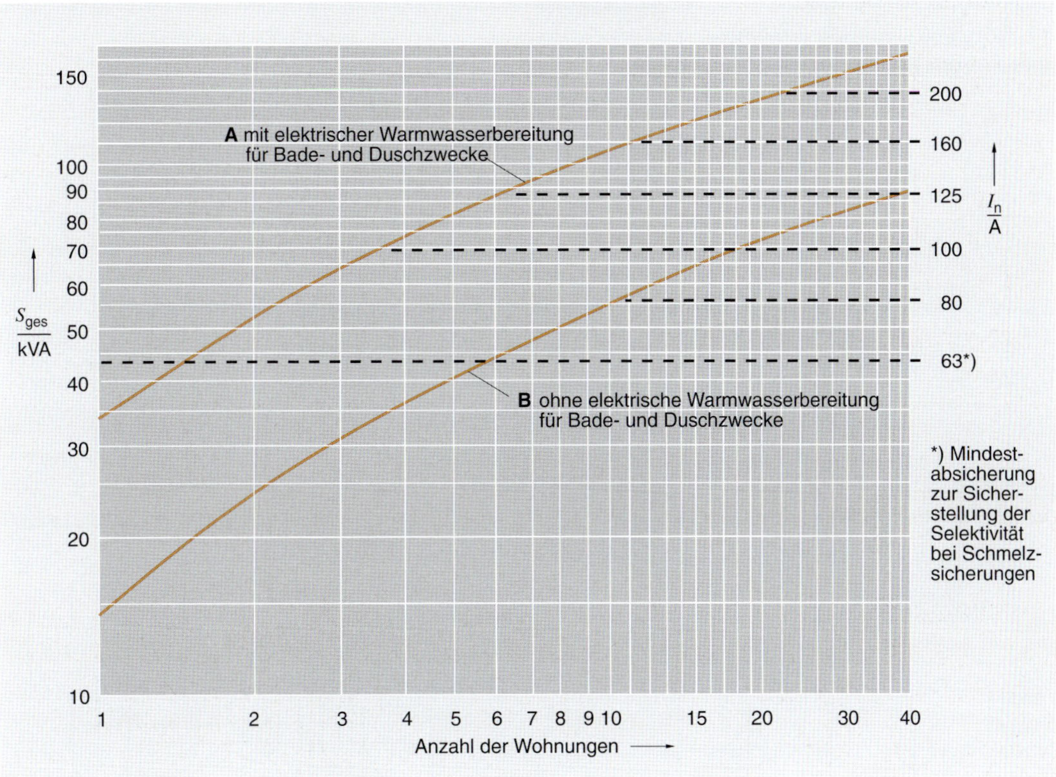

Gleichzeitigkeitsfaktoren in gewerblichen Einrichtungen

Art des Energiebezuges	Gleichzeitigkeitsfaktor g
Beleuchtungsmittel	0,9 ... 1
Küchengeräte	0,6
Heizung, Lüftung	0,8
Aufzüge	0,5 ... 0,9
Schulen, Kindergärten	0,6 ... 0,9
Gaststätten, Hotels	0,4 ... 0,7
Kaufhäuser, Supermärkte	0,7 ... 0,9
Büros	0,4 ... 0,8
Holz verarbeitende Betriebe	0,2 ... 0,6
Metall verarbeitende Betriebe	0,2 ... 0,4
Werkzeugmaschinen	0,3 ... 0,4
Baustellen	0,2 ... 0,5
Krananlagen	0,2 ... 0,4
Druckerei	0,2 ... 0,4
Bäckerei	0,4 ... 0,5
Fleischerei	0,4 ... 0,5
Ladengeschäft, allgemein	0,5 ... 0,7

Zählerschaltungen (Auswahl)

(vgl. auch Abschnitt 4.3, S. 107/108)

Einpolige Wechselstrom-Wirkverbrauchzähler

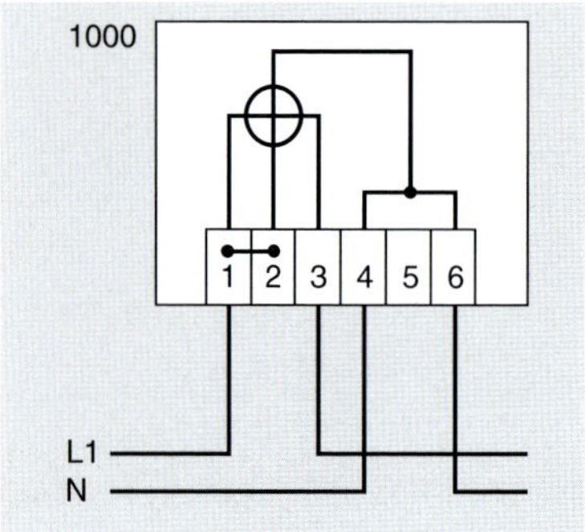

für unmittelbaren Anschluss

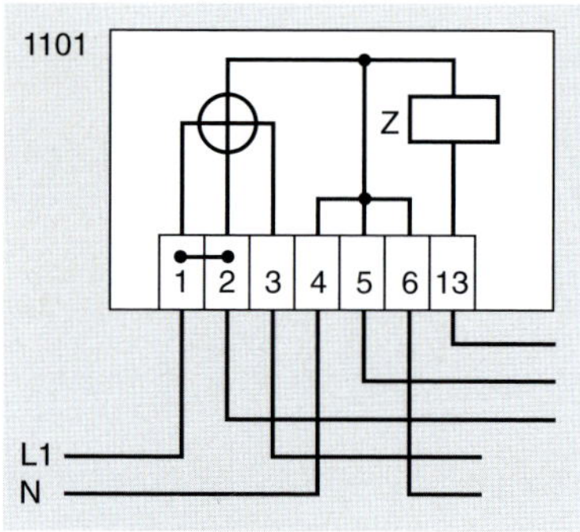

für unmittelbaren Anschluss mit Zweitarifeinrichtung

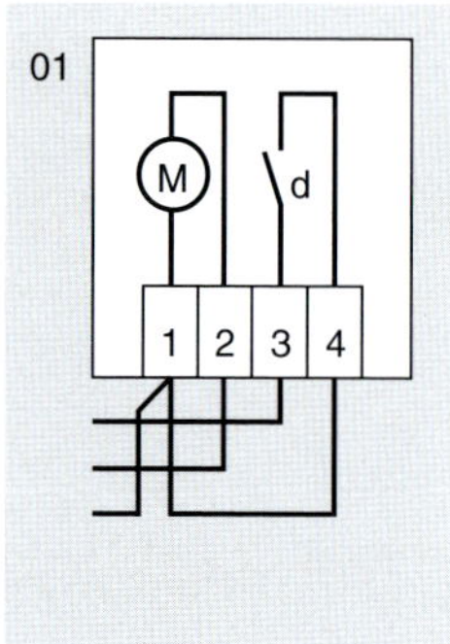

Tarifschaltuhr mit Tagesschalter

Dreileiter-Drehstrom-Wirkverbrauchzähler

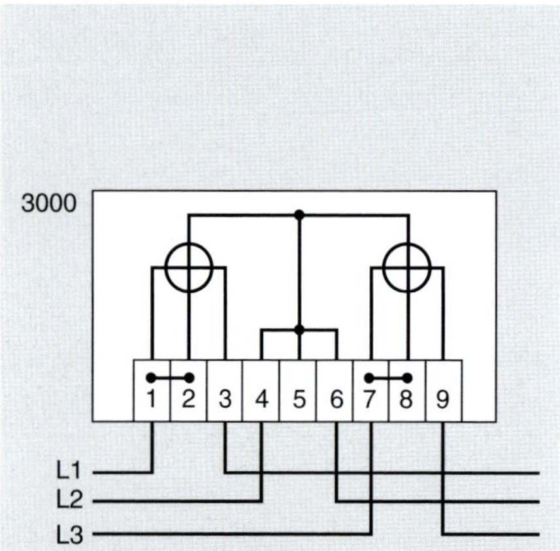

für unmittelbaren Anschluss

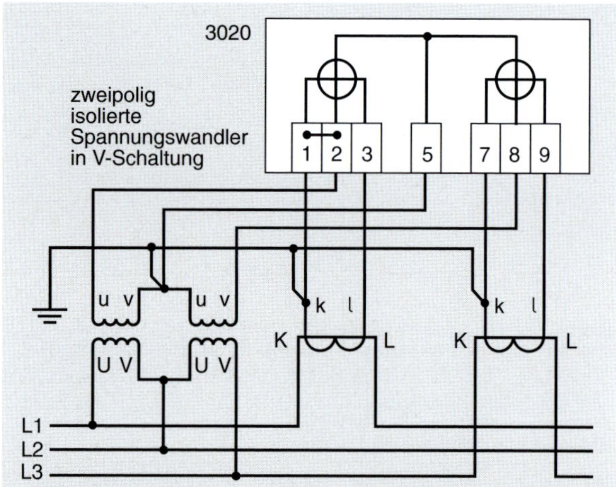

für Anschluss an Strom- und Spannungswandler

Vierleiter-Drehstrom-Wirkverbrauchzähler

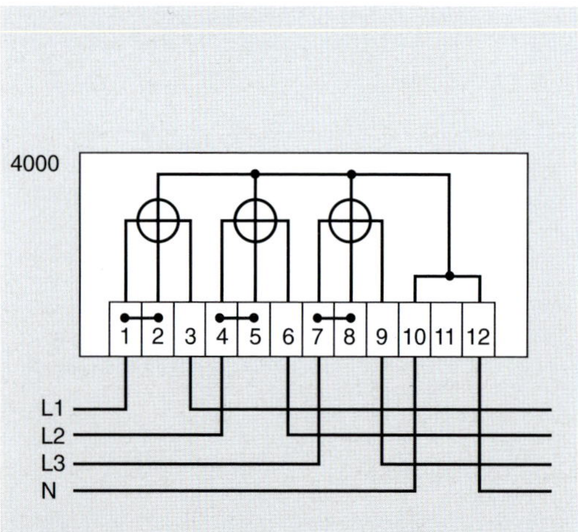

für unmittelbaren Anschluss

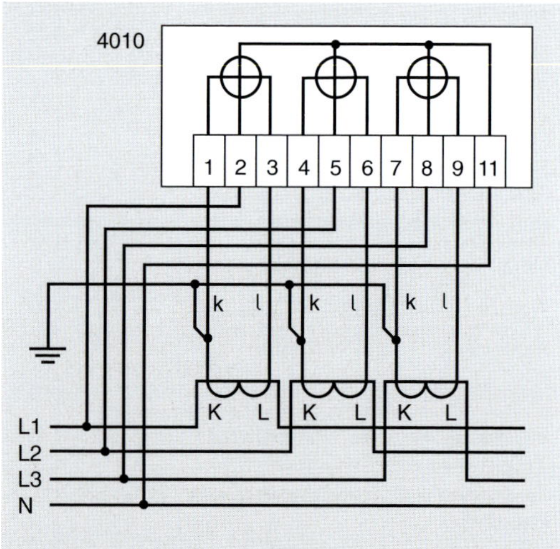

für Anschluss an Stromwandler

Zählerplatzmaße
Beispiel: Zählerschrank mit eingebautem Stromkreisverteiler

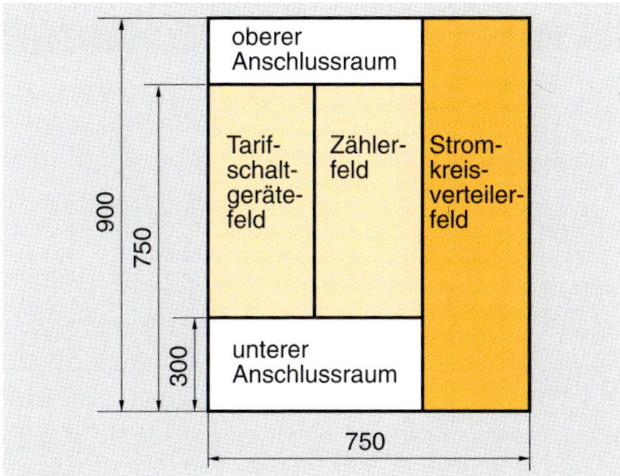

Elektroinstallation im Wohnbereich

Anforderungen an die Ausstattung (Ausstattungswerte)

Ausstattungswert, Anforderung	☆ Mindestausstattung				☆☆ Normalausstattung				☆☆☆ Gehobene Ausstattung			
Art	1)	X	2)	3)	1)	X	2)	3)	1)	X	2)	3)
Schlafräume und ≤ 12 m² Wohnräume ≤ 20 m² > 20 m²	3 4 5	1 1 2	1	1	5 7 9	2 2 3	1	2	7 9 11	3 3 4	1	2
Kochnische, Küche	5 7	2 2	–	–	7 9	2 3	–	–	8 11	2 3	1	1
Hausarbeitsraum	4	1	–	–	7	2	–	–	9	3	–	–
Bad	3	2	–	–	4	3	–	–	5	3	–	–
WC	1	1	–	–	2	1	–	–	2	2	–	–
Flur, Länge ≤ 2,5 m Diele > 2,5 m	1 1	1 1	–	–	1 2	2 2	–	–	1 3	3 3	1	–
Freisitz, Breite ≤ 3 m Balkon, Loggia > 3 m	1 1	1 1	–	–	1 2	1 1	–	–	2 3	1 2	–	–
Abstellraum	1	1	–	–	2	1	–	–	2	1	–	–
Keller oder Bodenraum	1	1	–	–	2	1	–	–	2	1	–	–
Hobbyraum	3	1	–	–	5	2	–	–	7	2	–	–
Beleuchtungs- und Steckdosenstromkreise	5				7				8			
Gerätestromkreise	5				8				9			
Stromkreisverteiler im Belastungsschwerpunkt der Wohnung	zweireihig				dreireihig				vierreihig			
Gebäudekommunikation	Gong, Türöffner, Gegensprechstelle				Gong, Türöffner, Gegensprechstelle4)				Gong, Türöffner, Gegensprechstelle4), Gefahrenmeldeanlage5)			

1) Betten zugeordnete Steckdosen sind mindestens als Doppelsteckdosen auszuführen
2) Fernmeldesteckdose
3) Antennensteckdose, daneben angeordnete Schutzkontaktsteckdosen sind mindestens als Dreifachsteckdosen auszuführen
4) mit mehreren Sprechstellen
5) bei Ein- und Zweifamilienhäusern

Installation nach Ausstattungswert 2 (Beispiel)

a) Stromkreisverteilung

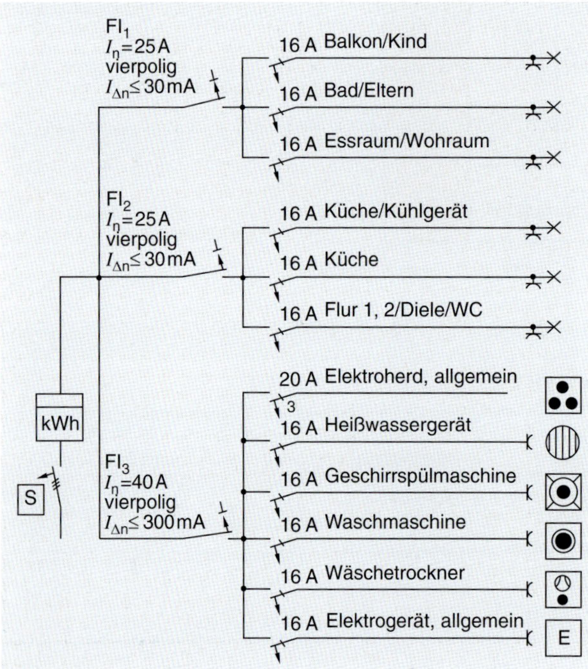

Balkon	Breite ≤ 3 m	1	1
Kind	≤ 12 m²	5	2
Bad		4	3
Eltern	> 12 m² ≤ 20 m²	7	2
Flur 1	Länge > 2,5 m	2	2
Flur 2	Länge > 2,5 m	2	2
Diele	Länge ≤ 2,5 m	1	2
Essraum	≤ 12 m²	5	2
Wohnraum	> 20 m²	9	3
WC		2	1
Küche		9	3
Fernmeldeanlage			3
Hörfunk und Fernsehen			4

b) Installationsplan

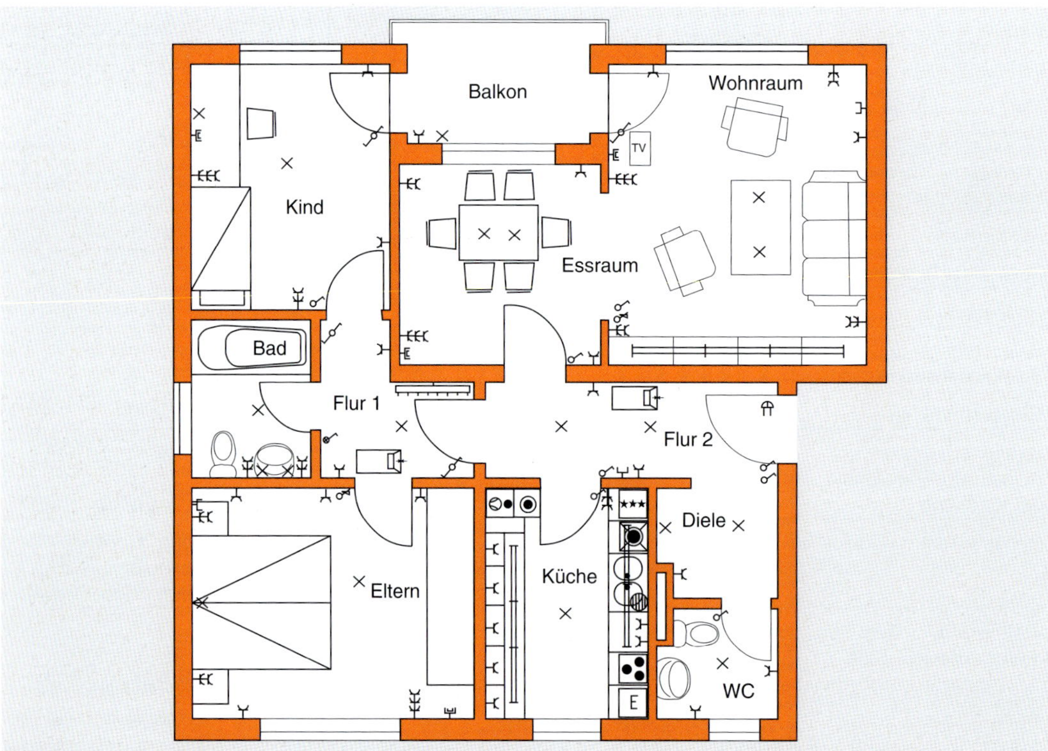

Installationszonen

■ Vorzugsmaße

Ort	Maße in cm für Installationszonen an Wänden		Vorzugsmaße in cm für die Leitungsführung	Vorzugsmaße in cm für die Installation von	
	waagerecht verlaufend	senkrecht verlaufend		Steckdosen	Schaltern
unter der fertigen Deckenfläche	15 … 45	–	30	–	–
über dem fertigen Fußboden	15 … 45 90 … 120	–	30	30 115[1])	105[2]) 115[1])
neben Rohbaukanten an Türen	–	10 … 30	15	–	15
neben Rohbaukanten an Fenstern	–	10 … 30	15	–	–
neben Rohbaukanten an Wandecken	–	10 … 30	15	–	–

[1]) nur wenn Arbeitsflächen vor der Wand vorgesehen sind, z. B. Küchen
[2]) in senkrechten Installationszonen neben Türen; Maß gilt für die Mitte des obersten Schalters

■ Installationszonen und Vorzugsmaße in Räumen ohne Arbeitsflächen vor den Wänden

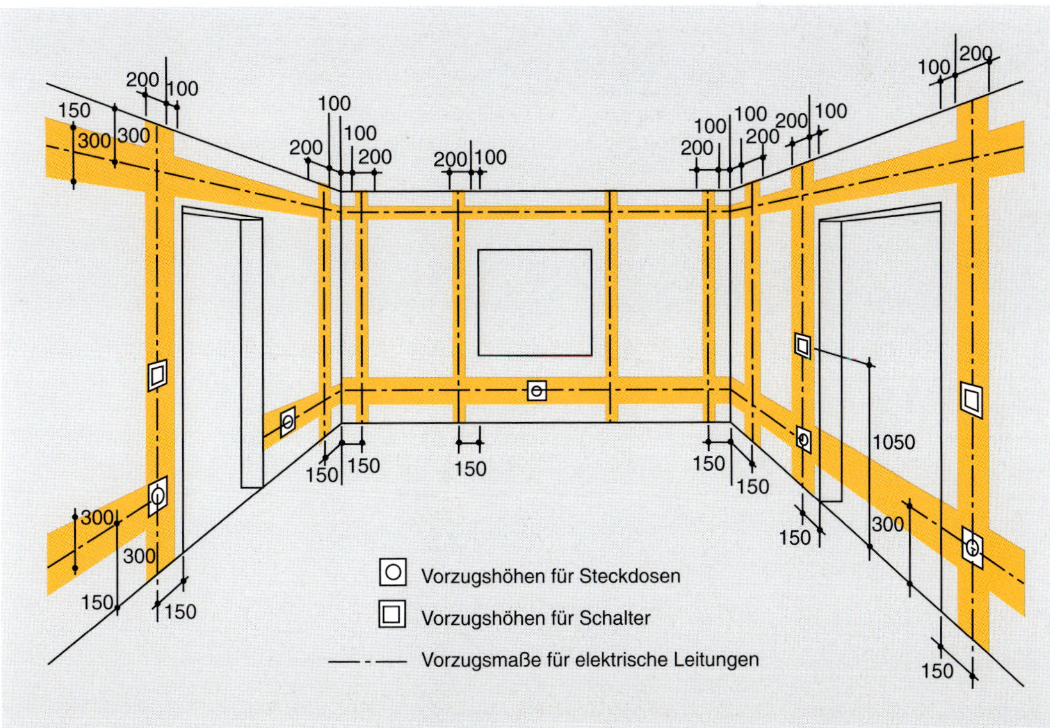

■ Installationszonen und Vorzugsmaße in Räumen mit Arbeitsflächen vor den Wänden

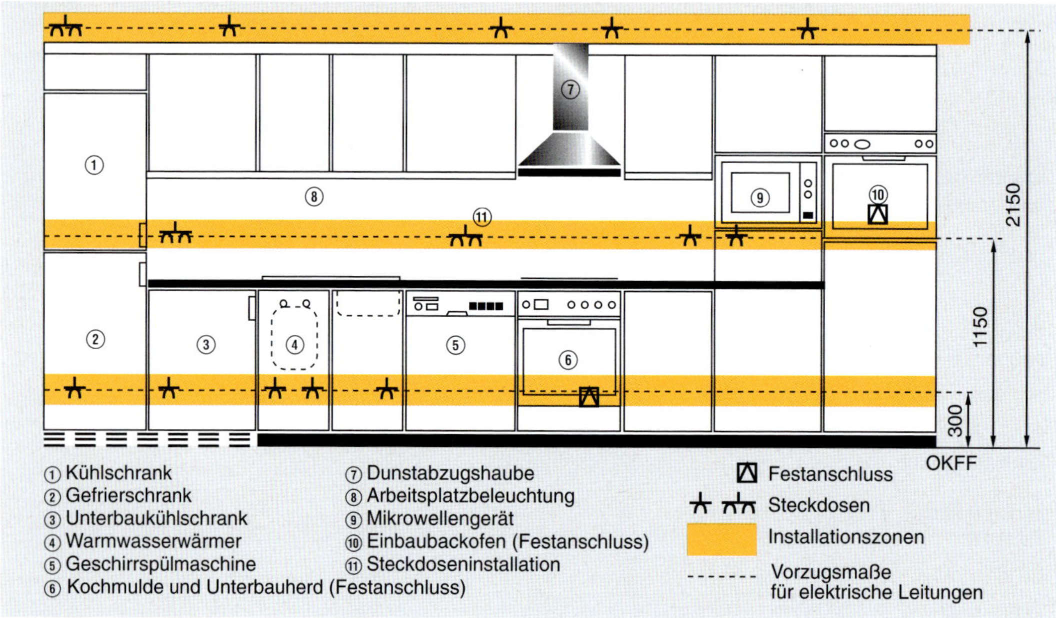

4.2.3 Gebäudesystemtechnik (KNX, EIB)

Prinzip

(KNX = Konnex Association)
(EIB = **E**uropäischer **I**nstallations**b**us)

- Die Netze (Energienetz, Busnetz) sind voneinander getrennt.
- Der Leitungs- und Schaltungsaufwand ist insgesamt gering.
- Alle Busteilnehmer sind über die Busleitung parallel miteinander verbunden.
- Die Kommunikationsbeziehungen zwischen den Busteilnehmern werden durch Adressenvergabe festgelegt.
- Die Übertragung von Information und Energie erfolgt getrennt.
- Das System kann einfach nachgerüstet, erweitert oder verändert werden.
- Es wird ein hoher Bedienkomfort erreicht.

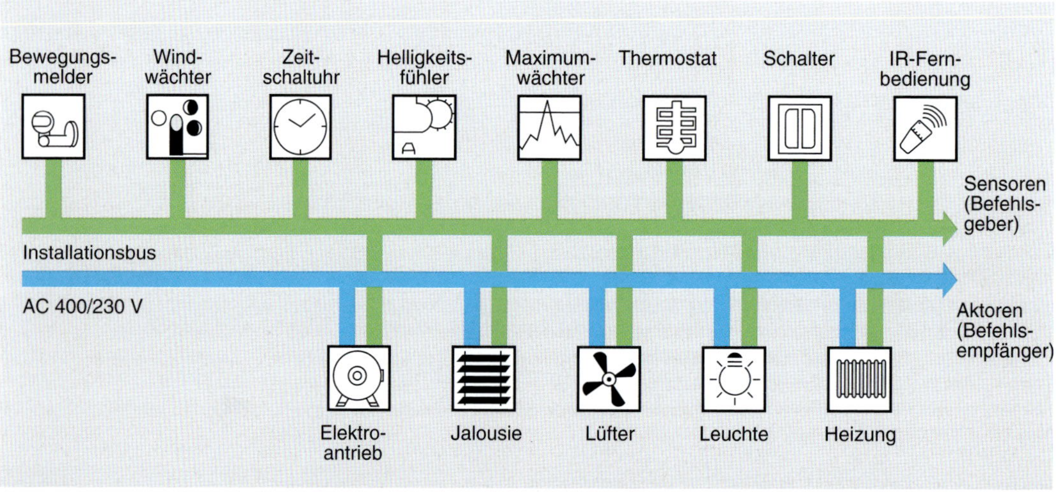

Systemaufbau

Linie

- Die Linie ist die Grundeinheit im System.
- In jeder Linie können bis zu 64 Teilnehmer (TLN) angeschlossen werden.
- Jede Linie besitzt (mindestens) eine eigene Spannungsversorgungseinheit (SV) – Systemspannung 24 V (SELV).
- Die Busteilnehmer arbeiten mit einer Spannung von DC 20 V ... 30 V.

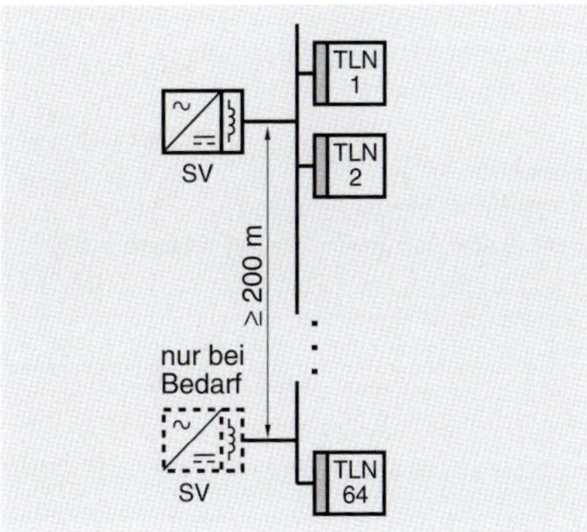

Bereich

- Bis zu 15 Linien können über Linienkoppler (LK) zu einem Bereich zusammengefasst werden.
- Die dabei entstehende Hauptlinie kann ebenfalls 64 Busteilnehmer aufnehmen. (Der Linienkoppler ist ein Teilnehmer innerhalb der Linie.)
- Die Linienkoppler werden über die Hauptlinie mit Spannung versorgt.
- Die Koppler trennen die Linien galvanisch voneinander.

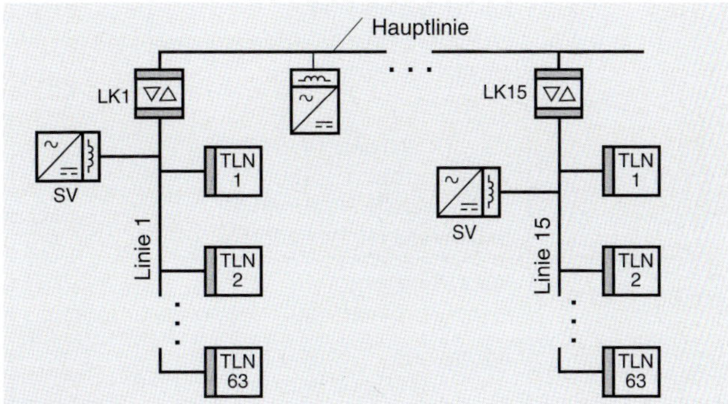

Gesamtsystem

- Mithilfe von Bereichskopplern (BK) können bis zu 15 Bereiche miteinander verbunden werden.
- An der entstehenden Bereichslinie können – wie an der Hauptlinie – 64 Busteilnehmer arbeiten.

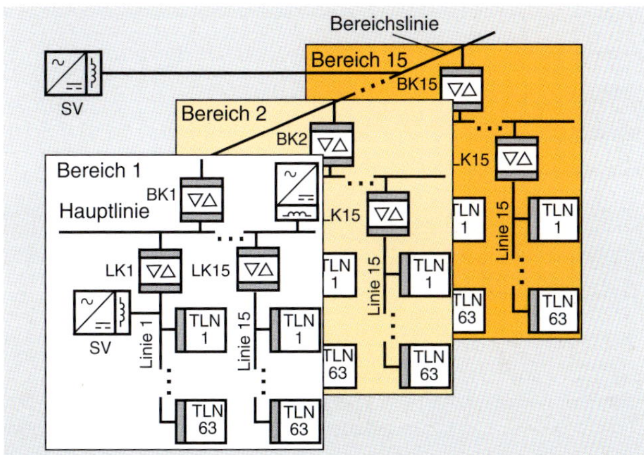

Geräte

Geräteart	Funktion	Beispiele
Netzgeräte	stellen die Schutzkleinspannung von DC 28V + 2V zur Versorgung der Busteilnehmer bereit.	Spannungsversorgungseinheit für alle Linien
Sensoren (Befehlsgeber)	erfassen die Informationen, erstellen und senden das Datentelegramm.	Temperatursensor, Helligkeitssensor, Bewegungssensor, Windgeschwindigkeitssensor
Aktoren (Befehlsempfänger)	empfangen die Datentelegramme und werten sie aus, führen den Schaltbefehl aus.	Schaltaktor, Dimmaktor, Jalousieaktor
Koppler	verbinden die einzelnen Buslinien mit der Hauptlinie bzw. die Bereiche mit der Bereichslinie. Je nach Parametereinstellung werden Telegramme weitergeleitet oder gesperrt.	Linienkoppler, Bereichskoppler
Datenschnittstelle	wird zur Programmierung, Parametrierung, Adressierung und Diagnose der Geräte benötigt.	Verbindung zwischen dem Bussystem und dem PC

Busleitungen

Leitungsart	Verlegung	Leitungslängen, Biegeradius
YCYM 2x2x0,8	feste Verlegung: in trockenen, feuchten und nassen Räumen – auf, in und unter Putz; im Freien, wenn vor Sonneneinwirkung geschützt Adern rot (+EIB) schwarz (–EIB) gelb (frei) weiß (frei) Schirmfolie mit Beilaufdraht	maximal zulässige Leitungslängen: Länge einer Linie: 1000 m Abstand zwischen Spannungsversorgungseinheit und Busteilnehmer: 350 m Abstand zwischen zwei Busteilnehmern: 700 m Abstand zwischen zwei Spannungsversorgungseinheiten: 200 m Biegeradius: > 30 mm bei fester Verlegung > 7 mm für Eingänge in Dosen oder in Hohlräume
J-Y(St)Y 2x2x0,8	feste Verlegung: in Innenräumen – auf Putz sowie in Rohren; Adern rot (+EIB) schwarz (–EIB) gelb (frei) weiß (frei) Schirmfolie mit Beilaufdraht	

Funktionsablauf

Funktionen	Schalten, Dimmen, Steuern, Messen, Melden
Übertragungsart	2-Drahttechnik
System-Nennspannung	Schutzkleinspannung DC 24 V; kurzschlussfest
Leitungsstruktur	Linien-, Stern- oder Baumstruktur. Der Aufbau als Ring ist nicht zugelassen.
Bereichsanzahl	maximal 15, Verbindung über Bereichskoppler
Linienanzahl	maximal 12, Verbindung über Linienkoppler
Teilnehmerzahl	maximal 64 je Linie und Spannungsversorgung
Adressierung	Jedes Einzelgerät ist mit einer physikalischen Adresse versehen. Die Geräte werden Gruppen zugeordnet.
Übertragungstechnik	Telegramm, bestehend aus Quell- und Zieladresse sowie aus Nutz- und Prüfinformationen. Das Telegramm wird seriell übermittelt.
BUS-Management	Jeder Teilnehmer ist gleichberechtigt, das System arbeitet ohne eine Zentrale.

Informationsübertragung

Telegrammerzeugung

- Der Sensor wird betätigt und bildet aus dieser Handlung heraus ein Datentelegramm.
- Im Telegramm sind die physikalische Adresse des Sensors, die Empfängeradresse sowie der Schaltbefehl hinterlegt.
- Außerdem ist im Telegramm die Priorität des Schaltbefehls vermerkt.

Telegrammübertragung

- Das Telegramm wird über die Busleitung seriell übertragen. Die Geschwindigkeit der Datenübertragung beträgt 9600 bit/s.
- Die Koppler ermöglichen nur den Telegrammen Durchlass, die für ein Gerät außerhalb der eigenen Linie vorgesehen sind.
- Störsignale, die auf beiden Adern der Busleitung gleichzeitig wirken, beeinflussen die Informationsübertragung nicht.

Telegrammverarbeitung

- Alle Teilnehmer der Linie „hören mit“.
- Die Aktoren mit der angesprochenen Adresse verwerten den Schaltbefehl und führen ihn aus.

Powernet-EIB

- Die Datenübertragung erfolgt über das Energienetz, auf Busleitungen wird verzichtet.
- Die Netzstruktur ist mit dem EIB vergleichbar (Aufteilung in Linien und Bereiche).
- Eine Linie kann bis zu 256 Teilnehmer enthalten; maximal 16 Linien bilden einen Bereich.
- Die in Telegrammen verschlüsselten Daten werden der Netzspannung von AC 230 V überlagert.
- Um Übertragungsstörungen auszuschließen, darf die Netzspannung nur innerhalb des vorgesehenen Toleranzbereiches schwanken (230 V ± 10 %, 50 Hz ± 0,5 %).
- Die Datenübertragung erfolgt mit zwei getrennten Frequenzen: 105,6 kHz und 115,2 kHz (SFSK-Verfahren: Spread Frequency Shift Keying).
- Die Übertragungsgeschwindigkeit beträgt 1200 bit/s.

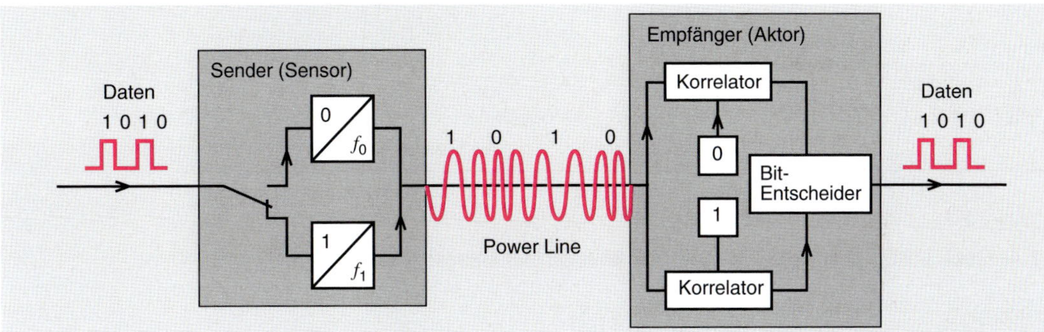

Schaltzeichen des Europäischen Installationsbusses

Schaltzeichen mit Benennung	
Basisgeräte	
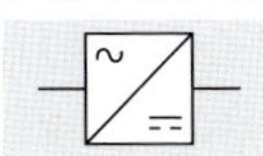	Spannungsversorgung SV
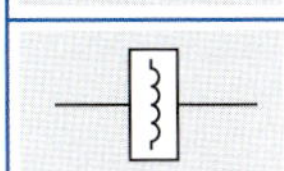	Drossel DR
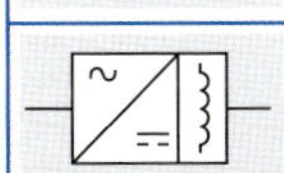	Netzgerät NG, Spannungsversorgung mit Drossel
Form 1 Form 2 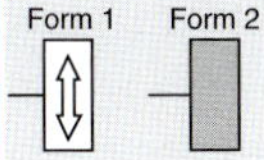	Busankoppler
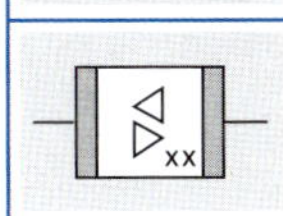	Linienkoppler LK, Bereichskoppler BK, Linienverstärker LV, xx: LK, BK oder LV
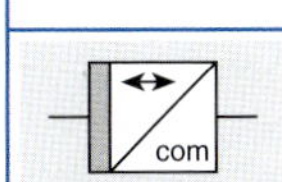	Schnittstelle
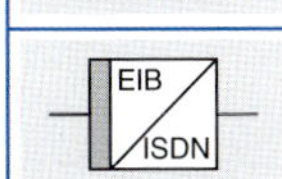	Netzkoppler zu ISDN
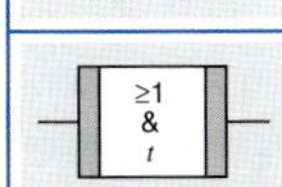	Logikbaustein

Schaltzeichen mit Benennung	
Sensoren	
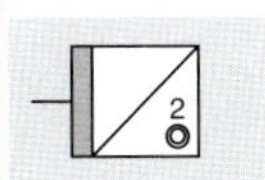	Tastsensor, z. B. Taster mit 2 Schließern
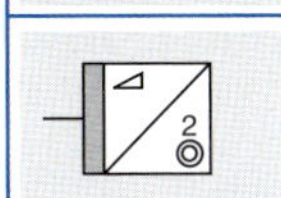	Dimmsensor, z. B. 2 Kanäle
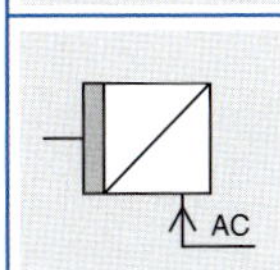	allgemeiner Sensor mit Hilfsspannung, z. B. AC
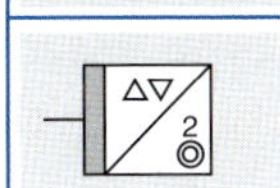	Jalousiesensor, z. B. 2 Kanäle
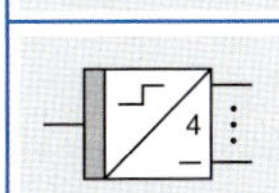	Binärsensor, z. B. 4 Kanäle, z. B. für DC
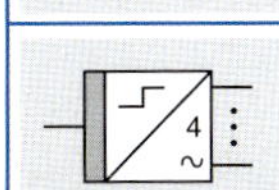	Binärsensor, z. B. 4 Kanäle, z. B. für AC
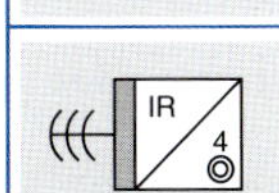	IR-Sender, z. B. 4 Kanäle

Schaltzeichen mit Benennung	
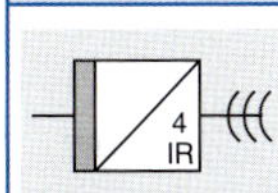	IR-Empfänger/ Decoder, z. B. 4 Kanäle
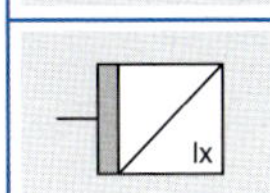	Helligkeitssensor
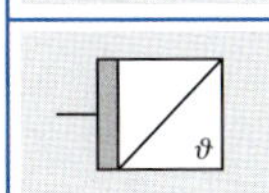	Temperatursensor
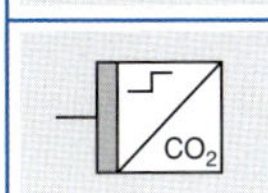	Rauchmelder
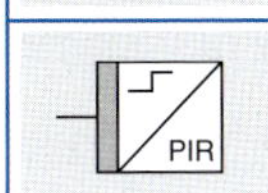	Bewegungsmelder (Passiv Infrarot)
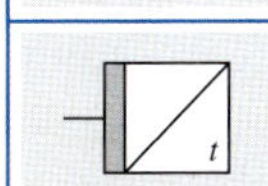	Zeitsensor, Uhr
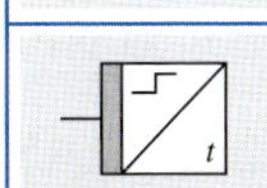	Zeitwertschalter, Zeitschaltuhr
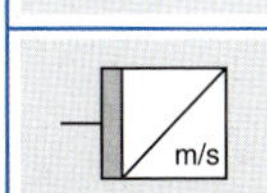	Windgeschwindigkeitssensor

Schaltzeichen mit Benennung	
Aktoren	
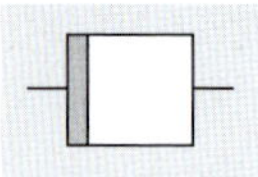	Aktor, allgemein
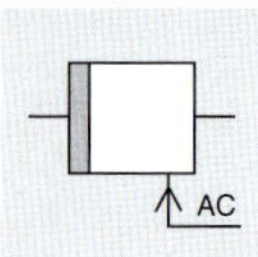	Aktor mit Hilfsspannung
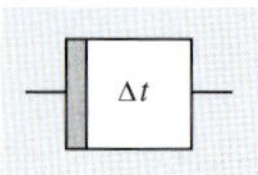	Aktor mit Zeitverzögerung

Schaltzeichen mit Benennung	
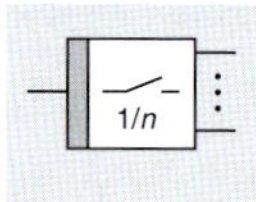	Schaltaktor, Schaltgerät, Binärausgang *n* Kanäle, nicht potenzialfrei
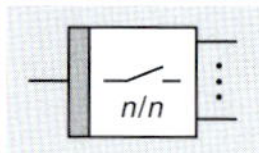	Schaltaktor, *n* Kanäle, potenzialfrei
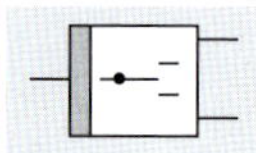	Jalousieaktor, Jalousieschalter, 2 Kanäle
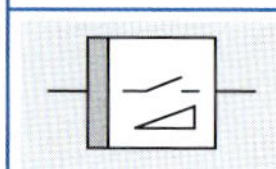	Dimmaktor, Schalt-/Dimmaktor

Schaltzeichen mit Benennung	
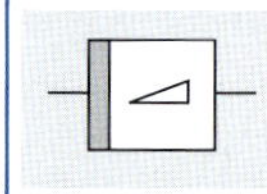	Analogaktor
Sonstige Elemente	
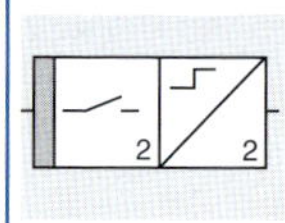	Schaltgerät mit z. B. Binäreingang, Binärausgang, z. B. 2 Kanäle
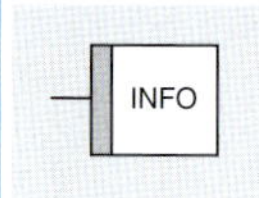	Anzeigeeinheit, Informations-Display

4.2.4 Elektroinstallation in Betriebsstätten, Räumen und Anlagen besonderer Art

DIN VDE 0100
Errichten von Niederspannungsanlagen

- Gruppe 100 Allgemeine Anforderungen
- Gruppe 200 Begriffe
- Gruppe 300 Bestimmungen allg. Merkmale
- Gruppe 400 Schutzmaßnahmen
  - Teil 410: Schutz gegen elektrischen Schlag
  - Teil 430: Schutz von Kabeln und Leitungen bei Überstrom
- Gruppe 500 Auswahl und Errichtung elektr. …
  - Teil 540: Erdung, Schutzleiter, Schutzpotenzialausgleich
- Gruppe 600 Prüfungen
  - Teil 610: Erstprüfungen
- Gruppe 700 Anforderungen für Betriebsstätten, Räume und Anlagen besonderer Art
  - Teil 701: Räume mit Badewanne oder Dusche
  - Teil 702: Becken von Schwimmbädern und andere Becken
  - Teil 703: Räume und Kabinen mit Sauna-Heizungen
  - Teil 704: Baustellen
  - Teil 705: Elektrische Anlagen von landwirtschaftlichen und gartenbaulichen Betriebsstätten
  - Teil 708: Elektrische Anlagen von Campingplätzen
  - Teil 710: Medizinisch genutzte Bereiche
  - Teil 723: Unterrichtsräume mit Experimentiereinrichtungen
  - Teil 737: Feuchte und nasse Bereiche sowie Räume und Anlagen im Freien
  - ⋮
  - Teil 482: Brandschutz bei besonderen Risiken oder Gefahren – feuergefährdete Betriebsstätten

Räume mit Badewanne oder Dusche

Die besonderen Bestimmungen gelten für das Errichten elektrischer Anlagen in Räumen,
- die dem Baden und/oder Duschen von Personen dienen und
- in denen die Bade- und/oder Duscheinrichtungen fest angeordnet sind.

Bereichseinteilung

Bereich 0	Der Bereich 0 entspricht dem Inneren der Bade- oder Duschwanne. Bei Duschen ohne Wanne entfällt der Bereich 0.
Bereich 1	Der Bereich 1 ist begrenzt ■ durch den Fertigfußboden und die waagerechte Fläche – in Höhe des höchsten fest angebrachten Brausekopfes/Wasserauslasses – in 2,25 m Höhe über dem Fertigfußboden (je nachdem was höher ist) ■ durch die senkrechte Fläche – an den Außenkanten der Bade- oder Duschwanne – bei Duschen ohne Wanne mit einem Abstand von 1,20 m vom Mittelpunkt der festen Wasseraustrittsstelle an der Wand oder an der Decke Der Bereich 1 erfasst auch den Raum unter der Wanne. (Das Wanneninnere – Bereich 0 – gehört nicht zum Bereich 1.)
Bereich 2	Der Bereich 2 schließt sich (seitlich) an den Bereich 1 an und ist 0,60 m breit. Bei Duschen ohne Wanne entfällt der Bereich 2.

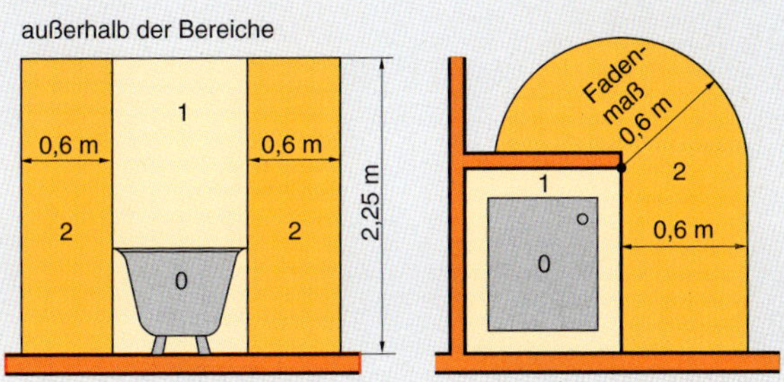

Bereiche bei Badewanne oder Dusche mit Wanne

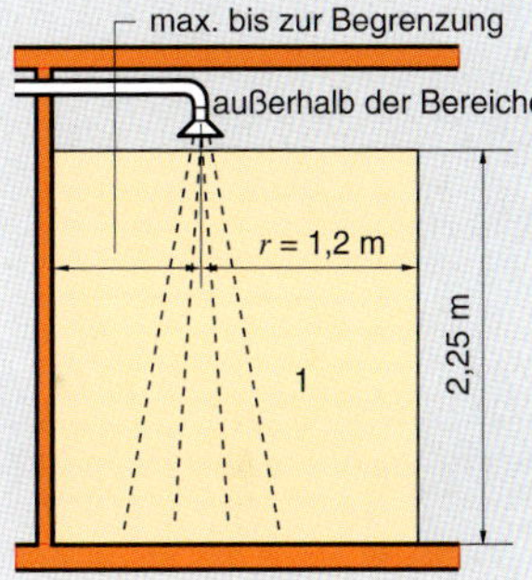

Bereiche bei Dusche ohne Wanne

Schutz gegen elektrischen Schlag

- Für die Stromkreise in Räumen mit Badewanne oder Dusche ist Zusatzschutz durch eine oder mehrere Fehlerstrom-Schutzeinrichtungen mit einem Bemessungs-Differenzstrom von $I_{\Delta n} \leq 30$ mA vorzusehen.
- Dieser zusätzliche Schutz durch Fehlerstrom-Schutzeinrichtungen darf entfallen für Stromkreise
  - mit der Schutzmaßnahme „Schutz durch Schutztrennung“, wenn jeder Stromkreis nur ein elektrisches Verbrauchsmittel oder nur eine Steckdose versorgt
  - mit der Schutzmaßnahme „Schutz durch Schutzkleinspannung“ mittels SELV oder PELV.
- Fremde leitfähige Teile für Frisch- und Abwasser, Heizung und Klima sowie Gas bedürfen bei einem funktionstüchtigen Schutzpotenzialausgleich über die Haupterdungsschiene keines zusätzlichen Schutzpotenzialausgleichs.
- Der zusätzliche Schutzpotenzialausgleich darf – wenn erforderlich – innerhalb oder außerhalb der Räume mit Badewanne oder Dusche durchgeführt werden. Der Mindestquerschnitt für Potenzialausgleichsleiter ist 4 mm^2 Cu bei ungeschützter Verlegung.

Kabel und Leitungen

- Kabel und Leitungen dürfen nur verlegt werden, wenn diese der Versorgung elektrischer Betriebsmittel im Raum mit Badewanne oder Dusche dienen.
- Bei Kabeln und Leitungen anderer Stromkreise muss eine Restwanddicke von mindestens 6 cm vorhanden sein.
- Kabel und Leitungen sind an Betriebsmittel wie folgt heranzuführen:
  - für über der Wannenoberkante angeordnete Betriebsmittel senkrecht von oben oder rückseitig von hinten
  - für unter der Wannenoberkante angeordnete Betriebsmittel senkrecht von unten oder rückseitig von hinten.
- Stegleitungen dürfen in Wänden, Decken, Dachschrägen oder Abtrennungen, die die Bereiche 0, 1 und 2 begrenzen (bis zu einer Tiefe von 6 cm) nicht verlegt werden.

Installationsgeräte

- Im Bereich 0 sind Installationsgeräte unzulässig.
- Im Bereich 1 sind Verbindungs- und Anschlussdosen für die Versorgung der dort zugelassenen Verbrauchsmittel sowie Installationsgeräte für SELV- oder PELV-Stromkreise erlaubt.
- Im Bereich 2 sind zulässig:
  - Verbindungs- und Anschlussdosen für die Versorgung der in den Bereichen 1 und 2 zugelassenen Verbrauchsmittel
  - Installationsgeräte für SELV- oder PELV-Stromkreise
  - Rasiersteckdosen mit Trenntransformator

Verbrauchsmittel

- Im Bereich 0 dürfen nur elektrische Verbrauchsmittel errichtet werden, die
  - vom Hersteller für diesen Einsatz zugelassen,
  - fest angeordnet und fest angeschlossen sind und
  - mit einer Nennspannung bis zu AC 12 V oder bis zu DC 30 V in SELV-Stromkreisen arbeiten.
- Im Bereich 1 dürfen die folgenden fest angeordneten und fest angeschlossenen Verbrauchsmittel errichtet werden:
  - Wassererwärmer
  - Whirlpooleinrichtungen und Duschpumpen
  - Verbrauchsmittel mit Nennspannungen bis zu AC 25 V oder bis zu DC 60 V in SELV-Stromkreisen
  - Verbrauchsmittel für Lüftung
  - Handtuchtrockner

Becken von Schwimmbädern und andere Becken

Die besonderen Bestimmungen gelten für das Errichten elektrischer Anlagen in den Gefährdungsbereichen
- von Becken, die für Personen zum Baden und Schwimmen bestimmt sind,
- anderen Becken wie z. B. Springbrunnen und künstlich angelegte Gartenteiche.

Bereichseinteilung

Bereich 0	Der Bereich 0 umfasst – das Innere des Schwimmbeckens, – das Volumen unter Wasserfontänen oder Wasserfällen.
Bereich 1	Der Bereich 1 ist begrenzt ■ durch die senkrechte Fläche in 2 m Abstand vom inneren Rand des Beckens, ■ durch die Standfläche und die waagerechte Fläche in 2,5 m Höhe über der Standfläche. Bei Vorhandensein von Sprungtürmen, -brettern, Startblöcken oder Rutschen wird der Bereich 1 an diesen Stellen begrenzt ■ durch die senkrechte Fläche in einem allseitigen Abstand von 1,5 m von den Einrichtungen, ■ durch die waagerechte Fläche in 2,5 m Höhe über der höchsten Standfläche, auf der sich Personen aufhalten können.
Bereich 2	Der Bereich 2 schließt sich (seitlich) an den Bereich 1 an und ist 1,5 m breit.

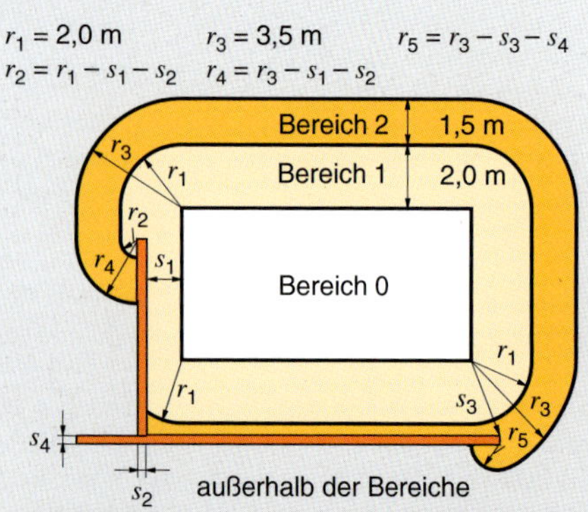

Abmessungen der Bereiche bei festen Abtrennungen von mindestens 2,5 m Höhe (Draufsicht) – Beispiel

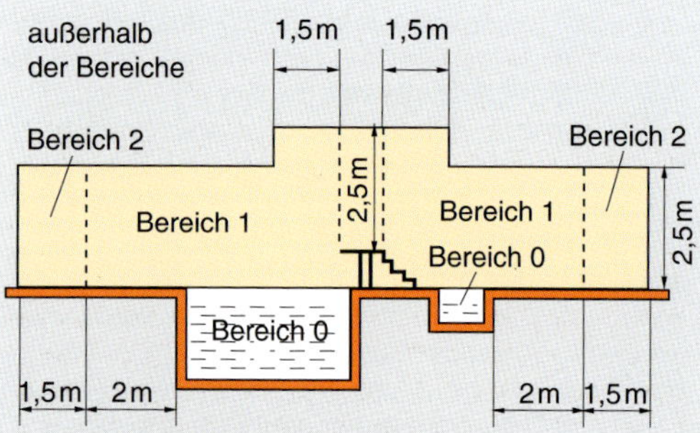

Abmessungen der Bereiche von Schwimm- und Planschbecken – Beispiel

Schutz gegen elektrischen Schlag

- Innerhalb der Bereiche 0 und 1 darf nur die Schutzmaßnahme „Schutz durch Schutzkleinspannung" mit einer Nennspannung bis zu AC 12 V oder bis zu DC 30 V verwendet werden. Die Stromquelle des Schutzkleinspannungs-Stromkreises muss sich außerhalb der Bereiche 0, 1 und 2 befinden.
- Fremde leitfähige Teile in den Bereichen 0, 1 und 2 sind in einen zusätzlichen örtlichen Schutzpotenzialausgleich einzubeziehen.

- Bezüglich des Wasserschutzes müssen die Betriebsmittel mindestens den folgenden Schutzarten entsprechen:
  - Bereich 0 IP X8
  - Bereich 1 IP X4 für Innenräume und Außenbereiche
IP X5, wenn Reinigungsarbeiten mit Strahlwasser erfolgen
  - Bereich 2 IP X2 für Innenräume
IP X4 für Außenbereiche
IP X5, wenn Strahlwasser auftritt

Kabel und Leitungen

- In den Bereichen 0 und 1 dürfen Kabel und Leitungen nur verlegt werden, wenn diese der Versorgung der in diesen Bereichen angeordneten Geräte dienen.
- In den Bereichen 0, 1 und 2 müssen alle metallenen Umhüllungen von Kabeln und Leitungen in den zusätzlichen Schutzpotenzialausgleich eingebunden werden.

Installationsgeräte

- In den Bereichen 0 und 1 sind Installationsgeräte unzulässig.
- Im Bereich 2 sind Schalter und Steckdosen nur erlaubt, wenn sie in Stromkreisen wirken, die durch eine der folgenden Schutzmaßnahmen geschützt sind:
  - Schutztrennung mit einzeln zugeordneten Trenntransformatoren
  - Schutzkleinspannung SELV
  - Fehlerstrom-Schutzeinrichtung mit einem Bemessungs-Differenzstrom von $I_{\Delta n} \leq 30$ mA

Verbrauchsmittel

- In den Bereichen 0 und 1 dürfen nur fest installierte Geräte angebracht werden, die für die besondere Verwendung in Schwimmbädern vorgesehen sind.
- Leuchten für die Verwendung im Wasser oder in Berührung mit Wasser müssen fest angeordnet sein und mit DIN EN 60598 (VDE 0711) übereinstimmen.
- Dieselben Forderungen müssen elektrische Pumpen erfüllen.

Räume und Kabinen mit Sauna-Heizungen

Die besonderen Bestimmungen gelten für das Errichten elektrischer Anlagen in Räumen oder Bereichen,
- in denen die Luft auf hohe Temperaturen erwärmt wird und
- die relative Luftfeuchte üblicherweise niedrig ist.

Bereichseinteilung

Bereich 1	Der Bereich 1 ist das Volumen um die Saunaheizung, begrenzt durch den Fußboden und die kalte Seite der Wärmeisolierung der Decke sowie eine senkrechte Fläche im Abstand von 0,5 m um die Saunaheizung. Wenn die Saunaheizung näher an der Wand errichtet ist, wird der Bereich 1 durch die kalte Seite der Wärmeisolierung der Wand begrenzt.
Bereich 2	Der Bereich 2 ist das Volumen außerhalb von Bereich1, begrenzt durch den Fußboden, die kalte Seite der Wärmeisolierung der Wände und durch eine waagerechte Fläche 1 m über dem Fußboden.
Bereich 3	Der Bereich 3 ist das Volumen außerhalb von Bereich 1, begrenzt durch die kalte Seite der Wärmeisolierung der Decke und der Wände und durch eine waagerechte Fläche 1 m über dem Fußboden.

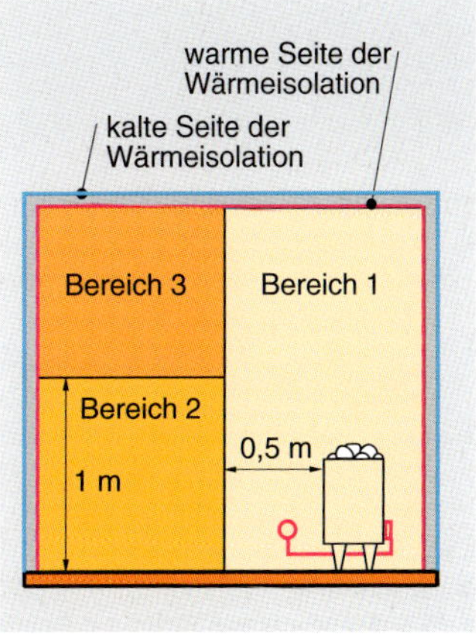

Schutz gegen elektrischen Schlag

- Bei Anwendung der Schutzkleinspannung muss – ungeachtet der Nennspannung – Schutz gewährt werden durch
  - Abdeckungen oder Umhüllungen in Schutzart IP 2X oder
  - Isolationen, die einer Prüfspannung von 500 V für die Dauer von 1 min standhalten.

Kabel und Leitungen
- Kabel und Leitungen sind außerhalb der Bereiche zu verlegen, z. B. auf der kalten Seite der Wärmeisolierung.

Installationsgeräte
- Im Bereich 1 dürfen nur Betriebsmittel errichtet werden, die zur Saunaheizung gehören.
- Steckdosen sind in Saunaräumen unzulässig.
- Im Bereich 3 müssen alle Betriebsmittel einer Temperatur von 125 °C standhalten

Baustellen

Die besonderen Bestimmungen gelten für das Errichten elektrischer Anlagen,
- die zeitlich begrenzt bestehen bleiben und
- für die Herstellung, Reparatur, Erweiterung oder den Abbruch von Bauwerken vorgesehen sind.

Schutz gegen elektrischen Schlag
- Stromkreise mit einem Nennstrom bis 32 A müssen geschützt sein durch
  - Fehlerstrom-Schutzeinrichtungen mit einem Bemessungs-Differenzstrom von $I_{\Delta n} \leq 30$ mA oder
  - Schutzkleinspannung SELV oder
  - Schutztrennung mit separatem Trenntransformator für jede Steckdose.
- Steckvorrichtungen müssen mindestens der Schutzart IP X4 entsprechen.
- Ortsfeste Leuchten sind regenwassergeschützt (IP X3), ortsveränderliche Leuchten sind spritzwassergeschützt (IP X5) auszuführen.

Kabel und Leitungen
- Bewegliche Leitungen müssen der Bauart H07RN-F oder einer gleichwertigen Bauart entsprechen.
- Bei unbedingt notwendiger Kreuzung von Verkehrswegen sind zusätzliche Maßnahmen zum Schutz der Leitungen vor schädigenden mechanischen Einwirkungen zu treffen.

Installationsgeräte
- Jeder Anschlussschrank und jeder Verteilerschrank muss Betriebsmittel zum Schalten und Trennen der Einspeisung besitzen.
- Jeder Stromkreis zum Versorgen der Verbrauchsmittel muss von einem Verteilerschrank gespeist werden mit
  - Überstrom-Schutzeinrichtungen,
  - Einrichtungen zum Schutz bei indirektem Berühren und
  - Steckdosen, falls erforderlich.

Landwirtschaftliche und gartenbauliche Betriebsstätten

Die besonderen Bestimmungen gelten für das Errichten elektrischer Anlagen in landwirtschaftlichen und gartenbaulichen Anwesen in denen
- Nutztiere gehalten werden
- pflanzliche und tierische Erzeugnisse produziert, gelagert und weiterverarbeitet werden
- Pflanzen kultiviert werden (z. B. Gewächshäuser).

Schutz gegen elektrischen Schlag
- Im Standbereich der Tiere müssen alle durch Tiere berührbaren Körper der elektrischen Betriebsmittel und alle fremden leitfähigen Teile mithilfe eines zusätzlichen Schutzpotenzialausgleichs untereinander und mit dem Schutzleiter der Anlage verbunden sein.
- Stromkreise mit Steckdosen müssen durch Fehlerstrom-Schutzeinrichtungen mit einem Bemessungs-Differenzstrom von $I_{\Delta n} \leq 30$ mA geschützt sein.
- Der Brandschutz muss in allen anderen Stromkreisen durch eine Fehlerstrom-Schutzeinrichtung mit einem Bemessungs-Differenzstrom von $I_{\Delta n} \leq 0{,}3$ A sichergestellt werden.

Kabel und Leitungen
- Für die feste Verlegung sind Leitungen vom Typ NYM oder Kabel mit Kunststoffmantel zu verwenden.
- In Ställen müssen Kabel und Leitungen so verlegt werden, dass sie von Nutztieren nicht erreicht und nicht beschädigt werden können.

Installationsgeräte und Verbrauchsmittel
- Betriebsmittel müssen mindestens der Schutzart IP 44 entsprechen.

Medizinisch genutzte Bereiche

Die besonderen Bestimmungen gelten für das Errichten elektrischer Anlagen in Räumen oder Raumgruppen,
- die für Zwecke der Diagnose, Behandlung und Überwachung sowie
- für die Pflege von Patienten vorgesehen sind.

Bereichseinteilung

<table>
<tr><th>Einteilungsgrundsatz</th><th>Medizinische Nutzung</th><th>Elektroenergie-Versorgung</th></tr>
<tr><td>Gruppe 0
Medizinische elektrische Geräte gelangen nicht in (körperlichen) Kontakt zum Patienten.</td><td>Untersuchungen und Behandlungen von Patienten können abgebrochen und wiederholt werden.</td><td rowspan="2">Medizinisch genutzter Bereich, in dem die elektrische Anlage bei Auftreten eines ersten Körper- oder Erdschlusses oder Ausfall des allgemeinen Netzes abgeschaltet werden kann.</td></tr>
<tr><td>Gruppe 1
Medizinische elektrische Geräte (oder Teile von ihnen) gelangen äußerlich oder invasiv (jedoch nicht im oder am Herzen) in Kontakt zum Patienten</td><td>Untersuchungen und Behandlungen von Patienten können bei Unregelmäßigkeit in der Stromversorgung abgebrochen und wiederholt werden. Die Untersuchungs- und/oder Behandlungsmethoden erfordern zusätzliche Maßnahmen.</td></tr>
<tr><td>Gruppe 2
Medizinische elektrische Geräte dienen lebenswichtigen Behandlungen, z. B. intrakardialen Verfahren in Operationssälen. Eine Unregelmäßigkeit in der Stromversorgung kann Lebensgefahr verursachen.</td><td>Eine Wiederholung der Untersuchung bzw. Behandlung ist für den Patienten unzumutbar oder die Beschaffung von Untersuchungsergebnissen nicht erneut möglich.</td><td>Medizinisch genutzter Bereich, in dem die elektrische Anlage bei Auftreten eines ersten Körper- oder Erdschlusses oder Ausfall des allgemeinen Netzes nicht abgeschaltet werden darf.</td></tr>
</table>

Schutz gegen elektrischen Schlag
- In medizinisch genutzten Gebäuden ist ab dem Hauptverteiler ein TN-S-System zu errichten.
- In Bereichen der Gruppe 1 müssen in Endstromkreisen für Steckdosen bis 32 A und für die Beleuchtung in Patientenumgebung Fehlerstrom-Schutzeinrichtungen mit einem Bemessungs-Differenzstrom $I_{\Delta n} \leq 30$ mA eingesetzt werden.
- In Bereichen der Gruppe 2 darf der Schutz durch automatische Abschaltung der Stromversorgung bei Zusatzschutz durch eine Fehlerstom-Schutzeinrichtung nur erfolgen, wenn der Ausfall von Verbrauchsmitteln keine unmittelbare Gefahr für den Patienten bedeutet.
- In Bereichen der Gruppe 2 muss für Steckdosen-Stromkreise, die medizinische Geräte versorgen, und für Operations- und vergleichbare Leuchten, die mit Nennspannungen über AC 25 V oder über DC 60 V betrieben werden, das IT-System angewendet werden.
- Jede Raumgruppe erfordert ein separates IT-System.
- In Bereichen der Gruppe 1 und 2 darf die dauernd zulässige Berührungsspannung AC 25 V nicht überschreiten.
- In jedem medizinisch genutzten Bereich der Gruppe 1 oder 2 muss ein zusätzlicher Potenzialausgleich hergestellt und mit der Potenzialausgleichsschiene verbunden werden.

Unterrichtsräume mit Experimentiereinrichtungen

Die besonderen Bestimmungen gelten für das Errichten elektrischer Anlagen in Räumen von Ausbildungsstätten und Schulen,
- die der Wissensvermittlung dienen und die über
- Plätze zum Experimentieren mit elektrischen Betriebsmitteln oder mit elektrischen Einrichtungen verfügen.

Schutz gegen elektrischen Schlag
- Wenn der Zweck es zulässt, soll an Experimentiereinrichtungen nur Kleinspannung, SELV und PELV vorgesehen werden.
- Bei Wechselspannungen mit Schutz durch automatische Abschaltung ist Zusatzschutz durch Fehlerstrom-Schutzeinrichtungen mit einem Bemessungs-Differenzstrom $I_{\Delta n} \leq 30$ mA notwendig.
- An den Experimentiereinrichtungen sind ausschließlich Laborbuchsen mit vollständigem Berührungsschutz zu verwenden.
- Im Handbereich um die Experimentiereinrichtungen befindliche fremde leitfähige Teile sind zu isolieren, abzudecken, zu umhüllen oder über Schutzpotenzialausgleichsleiter miteinander und mit dem Schutzleiter zu verbinden.

Schaltgeräte

- Experimentiereinrichtungen dürfen einzeln, in Gruppen oder zentral eingeschaltet werden. Die zentrale Einschaltung sollte nur bei ausreichender Übersichtlichkeit erfolgen.
- Es müssen Einrichtungen für die Not-Aus-Schaltung vorhanden sein, durch deren Betätigung im Gefahrenfall sämtliche Stromkreise an allen Experimentiereinrichtungen spannungsfrei geschaltet werden.
- An den Ausgängen des Raumes und an jeder Experimentiereinrichtung muss je ein Befehlsgerät für die Not-Aus-Schaltung angeordnet sein.

Feuchte und nasse Bereiche sowie Räume und Anlagen im Freien

Die besonderen Bestimmungen gelten für das Errichten elektrischer Betriebsmittel in
- feuchten und nassen Bereichen und Räumen sowie in
- Anlagen im Freien.

Betriebsmittel für feuchte und nasse Bereiche und Räume

- In feuchten und nassen Bereichen und Räumen müssen Betriebsmittel mindestens tropfwassergeschützt sein (IP X1).
- In Bereichen und Räumen, in denen mit Strahlwasser umgegangen wird, die Betriebsmittel jedoch nicht direkt angestrahlt werden, müssen die Betriebsmittel mindestens spritzwassergeschützt sein (IP X4).
- Werden die Betriebsmittel unmittelbar dem Wasserstrahl ausgesetzt, müssen sie hinsichtlich des Wasserschutzes eine der Beanspruchung entsprechende Schutzart besitzen. (Der durch die Schutzart IP X5 gegebene Schutzumfang ist häufig nicht ausreichend; eine Hochdruck-Reinigung der mit IP X5 geschützten Betriebsmittel ist beispielsweise nicht möglich.)
- Ätzenden Dämpfen ausgesetzte Metallteile müssen gegen Korrosion geschützt sein.

Betriebsmittel für Anlagen im Freien

- In geschützten Anlagen im Freien müssen die Betriebsmittel mindestens tropfwassergeschützt sein (IP X1).
- In ungeschützten Anlagen im Freien wird für die Betriebsmittel mindestens Sprühwasserschutz gefordert (IP X3).
- Für Steckdosen im Außenbereich und Steckdosen, von denen aus elektrische Betriebsmittel im Freien betrieben werden, wird eine vorgeschaltete Fehlerstrom-Schutzeinrichtung mit einem Bemessungs-Differenzstrom $I_{\Delta n} \leq 30$ mA gefordert.

Brandschutz bei besonderen Risiken oder Gefahren – feuergefährdete Betriebsstätten

Die besonderen Bestimmungen gelten für das Errichten elektrischer Anlagen in Räumen oder an Orten, bei denen ein Brandrisiko besteht auf Grund
- der zu verarbeitenden bzw. gelagerten Materialien oder der Ansammlung von Staub,
- des brennbaren Aufbaues der Räume (Hohlwände, Holzwände) oder
- des Vorhandenseins unersetzbarer Güter von hohem Wert.

„Gleichzustellende Risiken" liegen nach dem Verband der Schadenversicherer (VdS) ebenfalls vor in Bereichen
- mit erhöhter Personengefährdung (Warenhäuser, Diskotheken, Bahnhöfe usw.) oder
- die der Aufbewahrung unwiederbringlicher Kulturgüter (Museen, Galerien, Archive) dienen.

Kabel und Leitungen

- Kabel und Leitungen müssen
  - vollständig in nicht brennbaren Materialien (unter Putz, im Beton, in Sand usw.) eingebettet oder anderweitig vor Feuer geschützt oder
  - schwer entflammbar sein. (Eine PVC-Ummantelung erfüllt diese Forderung.)
- Bei Kabeln und Leitungen, die feuergefährdete Betriebsstätten versorgen oder durchqueren, müssen die Überstrom-Schutzeinrichtungen außerhalb dieser Betriebsstätten angeordnet werden.
- Kabel und Leitungen sind bei Isolationsfehlern gegen Brand zu schützen
  - im TN- und TT-System durch Fehlerstrom-Schutzeinrichtungen, deren Bemessungs-Differenzstrom $I_{\Delta n} \leq 300$ mA beträgt,
  - im IT-System durch Isolations-Überwachungseinrichtungen mit optischer und akustischer Meldung sowie durch Mitführen des Schutzleiters als „Überwachungsleiter" innerhalb der Umhüllung der Kabel oder Leitungen.

Installationsgeräte und weitere Betriebsmittel

- Die elektrischen Einrichtungen sind auf das betrieblich notwendige Maß zu beschränken.
- Die Betriebsmittel in feuergefährdeten Betriebsstätten müssen der Schutzart IP 4X entsprechen.
- Bei Gefährdung, die durch Staub oder Fasern hervorgerufen wird, müssen die Umhüllungen der Betriebsmittel staubgeschützt (IP 5X) sein.
- Bei Motoren mit Stern-Dreieck-Anlauf ist zu sichern, dass der Überlastschutz auch in der Sternstufe wirksam ist.

Normen

DIN 18012	Haus-Anschlusseinrichtungen in Gebäuden; Raum- und Flächenbedarf; Planungsgrundlagen
DIN 18013	Nischen für Zählerplätze
DIN 18014	Fundamenterder
DIN 18015 Teil 1	Elektrische Anlagen von Wohngebäuden; Planungsgrundlagen
DIN 18015 Teil 2	Elektrische Anlagen von Wohngebäuden; Art und Umfang der Mindestausstattung
DIN 18015 Teil 3	Elektrische Anlagen von Wohngebäuden; Leitungsführung und Anordnung der Betriebsmittel
DIN VDE 0100 Teil 430	Errichten von Niederspannungsanlagen; Schutzmaßnahmen; Schutz von Kabeln und Leitungen bei Überstrom
DIN VDE 0100 Teil 482	Errichten von Niederspannungsanlagen; Schutzmaßnahmen; Brandschutz bei besonderen Risiken oder Gefahren
DIN VDE 0100 Teil 520	Errichten von Niederspannungsanlagen; Auswahl und Errichtung elektrischer Betriebsmittel; Kabel- und Leitungsanlagen
DIN VDE 0100 Teil 540	Errichten von Niederspannungsanlagen; Auswahl und Errichtung elektrischer Betriebsmittel; Erdung, Schutzleiter, Potenzialausgleichsleiter
DIN VDE 0100 Teil 701	Errichten von Niederspannungsanlagen; Anforderungen für Betriebsstätten, Räume und Anlagen besonderer Art; Räume mit Badewanne oder Dusche
DIN VDE 0100 Teil 702	Errichten von Niederspannungsanlagen; Anforderungen für Betriebsstätten, Räume und Anlagen besonderer Art; Becken von Schwimmbädern und andere Becken
DIN VDE 0100 Teil 703	Errichten von Niederspannungsanlagen; Anforderungen für Betriebsstätten, Räume und Anlagen besonderer Art; Räume und Kabinen mit Saunaheizungen
DIN VDE 0100 Teil 704	Errichten von Niederspannungsanlagen; Anforderungen für Betriebsstätten, Räume und Anlagen besonderer Art; Baustellen
DIN VDE 0100 Teil 705	Errichten von Niederspannungsanlagen; Anforderungen für Betriebsstätten, Räume und Anlagen besonderer Art; Landwirtschaftliche und gartenbauliche Anwesen
DIN VDE 0100 Teil 708	Errichten von Niederspannungsanlagen; Anforderungen für Betriebsstätten, Räume und Anlagen besonderer Art; Elektrische Anlagen von Campingplätzen
DIN VDE 0100 Teil 710	Errichten von Niederspannungsanlagen; Anforderungen für Betriebsstätten, Räume und Anlagen besonderer Art; Medizinisch genutzte Bereiche
DIN VDE 0100 Teil 723	Errichten von Niederspannungsanlagen; Anforderungen für Betriebsstätten, Räume und Anlagen besonderer Art; Unterrichtsräume mit Experimentiereinrichtungen
DIN VDE 0100 Teil 737	Errichten von Niederspannungsanlagen; Feuchte und nasse Bereiche und Räume und Anlagen im Freien
DIN VDE 0298 Teil 4	Verwendung von Kabeln und isolierten Leitungen für Starkstromanlagen; Empfohlene Werte für die Strombelastbarkeit von Kabeln und Leitungen für feste Verlegung in und an Gebäuden und von flexiblen Leitungen
DIN VDE 0636	Niederspannungssicherungen
DIN VDE 0641	Elektrisches Installationsmaterial; Leitungsschutzschalter für Hausinstallationen und ähnliche Zwecke
DIN VDE 0664	Fehlerstrom-/Differenzstrom-Schutzschalter
AVBEltV	Verordnung über allgemeine Bedingungen für die Elektrizitätsversorgung von Tarifkunden
TAB	Technische Anschlussbedingungen für den Anschluss an das Niederspannungsnetz, VDEW – Musterwortlaut
RAL-RG 678	Elektrische Anlagen in Wohngebäuden, Anforderungen
VdS 2033	Feuergefährdete Betriebsstätten und diesen gleichzustellende Risiken

4.3 Blitzschutz und elektromagnetische Verträglichkeit

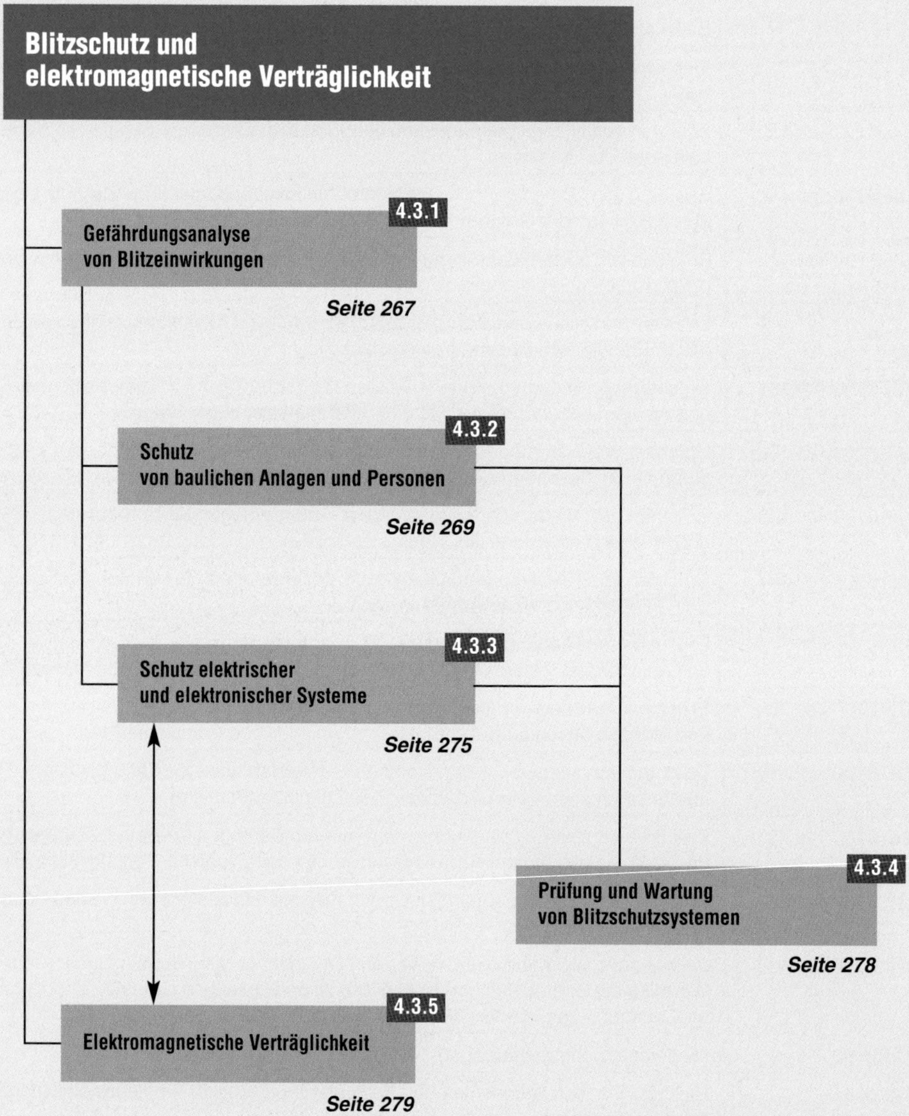

Begriffe

Blitzschutzklasse	Klassifizierung der Effektivität des Schutzes vor direkter Blitzeinwirkung. Die Blitzschutzklasse beruht auf einer Risikoabschätzung, bei der die Lage und Art der baulichen Anlage, ihre Nutzung sowie mögliche Folgeschäden berücksichtigt werden.
Gefährdungspegel	Maßstab für die Gefährdung durch Blitzeinwirkungen; definiert den Blitz als Störquelle
Blitzschutzzone	Nach der Art der Blitzgefährdung klassifizierter Schutzbereich (engl.: lightning protection zone – LPZ)
Äußerer Blitzschutz	Maßnahmen zum Schutz baulicher Anlagen vor direkter Blitzeinwirkung (Gebäudeschutz)
Innerer Blitzschutz	Maßnahmen zur Verminderung der Auswirkungen des Blitzstromes innerhalb baulicher Anlagen. Sie gehen über die für den äußeren Blitzschutz getroffenen Maßnahmen hinaus (Anlagenschutz).
Fangeinrichtung	Gesamtheit der metallenen Bauteile auf, oberhalb, seitlich oder neben der baulichen Anlage, die als mögliche Einschlagstelle für den Blitz dienen
Ableitungseinrichtung	Elektrisch leitende Verbindung zwischen der Fangeinrichtung und der Erdungsanlage
Erdungsanlage	Gesamtheit der miteinander leitend verbundenen Erder oder in gleicher Weise wirkenden Metallteile zum Zweck des Einleitens und Verteilens des Blitzstromes in die Erde
Elektromagnetischer Impuls	Gesamtheit aller Erscheinungen, die mit Blitzeinschlägen zusammenhängen: Blitzstrom, elektrische und magnetische Felder des Blitzes sowie induzierte Spannungen bzw. Ströme (engl.: lightning electromagnetic impuls – LEMP)
Elektromagnetische Verträglichkeit (EMV)	Fähigkeit eines Bauteiles, Gerätes oder Systems, unter Einfluss elektromagnetischer Felder in seiner Umgebung zufrieden stellend zu arbeiten, ohne die Umgebung selbst unzulässig zu beeinflussen
Überspannungsschutz	Maßnahmen gegen die schädigenden Auswirkungen des Blitzstromes und seiner elektrischen und magnetischen Felder auf elektrische Anlagen
Überspannungsschutzgerät	Gerät, das dazu bestimmt ist, plötzlich auftretende (transiente) Überspannungen zu begrenzen (engl.: surge protective device – SPD)

4.3.1 Gefährdungsanalyse von Blitzeinwirkungen

Schadensarten

Einschlagstelle	Beispiel	Mögliche Schäden
Bauliche Anlage	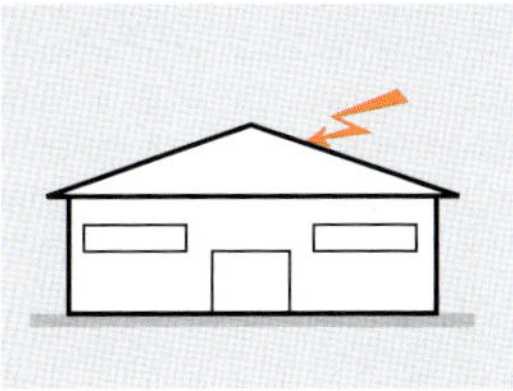	■ elektrischer Schock von Lebewesen durch Berührungs- oder Schrittspannungen; Verletzung oder Tod von Personen ■ thermische und mechanische Wirkungen der Blitzentladung; Verlust unersetzlicher Güter ■ Störungen von elektrischen und elektronischen Systemen durch Überspannungen; wirtschaftliche Verluste
Erdboden neben baulicher Anlage	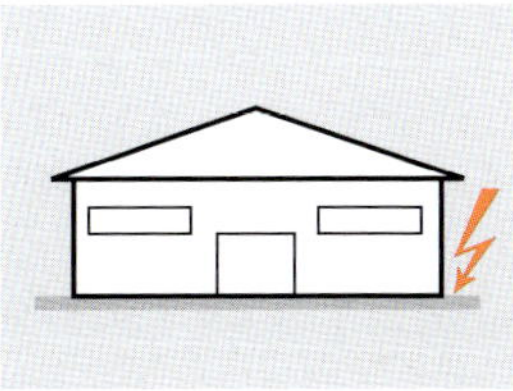	■ Störungen von elektrischen und elektronischen Systemen durch Überspannungen; wirtschaftliche Verluste

Fortsetzung der Tabelle Seite 267

Einschlagstelle	Beispiel	Mögliche Schäden
Eingeführte Versorgungsleitung	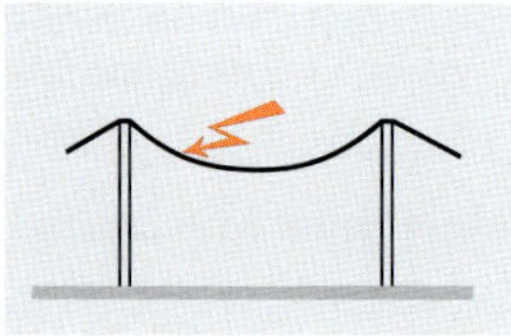	■ elektrischer Schock von Lebewesen durch Berührungs- oder Schrittspannungen; Verletzung oder Tod von Personen ■ Störungen von elektrischen und elektronischen Systemen durch Überspannungen; wirtschaftliche Verluste ■ thermische Wirkung der Blitzentladung
Erdboden neben eingeführter Versorgungsleitung	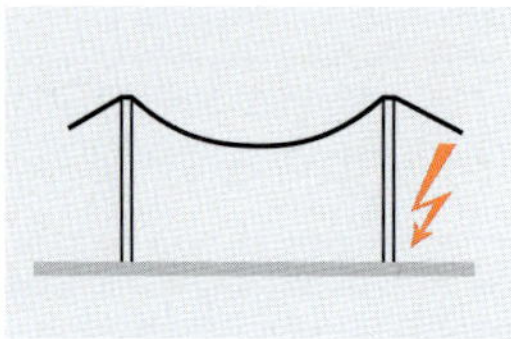	■ Störungen von elektrischen und elektronischen Systemen durch Überspannungen; wirtschaftliche Verluste

Blitzstromkennwerte und Gefährdungspegel

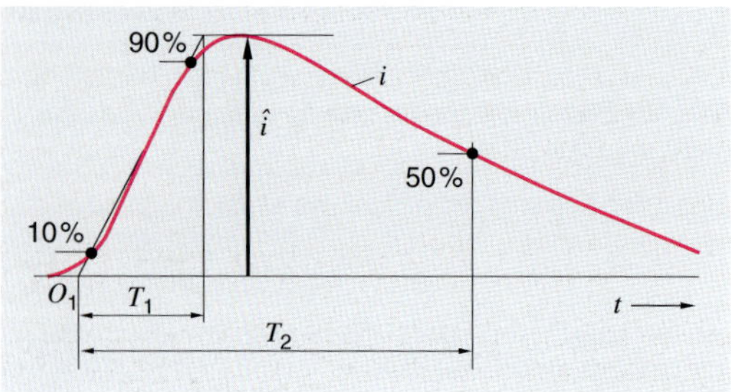

O_1 Stoßbeginn
$\hat{i}$ Scheitelwert
T_1 Stirnzeit
T_2 Rückenhalbwertzeit

Erster Stromstoß			Gefährdungspegel			
Stromparameter	Symbol	Einheit	I	II	III	IV
Scheitelwert	$\hat{i}$	kA	200	150	100	
Ladung des Stoßstroms	$Q_{\text{stoß}}$	C	100	75	50	
Spezifische Energie	W/R	kJ/Ω	10 000	5 625	2 500	
Zeitparameter	T_1/T_2	µs/µs	10/350			

Blitzschutzzonen

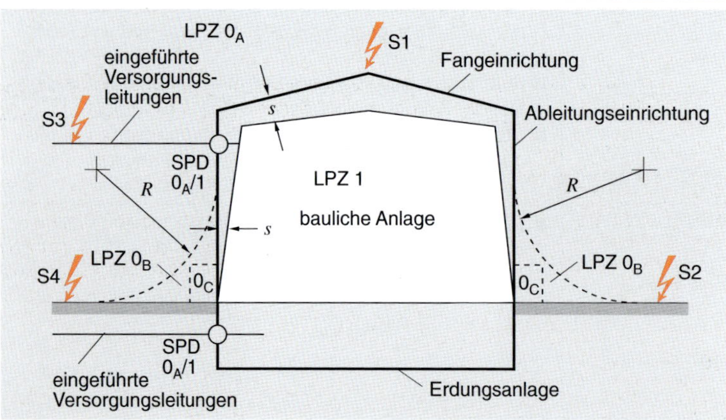

S1 Blitzdirekteinschlag in die bauliche Anlage
S2 Blitzeinschlag in der Nähe der baulichen Anlage
S3 Blitzeinschlag in die eingeführte Versorgungsleitung
S4 Blitzeinschlag in der Nähe der eingeführten Versorgungsleitung
R Radius der Blitzkugel
s Trennungsabstand gegen gefährliche Funkenbildung

Äußere Zonen:

LPZ 0_A Bereich, der durch direkte Blitzeinschläge, durch Impulsströme bis zur vollen Blitzstromstärke und durch das ungeminderte Feld des Blitzes gefährdet ist

LPZ 0_B Bereich, der gegen direkten Blitzeinschlag geschützt ist, jedoch durch Impulsströme bis zu anteiligen Blitzstromstärkewerten und durch das ungeminderte Feld des Blitzes gefährdet ist

LPZ 0_C Teilbereich der Zone 0_B, jedoch mit der zusätzlichen Gefahr für Berührungs- und Schrittspannungen

Innere Zonen:

LPZ 1 Bereich, der gegen direkten Blitzeinschlag geschützt ist, jedoch durch Teilblitzströme und induzierte Ströme gefährdet ist; das Feld des Blitzes ist geschwächt

LPZ 2 … n Bereiche mit abnehmenden Induktionsströmen; das Feld des Blitzes ist weiter geschwächt

4.3.2 Schutz von baulichen Anlagen und Personen

Gebäudeschutz

In den Bauordnungen der deutschen Bundesländer heißt es sinngemäß:
Bauliche Anlagen, bei denen nach Lage, Bauart oder Nutzung Blitzschlag leicht eintreten oder zu schweren Folgen führen kann, sind mit dauernd wirksamen Blitzschutzanlagen zu versehen.

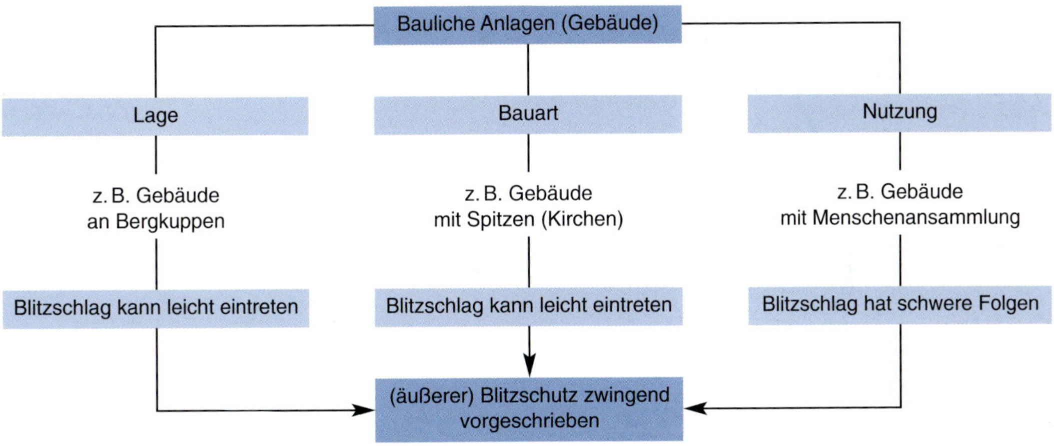

Schutzziel: Vermindern des Schadensrisikos unter den Wert des annehmbaren Risikos

Blitzschutzklassen

Beziehung zwischen Gefährdungspegel/Schutzklasse und Einfangwahrscheinlichkeit

Gefährdungspegel / Schutzklasse[1])	Einfangwahrscheinlichkeit / Effektivität des Schutzes in %
I	98
II	95
III	90
IV	81

[1]) Die notwendige Schutzklasse des Blitzschutzsystems wird durch eine Risikoanalyse gemäß VDE 0185 Teil 2 ermittelt, soweit dies nicht durch anderweitige Vorschriften festgelegt ist.

Äußerer Blitzschutz

Verfahren für die Planung des äußeren Blitzschutzes

Blitzkugelverfahren

Der Raum wird durch Fangeinrichtungen geschützt, die an den Stellen angebracht werden, die von der Blitzkugel berührt werden.

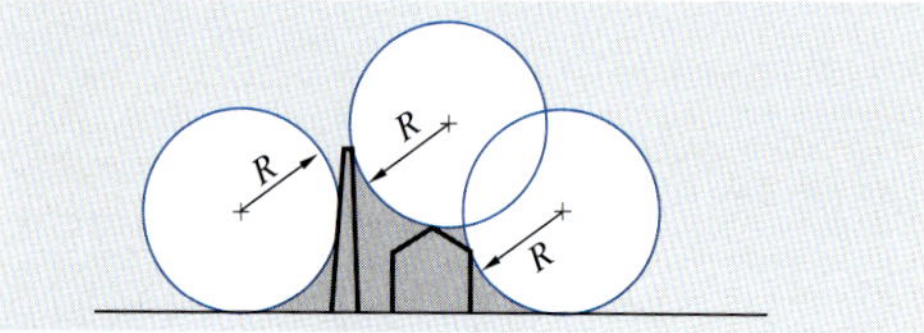

Schutzklasse	Radius R der Blitzkugel
I	20 m
II	30 m
III	45 m
IV	60 m

Maschenverfahren

Der Raum wird durch eine maschenförmige Fangeinrichtung geschützt.

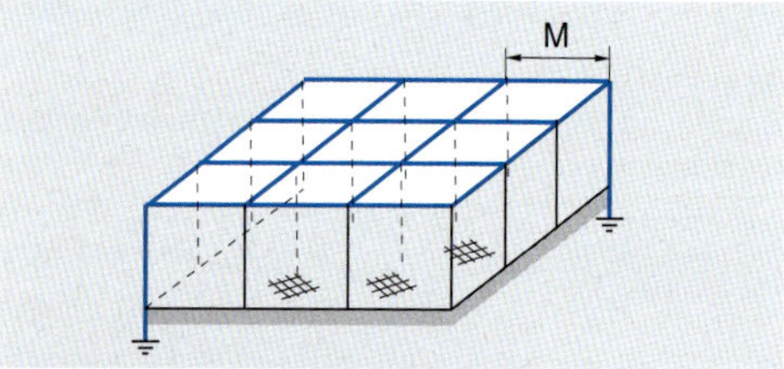

Schutzklasse	Maschenweite M
I	5 x 5 m
II	10 x 10 m
III	15 x 15 m
IV	20 x 20 m

Schutzwinkelverfahren

Der Raum wird durch eine Fangstange oder Fangleitung geschützt.

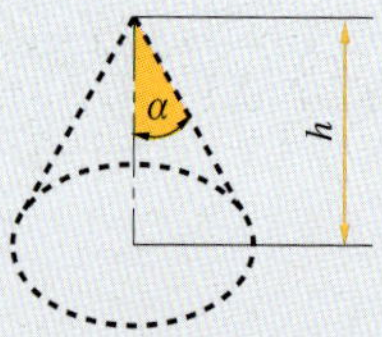

Schutzwinkel α in Abhängigkeit von der Höhe h und der Blitzschutzklasse

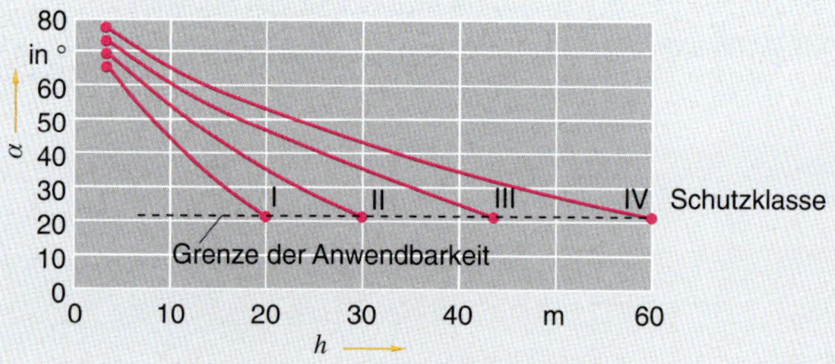

Fangeinrichtungen

Die Fangeinrichtung ist die Gesamtheit der metallenen Bauteile auf, oberhalb, seitlich oder neben der baulichen Anlage.

Fangeinrichtung „Masche"

- Die Fangeinrichtung ist unabhängig von der Gebäudehöhe.
- Auf der Dacheindeckung wird ein maschenförmiges Fangnetz errichtet.
- Die erwartete Effektivität des Schutzes (Blitz-Schutzklasse) bestimmt die Maschenweite.

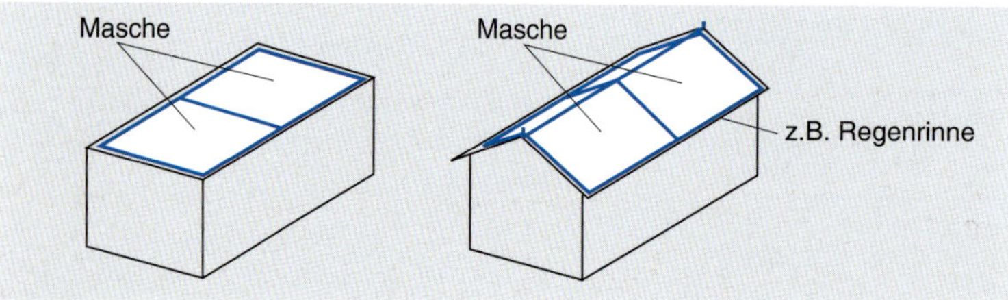

Fangeinrichtung „Fangleitung mit Schutzraum"

- Die Fangeinrichtung ist bis zu einer Gebäudehöhe von 20 m anwendbar.
- Sie ist nur für Gebäude mit Steildach geeignet.
- Die erwartete Effektivität des Schutzes (Blitzschutzklasse) bestimmt den Schutzraum.

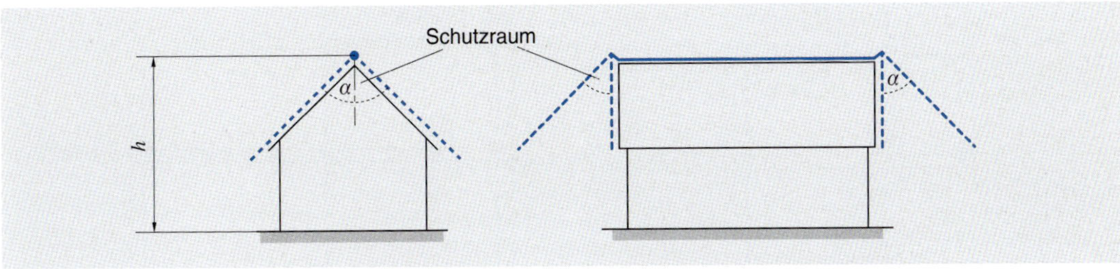

Fangeinrichtung „Fangstange mit Schutzraum"

- Die Fangeinrichtung ist bis zu einer Gebäudehöhe von 20 m anwendbar.
- Sie ist besonders für Gebäude mit Steildach geeignet.
- Die erwartete Effektivität des Schutzes (Blitzschutzklasse) bestimmt den Schutzraum.

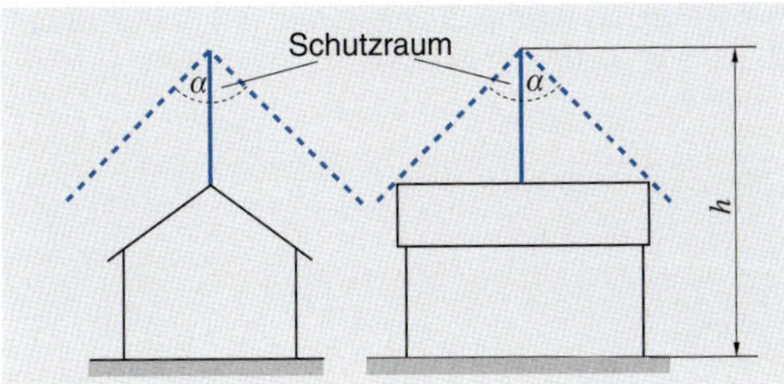

Fangeinrichtungen: Einzelheiten

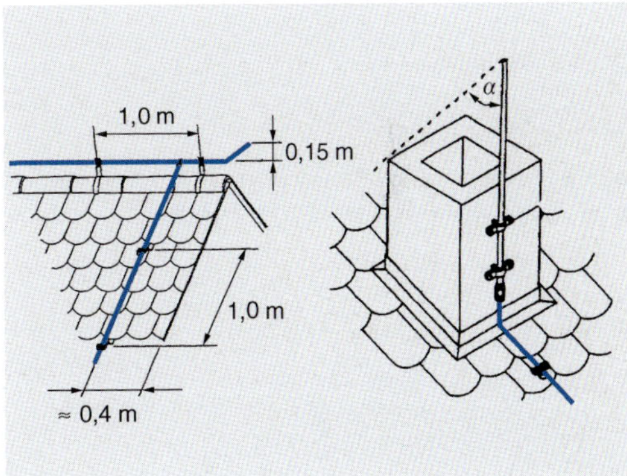

Ableitungseinrichtungen

Die Ableitungseinrichtung ist eine elektrisch leitende Verbindungen zwischen der Fangeinrichtung und der Erdungsanlage.

- Die Anzahl der Ableitungen orientiert sich am Umfang der Dachaußenkanten (Umfang der Projektion auf die Grundfläche).
- Ausgehend von Ecken der baulichen Anlage sind die Ableitungen möglichst gleichmäßig auf den Umfang zu verteilen.
- Die Ableitungen sollen so angeordnet werden, dass sie eine direkte Fortsetzung der Fangleitungen bilden.
- Der Abstand zwischen den Ableitungen ist folglich von der Blitzschutzklasse abhängig.

Schutz- klasse	typischer Abstand zwischen den Ableitungen
I	10 m
II	10 m
III	15 m
IV	20 m

- Bei der Anordnung ist auf möglichst kurze Verbindungswege zu achten.
- Zu Fenstern, Türen und anderen Öffnungen der baulichen Anlage muss ein Mindestabstand von 0,5 m eingehalten werden.
- Ableitungen müssen eine Trennstelle (Messstelle) oberhalb der Erdeinführung erhalten.
- Metallene Regenfallrohre müssen, auch wenn sie nicht als Ableitung verwendet werden, am Fußpunkt mit der Erdungsanlage verbunden werden.

Ableitungen

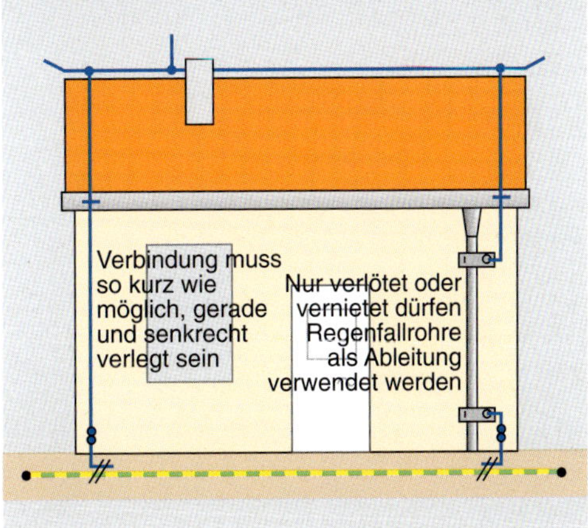

Erdung Regenfallrohr

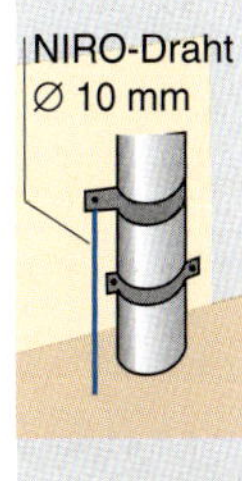

Bei Fangeinrichtung „Masche“

■ Die Ableitungen sind an dem Eck- bzw. Knotenstück der Maschen angeordnet.

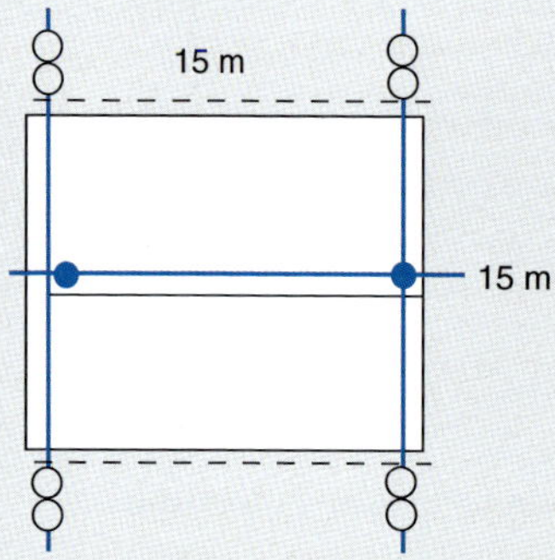

4 Ableitungen

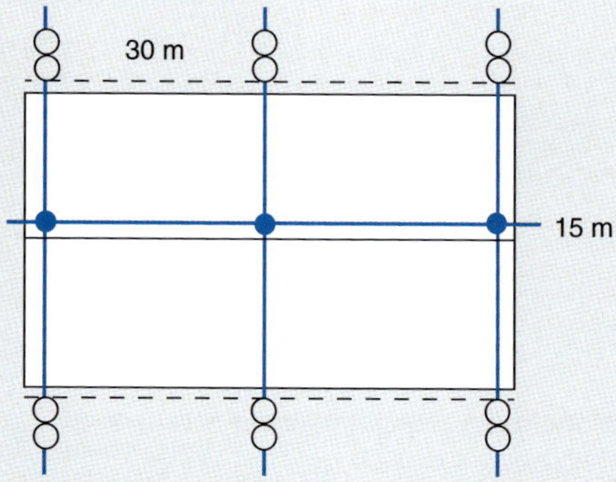

6 Ableitungen

Bei Fangeinrichtung „Fangleitung mit Schutzraum“

■ Die Ableitungen werden mit der Fangleitung verbunden.

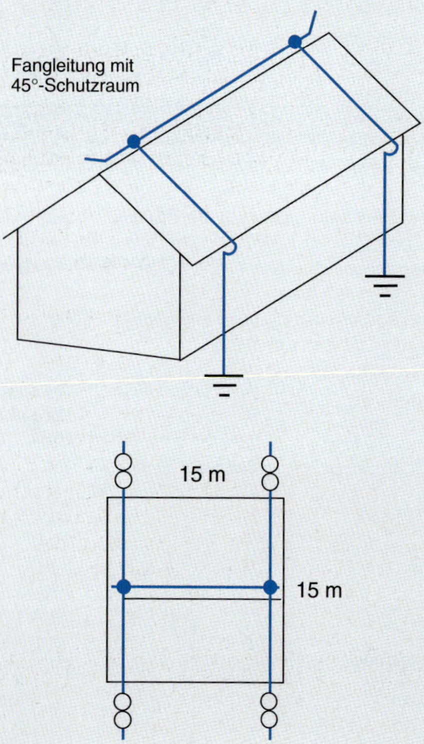

4 Ableitungen

Bei Fangeinrichtung „Fangstange mit Schutzraum“

■ Für jede Stange ist mindestens eine Ableitung vorzusehen.

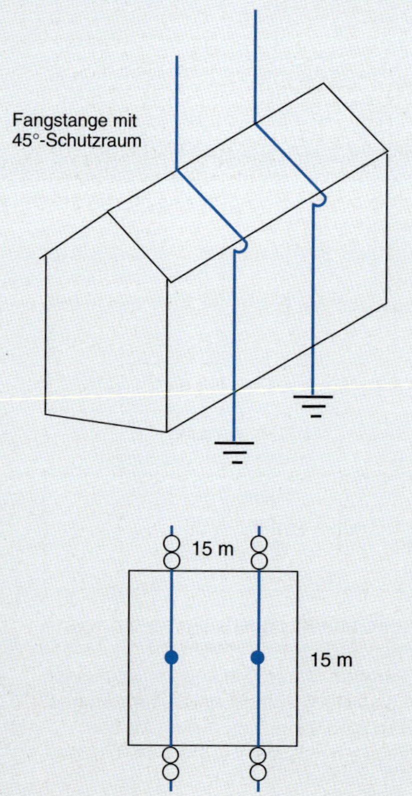

4 Ableitungen

Ableitung: Einzelheiten

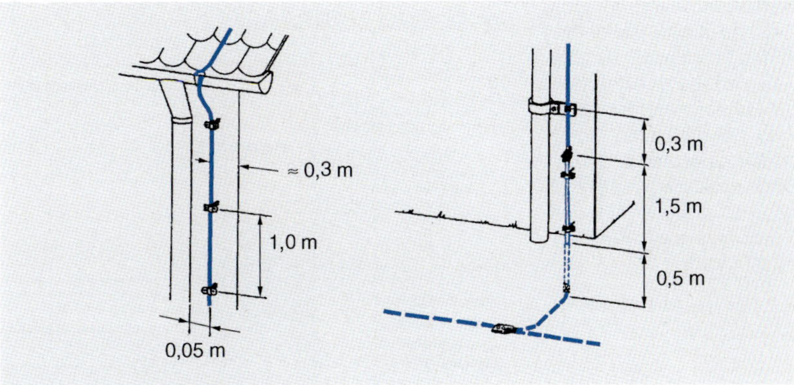

Werkstoffe, Form und Mindestabmessungen von Fangleitungen, Fangstangen und Ableitungen

Werkstoff	Form	Mindest-querschnitt mm^2	Anmerkungen
Kupfer	Band rund Seil rund [3],[4]	50 50 50 200	Mindestdicke 2 mm 8 mm Durchmesser Mindestdurchmesser jedes Drahtes 1,7 mm 16 mm Durchmesser
Verzinntes Kupfer[1]	Band rund Seil	50 50 50	Mindestdicke 2 mm 8 mm Durchmesser Mindestdurchmesser jedes Drahtes 1,7 mm
Aluminium	Band rund Seil	70 50 50	Mindestdicke 3 mm 8 mm Durchmesser Mindestdurchmesser jedes Drahtes 1,7 mm
Aluminiumlegierung	Band rund Seil rund [3]	50 50 50 200	Mindestdicke 2,5 mm 8 mm Durchmesser Mindestdurchmesser jedes Drahtes 1,7 mm 16 mm Durchmesser
Feuerverzinkter Stahl[2]	Band rund Seil rund [3],[4]	50 50 50 200	Mindestdicke 2,5 mm 8 mm Durchmesser Mindestdurchmesser jedes Drahtes 1,7 mm 16 mm Durchmesser
Nicht rostender Stahl[5]	Band[6] rund[6] Seil rund [3]	50 50 70 200	Mindestdicke 2 mm 8 mm Durchmesser Mindestdurchmesser jedes Drahtes 1,7 mm 16 mm Durchmesser

[1]) Feuerverzinnt oder galvanisch verzinnt, Mittelwert 2 µm.
[2]) Der Zinküberzug sollte glatt, durchgehend und frei von Flussmittelresten sein, Mittelwert 50 µm.
[3]) Nur für Fangstangen. Für Anwendungen, bei denen mechanische Beanspruchungen, wie Windlast, nicht kritisch sind, kann eine max. 1 m lange Stange aus 10 mm Rundmaterial verwendet werden.
[4]) Nur für Erdeinführungsstangen.
[5]) Chrom ≥ 16 %, Nickel ≥ 8 %, Kohlenstoff max. 0,03 %.
[6]) Bei nicht rostendem Stahl im Beton und/oder in direktem Kontakt mit entflammbarem Werkstoff ist der Mindestquerschnitt für Rundmaterial auf 78 mm^2 (10 mm Durchmesser) und für Flachmaterial auf 75 mm^2 (3 mm Dicke) zu erhöhen.

Erdungsanlage

Die Erdungsanlage ist die örtlich begrenzte Gesamtheit miteinander leitend verbundener Erder oder in gleicher Weise wirkender Metallteile.

Erder
- Staberder
- Plattenerder
- Ringerder

In Neuanlagen wird der Erder meist als geschlossener Ring in das Fundament der baulichen Anlage als so genannter Fundamenterder unterhalb der untersten Sperrschicht eingebracht.
Die Anschlussfahnen sind an der Austrittsstelle aus dem Fundament gegen Korrosion zu schützen.

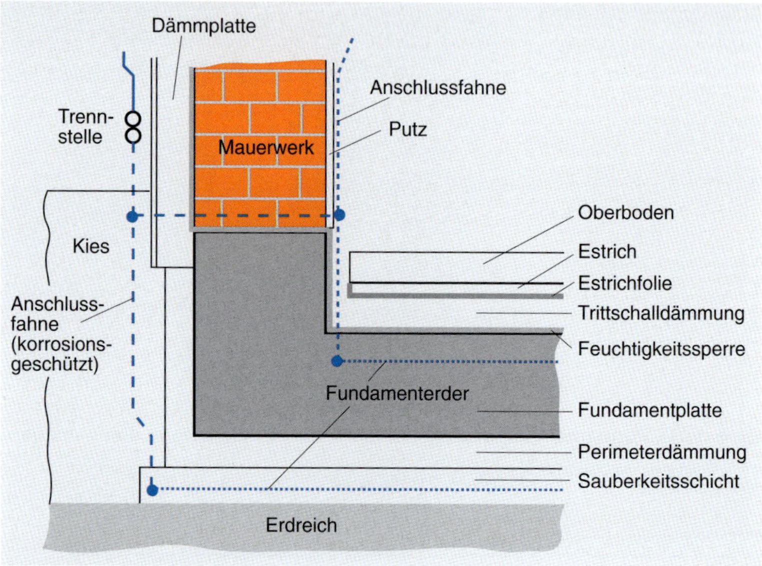

Werkstoffe, Form und Mindestabmessungen von Erdern

Material	Form	Mindestabmessungen			Anmerkungen
		Staberder ∅ in mm	Erdleiter	Plattenerder	
Kupfer	Seil6)		50 mm²		Mindestdrahtdurchmeser 1,7 mm
	rund6)		50 mm²		8 mm Durchmesser
	Band		50 mm²		Mindestdicke 2 mm
	rund	15			
	Rohr	20			Mindestwandstärke 2 mm
	Platte			500 x 500 mm	Mindestdicke 2 mm
	Gitterplatte			600 x 600 mm	25 x 2 mm Querschnitt
Stahl	verzinkt, rund1),2)	16	∅ 10 mm		
	verzinkt, Rohr1),2)	25			Mindestwandstärke 2 mm
	verzinkt, Band1)		90 mm²		Mindestdicke 3 mm
	verzinkt, Platte1)			500 x 500 mm	Mindestdicke 3 mm
	verzinkt, Gitterplatte1)			600 x 600 mm	30 x 3 mm Querschnitt
	verkupfert, rund3)	14			mindestens 250 µm Auflage mit 99,9 % Kupfer
	blank, rund5)		∅ 10 mm		
	blank, oder verzinktes Band4)5)		75 mm²		Mindestdicke 3 mm
	verzinktes Seil4)		70 mm²		Mindestdrahtdurchmesser 1,7 mm
Nicht rostender Stahl7)	rund	15	∅ 10 mm8)		
	Band8)		100 mm²		Mindestdicke 2 mm

1) Der Zinküberzug muss glatt, durchgehend und frei von Flussmittelresten sein, Mittelwert 50 µm für runde und 70 µm für flache Werkstoffe.
2) Das Material muss vor der Verzinkung in die entsprechende Form gebracht werden.
3) Das Kupfer muss mit dem Stahl unlösbar verbunden sein.
4) Nur erlaubt, wenn vollständig in Beton eingebettet.
5) In dem Teil des Fundamentes, der Erdberührung hat, nur erlaubt, wenn wenigstens alle 5 m mit der Bewehrung sicher verbunden.
6) Kann auch verzinnt sein.
7) Chrom ≥16 %, Nickel ≥ 5 %, Molybdän ≥ 2 %, Kohlenstoff ≤ 0,03 %.
8) Erlaubt auch als Erdeinführung.
Anmerkung: Aluminium und Aluminium-Legierungen dürfen nicht in Erde verlegt werden.

Blitzschutz-Potenzialausgleich

Der Blitzschutz-Potenzialausgleich ist vorgeschrieben für alle von außen (LPZ 0) in das Gebäude (LPZ 1) eingeführten leitfähigen Systeme. Die Forderung wird erfüllt durch

- direkten Anschluss aller metallenen Systeme (Rohrleitungen usw.) mithilfe von Verbindern und Funkenstrecken,
- indirekten Anschluss aller unter Betriebsspannung stehenden Systeme über Blitzstromableiter.

Beispiel für die Durchführung des Schutzpotenzialausgleichs nach VDE 0100 Teil 410 und des Blitzschutz-Potenzialausgleichs nach VDE 0185 Teil 3

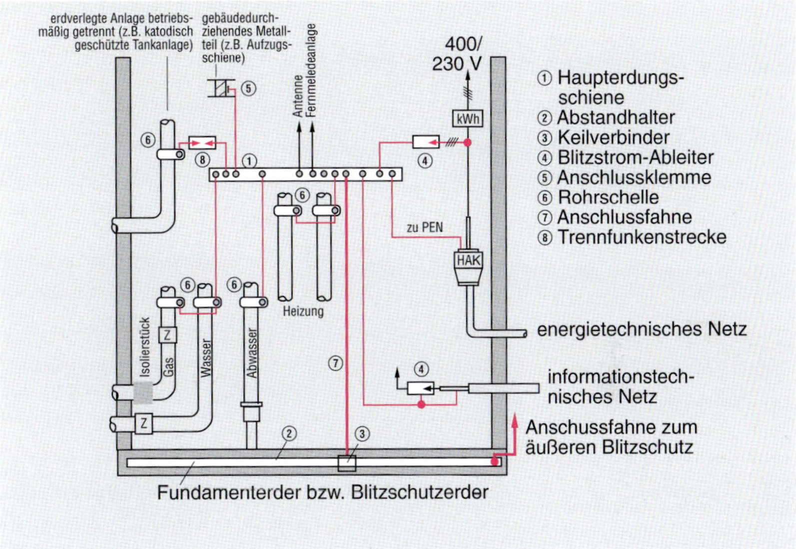

Mindestabmessungen der Leiter im Bereich des Blitzschutz-Potenzialausgleichs¹)

Schutzklasse	Werkstoff	Verbindung der Potenzialausgleichsschiene mit der Erdungsanlage in mm²	Verbindung der Potenzialausgleichsschiene mit inneren metallenen Installationen in mm²
I bis IV	Kupfer	16	6
	Aluminium	25	10
	Stahl	50	16

¹) soweit nicht nach mitgeltenden Normen größere Querschnitte gefordert sind

4.3.3 Schutz elektrischer und elektronischer Systeme

Anlagenschutz

Atmosphärische Entladungen und Schalthandlungen können zu gefährlichen Überspannungen in der elektrischen Anlage führen.

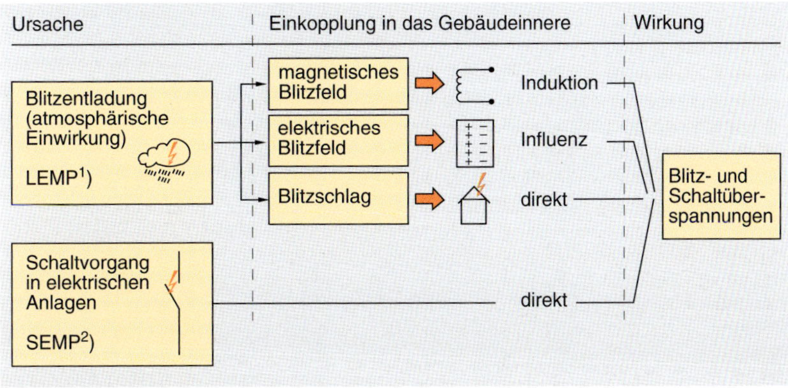

¹) LEMP: lightning electromagnetic impulse – elektromagnetischer Impuls

²) SEMP: switching electromagnetic impulse – elektromagnetischer Schaltimpuls

Innerer Blitzschutz

Schutz vor unkontrollierten Durch- und Überschlägen in den Installationen und Geräten bietet der so genannte innere Blitzschutz. Durch Schutzelemente werden

- von Körpern und fremden leitfähigen Teilen und
- von aktiven (betriebsmäßig spannungsführenden) Leitern

die Blitz- oder Schaltüberspannungen abgeführt.

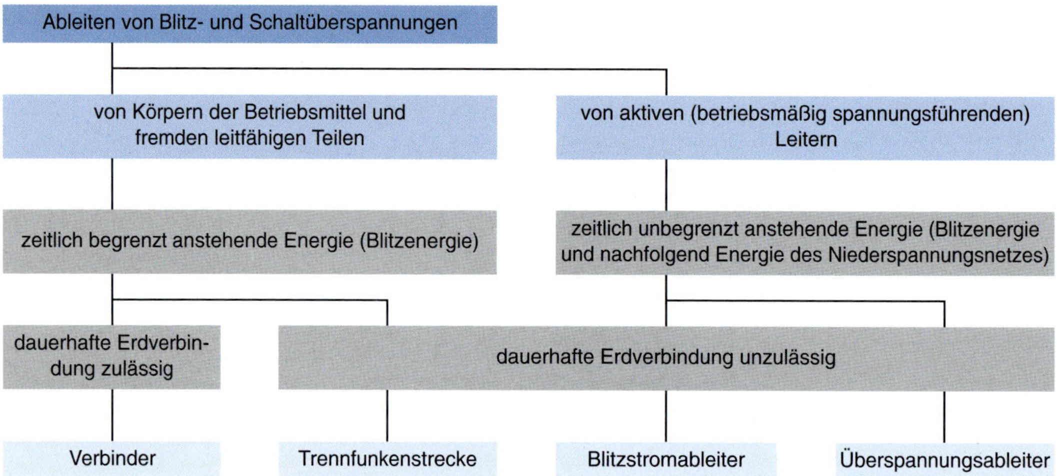

Klassifizierung von Ableitern

Bezeichnung der Schutzgeräte	Bezeichnung der Schutzmaßnahme	Aufgabe der Schutzmaßnahme	Überspannungskategorie u. typischer Schutzpegel	Installationsort
Blitzstromableiter (Anforderungsklasse B)	Blitzschutz-Potenzialausgleich	Schutz gegen das Eindringen von Blitzteilströmen	IV ≤ 4 kV	Gebäude-Hauptverteilung
Überspannungsableiter (Anforderungsklasse C)	Überspannungsschutz in der Verteilerebene	Schutz gegen Längsüberspannungen (L – PE, N – PE)	III ≤ 2,5 kV	Unterverteilungen
Überspannungsableiter (Anforderungsklasse D)	Überspannungsschutz am Endgerät	Schutz gegen Querüberspannungen (L – N)	II ≤ 1,5 kV	Steckdosen, Geräteanschlüsse

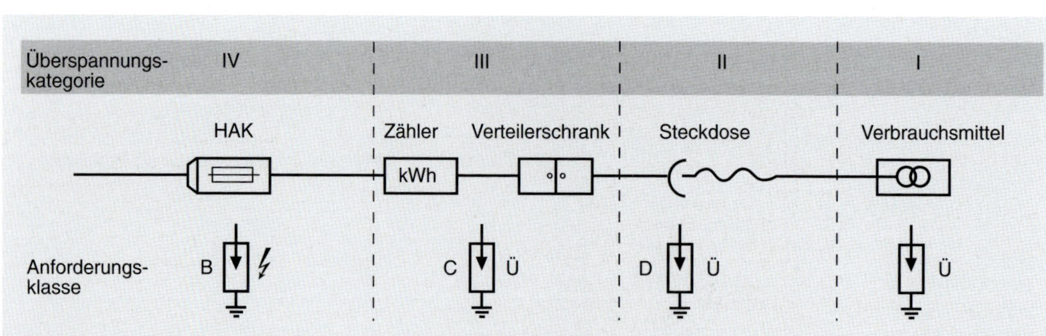

Einsatz von Ableitern im energietechnischen System

TN-C-S-System: An jeden ungeerdeten Außenleiter ist ein Blitzstromableiter anzuschließen.

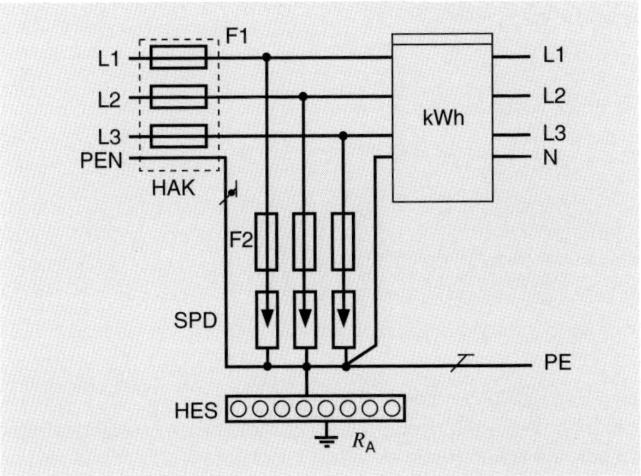

L1, L2, L3	Außenleiter
PEN	PEN-Leiter
PE	Schutzleiter
N	Neutralleiter
F1, F2	Überstromschutzorgan
HAK	Hausanschlusskasten
SPD	Überspannungsschutzgerät
R_A	Erder
kWh	Elektrozähler
HES	Haupterdungsschiene

TT-System: Von jedem ungeerdeten Außenleiter zum Neutralleiter ist ein Blitzstromableiter anzuschließen. Diese Anordnung gewährleistet auch den Schutz von Personen durch Abschaltung im Falle eines defekten Ableiters.

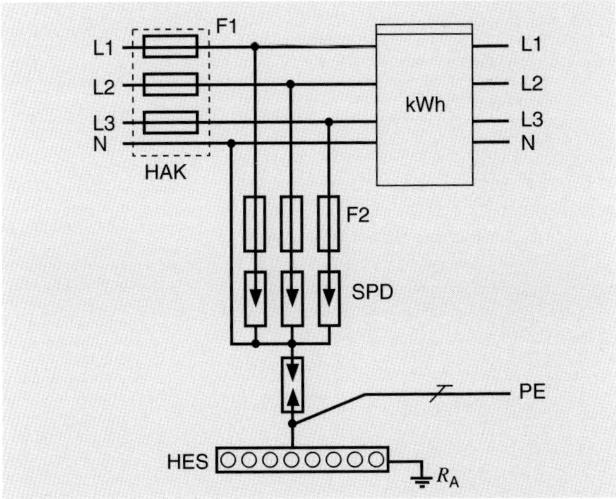

L1, L2, L3	Außenleiter
PE	Schutzleiter
N	Neutralleiter
F1, F2	Überstromschutzorgan
HAK	Hausanschlusskasten
SPD	Überspannungsschutzgerät
R_A	Erder
kWh	Elektrozähler
HES	Haupterdungsschiene

IT-System: An jeden ungeerdeten Außenleiter ist ein Blitzstromableiter anzuschließen. Eine Isolationsüberwachungseinheit gewährleistet die Meldung bei Defekt eines Ableiters.

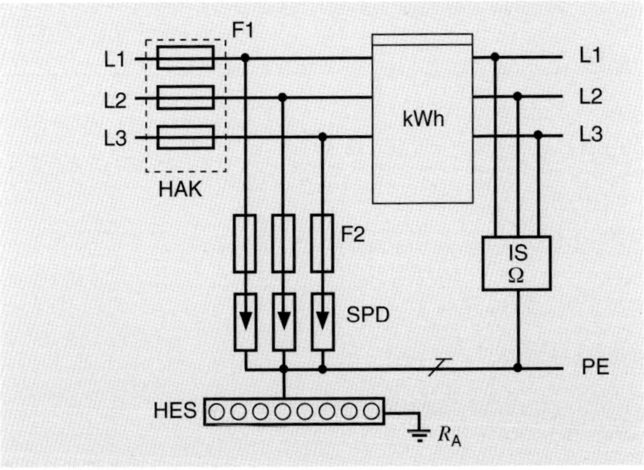

L1, L2, L3	Außenleiter
PE	Schutzleiter
F1, F2	Überstromschutzorgan
IS/Ω	Isolationsüberwachungseinrichtung
HAK	Hausanschlusskasten
SPD	Überspannungsschutzgerät
R_A	Erder
kWh	Elektrozähler
HES	Haupterdungsschiene

4.3.4 Prüfung und Wartung von Blitzschutzsystemen

Durch die Prüfungen soll sichergestellt werden, dass das Blitzschutzsystem mit seinen Komponenten des äußeren und inneren Blitzschutzes den zum Zeitpunkt der Errichtung gültigen Normen entspricht.

Arten der Prüfung

Prüfung der Planung
Die Planung des gesamten Blitzschutzsystems ist unter Berücksichtigung der geltenden Normen vor Baubeginn zu prüfen.

Baubegleitende Prüfung
Teile des Blitzschutzsystems, die später nicht mehr zugänglich sind, z. B. der Fundamenterder, leitende Teile im Beton und Verbindungsstellen, sind zu prüfen, solange dies möglich ist. Die Prüfung beschränkt sich auf die Kontrolle der technischen Unterlagen und das Besichtigen der Arbeitsausführung.

Abnahmeprüfung
Das Blitzschutzsystem ist auf die Einhaltung der normengerechten Schutzkonzeption (Planung) sowie hinsichtlich der handwerklichen Ausführung vollständig zu prüfen.

Wiederholungsprüfung
Das Blitzschutzsystem ist in regelmäßigen Zeitabständen auf ordnungsgemäßen Zustand zu prüfen. Blitzschutzsysteme von baulichen Anlagen mit erhöhter Schutzbedürftigkeit (Schutzklassen I und II) und kritische Bereiche von Blitzschutzsystemen sind jährlich einer Prüfung zu unterziehen.

Schutzklasse	Intervall zwischen den Sichtprüfungen	Intervall zwischen den umfassenden Prüfungen	Intervall zwischen den umfassenden Prüfungen kritischer Systeme
I und II	1 Jahr	2 Jahr	1 Jahr
III und IV	2 Jahre	4 Jahre	1 Jahr

Zusatzprüfung
Unabhängig von den Wiederholungsprüfungen ist das Blitzschutzsystem zu prüfen, wenn wesentliche Nutzungsänderungen, Erweiterungen oder Reparaturen an der geschützten baulichen Anlage durchgeführt wurden.
Dies gilt auch nach jedem bekannt gewordenen Blitzeinschlag in das Blitzschutzsystem.

Prüfungsmaßnahmen

Kontrollieren der technischen Unterlagen
Die technischen Unterlagen sind zu prüfen auf
- Vollständigkeit und
- Übereinstimmung mit den Normen.

Besichtigen
Durch Besichtigen ist u. a. zu prüfen, ob
- das Blitzschutzsystem mit den technischen Unterlagen übereinstimmt,
- sich das Gesamtsystem des äußeren und inneren Blitzschutzes in einem ordnungsgemäßen Zustand befindet,
- alle Leitungen und Systembauteile ordnungsgemäß befestigt und Teile mit einer mechanischen Schutzfunktion funktionstüchtig sind,
- Überspannungsschutzgeräte richtig eingebaut sind,
- der Blitzschutz-Potenzialausgleich lückenlos ausgeführt wurde,
- Potenzialausgleichsverbindungen innerhalb der baulichen Anlage vorhanden und intakt sind.

Messen
Es sind zu messen
- der Übergangswiderstand zur Erdungsanlage an allen Messstellen zum Nachweis der Durchgängigkeit der Leitungen und Verbindungen (Richtwert $< 1\ \Omega$),
- der Durchgang zu den metallenen Installationen,
- der Erdungswiderstand aller Einzelerder,
- der Gesamterdungswiderstand des Blitzschutzsystems.

Dokumentieren
Über jede Prüfung ist ein Prüfbericht zu erstellen, der zusammen mit den technischen Unterlagen beim Betreiber des Systems verbleibt.

4.3.5 Elektromagnetische Verträglichkeit

Elektromagnetische Verträglichkeit ist die Fähigkeit eines Bauteils, Gerätes oder Systems, unter Einfluss der elektromagnetischen Felder in seiner Umgebung zufriedenstellend zu funktionieren, ohne die Umgebung, zu der auch andere elektrische Einrichtungen gehören, unzulässig zu beeinflussen.

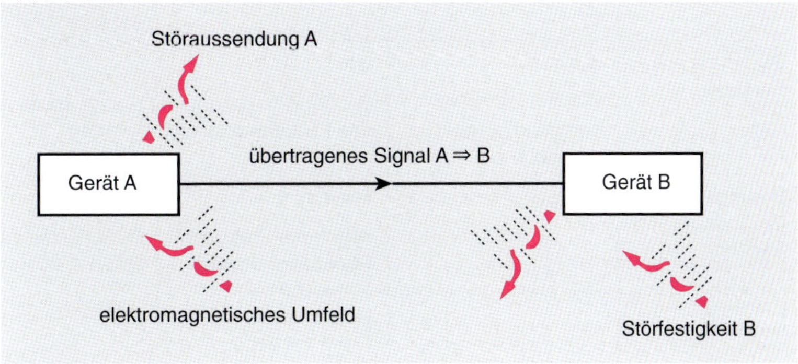

Schlussfolgerung:

- Das aktive Störverhalten eines Gerätes (A) muss so niedrig sein, dass es keine Geräte im Einzugsbereich seines elektromagnetischen Feldes stört.
- Der Störfestigkeitsgrad eines Gerätes (B) muss so hoch sein, dass keine Funktionsbeeinträchtigung durch elektromagnetische Felder in der Umgebung eintritt.

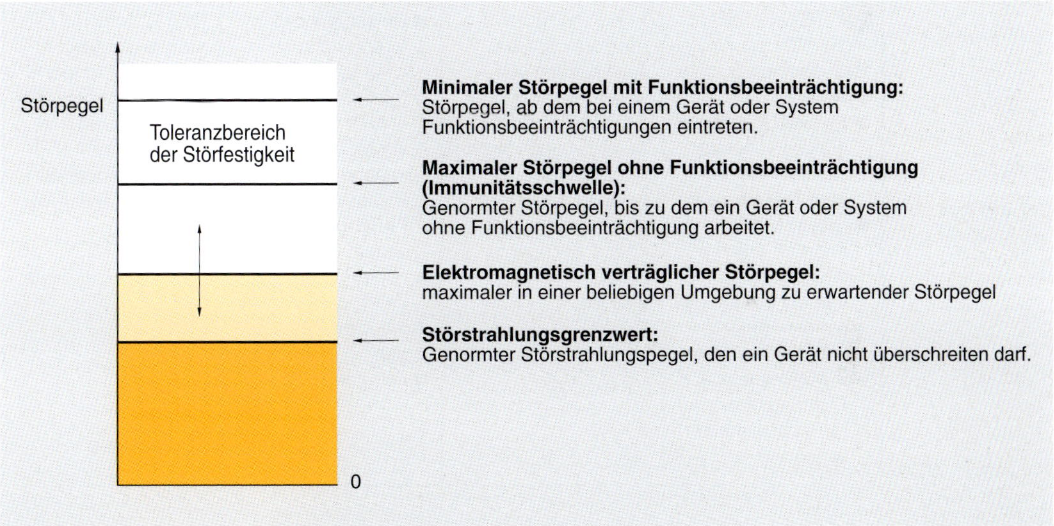

Störquellen

Störungen

Elektromagnetische Störungen stellen praktisch elektrische Signale dar, die sich dem Nutzsignal überlagern.

Absichtliche Aussendung	Nicht absichtliche Aussendung
■ Rundfunksender ■ Fernsehsender ■ Sprechfunkgeräte ■ CB-Funk ■ tragbare Telefone (GSM-Handys) ■ Radarortung	**Gelegentliche Aussendung** ■ Kurzschlüsse ■ Erdschlüsse
■ Bei Verarbeitung von Werkstoffen – Schmelzen, Schweißen, Löten usw. – Induktionsöfen (zum Trocknen von Holz usw.) – Plasmabrenner usw.	**Dauerstörungen** Diese Störungen entstehen durch den laufenden Betrieb von technischen Einrichtungen: ■ alle Einrichtungen zum Ein- und Ausschalten von elektrischen Signalen (Trockenkontakte, Leistungstransitoren usw.), wie z. B.: Kontakte, Relais, Wechselrichter, Schaltnetzteile, Zündanlagen von Verbrennungsmotoren, Phasenanschnittansteuerungen usw. ■ Gasentladungs- und Leuchtstofflampen ■ Geräte mit Taktfrequenzgeneratoren (PC, SPS) usw.

EMV-Verhalten der Netzsysteme

	TT	TN-C	TN-S	IT
Sicherheit von Personen	gut FI-Schutzschalter zwingend vorgeschrieben	gut Bei der Erweiterung der Anlage muss auf einwandfreien Durchgang des PE-Leiters geachtet werden.		
Brandgefahr Gefährdung von Sachen	gut	schlecht sehr hohe Ströme im PEN-Leiter möglich (> 1 kA); nicht zulässig an Orten mit besonderen Gefahrenquellen	schlecht FI-Schutzschalter 300 mA erforderlich	gut Als eigensicher zu empfehlen, da kein Lichtbogen auftreten kann.
Verfügbarkeit der Energieversorgung	gut	gut	gut	sehr gut
EMV-Verhalten	gut Der PE-Leiter bildet nicht mehr die einzige Bezugsmasse für die Anlage. ■ Es sind Überspannungsableiter vorzusehen (Verteilung über Freileitungen). ■ Dieser Netztyp erfordert entsprechende Maßnahmen für Geräte mit hohem Fehlerstrompotenzial, die in abgangsseitiger Richtung hinter den FI-Schutzschaltern liegen.	schlecht Fluss von Störströmen über Masse. Aussendung von elektromagnetischer Störstrahlung durch den PE-Leiter. Nicht empfehlenswert, wenn in der Anlage Geräte mit hohem Oberschwingungsanteil betrieben werden.	sehr gut ■ Dieser Netztyp erfordert entsprechende Maßnahmen für Geräte mit hohem Fehlerstrompotenzial, die in abgangsseitiger Richtung hinter den FI-Schutzschaltern liegen. ■ hohe Fehlerströme im PE-Leiter (durch induzierte Störungen) ■ nur eine Erdung	schlecht Kein Einsatz mit Filter für asymmetrische Störströme möglich. ■ Erfordert u. U. zur Begrenzung der Kabellängen und Fehlerströme die Aufteilung der Anlage. ■ Netztyp TN im Falle eines Zweitfehlers

Belastung durch elektrische und magnetische Felder von Haushaltgeräten

Biologische Wirkungen niederfrequenter elektrischer und magnetischer Felder werden beim Menschen danach bewertet, wie groß die Dichte der erzeugten inneren Körperströme durch eine bestimmte Fläche ist. Akute Gesundheitsgefahren sind auszuschließen, wenn die felderzeugte Körperstromdichte auf Dauer nicht größer als 2 mA/m^2 ist.

Dieser Wert wird nicht überschritten, wenn
- die elektrische Feldstärke kleiner als 5 kV/m und
- die magnetische Flussdichte (bei 50 Hz) kleiner als 100 μT bleibt.

Gerät	Elektrische Feldstärke in V/m (Grenzwert 5000 V/m)	Magnetische Flussdichte in μT (Grenzwert 100 μT)		
	Abstand 30 cm	Abstand 3 cm	Abstand 30 cm	Abstand 1 m
Fernsehgerät	60	2,5 … 50	0,04 … 2	0,01 … 0,15
Radio	180	16 … 56	1	< 0,01
Uhrenradio (Netzbetrieb)	150	135 … 300	0,6 … 2,2	< 0,01 … 0,24
Kühlschrank	120	0,5 … 1,7	0,01 … 0,25	< 0,01
Elektroherd	8	1 … 50	0,15 … 0,5	0,01 … 0,04
Mikrowellengerät	180	75 … 200	4 … 8	0,25 … 0,6
Kaffeemaschine	60	5,4	0,08	< 0,01
Toaster	80	7 … 18	0,06 … 0,7	< 0,01

Gerät	Elektrische Feldstärke in V/m (Grenzwert 5000 V/m)	Magnetische Flussdichte in µT (Grenzwert 100 µT)		
	Abstand 30 cm	Abstand 3 cm	Abstand 30 cm	Abstand 1 m
Handmixgerät	100	60 … 700	0,6 … 10	0,02 … 0,25
Staubsauger	50	200 … 800	2 … 20	0,1 … 0,2
Bügeleisen	120	8 … 30	0,1 … 0,3	0,01 … 0,03
Haarföhn	80	6 … 2000	0,01 … 7	0,01 … 0,3
Glühlampe	5	–	–	–
Leuchtstofflampe	150	40 … 400	0,5 … 2	0,02 … 0,25
Bohrmaschine	180	400 … 800	2 … 3,5	0,08 … 0,2

Kopplung

Die Übertragung von Störungen geschieht durch

- galvanische Kopplung: Die Störungen werden durch elektrische Leiter übertragen.
- Strahlungskopplung: Je nach Art der Störaussendung erfolgt die Kopplung induktiv oder kapazitiv.

Klassifizierung[1]) leitungsgebundener Signale

Klasse[1])	EMV-Verhalten	Beispiel: Signalübertragung bzw. angeschlossene Geräte
1	empfindlich	■ Kleinleistungsgeräte mit Analogausgang ■ Messkreise (Sonden, Messwandler, …)
2	wenig empfindlich	■ Steuerstromkreise für Widerstandslasten ■ digitale Kleinleistungstechnik (Bussysteme, …) ■ Kleinleistungsgeräte mit Digitalausgang ■ Gleichstromnetzteile für kleine Leistungen
3	gering störbehaftet	■ Steuerstromkreise für induktive Lasten (Relais, Schütze, Spulen, Wechselrichter, …) ■ Wechselstromnetzteile ■ Hauptstromversorgung von Geräten mit hoher Leistungsaufnahme
4	störbehaftet	■ Schweißautomaten ■ Laststromkreise ■ elektronische Drehzahlregler, Schaltnetzteile

[1]) beschreibender Begriff

Störschutz

Regeln für die Leitungsverlegung

1. Zwischen metallischen Massen ist Potenzialausgleich herzustellen
   - auf örtlicher Ebene (Maschine, räumlich begrenzter Anlagenteil, …) und
   - auf Anlagenebene.
2. Empfindliche Signale (Klassen 1 und 2) sowie störbehaftete Signale (Klassen 3 und 4) dürfen niemals zusammen im selben Kanal oder in einem gemeinsamen Leitungsbündel geführt werden.
3. Leitungen, über die Signale verschiedener Klassen parallel geführt werden, sind so kurz wie möglich zu gestalten.
4. Zwischen Leitungen, die Signale verschiedener Klassen führen, ist ein größtmöglicher Schutzabstand herzustellen. Der Schutzabstand muss mit zunehmender Länge der Leitung zunehmen.
5. Die durch Masseschleifen eingeschlossene Fläche ist auf ein Minimum zu begrenzen.
6. Hin- und Rückleiter sind so nahe wie möglich nebeneinander zu verlegen.
7. Geschirmte Leitungen oder Kabel, die Signale verschiedener Klassen führen, können im selben Kanal verlegt werden.
8. Die Leitungsschirmung ist an beiden Leitungsenden mit Masse zu verbinden. Weitere Masseverbindungen entlang der Leitungsstrecke verbessern den Störschutz.
9. Alle freien oder nicht benötigten Leiter müssen an beiden Enden auf Masse gelegt werden.
10. Leiter oder Kabel, die Signale verschiedener Klassen führen, müssen sich im rechten Winkel kreuzen, insbesondere, wenn es sich um empfindliche (Klassen 1 und 2) und störbehaftete Signale (Klassen 3 und 4) handelt.

Normen

DIN 18014	Fundamenterder
DIN VDE 0100 Teil 534	Elektrische Anlagen von Gebäuden; Auswahl und Errichtung von Betriebsmitteln – Überspannungsschutzeinrichtungen
DIN VDE 0100 Teil 540	Errichten von Starkstromanlagen mit Nennspannungen bis 1000 V; Auswahl und Errichtung elektrischer Betriebsmittel – Erdung, Schutzleiter, Potenzialausgleichsleiter
DIN VDE 0110 Teil 1	Isolationskoordination für elektrische Betriebsmittel in Niederspannungsanlagen; Grundsätze, Anforderungen und Prüfungen
DIN VDE 0141	Erdungen für spezielle Starkstromanlagen mit Nennspannungen über 1 kV
DIN VDE 0151	Werkstoffe und Mindestmaße von Erdern bezüglich der Korrosion
DIN VDE 0185-1	Blitzschutz – Allgemeine Grundsätze
DIN VDE 0185-2	Blitzschutz – Risiko-Management: Abschätzung des Schadensrisikos für bauliche Anlagen
DIN VDE 0185-3	Blitzschutz – Schutz von baulichen Anlagen und Personen
DIN VDE 0185-4	Blitzschutz – Elektrische und elektronische Systeme in baulichen Anlagen
DIN VDE 0675 Teil 1	Überspannungsableiter; Überspannungsableiter mit nichtlinearen Widerständen und Funkenstrecken für Wechselspannung
DIN VDE 0675 Teil 5	Überspannungsableiter; Anleitung für die Auswahl und die Anwendung
DIN VDE 0675 Teil 11	Überspannungsschutzgeräte für den Einsatz in Niederspannungsanlagen; Anforderungen und Prüfungen
DIN VDE 0800 Teil 1	Fernmeldetechnik; Allgemeine Begriffe, Anforderungen und Prüfungen für die Sicherheit der Anlagen und Geräte
DIN VDE 0800 Teil 2	Fernmeldetechnik; Erdung und Potenzialausgleich
DIN VDE 0838 Teil 2	Elektromagnetische Verträglichkeit (EMV); Grenzwerte – Grenzwerte für Oberschwingungsströme
DIN VDE 0838 Teil 3	Elektromagnetische Verträglichkeit (EMV); Grenzwerte – Begrenzung von Spannungsänderungen und Spannungsschwankungen
DIN VDE 0839 Teil 2	Elektromagnetische Verträglichkeit (EMV); Umgebungsbedingungen – Verträglichkeitspegel
DIN VDE 0839 Teil 6	Elektromagnetische Verträglichkeit (EMV); Fachgrundnormen – Störfestigkeit und Störaussendung
DIN VDE 0845 Teil 1	Schutz von Fernmeldeanlagen gegen Blitzeinwirkungen, statische Aufladungen und Überspannungen; Maßnahmen gegen Überspannungen
DIN VDE 0875 Teil 14-1	Elektromagnetische Verträglichkeit; Anforderungen an Haushaltgeräte, Elektrowerkzeuge und ähnliche Elektrogeräte; Störaussendung
DIN VDE 0875 Teil 14-2	Elektromagnetische Verträglichkeit; Anforderungen an Haushaltgeräte, Elektrowerkzeuge und ähnliche Elektrogeräte; Störfestigkeit
DIN VDE 0875 Teil 15-1	Grenzwerte und Messverfahren für Funkstörungen
DIN VDE 0875 Teil 15-2	Errichtung für allgemeine Beleuchtungszwecke; EMV-Störfestigkeitsanforderungen

4.4 Beleuchtungsanlagen

Beleuchtungsanlagen

- **4.4.1 Lichttechnische Größen** – *Seite 284*
- **4.4.2 Anforderungen an die Beleuchtung (von Innenräumen)** – *Seite 285*
  - **4.4.3 Beleuchtungsberechnung (für Innenräume)** – *Seite 286*
- **4.4.4 Lampen und Leuchten** – *Seite 288*
  - Kennzeichnung
  - Auswahl
  - Lampenschaltungen

Begriffe

Lichtstrom	Von einer Lichtquelle nach allen Richtungen abgestrahlte Lichtleistung
Lichtausbeute	Verhältnis des Lichtstromes einer Lichtquelle zu der ihr zugeführten elektrischen Leistung
Beleuchtungsstärke	Verhältnis des senkrecht auf eine Fläche auftreffenden Lichtstromes zur Größe der beleuchteten Fläche
Wartungswert der Beleuchtungsstärke	Beleuchtungsstärke-Mittelwert, der für den Teilbereich des Arbeitsplatzes entsprechend der dort notwendigen Beleuchtungsstärkeanforderungen vorgeschrieben ist. Der Wartungswert ist Grundlage für die Planung und lichttechnische Bewertung einer Beleuchtungsanlage.
Reflexionsgrad	Verhältnis des von einer Fläche reflektierten zum auftreffenden Lichtstrom
Farbwiedergabe	Auswirkung einer Lichtart auf den Farbeindruck von Objekten, die mit ihr beleuchtet werden, im Vergleich zum Farbeindruck der gleichen Objekte unter einer Bezugslichtart
Wartungsfaktor	Faktor, der den Wartungszyklus der Beleuchtungsanlage sowie die durch Alterung und Verschmutzung der Lampen, Leuchten und Räume abnehmende Beleuchtungsstärke berücksichtigt
Blendung	Störung durch zu hohe Leuchtdichte und/oder zu große Leuchtdichteunterschiede im Gesichtsfeld. Blendung mindert das Wohlbefinden und stellt häufig eine Unfallgefahr dar.
Temperaturstrahler	Lampe, deren Wirkprinzip auf der Strahlung eines erhitzten Glühdrahtes beruht
Entladungslampe	Lampe, deren Wirkprinzip auf der Strahlung eines ionisierten Gases oder Dampfes beruht
Leuchte	Elektrisches Gerät zum Verteilen, Filtern oder Umformen des Lichtes von Lampen einschließlich der zum Betrieb der Lampen notwendigen Bauteile
Lichtstärkeverteilungskurve	Darstellung der Lichtstärke von Lampen oder Leuchten in einem Diagramm mit Polarkoordinaten, bezogen auf einen Lichtstrom von 1000 lm
Farbtemperatur	Lichtfarbe einer Lampe, die einem auf diese Temperatur erhitzten schwarzen Körper gleich ist
Allgemeinbeleuchtung	Gleichmäßige Beleuchtung eines Raumes, die an allen Stellen etwa gleiche Sehbedingungen schafft
Wirkungsgradverfahren	Verfahren zur Berechnung der Beleuchtung von Innenräumen

4.4.1 Lichttechnische Größen

Größe	Formel	Einheit	Erläuterungen
Lichtstrom Φ		lm	gesamte Lichtleistung einer Lichtquelle lm: Lumen
Lichtstärke I	$I = \Phi/\Omega$	lm/sr = cd	cd: Candela Ω: Raumwinkel
Lichtstärke-Verteilungskurve			Darstellung der Lichtstärke I in Abhängigkeit vom Abstrahlungswinkel, bezogen auf einen Lichtstrom von 1000 lm
Beleuchtungsstärke E	$E = \Phi/A$	$lm/m^2 = lx$	Verhältnis des senkrecht auf eine Fläche A auftreffenden Lichtstromes Φ zur Größe dieser Fläche lx: Lux
Leuchtdichte L	$L = I/A$	cd/m^2	Lichtstärke I einer leuchtenden Fläche, bezogen auf die durch das Auge sichtbare Flächengröße A
Lichtausbeute η	$\eta = \Phi/P$	lm/W	Verhältnis des Lichtstromes Φ einer Lichtquelle zu der ihr zugeführten elektrischen Leistung P

4.4.2 Anforderungen an die Beleuchtung (von Innenräumen)

Lichtfarbe und Farbwiedergabe

Farbeigenschaften von Lichtquellen

- **Lichtfarbe**
  - tw tageslichtweiß
  - nw neutralweiß
  - ww warmweiß

  Beschreibung mithilfe der so genannten Farbtemperatur
- **Farbwiedergabeindex** – kennzeichnet das Maß der Übereinstimmung der Farbe eines Körpers mit ihrem Aussehen unter einer Bezugslichtquelle
- **Stufe der Farbwiedergabe** – aus Farbwiedergabeindex abgeleitet

Lichtfarbe und Farbwiedergabestufen

Farbwiedergabe	Farbwiedergabeindex R_a	Stufe der Farbwiedergabe
sehr gut	100 … 90 89 … 80	1A 1B
gut	79 … 70 69 … 60	2A 2B
weniger gut	59 … 40	3
–	< 40	4

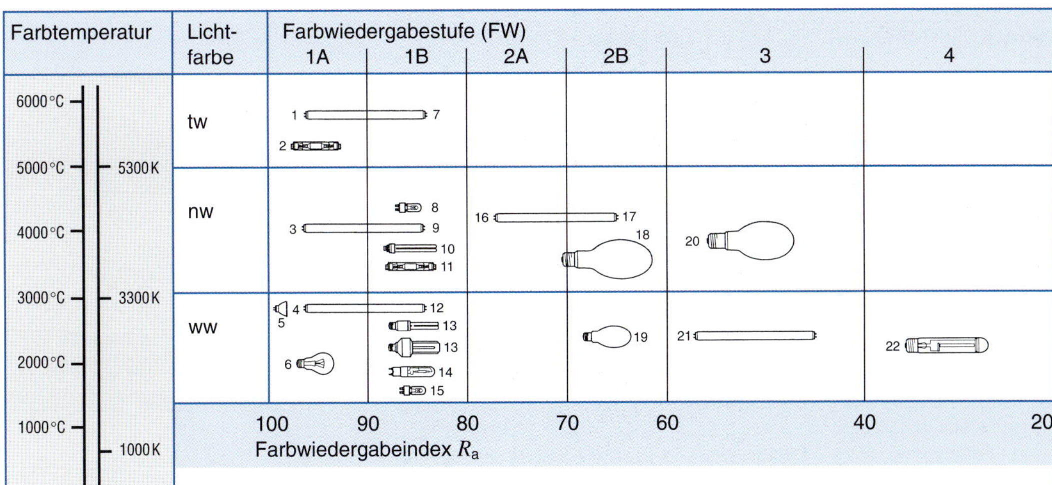

Farbtemperatur
Eine Lampe hat die gleiche Farbe wie ein schwarzer Körper, der auf diese Temperatur erhitzt ist.

1 De-Luxe-Leuchtstofflampen, Tageslicht
2 Halogen-Metalldampflampen
3 De-Luxe-Leuchtstofflampen, weiß
4 De-Luxe-Leuchtstofflampen, Warmton
5 Halogen-Glühlampen
6 Glühlampen
7 Dreibanden-Leuchtstofflampen, Tageslicht
8 Halogen-Metalldampflampen
9 Dreibanden-Leuchtstofflampen, weiß
10 Kompakt-Leuchtstofflampen, weiß
11 Halogen-Metalldampflampen
12 Dreibanden-Leuchtstofflampen, Warmton
13 Kompakt-Leuchtstofflampen, Warmton
14 Natriumdampf-Hochdrucklampen (FW 1B)
15 Halogen-Metalldampflampen
16 Leuchtstofflampen, Universalweiß 25
17 Standard-Leuchtstofflampen, weiß
18 Halogen-Metalldampflampen
19 Natriumdampf-Hochdrucklampen (FW 2B)
20 Quecksilberdampf-Hochdrucklampen
21 Standard-Leuchtstofflampen, Warmton
22 Natriumdampf-Hochdrucklampen (FW 4)

Beleuchtungsstärke im Bereich der Sehaufgabe

Wartungswerte der Beleuchtungsstärke

$\bar{E}_m$ in lx	Raumart, Tätigkeit
50	Lagerräume für gleichartiges oder großteiliges Lagergut, Verkehrszonen in Abstellräumen, Beschickungsanlagen und Anlagen ohne manuelle Eingriffe
100	Treppen, Flure, Eingangshallen, Toiletten, Lagerräume mit Suchaufgabe, Umkleideräume, Verladerampen, Fördereinrichtungen in Gebäuden
200	Kantinen, Lagerräume mit Leseaufgabe, grobe Montagearbeiten, ständig besetzte Arbeitsplätze in Produktionsanlagen
300	Sitzungs-, Unterrichts- und Verkaufsräume, Bibliotheken, Montagearbeiten, grobe Maschinenarbeiten, Schweißarbeiten, Kfz-Reparatur, Bäckerei
500	Labor- und Sanitätsräume, Büroräume, Küche, Haarpflege, Lackiererei, Maschinen- und Reparaturarbeiten, Papier- und Lederbearbeitung
750	Großraumbüros, technisches Zeichnen, Anreiß-, Kontroll- und Messplätze, Schleifplätze, Kosmetik, Näh-Arbeitsplätze
1000	feine Montagearbeiten, Werkzeugbau, Schmuckwaren-Herstellung, Farbprüfung, Justieren, Lithografie
1500	feinste Montagearbeiten, Farbkontrolle bei Mehrfarbdruck, Kunststopfen, Qualitätskontrolle mit sehr hohen Ansprüchen, Uhren-Reparatur

4.4.3 Beleuchtungsberechnung (für Innenräume)

Wirkungsgradverfahren

Die Berechnung der erforderlichen Lampen-Anzahl kann mithilfe des Wirkungsgrad-Verfahrens erfolgen.
Mehrere Schritte sind erforderlich:

1. Mittlere Beleuchtungsstärke (Wartungswert) E festlegen — siehe Seite 286
2. Wartungsfaktor w oder Planungsfaktor p festlegen — siehe Seite 288
3. Raumfläche (Arbeitsfläche) A errechnen
   $A = l \cdot b$
   l Raumlänge
   b Raumbreite
4. Raumindex k errechnen
   $$k = \frac{A}{(l + b) \cdot h}$$
   h Höhe der Lichtquelle über der Arbeitsfläche
5. Reflexionsgrade des Raumes festlegen — siehe Seite 288
   ϱ_1: Reflexionsgrad der Decke
   ϱ_2: Reflexionsgrad der Wände
   ϱ_3: Reflexionsgrad des Fußbodens
6. Leuchtenart festlegen — siehe Seite 287
7. Raumwirkungsgrad η_R ermitteln — siehe Seite 287
8. Leuchten-Betriebswirkungsgrad η_{LB} aus Firmenunterlagen entnehmen — siehe Seite 287
9. Beleuchtungswirkungsgrad errechnen
   $\eta_B = \eta_{LB} \cdot \eta_R$
10. Erforderlichen Gesamtlichtstrom errechnen
    $$\Phi = \frac{E \cdot A \cdot p}{\eta_B}$$
11. Lampen-Anzahl errechnen
    $$n = \frac{\Phi}{\Phi_{La}}$$
    Φ_{La} Lichtstrom einer Lampe

Lichtstärkeverteilung

Lichtstärkeverteilung (bei 1000 lm)	Leuchte		Leuchtenbetriebswirkungsgrad η_{LB} in %	Reflexionsgrade ϱ, Raumindex k und Raumwirkungsgrad η_R									
				Decke ϱ_1	0,8				0,5				0,3
				Wände ϱ_2	0,5		0,3		0,5		0,3		0,3
				Boden ϱ_3	0,3	0,1	0,3	0,1	0,3	0,1	0,3	0,1	0,1
direkt; stark gerichtet 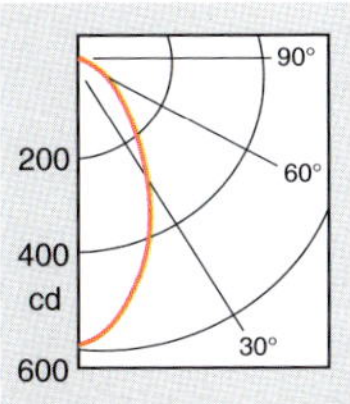	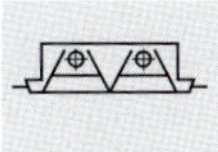	Spiegelraster, eng strahlend	60	Raumindex k	Raumwirkungsgrad η_R in %								
				0,6	61	58	54	52	59	57	53	51	51
	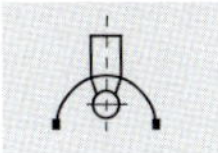	Spiegelreflektor, einlampig	80	1,0	80	75	73	69	76	73	70	68	67
				1,5	95	86	88	82	90	84	84	80	79
				2,0	102	91	96	87	95	89	91	86	84
		Rundreflektor	75	3,0	111	97	106	95	103	95	99	92	91
				5,0	119	102	115	100	109	98	106	97	96
direkt; tief strahlend 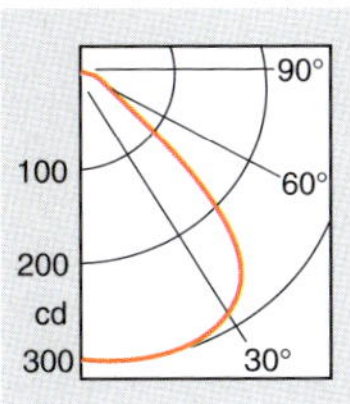	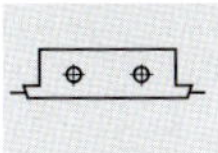	Wanne, prismatisch	60	Raumindex k	Raumwirkungsgrad η_R in %								
				0,6	52	49	43	42	49	48	42	41	41
	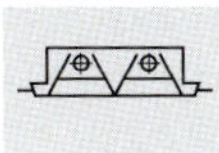	Spiegelraster, breit strahlend	60	1,0	73	67	64	60	69	65	61	59	58
				1,5	89	81	81	75	83	78	77	73	72
				2,0	97	86	89	81	90	83	84	79	78
	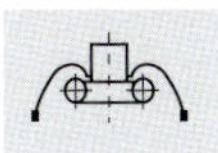	Spiegelreflektor, mehrlampig	75	3,0	107	94	101	90	99	91	94	88	86
				5,0	116	100	111	97	106	96	102	94	93
vorwiegend direkt; breit strahlend 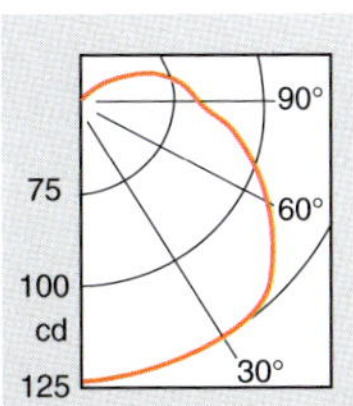	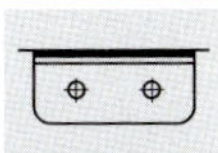	Glasleuchte	70	Raumindex k	Raumwirkungsgrad η_R in %								
				0,6	41	39	31	30	37	35	29	28	27
	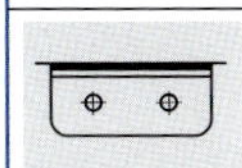	Wanne, prismatisch	65	1,0	59	55	49	46	52	50	44	43	41
				1,5	74	67	64	60	66	61	58	55	52
				2,0	83	74	73	67	73	68	66	62	59
	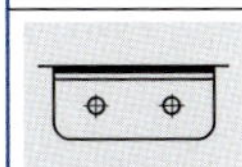	Wanne, opal	50	3,0	95	83	87	77	83	76	77	71	68
				5,0	106	91	99	86	91	83	87	80	76
gleichförmig; allseitig strahlend 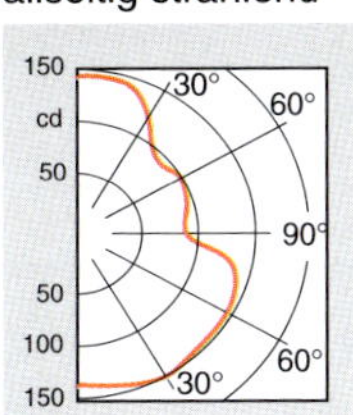	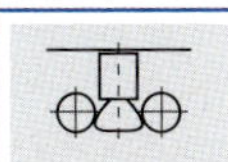	frei strahlend	90	Raumindex k	Raumwirkungsgrad η_R in %								
				0,6	36	34	27	26	29	28	23	22	19
	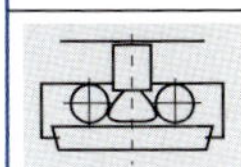	Lamellenraster	82	1,0	52	48	43	40	41	39	35	33	29
				1,5	65	59	56	52	52	49	45	43	38
				2,0	74	66	65	59	58	54	52	49	43
	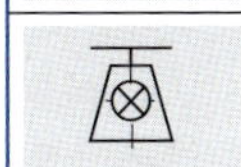	Opalglas	80	3,0	84	74	77	68	66	61	61	57	50
				5,0	94	81	88	77	74	67	70	64	56
indirekt; hoch strahlend 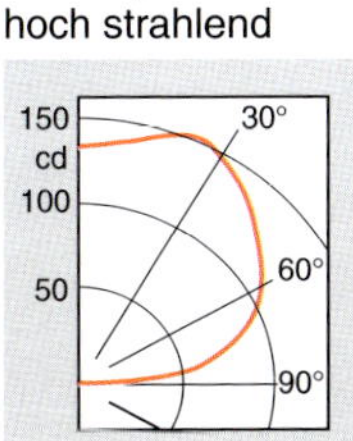	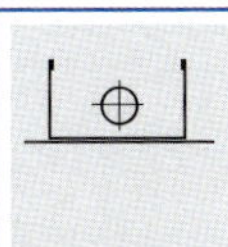	Kehle, breit, weiß	70	Raumindex k	Raumwirkungsgrad η_R in %								
				0,6	15	15	9	10	11	12	6	8	5
				1,0	28	27	20	19	18	19	13	13	8
				1,5	41	39	31	30	26	25	20	19	13
	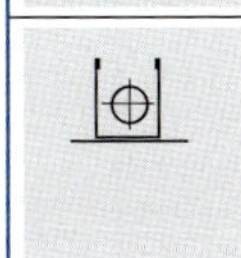	Kehle, schmal, weiß	50	2,0	51	48	41	40	32	30	26	25	16
				3,0	65	58	55	52	39	37	34	32	20
				5,0	77	68	70	63	45	43	42	39	24

Wartungsfaktoren

Die Verminderung der Beleuchtungsstärke durch Verschmutzung und Alterung der Lampen, Leuchten und Räume berücksichtigt – unter Beachtung des Wartungszyklus – der Wartungsfaktor w oder als Kehrwert der Planungsfaktor $p = \frac{1}{w}$

Wartungsfaktor w	Planungsfaktor p	Anwendungsbeispiele
0,80	1,25	sehr sauberer Raum, Anlage mit geringer jährlicher Nutzungszeit
0,67	1,50	sauberer Raum, 3-jähriger Wartungszyklus
0,57	1,75	Außenbeleuchtungsanlage, 3-jähriger Wartungszyklus
0,50	2,00	Innenbeleuchtungsanlage, starke Verschmutzung

Reflexionsgrade ϱ verschiedener Farben und Werkstoffe

Farbanstrich	ϱ in %	Farbanstrich	ϱ in %	Farbanstrich	ϱ in %	Farbanstrich	ϱ in %
weiß	70 ... 80	hellblau	40 ... 45	olivgrün	25 ... 35	dunkelblau	10 ... 15
gelb	55 ... 75	hellgrau	40 ... 45	orange	20 ... 25	dunkelrot	10 ... 15
hellgrün	45 ... 50	beige, ocker	25 ... 35	mittelgrau	20 ... 25	schwarz	4
rosa	45 ... 50	hellbraun	25 ... 35	dunkelgrün	10 ... 15		

Werkstoff	ϱ in %	Werkstoff	ϱ in %	Werkstoff	ϱ in %
Spiegel, versilbert	90 ... 94	Stahl, poliert	55 ... 65	Sandstein, hell	30 ... 40
Aluminium, eloxiert	85 ... 90	Messing, poliert	55 ... 60	Ziegel	15 ... 40
Zeichenpapier, weiß	70 ... 75	Holz, hell	40 ... 50	Granit	15 ... 25
Chrom, blank	60 ... 70	Mörtel, hell	35 ... 50	Holz, dunkel	15 ... 20
Marmor, weiß	60 ... 70	Beton, hell	30 ... 50	Asphalt	8 ... 15

4.4.4 Lampen und Leuchten

Kennzeichnung und Auswahl

Lampen

- Temperaturstrahler
  - Lampen ohne Füllgas
    Niedervoltlampen
    Standard-Glühlampen
  - Lampen mit Füllgas
    Kryptonlampen
    Halogenlampen
- Entladungslampen
  - Niederdruck-Lampen
    Leuchtstofflampen
    Natriumdampflampen
  - Hochdruck-Lampen
    Natriumdampflampen
    Quecksilberdampflampen
    Halogen-Metalldampflampen
- Mischlichtlampen

Lampen und Lampenwerte

Standard-Glühlampen für 230 V

Leistung in W	Lichtstrom in lm	Länge in mm	Sockel
25	230	105	E 27
40	430	105	E 27
60	730	105	E 27
75	960	105	E 27
100	1 380	105	E 27

Leistung in W	Lichtstrom in lm	Länge in mm	Sockel
150	2 220	118	E 27/ E 40
200	3 150	160	E 40
300	5 000	189	E 40
500	8 400	240	E 40
1 000	18 800	274	E 40

Kryptonlampen

Leistung in W	Lichtstrom in lm	Länge in mm	Sockel
25	235	88	E 27
40	475	88	E 27
60	800	88	E 27
75	1 030	96	E 27
100	1 500	96	E 27

Soffittenlampen

Leistung in W	Lichtstrom in lm	Länge in mm	Sockel
35	220	300	2 x S 14 s
60	420	500	2 x S 14 s
120	840	1 000	2 x S 14 s
35	240	300	1 x S 14 d
60	420	500	1 x S 14 d

Standard-Leuchtstofflampen

Leistung der Lampe in W	Leistung der Drossel in W	Länge in mm	Universalweiß	Hellweiß	Warmton
			Lichtstrom in lm	Lichtstrom in lm	Lichtstrom in lm
20	5	590	1050	1200	1200
40	10	1200	2500	3200	3200
65	13	1500	4000	5100	5100

Dreibanden-Leuchtstofflampen

Leistung der Lampe in W	Leistung der Drossel in W	Länge in mm	Tageslicht	Hellweiß	Warmton
			Lichtstrom in lm	Lichtstrom in lm	Lichtstrom in lm
18	5	590	1300	1450	1450
36	10	1200	3250	3450	3450
58	13	1500	5200	5400	5400

Kompakt-Leuchtstofflampen mit eingebautem Vorschaltgerät

Runde Form (Sockel: E 27)			
Leistung in W	Lichtstrom in lm	Höhe in mm	Durchmesser in mm
9	400	153	64
13	600	163	64
18	900	173	64
25	1200	183	64

U-Form (Sockel: G 23, E 27)			
Leistung in W	Lichtstrom in lm	Höhe in mm	Breite in mm
9	400	122	38
11	600	138	38
15	900	158	38
20	1200	190	38

Ringform (Sockel: E 27)			
Leistung in W	Lichtstrom in lm	Höhe in mm	Durchmesser in mm
18	1000	100	165
24	1450	100	216
32	2000	100	216

Quecksilberdampf-Hochdrucklampen

Leistung in W	Lichtstrom in lm	Länge in mm	Sockel
50	1 800	130	E 27
80	3 800	156	E 27
125	6 300	170	E 27
250	13 000	226	E 40
400	22 000	290	E 40
700	40 000	330	E 40
1000	58 000	390	E 40

Natriumdampf-Hochdrucklampen

Leistung in W	Ellipsoidform		Röhrenform	
	Lichtstrom in lm	Länge in mm	Lichtstrom in lm	Länge in mm
70	5 600	156	6 500	156
100	9 500	186	10 000	211
150	15 500	226	17 000	211
250	25 000	226	25 500	257
400	47 000	290	48 000	285
1000	120 000	400	130 000	400
Brennstellung: beliebig Sockel: E 40				

Halogenlampen

Leistung in W	Lichtstrom in lm	Länge in mm	Sockel	Brennstellung
75	5 000	114	R 7s	p 45
150	11 250	132	R 7s	p 45
250	20 000	163	Fc 2	p 45
360	25 000	206	Fc 2	p 45
1 000	90 000	260	Fc 2	p 45
2 000	170 000	490	E 40	p 60
3 500	300 000	490	E 40	p 60

Brennstellungen

p 45	h 110
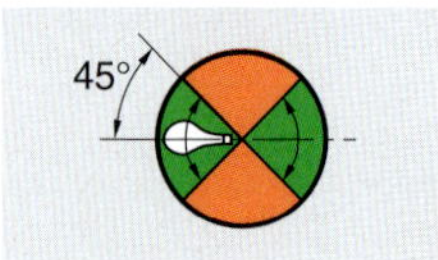	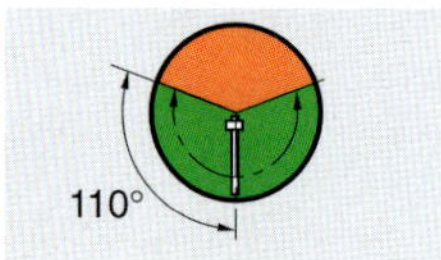
zulässig (grün)	nicht zulässig (orange)

Mischlichtlampen

Leistung in W	Lichtstrom in lm	Länge in mm	Sockel
160	3 100	177	E 27
250	5 600	226	E 40
500	14 000	275	E 40
1000	32 500	315	E 40

Natriumdampf-Niederdrucklampen

Leistung in W	Lichtstrom in lm	Länge in mm	Brennstellung
18	1 800	216	h 150
35	4 800	310	h 110
55	8 000	425	h 110
90	13 500	528	p 20
135	22 500	775	p 20
180	33 000	1120	p 20

Kriterien für die Lampenauswahl sind

- die Lichtausbeute,
- die Lichtfarbe und
- die Stufe der Farbwiedergabe.

	Elektrische Leistung (in W) von … bis	Lichtstrom (in lm) von … bis	Lichtausbeute (in lm/W) von … bis	Lichtfarbe	Stufe der Farbwiedergabe
Standard-Glühlampe	15 … 1000	90 … 18 800	6 … 19	ww	1A
Niedervolt-Halogenlampe 6 V, 12 V, 24 V	5 … 150	60 … 3 200	12 … 24	ww	1A
Hochvolt-Halogenlampe 230V	60 … 250	780 … 4 200	13 … 17	ww	1A
Dreibanden-Leuchtstofflampe mit KVG	18 … 58	1300 … 5 400	75 … 93	ww, nw, tw	1B
Kompakt-Leuchtstofflampe mit EVG	5 … 23	200 … 1 500	40 … 65	ww	1B
Natriumdampf-Hochdrucklampe, Standard	50 … 1000	3500 … 130 000	70 … 130	ww	4
Natriumdampf-Niederdrucklampe	18 … 180	1800 … 33 000	100 … 180	gelb	–
Quecksilberdampf-Hochdrucklampe	50 … 1000	1800 … 58 000	32 … 58	nw	2B, 3
Halogen-Metalldampflampe, eins. Stiftsockel	35 … 150	2400 … 12 500	69 … 83	ww, nw	1B

Leuchten und deren Kennzeichnung

Kennzeichnung der Brandsicherheit

▽F	Leuchten dürfen auf brennbaren Stoffen (Entzündungstemperatur 200 °C) angebracht werden.
▽F ▽F	Leuchten eignen sich für staub- und faserstaubfeuergefährdete Betriebsstätten.
▽M	Leuchten eignen sich in und an Möbeln aus brennbaren Stoffen (schwer und normal entflammbar).
▽M ▽M	wie ▽M, begrenzte Oberflächen-Temperatur, daher auch bei Stoffen mit unbekanntem Entflammverhalten

Kennzeichnung der Montageart bei Leuchten in Möbeln

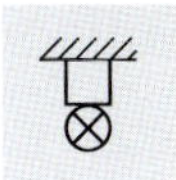 an Decke	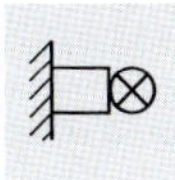	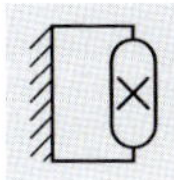 an Wand	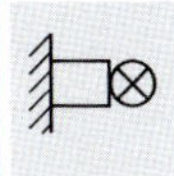 waage- recht an Wand	 senkrecht an Wand
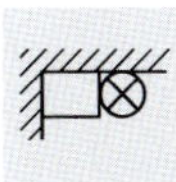 Ecke, waa- gerecht, Lampe seitlich	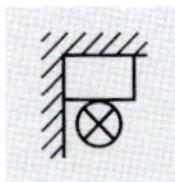 Ecke, waa- gerecht, Lampe unterhalb	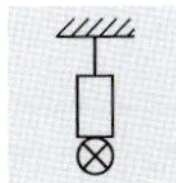 am Pendel	 in U-Profil	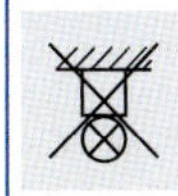 nicht zur Montage an Decke geeignet

Lampenschaltungen

Schaltungen für Leuchtstofflampen

Einzellampe mit Glimm- starter und Drossel

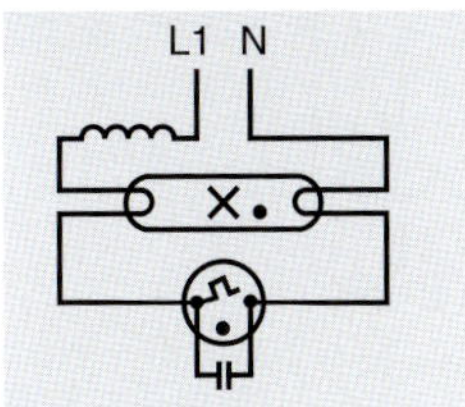

Doppellampen mit Glimmstarter und Drossel

Tandemschaltung

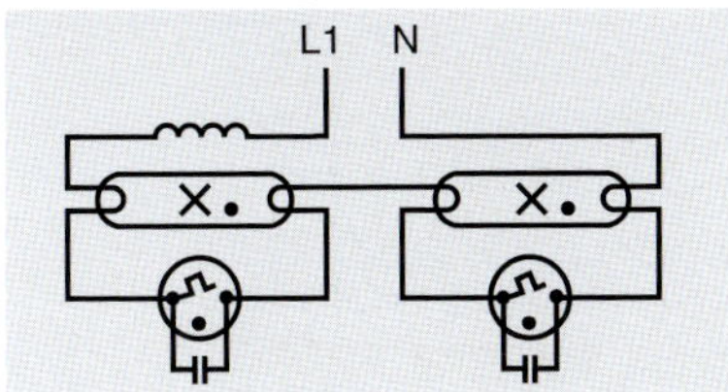

Duoschaltung

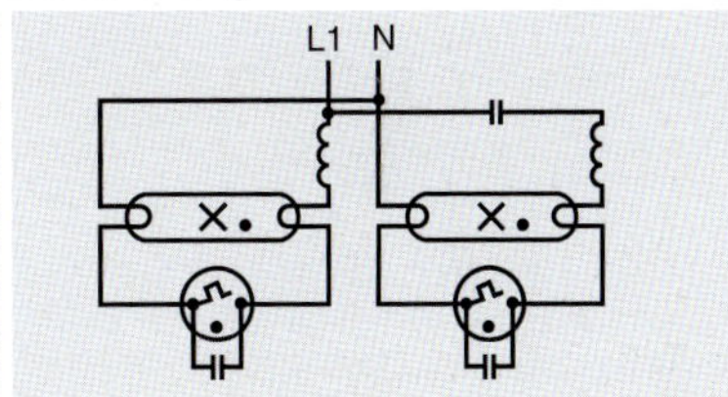

Einzellampe
mit elektronischem Starter und Drossel

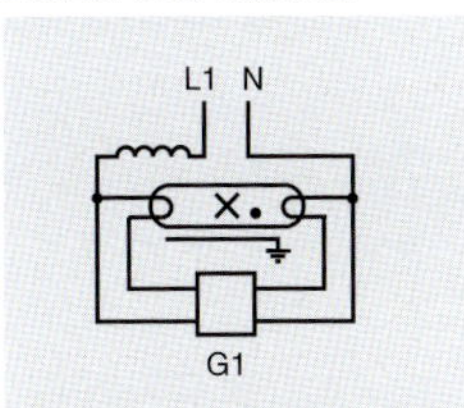

Doppellampen
mit elektronischem Starter und Drossel

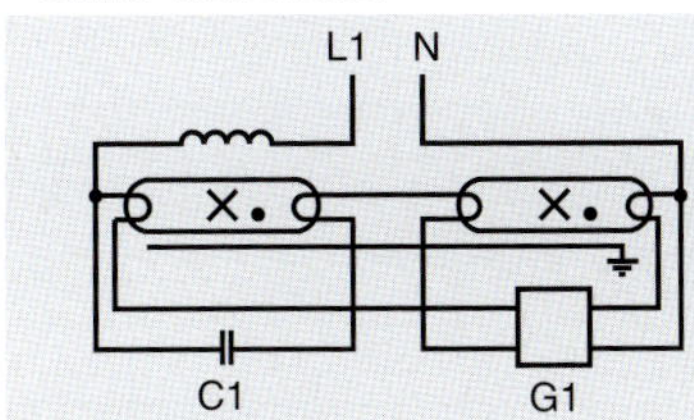

G1: elektronischer Starter
C1: Kondensator

Einzellampe
mit elektronischem Vorschaltgerät

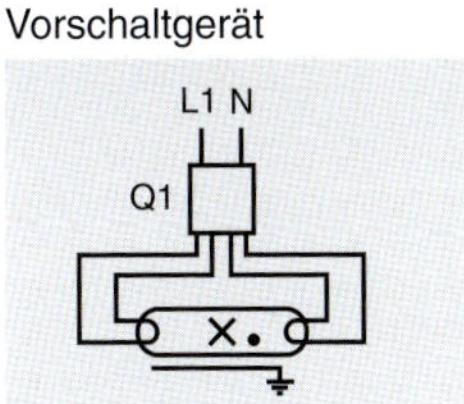

Doppellampen
mit elektronischem Vorschaltgerät

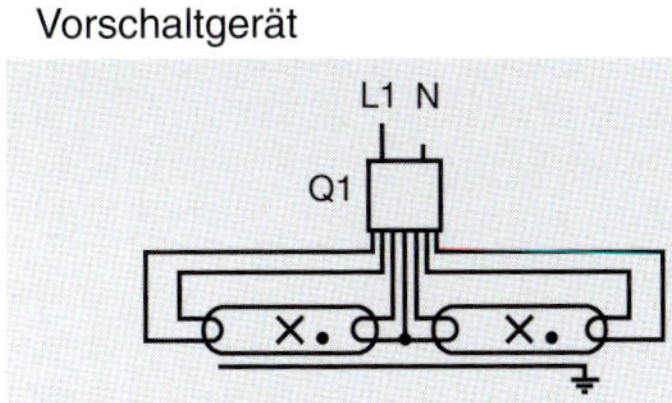

Q1: elektronisches Vorschaltgerät

Einzellampe
mit Heiztransformator

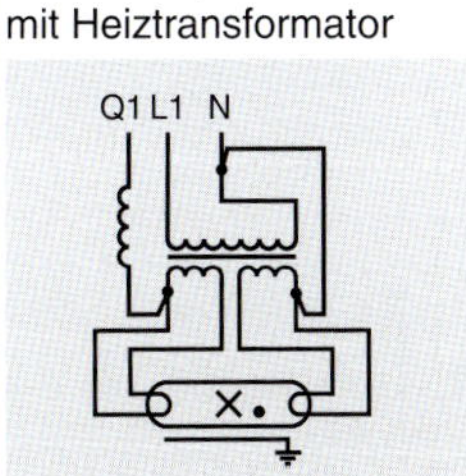

Doppellampen
mit Heiztransformator

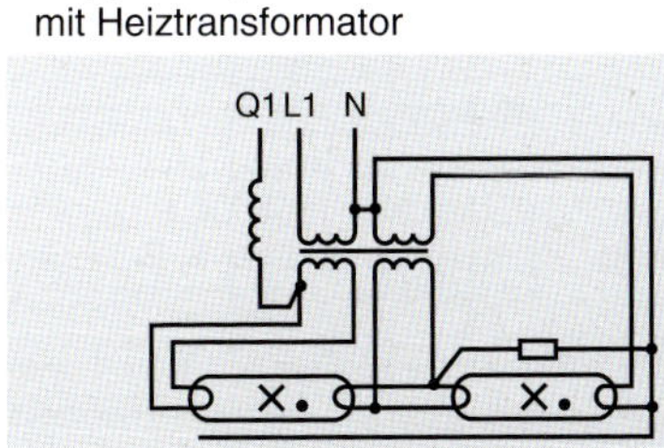

Installationsschaltungen

Schaltungen mit Installationsschaltern

Übersichtsplan	Stromlaufplan in zusammenhängender Darstellung

Ausschaltung

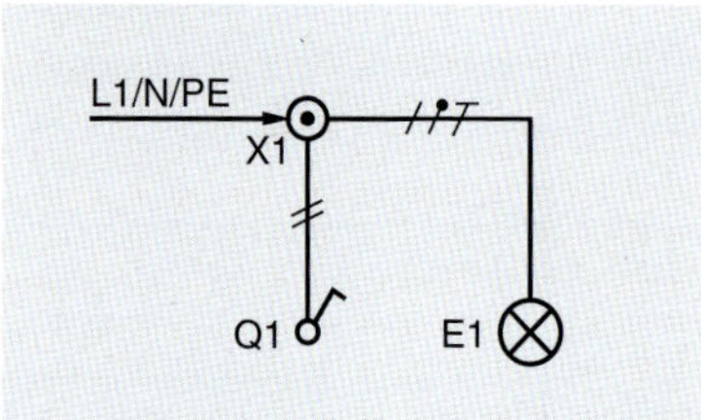

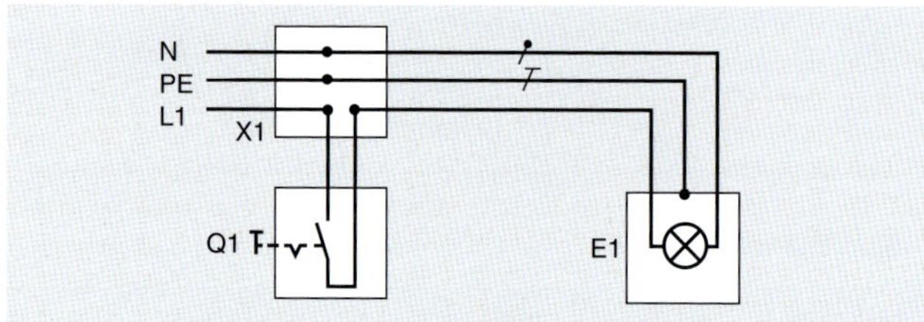

Serienschaltung

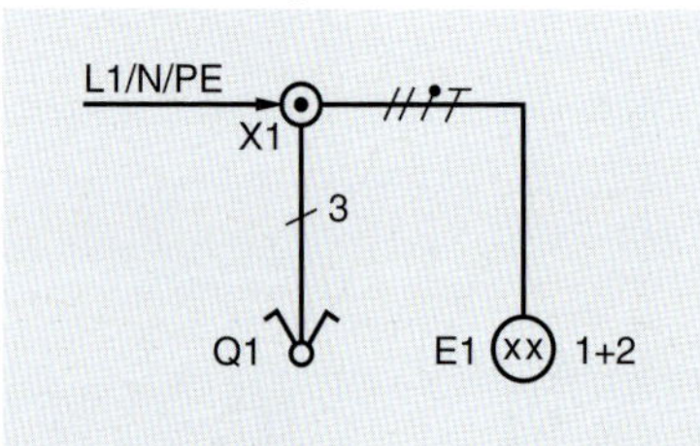

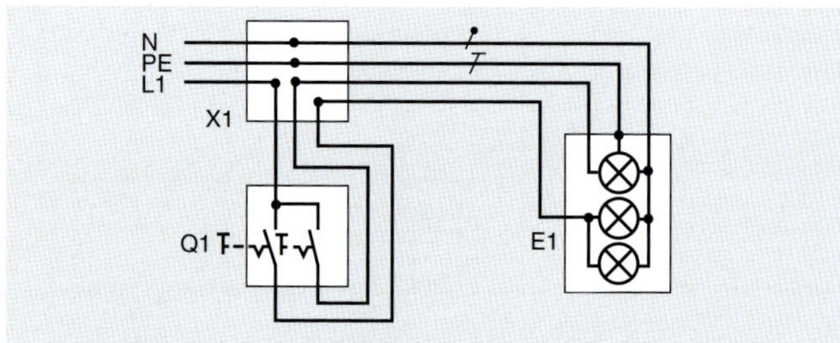

Wechselschaltung

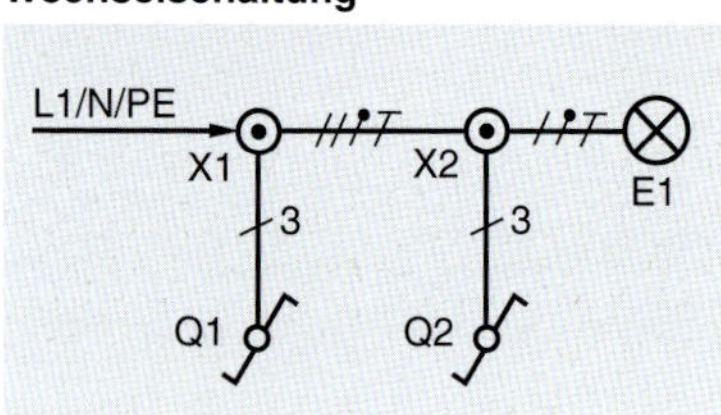

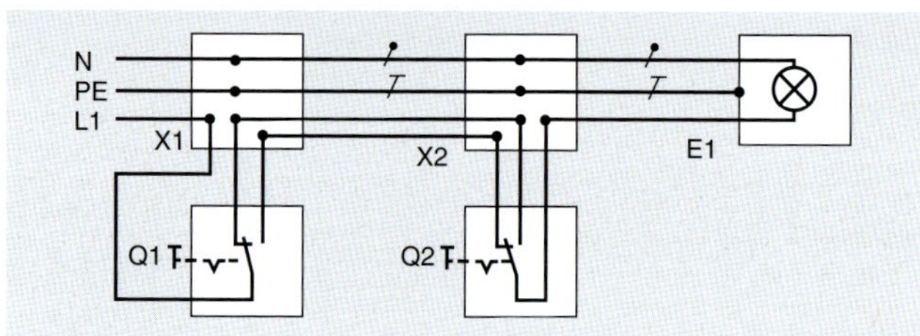

Sparwechselschaltung (mit Schutzkontaktsteckdose)

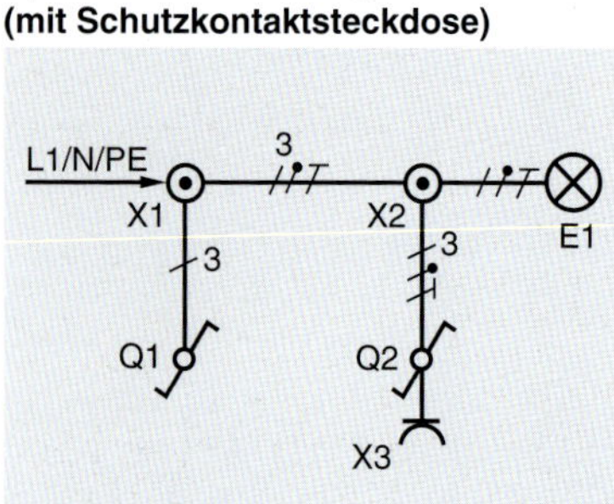

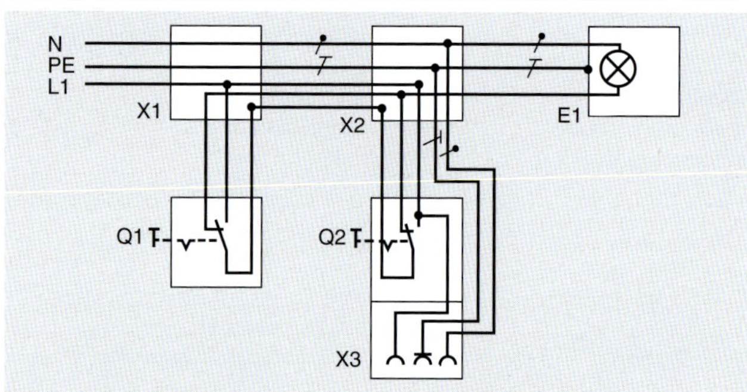

Kreuzschaltung

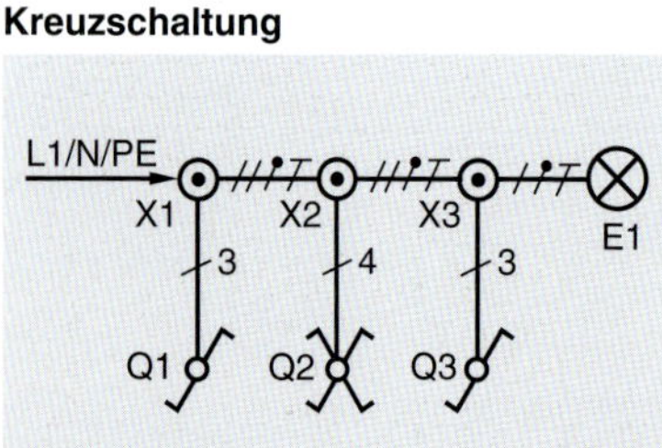

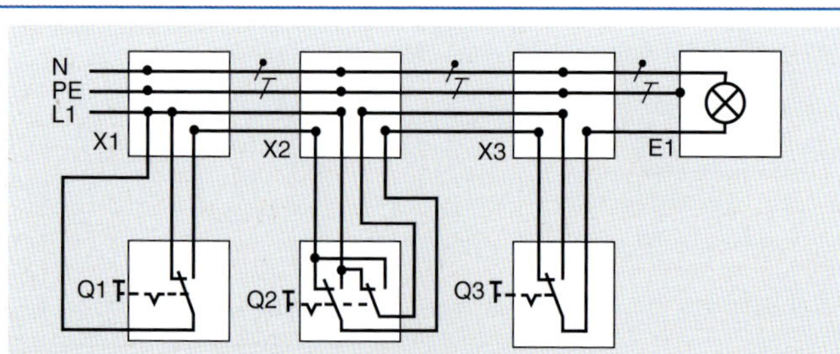

Schaltungen mit elektromagnetischen Schaltern

Übersichtsplan	Stromlaufplan in zusammenhängender Darstellung

Stromstoßschaltung

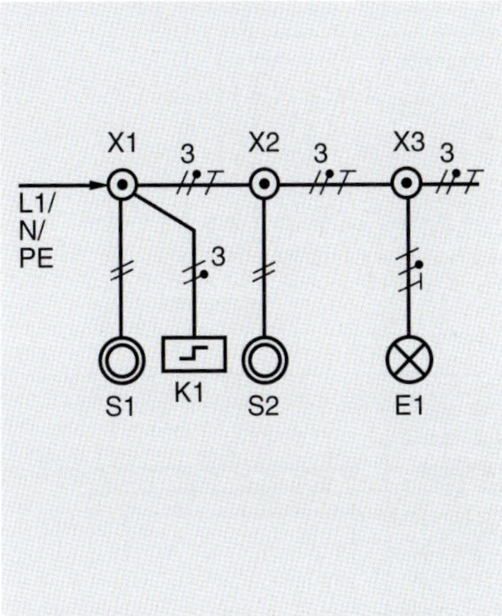

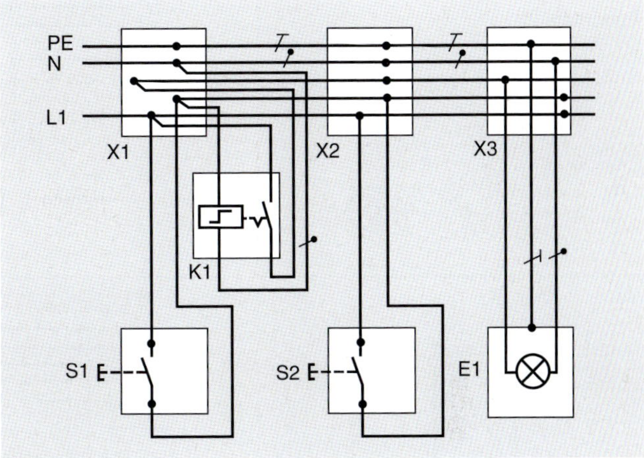

Treppenhausschaltung mit L-gesteuertem Dreileiteranschluss (nicht nachschaltbar)

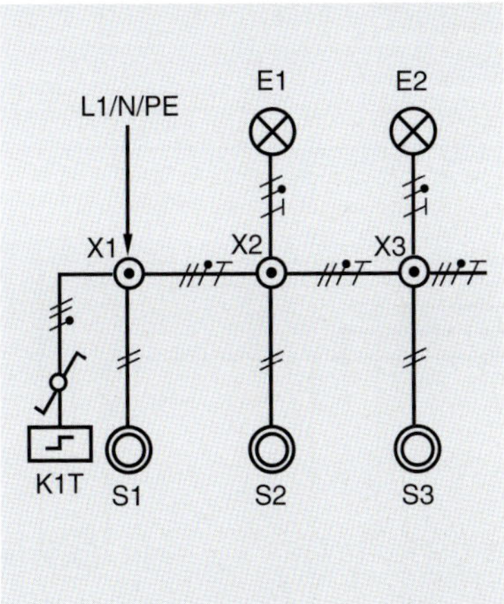

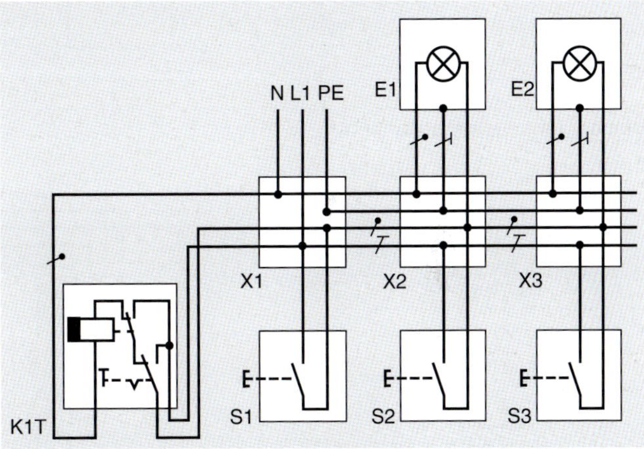

Treppenhausschaltung mit L-gesteuertem Vierleiteranschluss (nachschaltbar)

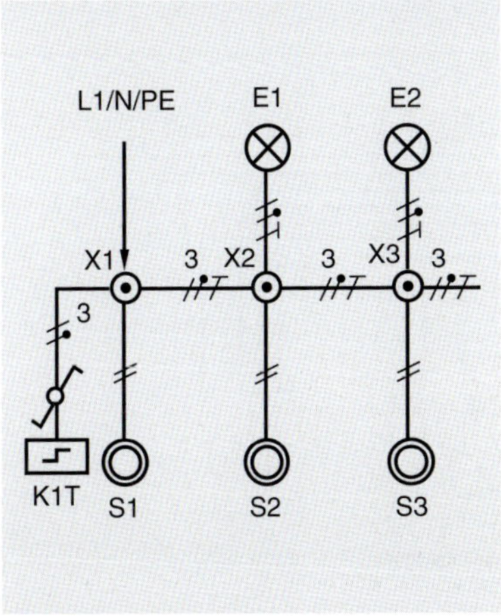

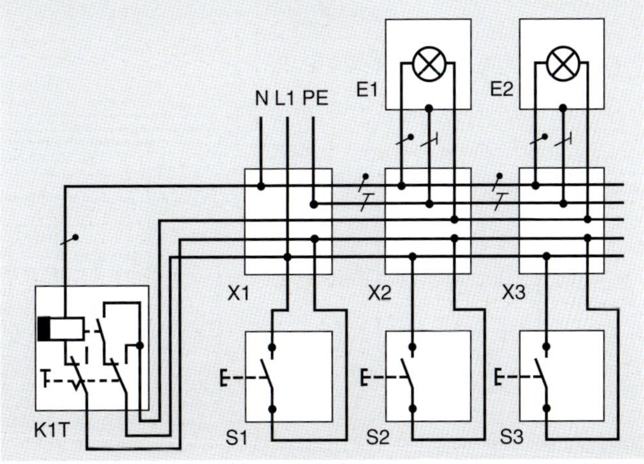

Schaltungen mit Dimmschaltern

Übersichtsplan	Stromlaufplan in zusammenhängender Darstellung

Dimmer für Glühlampen

Ausschaltung

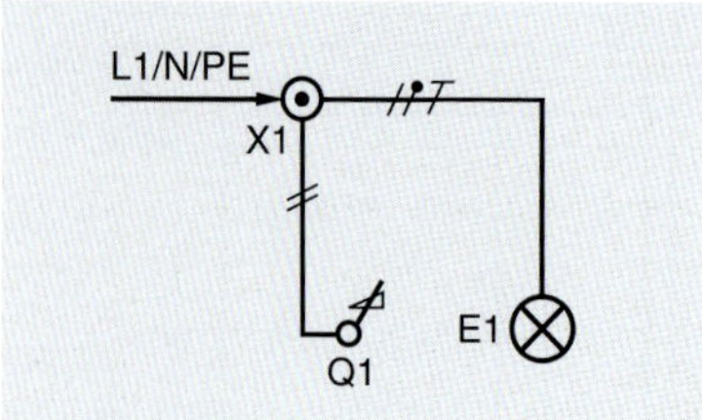

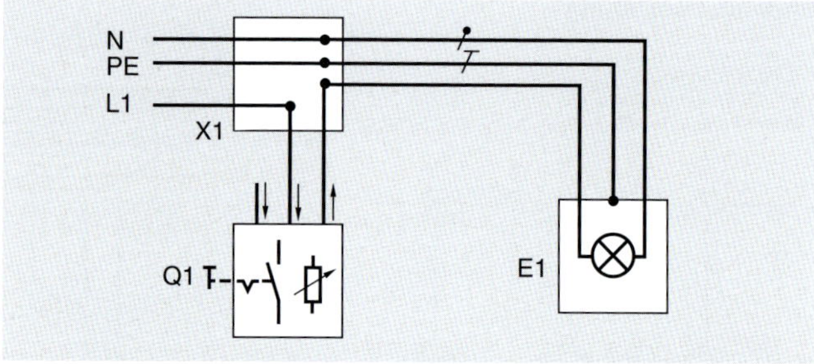

Wechselschaltung

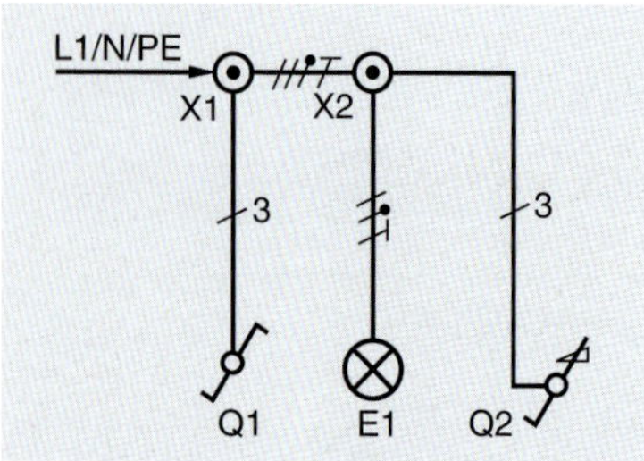

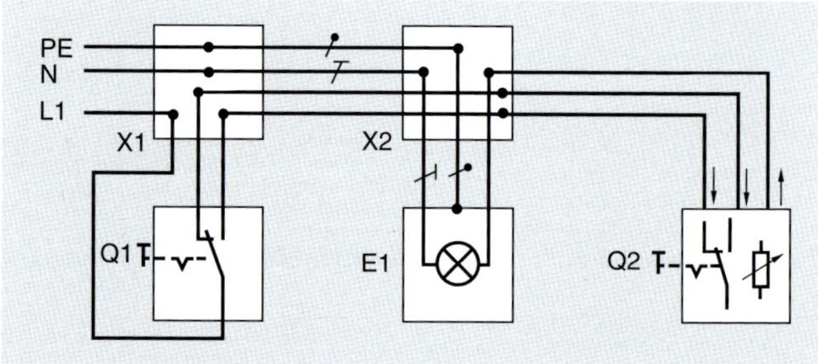

Dimmer für Leuchtstofflampen

Ausschaltung mit Vorschaltgerät

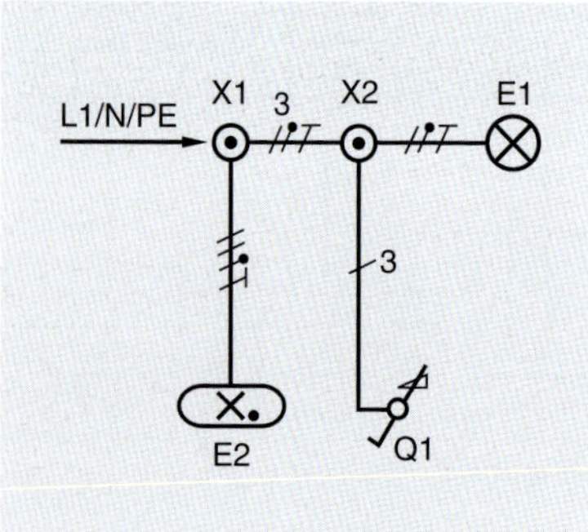

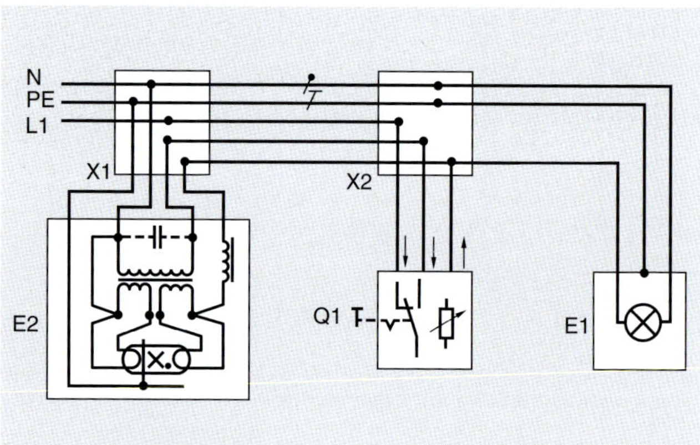

Wechselschaltung mit Vorschaltgerät

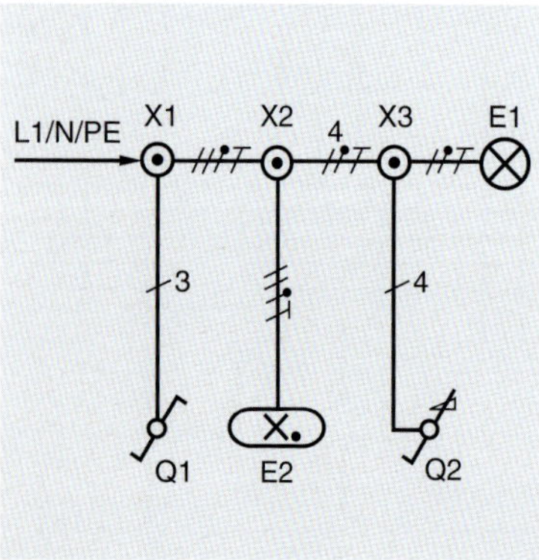

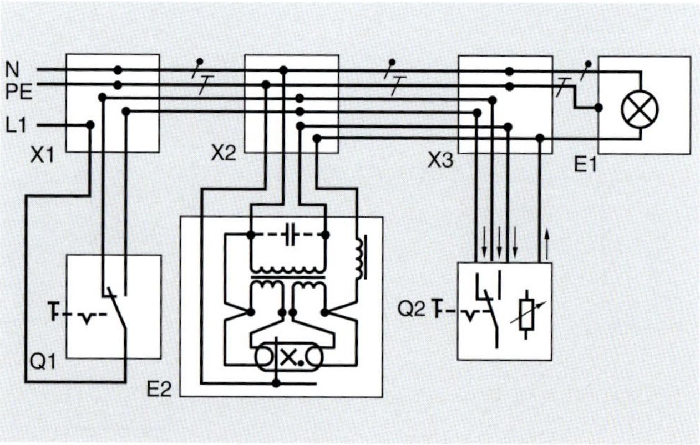

Normen

DIN EN 12464-1	Beleuchtung von Arbeitsstätten; Arbeitsstätten in Innenräumen
DIN EN 12665	Grundlegende Begriffe und Kriterien für die Festlegung von Anforderungen an die Beleuchtung
DIN 5040 Teil 1	Leuchten für Beleuchtungszwecke; Lichttechnische Merkmale und Einteilung
DIN 5040 Teil 2	Leuchten für Beleuchtungszwecke; Innenleuchten, Begriffe, Einteilung
DIN 6169 Teil 1	Farbwiedergabe; Allgemeine Begriffe
DIN 6169 Teil 2	Farbwiedergabe; Farbwiedergabe-Eigenschaften von Lichtquellen in der Beleuchtungstechnik
DIN VDE 0100 Teil 559	Errichten von Niederspannungsanlagen; Leuchten und Beleuchtungsanlagen
DIN VDE 0710 Teil 1	Vorschriften für Leuchten mit Betriebsspannungen unter 1000 V; Allgemeine Vorschriften
DIN VDE 0710 Teil 4	Leuchten mit Betriebsspannungen unter 1000 V; Sondervorschriften für erschwerte Bedingungen
DIN VDE 0710 Teil 11	Leuchten mit Betriebsspannungen unter 1000 V; Sondervorschriften für Einbau-Signalleuchten
DIN VDE 0710 Teil 14	Leuchten mit Betriebsspannungen unter 1000 V; Leuchten zum Einbau in Möbeln
DIN VDE 0711 Teil 1	Leuchten; Allgemeine Anforderungen und Prüfungen
DIN VDE 0712 Teil 30	Geräte für Lampen; Allgemeine und Sicherheitsanforderungen
DIN VDE 0712 Teil 31	Geräte für Lampen; Besondere Anforderungen an Startgeräte
DIN VDE 0712 Teil 40	Geräte für Lampen; Besondere Anforderungen an Wechselrichter und Konverter
DIN VDE 0712 Teil 41	Geräte für Lampen; Besondere Anforderungen an elektronische Module
DIN VDE 0715 Teil 1	Glühlampen – Sicherheitsanforderungen; Glühlampen für den Hausgebrauch
DIN VDE 0715 Teil 2	Glühlampen – Sicherheitsanforderungen; Halogen-Glühlampen
DIN VDE 0715 Teil 6	Lampen mit eingebautem Vorschaltgerät für Allgemeibeleuchtung; Sicherheitsanforderungen
DIN VDE 0715 Teil 8	Zweiseitig gesockelte Leuchtstofflampen; Sicherheitsanforderungen
DIN VDE 0715 Teil 9	Einseitig gesockelte Leuchtstofflampen; Sicherheitsanforderungen
DIN VDE 0715 Teil 10	Entladungslampen (ausgenommen Leuchtstofflampen); Sicherheitsanforderungen
DIN VDE 0715 Teil 12	Sonderlampen; Sicherheitsanforderungen
DIN VDE 0875 Teil 15-2	Einrichtungen für allgemeine Beleuchtungszwecke; EMV-Störfestigkeitsanforderungen

4.5 Hörfunk- und Fernsehempfangsanlagen

Begriffe

Antenne	Räumliche Anordnung elektrischer Leiter zur Abstrahlung bzw. zum Empfang hochfrequenter elektromagnetischer Wellen
Abgestimmte Antenne	Antenne, welche Frequenzen in der Nähe ihrer Resonanzfrequenz empfängt.
Richtcharakteristik	grafische Darstellung der Richtungsempfindlichkeit einer Antenne
Öffnungswinkel	Halbwertsbreite einer Antenne
Polarisation	Ausrichtung der von einer Sendeantenne abgestrahlten elektromagnetischen Wellen
Gewinnmaß (Antennengewinn)	Verhältnis der von einer Antenne an die Empfangsanlage abgegebenen Leistung zu der unter gleichen Bedingungen abgegebenen Leistung eines Normaldipols
Vor-Rück-Verhältnis	Maß für die Richtwirkung einer Antenne
Parabolantenne	Satellitenempfangsantenne zum Empfang elektromagnetischer Wellen im SHF-Breich
Elevation	Erhebungswinkel des Satelliten über dem Horizont
Azimut	Winkel zwischen der Nordrichtung und der Einfallsrichtung des Satellitensignals
Relativer Pegel	Spannungspegel einer Antenne, bezogen auf 1 μV als Bezugsspannung in dB
Aktives Übertragungsglied	verstärkendes Übertragungsglied, Verstärkungsmaß mit positivem Vorzeichen
Passives Übertragungsglied	dämpfendes Übertragungsglied, Verstärkungsmaß mit negativem Vorzeichen
Windlast	Last, welche eine Antenne an ihrer Befestigungsstelle auf das Standrohr ausübt, wenn Windstärke 12 herrscht.

4.5.1 Empfangsantennen

Frequenzen und Wellenlängen

$$\lambda = \frac{c_0}{f}$$

λ Wellenlänge; $[\lambda] = 1$ m
c_0 Ausbreitungsgeschwindigkeit (Lichtgeschwindigkeit) $c \approx 300\,000$ km/s
f Frequenz; $[f] = 1$ Hz

Bezeichnung	Kurzzeichen	Frequenzen	Wellenlängen
Langwellenbereich	LW	150 kHz … 285 kHz	2000 … 1052 m
Mittelwellenbereich	MW	510 kHz … 1605 kHz	588 … 187 m
Kurzwellenbereich	KW	3,95 MHz … 26,10 MHz	76 … 11,5 m
Fernsehbereich I (VHF)	F I	47 MHz … 68 MHz	6,4 … 4,4 m
Ultrakurzwellenbereich	UKW	87,5 MHz … 108 MHz	3,4 … 2,8 m
Fernsehbereich III (VHF)	F III	174 MHz … 230 MHZ	1,7 … 1,3 m
Fernsehbereich IV (UHF)	F IV	470 MHz … 606 MHz	0,64 … 0,45 m
Fernsehbereich V (UHF)	F V	606 MHz … 862 MHz	0,45 … 0,35 m
Satelliten-Empfangsbereich (SHF)	SAT	10,7 GHz … 12,75 GHz	2,8 … 2,35 cm

VHF – very high frequency: sehr hohe Frequenz
UHF – ultra high frequency: ultrahohe Frequenz
SHF – super high frequency: extrem hohe Frequenz

Fernsehkanäle

Band	I	III	IV	V	SAT
Kanäle	2 …… 4	5 …… 12	21 …… 39	40 …… 60	40 Kanäle je 19,18 MHz

Antennen

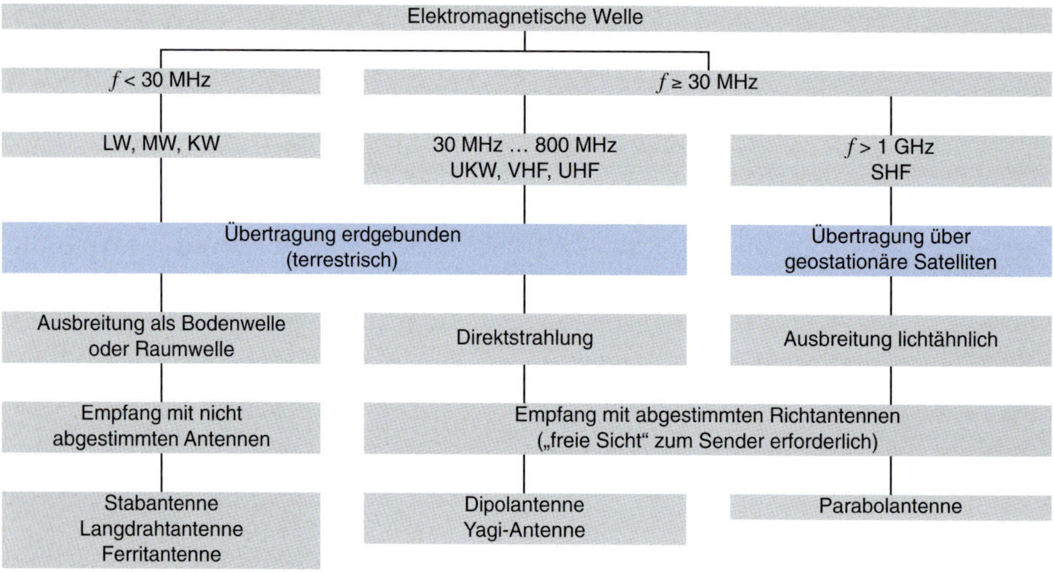

Abgestimmte Antennen für terrestrischen Empfang

Dipolantenne

Gestreckter Dipol

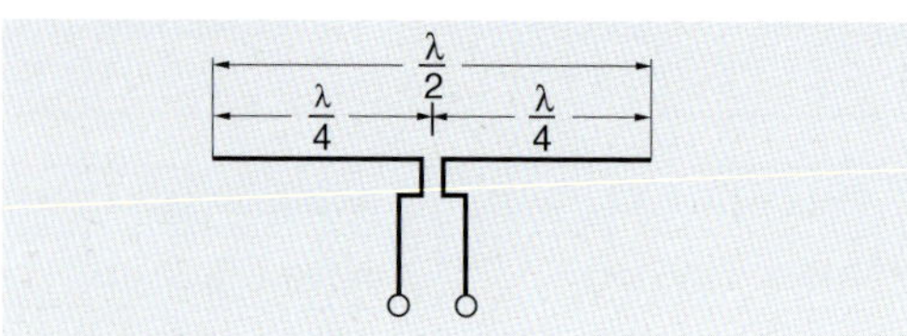

Antenneninnenwiderstand
$Z_A \approx 75\ \Omega$

Faltdipol

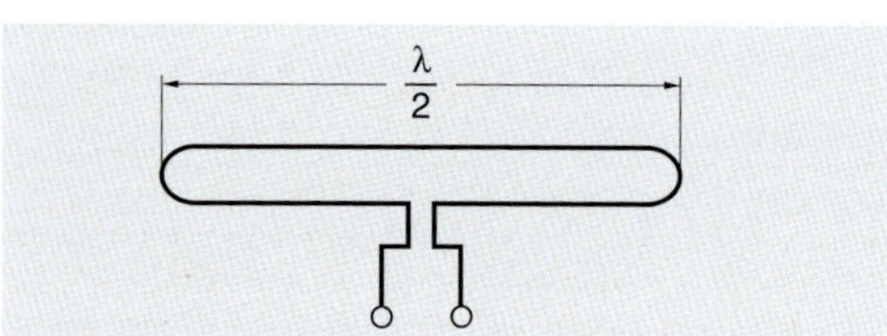

Antenneninnenwiderstand
$Z_A \approx 300\ \Omega$

Yagi-Antenne

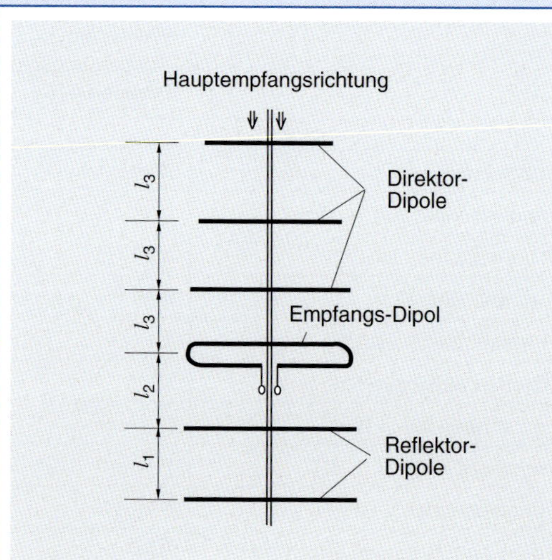

$l_1 = 0{,}15 \dots 0{,}25\ \lambda$
$l_2 < 0{,}1\ \lambda$
$l_3 = 0{,}1\ \lambda$

Antenneneigenschaften

<table>
<tr><td>Richt-charakteristik</td><td>Polarkoordinatendarstellung
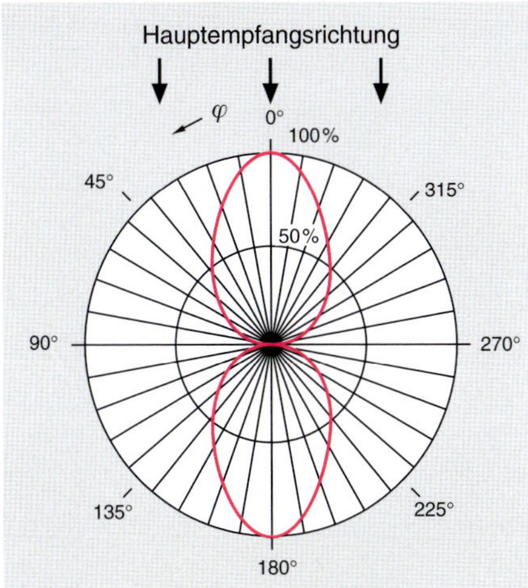
</td><td>kartesische Koordinatendarstellung
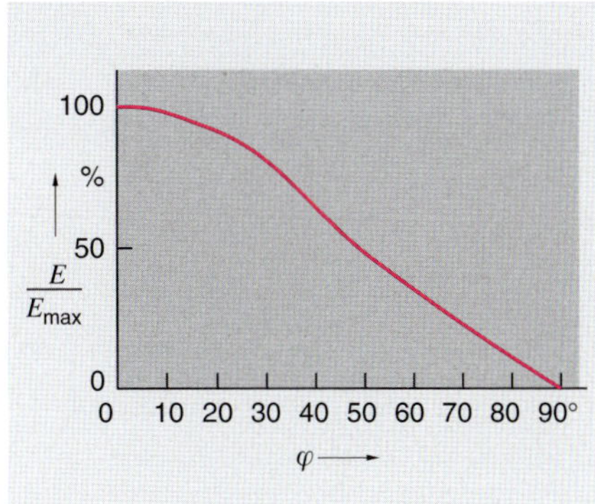

E elektrische Feldstärke
E_{max} maximale elektrische Feldstärke
φ Empfangswinkel, bezogen auf Hauptempfangsrichtung</td></tr>
<tr><td>Öffnungs-winkel</td><td>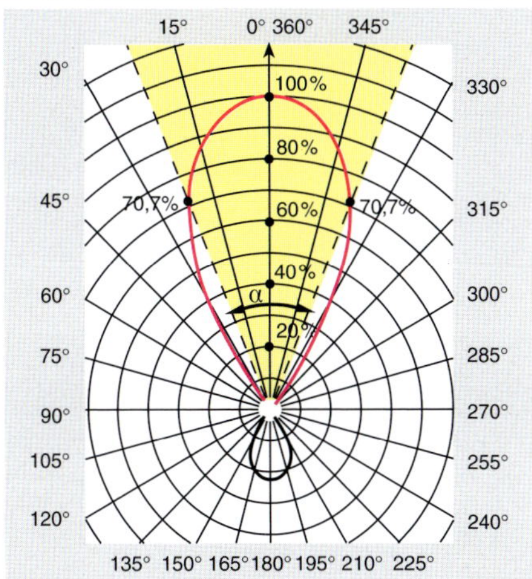
</td><td>α Halbwertsbreite
bei U_{RICHT} = 70,7 % $U_{RICHT\text{-}max}$
$U_{RICHT\text{-}max}$ maximale Antennenspannung der Richtantenne bei $\varphi = 0°$</td></tr>
<tr><td>Polarisation</td><td>Horizontale Ausrichtung
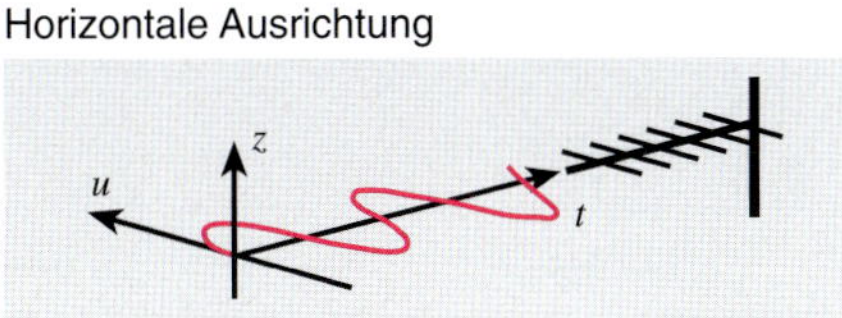
</td><td>Vertikale Ausrichtung
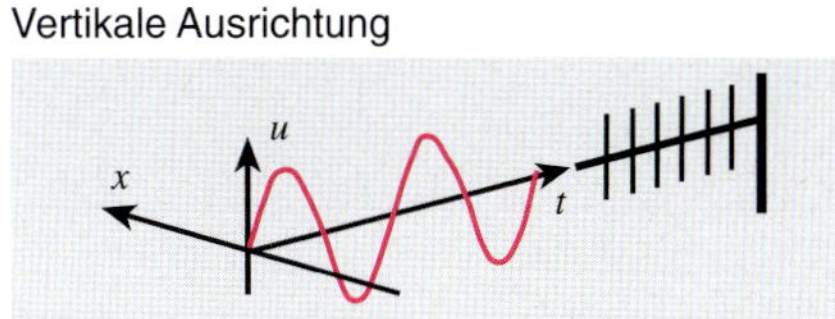
</td></tr>
<tr><td>Gewinn</td><td>$$\frac{P_{RICHT}}{P_{DIPOL}} = \frac{U^2_{RICHT}}{U^2_{DIPOL}}$$
$$g = 20 \cdot \lg \frac{U_{RICHT}}{U_{DIPOL}} \text{ dB}$$</td><td>P_{RICHT} Empfangsleistung der Richtantenne
P_{DIPOL} Empfangsleistung des Normaldipols
U_{RICHT} Antennenspannung der Richtantenne
U_{DIPOL} Antennenspannung des Normaldipols
g Gewinn in dB (Dezibel)</td></tr>
<tr><td>Vor-Rück-Verhältnis</td><td>$$k\,(\text{VRV}) = 20 \cdot \lg \frac{U_{V\text{-}RICHT}}{U_{R\text{-}RICHT}} \text{ dB}$$</td><td>k Vor-Rück-Verhältnis
$U_{V\text{-}RICHT}$ Antennenspannung der Richtantenne aus der Hauptempfangsrichtung
$U_{R\text{-}RICHT}$ Mittelwert der Antennenspannung einer Richtantenne aus der 180°-Richtung und dem größten Nebenzipfel im rückwärtigen Raum</td></tr>
</table>

Typische Kenngrößen und Kennwerte von Antennen für terrestrischen Empfang

Antennen	Band	Richtcharakteristik	Gewinn in dB	Vor-Rück-Verhältnis (in dB)	Windlast in N
UKW-Dipol (mit Stabantenne) 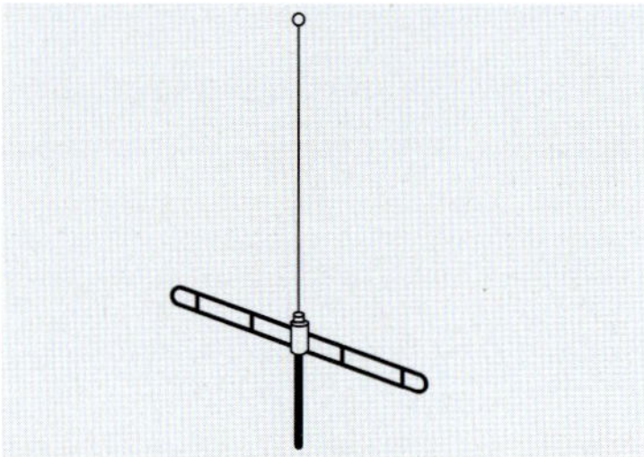	UKW (LMK)	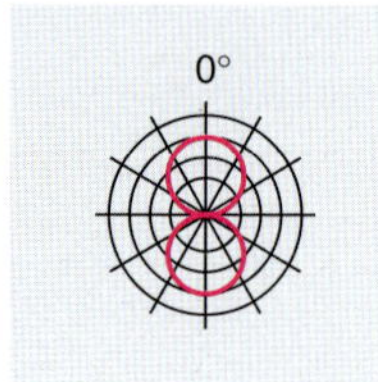	0	1 : 1 (0)	
VHF-4-Element-Antenne 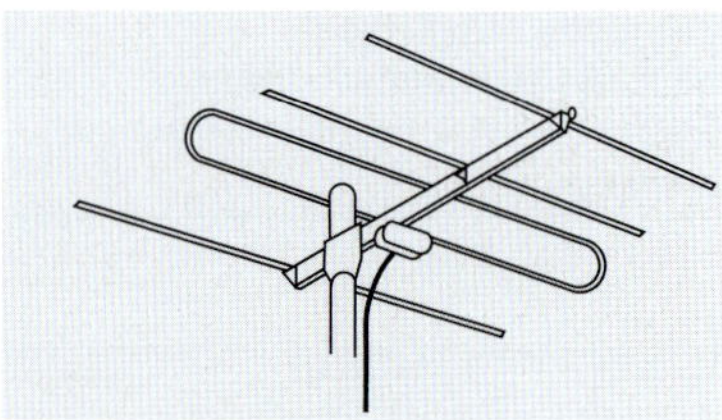	FS III	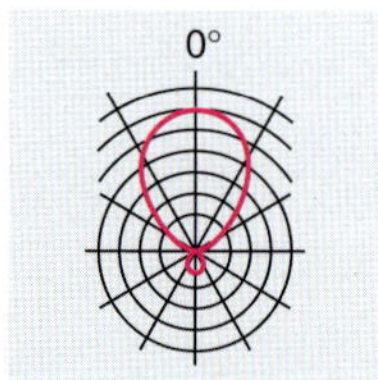	5,5	7,1 : 1 (17)	13
UHF-17-Element-Antenne 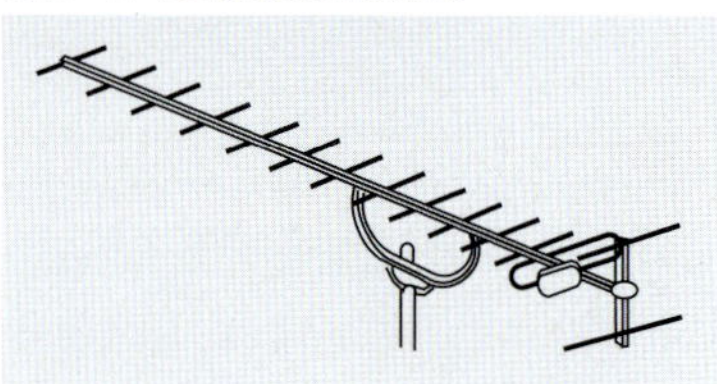	FS IV und V	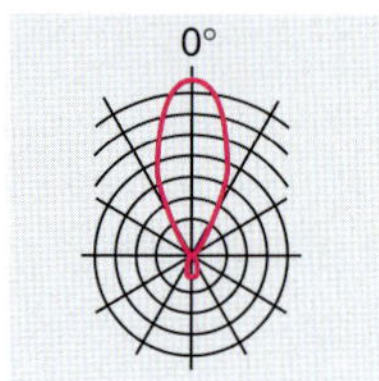	12	17,8 : 1 (25)	42
UHF-Breitband-Antenne (mit Reflektor) 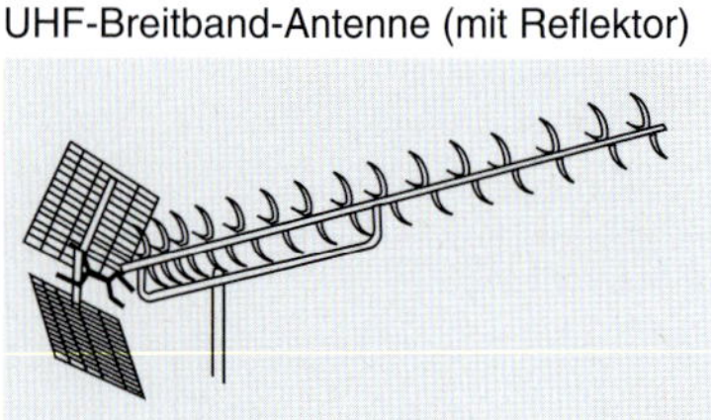	FS IV und V	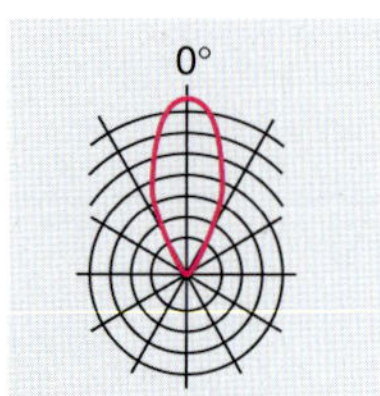	16	31,6 : 1 (30)	140

Parabolantennen und Kenngrößen

Parabolantennen	Offsetgespeist	Zentral gespeist
	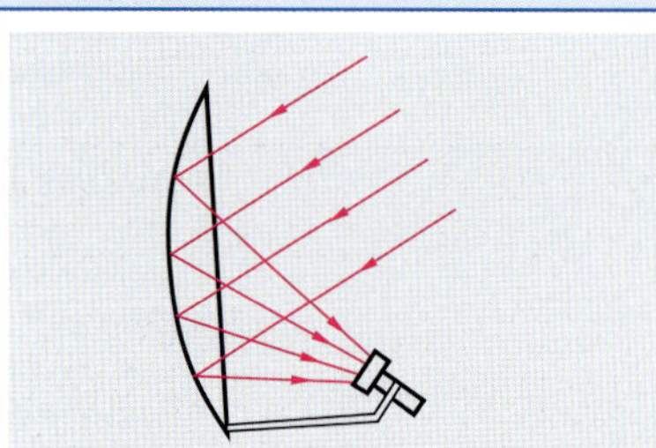	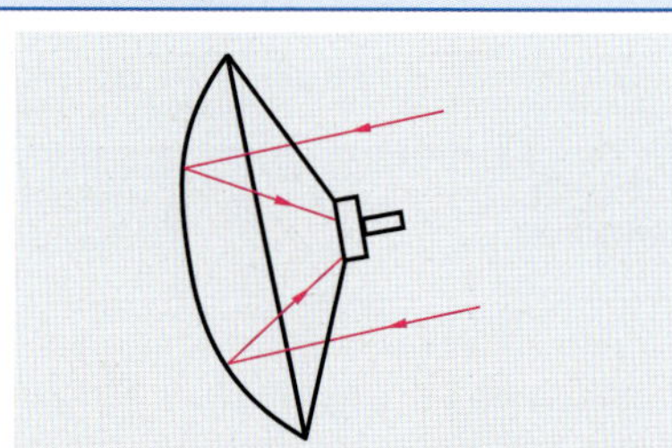

Parabolantennen	Offsetgespeist			Zentral gespeist	
d_{min}	$\geq 10 \cdot \lambda$			$\geq 20 \cdot \lambda$	
d in m	0,60	0,90	1,20	1,50	1,80
η (Fläche) in %	60 … 70	60 … 70	60 … 70	50 … 60	50 … 60
g bei f = 12,1 GHz in dB	34,75	38,5	41,2	43,3	44,9
α in °	≤ 3	≤ 2	≤ 1,5	≤ 1,2	≤ 1,2
F_W in N	276	660	1300	2000	2700

d_{min} Mindestantennendurchmesser in Abhängigkeit von der Wellenlänge
d Antennendurchmesser
η (Fläche) Flächenwirkungsgrad
g Antennengewinn
α Halbwertsbreite
F_W Windlast

Ausrichtung von Parabolantennen

Elevation

Azimut

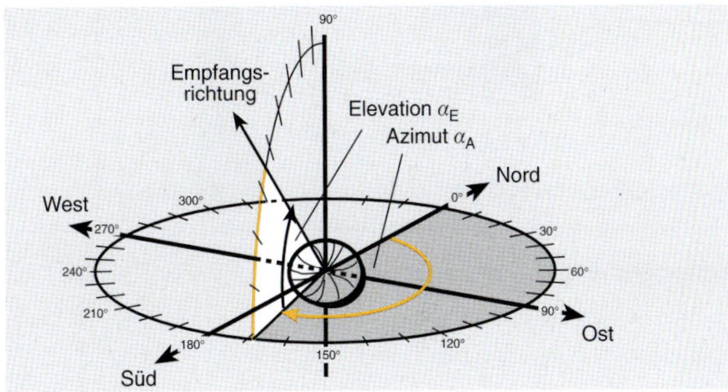

4.5.2 Übertragungselemente und ihre Kennwerte

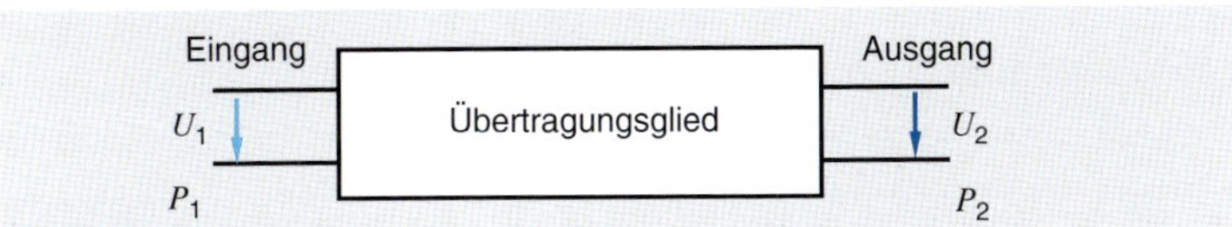

Aktives Übertragungsglied	**Passives Übertragungsglied**
■ Antennenverstärker verstärktes Verhalten $U_2 > U_1$ und $P_2 > P_1$	■ Koaxial-Leitungen ■ Verteiler ■ Abzweigung ■ Durchgangs- und Enddosen gedämpftes Verhalten $U_2 < U_1$ und $P_2 < P_1$

Verstärkungsmaß	**Dämpfungsmaß**
$v = 20 \cdot \lg \frac{U_2}{U_1}$ dB	$a = 20 \cdot \lg \frac{U_2}{U_1}$ dB

Übertragungsverhalten der Übertragungselemente

Relativer Pegel $L_u = 20 \cdot \lg \frac{U_2 \text{ dB}\mu\text{V}}{1\ \mu\text{V}}$

L_u Spannungspegel
U_2 Ausgangsspannung des Übertragungselementes
1 µV Bezugsspannungswert

Übertragungselemente – Schaltzeichen

Antenne allgemein	Antennen-verstärker	Koaxial-hohlleitung	Antennen-weiche	Verteiler	Abzweigung	Durch-gangsdose	Enddose
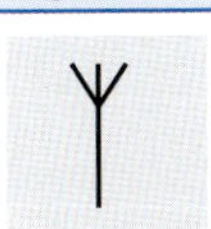	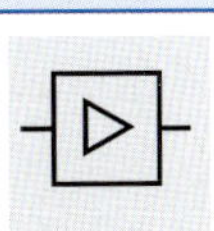	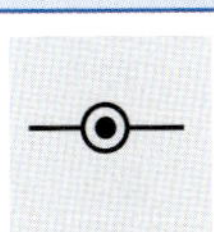	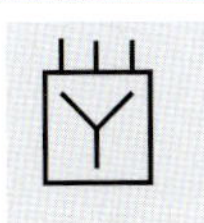	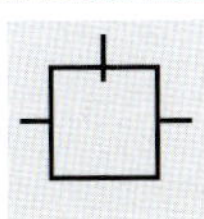	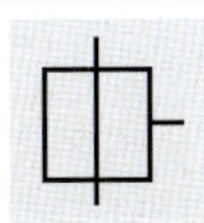	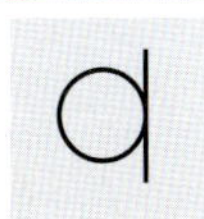	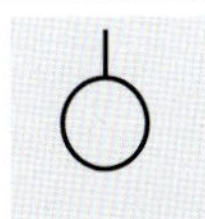

Passive Übertragungsglieder

Aufbau und Kenngrößen von Koaxial-Leitungen

Aufbau von Koaxial-Leitungen

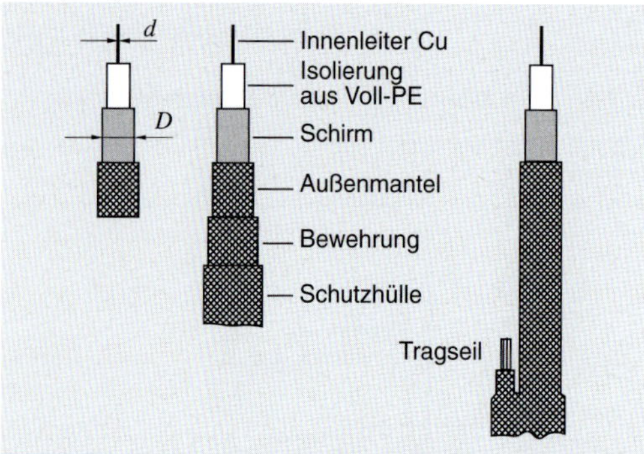

Kenngrößen

Wellenwiderstand

$Z = 75\ \Omega$

$Z = \sqrt{\frac{L'}{C'}}$

$[Z] = \sqrt{\frac{1\ \text{H/m}}{1\ \text{F/m}}}$

$[Z] = 1\ \Omega$

Z Wellenwiderstand
L' Leitungsinduktivität $[L'] = 1$ H/m
C' Leitungskapazität $[C'] = 1$ F/m
d Innendurchmesser
D Außendurchmesser

Kennzeichnung von Koaxial-Leitungen

75 – J – 0,7 / 4,8 – Cu

- 75: Wellenwiderstand 75 Ω
- J: Innenleiter
- 0,7: Innendurchmesser
- 4,8: Außendurchmesser
- Cu: Abschirmfolie Kupfer

Mittleres frequenzabhängiges Dämpfungsmaß in dB

Übertragungselement Koaxial-Leitung	Frequenzbereich					
	L/MW	UKW	Band III	Band IV	Band V	Band VI
	Dämpfungsmaß a_K für l = 100 m					
75 – J – 0,7/4,8 - Cu	–1	–8	–12	–18	–24	–28

Weitere Übertragungselemente (Auswahl) – Frequenzabhängiges Dämpfungsmaß in dB

Übertragungselement		Formelzeichen	FS-Band I/III / UKW	FS IV/V
			Dämpfung in dB	
Antennenweiche		a_W	–1	–2
Abzweiger/Verteiler	Abzweigerdämpfung	a_{AA}	–11	–13
	Durchgangsdämpfung	a_{DD}	–1,4	–2.1
Durchgangsdose	Durchgangsdämpfung	a_{DD}	–1,3	–2
	Anschlussdämpfung	a_{AD}	–13	–14
Enddose	Anschlussdämpfung	a_{AD}	–13	–14

Aktive Übertragungsglieder

Frequenzabhängiges Verstärkungsmaß für Antennenverstärker

FS-Band	Verstärkertyp		
	S2-42-N	S342 N	K-1355
	Verstärkungsmaß in dB		
VHF/I	16	16	22
UKW	16	16	22
VHF/III	16	16	30
UHF IV–V	16	24	28

4.5.3 Planung von Empfangsanlagen

Pegel für störungsfreien Empfang

Frequenzbereich	Mindest- und Höchstpegel je Frequenzband						
	Einzel- und Gemeinschaftsanlagen					Breitband-Kommunikationsanlagen	
	Pegel am Empfängeranschluss in dB µV (L_E)		Antennenpegel für Bildwiedergabe in dB µV (L_A)				
	Minimum	Maximum	gut	ausreichend	gestört	Minimum	Maximum
Fernsehen							
I	52	84	59	52 … 56	50	60	84
III	54	84	57	50 … 54	48	60	84
IV und V	57	84	63	56 … 60	54	–	–
Rundfunk UKW	Mono 40 Stereo 50	80 80				56	80

Schrittfolge zur Planung von Empfangsanlagen

1. Schritt	■ Ermitteln aller Empfänger-Anschlusspunkte mit genauem Standort ■ Wahl des Antennenstandortes
2. Schritt	Festlegen der Verteilerstruktur Reihenverteilnetz 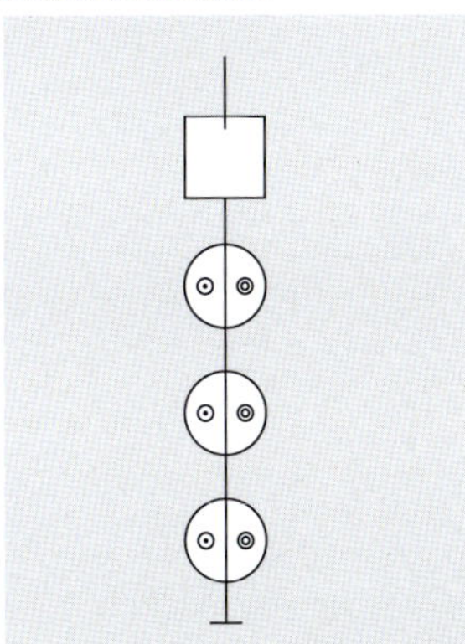 Sternverteilnetz 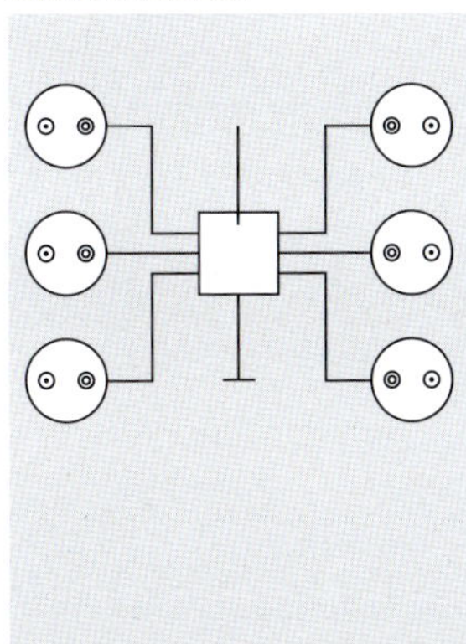 Baumverteilnetz 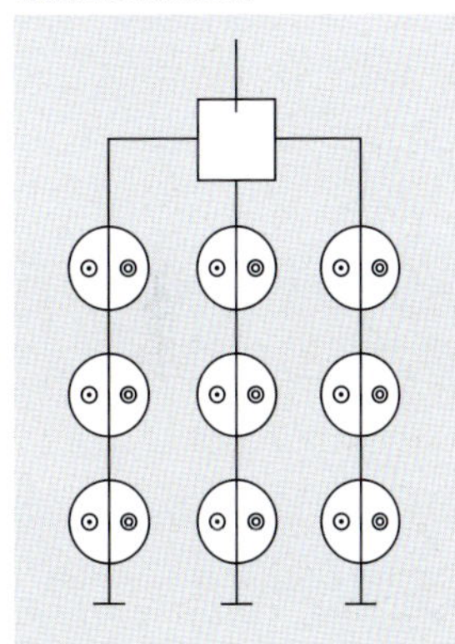
3. Schritt	Anlagenplan mit genauen Längen der Leitungsabschnitte darstellen
4. Schritt	Messtechnische Erfassung des vorliegenden Pegels am Antennenstandort
5. Schritt	Auswahl der passiven Übertragungselemente
6. Schritt	Ermittlung der „ungünstigsten“ und der „günstigsten“ Antennen-Anschlussdose hinsichtlich der zu erwartenden Pegel [Mindest- (L_{Dmin}) und Höchstpegel (L_{Dmax})]
7. Schritt	Berechnung der Anlagendämpfung a_{ges} $a_{ges} = a_W + \ldots + a_K + a_{DD} + a_{AD}$
8. Schritt	Berechnen der notwendigen Mindestverstärkungspegel L_{Vmin} $L_{Vmin} = L_{Dmin} + a_{ges}$ (ungünstigste Antennen-Anschlussdose) Berechnen des Mindestverstärkungsmaßes des Verstärkers V_V $V_V = L_{Vmin} - L_{A(gemessen)}$
9. Schritt	Übersteuerungskontrolle für günstigste Antennen-Anschlussdose Verstärkerauswahl aus Firmenliste
10. Schritt	Komplettzeichnung der Anlage und Stückliste erstellen

Empfangsanlagen

Einzelanlagen

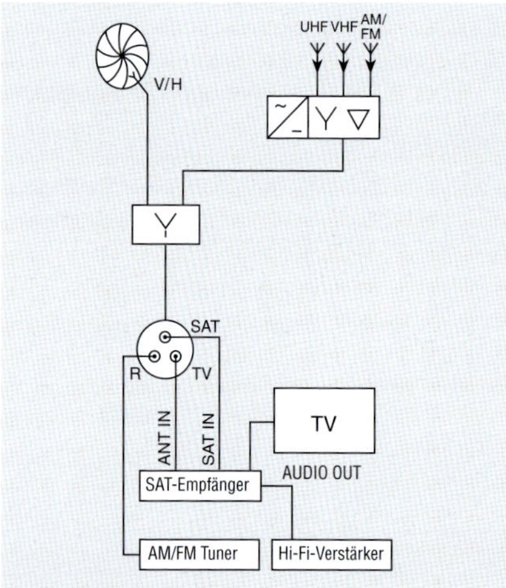

Gemeinschaftsanlagen (GA)

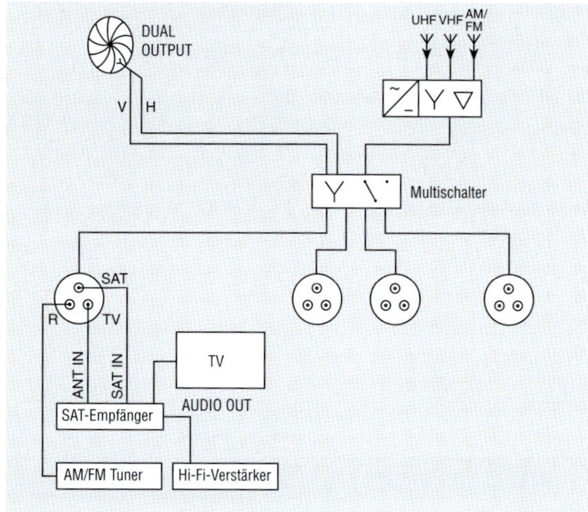

Breitbandkommunikationsanlagen (BK)

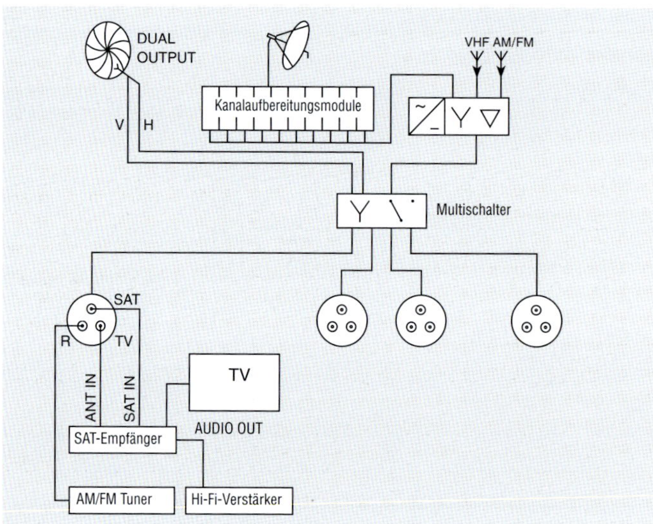

Frequenzbereiche im BK-Netz

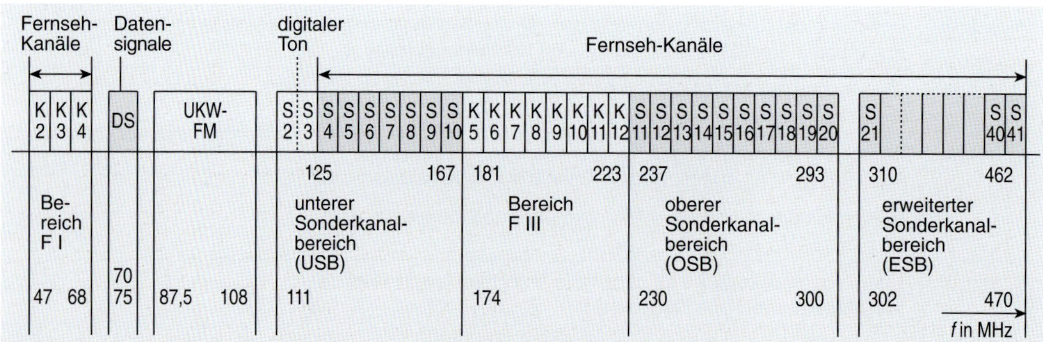

Antennenmontagerichtlinien

Mechanische Festigkeit der Antennenanordnung
bei

- Einspannlänge des Antennenstandrohres von mindestens $^1/_6$ seiner Gesamtlänge
- angenommenem Staudruck von 800 N/m² = Windstärke 12
- Standrohrende unterhalb der 20-m-Grenze der Geländeüberhöhung
- Bei Überschreiten der Geländeüberhöhung um 20 m wird für die Windlast ein Korrekturfaktor von 1,37 erforderlich.
- Bei Standrohrlänge > 6 m oder $M_B \geq 1650$ Nm sind gesonderte Vorschriften zu beachten.

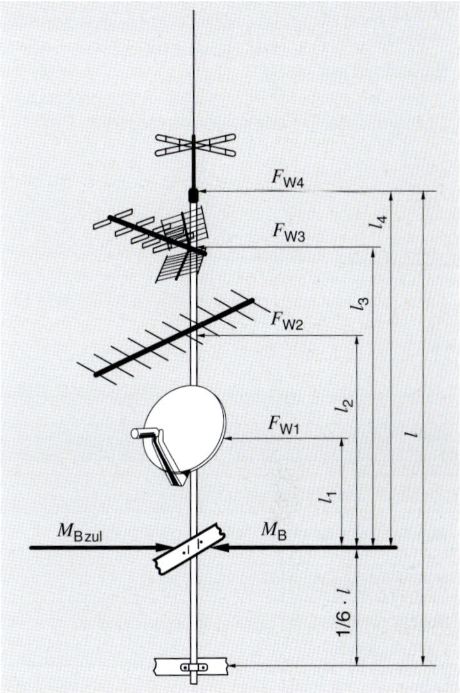

Windlast

Windlastmoment	$M_B = F_{W1} \cdot l_1 + F_{W2} \cdot l_2 + \ldots + F_{Wn} \cdot l_n$	M_B Windlastmoment bei Biegebeanspruchung; $[M_B]$ = 1 Nm F_{W1} Windlast; $[F_W]$ = 1 N l Montagehöhe; $[l]$ = 1 m
Zulässigkeitskriterium	$M_B < M_{B\,zul}$	$M_{B\,zul}$ zulässiges Windlastmoment

Standrohre (Auswahl)

Standrohrlänge		4 m		5 m		6 m		
Standrohrtyp		ZSD 47	ZSD 48	ZSF 47	ZSF 48	ZSH 47	ZSH 48	ZSH 59
Zulässiges Windlastmoment bei einer Nutzlänge von … in Nm	5 m	–	–	–	–	320	850	1150
	4 m	–	–	500	1040	430	960	1280
	3 m	590	1170	540	1080	–	–	–

Mindestabstände der Antennen untereinander in m (Dachabstand ≥ 0,80 m)

	FS-Band I	UKW	FS-Band III	FS-Band IV	FS-Band V
FS-Band I	2,50	1,40	1,40	0,80	0,80
UKW	1,40	1,10	0,80	0,80	0,80
FS-Band III	1,40	0,80	0,80	0,80	0,80
FS-Band IV	0,80	0,80	0,80	0,60	0,50
FS-Band V	0,80	0,80	0,80	0,50	0,50

Mindestabstand zu anderen Anlageteilen

- Abstand waagerecht
  zwischen Antennenanlage und Niederspannungs-Freileitungen **mindestens 1 m**
- Abstand senkrecht
  bei Kreuzung der Antennenanlage und Niederspannungs-Freileitungen **mindestens 1 m**

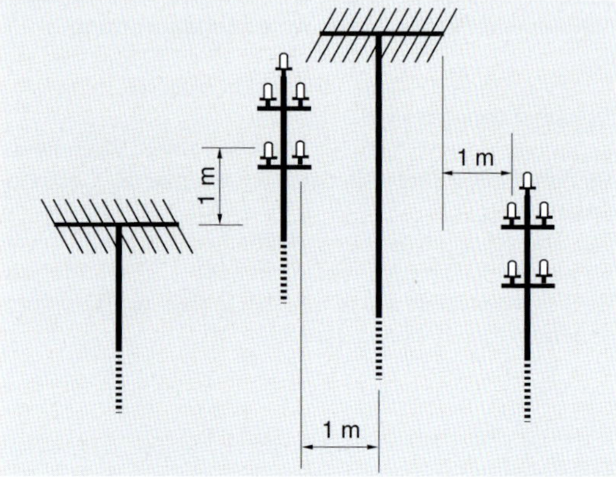

Erdungsmaßnahmen in Empfangsanlagen

Äußerer Blitzschutz vorhanden
■ Standrohr ist in die Ableitung einzubinden

Kein äußerer Blitzschutz vorhanden
■ Standrohr ist mit dem Gebäudeerder zu verbinden

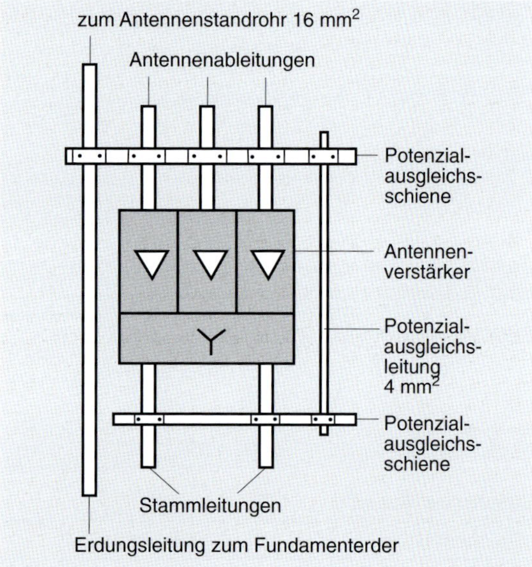

Normen

DIN VDE 0855 Teil 1 (DIN EN 50083-1)	Kabelverteilsysteme für Ton- und Fernseh-Rundfunksignale, Sicherheitsanforderungen
DIN VDE 855 Teil 300	Funksende-/-empfangssysteme für Senderausgangsleistungen bis 1 kW, Sicherheitsanforderungen
DIN VDE 0887 Teil 1 (DIN EN 50117-1)	Koaxialkabel – Fachgrundspezifikation
DIN VDE 0887 Teil 2-1 (DIN EN 50117-2-1)	Koaxialkabel Rahmenspezifikation für Kabel für Kabelverteilanlagen Hausinstallationskabel im Bereich von 5 MHz – 1000 MHz
DIN 45330	Antennensteckdose zum Anschluss von Empfänger-Anschlusskabeln an Antennenanlagen; Hauptmaße
DIN 45313	Ausgangswerte von Empfangs-Antennenanlagen für Ton- und Fernseh-Rundfunk im Frequenzbereich von 0,1 bis 1000 MHz

4.6 Geräte und Anlagen der Wärmetechnik

Geräte und Anlagen der Wärmetechnik

- **4.6.1 Wärmetechnische Größen und Gesetzmäßigkeiten**
  Seite 308
- **4.6.2 Geräte und Systeme**
  Seite 311
  - **Koch- und Backofensysteme**
    - Kochplatten und -flächen
    - Standard- und Umluftbacköfen
  - **Warmwassergeräte**
    - Offene Geräte
    - Geschlossene Geräte
  - **Elektrische Heizsysteme**
    - **Wärmebedarf für Räume**
    - **Direkt- und Speicherheizgeräte**
    - **Fußbodenheizungen**
    - **Wärmepumpen**

Begriffe

Offene Warmwassergeräte	Elektrische Haushaltsgeräte zur Erwärmung von Wasser, denen über ein ständig offenes Überlaufrohr Warmwasser entnommen werden kann.
Geschlossene Warmwassergeräte	Elektrische Haushaltsgeräte zur Erwärmung von Wasser, die ständig unter dem Netzleitungsdruck stehen.
Elektroherde	Elektrische Geräte, die meist Koch- und Backsysteme vereinen und sich durch ihre Wärmequellen und die Wärmeübertragung auf das Koch- und Backgut unterscheiden.
Elektrische Speicherheizgeräte	Geräte speichern innerhalb der durch die Verteilungsnetzbetreiber (VNB) vorgegebenen Freigabezeiten die durch elektrische Energie erzeugte Wärme und geben sie bei Bedarf während der Benutzungszeiten an die Raumluft ab.
Aufladestromkreis	Stromkreis eines Speicherheizgerätes, der z. B. über ein von einem Rundsteuergerät des Verteilungsnetzbetreibers gesteuertes Schütz während der Freigabezeit eingespeist wird.
Entladestromkreis	Ein über eine getrennte Spannungsversorgung gesteuerter Stromkreis eines Speicherheizgerätes, damit auch außerhalb der Freigabezeiten Wärme über einen Lüfter (Gebläse) abgegeben werden kann.

4.6.1 Wärmetechnische Größen und Gesetzmäßigkeiten

Erzeugen der Wärmeenergie

Wesentliches Merkmal des elektrischen Stromes ⇒ **Wärmewirkung**

Joule´sches Gesetz Die Zunahme der Wärmemenge Q einer Stoffmenge ist gleich der zugeführten elektrischen Arbeit W_{th}.

$W_{th} = I^2 \cdot R \cdot t$

- W_{th} Wärmemenge in J (Joule); 1 J = 1 Ws
- I Stromstärke in A
- R Widerstand in Ω
- t Zeitdauer in s

$W_{th} = J^2 \cdot \varrho \cdot V \cdot t$

- J Stromdichte in A/mm²
- ϱ spezifischer Widerstand in Ωmm²/m
- V Volumen des Leiters in cm³
- t Zeitdauer in s

Temperatur ⇒ Kennzeichen des Wärmezustandes eines Stoffes

Einheit der Temperatur $[\vartheta]$ = 1 °C (1 Grad Celsius); $[T]$ = 1 K (1 Kelvin)

$T = 0\ K \triangleq \vartheta = -273\ °C$

$\vartheta = 0\ °C \triangleq T = 273\ K$

Temperaturunterschiede sind unabhängig von der gewählten Einheit: $\Delta\vartheta = \Delta T$

Wärmemenge und Temperaturerhöhung

$W_{th} = m \cdot c \cdot \Delta\vartheta$

- W_{th} Wärmemenge in J
- m Masse, Stoffmenge in kg
- c spezifische Wärme(kapazität) in J/(kg · K)
- $\Delta\vartheta$ Temperaturerhöhung in K

Temperaturerhöhung und Änderung des Aggregatzustandes der Stoffmenge:
$W_{th} = m \cdot c \cdot \Delta\vartheta + m \cdot L_S + m \cdot L_V$

Größe	Formelzeichen	Einheit	Bedeutung
Wärmemenge	Q oder W_{th}	J oder Ws	Maß für die in einer Stoffmenge enthaltene Wärmeenergie
spezifische Wärmekapazität	c	J/(kg · K)	Wärmemenge, die die Temperatur einer Stoffmenge von 1 kg um 1 K erhöht
spezifische Schmelzwärme	L_S	J/kg	Wärmemenge, die 1 kg einer Stoffmenge bei Schmelztemperatur vom festen in den flüssigen Zustand überführt
spezifische Verdampfungswärme	L_V	J/kg	Wärmemenge, die 1 kg einer Stoffmenge bei Verdampfungstemperatur vom flüssigen in den gasförmigen Zustand überführt

Spezifische Wärmekapazität c, Schmelzpunkt ϑ_S, Schmelzwärme L_S, Verdampfungswärme L_V bei 1013 mbar

Stoff	c in kJ/(kg · K)	ϑ_S in °C	L_S in kJ/kg	L_V in kJ/kg
Aluminium	0,896	658	355,9	11723
Blei	0,130	327	23,86	921,1
Eisen	0,440	1530	272,1	6364
Konstantan	0,410	≈1280	–	–
Kupfer	0,381	1080	209,3	4647
Messing	0,389	≈900	167,5	–
Silber	0,234	961	104,7	2177
Silizium	0,741	1410	141,56	14068
Wolfram	0,134	3380	191,8	4815
Zinn	0,230	232	58,62	2596
Alkohol	2,428	–114	104,7	858
Benzol	1,738	5,5	127,3	389
Maschinenöl	1,675	–	–	–
Quecksilber	0,138	–38,9	11,72	301
Schwefelsäure	1,382	10,5	108,9	511
Wasser	4,187	0,0	333,7	2258
Ammoniak	2,060	–77,7	339,1	1369
Kohlenstoffdioxid	0,825	–56	184,2	574
Luft	1,001	–	–	197
Stickstoff	1,043	–210	25,96	199
Wasserstoff	14,24	–259,2	58,62	461

Mischungstemperatur von Flüssigkeiten

Flüssigkeit 1: m_1; ϑ_1; c_1

Flüssigkeit 2: m_2; ϑ_2; c_2

Gesamtflüssigkeit: Mischtemperatur ϑ

$$\vartheta = \frac{m_1 \cdot c_1 \cdot \vartheta_1 + m_2 \cdot c_2 \cdot \vartheta_2}{m_1 \cdot c_1 + m_2 \cdot c_2}$$

ϑ Temperatur nach dem Mischen
m_1; m_2 Stoffmengen in kg
ϑ_1; ϑ_2 Temperaturen vor dem Mischen
c_1; c_2 spezifische Wärmekapazitäten kJ/(kg · K)

Mischen von Kalt- und Warmwasser

$$V_w = V_k \cdot \frac{\vartheta_M - \vartheta_k}{\vartheta_w - \vartheta_M}$$

$$V_k = V_w \cdot \frac{\vartheta_w - \vartheta_M}{\vartheta_M - \vartheta_k}$$

V_w Warmwassermenge
ϑ_w Warmwassertemperatur
V_k Kaltwassermenge
ϑ_k Kaltwassertemperatur
ϑ_M Mischwassertemperatur

Ausdehnung durch Wärme

Längenausdehnung

$$\Delta l = l_0 \cdot \alpha_L \cdot \Delta\vartheta$$

Δl Längenzunahme
l_0 Länge im kalten Zustand
α_L Längen-Ausdehnungskoeffizient in 1/K
$\Delta\vartheta$ Temperaturzunahme in K

Volumenausdehnung

$$\Delta V = V_0 \cdot \gamma_V \cdot \Delta\vartheta$$

ΔV Volumenzunahme
V_0 Volumen im kalten Zustand
γ_V Volumen-Ausdehnungskoeffizient in 1/K
$\Delta\vartheta$ Temperaturzunahme in K

Größe	Formelzeichen	Einheit	Bedeutung
Längen-Ausdehnungskoeffizient	α_L	1/K	Längenzunahme der Längeneinheit eines Körpers bei 1 K Temperaturerhöhung
Volumen-Ausdehnungskoeffizient	γ_V	1/K	Volumenzunahme der Volumeneinheit eines Körpers bei 1 K Temperaturerhöhung

Volumen-Ausdehnungskoeffizient

feste Stoffe	gasförmige Stoffe
$\gamma_V \approx 3 \cdot \alpha_L$	$\gamma_V \approx 1/273 \cdot K^{-1}$

Längen-Ausdehnungskoeffizient α_L für 0 bis 100 °C

Stoff	α_L in 1/K	Stoff	α_L in 1/K
Aluminium	$23{,}8 \cdot 10^{-6}$	Kupfer	$16{,}5 \cdot 10^{-6}$
Bronze	$17{,}5 \cdot 10^{-6}$	Messing	$18{,}4 \cdot 10^{-6}$
Eisen	$12{,}3 \cdot 10^{-6}$	Nickel	$13{,}0 \cdot 10^{-6}$
Glas	$6{,}5 \cdot 10^{-6}$	Silber	$19{,}5 \cdot 10^{-6}$
Gold	$14{,}2 \cdot 10^{-6}$	Silizium	$7{,}6 \cdot 10^{-6}$
Konstantan	$15{,}2 \cdot 10^{-6}$	Wolfram	$4{,}5 \cdot 10^{-6}$

Volumen-Ausdehnungskoeffizient γ_V bei 18 °C

Stoff	γ_V in 1/K
Alkohol	$1{,}10 \cdot 10^{-3}$
Benzol	$1{,}06 \cdot 10^{-3}$
Glyzerin	$0{,}50 \cdot 10^{-3}$
Petroleum	$0{,}99 \cdot 10^{-3}$
Quecksilber	$0{,}18 \cdot 10^{-3}$
Schwefelsäure	$0{,}57 \cdot 10^{-3}$
Wasser	$0{,}18 \cdot 10^{-3}$

Wärmeübertragung

Wärmeleitung

$$\Phi = \lambda \cdot \frac{A}{d} \cdot \Delta\vartheta$$

Φ Wärmestrom in W
λ Wärmeleitfähigkeit in W/(m · K)
A Fläche der Wärmeleitung in m²
d Dicke der Ableitschicht in m
$\Delta\vartheta$ Temperaturunterschied in K

Wärmeströmung

$$\Phi = \alpha \cdot A \cdot \Delta\vartheta$$

α Wärmeübergangszahl in W/(m² · K)
A Oberfläche des heißen Körpers in m²

Wärmestrahlung

$$\Phi = \sigma \cdot A \cdot T^4$$

σ Strahlungskonstante $5{,}67 \cdot 10^{-8}$ W/(m² · K⁴)
A Oberfläche des Strahlers in m²
T Temperatur in K

Emissionsgrad von reflektierenden Oberflächen

$$\varepsilon = \frac{\text{absorbierte Strahlung}}{\text{ankommende Strahlung}}$$

Größe	Formelzeichen	Einheit	Bedeutung
Wärmestrom	Φ	W	Wärmemenge pro Zeiteinheit, die durch eine senkrecht zur Übertragungsrichtung stehende Fläche verläuft.
Wärmeleitfähigkeit	λ	W/(m · K)	Wärmestrom, der durch einen Querschnitt von 1 m² eines 1 m langen Körpers bei einem Temperaturunterschied von 1 K übertragen wird.
Wärmeübergangszahl	α	W/(m² · K)	Wärmestrom, der von 1 m² Oberfläche eines heißen Körpers bei einem Temperaturunterschied von 1 K wegströmt.
Strahlungskonstante (Stefan-Boltzmann-Konstante) $\sigma = 5{,}67 \cdot 10^{-8}$ W/(m² · K⁴)			
Emissionsgrad	ε	–	Prozentualer Anteil des absorbierten Wärmestromes einer reflektierenden Oberfläche

Wärmeleitfähigkeit λ: bei festen Stoffen geringe Abhängigkeit von der Temperatur, bei Flüssigkeiten und Gasen große Abhängigkeit

Stoff	λ bei 20 °C in W/(m · K)	Stoff	λ bei 20 °C in W/(m · K)	Stoff	λ bei 20 °C in W/(m · K)
Aluminium	209,4	Asphalt	0,7	Kunsthorn	0,174
Blei	35	Eichenholz, radial	0,174	Plexiglas	0,174
Bronze	25,5 ... 58	axial	0,372	Polyamide	0,35
Eisen	73,3	Fensterglas	1,16	Pressstoffe,	
Gold	310,5	Grafit	139,4	Typ 11, 12, 16, 30,	0,314
Grauguss	58	Porzellan	0,81 ... 1,86	Typ 74	0,372
Konstantan	22,7	Putzmörtel	0,93	PVC	0,163
Kupfer	383,8	Ziegelstein	0,464		λ bei 0 °C
Messing	81,4 ... 116	Alkohol	0,186		
Nickel	88	Benzol	0,151	Ammoniak	0,0218
Quecksilber	9,3	Glyzerin	0,279	Acetylen	0,0205
Silber	340	Transformatorenöl	0,128	Chlor	0,000792
Stahl	35	Toluol	0,151	Kohlenstoffdioxid	0,0143
Wolfram	167,5			Luft	0,0243
Zink	116,4	Bakelit	0,233	Wasserstoff	0,123
Zinn	65	Hartgewebe	0,35	Glasfaser	0,0326
		Hartpapier	0,291	Steinwolle	0,035

Emissionsgrade ε von reflektierenden Oberflächen

Werkstoff	ε	Werkstoff	ε
Schwarzer Körper	1	Glas	0,93
Aluminium, walzblank	0,04	Heizkörperlack	0,92
Gold, Silber, poliert	0,025	Porzellan	0,93
Kupfer, poliert	0,035	Papier, Holz	0,92
Kupfer, oxidiert	0,76		
Stahl, poliert	0,28		
Zink, grau oxidiert	0,24		

4.6.2 Geräte und Systeme

Koch- und Backofensysteme

Haushaltskochsysteme
- Standardkochplatte
- Schnellkochplatte*
- Automatikkochplatte
- ⋮

Durchmesser d in mm	Leistung P in W	Merkmale
145	1000 * 1500	■ stufige Einstellung mit 7-Takt-Schalter ■ stufenlose Einstellung durch Takten mit Leistungsregler * Überhitzungsschutz durch Bimetallschalter (Protektor), Ansprechen bei ca. 500 °C
180	1500 * 2000	
220	2000 * 2600	
145	1500/750	■ Nennleistung/reduzierte Leistung ■ stufenlose Vorwahl der Heizleistung ■ Anpassung der Leistung durch Thermostate, Kapillarrohrfühler oder mit PTC-Widerständen gesteuerte Bimetallregler
180	2000/1000	

Leistungsstufen von Standard- und Schnellkochplatten

Schaltstufen	0	1	2	3	4	5	6
	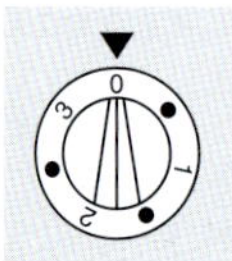	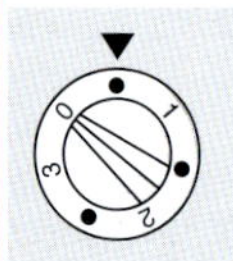	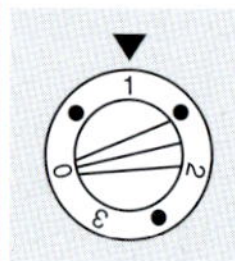	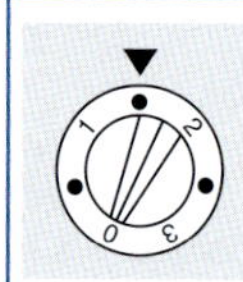	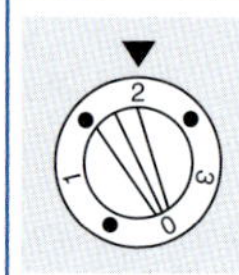	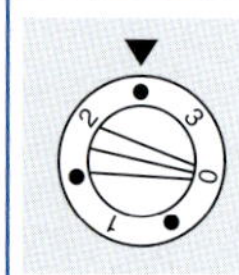	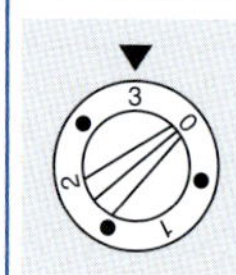
Schaltbilder	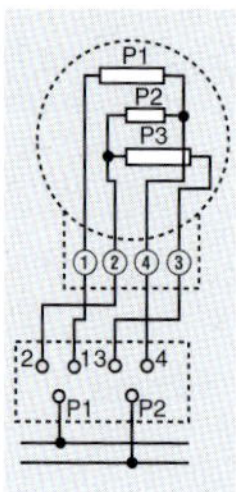	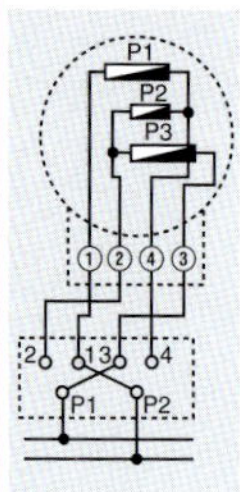	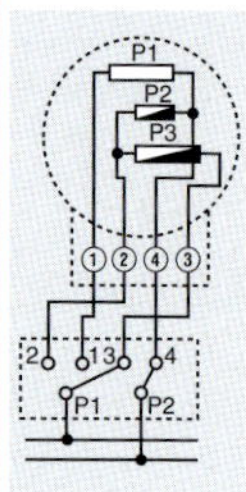	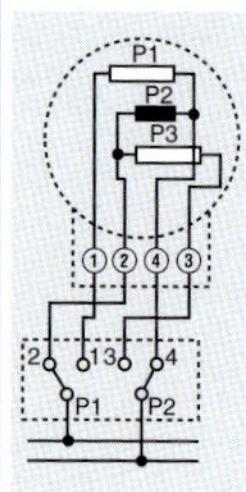	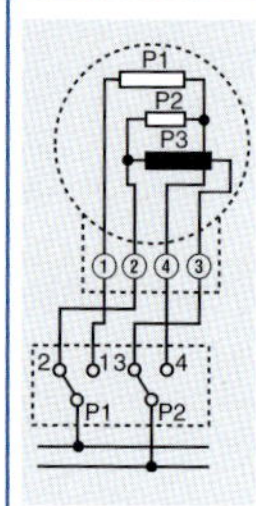	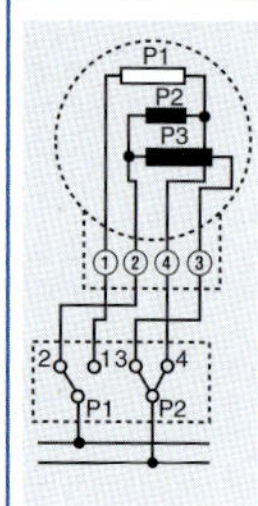	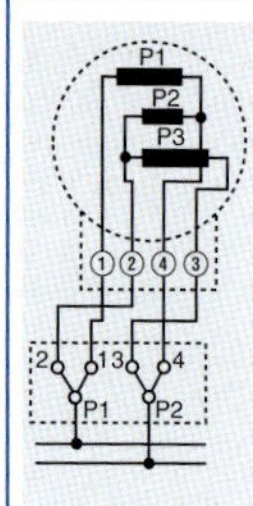
145 mm ∅	P1 = 250 W P2 = 250 W P3 = 500 W	100 W	165 W	250 W	500 W	750 W	1000 W
	*P1 = 750 W *P2 = 250 W *P3 = 500 W	135 W	165 W	250 W	500 W	750 W	1500 W*
180 mm ∅	P1 = 350 W P2 = 300 W P3 = 850 W	135 W	220 W	300 W	850 W	1150 W	1500 W
	*P1 = 850 W *P2 = 300 W *P3 = 850 W	175 W	220 W	300 W	850 W	1150 W	2000 W*
220 mm ∅	P1 = 600 W P2 = 450 W P3 = 950 W	200 W	305 W	450 W	950 W	1400 W	2000 W
	*P1 = 850 W *P2 = 450 W *P3 = 1300 W	240 W	340 W	450 W	1300 W	1750 W	2600 W*
Verwendung		Warmhalten	Fortkochen		Braten	Anbraten	Ankochen

* Schnellkochplatte; Abschaltung von P1 bei ca. 500 °C

Heizwicklung: abgeschaltet; Teilleistung eingeschaltet; volle Leistung eingeschaltet

Glaskeramikkochflächen

mit

Strahlungsheizkörper

Durchmesser d in mm	Leistung P in W	Merkmale
Einkreis-Kochzonen		■ Heizleiter erzeugen überwiegend Strahlungswärme ■ Durchmesser und Leistung nicht genormt, herstellerspezifisch ■ Überhitzungsschutz durch Dehnrohrregler, Ansprechen bei ca. 600 °C
145	1000 1200	
180	1500 1800	
210	2100	
Zweikreis-Kochzonen		
180/110	1500/600	
210/145	2000/1000	

Halogen-Strahlungsheizkörper
- Hochvolt-Halogen-Glühlampen 500 W/115 V
- Betrieb am 230-V-Netz durch Reihenschaltung zweier Hellstrahler

Induktionskochzonen
- Kochzone mit flacher, spiralförmiger Induktionsspule und parallelem Kondensator
- Energieversorgung über steuerbaren Umrichter, Umsetzung von 50 Hz in ca. 25 kHz
- Erwärmung durch die im Stahlboden des Kochgeschirrs induzierten Wirbelströme

Haushalts-Backofensysteme

Standardbackofen
- Wärmeübertragung vorwiegend durch Strahlung
- Heizstäbe außerhalb des Backraumes
- Heizleistung zwischen 1100 W und 3000 W
- vorwählbare Temperatur zwischen 50 °C und 250 °C (300 °C)

Umluftbackofen
- Wärmeübertragung durch Zwangskonvektion, erzeugt durch Ventilator (Umlüfter) mit ringförmigem Rohrheizkörper
- Heizleistung zwischen 1200 W und 2600 W, Umlüfter ca. 60 W
- vorwählbare Temperaturen zwischen 50 °C und 200 °C

Backofen mit Grilleinrichtung
- Strahlungswärme durch Grillheizkörper
- Leistung zwischen 2000 W und 3000 W

Küchengroßgeräte (Herstellerspezifische Richtwerte)

Druckkochkessel

Nenninhalt in l	80	150	250	300
Druckraumvolumen in l	31	49,5	64,5	74
Inhalt bei 4 cm Kochrand in l	85	158	253	294
Heizleistung in kW	18,4	24,4	12,4 + 18	12,4 + 24
Fortkochleistung in kW	6,4	12,4	12,4	12,4
Bemessungsstrom in A 3 N ~ 50 Hz 400 V	27	35	18 + 26	18 + 35

Geräte mit Festanschluss mindestens über Gummischlauchleitung H07RN

Schnellkochkessel

Nenninhalt in l	40	60	80	100
Druckraumvolumen in l	41	42,5	58	59,5
Inhalt bei 4 cm Kochrand in l	52	63,5	93	109
Ankochzeit in min	21	28	30	31
Heizleistung in kW	10,9	12,4	15,4	18,4
Fortkochleistung in kW	4,9	6,4	6,4	6,4
Bemessungsstrom in A 3 N ~ 50 Hz 400 V	16	18	22	27

Geräte mit Festanschluss mindestens über Gummischlauchleitung H07RN

Elektroherd
- Glaskeramik mit
  4 Kochflächen 1 x 3,1 kW und 3 x 2,5 kW
  6 Kochflächen 1 x 3,1 kW und 5 x 2,5 kW
- Brat- bzw. Backofen
  mit getrennt regelbarer Ober- und Unterhitze je 2 kW
  oder mit Heißumluft: Ventilator und Heizung 2 x 4 kW

3 N ~50 Hz 400 V	Bemessungsleistung in kW	Bemessungsstromstärke in A
Unterbau, offen	10,7 15,7	16 23
Brat- bzw. Backofen	18,7 24,2	27 35

Elektro-Warmwasserbad
- Rohrheizkörper unterhalb des Beckenbodens
- Temperaturregelung zwischen 30 °C und 110 °C
- Unterbau als offenes Fach oder Wärmeschrank mit 2 kW Heizlüfter

Bemessungsspannung 3 N ~ 50 Hz 400 V	
Bemessungsleistung in kW	Bemessungsstromstärke in A
9	13
11	16

Elektrische Warmwasserbereitung

Warmwasserbedarf

■ **Haushalt**

Gesamtbedarf (Durchschnittswerte nach VDI 2067 Blatt 4)

	Warmwasserbedarf in l pro Tag und Person Warmwassertemperatur		Spezifische Nutzwärme in Wh pro Tag und Person
	60 °C	45 °C	
niedriger Bedarf	10…20	15… 30	600…1200
mittlerer Bedarf	20…40	30… 60	1200…2400
hoher Bedarf	40…80	60…120	2400…4800

Bedarf für einzelne Anwendungen

Bedarfsfall	Warmwasserbedarf und Nutztemperatur		Warmwassermenge bei 60 °C Warm- und 10 °C Kaltwassertemperatur
Küche:			
Wasser für Heißgetränke je 6 Tassen	1 l	100 °C	
Geschirrspülen je Beckenfüllung	10…15 l	50 °C	ca. 8…12 l
Händewaschen (stark verschmutzt)	10 l	37 °C	ca. 5 l
Wohnungspflege je Eimer	10 l	50 °C	ca. 8 l
Bad / Dusche / WC:			
Händewaschen	2,5… 5 l	bei 37 °C	ca. 2…3 l
Duschbad	30… 50 l	bei 37 °C	ca. 16…27 l
Vollbad	150…180 l	bei 37 °C	ca. 80…100 l

■ **Gewerbe** Spezifische Bedarfsmenge bei 60 °C Warmwassertemperatur

Bedarfsfall	Liter/Tag	Bezogen auf je
Bäckereien:		
Teigbereitung, Maschinen- und Gerätereinigung	50	1 m² Backfläche
Betriebsreinigung	0,5	1 m² Betriebsfläche
Körperpflege (Duschen, Händewaschen)	30	Beschäftigten
Fleischereien:		
Maschinen- und Gerätereinigung	80	1 Schwein/Woche
Betriebsreinigung	1	1 m² Betriebsfläche
Körperpflege (Duschen, Händewaschen)	30	Beschäftigten
Friseurbetriebe:		
Herrensalon Nassplatz	40	Nassplatz
Damensalon bis 8 Nassplätze	100	Nassplatz
9 bis 14 Nassplätze	80	Nassplatz
mehr als 14 Nassplätze	60	Nassplatz
Betriebsreinigung	0,5	1 m² Betriebsfläche
Gaststätten:		
Waschbecken	15	Gast
Küche, ohne Spülen (Produktion und Reinigung)	5	Essen
Hotels:		
Zimmer mit Bad und Dusche	120…180	Gast
Zimmer mit Bad	95…135	Gast
Zimmer mit Dusche	50… 95	Gast
sonstige Pensionen, Heime	25… 50	Gast

■ **Krankenhäuser und Wohnheime** Spezifische Bedarfsmenge bei 60 °C Warmwassertemperatur

Bedarfsfall	Liter/Tag	Bezogen auf je
Krankenhäuser	200	Bettplatz
Wohnheime (Alters-, Jugend-, Kinderheime)	75	Bettplatz

Warmwassergeräte

Warmwasserversorgung

Dezentrale Versorgung

- Alle Warmwasser-Zapfstellen werden einzeln oder in Gruppen von mehreren Warmwassergeräten versorgt.
- Größe und Art der Geräte richtet sich nach dem Bedarf an den Zapfstellen.
- geringe Installationsaufwendungen, geringe Wärmeverluste und Wartezeiten zu Beginn der Warmwasserentnahme

Zentrale Versorgung

- Alle Zapfstellen werden von einem Warmwassergerät versorgt.
- Haushaltsgröße bzw. Personenzahl bestimmen die Bemessungsleistung des Standspeichers.
- Einsatz kostengünstigerer Energie durch
  - □ Schwachlasttarife
  - □ Warmwasser-Wärmepumpen
  - □ zusätzliche Nutzung solarer Energie
  - □ Wärmerückgewinnung z. B. aus kontrollierter Wohnraumlüftung
  - □ zusätzliche Wärmedämmung der Warmwasserleitungen bei Führung durch unbeheizte Räume

Art der Leitungen/Armaturen	Mindestdicke der Dämmschicht[1]) mit einer Wärmeleitfähigkeit 0,035 W/(m · K)
Innendurchmesser bis 22 mm	20 mm
Innendurchmesser über 22 mm bis 35	30 mm
Innendurchmesser über 35 mm bis 100 mm	gleich Innendurchmesser

[1]) Auszug aus Tab. 1, Anhang 5 der Energiesparverordnung (EnEV)

Gerätebauarten

Offene (drucklose) Geräte

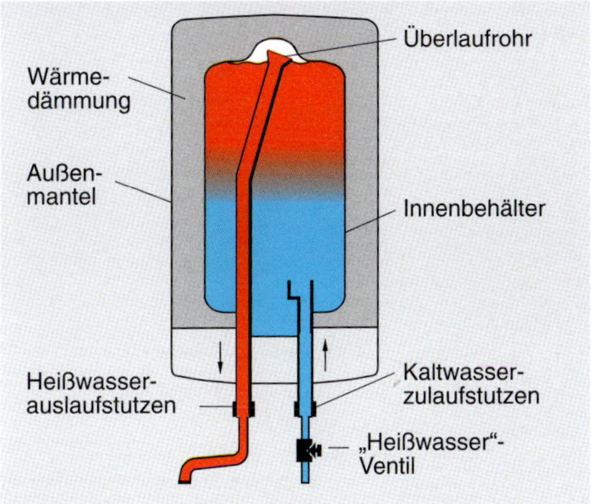

- Kaltwasser drückt das im Behälter befindliche Warmwasser über das ständig offene Überlaufrohr aus dem Geräte heraus.
- Warmwasserventil in der Kaltwasser-Zuleitung eingebaut
- Versorgung nur einer einzigen Zapfstelle

Geschlossene (druckfeste) Geräte

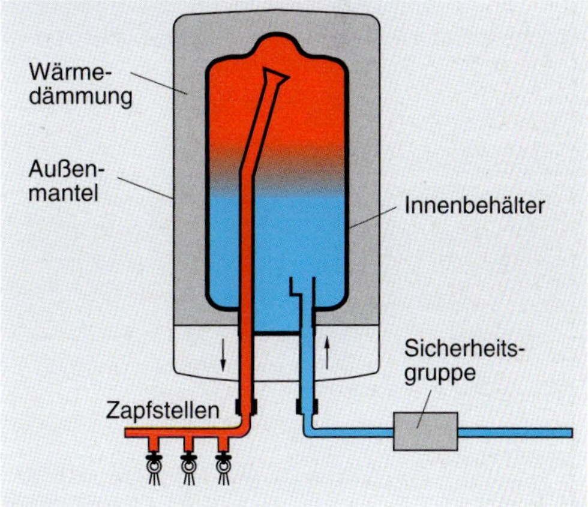

- Gerät steht ständig unter dem normalen Netzleitungsdruck bis ca. 6 bar.
- Warmwasserventil am Ende der Warmwasserleitung
- Versorgung beliebig vieler Zapfstellen möglich
- Vorgeschriebene Sicherheitsarmatur besteht aus
  - □ Membran-Sicherheitsventil
  - □ Druckminderer bei Wasserdruck über 4,8 bar
  - □ Rückschlagventil (Rückflussverhinderer)
  - □ Absperrventil, vor und hinter dem Rückschlagventil
  - □ Prüfventil
  - □ Manometeranschlussstutzen

Warmwassergeräte

Offene Geräte

Boiler

- Geräte ohne Wärmedämmung
- Temperaturvorwahl von 35 °C bis 85 °C
- Aufheizzeit etwa 1 Stunde

Bemessungsinhalt in l	Anschlussleistung in kW
15; 60; 80	2; 3; 4; 6

Kochendwassergerät

- Geräte ohne Wärmedämmung
- Temperaturvorwahl von 35 °C bis Kochtemperatur
- Aufheizzeit etwa 15 min
- automatisches Abschalten, kein selbstständiges Einschalten
- teilweise zeitbegrenzte Fortkochstufe durch Intervallautomatik

Bemessungsinhalt in l	Anschlussleistung in kW
5	2

Warmwasserspeicher

- Wärmedämmung zwischen Innenbehälter und Außenmantel
- Temperaturvorwahl von 30 °C bis 85 °C
- umschaltbar auf unterschiedliche Leistungsstufen
- als Wandgeräte bis 100 l montierbar

Bemessungsinhalt in l	Anschlussleistung in kW
5; 10; 12; 15; 30; 50; 80; 100	2; 3; 4; 6

Geschlossene Geräte

Warmwasserspeicher

- über 100 l als Standspeicher ausgeführt
- Qualitätsmerkmal der Wärmedämmung wird durch den Bereitschaftsenergieverbrauch bestimmt.

Der Bereitschaftsenergieverbrauch gibt den Energiebedarf in kWh an, der zur Deckung der Wärmeverluste über den Außenmantel eines Warmwassergerätes bei einer Speichertemperatur von 65 °C, einer Umgebungstemperatur von 20 °C und einer Standzeit von 24 h ohne Wasserentnahme notwendig ist.

Verlauf des Bereitschaftsenergieverbrauchs und der Verkalkungsgefahr in Abhängigkeit von der Wassertemperatur

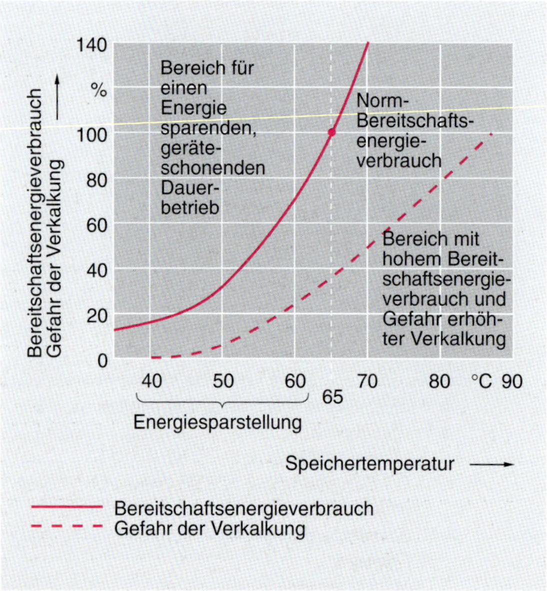

Bemessungsinhalt in l	Anschlussleistung in kW
Kleinspeicher 5; 10; 15; 30 50; 80; 100; 120; 150; 200; 300; 400; 800; 1000	2; 3; 4; 6; 9; 12

Durchlauferhitzer

- Erwärmen des Wassers während des Durchlaufs
- geringe Baugröße, hohe Heizleistung
- blanke Heizleiter (Spiralen) direkt vom Leitungswasser umspült
- Zulässiger Grenzwert des Fehlerstromes wird nur eingehalten, wenn der spezifische Widerstand des Leitungswassers 1100 Ω · cm nicht unterschreitet.
- Änderung der Warmwassertemperatur durch
  - □ hydraulische oder elektronische Steuerung oder
  - □ elektronische oder thermische Regelung

Herstellerspezifische Richtwerte

		Anschlusswert in kW 21	24
Anschluss		3 ~ PE 400 V	3 ~ PE 400 V
Bauart		geschlossen	geschlossen
Behälterwerkstoff		Kupfer	Kupfer
elektrischer Widerstand des Wassers bei 15 °C	in Ω · cm	≥ 1200	≥ 1200
Nennüberdruck	in bar	10	10
Warmwasserleistung *) bei Auslauftemperatur von 38 °C		12,5	14,3
bei Auslauftemperatur von 60 °C		6,5	7,5
Druckverlust mit Durchlaufmengenbegrenzer	in bar	0,9	1,2
ohne Durchlaufmengenbegrenzer	in bar	0,7	0,95
Einschaltmenge	in l/min	3,5	3,5
Wasseranschluss	in Zoll	G 1/2	G 1/2
Maße (H/B/T)	in mm	470/220/145	470/220/145
Gewicht	in kg	5,0	5,0

*) bezogen auf 14 °C Kaltwasserzulauftemperatur bei maximaler Leistung

Elektrischer Anschluss für Warmwassergeräte im Haushalt

- Anschluss und Betrieb mit einer Bemessungsleistung
  - □ bis 3,6 kW meist Steckdoseneinspeisung
  - □ > 4,6 kW nur am Drehstromnetz zulässig
- Leiterquerschnitte und Überstromschutzeinrichtungen in Abhängigkeit von der Bemessungsleistung (Verlegungsart C „Ein- und mehradriges Kabel oder Mantelleitung auf einer Wand oder direkt im Mauerwerk“, Umgebungstemperatur 25 °C)

Bemessungsleistung in kW		2	3	4	6	12	18	21	24
Anschluss an		1 N/PE ~		3 N/PE ~		3 PE ~			
Spannung	in V	230	230	400	400	400	400	400	400
Stromaufnahme	in A	8,70	13,04	5,77	8,66	17,3	26,0	30,3	34,6
Überstromschutz	▯ in A	B 10	B 16	B 10	B 10	B 20	B 32	B 32	B 40
Überstromschutz	♦ in A	gG 10	gG16	gG 10	gG 10	gG 20	gG 35	gG 35	gG 35
Querschnitt	in mm²	1,5	1,5	1,5	1,5	2,5	4	4	6

Überstrom-Schutzeinrichtungen: ▯ Leitungsschutzschalter;
♦ Schmelzsicherungen

Richtwerte und Überschlagsberechnungen

☐ Warmwasserbedarf und Temperaturen an ausgewählten Entnahmestellen

Entnahmestelle	Wassermenge je Nutzung und Temperatur in l	in °C	Wassermenge bei etwa 60 °C in l
Handwaschbecken	2 … 5	37	1 bis 3
Waschtisch	10 … 15	37	5 bis 8
Spüle	10 … 20	50	8 bis 16
Dusche	30 … 50	37	16 bis 27
Badewanne	150 … 180	40	90 bis 108

☐ Energieverbrauch zur Bestimmung der Kosten
Mit der Energie von 1 kWh und der Ausgangstemperatur von 12 °C können etwa erwärmt werden:
10 l Wasser auf 85 °C; 20 l Wasser auf 50 °C; 30 l Wasser auf 37 °C

☐ Zeitbezogene Wassermenge V_t von Durchlauferhitzern bei maximaler Durchflussgeschwindigkeit

$$V_t = \frac{P}{2}$$

V_t in Liter/min
P in kW (Bemessungsleistung)

☐ Mischen von Warm- und Kaltwasser zur Bestimmung der Gerätegröße und Anschlussleistung

Warmwasser Menge und Temperatur		**Kaltwasser** Menge und Temperatur		**Mischwasser** Menge und Temperatur	**Nutzung**
1 l von 85 °C	+	2 l von 12 °C	⇒	3 l von etwa 37 °C	Körperpflege
1 l von 85 °C	+	1 l von 12 °C	⇒	3 l von etwa 50 °C	Geschirrspülen
1 l von 60 °C	+	1 l von 12 °C	⇒	2 l von etwa 37 °C	Körperpflege

Elektrische Heizsysteme

Wärmebedarfsrechnung für Räume

Konstante Raumtemperatur wird eingehalten bei

- ständiger Abgabe der Wärmemenge eines Heizgerätes, ⇒ Norm-Wärmebedarf $\dot{Q}_N$ (Wärmeleistung) in W
- die vom Raum an die Umgebung abgegeben wird durch Transmission der Wärme durch Wände, Fußböden, Decken, Fenster, Türen und ⇒ Norm-Transmissionswärmebedarf $\dot{Q}_T$ in W
- durch Lüftung als Zwangslüftung durch undichte Fenster und Türen. ⇒ Norm-Lüftungswärmebedarf $\dot{Q}_L$ in W

Norm-Wärmebedarf $\dot{Q}_N = \dot{Q}_T + \dot{Q}_L$

Norm-Transmissionswärmebedarf eines Raumes $\dot{Q}_T = \sum(A \cdot k_N \cdot \Delta\vartheta)$

A Fläche des Bauteils in m²
k_N Norm-Wärmedurchgangskoeffizient in W/(m² · K)
$\Delta\vartheta = \vartheta_i - \vartheta_a$ Differenz der Norm-Innentemperatur ϑ_i in °C und der Norm-Außentemperatur ϑ_a in °C

Norm-Innentemperatur ϑ_i für beheizte Räume (DIN 4701 Teil 2)

Raumart		Norm-Innentemperatur in °C
Wohnhäuser	Wohn- und Schlafräume / Küchen / Toiletten	+20
	Bäder	+24
	geheizte Nebenräume (Vorräume, Flure)	+15
	Treppenräume	+10
Verwaltungsgebäude	Büroräume / Ausstellungsräume / Schalterhallen	+20
	Toiletten	+15
Fertigungs- und Werkstatträume	allgemein, mindestens	+15
	bei sitzender Beschäftigung	+20

Norm-Außentemperatur
Angabe der Außentemperatur ϑ_a' für alle größeren Orte in DIN 4701 Teil 2 oder durch die zuständigen Verteilungsnetzbetreiber (VNB)

Stadt	Außentemperatur nach DIN in °C	Stadt	Außentemperatur nach DIN in °C
Augsburg	–14	Frankfurt/Main	–12
Berlin	–14	Göttingen	–16
Bonn	–10	Hamburg	–12 W
Braunschweig	–14 W	Hannover	–14 W
Bremen	–12 W	Karlsruhe	–12
Dortmund	–12	Münster/Westfalen	–12 W
Düsseldorf	–10	Saarbrücken	–12
Duisburg	–10 W	Stuttgart	–12
Flensburg	–10 W	Zugspitze	–24 W

W … windstarke Gegend

Außentemperatur-Korrektur $\Delta\vartheta_a$: Rechnerische Anhebung der Außentemperatur, die die vorher erwärmte Speichermasse der raumumschließenden Wände, Decken und Fußböden berücksichtigt.

Bauart			Korrektur
leicht	Leichtbauelemente	$\frac{m}{\sum A_a} < 600\ \text{kg/m}^2$	$\Delta\vartheta_a = 0\ \text{K}$
schwer	Massivhäuser aus Hohlblocksteinen, Hohllochziegeln, Betondecken	$600\ \text{kg/m}^2 \leq \frac{m}{\sum A_a} < 1400\ \text{kg/m}^2$	$\Delta\vartheta_a = 2\ \text{K}$
sehr schwer	Massivhäuser aus Vollziegeln, Betonelementen, Natursteinen	$\frac{m}{\sum A_a} > 1400\ \text{kg/m}^2$	$\Delta\vartheta_a = 4\ \text{K}$

m Masse aller speicherfähigen raumumschließenden Bauteile in kg
$\sum A_a$ Summe aller Außenflächen des Raumes in m^2

Norm-Außentenperatur $\vartheta_a = \vartheta_a' + \Delta\vartheta_a$

ϑ_a' Außentemperatur nach DIN
$\Delta\vartheta_a$ Außentemperatur-Korrektur

Wärmedurchgangskoeffizient k eines Bauteils ist die Wärmeleistung, die durch seine Fläche von 1 m^2 bei einem Temperaturunterschied von 1 K zwischen innen und außen verloren geht.

Durchschnittliche Richtwerte für Überschlagsrechnungen

Fläche		Wärmedurchgangskoeffizient in $W/(m^2 \cdot K)$
Stein-Außenwand	11,5 cm	2,8
	24 cm	2,0
	36,5 cm	1,2
Stein-Innenwand	11,5 cm	2,5
	24 cm	1,7
	36,5 cm	1,0
Decke (je nach Dicke)		0,60 … 1,4
Fußboden (je nach Dicke und Belag)		0,45 … 1,1
Innentür		2,3
Einfachfenster		7,0
Verbundfenster		3,5
Doppelfenster		2,7

Norm-Lüftungswärmebedarf besteht aus
- dem Lüftungswärmebedarf für freie Lüftung durch die Fugen der Fenster und Türen, besonders in Altbauten,
- den Mindest-Lüftungswärmebedarf für Daueraufenthaltsräume, wie Wohn-, Schlaf- und Büroräume, oder fensterlose innen liegende Sanitärräume.

Mindest-Lüftungswärmebedarf
für Daueraufenthaltsräume $\dot{Q}_{\text{L min}} = 0{,}17 \cdot V_\text{R} \cdot (\vartheta_\text{i} - \vartheta_\text{a})$
für Sanitärräume ohne Zwangslüftung $\dot{Q}_\text{L} = 1{,}36 \cdot V_\text{R} \cdot (\vartheta_\text{i} - \vartheta_\text{a})$

$\dot{Q}_{\text{L min}}$; $\dot{Q}_\text{L}$ Lüftungswärmebedarf in W
V_R Volumen des Raumes in m^3
$\vartheta_\text{i} - \vartheta_\text{a}$ Temperaturunterschied zwischen Innen- und Außenluft in K

Heizgeräte

Direktheizgeräte

Konvektoren

- Erwärmung der umgebenden Luft durch natürliche Strömung
- ortsfeste und transportable Ausführung als Wand- oder Standkonvektor
- mit Raumthermostat stufenlos von 5 °C bis 35 °C einstellbar
- teilweise mit reduzierter Oberflächentemperatur von max. 60 °C
- auch mit Energiesparlogik zur programmierbaren Temperaturabsenkung
- ca. 1,5 m Anschlussleitung mit Stecker oder Anschlusskasten mit Sonderstecker
- Anschlussspannung
  1 N/PE ~ 50 Hz, 230 V
- Heizleistung
  Wandkonvektoren
  von 400 W bis 2000 W
  Standkonvektoren
  von 750 W bis 2400 W

Schnellheizer / Heizlüfter

- als Übergangs- oder Zusatzheizung im Kleinformat
- Schnellheizer in Wandmontage
- Heizlüfter mit erzwungener Luftbewegung durch Axial- oder Radialgebläse
- Anschlussspannung
  1 N/PE ~ 50 Hz, 230 V
- Heizleistung
  1000/2000 W

Infrarotstrahler

- Erwärmung der angestrahlten Gegenstände oder Personen durch auftreffende Wärmestrahlen im Frequenzbereich zwischen $3 \cdot 10^{12}$ Hz und $375 \cdot 10^{12}$ Hz
- Heizstab aus Quarz oder Rohrheizkörper aus Chromnickelstahl
- Wand- und Deckenmontage mit Festanschluss
  1 N/PE ~ 50 Hz, 230 V
- Heizleistung zwischen 800 W und 1800 W
- Großflächenstrahler in Industriebauten mit
  Anschlussspannung 3 N/PE ~ 50 Hz, 230 V/400 V
  Heizleistung bis 4200 W

Rippenheizrohre

- für horizontale Wand- oder Bodenmontage mit Festanschluss 1 N/PE ~ 50 Hz, 230 V
- Oberflächentemperatur
  zwischen 115 °C und 205 °C
- Heizleistung
  zwischen 1000 W und 2000 W

Frostwächter

- Klein-Heizstrahler schützen vor Frostschäden
- mit Raumthermostat zwischen 5 °C und 35 °C einstellbar
- Anschluss über Leitung mit Stecker
  1 N/PE ~ 50 Hz, 230 V
- Heizleistung bis 500 W

Anwendungen von Direktheizgeräten

	Wohnraum, Büro	Räume mit kurzer Benutzungsdauer	Bad, WC	Garage, Kellerräume	Balkon, Terrassen	Werkstatt
Wandkonvektoren	♦	♦	♦	◊		◊
Standkonvektoren	♦	♦		◊		◊
Schnellheizer		◊	♦	◊		
Heizlüfter	◊	♦		◊		◊
Infrarotstrahler			♦		♦	♦
Rippenheizrohre				♦		♦
Frostwächter			♦	◊		◊

♦ gut geeignet; ◊ bedingt geeignet

Speicherheizsysteme

Warmwasser-Zentralheizung

- Wasser als Wärmespeicher, bedingt durch seine hohe spezifische Wärme von 4187 J/(kg · K)
- Anlagenteile: Führungsspeicher mit Regelautomatik
  Nebenspeicher, Anzahl abhängig vom Wärmebedarf
  (Wärmedämmung der Speicher durch Hartschaum)
  Rohrnetz
  Wärme abgebende Radiatoren, Konvektoren und/oder Fußbodenheizungselemente
- maximale Temperatur des gespeicherten Wassers 105 °C bei einem Druck von 4 bis 6 bar;
- empfohlene Rücklauftemperaturen für Radiatoren und Konvektoren 45 °C oder 50 °C
  Fußbodenheizungen 35 °C

Herstellerspezifische Daten

Führungs- und Nebenspeicher		Mit einem Tauchheizkörper		Mit zwei Tauchheizkörpern	
Bemessungsspannung, Aufladung		3 N/PE ~ 230 V/400 V		3 N/PE ~ 230 V/400 V	
Bemessungsleistung	in kW	4,5 bis 18		21 bis 36	
Inhalt	in l	650	750	650	750
Gewicht, ohne/mit Wasser	in kg	155/805	170/920	155/805	170/920

Elektro-Speicherheizgeräte

Statische Speicher – Abgabe der Wärme ausschließlich über die Geräteoberfläche

Gesteuerte Speicher – Wärmeabgabe über eingebaute, regelbare Lüfter

- Speichern der Wärme in gesinterten Eisen-oxidsteinen (Magnesit oder Feolit)
- Konstruktive Merkmale und Funktion:
  - □ geschlossene, mehrschichtige Wärmedämmung zur optimalen Speicherwirkung und Begrenzung der Oberflächenübertemperatur gegenüber der Raumluft
    von 70 K an der Vorderseite,
    60 K an der Rückseite und
    45 K an der Abdeckplatte
  - □ in Luftkanälen eingebaute Heizelemente mit eisenfreien Chrom-Nickel-Heizleitern;
  - □ Aufladestromkreis wird während der Freigabezeiten des Verteilungsnetzbetreibers (VNB) geschlossen, die Speicherkerne zum Niedrigtarif aufgeladen;
  - □ durch die Aufladeregelung mit elektronischem oder thermomechanischem Regler wird die Temperatur der Speicherkerne an den voraussichtlichen Wärmebedarf angepasst:
  - □ der in der Regel durch einen Raumtemperaturregler gesteuerte Lüfter des Entladestromkreises bestimmt die Wärmeabgabe;
  - □ Zusatzheizung deckt einen kurzzeitigen Wärmebedarf außerhalb der Heizperiode.

Prinzipschaltung eines Speicherheizgerätes

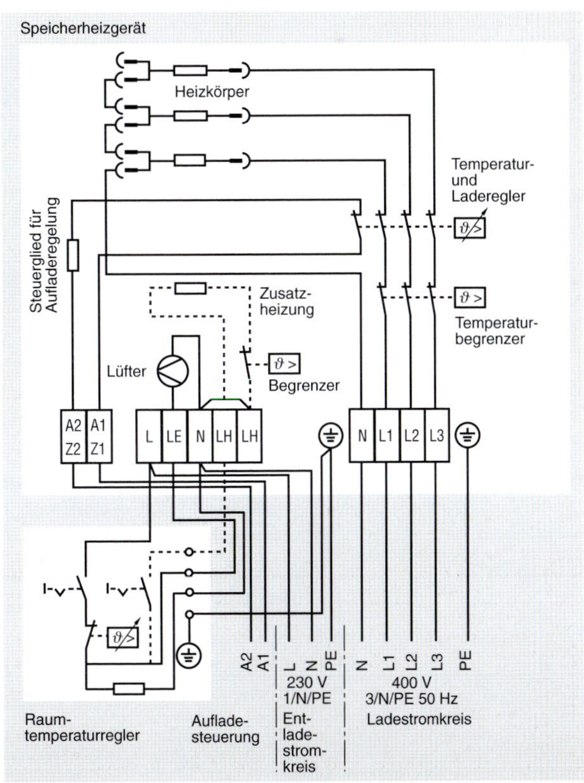

Herstellerspezifische Daten

Nennaufnahme in kW	Nennaufladung in kWh (wahlweise)	Abmessungen H x B x T in mm	Masse in kg	Zusatzheizung in kW
Standard-Speicher 1,6/2,0	16	660 x 560 x 250	99	0,5
2,8/3,2/4,0	32	660 x 910 x 250	188	1,0
4,3/4,8/6,0	48	660 x 1260 x 250	276	1,5
statischer Speicher 2,0	16	600 x 640 x 250	100	–

Fußbodenheizungen

- Bei Direktheizung sind die Heizmatten in einer ca. 5 cm dünnen Estrichschicht eingebettet. Verlegen auch von 13 mm dicken Heizplatten auf festem Untergrund. Volle Heizleistung entsteht ca. 30 Minuten nach dem Einschalten.
- Bei der Fußboden-Speicherheizung wirkt ein 8 bis 10 cm dicker Heizestrich als Speichermasse. Wärmedämmende Isolierschichten verhindern Wärmeverluste.

Mindestdicke der Dämmschicht

Wärmeleitfähigkeitsgruppe	Wärmedurchgangskoeffizient k_u in W/(m² · K)		
	0,8	0,6	0,45
	Mindestdicke in mm	Mindestdicke in mm	Mindestdicke in mm
040	40	60	80
030	30	45	60
020	20	30	40

Der Wärmedurchgangskoeffizient k_u unterhalb der Heizebene soll folgende Werte nicht unterschreiten:
k_u = 0,8 W/(m² · K) bei gleichartig beheizten Räumen
k_u = 0,6 W/(m² · K) bei teilweise eingeschränkt beheizten oder fremd beheizten Räumen
k_u = 0,45 W/(m² · K) bei Außenluft, Erdreich, Räumen mit wesentlich niedrigerer Raumtemperatur

- Mehrdrähtige Heizleiter besitzen eine Isolierhülle aus einem Silikon-Kautschuk-Gemisch mit einem Dauertemperaturbeständigkeitswert von 180 °C oder eine Teflonbeschichtung (205 °C) und einen Mantelwerkstoff aus PVC (105 °C).

Bauart	Merkmale der Heizleitung	Verwendung
NH2GMY	■ ohne Schutzumflechtung, schutzisoliert, Bemessungstemperatur 90 °C	trockene Räume
	■ mit Schutzumflechtung, Anschluss am Schutzpotenzialausgleich bzw. FI-Schutzeinrichtung, Bemessungstemperatur 90 °C	Räume mit Badewanne oder Dusche, im Bereich von Schwimmbecken
NH6YMY	mit Schutzumflechtung und Teflonbeschichtung, Anschluss am Potenzialausgleich, Bemessungstemperatur 90 °C	direkt unter Fliesen
NH2GYQUY	mit Schutzumflechtung und Außenmantel, Anschluss an FI-Schutzeinrichtung, Bemessungstemperatur 90 °C	feuchte und nasse Räume, im Freien

Herstellerspezifische Daten

Flächenbezogene Leistungsaufnahme	Breite in cm	Länge in cm	Fläche in m^2	Anschlussleistung in W
Heizmatten für den Wohnbereich				
100 W/m^2	88	342 1199	3 10,6	300 1040
140 W/m^2	88	298 1600	2,6 14,5	360 2000
240 W/m^2 (Randzonenheizung)	88	184 313	3,3 10,7	390 1330
180 W/m^2 für Bäder	50 70	240 240	1,2 1,8	215 325
Heizplatten für Trockenbauweise, 13 mm dick, Druckfestigkeit 1000 N/cm^2				
100 W/m^2 (Grundheizung)	100	100	1,0	Masse in kg 9,0
155 W/m^2 (Randzonenheizung)	100	65	0,65	Masse in kg 5,8

Anschlussspannung 1 N/PE ~ 50 Hz; 230 V

Wärmepumpen

■ **Funktion** Einem Medium mit geringer Temperatur wird Wärmeenergie entzogen und diese einem Medium mit höherer Temperatur zugeführt. Für den Transport der Wärmeenergie muss zusätzlich elektrische Energie aufgebracht werden.

■ **Bestandteile des Wärmepumpenkreislaufs**

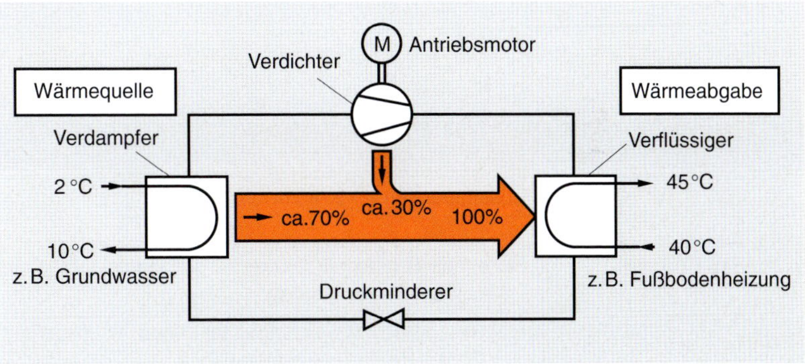

■ **Wärmepumpenarten**

Wärmequelle
Wasserkreislauf ■ Grundwasser ■ Flusswasser ■ Abwasser
Luft ■ Außenluft ■ Abluft

Wärmeabgabe	
Wasser-Wasser-Wärmepumpe	(Wasser-Luft-Wärmepumpe, technisch nicht realisiert)
Luft-Wasser-Wärmepumpe	Luft-Luft-Wärmepumpe
Anwendung	
Warmwasserheizung ■ Fußbodenheizung mit Vorlauftemperatur 45 °C ■ Radiatorenheizung mit Vorlauftemperatur 60 °C	Warmluftheizung ■ erwärmte Luft direkt den Räumen zugeführt

Energiebilanz

Leistungszahl $\varepsilon = \frac{\text{abgegebene Leistung am Verflüssiger}}{\text{zugeführte Leistung zur Wärmepumpe}}$

ε ist von der Temperatur im Primärkreislauf und von der im Sekundärkreislauf abhängig.

$$\varepsilon = \frac{T}{T - T_0} \cdot \eta$$

T Kondensationstemperatur des Kältemittels in K
T_0 Verdampfungstemperatur des Kältemittels in K
η Wirkungsgrad des Verdichters (0,4 bis 0,6)

Einfluss der Temperatur am Verdampfer und Kondensator auf die Leistungszahl

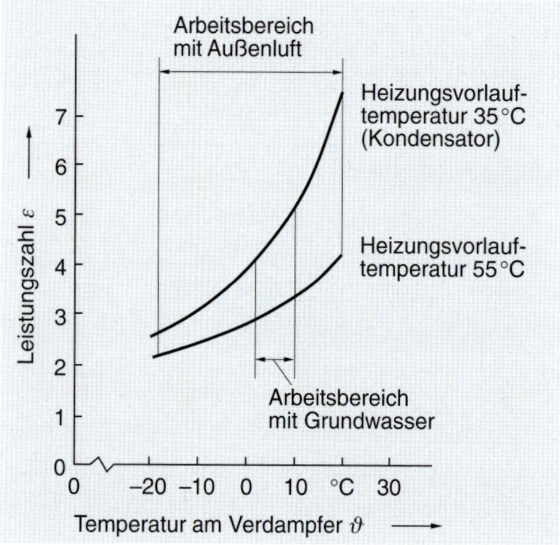

Jahresarbeitszahl

β_a zur Bestimmung der Betriebskosten

$$\beta_a = \frac{\text{Wärmebedarf einer Heizperiode}}{\text{Jahresenergieverbrauch}}$$

Richtwerte:

- Wasser-Wasser-Wärmepumpe als alleiniger Wärmeerzeuger aus Grundwasser: $\beta_a \approx 3{,}6$
- Luft-Wasser-Wärmepumpe in Verbindung mit anderer Heizung und Umschalten bei ca. 0 °C: $\beta_a \approx 3$

Normen

DIN VDE 0720 Teil 1		Bestimmungen für Elektrowärmegeräte für den Hausgebrauch
DIN EN 60335 VDE 0700 Teil 1		Sicherheit elektrischer Geräte für den Hausgebrauch und ähnliche Zwecke – Allgemeine Anforderungen
	Teil 6	–; – Besondere Anforderungen für Herde, Tischkochgeräte, Backöfen und ähnliche Geräte für den Hausgebrauch
	Teil 15	–; – Besondere Anforderungen für Geräte zur Flüssigkeitserhitzung
	Teil 21	–; – Besondere Anforderungen für Wassererwärmer (Warmwasserspeicher und Warmwasserboiler)
	Teil 25	–; – Besondere Anforderungen für Mikrowellengeräte
	Teil 30	–; – Besondere Anforderungen für Raumheizgeräte
	Teil 35	–; – Besondere Anforderungen für Durchflusserwärmer
	Teil 36	–; – Besondere Anforderungen für elektrische Herde, Brat- und Backöfen und Kochplatten für den gewerblichen Gebrauch
	Teil 40	–; – Besondere Anforderungen für elektrisch betriebene Wärmepumpen, Klimageräte und Raumluftentfeuchter
DIN 4701		Regeln für die Berechnung des Wärmebedarfs von Gebäuden
DIN 44572		Dimensionierung von Speicherheizungen
DIN 44576		Fußboden-Speicherheizungen

4.7 Transformatoren in Verbraucheranlagen

Transformatoren In Verbraucheranlagen

Trockentransformatoren mit Bemessungsleistung ≤ 40 kVA

Seite 326

- Kernbleche
- Wickeldrähte

Kleintransformatoren

Seite 329

- Netzanschlusstransformatoren
- Windungs-Stelltransformatoren

Begriffe

Kleintransformator	Ruhende elektrische Maschine mit einer kleinen Bemessungsleistung und Spannungen bis 1000 V
Stelltransformator	Transformator, dessen Übersetzungsverhältnis unter Last geändert werden kann.
Steuertransformator	Volltransformator zur Speisung von Steuerstromkreisen, der besondere Forderungen an das Verhältnis von Bemessungsleistung zur Kurzzeitleistung erfüllt.
Streufeldtransformator	Volltransformator, bei dem durch einen magnetischen Nebenschluss zwischen Eingangs- und Ausgangswicklung eine erhöhte Abhängigkeit der Ausgangsspannung vom Ausgangsstrom erreicht wird.
Zündtransformator	Streufeldtransformator, der eine Hochspannung zum Zünden von Gas- oder Öl-Luft-Gemischen erzeugt.
Sicherheitstransformator	Transformator mit galvanischer Trennung der Eingangs- und Ausgangswicklung zur Speisung von Stromkreisen mit einer Spannung, die die höchstzulässige Berührungsspannung nicht überschreitet.
Trenntransformator	Transformator mit galvanischer Trennung der Eingangs- und Ausgangswicklung, deren Hauptisolation besonderen Anforderungen genügt und dessen Übersetzungsverhältnis meist 1 : 1 beträgt.
Kurzschlussfester Transformator	Transformator ohne Schutzeinrichtung, dessen Übertemperatur bei Überlastung oder Kurzschluss den zulässigen Wert nicht überschreitet und nach Beendigung der genannten Betriebszustände seine ursprünglichen Funktionseigenschaften zurückerlangt.
Bedingt kurzschlussfester Transformator	Transformator, der bei Überlastung oder Kurzschluss durch eine ein- oder angebaute Schutzvorrichtung, z. B. Schmelzsicherung oder Thermoschalter, den Eingangs- oder Ausgangsstromkreis unterbricht und somit das Überschreiten der zulässigen Übertemperatur verhindert.
Nicht kurzschlussfester Transformator	Transformator, der durch eine Schutzvorrichtung, die nicht Bestandteil des Transformators ist, vor Überschreiten des zulässigen Wertes der Übertemperatur geschützt wird.

Arten

Trocken-Transformatoren kleiner Leistung

- Kleintransformatoren
- Sicherheitstransformatoren
- Trenntransformatoren
- Sondertransformatoren
  - Windungs-Stelltransformatoren

Symbol	Bemessungsleistung	Eingangsspannung	Ausgangsspannung	Nennfrequenz
	≤ 16 kVA	≤ 1000 V	≤ 1000 V	≤ 500 Hz
	≤ 10 kVA ET ≤ 16 kVA DT	≤ 1000 V	≤ 50 V	≤ 500 Hz
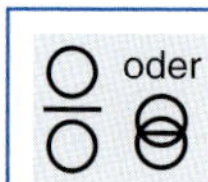	≤ 25 kVA ET ≤ 40 kVA DT	≤ 1000 V	≤ 1000 V	≤ 500 Hz

- Feinstufige Spannungseinstellung an blanken Wicklungsteilen durch verstellbare Stromabnehmer mit Kohlerollen oder Metallgleitkontakten.
- Ausgangsleistung ist proportional der eingestellten Ausgangsspannung.

Steuertransformatoren

- Bemessungsleistung muss nach der Dauerbelastung und der Stoß- bzw. Kurzzeitbelastung bestimmt werden, ohne die zulässige Nennspannungsänderung von 5% zu überschreiten.
- $S_n = (S_{Dauer} + S_{Kurzzeit}) \cdot k$

k	Bei induktiver Belastung	Bei ohmscher Belastung
0,5	über 90 ... 100 %	0 ... 10 %
0,7	über 50 ... 90 %	über 10 ... 50 %
1,0	0 ... 50 %	über 50 ... 100 %

- Dauerbelastung entspricht der Halteleistung der eingeschalteten Schaltgeräte (Schütze, Relais), Kurzzeitbelastung der Anzugsleistung der zuzuschaltenden Schaltgeräte.

Zündtransformatoren

- Kennwerte zum Zünden der Gas- oder Öl-Luftgemische
  - Leerlaufspannung 5; 7; 10; 14 kV
  - Zündstrom 10; 30 mA
  - max. Kurzschlussstrom 15; 40 mA
  - Bemessungsleistung 70; 100; 420 VA
- Betriebsart: Aussetzbetrieb S3

Streufeldtransformatoren

- Vorschaltgerät für Hochspannungs-Leuchtröhren und Hochspannungs-Leuchtstoffröhren
  - Leerlaufspannung zum Zünden 1 kV ... 7,5 kV
  - Betriebsspannung 50 ... 70 % der Leerlaufspannung zur Begrenzung des Betriebsstromes
  - sekundärer Bemessungsstrom zwischen 25 mA und 400 mA
- Verändern des Betriebsstromes zwischen –40 % und +50 % des Bemessungsstromes durch Verstellen des magnetischen Nebenschlusses möglich.

Lichtbogen-Schweißtransformatoren

- Kennwerte: Eingangsspannung 230 V
  für begrenzten Betrieb max. Schweißstrom $I_2 = 160$ A
  Leerlaufspannung $U_2 = 18$ V + 0,04 V je A von I_2
  für gewerblichen und industriellen Einsatz mit erhöhter elektrischer Sicherheit
  Leerlaufspannung DC $U_2 \leq 113$ V
  AC $U_2 \leq 68$ V Scheitelwert
  $U_2 \leq 48$ V Effektivwert
- Begrenzung des Schweißstromes (Kurzschlussstrom) durch die Bauart als Streufeldtransformator oder durch eine sekundär in Reihe geschaltete Drosselspule

Strom-Spannungs-Kennlinie

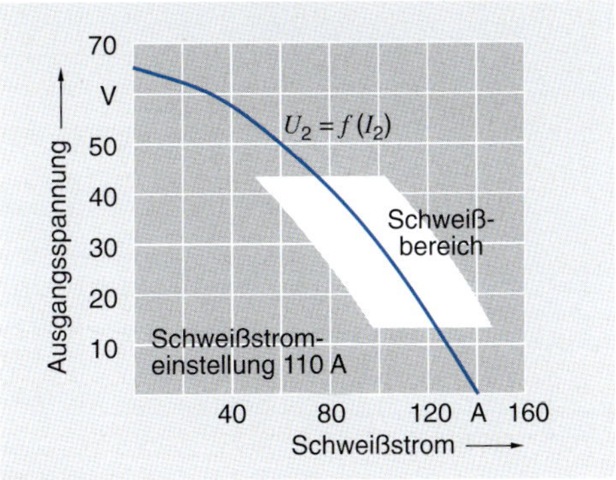

- Einstellen des Schweißstromes
  - Ändern des Übersetzungsverhältnisses durch Zu- oder Abschalten von Windungen der Eingangswicklung durch Stufenschalter
  - Ändern des Innenwiderstandes des Schweißtransformators durch verstellbares Streujoch oder Stelldrossel oder durch eine von einem schwachen Steuergleichstrom angesteuerte Schweißdrossel (Parallelschaltung von Transduktor und Luftspaltdrosselspule)

Kernbleche

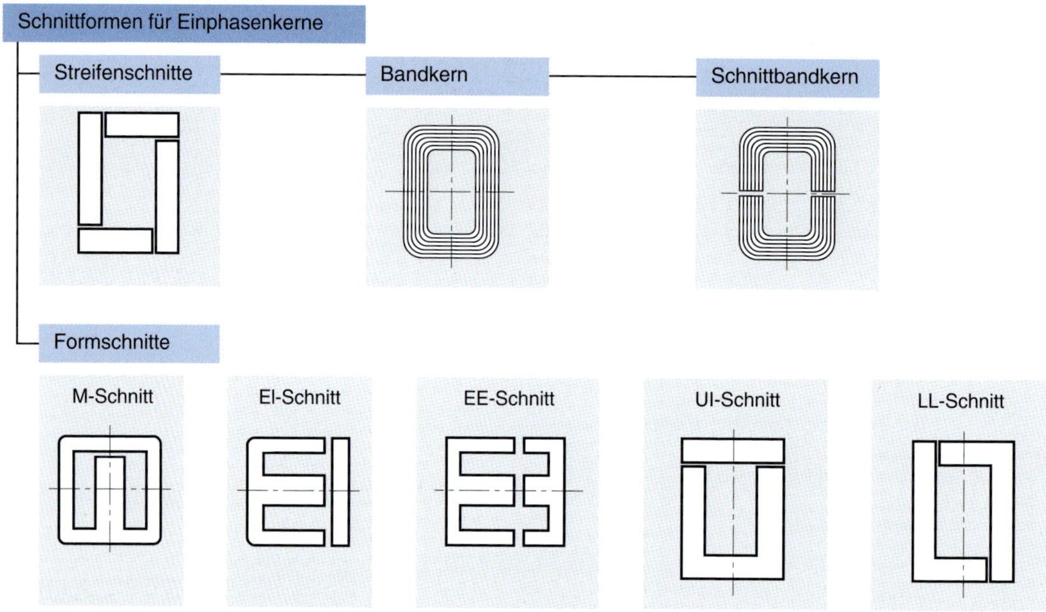

Berechnungsdaten für M-, EI- und UI-Schnitte (Flussdichte $\hat{B}$ = 1,5 T)

Kerntyp	Masse m_{Fe} in kg	Kernquerschnitt A_{Fe} in cm²	Leistung S_n in VA	Leerlaufverluste P_0 in W	Windungsspannung U_{N2} in V
M 42	0,125	1,6	7,6	0,81	0,0533
M 65	0,58	4,9	35,1	3,77	0,1632
M 102a	2	11	121	13	0,3663
EI 48	0,17	1,74	10,3	0,78	0,0766
EI 78	0,76	6,4	46	3,5	0,2131
EI 120a	2,72	14,8	165	12,5	0,4928
UI 48b	0,54	3,67	32,7	2,48	0,1222
UI 90a	2,29	8,3	139	10,5	0,2764
UI 150b	15,9	34,7	960	73	1,1555

Berechnungsdaten für Schnittbandkerne Typ SM, SE und SU (Flussdichte $\hat{B}$ = 1,7 T)

Kerntyp	Masse[1]) m_{Fe} in kg	Kernquerschnitt[1]) A_{Fe} in cm²	Leistung[1]) S_n in VA	Leerlaufverluste[1]) P_0 in W	Windungsspannung U_{N2} in V
SM 55	0,138	1,46	3,38	0,30	0,0551
SM 85a	0,561	4,01	11,7	1,23	0,151
SM 102a	0,885	5,21	17,3	1,95	0,196
SE 130a	1,117	5,64	20,7	2,46	0,213
SE 170a	2,920	10,9	50,2	6,42	0,416
SE 231a	6,871	18	109,8	15,1	0,68
SU 30a	0,0715	0,82	1,82	0,16	0,031
SU 60a	0,605	3,5	11,7	1,33	0,132
SU 180a	17,070	33	260	37,5	1,25

[1]) In Norm-Spulenkörper der Typen SM und SE werden zwei Kerne eingebaut. Die Tabellenwerte sind zu verdoppeln.

Windungs-Stelltransformatoren

Einstellbereiche

<table>
<tr><th>■ Form 1</th><th>■ Form 2</th><th>■ Form 3</th></tr>
<tr><td>ein Einstellbereich, einstellbar von null bis zur höchsten Ausgangsspannung</td><td>ein Einstellbereich, einstellbar von der höchsten Ausgangsspannung bestimmter Phasenlage (+) bis null und weiter mit um 180° gewechselter Phasenlage (–) bis zur höchsten Ausgangsspannung</td><td>zwei voneinander unabhängige Einstellbereiche, einstellbar von null bis zur höchsten Ausgangsspannung</td></tr>
<tr><td>Sparschaltung
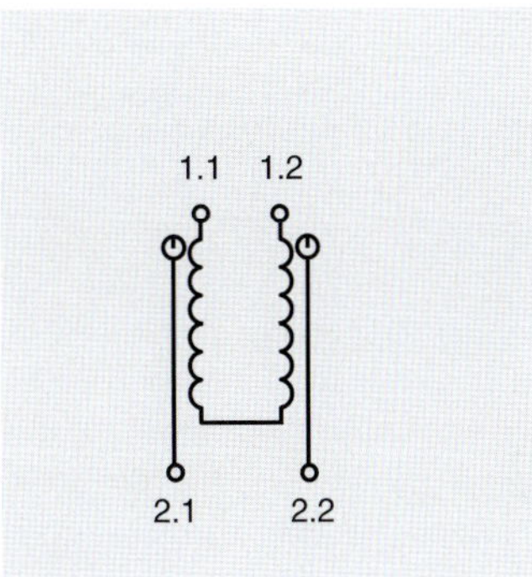
</td><td>Sparschaltung
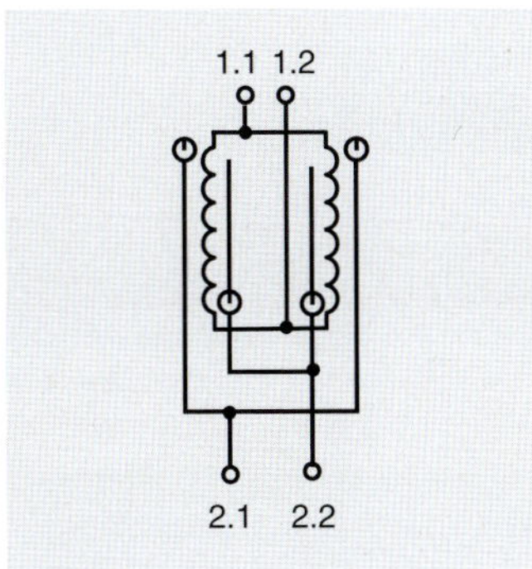
</td><td>Sparschaltung
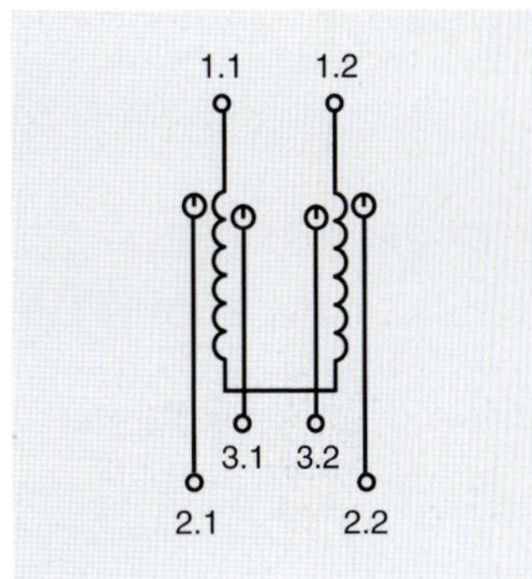
</td></tr>
<tr><td>Stellbereich
0 bis Bemessungseingangsspannung</td><td>Stellbereich
0 bis ± Bemessungseingangsspannung</td><td>Stellbereich
2 x 0 bis Bemessungseingangsspannung</td></tr>
</table>

Normen

DIN VDE 0550 Teil 1	Bestimmungen für Kleintransformatoren; Allgemeine Bestimmungen
Teil 3	–; Besondere Bestimmungen für Trenn- und Steuertransformatoren sowie Netzanschluss und Isoliertransformatoren über 1000 V
Teil 4	–; Besondere Bestimmungen für Spartransformatoren
Teil 5	–; Besondere Bestimmungen für Zündtransformatoren
DIN EN 60742 (VDE 0551 Teil 1)	Trenntransformatoren und Sicherheitstransformatoren
DIN EN 50060 (VDE 0543)	Schweißstromquellen zum Lichtbogenhandschweißen für begrenzten Betrieb
DIN EN 60974-1 (VDE 0544 Teil 1)	Sicherheitsanforderungen für Einrichtungen zum Lichtbogenschweißen; Schweißstromquellen
DIN 41302	Kernbleche für Kleintransformatoren
DIN 41309	Schnittbandkerne der Typenreihen SE; SU; SG; SM
DIN 46435	Belastung lackisolierter Wickeldrähte

4.8 Elektrische Antriebe

Begriffe

Elektrische Maschine	Energiewandler, bei dem die Wandlung der Energie durch die Kopplung zweier elektrischer Kreise über einen magnetischen Kreis erfolgt
Elektromotor	Sich drehend oder linear bewegende elektrische Maschine, die elektrische Energie aus dem Netz bezieht und mechanische Energie an eine Arbeitsmaschine abgibt
Antriebssystem	Gesamtheit der Teile eines elektrischen Antriebes. Das Antriebssystem besteht aus Antriebsmaschine, Arbeitsmaschine, Übertragungsgliedern und Schutzeinrichtungen.
Bauform	Konstruktive Gestaltung der drehenden elektrischen Maschine, die je nach Betriebslage und Befestigungsart eine Leistungsübertragung zwischen ihr und der Arbeitsmaschine ermöglicht
Betriebsart	Belastungsrhythmus; Art und Weise der Aufeinanderfolge und Dauer der verschiedenen Betriebszustände (Stillstand, Anlauf, Belastung, Leerlauf, elektrische Bremsung)
Betriebsverhalten	Wechselwirkung der drehenden elektrischen Maschine mit ihren sowohl elektrischen als auch mechanischen Anschlusssystemen
Betriebszustand	Zustand der elektrischen Maschine im gegebenen Augenblick, der durch die Gesamtheit der elektrischen, mechanischen und thermischen Größen gekennzeichnet ist
Betrieb, stationär	Gleichgewichtszustand zwischen dem von einem Motor erzeugten Motormoment M und dem belastend wirkenden Widerstandsmoment M_w der angetriebenen Arbeitsmaschine
Drehzahlverhalten	Abhängigkeit der Drehzahl n eines Elektromotors vom belastend wirkenden Widerstandsmoment M_w bei konstanter Spannung
Nebenschlussverhalten	Verhalten eines Elektromotors, bei dem die Drehzahl zwischen Leerlauf und Volllast nur geringfügig sinkt
Reihenschlussverhalten	Verhalten eines Elektromotors, bei dem die Drehzahl bei Belastung stark abfällt
Synchronverhalten	Verhalten eines Elektromotors, bei dem die Motordrehzahl zwischen Leerlauf und Volllast konstant bleibt
Anlassen	Maßnahmen zur Verringerung des beim Anlauf von Elektromotoren fließenden Stromes
Stern-Dreieck-Anlauf	Verfahren bei Käfigläufermotoren kleinerer und mittlerer Leistung, die beim Einschalten in Stern und nach dem Hochlaufen in Dreieck geschaltet werden

4.8.1 Auswahl des Antriebsmotors, Anpassung des Motors an die Netzbedingungen

Die an verschiedener Spannung und nach unterschiedlichen Wirkprinzipien arbeitenden Motoren lassen sich nach ihrer Drehzahl-Drehmoment-Abhängigkeit innerhalb des zulässigen Belastungsbereiches in drei Verhaltensgruppen einteilen.

Drehzahl-Drehmoment-Verhalten der Antriebsmotoren
- Synchronverhalten
- Nebenschlussverhalten
- Reihenschlussverhalten

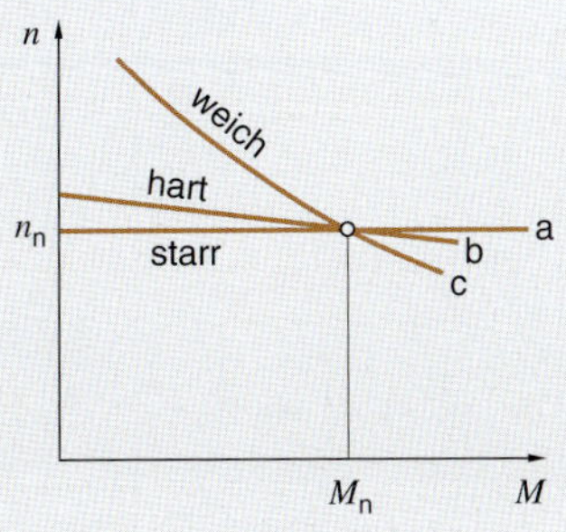

Drehzahl-Drehmoment-Verhalten der Motoren
a) starr; Synchronverhalten
b) hart; Nebenschlussverhalten
c) weich; Reihenschlussverhalten

Verhalten	Merkmal	Beispiele
Synchronverhalten	Die Motordrehzahl ist – unabhängig von der Belastung – konstant.	■ Synchronmotor ■ Reluktanzmotor
Nebenschlussverhalten	Zwischen Leerlauf und Volllast sinkt die Drehzahl nur geringfügig.	■ fremderregter Gleichstrommotor ■ Gleichstrom-Nebenschlussmotor ■ Drehstrom-Asynchronmotor mit Kurzschlussläufer ■ Wechselstrommotoren mit Hilfswicklung
Reihenschlussverhalten	Die Drehzahl fällt bei Belastung stark ab.	■ Gleichstrom-Reihenschlussmotor ■ Drehstrom-Asynchronmotor mit Schleifringläufer und zugeschalteten Läuferwiderständen ■ Repulsionsmotor ■ Universalmotor

Gleichstrommotoren

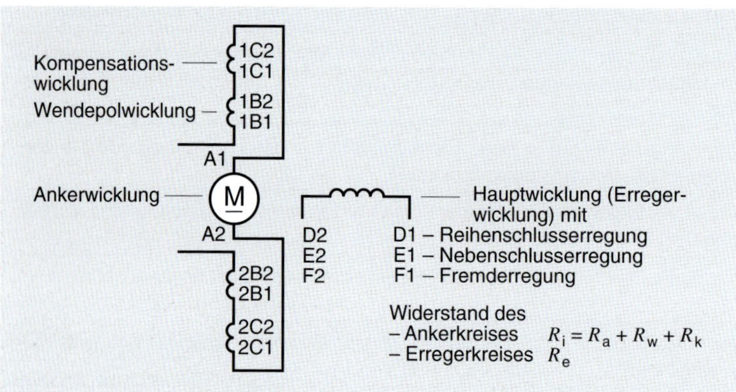

Widerstand des
- Ankerkreises
  $R_i = R_a + R_w + R_k$
- Erregerkreises
  R_e

R_a Widerstand der Ankerwicklung
R_w Widerstand der Wendepolwicklung
R_k Widerstand der Kompensationswicklung
R_e Widerstand der Haupt-(Erreger-)wicklung

	Fremderregter Motor	Nebenschlussmotor	Reihenschlussmotor	Doppelschlussmotor
Schaltung (ohne Wendepol- und Kompensationswicklung gezeichnet)	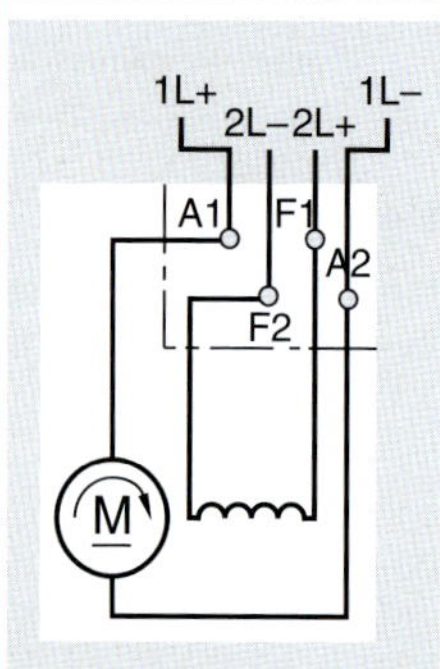	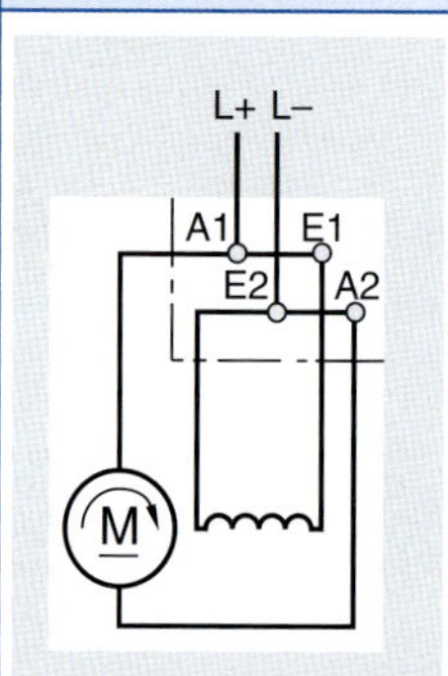	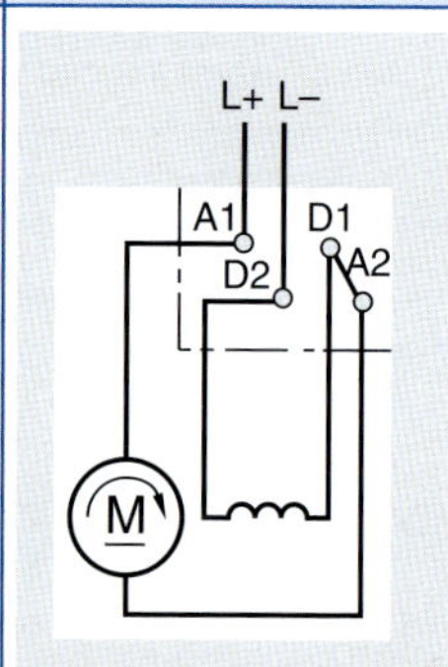	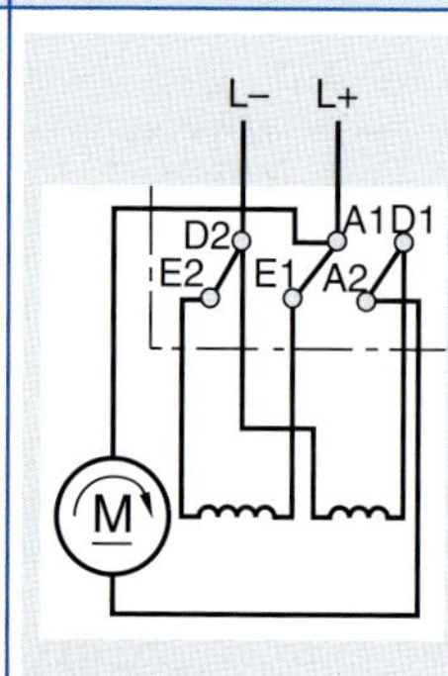
Kennlinien	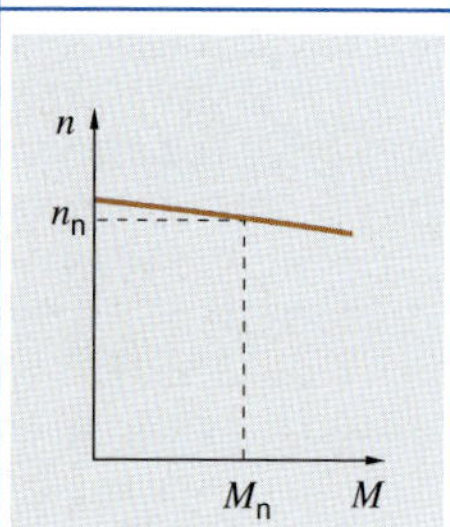	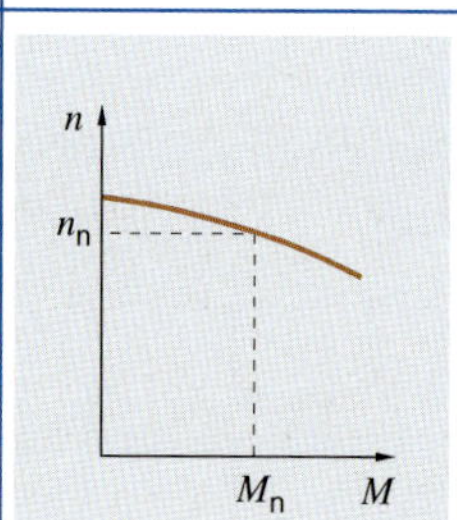	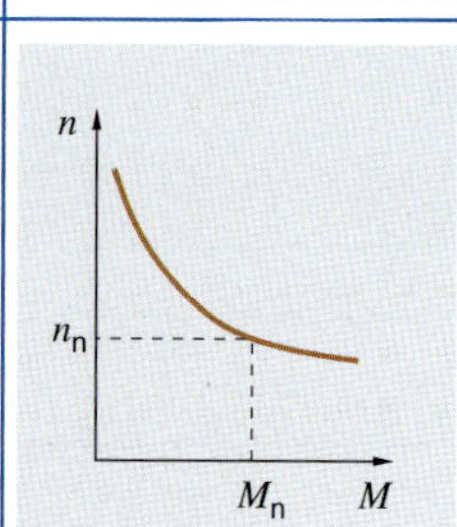	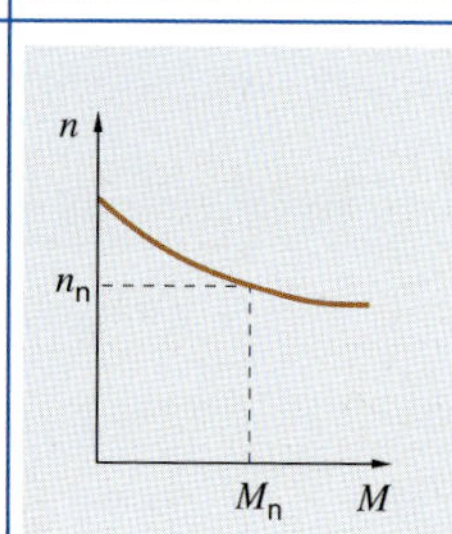

	Fremderregter Motor	Nebenschlussmotor	Reihenschlussmotor	Doppelschlussmotor
Anlaufstrom	$I_A = \frac{U}{R_i}$	$I_A = \frac{U}{R_i} + \frac{U}{R_e}$	$I_A = \frac{U}{R_i + R_e}$	$I_A = \frac{U}{R_i + R_{e,ser}} + \frac{U}{R_{e,par}}$
Eigenschaften	■ Drehzahl wenig lastabhängig ■ Drehzahlsteuerung durch Änderung der Ankerspannung oder des Erregerstromes evtl. unterschiedliche Spannungen an der Anker- und der Erregerwicklung	■ Drehzahl wenig lastabhängig ■ Drehzahlsteuerung durch Änderung der Ankerspannung oder des Erregerstromes gleiche Spannungen an der Anker- und der Erregerwicklung	■ Drehzahl lastabhängig ■ hohes Anlaufdrehmoment ■ geht bei Leerlauf evtl. durch ■ Drehzahlsteuerung durch Spannungsänderung oder Erregerstromänderung	■ je nach Dimensionierung der Erregerwicklungen vorwiegend Reihenschluss- oder Nebenschlussverhalten
Antriebsmotor für		■ Werkzeugmaschinen ■ Förderanlagen	■ elektrische Fahrzeuge ■ Hebezeuge ■ Kraftfahrzeuge (als „Anlasser“)	■ Werkzeugmaschinen ■ Maschinen mit Schwungmassen, z. B. Pressen, Stanzen, Scheren ■ Walzwerkanlagen

Drehstrom-Asynchronmotoren

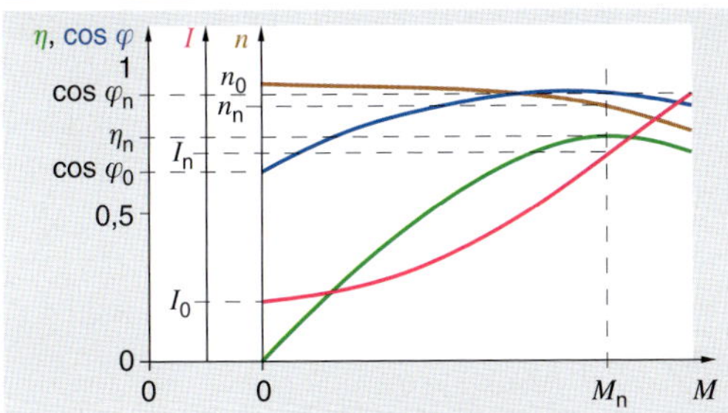

Belastungskennlinien

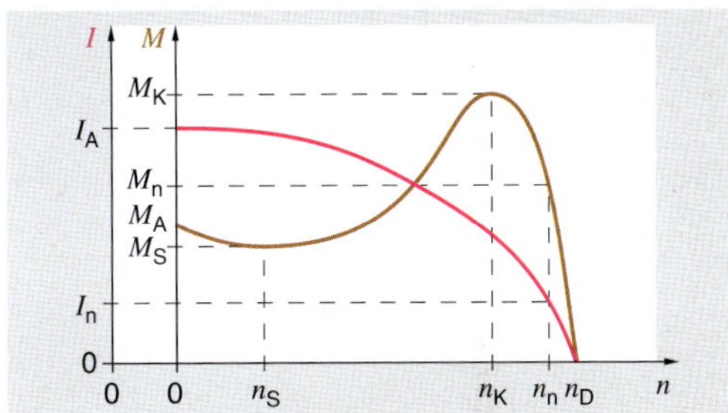

Hochlaufkennlinien

Drehfelddrehzahl $n_D = \frac{f}{p}$	Schlupf $s = \frac{n_D - n}{n_D}$	Läuferfrequenz $f_2 = s \cdot f_1$	Wirkleistungsaufnahme $P_{zu} = U \cdot I \cdot \sqrt{3} \cdot \cos\varphi$	
Schaltung	Motor mit Käfigläufer		Motor mit Schleifringläufer	
	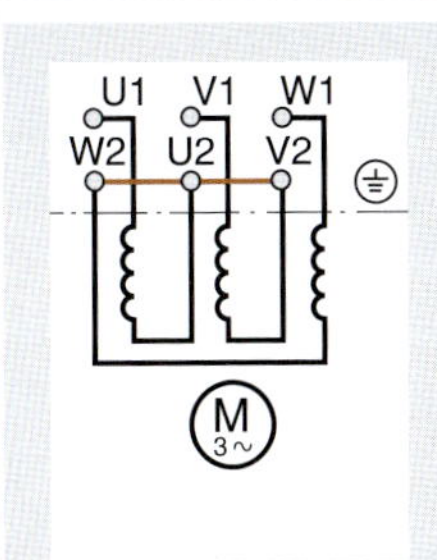 Sternschaltung	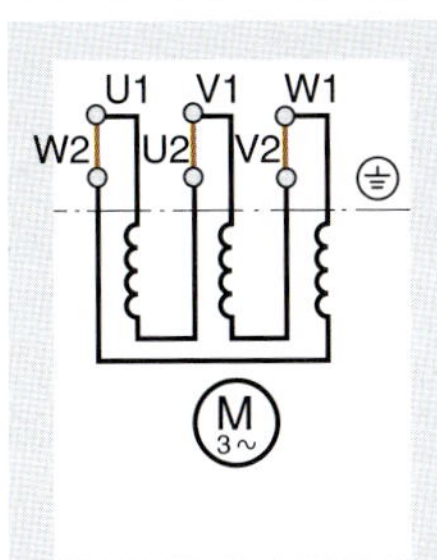 Dreieckschaltung	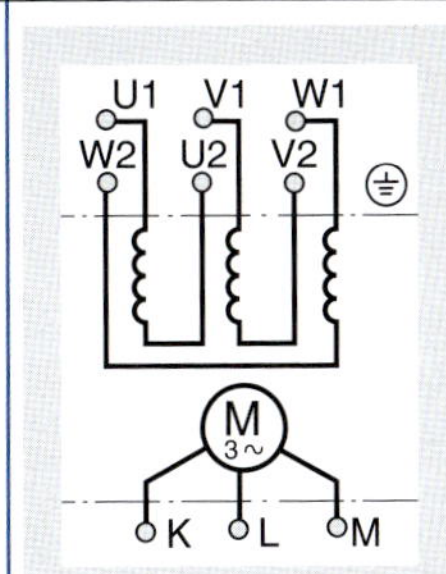 dreiphasige Läuferwicklung	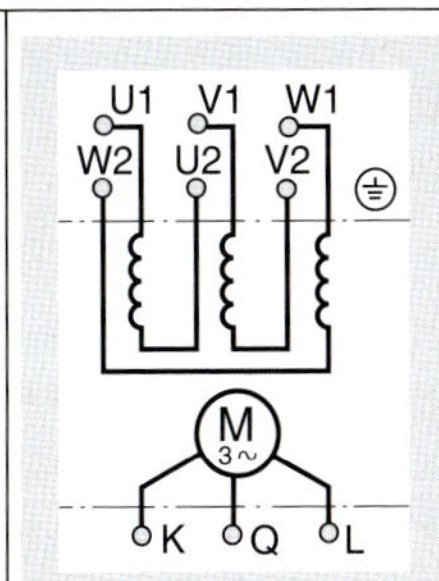 zweiphasige Läuferwicklung
$\frac{I_A}{I_n}$	3 … 7		1,5 … 2,5	
$\frac{M_A}{M_n}$	0,5 … 3		1 … 3	

Aufbau/ Eigenschaften	■ einfacher Aufbau des Läufers ■ wartungsarm ■ hoher Anlaufstrom und geringes Anzugsmoment ■ Nebenschlussverhalten ■ keine Strom übertragenden Teile	■ Ständeraufbau wie bei dem Motor mit Käfigläufer ■ höherer Wartungsaufwand ■ höheres Anzugsmoment bei geringerem Anlaufstrom ■ Nebenschlussverhalten geht mit Läuferwiderständen verloren
Antriebsmotor für	■ Werkzeugmaschinen ■ kleine Hebezeuge ■ Verarbeitungsmaschinen	■ Hebezeuge ■ Antriebe mit Schweranlauf ■ Maschinen mit großen Schwungmassen

Wechselstrommotoren

	Drehstrommotor an Wechselspannung	Wechselstrom-Motor mit Hilfswicklung	
		Kondensatormotor	mit Widerstand
Schaltung	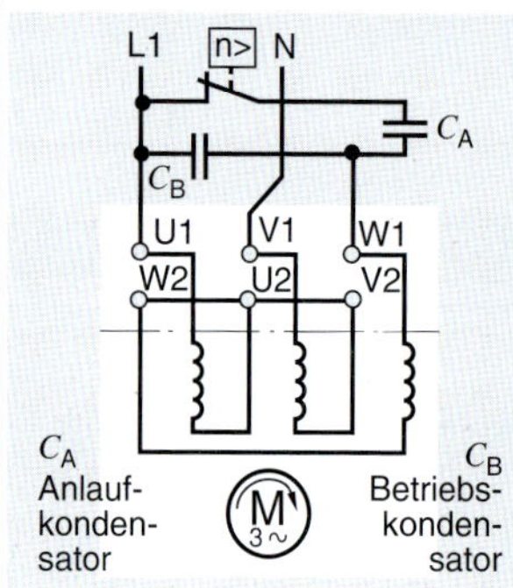	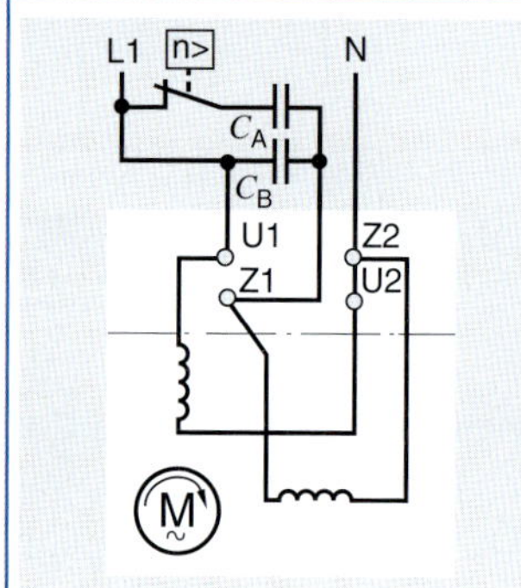	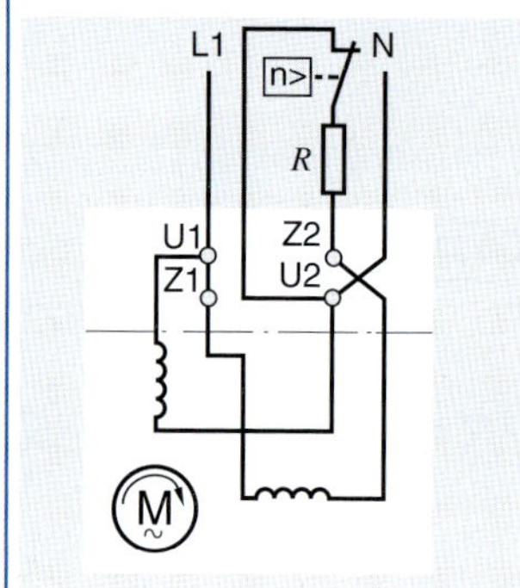
Kennlinien	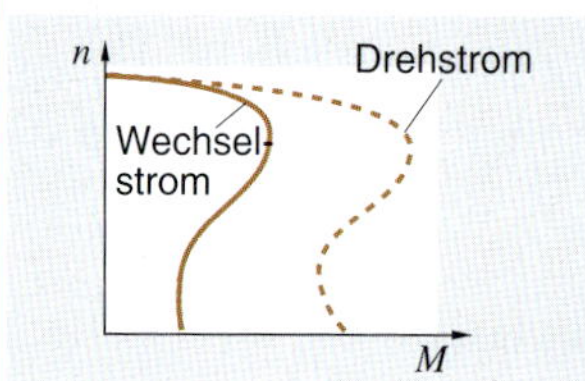 $U = 230\text{ V}, C_B = 70 \frac{\mu F}{kW} \cdot P$ $U = 400\text{ V}, C_B = 20 \frac{\mu F}{kW} \cdot P$ $C_A = 2 \cdot C_B$	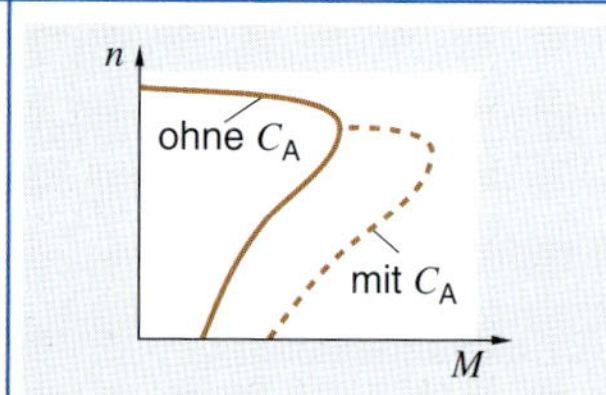 $Q_{CB} = 1 \frac{kvar}{kW} \cdot P$ $C_A = 3 \cdot C_B$	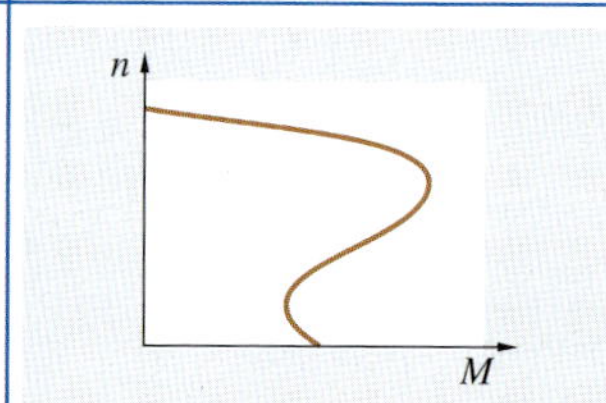
Eigenschaften	Nebenschlussverhalten, schlechter Wirkungsgrad	Nebenschlussverhalten, mit C_A hohes Anlaufdrehmoment	Nebenschlussverhalten, einfache Bauweise
Antriebsmotor für	Baumaschinen, wie Betonmischer	Haushaltgeräte, wie Kältemittelpumpen in Kühlschränken u. Ä.	Haushaltsgeräte, wie Waschmaschinen u. Ä.

	Spaltpolmotor	Repulsionsmotor	Universalmotor
Schaltung	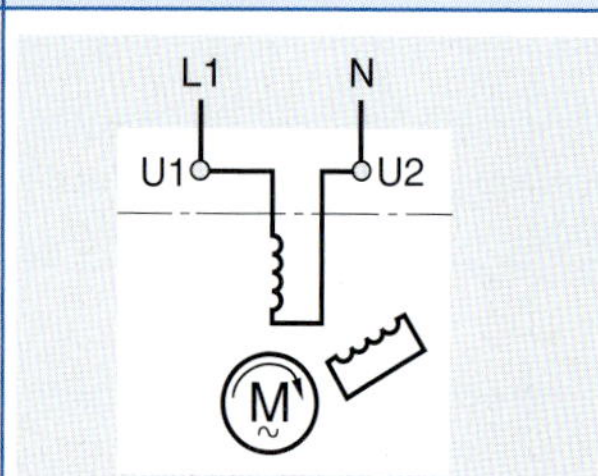	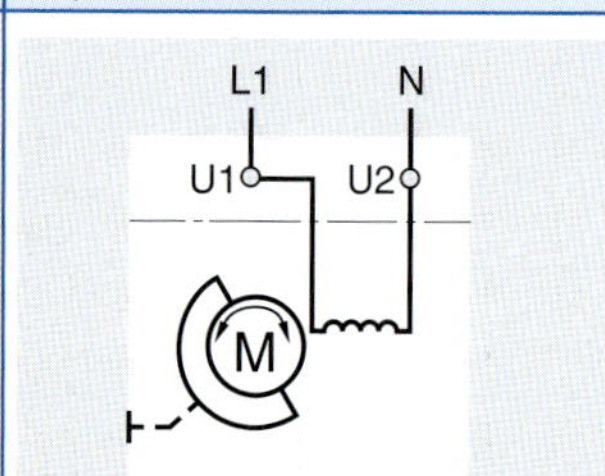	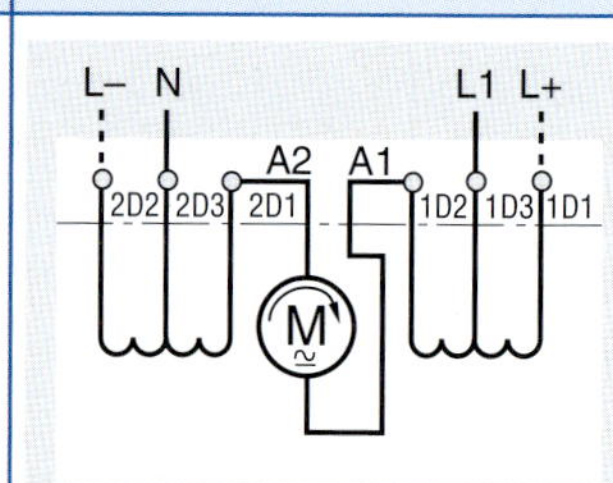

	Spaltmotor	Repulsionsmotor	Universalmotor
Kennlinien	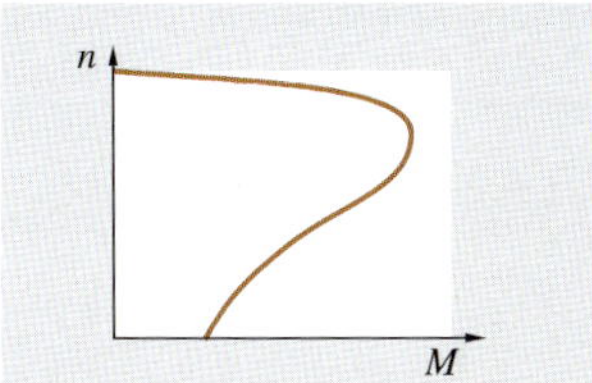	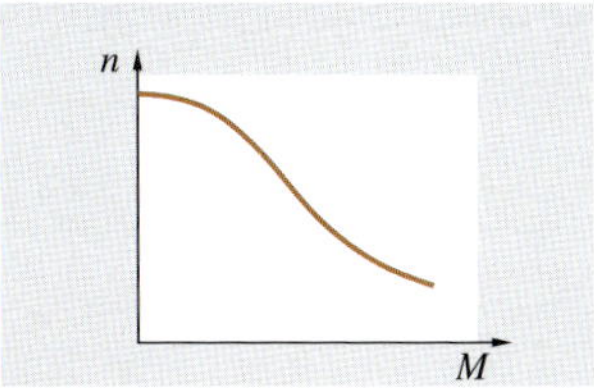	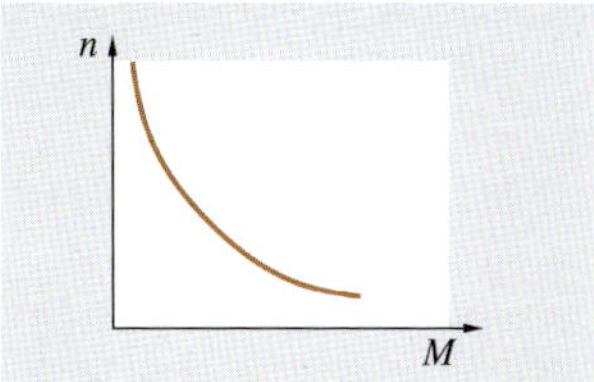
Eigen- schaften	Nebenschlussverhalten, einfache Bauweise, schlechter Wirkungsgrad	Reihenschlussverhalten	Reihenschlussverhalten
Antriebs- motor für	Haushaltgeräte mit geringen Leistungen	Textilmaschinen	Haushaltgeräte, wie Staubsauger u. Ä. elektrisch betriebene Werkzeuge, wie Bohrmaschinen u. Ä.

Betriebswerte von Asynchron-Motoren[1])

Drehstrommotoren mit Käfigläufer

Bau- größe	P_n in kW	n in min^{-1}	I_n bei 400 V in A	M_n in Nm	η in %	$\cos\varphi$	$\frac{I_A}{I_n}$	$\frac{M_A}{M_n}$	$\frac{M_K}{M_n}$	m in kg
n_D = 3000 min^{-1}										
63	0,25	2765	0,67	0,86	66	0,81	4,3	2,3	2,3	4,1
71	0,55	2800	1,38	1,9	71	0,85	4,9	2,3	2,3	6,6
80	0,75	2850	1,74	2,5	74	0,84	6,0	2,4	2,3	8,2
80	1,1	2850	2,42	3,7	77	0,85	6,1	2,4	2,3	9,9
90 S	1,5	2860	3,4	5,0	77	0,82	6,2	2,5	2,5	12,9
90 L	2,2	2860	4,6	7,4	82	0,85	6,8	2,8	2,8	15,7
100 L	3	2895	6,1	9,8	83	0,86	7,2	2,4	2,6	21
112 M	4	2895	7,8	13	84	0,88	7,6	2,4	2,8	25
132 S	5,5	2925	10,7	18	85	0,88	7,0	2,2	2,8	43
132 S	7,5	2930	14,2	25	87	0,88	7,7	2,5	3,0	50
160 M	11	2935	21,4	36	88	0,84	6,5	2,1	2,6	71
160 M	15	2940	28,6	49	90	0,85	7,1	2,3	2,8	82
160 L	18,5	2940	34,3	60	91	0,86	7,6	2,5	2,9	99
180 M	22	2940	39	71	91,5	0,89	6,9	2,5	3,0	165
n_D = 1500 min^{-1}										
71	0,25	1325	0,75	1,8	62	0,78	3,2	1,7	1,7	4,8
80	0,55	1400	1,4	3,7	71	0,80	4,7	2,3	2,4	8,0
80	0,75	1400	1,86	5,1	74	0,80	5,0	2,5	2,6	9,4
90 S	1,1	1410	2,7	7,5	75	0,81	5,0	2,1	2,5	12,3
90 L	1,5	1405	3,5	10	75	0,82	4,9	2,2	2,6	15,6
100 L	2,2	1415	5	15	79	0,82	6,0	2,2	2,6	22
100 L	3	1415	6,5	20	81	0,83	6,2	2,7	3,0	24
112 M	4	1435	8,9	27	83	0,80	7,0	2,9	3,0	29
132 S	5,5	1450	11,4	36	84	0,85	7,0	2,2	2,8	39
132 M	7,5	1450	14,8	49	86	0,85	7,6	2,4	3,3	53
160 M	11	1460	21,4	72	88	0,84	7,6	2,4	3,0	74
160 L	15	1460	28,6	98	89	0,85	7,7	2,2	2,9	90
180 M	18,5	1455	35,2	121	90,5	0,84	6,2	2,6	2,5	165
180 L	22	1455	41	144	91,2	0,85	6,4	2,6	2,5	180

[1]) Herstellerspezifische Angaben.

Betriebswerte von Asynchron-Motoren[1])

Polumschaltbare Drehstrom-Asynchronmotoren in Dahlander-Schaltung 400 V; 50 Hz

$n_D = 1500/3000\ \text{min}^{-1}$ bzw. $n_D = 750/1500\ \text{min}^{-1}$

Baugröße	P_n in kW	n in min^{-1}	I_n in A	η in %	$\cos\varphi$	$\frac{I_A}{I_n}$	$\frac{M_A}{M_n}$	m in kg
90 S	1,0	1430	2,5	75	0,77	5,3	1,8	13
	1,2	2890	3,2	69	0,78	5,4	1,9	
100 L	2,0	1450	4,7	78	0,80	6,6	2,1	21
	2,6	2850	5,3	79	0,90	5,9	2,2	
132 S	4,7	1450	10,5	81	0,80	6,5	2,4	65
	5,7	2920	12,4	76	0,88	7,0	2,3	
100 L	0,7	710	2,4	69	0,67	4,2	2,2	21
	1,4	1370	3	74	0,92	4,3	1,6	
112 M	1,6	700	5,4	68	0,64	4,1	2,4	34
	2,9	1400	5,8	79	0,92	5,0	2,0	
132 M	3,5	710	10,5	78	0,65	4,3	2,2	79
	6,0	1420	12,4	79	0,89	5,8	2,3	

Drehstrom-Schleifringläufer-Motoren 400 V; 50 Hz

$n_D = 1500\ \text{min}^{-1}$ bzw. $n_D = 1000\ \text{min}^{-1}$

Baugröße	P_n in kW	n in min^{-1}	I_n in A	η in %	$\cos\varphi$	$\frac{M_K}{M_n}$	U_2 in V	I_2 in A	m in kg
90 S	0,75	1370	2	73	0,74	2,6	115	5,4	15,6
90 L	1,1	1380	3	74	0,74	2,7	150	5,5	19,5
100 L	2,2	1400	5,7	77	0,79	2,9	150	10,5	30
132 S	4	1425	8,8	82	0,81	3,3	150	15	70
132 M	5,5	1440	12	83	0,80	3,5	180	22	86,5
160 M	7,5	1440	15,2	86	0,81	3,6	180	27	131
100 L	0,75	900	2,1	73	0,72	2,0	80	6,0	27,5
100 L	1,1	900	3	73	0,72	2,0	80	8,0	33,5
132 S	2,2	910	5,6	77	0,74	2,5	80	16	61
132 M	4	930	11,4	75	0,69	2,7	120	22	87
160 M	5,5	930	15,2	76	0,70	2,7	150	24	132
160 L	7,5	935	20	76	0,71	2,7	230	21	161

Einphasen-Wechselstrommotoren mit Betriebskondensator 230 V; 50 Hz

$n_D = 3000\ \text{min}^{-1}$ bzw. $n_D = 1500\ \text{min}^{-1}$

Baugröße	P_n in kW	n in min^{-1}	I_n in A	$\cos\varphi$	$\frac{I_A}{I_n}$	$\frac{M_A}{M_n}$	C_B in µF	U_C in V	m in kg
63	0,120	2800	1,1	0,9	3,0	0,6	4	400	5
71	0,3	2760	2,3	0,98	3,0	0,45	10	400	7
71	0,5	2790	3,4	0,95	3,5	0,46	12	400	8
80	0,9	2800	6	0,95	4,0	0,35	20	400	11
90 S	1,1	2740	7	0,97	3,4	0,38	30	400	14
90 L	1,7	2700	10,5	0,97	3,5	0,35	40	400	17
63	0,12	1390	1,2	0,98	2	0,54	5	400	5
63	0,18	1390	1,8	0,86	2,8	0,51	6	400	5
71	0,3	1380	2,9	0,92	2,6	0,52	12	400	8
80	0,55	1380	4	0,91	3,3	0,64	16	400	11
90 S	0,9	1370	5,7	0,97	3,3	0,38	30	400	14
90 L	1,25	1380	8,1	0,95	3,8	0,42	40	400	17

[1]) Herstellerspezifische Angaben.

4.8.2 Anpassung des Motors an die Antriebsforderungen

Leistung und Drehbewegung

Die Motorleistung kann auf die Arbeitsmaschine übertragen werden mittels

- Kupplung — M und n nicht veränderbar
- Riementrieb
- Zahnradtrieb
- Schneckentrieb

(Riementrieb, Zahnradtrieb, Schneckentrieb) — bei gleicher Leistung M und n veränderbar

Durch Riemen-, Zahnrad- oder Schneckentrieb können Drehzahl und Drehmoment den Erfordernissen der anzutreibenden Maschine angepasst werden.

Gleichförmige Kreisbewegung

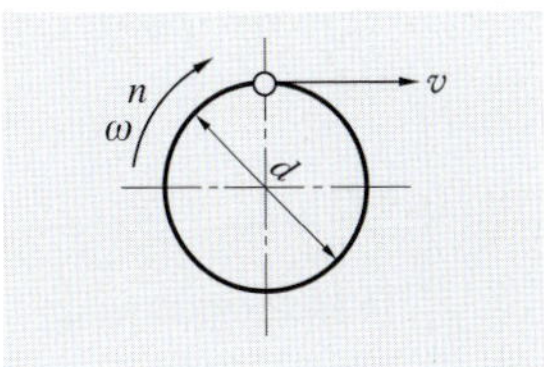

$$v = d \cdot \pi \cdot n$$

$$v = \omega \cdot r \qquad v = \omega \cdot \frac{d}{2}$$

$$\omega = 2 \cdot \pi \cdot n$$

v Umfangsgeschwindigkeit
d Durchmesser der Umlaufbahn
r Radius der Umlaufbahn
n Drehzahl
ω Winkelgeschwindigkeit

Drehmoment und Motorleistung

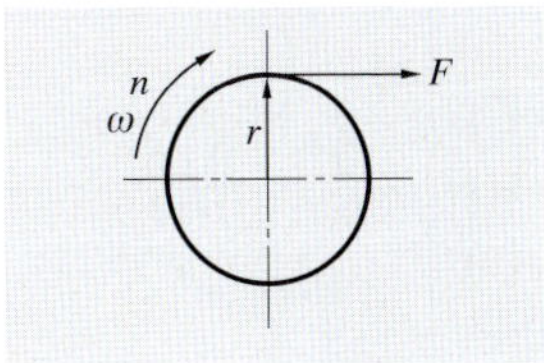

$$M = F \cdot r$$

$$P = M \cdot \omega$$

$$P = M \cdot 2\pi \cdot n$$

F Zugkraft
M Drehmoment
P Motorleistung

Mechanische Übertragung der Motorleistung

Riementrieb

Riemenschlupf und Reibungsverluste sind nicht berücksichtigt

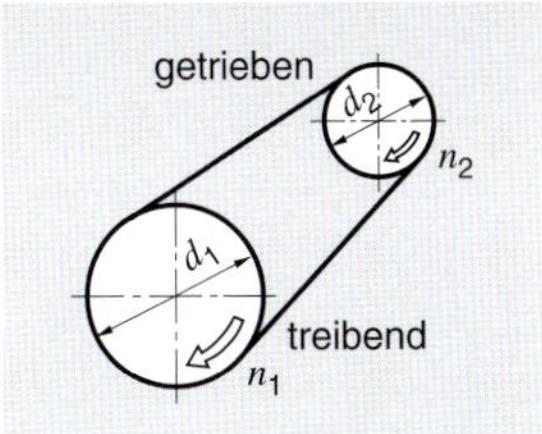

$$n_1 \cdot d_1 = n_2 \cdot d_2$$

$$i = \frac{n_1}{n_2} = \frac{d_2}{d_1}$$

$$\frac{M_1}{M_2} = \frac{n_2}{n_1}$$

n_1 Drehzahl der treibenden Scheibe
d_1 Durchmesser der treibenden Scheibe
n_2 Drehzahl der getriebenen Scheibe
d_2 Durchmesser der getriebenen Scheibe
i Übersetzungsverhältnis
M_1 Drehmoment an der treibenden Scheibe
M_2 Drehmoment an der getriebenen Scheibe

Zahnradtrieb

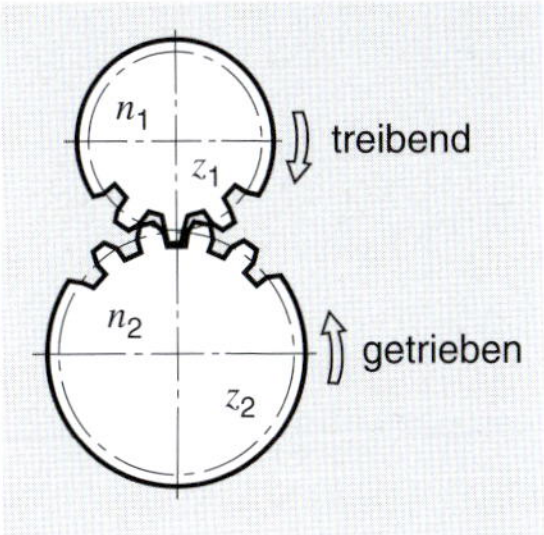

$$n_1 \cdot z_1 = n_2 \cdot z_2$$

$$i = \frac{n_1}{n_2}$$

$$i = \frac{z_2}{z_1}$$

n_1 Drehzahl des treibenden Rades
z_1 Zähnezahl des treibenden Rades
n_2 Drehzahl des getriebenen Rades
z_2 Zähnezahl des getriebenen Rades
i Übersetzungsverhältnis

Schneckentrieb

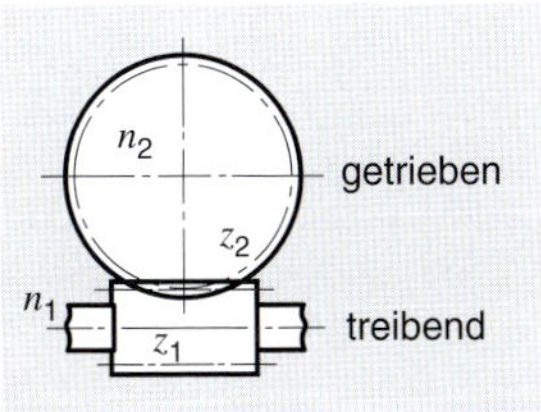

$$n_1 \cdot z_1 = n_2 \cdot z_2$$

$$i = \frac{n_1}{n_2}$$

$$i = \frac{z_2}{z_1}$$

n_1 Drehzahl der Schnecke
z_1 Zähnezahl (Gängigkeit) der Schnecke
n_2 Drehzahl des Schneckenrades
z_2 Zähnezahl des Schneckenrades
i Übersetzungsverhältnis

Anlassen von Motoren

Durch den Anlauf von Motoren dürfen keine störenden Spannungsänderungen im Netz verursacht werden (technische Anschlussbedingungen TAB).

Diese Forderungen erfüllen gelegentlich anlaufende

- Wechselstrommotoren mit einer Scheinleistung von $S \leq 1{,}7$ kVA,
- Drehstrommotoren mit einer Scheinleistung von $S \leq 5{,}2$ kVA oder
- Motoren mit höherer Scheinleistung, deren Anzugsstrom $I_A \leq 60$ A beträgt.

Notwendige Maßnahmen zur Vermeidung störender Spannungsänderungen sind mit dem zuständigen Verteilungsnetzbetreiber abzustimmen bei

- Motoren mit höheren als den angegebenen Werten,
- besonders schwerem Anlauf,
- häufigem Schalten,
- stark schwankender Belastung.

Motorart	Anlassart	Schaltung	Eigenschaften	Anwendung
Kurzschlussläufermotor	Vorwiderstände	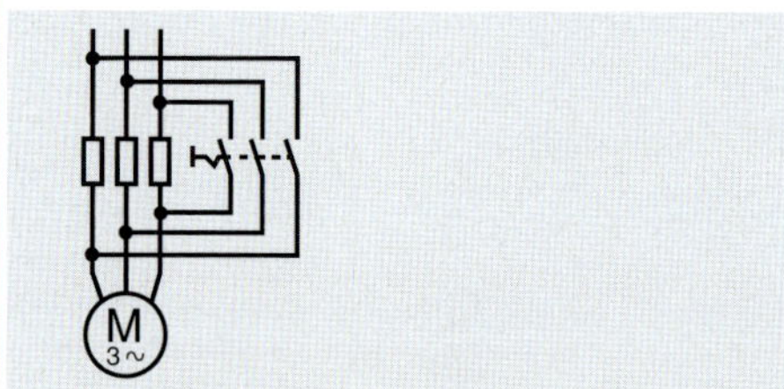	$I_A \sim U$ $M_A \sim U^2$ U Motorspannung	Anlauf im Leerlauf
	Stern-Dreieck-Schaltung	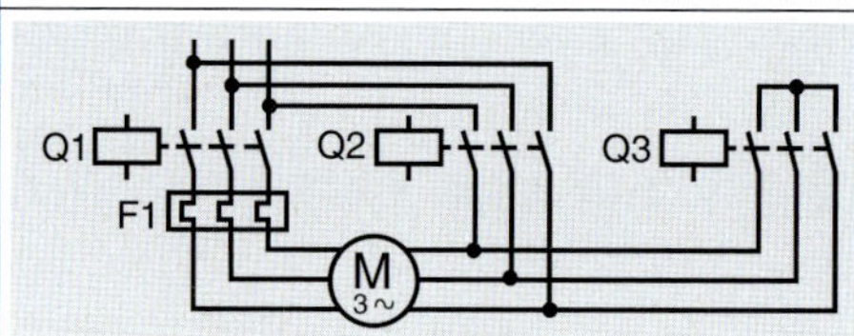	$I_{AY} = \frac{1}{3} \cdot I_{A\Delta}$ $M_{AY} = \frac{1}{3} \cdot M_{A\Delta}$ Einstellstrom = $0{,}58 \cdot I_n$	Anlauf bei geringer Anlaufschwere
		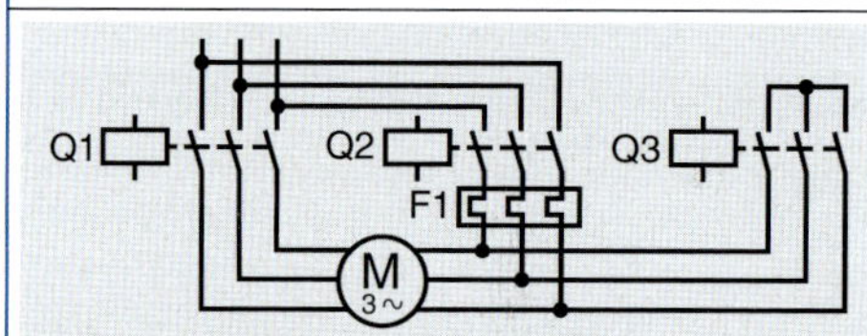	$I_{AY} = \frac{1}{3} \cdot I_{A\Delta}$ $M_{AY} = \frac{1}{3} \cdot M_{A\Delta}$ Einstellstrom = $0{,}58 \cdot I_n$	überlanger Anlauf
		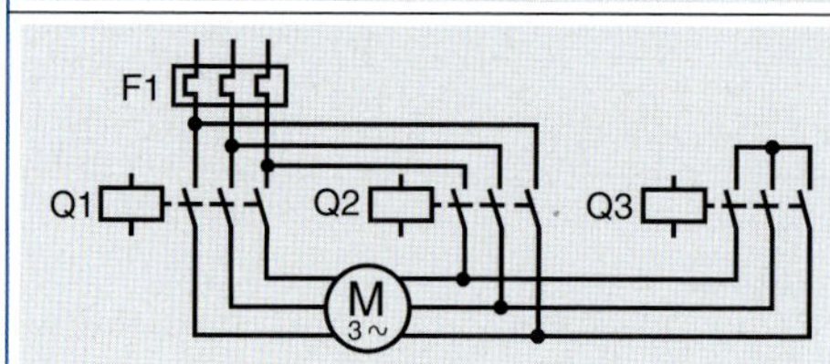	$I_{AY} = \frac{1}{3} \cdot I_{A\Delta}$ $M_{AY} = \frac{1}{3} \cdot M_{A\Delta}$ Einstellstrom = Nennstrom I_n	Schweranlauf
	Anlasstransformator	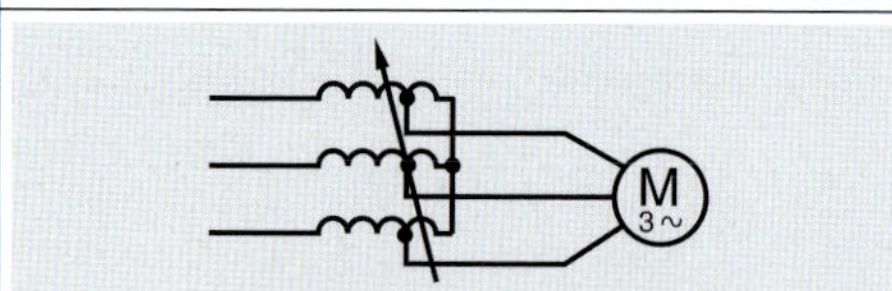	$I_A \sim U$ $M_A \sim U^2$ relativ teuer	Hochspannungsmotoren
	Kusa-Schaltung	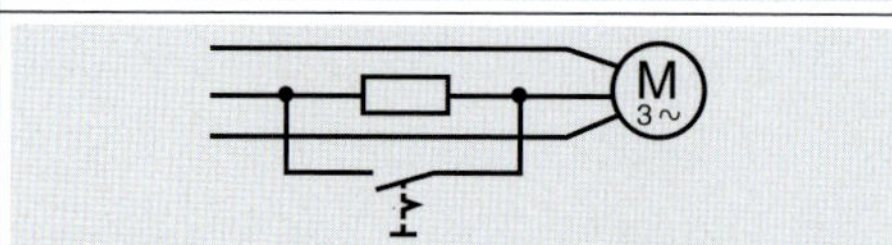	Verminderung des Drehmomentes – Sanftanlauf	Textilmaschinen
Schleifringläufermotor	Läuferanlasser	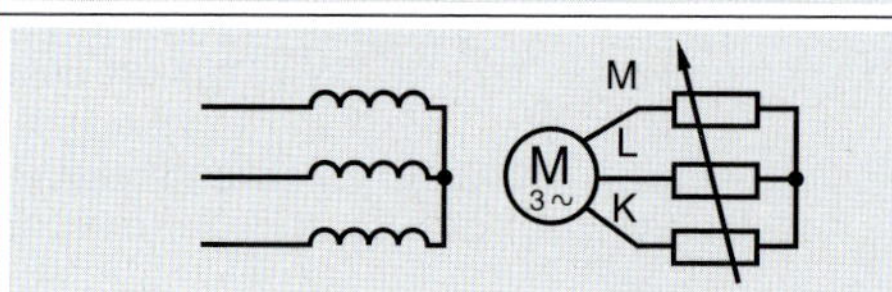	niedriger Anlaufstrom, hohes Anzugsmoment, Drehzahlsteuerung mit Widerständen möglich	Werkzeugmaschinen mit großer Leistung, Pumpen, Hebezeuge

Anlassschaltungen

Drehstrommotor mit Käfigläufer: Stern-Dreieck-Schützschaltung

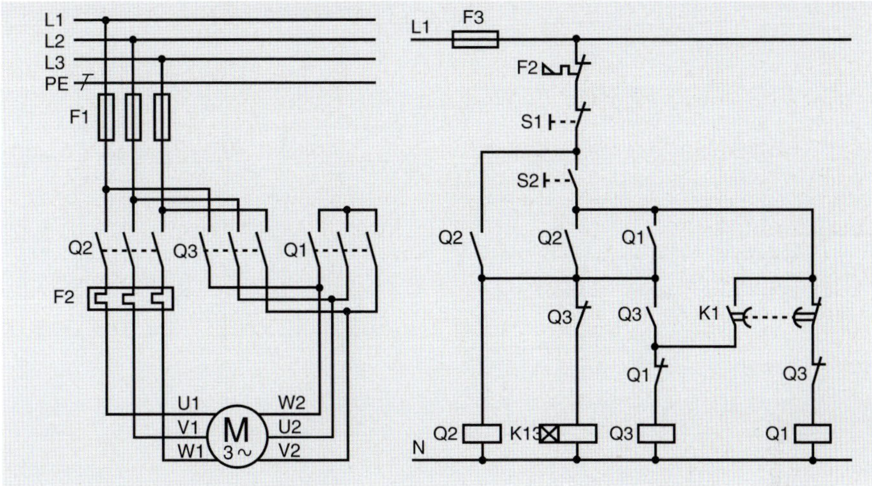

Drehstrommotor mit Schleifringläufer: Läuferanlasser

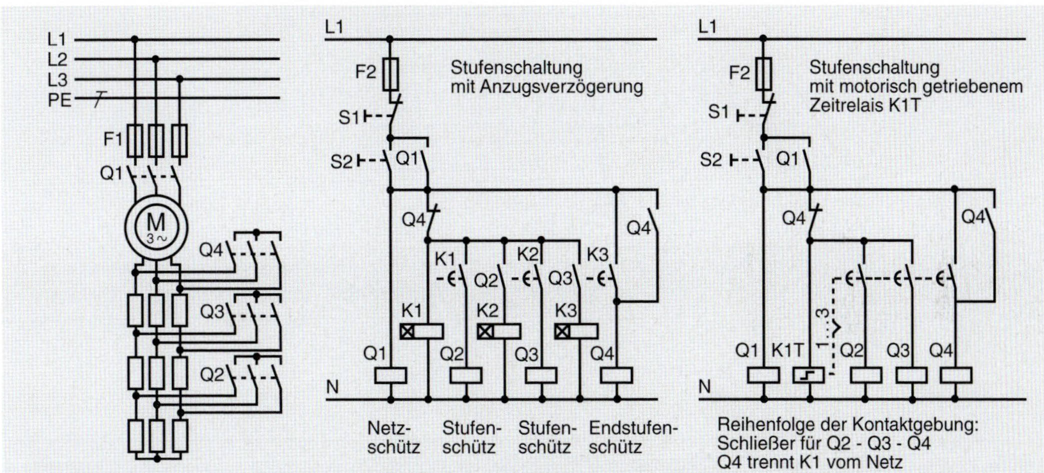

Steuerung der Drehzahl bei polumschaltbaren Drehstrommotoren

Motor mit zwei getrennten Wicklungen

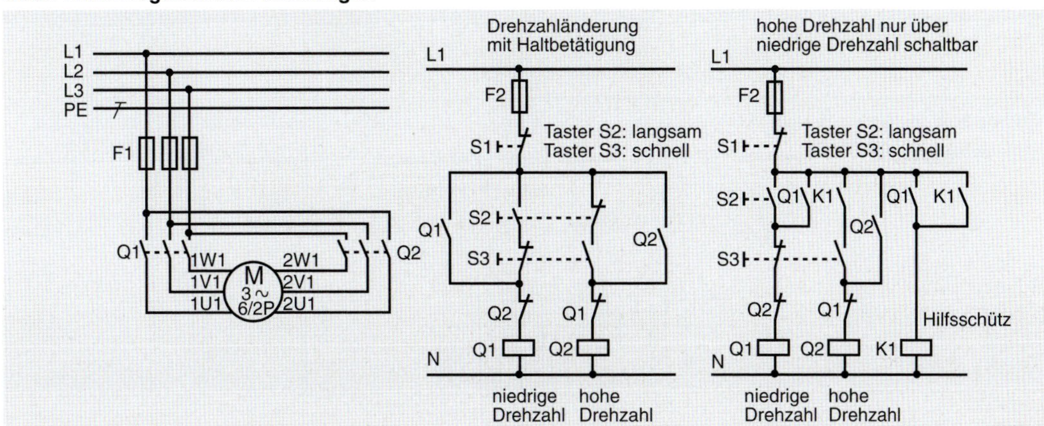

Motor mit einer umschaltbaren Wicklung (Dahlanderschaltung)

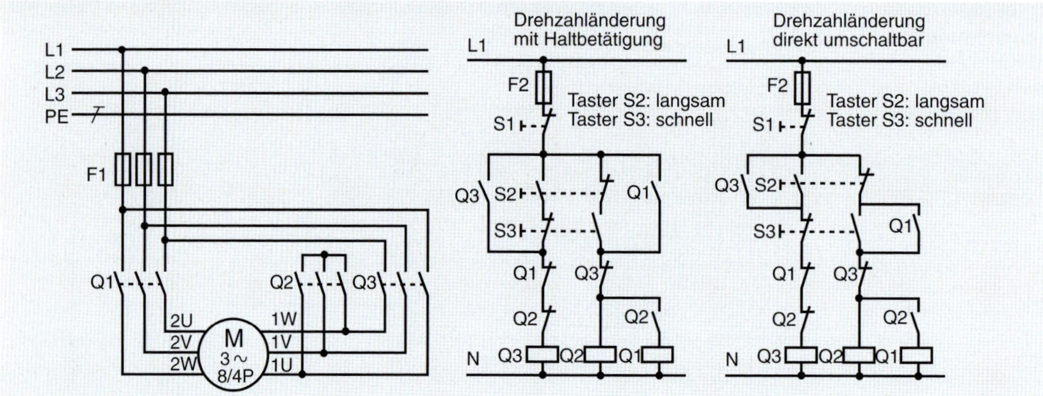

Bremsen von Motoren

Bremsart	Maschinenart	Schaltung/Abbildung	Eigenschaften	Anwendung
Mechanische Bremsung	Bremslüfter	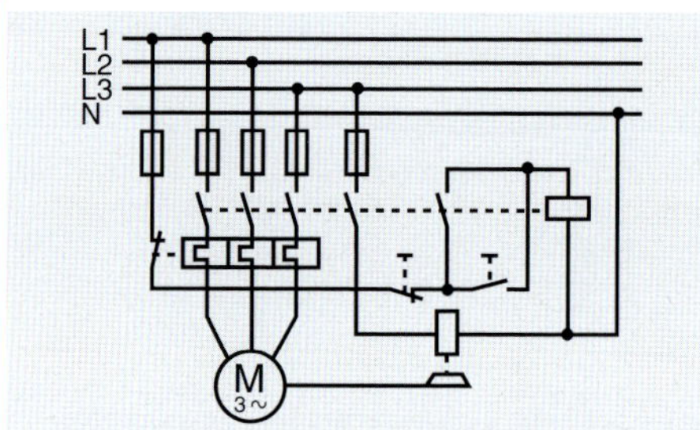	Motor wird durch Bremsung thermisch nicht beansprucht.	Werkzeugmaschinen kleiner bis mittlerer Leistung
	Bremsmotoren	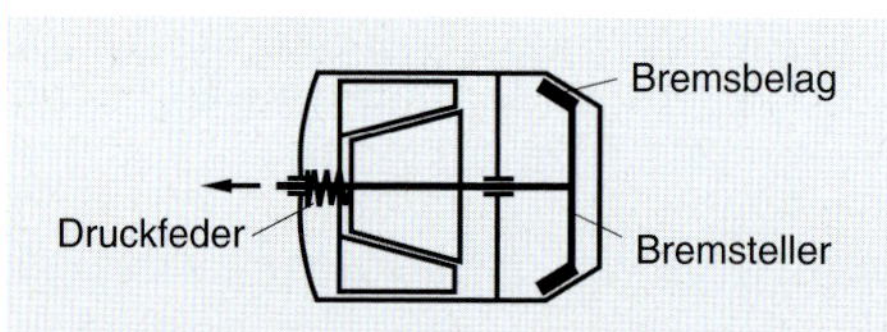	Motor wird durch Bremsung thermisch nicht beansprucht, hohe Schalthäufigkeit.	Werkzeugmaschinen, Hebezeuge
Nutzbremsung	Wechsel- und Drehstrommotoren	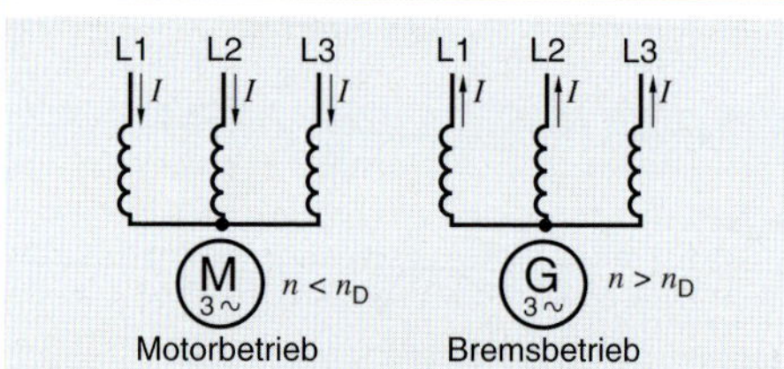	keine Haltbremsung	Bahnen bei Talfahrten
Gegenstrombremsung	Wechsel- und Drehstrommotoren	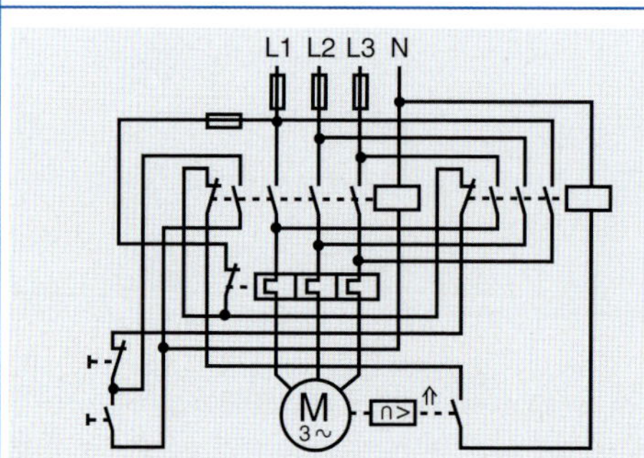	sehr hohe thermische Beanspruchung durch hohe Motorströme, große Kräfte auf Lager und Befestigung, keine Haltbremsung	Hebezeuge, Tippbetrieb

Bremsart	Maschinenart	Schaltung/Abbildung	Eigenschaften	Anwendung
Gleichstrombremsung	Wechsel- und Drehstrommotoren	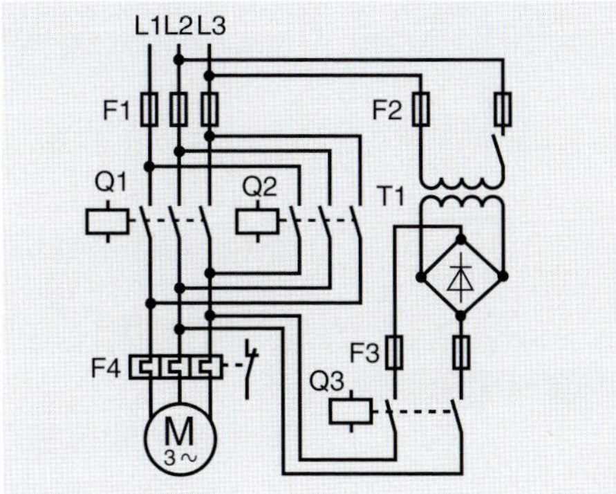	hohe thermische Beanspruchung, keine Haltbremsung	Hebezeuge, Bahnen

4.8.3 Anpassung des Motors an den Arbeitsort

Bauformen

Die Bauform einer drehenden elektrischen Maschine ist ihre konstruktive Gestaltung, die je nach Betriebslage und Befestigungsart eine Leistungsübertragung zwischen ihr und der Arbeitsmaschine ermöglicht.

Codesystem I
gilt für drehende elektrische Maschinen mit Schildlagern und einem freien Wellenende

IM B 3

IM-Code (International Mounting) — IM
Bauart — B
Angabe über Lagerung, Befestigung, Ausführung der Wellenenden — 3

Kennbuchstabe	Bauart
A	Maschinen ohne Lager
B	Maschinen mit Schildlagern für waagerechte Anordnung
C	Maschinen mit Schild- und Stehlagern
D	Maschinen mit Stehlagern
V	Maschinen für senkrechte Anordnung
W	Maschinen ohne Lagerschilde für senkrechte Anordnung
G	Maschinensätze auf gemeinsamer Grundplatte
H	kurze Doppelflanschwelle im Stehlager

Codesystem II
gilt für drehende elektrische Maschinen für allgemeinen Gebrauch und für besondere Anwendungsfälle

IM 1 0 0 1

IM-Code (International Mounting) — IM
Bauart — 1
Einbaulage — 0
Aufstellungsart — 0
Anzahl und Ausführung der Wellenenden — 1

1. Kennziffer	Bauart
1	Maschine mit Fuß, nur Schildlager
2	Maschine mit Fuß und Befestigungsflansch, nur Schildlager
3	Maschine mit Befestigungsflansch am Schildlager, nur Schildlager
4	Maschine mit Befestigungsflansch am Gehäuse, nur Schildlager
5	Maschine ohne Lager, ausgenommen 1 … 4
6	Maschine mit Schild- und Stehlagern
7	Maschine nur mit Stehlagern
8	Maschine mit senkrechter Welle, ausgenommen 1 … 4
9	Maschine mit besonderer Aufstellungsausführung

4. Kennziffer	Anzahl und Ausführung der Wellenenden
0	ohne Wellenenden
1	ein zylindrisches Wellenende
2	zwei zylindrische Wellenenden
3	ein kegeliges Wellenende
4	zwei kegelige Wellenenden
5	ein Wellenende mit angeschmiedetem Flansch
6	zwei Wellenenden mit angeschmiedetem Flansch
7	Wellenenden auf Antriebsseite mit Flansch, auf Nicht-Antriebsseite zylindrisches Wellenende
9	alle anderen Ausführungen der Wellenenden

	Erläuterung	IEC-Code I IEC-Code II
Maschinen ohne Lager		
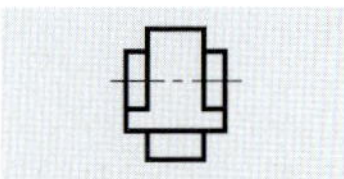	ohne Welle, Füße hochgezogen	A2 IM 5510
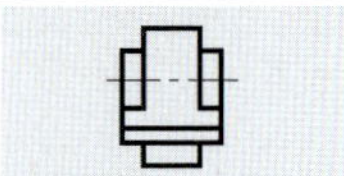	wie IM 5510, aber mit Fußplatte	– IM 5710
Maschinen mit Schildlagern für waagerechte Anordnung		
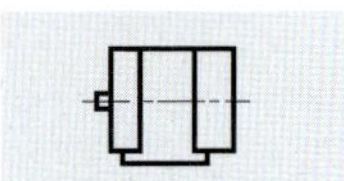	2 Schildlager, 1 freies Wellenende	IM B3 IM 1001
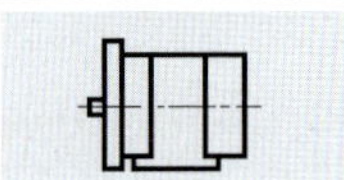	Flanschmotor mit Füßen	IM B35 IM 2001
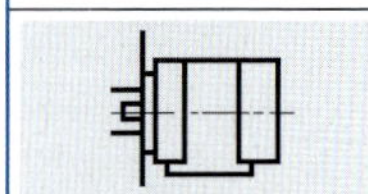	wie IM B35, aber kein Zugang von der Gehäuseseite	IM B34 IM 2101
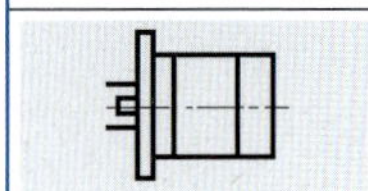	wie IM B35, aber ohne Füße (Flanschanbau)	IM B5 IM 3001
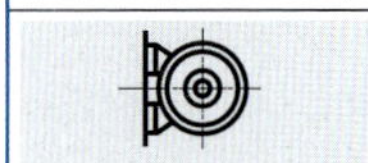	wie IM B3, aber für Wandbefestigung; Füße links	IM B6 IM 1051
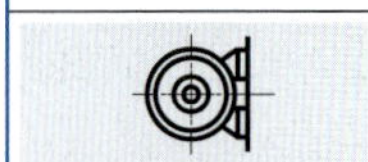	wie IM B3, aber für Wandbefestigung; Füße rechts	IM B7 IM 1061
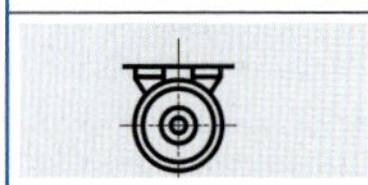	wie IM B3, aber für Deckenbefestigung	IM B8 IM 1071
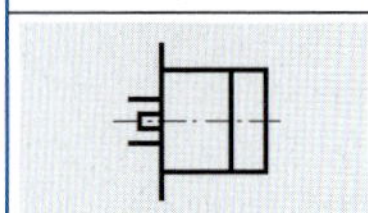	wie IM B5, aber ohne Lagerschild	IM B9 IM 9101
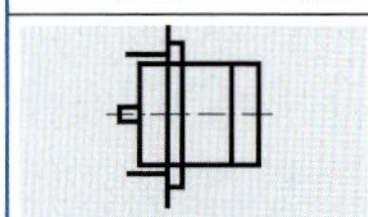	wie IM B35, aber ohne Füße	IM B10 IM 4001
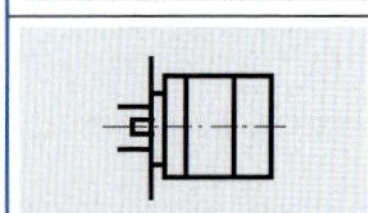	wie IM B34, aber ohne Füße	IM B14 IM 3601
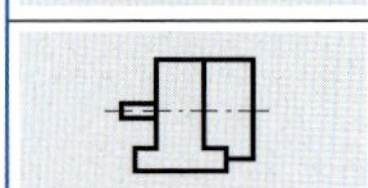	wie IM B3, aber ohne Lager auf der Antriebsseite	IM B15 IM 1201
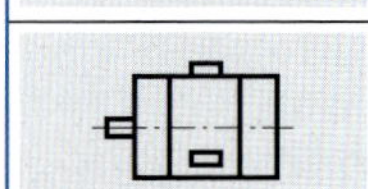	ohne Füße, ohne Flansch (Einbau in Rohr)	IM B30 IM 9201

	Erläuterung	IEC-Code I IEC-Code II
Maschinen mit Schildlagern und Stehlagern		
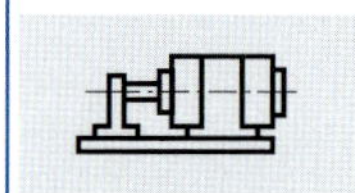	2 Schildlager, 1 Stehlager, Grundplatte	C2 IM 6010
Maschinen mit Stehlagern		
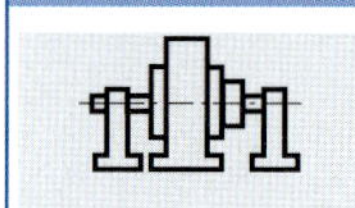	2 Stehlager, mit Füßen	D9 IM 7201
Maschinen für senkrechte Anordnung		
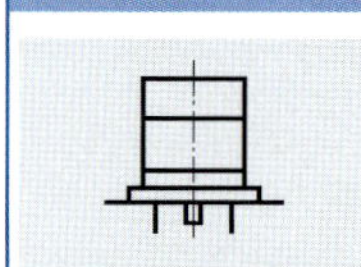	mit 2 Führungslagern, Flansch und Wellenende unten, Flansch in Lagernähe	IM V1 IM 3011
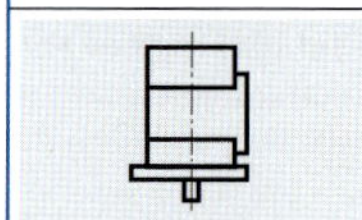	2 Schildlager, Flansch unten, mit Füßen zur Wandbefestigung	IM V15 IM 2011
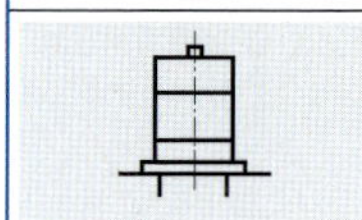	wie IM V1, aber Wellenende oben	IM V2 IM 3231
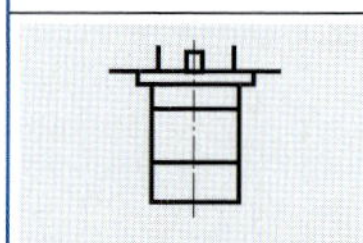	wie IM V2, aber mit Flansch oben	IM V3 IM 3031
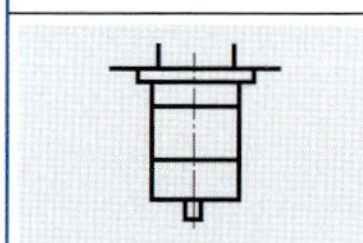	wie IM V3, aber Wellenende unten	IM V4 IM 3211
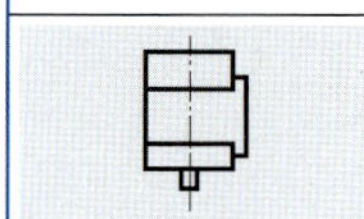	wie IM V15, aber ohne Flansch	IM V5 IM 1011
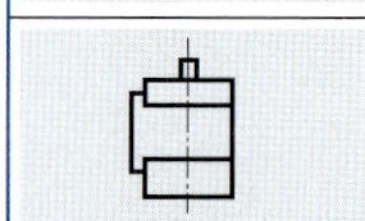	wie IM V5, aber Wellenende oben	IM V6 IM 1031
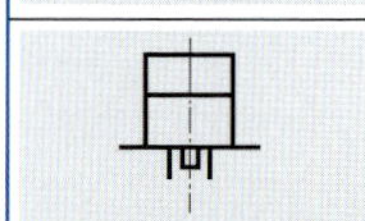	1 Schildlager, ohne Wälzlager am Wellenende	IM V8 IM 9111
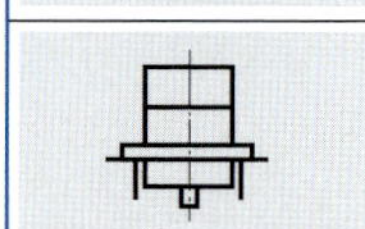	wie IM V1, aber Flansch in Gehäusenähe	IM V10 IM 4011
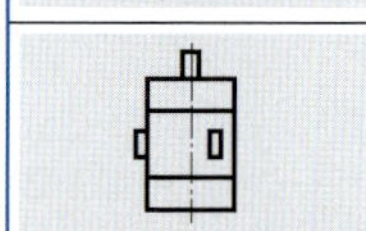	ohne Füße, ohne Flansch, zum Einbau in Rohr	IM V31 IM 9231

Schutzarten

Der Aufstellungs- oder Anbringungsort des Antriebsmotors erfordert Schutzvorkehrungen gegen das Eindringen von Fremdkörpern oder Wasser in die Maschine, aber auch gegen die Gefahr des Berührens spannungsführender und sich drehender Teile (vgl. auch Abschnitt 4.1.3, S. 209).

Betriebsarten

Elektromotoren müssen aus Gründen der thermischen Beanspruchung an den Belastungsrhythmus der Arbeitsmaschine angepasst werden.
Aufeinanderfolge und Dauer der verschiedenen Betriebszustände (Stillstand, Anlauf, Belastung, Leerlauf, elektrische Bremsung) werden in verschiedenen Betriebsarten zusammengefasst.

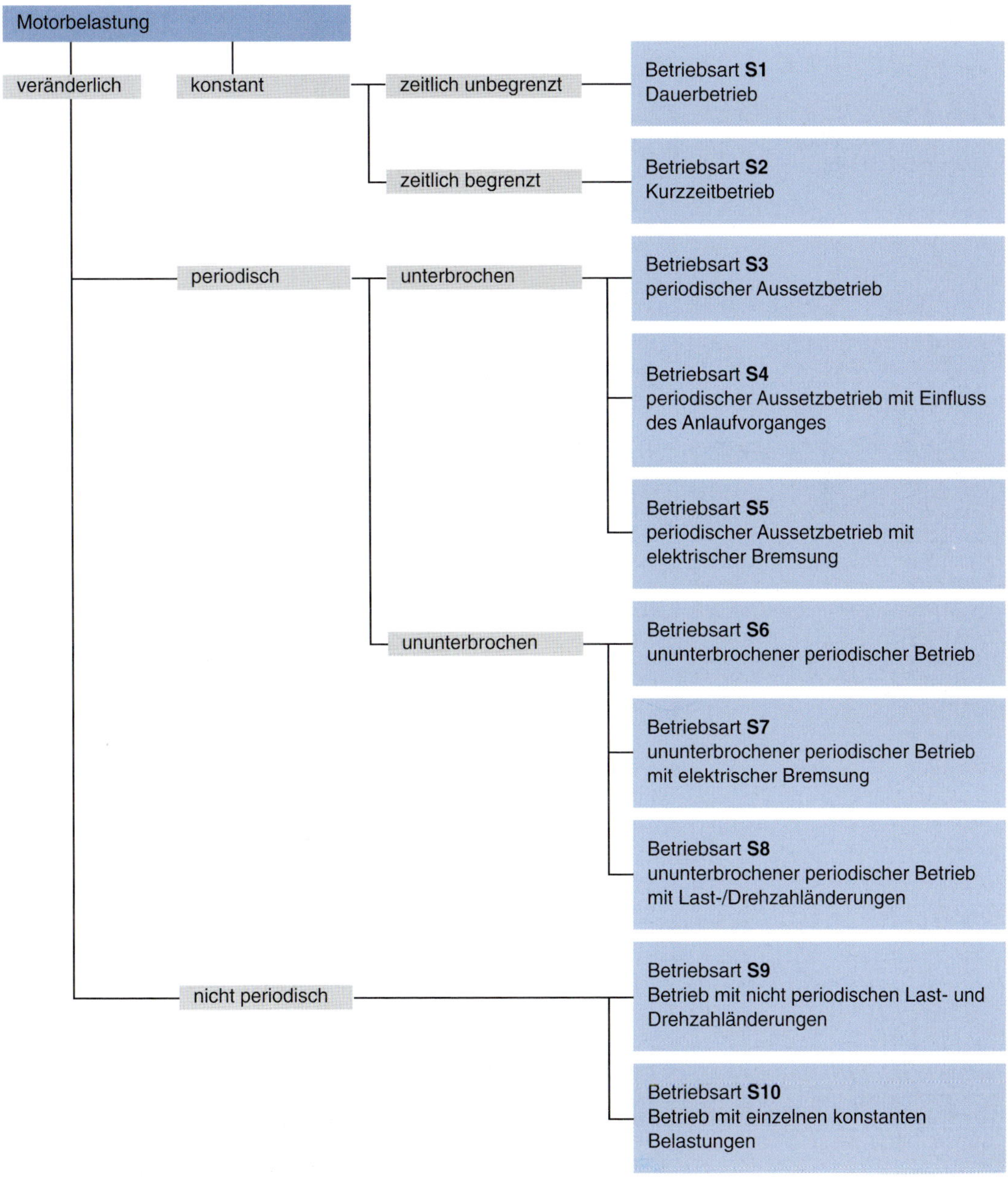

Legende:
- t_A Anlaufzeit
- t_{Br} Bremszeit
- t_S Spieldauer
- t_B Belastungszeit
- t_L Leerlaufzeit
- t_{St} Stillstandszeit

S1

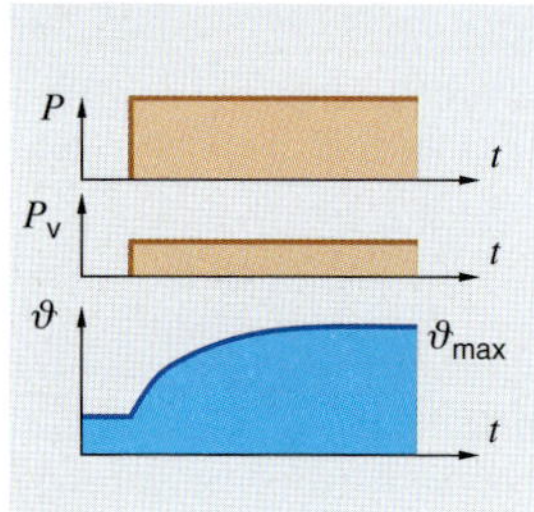

Betrieb mit konstanter Belastung von einer solchen Dauer, dass die Maschine den thermischen Beharrungszustand erreichen kann.

S2

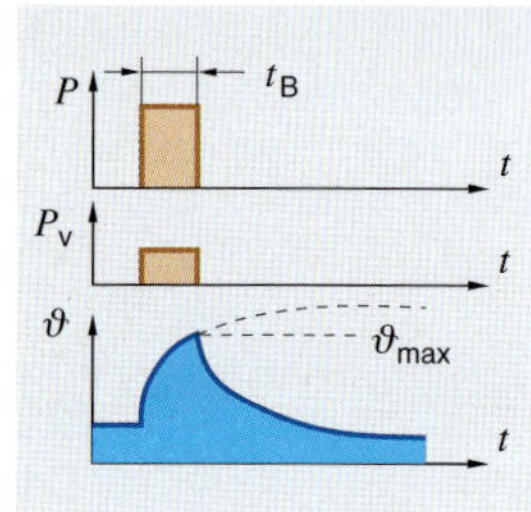

Betrieb mit konstanter Belastung, dessen Dauer ausreicht, den thermischen Beharrungszustand zu erreichen. Danach folgt eine Zeit im Stillstand mit stromlosen Wicklungen.
(Das Symbol der Betriebsart wird durch die Betriebsdauer ergänzt, z. B. „S2 60 min“).

S3

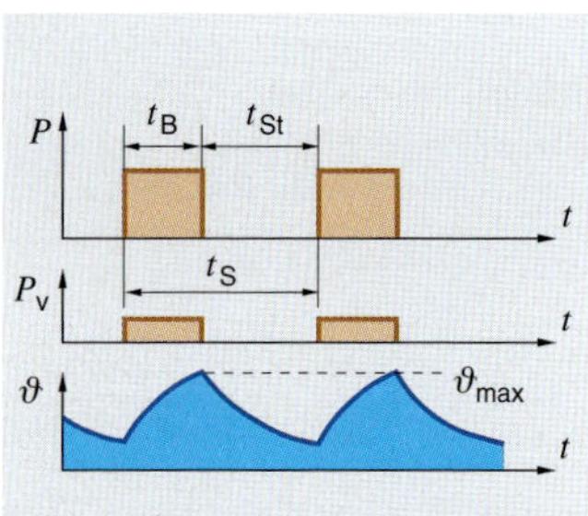

Betrieb, der sich aus einer Folge identischer Spiele zusammensetzt. Jedes Spiel umfasst eine Betriebszeit mit konstanter Belastung und eine Stillstandszeit mit stromlosen Wicklungen.
(Das Symbol wird durch die relative Einschaltdauer ergänzt, z. B. „S3 25 %“).

S4

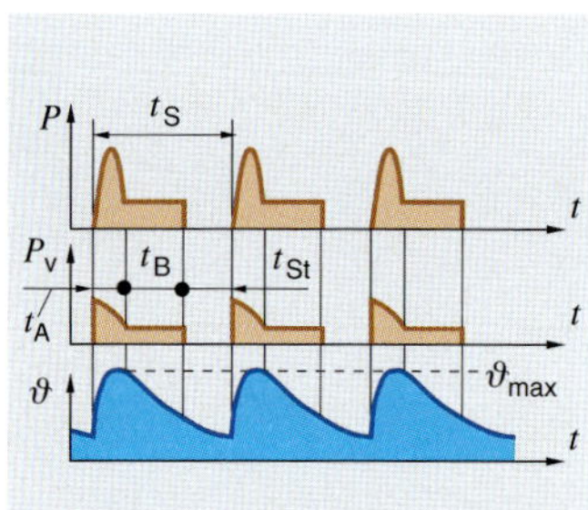

Betrieb, der sich aus einer Folge identischer Spiele zusammensetzt. Jedes Spiel umfasst eine merkliche Anlaufzeit, eine Betriebszeit mit konstanter Belastung und eine Stillstandszeit mit stromlosen Wicklungen.

S5

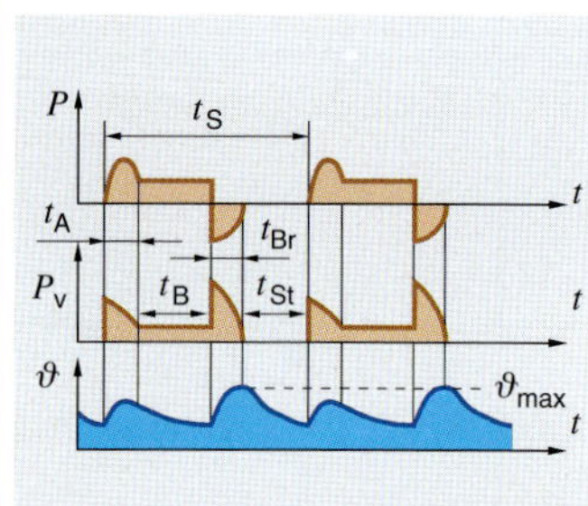

Betrieb, der sich aus einer Folge identischer Spiele zusammensetzt. Jedes Spiel umfasst eine Anlaufzeit, eine Betriebszeit mit konstanter Belastung, eine Zeit elektrischer Bremsung und eine Stillstandszeit mit stromlosen Wicklungen.

S6

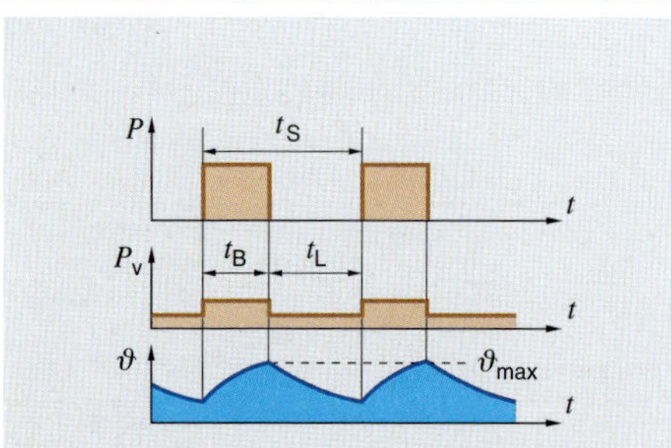

Betrieb, der sich aus einer Folge identischer Spiele zusammensetzt. Jedes Spiel umfasst eine Betriebszeit mit konstanter Belastung und eine Leerlaufzeit. Es tritt keine Stillstandszeit mit stromlosen Wicklungen auf.

S7

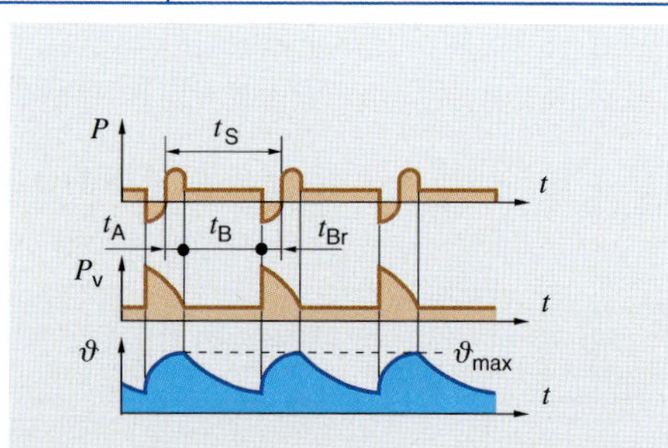

Betrieb, der sich aus einer Folge identischer Spiele zusammensetzt. Jedes Spiel umfasst eine Anlaufzeit, eine Betriebszeit mit konstanter Belastung und eine Zeit mit elektrischer Bremsung. Es tritt keine Stillstandszeit mit stromlosen Wicklungen auf.

S8

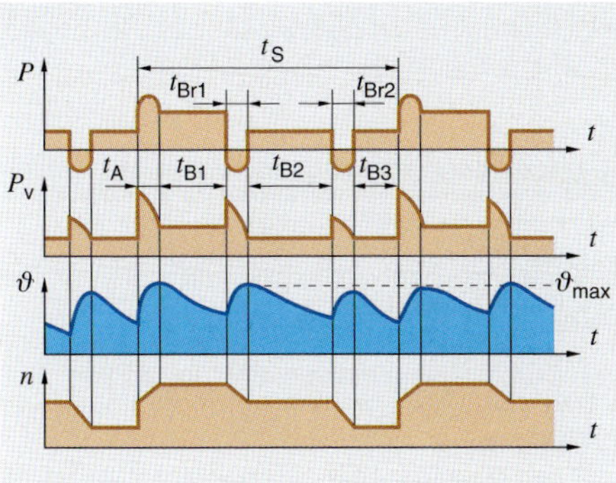

Betrieb, der sich aus einer Folge identischer Spiele zusammensetzt. Jedes Spiel umfasst eine Betriebszeit mit konstanter Belastung und bestimmter Drehzahl und anschließend eine oder mehrere Betriebszeiten mit anderen konstanten Belastungen und anderen Drehzahlen.

S9

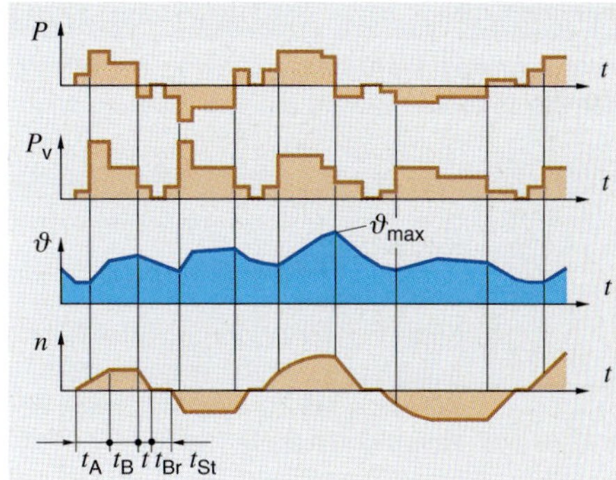

Betrieb, bei dem sich im Allgemeinen Belastung und Drehzahl innerhalb des zulässigen Betriebsbereiches nicht periodisch ändern. Bei diesem Betrieb treten häufig Überlastungen auf.

S10

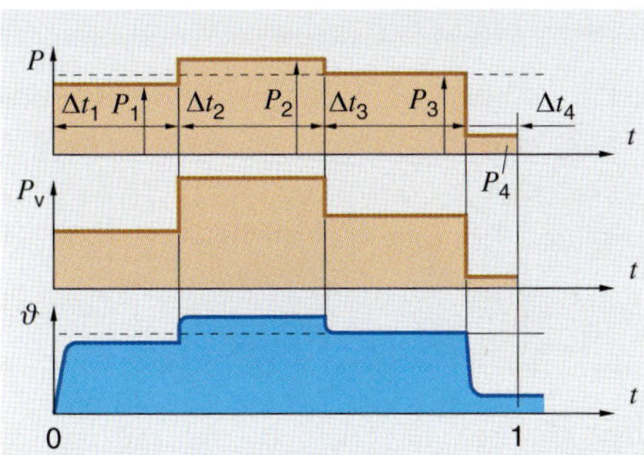

Betrieb, der nicht mehr als vier einzelne Belastungswerte enthält. Bei jedem Belastungswert erreicht die Maschine den thermischen Beharrungszustand.

Isolierstoffklassen

Die verschiedenen Isolierstoffe sind in Isolierstoffklassen eingeteilt.
Der Isolierstoffklasse sind Grenzwerte für die zulässige Erwärmung des Elektromotors zugeordnet.

Isolierstoffklasse	Grenztemperatur	Isolierstoffe	Binde- und Tränkmittel	Grenzübertemperatur[1]) für Maschinenwicklungen
Y	90 °C	Baumwolle, Papier, Kunstseide, Holz, PVC, Gummi	nicht erforderlich	45 K
A	105 °C	Baumwolle, Kunstseide, Holz, Pressspan, Polyamidfaser	modifizierte Natur- oder Kunstharzlacke	60 K
E	120 °C	Baumwoll- und Papierschichtverbundstoffe, Cellulosetriacetatfolie	Kunstharzlacke, Epoxidharze	70 K
B	130 °C	Glasfaser, Asbest, Glimmer	Kunstharzlacke, Epoxidharze, vernetzte Polyurethanharze	80 K
F	155 °C	Glasfaser, Asbest, Glimmer	Epoxid-, Alkydharze, vernetzte Polyurethanharze	100 K
H	180 °C	geschichtete Glasfaser, Asbest, Glimmer	Siliconharze	125 K
C	> 180 °C	Glas, Porzellan, Quarz, Glimmer, Asbest, Polytetrafluorethylen	Siliconharze	

[1]) Die Grenzübertemperatur ist die höchstzulässige Übertemperatur zwischen der Grenztemperatur und der höchsten Temperatur des Kühlmittels (Luft 40 °C), vermindert um einen vorgeschriebenen Sicherheitswert.

Kühlmethoden

Die Wirksamkeit der Kühlung wird von der Wärmeleitfähigkeit der Isolierstoffe, ganz besonders aber von der Art des Kühlmittels, dessen Bewegung und Führung bestimmt.

Kühlkreisanordnung

Kennziffer	Kurzbezeichnung	Beispiel
0	freier Kühlkreis	Durchzugsbelüftung
1	Kühlkreis mit Zuführung über Rohr oder Kanal	Durchzugsbelüftung bei Zuführung über Rohr
2	Kühlkreis mit Abführung über Rohr oder Kanal	Durchzugsbelüftung mit Abführung über Rohr
3	Kühlkreis mit Zu- und Abführung über Rohre und Kanäle	Durchzugsbelüftung mit Zu- und Abführung über Rohr
4	Oberflächenbelüftung	Oberflächenbelüftung, Rippen zur verbesserten Wärmeübertragung

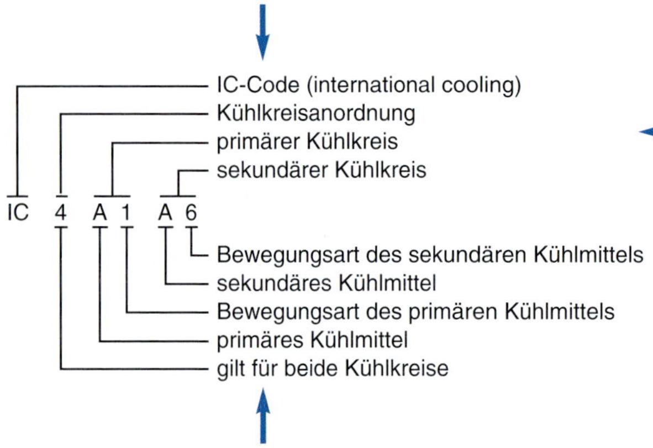

Kühlmittel

Kenn-buchstabe	Kühlmittel	Buchstabe abgeleitet von
A	Luft	**A**ir
H	Wasserstoff	**H**ydrogen
N	Stickstoff	**N**itrogen
C	Kohlendioxid	**C**arbondioxide
W	Wasser	

Bewegungsart des Kühlmittels

Kennziffer	Kurzbezeichnung	Beispiel
0	freie Kühlung	freie Konvektion durch Temperaturdifferenz
1	Eigenkühlung	Eigenbelüftung durch Ventilator mit Drehzahl der Hauptmaschine
2, 3, 4		freigehalten für zukünftige Verwendung
5	eingebaute, unabhängige Baugruppe	eingebauter Fremdlüfter mit eigenem elektrischen Antrieb
6	angebaute, unabhängige Baugruppe	angebauter Fremdlüfter mit eigenem elektrischem Antrieb

IC-Code vereinfacht	IC-Code vollständig	Prinzipbild
IC 410	IC 4A1A0	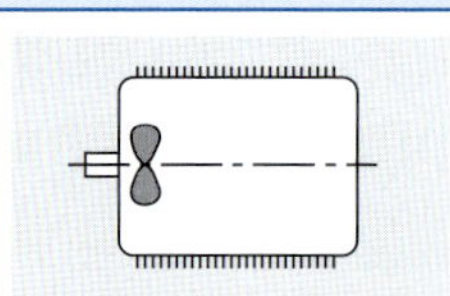
IC 411	IC 4A1A1	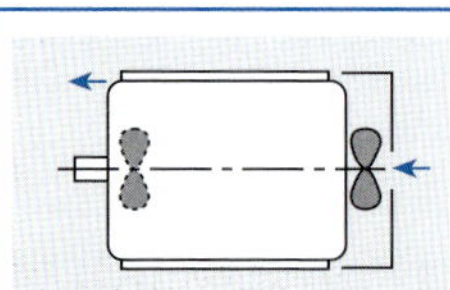

IC-Code vereinfacht	IC-Code vollständig	Prinzipbild
IC 416	IC 4A1A6	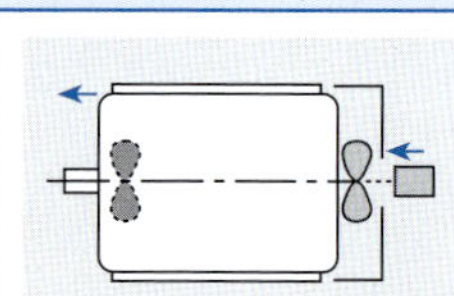
IC 01	IC 0A1	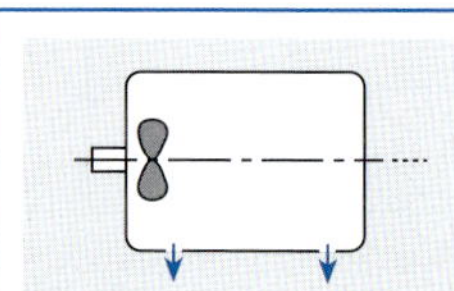

IC-Code vereinfacht	vollständig	Prinzipbild
IC 31	IC 3A1	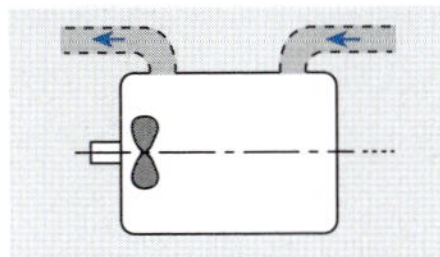
IC 06	IC 0A6	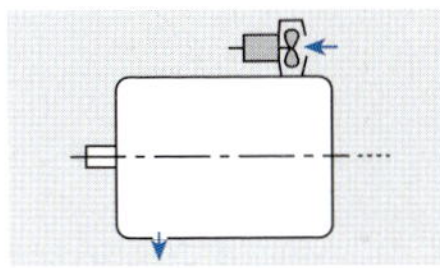
IC 16	IC 1A6	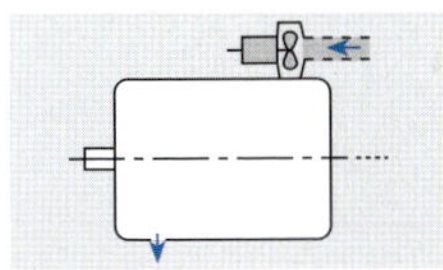

IC-Code vereinfacht	vollständig	Prinzipbild
IC 26	IC 2A6	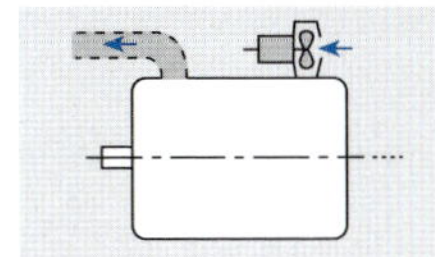
IC 36	IC 3A6	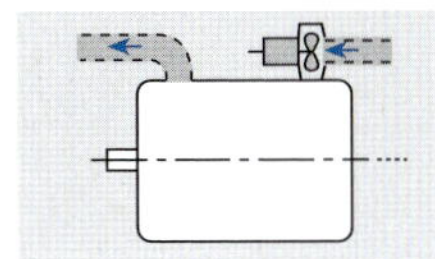

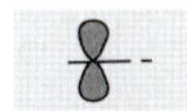	eingebauter oder angebauter, abhängiger Lüfter
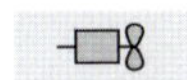	unabhängige Antriebsgruppe (Lüfteraggregat)
	Rohr oder Kanal, nicht Teil der Maschine

4.8.4 Motorschutz

Fehlerarten bei Motoren

Fehlerart	Gefährdung für	Schutzeinrichtung
Körperschluss	Mensch und Tier	Schutzmaßnahmen nach DIN VDE 0100 T.410
Kurzschluss	Motorzuleitung, Motorschalter bzw. Schütz, Motorschutzschalter bzw. -relais, Motorwicklung	Schmelzsicherung, Leitungsschutzschalter, Leistungsschalter
Überlastung	Motorzuleitung	Schmelzsicherung, Leitungsschutzschalter, Leistungsschalter
	Motorwicklung	Motorschutz, thermischer Motorschutz

Motoren können unabhängig von der Betriebsart und ihren Ausführungen 15 s lang bei Nennspannung (und Netzfrequenz) mit dem 1,6fachen Nennstrom überlastet werden.

Motorschutz, Zusammenhänge

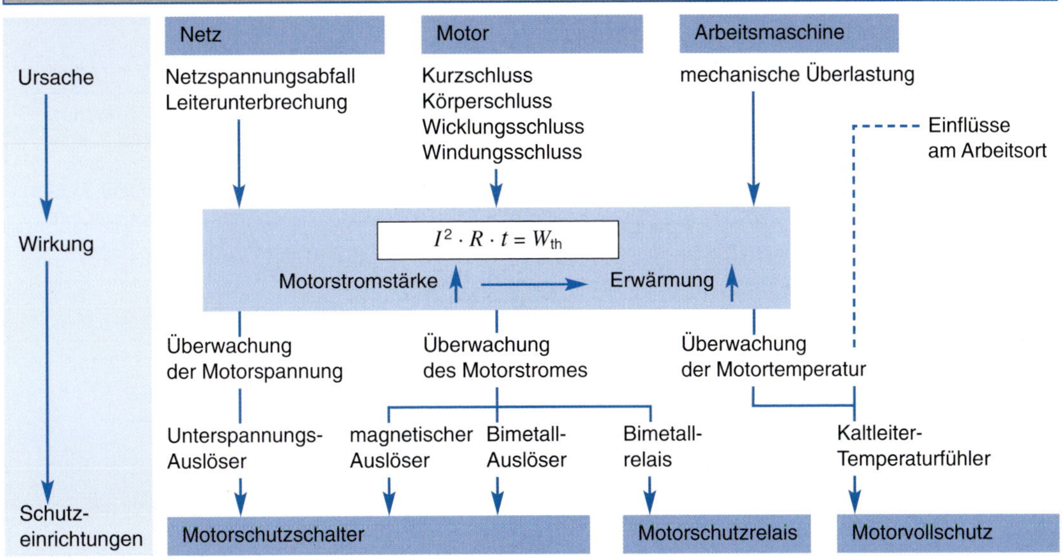

Motorschutz, Schaltungen

Schutzart	Schaltungen	Besonderheiten
Motorschutzschalter 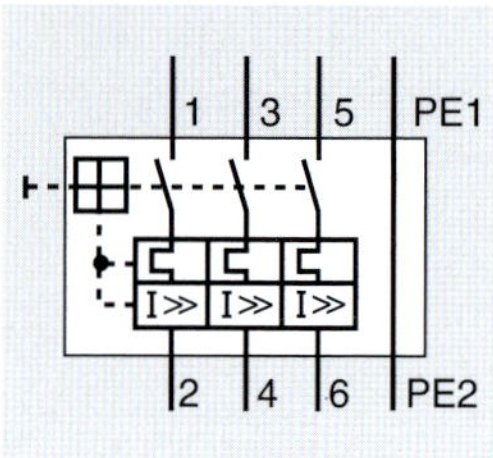	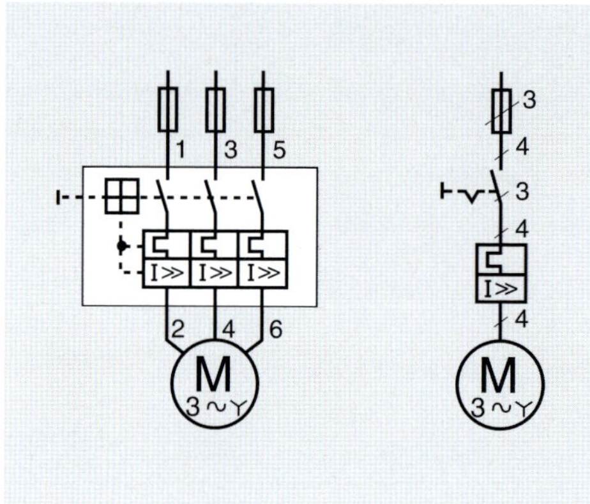	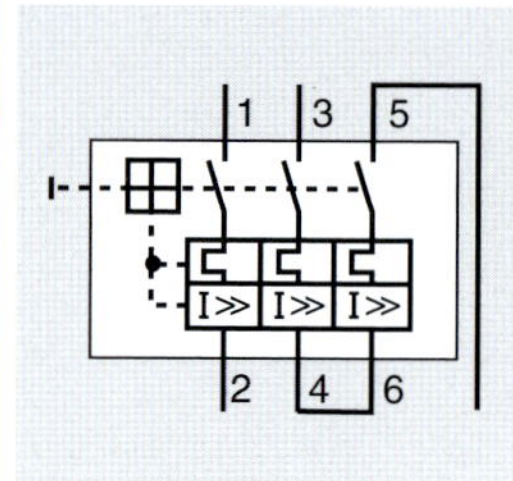 Schaltung bei zweipoliger Belastung 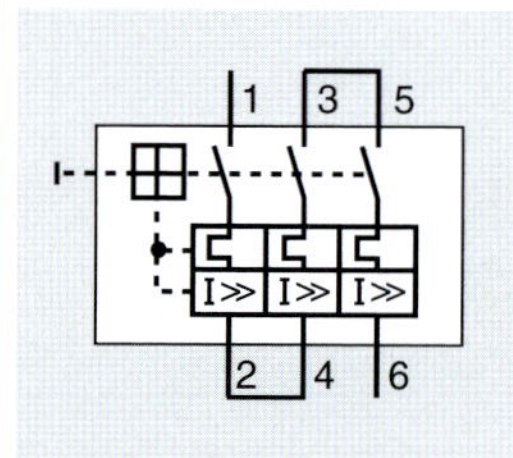 Schaltung bei einpoliger Belastung
Motorschutzrelais 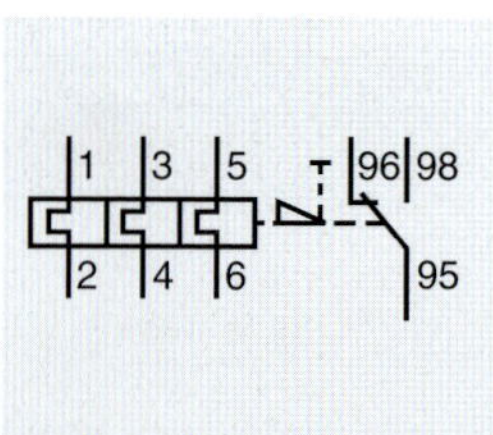	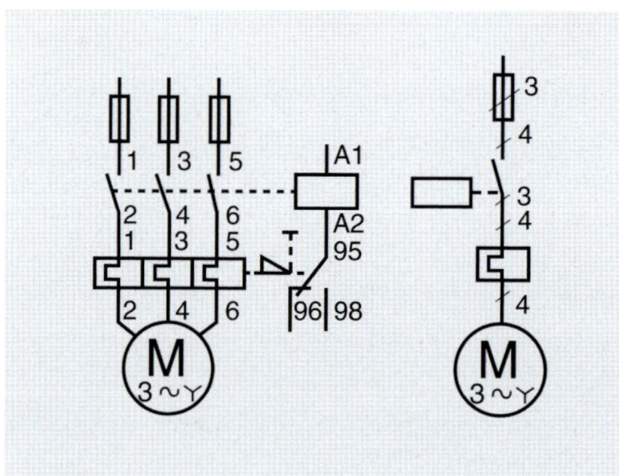	Bei Steuerungen mit Dauerkontaktgebern müssen Motorschutzrelais mit einer mechanischen Wiedereinschaltsperre ausgerüstet sein, da sonst beim Erkalten der Bimetalle eine selbsttätige Wiedereinschaltung erfolgt. Die Sperre kann durch eine Entsperrungstaste wieder aufgehoben werden.
Thermischer Motorschutz	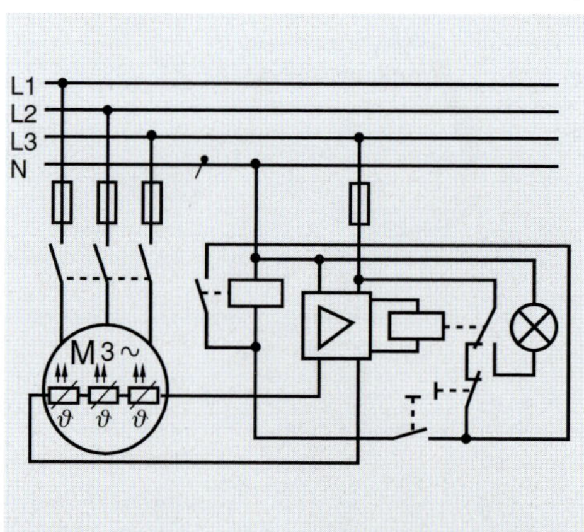	**Thermistor-Motorschutz** Halbleiter-Temperaturfühler, die in der Motorwicklung eingebaut sind, wirken auf das Auslösegerät ein, das das Motorschütz schaltet.

Drehstrommotoren, Zuordnung der Sicherungen und Leiterquerschnitte (Verlegeart B2)

P in kW	Direkteinschaltung[1]) Sicherung in A	Direkteinschaltung[1]) Leiterquerschnitt in mm²	Stern-Dreieck-Anlauf[2]) Sicherung in A	Stern-Dreieck-Anlauf[2]) Leiterquerschnitt in mm²	Schleifringläufer[2]) Sicherung in A	Schleifringläufer[2]) Leiterquerschnitt in mm²
0,25	4	1,5	–	–	–	–
0,37	4	1,5	–	–	–	–
0,55	6	1,5	–	–	–	–
0,75	6	1,5	–	–	–	–
1,1	6	1,5	–	–	–	–
1,5	10	1,5	–	–	–	–
2,2	10	1,5	–	–	–	–
3	16	1,5	–	–	–	–
4	20	2,5	16	1,5	–	–
5,5	25	4	20	2,5	–	–
7,5	35	6	25	4	25	4
11	35	6	25	4	25	4
15	50	10	35	6	35	6
18,5	63	16	50	10	50	10
22	80	25	63	16	63	16

[1]) Anlaufzeit ≤ 5 s, Anlaufstrom ≤ 6 · I_n, maximal 3 Schaltungen pro Stunde
[2]) Anlaufzeit ≤ 15 s, Anlaufstrom ≤ 2 · I_n, maximal 10 Schaltungen pro Stunde

4.8.5 Leistungsschildangaben

Das Leistungsschild gibt Auskunft über die wichtigsten Kenndaten der drehenden elektrischen Maschine. Anhand dieser Daten kann die Eignung des Motors auf Zusammenarbeit mit dem speisenden Netz und der anzutreibenden Arbeitsmaschine festgestellt werden.

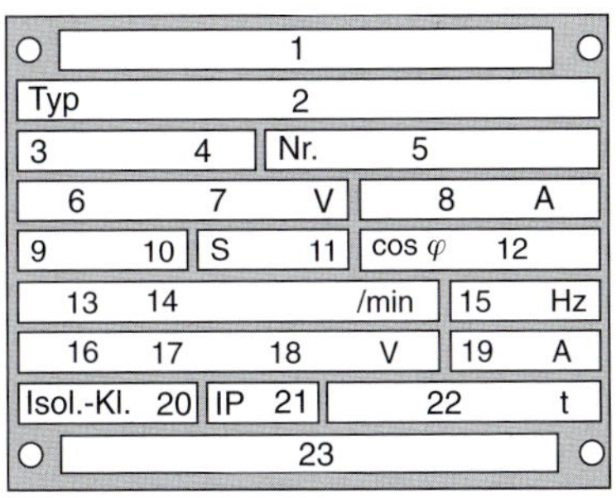

1 Name des Herstellers
2 Maschinentyp, ergänzt durch Baugröße, Bauform
3 Stromart
4 Arbeitsweise der Maschine, z. B. Mot., Gen.
5 Fertigungsnummer
6 Kennzeichnung der Schaltart der Wicklung
7 Nennspannung
8 Nennstrom
9 Nennleistung
10 Einheit der Leistung, z. B. kW
11 Nennbetriebsart
12 Leistungsfaktor
13 Drehrichtung
14 Drehzahl in min^{-1}
15 Nennfrequenz
16 „Err" (Erreger) bei Gleichstrom- und Synchronmaschinen „Lfr" (Läufer) bei Asynchronmaschinen (mit Schleifringläufer)
17 Schaltart der Läuferwicklung
18 Nennerregerspannung (bei Gleichstrom- und Synchronmaschinen), Läuferstillstandsspannung (bei Schleifringläufermotoren)
19 Nennerregerstrom (bei Gleichstrom- und Synchronmaschinen), Läufernennstrom (bei Schleifringläufermotoren)
20 Isolierstoffklasse
21 Schutzart
22 Masse in kg bzw. t
23 VDE-Nr., evtl. zusätzliche Vermerke

Auf dem Leistungsschild wird die an der Welle abgegebene mechanische Leistung bei Nennbelastung ausgewiesen. Ausnahme: Bei elektromotorisch angetriebenen Handwerkzeugen und Haushaltgeräten wird die aufgenommene elektrische Leistung angegeben.

Normen

DIN 42673	Drehstrommotoren mit Käfigläufern, oberflächengekühlt (Normmotoren)
DIN 42676	Drehstrommotoren mit Käfigläufern, innengekühlt (Normmotoren)
DIN 42961	Leistungsschilder
DIN 42973	Leistungsreihe elektrischer Maschinen
DIN VDE 0530 Teil 1	Drehende elektrische Maschinen, Bemessung und Betriebsverhalten
DIN VDE 0530 Teil 5	Drehende elektrische Maschinen, Schutzarten aufgrund der Gesamtkonstruktion (IP-Code)
DIN VDE 0530 Teil 6	Drehende elektrische Maschinen, Einteilung der Kühlverfahren (IC-Code)
DIN VDE 0530 Teil 7	Drehende elektrische Maschinen, Klassifizierung für Bauarten, der Aufstellungsarten und der Klemmkastenlage (IM-Code)
DIN VDE 0530 Teil 8	Drehende elektrische Maschinen, Anschlussbezeichnung und Drehsinn
DIN VDE 0530 Teil 11	Drehende elektrische Maschinen, Thermischer Schutz

4.9 Leistungselektronik

Begriffe

Arbeitspunkt-einstellung	Festlegung des Gleichstrombetriebes eines Verstärkerbauelementes mithilfe der Dimensionierung seiner Widerstandsbeschaltung
Arbeitspunkt-stabilisierung	Schaltungsmaßnahme, um Temperaturdrifterscheinungen der Verstärkerbauelemente zu unterdrücken.
Rückkopplung	Phasengleiche (Mitkopplung) oder gegenphasige (Gegenkopplung) Rückführung eines Teils der Ausgangsspannung auf den Eingang einer Verstärkerschaltung
Operationsverstärker	Universalspannungsverstärker, dessen Verstärkung nur noch von der äußeren Beschaltung bestimmt wird.
Stromrichter	Schaltungseinrichtung zur Steuerung des Stromflusses bei der elektrischen Kopplung der Gleich- und Wechselstromerzeuger mit den elektrischen Verbrauchsmitteln, bei der elektrische Größen eines bestehenden Systems in elektrische Größen eines neuen Systems umgewandelt werden.
ungesteuerter Gleichrichter	Gleichrichterschaltung mit Dioden, bei der durch natürliche Kommutierung im Spannungsnulldurchgang Wechselspannung in Gleichspannung umgewandelt wird.
gesteuerter Gleichrichter	Gleichrichterschaltung mit Thyristoren, bei der die Kommutierung je nach Schaltung unabhängig vom Spannungsnulldurchgang erfolgen kann.
Wechselrichter	Spannungswandler, der eine Gleichspannung in eine Wechselspannung umwandelt.
Gleichstromsteller	Stromrichter, welcher eine Gleichspannung gegebenen Betrages und gegebener Polarität in eine Gleichspannung veränderten Betrages und/oder veränderter Polarität umwandelt.
Wechselstromsteller	Stromrichter, der den Betrag eines gegebenen Wechselstromes zur Steuerung einer Last zwischen 0 % und 100 % steuern kann.
Umrichter	Stromrichter, der einen bestehenden Wechselstrom mit gegebener Pulszahl, Spannung und Frequenz in einen Wechselstrom mit veränderter Pulszahl, Spannung und Frequenz umwandeln kann.
Glättung/Siebung	Maßnahmen zur Minderung der Restwelligkeit von gleichgerichteten Spannungen mit Energiespeicherbauelementen (Spule/Kondensator)
Stabilisierung	Konstanthalten von Strom bzw. Spannung unter Ausnutzung des nicht linearen Widerstandes von Halbleiterbauelementen.
Flusswandler	Getakteter DC/DC-Wandler, der für kleine bis hohe Leistungen (> 10 kW), je nach Bauart, geeignet ist.
Sperrwandler	Getakteter DC/DC-Wandler, an dem Leistungen bis 200 W angeschlossen werden können.

4.9.1 Verstärkerschaltungen

Verstärkergrundschaltungen mit Sperrschichtbauelementen

Grundschaltung	Emitterschaltung	Kollektorschaltung	Basisschaltung
Kennzeichen wechselstrommäßig gemeinsame Elektrode für Eingangs- und Ausgangssignal	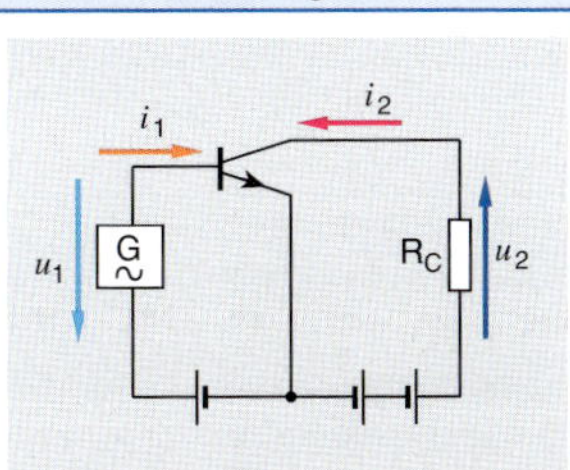	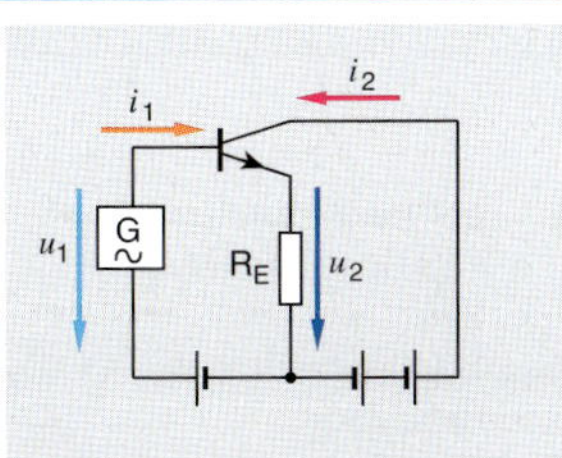	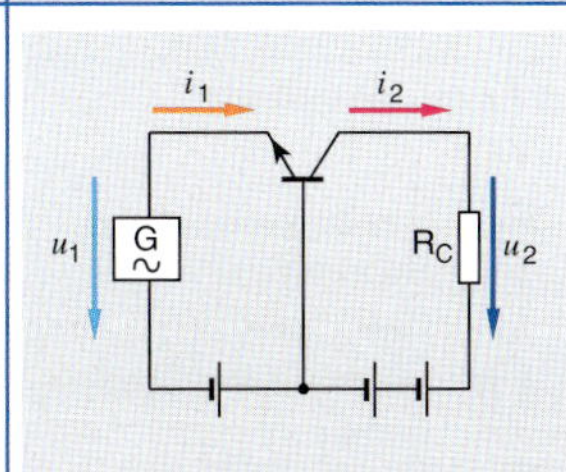

Grundschaltung	Emitterschaltung	Kollektorschaltung	Basisschaltung
Kennwerte ■ Verstärkung Spannung v_u Strom v_i Leistung v_p	$u_2 > u_1 \Rightarrow v_u > 100$ $i_2 > i_1 \Rightarrow v_i > 100$ $v_p = v_u \cdot v_i$	$u_2 < u_1 \Rightarrow v_u < 1$ $i_2 > i_1 \Rightarrow v_i > 100$ $v_p \approx v_i$	$u_2 > u_1 \Rightarrow v_u > 100$ $i_2 < i_1 \Rightarrow v_i < 1$ $v_p \approx v_u$
■ Phasenwinkel $\varphi_{u2;u1}$	180°	0°	0°
■ Eingangswiderstand $r_e = \frac{u_1}{i_1}$	$r_e \approx r_{BE}$ (10 Ω … 5 kΩ)	$r_e \approx \beta \cdot R_E$ (500 Ω … 5 MΩ)	$r_e \approx r_{BE}/\beta$ (< 1 Ω … 1 kΩ)
■ Ausgangswiderstand $r_a = \frac{u_2}{i_2}$	$r_a = R_C \parallel r_{CE} \approx R_C$ (10 Ω … 10 kΩ)	$r_a = R_E \parallel (r_{BE} + R_i)/\beta$ (10 Ω … 1 kΩ)	$r_a \approx r_{BE} \parallel R_C \approx R_C$ (ca. 100 kΩ)
	r_{BE}; r_{CE} Wechselstromwiderstände des Transistors β Wechselstromverstärkung des Transistors R_i Generatorinnenwiderstand		
Anwendung	■ Kleinsignalverstärker für NF- und HF-Bereich	■ NF-Endverstärker ■ Impedanzwandler	■ HF-Verstärker ■ Oszillatorschaltungen

Arbeitspunkteinstellung beim Bipolartransistor

Arbeitspunkteinstellung

mit Basisvorwiderstand ohne Emitterwiderstand	mit Basisvorwiderstand mit Emitterwiderstand	mit Basisspannungsteiler mit Emitterwiderstand

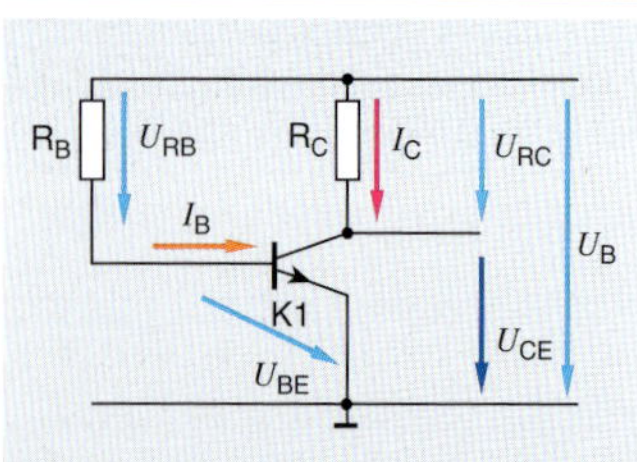

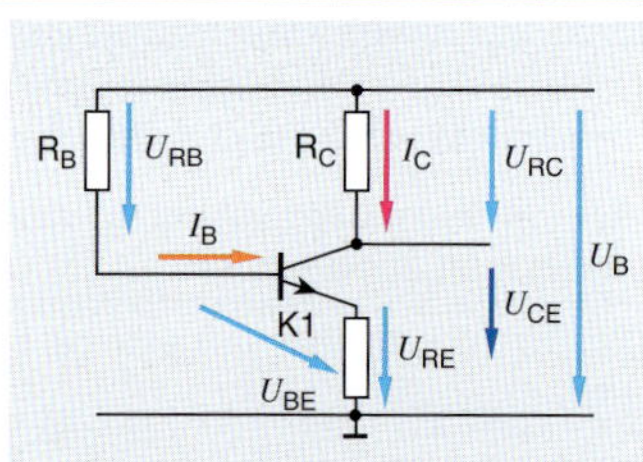

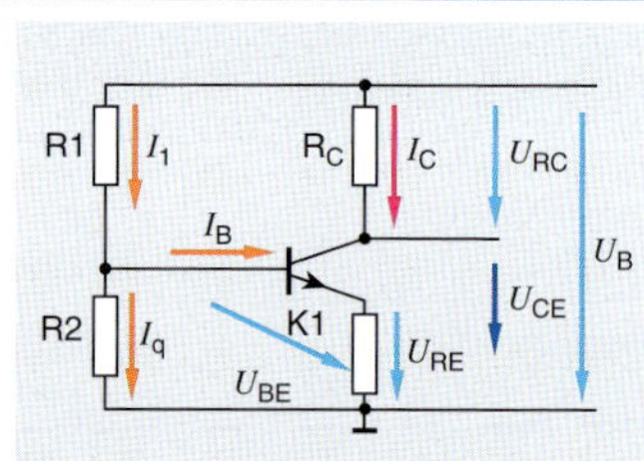

Widerstandsberechnungen

■ Basiswiderstand $R_B = \frac{U_{RB}}{I_B}$ $U_{RB} = U_B - U_{BE}$	$R_B = \frac{U_{RB}}{I_B}$ $U_{RB} = U_B - U_{BE} - U_{RE}$	$R_1 = \frac{U_{R1}}{I_q + I_B} = \frac{U_B - U_{R2}}{I_q + I_B}$ $I_q = q \cdot I_B$ $R_2 = \frac{U_{R2}}{I_q} = \frac{U_{BE} + U_{RE}}{I_q}$
■ Kollektor oder Lastwiderstand $R_C = \frac{U_{RC}}{I_C}$ $U_{RC} = U_B - U_{CE}$	$R_C = \frac{U_{RC}}{I_C}$ $U_{RC} = U_B - U_{CE} - U_{RE}$	$R_C = \frac{U_{RC}}{I_C}$ $U_{RC} = U_B - U_{CE} - U_{RE}$
■ Emitterwiderstand	$R_E = \frac{U_{RE}}{I_C + I_B}$	$R_E = \frac{U_{RE}}{I_C + I_B}$

R_B Basisvorwiderstand
U_{RB} Spannung über R_B
I_B Basisstrom
U_{BE} Basis-Emitter-Spannung
U_{RE} Spannung über R_E
R_1 oberer Widerstand des Spannungsteilers
U_{R1} Spannung über R_1
I_q Querstrom
q Querstromverhältnis
R_2 unterer Widerstand des Spannungsteilers
U_{R2} Spannung über R_2
R_C Kollektorwiderstand
U_{RC} Spannung über R_C
I_C Kollektorstrom
U_{CE} Kollektor-Emitter-Spannung
R_E Emitterwiderstand

Mögliche Arbeitspunkte beim Bipolartransistor

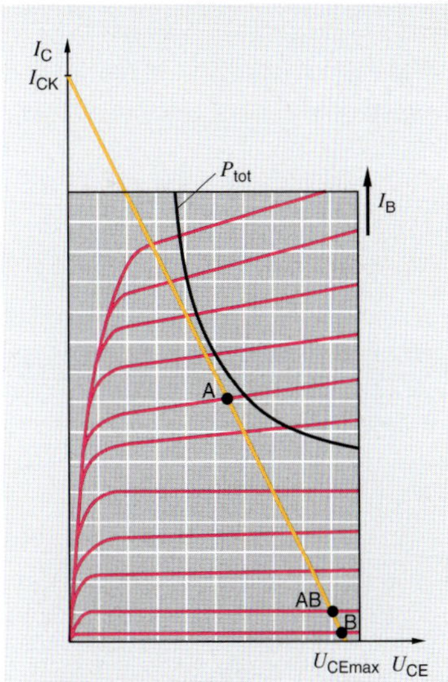

A-Betrieb: symmetrische Aussteuerung bei $U_{CE} \approx U_B/2$
AB-Betrieb: Halbwellenaussteuerung, Ruhestrom $I_{C0} \neq 0$
B-Betrieb: Halbwellenaussteuerung, $I_{C0} = 0$

Arbeitspunktstabilisierung

Stabilisierung	Schaltung	Wirkung
Stromgegenkopplung mit Emitterwiderstand	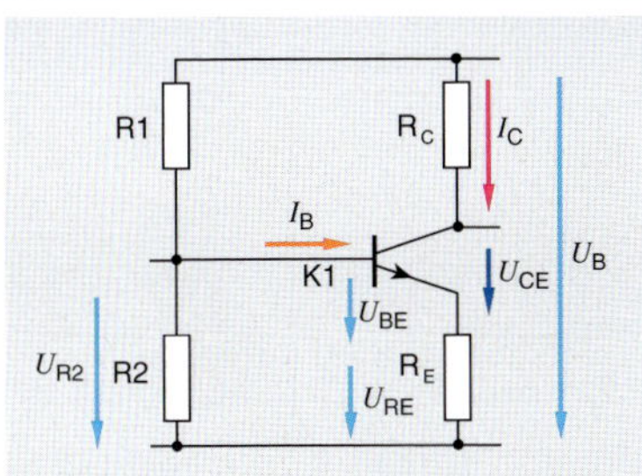	$\vartheta\uparrow \rightarrow I_C\uparrow \rightarrow U_{RE}\uparrow$ (U_{R2} = konst.) $\rightarrow U_{BE}\downarrow \rightarrow I_B\downarrow \rightarrow I_C\downarrow$
Gleichspannungsgegenkopplung mit Kollektor-Basis-Widerstand	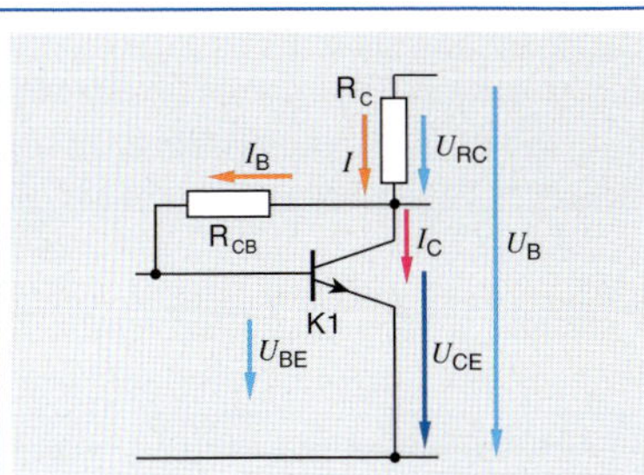	$\vartheta\uparrow \rightarrow I_C\uparrow \rightarrow U_{RC}\uparrow \rightarrow U_{CE}\downarrow \rightarrow U_{RCB}\downarrow \rightarrow I_B\downarrow \rightarrow I_C\downarrow$; $U_{BE}\downarrow$
Gleichspannungsgegenkopplung mit Heißleiter	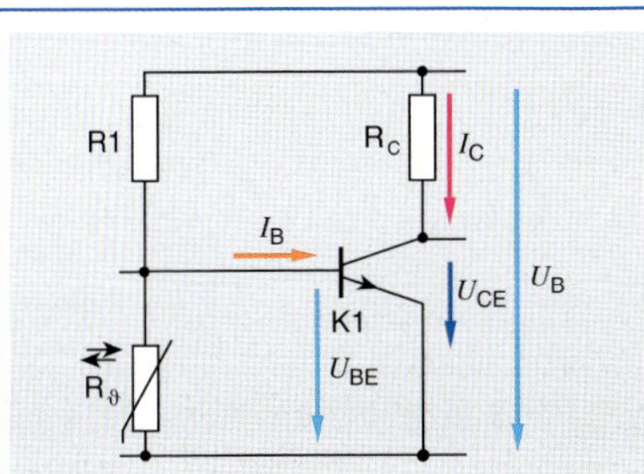	$\vartheta\uparrow \rightarrow I_C\uparrow \rightarrow R_\vartheta\downarrow U_{R\vartheta}\downarrow = U_{BE}\downarrow \rightarrow I_B\downarrow \rightarrow I_C\downarrow$

Eigenschaften von Kleinsignalverstärkern

Wechselstromersatzschaltbild des Bipolartransistors

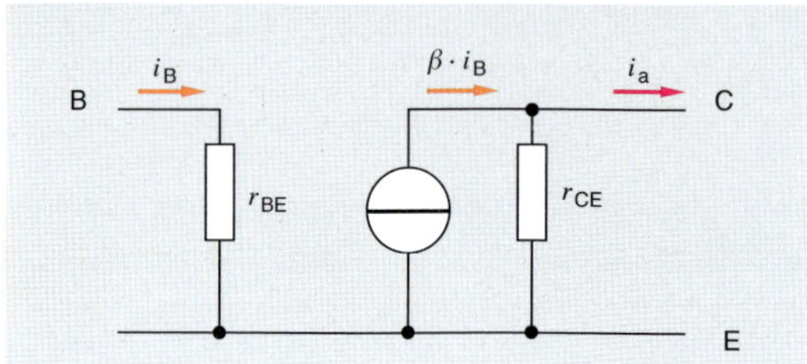

Verstärkerschaltung		
Emitterschaltung	Kollektorschaltung	Basisschaltung
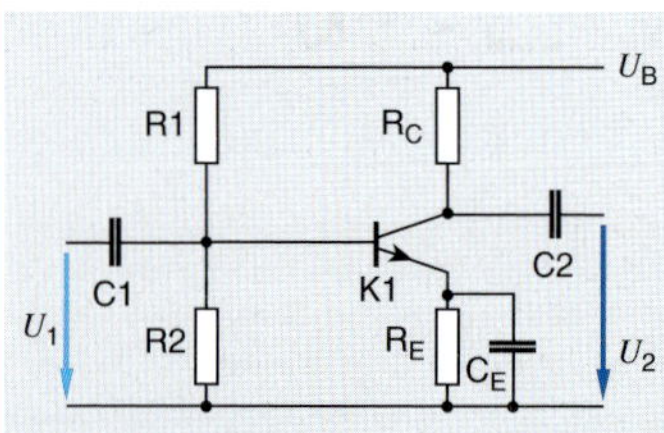	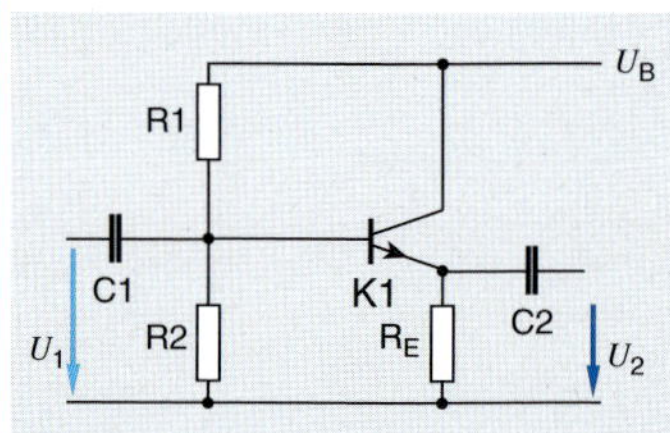	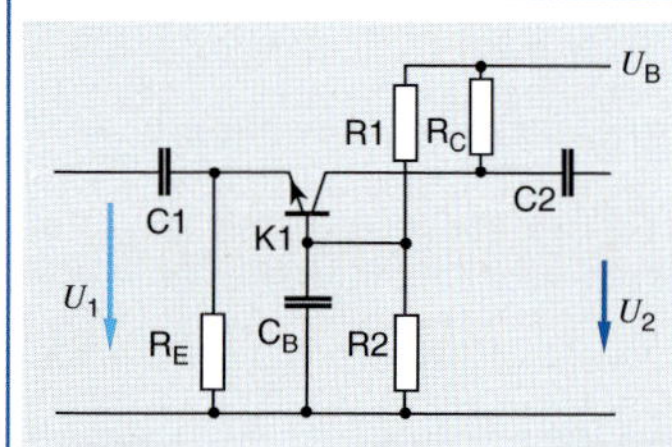
Kennwerte		
■ Stromverstärkung $v_i = \beta \cdot \frac{r_{CE}}{r_{CE} + R_C}$	$v_i \approx \beta$	$v_i \approx 1$
■ Spannungsverstärkung $v_u \approx -\beta \cdot \frac{R_C}{r_{BE}}$	$v_u \approx 1$	$v_u = \beta \cdot \frac{R_C}{r_{BE}}$
■ Leistungsverstärkung $v_p = v_u \cdot v_i$	$v_p \approx v_i$	$v_p \approx v_u$
■ Eingangswiderstand $r_e = r_{BE} \Vert R_1 \Vert R_2$	$r_e \approx (\beta \cdot R_E) \Vert R_1 \Vert R_2$	$r_e \approx \frac{r_{BE}}{\beta}$
■ Ausgangswiderstand $r_a \approx R_C$	$r_a \approx \frac{r_{BE}}{\beta}$	$r_a \approx R_C$

Prinzip der Rückkopplung für die Emitterschaltung mit Emitterwiderstand R_E

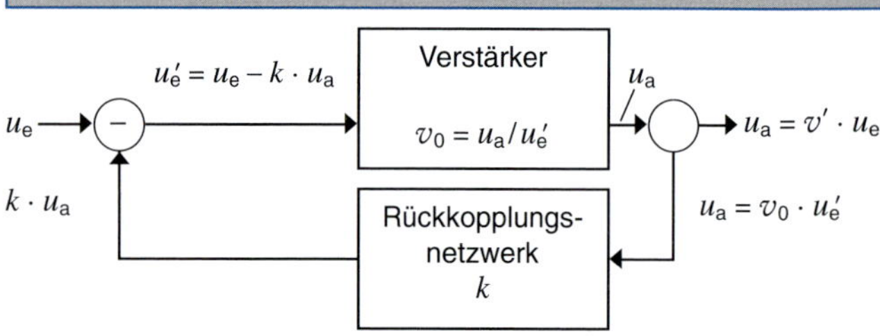

$v' = u_a / u_e = v_0 / (1 + k \cdot v_0)$

$v_0 = -\beta \cdot R_C / r_{BE}$

u_e'	tatsächliche Eingangsspannung
v'	Systemverstärkung
v_0	Leerlaufverstärker (ohne Rückkopplung)
k	Kopplungsfaktor ($k = u_{RE} / u_a$; $k = R_E / R_C$)
$k \cdot u_a$	vom Ausgang auf den Eingang zurückgeführtes Signal
$k \cdot v_0$	Schleifenverstärkung

Eigenschaften rückgekoppelter Emitterschaltung

Gegenkopplung (zurückgekoppeltes Signal $k \cdot u_a$ zum Eingangssignal gegenphasig	Mitkopplung (zurückgekoppeltes Signal $k \cdot u_a$ zum Eingangssignal gleichphasig
$u_e' = u_e - k \cdot u_a$ $v' = v_0/(1 + k \cdot v_0)$ bei $k \cdot v_0 >> 1$ gilt $v' \approx 1/k$ Wirkungen ■ Verringerung der Systemverstärkung ■ Verminderung der Verzerrungen ■ Vergrößerung/Verkleinerung des Eingangswiderstandes ■ Vergrößerung/Verkleinerung des Ausgangswiderstandes	$u_e' = u_e + k \cdot u_a$ $v' = v_0/(1 - k \cdot v_0)$ Wirkungen ■ Vergrößerung der Systemverstärkung ■ Vergrößerung von Verzerrungen ■ Schwingneigung bei $k \cdot v = 1$

Emitterschaltungen mit Gegenkopplung

Stromgegenkopplung

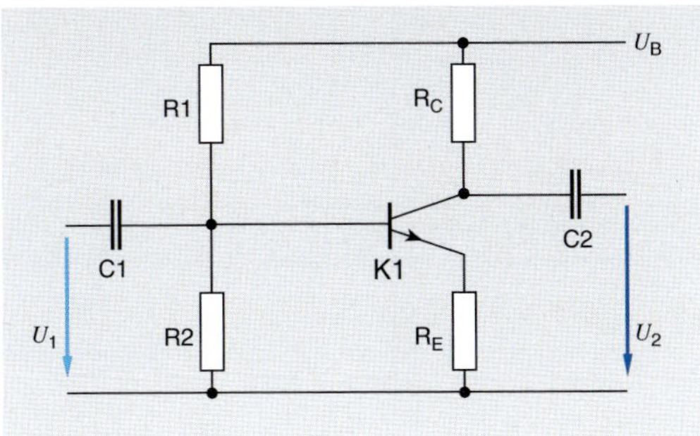

$v' \approx -R_C/R_E$
$r_e' = (r_{BE} + \beta \cdot R_E) \| R_1 \| R_2$
$r_a' \approx R_C$

Spannungsgegenkopplung

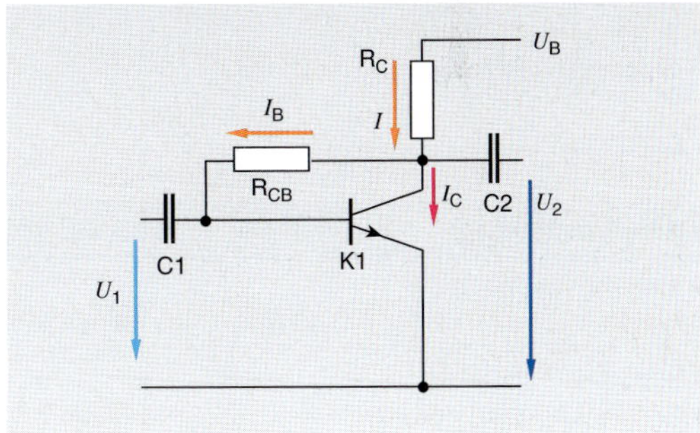

$v' \approx v_0 \approx -\beta \cdot R_C/r_{BE}$
$r_a' \approx R_C \| r_{CE} \| R_{CB} \approx R_C$

Emitterschaltung mit Mitkopplung

Sinusoszillatoren

- ■ Anschwingbedingung $k \cdot v = 1$ für genau eine Frequenz f_0
- ■ für alle anderen Frequenzen ist die Schleifenverstärkung $k \cdot v < 1$

LC-Oszillator

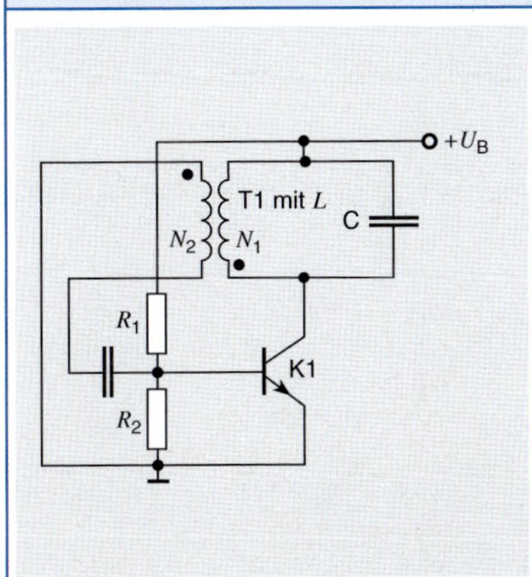

$f_0 = \frac{1}{2\pi\sqrt{LC}}$ T1 mit Induktivität L

RC-Oszillator mit RC-Phasenschieberkette

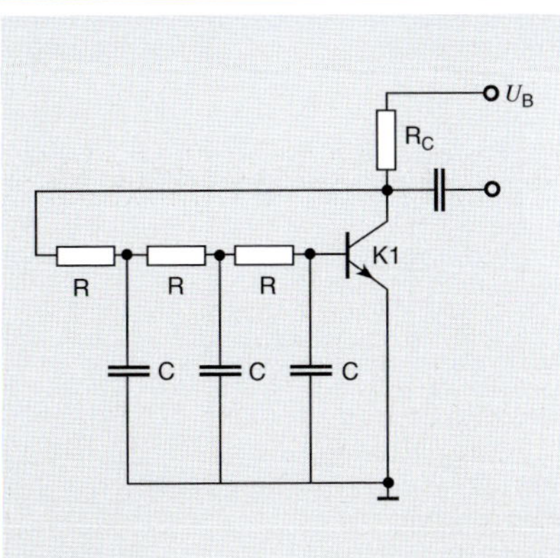

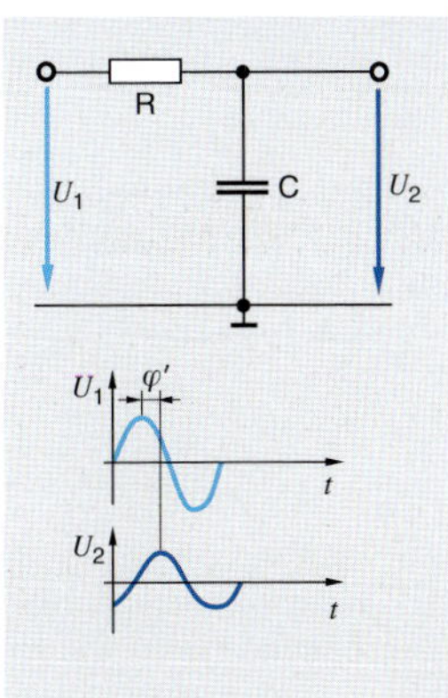

$f_0 = \frac{\sqrt{6}}{2\pi\,RC}$

Eigenschaften von Leistungsverstärkern

Differenzverstärker

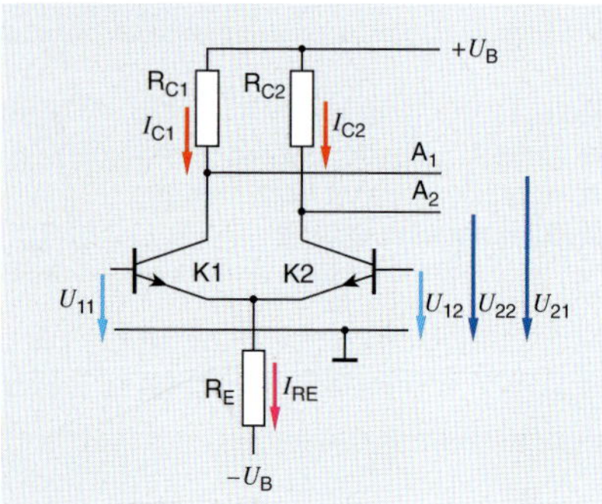

Darlingtonverstärker

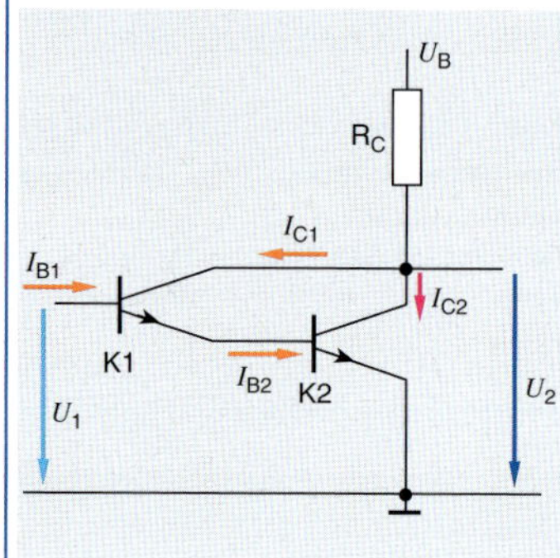

Gegentaktverstärker

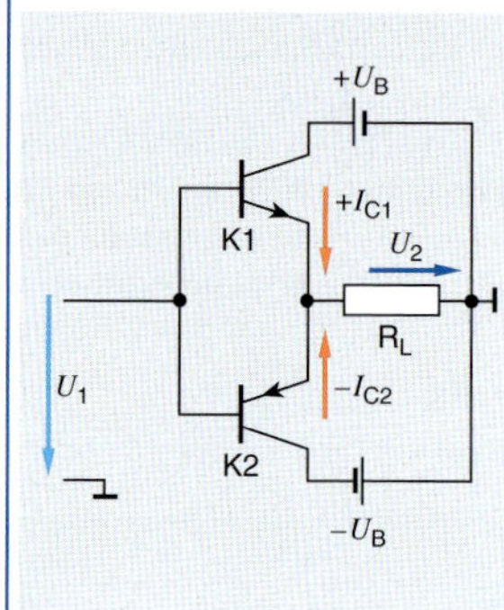

Kennwerte	Darlingtonverstärker	Gegentaktverstärker
■ Spannungsverstärkung Gleichtaktverstärkung $v_G = \Delta U_2 / \Delta U_G = 0$ $\Delta U_G = \Delta U_{11} = \Delta U_{12}$ Differenzverstärkung $v_u = \Delta U_2 / \Delta U_D \neq 0$ $\Delta U_D = \Delta U_{11} - \Delta U_{12}$		$v_u \approx 1$
■ Stromverstärkung	$v_i \approx \beta_1 \cdot \beta_2$	$v_i \approx \beta$
■ Eingangswiderstand $r_e = 2 \cdot r_{BE}$ $r_D \approx 2r_{BE}$; $r_G \approx \beta \cdot R_E$	$r_{BEges} \approx r_{BE1} + \beta \cdot r_{BE2}$	
■ Ausgangswiderstand $r_a = R_C$ $r_{a1} \approx R_{C1}$; $r_{a2} \approx R_{C2}$	$r_{CEges} \approx r_{CE2}$	

Operationsverstärker

Aufbau

mehrstufiger Verstärker bestehend aus

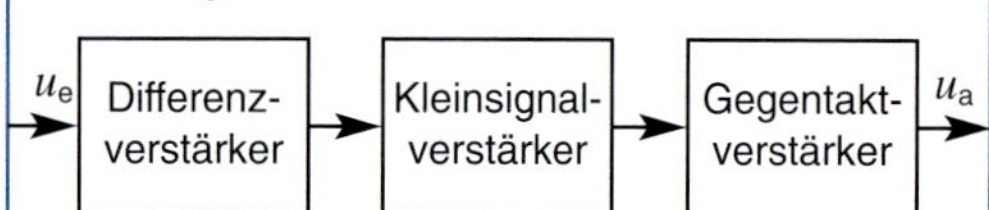

Eigenschaften

	real	ideal
Leerlaufverstärkung v_0	$> 10^4$	$\to \infty$
Eingangswiderstand R_e	> 100 kΩ	$\to \infty$
Ausgangswiderstand R_a	< 150 Ω	$\to 0$
Betriebsspannung U_B	± 15 V	
Offsetspannung U_{off}	≤ 7,5 mV	$\to 0$
Frequenzbereich	0 Hz $\leq f \leq$ 1 MHz	0 Hz $\leq f \leq \infty$

Schaltzeichen mit Spannungskennzeichnung

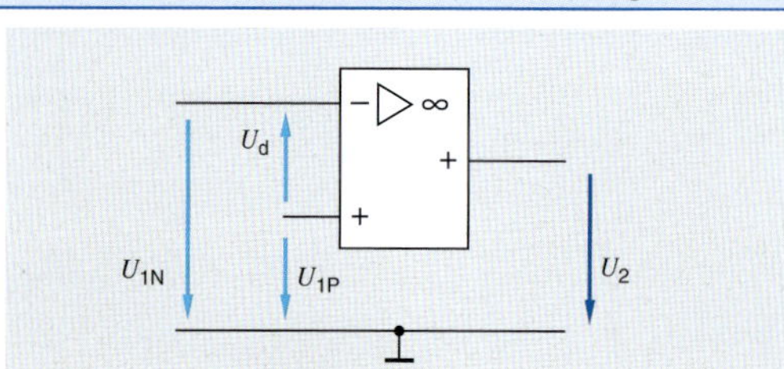

– invertierender Eingang
+ nicht invertierender Eingang
U_{1N} Spannung am invertierenden Eingang
U_{1P} Spannung am nicht invertierenden Eingang
U_d Differenzspannung ($U_d - U_{1P} - U_{1N}$)
U_2 Ausgangsspannung

Übertragungskennlinie

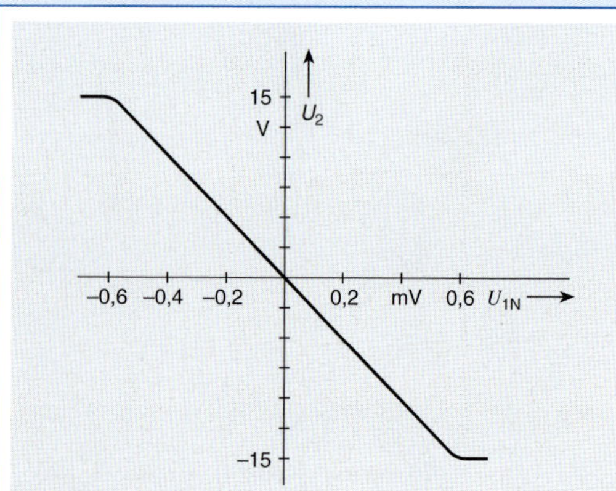

Betriebsverhalten

Lineare analoge Verstärkerschaltungen

Invertierender Verstärker	Nicht invertierender Verstärker	Impedanzwandler
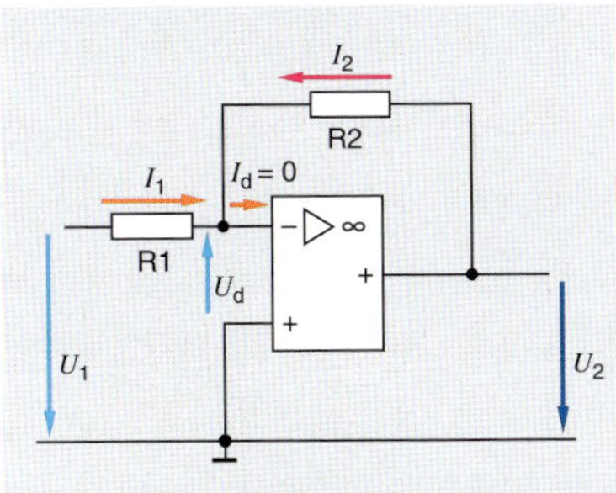	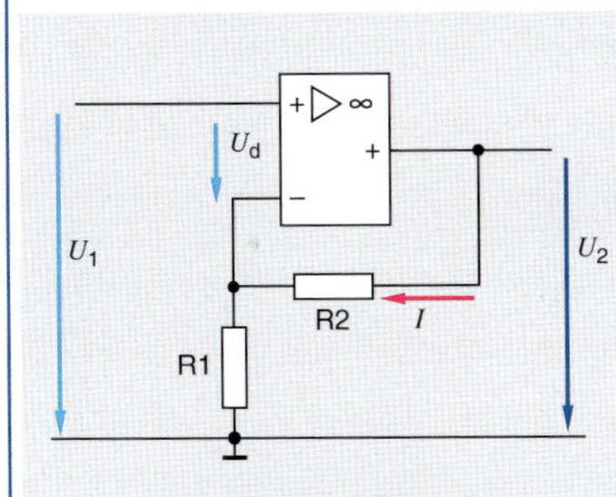	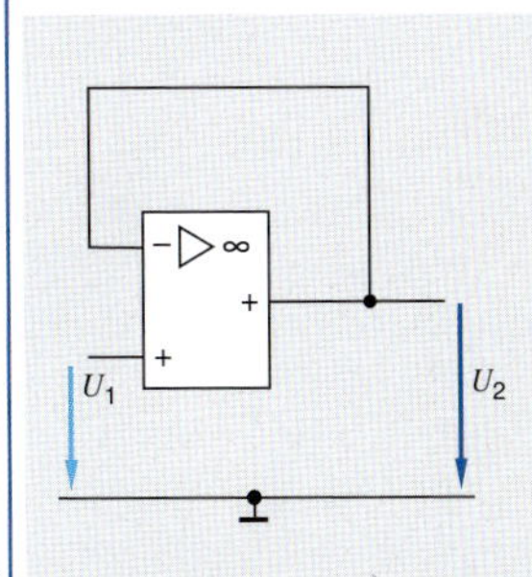
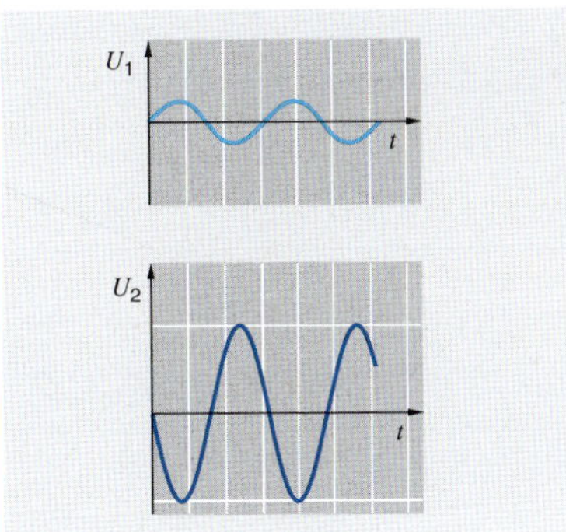	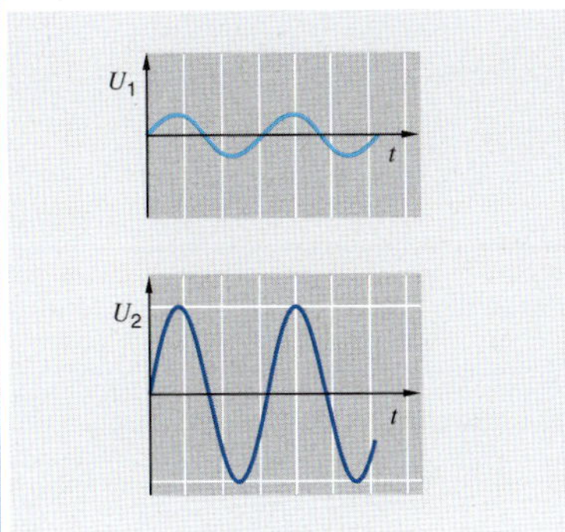	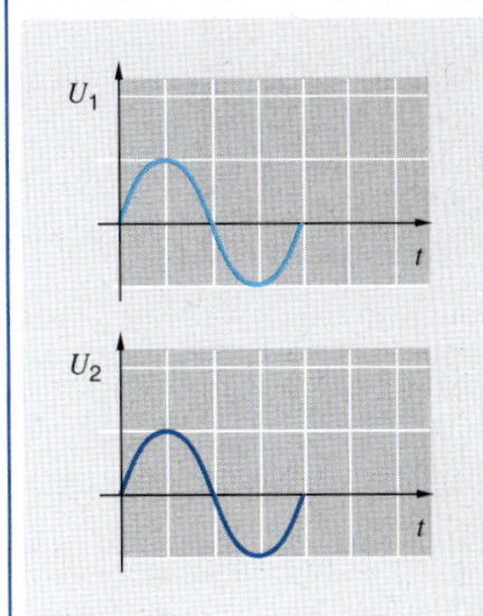
$v = U_2 / U_1 \Rightarrow v = -R_2 / R_1$ $\varphi_{u2;u1} = 180°$	$v = U_2 / U_1 \Rightarrow v = 1 + R_2 / R_1$ $\varphi_{u2;u1} = 0°$	$v = 1$ $U_2 = U_1$ $\varphi_{u2;u1} = 0°$

v	Systemverstärkung	$\varphi_{u2;u1}$	Phasenwinkel Ausgangs-Eingangs-Spannung
R_1	Eingangswiderstand		
R_2	Rückkopplungswiderstand		

Anwendungen

Lineare Analogrechnerschaltungen und deren elektrisches Verhalten

Addierer	Subtrahierer
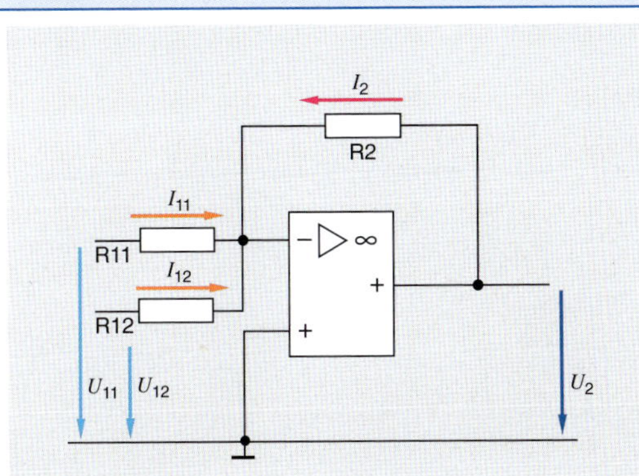	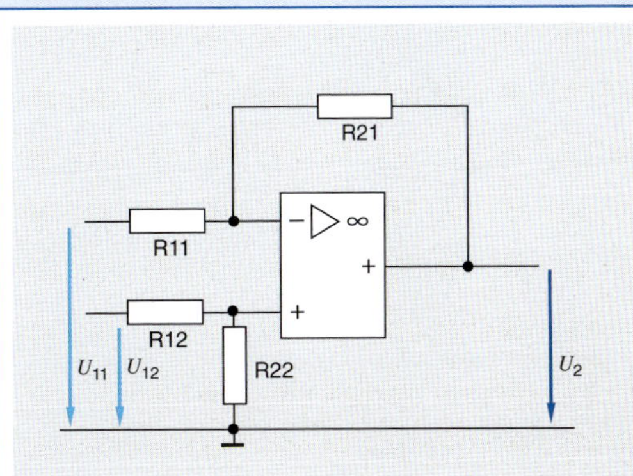

Addierer

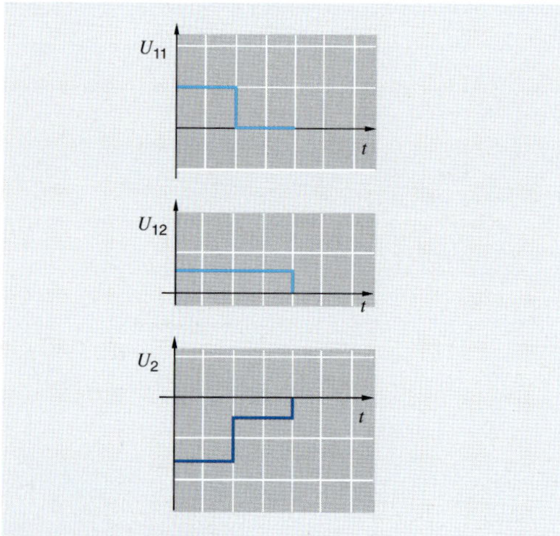

$U_2 = v_1 U_{11} + v_2 U_{12}$
$v_1 = -R_2/R_{11}$ und $v_2 = -R_2/R_{12}$

Subtrahierer

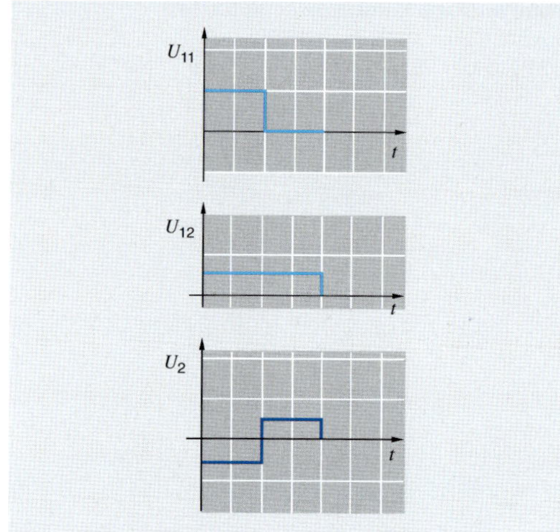

$U_2 = v_1 \cdot U_{11} + v_2 U_{12}$
$v_1 = -R_{21}/R_{11}$ und $v_2 = (1 + R_{21}/R_{11})/(1 + R_{12}/R_{22})$

Integrierer

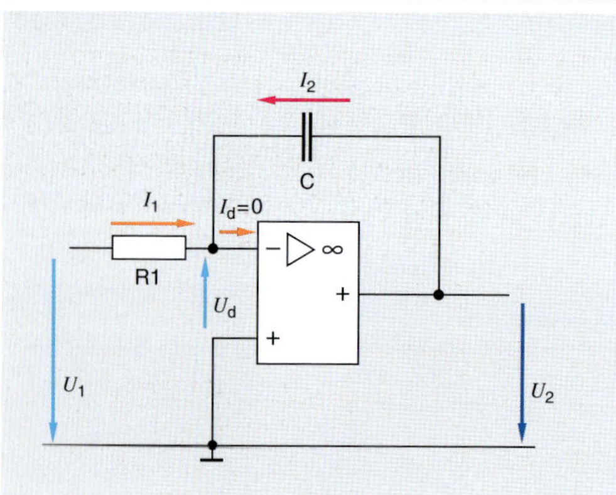

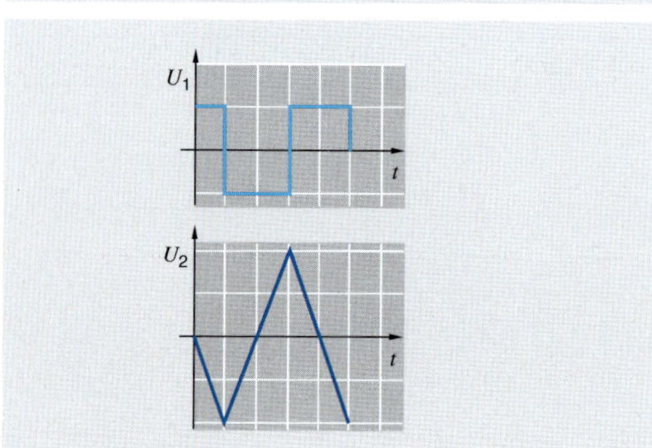

$$\Delta U_2 = -\frac{U_1 \cdot \Delta t}{R_1 \cdot C}$$

Differenzierer

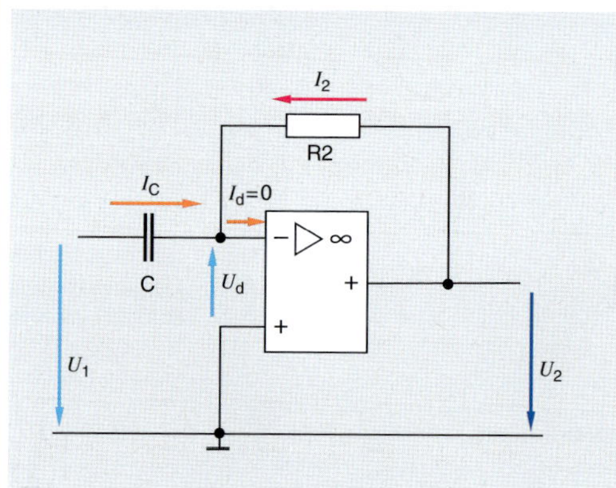

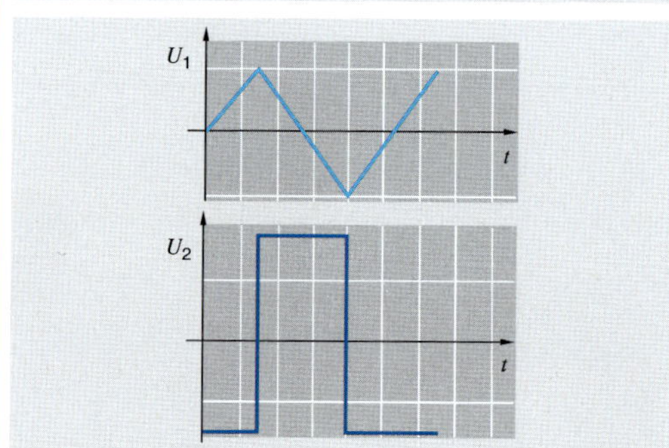

$$U_2 = -\frac{\Delta U_1 \cdot R_2 \cdot C}{\Delta t}$$

Schaltungen zur digitalen Anwendung

<table>
<tr><td>Spannungskomparator
ohne Hysterese</td><td>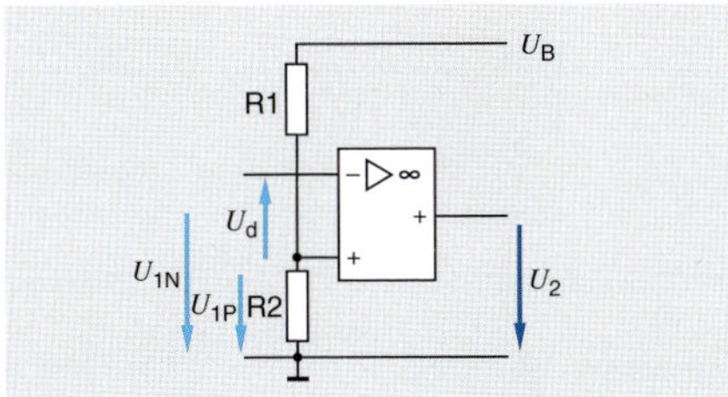
</td><td>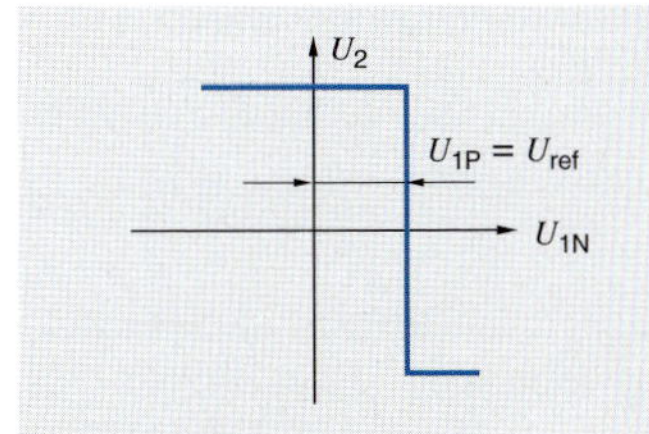
</td></tr>
<tr><td>mit Hysterese
Schmitt-Trigger
(Schwellwertschalter)</td><td>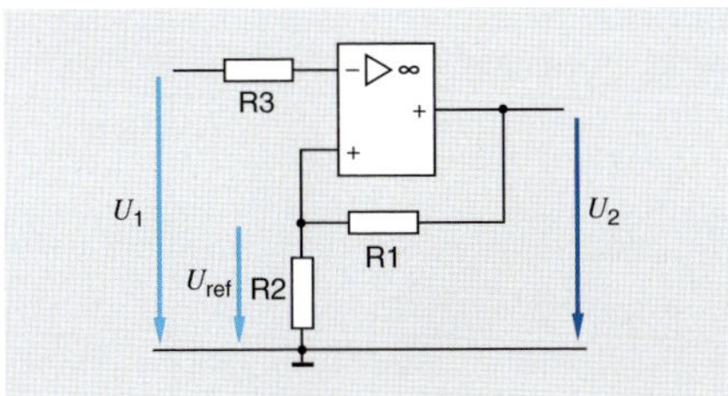

$U_{hy} = \Delta U_2 \cdot (R_2/(R_2 + R_1))$</td><td>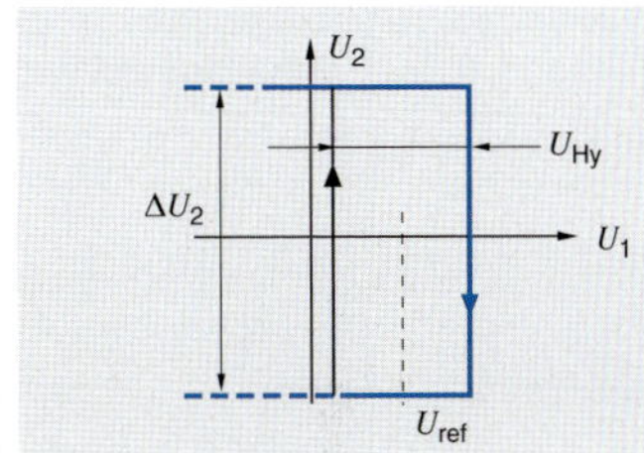
</td></tr>
<tr><td>Monostabile Kippstufe</td><td>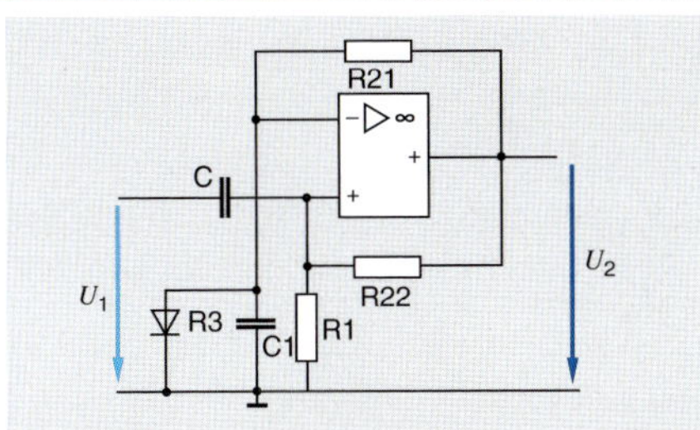

$T \approx R_{21}C_1 \cdot ln\,(1 + R_1/R_{22})$</td><td>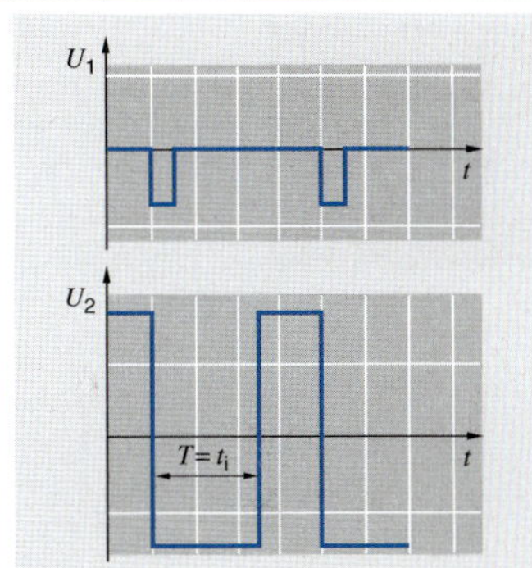
</td></tr>
<tr><td>Astabile Kippstufe</td><td>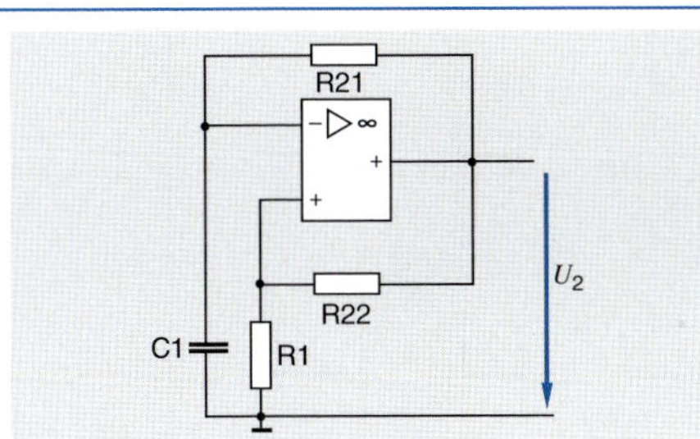

$T \approx 2R_{21}C_1 \cdot ln\,(1 + 2R_1\,/R_{22})$
$t_1 = t_2$
$T = t_1 + t_2$</td><td>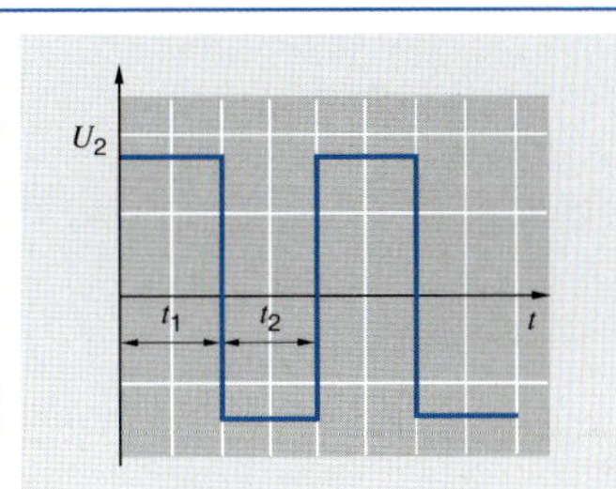
</td></tr>
<tr><td>Bistabile Kippstufe</td><td>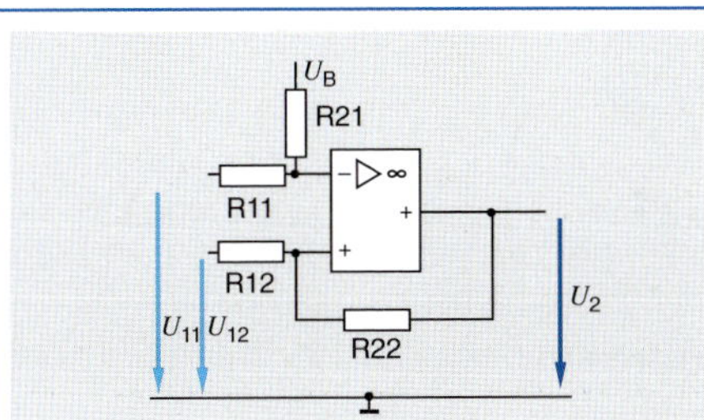
</td><td>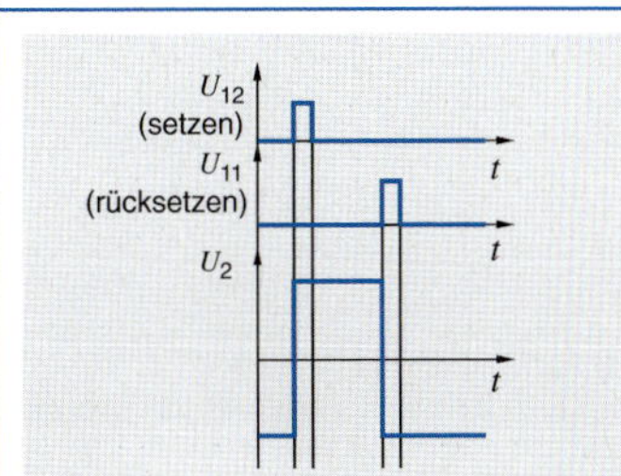
</td></tr>
</table>

Verstärkerschaltungen mit Feldeffekt-Transistoren

FET-Verstärkergrundschaltungen

		Kennwerte			
		Spannungsverstärkung	Phasenwinkel	Eingangswiderstand	Ausgangswiderstand
Grundschaltung	Kennzeichen: wechselstrommäßig gemeinsame Elektrode für Eingangs- und Ausgangssignal	$v_u = u_2 / u_1$	$\varphi_{u2;u1}$	$r_e = u_1 / i_1$	$r_a = u_2 / i_2$
Sourceschaltung	Schaltung mit Widerstandsberechnung 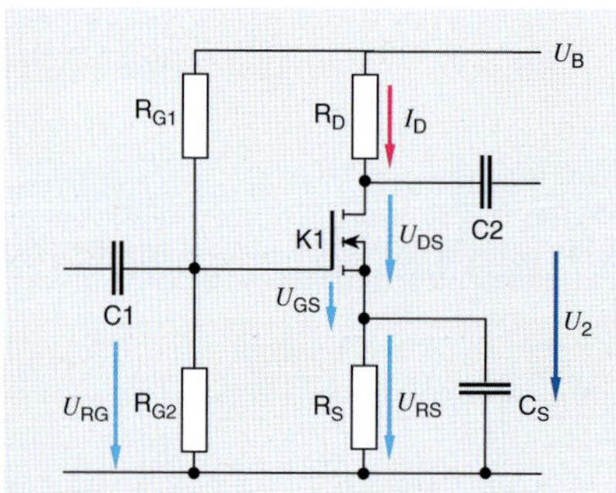 $R_S = U_{RS} / I_D$ $R_D = (U_B - U_{DS} - U_{RS}) / I_D$ Anwendung: Verstärker allgemein	$v_u \approx -S \cdot R_D$	180°	$r_e \approx R_{G1} \parallel R_{G2}$	$r_a \approx R_D$
Drainschaltung	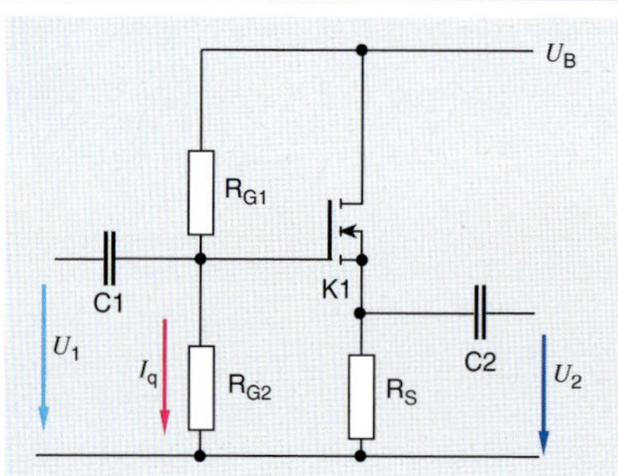 $R_1 = (U_B - U_{RS} - U_{GS}) I_q$ $R_2 = (U_{RS} + U_{GS}) / I_q$ Anwendung: Impedanzwandler	$v_u \approx 1$	0°	$r_e \approx R_{G1} \parallel R_{G2}$	$r_a \approx R_S /$ $(1 + S \cdot R_S)$
Gateschaltung	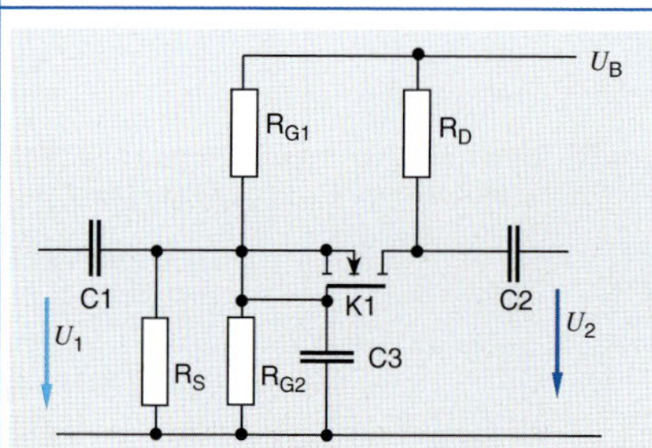 Anwendung: Anpassungsschaltung, HF-Verstärker	$v_u \approx S \cdot R_D$	0°	$r_e \approx R_S \parallel 1/S$	$r_a \approx R_D$

4.9.2 Stromrichter

- Stromrichter
  - ohne Kommutierung
    - Wechselstromschalter/-steller
  - mit Kommutierung
    - fremdgeführt
      - Gleichrichter
      - Wechselrichter
      - Umrichter
    - selbstgeführt
      - Gleichstromschalter/-steller
      - Wechselrichter
      - Umrichter

Bezeichnung und Kennzeichnung von Stromrichtern

Schaltungsart – Pulszahl / Phasenzahl – Steuerbarkeit – Zweigart

Schaltungsart	Bezeichnung	Kennbuchstabe	Kennzahl	
			Pulszahl	Phasenzahl
Einwegschaltung	Einwegschaltung	E	$p = 1$	
Zweiweg- bzw. Mehrwegschaltungen	Mittelpunktschaltung Brückenschaltung Verdopplerschaltung Vervielfacherschaltung	M B D V	$p \geq 2$	
	Wechselwegschaltungen Polygonschaltung	W P		m

Bezeichnungszusätze

Steuerbarkeit		Haupt- und Hilfszweige	
Kurzzeichen	Bedeutung	Kurzzeichen	Bedeutung
U	ungesteuert	A	anodenseitige Zusammenfassung der Hauptzweige
C	vollgesteuert	K	katodenseitige Zusammenfassung der Hauptzweige
H	halb gesteuert	Q	Löschzweig
HA	halb gesteuert mit anodenseitiger Zusammenfassung der Ventile	R	Rücklaufzweig
HK	halb gesteuert mit katodenseitiger Zusammenfassung der Ventile	F / FC	Freilaufzweig / -gesteuert
HZ	zweigpaar halb gesteuert	n	Vervielfachungsfaktor

Beispiele:

B 2 U: B – Brückenschaltung, 2 – zweipulsig, U – ungesteuert

B 6 C: B – Brückenschaltung, 6 – sechspulsig, C – gesteuert

Kenngrößen

U_{v0}	Effektivwert Außenleiterspannung	$w_U = U_W / U_{di}$	Spannungswelligkeit
U_S	Effektivwert Sternpunktspannung	$w_I = I_W / I_d$	Stromwelligkeit
U_d	Gleichspannung	P_T	Transformatorbauleistung
U_{di}	größtmöglicher Gleichspannungsmittelwert	P_d	Gleichstromleistung
u_d	Wechselspannungsanteil – Augenblickswert	$f_p = p \cdot f_N$	Pulsfrequenz
I_d	Gleichstrom	f_N	Netzfrequenz
i_d	Wechselstromanteil – Augenblickswert	α	Steuerwinkel
U_W	Effektivwert der Restwechselspannung	$U_{d\alpha}$	Gleichspannungsmittelwert in Abhängigkeit des Steuerwinkels α
I_W	Effektivwert des Restwechselstromes	i_V	Ventilstrom

Ungesteuerte Gleichrichterschaltungen

Schaltung	Spannungs- und Stromverlauf	Schaltungskennwerte U_{di}/U_{V0}	U_{di}/U_{S0}	P_T/P_d	U_W/U_{di}
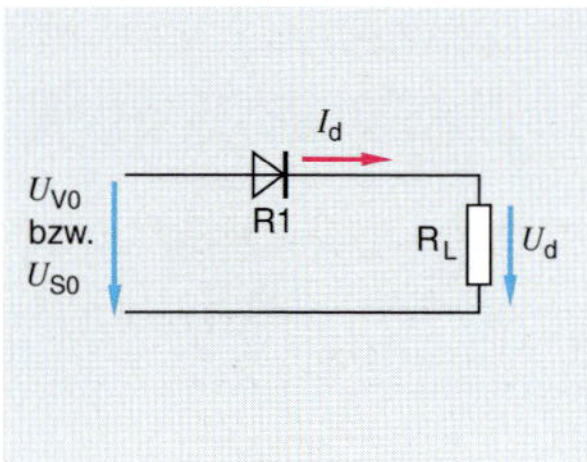 **E1U**	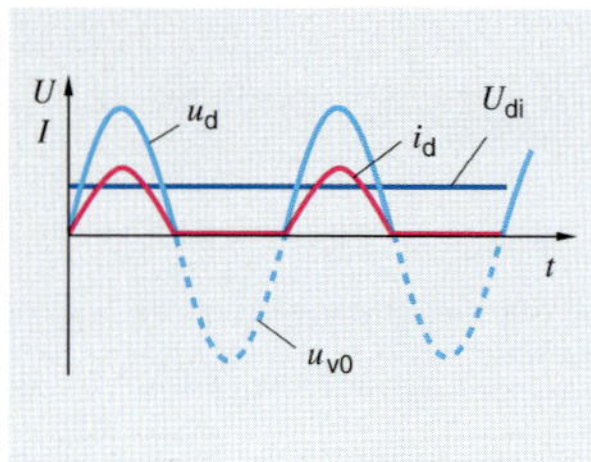	0,45	0,45	3,1	1,21
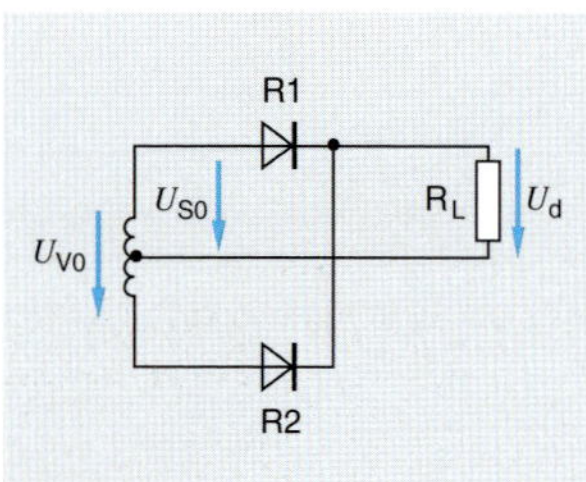 **M2U**	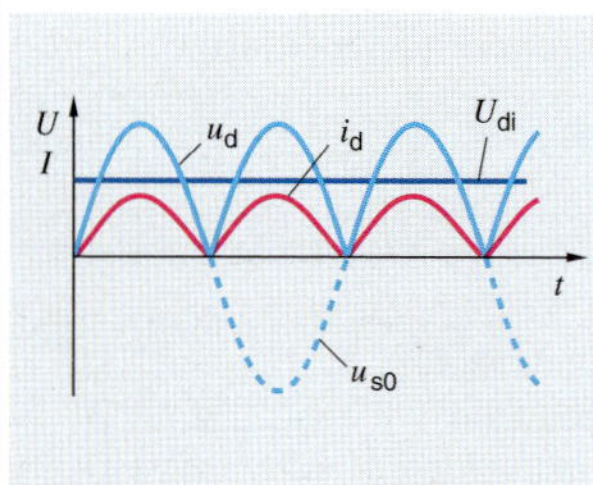	0,45	0,9	1,5	0,48
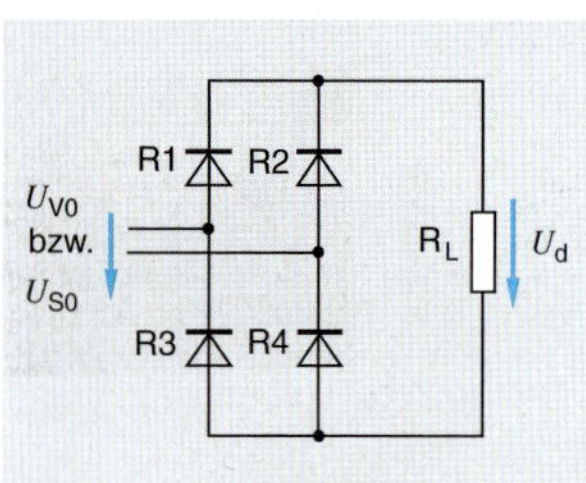 **B2U**	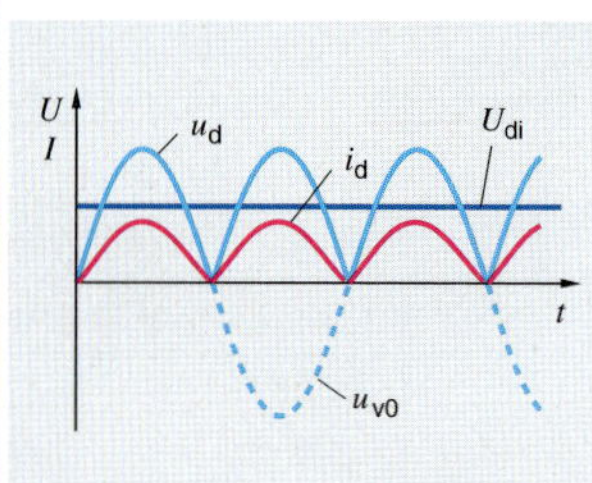	0,9	0,9	1,23	0,48
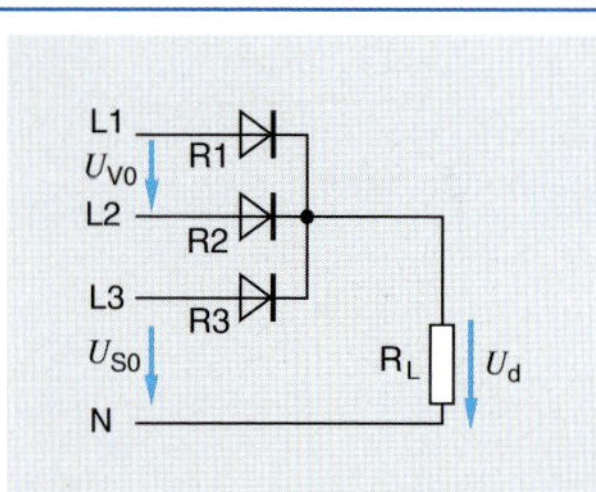 **M3U**	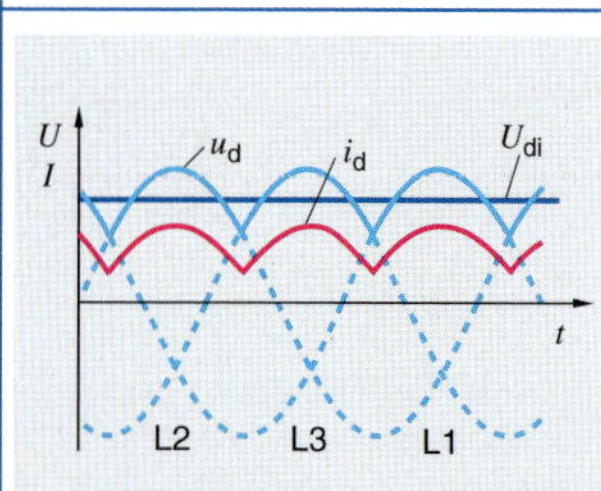	0,68	1,17	1,35	0,18
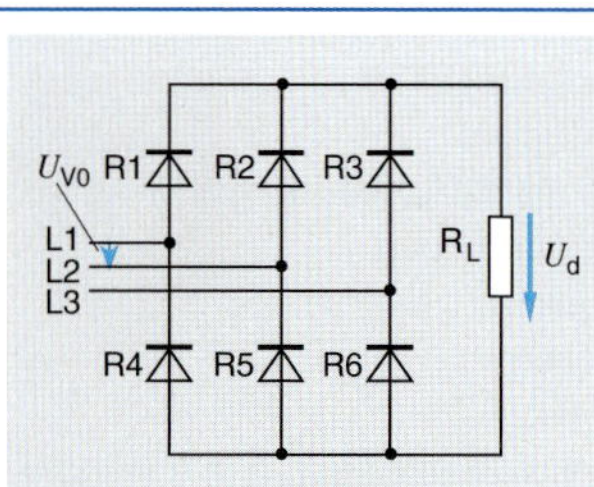 **B6U**	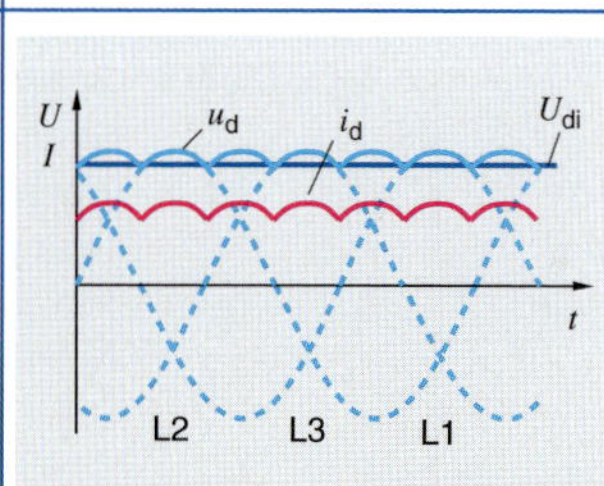	1,35	2,34	1,1	0,04

Spannungsvervielfacherschaltungen

<table>
<tr><th>Schaltung</th><th>Spannungsverlauf</th><th>U_{di}/U_{V0}</th><th>Schaltung</th><th>Spannungsverlauf</th><th>U_{di}/U_{V0}</th></tr>
<tr>
<td>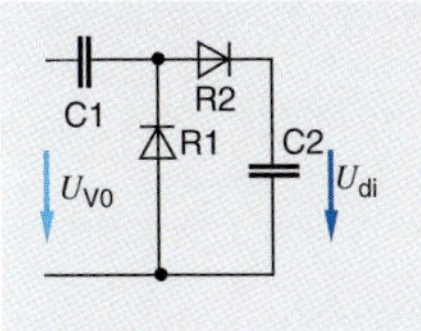</td>
<td>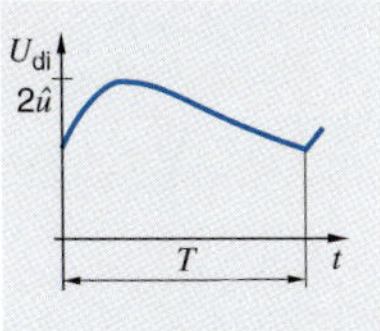</td>
<td>2,82</td>
<td>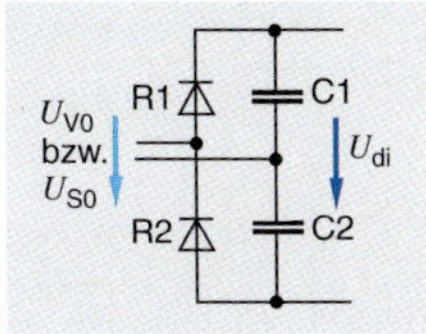</td>
<td>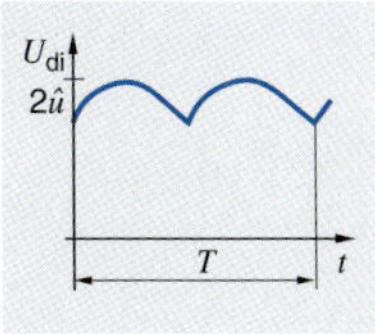</td>
<td>2,82</td>
</tr>
</table>

<table>
<tr><th>Schaltung</th><th>Spannungsverlauf</th><th>U_{di}/U_{V0}</th></tr>
<tr>
<td>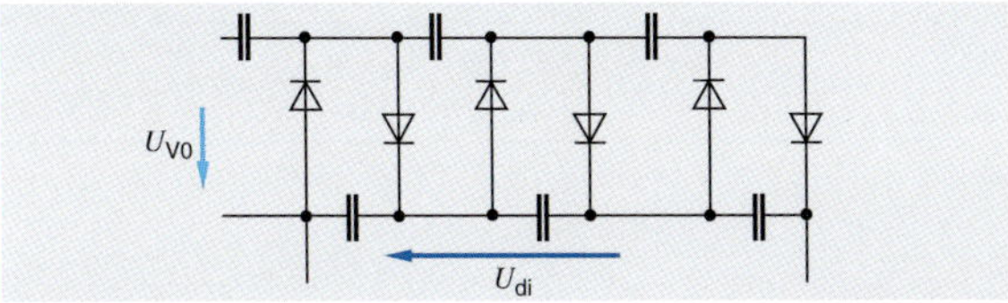
V1</td>
<td>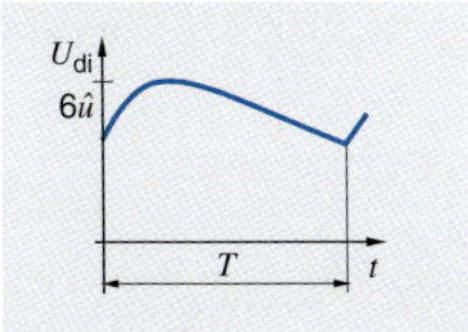</td>
<td>$n \cdot 2 \cdot \sqrt{2}$</td>
</tr>
</table>

Gesteuerte Gleichrichterschaltungen

<table>
<tr><th>Schaltungen</th><th>Strom- und Spannungsverläufe</th></tr>
<tr>
<td>E1C (Wirklast)
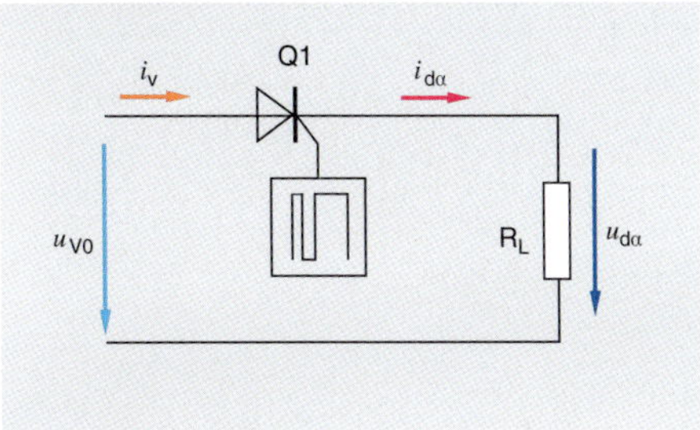</td>
<td>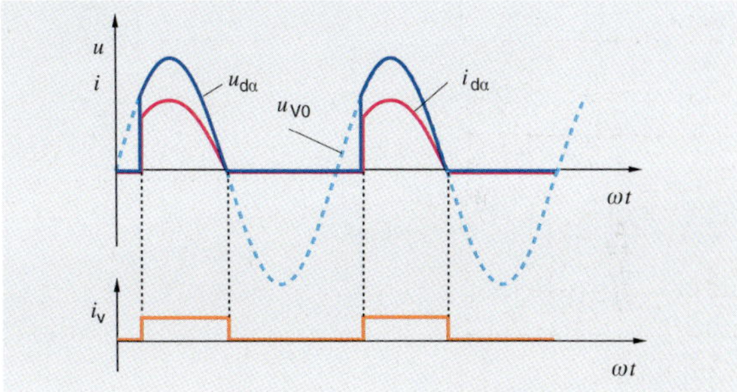</td>
</tr>
<tr>
<td>E1C (induktive Last)
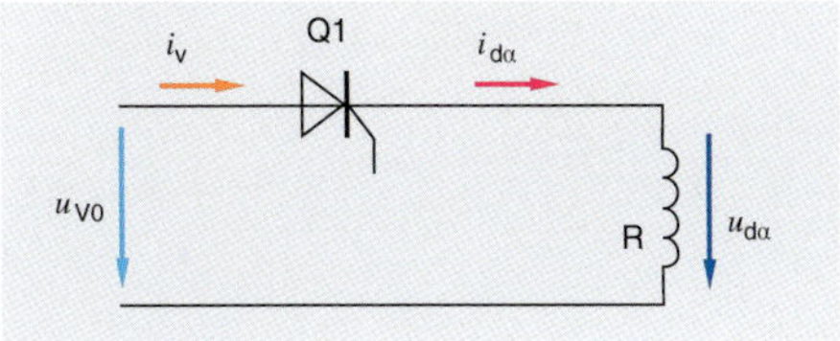
R mit Induktivität L
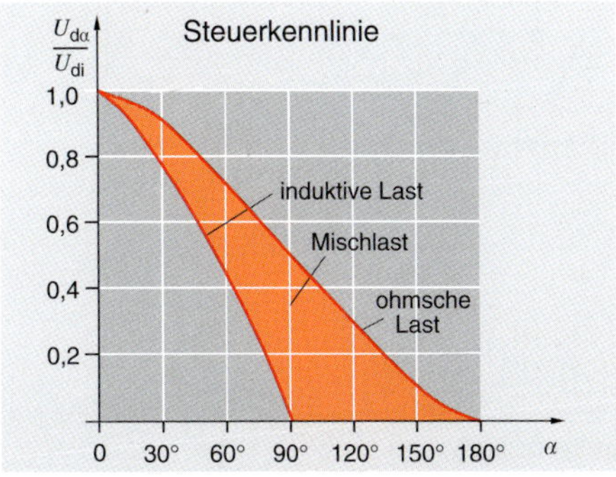</td>
<td>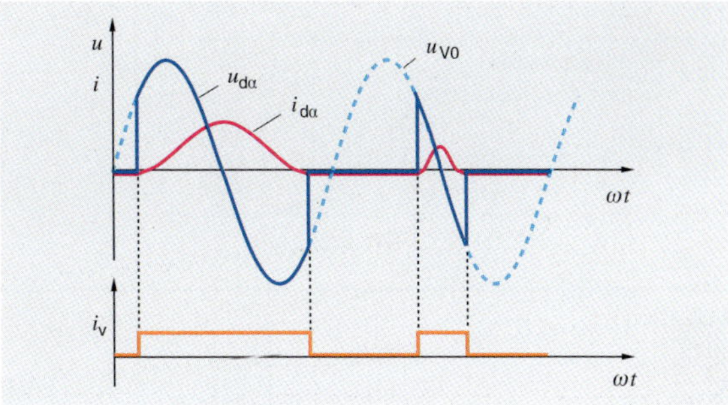</td>
</tr>
</table>

Schaltungen	Strom- und Spannungsverläufe

B2C (Wirklast)

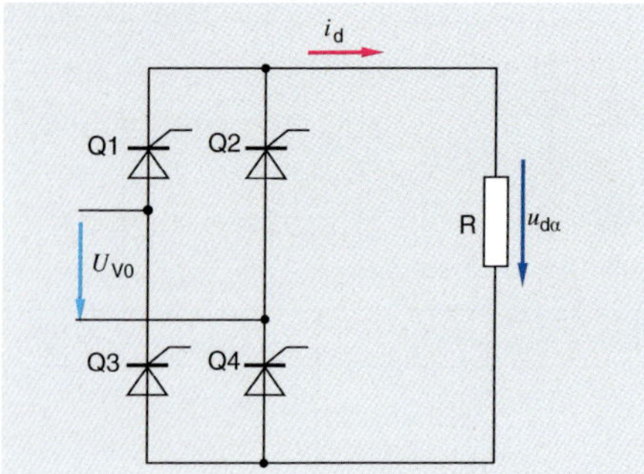

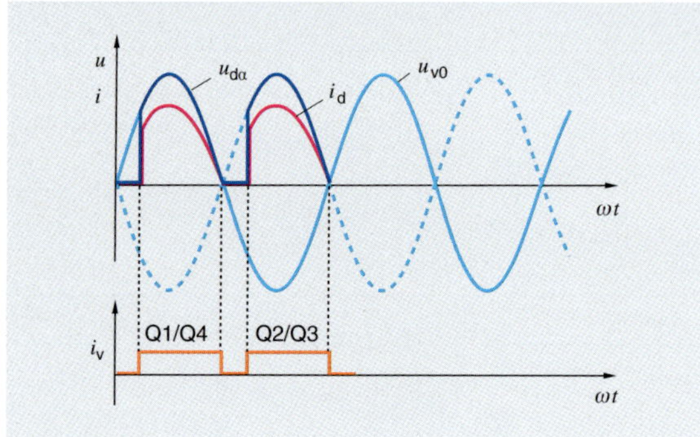

B2C (aktive Last)

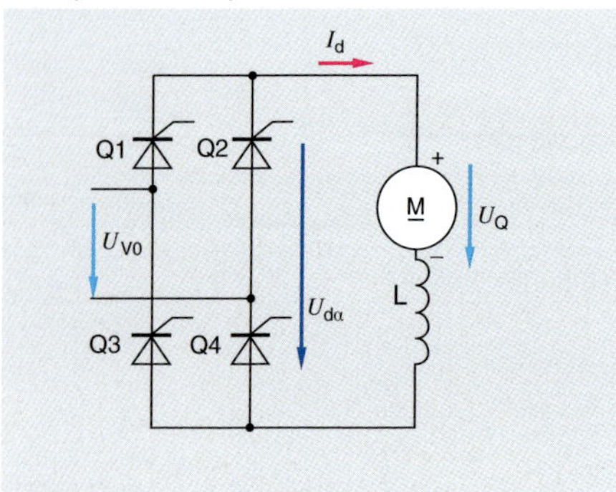

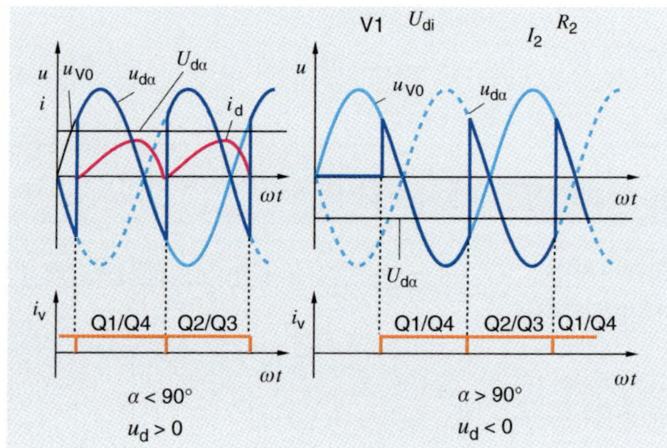

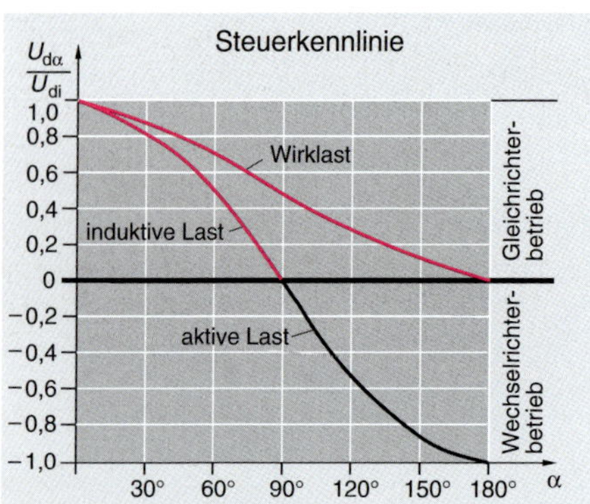

B2HK

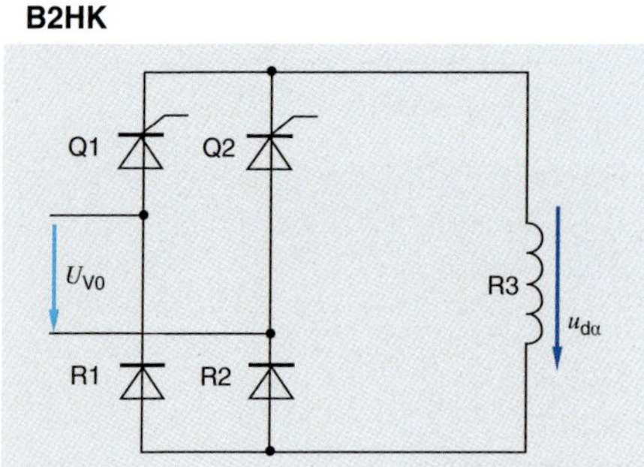

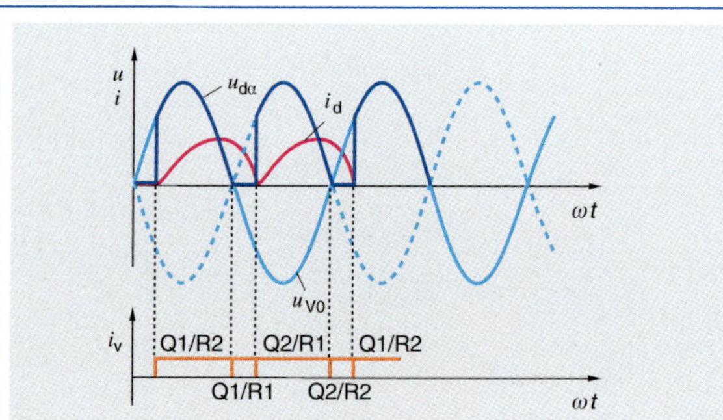

R mit Induktivität *L* — Anmerkung: lastunabhängig durch internen Freilaufzweig

Schaltungen	Strom- und Spannungsverläufe
B6C	

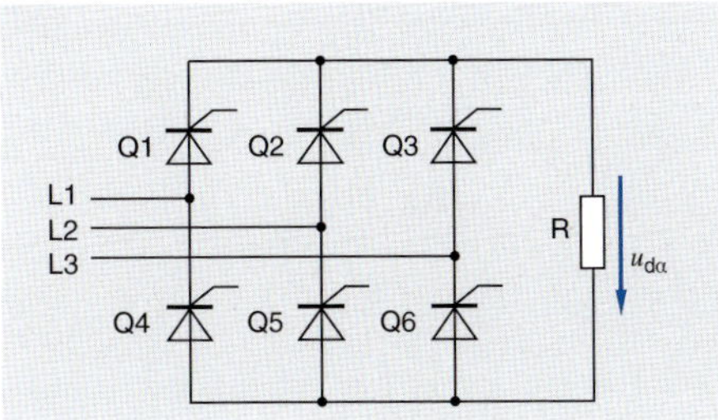

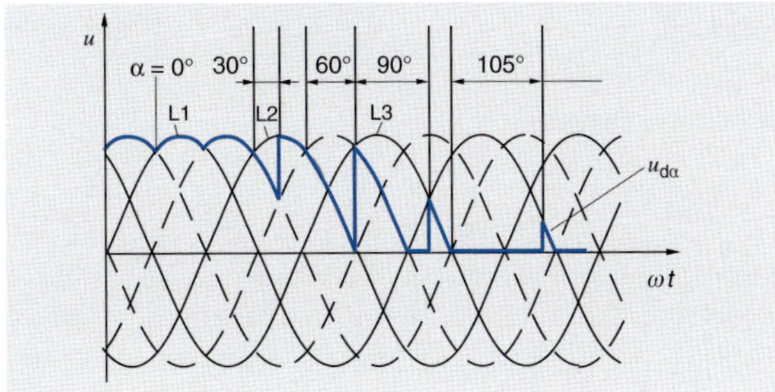

Anmerkung: $\alpha \leq 60°$ lastunabhängig; $\alpha > 60°$ Lückbetrieb

Wechselrichter

Schaltungen	Strom- und Spannungsverläufe

Netzgeführter Wechselrichter
Identisch mit gesteuerter Gleichrichterschaltung B2C (aktive Last), siehe Seite 366

Selbstgeführter Wechselrichter

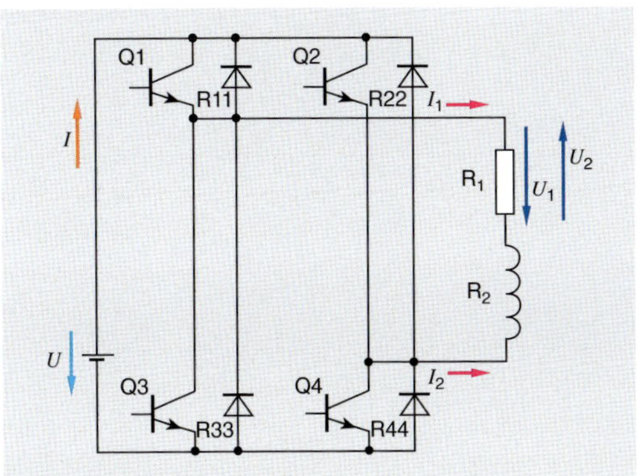

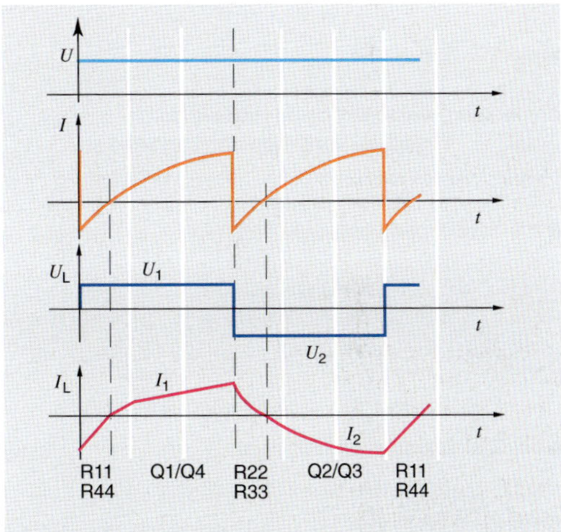

R_2 mit Induktivität L
Anmerkung: Einsatz als Notstromversorgung

Lastgeführter Wechselrichter

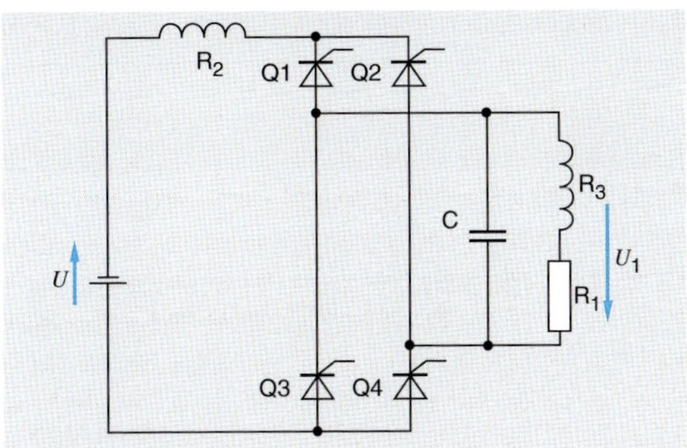

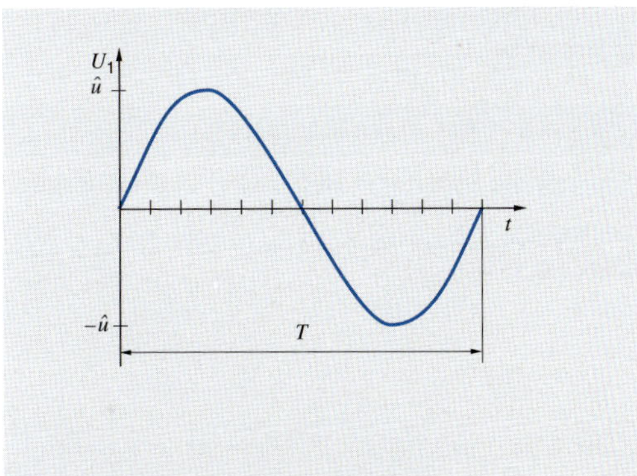

R_2 mit Induktivität L_1
R_3 mit Induktivität L_2

Anmerkung:
- mit Last Parallelschwingkreis: sinusförmige Spannung; rechteckförmiger Strom
- mit Last Reihenschwingkreis: rechteckförmige Spannung; sinusförmiger Strom

Umrichter-Kenndaten und Steuerkennlinien

Schaltung	Strom- und Spannungsverläufe

Direktumrichter

■ Trapezumrichter

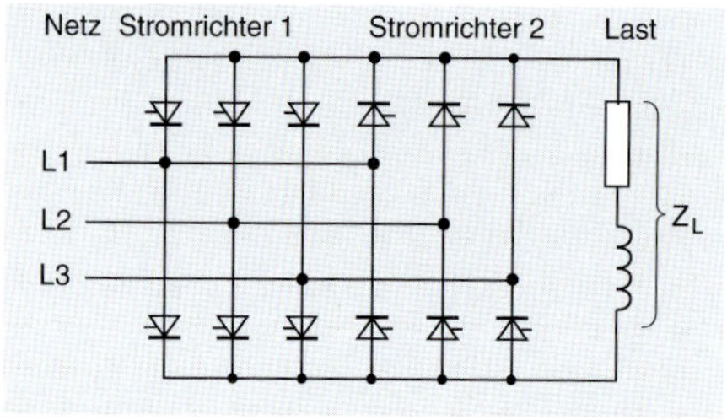

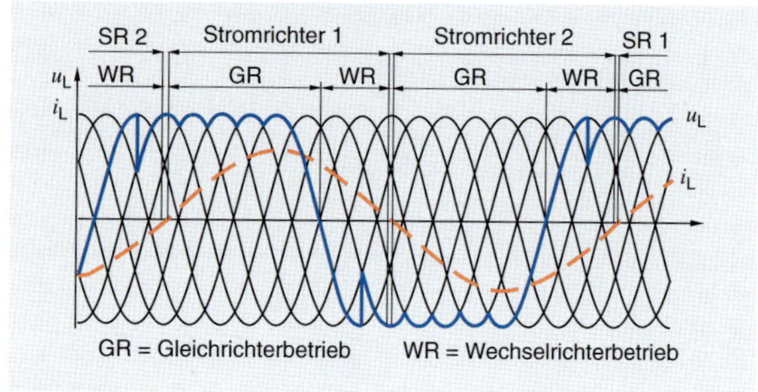

Anmerkung: zwei netzgeführte Stromrichter in Kombination
Frequenz der Ausgangsspannung $f_2 < f_N$

■ Steuerumrichter

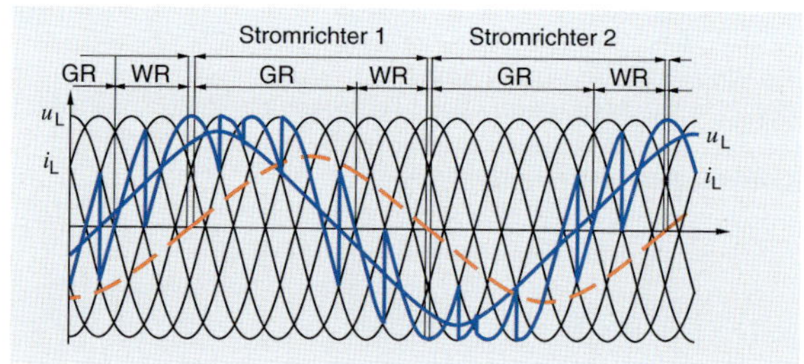

Anmerkung: Ansteuerung der Ventile durch stetiges Verstellen der Zündwinkel

Umrichter mit Zwischenkreis

■ mit Gleichspannungszwischenkreis

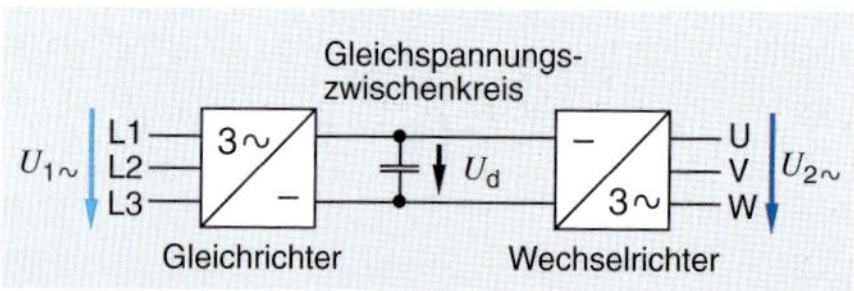

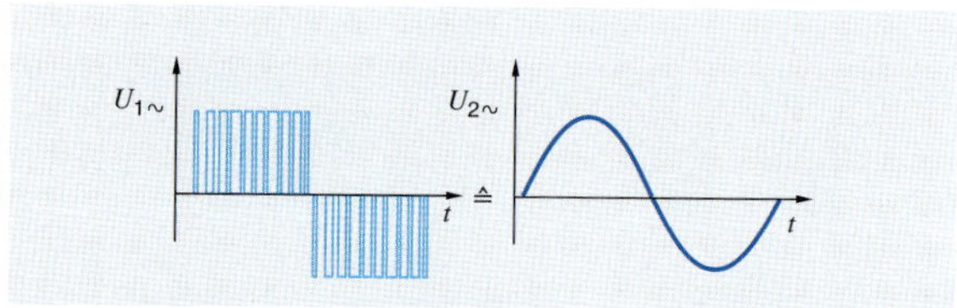

■ mit Gleichstromzwischenkreis

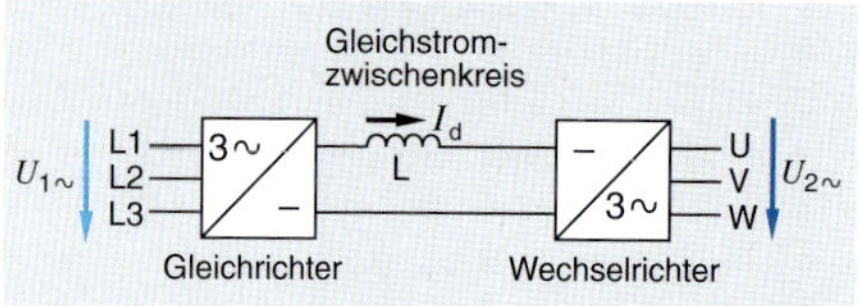

Anmerkung: Erzeugung der sinusförmigen Spannung durch Pulsbreitensteuerung bzw. Pulsamplitudenmodulation

Schalten und Stellen von Gleichstrom

Transistor als Schalter ➜ Betrieb bei Übersteuerung

Arbeitspunkteinstellung

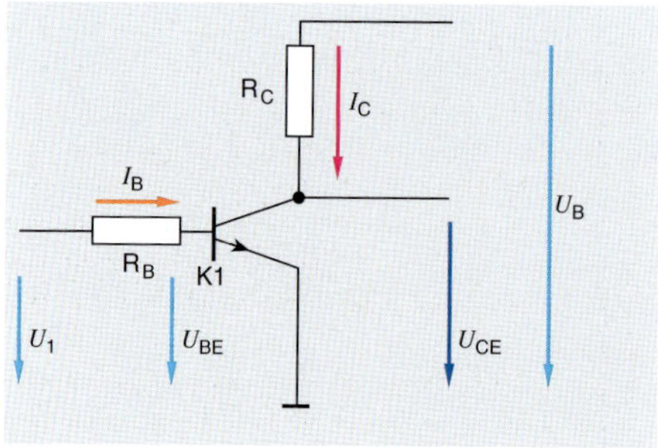

„Ein“ $U_{BE} \approx 0{,}7\ \text{V}$
$I'_B = m \cdot I_B$
$U_{CE} = U_{CESAT}$
$I_C = I_B \cdot B$
$R_C = (U_B - U_{CESAT}) / I_C$
$R_B = (U_B - U_{BE}) / I'_B$

„Aus“ $U_{BE} = 0\ \text{V}$
$I_B = 0\ \text{mA}$
$U_{CE} = U_B$
$I_C = 0\ \text{mA}$

m Übersteuerungsfaktor
I'_B Basisstrom bei Übersteuerung

Wirkung unterschiedlicher Lasten

Wirklast	Induktive Last	Kapazitive Last
Schaltung		
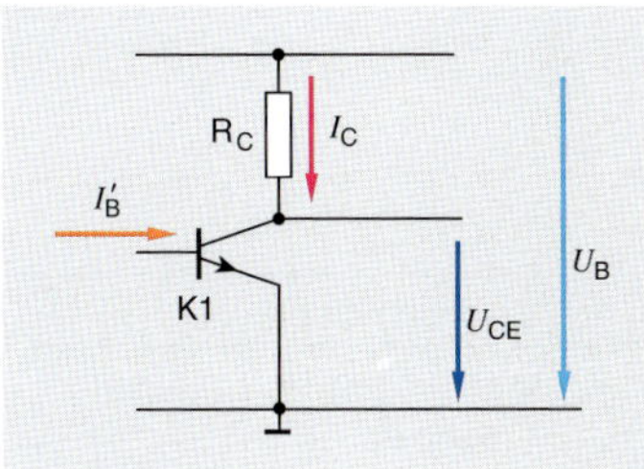	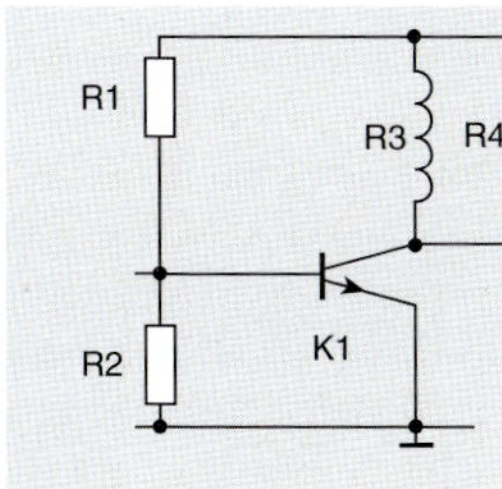 R_3 mit Induktivität L	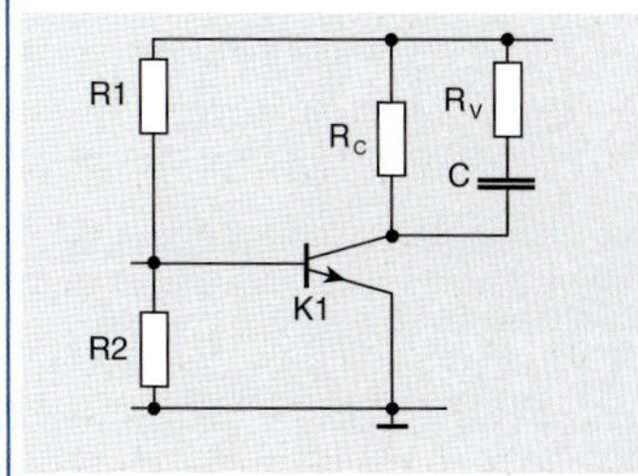
Arbeitskennlinie		
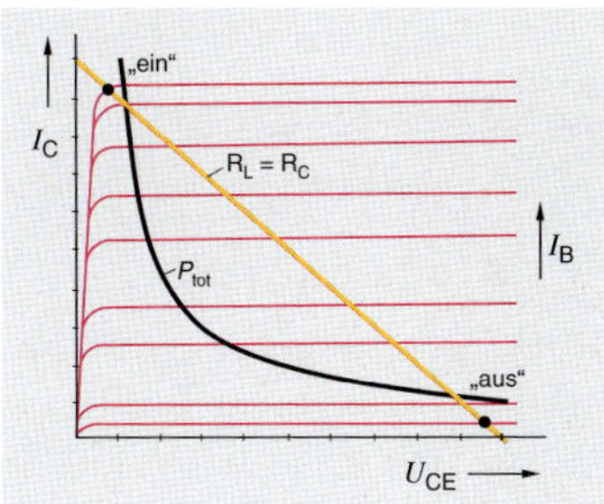	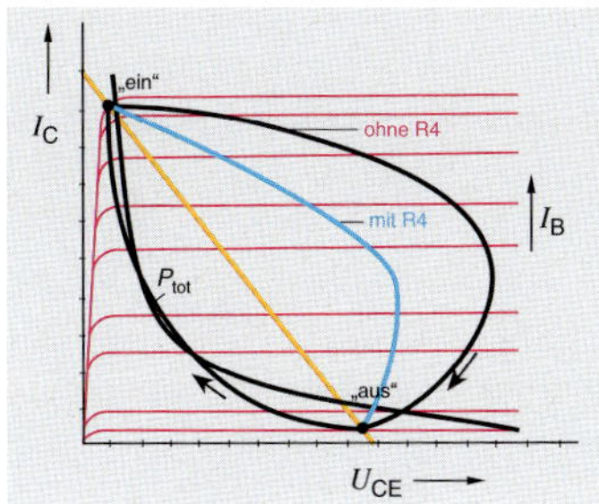	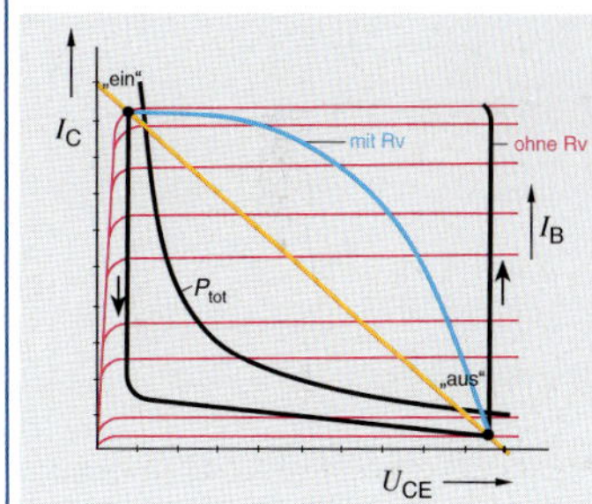
■ Arbeitsgerade schneidet Verlustleistungshyperbel ■ Arbeitspunkte liegen unter Verlustleistungshyperbel ■ Schaltzeiten sehr gering (ns)	■ Ausschaltzeit und Ausschaltverlustleistung gegenüber ohmscher Last erheblich größer	■ Einschaltzeit und Einschaltverlustleistung gegenüber ohmscher Last erheblich größer
→ thermische Belastung von der Schaltfrequenz abhängig	→ thermische Belastung nimmt zu	→ thermische Belastung nimmt zu

Gleichstromsteller

Gleichstromsteller-Prinzip	Schaltung
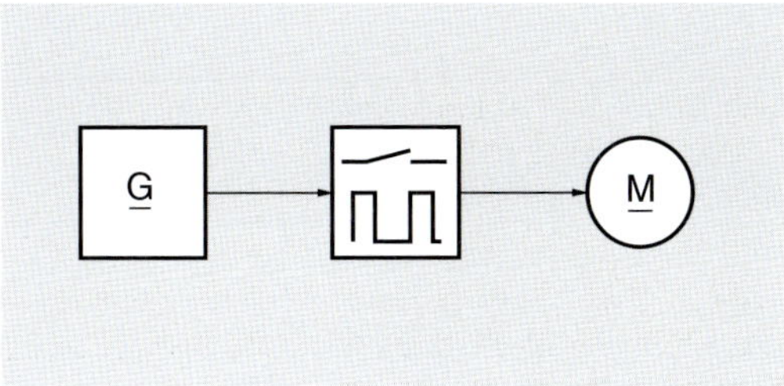	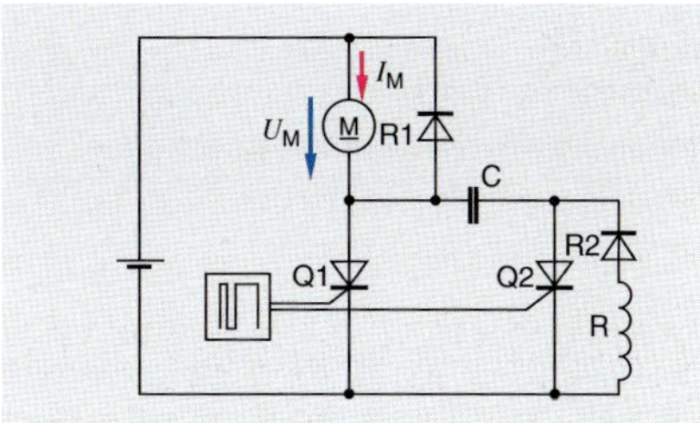 R mit Induktivität L

Pulsbreitensteuerung	Pulsfolgesteuerung
Strom- und Spannungsverlauf 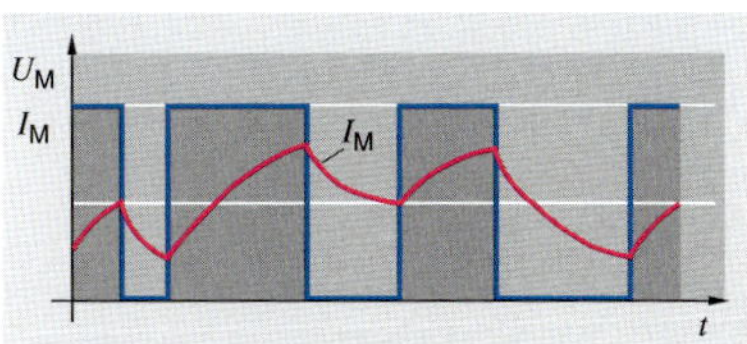	Strom- und Spannungsverlauf 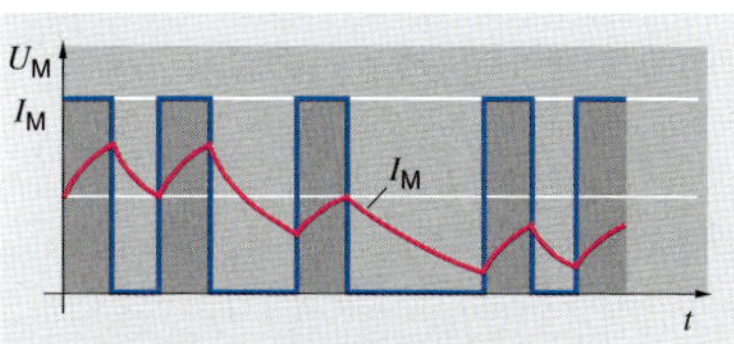
Eigenschaften ■ konstante Periodendauer T ■ variable Einschaltdauer $t_e \leq T$	Eigenschaften ■ konstante Einschaltdauer t_e ■ variable Periodendauer T

Schalten und Stellen von Wechselstrom

Wechselstromsteller-Prinzip

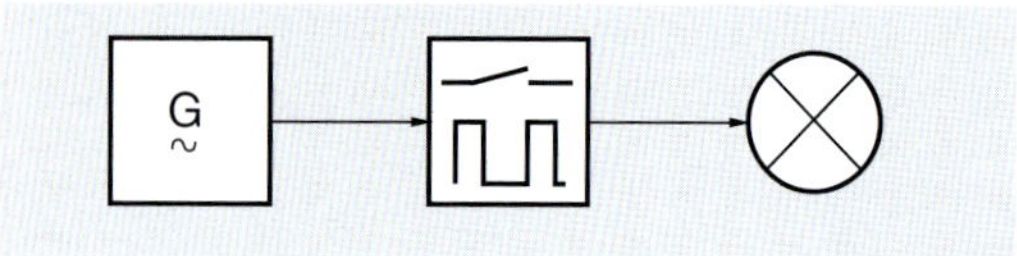

W1C – Phasenanschnittsteuerung

Schaltung	Strom- und Spannungsverlauf	Eigenschaften
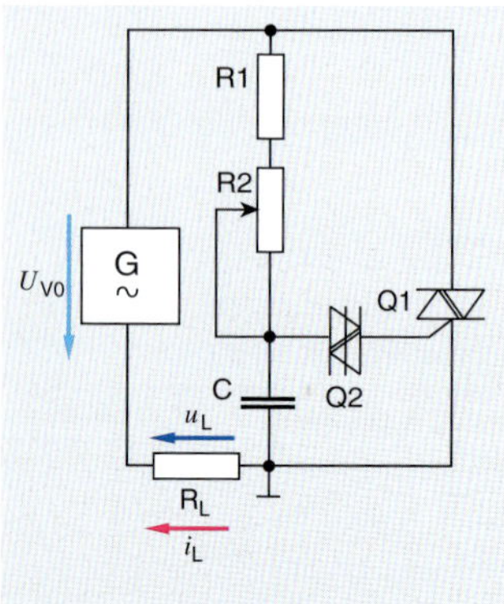	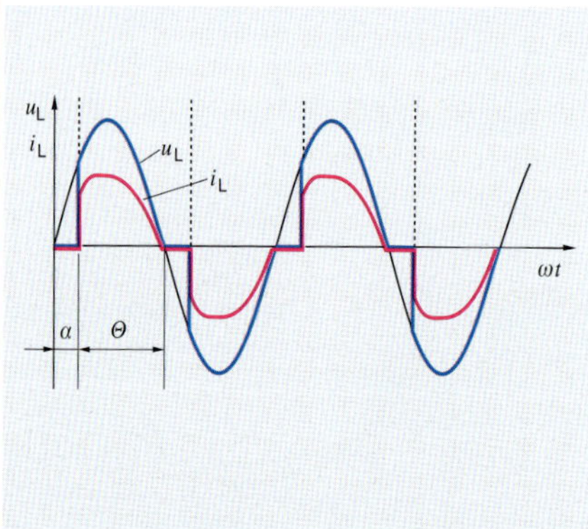	■ symmetrische Lastspannung bei TRIAC ■ Stellen des Leistungsumsatzes zwischen 0 % … 100 % ■ Spannungsverhältnis: $\frac{U_L}{U_{V0}} = \sqrt{1 - \frac{\alpha}{180°} + \frac{1}{2\pi} \cdot \sin 2\alpha}$ ■ Leistungsverhältnis: $\frac{P_L}{P_{V0}} = 1 - \frac{\alpha}{180°} + \frac{1}{2\pi} \cdot \sin 2\alpha$ $P_{V0} = \frac{U_{V0}^2}{R_L}$

Phasenabschnittsteuerung

	Strom- und Spannungsverlauf	
	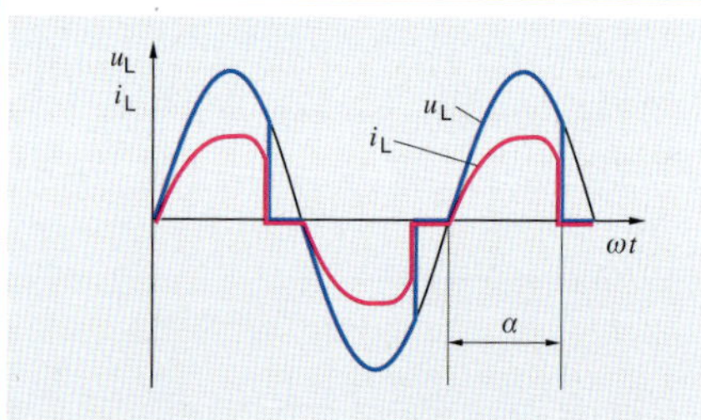	

Vielwellensteuerung mit Nullspannungsschalter

Schaltung	Strom- und Spannungsverlauf
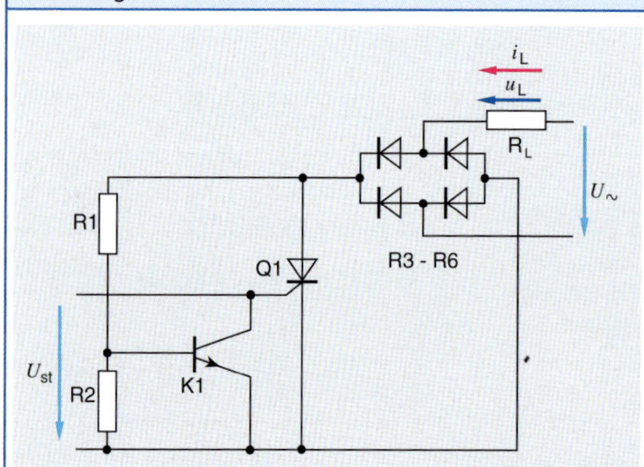	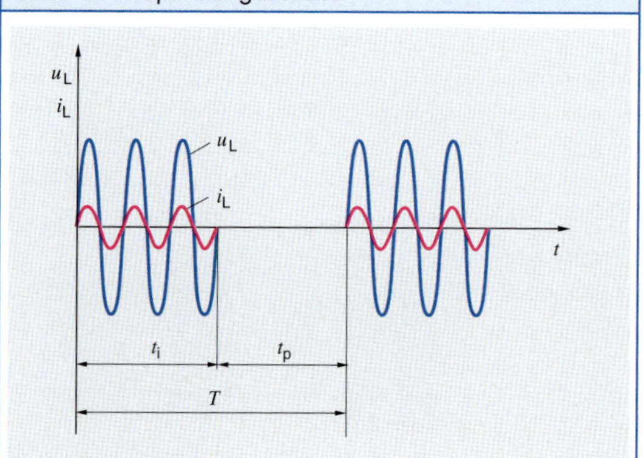

Eigenschaften: ■ stufenlose Steuerung des Laststromes
■ umsetzbare Leistung ist vom Tastgrad $g = t_i / T$ abhängig

Schutzbeschaltung von Thyristoren

Überspannungschutz		Überstromschutz	
TSE-Schutzbeschaltung 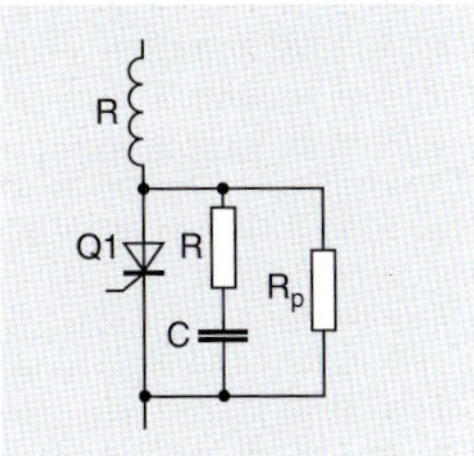	■ Schutz gegen Ladungsträgerstaueffekt ■ Schutz vor zu großem Strom- bzw. Spannungsanstieg *R* mit Induktivität *L*	Strangsicherung 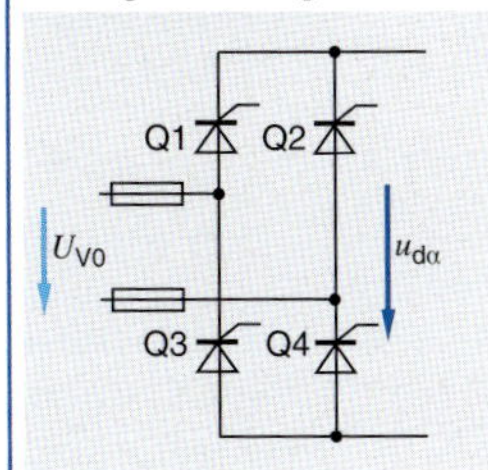	■ geringe Ausrüstungskosten ■ keine volle Ausnutzung des zulässigen Ventilstromes
Schutz mit Varistor 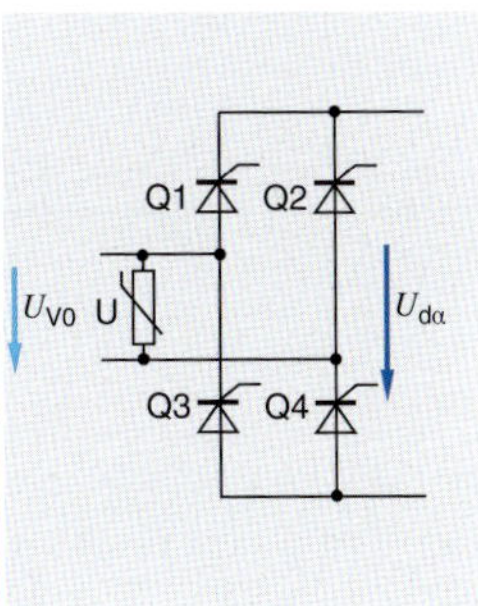	■ Eingangsüberspannungsbegrenzung	Zellensicherung 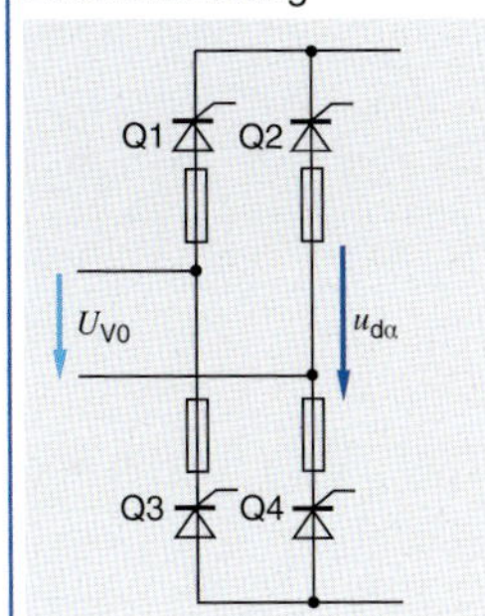	■ höhere Ausrüstungskosten ■ verbesserte Ventilstromausnutzung

4.9.3 Glättungs- und Siebschaltungen

Glättung

Schaltung	Spannungsverlauf	Bauelementeberechnung
Glättung mit Ladekondensator 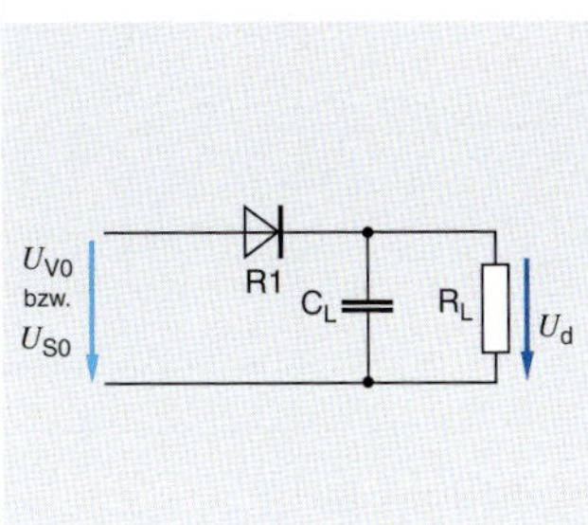	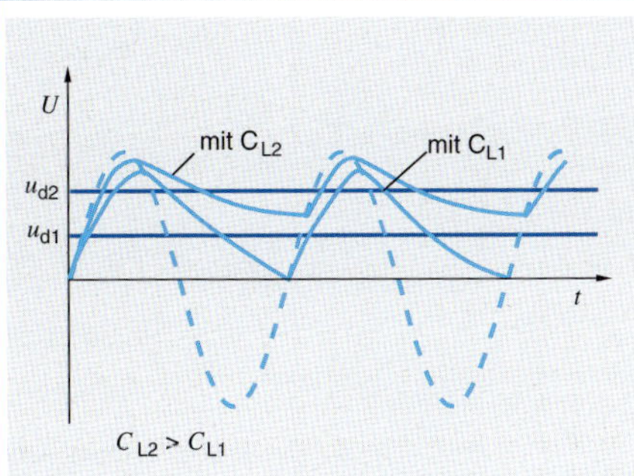	Ladekondensator $C_L = \frac{k \cdot I_d}{p \cdot f \cdot U_w}$ k Kennfaktor für Einwegschaltung 0,25, Zweiwegschaltung 0,2 I_d Gleichstrom p Pulszahl f Netzfrequenz U_w zulässiger Wechselspannungsanteil C_L Ladekondensator
Glättung mit Drosselspule 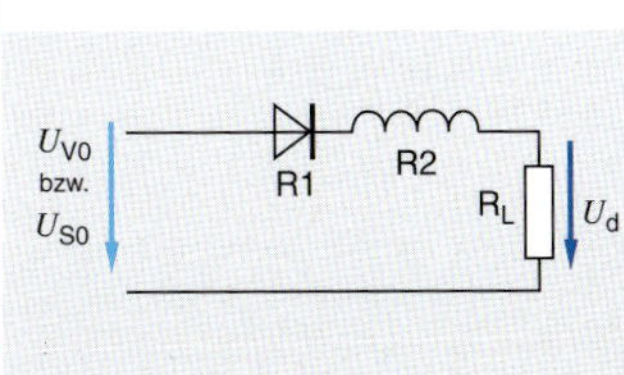 R_1 mit Induktivität L	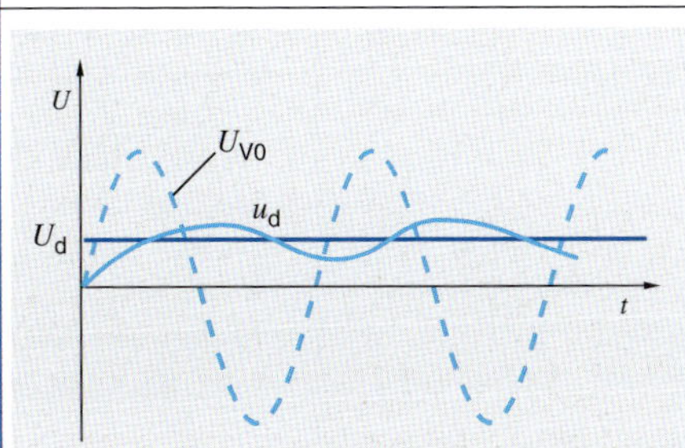	Drosselspule $L_S = \frac{R}{p \cdot 2\pi f} \sqrt{\left(\frac{w_U}{w_I}\right)^2 - 1}$ w_U Spannungswelligkeit w_I Stromwelligkeit R Lastwiderstand L_S Induktivität der Drosselspule

Siebung

Bezeichnung	Schaltung	Kennwerte
RC-Siebung	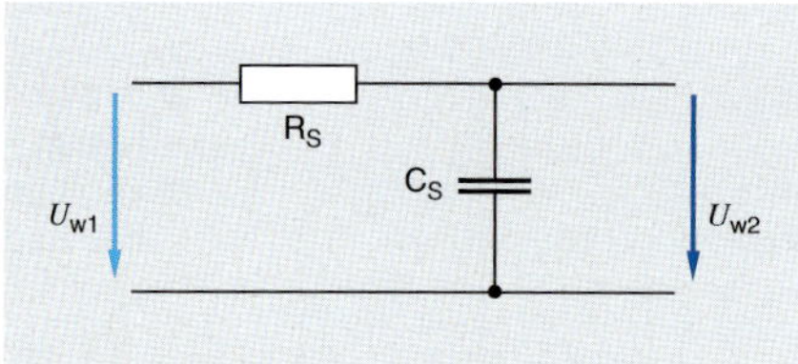	$s = \frac{U_{w1}}{U_{w2}}$ $s = \frac{\sqrt{R_S^2 + X_{CS}^2}}{X_{CS}}$ $s \approx \frac{R_S}{X_{CS}} = R_S \cdot 2\pi f_p C_s$ s Siebfaktor U_{w1}; U_{w2} Wechselspannungsanteile f_p Pulsfrequenz
LC-Siebung	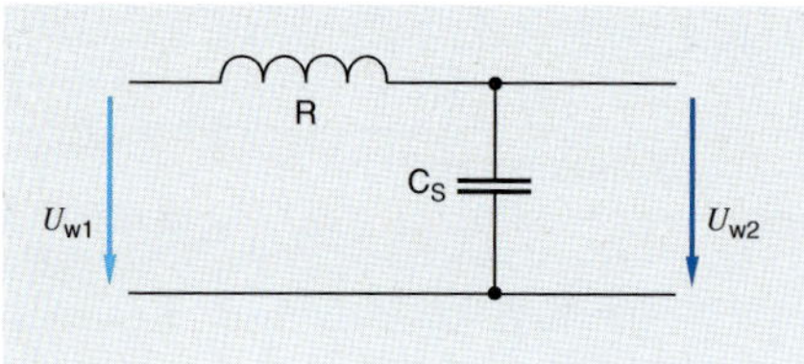	$s = \frac{X_L - X_C}{X_C}$ $s \approx \frac{X_L}{X_C} = (2\pi f_p)^2 \cdot L_S C_S$ R mit Induktivität L

4.9.4 Stabilisierungsschaltungen

Stabilisierung mit Z-Diode

Schaltung	Arbeitsbereich
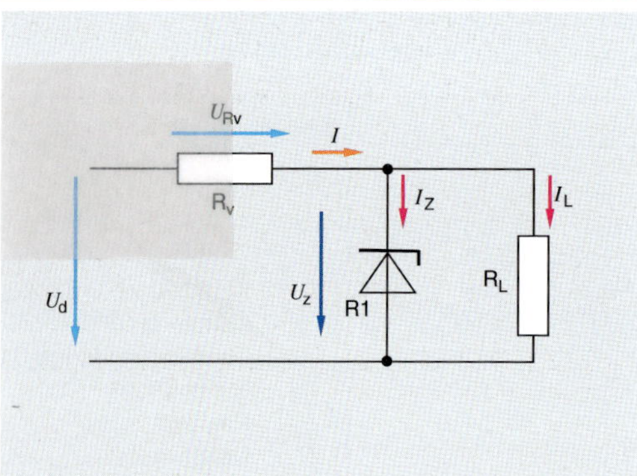	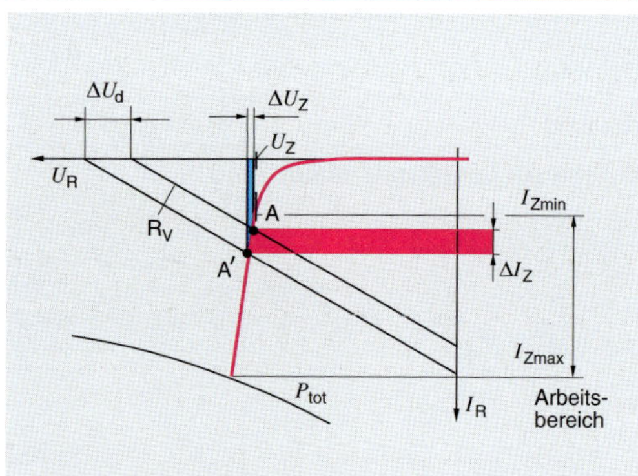
R_V-Berechnung allgemein: $R_V = \frac{U_d - U_Z}{I_Z + I_L}$ minimaler R_V: $R_{V\,min} = \frac{U_{d\,max} - U_Z}{I_{Z\,max} + I_{L\,min}}$ maximaler R_V: $R_{V\,max} = \frac{U_{d\,min} - U_Z}{I_{Z\,min} + I_{L\,max}}$	Definition des Arbeitsbereiches mit: $I_{Z\,max} = P_{tot} / U_Z$ $I_{Z\,min} = 0{,}1 \cdot I_{Z\,max}$ Stabilisierungsfaktor: $S = \frac{\Delta U_d \cdot U_Z}{\Delta U_Z \cdot U_d}$ Glättungsfaktor: $G = \frac{R_V}{r_Z} + 1$ oder $G \approx \frac{R_V}{r_Z}$ differenzieller Widerstand: $r_Z = \frac{\Delta U_Z}{\Delta I_Z}$

Stabilisierung mit Transistor

Konstantspannungsquelle	Konstantstromquelle
Schaltung 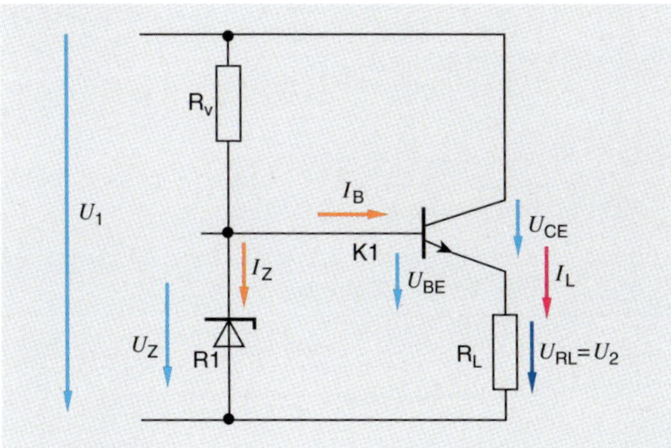 	Schaltung 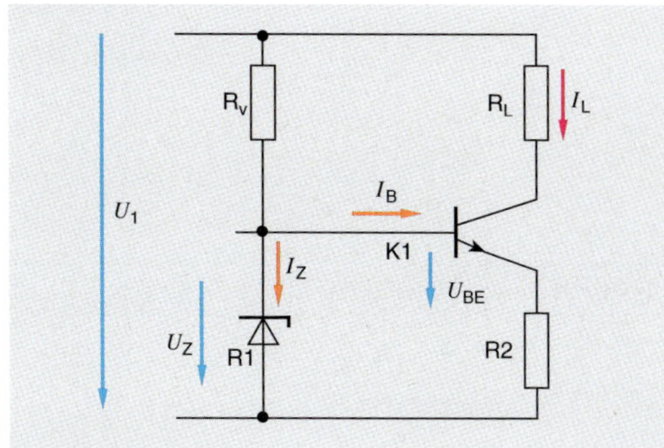
Erläuterung Konstanthalten von U_2 $U_Z \approx$ konstant $U_2 = U_Z - U_{BE}$ $U_2 = U_1 - U_{CE}$ $U_1\uparrow \rightarrow U_2\uparrow \rightarrow U_{BE}\downarrow \rightarrow I_B\downarrow \rightarrow I_L\downarrow \rightarrow U_{CE}\uparrow \rightarrow U_2\downarrow$	Erläuterung Konstanthalten von I_L $U_Z \approx$ konstant $I_L = \frac{U_Z - U_{BE}}{R_2}$

Stabilisierung mit Operationsverstärker

Schaltung	Erläuterung
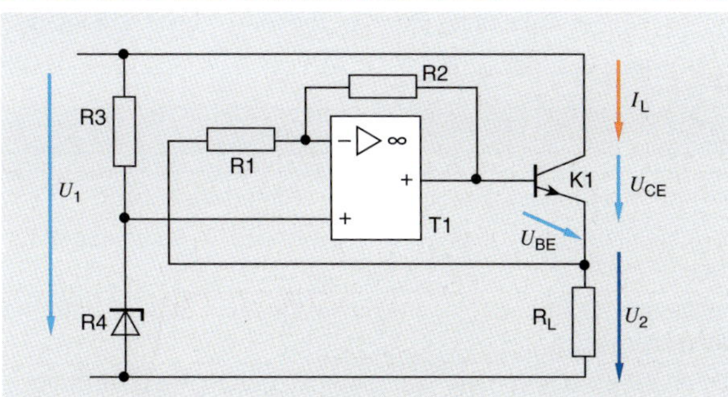 	Konstanthalten von U_2 R_L = konstant $U_Z \approx$ konstant $U_{2N} = U_{BE} + \underline{U_2}$ $U_1\uparrow \rightarrow U_2\uparrow \rightarrow U_{BE}\downarrow\downarrow \rightarrow I_L\downarrow \rightarrow U_{CE}\uparrow \rightarrow U_2\downarrow$

4.9.5 Schaltnetzteile

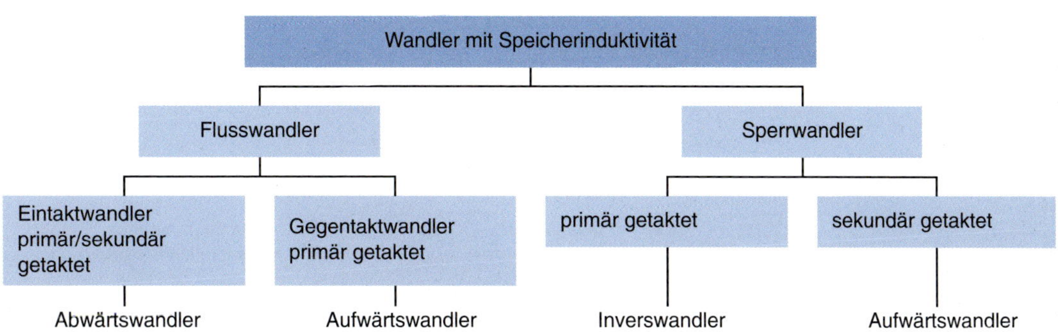

Grundstruktur von Schaltnetzteilen

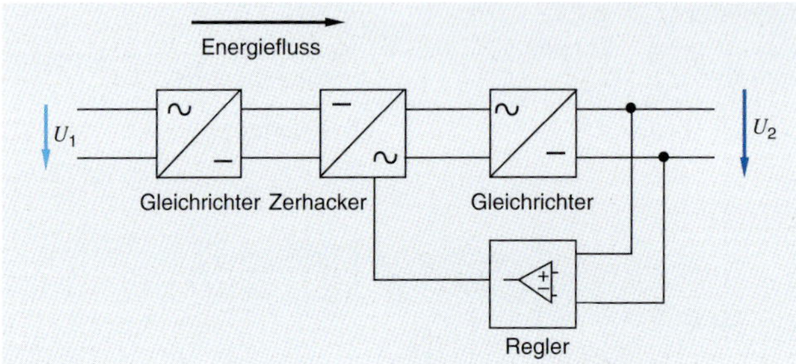

Flusswandler-Abwärtswandler	Sperrwandler-Aufwärtswandler
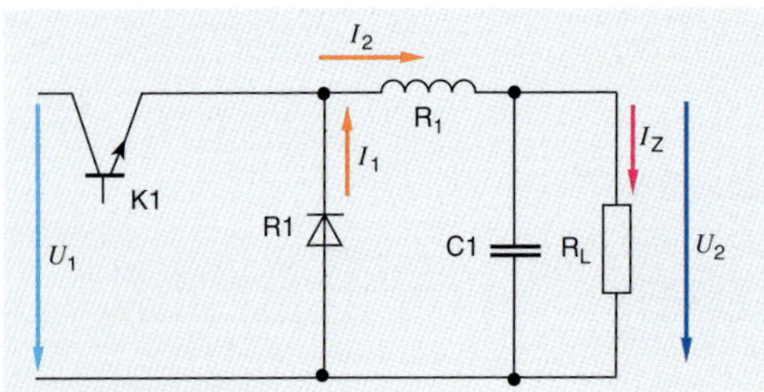	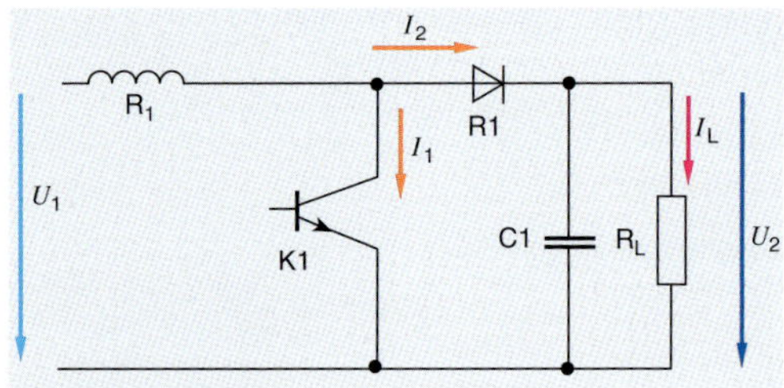
R_1 mit Induktivität L ■ Einschaltphase (Transistor leitend) – Energie wird in der Drossel L1 und im Kondensator C1 gespeichert – Diode R1 sperrt ■ Ausschaltphase (Transistor ist nicht leitend) – gespeicherte Energie der Drossel L1 wird über die Diode R1 in den Kondensator umgeladen – Stromfluss wird aufrechterhalten	R_1 mit Induktivität L ■ Einschaltphase (Transistor leitend) – Energie wird in der Drossel L1 gespeichert – Diode R1 sperrt ■ Ausschaltphase (Transistor ist nicht leitend) – gespeicherte Energie der Drossel L1 wird über die Diode R1 in den Kondensator umgeladen – Spannung über der Drossel L1 und die Eingangspannung addieren sich

Normen

DIN IEC 60971	Halbleiter-Stromrichter – Kennzeichnungssystem für Stromrichterschaltungen
DIN VDE 0558-1 (VDE 0558 - Teil 1)	Halbleiter-Stromrichter, Allgemeine Bestimmungen und besondere Bestimmungen für netzgeführte Stromrichter
DIN EN 60146-1-1 (VDE 0558 - Teil 11)	Halbleiter-Stromrichter, Allgemeine Anforderungen und netzgeführte Stromrichter – Festlegung der Grundanforderungen
DIN EN 60146-1-1/A1	Halbleiter-Stromrichter, Allgemeine Anforderungen und netzgeführte Stromrichter – Festlegung der Grundanforderungen, Änderung A1
DIN EN 60146-2	Halbleiter-Stromrichter, Selbstgeführte Halbleiter-Stromrichter einschließlich Gleichstrom-Direktumrichter
DIN EN 60146-1-3	Halbleiter Stromrichter, Allgemeine Anforderungen und netzgeführte Stromrichter – Transformatoren und Drosselspulen
DIN 41751	Stromrichter; Halbleiter-Stromrichtersätze und -Stromrichtergeräte, Kühlarten
DIN 41752	Stromrichter; Halbleiter-Stromrichtersätze; Leistungskennzeichen
DIN 41756-1	Stromrichter; Belastung von Stromrichtern, Betriebsarten und Belastungsklassen
DIN 41756-2	Stromrichter; Belastung von Stromrichtern, Lastarten bei Gleichstrom
DIN 41762-2	Stromrichter; Leistungskennzeichen für Halbleiter-Stromrichtersätze, Einkristallhalbleiter-Stromrichtersätze
DIN 41745	Stabilisierte Stromversorgungsgeräte; Begriffe
DIN IEC 60748-3-1	Halbleiterbauelemente; Integrierte Schaltungen, Teil 3: Integrierte Analogschaltungen; Hauptabschnitt 1: Vordruck für Bauartspezifikationen für monolithisch integrierte Operationsverstärker
DIN EN 50178 (VDE 0160)	Gleichrichterschaltungen in elektronischen Betriebsmitteln

4.10 Steuerungs- und Regelungstechnik

Automatisierungstechnik

4.10.1 Erfassen von Prozessgrößen

Seite 376

- Erfassen nicht elektrischer Prozessgrößen
- Messschaltungen
- Digitale Messtechnik

4.10.2 Steuern technischer Prozesse

Seite 383

- Steuerketten
- Binäre Steuerungen
- SPS-Programmierung

4.10.3 Regeln technischer Prozesse

Seite 400

- Regelkreise
- Reglerarten
- Optimierung von Regelungen

Begriffe

Strecke	Teil eines Systems, welches aufgabengemäß zu beeinflussen ist.
Einrichtung	Teil des Systems, welches die aufgabengemäße Beeinflussung der Strecke bewirkt.
Messeinrichtung	Gesamtheit aller Funktionseinheiten, die Messgrößen aufnehmen, anpassen und ausgeben.
Eingangsgröße	Größe, die auf ein System einwirkt, ohne von diesem selbst beeinflusst zu werden.
Ausgangsgröße	Größe eines Systems, die nur von diesem und dessen Eingangsgrößen beeinflusst wird.
Aufgabengröße	Größe, die zu beeinflussen Aufgabe der Steuerung oder Regelung ist.
Störgröße	Von außen einwirkende Größe, die Aufgabengrößen unerwünscht beeinflusst.
Rückführungsgröße	Größe, die aus der Messung einer Aufgabengröße hervorgeht und der Einrichtung als Eingangsgröße zur Verfügung steht.
Führungsgröße	Größe, die von außen der Steuerung oder Regelung zugeführt wird und der die Aufgabengröße in vorgegebener Abhängigkeit folgen soll.
Regeldifferenz	Differenz zwischen Führungsgröße und Rückführgröße
Regler	Funktionseinheit zur Ermittlung der Regeldifferenz und Bildung der Stellgröße
Stelleinrichtung	Funktionseinheit aus Stellantrieb und Stellglied
Stellgröße	Ausgangsgröße der Steuer- bzw. Regeleinrichtung und Eingangsgröße der Strecke
Festwertregelung	Regelung mit konstanter Führungsgröße
Folgeregelung	Regelgröße folgt einer von außen vorgegebenen veränderlichen Größe.
Zeitplanregelung	Führungsgröße wird von einem Zeitplan vorgegeben.
digitale Regelung	Ermittlung der Regeldifferenz und Berechnung der Stellgröße durch einen Mikrorechner
SPS	Speicherprogrammierbare Steuerung (oder Regelung)
Code	Regeln zur Umwandlung eines Zeichenvorrates in einen anderen Zeichenvorrat nach bestimmten Regeln

4.10.1 Erfassen nicht elektrischer Größen

Die meisten Messgrößen in automatisierten Systemen sind nicht elelektrischer Natur. Um die Vorteile einer elektrischen Übertragung und Weiterverarbeitung nutzen zu können, wird man meistens bestrebt sein, die nicht elektrische Größe auf einen elektrischen Signalträger abzubilden.

Temperaturmessungen

- Temperaturmessungen sind die häufigsten Messungen in automatisierten Anlagen. Wichtige Messverfahren sind genormt.
- Die Temperatur, gemessen in Kelvin, ist ein Maß für den Wärmezustand eines Stoffes.
- Ein Kelvin ist der 273,16te Teil vom Tripelpunkt des Wassers.
- Der Unterschied zwischen Gefrier- und Siedepunkt des Wassers beträgt unter Normaldruck 100 Kelvin.

Temperaturmessungen mit Thermoelementen

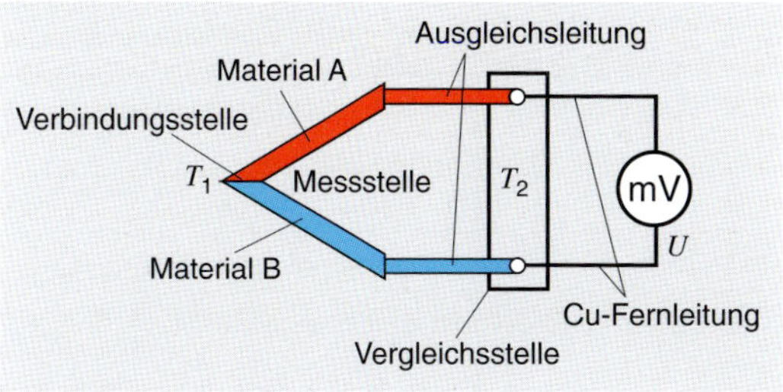

- Zwei Drähte aus den Leiterwerkstoffen A und B sind an einem Ende miteinander verbunden (Löt-, Schweiß- oder Quetschverbindung). Von den freien Enden führt die Ausgleichsleitung zur Vergleichsstelle.
- Die Verbindungsstelle hat die Messtemperatur T_1, die Vergleichsstelle die Temperatur T_2.
- Die Thermospannung U ist abhängig von der Temperaturdifferenz $T_1 - T_2$ und von den Werkstoffen A und B.

Empfindlichkeit von Thermopaaren

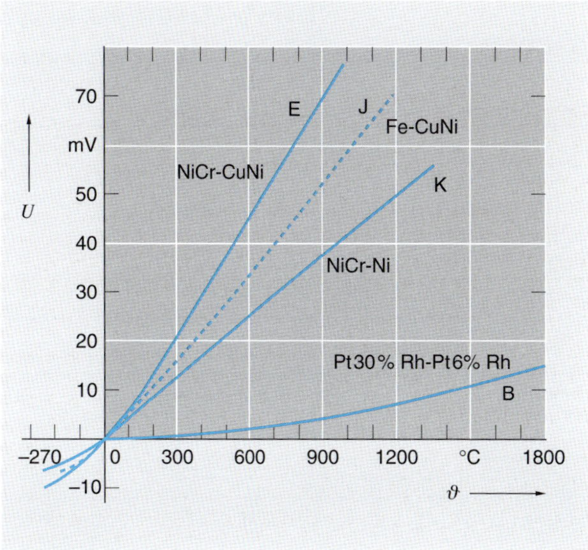

Bauform (Beispiel)

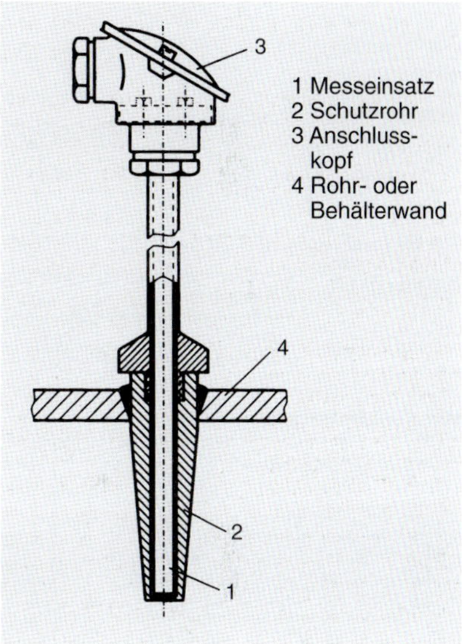

Genauigkeit

Klasse	1	2	3
Typ E, J, K	1,5 K oder 0,004 · Messwert	2,5 K oder 0,0075 · Messwert	2,5 K oder 0,015 · Messwert
Typ B		1,5 K oder 0,0025 · Messwert	4 K oder 0,005 · Messwert

Es gilt jeweils der höhere Wert der Grenzabweichung.

Vergleichsstelle: Stelle mit bekannter Temperatur T_2 zur Ermittlung der Messtemperatur aus der Thermospannung. Sie wird für genaue Messungen durch einen Thermostat auf 60 °C gehalten.
Ausgleichsleitung: Sie wird aus ähnlichen Materialien wie das Thermoelement, aber mit geringerem Aufwand, hergestellt. Sie verhindern, dass an der Verbindungsstelle im Anschlusskopf weitere Thermospannungen entstehen.

Temperaturmessung mit Metall-Widerstandsthermometer

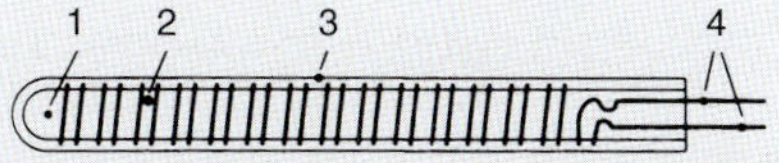

Platinmesswiderstand
1 Glaskörper
2 bifilar gewickelter Platindraht
3 Glasüberzug
4 Anschlussdrähte

Der Widerstandswert eines metallischen Leiters hängt von der Temperatur ab. Wird die Temperatur in Grad Celsius gemessen und als Bezugstemperatur 0° C gewählt, dann ergibt sich der Widerstand nach folgender Gleichung:

$$R_W = R_0\,(1 + \alpha\Delta\vartheta)$$

Aus dem gemessenen Widerstand ergibt sich die gemessene Temperatur zu

$$\Delta\vartheta = \frac{R_W - R_0}{\alpha \cdot R_0}$$

Kennlinie des PT- und Ni-Messwiderstandes

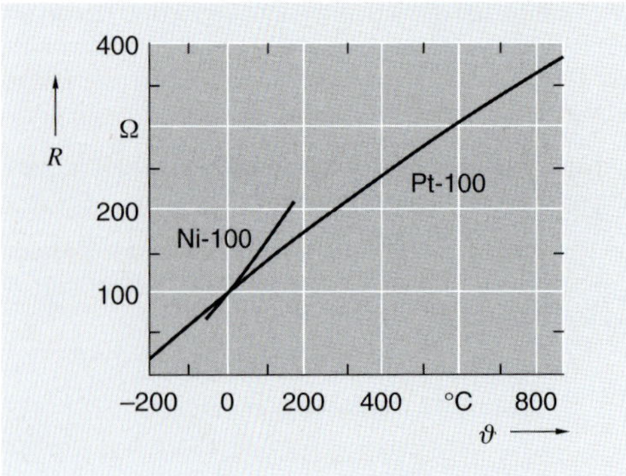

Mögliche Bauform

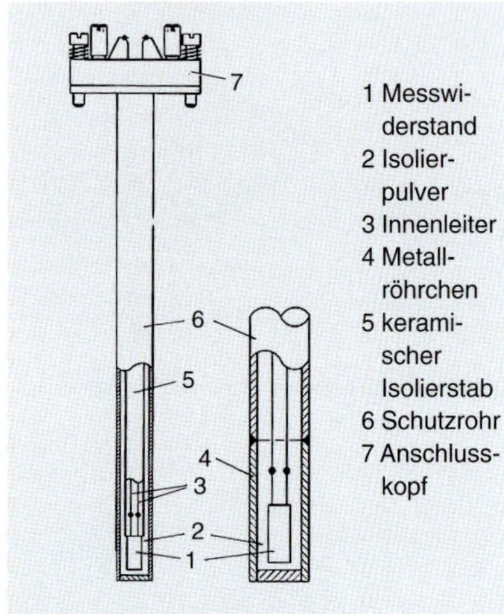

Die Bezeichnung Pt-100 ergibt sich aus dem Material Platin und dem Bezugswiderstand 100 Ω bei 0 °C

Genauigkeit

Klasse	A	B
Pt-100	0,15 K oder 0,002 · Messwert	0,3 K oder 0,005 · Messwert

Messschaltungen

Zweileiterschaltung

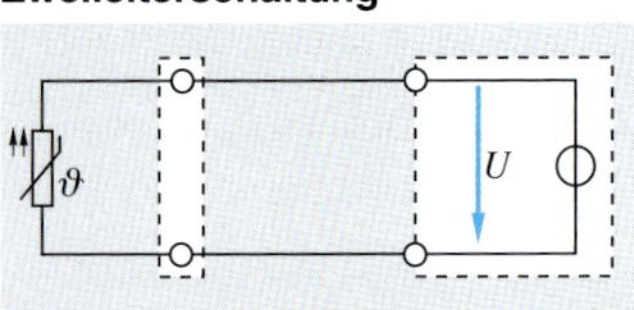

Einfachste Messschaltung; der Leitungswiderstand beeinflusst den Messwert. Leitungsabgleich (meist 10 Ω) erforderlich. Wegen Temperatureinfluss auf der Messleitung nur für geringe Genauigkeit geeignet.

Dreileiterschaltung

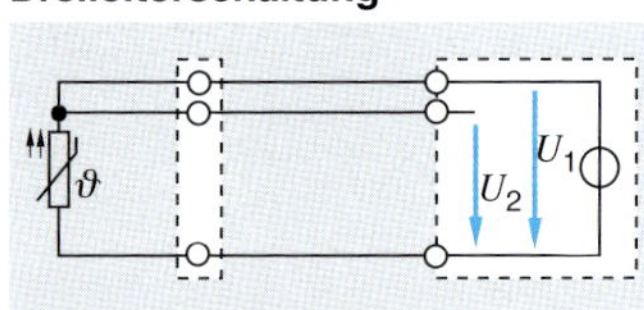

Die dritte Messleitung bildet einen zweiten Messkreis. Dadurch ist bei gleichen Widerstandswerten der Leitungen kein Abgleich erforderlich. Der Leitungswiderstand wird im Messgerät kompensiert.

Vierleiterschaltung

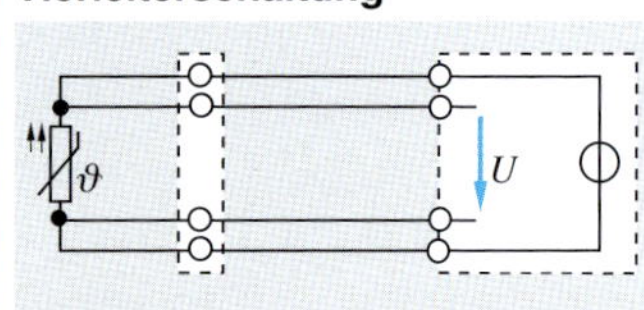

Hier werden die Leitungswiderstände selbst dann kompensiert, wenn sie unterschiedlich groß sind. Der Spannungsfall über dem Messwiderstand wird hochohmig abgegriffen. Das ergibt eine besonders hohe Messgenauigkeit

Temperaturmessungen mit Heiß- und Kaltleitern

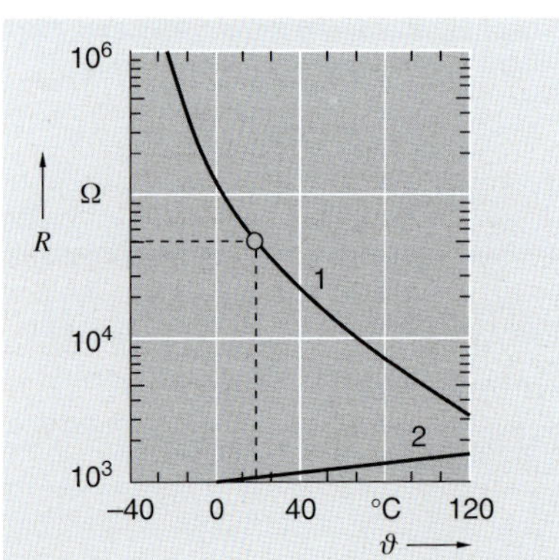

Eigenschaften:
- hohe Empfindlichkeit
- größere Nichtlinearität als beim Metallwiderstand
- hoher Widerstand erfordert keinen Abgleich der Zuleitungen
- größere Herstellungstoleranzen
- geringere Langzeitstabilität

Widerstandsverlauf eines Heißleiters (NTC-Widerstand)
1 Heißleiter mit Nennwiderstand 50 kΩ bei 20 °C
2 zum Vergleich Verlauf bei einem Pt-100

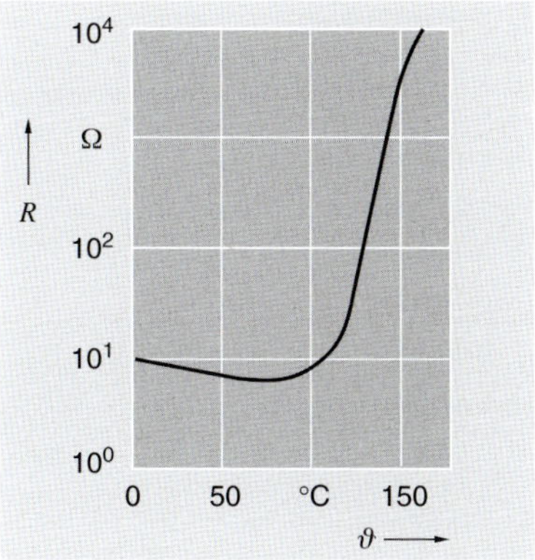

Widerstandsverlauf eines Kaltleiters
(PTC-Widerstand)

Eigenschaften:
- sehr hohe Temperaturempfindlichkeit
- große Streuung der Materialkonstanten
- für einfache Überwachungsaufgaben geeignet

Pyrometrische Temperaturmessungen

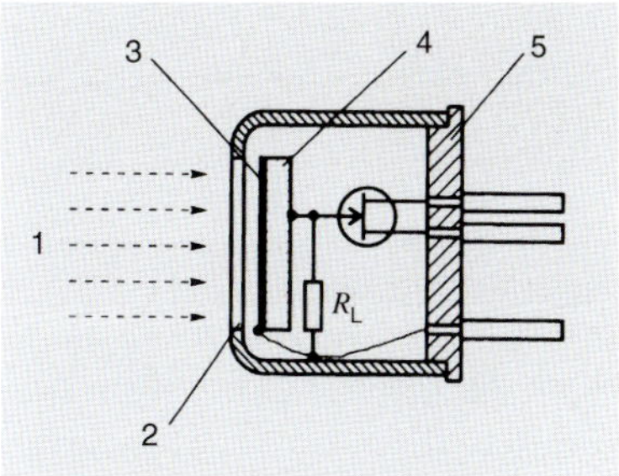

Pyroelektrischer Infrarotsensor
1 Infrarotstrahlung
2 strahlungsdurchlässiges Fenster
3 Absorber
4 pyroelektrisches Material
5 Gehäuse

Dieser Sensor wird zur berührungslosen Messung einer Wärmestrahlung eingesetzt. Durch die Wärmestrahlung des Messobjektes wird ein etwa 30 µm dickes Plättchen aus $LiTaO_3$ erwärmt und liefert bei einer Temperaturänderung von 1 K die Spannung 15 V.
Da dieser Sensor nur auf Temperaturänderungen reagiert, wird bei Objekten, die ihre Temperatur nur langsam ändern, ein Modulator vorgeschaltet, der fortlaufend zwischen der Messstrahlung und einer Vergleichsstrahlung umschaltet.

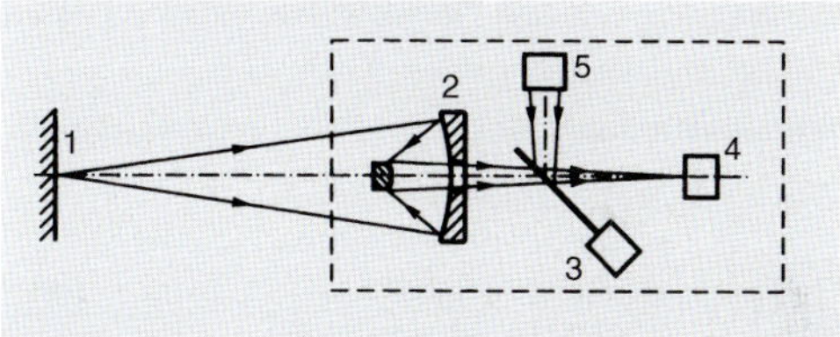

1 Messobjekt
2 Optik
3 Modulator
4 Strahlungssensor
5 Vergleichsstrahler

Vergleich mit berührenden Messverfahren:
- keine Verfälschung desTemperaturfeldes
- Sehr hohe Objekttemperaturen (ab 1500 °C) können nur berührungslos gemessen werden.
- kürzere Reaktionszeiten
- Messungen an bewegten oder schwer zugänglichen Objekten
- höherer Preis
- geringere Genauigkeit

Drehzahlmessungen

Drehzahlen werden in der Antriebstechnik überwiegend berührungslos erfasst.
Die Drehzahl ist die Anzahl der Umdrehungen eines Objektes pro Zeiteinheit. Die Maßeinheit ist daraus abgeleitet und wird in meist in min^{-1} angegeben.

optische Drehimpulsgeber

Die Scheibe wird auf einer rotierenden Messwelle befestigt. Die an den Sektoren reflektierten Strahlungsanteile einer Lichtquelle werden von Fotodioden erfasst. Die Signalfrequenz ist proportional zum Produkt aus Drehzahl und Anzahl der Markierungen.
- genaues Verfahren im Bereich bis 12 000 min^{-1}
- für Positionierantriebe oder in sicherheitsrelevanten Anlagen

induktiver Impulsgeber

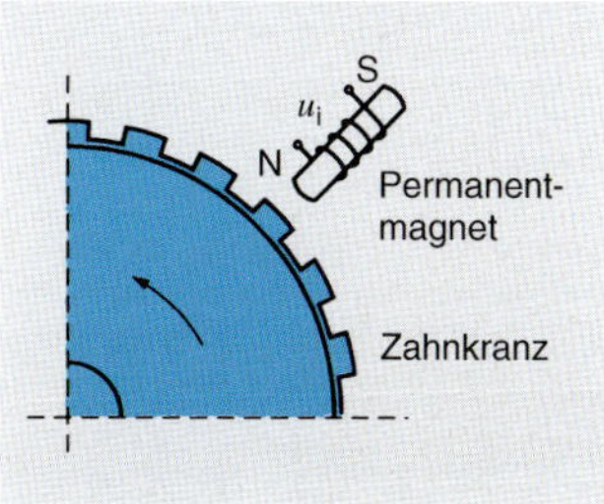

- Zahnräder können als Geber genutzt werden
- robustes Verfahren
- Einsatz u. a. in Fahrzeugtechnik für Antiblockiersysteme

Tachogeneratoren

Ausführung als permanent erregte
- Gleichstromgeneratoren: Klemmenspannung ist drehzahlabhängig.
- Synchrongeneratoren: Frequenz und Amplitude sind drehzahlabhängig.

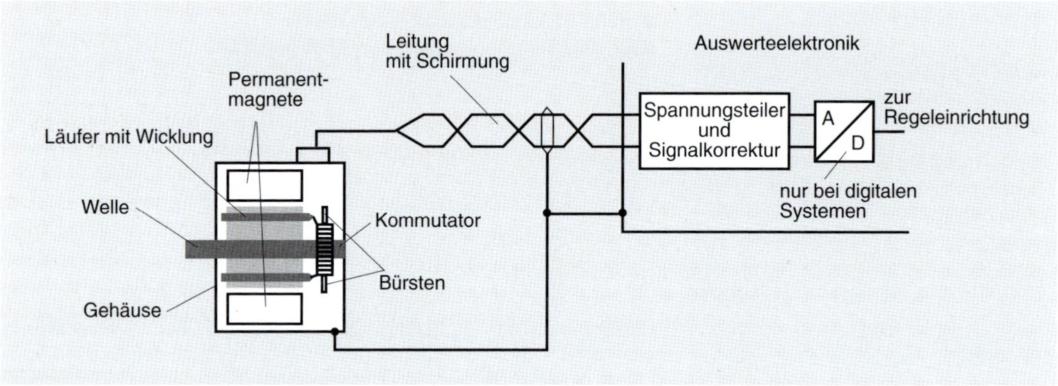

Messen von Kräften

Kräfte wirken an Anlagenteilen als Beschleunigungskräfte, Gewichtskräfte, Feder- und Reibungskräfte. Sie werden in Newton (N) gemessen. Wenn sie auf eine Fläche wirken, üben sie einen Druck aus. Sie können Körper verformen.

Messungen mit Dehnmessstreifen (DMS)

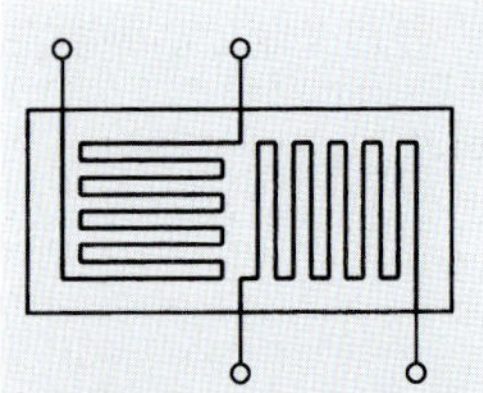
Foliendehnmessstreifen

- Kraft-, Druck oder Belastungsänderungen führen zu Verformung und Widerstandsänderung an den mäanderförmigen Leiterbahnen.
- Widerstandswerte für Metallfolien-DMS liegen zwischen 120 Ω und 1 kΩ.
- Halbleiter-DMS besitzen größere Messempfindlichkeit, sind aber stark temperaturabhängig.

Messung mit piezoelektrischem Kraftaufnehmer

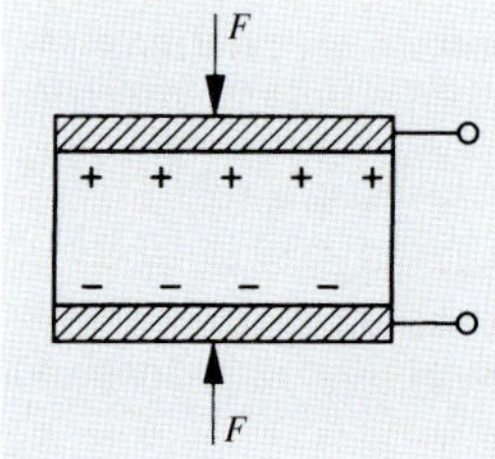

- Kraftänderungen führen zu Ladungsverschiebungen im elektrisch polarisierten Kristall.
- Die dadurch entstehende Spannung ist zur Krafteinwirkung proportional.
- Piezoelektrische Sensoren sind zur Erfassung schnell wechselnder Kräfte geeignet.

Winkel- und Wegmessungen

analoger Winkelgeber (Widerstandsgeber)	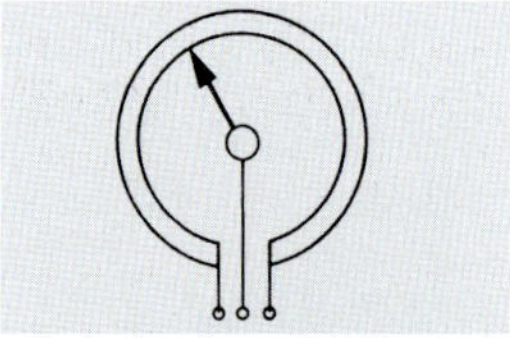	■ Winkeländerung bewirkt Widerstandsänderung und Änderung des Spannungsfalls. ■ Nutzwinkel bis 355°
analoger Weggeber (induktiver Geber)	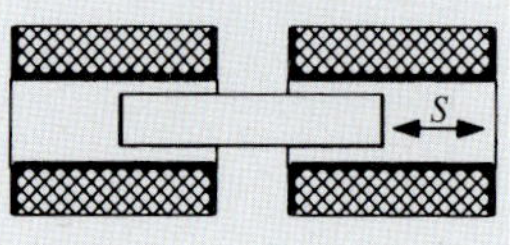	■ Durch Eintauchen eines Weicheisenkerns erhöht sich die Induktivität der Spule. ■ Durch Anwendung des Differenzialprinzips Erhöhung der Empfindlichkeit und Linearität ■ Auswertung durch Brückenschaltung

inkrementaler Winkelgeber	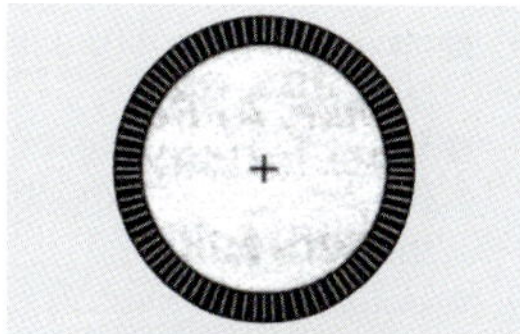	■ Der Messweg ist in gleich große, abzählbare Intervalle zerlegt. ■ Die Auflösung wird durch die Breite der Intervalle bestimmt. ■ Bei Beginn der Messung muss ein Bezugspunkt festgelegt werden.
dualcodierter Winkelgeber		■ Für jeden Winkel existiert ein eindeutig codiertes digitales Signal. ■ Abtastorgane in V- oder U-Anordnung, um Fehler bei gleichzeitiger Änderung mehrerer Bits zu vermeiden. ■ Die Abtastung kann optisch, bei geeignetem Material auch magnetisch erfolgen.
Längenmessung mit Gray-Codierung	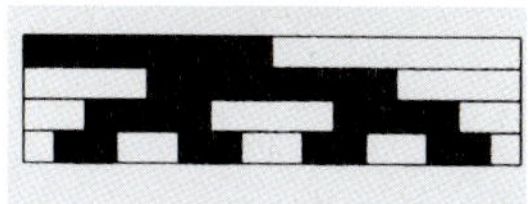	■ Der einschrittige Code vermeidet Abtastfehler bei Bitwechsel. ■ Codewandlung erforderlich, da in den Spuren keine Stellenwertigkeit vorhanden ist.

Lichtstärkemessungen

Einsatz für Beleuchtungsmesser, Belichtungsmesser, Reflexionsmesser und Trübungsmesser

Fotowiderstände

- Bauelemente aus halbleitendem Material
- Erzeugung von Ladungsträgern in Abhängigkeit von auftreffender Lichtstrahlung
- Empfindlichkeit von Wellenlänge abhängig
- empfindlich gegen Verschmutzung und thermische Überlastung
- träges Reagieren
- unterliegen Alterungseffekten
- nur für geringe Anforderungen bei niedrigen Grenzfrequenzen

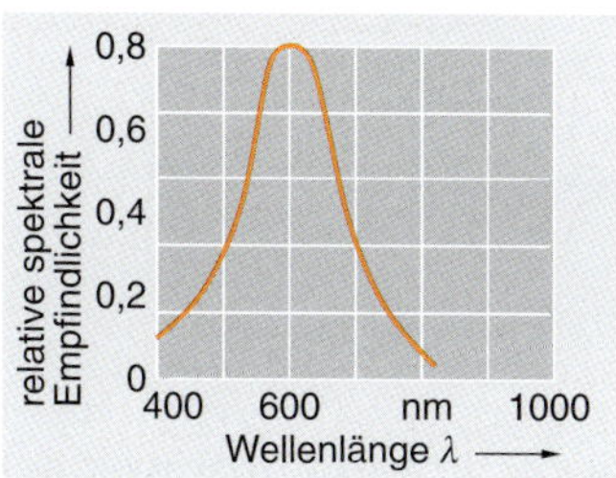

Fotodioden

- Ausnutzung des Fotoeffekts der Sperrschicht
- Sperrstrom proportional zur Beleuchtungsstärke
- Grenzfrequenz im MHz-Bereich
- einsetzbar Sperrbetrieb oder als Fotoelement
- kaum Alterungseffekte

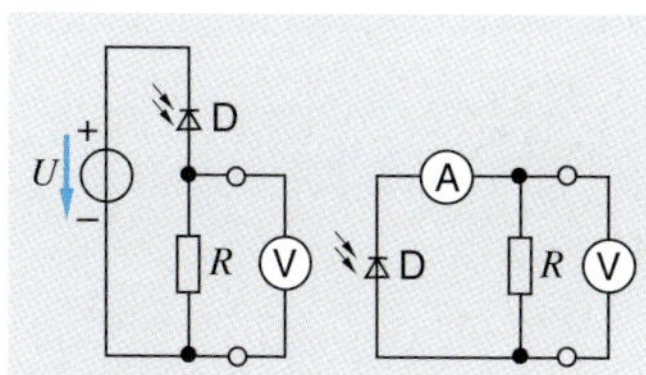

Fotodiode im Sperr- und Durchlassbetrieb

Fototransistoren

- Lichteinfall erhöht den Sperrstrom der Kollektor-Basis-Strecke
- Steuerung des Kollektorstromes
- durch Verstärkungseffekt empfindlicher als Fotodiode
- starke Nichtlinearität, ungünstiges dynamisches Verhalten
- nicht für Präzisionsmessungen geeignet

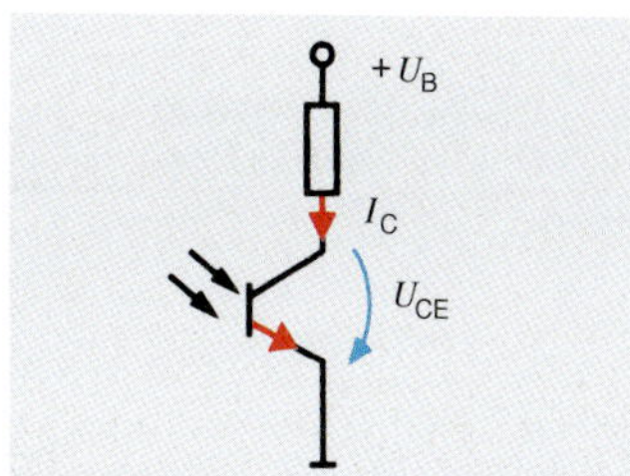

Sensoren zur Positionserfassung

Induktive Näherungsschalter

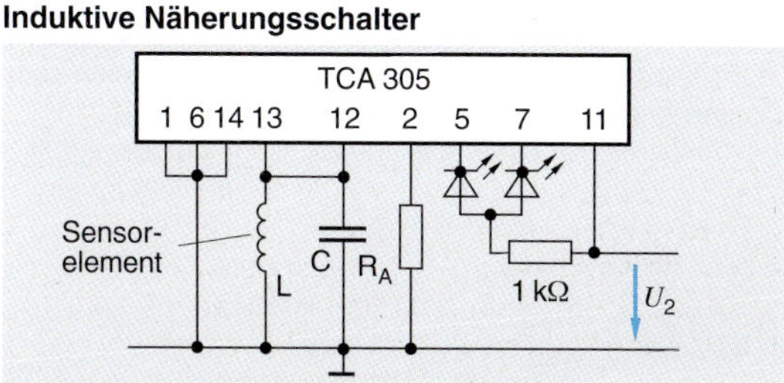

- Auslösung der Schaltfunktion durch Schwingkreisverstimmung bei Annäherung eines ferromagnetischen Metallteiles
- Einsatz für Förderanlagen, Handhabungsautomaten und programmierbare Steuerungen
- Schwankungen des Schaltabstandes von ±10 % zulässig

Lichtschranken

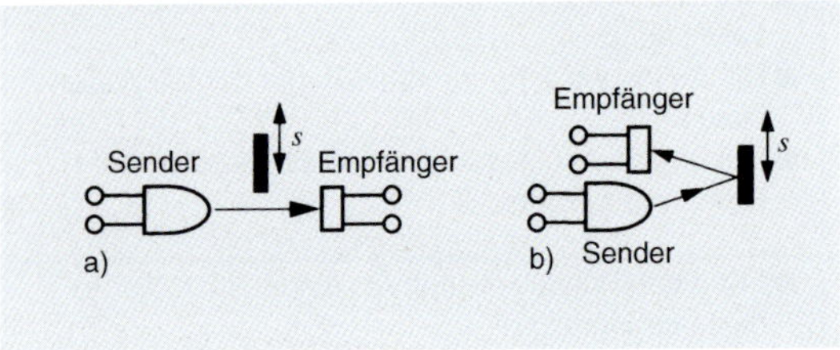

- am weitesten verbreitete Sensoren zur Positionserfassung
- Sendebauelemente meist Leuchtdioden
- Empfangsbauelemente sind Fotodioden oder Fototransistoren
- Unterdrückung von Fremdeinstrahlung durch Modulation oder Pulsbetrieb
- Einsatz als Einweglichtschranke (a) oder Reflexlichtschranke (b)

Messbrücken

Zur Erfassung der sich ändernden Parameter der Sensoren werden Messbrücken verwendet.

- Wheatstone-Messbrücke
- Thomson-Messbrücke
- Wien-Messbrücke
- Maxwell-Messbrücke

Vergleiche dazu Kapitel 4.3 Messverfahren und Messschaltungen (S. 100, 101).

Digitale Messtechnik

Digitalisierung der analogen Messwerte von Sensoren zur optimalen Weiterverarbeitung.

Vorteile digitaler Messtechnik:
- geringe Störanfälligkeit bei Übertragung und Verarbeitung
- einfache Anzeige und Speicherung der Messdaten
- kostengünstige Weiterverarbeitung mit PC
- leistungsfähige und preiswerte digitale Schaltkreise

Arbeitsweise eines digitalen Sensorsystems

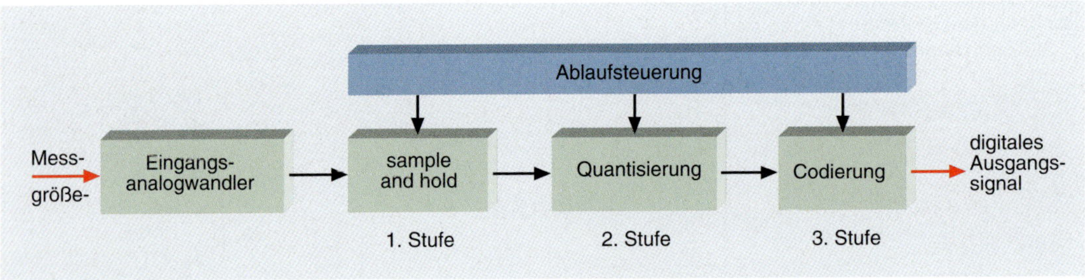

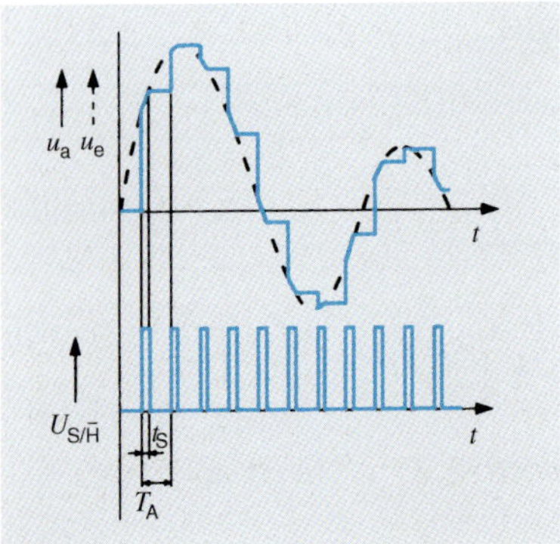

Der Eingangsanalogwandler bildet aus der Messgröße ein analoges elektrisches Signal.

In der
- Stufe 1 wird Messwert in der Zeit t_S abgetastet (sample) und für die Zeit T_A gehalten (hold),
- Stufe 2 wird der gespeicherte Wert einem endlichen Teilbereich vom Messbereich zugeordnet,
- Stufe 3 wird der Teilbereich in einen bestimmten Code umgewandelt.

A/D-Umsetzung

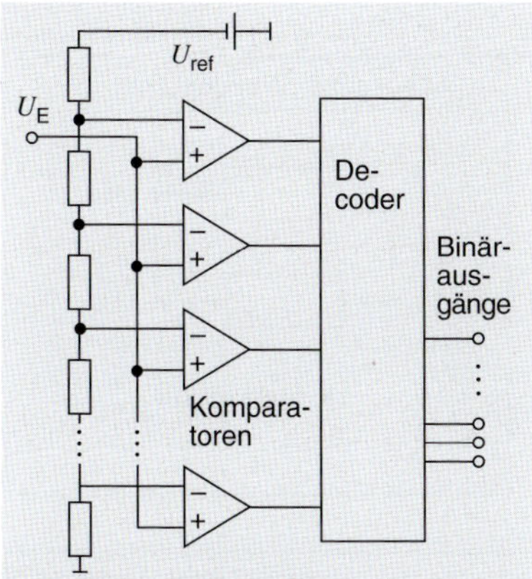

paralleler A/D-Umsetzer

Die umzusetzende Spannung wird unmittelbar mit verschiedenen Referenzspannungswerten verglichen.

- hohe Umsetzgeschwindigkeit
- geringe Auflösung

Abtast- und Halteschaltung mit Operationsverstärkern

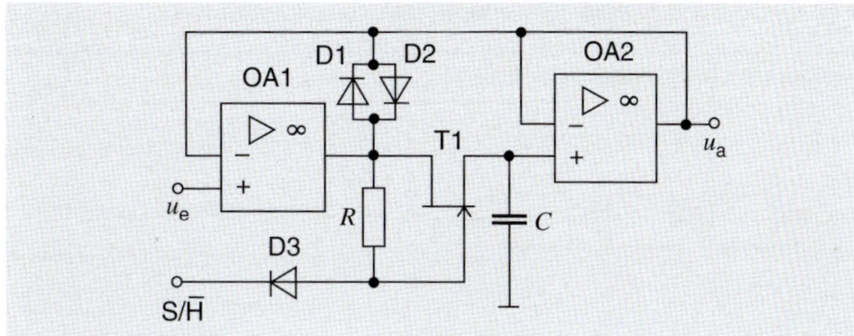

Zwischen zwei Abtastphasen (H-Pegel an S/H-Eingang) liegt jeweils eine Haltephase, in der eine Zwischenspeicherung des vorherigen Momentanwertes erfolgt.

Ein Integrator erzeugt eine Sägezahnspannung, welche den gesamten Messbereich durchläuft. Der Komparator vergleicht diese Spannung mit der Messspannung. Bis zum Erreichen der Messspannung werden die Impulse eines Taktgenerators gezählt.

- relativ langsame Abtastung
- Anwendung meist im Zwei-Rampen-Verfahren (Dual-Slope) zur Erhöhung der Umsetzgenauigkeit

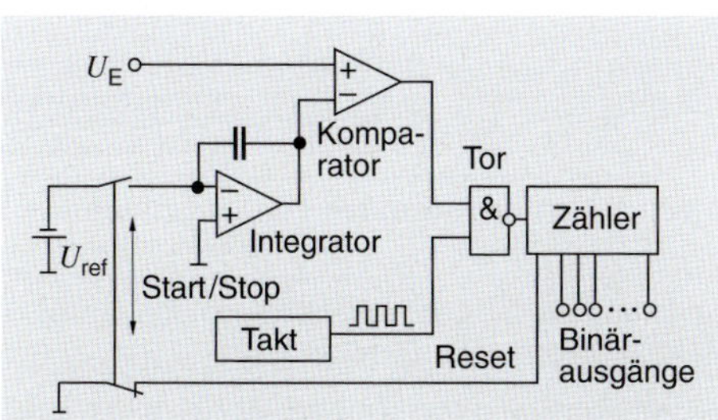

Rampen A/D-Umsetzer

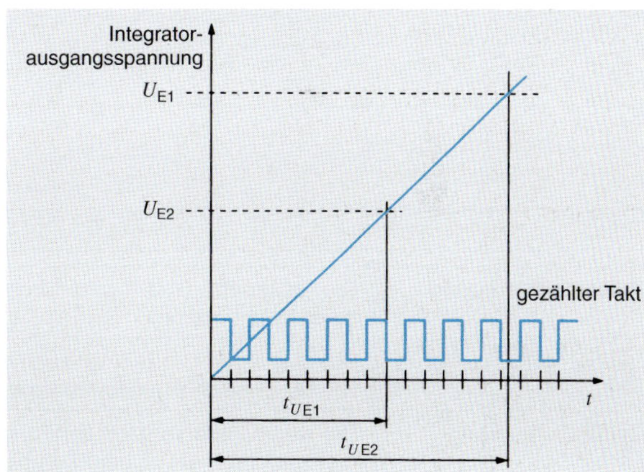

4.10.2 Steuern technischer Prozesse

Steuerung	Eine oder mehrere Eingangsgrößen beeinflussen aufgrund systemeigener Gesetzmäßigkeiten eine Ausgangsgröße. Der Wirkungsweg kann offen oder geschlossen sein, der Wirkungsablauf ist immer offen.
Wirkungsplan	Darstellung des Wirkungsweges mit genormten Elementen.

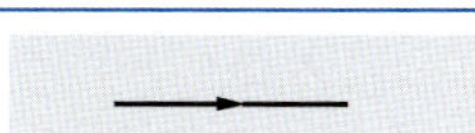 **Wirkungslinie**  analoge Größe binäre Größe	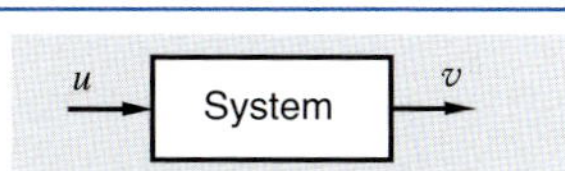 **Block** u = verursachende Größe(n) v = beeinflusste Größe	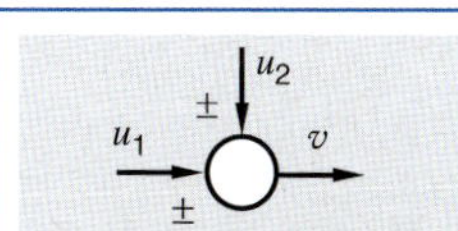 **Zusammenführung** $v = (\pm u_1) + (\pm u_2)$	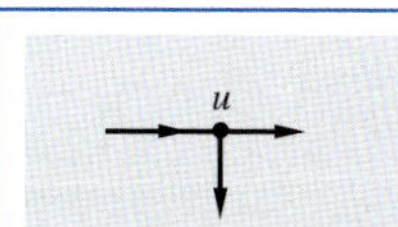 **Verzweigung**

Wirkungswege	Wirkungswege ergeben sich aus der Struktur der in einem System gekoppelten Elemente und Teilsysteme.

offene Wirkungswege		geschlossener Wirkungsweg
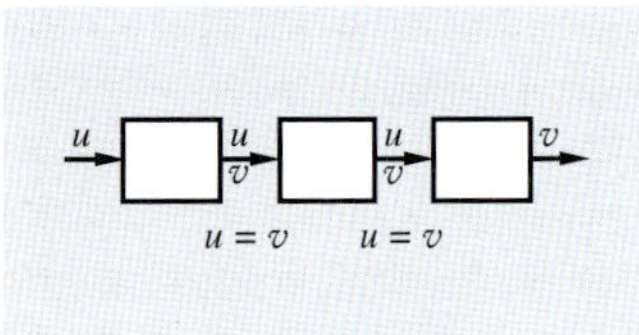 **Reihenstruktur** u = Eingangsgröße v = Ausgangsgröße	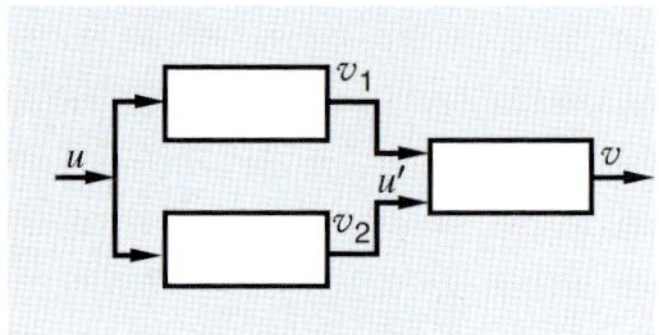 **Parallelstruktur**	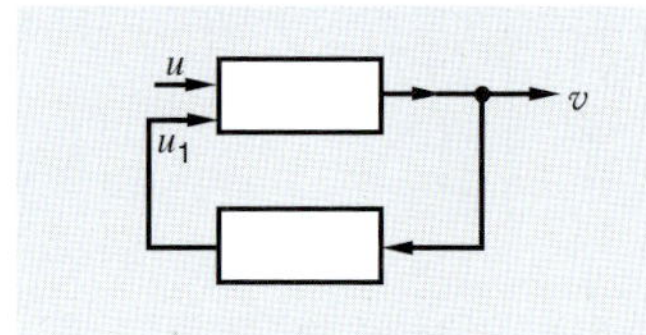 **Kreisstruktur**

Wirkungsabläufe	Wirkungsabläufe entstehen sich durch die Benutzung der in einem System vorhandenen Wirkungswege.

offene Wirkungsabläufe		geschlossener Wirkungsablauf
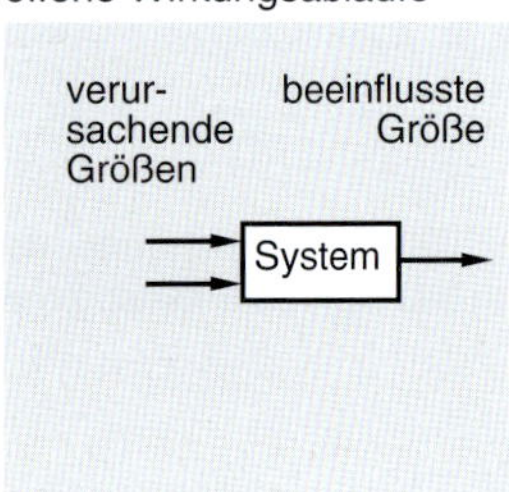	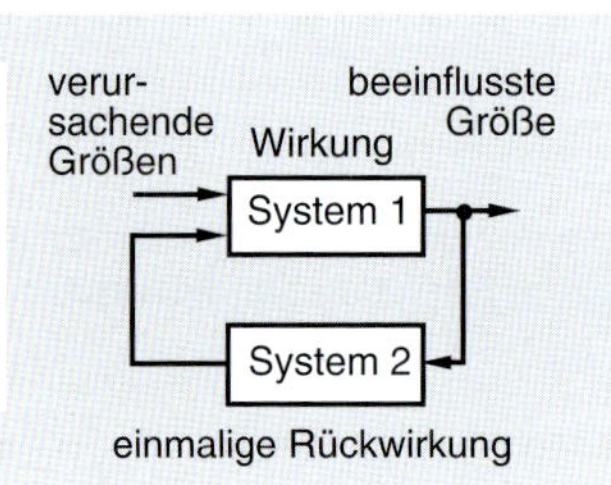	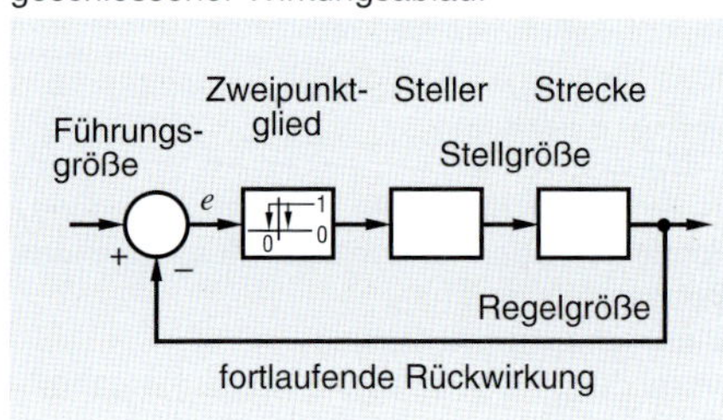

Steuerungsarten

Führungssteuerung	Die gesteuerte Größe wird durch die von außen einwirkenden Führungsgrößen in ihrem Wert bestimmt.
Verknüpfungssteuerung	Die gesteuerte Größe wird durch Verknüpfung der Eingangssignale nach den Gesetzen der boolschen Algebra beeinflusst.
Zeitplansteuerung	Die wertmäßige Vorgabe der Führungsgröße erfolgt durch eine Funktionseinheit, die den zeitlichen Verlauf der Führungsgröße vorgibt.
Wegsteuerung	Die gesteuerte Größe ist vom zurückgelegten Weg oder der Stellung eines beweglichen Teiles abhängig.
Ablaufsteuerung	Die Steuerung besitzt einen zwangsläufig schrittweisen Ablauf. Eine Zustandsänderung von einem Schritt zum nächsten ist von einer Weiterschaltbedingung abhängig.
Synchronsteuerung	Die Signalverarbeitung erfolgt synchron zu einem Taktsignal.
Asynchronsteuerung	Die Signalverarbeitung erfolgt taktunabhängig und wird nur durch die Führungsgrößen beeinflusst.
Verbindungs-programmierte Steuerung (VPS)	Bei dieser Steuerung liegt ein Programm vor, welches durch die drahtgebundene Verbindung der einzelnen Funktionseinheiten bestimmt wird. Hierzu gehören: ■ Schützsteuerungen, Relaissteuerungen ■ elektronische Steuerungen mit Digitalbausteinen ■ elektropneumatische Steuerungen
Speicherprogrammierte Steuerung (SPS)	Das Programm ist in einem Programmspeicher abgelegt. Die Baueinheiten und deren Verbindung untereinander werden für eine neue Funktion nicht verändert.

Logische Funktionen und ihre Darstellung

<table>
<tr><th>Bausteinbenennung und Funktionsgleichung</th><th>Funktionstabelle</th><th>Funktionsplan Symbolik gemäß DIN EN 60617-12</th><th>Funktionsdiagramm</th><th>Beispiel mit Kontakten</th></tr>
<tr><td>IDENTITÄT, JA
E1 = A1</td><td>E1 A1
0 0
1 1</td><td>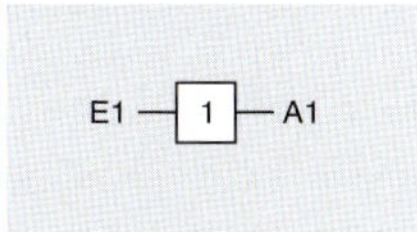</td><td>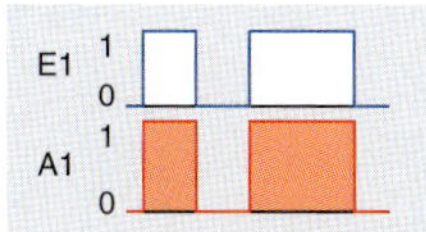</td><td>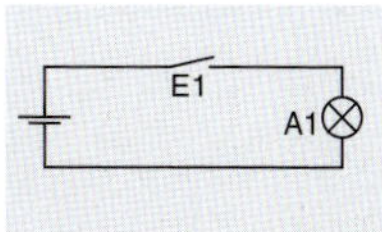</td></tr>
<tr><td>DISJUNKTION, ODER
$E2 \vee E3 = A2$</td><td>E2 E3 A2
0 0 0
0 1 1
1 0 1
1 1 1</td><td>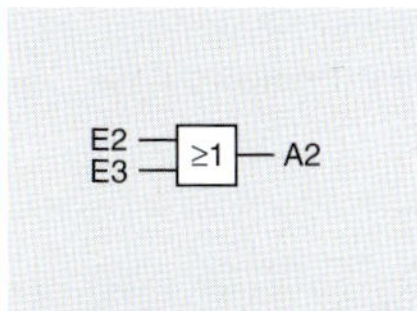</td><td>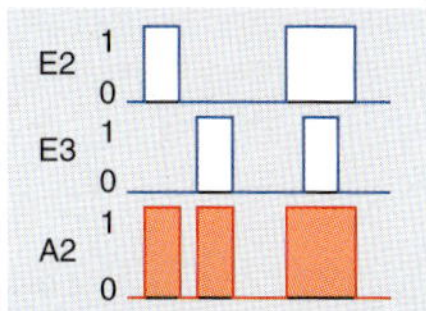</td><td>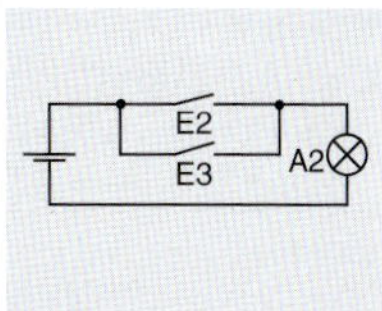</td></tr>
<tr><td>KONJUNKTION, UND
$E4 \wedge E5 = A3$</td><td>E4 E5 A3
0 0 0
0 1 0
1 0 0
1 1 1</td><td>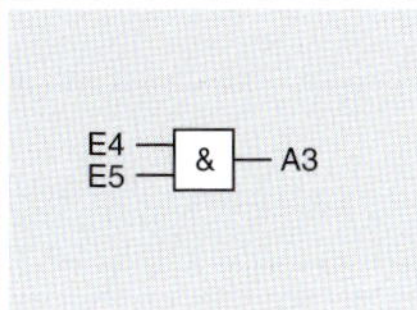</td><td>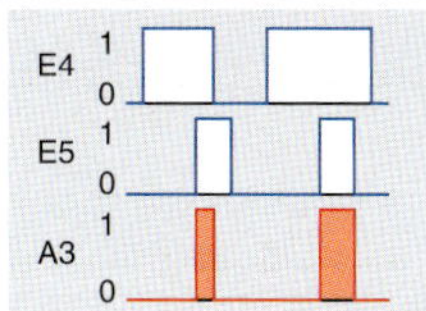</td><td>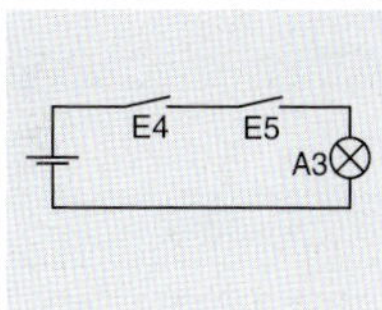</td></tr>
<tr><td>NEGATION, NICHT, NEIN
$E6 = \overline{A4}$
oder
$\overline{E6} = A4$</td><td>E6 A4
0 1
1 0</td><td>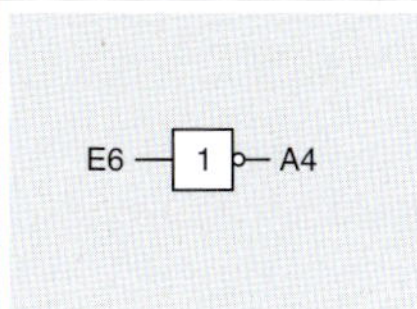</td><td>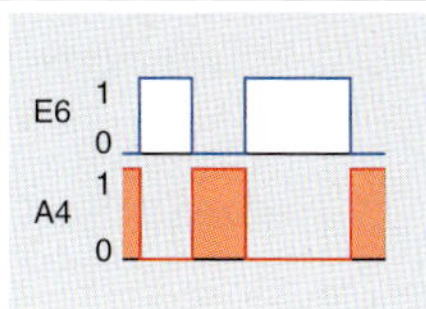</td><td>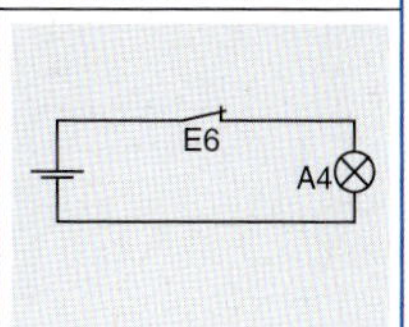</td></tr>
<tr><td>NOR, ODER-NICHT
$\overline{E7 \vee E8} = A5$</td><td>E7 E8 A5
0 0 1
0 1 0
1 0 0
1 1 0</td><td>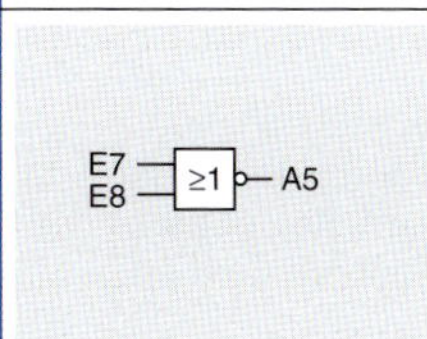</td><td>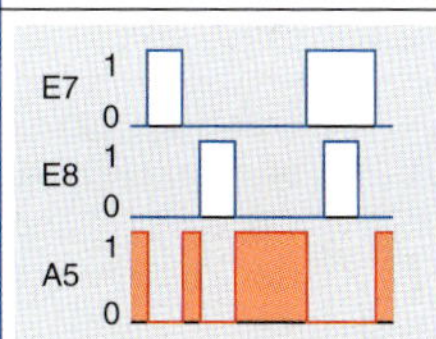</td><td>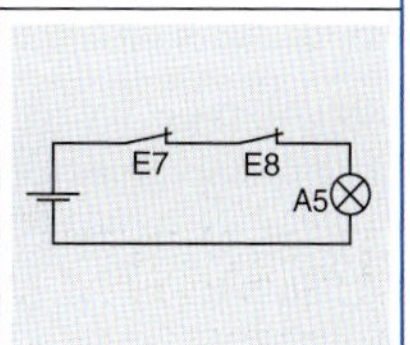</td></tr>
<tr><td>NAND, UND-NICHT
$\overline{E9 \wedge E10} = A6$</td><td>E9 E10 A6
0 0 1
0 1 1
1 0 1
1 1 0</td><td>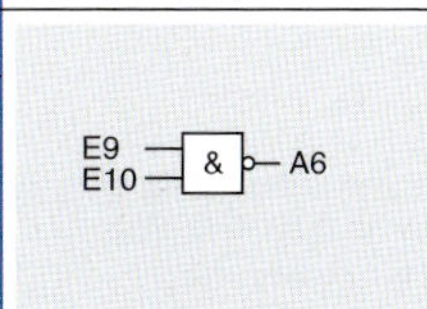</td><td>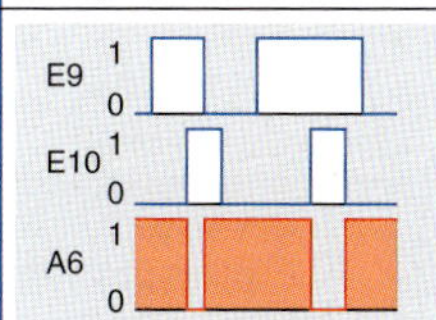</td><td>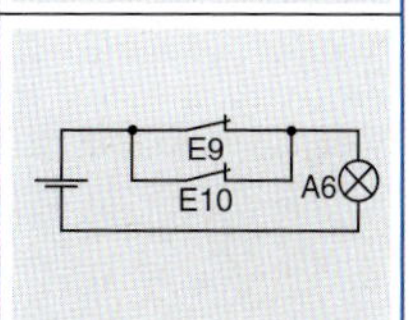</td></tr>
<tr><td>ANTIVALENZ, XOR
Exklusiv-ODER
$(\overline{E11} \wedge E11) \vee$
$(E11 \wedge \overline{E14}) = A7$</td><td>E11 E12 A7
0 0 0
0 1 1
1 0 1
1 1 0</td><td>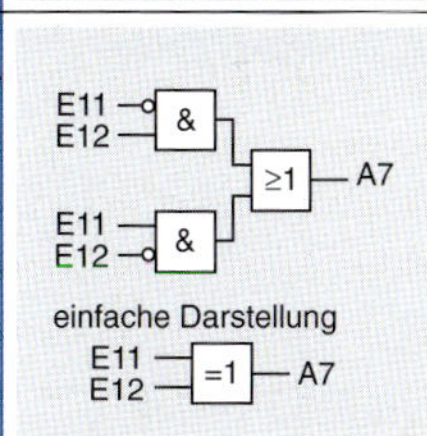</td><td>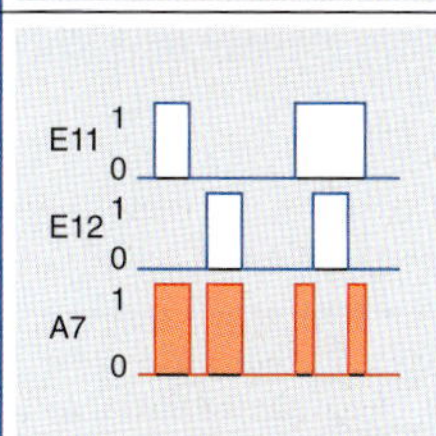</td><td>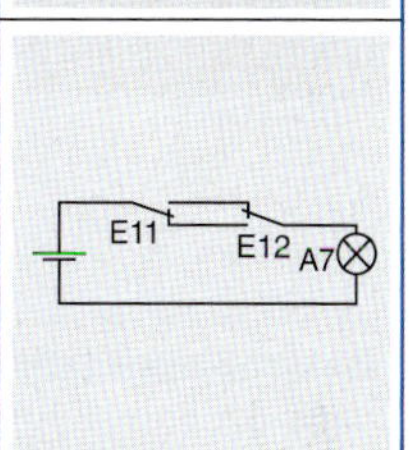</td></tr>
<tr><td>ÄQUIVALENZ, XNOR
$(\overline{E13} \wedge \overline{E14}) \vee$
$(E13 \wedge E14) = A8$</td><td>E13 E14 A8
0 0 0
0 1 0
1 0 0
1 1 1</td><td>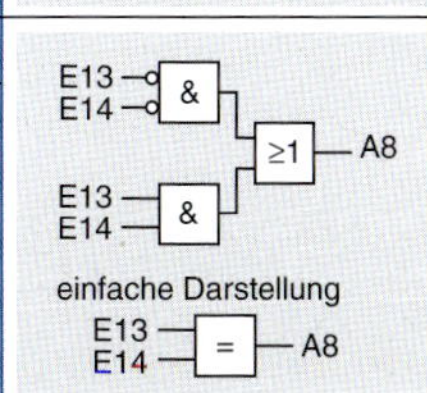</td><td>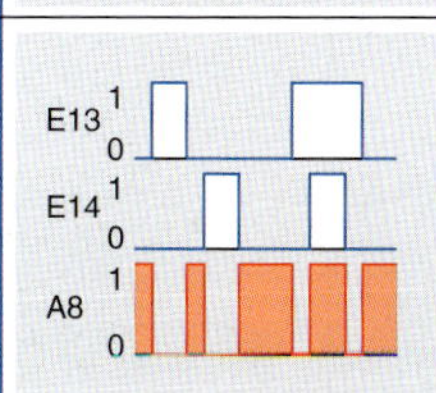</td><td>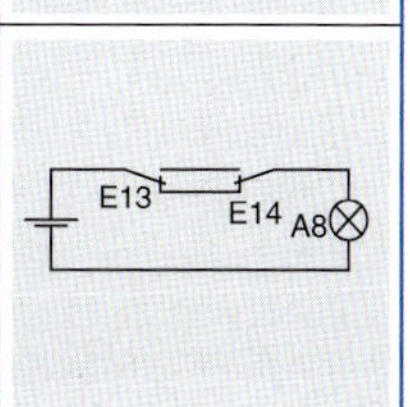</td></tr>
</table>

Speicherfunktionen als Selbsthaltung

Speicher Dominanz des EIN-Schalters (E1) $(A1 \wedge \overline{E2}) \vee E1 = A1$	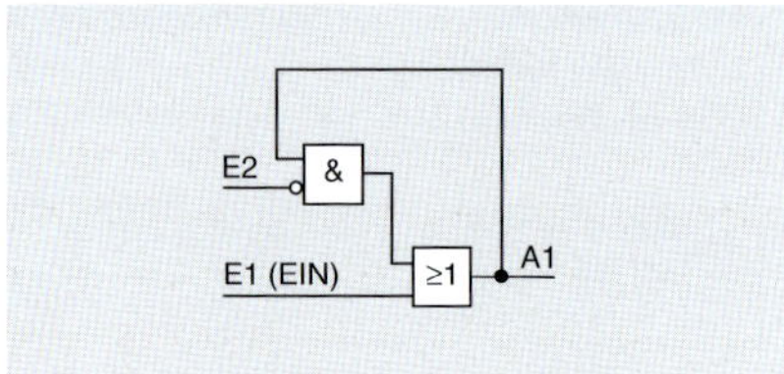	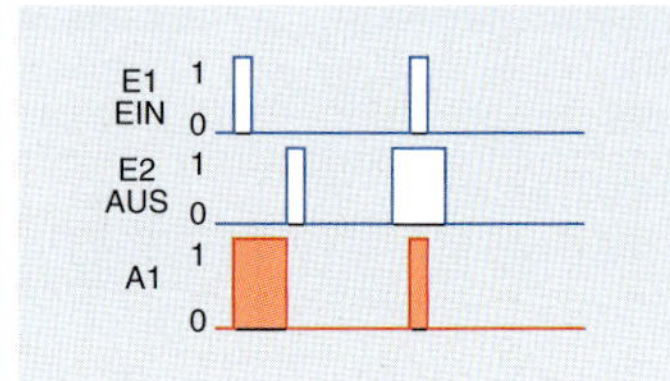
Speicher Dominanz des AUS-Schalters (E4) $(A2 \vee E3) \wedge \overline{E4} = A2$	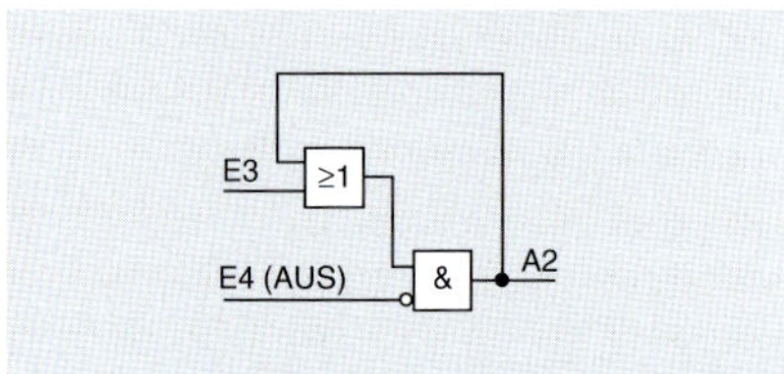	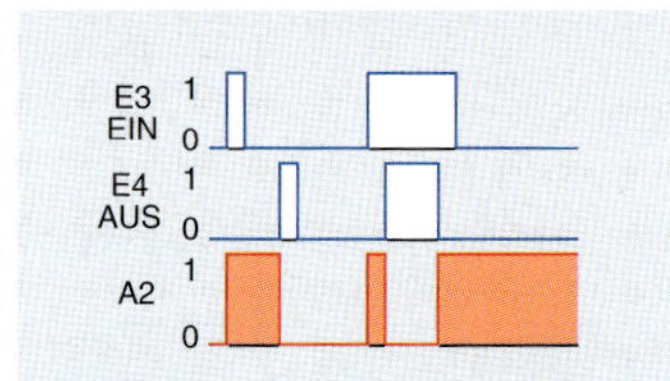

Kippglieder

RS-NOR-Flipflop 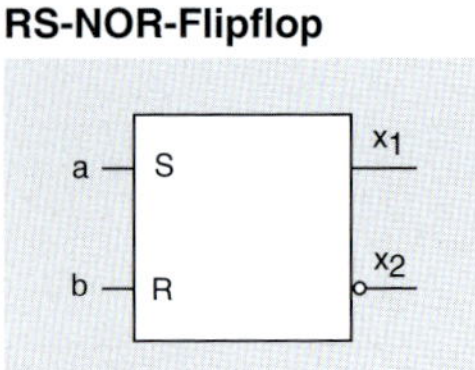	S: Setzen ($x_1 = 1$) R: Rücksetzen ($x_1 = 0$) gleichzeitiges Setzen und Rücksetzen ist nicht erlaubt	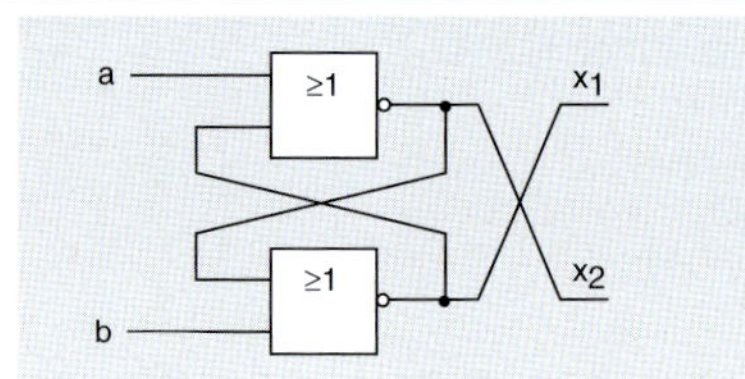
RS-Flipflop, taktzustandsgesteuert 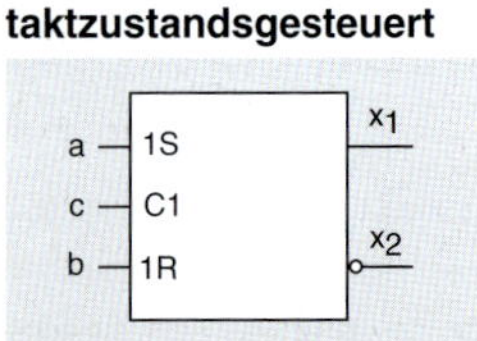	Der Setz- bzw. Rücksetzeingang wird erst wirksam, wenn Takt c den Zustand „1“ annimmt. Bei „0“ bleibt der Zustand des Flipflops erhalten.	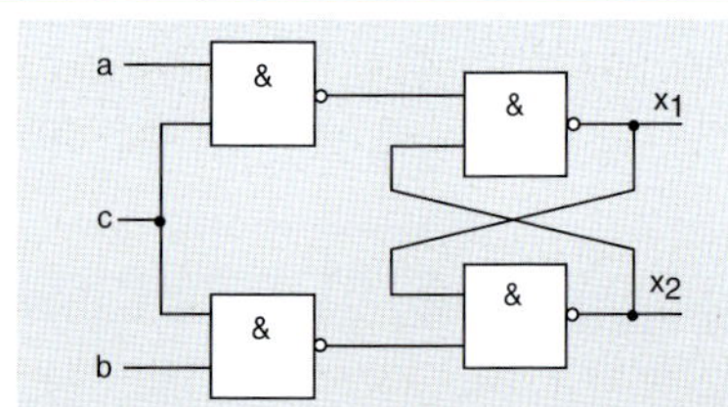
Delay-(D) Flipflop 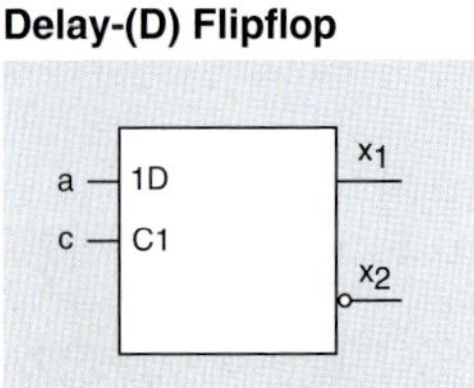	Der Logikzustand von a wird in das Flipflop übernommen, wenn der Takt c den Wert „1“ hat, ansonsten bleibt der bisherige Zustand erhalten.	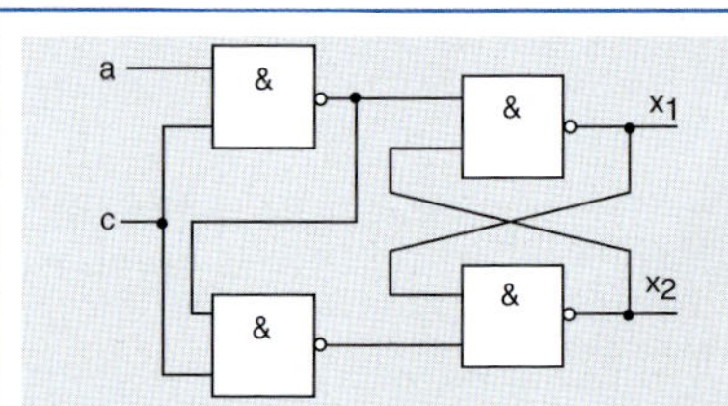
Master-Slave-Flipflop, zweiflankengesteuert 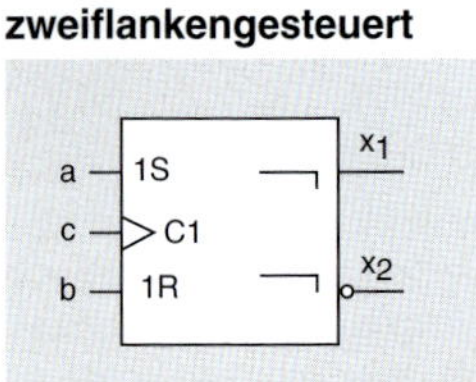	Der Setz- bzw. Rücksetzeingang wird mit der aktiven Taktflanke von c wirksam. Wenn der Takt im Zustand „0“ oder „1“ ist, bleibt der Logikzustand des Flipflops erhalten.	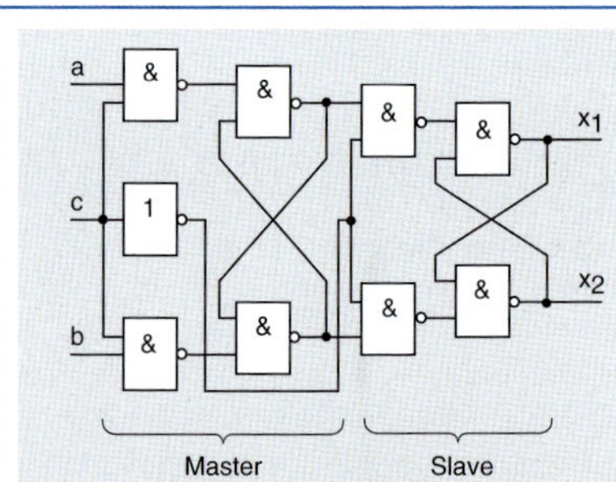

J-K-Master-Slave-FF, zweiflankengesteuert 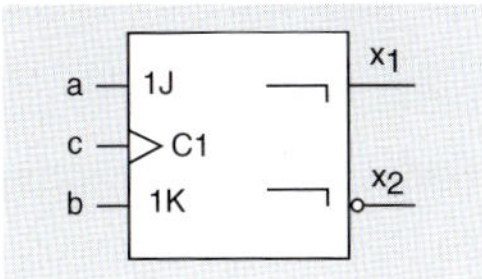	Der Setz (J) bzw. Rücksetzeingang (K) wird mit der aktiven Taktflanke von c wirksam. Gesetzt wird mit J = 1 und K = 0, rückgesetzt mit J = 0 und K = 1. Wenn beide Eingänge „1" sind, ändert sich mit jeder aktiven Taktflanke der Logikzustand am Ausgang. Das Flipflop behält den Signalzustand bei, wenn beide Eingänge „0" sind oder wenn der Takt c den Zustand nicht von „0" auf „1" ändert.	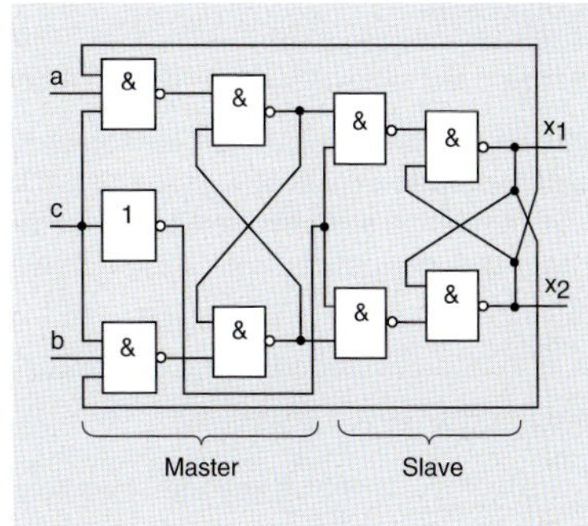

Zeitfunktionen

Benennung	Symbol	Diagramm
Einschalt-Verzögerung Der Signalwechsel am Eingang von 0 nach 1 wird zeitlich verzögert am Ausgang wirksam. Signalwechsel A1: von 0 nach 1	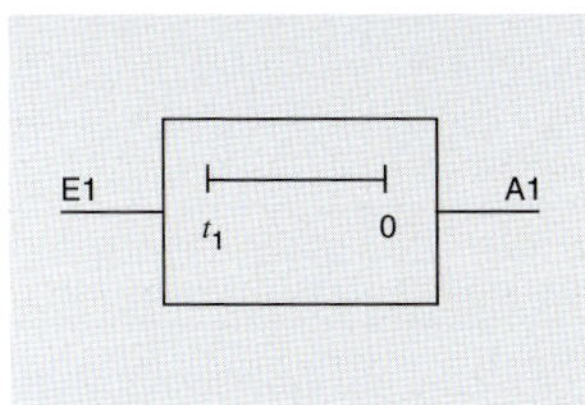	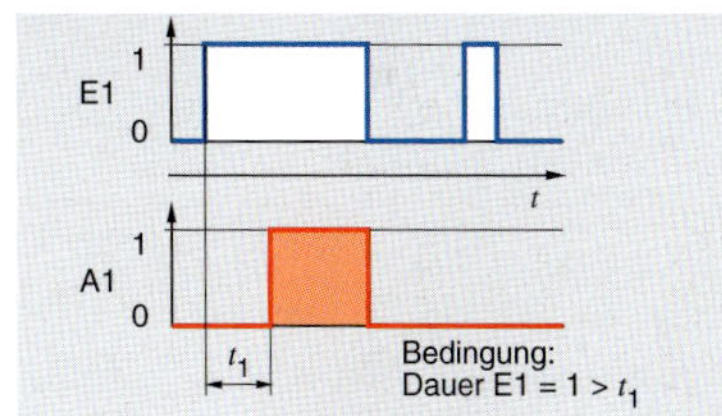
Ausschalt-Verzögerung Der Signalwechsel am Eingang von 1 nach 0 wird zeitlich verzögert am Ausgang wirksam. Signalwechsel A2: von 1 nach 0	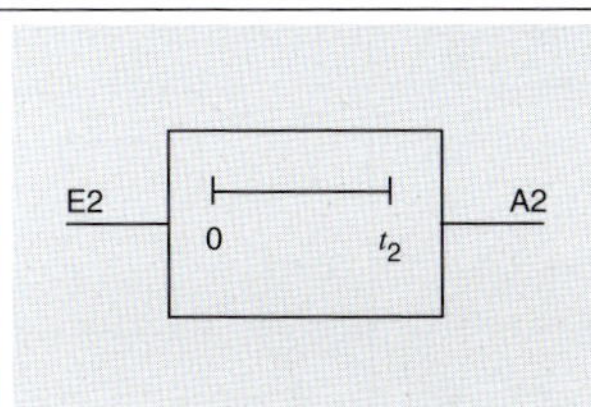	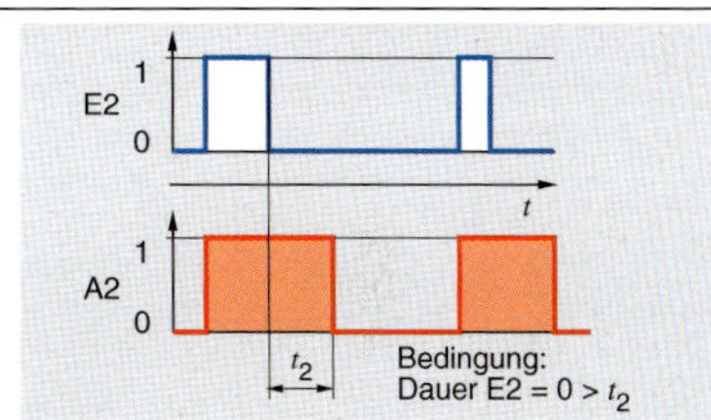
Einschalt-Verzögerung Der Signalwechsel am Eingang von 0 nach 1 wird zeitlich verzögert am Ausgang wirksam. Signalwechsel A3: von 1 nach 0	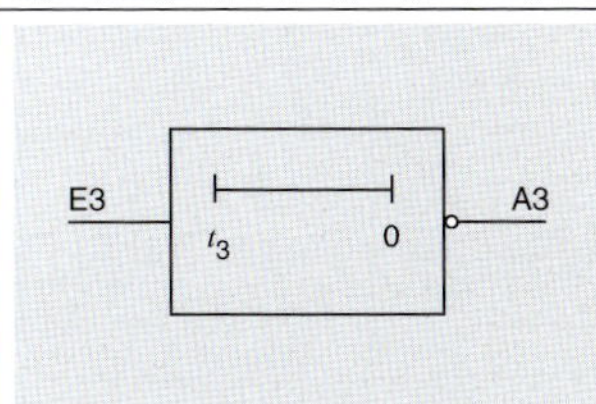	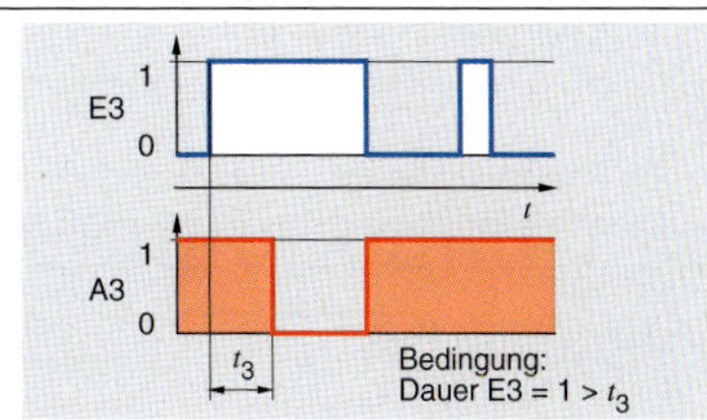
Ausschalt-Verzögerung Der Signalwechsel am Eingang von 1 nach 0 wird zeitlich verzögert am Ausgang wirksam. Signalwechsel A4: von 0 nach 1	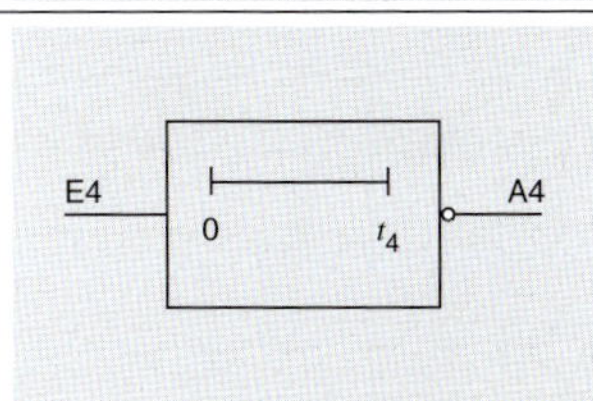	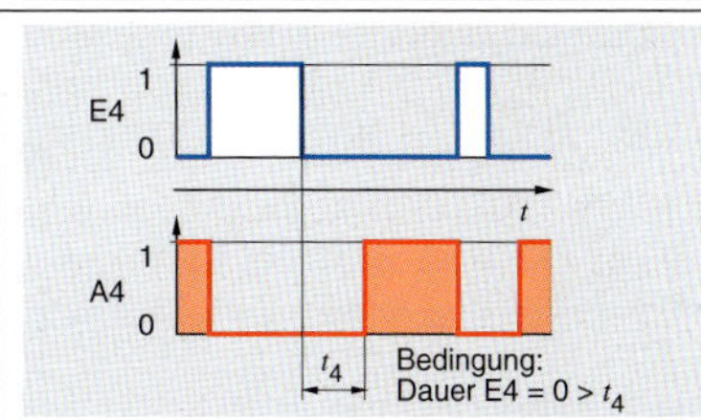
Impuls Aus einem Dauersignal wird ein Impuls gebildet.	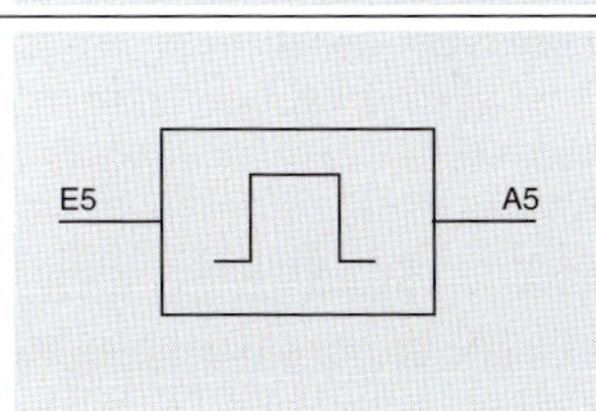	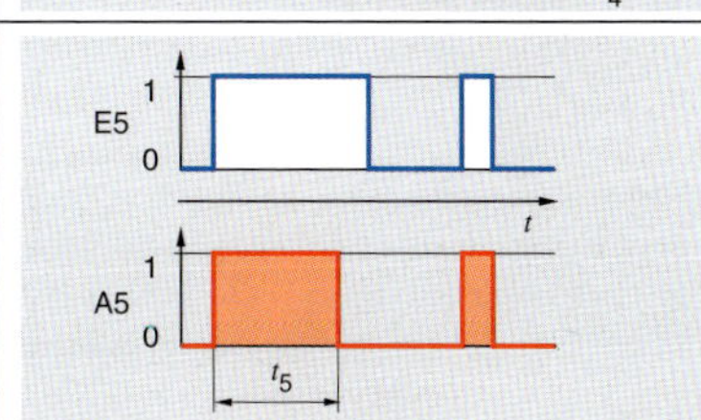

Zählfunktion

Zähler sind Schaltwerke, die Impulse zählen und die Anzahl am Ausgang codiert zur Verfügung stellen.

Asynchrone Zähler bestehen aus einer Kaskade von Flipflops, die als Frequenzteiler arbeiten. Der Ausgang jeder Zählstufe steuert den Takteingang der nächsten Stufe an.
Die Takteingänge **synchroner Zähler** sind alle direkt mit dem Takt verbunden. Die Flipflopeingänge sind so geschaltet, dass sich der gewünschte Zählrhythmus einstellt.

Synchrone Zähler

Dezimal-Zähler (74 LS 160 A)

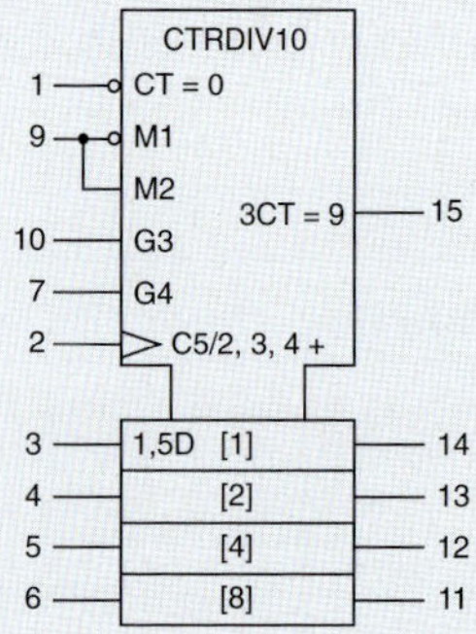

Vier-Bit-Binär-Zähler (74 LS 161 A)

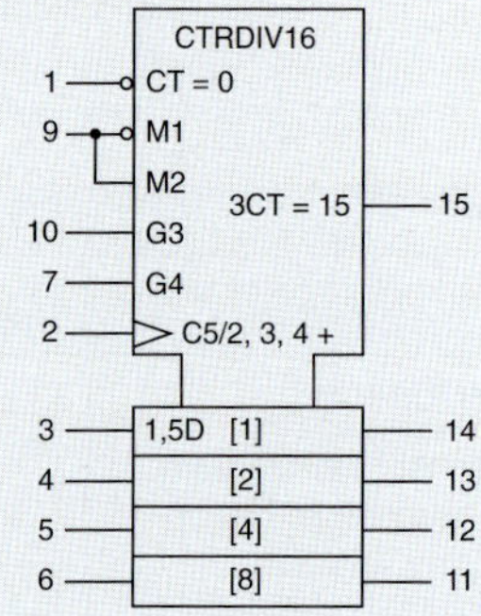

Funktionsabläufe

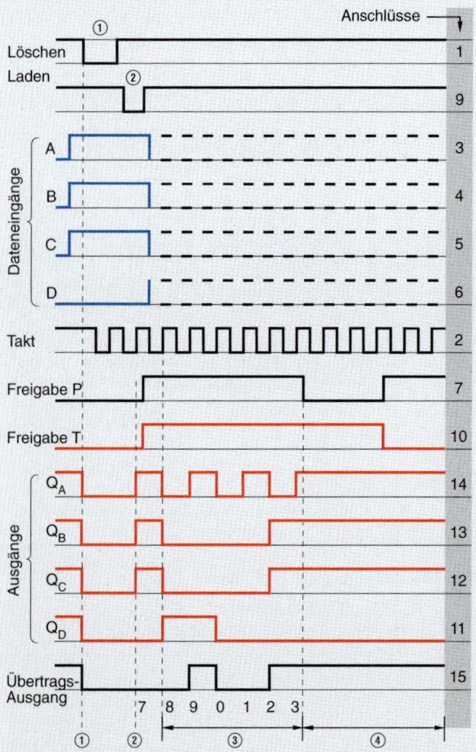

① Zähler löschen
② Einstellen auf BCD 7
③ Zählen bis 8, 9, 0, 1, 2, 3
④ Zähler sperren

Funktionsabläufe

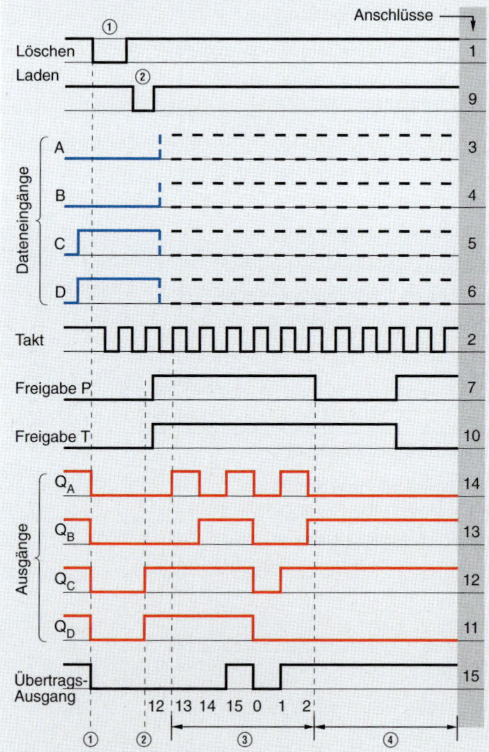

① Zähler löschen
② Einstellen auf binär 12
③ Zählen bis 13, 14, 15, 0, 1, 23
④ Zähler sperren

Decoder

Decoder sind Umsetzer, die ein digital verschlüsseltes Signal in ein anders verschlüsseltes digitales Signal ändern, ohne die Information zu beeinflussen.

BCD- zu Dezimal-Decoder

Schaltzeichen

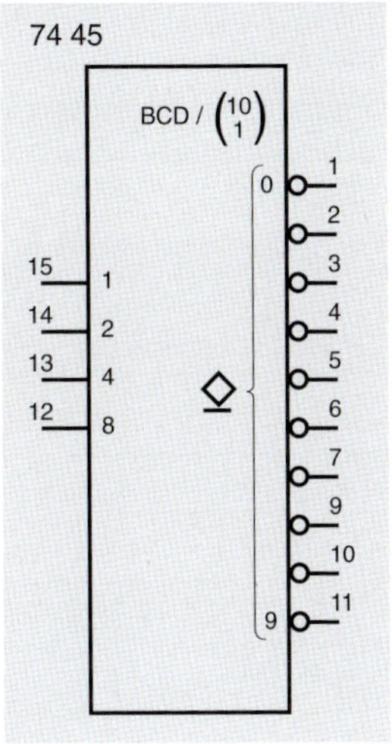

Wertetabelle

Nr.	Eingänge D	Eingänge C	Eingänge B	Eingänge A	Ausgänge 0	1	2	3	4	5	6	7	8	9
	12	**13**	**14**	**15**	**1**	**2**	**3**	**4**	**5**	**6**	**7**	**9**	**10**	**11**
0	0	0	0	0	0	1	1	1	1	1	1	1	1	1
1	0	0	0	1	1	0	1	1	1	1	1	1	1	1
2	0	0	1	0	1	1	0	1	1	1	1	1	1	1
3	0	0	1	1	1	1	1	0	1	1	1	1	1	1
4	0	1	0	0	1	1	1	1	0	1	1	1	1	1
5	0	1	0	1	1	1	1	1	1	0	1	1	1	1
6	0	1	1	0	1	1	1	1	1	1	0	1	1	1
7	0	1	1	1	1	1	1	1	1	1	1	0	1	1
8	1	0	0	0	1	1	1	1	1	1	1	1	0	1
9	1	0	0	1	1	1	1	1	1	1	1	1	1	0
ungültig	1	0	0	0	1	1	1	1	1	1	1	1	1	1
	1	0	1	1	1	1	1	1	1	1	1	1	1	1
	1	1	0	0	1	1	1	1	1	1	1	1	1	1
	1	1	0	1	1	1	1	1	1	1	1	1	1	1
	1	1	1	0	1	1	1	1	1	1	1	1	1	1
	1	1	1	1	1	1	1	1	1	1	1	1	1	1

BCD- zu Sieben-Segment

Schaltzeichen

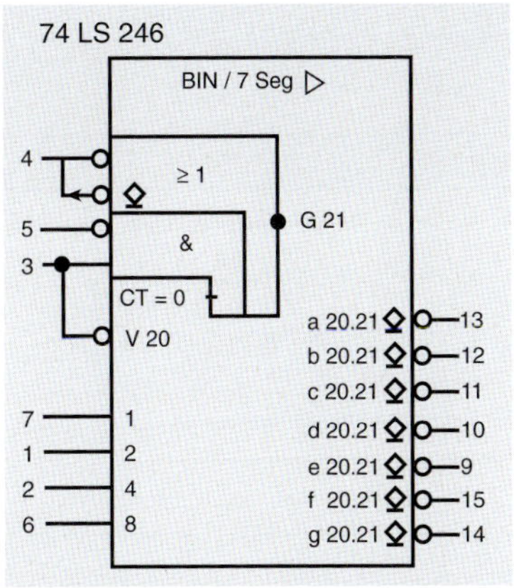

BI ≙ Blanking Input: alle Ausgänge abgeschaltet;
RBI ≙ Ripple Blanking Input: Übertragungseingang für 0-Ausblendung;
RBO ≙ Ripple Blanking Output: Übertragungsausgang für 0-Ausblendung;
LT ≙ Lamp Test: Lampen Test;
E: Ein; A: Aus; x: Wert beliebig

Wertetabelle

Dezimalwert/ Funktion	Eingänge LT	RBI	D	C	B	A	Ausgänge BI/RBO	a	b	c	d	e	f	g
	3	**5**	**6**	**2**	**1**	**7**	**4**	**13**	**12**	**11**	**10**	**9**	**15**	**14**
0	1	1	0	0	0	0	1	E	E	E	E	E	E	A
1	1	x	0	0	0	1	1	A	E	E	A	A	A	A
2	1	x	0	0	1	0	1	E	E	A	E	E	A	E
3	1	x	0	0	1	1	1	E	E	E	E	A	A	E
4	1	x	0	1	0	0	1	A	E	E	A	A	E	E
5	1	x	0	1	0	1	1	E	A	E	E	A	E	E
6	1	x	0	1	1	0	1	E	A	E	E	E	E	E
7	1	x	0	1	1	1	1	E	E	E	A	A	A	A
8	1	x	1	0	0	0	1	E	E	E	E	E	E	E
9	1	x	1	0	0	1	1	E	E	E	E	A	E	E
10	1	x	1	0	1	0	1	A	A	A	E	E	A	E
11	1	x	1	0	1	1	1	A	A	E	E	A	A	E
12	1	x	1	1	0	0	1	A	E	A	A	A	E	E
13	1	x	1	1	0	1	1	E	A	A	E	A	E	E
14	1	x	1	1	1	0	1	A	A	A	E	E	E	E
15	1	x	1	1	1	1	1	A	A	A	A	A	A	A
BI	x	x	x	x	x	x	0	A	A	A	A	A	A	A
RBI	1	0	0	0	0	0	0	A	A	A	A	A	A	A
LT	0	x	x	x	x	x	1	E	E	E	E	E	E	E

Regeln für Schaltalgebra

Regeln für Konstanten			Regeln für eine Variable		
NICHT-Funktion	ODER-Funktion	UND-Funktion	NICHT-Funktion	ODER-Funktion	UND-Funktion
$\overline{0} = 1$ $\overline{1} = 0$	$0 \vee 0 = 0$ $0 \vee 1 = 1$ $1 \vee 0 = 1$ $1 \vee 1 = 1$	$0 \wedge 0 = 0$ $0 \wedge 1 = 0$ $1 \wedge 0 = 0$ $1 \wedge 1 = 1$	$A = \overline{\overline{A}}$	$A \vee 0 = A$ $A \vee 1 = 1$ $A \vee A = A$ $A \vee \overline{A} = 1$	$A \wedge 0 = 0$ $A \wedge 1 = A$ $A \wedge A = A$ $A \wedge \overline{A} = 0$

Kommutativgesetz (Vertauschungsgesetz)

$A \vee B = B \vee A$

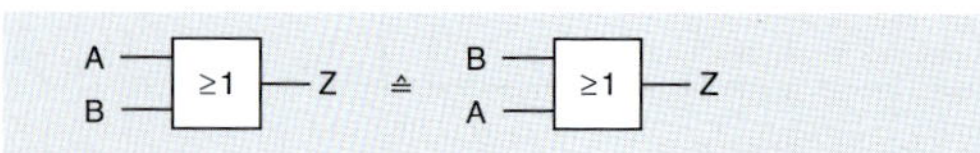

$A \wedge B = B \wedge A$

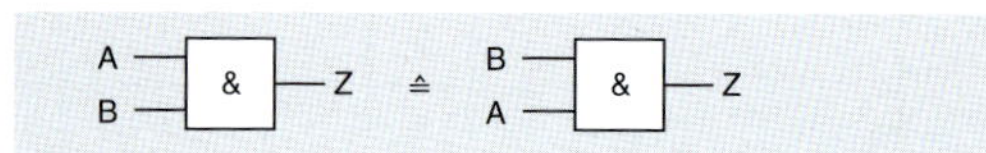

Assoziativgesetz (Verbindungsgesetz)

$A \vee B \vee C = A \vee (B \vee C)$

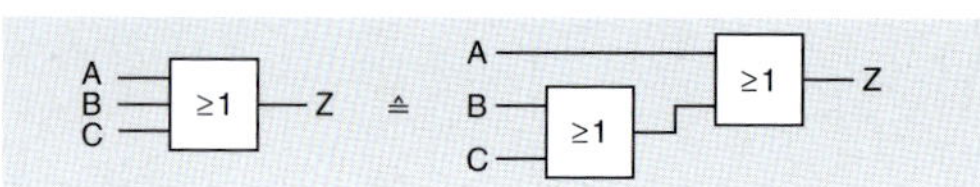

$A \wedge B \wedge C = A \wedge (B \wedge C)$

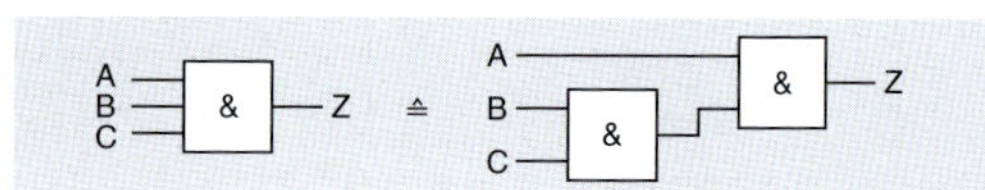

$A \vee B \vee C = (A \vee B) \vee C$

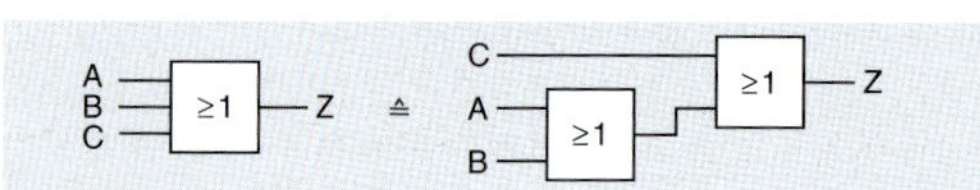

$A \wedge B \wedge C = (A \wedge B) \wedge C$

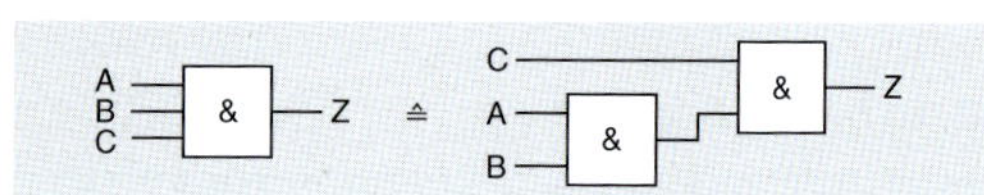

$A \vee B \vee C = (A \vee C) \vee B$

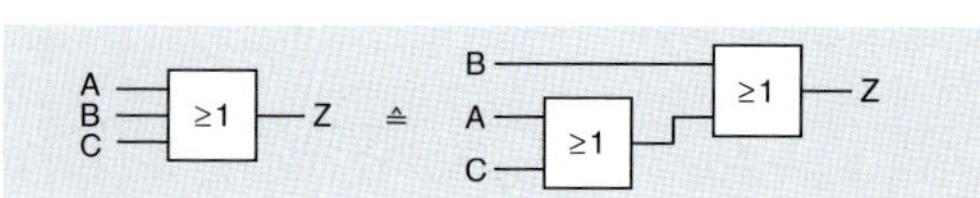

$A \wedge B \wedge C = (A \wedge C) \wedge B$

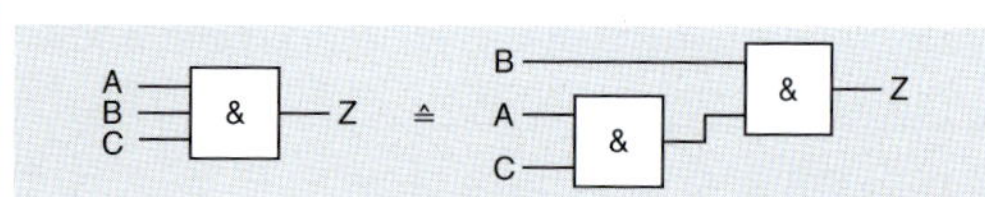

Distributivgesetz (Verteilungsgesetz)

$A \vee (B \wedge C) = (A \vee B) \wedge (A \vee C)$

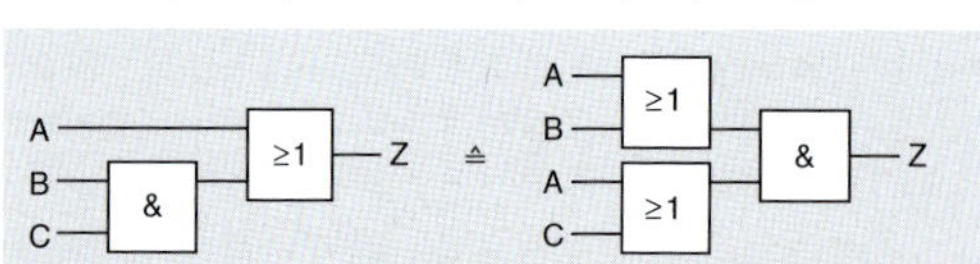

$A \wedge (B \vee C) = (A \vee B) \wedge (A \vee C)$

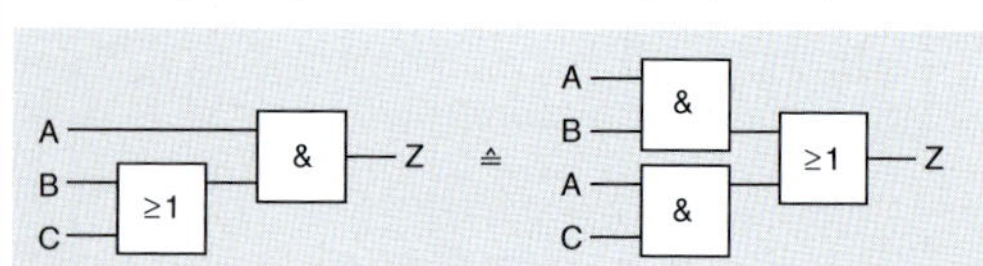

Absorptionsgesetz

$A \vee B = A \vee (\overline{A} \wedge B)$

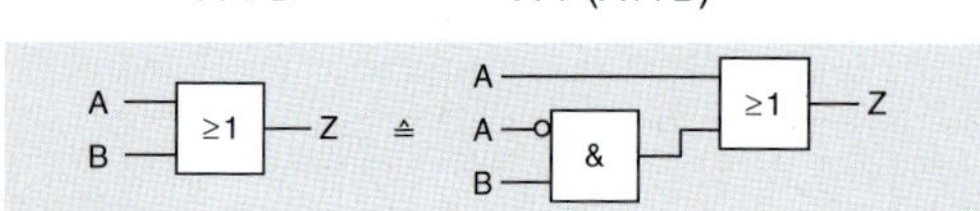

$A \wedge B = A \wedge (\overline{A} \vee B)$

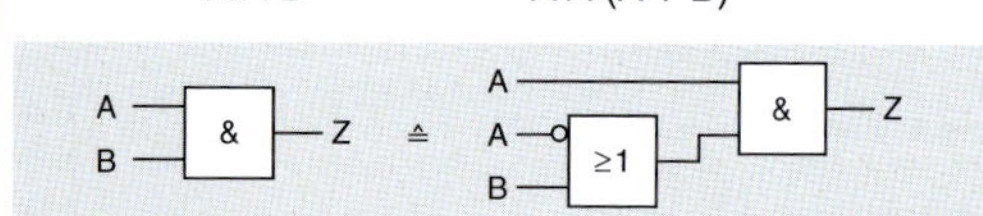

Gesetze von de Morgan

$\overline{(A \lor B)} = (\bar{A} \land \bar{B})$

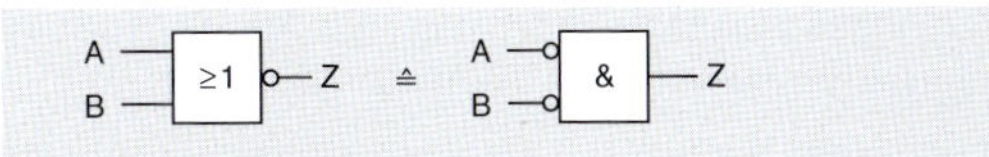

$\overline{(A \land B)} = \bar{A} \lor \bar{B}$

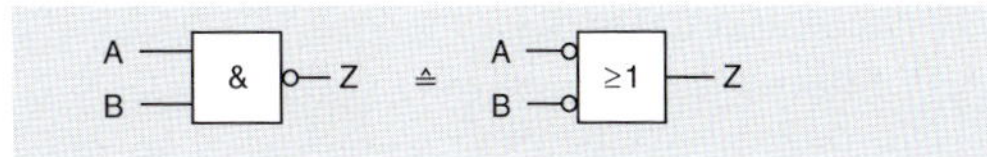

$\overline{(\bar{A} \lor \bar{B})} = A \land B$

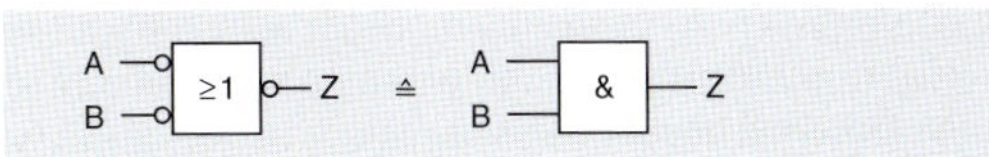

$\overline{(\bar{A} \land \bar{B})} = A \lor B$

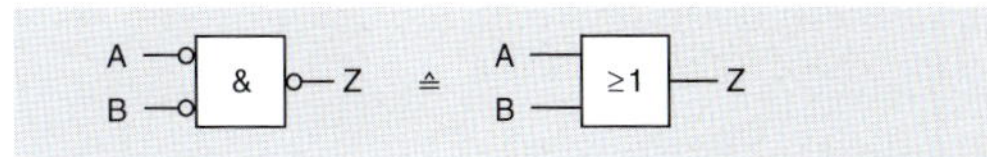

Vereinfachung von Funktionen mit KV-Diagramm

Disjunktive Normalform:

$$x = (a \land \bar{b} \land \bar{c} \land d) \lor (\bar{a} \land \bar{b} \land \bar{c} \land d) \lor (a \land b \land c \land d) \lor (\bar{a} \land b \land c \land d) \lor (\bar{a} \land \bar{b} \land c \land d) \lor (\bar{a} \land \bar{b} \land c \land \bar{d}) \lor (\bar{a} \land \bar{b} \land c \land \bar{d}) \lor (a \land \bar{b} \land c \land \bar{d}) \lor (\bar{a} \land \bar{b} \land \bar{c} \land \bar{d})$$

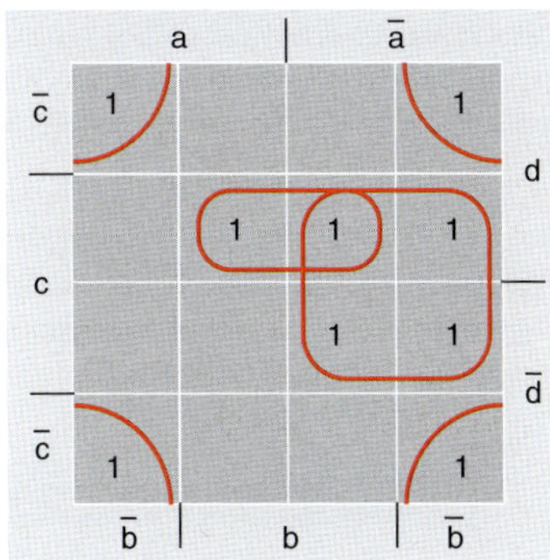

vereinfachte Gleichung

$$x = (\bar{a} \land c) \lor (\bar{b} \land \bar{c}) \lor (b \land c \land d)$$

Regeln für die Vereinfachungen von Funktionen mithilfe des KV-Diagramms:

- Es sind 2^n-Felder (n = Anzahl der Eingangsvariablen) für das KV-Diagramm erforderlich.
- Von Feld zu Feld wird nur jeweils eine Eingangsvariable geändert.
- Alle Verknüpfungen der Funktionstabelle, für die x = 1 ist, werden in das entsprechende Feld des KV-Diagramms übertragen. Für die anderen Felder gilt x = 0.
- Benachbarte Vollkonjunktionen werden zu 2er-, 4er- oder 8er-Blöcken zusammengefasst.
- Benachbart sind Vollkonjunktionen derjenigen Felder, die mit einer Seite aneinander stoßen.
- Die Variablen eines Blockes, die negiert und nicht negiert auftreten, entfallen.
- Die in einem Block verbliebenen Variablen werden UND-verknüpft.
- Die Aussagen der einzelnen Blöcke werden miteinander ODER-verknüpft. Somit erhält man die vereinfachte Funktionsgleichung.

Verbindungsprogrammierte Steuerung (VPS)

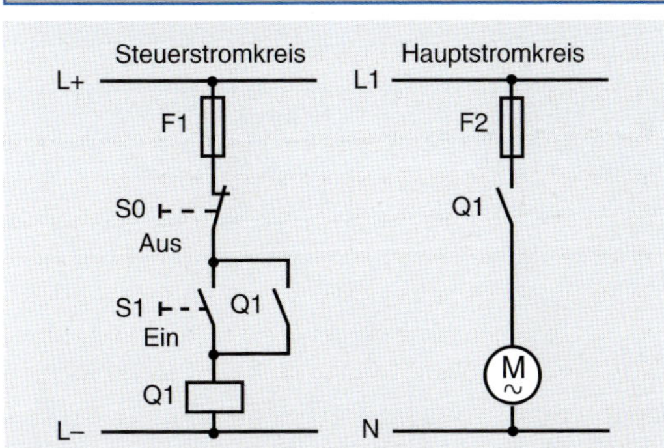

Die Funktion der Steuerung wird durch die Verbindung der Schütze und ihrer Kontakte bestimmt.

Speicherprogrammierbare Steuerungen (SPS)

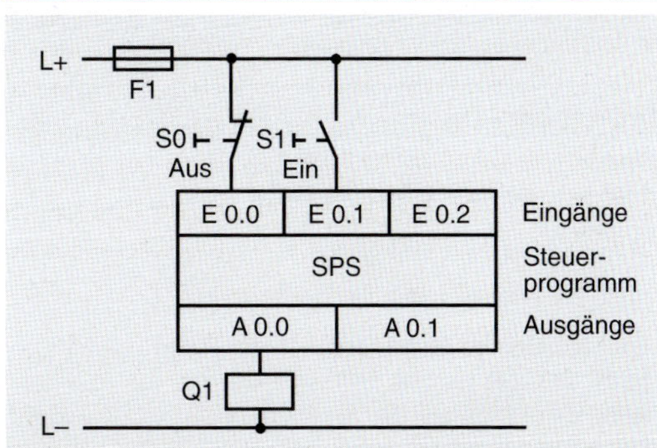

Die Bedienelemente steuern über den Rechner der SPS entsprechend dem im Speicher abgelegten Programm die an den Ausgängen angeschlossenen Geräte.

Programmablauf

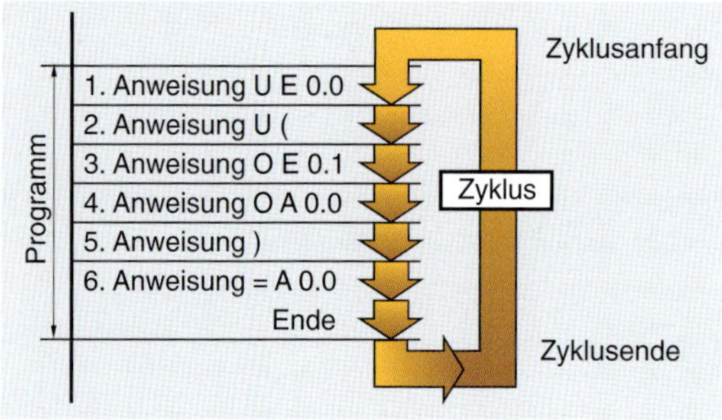

Das Steuerprogramm besteht aus einzelnen Anweisungen, die nacheinander abgearbeitet werden. Änderungen der Eingangssignale werden nach den Anweisungen verarbeitet und beeinflussen die Ausgangssignale.

Zykluszeit: Zeitdauer für Abfrage der Eingänge, Abarbeitung der Anweisungen und Ausgabe der Ergebnisse an die Ausgänge

Reaktionszeit: Zeitdauer, die benötigt wird, bis eine Änderung am Eingang sich auf einen Ausgang auswirken kann (maximal doppelte Zykluszeit).

Programmiersprachen

Die Anweisungen des Steuerprogramms sind im Programmspeicher der SPS als Maschinencode abgelegt. Er entsteht durch die Übersetzung (Kompilierung) des Programms aus einer Hochsprache.

Anweisungsliste (AWL)

Textförmige Sprache, die mit ihrem zeilenweisen Aufbau dem Maschinencode am nächsten ist.

Aufbau einer Anweisungszeile

Sprungmarke	Operation	Operand
Erforderlich, wenn die Anweisung Ziel eines Sprungbefehls ist	Was ist zu tun? → Befehle	Womit ist es zu tun? → Adresse und Parameter oder symbolischer Name

Adressen			Parameter
Eingang	E (I)	Die Bezeichnung ist compilerabhängig.	Die Bezeichnung ist hardwareabhängig. Besteht meist aus Byte- und Bitadresse. Beispiel: 0.1 – Byte Null, Bit 1
Ausgang	A (Q)		
Merker	M		

Symbolische Namen

Sie werden in einer Symboltabelle vereinbart und erleichtern die Übersicht über das Programm.

Name	Adresse	Typ	Kommentar
Stopp	E 0.0	BOOL	Taster (Schließer)
Start	E 0.1	BOOL	Taster (Öffner)
Antrieb	A 0.0	BOOL	Schütz

Regeln zur Bildung symbolischer Namen:

- Buchstaben und Ziffern in beliebiger Folge
- keine Umlaute (ä, ö, ü, ß)
- keine Ziffer an erster Stelle
- keine Sonderzeichen außer dem Unterstrich
- keine reservierten Begriffe (z. B. INPUT)

Datentypen

Die SPS kann nicht nur binäre Daten verarbeiten. Es können auch komplexere Datentypen vereinbart werden, die größeren Speicherplatz beanspruchen.

Typ	Größe	Inhalt
BOOL	1 Bit	0/1 bzw. FALSE/TRUE
BYTE	1 Byte	Bit-Folge der Länge 8
WORD	2 Byte	Bit-Folge der Länge 16
INT	2 Byte	ganze Zahl aus dem Bereich –32768 bis +32767
SINT	1 Byte	ganze Zahl aus dem Bereich –128 bis +127
DINT	4 Byte	ganze Zahl aus dem Bereich –2 147 483 648 bis +2 147 483 647
REAL	4 Byte	reelle Zahl (z. B. π: 3.13 oder 314E-2)
TIME	compilerabhängig	z. B. T#1m30s oder T#1.5m oder TIME#90s
DATE	compilerabhängig	z. B. D#2010-06-25

Liste der Operationen

Welche Version des Operanden verwendet wird, ist compilerabhängig. Die Programmiersysteme orientieren sich zunehmend an der IEC-Norm.

deutsch	englisch	IEC 61131	Bedeutung
L	L	LD	Laden
U	A	AND	UND
O	O	OR	ODER
N	N	N	NICHT
UN	AN	ANDN	UND-NICHT
(	(	(	Klammer auf, in Kombination mit AND/OR
)	)	)	Klammer zu
ON	ON	ORN	ODER-NICHT
S	S	S	SETZEN
R	R	R	RÜCKSETZEN
=	=	ST	Zuweisung
XO	XO	XOR	Exklusiv-ODER
ADD	ADD	ADD	Addieren

deutsch	englisch	IEC 61131	Bedeutung
SUB	SUB	SUB	Substrahieren
MUL	MUL	MUL	Multiplizieren
DIV	DIV	DIV	Dividieren
SP	JP	JMP	Sprung ohne Bedingung
SPB	JC	JMPC	Sprung bedingt
CALL	CALL	CALL	Unterprogramm-aufruf
ZV	CU	CTU	Zahlen, vorwärts
ZR	CD	CTD	Zahlen, rückwärts
BE	EM		Baustein-Ende
PE	EP		Programm-Ende
“	“	(*	Kommentar, Anfang
“	“	+)	Kommentar, Ende

Grafische Programmiersprachen

Sie erhöhen die Anschaulichkeit des Programms. Die daraus übersetzten Maschinenprogramme benötigen oft mehr Speicherplatz und größere Zykluszeiten als aus Anweisungslisten entstandene.

Kontaktplan (KOP)

Bezeichnung aufgrund seiner Ähnlichkeit mit einem Stromlaufplan

Symbol	Bedeutung
--| |--	Eingang ohne Signalumkehrung
--| / |--	Eingang mit Signalumkehrung
--( )--	Ausgang allgemein
--(/)--	Ausgang negiert
--(S)--	Ausgang „Setzen“
--(R)--	Ausgang „Rücksetzen“

Kombination von Kontaktplanelementen

```
I  E 0.0  E 0.1      A 0.0   I
+ ---|  |-----|  |---------(  )----- +
I                            I
```

UND-Verknüpfung von E 0.0 und E 0.2 und Zuweisung an A 0.0

```
I  E 0.0             A 0.0   I
+ ---|  |--- + -----------(  )----- +
I  E 0.1     I               I
+ ---|  |--- +
I
```

ODER-Verknüpfung von E 0.0 und E 0.2 und Zuweisung an A 0.0

Funktionsbausteinsprache (FBS)

Funktionsbezogene Blockdarstellung des Programms nach DIN EN 60617-12.

```
          + ------ +
E 0.0 --- |   &    |
          |        | --- A 0.0
E 0.1 ----|        |
          + ------ +
```

UND-Verknüpfung von E 0.0 und E 0.2 und Zuweisung an A 0.0

```
          + ------ +
E 0.0 --- | > =1   |
          |        | --- A 0.0
E 0.1 ----|        |
          + ------ +
```

ODER-Verknüpfung von E 0.0 und E 0.2 und Zuweisung an A 0.0

Ablaufsprache (AS)

Sie wird für Steuerungen mit Ablaufprogramm verwendet und stellt die Schrittkette mit ihren Aktionen in anschaulicher Form dar.

Schrittkette

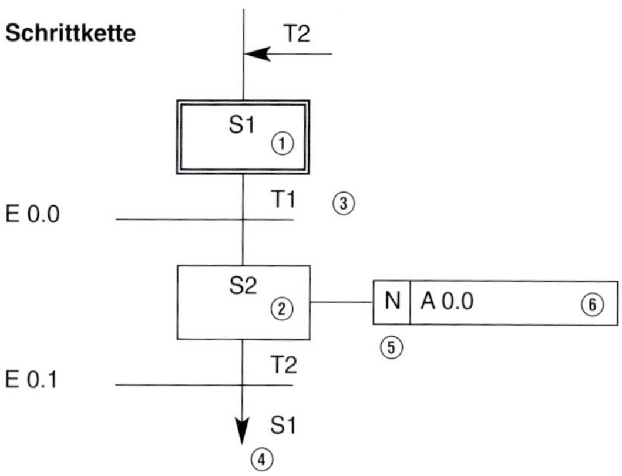

Legende:

① Anfangsschritt (Initialschritt)
② Ablaufschritt
③ Weiterschaltbedingung (Transition)
④ Sprung
⑤ Bestimmungszeichen für die Aktion
⑥ Operand

- Schritte können aktiv oder inaktiv sein.
- Die einem Schritt zugeordneten Aktionen werden durchgeführt, wenn der Schritt aktiv ist.
- Beim Start des Programms wird der Anfangsschritt aktiv.
- Wenn für einen aktiven Schritt die nachfolgende Weiterschaltbedingung erfüllt ist, wird er inaktiv und der nächste Schritt aktiv.

Parallele Strukturen in Schrittketten

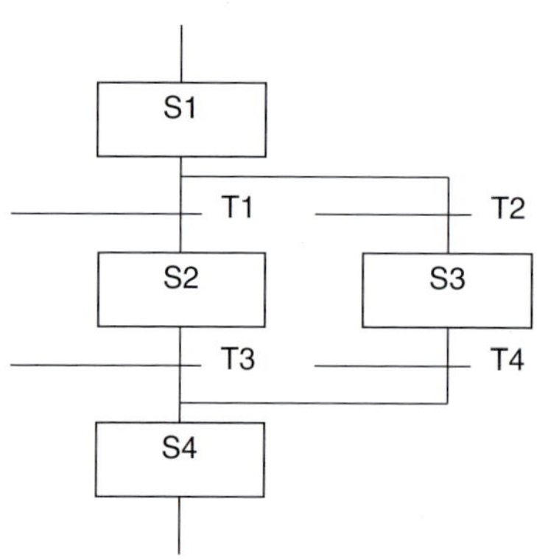

Alternative Verzweigung

Auf dem Weg zu Schritt 3 wird entweder Schritt 2 oder Schritt 3 aktiv, je nachdem, welche Weiterschaltbedingung erfüllt ist. Die linke Transition dominiert gegenüber der rechten.

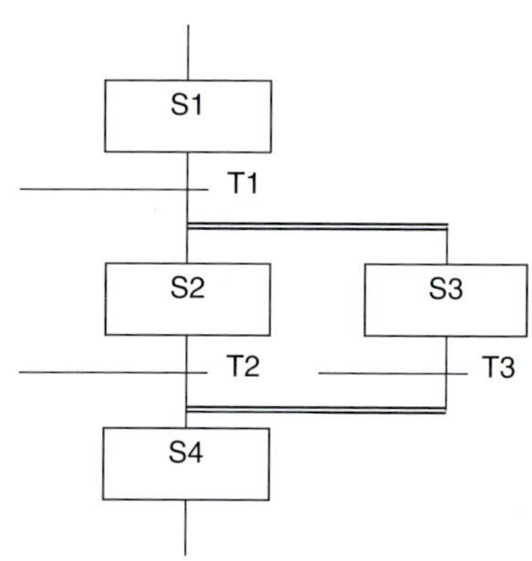

Simultane Verzweigung

Nach Schritt 1 werden Schritt 2 und Schritt 3 gleichermaßen aktiv.
Schritt 4 wird erst dann aktiv, wenn Transition 2 und 3 erfüllt worden sind.

Typische Aktionen in Schrittketten

N	nicht gespeichert
R	vorrangiges Rücksetzen
S	Setzen (gespeichert)
L	zeitbegrenzt
D	zeitverzögert
Zusatz C	bedingte Aktion

GRAFCET

Neben der Ablaufsprache zur Programmierung für SPS gemäß DIN EN 61131-3 besteht noch GRAFCET als eine grafische Methode, den Ablauf einer Steuerung zu dokumentieren. GRAFCET ist in der Norm EN 60848 festgelegt. Es handelt sich um eine Entwurfssprache und nicht um eine Programmiersprache. Wesentliche Elemente davon enthält folgende Abbildung.

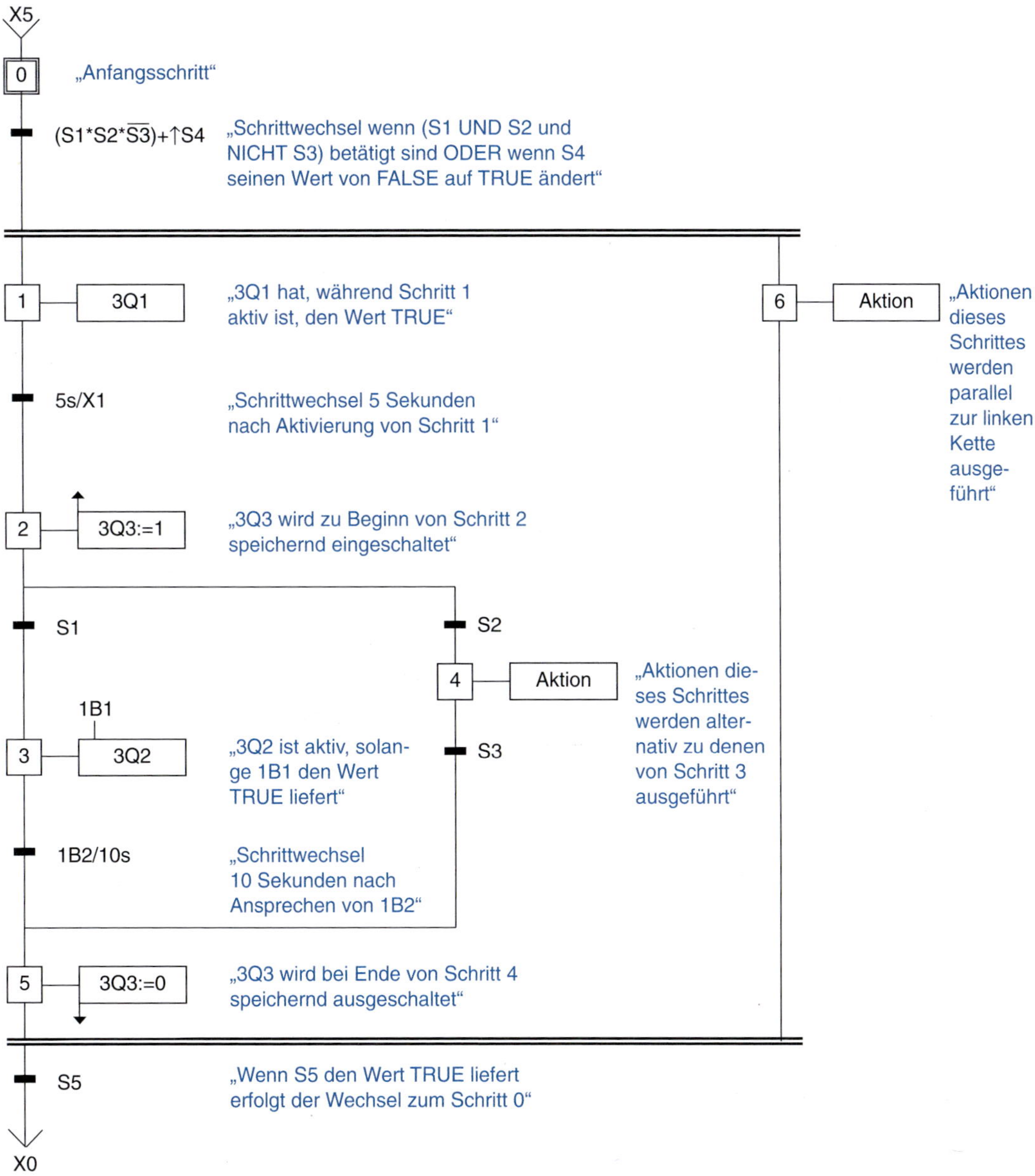

Strukturierte Programmierung

Zur Übersichtlichen Gestaltung ist das Programm in Funktionen, Funktionsbausteine und Datenbausteine gegliedert. Diese werden in einem Organisationsbaustein mit einem CALL-Befehl aufgerufen.

Funktionen (FC)

Funktionen sind Unterprogramme, die von einem übergeordneten Programm aufgerufen werden. Sie verarbeiten Eingangssignale zu genau einem Ausgangssignal und besitzen keinen internen Speicher, der die ermittelten Werte bis zum nächsten Aufruf aufbewahrt.

Ausgewählte Beispiele

Arithmetische Funktionen

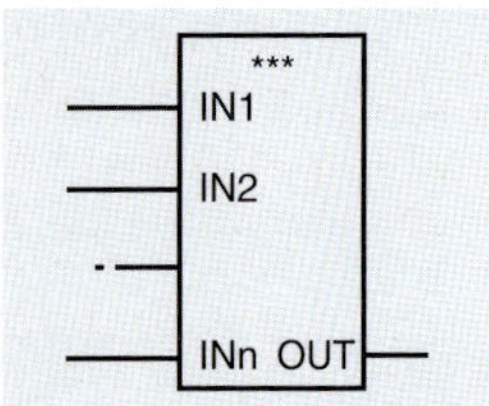

*** - Name

Name	Beschreibung
ADD	OUT := IN1 + IN2 + … + INn
MUL	OUT := IN1 * IN2 * … * INn

auf zwei Eingänge beschränkt:

DIV	OUT := IN1 / IN2
SUB	OUT := IN1 – IN2

Eingänge und Ausgang müssen vom gleichen numerischen Datentyp sein.

Vergleichsfunktionen

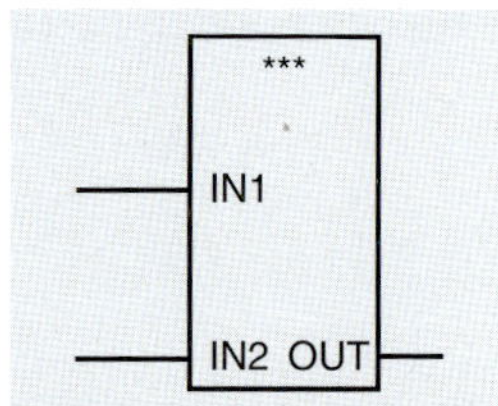

*** - Name

Name	Beschreibung
GE	OUT := (IN1 >= IN2)
GT	OUT := (IN1 > IN2)
EQ	OUT := (IN1 = IN2)
NE	OUT := (IN1 <> IN2)
LE	OUT := (IN1 <= IN2)
LT	OUT := (IN1 < IN2)

Die Eingänge sind von beliebigem Bit-Typ.
Der Typ des Ausgangs ist BOOL, wenn die Vergleichsbedingung erfüllt ist, hat er den Wert TRUE.

Funktionsbausteine (FB)

Funktionsbausteine sind Unterprogramme, die von einem übergeordneten Programm aufgerufen werden. Sie verarbeiten Eingangssignale zu einem oder mehreren Ausgangssignalen und besitzen als Speicher eine Instanz, die die ermittelten Werte bis zum nächsten Aufruf aufbewahrt.
Das Programm des Funktionsbausteins kann über seinen Namen und mit unterschiedlichen Instanzen mehrfach aufgerufen werden.

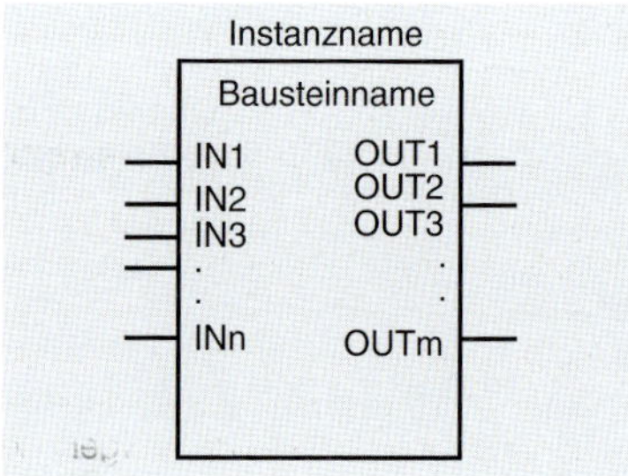

Ausgewählte Beispiele für Standard-Funktionsbausteine

Speicherbausteine

dominant Rücksetzen

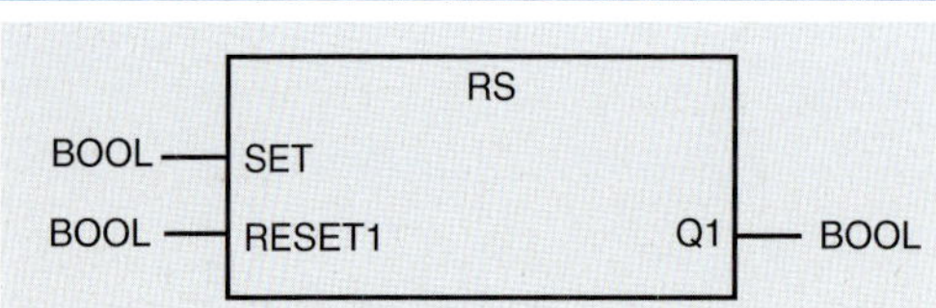

Operandenbedeutung

SET	Setzbedingung
RESET1	Rücksetzbedingung
Q1	Ausgangszustand des bistabilen Elements

dominant Setzen

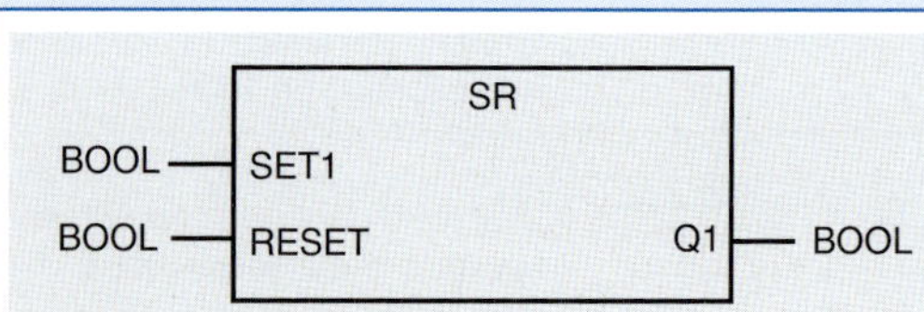

Operandenbedeutung

SET1	Setzbedingung
RESET	Rücksetzbedingung
Q1	Ausgangszustand des bistabilen Elements

Zeitbausteine

Ausschaltverzögerung

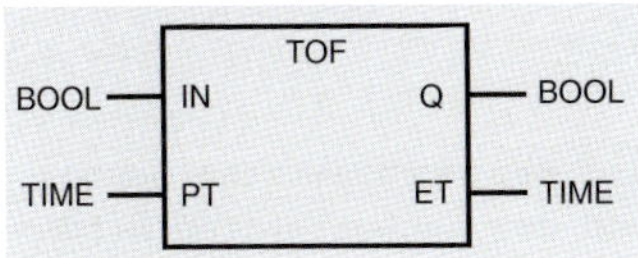

Beschreibung

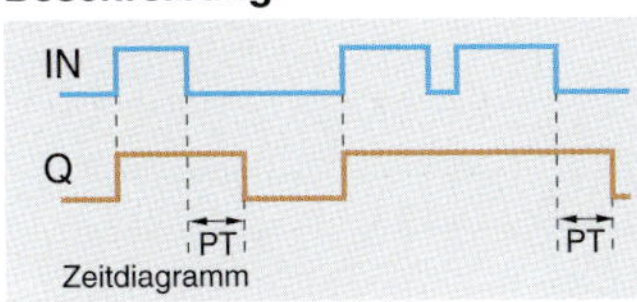

Einschaltverzögerung

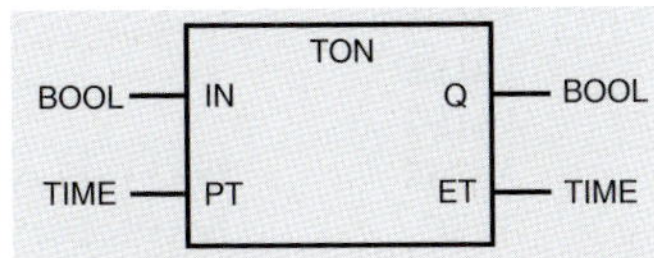

Beschreibung

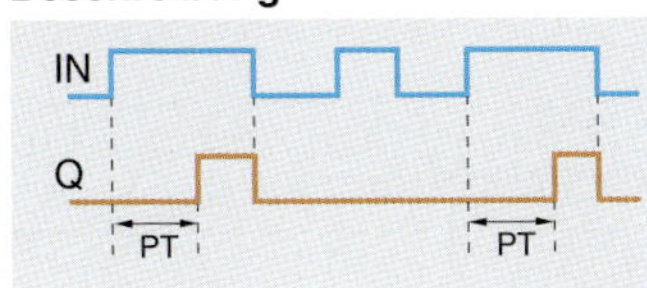

Impuls

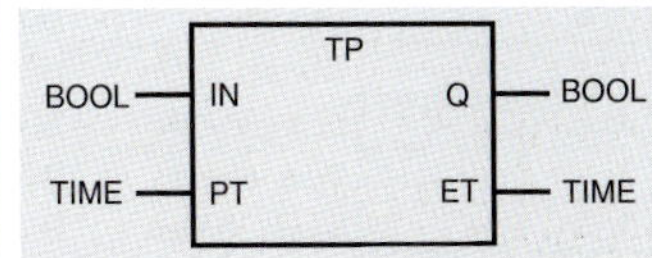

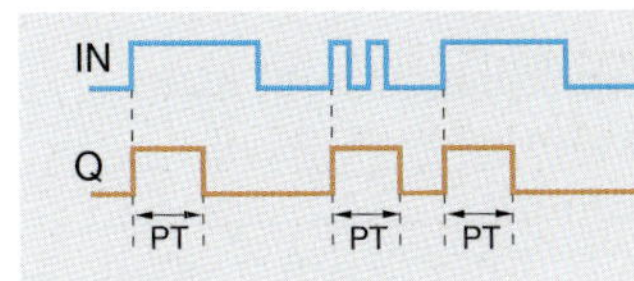

Operandenbedeutung

IN	Startbedingung	Q	Binärer Zustand des Zeitgebers
PT	Zeitwertvorgabe	ET	Ablaufender Zeitwert

Zählbausteine

Vorwärtszähler

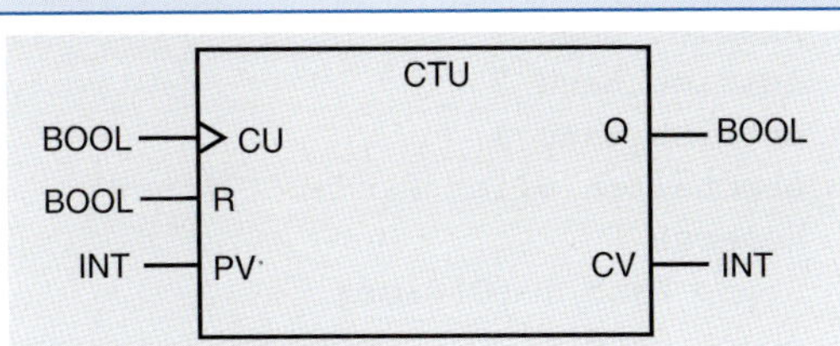

Operandenbedeutung

CU	Zählimpuls, steigende Flanke
R	Rücksetzbedingung
PV	Zählgrenze
Q	Meldung: Zählerstand ≥ PV
CV	Zählerstand

Rückwärtszähler

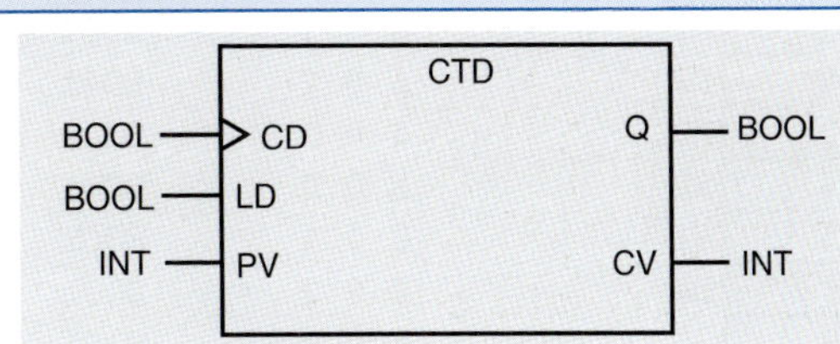

Operandenbedeutung

CD	Zählimpuls, steigende Flanke
LD	Setzbedingung
PV	Anfangswert
Q	Meldung: Zählerstand ≤ 0
CV	Zählerstand

Beispiel für Anwenderfunktionsbaustein

Funktionsbaustein zur Ansteuerung einer Transportbandanlage aus drei Bändern

Im Baustein realisierte Funktionen für die Bandantriebe:

- Start
- Stopp
- Startverriegelung, falls nachfolgendes Band außer Betrieb
- Stoppverriegelung, falls vorhergehendes Band in Betrieb
- Not-Stopp ohne Verriegelung

Mit Simulationsprogramm dargestellte Anlage

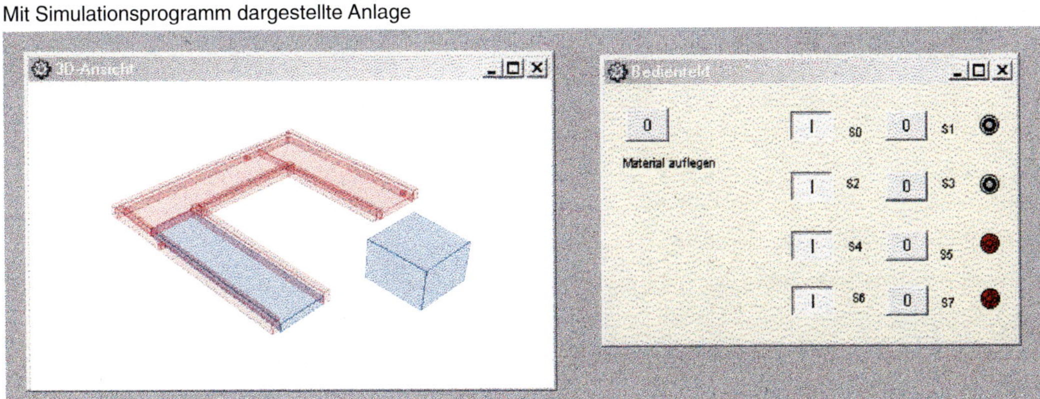

Lokale Symboltabelle

Adresse	Deklaration	Name	Typ	Anfangswert	Kommentar
0.0	in	Start	BOOL	FALSE	
0.1	in	Stopp	BOOL	FALSE	
0.2	in	Not_Stopp	BOOL	FALSE	
0.3	in	Vor_Band	BOOL	FALSE	Betriebszustand des vorgesetzten Bandes
0.4	in	Nach_Band	BOOL	TRUE	Betriebszustand des nachgesetzten Bandes
2.0	out	Antrieb	BOOL	FALSE	

Bausteinprogramm als KOP

Globale Symboltabelle

Nummer	Symbol	Adresse	Typ	Kommentar
1	K1	A 0.1	BOOL	Antrieb Band 1
2	K2	A 0.2	BOOL	Antrieb Band 2
3	K3	A 0.3	BOOL	Antrieb Band 3
4	S0	E 0.0	BOOL	Abschalten aller Bänder (Öffner)
5	S1	E 0.1	BOOL	Reserve
6	S2	E 0.2	BOOL	Stopp Band 1 (Öffner)
7	S3	E 0.3	BOOL	Start Band 1
8	S4	E 0.4	BOOL	Stopp Band 2 (Öffner)
9	S5	E 0.5	BOOL	Start Band 2
10	S6	E 0.6	BOOL	Stopp Band 3 (Öffner)
11	S7	E 0.7	BOOL	Start Band 3
12	Bandsteuerung	FB 1	FB 1	
13	Band_1	DB 1	FB 1	
14	Band_2	DB 2	FB 1	
15	Band_3	DB 3	FB 1	

Programmgestaltung im Organisationsbaustein

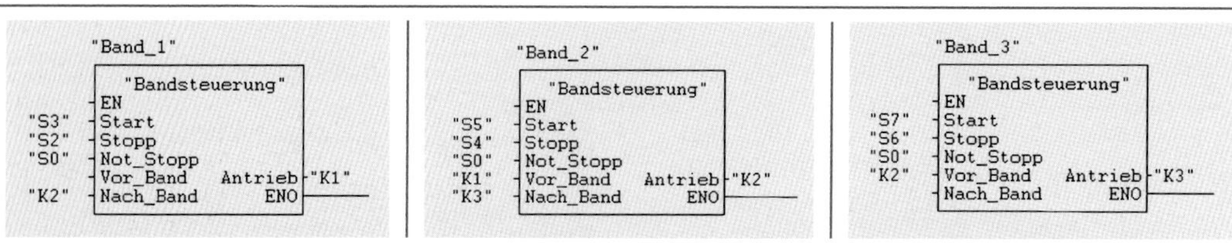

Der Anwenderfunktionsbaustein FB1 mit dem symbolischen Namen „Bandssteuerung“ wird dreimal aufgerufen.

Den globalen Namen sind Hardwareadressen zugeordnet.

Unbeschaltete Eingänge erhalten ihre Werte aus der Anfangswertspalte der lokalen Symboltabelle des FB.

Der Enabel-Eingang (EN) führt unbeschaltet den Wert TRUE und ermöglicht die Abarbeitung des FB.

Die internen Daten des Bausteins werden bei jedem Aufruf jeweils in einem Datenbaustein (DB1 bis DB3 bzw. „Band_1“ bis „Band_3“) gespeichert.

Sicherheit von Steuerungen

Da von gesteuerten Maschinen erhebliche Gefahren ausgehen können, sind bei der Planung und Ausführung umfangreiche Sicherheitsvorschriften zu beachten. Sie können hier nur auszugsweise dargestellt werden. Eine eingehendere Beschäftigung mit einschlägigen Vorschriften ist in vielen Fällen unerlässlich.

Steuerstromkreis

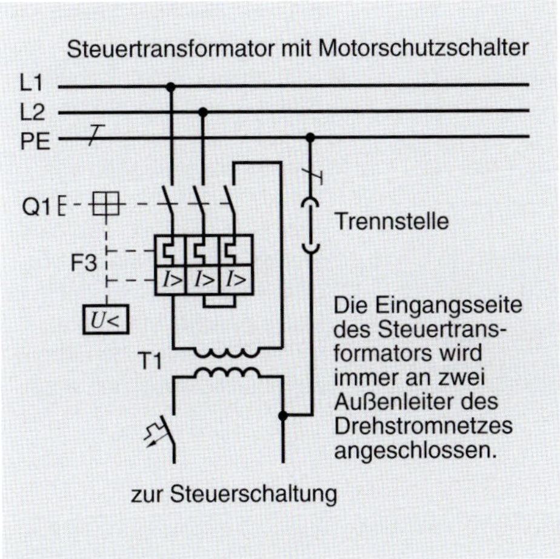

- Einspeisung über Steuertransformator
- Steuerspannung nicht über 277 V; meist 230 V oder 24 V
- Überstromschutz im Steuerstromkreis
- Beim Einschalten der Spannung darf in der Steuerung kein gefährlicher Zustand eintreten.
- Unterspannungsauslöser verhindert ungewolltes Einschalten nach Spannungsausfall.
- Stopp-Funktionen haben im Allgemeinen Vorrang vor Start-Funktionen. Wenn durch Ausschalten Gefahr droht, kann der Vorrang umgekehrt sein.

Verriegelung

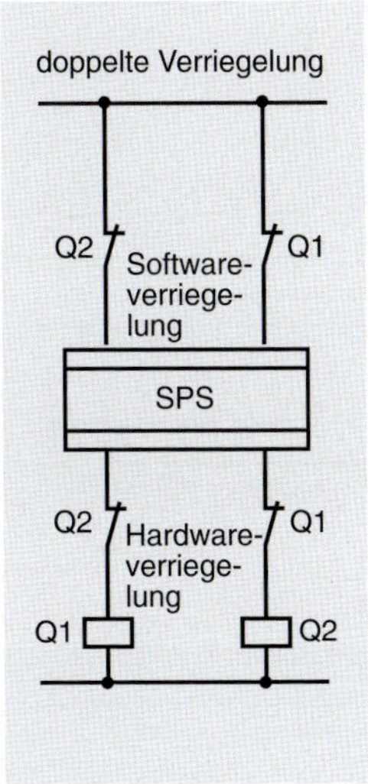

- Verriegelungen von Schützen dürfen nicht nur durch das SPS-Programm realisiert werden (Software-Verriegelung).
- Eine zusätzliche Verriegelung im Schütz-Stromkreis ist wegen Trägheit der Schütze zwingend notwendig (Hardware-Verriegelung).

Drahtbruchsicherheit

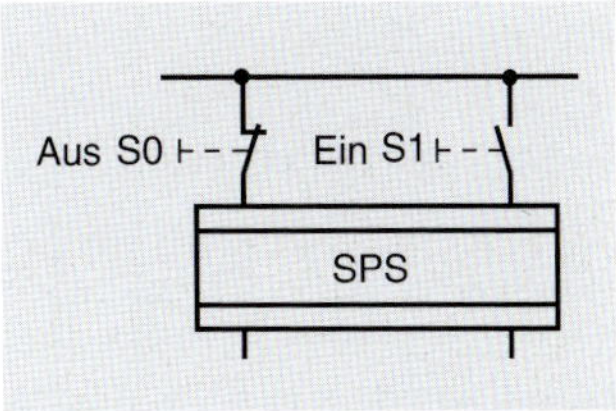

- Um ungewolltes Einschalten zu verhindern, müssen Ein-Taster Schließer und AUS-Taster Öffner sein.
  Ein Drahtbruch verhindert das Einschalten bzw. führt zum ungewollten Ausschalten.
- Wenn ungewolltes Ausschalten zu einer Gefährdung führt, sind die Taster entsprechend umgekehrt zu konzipieren.

Sicherheitsgrenztaster und Überlastschutz

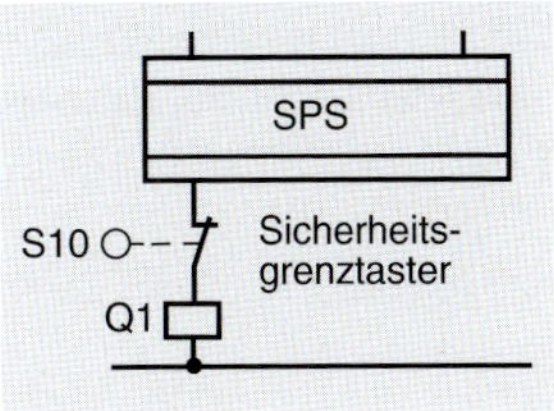

- Sicherheitsgrenztaster dürfen nicht auf das Programm wirken, sondern müssen die Antriebsschütze direkt abschalten.

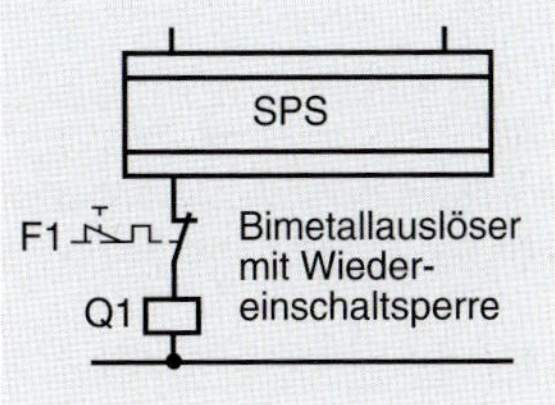

- Motoren mit Leistungen über 0,5 kW müssen durch Temperaturfühler oder Überstrom-Begrenzer gegen Überlast geschützt werden. Die Auslösung muss direkt auf die Schütze wirken und eventuell eine Wiedereinschaltsperre besitzen.

NOT-AUS-Steuerung

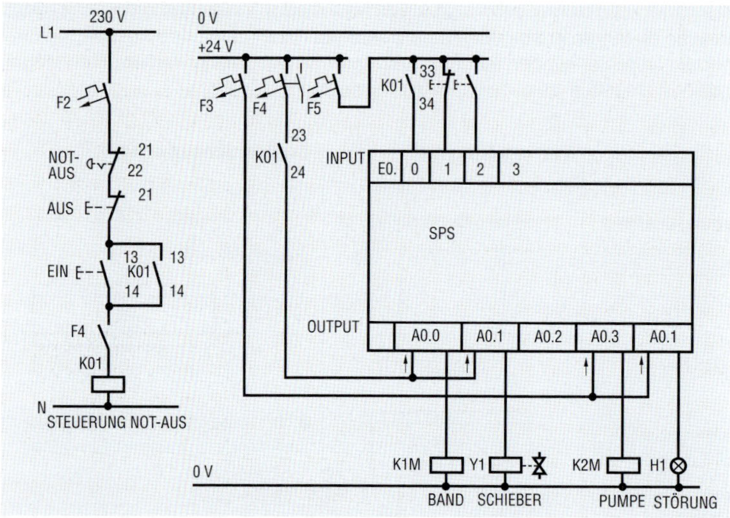

- NOT-AUS-Funktionen müssen unabhängig vom SPS-Programm arbeiten. Das Schütz K01 schaltet bei Betätigung des Not-Tasters die kritischen SPS-Ausgänge spannungsfrei, während erforderliche Funktionen erhalten bleiben.
- Der Einsatz dieser Schaltung ist auf Anwendungen beschränkt, bei denen ein eventuelles Versagen von Schütz K01 vertretbar ist. Ist dies nicht der Fall, wird eine Sicherheitskombination vorgeschrieben, bei der durch in Reihe geschaltete Kontakte für die Freigabe eine höhere Zuverlässigkeit erzielt wird.

4.10.3 Regeln technischer Prozesse

Struktur des Regelkreises

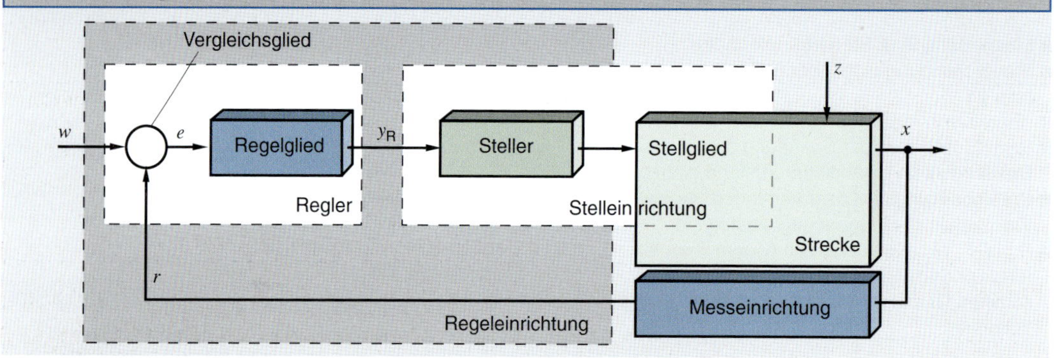

x Aufgabengröße; Größe, die geregelt wird
r Rückführungsgröße; Größe, die aus der Messung der Regelgröße hervorgeht
w Führungsgröße; Größe, der die Aufgabengröße in vorgegebener Abhängigkeit folgen soll
e Regeldifferenz; Differenz zwischen Führungsgröße und Rückführgröße
y_R Reglerausgangsgröße; Eingangsgröße der Stelleinrichtung
y Stellgröße; Ausgangsgröße der Regeleinrichtung zum Beeinflussen eines Energie- oder Massestromes
z Störgröße; beeinflusst die Aufgabengröße in unerwünschter Weise

Zeitverhalten

- Zeitliche Änderung der Ausgangsgröße eines Übertragungsgliedes in Abhängigkeit von Änderungen der Eingangsgröße
- Beschreibung des Zeitverhaltens durch Aufnahme der Sprungantwort
- bedeutsam für die Anpassung der Regeleinrichtung an die Regelstrecke

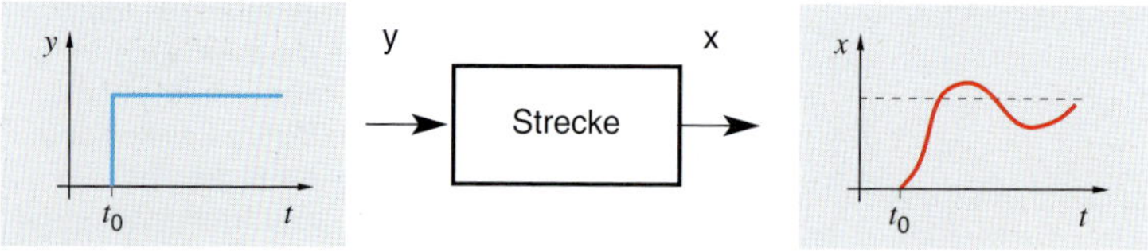

Eingangssprung

Sprungantwort

Zeitverhalten der Strecke

Bezeichnung Kenngrößen	Beispiel	Sprungantwort	Übergangsverhalten
Strecken mit Ausgleich			
P_0-Strecke Proportional-Beiwert $K_{PS} = x/y$	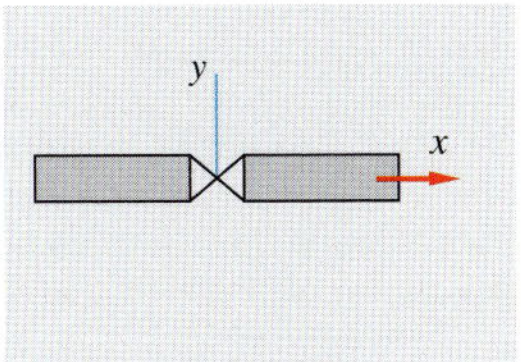	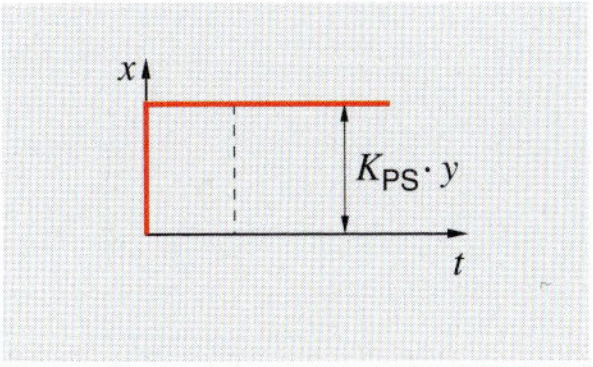	x folgt der Eingangsgröße y proportional unverzögert
PT_1-Strecke Proportional-Beiwert $K_{PS} = x_\infty/y$ Zeitkonstante T_S	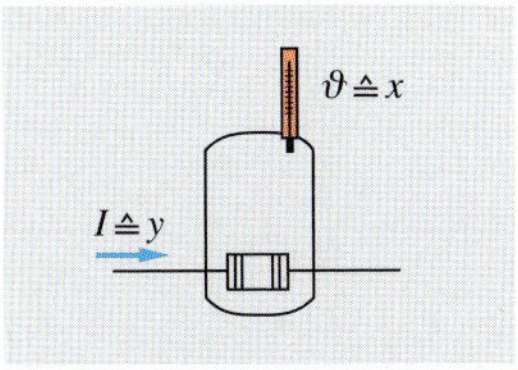	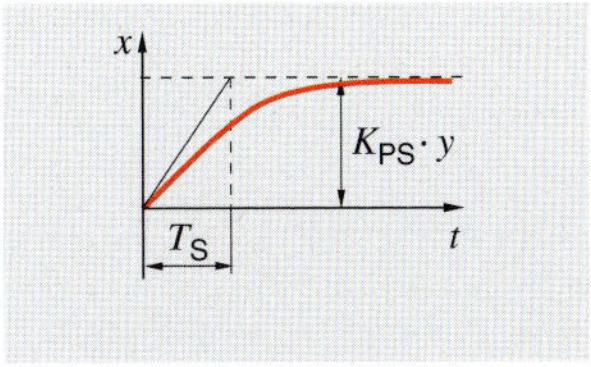	x folgt der Eingangsgröße y proportional und nach einer e-Funktion verzögert,
PT_2-Strecke Proportional-Beiwert $K_{PS} = x_\infty/y$ Verzugszeit T_u Ausgleichszeit T_g	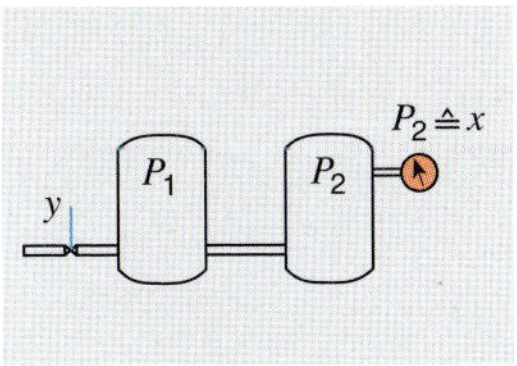	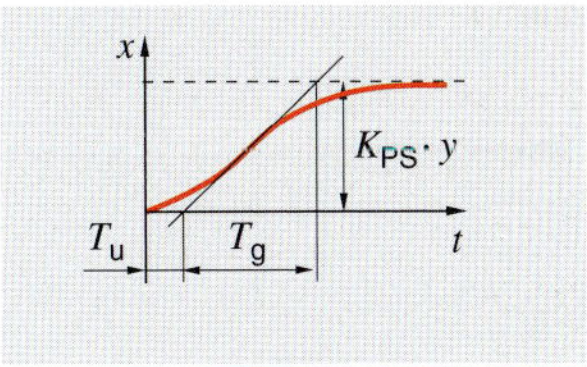	x folgt der Eingangsgröße proportional, mit zwei Zeitkonstanten verzögert
PT_t-Strecke Proportional-Beiwert $K_{PS} = x/y$ Totzeit T_t	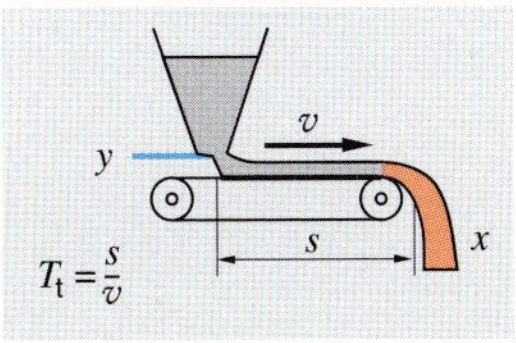	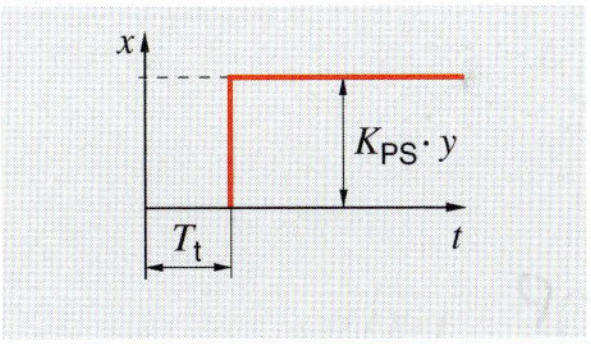	x folgt der Eingangsgröße y proportional, jedoch um die Zeit T_t verzögert
Strecken ohne Ausgleich			
I_0-Strecke Integrierzeit T_{IS} Integrierbeiwert $K_{IS} = v_x \cdot \frac{1}{y}$ $v_x = \frac{\Delta x}{\Delta t}$	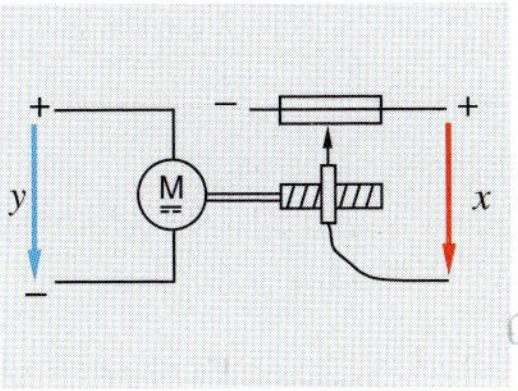	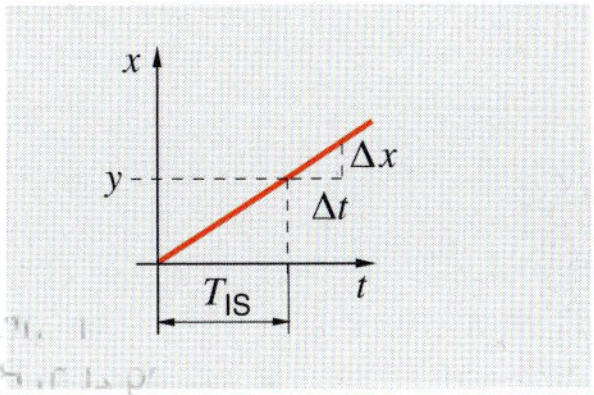	x ist das Zeitintegral der Eingangsgröße y
IT_1-Strecke Integrierzeit T_{IS} Verzögerungszeitkonstante T_S	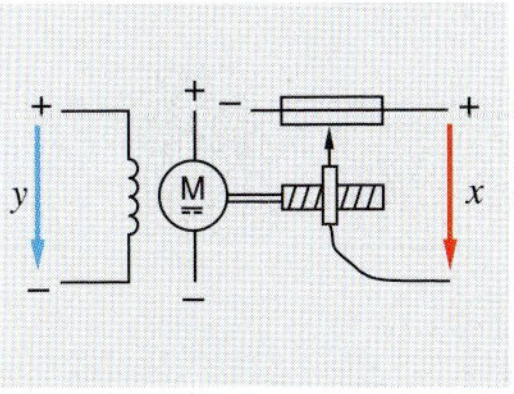	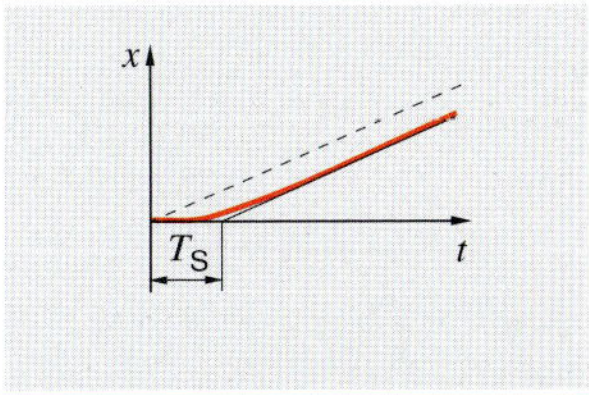	x ist das Zeitintegral der Eingangsgröße y, verzögert mit einer Zeitkonstanten
IT_t-Strecke Integrierzeit T_{IS} Totzeit T_t	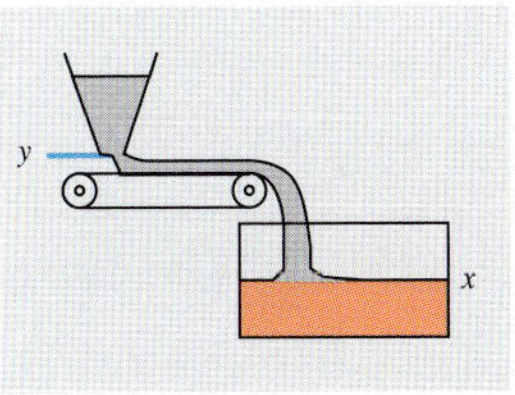	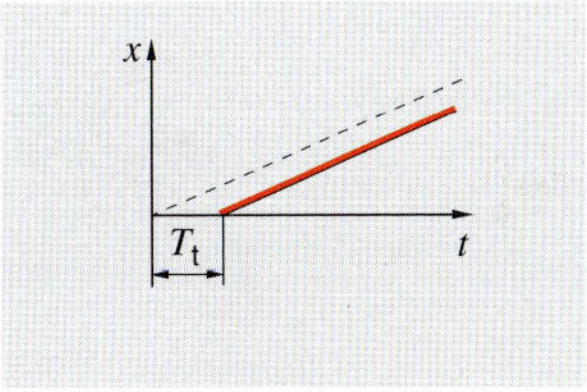	x ist das Zeitintegral der Eingangsgröße y, verzögert mit der Totzeit T_t

Zeitverhalten von Regeleinrichtungen

Stetiges Regelverhalten

Reglertyp	Übertragunsverhalten und Regelparameter	Beispiel mit Operationsverstärker	Eigenschaften
P-Regler	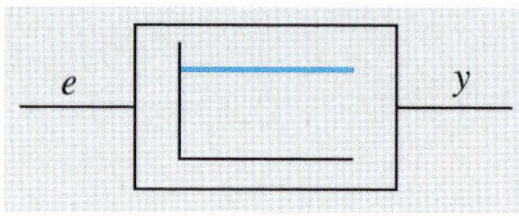 Proportionalbeiwert $K_P = \frac{\Delta y}{\Delta e}$	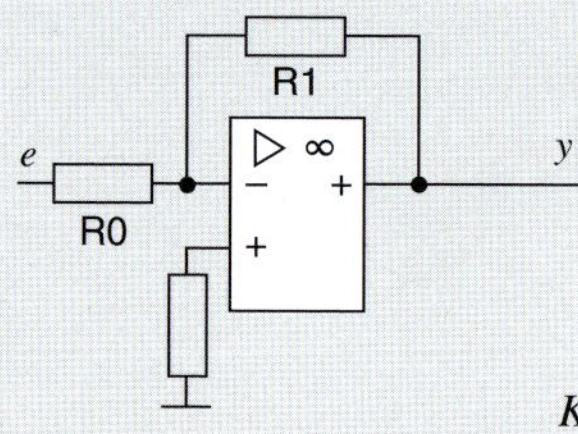 $K_P = \frac{R1}{R0}$	■ Störungen wird schnell entgegengewirkt. ■ Regeldifferenzen werden nicht völlig abgebaut. ■ Bei zu großen K_P-Werten kommt es zu Regelschwingungen.
I-Regler	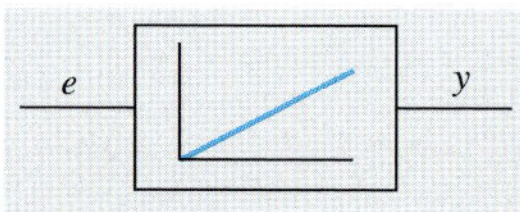 Integrierbeiwert $K_I = \frac{1}{e} \cdot \frac{\Delta y}{\Delta t}$	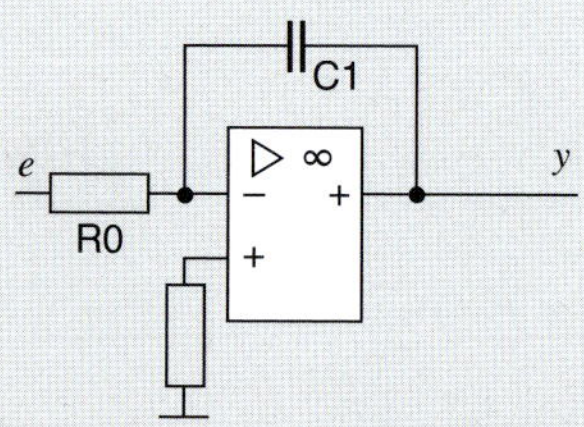 $K_I = \frac{1}{R0 \cdot C1}$	■ Regeldifferenzen werden völlig abgebaut. ■ träges Reagieren auf Störungen ■ Bei zu großen K_I-Werten kommt es zu Regelschwingungen.
PI-Regler	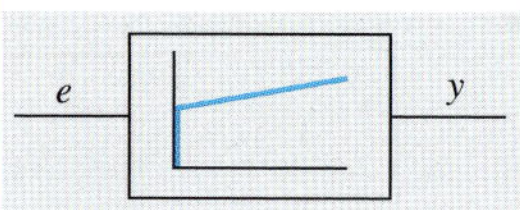 Nachstellzeit $T_N = \frac{K_P}{K_I}$	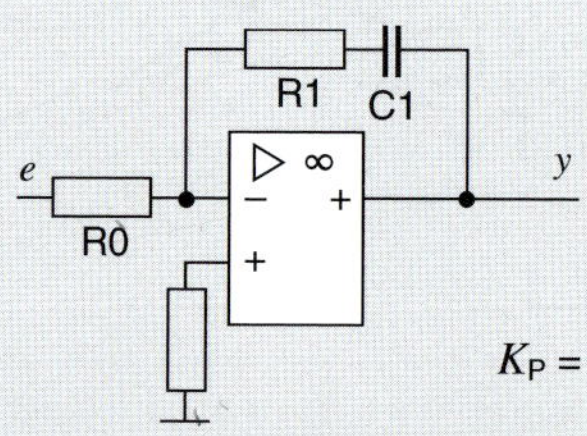 $K_P = \frac{R1}{R0}$ $T_N = R1 \cdot C1$	■ Schnelleres Reagieren als beim I-Regler ■ Regeldifferenzen werden völlig abgebaut. ■ Neigung zu Regelschwingungen
PD-Regler	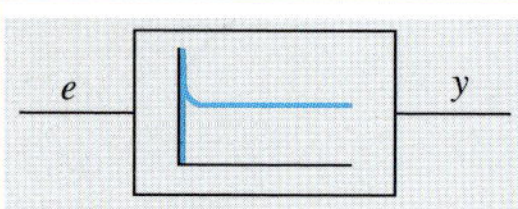 Differenzierbeiwert $K_D = y \cdot \frac{\Delta t}{\Delta e}$ Vorhaltezeit $T_V = \frac{K_D}{K_P}$	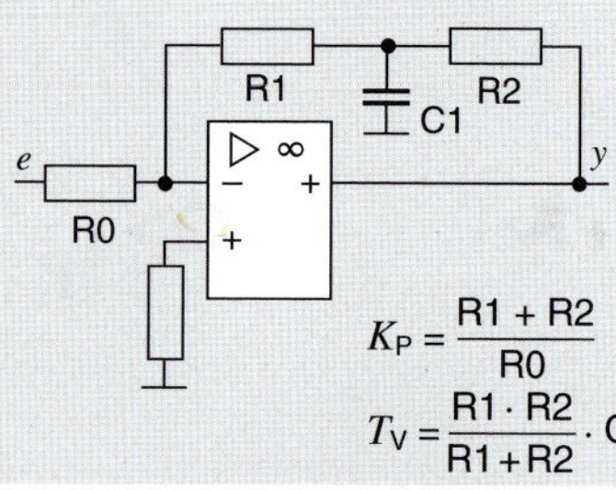 $K_P = \frac{R1 + R2}{R0}$ $T_V = \frac{R1 \cdot R2}{R1 + R2} \cdot C1$	■ Störungen wird sehr schnell entgegengewirkt. ■ Regeldifferenzen werden nicht völlig abgebaut. ■ Die Schwingungsneigung ist geringer als beim P-Regler.
PID-Regler	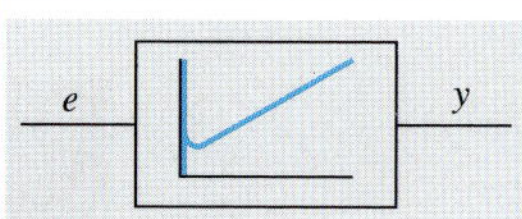 Proportionalbeiwert K_P Nachstellzeit T_N Vorhaltezeit T_V	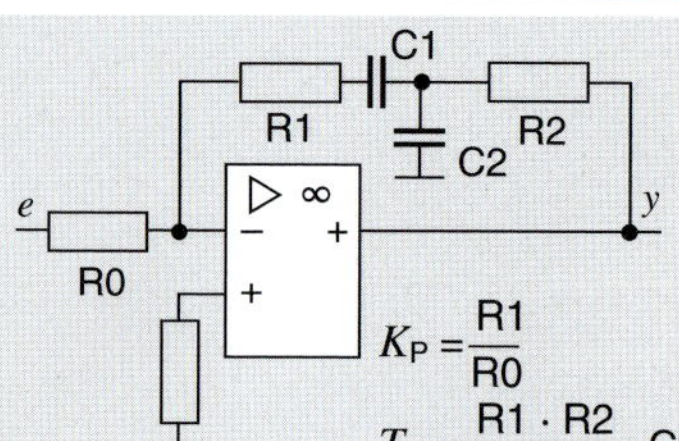 $K_P = \frac{R1}{R0}$ $T_V = \frac{R1 \cdot R2}{R1 + R2} \cdot C2$ $T_N = (R1 + R2) \cdot C1$	■ Störungen wird sehr schnell entgegengewirkt. ■ Regeldifferenzen werden völlig abgebaut. ■ geringe Schwingungsneigung ■ Drei Regelparameter beeinflussen sich gegenseitig und sind schwierig zu ermitteln.

Unstetiges Regelverhalten

<table>
<tr><th>Reglertyp</th><th>Übertragunsverhalten und Regelparameter</th><th>Beispiel mit Operationsverstärker</th><th>Eigenschaften</th></tr>
<tr><td>Zweipunkt-regler</td><td>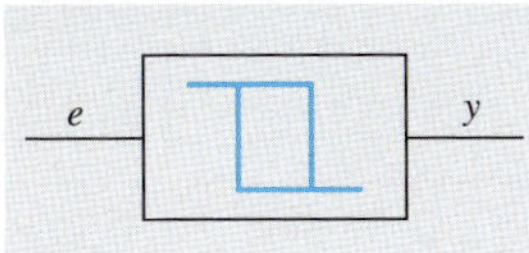

Schaltdifferenz x_d</td><td>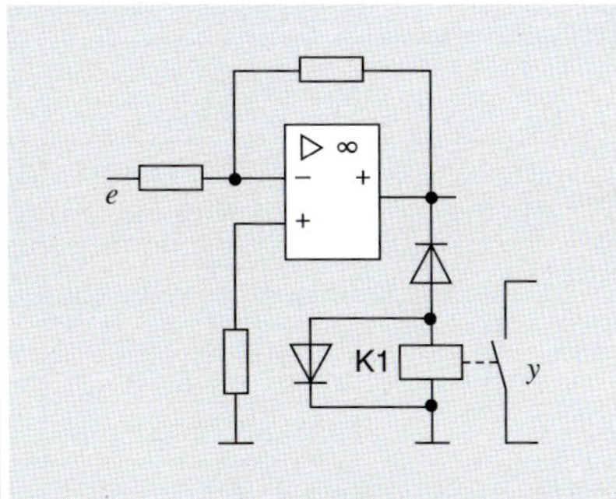
</td><td>■ Die Stellgröße kann nur zwei Zustände annehmen.
■ Die Regelgröße ist ständigen Schwankungen unterworfen.
■ nur für verzögert reagierende Regelstrecken geeignet</td></tr>
</table>

<table>
<tr><td>Regelverhalten</td><td>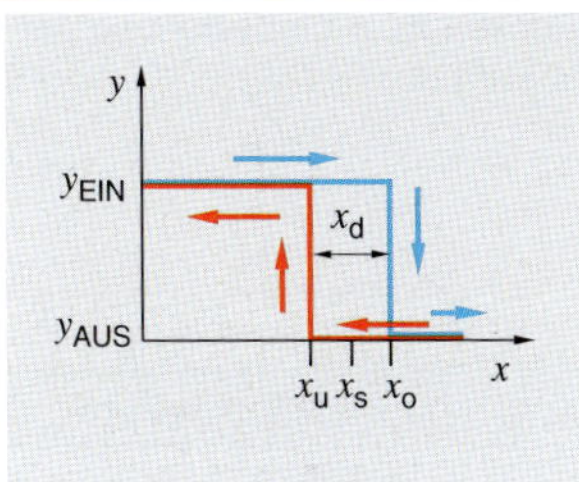

x_u unterer Schaltpunkt
x_o oberer Schaltpunkt
x_d Schaltdifferenz
x_s Sollwert</td><td>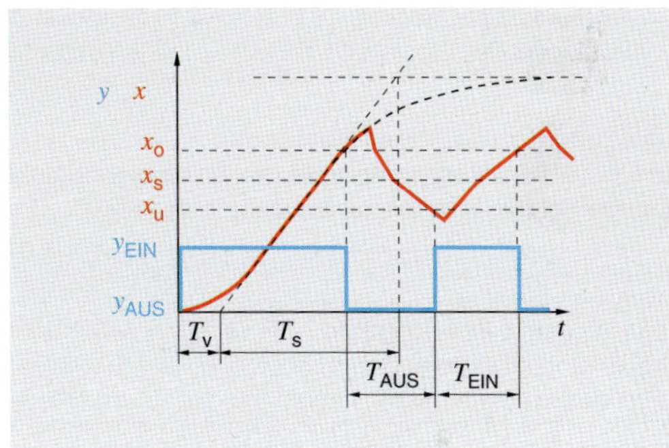

T_v Verzugszeit der Regelstrecke
T_t Ausgleichszeit der Regelstrecke</td></tr>
</table>

Optimierung von Regelprozessen

Zielstellungen für stetige Regelungen

<table>
<tr><td>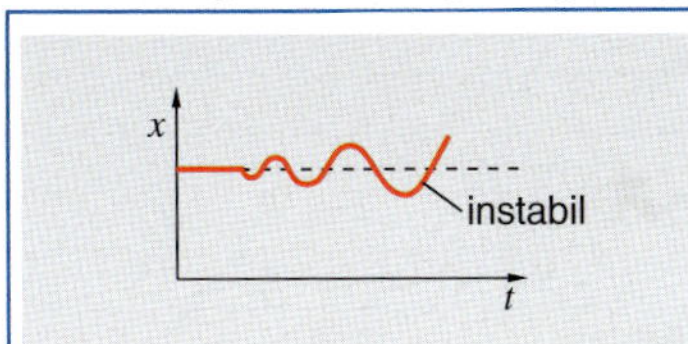

■ instabiles Verhalten der Regelgröße ist zu vermeiden</td><td>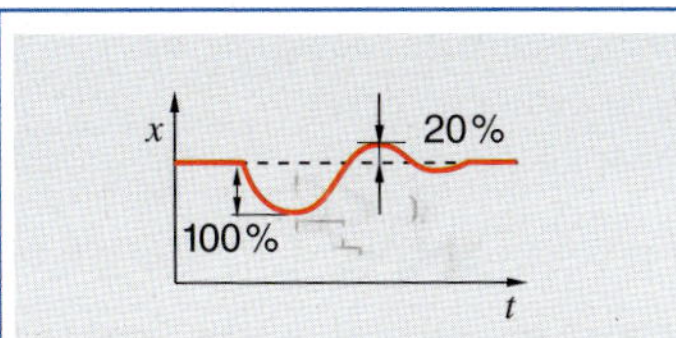

■ kurzes Einschwingen auf den Sollwert, maximales Überschwingen nach der Gegenseite um 20 %</td><td>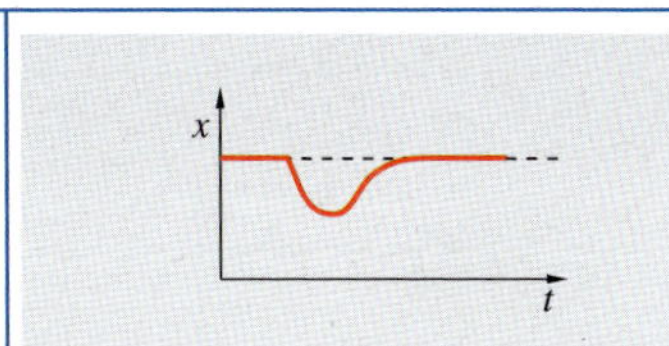

■ Angleichen in kürzester Zeit (aperiodischer Grenzfall ohne Überschwingen)</td></tr>
</table>

Streckenverhalten	Geeignete Reglertypen
P0-Strecke	**I-Regler,** PI-Regler, PID-Regler
PT_1-Strecke	**P-Regler,** PI-Regler, PD-Regler, PID-Regler
PT_2-Strecke	**PID-Regler,** PD-Regler, PD-Regler
I_0-Strecke	**P-Regler,** PI-Regler, PD-Regler, PID-Regler
IT_T-Strecke	P-Regler, PI-Regler, PD-Regler, PID-Regler,

Ermittlung der Reglereinstellungen

Reglertyp	Reaktion vorrangig auf Störung		Reaktion vorrangig auf Führung	
	Aperiodischer Regelvorgang	Periodisch mit 20 % Überschwingen	Aperiodischer Regelvorgang	Periodisch mit 20 % Überschwingen
P	$K_P = 0{,}3 \cdot \frac{T_g}{K_S \cdot T_t}$	$K_P = 0{,}7 \cdot \frac{T_g}{K_S \cdot T_t}$	$K_P = 0{,}3 \cdot \frac{T_g}{K_S \cdot T_t}$	$K_P = 0{,}7 \cdot \frac{T_g}{K_S \cdot T_t}$
PI	$K_P = 0{,}6 \cdot \frac{T_g}{K_S \cdot T_t}$	$K_P = 0{,}7 \cdot \frac{T_g}{K_S \cdot T_t}$	$K_P = 0{,}35 \cdot \frac{T_g}{K_S \cdot T_t}$	$K_P = 0{,}6 \cdot \frac{T_g}{K_S \cdot T_t}$
	$T_N = 4 \cdot T_t$	$T_N = 2{,}3 \cdot T_t$	$T_N = 1{,}2 \cdot T_g$	$T_N = T_g$
PID	$K_P = 0{,}95 \cdot \frac{T_g}{K_S \cdot T_t}$	$K_P = 1{,}2 \cdot \frac{T_g}{K_S \cdot T_t}$	$K_P = 0{,}6 \cdot \frac{T_g}{K_S \cdot T_t}$	$K_P = 0{,}95 \cdot \frac{T_g}{K_S \cdot T_t}$
	$T_v = 0{,}42 \cdot T_t$	$T_v = 0{,}42 \cdot T_t$	$T_v = 0{,}5 \cdot T_t$	$T_v = 0{,}47 \cdot T_t$
	$T_N = 2{,}4 \cdot T_t$	$T_N = 2 \cdot T_t$	$T_N = T_g$	$T_N = 1{,}35 \cdot T_g$

K_P Proportionalbeiwert des Reglers
T_N Nachlaufzeit des Reglers
T_V Vorhaltezeit des Reglers
T_g Ausgleichszeit der Strecke
T_t Totzeit der Strecke (unter Einbeziehung der Verzugszeit)
K_S Proportionalbeiwert der Strecke

Zielstellung für unstetige Regelungen

- geringe Schwankungsamplitude (hohe Regelgenauigkeit)
- geringe Schalthäufigkeit zur Entlastung der Stellglieder

Parameteränderung	Schalthäufigkeit	Regelgenauigkeit
Schaltdifferenz X_d vermindern	steigt	steigt
Streckentotzeit vermindern	steigt	steigt
Regelbereich vermindern (Regeln mit Grund- und Regelleistung)	sinkt	steigt

Normen

DIN 1301	Einheiten, Einheitennamen, Einheitenzeichen
DIN IEC 584	Thermopaare, Grundwerte und Grenzabweichungen
DIN 43735	Thermoelemente, Messeinsätze
DIN 43762	Widerstandsthermometer, Messeinsätze
IEC 751	Platinwiderstandsthermometer
VDI/VDE 2191	Messumformer für Temperatur
VDI/VDE 3511	Technische Temperaturmessungen
VDI/VDE 2183	Messumformer für Differenzdruck
DIN 5031	Strahlungsphysik im optischen Bereich und Lichttechnik
DIN 5032	Lichtmessung
DIN 19226	Regelungstechnik und Steuerungstechnik
DIN 19237	Steuerungstechnik (Begriffe)
DIN 19225	Kennung und Einteilung von Reglern
DIN 44300	Informationsverarbeitung, Begriffe
DIN 66000	Mathematische Zeichen der Schaltalgebra
DIN 41859	Elektrische Digitalschaltungen
DIN 19227	Sinnbilder von Mess-, Steuerungs- und Regeleinrichtungen

Arbeitsprozesse

1 Gestaltung von Arbeitsprozessen

Seite 408

Effektive Selbstorganisation des Tätigkeitsablaufs

von **Auftrags-analyse** bis **Auftrags-auswertung**

2 Planungsunterlagen

Seite 409

durch Regelwerk der

Gesetze | **Verordnungen** | **Bestimmungen**

3 Normen – Standards der Elektrotechnik

Seite 422

DIN-Normen | **VDE-Vorschriften** | **Bestimmungen zur Qualitätssicherung**

Begriffe

Unternehmungsform	Rechtliche Verfassung der Unternehmung, durch die ihre Rechtsbeziehungen im Innen- und Außenverhältnis geregelt sind
Unternehmungsorganisation	Gliederung der Gesamtaufgabe eines Betriebes in Teilaufgaben nach Objekten, Verrichtungen, Phasen und Rangstufen
Geschäftsprozess	Logische Abfolge von Aufgaben, deren Wertschöpfung aus den Leistungen an Prozesskunden besteht, auf ein wirtschaftliches Ziel ausgerichtet ist und messbare Elemente enthält
Arbeitsauftrag	Bezeichnung des Kundenauftrags entsprechend seinem Tätigkeitsbezug, z. B. als Installations-, Montage-, Wartungs- und Beratungsauftrag
Instandhaltung	Maßnahmen zum Aufrechterhalten der Funktionsfähigkeit und des ordnungsgemäßen Zustandes von Betriebsmitteln und Anlagen
Inspektion	Maßnahmen zur Feststellung und Beurteilung des Istzustandes von Betriebsmitteln und Anlagen
Wartung	Maßnahen zur Bewahrung des Sollzustandes von Betriebsmitteln und Anlagen
Instandsetzung	Maßnahmen zur Wiederherstellung des Sollzustandes von Betriebsmitteln und Anlagen
VDE-Bestimmungen	vom Verband Deutscher Elektrotechniker e. V. herausgegebene und zur Anwendung empfohlene Festlegungen mit Rechtsnormqualität für das Errichten und Betreiben von Betriebsmitteln und Anlagen, ihren Eigenschaften sowie Bemessung, Prüfung, Schutz und Instandhaltung
Unfallverhütungsvorschriften (UVV)	sicherheitstechnische Rechtsnormen, deren Schutzziele und Grundsätze zur Gefahrenabwehr unbedingt einzuhalten sind
Technische Anschlussbedingen (TAB)	Festlegungen für die Handlungspflichten des Netzbetreibers und des Anschlussnehmers sowie -nutzers zur Elektrizitätsversorgung mit Niederspannung
Anschlussnehmer	Jedermann im Sinne des Energiewirtschaftsgesetzes, in dessen Auftrag ein Grundstück oder Gebäude an das Niederspannungsnetz angeschlossen wird
Anschlusswert	die auf dem Typenschild eines Einzelgerätes angegebene Leistung
Installierte Leistung	Summe der Einzelanschlusswerte ohne Berücksichtigung eines Gleichzeitigkeitsfaktors

Rechtliche Sicherheit des Arbeitnehmers im Arbeitsprozess

Arbeitsrechtliche Vorschriften

Allgemeine Vorschriften

- **Gewerbeordnung**
  Die §§ 105–125 betreffen u. a. die Arbeitsbedingungen, wie Arbeits- und Ruhezeit, die Lohnabrechnung und die Betriebssicherheit für gewerbliche Arbeitnehmer.
- **Handelsgesetzbuch**
  Die §§ 59–83 betreffen das Arbeitsverhältnis zwischen Angestellten und Arbeitgeber.
- **Bürgerliches Gesetzbuch**
  Insbesondere die §§ 611–630 betreffen die Rechtsbeziehung zwischen Arbeitnehmer und Arbeitgeber.
- **Berufsbildungsgesetz**
  Betrifft die Berufsausbildung, Fortbildung und Umschulung, soweit sie nicht an berufsbildenden Schulen durchgeführt wird.

Arbeitsschutzgesetze

- **Arbeitssicherheitsgesetz**
  Gesetz über die Bestellung, Aufgaben und Anforderungen für Betriebsärzte, Sicherheitsingenieure und Fachkräfte für Arbeitssicherheit
- **Gesetz über techn. Arbeitsmittel**
  Gesetz für techn. Arbeitsmittel, die gewerbsmäßig in Betrieb genommen werden.
- **Arbeitsstättenverordnung**
  Für Baustellen sowie Gewerbebetriebe, u. a. für Arbeitsräume und -plätze, Umkleide-, Wasch-, Sanitärräume
- **Arbeitsstoffverordnung**
  Bestimmung gefährlicher Arbeitsstoffe: Inverkehrbringen, Verpackung, Kennzeichnung, Umgang und Schutzmaßnahmen
- **Unfallverhütungsvorschriften**
  Richtlinien der Berufsgenossenschaften
- **Strahlenschutzverordnung**

Arbeitnehmerschutzgesetze

Für alle Arbeitnehmer

- **Arbeitszeitordnung**
  Regelung der täglich zulässigen Arbeitszeit, der Ruhepausen und der Einschränkung durch Beschäftigungsverbote
- **Bildungsurlaubsgesetz**
  Nur für die Länder Berlin, Bremen, Hamburg, Hessen und Niedersachsen
  Regelung der bezahlten Teilnahme an fachlichen und politischen Ausbildungslehrgängen
- **Bundesurlaubsgesetz**
  Mindestbedingungen für Urlaubsdauer, Urlaubsanspruch und Urlaubsbezahlung
- **Kündigungsschutzgesetz**
  Bestimmungen über Kündigung, Änderungskündigung, Massenentlassung und Kurzarbeit
- **Betriebsrentengesetz**
  Regelung der Unverfallbarkeit von Ansprüchen aus betrieblicher Ruhegeldregelung vor Eintritt des Versorgungsfalls
- **Feiertagslohnzahlungsgesetz**

Für bestimmte Arbeitnehmergruppen

- **Schwerbehindertengesetz**
  Gesetz zur Sicherung der Eingliederung Schwerbehinderter in Arbeit, Beruf und Gesellschaft
- **Mutterschutzgesetz**
  Gesetz zum Schutz der erwerbstätigen Mutter: Schutzmaßnahmen für Mutter und Kind
- **Jugendarbeitsschutzgesetz**
  Bestimmung über die Beschäftigung und Ausbildung von Jugendlichen
- **Arbeitsplatzschutzgesetz**
  Schutz des Arbeitsplatzes bei Ableistung von Grundwehr- und Zivildienst
- **Arbeitnehmerüberlassungsgesetz**
  Regelung der gewerbsmäßigen Arbeitnehmerüberlassung (Leiharbeitnehmer)

Sonstige Gesetze

- **Betriebsverfassungsgesetz**
  Vorschriften zur Errichtung von Betriebsräten und Jugendvertretungen: Aufgaben, Rechte und Pflichten im Betrieb
- **Mitbestimmungsgesetz**
  Bildung von Aufsichtsräten in Großunternehmen ab 2000 Beschäftigte, Bestellung eines Arbeitsdirektors
- **Tarifvertragsgesetz**
  Bedingungen, unter denen Tarifverträge zwischen den Tarifvertragspartnern (Arbeitgeber und Gewerkschaften) abgeschlossen werden können
- **Arbeitsgerichtsgesetz**
  Zuständigkeit der Arbeitsgerichte bei
  - Streitigkeiten zwischen den Tarifvertragsparteien
  - Rechtsstreitigkeiten zwischen Arbeitgeber und Arbeitnehmer

Sozialrechtliche Vorschriften

- **Sozialgesetzbuch (SGB)**

SGB Buch 6	Gesetzliche Rentenversicherung
SGB Buch 3	Gesetzliche Arbeitslosenversicherung
SGB Buch 5	Gesetzliche Krankenversicherung
SGB Buch 11	Gesetzliche Pflegeversicherung
SGB Buch 7	Gesetzliche Unfallversicherung

- **Entgeltfortzahlungsgesetz**
  Entgeltfortzahlung bei Krankheit für Angestellte
- **Lohnfortzahlungsgesetz**
  Entgeltfortzahlung bei Krankheit für Arbeiter
- **Arbeitsförderungsgesetz**
  Maßnahmen zur Verbesserung der Beschäftigungsstruktur mit dem Ziel eines hohen Beschäftigungsstandes

1 Gestaltung von Arbeitsprozessen

Ziel

Effektive Bearbeitung von Arbeitsaufträgen durch Selbstorganisation des Tätigkeitsablaufs

Voraussetzungen

Ganzheitliche Handlungskompetenz der Arbeitskräfte durch hinreichende

- Fachkompetenz,
- Methodenkompetenz,
- Sozialkompetenz,

  erweitert durch die Fähigkeit, berufstypische Arbeitsaufträge unter Beachtung organisatorischer und wirtschaftlicher Rahmenbedingungen zu planen, durchzuführen und zu kontrollieren (Prozessqualifikation).

Klassifizierung der Arbeitsaufträge

Arbeitsauftrag mit geringer Komplexität

Bezeichnung des Arbeitsauftrages als Kundenauftrag entsprechend seinem Tätigkeitsbezug, z. B. als

- Installationsauftrag
- Montageauftrag
- Wartungsauftrag
- Beratungsauftrag

Inhalt

- Benennung des Auftraggebers (Kunde)
- Ausführungsort, Terminvereinbarung
- Angabe der Aufgaben bzw. der Art der Leistungen
- Einsatz von Werkzeugen und Material
- Arbeits- und Anfahrzeiten
- Angaben zur Inbetriebnahmeprüfung
- Einweisung und Abnahme durch den Auftraggeber

Arbeitsauftrag mit hoher Komplexität

Merkmale

- Bearbeitung in der Regel im Team bzw. durch Projektgruppen
- Zusammenstellung der Projektgruppen nach den Aufgabenstellungen und den Kundenanforderungen
- Einbeziehung unterschiedlicher Fachbereiche bzw. -disziplinen
- Vorgabe von Rahmenbedingungen hinsichtlich des Zieles, der Kosten und des Ressourceneinsatzes
- Auflösung des Teams nach der Abarbeitung des Projekts

Phasenmodell der Arbeitsaufträge

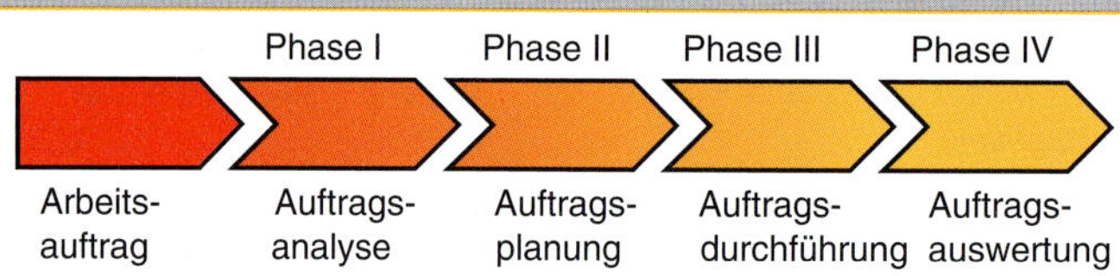

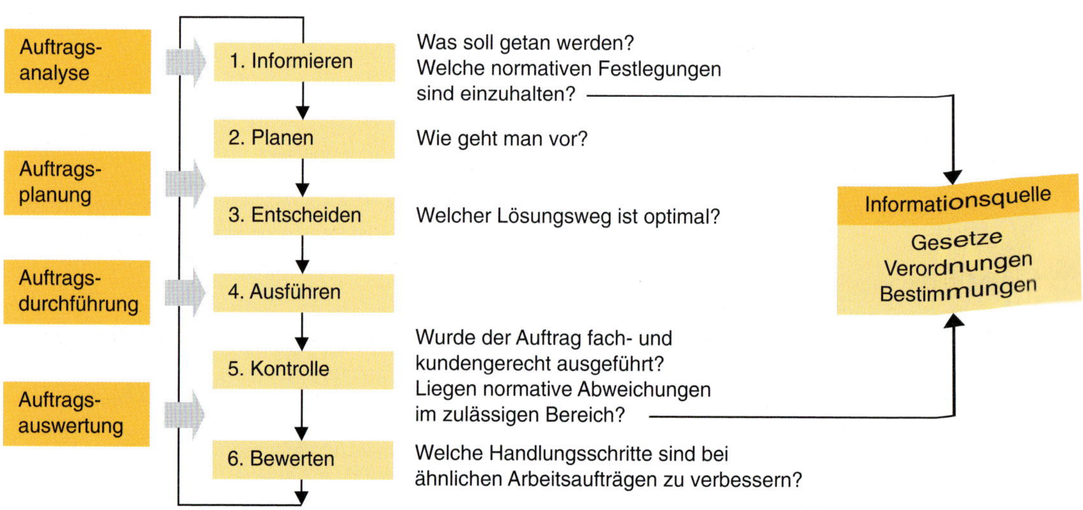

2 Planungsunterlagen

Grundlage der Anlagenplanung

Optimale Abstimmung zwischen

- Sicherheit
- Nutzen
- Kosten

der elektrischen Anlage

→ Einhalten der einschlägigen Regeln der Technik

→ Ausgleich zwischen Bedarf des Anwenders und Angebot des Errichters

Grundsätzliche Anforderungen an Sicherheit und Nutzen elektrischer Anlagen durch

Regelwerk von

- Gesetzen
- Verordnungen
- Bestimmungen

mit der entsprechenden Rangfolge, ihrem Detaillierungsgrad, ihrer Flexibilität in der Anwendung, ihrer Verbindlichkeit und ihrer mittleren Geltungsdauer

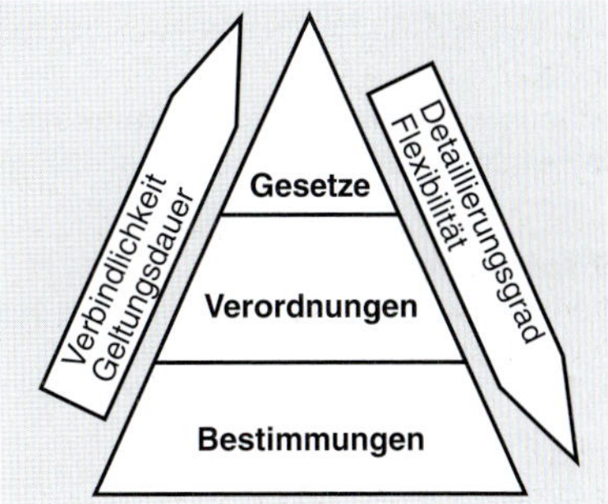

Planungsgrundlagen

Gesetze Grundregeln, die einzuhalten sind. Verstöße können bestraft werden.

Relevante Gesetze der Elektroplanung

- **Bürgerliches Gesetzbuch – BGB**
  Festlegung allgemeiner Rechtsgrundsätze und rechtsvertraglicher Regelungen
  Grundlage für die Sorgfaltsanforderungen bei der Planung und Ausführung technischer Systeme, beschrieben in den einschlägigen technischen Regelwerken
- **Gesetz zur Förderung der Energiewirtschaft; Energiewirtschaftsgesetz – EnWG**
  Förderung einer sicheren und preiswürdigen Gestaltung der Energieversorgung, auch der Elektrizitätsversorgung zum Wohle und im Interesse der Allgemeinheit
- **Gesetz über technische Arbeitsmittel; Gerätesicherheitsgesetz – GSG**
  Anforderungen an technische Arbeitsmittel nach den anerkannten Regeln der Technik und nach den Unfallverhütungsvorschriften zum Schutz gegen Gefahren aller Art für Leben und Gesundheit der Benutzer bei der bestimmungsgemäßen Benutzung der Arbeitsmittel

Verordnungen im Allgemeinen der Gesetzesebene unmittelbar zugeordnete Festlegungen für die Umsetzung bestimmter gesetzlicher Vorgaben

relevante Verordnungen für die Planung, Errichtung und den Betrieb elektrischer Anlagen

- **Zweite Verordnung zur Durchführung des Gesetzes zur Förderung der Energiewirtschaft**
  Regelung einer sicheren Elektrizitätsversorgung im Sinne der Anwendungssicherheit durch die Beachtung der anerkannten allgemeinen Regeln der Technik bzw. des in der Europäischen Gemeinschaft gegebenen Standes der Sicherheitstechnik
- **Verordnung über Allgemeine Bedingungen für die Elektrizitätsversorgung von Tarifkunden (AVBEltV)**
  Gestaltung der einheitlichen privatrechtlichen Versorgungsverträge zwischen den nach dem Energiewirtschaftsgesetz vertragspflichtigen Energieversorgungsunternehmen und den Tarifkunden, die im Rahmen der allgemeinen Versorgungspflicht an das Niederspannungsnetz angeschlossen sind. Es sind u. a. die neuen Bedingungen zu beachten, die sich aus dem dreiseitigen Verhältnis Kunde, Stromlieferant und Netzbetreiber ergeben.

  Inhalt: – kaufmännische und administrative Festlegungen,
  – technische Angaben zu einer störungsfreien Stromversorgung durch
  die Transformatorenanlage,
  den Hausanschluss,
  die Kundenanlage,
  die Mess- und Steuereinrichtungen

- **Energiesparverordnung – EnEV**
- **Bauordnung der Länder – LBO**
- **Verordnung über den Bau von Betriebsräumen für elektrische Anlagen – EltBauVO**
- **Verordnung der Berufsgenossenschaft**

Bestimmungen — im Ergebnis der Normung als technische Regelwerke zusammengefasste Anforderungen, die an elektrische Anlagen und Geräte gestellt werden

- **DIN-Normen**
- **VDE-Vorschriftenwerk – DIN-VDE-Normen**
- **technische Anschlussbedingungen für den Anschluss an das Niederspannungsnetz**

Energiesparverordnung EnEV

Ziele

- Senken des Heizenergieverbrauchs bei Neubauten um etwa 30 % von derzeit 100 auf 70 kWh / (m^2 · a)
- Kennzeichnung des Energiebedarfs von Wohngebäuden unter Berücksichtigung aller Verluste in der Energieumwandlungs- und -übertragungskette

Primärenergiefaktor f_p

Verlustbeiwert, der sämtliche Verluste des Energieträgers bis zu seiner Nutzung im Haus berücksichtigt

elektrische Energie der Kraftwerke $f_p = 3{,}0$
Nah- und Fernwärme aus Heizwerken $f_p = 1{,}3$
fossile Energieträger Gas und Öl $f_p = 1{,}1$

Beispiel: Der Primärleistungsbedarf P_P einer Standardpumpe mit einer Bemessungsleistung (Nutzleistung) $P_N = 100$ W und einem Wirkungsgrad von $\eta = 88\,\%$ beträgt

$$P_P = \frac{P_N}{\eta} \cdot f_P \qquad \mathbf{P_P = 341\ W}$$

Ausnahmeregelung bis zum 31. 01. 2010
reduzierter Verlustbeiwert $f_P = 2{,}0$

- für Speicherheizsysteme mit unterbrechbarem Strombezug in Verbindung mit einer lufttechnischen Wärmerückgewinnungsanlage und
- für die Kombination einer elektrischen Speicherheizung mit einer dezentralen oder zentralen Warmwasserbereitung, wenn kein zweiter Energieträger zur Verfügung steht.

Energiebilanz

Jahres-Nutzenergiebedarf Q_N in kWh/a kennzeichnet

- die Endenergie Q_h, die zur Erwärmung eines Gebäudes im Laufe eines Jahres aufgebracht werden muss, und
- den jährlichen Energieaufwand zur Warmwasserbereitung Q_{tW}

$Q_N = Q_h + Q_{tW}$
spezifische, auf den Quadratmeter bezogene Größen $q_N = q_h + q_{tW}$
Für die Warmwasserbereitung ist nach der EnEV pauschal festgelegt:
$q_{tW} = 12{,}5$ kWh / (m^2 · a)

Jahres-Primärenergiebedarf Q_P in kWh/a

gibt den jährlichen Energieaufwand unter Berücksichtigung der Wärmeverluste an.
Spezifische auf den Quadratmeter bezogene Größe: q_P in kWh / (m^2 · a), für unterschiedliche Gebäudesysteme nach der EnEV limitiert.

Anlagen-Aufwandszahl e_P

gibt das Verhältnis des Primärenergiebedarfs für Heizung und Warmwasserbereitung zur Nutzwärme an:

$$e_P = \frac{Q_P}{Q_N} \quad \text{oder} \quad e_P = \frac{q_P}{q_N}$$

und
kennzeichnet die Effizienz der Anlagentechnik für Heizung, Lüftung sowie Warmwasserbereitung, bezogen auf die bauphysikalisch bedingten Wärmeverluste.

Normative Randbedingungen für die Festlegungen der EnEV:

- Wärmebedarfsberechnungen nach DIN V 4108 – 6*)
- Wärmeschutz im Hochbau nach DIN V 4701 – 10*)

---

*) Vornormen sind technische Regeln, die nicht das gesamte Genehmigungsverfahren (Grün-, Gelb-, Weißdruck) durchlaufen haben, sondern aus Aktualitätsgründen beschleunigt in Kraft getreten sind.

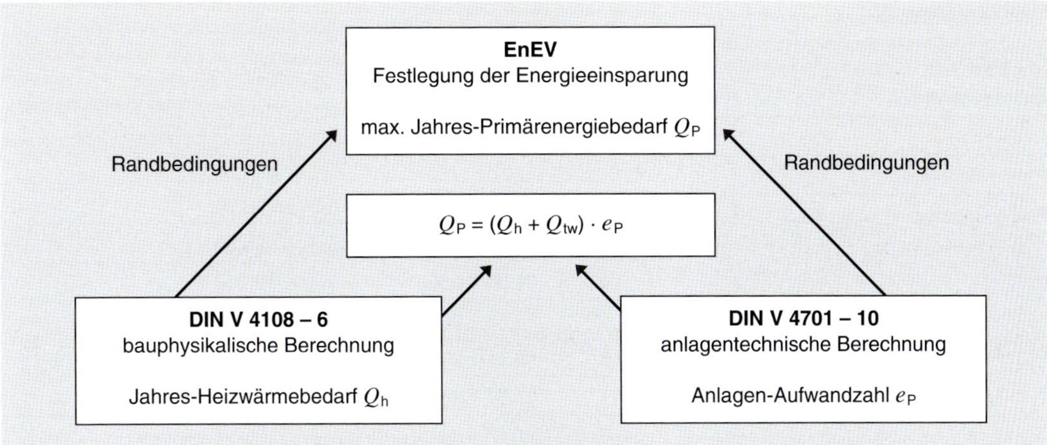

Abhängigkeit der Anlagen-Aufwandszahl e_P (Anlagentechnik) und des Jahres-Heizwärmebedarfs q_h (Wärmedämmung) von der Anlage (Heizungstyp, Warmwasserbereitung und Lüftung)

Heizungstyp	Warmwasser-bereitung	Lüftung
E-Speicher-Heizung	E-DLE	Fenst
E-Direkt-Heizung	E-DLE	WRG
E-Speicher-Heizung	E-DLE	WRG
BW-Gas 70/55	E-DLE	Fenst
NT-Öl 70/55	Speicher	Fenst
NT-Gas 70/55	Speicher	Fenst
BW-Gas 70/55	Speicher	Fenst
BW-Gas 55/45	Speicher	Fenst
BW-Gas 35/28	Speicher	Fenst
S/W-WP 55/45	E-DLE	Fenst
BW-Gas 70/55	Speicher	WRG
BW-Gas 70/55	Solaranlage	Fenst
BW-Gas 70/55	Solaranlage	WRG
S/W-WP 35/28	Speicher	Fenst
S/W-WP 35/28	Solaranlage	Fenst
S/W-WP 35/28	Solaranlage	WRG

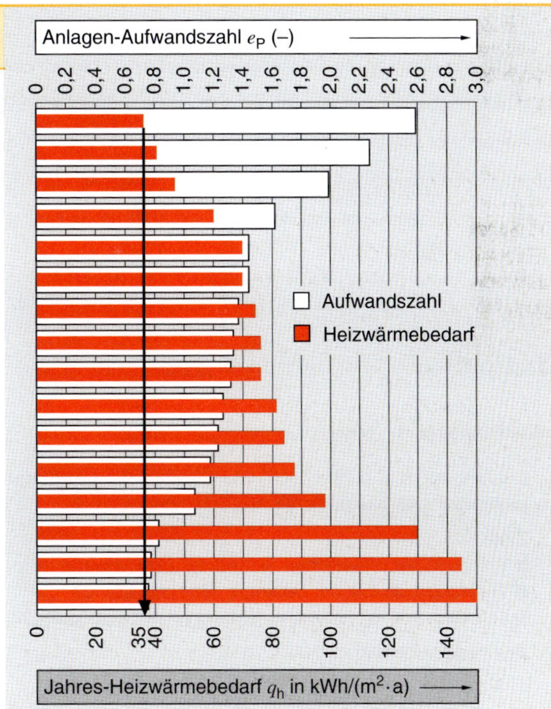

Heizungstypen: E-Speicher-Heizung = Elektro-Speicherheizung; E-Direkt-Heizung = Elektro-Direktheizung; BW-Gas[1]) = Gasheizung mit Brennwerttechnik; NT-Öl[1]) = Ölheizung mit Niedertemperaturkessel; NT-Gas[1]) = Gasheizung mit Niedertemperaturkessel; S/W-WP[1]) = Sole/Wasser-Wärmepumpe
Warmwasserbereitung: E-DLE = Elektro-Durchlauferhitzer; Speicher = Warmwasserspeicher
Lüftung: Fenst = Fensterlüftung; WRG = kontrollierte Lüftung mit Wärmerückgewinnung
[1]) nachgestellte Zahlen: Vor- und Rücklauftemperaturen der eingesetzten Heizungstypen

Abhängigkeit der Höchstwerte des Jahres-Primärenergiebedarfs Q_P von der Gebäudegeometrie, gekennzeichnet durch das Verhältnis

- der wärmeübertragenden Umfassungsfläche A
- zum beheizten Gebäudevolumen V_e

Orientierungswerte

Gebäudetyp	A/V_e
Mehrfamilienhaus	≈ 0,2
Reihenhaus	0,5 … 0,7
Einfamilienhaus	0,8 … 1
Flachbungalow	≥ 1,2

A/V_e	Q_P bezogen auf die Gebäudenutzfläche in kWh/(m²·a)	
	Wohngebäude	
	außer solche nach Spalte 3	mit überwiegend elektrischer Warmwasserbereitung
1	2	3
≤ 0,2	$66{,}00 + 2600/(100 + A_N)$	88,00
0,3	$73{,}53 + 2600/(100 + A_N)$	95,53
0,4	$81{,}06 + 2600/(100 + A_N)$	103,06
0,5	$88{,}58 + 2600/(100 + A_N)$	110,58
0,6	$96{,}11 + 2600/(100 + A_N)$	118,11
0,7	$103{,}64 + 2600/(100 + A_N)$	125,64
0,8	$111{,}17 + 2600/(100 + A_N)$	133,17
0,9	$118{,}70 + 2600/(100 + A_N)$	140,70
1	$126{,}23 + 2600/(100 + A_N)$	148,23
≥ 1,05	$130{,}00 + 2600/(100 + A_N)$	152,00

Berechnung des Jahres-Primärenergiebedarfs bei Zwischenwerten des A/V_e-Quotienten

ohne elektrische Warmwasserbereitung	$Q_P = 50{,}94 + 75{,}29 \cdot A/V_e + 2600/(100 + A_N)$
mit elektrischer Warmwasserbereitung	$Q_P = 72{,}94 + 75{,}29 \cdot A/V_e$
Jahres-Primärenergiebedarf	Q_P in kWh/(m²·a)
Quotient der Gebäudegeometrie	A/V_e ohne Einheit
Gebäudenutzfläche	A_N in m²

Bauordnung der Länder – Brand- und Wärmeschutz

Musterbauordnung MBO

ergänzt durch ähnliche, nicht völlig identische **Landesbauordnungen der Bundesländer LBO** mit ordnungsrechtlicher und bauaufsichtlicher Funktion.

Ziele

- Wahrung der öffentlichen Sicherheit und Ordnung (Bauordnung)
- Wahrung ästhetischer Belange (Baugestaltung)
- Wahrung von Wohlfahrtsaufgaben (Mindestausstattung)

Prinzipieller Inhalt

1. Allgemeine Bestimmungen
2. Das Grundstück und seine Bebauung
3. Bauliche Anlagen
4. Verantwortliche Personen
5. Behörden
6. Verfahren
7. Ermächtigungen, Ordnungswidrigkeiten, Übergangs- und Schlussbestimmungen

Brandgefahren und Brandverhütung in elektrischen Anlagen

Schutzziel nach §3 der Musterbauordnung
Bauliche Anlagen sind so anzuordnen, zu errichten, zu ändern und zu unterhalten, dass die öffentliche Sicherheit oder Ordnung, insbesondere Leben und Gesundheit nicht gefährdet werden.

Anforderungen der LBO an den Brandschutz

Grundsatzanforderungen

- Der Entstehung und Ausbreitung von Schadensfeuer muss vorgebeugt werden.
- Rettung von Menschen und Tieren sowie Löscharbeiten müssen möglich sein.

- Öffentliche Sicherheit und Ordnung, insbesondere Leben und Gesundheit, dürfen nicht gefährdet werden.

Einzelanforderungen

Lage des Gebäudes auf dem Grundstück und zur Nachbarbebauung Brandbekämpfung	Größe, Lage und Schutz der Brandabschnitte	Lage und Gestaltung der Rettungswege	Brandverhalten von Baustoffen und Bauteilen

Brand (Verbrennung)

Reaktion von Stoffen mit Sauerstoff unter
- Wärmeentwicklung und
- Lichtentwicklung (Feuer)
  - Flammen bei Gasen und Dämpfen
  - Glutbrand bei festen Stoffen

Voraussetzungen für das Entstehen eines Brandes

Vorhandensein von

brennbaren Stoffen mit niedrigen Zündtemperaturen (200 bis 500 °C)	Wärmequellen mit hinreichender Leistung und Wirkungsdauer	Sauerstoff in ausreichender Menge

Fehlt eine dieser Komponenten, entsteht kein Brand!

Entflammbarkeit der Stoffe

- leicht entflammbar (leicht entzündbar)
  Stoffe, die durch ein Streichholz innerhalb von 10 s entflammbar sind: Heu, Stroh, Baumwolle, Chemiefasern.
  Entflammbarkeit auch von der Oberfläche und Dichte abhängig:

Holzstaub	explosiv
Holzspäne, -wolle	leicht entflammbar
Holzbalken	schwer entflammbar

  Leicht entflammbare Baustoffe dürfen nicht verwendet werden!
  Dies gilt nicht für Baustoffe, die in Verbindung mit anderen Baustoffen nicht mehr leicht entflammbar sind.
- normal entflammbar
- schwer entflammbar

Zündquellen

■ offene Flammen	elektrische oder mechanische Funken; Streichholz mit ca. 1000 °C; Schweißbrenner 2850 °C
■ Strahlungserzeuger	heiße Gase oder Flüssigkeiten; heiße Oberfläche fester Körper
■ chemische Prozesse	Freisetzung von Wärme bei chemischen Reaktionen

- **Zündquellen in elektrischen Anlagen**

– Elektrogeräte mit Wärmestau	Schwelbrand nach etwa 1 Std.; bei Geräten bereits mit einer Leistung von 15 bis 20 W; Entzünden leicht entflammbarer Stoffe bereits bei 25 bis 30 W
– Wärmestrahler	Gefahr bei Infrarotstrahlern und Scheinwerfern mit einer Strahlungsarbeit ab 0,2 Ws/cm^2 bei längerer Betriebszeit

– Kontakterwärmung	bei höherem Übergangswiderstand durch Kupferoxid, Wasser oder Öl und geringem Kontaktdruck $F <$ 80 N: Kontaktfläche von 1,5 mm^2 $F <$ 500 N: Kontaktfläche von 50 mm^2
– Lichtbogen	mit Temperatur von 3000 bis 4000 °C, durch Kurzschluss bei Kohlebrücken, losen Drahtverbindungen, atmosphärischen Entladungen

Wärmestrahlungsarbeit verschiedener Stoffe, die zur Entzündung führt

Stoff	Wärmestrahlungsarbeit Ws/cm^2
Taft, Kunstseide – rot	0,5 bis 0,7
Zeitungspapier, einzelnes Blatt	0,7 bis 1,4
Kunstseide – schwarz	0,7 bis 1,4
Baumwolle – grün	1,2 bis 2,2
Kiefernholz	1,2 bis 2,9
Pappe	1,9 bis 3,6
Sackleinen	1,9 bis 3,8
Kopierpapier	3,6 bis 7,2

Brandverhalten von Baustoffen und Bauteilen

Brandablauf

Entstehungsbrand	langsames Aufheizen des Raumes, bis Grenztemperatur – Verbrennungstemperatur der Stoffe – erreicht wird
Feuersprung	nach Oberflächenentflammung entflammen alle brennbaren Stoffe
Vollbrand	voll entwickelter Brand, in der Regel bei 1000 bis 1500 °C (Wohngebäude 800 bis 1000 °C)

Verbrennungstemperaturen

Stoff	Verbrennungstemperatur °C
Phosphor	800
Magnesium	2000 … 3000
Holz	1100 … 3000
Koks	1400 … 1600
Leuchtgas	1550
Wasserstoff	2900
Acetylen	3100

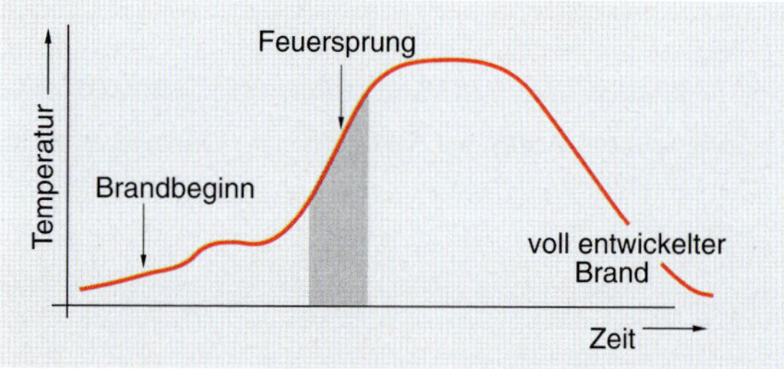

Klassifizierung der Baustoffe nach DIN 4102 - 1

Brandverhalten der Baustoffe ist abhängig von der Art des Stoffes, der Gestalt, der spezifischen Oberfläche und von der Masse.

Baustoffklasse		Bauaufsichtliche Benennung	Beispiele
A		nicht brennbar	
	A1		Gips, Sand, Ton, Kies, Stein, Erde Beton, Zement, Glas Mineralwolle ohne organische Zusätze Metalle, Legierungen
	A2		Gipskarton-Platten Mineralfaser-Erzeugnisse
B		brennbar	
	B1	schwer entflammbar	Holzwolle-Leichtbauplatten, PVC
	B2	normal entflammbar	Holz > 2 mm Dicke, Normal-Dachpappe
	B3	leicht entflammbar	Holz ≤ 2 mm Dicke, loses Papier, Stroh, Reet, Heu, Holzwolle, Baumwolle

Klassifizierung der Baustoffe nach DIN 4102 - 2

Klassifizierungskriterium: **Feuerwiderstandsdauer**
Mindestzeit, in der das Bauteil unter genormten Bedingungen der Feuerbeanspruchung widersteht, d. h. kein Verlust der Funktionsfähigkeit, wie Tragfähigkeit oder Raumabschluss, entsteht.
Die Werte der Feuerwiderstandsdauer von Bauteilen sind entsprechend der Höhe und Ausdehnung des Gebäudes abgestuft.

Feuerwiderstandsklasse F

Feuerwiderstandsklasse	Feuerwiderstandsdauer	Bauaufsichtliche Benennung
F30 F60	≥ 30 min ≥ 60 min	feuerhemmend
F90 F120	≥ 90 min ≥ 120 min	feuerbeständig
F180	≥ 180 min	hochfeuerbeständig

Bezeichnungserweiterung durch die Angabe der Baustoffklasse

Bauaufsichtliche Benennung	Benennung nach DIN 4102 - 2	Kurzbezeichnung
feuerhemmend	Feuerwiderstandsklasse F30	F30 - B
feuerhemmend und in den tragenden Teilen aus nicht brennbaren Baustoffen	Feuerwiderstandsklasse F30 und in wesentlichen Teilen aus nicht brennbaren Baustoffen	F30 - AB
feuerhemmend und aus nicht brennbaren Baustoffen	Feuerwiderstandsklasse F30 und aus nicht brennbaren Baustoffen	F30 - A
feuerbeständig	Feuerwiderstandsklasse F90 und in wesentlichen Teilen aus nicht brennbaren Baustoffen	F90 - AB
feuerbeständig und aus nicht brennbaren Baustoffen	Feuerwiderstandsklasse F90 und aus nicht brennbaren Baustoffen	F90 - A

Benennung von Sonderbauteilen

Sonderbauteil	Kennbuchstabe	Feuerwiderstandsklassen
Abschottungen von Kabeldurchführungen	S	S30; S60; S120
Kabelanlagen	E	E30; E60; E90; E120

Brandschutzmaßnahmen

Bauliche Maßnahmen entsprechend den Länderbauordnungen

Vorbeugende Installationstechnik

- normgerechte Zuordnung von Leiterquerschnitt und Überstromschutzeinrichtung
- Isolationsüberwachung durch FI-Schutzschalter (RCD) mit einem Bemessungs-Differenzstrom $I_{\Delta n} \leq 300$ mA
- Betriebsmittel mit einem betriebsstättenabhängigen Mindestschutzgrad, um das Eindringen von Fremdkörpern zu verhindern, die u. U. einen Wärmestau verursachen.
- brandschutzgerechte Produkteigenschaften des Installationsmaterials für

Gebäude mit **Mindestanforderungen an den Brandschutz:** Wohngebäude, Handwerksbetriebe, Gewerbe, Industrie

Gebäude mit **erhöhten Anforderungen an den Brandschutz:** feuergefährdete Betriebsstätten und solche mit großer Personendichte

Elektro-Anlagen	Produkteigenschaften	
dürfen keinen Brand auslösen	**erschwerte Materialentzündung bei inneren Fehlern,** Glühdrahtprüfung ≤ 650 °C	**erschwerte Materialentzündung bei inneren Fehlern,** Glühdrahtprüfung ≤ 850 °C
dürfen nicht aktiv zu einem Brand beitragen	**selbstverlöschend,** Glühdrahtprüfung ≤ 650 °C	**selbstverlöschend** Materialklassifizierung FV-0
müssen die Ausbreitung eines Brandes begrenzen		**Verhindern der Brandfortleitung** Nachweis durch 1-kW-Flamme (Bunsenbrennerprüfung)
müssen Lösch- und Rettungsmaßnahmen ermöglichen		**Materialeigenschaften:** halogenfrei geringe Toxizität geringe Rauchgasentwicklung

Ausrüstung von Arbeitsstätten mit Feuerlöschern

Löschen durch

Stickeffekt

Beseitigen reaktionsfähiger Mengenverhältnisse

- **Verdünnen** Zumischen von Stoffen (CO_2), die an der Reaktion nicht teilnehmen
- **Abmagern** Abkühlung unter den Flammpunkt oder Erhöhung des Flammpunktes
- **Trennen** mechanische Abdeckung oder Schaumschicht, Schließen von Absperrorganen, Abpumpen

Inhibitionseffekt

Unterbrechung der Verbrennung durch reaktionshemmende Stoffe

- **inhomogene Inhibition** Halone; Einsatzverbot nach der FCKW-Halon-Verbotsverordnung
- **heterogene Inhibition** Pulverteilchen

Auswahl der Feuerlöscher

1. Ermitteln der Brandklasse

Zuordnungskriterium: Brandgefährlichkeit der Einrichtungen und Arbeitsstoffe in den Betriebsstätten
Brandklasse A feste, Glut bildende Stoffe, z. B. Papier, Holz, ähnliche organische Materialien
Brandklasse B flüssige oder flüssig werdende Stoffe, z. B. brennbare Lösungsmittel, Schmieröle, Dieselöl
Brandklasse C gasförmige Stoffe, auch solche unter Druck, z. B. Propan, Butan, Acetylen als Schweißgase
Brandklasse D brennbare Metalle, z. B. Magnesium, Aluminiumpulver

Eignung der Feuerlöscher für den entsprechenden Einsatzzweck

Arten der Feuerlöscher	Brandklassen nach DIN EN 2			
	A	B	C	D
Pulverlöscher mit ABC-Löschpulver	●	●	●	□
Pulverlöscher mit BC-Löschpulver	□	●	●	□
Pulverlöscher mit Metall-Brandpulver	□	□	□	●
Kohlendioxidlöscher*)	□	●	□	□
Wasserlöscher (auch mit Zusätzen)	●	●	□	□
Wasserlöscher mit Zusätzen	●	●	□	□
Schaumlöscher	●	●	□	□

● geeignet; □ nicht geeignet;
*) nicht zulässig auf Wasserfahrzeugen und schwimmenden Geräten

2. Feststellen der Brandgefährdung der Betriebsstätte

Beispielhafte Zuordnung von Betriebsbereichen zur Brandgefährdung

Brandgefährdung		
gering	mittel	groß
Verkauf, Handel, Lagerung		
Lager mit Fliesen, Keramik, mit geringem Verpackungsanteil Verkaufsräume für Getränke, Pflanzen	Lager mit brennbarem Material, Holzlager im Freien Verkaufsräume mit brennbaren Artikeln, wie Buchhandel, Lebensmittel, Textilien, Bäckereien, chemische Reinigung	Lager mit leicht entzündlichen bzw. leicht entflammbaren Stoffen, Speditionslager, Lager mit Lacken und Lösungsmitteln, Altpapier, Schaumstoffe
Industrie		
Betonwerk, Ziegelei, Papierherstellung im Nassbereich, Konservenfabrik, Herstellung elektrotechnischer Betriebsmittel und Geräte, Brauerei, Stahlbau, Maschinenbau	Brotfabrik, Leder- und Kunststoffverarbeitung, Kartonagen, Montage von KFZ, Haushaltsgroßgeräte, Baustellen ohne Feuerarbeiten	Möbelherstellung, Webereien, Spinnereien, Getreidemühlen und Futtermittel, Verarbeitung mit brennbaren Lacken und Klebern, Raffinerien, Druckereien
Handwerk		
Gärtnerei, Galvanik, mechanische Metallbearbeitung	Schlosserei, Vulkanisierung, Leder- und Textilverarbeitung, Backbetrieb, Elektrowerkstatt	Kfz-Werkstatt, Tischlerei, Schreinerei, Polsterei

3. Festlegung der Löschmitteleinheiten

Anzahl der Löschmitteleinheiten (LE) ist abhängig von
- betrieblicher Grundfläche und
- Brandgefährdung

Grundfläche in m^2	Löschmitteleinheiten (LE)		
	geringe Brandgefährdung	mittlere Brandgefährdung	große Brandgefährdung
50	6	12	18
100	9	18	27
200	12	24	36
300	15	30	45
400	18	36	54
500	21	42	63
600	24	48	72
700	27	54	81
800	30	60	90
900	33	66	99
1000	36	72	108
je weitere 250	6	12	18

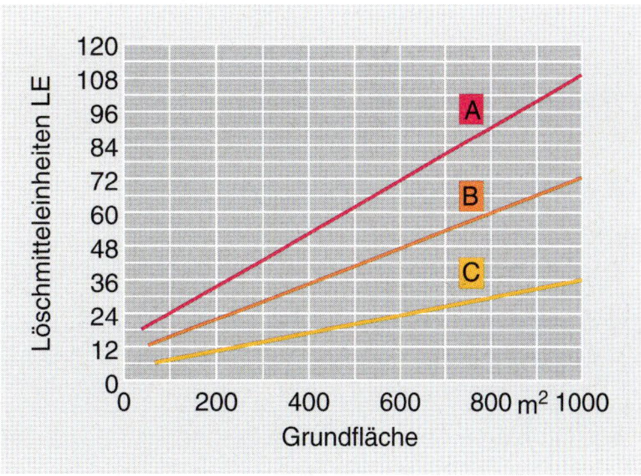

A große Brandgefährdung
B mittlere Brandgefährdung
C geringe Brandgefährdung

4. Bestimmen der Anzahl der Feuerlöscher

Anzahl der Feuerlöscher ist abhängig von den für die Betriebsstätte benötigten Löschmitteleinheiten.

Löschmitteleinheiten	Feuerlöscher nach DIN EN 3	
	A	B
1	5 A	21 B
2	8 A	34 B
3	55 B	
4	13 A	70 B
5	89 B	

Löschmitteleinheiten	Feuerlöscher nach DIN EN 3	
	A	B
6	21 A	113 B
9	27 A	144 B
10	34 A	
12	43 A	183 B
15	55 A	233 B

Verordnung über den Bau von Betriebsräumen für elektrische Anlagen ELtBauVO

Geltungsbereich

Verordnung gilt für **elektrische Betriebsräume** ➡ Räume, die ausschließlich zur Unterbringung von Einrichtungen zur Erzeugung oder Verteilung elektrischer Energie oder zur Aufstellung von Batterien dienen

mit

- Transformatoren und Schaltanlagen für Nennspannungen über 1 kV
- ortsfesten Stromerzeugungsaggregaten
- Zentralbatterien für Sicherheitsbeleuchtung

u. a. in

- Waren- und sonstigen Geschäftshäusern
- Versammlungsstätten, nicht für solche in fliegenden Bauten
- Büro- und Verwaltungsgebäuden
- Krankenhäusern, Altenpflegeheimen
- Schulen und Sportstätten
- Gaststätten, Beherbergungsstätten
- geschlossenen Garagen
- Wohngebäuden

Allgemeine Anforderungen

- Unterbringung der o. g. Einrichtungen und der Schaltanlagen für Sicherheitsbeleuchtung in jeweils eigenen elektrischen Betriebsräumen.
- Elektrische Anlagen müssen den anerkannten Regeln der Technik, d. h. den VDE-Bestimmungen entsprechen.
- Elektrische Betriebsräume
  - Anordnung so, dass sie im Gefahrenfall von anderen allgemein zugänglichen Räumen oder vom Freien, nicht über Treppen, leicht und sicher erreichbar sind
  - lichte Höhe mindestens 2 m, Durchgangshöhe von Bedienungs- und Wartungsgängen mindestens 1,80 m
  - wirksame Be- und Entlüftung zur Abführung der Verlustwärme von Transformatoren und Stromerzeugungsaggregaten bzw. der Gase

<table>
<tr><th colspan="3">Zusätzliche Anforderungen an elektrische Betriebsräume für</th></tr>
<tr><th>Transformatoren und Schaltanlagen mit Nennspannungen über 1 kV</th><th>ortsfeste Stromerzeugungs-aggregate</th><th>Zentralbatterien für Sicherheits-beleuchtung</th></tr>
<tr><td colspan="2">■ feuerbeständige Abtrennung von anderen Räumen</td><td>■ feuerhemmende Abtrennung von anderen Räumen</td></tr>
<tr><td colspan="3">■ feuerhemmende und selbstschließende Türen aus nicht brennbaren Baustoffen</td></tr>
<tr><td colspan="2">■ Zu- und Abluft müssen unmittelbar oder über besondere Lüftungsleitungen geführt werden.</td><td>■ Lüftungsanlagen müssen gegen Einwirkungen des Elektrolyten widerstandsfähig sein.</td></tr>
<tr><td colspan="2">■ Fußböden müssen aus nicht brennbaren Baustoffen bestehen, dies gilt nicht für Fußbodenbeläge.</td><td>■ Fußböden müssen gegen die Einwirkungen des Elektrolyten widerstandsfähig sein.</td></tr>
<tr><td>■ Auslaufende Isolier- und Kühlflüssigkeit muss sicher aufgefangen werden können.</td><td>■ Wände in erforderlicher Höhe und der Fußboden müssen gegen wassergefährdende Flüssigkeiten undurchlässig ausgebildet sein.</td><td>■ Bei Aufstellung geschlossener Zellen muss der Fußboden an allen Stellen für elektrostatische Ladungen einheitlich und ausreichend ableitfähig sein.</td></tr>
<tr><td>■ Mindestens ein Ausgang muss unmittelbar ins Freie oder über einen Vorraum ins Freie führen, wenn der Brennpunkt der Kühl- oder Isolierflüssigkeit ≤ 300 °C beträgt.</td><td colspan="2">■ Räume müssen frostfrei sein oder beheizt werden können.</td></tr>
</table>

Vorschriftenwerk der Berufsgenossenschaften BGV

Gliederung der *b*erufs*g*enossenschaftlichen *V*orschriften

Kategorie	Regelungsbereich	Bezeichnung
A	Allgemeine Vorschriften	BGV A1 …
B	Einwirkungen	BGV B1 …
C	Betriebsart / Tätigkeit	BGV C1 …
D	Arbeitsplatz / Arbeitsverfahren	BGV D1

Unfall**v**erhütungs**v**orschriften UVV
der **B**erufs**g**enossenschaft der **F**einmechanik und **E**lektrotechnik BGFE

BGV A2 Elektrische Anlagen und Betriebsmittel

Geltungsbereich

Unfallverhütungsvorschrift gilt für

- elektrische Anlagen und Betriebsmittel und
- nicht elektrotechnische Arbeiten in der Nähe elektrischer Anlagen und Betriebsmittel.

Begriffe

Elektrische Betriebsmittel sind alle Gegenstände einschließlich Hilfs- und Schutzmittel, die

- dem Anwenden elektrischer Energie oder
- dem Übertragen, Verteilen und Verarbeiten von Informationen dienen.

Elektrotechnische Regeln sind die allgemein anerkannten Regeln der Elektrotechnik, die in den VDE-Bestimmungen enthalten sind.

Die Elektrofachkraft kann aufgrund

- ihrer fachlichen Ausbildung, Kenntnisse und Erfahrungen sowie
- Kenntnis der einschlägigen Bestimmungen
- die ihr übertragenen Arbeiten beurteilen und mögliche Gefahren erkennen.

Grundsätze

Unternehmer sind verantwortlich, dass elektrische Anlagen und Betriebsmittel

- nur von einer Elektrofachkraft oder unter ihrer Leitung und Aufsicht den elektrotechnischen Regeln entsprechend errichtet, geändert, instand gehalten und betrieben werden,
- bei denen ein Mangel festgestellt wurde, dieser unverzüglich behoben wird und falls eine dringende Gefahr besteht, Betriebsmittel und Anlagen nicht verwendet werden.

Grundsätze beim Fehlen elektrotechnischer Regeln

Elektrische Anlagen und Betriebsmittel

- müssen sich im sicheren Zustand befinden und sind in diesem Zustand zu erhalten,
- dürfen nur benutzt werden, wenn sie den betrieblichen und örtlichen Sicherheitsanforderungen im Hinblick auf Betriebsart und Umgebungseinflüsse genügen.

Aktive Teile müssen entsprechend ihrer Spannung, Frequenz, Verwendungsart und ihrem Betriebsort

- durch Isolierung, Lage, Anordnung oder
- fest angebrachte Einrichtungen gegen direktes Berühren geschützt sein.

Muss aus zwingenden Gründen der Schutz gegen direktes Berühren aufgehoben oder unwirksam gemacht werden, muss

- das Herstellen des spannungsfreien Zustandes möglich sein oder
- durch zusätzliche Maßnahmen ein direktes Berühren verhindert werden,
- ohne dass eine Gefährdung durch Körperdurchströmung oder Lichtbogenbildung entsteht.

Beim Bedienen elektrischer Betriebsmittel in Bereichen ohne vollständigen Schutz gegen direktes Berühren muss bei benachbarten aktiven Teilen mindestens ein teilweiser Schutz gegen direktes Berühren vorhanden sein.

Elektrische Anlagen und Betriebsmittel müssen einen entsprechenden Schutz beim indirekten Berühren aufweisen, um im Fehlerfall das Auftreten einer gefährlichen Berührungsspannung zu verhindern.

Prüfungen

Unternehmer sind verantwortlich, dass die elektrischen Anlagen und Betriebsmittel auf ihren ordnungsgemäßen Zustand geprüft werden

- vor der ersten Inbetriebnahme und nach einer Änderung oder Instandsetzung durch eine Elektrofachkraft bzw. unter ihrer Leitung oder Aufsicht
- in bestimmten Zeitabständen, die so zu bemessen sind, dass Mängel rechtzeitig festgestellt werden können.

Bei der Prüfung sind die sich hierauf beziehenden elektrotechnischen Regeln zu beachten.

Auf Verlangen der Berufsgenossenschaft ist ein Prüfbuch zu führen.

Wiederholungsprüfungen **ortsfester** elektrischer Anlagen und Betriebsmittel

Anlage/Betriebsmittel	Prüffrist	Art der Prüfung	Prüfer
elektrische Anlagen und ortsfeste Betriebsmittel	4 Jahre	auf ordnungsgemäßen Zustand	Elektrofachkraft
elektrische Anlagen und ortsfeste Betriebsmittel in „Betriebsstätten, Räumen und Anlagen besonderer Art“ (DIN VDE 0100 Gruppe 700)	1 Jahr		
Schutzmaßnahmen mit Fehlerstrom-Schutzeinrichtungen in nicht stationären Anlagen	1 Monat	auf Wirksamkeit	Elektrofachkraft oder elektrotechnisch unterwiesene Person bei Verwendung geeigneter Mess- und Prüfgeräte
Fehlerstrom-, Differenzstrom- und Fehlerspannungs-Schutzschalter in ■ stationären Anlagen ■ nicht stationären Anlagen	 6 Monate arbeitstäglich	auf einwandfreie Funktion durch Betätigen der Prüfeinrichtungen	Benutzer

Wiederholungsprüfungen **ortsveränderlicher** elektrischer Betriebsmittel

Anlage/Betriebsmittel	Prüffrist Richt- und Maximalwerte	Art der Prüfung	Prüfer
■ ortsveränderliche elektrische Betriebsmittel	Richtwert 6 Monate, auf Baustellen 3 Monate	auf ordnungsgemäßen Zustand	Elektrofachkraft oder elektrotechnisch unterwiesene Person bei Verwendung geeigneter Mess- und Prüfgeräte
■ Verlängerungs- und Geräteanschlussleitungen mit Steckvorrichtungen	Bei Fehlerquote < 2 % kann die Prüffrist verlängert werden.		
■ Anschlussleitungen mit Stecker	auf Baustellen, in Fertigungsstätten oder unter ähnlichen Bedingungen ein Jahr, in Büros u. Ä. zwei Jahre		
■ bewegliche Leitungen mit Stecker und Festanschluss			

Prüfungen für Schutz- und Hilfsmittel

Prüfobjekt	Prüffrist	Art der Prüfung	Prüfer
isolierende Schutzbekleidung	vor jeder Benutzung	auf augenfällige Mängel	Benutzer
	12 Monate 6 Monate für isolierende Handschuhe	auf Einhaltung der in elektrotechnischen Regeln vorgegebenen Grenzwerte	Elektrofachkraft
isolierte Werkzeuge, Kabelschneidgeräte isolierende Schutzvorrichtungen sowie Betätigungs- und Erdungsstangen	vor jeder Benutzung	auf äußerlich erkennbare Schäden und Mängel	Benutzer
Spannungsprüfer, Phasenvergleicher		auf einwandfreie Funktion	
Spannungsprüfer, Phasenvergleicher und kapazitive Anzeigesysteme für Nennspannungen über 1 kV	6 Jahre	auf Einhaltung der in elektrotechnischen Regeln vorgegebenen Grenzwerte	Elektrofachkraft

Arbeiten an aktiven Teilen

- An unter Spannung stehenden aktiven Teilen elektrischer Anlagen und Betriebsmittel darf nicht gearbeitet werden.
- Vor Beginn der Arbeiten an aktiven Teilen muss der spannungsfreie Zustand hergestellt und für die Dauer der Arbeiten sichergestellt werden.
- Dies gilt auch für benachbarte aktive Teile, wenn diese
  - nicht gegen direktes Berühren geschützt sind oder
  - nicht für die Dauer der Arbeiten durch Abdecken oder Abschranken gegen direktes Berühren geschützt worden sind.
- Den spannungsfreien Zustand herzustellen gilt auch für das Bedienen elektrischer Betriebsmittel, die aktiven unter Spannung stehenden Teilen benachbart sind, wenn diese nicht gegen direktes Berühren geschützt sind.

Arbeiten in der Nähe aktiver Teile

In der Nähe aktiver Teile, die nicht gegen direktes Berühren geschützt sind, darf nur gearbeitet werden, wenn

- deren spannungsfreier Zustand hergestellt und für die Dauer der Arbeiten sichergestellt ist
  oder
- die aktiven Teile für die Dauer der Arbeiten durch Abdecken oder Abschranken geschützt worden sind
  oder
- bei Verzicht auf vorstehende Maßnahmen die zulässigen Annäherungen nicht unterschritten werden.

Schutzabstände bei bestimmten **elektrotechnischen Arbeiten,** abhängig von der Nennspannung in der Nähe aktiver Teile

Netz-Nennspannung U_n (Effektivwert) in kV	Schutzabstand Abstand in Luft von ungeschützten unter Spannung stehenden Teilen in m
bis 1	0,5
über 1 … 30	1,5
über 30 … 110	2,0
über 110 … 220	3,0
über 220 … 380	4,0

Schutzabstände bei **nicht elektrotechnischen Arbeiten,** abhängig von der Nennspannung

Netz-Nennspannung U_n (Effektivwert) in kV	Schutzabstand Abstand in Luft von ungeschützten unter Spannung stehenden Teilen in m
bis 1	1,0
über 1 … 110	2,0
über 110 … 220	3,0
über 220 … 380	4,0

Zulässige Abweichungen

Von den Forderungen bei Arbeiten an und in der Nähe aktiver Teile kann abgewichen werden, wenn

- durch die Art der Anlage eine Gefährdung durch Körperströme oder durch Lichtbogenbildung ausgeschlossen ist
  oder
- aus zwingenden Gründen der spannungsfreie Zustand nicht hergestellt werden kann, soweit dabei
  - durch Hilfsmittel oder Werkzeuge eine Gefährdung ausgeschlossen ist und
  - nur Personen beauftragt wurden, die für das Arbeiten an unter Spannung stehenden Teilen fachlich geeignet sind.

Randbedingungen für das Arbeiten an unter Spannung stehenden Teilen

– Auswahl des Personals in Abhängigkeit von der Nennspannung –

Nennspannungen	Arbeiten	EF	EUP	L
bis AC 50 V bis DC 120 V	alle Arbeiten, soweit eine Gefährdung, z. B. durch Lichtbogenbildung, ausgeschlossen ist	•	•	•
über AC 50 V über DC 120 V	Heranführen von Prüf-, Mess- und Justiereinrichtungen zum Bewegen leichtgängiger Teile, von Betätigungsstangen	•	•	
	Heranführen von Werkzeugen und Hilfsmitteln zum Reinigen sowie das Anbringen von Abdeckungen und Abschrankungen	•	•	
	Herausnehmen und Einsetzen von nicht gegen direktes Berühren geschützten Sicherungseinsätzen mit geeigneten Hilfsmitteln	•	•	
	Anspritzen von unter Spannung stehenden Teilen bei der Brandbekämpfung oder zum Reinigen	•	•	
	Arbeiten an Akkumulatoren und Photovoltaikanlagen	•	•	
	Arbeiten in Prüfanlagen und Laboratorien	•	•	

Nennspannungen	Arbeiten	EF	EUP	L
über AC 50 V über DC 120 V	Abklopfen von Raureif mit isolierenden Stangen	•	•	
	Fehlereingrenzung in Hilfsstromkreisen sowie Funktionsprüfung von Geräten und Schaltungen	•		
	Sonstige Arbeiten, wenn ■ zwingende Gründe durch den Betreiber festgestellt wurden, ■ Weisungsbefugnis, Verantwortlichkeit, Arbeitsmethoden und Arbeitsablauf schriftlich für speziell ausgebildetes Personal festgelegt worden sind.	•		
bei allen Nennspannungen	Alle Arbeiten, wenn die Stromkreise ausreichende Strom- oder Energiebegrenzung besitzen und keine Explosionsgefahr besteht.	•	•	•
	Arbeiten zum Abwenden erheblicher Gefahren	•		
	Arbeiten an Fernmeldeanlagen mit Fernspeisung, wenn der Strom < AC 10 mA oder < DC 30 mA ist.	•	•	•

EF Elektrofachkraft; EUP elektrotechnisch unterwiesene Person; L elektrotechnischer Laie

Ordnungswidrigkeiten
Ordnungswidrig im Sinne des VII. Sozialgesetzbuches handelt, wer vorsätzlich oder fahrlässig den Vorschriften über
- die Grundsätze,
- das Prüfen,
- das Arbeiten an oder in der Nähe aktiver Teile zuwiderhandelt.

3 Normen – Standards der Elektrotechnik

Merkmale
- rechtlich anerkannte und veröffentlichte Regeln bzw. Bestimmungen zur Vereinheitlichung von materiellen und inmateriellen Gegenständen zum Nutzen der Allgemeinheit
- Ergebnisse technisch-wissenschaftlicher Gemeinschaftsarbeit durch Normungsverfahren

Organisationen technischer Normung

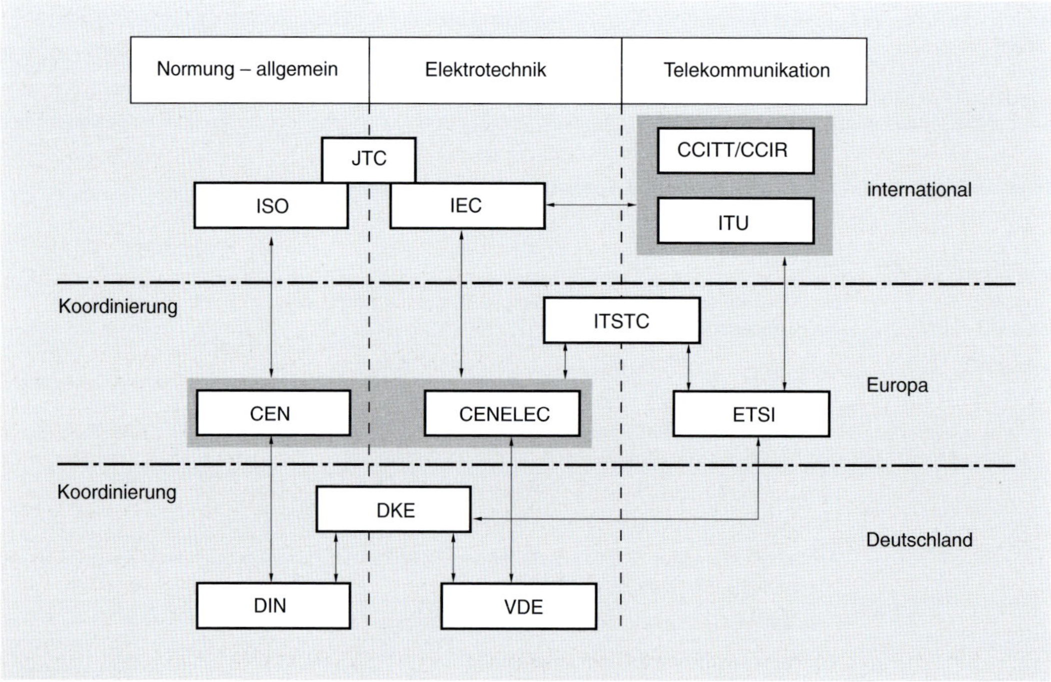

DIN: Deutsches Institut für Normung (Berlin). Erarbeitung von „Deutschen Normen" für fast alle technischen und naturwissenschaftlichen Bereiche

CEN: Comité Européenne de Normalisation (Europäisches Institut für Normung). Sitz: Brüssel

ISO: International Organization for Standardization (Internationale Organisation für Normung). Sitz: Genf

JTC: Joint Technical Committee. Zusammenschluss von ISO und IEC im Bereich der Informations- und Kommunikationstechnik

VDE: Verband Deutscher Elektrotechniker e.V. (Berlin). Herausgabe von Bestimmungen für das Herstellen, Errichten und Betreiben elektrotechnischer Anlagen

DKE: Deutsche Elektrotechnische Kommission. Gemeinsame Unterorganisation von DIN und VDE zur Harmonisierung nationaler Normen und internationaler Bestimmungen

CENELEC: Comité Européen Normalisation Electrotechnique (Europäisches Komitee für elektrotechnische Normung). Mitglieder sind die nationalen Normeninstitute der EU-Länder. Sitz: Genf

IEC: International Electrotechnical Commission (Internationale Elektrotechnische Kommission). Mitglieder sind die nationalen Komitees von 44 Ländern. Sitz: Genf

ETSI: European Telecommunication Standards Institute (Institut für europäische Standards der Telekommunikation. Normen für Telekommunikations-, Rundfunk- und Informationstechnik)

ITSTC: Information Technology Steering Committee. Koordinator zwischen ETSI und CEN/CENELEC

ITU: International Telecommunications Union

CCITT: Comité Consultatif International Telegraphique et Telephonique. Unterorganisation der ITU, Datenübertragung über das Telefonnetz, über öffentliche Datennetze, Verwendung des ISDN

CCIR: Comité Consultatif International des Radiocommunications. Normung der Funkübertragung von Daten und der Nutzung des Frequenzspektrums.

Normenwerke

Internationales Normenwerk

Die Übernahme der **IEC-Publikationen** in die nationalen Vorschriftenwerke ist den Ländern freigestellt.

Regionales Normenwerk

Durch die im EWG-Vertrag von 1975 festgelegte Angleichung der Rechts- und Verwaltungsvorschriften für die Europäische Gemeinschaft (EG) werden die

CENELEC-Normen als nationale Normen herausgegeben.

Europäische Normen EN

- Umsetzung in allen EG-Ländern als **identische nationale Normen.**
- Länderspezifische Abweichungen sind nur dann zulässig, wenn gesetzliche Regelungen oder unabänderliche Gegebenheiten, z. B. Klima, Netzbedingungen, vorhanden sind.

Harmonisierungsdokumente HD

- Erarbeitung, wenn die Überführung in identische nationale Normen unnötig und eine Einigung nur durch **Zulassung nationaler Abweichungen** zu erreichen ist.
- Übernahme des technischen Inhalts von den nationalen Komitees in das jeweilige Bestimmungswerk ist bindend.

Europäische Vornormen ENV

- Vorläufige Anwendung auf den technischen Gebieten, bei denen ein dringender Bedarf für eine Leitlinie besteht, ohne dass nationale Normen zurückzuziehen sind.
- Begrenzung der Gültigkeitsdauer auf 3 Jahre.

Nationales Vorschriftenwerk

DIN-Normen

- Bestimmungen und Regelungen für nahezu alle technischen und naturwissenschaftlichen Bereiche, die unter Federführung des Deutschen Instituts für Normung in über hundert Normenausschüssen erarbeitet werden.

DIN-VDE-Normen

DIN-VDE-Normen

- sind Sicherheitsnormen für das Gebiet der Elektrotechnik,
- stehen jedermann zur Anwendung frei,
- eine Anwendungspflicht kann sich aus Rechts- und Verwaltungsvorschriften sowie aus Verträgen ergeben,
- sind wichtige Erkenntnisquellen für fachgerechtes Verhalten im Normalfall,
- bei sicherheitstechnischen Festlegungen besteht die tatsächliche Vermutung, dass sie anerkannte „Regeln der Technik" sind.

Durch das Anwenden von Normen entzieht sich niemand der Verantwortung für eigenes Handeln.

VDE-Vorschriften

Bestandteile des VDE-Vorschriftenwerkes

VDE-Bestimmungen

enthalten sicherheitstechnische Bestimmungen für
- das Errichten und Betreiben elektrischer Anlagen,
- das Herstellen und Betreiben elektrischer Betriebsmittel,
- Eigenschaften, Bemessung, Prüfung, Schutz und Instandhaltung der elektrischen Betriebsmittel und Anlagen.

VDE-Leitlinien

enthalten sicherheitstechnische Festlegungen
- als Beispielsammlung mit wesentlich erweitertem Ermessensraum
- für eigenverantwortliches Handeln des Anwenders.

VDE-Vornormen

enthalten Festlegungen, die
- z. B. mangels ausreichender Erfahrung oder aufgrund bestimmter Vorbehalte zum Inhalt im Zeitraum der Erprobungsphase nicht als verbindlich gelten,
- spätestens nach drei Jahren in eine endgültige Norm zu überführen oder zurückzuziehen sind.

Beiblätter

enthalten Informationen zu bestimmten Normen oder Leitlinien ohne zusätzliche Festlegungen mit normativem Charakter.

Aufbau des VDE-Vorschriftenwerkes

- Seit 1993 werden grundsätzlich internationale und regionale Normen und Normen-Entwürfe, die sicherheitstechnische Festlegungen enthalten, mit ihrer originalen Schriftstücks-Nummer und einer zusätzlichen VDE-Klassifikations-Nummer in das Deutsche Normen- und VDE-Vorschriftenwerk übernommen.
- Die Klassifikations-Nummer besteht aus einer vierstelligen Zahl.
  Die erste Ziffer ist eine Null, ausgenommen DIN 31000 / VDE 1000:1979 - 3
  „Allgemeine Leitsätze für das sicherheitstechnische Gestalten technischer Erzeugnisse".
  Die zweite Ziffer kennzeichnet die Gruppe.

Beispiel:	Kopfleiste	DIN EN 60598	Angabe bei	Teil einer Norm und Erscheinungsdatum
	Klassifikation	VDE 0711		DIN EN 60598-1 (VDE 0711 Teil 1):1996-09
	Zusätzliche Angabe	IEC 598		Leuchten; Allgemeine Anforderungen und Prüfungen

Gruppeneinteilung des VDE-Vorschriftenwerkes

Gruppe 0 **Allgemeine Grundsätze**	enthält u. a. Sachverzeichnis, Regeln, nach denen Bestimmungen erarbeitet werden, Satzung für das Prüf- und Zertifizierungswesen des VDE e.V.
Gruppe 1 **Energieanlagen**	enthält u. a. Bestimmungen zum Errichten von Starkstromanlagen, zum Betrieb von Starkstromanlagen
Gruppe 2 **Energieleiter**	enthält u. a. Bestimmungen zum Bau von Freileitungen, Armaturen für Fahrleitungsanlagen
Gruppe 3 **Isolierstoffe**	enthält u. a. Isoliersysteme elektrischer Betriebsmittel, Isolierpapiere auf Zellulosebasis, Prüfung von Isolierstoffen, thermische Eigenschaften von Elektroisolierstoffen, Isolieröle
Gruppe 4 **Messen, Steuern, Prüfen**	enthält u. a. Geräte zum Prüfen der Schutzmaßnahmen in elektrischen Anlagen, Messwandler, Hochspannungsprüftechnik, Prüfungen zur Beurteilung der Brandgefahr
Gruppe 5 **Maschinen, Umformer**	enthält u. a. Bestimmungen für Akkumulatoren und Batterieanlagen, drehende elektrische Maschinen
Gruppe 6 **Installationsmaterial, Schaltgeräte**	enthält u. a. Bestimmungen für Elektro-Installationskanäle, Stecker, Steckdosen
Gruppe 7 **Gebrauchsgeräte, Arbeitsgeräte**	enthält u. a. Bestimmungen für die Sicherheit elektrischer Geräte für den Hausgebrauch
Gruppe 8 **Informationstechnik**	enthält u. a. Bestimmungen für die Fernmeldetechnik, Schaltdrähte

Struktur der Normenreihe DIN VDE 0100

DIN VDE 0100 **Errichten von Niederspannungsanlagen**

Gruppe 100 Anwendungsbereich, Allgemeine Anforderungen
- **Teil 100: Anwendungsbereich, Zweck und Grundsätze**

Gruppe 200 Begriffe
- **Teil 200: Begriffe**

Gruppe 300
Bestimmungen allgemeiner Merkmale
- Teil 300: Bestimmungen allgemeiner Merkmale mit den Abschnitten:
  - Leistungsbedarf
  - Gleichzeitigkeitsfaktor
  - Arten von Verteilungssystemen
  - Stromversorgungen
  - Aufteilung in Stromkreise
  - Verträglichkeit
  - Möglichkeit der Instandhaltung
  - Stromquellen
  - Äußere Einflüsse

Gruppe 400
Schutzmaßnahmen
- Teil 410: Schutz gegen elektrischen Schlag
- Teil 420: Schutz gegen thermische Einflüsse
- Teil 430: Schutz von Kabeln und Leitungen bei Überstrom
- Teil 440: Schutz bei Überspannungen
- Teil 450: Schutz bei Unterspannungen
- Teil 460: Schutz durch Trennen und Schalten
- Teil 470: Anwendung von Schutzmaßnahmen
- Teil 480: Auswahl von Schutzmaßnahmen

Gruppe 500
Auswahl und Errichtung elektrischer Betriebsmittel
- Teil 510: Allgemeine Bestimmungen
- Teil 520: Kabel- und Leitungsanlagen
- Teil 530: Schalt- und Steuergeräte
- Teil 540: Erdung, Schutzleiter, Potentialausgleichsleiter
- Teil 550: Sonstige elektrische Betriebsmittel
- Teil 560: Elektrische Anlagen für Sicherheitzwecke

Gruppe 600
Prüfungen
- Teil 610: Erstprüfung mit den Abschnitten
  - Besichtigen
  - Erproben und Messen
  - Schutzleiter und Potentialausgleich
  - Schutz durch sichere Trennung
  - Isolationswiderstand
  - Schutz durch automatische Abschaltung
  - Spannungspolarität
  - Spannungsfestigkeit
  - Funktionsprüfungen

Gruppe 700
Betriebsstätten, Räume und Anlagen besonderer Art
- Teil 701: Räume mit Badewanne oder Dusche
- Teil 7...: ......
- Teil 7...: ......
- Teil 7...: ......
- Teil 7...: ......

Gestaltung der Titelseiten von Normblättern

■ Titelseite einer DIN-IEC-Norm mit VDE-Klassifikation bei unveränderter Übernahme der IEC-Norm

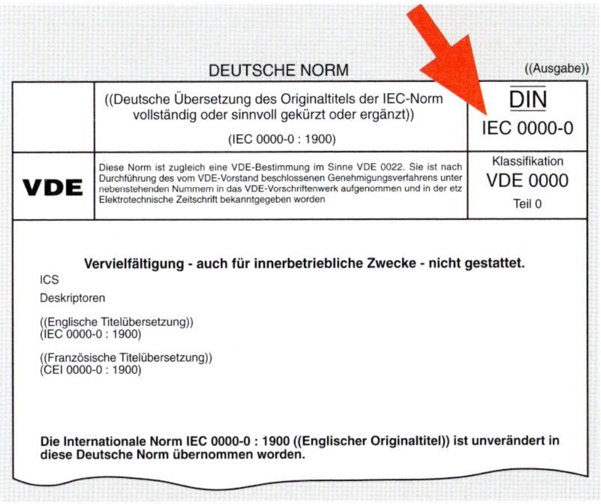

DEUTSCHE NORM ((Ausgabe))

((Deutsche Übersetzung des Originaltitels der IEC-Norm vollständig oder sinnvoll gekürzt oder ergänzt))
(IEC 0000-0 : 1900)

DIN
IEC 0000-0

VDE

Diese Norm ist zugleich eine VDE-Bestimmung im Sinne VDE 0022. Sie ist nach Durchführung des vom VDE-Vorstand beschlossenen Genehmigungsverfahrens unter nebenstehenden Nummern in das VDE-Vorschriftenwerk aufgenommen und in der etz Elektrotechnische Zeitschrift bekanntgegeben worden

Klassifikation
VDE 0000
Teil 0

Vervielfältigung - auch für innerbetriebliche Zwecke - nicht gestattet.

ICS

Deskriptoren

((Englische Titelübersetzung))
(IEC 0000-0 : 1900)

((Französische Titelübersetzung))
(CEI 0000-0 : 1900)

Die Internationale Norm IEC 0000-0 : 1900 ((Englischer Originaltitel)) ist unverändert in diese Deutsche Norm übernommen worden.

■ Titelseite einer DIN-EN-Norm mit VDE-Klassifikation bei Übernahme der EN

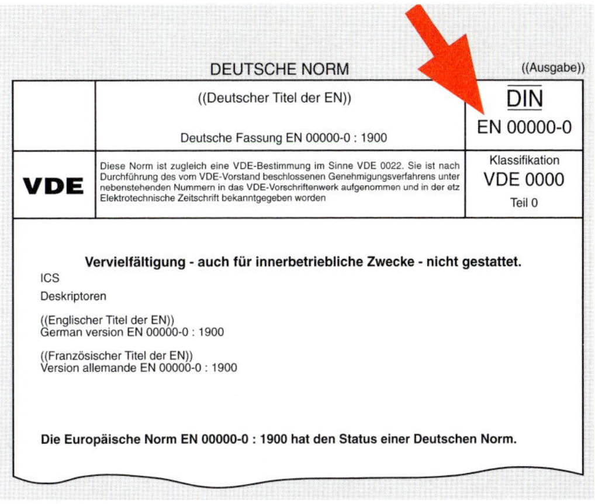

DEUTSCHE NORM ((Ausgabe))

((Deutscher Titel der EN))

Deutsche Fassung EN 00000-0 : 1900

DIN
EN 00000-0

VDE

Diese Norm ist zugleich eine VDE-Bestimmung im Sinne VDE 0022. Sie ist nach Durchführung des vom VDE-Vorstand beschlossenen Genehmigungsverfahrens unter nebenstehenden Nummern in das VDE-Vorschriftenwerk aufgenommen und in der etz Elektrotechnische Zeitschrift bekanntgegeben worden

Klassifikation
VDE 0000
Teil 0

Vervielfältigung - auch für innerbetriebliche Zwecke - nicht gestattet.

ICS

Deskriptoren

((Englischer Titel der EN))
German version EN 00000-0 : 1900

((Französischer Titel der EN))
Version allemande EN 00000-0 : 1900

Die Europäische Norm EN 00000-0 : 1900 hat den Status einer Deutschen Norm.

- Titelseite einer DIN-EN-Norm mit VDE-Klassifikation bei Übernahme der EN, die eine modifizierte IEC-Norm enthält

DEUTSCHE NORM ((Ausgabe))

	((Deutscher Titel der EN)) (IEC 0000-0 : 1900, modifiziert) Deutsche Fassung EN 00000-0 : 1900	DIN EN 00000-0
VDE	Diese Norm ist zugleich eine VDE-Bestimmung im Sinne VDE 0022. Sie ist nach Durchführung des vom VDE-Vorstand beschlossenen Genehmigungsverfahrens unter nebenstehenden Nummern in das VDE-Vorschriftenwerk aufgenommen und in der etz Elektrotechnische Zeitschrift bekanntgegeben worden	Klassifikation VDE 0000 Teil 0

Vervielfältigung - auch für innerbetriebliche Zwecke - nicht gestattet.

ICS

Deskriptoren

((Englischer Titel der EN))
(IEC 0000-0 : 1900, modified)
German version EN 00000-0 : 1900

((Französischer Titel der EN))
(CEI 0000-0 : 1900, modifiée)
Version allemande EN 00000-0 : 1900

Die Europäische Norm EN 00000-0 : 1900 hat den Status einer Deutschen Norm.

- Titelseite einer DIN-Norm mit VDE-Klassifikation bei unveränderter Übernahme des HD

DEUTSCHE NORM ((Ausgabe))

	((Deutscher Titel der HD)) Deutsche Fassung HD 000 S0 : 1900	DIN VDE 0000-0
VDE	Diese Norm ist zugleich eine VDE-Bestimmung im Sinne VDE 0022. Sie ist nach Durchführung des vom VDE-Vorstand beschlossenen Genehmigungsverfahrens unter nebenstehenden Nummern in das VDE-Vorschriftenwerk aufgenommen und in der etz Elektrotechnische Zeitschrift bekanntgegeben worden	Klassifikation VDE 0000 Teil 0

Diese Norm enthält die deutsche Fassung des Harmonisierungsdokuments HD 00 S0

Vervielfältigung - auch für innerbetriebliche Zwecke - nicht gestattet.

ICS

Deskriptoren

((Englischer Titel des HD))
German version HD 000 S0 : 1900

((Französischer Titel des HD))
Version allemande HD 000 S0 : 1900

Das Europäische Harmonisierungsdokument HD 000 S0 : 1900 hat den Status einer Deutschen Norm.

- Titelseite einer DIN-Norm mit VDE-Klassifikation bei unveränderter Übernahme des HD, das eine modifizierte IEC-Norm enthält

DEUTSCHE NORM ((Ausgabe))

	((Deutscher Titel der HD)) (IEC 0000-0 : 1900, modifiziert) Deutsche Fassung HD 000 S0 : 1900	DIN VDE 0000-0
VDE	Diese Norm ist zugleich eine VDE-Bestimmung im Sinne VDE 0022. Sie ist nach Durchführung des vom VDE-Vorstand beschlossenen Genehmigungsverfahrens unter nebenstehenden Nummern in das VDE-Vorschriftenwerk aufgenommen und in der etz Elektrotechnische Zeitschrift bekanntgegeben worden	Klassifikation VDE 0000 Teil 0

Diese Norm enthält die deutsche Fassung des Harmonisierungsdokuments HD 00 S0

Vervielfältigung - auch für innerbetriebliche Zwecke - nicht gestattet.

ICS

Deskriptoren

((Englischer Titel des HD))
(IEC 0000-0 : 1900, modified)
German version HD 000 S0 : 1900

((Französischer Titel des HD))
(CEI 0000-0 : 1900, modifiée)
Version allemande HD 000 S0 : 1900

Das Europäische Harmonisierungsdokument HD 000 S0 : 1900, das die Internationale Norm IEC 000-0 : 1900 ((Englischer Originaltitel)) mit gemeinsamen Abänderungen von CENELEC enthält, hat den Status einer Deutschen Norm.

- Titelseite einer DIN-Norm mit VDE-Klassifikation als Ergebnis einer nationalen Normungsarbeit

DEUTSCHE NORM ((Ausgabe))

	((Deutscher Titel der HD)) (IEC 0000-0 : 1900, modifiziert) Deutsche Fassung HD 000 S0 : 1900	DIN VDE 0000-0
VDE	Diese Norm ist zugleich eine VDE-Bestimmung im Sinne VDE 0022. Sie ist nach Durchführung des vom VDE-Vorstand beschlossenen Genehmigungsverfahrens unter nebenstehenden Nummern in das VDE-Vorschriftenwerk aufgenommen und in der etz Elektrotechnische Zeitschrift bekanntgegeben worden	Klassifikation VDE 0000 Teil 0

Für den Anwendungsbereich dieser Norm bestehen keine entsprechenden regionalen oder internationale Normen

Vervielfältigung - auch für innerbetriebliche Zwecke - nicht gestattet.

ICS

Deskriptoren

((Englische Titelüberstezung))

((Französische Titelübersetzung))

Elektrische Anlagen in Gebäuden

Planungsunterlagen für elektrische Anlagen in Gebäuden

- DIN-VDE-Normen
- DIN-Normen
- Technische Anschlussbedingungen für den Anschluss an das Niederspannungsnetz – TAB 2007
  - Anmeldung elektrischer Anlagen und Geräte
  - Hausanschluss
  - Hauptstromversorgung
  - Zähl-, Mess- und Steuereinrichtungen
  - elektrische Verbrauchsgeräte
  - Auswahl der Schutzmaßnahmen
  - Eigenerzeugungsanlagen
- Vorschriften des Verbandes der Schadenversicherer
- Bestimmungen zur Qualitätssicherung

Vorschriften des Verbandes der Schadenversicherer

■ **VdS 2046** Sicherheitsvorschriften für Starkstromanlagen bis 1000 V
Festlegungen auf der Grundlage der Allgemeinen Bedingungen für Feuerversicherung (AFB) und den Allgemeinen Vertragsbedingungen (AVB) mit Feuerdeckung zu
- Pflichten des Versicherungsnehmers
- Errichten elektrischer Anlagen: Hauseinführungen, Überspannungsschutz, Hauptschalter, Schaltpläne, elektrische Verbrauchs- und Betriebsmittel
- Betrieb elektrischer Anlagen: Bedienung elektrischer Anlagen, Erhalten des ordnungsgemäßen Zustandes
- Verhalten bei Bränden

DIN-Normen

■ **DIN 18012** Planungsnorm für Hausanschlusseinrichtungen in Gebäuden
Raum- und Flächenbedarf von Hausanschlüssen aller Ver- und Entsorgungsträger in Gebäuden bei der

– Wasserversorgung:	Hauptsperreinrichtung
– Entwässerung:	letzte Reinigungsöffnung vor dem Anschlusskanal
– Fernwärmeversorgung:	Übergabestelle
– Gasversorgung:	Hauptsperreinrichtung
– Stromversorgung:	Hausanschlusskasten
– Telekommunikationsversorgung:	Abschlusspunkte der allgemeinen Netze

und die Unterbringung von Anschlusseinrichtungen
- **im Hausanschlussraum** mit den Mindestmaßen von
  2 m Höhe
  2 m Länge
  1,5 m Breite bei Belegung nur einer Hausanschlusswand oder
  1,8 m Breite bei Belegung gegenüberliegender Hausanschlusswände

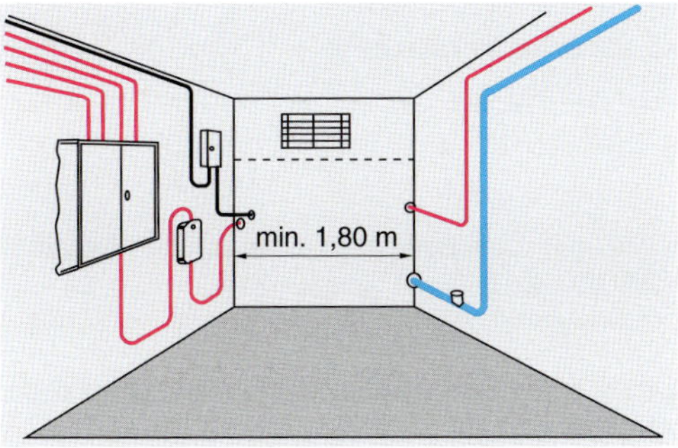

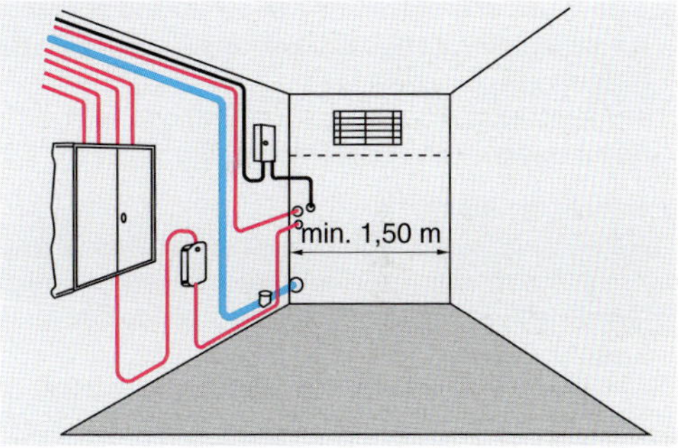

- **in einer Hausanschlussnische** mit der Aufteilung in Funktionsflächen für die einzelnen Versorgungsträger Strom, Wasser, Gas und Telekommunikation

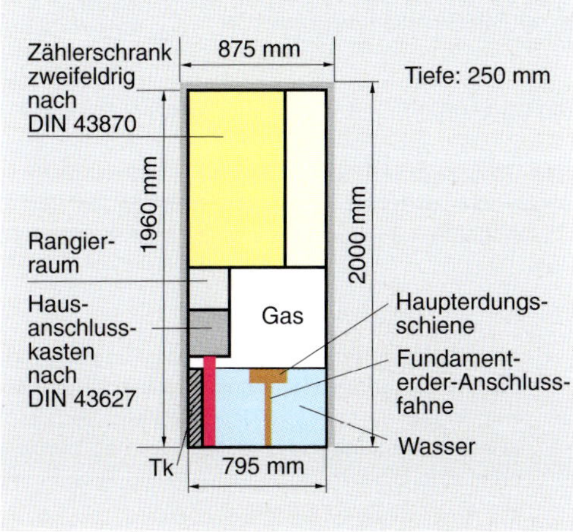

- **in einer Hausanschlusswand,** die direkt mit einer Außenwand in Verbindung steht.

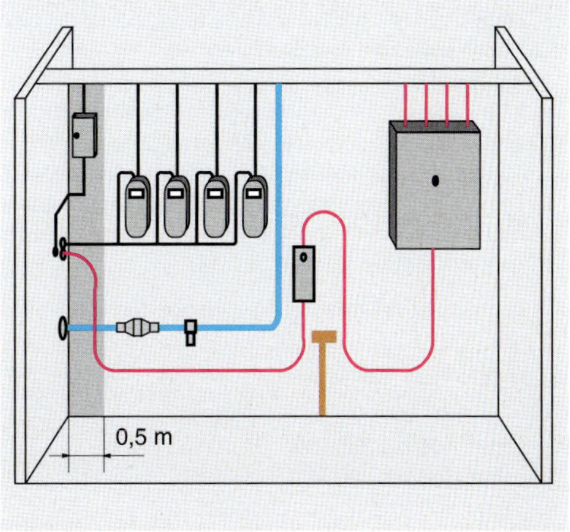

- **DIN 18015** Planungsnorm für elektrische Anlagen in Wohngebäuden
  Allgemeine Aussagen und Planungsgrundsätze für
  – Energie- und Informationsanlagen
  – Fundamenterder und Potenzialausgleich
  – Blitzschutzanlagen
  – Überspannungsschutz
  Art und Umfang der Mindestausstattung für
  – die Funktionalität der Elektroinstallation
  – den Einsatz der Gebäudesystemtechnik
  Leitungsführung und Anordnung der Betriebsmittel mit den Vorzugsmaßen
  – der waagerechten und senkrechten Installationszonen
  – der Installation von Steckdosen und Schaltern

Technische Anschlussbedingungen für den Anschluss an das Niederspannungsnetz – TAB 2007

Grundlage der TAB
Verordnung über Allgemeine Bedingungen für die Elektrizitätsversorgung von Tarifkunden – AVBEltV

Funktion der TAB
Festlegung der Handlungspflichten
– des Verteilungsnetzbetreibers (VNB)
– des Planers und des Errichters
– des Anschlussnehmers und Betreibers
von Kundenanlagen

- **Anmeldung elektrischer Anlagen und Geräte**
  Zum leistungsgerechten Auslegen des Hausanschlusses und der Zähler- und Messeinrichtungen sowie zur Beurteilung möglicher Netzrückwirkungen sind folgende Anlagen zustimmungspflichtig:
  – neue und zu erweiternde Kundenanlagen
  – vorübergehend angeschlossene Anlagen, z. B. Baustellen und Schaustellerbetriebe
  – Eigenerzeugungsanlagen
  – fest installierte Geräte zur Heizung oder Klimatisierung
  – Einzelgeräte mit einer Nennleistung von mehr als 12 kW

- **Hausanschluss**
  – Die Nennspannung des Niederspannungsnetzes beträgt 230/400 V, die Betriebsspannung an der Übergabestelle (Hausanschlusskasten) liegt im Toleranzbereich nach DIN IEC 38, z. Zt. +6 % bzw. –10 %.
  – Grundsätzlich soll jedes zu versorgende Gebäude/Grundstück über einen eigenen Hausanschluss mit dem Netz verbunden sein.
  – Hausanschlusskasten und/oder Hauptverteiler dürfen nicht in feuer- oder explosionsgefährdeten Bereichen und in solchen mit einer Dauertemperatur > 30 °C untergebracht werden.

- **Hauptstromversorgung**
  – Querschnitt, Art und Anzahl der Hauptleitungen sind in Abhängigkeit von den anzuschließenden Kundenanlagen festzulegen.
  – An den Zähl- und Messeinrichtungen muss ein Rechtsdrehfeld bestehen.
  – Hauptstromversorgungssysteme werden als Strahlennetze betrieben. Es werden grundsätzlich nur Betriebsmittel eingebaut, die der Stromverteilung und der Freischaltung der Messeinrichtungen dienen.
  – Die elektrischen Anlagen hinter der Übergabestelle des VNB sind mindestens für folgende Stoßkurzschlussströme auszulegen:
  25 kA von der Übergabestelle bis einschließlich zur letzten Überstrom-Schutzeinrichtung bzw. der Hauptleitungsabzweigklemme vor der Zähl- und Messeinrichtung,
  10 kA für die Betriebsmittel zwischen der letzten Überstrom-Schutzeinrichtung und dem Stromkreisverteiler.
  – Die der Zähl- und Messeinrichtung vorgeschaltete Überstrom-Schutzeinrichtung darf einen Nennstrom von maximal 100 A haben und die gleichen strombegrenzenden Eigenschaften aufweisen wie eine 100-A-Schmelzsicherung der Betriebsklasse gL/gG.
  – Im Hauptstromversorgungssystem darf der Spannungsfall folgende Werte nicht überschreiten:

Leistungsbedarf	zulässiger Spannungsfall
bis 100 kVA	0,50 %
über 100 bis 250 kVA	1,00 %
über 250 bis 400 kVA	1,25 %
über 400 kVA	1,50 %

– In den Wohngebäuden werden die Hauptleitungsabzweige bis zu den Zähl- und Messeinrichtungen sowie die Leitungen bis zu den Stromkreisverteilern als Drehstromleitungen ausgeführt und so bemessen, dass eine Überstrom-Schutzeinrichtung von mindestens 63 A zugeordnet werden kann.

- **Zähl-, Mess- und Steuereinrichtungen**
  - Zähl-, Mess- und Steuereinrichtungen werden in Zählerschränken untergebracht.
  - Grundsätzlich werden die Zählerschränke in Gebäuden mit mehreren Kundenanlagen zentral angeordnet.
  - Im unteren Anschlussraum werden für jedes Zählerfeld sperr- und plombierbare, selektive Hauptleitungsschutzschalter (SH-Schalter) eingesetzt als
    Trennvorrichtung für die Inbetriebsetzung der Kundenanlage,
    Freischalteinrichtung für die Zähl-, Mess- und Steuereinrichtung sowie für die Kundenanlage,
    zentrale Überstrom-Schutzeinrichtung für die Kundenanlage und
    Überstrom-Schutzeinrichtung für die Messeinrichtungen und die Leitungen zum Stromkreisverteiler.
  - Hausanschlusssicherungen dürfen nicht als Trennvorrichtung für die Kundenanlage verwendet werden.

- **Elektrische Verbrauchsgeräte**
  - Elektrische Verbrauchsgeräte dürfen nach dem Gesetz über die elektromagnetische Verträglichkeit (EMVG) keine störenden Einflüsse auf andere Kundenanlagen sowie auf das Verteilungsnetz ausüben.
  - Entladungslampen dürfen bis zu einer Gesamtleistung von 250 W je Außenleiter unkompensiert angeschlossen werden. Bei größeren Lampenleistungen muss der Verschiebungsfaktor durch Kompensation zwischen 0,9 kapazitiv und 0,9 induktiv liegen.
  - Durch den Anlauf von Motoren dürfen keine störenden Spannungsänderungen im Netz verursacht werden. Dies ist im Allgemeinen dann erfüllt, wenn die Scheinleistung
    von Wechselstrommotoren nicht mehr als 1,7 kVA oder
    von Drehstrommotoren nicht mehr als 5,2 kVA bzw.
    der Anzugsstrom nicht mehr als 60 A beträgt.
  - Stromkreise für Elektrowärmegeräte > 4,6 kW sind als Drehstromkreise auszulegen.
  - Schweißgeräte > 2 kVA sollen keine störenden Netzrückwirkungen ausüben. Der Verschiebungsfaktor soll mindestens 0,7 induktiv betragen.

- **Auswahl der Schutzmaßnahmen**
  - Der VNB erteilt Auskunft über das vorhandene Netzsystem.
    In Neubauten sind Fundamenterder nach DIN 18014 einzubauen, zum Zweck
    des Blitzschutzes,
    der Schutzerdung von Empfangsanlagen,
    des Überspannungsschutzes,
    der elektromagnetischen Verträglichkeit,
    der Funktionserdung informationstechnischer Einrichtungen und
    der Erhöhung der Wirksamkeit des Schutzpotenzialausgleichs nach DIN VDE 0100-410.
  - Der PEN-Leiter oder der Neutralleiter darf nicht als Erder für Schutz- oder Funktionszwecke verwendet werden.

- **Eigenerzeugungsanlagen**
  - Die technische Ausführung folgender Anlagen ist mit dem VNB abzustimmen:
    Eigenerzeugungsanlagen im Parallelbetrieb mit dem Niederspannungsnetz des VNB,
    Notstromaggregate zur Sicherung des Elektrizitätsbedarfs bei Aussetzung der öffentlichen Versorgung.

Bestimmungen zur Qualitätssicherung

- **Bedeutung der Qualitätssicherung**

Qualität ist die Gesamtheit von Eigenschaften und Merkmalen eines Produktes oder einer Dienstleistung, die sich auf deren Eignung zur Erfüllung festgelegter oder vorausgesetzter Erfordernisse bezieht.
Qualitätssicherung sind alle geplanten und systematischen Tätigkeiten, die innerhalb eines Managementsystems mit der erforderlichen Organisationsstruktur, den Verfahren, Prozessen und Mitteln verwirklicht sind und dargelegt werden, um ausreichendes Vertrauen zur Erfüllung der Qualitätsanforderungen zu schaffen. Qualitätssicherung umfasst den gesamten Lebenszyklus eines Produktes, von der Entwicklung über die Herstellung bis zur Entsorgung.

Anforderungen an die Qualität eines Produktes

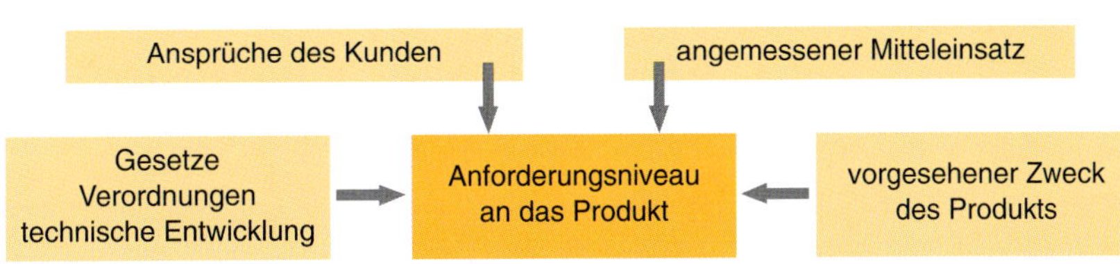

Ziele des Qualitätsmanagements
- Vermeidung von Schäden und Störungen bzw. Minimierung deren Auswirkungen
- Verbesserung der Wettbewerbsfähigkeit
- Vergrößerung des Marktanteils

■ Grundlagen der Qualitätssicherung

– Vorgaben des nationalen und internationalen Normenwerkes und
– kundenspezifische und innerbetriebliche Festlegungen

Qualitätssicherungssysteme nach DIN ISO 9000

Qualitätsmanagement- und Qualitätssicherungsnormen Leitfaden zur Auswahl und Anwendung	DIN ISO 9000
Qualitätssicherungssysteme Modell zur Darlegung der Qualitätssicherung in Design/Entwicklung, Produktion, Montage und Kundendienst	DIN ISO 9001
Qualitätssicherungssysteme Modell zur Darlegung der Qualitätssicherung in Produktion und Montage	DIN ISO 9002
Qualitätssicherungssysteme Modell zur Darlegung der Qualitätssicherung bei der Endprüfung	DIN ISO 9003
Qualitätsmanagement und Elemente eines Qualitätssicherungssystems Leitfaden	DIN ISO 9004

Elemente des Qualitätsmanagementsystems
– Verantwortung der Leitung für eine betriebliche Qualitätspolitik, Organisationsstruktur und Dokumentation
– Qualitätssicherungssystem
– Vertragsprüfung
– Designlenkung
– Lenkung und Dokumentation der Daten
– Beschaffung
– Lenkung der vom Auftraggeber beigestellten Produkte
– Identifikation und Rückverfolgbarkeit von Produkten
– Prozesslenkung
– Prüfungen
– Prüfmittelüberwachung
– Prüfstatus
– Lenkung fehlerhafter Produkte
– Korrektur- und Vorbeugungsmaßnahmen
– Handhabung, Lagerung, Verpackung, Konservierung und Versand
– Lenkung von Qualitätsaufzeichnungen
– interne Qualitätsaudits
– Schulung
– Kundendienst (Wartung)
– statistische Methoden

■ Qualitätsprüfung

durch
– Prüfplanung
– Prüfausführung
– Prüfdatenverarbeitung

Planungsschritte und Ausgangsinformationen

Ausgangsinformationen		Planungsschritte
Fertigungsablauf	⇒	Festlegen des Prüfablaufs
Qualitätsanforderungen	⇒	Bestimmen der Prüfmerkmale
Toleranzen	⇒	Feststellen der Prüfhäufigkeit
Prüfmittelbestand	⇒	Auswahl der Prüfmittel und -verfahren
Dokumentationspflicht	⇒	Vorgabe der Prüfdatenerfassung und -auswertung

Bestimmen der Prüfmerkmale durch

Bewertung von Fehlerfolgen

in Bezug auf

Weiterverarbeitung	Autragserfüllung	Einsatz beim Kunden
Herstellung Ausfälle Mehrarbeit	Liefertermin	Garantie Haftung

Bewertung von Merkmalen nach Kennzahlen

Festlegen der Prüfhäufigkeit

Prüfung der Gesamtheit → Aufbereitung und Verrechnung → exakter Wert für die Gesamtheit

Prüfung von Stichproben → exakte Werte für Stichproben → Schätzverfahren → Schätzwert für die Werte der Gesamtheit

Auswertung von Fehleranteilen
Berechnung des Fehleranteils bei einer quantitativen Stichprobenprüfung unter Annahme einer Normalverteilung

Normalverteilung oder Gauß'sche Verteilung:
Die Verteilung einer zufälligen Größe, bei der die Wahrscheinlichkeitsdichte die Form einer Gauß'schen Glockenkurve (Normalverteilungskurve) hat.

Berechnung der Stichprobenkennwerte

arithmetischer Mittelwert

$$\bar{x} = \frac{1}{n} \cdot \sum_{i=l}^{n} X_i$$

Standardabweichung

$$s = \sqrt{\frac{\sum (x - \bar{x})^2}{n-1}}$$

Fehleranteile durch Überschreitung des unteren Grenzwertes

$$u_u = \frac{G_u - \bar{x}}{s}$$

Fehleranteile durch Überschreitung des oberen Grenzwertes

$$u_o = \frac{G_o - \bar{x}}{s}$$

X_i Messwerte eines Merkmals
n Stichprobenumfang
$\bar{x}$ arithmetischer Mittelwert
s Standardabweichung (Angabe des Wendepunktes der Normalverteilungskurve)

G_u unterer Grenzwert
G_o oberer Grenzwert

Normalverteilungskurve einer Stichprobe

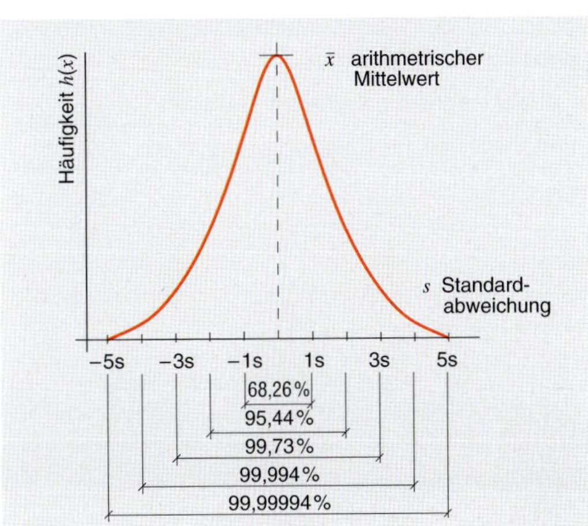

Fehleranteile bei Überschreiten der Grenzwerte

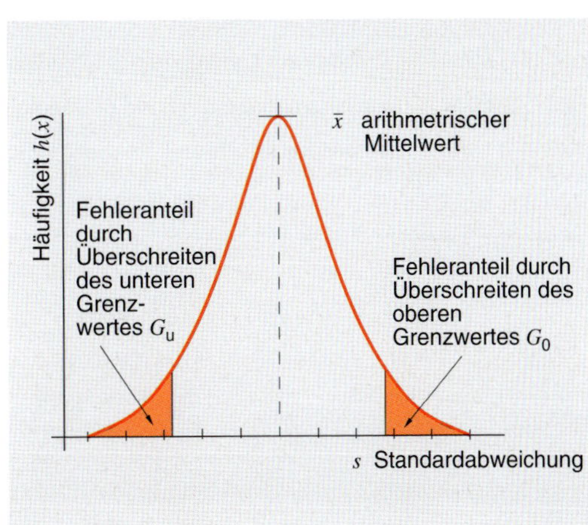

Gesetze, Verordnungen, Normen

GWB	Gesetz gegen Wettbewerbsbeschränkung
BetrVG	Betriebsverfassungsgesetz
AFG	Arbeitsförderungsgesetz
ProdHaftG	Produkthaftungsgesetz
StWG	Gesetz zur Förderung der Stabilität und des Wachstums der Wirtschaft
UWG	Gesetz gegen unlauteren Wettbewerb
GewO	Gewerbeordnung
EnWG	Gesetz zur Förderung der Energiewirtschaft
GSG	Gesetz über technische Arbeitsmittel
AVBEltV	Verordnung über Allgemeine Bedingungen für die Elektrizitätsversorgung von Tarifkunden
EnEV	Energiesparverordnung
LBO	Bauordnung der Länder
EltBauVO	Verordnung über den Bau von Betriebsräumen für elektrische Anlagen
BGV A2	Berufsgenossenschaftliche Vorschriften – Elektrische Anlagen und Betriebsmittel
DIN VDE 0100	Errichten von Niederspannungsanlagen
DIN VDE 0107	Starkstromanlagen in Krankenhäusern und medizinisch genutzten Räumen außerhalb von Krankenhäusern
DIN VDE 0108	Starkstromanlagen und Sicherheitsstromversorgung in baulichen Anlagen für Menschenansammlungen
DIN VDE 0165	Errichten elektrischer Anlagen in explosionsgefährdeten Bereichen
DIN VDE 0185	Blitzschutz
VdS 2046	Vorschriften des Verbandes der Schadenversicherer (Gesamtverband der Deutschen Versicherungswirtschaft) – Sicherheitsvorschriften für Starkstromanlagen bis 1000 V
DIN 66001	Symbole grafischer Prozessdarstellungen
DIN 18012	Hausanschlusseinrichtungen in Gebäuden
DIN 18015	Elektrische Anlagen in Wohngebäuden
DIN ISO 9000	Qualitätsmanagement und Qualitätssicherungsnormen; Leitfaden zur Auswahl und Anwendung
DIN ISO 9001	Qualitätssicherungssysteme; Modell zur Darlegung der Qualitätssicherung in Design/Entwicklung, Produktion, Montage und Kundendienst
DIN ISO 9002	–; Modell zur Darlegung der Qualitätssicherung in Produktion und Montage
DIN ISO 9003	–; Modell zur Darlegung der Qualitätssicherung bei der Endprüfung
DIN ISO 9004	Qualitätsmanagement und Elemente eines Qualitätssicherungssystems; Leitfaden
TAB 2007	Technische Anschlussbedingungen für den Anschluss an das Niederspannungsnetz

Mathematische und physikalisch-technische Grundlagen

1 Mathematische Grundlagen

Seite 434

- Zahlenmengen und -systeme
- Rechenoperationen
- Gleichungen
  - Identische Gleichungen
  - Bestimmungsgleichungen
  - Funktionsgleichungen
- Berechnung von Flächen und Körpern

2 Physikalische Grundlagen

Seite 452

- Physikalische Größen und Einheiten
  - Größensysteme
  - Gesetzliche Einheiten
  - Formeln
- Konstanten der Physik
- Physikalische Größen und Eigenschaftswerte von Stoffen
- Grundgleichungen der Mechanik
  - Kräfte, Drehmomente
  - Bewegungsformen
- Energie und Arbeit
  - Arbeit, Leistung
  - Energieformen

3 Technische Darstellungen der Elektrotechnik

Seite 482

- Darstellungselemente für Schaltpläne
  - Schaltzeichen
  - Kennzeichnungen
- Darstellungsarten von Bauteilen und Verbindungen
- Dokumentenklassen
  - Struktur
  - Schaltpläne

1 Mathematische Grundlagen

Zahlenmengen

Natürliche Zahlen N
0; 1; 2; 3; 4; …

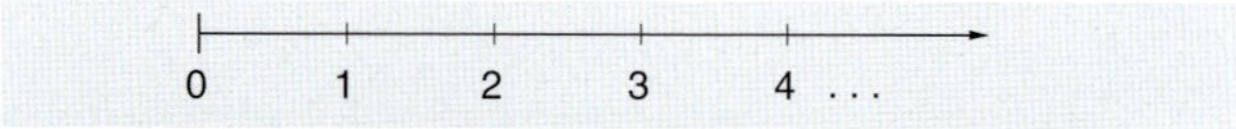

1. Erweiterung: negative Zahlen: −1; −2; −3; …

Ganze Zahlen Z
−3; −2; −1; 0; 2; 3; 4; …

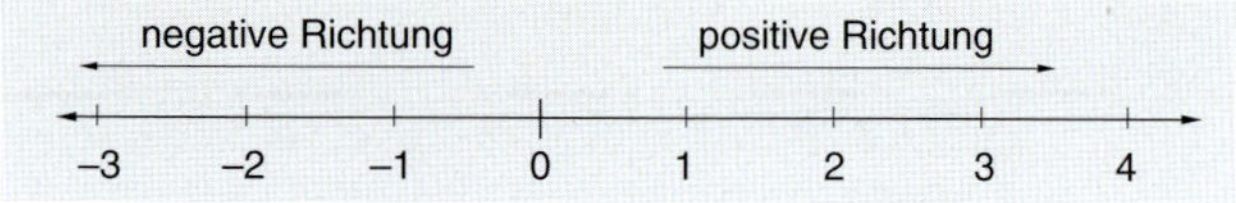

absoluter Betrag einer Zahl
$|-a| = |a| \quad |-4| = |4| = 4$

2. Erweiterung: Brüche: −1/2; 2 2/3; −0,25; 1,33

Gemeiner Bruch

$\frac{a}{b}$ oder a/b oder a : b

Beachte: $b \neq 0$

- echter Bruch
  $a < b$ 3/7
- unechter Bruch
  $a > b$ 16/7
- gemischte Zahl
  2 2/7 = 14/7+2/7 = 16/7

Dezimalbruch

Division des Zähler a durch den Nenner b

- endlicher Dezimalbruch
  nach bestimmter Stelle treten nur noch Nullen auf
  3/16 = 0,18750000
- periodischer Dezimalbruch
  besitzt periodisch sich wiederholende Zahlenfolgen
  112/27 = 4,148148148
  $= 4,\overline{148}$

Rationale Zahlen Q
3; −2; −1/2; 0; 1; 1,33; 2; 2 2/3; …

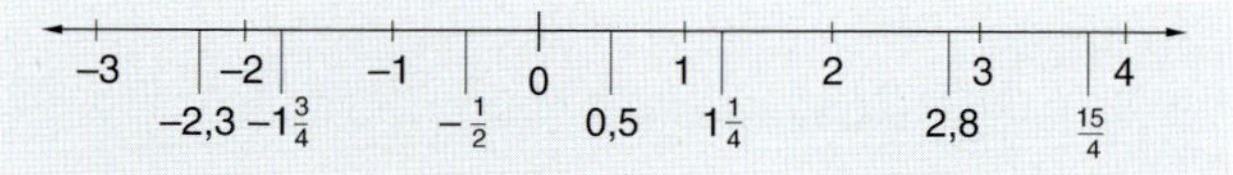

3. Erweiterung: irrationale Zahlen: $\sqrt{2}$; $\sqrt{3}$; π; e; −lg 2 …

nicht als Quotient ganzer Zahlen darstellbar

Reelle Zahlen R
$-3; -\sqrt{2}; 0; 1; \sqrt{3}; \ldots$

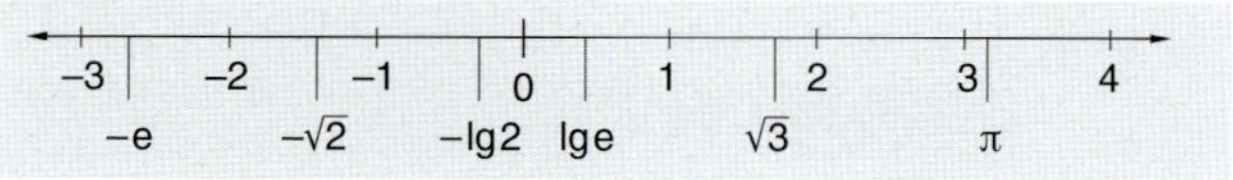

4. Erweiterung: imaginäre Zahlen: $\sqrt{-4} = \sqrt{4} \cdot \sqrt{-1} = \pm 2 \cdot i$; $\sqrt{-3} = \pm\sqrt{3} \cdot i$

Komplexe Zahlen C
$3 + 4i; -2{,}5 + 3i; -\sqrt{3} - i$

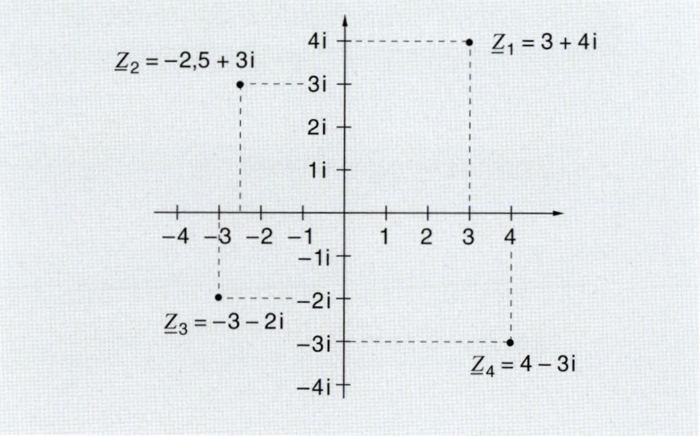

Häufig gebrauchte Zahlenwerte

Zeichen	Zahl	Zeichen	Zahl	Zeichen	Zahl	Zeichen	Zahl
$\sqrt{2}$	1,414213	π	3,141593	e	2,718282	ln2	0,693147
$1/\sqrt{2}$	0,707107	$1/\pi$	0,318310	e^2	7,389056	ln10	2,302585
$\sqrt{3}$	1,732051	$\sqrt{\pi}$	1,772454	1/e	0,367879	lg2	0,301030
$1/\sqrt{3}$	0,577350	$1/\sqrt{\pi}$	0,564190			M = lge	0,434294
$\sqrt{10}$	3,162278					=1/ln10	
$1/\sqrt{10}$	0,316228						

Zahlensysteme

Sinnvolle Ordnung zur Bildung von Zahlen, in denen die Anzahl von Zahlzeichen (Ziffern) geringer ist als die Anzahl der zu beschreibenden Mengenelemente.

Additionssystem

Römisches Zahlensystem

I	II	III	IV	V	VI	VII	VIII	IX	X
1	2	3	4	5	6	7	8	9	10
XI	XII	………		XV	………			IXX	XX
11	12	………		15	………			19	20
L	C	D	M						
50	100	500	1000						

Steht ein kleineres Zahlzeichen vor einem größeren, so wird es subtrahiert:
M CM XC IX 1999
M M IV 2004

Positionssysteme

- Die Position des Zahlzeichens in der Zahl bestimmt den Stellenwert.
- Die maximale Anzahl unterschiedlicher Zahlzeichen ist die Basis oder Grundzahl eines Positionssystems.
- Darstellung der reellen Zahl a im Positionssystem

$$a = \pm \sum_{i=-\infty}^{\infty} Z_i \cdot B^i$$

i Position
Z_i natürliche Zahlen ($0 \leq Z_i \leq B$) in der Position i
B Basis

System	Dezimalzahlen		Dualzahlen		Oktalzahlen	
Basis	10		2		8	
Zahlzeichen (Ziffern)	0; 1; 2; 3; 4; 5; 6; 7; 8; 9; 10		0; 1		0; 1; 2; 3; 4; 5; 6; 7; 8	
Stellenwert der Ziffern	als Potenz	dezimal	als Potenz	dezimal	als Potenz	dezimal
	10^4	10000	2^4	16	8^4	4096
	10^3	1000	2^3	8	8^3	512
	10^2	100	2^2	4	8^2	64
	10^1	10	2^1	2	8^1	8
	10^0	1	2^0	1	8^0	1
Beispiel	**0187**		**10111011**		**0273**	
	$7 \cdot 10^0 =$	7	$1 \cdot 2^0 =$	1	$3 \cdot 8^0 =$	3
	$8 \cdot 10^1 =$	80	$1 \cdot 2^1 =$	2	$7 \cdot 8^1 =$	56
	$1 \cdot 10^2 =$	100	$0 \cdot 2^2 =$	0	$2 \cdot 8^2 =$	128
	$0 \cdot 10^3 =$	0	$1 \cdot 2^3 =$	8	$0 \cdot 8^3 =$	0
			$1 \cdot 2^4 =$	16		
			$1 \cdot 2^5 =$	32		
			$0 \cdot 2^6 =$	0		
			$1 \cdot 2^7 =$	128		
	Wert	187	Wert	187	Wert	187

Umwandeln von Dezimalzahlen

345 dezimal ⇒ dual

$345 : 2 = 172$ Rest 1
$172 : 2 = 86$ Rest 0
$86 : 2 = 43$ Rest 0
$43 : 2 = 21$ Rest 1
$21 : 2 = 10$ Rest 1
$10 : 2 = 5$ Rest 0
$5 : 2 = 2$ Rest 1
$2 : 2 = 1$ Rest 0
$1 : 2 = 0$ Rest 1

Reste ≙ Dualziffern 0 oder 1

$$\mathbf{345_{10} = 101011001_2}$$

345 dezimal ⇒ oktal

$345 : 8 = 43$ Rest 1
$43 : 8 = 5$ Rest 3
$5 : 8 = 0$ Rest 5

Reste ≙ Oktalziffern 0; 1; 2; 3; 5

$$\mathbf{345_{10} = 531_8}$$

Mathematische Zeichen

$\approx$	ungefähr gleich
$\ll$	klein gegen
$\gg$	groß gegen
$\triangleq$	entspricht
…	und so weiter, bis
$=$	gleich
$\neq$	nicht gleich
$<$	kleiner als
$\leq$	kleiner oder gleich
$>$	größer als
$\geq$	größer oder gleich
$+$	plus
$-$	minus

$\cdot$ oder $*$ oder $\times$	mal
: oder /	geteilt durch
oder ———	(Bruch)
Σ	Summe
Π	Produkt
$\sim$	proportional
$\sqrt{\ }$	Wurzel aus ($\sqrt[n]{\ }$ n-te Wurzel aus)
$n!$	n Fakultät (z. B. $3! = 1 \cdot 2 \cdot 3 = 6$)
$\lvert x \rvert$	Betrag von x
$\rightarrow$	nähert sich, strebt nach
∞	unendlich
i oder j	imaginäre Einheit, $i^2 = -1$

$\perp$	rechtwinklig zu
$\parallel$	parallel zu
$\measuredangle$	Winkel
$\triangle$	Dreieck
lim	limes (Grenzwert)
Δ	Delta (Differenz zweier Werte)
d	vollständiges Differenzial
δ	partielles Differenzial
$\int$	Integral
ln	Logarithmus zur Basis e[1]
lg	Logarithmus zur Basis 10

[1]) Eulersche Zahl

Rechenoperationen

Grundrechenarten

Addieren

Summand plus Summand gleich Summenwert
18 + 43 = 61

Kommutativgesetz	Assoziativgesetz
$a + b + c = b + c + a$ In einer Summe dürfen die Summanden vertauscht werden.	$a + (b + c) = (a + b) + c$ Beliebige Summanden können zu Teilsummen zusammengefasst werden.

Subtrahieren

Minuend minus Subtrahend gleich Differenzwert
62 − 14 = 48

■ Addieren und Subtrahieren von Brüchen

gleichnamige Brüche $\frac{a}{n} + \frac{b}{n} - \frac{c}{n} = \frac{a + b - c}{n}$

ungleichnamige Brüche Gleichnamigmachen durch Bestimmen des Hauptnenners

$$\frac{a}{k} + \frac{b}{m} - \frac{c}{n} = \frac{m \cdot n \cdot a}{k \cdot m \cdot n} + \frac{k \cdot n \cdot b}{k \cdot m \cdot n} - \frac{k \cdot m \cdot c}{k \cdot m \cdot n}$$

⋮

Multiplizieren

Multiplikator mal Multiplikand gleich Produktwert
6 · 2 = 12

Kommutativgesetz	Assoziativgesetz	Distributivgesetz
$a \cdot b \cdot c = b \cdot a \cdot c$ In einem Produkt dürfen die Faktoren vertauscht werden.	$a \cdot b \cdot c \cdot d = (a \cdot b) \cdot (c \cdot d)$ Faktoren dürfen zu Teilprodukten zusammengefasst werden.	$a \cdot (b - c) = a \cdot b - a \cdot c$ Eine Summe (Differenz) wird mit einem Faktor multipliziert, indem jedes Glied der Summe (Differenz) mit dem Faktor multipliziert wird.

■ Multiplizieren mit null

$a \cdot 0 = 0 \cdot a = 0$ Ein Produkt ist null, wenn einer seiner Faktoren null ist.
oder
Soll ein Produkt null sein, muss mindestens ein Faktor null sein.

■ Multiplikation relativer Zahlen

$(+a) \cdot (+b) = +(a \cdot b)$ Das Produkt zweier Zahlen mit gleichem Vorzeichen ist positiv;
$(-a) \cdot (-b) = +(a \cdot b)$
$(-a) \cdot (+b) = -(a \cdot b)$ das Produkt zweier Zahlen mit verschiedenen Vorzeichen ist negativ.
$(+a) \cdot (-b) = -(a \cdot b)$

■ Binomische Formeln

$(a + b)^2 = (a + b) \cdot (a + b) = a^2 + 2ab + b^2$
$(a - b)^2 = (a - b) \cdot (a - b) = a^2 - 2ab + b^2$
$(a + b) \cdot (a - b) = a^2 - b^2$

Dividieren

Dividend durch Divisor gleich Quotientwert
32 : 8 = 4

■ Division durch null

$0 : a = 0$, da $0 \cdot a = 0$
$a : 0$ nicht ausführbar, da es keine Zahl gibt, die mit 0 multipliziert a ergibt.
Der Wert nähert sich unendlich: $a : 0 \to \infty$.
$0 : 0$ nicht sinnvoll, denn jede Zahl gibt mit null multipliziert den Wert null.

■ Division relativer Zahlen

$(+a) : (+b) = +(a : b)$ Der Quotient zweier Zahlen mit gleichem Vorzeichen ist positiv;
$(-a) : (-b) = +(a : b)$
$(-a) : (+b) = -(a : b)$ der Quotient zweier Zahlen mit verschiedenen Vorzeichen ist negativ.
$(+a) : (-b) = -(a : b)$

■ Multiplizieren und Dividieren von Brüchen

Bruch mit Bruch multiplizieren $\frac{a}{b} \cdot \frac{c}{d} = \frac{a \cdot c}{b \cdot d}$

Bruch durch Bruch dividieren $\frac{a}{b} : \frac{c}{d} = \frac{a}{b} \cdot \frac{d}{c} = \frac{a \cdot d}{b \cdot c}$

■ Prozent (Zeichen %)

Bedeutung: 1 Hundertstel vom Ganzen (Grundwert)
Beziehung zwischen Prozentsatz und Prozentwert:
$p : 100 = P : G$

Berechnung des Prozentwertes $P = \frac{p \cdot G}{100\,\%}$

Berechnung des Prozentsatzes $p = \frac{100\,\% \cdot P}{G}$

Berechnung des Grundwertes $G = \frac{100\,\% \cdot P}{p}$

P Prozentwert
G Grundwert
$p\,\%$ Prozentsatz

Folgen und Reihen

Folge Eine gesetzmäßig gebildete Menge aufeinander folgender Zahlen.
Die einzelnen Größen heißen Glieder: $a_1; a_2; a_3; a_4 \cdots a_k; \cdots$

Reihe Summe einer beliebigen Anzahl aufeinander folgender Glieder einer Folge:
$a_1 + a_2 + a_3 + a_4 + \cdots + a_k + \cdots$

Arithmetische Reihe Die Differenz zweier unmittelbar aufeinander folgender Glieder ist gleich groß.
$a + (a + d) + (a + 2d) + (a + 3d) + \cdots$

n-tes Glied $a_n = a + (n - 1) \cdot d$

Summe $s = \sum_n = \frac{n}{2} \cdot [2a + (n - 1) \cdot d]$

Geometrische Reihe Der Quotient zweier unmittelbar aufeinander folgender Glieder ist gleich groß.
$a + aq + aq^2 + aq^3 + aq^4 + \cdots$

n-tes Glied $a_n = a \cdot q^{n-1}$

Summe ($q \neq 1$) $s = \sum_n = a \cdot \frac{1 - q^n}{1 - q} = a \cdot \frac{q^n - 1}{q - 1}$

Normzahlen

Stufung von Größen und Abmessungen
durch
Normzahlen Gerundete Glieder geometrischer Folgen mit den Stufensprüngen (Quotient zweier unmittelbar aufeinander folgender Glieder)

Stufensprung	$\sqrt[5]{10}$	$\sqrt[10]{10}$	$\sqrt[20]{10}$	$\sqrt[40]{10}$
Reihe	R5	R10	R20	R40

Normzahlen (DIN 323)

Grundreihen				Genauwerte	
R5	R10	R20	R40		lg
1,00	1,00	1,00	1,00	1,0000	0,0
			1,06	1,0593	0,025
		1,12	1,12	1,1220	0,05
			1,18	1,1885	0,075
	1,25	1,25	1,25	1,2589	0,1
			1,32	1,3335	0,125
		1,40	1,40	1,4125	0,15
			1,50	1,4962	0,175
1,60	1,60	1,60	1,60	1,5849	0,2
			1,70	1,6788	0,225
		1,80	1,80	1,7783	0,25
			1,90	1,8836	0,275
	2,00	2,00	2,00	1,9953	0,3
			2,12	2,1135	0,325
		2,24	2,24	2,2387	0,35
			2,36	2,3714	0,375
2,50	2,50	2,50	2,50	2,5119	0,4
			2,65	2,6607	0,425
		2,80	2,80	2,8184	0,45
			3,00	2,9854	0,475
	3,15	3,15	3,15	3,1623	0,5
			3,35	3,3497	0,525
		3,55	3,55	3,5481	0,55
			3,75	3,7584	0,575

Grundreihen				Genauwerte	
R5	R10	R20	R40		lg
4,00	4,00	4,00	4,00	3,9811	0,6
			4,25	4,2170	0,625
		4,50	4,50	4,4668	0,65
			4,75	4,7315	0,675
	5,00	5,00	5,00	5,0119	0,7
			5,30	5,3088	0,725
		5,60	5,60	5,6234	0,75
			6,00	5,9566	0,775
6,30	6,30	6,30	6,30	6,3096	0,8
			6,70	6,6834	0,825
		7,10	7,10	7,0795	0,85
			7,50	7,4989	0,875
	8,00	8,00	8,00	7,9433	0,9
			8,50	8,4140	0,925
		9,00	9,00	8,9125	0,95
			9,50	9,4409	0,975
10,0	10,0	10,0	10,0	10,0000	1,0

Nennwerte elektrischer Bauelemente (Widerstände und Kondensatoren)

Stufensprung	$\sqrt[6]{10}$	$\sqrt[12]{10}$	$\sqrt[24]{10}$
Reihe	E6	E12	E24

E-Reihen (DIN 41 426)

E6	E 12	E 24	E6	E 12	E 24	E6	E 12	E 24
1,0	1,0	1,0	2,2	2,2	2,2	4,7	4,7	4,7
		1,1			2,4			5,1
	1,2	1,2		2,7	2,7		5,6	5,6
		1,3			3,0			6,2
1,5	1,5	1,5	3,3	3,3	3,3	6,8	6,8	6,8
		1,6			3,6			7,5
	1,8	1,8		3,9	3,9		8,2	8,2
		2,0			4,3			9,1
						10,0	10,0	10,0

Potenzieren

Potenzen und Potenzgesetze

Potenz

abgekürzte Schreibweise für das Produkt mehrerer gleicher Faktoren

$a \cdot a \cdot a \cdot a \cdot \ldots \text{ (n-mal)} = a^n = b$

– Exponent und Basis sind nicht vertauschbar.

a Basis oder Grundzahl
n Exponent oder Hochzahl
b Potenzwert

Sonderfälle

$0^n = 0$ $\qquad 1^n = 1$

$(-a)^{2n} = +a^{2n}$ $\qquad (-a)^{2n+1} = -a^{2n+1}$

$(-a)^{2n} = (+a)^{2n}$ $\qquad (-a)^{2n+1} = -(+a)^{2n+1}$

$(a-b)^{2n} = (b-a)^{2n}$ $\qquad (a-b)^{2n+1} = -(b-a)^{2n+1}$

Für jedes ganzzahlige n gilt Exponent $2n \Rightarrow$ gerade Zahl
Exponent $2n+1 \Rightarrow$ ungerade Zahl

Gesetze des Potenzierens

■ **Addieren und Subtrahieren von Potenzen**
Zulässig nur bei Potenzen mit gleicher Basis **und** gleichem Exponenten.

■ **Multiplizieren und Dividieren von Potenzen**

Potenzen mit gleichem Exponenten $a^m \cdot b^m = (a \cdot b)^m$

$$\frac{a^m}{b^m} = \left(\frac{a}{b}\right)^m$$

Potenzen mit gleicher Basis $a^m \cdot a^n = a^{m+n}$

$$\frac{a^m}{a^n} = a^{m-n}, \quad \text{wenn } m > n$$
$$= 1, \quad \text{wenn } m = n$$
$$= \frac{1}{a^{n-m}}, \quad \text{wenn } m < n$$

■ **Potenzieren einer Potenz** $(a^m)^n = (a^n)^m = a^{m \cdot n}$

Potenzen mit negativem Exponenten

$$a^{-n} = \frac{1}{a^n} \qquad \left(\frac{a}{b}\right)^{-n} = \left(\frac{b}{a}\right)^n$$

$a^0 = 1$ außer für $a = 0$

Radizieren

1. Umkehrung des Potenzierens

Bestimmen der Basis b
bei gegebenem Exponenten n und Potenzwert a der Potenzgleichung $b^n = a$ durch

Radizieren (Wurzelziehen) $\sqrt[n]{a} = b$
gelesen: n-te Wurzel aus a ist gleich b

n Wurzelexponent
a Radikand (Basis)
b Wurzelwert

Definition der Wurzel
Die n-te Wurzel aus a ist eine Zahl, deren n-te Potenz a ergibt.

Sonderfälle $\sqrt[n]{0} = 0$

$\sqrt[n]{1} = 1$

$\sqrt[1]{a} = a$

Quadratwurzel $\sqrt[2]{a} = \sqrt{a}$ aus Flächeninhalt des Quadrates

Kubikwurzel $\sqrt[3]{a}$ aus Rauminhalt des Würfels (Kubus)

Wurzel mit geradem Wurzelexponenten

$\sqrt[2n]{a} = \pm|\sqrt[2n]{a}|$ (a > 0)

mit ungeradem Wurzelexponenten

$\sqrt[2n+1]{a} = +|\sqrt[2n+1]{a}|$

$\sqrt[2n+1]{-a} = -|\sqrt[2n+1]{a}|$ (a > 0)

Gesetze des Radizierens

- **Addieren und Subtrahieren von Wurzeln**
  Zulässig nur bei Wurzeln mit gleichem Radikanden **und** gleichem Exponenten.
  $c \cdot \sqrt[n]{a} + d \cdot \sqrt[n]{a} - e \cdot \sqrt[n]{a} = (c + d - e) \cdot \sqrt[n]{a}$
- **Radizieren von Produkten**
  $\sqrt[n]{a \cdot b} = \sqrt[n]{a} \cdot \sqrt[n]{b}$ $\quad a \cdot \sqrt[n]{b} = \sqrt[n]{a^n \cdot b}$
- **Radizieren von Brüchen**
  $\sqrt[n]{\frac{a}{b}} = \frac{\sqrt[n]{a}}{\sqrt[n]{b}}$
- **Radizieren von Potenzen**
  $\sqrt[n]{a^p} = (\sqrt[n]{a})^p = a^{\frac{p}{n}}$
- **Radizieren von Wurzeln**
  $\sqrt[m]{\sqrt[n]{a}} = \sqrt[n]{\sqrt[m]{a}} = \sqrt[m \cdot n]{a}$

Logarithmieren

2. Umkehrung des Potenzierens

Bestimmen des Exponenten n
bei gegebener Basis b und gegebenem Potenzwert a der Potenzgleichung $b^n = a$
durch Logarithmieren $n = \log_b a$
gelesen: n ist der Logarithmus von a zur Basis b

n Logarithmus
a Numerus
b Basis

Definition des Logarithmus
Der Logarithmus ist die Zahl, mit der man die Basis b potenzieren muss, um den Numerus a zu erhalten.

Sonderfälle $\log_b 1 = 0$ Der Logarithmus von 1 ist bei jeder Basis gleich Null.
$\log_b b = 1$ Der Logarithmus der Basis ist stets gleich 1.
$\log_b 0 = ?$ nicht bestimmbar; denn keine Potenz ergibt den Wert null.

Gesetze des Logarithmierens

- **Logarithmieren eines Produktes** $\log_b (u \cdot v) = \log_b u + \log_b v$
- **Logarithmieren eines Quotienten** $\log_b \frac{u}{v} = \log_b u - \log_b v$
- **Logarithmieren einer Potenz** $\log_b u^n = n \cdot \log_b u$
- **Logarithmieren einer Wurzel** $\log_b \sqrt[n]{u} = \frac{1}{n} \cdot \log_b u$

Logarithmensysteme
Alle Logarithmen mit derselben Basis bilden ein System.

Umwandeln des Logarithmus von x zur Basis b in den Logarithmus x zur Basis a:

$\log_b x \Rightarrow \log_a x$: $\log_a x = \frac{\log_b x}{\log_b a}$

Basis	Bezeichnung	Kennzeichen
10	dekadische Logarithmen	lg
e = 2,71828	natürliche Logarithmen	ln
2	binäre Logarithmen	lb

Umrechnungen

$\ln x = 2{,}3026 \cdot \lg x$ | $\lg x = 0{,}4343 \cdot \ln x$

$\mathrm{lb}\, x = 3{,}3219 \cdot \lg x$ | $\lg x = 0{,}3010 \cdot \mathrm{lb}\, x$

$\mathrm{lb}\, x = 1{,}4427 \cdot \ln x$ | $\ln x = 0{,}6932 \cdot \mathrm{lb}\, x$

Rechenregeln für Dualzahlen

Addieren	Subtrahieren	Multiplizieren	Dividieren
0 + 0 = 0	0 − 0 = 0	0 · 0 = 0	0 : 1 = 0
1 + 0 = 1	1 − 0 = 0	1 · 0 = 0	1 : 1 = 1
0 + 1 = 1	0 − 1 = 1	0 · 1 = 0	
1 + 1 = 1	1 − 1 = 0	1 · 1 = 1	

Gleichungen

Identische Gleichungen

Beispiele: $5 + 8 = 13$ $2 \cdot 3 = 6$ $(a + b)^2 = a^2 + 2ab + b^2$

Gleichheitszeichen bedeutet: wesensgleich.

Bestimmungsgleichungen

Beispiele: $8x + 7 = 23$ $x^2 + 2x = 12$

Gleichheitszeichen bedeutet: soll gleich werden.

Lineare Gleichungen

Gleichungen 1. Grades

mit einer Unbekannten

Normalform $a \cdot x + b = 0$ $x = -\frac{b}{a}$

b: Absolutglied

a: Koeffizient (Vorzahl der unbekannten Größe)

Der Wert von x ist die Lösung oder Wurzel der Gleichung.

mit zwei Unbekannten

Eine eindeutige Bestimmung der zwei Unbekannten ist nur mit zwei voneinander unabhängigen Gleichungen (Gleichungssystem) möglich.

I $a_1x + b_1x = k_1$

II $a_2x + b_2y = k_2$

Lösen des Gleichungssystems

- Prinzip Eliminieren einer Unbekannten und Lösen der entstandenen Gleichung mit einer Unbekannten
- Verfahren

Gleichsetzungsverfahren

1. Umstellen der Gleichungen nach einer Unbekannten, z. B. x

   I′ $x = -\frac{b_1}{a_1} y + \frac{k_1}{a_1}$

   II′ $x = -\frac{b_2}{a_2} y + \frac{k_2}{a_2}$

2. Gleichsetzen von I′ und II′

   $-\frac{b_1}{a_1} y + \frac{k_1}{a_1} = -\frac{b_2}{a_2} y + \frac{k_2}{a_2}$

3. Bestimmen der Unbekannten y

4. Einsetzen des Wertes von y in die Gleichung I oder II.

Einsetzungsverfahren

1. Umstellen einer der gegebenen Gleichungen nach einer Unbekannten, z. B. nach x

   I′ $x = -\frac{b_1}{a_1} y + \frac{k_1}{a_1}$

2. Einsetzen von x in Gleichung II

   II′ $a_2 \left(-\frac{b_1}{a_1} y + \frac{k_1}{a_1}\right) + b_2 y = k_2$

3. und 4. wie Gleichsetzungsverfahren

Additions- bzw. Subtraktionsverfahren

1. Eine der gegebenen Gleichungen mit einem Faktor so erweitern, dass derselbe Koeffizient entsteht, den eine der Unbekannten in der zweiten Gleichung hat.

   I′ $c \cdot a_1 x + c \cdot b_1 y = c \cdot k_1$ $\quad c \cdot a_1 = \alpha_2$
   oder
   II′ $d \cdot a_2 x + d \cdot b_2 y = d \cdot k_2$ $\quad d \cdot a_2 = a_1$

2. Erweiterte Gleichung und andere Ausgangsgleichung addieren oder subtrahieren.
   I′ ± II oder I ± II′

3. wie Gleichsetzungsverfahren

Quadratische Gleichungen

Gleichungen 2. Grades mit einer Unbekannten

Allgemeine Form

$Ax^2 + Bx + C = 0$

Man nennt Ax^2 das quadratische
Bx das lineare
C das absolute Glied

Sonderfälle

$B = 0 \Rightarrow Ax^2 + C = 0$ reinquadratische Gleichung

Lösungen (Wurzeln) $x_1 = +\sqrt{-\frac{C}{A}}$

$x_2 = -\sqrt{-\frac{C}{A}}$

Beide Wurzeln sind reell bei $C < 0$; der Radikand ist positiv.
Beide Wurzeln sind imaginär bei $C > 0$; der Radikand ist negativ.

$C = 0 \Rightarrow Ax^2 + Bx = 0$

Lösungen (Wurzeln) $x(Ax + B) = 0$

$x_1 = 0 \qquad x_2 = -\frac{B}{A}$

Normalform $\quad x^2 + \frac{B}{A} x + \frac{C}{A} = 0 \qquad \frac{B}{A} = p \qquad \frac{C}{A} = q$

$x^2 + px + q = 0$

Lösungen (Wurzeln) $x_1 = -\frac{p}{2} + \sqrt{\frac{p^2}{4} - q}$

$x_2 = -\frac{p}{2} - \sqrt{\frac{p^2}{4} - q}$

Viëtaischer Wurzelsatz $\quad p = -(x_1 + x_2) \qquad q = x_1 \cdot x_2$

Winkel und ihre Einheiten

Winkelarten

Ebener Winkel

Geometrische Figur in einer Ebene, die aus dem Scheitel(punkt) des Winkels und den beiden Schenkeln besteht.

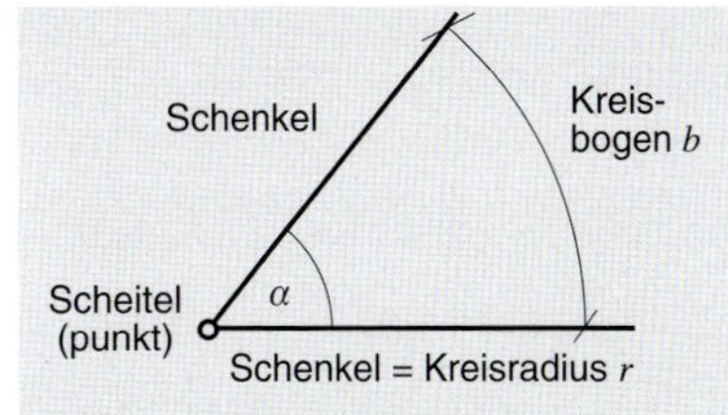

Winkeleinheiten	
Winkel α in Grad (Altgrad)	Der Grad (°) ist der 360ste Teil eines Vollwinkels 1° unterteilt in 60 Minuten (′) und 60 · 60 = 3600 Sekunden (″).
Winkel $\widehat{\alpha} = \operatorname{arc}\alpha$ in Radiant (Bogenmaß)	Winkel $\widehat{\alpha}$ im Bogenmaß ergibt sich aus dem Verhältnis der Kreisbogenlänge b zum Kreisradius $r \Rightarrow \widehat{\alpha} = \operatorname{arc}\alpha = \frac{b}{r}$ mit der Winkeleinheit Radiant (rad). 1 rad ist jener Winkel, dessen Bogen am Kreis gleich dem Radius dieses Kreises ist: 1 rad = 1 m/m ($\widehat{\alpha}$ damit auch unbenannt).
Winkel α in Gon (Neugrad)	Das Gon ist der 400ste Teil eines Vollwinkels: 1 gon unterteilt in 1 cgon = 1/100 gon und 1 mgon = 1/1000 gon

Winkel im	Vollwinkel	gestreckter Winkel	rechter Winkel
Gradmaß	$\alpha = 360°$	180°	90°
Bogenmaß	$\widehat{\alpha} = 2\pi$	π	$\pi/2$
Gonmaß	$\alpha = 400$ gon	200 gon	100 gon

Beziehung zwischen Bogen- und Gradmaß		
$\alpha : \widehat{\alpha} = 180° : \pi$ $\quad \frac{180°}{\pi} \approx 57{,}3°$	$\alpha = \frac{\widehat{\alpha} \cdot 180°}{\pi}$ $\quad \alpha \approx 57{,}3° \cdot \widehat{\alpha}$	$\widehat{\alpha} = \frac{\alpha \cdot \pi}{180°}$ $\quad \widehat{\alpha} \approx \frac{1}{57{,}3°} \cdot \alpha$

Raumwinkel

Geometrische Figur des dreidimensionalen Raumes

Der Raumwinkel ω ist der Quotient aus der Fläche A eines Kugelausschnitts, den ein Kegelmantel aus einer um den Scheitel(punkt) gelegten Kugel zum Quadrat des Kugelradius r ausschneidet:

$\omega = \frac{A}{r^2}$ Einheit $[\omega]$ = 1 sr (Steradiant)

1 sr ist jener Raumwinkel, dessen Fläche eines Kugelausschnitts gleich dem Quadrat des Kugelradius ist:
1 sr = 1 m^2/m^2 (ω damit auch unbenannt)

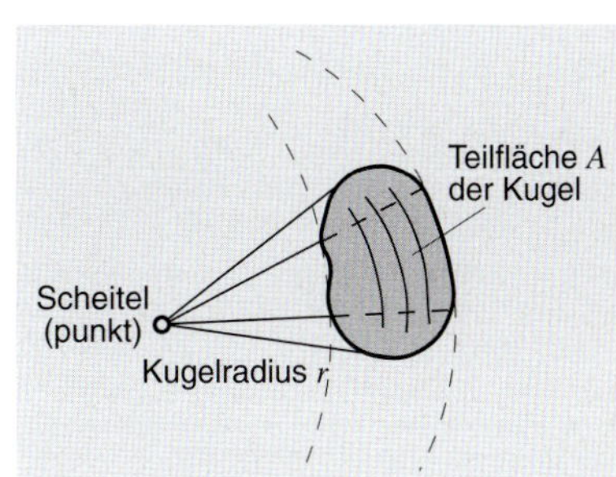

Lehrsätze der rechtwinkligen Dreiecke

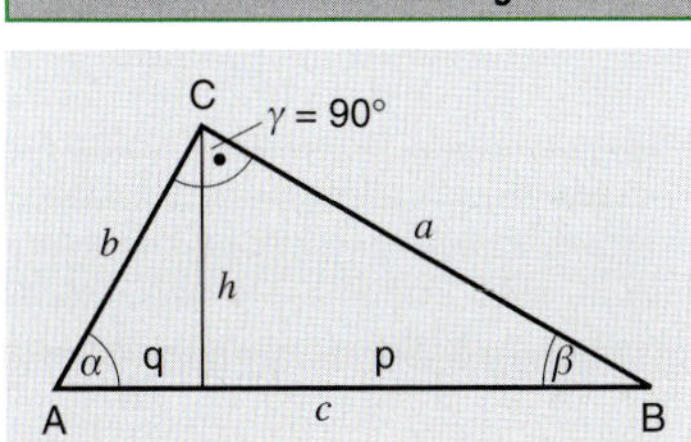

A; B; C	Eckpunkte
a	Ankathete des Winkels α oder Gegenkathete des Winkels β
b	Gegenkathete des Winkels α oder Ankathete des Winkels β
c	Hypotenuse
h	Höhe
p; q	Hypotenusenabschnitte
α; β; $\gamma = 90°$	Winkel im Dreieck

Lehrsatz des Pythagoras
Im rechtwinkligen Dreieck ist die Summe der Kathetenquadrate gleich dem Hypotenusenquadrat.

$c^2 = a^2 + b^2$

$a = \sqrt{c^2 - b^2}$

$b = \sqrt{c^2 - a^2}$

Kathetensatz
Im rechtwinkligen Dreieck ist das Kathetenquadrat gleich dem Rechteck aus Hypotenuse und dem an der Kathete anliegenden Hypotenusenabschnitt.

$a^2 = c \cdot p$

$b^2 = c \cdot q$

Höhensatz
Im rechtwinkligen Dreieck ist das Höhenquadrat gleich dem Rechteck aus den Hypotenusenabschnitten.

$h^2 = p \cdot q$

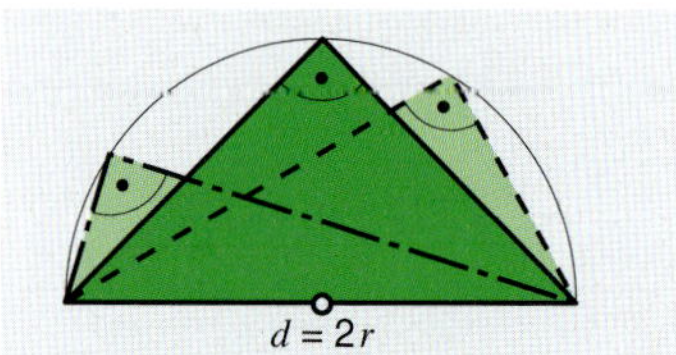

Lehrsatz des Thales
Jeder Peripheriewinkel über dem Durchmesser eines Kreises ist ein rechter Winkel.
oder
Jedes in einen Halbkreis eingefügte Dreieck ist rechtwinklig, wenn der Durchmesser des Halbkreises die Basis des Dreiecks bildet und der Scheitel(punkt) des gegenüberliegenden Winkels auf dem Kreisbogen liegt.

Winkelfunktionen

Winkelfunktionen sind Seitenverhältnisse im rechtwinkligen Dreieck.

Definitionen für elementargeometrische Winkel $\alpha \leq 90°$					
Sinus = $\frac{\text{Gegenkathete}}{\text{Hypotenuse}}$	$\sin\alpha = \frac{a}{c}$	$\sin\beta = \frac{b}{c}$	Tangens = $\frac{\text{Gegenkathete}}{\text{Ankathete}}$	$\tan\alpha = \frac{a}{b}$	$\tan\beta = \frac{b}{a}$
Cosinus = $\frac{\text{Ankathete}}{\text{Hypotenuse}}$	$\cos\alpha = \frac{b}{c}$	$\cos\beta = \frac{a}{c}$	Cotangens = $\frac{\text{Ankathete}}{\text{Gegenkathete}}$	$\cot\alpha = \frac{b}{a}$	$\cot\beta = \frac{a}{b}$

Geometrische Darstellung am Einheitskreis $r = 1$

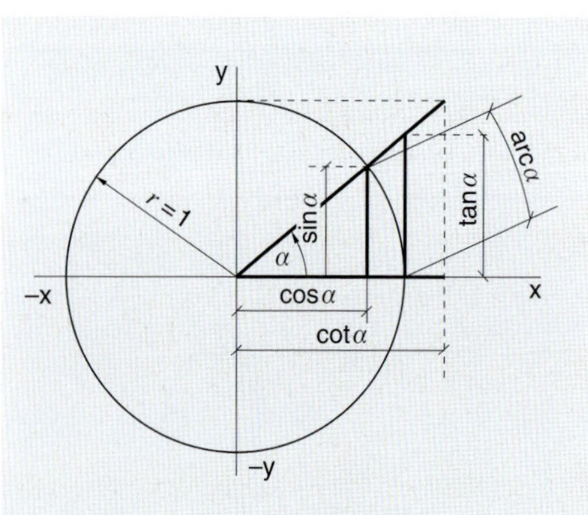

Funktionswerte spezieller Winkel					
α	0°	30°	45°	60°	90°
$\widehat{\alpha}$	0	$\frac{\pi}{6}$	$\frac{\pi}{4}$	$\frac{\pi}{3}$	$\frac{\pi}{2}$
sin	0	$\frac{1}{2}$	$\frac{1}{2}\sqrt{2}$	$\frac{1}{2}\sqrt{3}$	1
cos	1	$\frac{1}{2}\sqrt{3}$	$\frac{1}{2}\sqrt{2}$	$\frac{1}{2}$	0
tan	0	$\frac{1}{3}\sqrt{3}$	1	$\sqrt{3}$	–
cot	–	$\sqrt{3}$	1	$\frac{1}{3}\sqrt{3}$	0

Näherungswerte kleiner Winkel	
$\sin\alpha \approx \widehat{\alpha} - \frac{\widehat{\alpha}^3}{6}$	Fehler < 1 % bei $\alpha < 58°$
$\sin\alpha \approx \widehat{\alpha}$	Fehler < 1 % bei $\alpha < 14°$
$\cos\alpha \approx 1 - \frac{\widehat{\alpha}^2}{2}$	Fehler < 1 % bei $\alpha < 37°$
$\cos\alpha \approx 1$	Fehler < 1 % bei $\alpha < 8°$

Beziehungen der Winkelfunktionen in den vier Quadranten				
	$90° \pm \alpha$	$180° \pm \alpha$	$270° \pm \alpha$	$360° \pm \alpha$
sin	$\cos\alpha$	$\mp\sin\alpha$	$-\cos\alpha$	$\pm\sin\alpha$
cos	$\mp\sin\alpha$	$-\cos\alpha$	$\pm\sin\alpha$	$\cos\alpha$
tan	$\mp\cot\alpha$	$\pm\tan\alpha$	$\mp\cot\alpha$	$\pm\tan\alpha$
cot	$\mp\tan\alpha$	$\pm\cot\alpha$	$\mp\tan\alpha$	$\pm\cot\alpha$

Beziehungen zwischen den Winkelfunktionen gleicher Winkel		
$\sin^2\alpha + \cos^2\alpha = 1$ $\quad \sin\alpha = \sqrt{1 - \cos^2\alpha}$ $\quad \cos\alpha = \sqrt{1 - \sin^2\alpha}$	$\tan\alpha = \frac{\sin\alpha}{\cos\alpha}$ $\quad \tan\alpha = \frac{1}{\cot\alpha}$	$\cot\alpha = \frac{\cos\alpha}{\sin\alpha}$ $\quad \cot\alpha = \frac{1}{\tan\alpha}$

Lehrsätze der schiefwinkligen Dreiecke

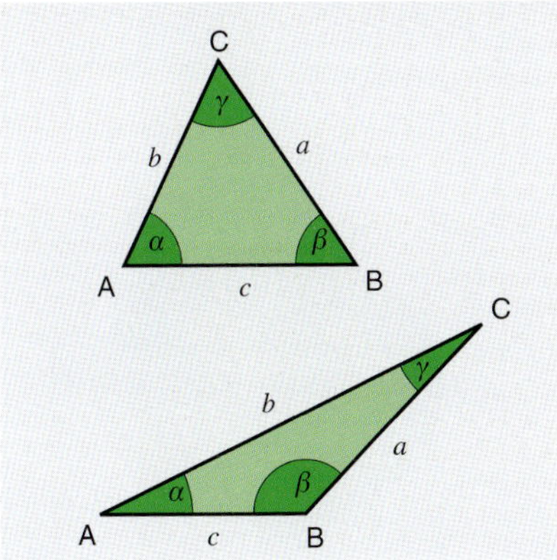

Sinussatz

$\sin\alpha : \sin\beta : \sin\gamma = a : b : c \qquad \frac{a}{\sin\alpha} = \frac{b}{\sin\beta} = \frac{c}{\sin\gamma}$

Cosinussatz

$a^2 = b^2 + c^2 - 2bc \cdot \cos\alpha$

$b^2 = c^2 + a^2 - 2ac \cdot \cos\beta$

$c^2 = a^2 + b^2 - 2ab \cdot \cos\gamma$

Tangenssatz

$$\frac{a+b}{a-b} = \frac{\tan\frac{1}{2}(\alpha+\beta)}{\tan\frac{1}{2}(\alpha-\beta)}$$

Berechnung von Flächen und Körpern

Formeln sind Hilfsmittel zur einfachen Berechnung von Gehäusemaßen.

Dreieck

schiefwinklig $A = \frac{c \cdot h_c}{2}$

$U = a + b + c$

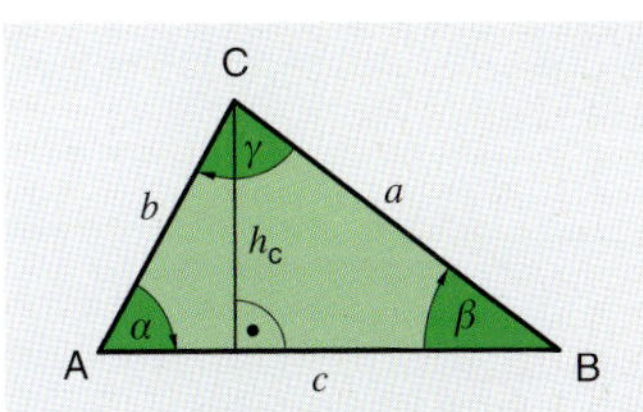

rechtwinklig $A = \frac{a \cdot b}{2}$

$U = a + b + c$

Abstand des Schwerpunktes S

von Hypotenuse $l = \frac{1}{3} \cdot h_c$

Kathete a $l' = \frac{1}{3} \cdot b$

Kathete b $l'' = \frac{1}{3} \cdot a$

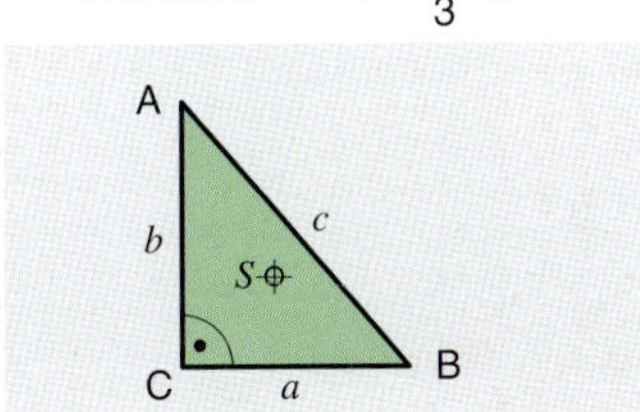

Dreieck

gleichseitig $A = \frac{a^2 \cdot \sqrt{3}}{4}$

$U = 3a$

Abstand des Schwerpunktes S

von der Seite $l = \frac{a}{6} \cdot \sqrt{3}$

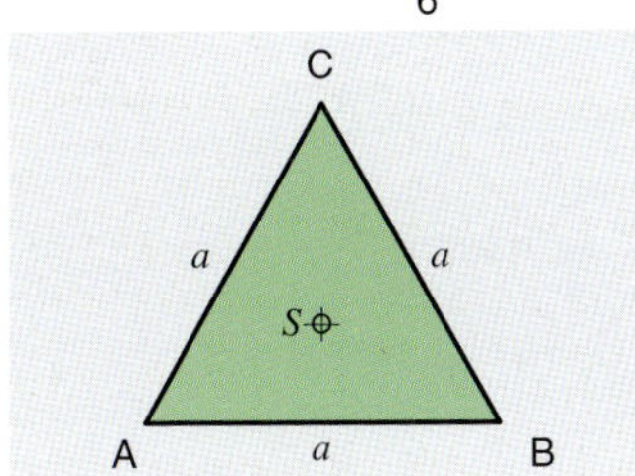

Rechteck

$A = a \cdot b$

$U = 2(a + b)$

$d = \sqrt{a^2 + b^2}$

Schwerpunkt S im Schnittpunkt der Diagonalen

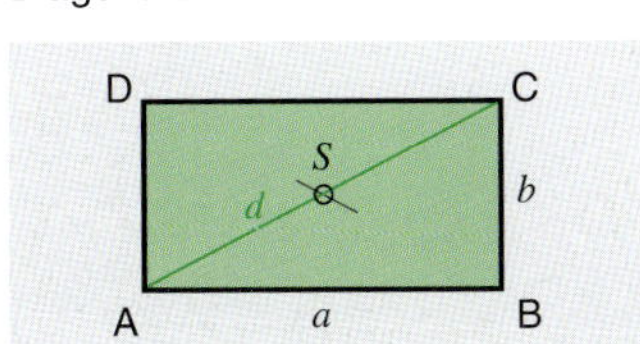

Parallelogramm

$A = g \cdot h$	g	Grundlinie a oder b
$h = a \cdot \sin\alpha$	h	zugehörige Höhe h_a oder h_b
$U = 2(a + b)$		

Schwerpunkt S im Schnittpunkt der Diagonalen

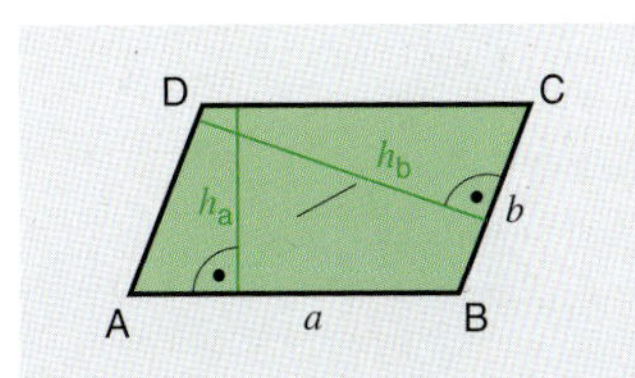

Quadrat

$A = a^2$

$U = 4a$

$d = \sqrt{2} \cdot a$

Schwerpunkt S im Schnittpunkt der Diagonalen

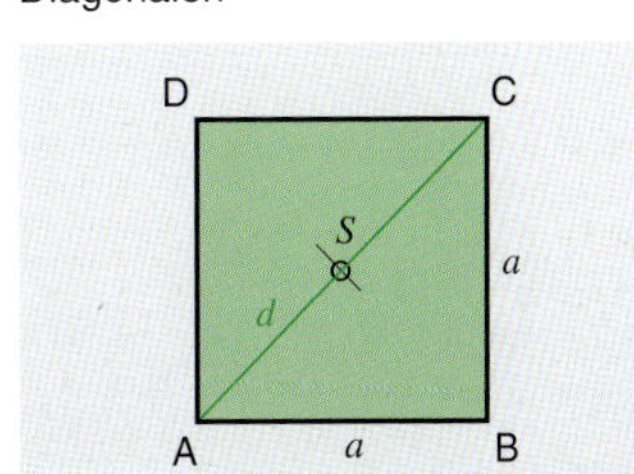

Rhombus (Raute)

$A = a \cdot h$
$U = 4a$
$h = a \cdot \sin\alpha$

Schwerpunkt S im Schnittpunkt der Diagonalen

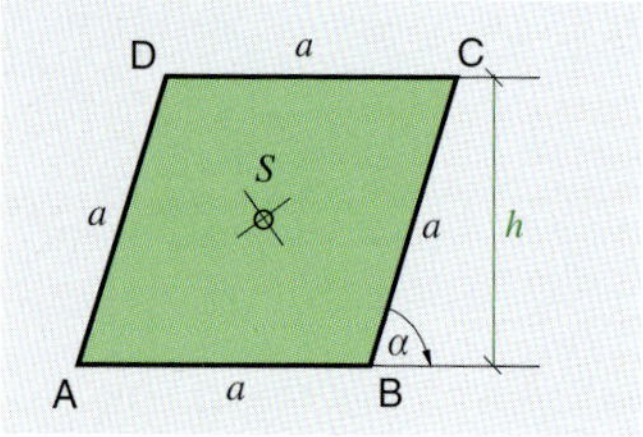

Trapez

$A = \frac{a + c}{2} \cdot h = m \cdot h \qquad a \| b$
$U = a + b + c + d$

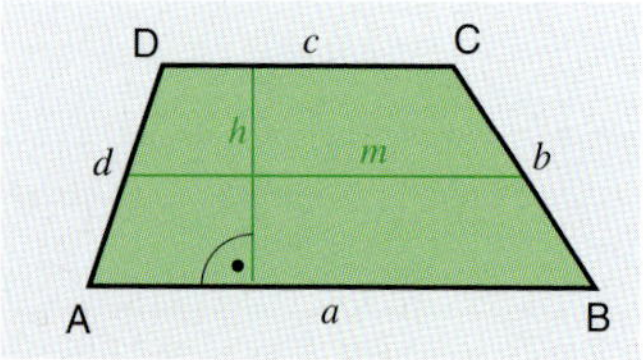

Vieleck

Zerlegen in Dreiecke
$A = A_1 + A_2 + A_3$
$A_{1,2,3} = \frac{g \cdot h}{2}$

g	a; b; c
h	h_1; h_2; h_3

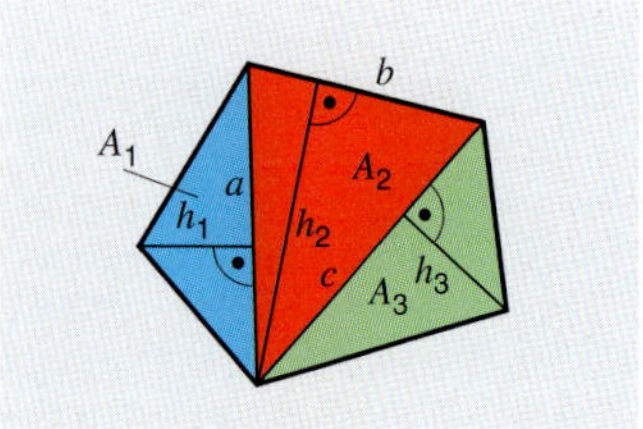

Kreis

$A = \pi \cdot r^2 = \frac{\pi}{4} \cdot d^2$
$U = 2\pi \cdot r = \pi \cdot d$
Schwerpunkt im Kreismittelpunkt

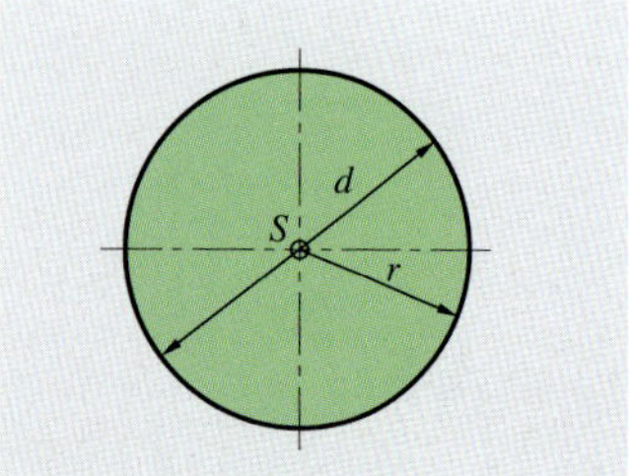

Kreisring

$A = \pi \cdot (R^2 - r^2) = \frac{\pi}{4} \cdot (D^2 - d^2)$
$a = R - r$
$A = \pi \cdot (d + a) \cdot a$

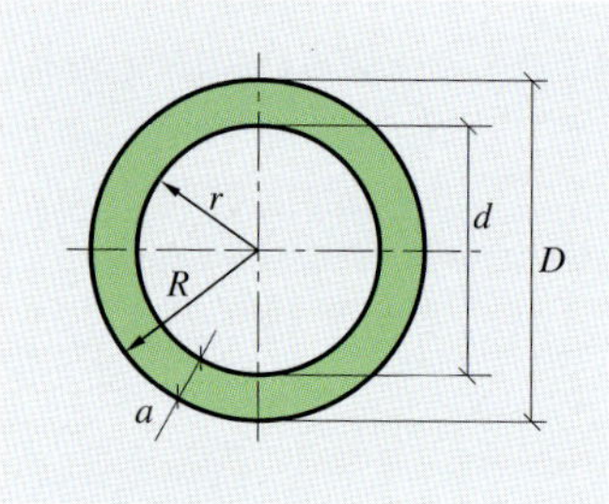

Kreissektor

$A = \frac{\pi \cdot r^2 \cdot \alpha}{360°} = \frac{b \cdot r}{2}$

Bogenlänge $b = \frac{\pi \cdot r \cdot \alpha}{180°}$

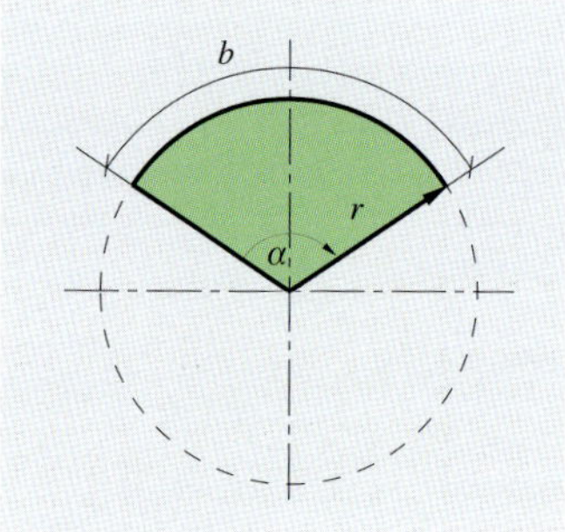

Kreisabschnitt

$A = \frac{b \cdot r - s \cdot (r - h)}{2} =$
$= \frac{r^2}{2} \cdot \left(\frac{\pi \cdot \alpha}{180°} - \sin\alpha\right)$
$b = \frac{\pi \cdot r \cdot \alpha}{180°}$

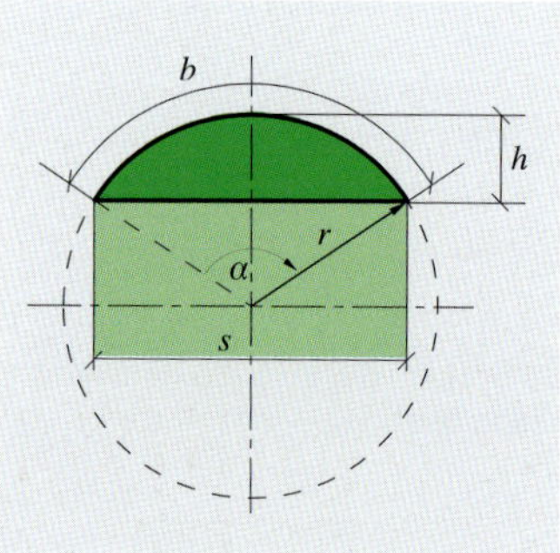

Ellipse

$A = \frac{\pi \cdot D \cdot d}{4}$
$U = \pi \cdot \frac{D + d}{2}$
$U = \pi \sqrt{2 \cdot (R^2 + r^2)}$

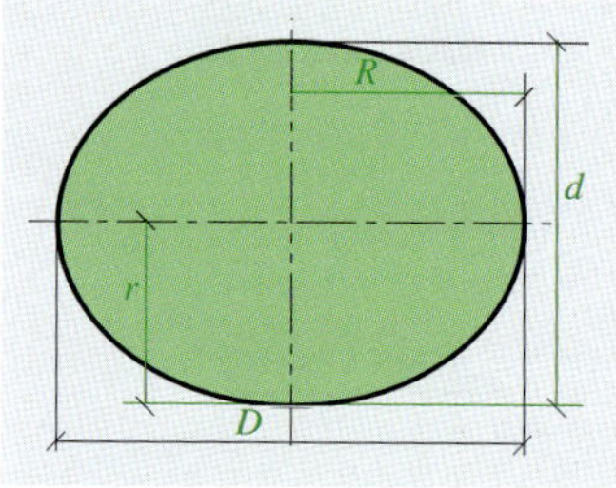

Quader

$V = a \cdot b \cdot h$
$A = 2(a \cdot b + a \cdot h + b \cdot h)$
$D = \sqrt{a^2 + b^2 + h^2}$

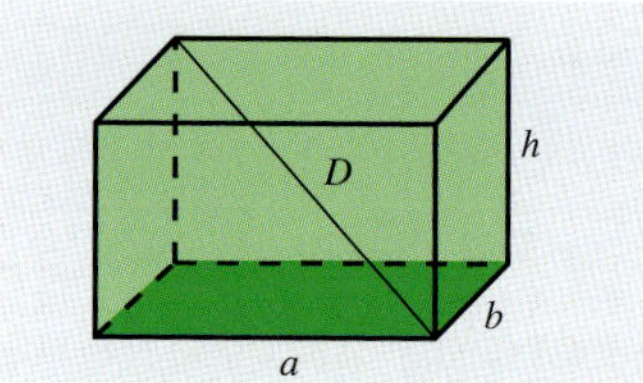

Würfel (Kubus)

$V = a^3$
$A = 6 \cdot a^2$
$D = a \cdot \sqrt{3}$

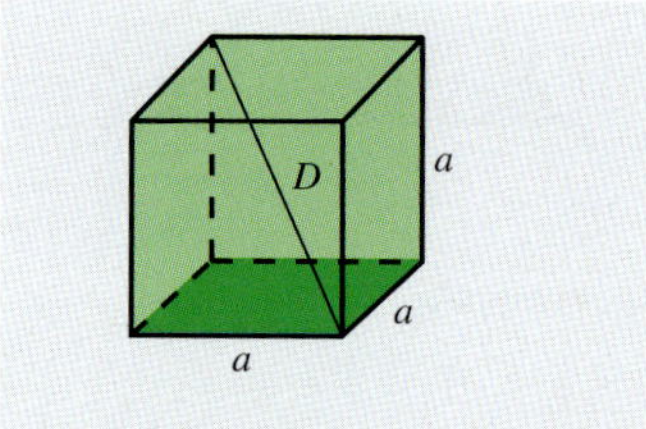

Prisma

$V = A \cdot h$	A_M	Mantelfläche
$A = A_M + 2 \cdot A_G$	A_G	Grundfläche

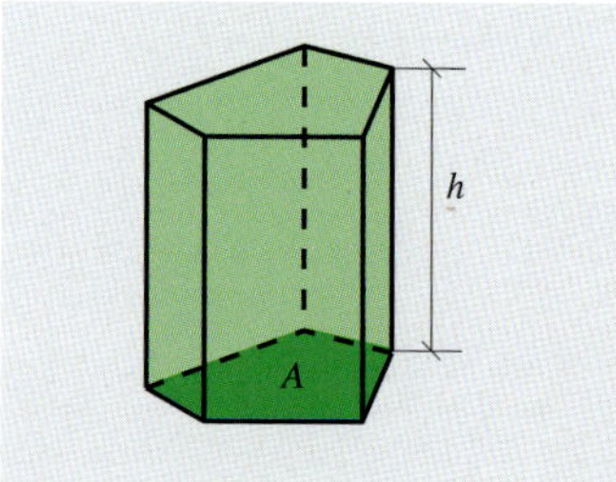

Pyramide

$V = \frac{a \cdot b \cdot h}{3}$

$h_a = \sqrt{h^2 + 0{,}25 \cdot b^2}$

$h_b = \sqrt{h^2 + 0{,}25 \cdot a^2}$

$s = \sqrt{h_b^2 + 0{,}25 \cdot b^2}$

$A = a \cdot b + b \cdot h_b + a \cdot h_a$

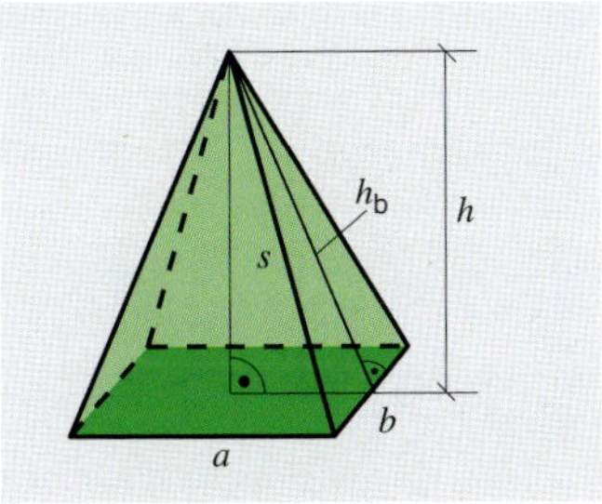

Pyramidenstumpf

$V = \frac{h}{3} \cdot (A_1 + A_2 + \sqrt{A_1 \cdot A_2})$

$A_1 = a_1 \cdot b_1$

$A_2 = a_2 \cdot b_2$

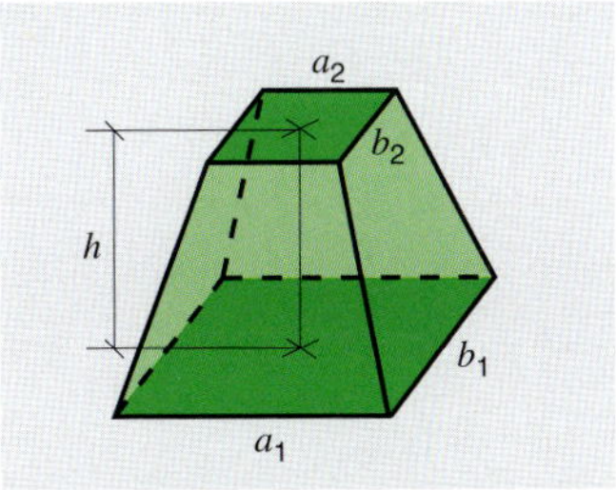

Kegel

$V = \frac{1}{3} \cdot \pi \cdot r^2 \cdot h$

$s = \sqrt{h^2 + r^2}$

$A = \pi \cdot r \cdot (r + s)$

$A_M = \pi \cdot r \cdot s$

| A_M Mantelfläche

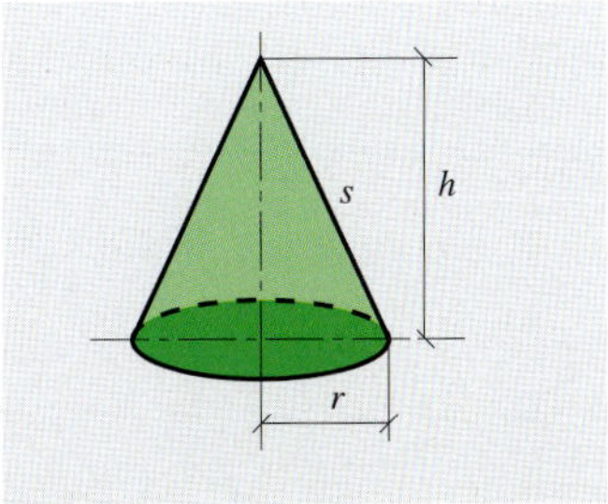

Kegelstumpf

$V = \frac{1}{3} \cdot \pi \cdot h \cdot (R^2 + R \cdot r + r^2)$

$s = \sqrt{h^2 + (R - r)^2}$

$A = \pi \cdot [R^2 + r^2 + s(R + r)]$

$A_M = \pi \cdot s \cdot (R + r)$

| A_M Mantelfläche

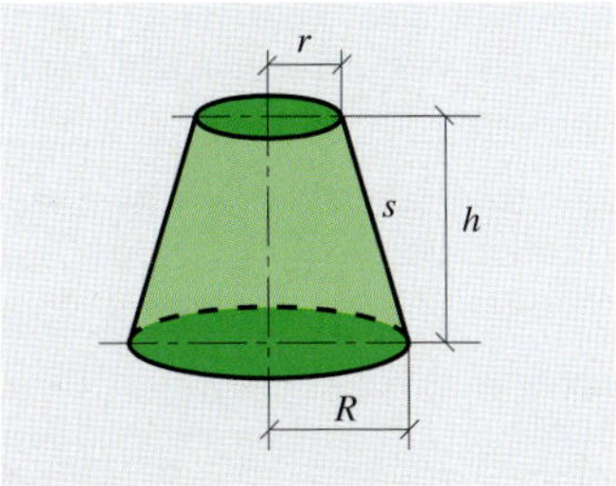

Zylinder

$V = \pi \cdot r^2 \cdot h$

$V = \frac{\pi \cdot d^2 \cdot h}{4}$

$A = 2\pi \cdot r \cdot (r + h)$

$A_M = 2\pi \cdot r \cdot h$

| A_M Mantelfläche

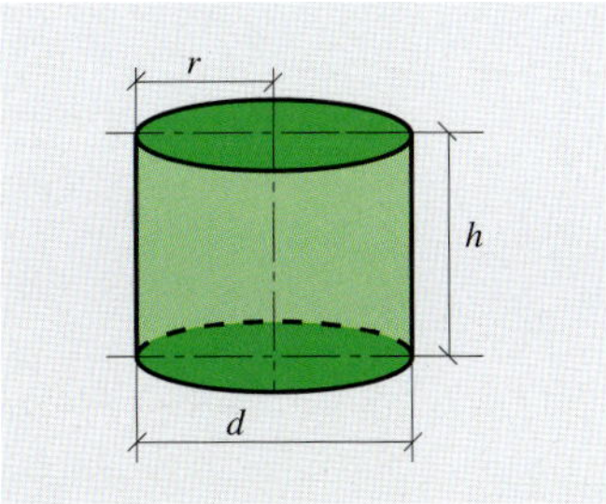

Hohlzylinder (Rohr)

$V = \pi \cdot h \cdot (R^2 - r^2)$

$A = 2\pi \cdot (R + r)$

$A_M = 2\pi \cdot h \cdot (R + r)$

| A_M Mantelfläche

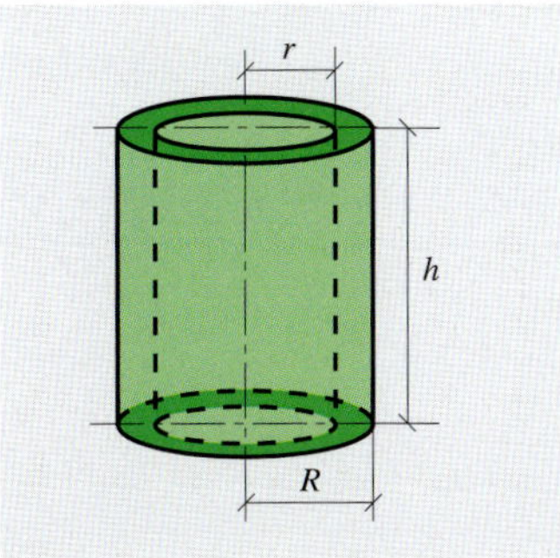

Zylindrischer Ring

$V = 2\pi^2 \cdot r^2 \cdot R$

$V = \frac{\pi \cdot d^2}{4} \cdot \pi \cdot D$

$A = 4\pi^2 \cdot r \cdot R$

$A = \pi^2 \cdot d \cdot D$

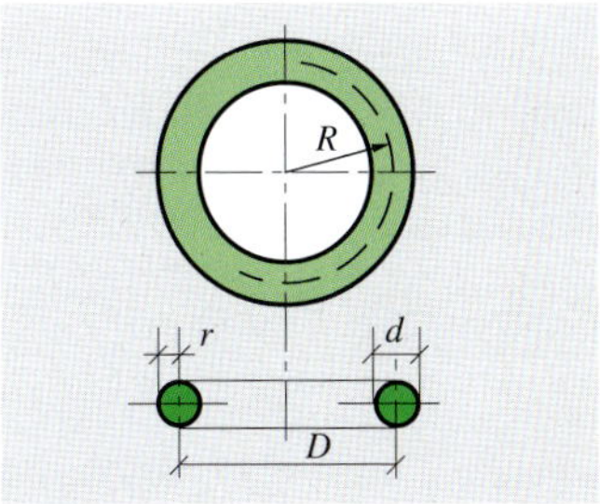

Kugel

$V = \frac{4}{3} \cdot \pi \cdot r^3$

$V = \frac{\pi}{6} \cdot d^3$

$A = \pi \cdot d^2$

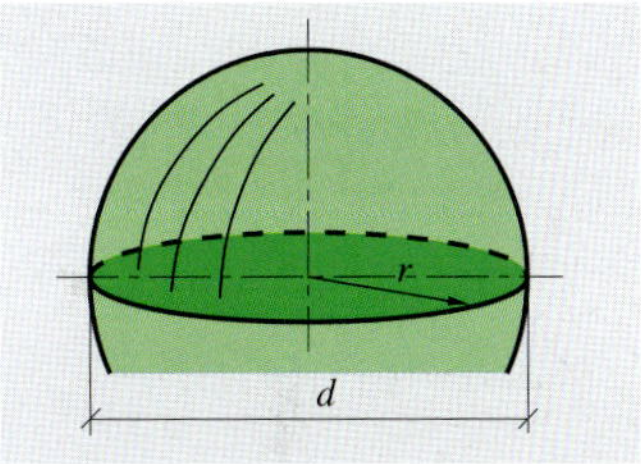

Kugelsegment

$V = \frac{1}{6} \cdot \pi \cdot h \cdot (3R^2 + h^2)$

$A = \pi \cdot (2 \cdot r \cdot h + R^2)$

$A_M = 2\pi \cdot r \cdot h$

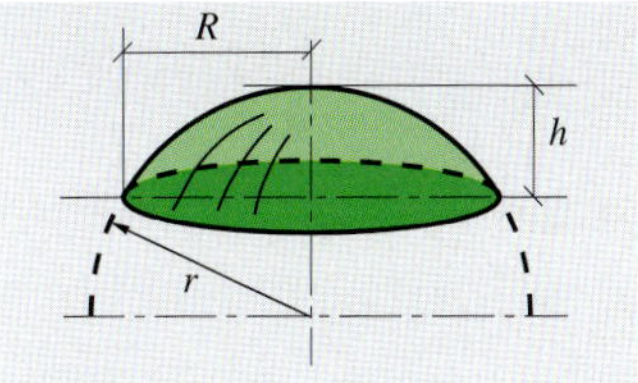

Kugelsektor

$V = \frac{2}{3} \cdot \pi \cdot r^2 \cdot h$

$A = \pi \cdot r \cdot (2h + a)$

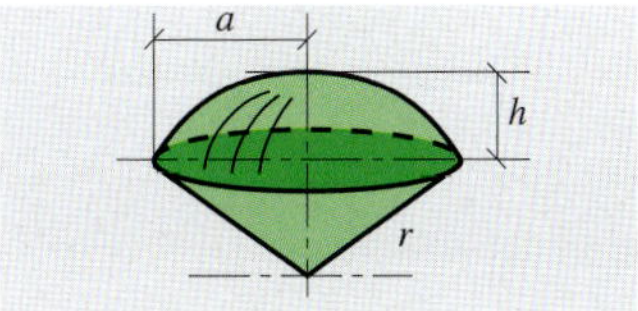

Funktionen und ihre Darstellung

Funktion	Zuordnungsvorschrift, die einer Größe x eine zweite Größe y in der Weise zuordnet, dass zu jedem Wert von x ein bestimmter Wert von y gehört.
Funktionsgleichung	Gleichung $y = f(x)$, die diese Vorschrift beschreibt. — x unabhängige Veränderliche; y abhängige Veränderliche
Funktionstabelle	(Wertetabelle) Übersichtliche Darstellung der einander zugeordneten Wertepaare x und y.
Graph	Zeichnerische Darstellung einer Funktion im Koordinatensystem, wobei die Wertepaare in Punkten erscheinen. Die aneinander gereihten Punkte bilden den Graph bzw. die Kurve oder Kennlinie.

Algebraische Funktionen

Lineare Funktion

$y = mx + n$

$m = \tan\alpha = \frac{\Delta y}{\Delta x}$

m Anstieg oder Richtungsfaktor
n Abschnittskonstante

Graph: ansteigende oder fallende Gerade

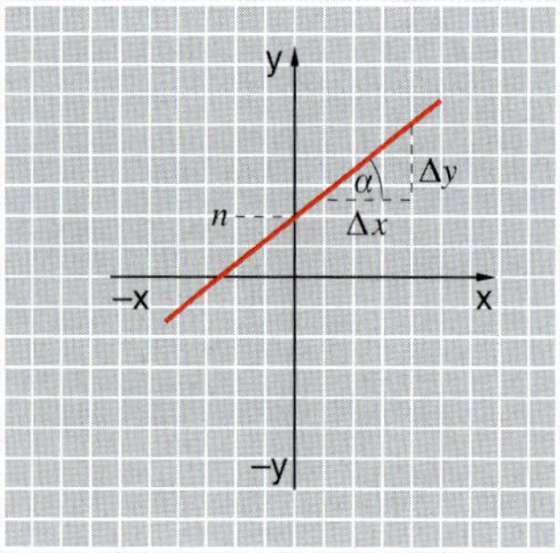

Quadratische Funktion

$y = ax^2 + bx + c$

$y = x^2$ Normalparabel, Scheitel im Koordinatenanfangspunkt

$y = x^2 + \mathrm{B}$ Parabel um B längs der y-Achse verschoben

$y = (x + \mathrm{A})^2$ Parabel um A längs der x-Achse verschoben

$y = \mathrm{C} \cdot x^2$ C > 1 gestreckte Parabel; C < 1 gestauchte Parabel

Graph: eine im Koordinatensystem verschobene, gestreckte oder gestauchte Parabel

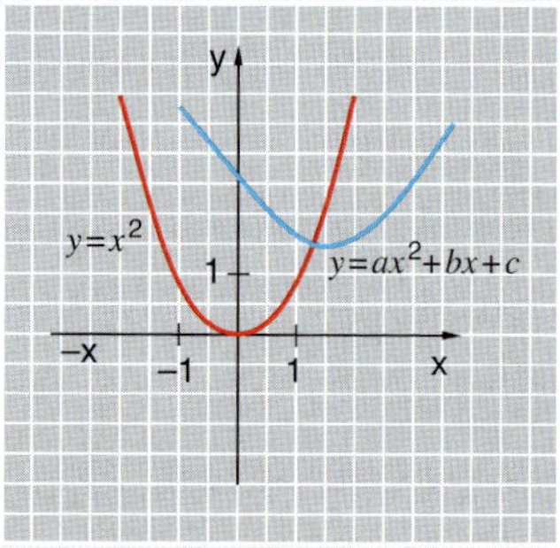

Gebrochene rationale Funktion

$y = a \cdot \frac{1}{x}$

$y = \frac{1}{x}$ Normalhyperbel

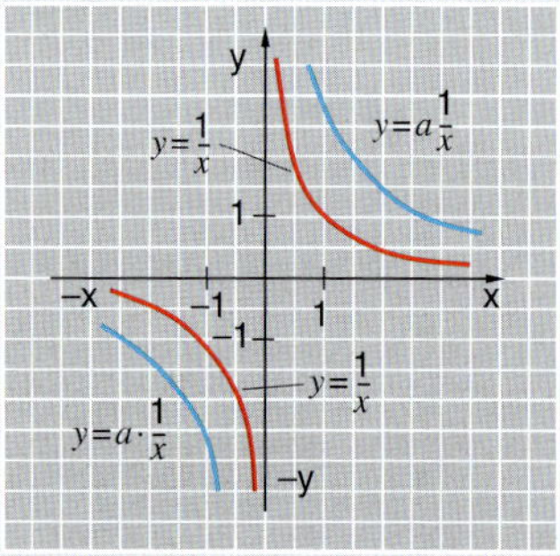

Irrationale Funktion

$y = \pm\sqrt{x}$

$y = +\sqrt{x}$ mit $x \geq 0$

Spiegelfunktion von $y = x^2$ mit $x \geq 0$

$y = -\sqrt{x}$ mit $x > 0$

Spiegelfunktion von $y = x^2$ mit $x < 0$

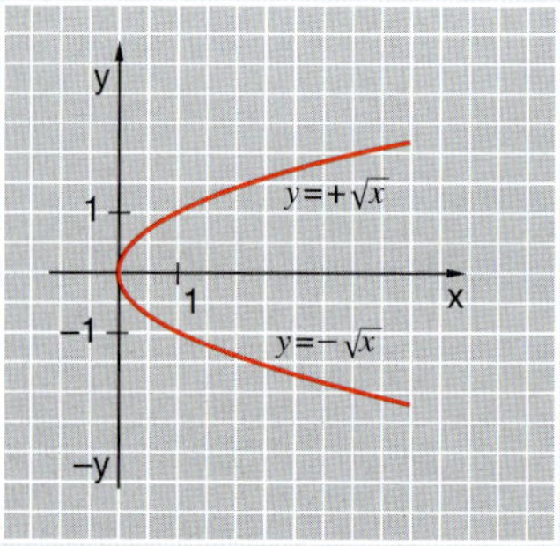

Exponentialfunktion

$y = b^x$
Basis $b = 10$
dekadische Exponentialform $y = 10^x$
Basis $b = e$ $e = 2{,}71828$
natürliche Exponentialform $y = e^x$

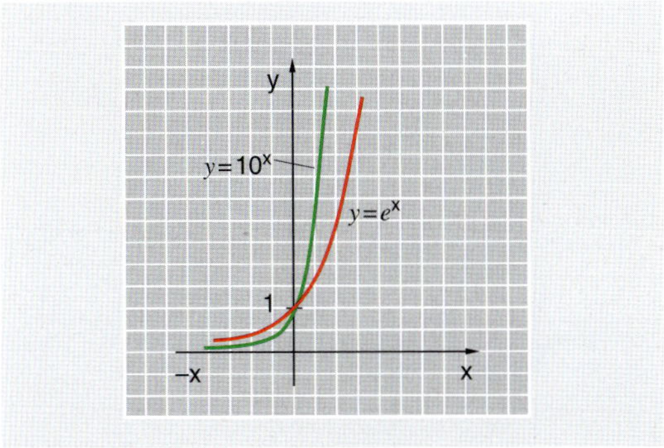

$y = a \cdot e^{-x}$
$y = a \cdot (1 - e^{-x})$

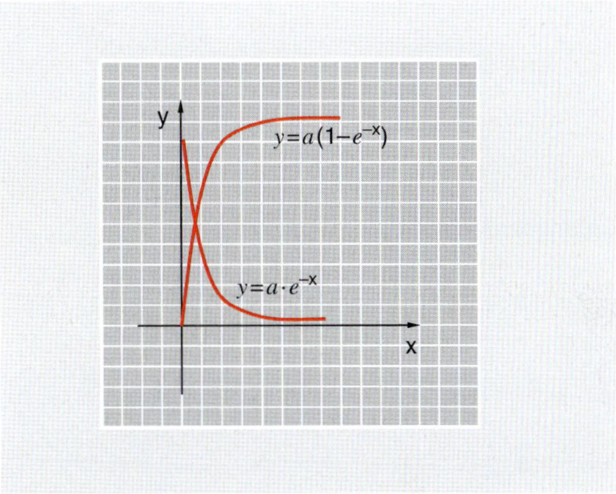

Logarithmusfunktion (Spiegelfunktion der Exponentialfunktion)

$y = \log_b x$
Bais $b = 10$ $y = \lg x$
Basis $b = e$ $y = \ln x$

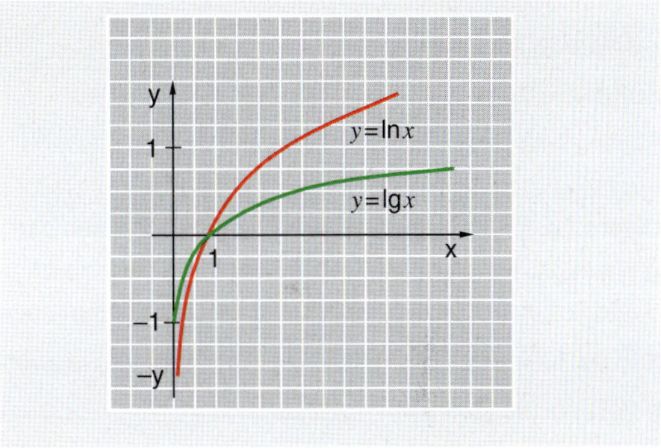

Winkelfunktionen

Sinusfunktion
$y = \sin x$ $x = \alpha$ oder $\widehat{\alpha}$

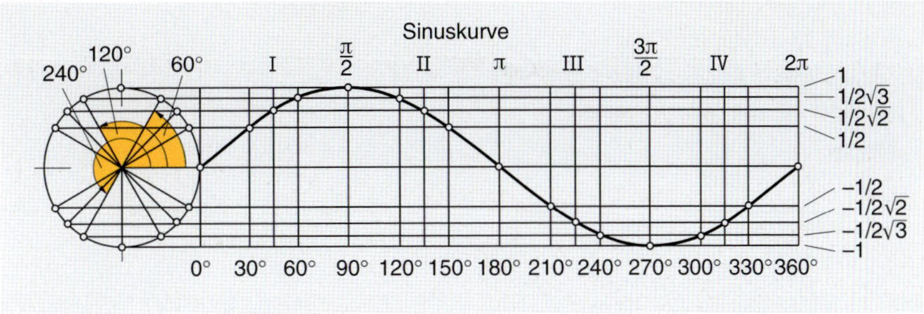

Cosinusfunktion
$y = \cos x$ $x = \alpha$ oder $\widehat{\alpha}$

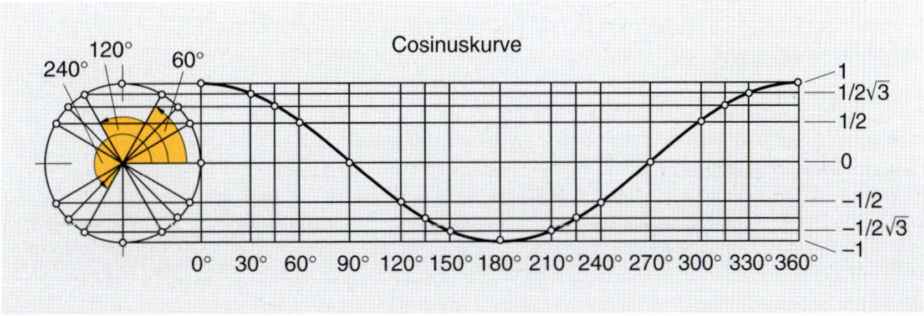

Tangensfunktion

$y = \tan x \quad x = \alpha$ oder $\widehat{\alpha}$

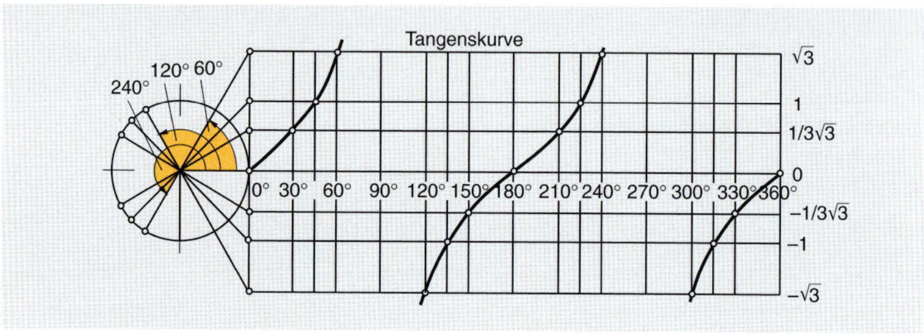

Cotangensfunktion

$y = \cot x \quad x = \alpha$ oder $\widehat{\alpha}$

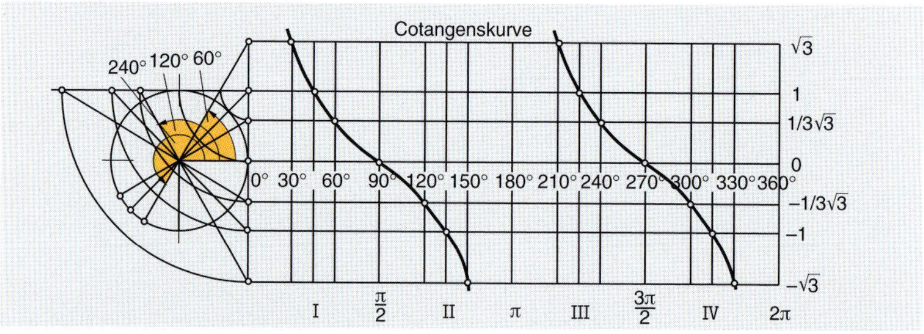

Rechnen mit komplexen Zahlen

Komplexe Zahl

Summe einer reellen und einer imaginären Zahl

Zwei komplexe Zahlen sind dann einander gleich, wenn ihre Realteile sowie ihre Imaginärteile gleich sind. Unterscheiden sich zwei komplexe Zahlen nur durch das Vorzeichen ihres Imaginärteils heißen sie konjugiert komplex.

- Die imaginäre Einheit ist $i = \sqrt{-1}$.
  Alle für reelle Zahlen abgeleiteten Gesetze gelten auch für imaginäre Zahlen
- In der Elektrotechnik wird für $\sqrt{-1}$ das Symbol j verwendet.
- Vereinfachungen beim Potenzieren

  $j^0; j^4; j^8 \ldots = 1 \Rightarrow j^{4n} = 1$

  $j^1; j^5; j^9 \ldots = j \Rightarrow j^{4n+1} = j$ | $n = 0; \pm 1; \pm 2; \pm 3 \ldots$

  $j^2; j^6; j^{10} \ldots = -1 \Rightarrow j^{4n+2} = -1$

  $j^3; j^7; j^{11} \ldots = -j \Rightarrow j^{4n+3} = -j$
- Zahlen mit einem imaginären Divisor
  Erweitern mit einer Potenz von j

  Beispiel: $\frac{1}{j^2} = \frac{1}{j^2} \cdot \frac{j^2}{j^2} = \frac{j^2}{j^4} = \frac{-1}{1} = -1$

  oder

  Multiplizieren des Zählers mit j^4

  $$\frac{1}{j^2} = \frac{1 \cdot j^4}{j^2} = j^2 = -1$$
- Imaginäre Zahlen mit negativem Exponenten

  $j^{-n} = (-j)^n = (-1)^n \cdot j^n$ | $n = 0; 1; 2; 3 \ldots$

Darstellungsformen

Kartesische Form

Darstellung als Punkt im rechtwinkligen Koordinatensystem (Gaußsche Zahlenebene)

$\underline{Z} = a + j \cdot b$

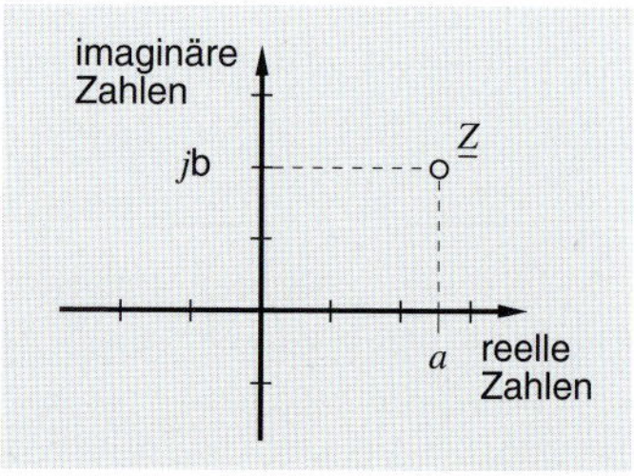

Goniometrische Form

Darstellung als gerichtete Größe (Vektor) durch die Strecke 0Z
Z absoluter Betrag oder Modul der komplexen Zahl und
Winkel φ … Argument der komplexen Zahl

$\underline{Z} = Z \cdot (\cos\varphi + j \cdot \sin\varphi)$

$Z = \sqrt{a^2 + b^2}$

$a = Z \cdot \cos\varphi \quad b = Z \cdot \sin\varphi$

$\tan\varphi = \dfrac{b}{a}$

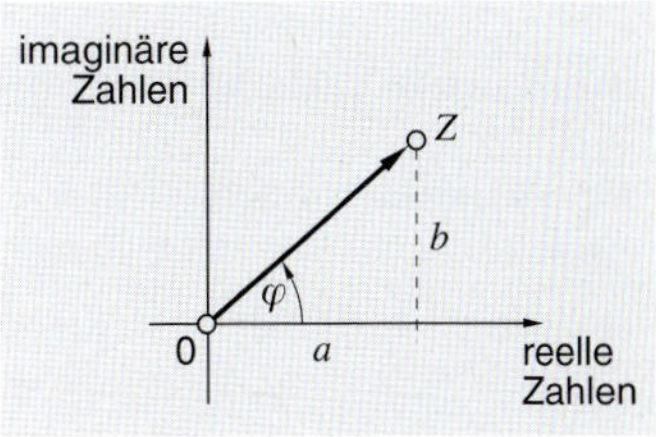

Exponentialform

Darstellung als Potenz mit der Basis e (eulersche Zahl $e = 2{,}718281\ldots$) auf Grund des Zusammenhangs zwischen den trigonometrischen Funktionen und der Exponentialfunktion.

$\underline{Z} = Z \cdot e^{j\varphi} \qquad e^{j\varphi} = \cos\varphi + j \cdot \sin\varphi$

Umwandlung einer komplexen Zahl in eine andere Darstellungsform

Beispiel kartesische Form $\underline{Z} = 4 + j \cdot 3 \quad a = 4 \quad b = 3$

$Z = \sqrt{a^2 + b^2} \Rightarrow Z = 5$

$\tan\varphi = \dfrac{b}{a} \Rightarrow \tan\varphi = 0{,}75 \Rightarrow \varphi = 36{,}9°$

↓

goniometrische Form $\underline{Z} = 5 \cdot (\cos 36{,}9° + j \cdot \sin 36{,}9°)$

↓

Exponentialform $\underline{Z} = 5\, e^{j36{,}9°}$

Rechenoperationen

Addition und Subtraktion	**Kartesische Form** Bilden der Summe bzw. der Differenz aus den Realteilen und Imaginärteilen: $\underline{Z_1} = a + jb \qquad \underline{Z_2} = c + jd$ $\underline{Z_1} \pm \underline{Z_2} = (a \pm c) + j(b \pm d)$
Multiplikation und Division	**Kartesische Form** Bilden des Produktes analog zweier algebraischer Summen unter Beachtung der Beziehung $j^2 = -1$: $\underline{Z} = \underline{Z_1} \cdot \underline{Z_2} = (a + jb) \cdot (c + jd)$ $\underline{Z} = (ac - bd) + j \cdot (bc + ad)$ Konjugiert komplexe Zahlen $\underline{Z} = (a + jb) \cdot (a - jb) = a^2 + b^2$ Quotient zweier komplexer Zahlen mit der zum Nenner konjugiert komplexen Zahl erweitern: $\underline{Z} = \dfrac{a + jb}{c + jd} = \dfrac{(a + jb)}{(c + jd)} \cdot \dfrac{(c - jd)}{(c - jd)} = \dfrac{(a + jb) \cdot (c - jd)}{c^2 + d^2}$ $\underline{Z} = \dfrac{ac + bd}{c^2 + d^2} + j \cdot \dfrac{bc - ad}{c^2 + d^2}$ **Exponentialform** $\underline{Z} = \underline{Z_1} \cdot \underline{Z_2} = Z_1 \cdot e^{j\varphi_1} \cdot Z_2 \cdot e^{j\varphi_2}$ $\underline{Z} = Z_1 \cdot Z_2 \cdot e^{j(\varphi_1 + f\varphi_2)}$ $\underline{Z} = \underline{Z_1} : \underline{Z_2} = \dfrac{Z_1 \cdot e^{j\varphi_1}}{Z_2 \cdot e^{j\varphi_2}}$ $\underline{Z} = \dfrac{Z_1}{Z_2} \cdot e^{j(\varphi_1 - \varphi_2)}$
Potenzieren und Radizieren	**Exponentialform** $\underline{Z}^n = (Z \cdot e^{j\varphi})^n = Z^n \cdot e^{j \cdot n \cdot \varphi}$ $\sqrt[n]{\underline{Z}} = \sqrt[n]{Z \cdot e^{j\varphi}} = \sqrt[n]{Z} \cdot e^{j\frac{\varphi}{n}}$

2 Physikalische Grundlagen

Physikalische Größen und Einheiten

Physikalische Größen

(Kurz: Größen) messbare Merkmale oder Eigenschaften von Objekten, Vorgängen oder Zuständen

Messen einer Größe

Quantitatives Vergleichen einer Größe mit einer Größe gleicher Art, die durch Konvention als Einheit festgelegt ist.

Darstellen von Größen

Durch Formelzeichen als Produkt aus Zahlenwert mal Einheit:

$$G = \{G\} \cdot [G]$$

- $[G]$ – Einheit
- $\{G\}$ – Zahlenwert
- G – Größe (G durch das entsprechende Formelzeichen ersetzen)

$U = 230\ \text{V} \Rightarrow U = 230 \cdot 1\ \text{V} \qquad \{U\} = 230 \qquad [U] = 1\ \text{V}$

Formelzeichen

Symbole zur abgekürzten Bezeichnung einer Größe oder einer Größenart in physikalischen und technischen Beschreibungen und Formeln

Bestandteile:

- **Grundzeichen** lateinische und griechische Groß- und Kleinbuchstaben

Das griechische Alphabet

A	α	Alpha	I	ι	Iota	P	ϱ	Rho
B	β	Beta	K	$\varkappa$	Kappa	Σ	σ	Sigma
Γ	γ	Gamma	Λ	λ	Lambda	T	τ	Tau
Δ	δ	Delta	M	μ	My	Y	υ	Ypsilon
E	ε	Epsilon	N	ν	Ny	Φ	φ	Phi
Z	ζ	Zeta	Ξ	ξ	Xi	X	χ	Chi
H	η	Eta	O	o	Omikron	Ψ	ψ	Psi
Θ	ϑ	Theta	Π	π	Pi	Ω	ω	Omega

- **Nebenzeichen** Buchstaben, Ziffern oder Sonderzeichen wie Strich, Kreuz, Dach, Winkel usw., die rechts oder links vom Grundzeichen hoch oder tief stehen können.

G Grundzeichen

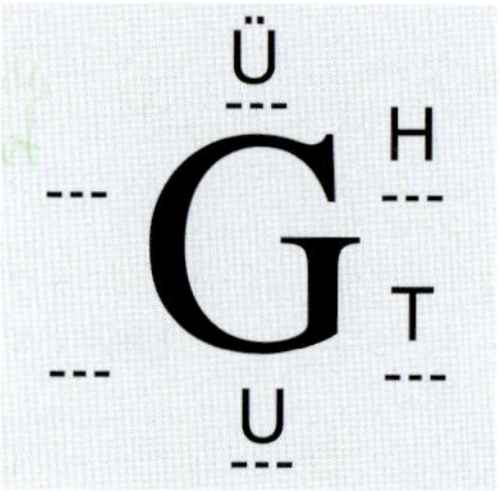

Nebenzeichen
Ü Überzeichen
H Hochzeichen, rechts
T Tiefzeichen, rechts
U Unterzeichen

Größensystem

Ordnung der Größenarten, z. B. Zeit, Kraft, Masse, Spannung, Stromstärke usw., bestehend aus

- **Basisgrößenarten**
  voneinander unabhängige Größenarten, die nicht durch andere Größenarten definiert werden können,

  und

- **abgeleitete Größenarten**
  lassen sich durch Definitionsgleichungen auf Potenzprodukte der Basisgrößen zurückführen.

Basisgrößenart	Abgeleitete Größenart
Länge l Masse m Zeit t elektrische Stromstärke I Temperatur T Stoffmenge n Lichtstärke I_v	Beispiele: Beschleunigung $a = \frac{s}{t^2}$, $a = s^1 \cdot t^{-2}$ — s Weglänge, t Zeit Stromdichte $J = \frac{I}{A}$, $J = I^1 \cdot A^{-1}$ — I Stromstärke, A Querschnittsfläche, abgeleitete Größenart der Basisgrößenart Länge

Gesetzliche Einheiten

Einheiten, die im geschäftlichen und amtlichen Verkehr in Deutschland nach dem Gesetz über Einheiten im Messwesen vom 2. Juli 1969 anzuwenden sind.

- SI-Einheiten — SI Système International d'Unités (Internationales Einheitensystem)
  - SI-Basiseinheiten — Einheiten, die den Basisgrößen zugeordnet sind
  - abgeleitete SI-Einheiten — Kohärente, d. h. mit dem Zahlenfaktor eins gebildete Produkte, Quotienten oder Potenzprodukte von SI-Basiseinheiten
- Einheiten außerhalb des SI
  - allgemein anwendbare Einheiten
  - Einheiten mit beschränktem Anwendungsbereich

Definitionen der SI-Basiseinheiten

Meter (Einheitenzeichen m)	Der Meter ist die Länge der Strecke, die Licht im Vakuum während der Dauer von (1/299 792 458) Sekunden durchläuft.
Kilogramm (Einheitenzeichen kg)	Das Kilogramm ist die Einheit der Masse; es ist gleich der Masse des internationalen Kilogrammprototyps.
Sekunde (Einheitenzeichen s)	Die Sekunde ist das 9 192 631 770fache der Periodendauer der dem Übergang zwischen den beiden Hyperfeinstrukturniveaus des Grundzustandes von Atomen des Nuklids ^{133}Cs entsprechenden Strahlung.
Ampere (Einheitenzeichen A)	Das Ampere ist die Stärke eines konstanten elektrischen Stromes, der durch zwei parallele, geradlinige, unendlich lange und im Vakuum im Abstand von 1 Meter voneinander angeordnete Leiter von vernachlässigbar kleinem, kreisförmigem Querschnitt fließend, zwischen diesen Leitern je 1 Meter Leiterlänge die Kraft $2 \cdot 10^{-7}$ Newton hervorrufen würde.
Kelvin (Einheitenzeichen K)	Das Kelvin, die Einheit der thermodynamischen Temperatur, ist der 273,16te. Teil der thermodynamischen Temperatur des Tripelpunktes des Wassers. [Der Tripelpunkt ist der einzige Zustand, bei dem alle drei Aggregatzustände (fest, flüssig, gasförmig) miteinander im Gleichgewicht stehen. Er liegt bei 1013,25 hPa mit 273,16 K um 0,01 K über dem Eispunkt des Wassers (273,15 K)].
Mol (Einheitenzeichen mol)	Das Mol ist die Stoffmenge eines Systems, das aus ebenso viel Einzelteilen besteht, wie Atome in 0,012 Kilogramm des Kohlenstoffnuklids ^{12}C enthalten sind. Bei Benutzung des Mols müssen die Einzelteilchen spezifiziert sein und können Atome, Moleküle, Ionen, Elektronen sowie andere Teilchen oder Gruppen solcher Teilchen genau angegebener Zusammensetzung sein.
Candela (Einheitenzeichen cd)	Die Candela ist die Lichtstärke in einer bestimmten Richtung einer Strahlenquelle, die monochromatische Strahlung der Frequenz 540 · 10^{12} Hertz aussendet und deren Strahlstärke in dieser Richtung (1/683) Watt durch Steradiant beträgt.

Allgemein anwendbare Einheiten

Größe	Einheitenname	Einheitenzeichen	Definition
ebener Winkel	Vollwinkel Gon Grad Minute Sekunde	1) gon ° 2) ′ 2) ″ 2)	1 Vollwinkel = 2π rad 1 gon = $(\pi/200)$ rad 1° = $(\pi/180)$ rad 1′ = (1/60)° 1″ = (1/60)′
Volumen	Liter	l, L 3)	1 l = 1 dm^3 = 1 L
Zeit	Minute Stunde Tag	min 2) h 2) d 2)	1 min = 60 s 1 h = 60 min 1 d = 24 h
Masse	Tonne Gramm	t g 4)	1 t = 10^3 kg = 1 Mg 1 g = 10^{-3} kg
Druck	Bar	bar	1 bar = 10^5 Pa

1) Für diese Einheit ist international noch kein Zeichen genormt.
2) Nicht mit Vorsätzen verwenden.
3) Die beiden Einheitenzeichen sind gleichberechtigt.
4) Das Gramm ist eine Basiseinheit des CGS-Systems, aber zugleich auch eine Einheit im SI.

Einheiten mit beschränktem Anwendungsbereich

Größe und Anwendungsbereich	Einheitenname	Einheitenzeichen	Definition, Beziehung
Brechwert von optischen Systemen	Dioptrie	dpt 1)	1 Dioptrie ist gleich dem Brechwert eines optischen Systems mit der Brennweite 1 m in einem Medium der Brechzahl 1. $1\text{dpt} = \frac{1}{\text{m}}$
Fläche von Grund- und Flurstücken	Ar Hektar	a ha 2)	1 a = 10^2 m^2 1 ha = 10^4 m^2
Wirkungsquerschnitt in der Atomphysik	Barn	b	1 b = 10^{-28} m^2
Masse in der Atomphysik	atomare Masseneinheit	u	1 atomare Masseneinheit ist der 12. Teil der Masse eines Atoms des Nuklids ^{12}C: 1 u = 1,660 540 2 · 10^{-27} kg Die Standardabweichung beträgt: s = 1,0 · 10^{-33} kg (CODATA Bulletin Nr. 63, November 1986)
Masse von Edelsteinen	metrisches Karat	3)	1 metrisches Karat = 0,2 g
längenbezogene Masse von textilen Fasern und Garnen	Tex	tex	$1\text{ tex} = 1\frac{\text{g}}{\text{km}}$
Blutdruck und Druck anderer Körperflüssigkeiten in der Medizin	Millimeter-Quecksilbersäule	mmHg 2)	1 mmHg = 133,322 Pa
Energie in der Atomphysik	Elektronvolt	eV	1 Elektronvolt ist die Energie, die ein Elektron beim Durchlaufen einer Potenzialdifferenz von 1 Volt im leeren Raum gewinnt: 1 eV = 1,602 177 33 · 10^{-19} J Die Standardabweichung beträgt: s = 4,9 · 10^{-26} J (CODATA Bulletin Nr. 63, November 1986)
Blindleistung in der elektrischen Energietechnik	Var	var	1 var = 1 W siehe DIN 40110 Teil 1 (zzt. Entwurf)

1) Dieses Zeichen ist nicht international genormt.
2) Nicht mit Vorsätzen verwenden.
3) Es gibt kein international genormtes Einheitenzeichen. Bisher wurde Kt verwendet.

Dezimale Teile und Vielfache von Einheiten

Darstellung der Einheiten mit Vorsätzen und Vorsatzzeichen.

- Vorsatzzeichen bilden mit dem Einheitenzeichen das Zeichen einer neuen Einheit.

$U = 5000$ V	Einheit	$[U] = 1$ V
$\Downarrow$	Zahlenwert	$\{U\} = 5000$
$U = 5$ kV	Einheit	$[U] = 1$ kV
	Zahlenwert	$\{U\} = 5$

Physikalische Größen sind unabhängig von der gewählten Einheit. Sie sind einheiteninvariant, der Zahlenwert dagegen nicht.

- Ein Exponent am Einheitenzeichen gilt auch für das Vorsatzzeichen.
  $5\ \text{cm}^3 = 5 \cdot (10^{-2}\ \text{m})^3 = 5 \cdot 10^{-6}\ \text{m}^3$
  $1{,}5\ \mu\text{s}^{-1} = 1{,}5/(10^{-6}\text{s}^1) = 1{,}5 \cdot 10^6\text{s}^{-1} = 1{,}5\ \text{MHz}$

Vorsatz	Vorsatzzeichen	Faktor, mit dem die Einheit multipliziert wird
Yocto	y	10^{-24}
Zepto	z	10^{-21}
Atto	a	10^{-18}
Femto	f	10^{-15}
Piko	p	10^{-12}
Nano	n	10^{-9}
Mikro	µ	10^{-6}
Milli	m	10^{-3}
Zenti	c	10^{-2}
Dezi	d	10^{-1}

Vorsatz	Vorsatzzeichen	Faktor, mit dem die Einheit multipliziert wird
Deka	da	10^{1}
Hekto	h	10^{2}
Kilo	k	10^{3}
Mega	M	10^{6}
Giga	G	10^{9}
Tera	T	10^{12}
Peta	P	10^{15}
Exa	E	10^{18}
Zetta	Z	10^{21}
Yotta	Y	10^{24}

- Abgeleitete SI-Einheiten mit besonderem Namen und Einheitenzeichen

Größe	SI-Einheit Name	Zeichen	Beziehung
ebener Winkel	Radiant	rad	$1\ \text{rad} = 1\ \frac{\text{m}}{\text{m}}$
Raumwinkel	Steradiant	sr	$1\ \text{sr} = 1\ \frac{\text{m}^2}{\text{m}^2}$
Frequenz eines periodischen Vorganges	Hertz	Hz	$1\ \text{Hz} = \frac{1}{\text{s}}$
Aktivität einer radioaktiven Substanz	Becquerel	Bq	$1\ \text{Bq} = \frac{1}{\text{s}}$
Kraft	Newton	N	$1\ \text{N} = 1\frac{\text{J}}{\text{m}} = 1\ \frac{\text{m} \cdot \text{kg}}{\text{s}^2}$
Druck, mechanische Spannung	Pascal	Pa	$1\ \text{Pa} = 1\frac{\text{N}}{\text{m}^2} = 1\frac{\text{kg}}{\text{m} \cdot \text{s}^2}$
Energie, Arbeit, Wärme	Joule	J	$1\ \text{J} = 1\ \text{N} \cdot \text{m} = 1\ \text{W} \cdot \text{s} = 1\ \frac{\text{m}^2 \cdot \text{kg}}{\text{s}^2}$
Leistung, Wärmestrom	Watt	W	$1\ \text{W} = 1\ \frac{\text{J}}{\text{s}} = 1\ \text{V} \cdot \text{A} = 1\ \frac{\text{m}^2 \cdot \text{kg}}{\text{s}^3}$
Energiedosis	Gray	Gy	$1\ \text{Gy} = 1\ \frac{\text{J}}{\text{kg}} = 1\ \frac{\text{m}^2}{\text{s}^2}$
Äquivalentdosis	Sievert	Sv	$1\ \text{Sv} = 1\ \frac{\text{J}}{\text{kg}} = 1\ \frac{\text{m}^2}{\text{s}^2}$
elektrische Ladung	Coulomb	C	$1\ \text{C} = 1\ \text{A} \cdot \text{s}$

Fortsetzung Tabelle „Abgeleitete SI-Einheiten mit besonderem Namen und Einheitenzeichen“

Größe	SI-Einheit Name	Zeichen	Beziehung
elektrisches Potenzial, elektrische Spannung	Volt	V	$1\ \text{V} = 1\ \frac{\text{J}}{\text{C}} = 1\ \frac{\text{m}^2 \cdot \text{kg}}{\text{s}^3 \cdot \text{A}}$
elektrische Kapazität	Farad	F	$1\ \text{F} = 1\ \frac{\text{C}}{\text{V}} = 1\ \frac{\text{s}^4 \cdot \text{A}^2}{\text{m}^2 \cdot \text{kg}}$
elektrischer Widerstand	Ohm	Ω	$1\ \Omega = 1\ \frac{\text{V}}{\text{A}} = 1\ \frac{\text{m}^2 \cdot \text{kg}}{\text{s}^3 \cdot \text{A}^2}$
elektrischer Leitwert	Siemens	S	$1\ \text{S} = \frac{1}{\Omega} = 1\ \frac{\text{s}^3 \cdot \text{A}^2}{\text{m}^2 \cdot \text{kg}}$
magnetischer Fluss	Weber	Wb	$1\ \text{Wb} = 1\ \text{V} \cdot \text{s} = 1\ \frac{\text{m}^2 \cdot \text{kg}}{\text{s}^2 \cdot \text{A}}$
magnetische Flussdichte	Tesla	T	$1\ \text{T} = 1\ \frac{\text{Wb}}{\text{m}^2} = 1\ \frac{\text{kg}}{\text{s}^2 \cdot \text{A}}$
Induktivität	Henry	H	$1\ \text{H} = 1\ \frac{\text{Wb}}{\text{A}} = 1\ \frac{\text{m}^2 \cdot \text{kg}}{\text{s}^2 \cdot \text{A}^2}$
Celsius-Temperatur	Grad Celsius	°C	1 °C = 1 K
Lichtstrom	Lumen	lm	1 lm = 1 cd · sr
Beleuchtungsstärke	Lux	lx	$1\ \text{lx} = 1\ \frac{\text{lm}}{\text{m}^2} = 1\ \frac{\text{cd} \cdot \text{sr}}{\text{m}^2}$

Formeln

Ausdrücke physikalisch-technischer Sachverhalte unter ausschließlicher Verwendung mathematischer Zeichen und physikalischer Größen. In der Regel ist sie eine Zeichenfolge aus

Größe → Relationszeichen → Term

$$I = \frac{U_\text{Q}}{R_\text{i} + R_\text{L} + R}$$

Größengleichungen

Gleichungen, in denen die Formelzeichen
- physikalische Größen bedeuten,
- unbenannten Zahlen entsprechen, z. B. e (eulersche Zahl)
- als mathematische Funktionen oder Operationen stehen, z. B. sin (Sinus), ln (natürlicher Logarithmus)

Beispiel: $u = \hat{u} \cdot \sin \omega t$

Zugeschnittene Größengleichungen

Gleichungen, in denen Größen und Umrechnungszahlen für nichtkohärente Größen vorkommen. In der Regel erscheint jede Größe durch ihr Formelzeichen dividiert durch eine zugehörige Einheit.

Beispiel: $P_{/\text{kW}} = \frac{60 \cdot n_{/\text{min}^{-1}}}{C_{\text{Z}/\text{kWh}^{-1}}}$

Konstanten der Physik

Größe	Formelzeichen	Zahlenwert[1])	SI-Einheit
Atomare Einheitsmasse	m_a	$1{,}660\,5\underline{40\,2} \cdot 10^{-27}$	kg
Avogadro-Konstante	N_A	$6{,}022\,1\underline{36\,7} \cdot 10^{23}$	mol^{-1}
Boltzmann-Konstante	k	$1{,}380\,6\underline{58} \cdot 10^{-23}$	$J\,K^{-1}$
Elektrische Feldkonstante	$\varepsilon_0 = 1/(\mu_0 c^2)$	$8{,}854\,187\,817\,62 \cdot 10^{-12}$	$F\,m^{-1}$
Elektronenladung	e	$1{,}602\,17\underline{7\,33} \cdot 10^{-19}$	C
Elektronenladung, spezifisch	e/m_e	$1{,}758\,819\,\underline{62} \cdot 10^{11}$	$C\,kg^{-1}$
Elektronenradius, klassisch	r_e	$2{,}817\,94\underline{0\,92} \cdot 10^{-15}$	m
Fallbeschleunigung (45° Breite, Meereshöhe)	$g_{45°}$	$9{,}806\,1\underline{6}$	$m\,s^{-2}$
Normfallbeschleunigung	g_n	$9{,}806\,6\mathbf{5}$	$m\,s^{-2}$
Faraday-Konstante	F	$9{,}648\,5\underline{30\,9} \cdot 10^{4}$	$C\,mol^{-1}$
Feldwellenwiderstand des leeren Raumes	$Z_F = \sqrt{\mu_0/\varepsilon_0}$	$376{,}730\,313\,462$	Ω
Gravitationskonstante	G	$6{,}672\,\underline{59} \cdot 10^{-11}$	$N\,m^2\,kg^{-2}$
Lichtgeschwindigkeit im leeren Raum	c	$2{,}997\,924\,5\mathbf{8} \cdot 10^{8}$	$m\,s^{-1}$
Magnetische Feldkonstante	μ_0	$4\pi \cdot 10^{-7} =$	$H\,m^{-1}$
		$1{,}256\,637\,061\,44 \cdot 10^{-6}$	$H\,m^{-1}$
Massenverhältnis Proton/Elektron	m_p/m_e	$1836{,}152\,\underline{701}$	
Molare Gaskonstante	R_0	$8{,}314\,\underline{510}$	$J\,mol^{-1}\,K^{-1}$
Molares Normvolumen des idealen Gases	$V_{m,n}$	$22{,}41\underline{4\,10} \cdot 10^{-3}$	$m^3\,mol^{-1}$
Planck-Konstante	h	$6{,}626\,075\underline{5} \cdot 10^{-34}$	J s
Ruhemasse des Elektrons	m_e	$9{,}109\,3\underline{89\,7} \cdot 10^{-31}$	kg
Ruhemasse des Neutrons	m_n	$1{,}674\,92\underline{8\,6} \cdot 10^{-27}$	kg
Ruhemasse des Protons	m_p	$1{,}672\,62\underline{3\,1} \cdot 10^{-27}$	kg
Ruhemasse des Myons	m_μ	$1{,}883\,53\underline{2\,7} \cdot 10^{-28}$	kg
Stefan-Boltzmann-Konstante	σ	$5{,}670\,\underline{51} \cdot 10^{-8}$	$W\,m^{-2}\,K^{-4}$
1. plancksche Strahlungskonstante	$c_1 = 2\pi h c^2$	$3{,}741\,77\underline{4\,9} \cdot 10^{-16}$	$W\,m^2$
2. plancksche Strahlungskonstante	$c_2 = hc/k$	$1{,}438\,7\underline{68} \cdot 10^{-2}$	K m

[1]) Die Zahlenwerte stellen einen in sich konsistenten Satz von Konstanten dar. Die unterstrichenen Ziffern sind aufgrund von Abweichungen bei den verschiedenen Bestimmungsmethoden unsicher. Die letzte Zahl fettgedruckt bedeutet, dass diese Stelle genau ist.

Zusammenfassung wesentlicher physikalischer Größen, ihre Einheiten und Eigenschaftswerte von Stoffen

Größe	Formelzeichen	Gesetzliche Einheiten SI	weitere	Name	Beziehung	Nicht mehr anzuwendende Einheiten und ihre Umrechnung
1. Länge, Fläche, Volumen						
Länge	l	m		Meter		1 μ (Mikron) = 1 μm 1 Å (Ångström) = 10^{-10} m 1 X. E. (X-Einheit) = 10^{-13} m 1 p (typographischer Punkt) = 0,376 mm
			sm	Seemeile	1 sm = 1852 m	
Fläche	A	m^2		Quadratmeter		
			a	Ar	1 a = 100 m^2	
			ha	Hektar	1 ha = 100 a = 10^4 m^2	
Volumen	V	m^3		Kubikmeter		
			l, L	Liter	1 l = 1 L = 1 dm^3	

Größe	Formelzeichen	SI	weitere	Name	Beziehung	Nicht mehr anzuwendende Einheiten und ihre Umrechnung
2. Winkel						
(ebener) Winkel	α, β usw.	rad[1]		Radiant	$1\ \text{rad} = \dfrac{1\ \text{m Bogen}}{1\ \text{m Radius}}$	
			°	Grad	1 rad = 180°/π = 57,296° ≈ 57,3 ° 1° = 0,017453 rad 1° = 60′ = 3600″ 1 gon = (π/200) rad	1 ∟ (rechter Winkel) = 90° = (π/2) = 100 gon 1^g (Neugrad) = 1 gon 1^c (Neuminute) = 1 cgon 1^{cc} (Neusekunde) = 0,1 mgon
			′	Minute		
			″	Sekunde		
			gon	Gon		
Raumwinkel	Ω	sr		Steradiant	1 sr = $\dfrac{1\ \text{m}^2\ \text{Kugeloberfläche}}{1\ \text{m}^2\ \text{Kugelradius}^2}$	

[1]) Die Einheit rad kann beim Rechnen durch die Zahl 1 ersetzt werden.

Größe	Formelzeichen	SI	weitere	Name	Beziehung	Nicht mehr anzuwendende Einheiten und ihre Umrechnung
3. Masse						
Masse (Gewicht) [1])	m	kg		Kilogramm		1 γ (Gamma) = 1 μg 1 dz (Doppelzentner) = 100 kg 1 Kt (Karat) = 0,2 g
			g	Gramm		
			t	Tonne	1 t = 1 Mg = 10^3 kg	
Dichte	ϱ	kg/m^3			1 kg/dm^3 = 1 kg/l = 1 g/cm^3 = 1000 kg/m^3	Wichte γ (kp/dm^3 bzw. p/cm^3) Umrechnung: Der Zahlenwert der Wichte in kp/dm^3 ist angenähert gleich dem Zahlenwert der Dichte in kg/dm^3
			$\dfrac{\text{kg}}{\text{dm}^3}$			
			kg/l			
			g/cm^3			
Trägheitsmoment (Massenmoment 2. Grades)	J	kg · m^2			$J = m \cdot i^2$ i = Trägheitshalbmesser	Schwungmoment $G \cdot D^2$ Umrechnung: Zahlenwert von $G \cdot D^2$ in kp · m^2 = 4 x Zahlenwert von J in kg · m^2

[1]) Der Begriff „Gewicht" ist im Sprachgebrauch doppeldeutig; er wird sowohl zur Bezeichnung der Masse als auch zur Bezeichnung der Gewichtskraft verwendet (DIN 1305).

Größe	Formelzeichen	Gesetzliche Einheiten SI	weitere	Name	Beziehung	Nicht mehr anzuwendende Einheiten und ihre Umrechnung
4. Zeitgrößen						
Zeit, Zeitdauer, Zeitspanne	t	s		Sekunde[1]		In der Energiewirtschaft rechnet das Jahr zu 8760 Stunden.
			min	Minute[1]	1 min = 60 s	
			h	Stunde[1]	1 h = 60 min	
			d	Tag	1 d = 24 h	
			a	Jahr		
Frequenz	f	Hz		Hertz	1 Hz = 1 / s	
Drehzahl (Umdrehungsfrequenz)	n	s^{-1} min^{-1} 1 / min			$1\ s^{-1} = 1/s$ $1\ min^{-1} = 1/min$ $= (1/60)\,s^{-1}$	U / min (Umdrehungen in der Minute) für Drehzahlangaben weiterhin zulässsig, aber besser durch min^{-1} ersetzen ($1\ U/min = 1\ min^{-1}$)
Kreisfrequenz $w = 2\pi f$	ω	s^{-1}				
Geschwindigkeit	v	m / s	km / h		1 km / h = (1 / 3,6) m / s	
			kn	Knoten	1 kn = 1 sm / h = 1,852 km / h	
Beschleunigung	a	m/s^2			Fallbeschleunigung g	
Winkelgeschwindigkeit	ω	rad / s [2]				
Winkelbeschleunigung	α	rad/s^2 [2]				

[1]) Uhrzeitangaben: h, m, s erhöht, Beispiel: $3^h\ 25^m\ 6^s$.
[2]) Die Einheit rad kann beim Rechnen durch die Zahl 1 ersetzt werden.

Größe	Formelzeichen	SI	weitere	Name	Beziehung	Nicht mehr anzuwendende Einheiten und ihre Umrechnung
5. Kraft, Energie, Leistung						
Kraft Gewichtskraft	F G	N N		Newton	$1\ N = 1\ kg \cdot m/s^2$	1 p (Pond) = 9,80665 mN 1 kp (Kilopond) = 9,80665 N ≈ 10 N 1 dyn (Dyn) = 10^{-5} N
Druck, allg.	p	Pa		Pascal	$1\ Pa = 1\ N/m^2$	1 at (techn. Atmosphäre) $= 1\ kp/cm^2 = 0{,}980665$ bar ≈ 1 bar 1 atm (physikalische Atmosphäre) = 1,01325 bar[1] 1 mm WS (Wassersäule) $=1\ kp/m^2 = 0{,}0980665$ hPa ≈ 0,1 hPa 1 Torr = 1 mm Hg (Quecksilbersäule) = 1,33322 hPa $1\ dyn/cm^2 = 1\ \mu bar$
absoluter Druck	p_{abs}		bar	Bar	$1\ bar = 10^5\ Pa$ $= 10\ N/cm^2$ $1\ \mu bar = 0{,}1\ Pa$ 1 mbar = 1 hPa	
Atmosphärendruck	p_{amb}					
Überdruck $p_e = p_{abs} - p_{amb}$	p_e	Überdruck usw. wird nicht mehr beim Einheitenzeichen angegeben, sondern beim Formelzeichen. Unterdruck wird als negativer Überdruck angegeben. Beispiele: bisher — jetzt 3 atü — p_e = 2,94 bar = 3 bar 10 ata — p_{abs} = 9,81 bar = 10 bar 0,4 atu — p_e = −0,39 bar = −0,4 bar				
mechanische Spannung	σ, τ	N/m^2			$1\ N/m^2 = 1\ Pa$	$1\ kp/mm^2 = 9{,}81\ N/mm^2$ $\approx 10\ N/mm^2$ $1\ kp/cm^2 \approx 0{,}1\ N/mm^2$
			N/mm^2		$1\ N/mm^2 = 1$ MPa	

[1]) 1,01325 bar = 1013,25 hPa = 760 mm Quecksilbersäule ist der Normwert des Luftdrucks.

Größe	Formelzeichen	Gesetzliche Einheiten SI	weitere	Name	Beziehung	Nicht mehr anzuwendende Einheiten und ihre Umrechnung
Härte		Als Einheit bei Brinell- und Vickershärte wird nicht mehr kp/mm² angegeben. Stattdessen wird hinter dem bisherigen Zahlenwert das Kurzzeichen der betreffenden Härte (gegebenenfalls mit Angabe der Prüfkraft usw.) als Einheit geschrieben.				Beispiele: bisher — jetzt HB = 350 kp/mm² — 350 HB HV30 = 720 kp/mm² — 720 HV30 HRC = 60 — 60 HRC
Energie, Arbeit	E, W	J		Joule	1 J = 1 N · m = 1 W · s =1 kg m²/s²	1 kp · m (Kilopondmeter) = 9,81 J ≈ 10 J 1 PS · h (PS-Stunde) = 0,7355 kW · h ≈ 0,74 kW · h 1 erg (Erg) = 10^{-7} J 1 kcal (Kilokalorie) = 4,1868 kJ ≈ 4,2 kJ 1 cal (Kalorie) = 4,1868 J ≈ 4,2 J
Wärme, Wärmemenge	Q		W · s	Wattsekunde		
			kW · s	Kilowattstunde	1 kW · h = 3,6 MJ	
			eV	Elektronvolt	1 eV = 1,60219 · 10^{-19} J	
Drehmoment	M	N · m		Newtonmeter		1 kp · m (Kilopondmeter) = 9,81 N · m ≈ 10 N · m
Leistung, Wärmestrom	P $\dot{Q}$, Φ	W		Watt	1 W = 1 J/s = 1 N · m/s	1 kp · m/s = 9,81 W ≈ 10 W 1 PS (Pferdestärke) = 0,7355 kW ≈ 0,74 kW 1 kcal/s = 4,1868 kW ≈ 4,2 kW 1 kcal/h = 1,163 W

6. Viskosimetrische Größen						
dynamische Viskosität	η	Pa · s		Pascalsekunde	1 Pa · s = 1 N s/m² = 1 kg/(s · m)	1 P (Poise) = 0,1 Pa · s 1 cP (Zentipoise) = 1 mPa · s
kinematische Viskosität	v	m²/s			1 m²/s = 1 Pa · s/(kg/m³)	1 St (Stokes) = 10^{-4} m²/s = 1 cm²/s 1 cSt (Zentistokes) = 1 mm²/s

7. Temperatur und Wärme						
Temperatur	T	K		Kelvin	$t = (T - 273{,}15\ \text{K})\ \frac{°\text{C}}{\text{K}}$	
	t		°C	Grad Celsius		
Temperaturdifferenz	ΔT	K		Kelvin	1 K = 1 °C	
	Δt		°C	Grad Celsius		
		Temperaturdifferenzen bei zusammengesetzten Einheiten in K angeben, z. B. kJ/(m · h · K); Schreibweise bei Toleranzangaben für Celsiustemperaturen z. B. t = (40 °C ± 2 °C oder t = 40 °C ± 2 K.				
Wärmemenge und Wärmestrom siehe unter 5.						
spezifische Wärmekapazität (spez. Wärme)	c	$\frac{\text{J}}{\text{kg} \cdot \text{K}}$				1 kcal/(kg · grd) = 4,187 kJ/(kg · K) ≈ 4,2 kJ/(kg · K)
Wärmeleitfähigkeit	λ	$\frac{\text{W}}{\text{m} \cdot \text{K}}$				1 kcal/(m · h · grd) = 1,163 W/(m · K) ≈ 1,2 W/(m · K) 1 cal/(cm · s · grd) = 4,187 W/(cm · K) 1 W/(m · K) = 3,6 kJ/(m · h · K)

Größe	Formelzeichen	Gesetzliche Einheiten SI	weitere	Name	Beziehung
8. Elektrische Größen					
elektrische Stromstärke	I	A		Ampere	
elektrische Spannung	U	V		Volt	1 V = 1 W/A
elektrischer Leitwert	G	S		Siemens	1 S = 1 A/V = 1/Ω
elektrischer Widerstand	R	Ω		Ohm	1 Ω = 1/S = 1 V/A
Elektrizitätsmenge	Q	C		Coulomb	1 C = 1 A · s
			A · h	Amperestunde	1 A · h = 3600 C
elektrische Kapazität	C	F		Farad	1 F = 1 C/V
elektrische Flussdichte, Verschiebung	D	C / m²			
elektrische Feldstärke	E	V/m			

Größe	Formelzeichen	Gesetzliche Einheiten SI	weitere	Name	Beziehung	Nicht mehr anzuwendende Einheiten und ihre Umrechnung
9. Magnetische Größen						
magnetischer Fluss	Φ	Wb		Weber	1 Wb = 1 V · s	1 M (Maxwell) = 10^{-8} Wb
magnetische Flussdichte, Induktion	B	T		Tesla	1 T = 1 Wb/m²	1 G (Gauß) = 10^{-4} T
Induktivität	L	H		Henry	1 H = 1 Wb/A	
magnetische Feldstärke	H	A/m			1 A/m = 1 N/Wb	1 Oe (Oersted) = $10^3/(4\pi)$ A/m = 79,58 A/m
10. Lichttechnische Größen						
Lichtstärke	I	cd		Candela		
Leuchtdichte	L	cd/m²				1 sb (Stilb) = 10^4 cd/m² 1 asb (Apostilb) = 1/π cd/m²
Lichtstrom	Φ	lm		Lumen	1 lm = 1 cd · sr (sr = Steradiant)	
Beleuchtungsstärke	E	lx		Lux	1 lx = 1 lm/m²	
11. Atomphysikalische u. a. Größen						
Energie	W		eV	Elektronvolt	1 eV = 1,60219 · 10^{-19} J 1 MeV = 10^6 eV	
Aktivität einer radioaktiven Substanz	A	Bq		Becquerel	1 Bq = 1 s^{-1}	1 Ci (Curie) = 3,7 · 10^{10} Bq
Energiedosis	D	Gy		Gray	1 Gy = 1 J/kg	1 rd (Rad) = 10^{-2} Gy
Äquivalentdosis	Dq	Sv		Sievert	1 Sv = 1 J/kg	1 rem (Rem) = 10^{-2} Sv
Energiedosisrate	$\dot{D}$				1 Gy/s = 1 W/kg	
Ionendosis	J	C/kg				1 R (Röntgen) = 258 · 10^{-6} C/kg
Ionendosisrate	$\dot{J}$	A/kg				
Stoffmenge	n	mol		Mol		

Eigenschaftswerte fester Stoffe

Stoff		Dichte ϱ_m g/cm³	Schmelz-tempe-ratur[1]) ϑ_S °C	Siede-tempe-ratur[1]) ϑ_V °C	Wärme-leitfähig-keit[2]) λ W/(m · K)	Mittl. spez. Wärme-kapazität[3]) c kJ/(kg · K)	Schmelz-enthalpie ΔH[4]) q_S kJ/kg	Längenaus-dehnungs-koeffizient[3]) α $x\,10^{-6}$/K
Aluminium	Al	2,70	660	2467	237	0,90	395	23,0
Antimon	Sb	6,69	630,8	1635	24,3	0,21	172	8,5
Arsen	As	5,73	–	613[5])	50,0	0,34	370	4,7
Asbest		2,1 … 2,8	≈ 1300	–	–	0,81	–	–
Barium	Ba	3,50	729	1637	18,4	0,28	55,8	18,1 … 21,0
Beryllium	Be	1,85	1278	2970	200	1,88	1087	11,5
Beton		1,8 … 2,2	–	–	≈ 1,0	0,88	–	–
Bismut	Bi	9,75	271	1551	8,1	0,13	59	12,1
Bitumen		1,05	≈ 90	–	0,17	1,78	–	–
Blei	Pb	11,3	327,5	1749	35,5	0,13	24,7	29,1
Bleioxid, -glätte	PbO	9,3	880	1480	–	0,22	–	–
Bor	B	2,34	2027	3802	27,0	1,30	2053	5
Bronze	CuSn6	8,8	910	2300	64	0,37	–	17,5
Cadmium	Cd	8,65	321,1	765	96,8	0,23	54,4	29,8
Calcium	Ca	1,54	839	1492	200	0,62	233	22
Celluloseacetat		1,3	–	–	0,26	1,47	–	100 … 160
Chrom	Cr	7,19	1875	2482	93,7	0,45	294	6,2
Chromoxid	Cr_2O_3	5,21	2435	4000	0,42[6])	0,75	–	–
Cobalt	Co	8,9	1495	2956	69,1	0,44	268	12,4
Diamant	C	3,5	3820	–	–	0,52	–	1,1
Duroplaste								
Phenolharz ohne Füllstoff		1,3	–	–	0,20	1,47	–	80
Penolharz mit Asbestfaser		1,8	–	–	0,70	1,25	–	15 … 30
Phenolharz mit Holzmehl		1,4	–	–	0,35	1,47	–	30 … 50
Phenolharz mit Gewebeschnitzel		1,4	–	–	0,35	1,47	–	15 … 30
Melaminharz mit Cellulosefaser		1,5	–	–	0,35	–	–	≈ 60
Eis (0 °C)		0,92	0	100	2,33[7])	2,09[7])	333	51[8])
Eisen, rein	Fe	7,87	1535	2887	80,2	0,45	267	12,3
Germanium	Ge	5,32	937	2830	59,9	0,31	478	5,6
Gips		2,3	1200	–	0,45	1,09	–	–
Glas, Fensterglas		2,4 … 2,7	≈ 700	–	0,81	0,83	–	≈ 8
Glimmer		2,6 … 2,9	zerfällt bei 700 °C		0,35	0,87	–	3
Gold	Au	19,32	1064	2967	317	0,13	64,5	14,2
Granit		2,7	–	–	3,49	0,83	–	–
Graphit, rein	C	2,24	≈ 3800	≈ 4200	168	0,71	–	2,7
Grauguss		7,25	1200	2500	58	0,50	125	10,5
Hartgewebe, -papier		1,3 … 1,4	–	–	0,23	1,47	–	10 … 25[9])
Hartgummi		1,2 … 1,5	–	–	0,16	1,42	–	50 … 90[9])
Hartmetall K 20		14,8	> 2000	≈ 4000	81,4	0,80	–	5 … 7
Hartschaum, luftgefüllt[10])		0,015 … 0,06	–	–	0,036 … 0,06	–	–	–
Hartschaum, frigengefüllt		0,015 … 0,06	–	–	0,02 … 0,03	–	–	–
Heizleiterlegierung	NiCr 8020	8,3	1400	2350	14,6	0,50[11])	–	–

[1]) bei 1,013 bar
[2]) bei 20 °C. ΔH der chemischen Elemente bei 27 °C (300 K)
[3]) bei 0 … 100 °C
[4]) bei Schmelztemperatur und 1,013 bar
[5]) sublimiert
[6]) pulverförmig
[7]) bei −20 … 0 °C
[8]) bei −20 … −1 °C
[9]) bei 20 … 50 °C
[10]) Hartschaum aus Phenolharz, Polystyrol, Polyethylen u. ä. Werte abhängig vom Zelldurchmesser und vom Füllgas
[11]) bei 0 … 1000 °C

Stoff		Dichte ϱ_m g/cm³	Schmelztemperatur[1]) ϑ_S °C	Siedetemperatur[1]) ϑ_V °C	Wärmeleitfähigkeit[2]) λ W/(m · K)	Mittl. spez. Wärmekapazität[3]) c kJ/(kg · K)	Schmelzenthalpie ΔH[4]) q_S kJ/kg	Längenausdehnungskoeffizient[3]) α x 10^{-6}/K
Holz[5]) Ahorn		0,62	–	–	0,16	2,1 … 2,9	–	in Faserrichtung 3…4, quer zur Faser 22…33
Buche		0,72	–	–	0,17		–	
Eiche		0,69	–	–	0,17		–	
Fichte, Tanne		0,45	–	–	0,14		–	
Kiefer		0,52	–	–	0,14		–	
Pappel		0,50	–	–	0,12		–	
Holzkohle		0,3…0,5	–	–	0,084	1,0	–	–
Holzwolle-Leichtbauplatten		0,36…0,57	–	–	0,093	–	–	–
Indium	In	7,29	156,6	2006	81,6	0,24	28,4	33
Iod	I	4,95	113,5	184	0,45	0,22	120,3	–
Iridium	Ir	22,55	2447	4547	147	0,13	137	6,4
Kalium	K	0,86	63,65	754	102,4	0,74	61,4	83
Kautschuk, roh		0,92	125	–	0,15	–	–	–
Kesselstein		≈ 2,5	≈ 1200	–	0,12…2,3	0,80	–	–
Kochsalz		2,15	802	1440	–	0,92	–	–
Koks		1,6…1,9	–	–	0,18	0,83	–	–
Kork		0,1…0,3	–	–	0,04…0,06	1,7…2,1	–	–
Kreide		1,8…2,6	zerfällt in CaO und CO_2		0,92	0,84	–	–
Kupfer	Cu	8,96	1084,9	2582	401	0,38	205	–
Leder, trocken		0,86… 1	–	–	0,14…0,16	≈ 1,5	–	
Lithium	Li	0,534	180,5	1317	84,7	3,3	663	56
Magnesium	Mg	1,74	648,8	1100	156	1,02	372	26,1
Mangan	Mn	7,47	1244	2100	7,82	0,48	362	22
Marmor	$CaCO_3$	2,6…2,8	zerfällt in CaO und CO_2		2,8	0,84	–	–
Mennige, Blei-	Pb_3O_4	8,6…9,1	bildet PbO		0,70	0,092	–	–
Messing	CuZn37	8,4	900	1110	113	0,38	167	18,5
Molybdän	Mo	10,22	2623	5560	138	0,28	288	5,4
Mörtel, Kalk		1,6…1,8	–	–	0,87	–	–	–
Mörtel, Zement		1,6…1,8	–	–	1,40	–	–	–
Natrium	Na	0,97	97,81	883	141	1,24	115	70,6
Neusilber	CuNi12Zn24	8,7	1020	–	48	0,40	–	18
Nickel	Ni	8,90	1455	2782	90,7	0,46	300	13,3
Niob	Nb	8,58	2477	4540	53,7	0,26	293	7,1
Palladium	Pd	12,0	1554	2927	71,8	0,24	162	11,2
Papier		0,7…1,2	–	–	0,14	1,34	–	–
Paraffin		0,9	52	300	0,26	3,27	–	–
Pech		1,25	–	–	0,13	–	–	–
Phosphor (weiß)	P	1,82	44,1	280,4		0,79	20	–
Platin	Pt	21,45	1769	3827	71,6	0,13	101	9
Plutonium	Pu	19,8	640	3454	6,7	0,14	11	55
Polyamid		1,1	–	–	0,31	–	–	70…150
Polyethylen		0,94	–	–	0,41	2,1	–	200
Polycarbonat		1,2	–	–	0,20	1,17	–	60…70
Polystyrol		1,05	–	–	0,17	1,3	–	70
Polyvinylchlorid		1,4	–	–	0,16	–	–	70…150
Porzellan		2,3…2,5	≈ 1600	–	1,6[6])	1,2[6])	–	4…5

[1]) bei 1,013 bar
[2]) bei 20 °C. ΔH der chemischen Elemente bei 27 °C (300 K)
[3]) bei 0…100 °C
[4]) bei Schmelztemperatur und 1,013 bar
[5]) mittlere Werte für lufttrockenes Holz (Feuchtigkeit etwa 12 %). Wärmeleitfähigkeit radial: axial etwa doppelt so groß
[6]) bei 0…100 °C

Stoff		Dichte ϱ_m g/cm³	Schmelztemperatur[1] ϑ_S °C	Siedetemperatur[1] ϑ_V °C	Wärmeleitfähigkeit[2] λ W/(m · K)	Mittl. spez. Wärmekapazität[3] c kJ/(kg · K)	Schmelzenthalpie ΔH[4] q_S kJ/kg	Längenausdehnungskoeffizient[3] α x 10^{-6}/K
Quarz		2,1 … 2,5	1480	2230	9,9	0,80	–	8[5]/14,6[6]
Radium	Ra	5	700	1630	18,6	0,12	32	20,2
Rotguss	CuSn5ZnPb	8,8	950	2300	38	0,67	–	–
Ruß		1,7 … 1,8	–	–	0,07	0,84	–	–
Sand, Quarz, trocken		1,5 … 1,7	≈ 1500	2230	0,58	0,80	–	–
Sandstein		2 … 2,5	≈ 1500	–	2,3	0,71	–	–
Schamotte		1,7 … 2,4	≈ 2000	–	1,4	0,80	–	–
Schaumgummi		0,06 … 0,25	–	–	0,04 … 0,06	–	–	–
Schlacke, Hochofen-		2,5 … 3	1300…1400	–	0,14	0,84	–	–
Schwefel (α)	S	2,07	112,8	444,67	0,27	0,73	38	74
Schwefel (β)	S	1,96	119,0	–	–	–	–	–
Selen	Se	4,8	217	684,9	2,0	0,34	64,6	37
Silber	Ag	10,5	961,9	2195	429	0,24	104,7	19,2
Silicium	Si	2,33	1410	2480	148	0,68	1410	4,2
Siliciumcarbid		2,4	zerfällt über 3000 °C		9[7]	1,05[7]	–	4,0
Stahl, unlegiert u. niedrig legiert		7,9	1460	2500	48 … 58	0,49	205	11,5
Stahl, rostbeständig (18Cr, 8Ni)		7,9	1450	–	14	0,51	–	16
Stahl, Wolframstahl (18 W)		8,7	1450	–	26	0,42	–	–
Stahl, Dynamoblech		–	–	–	–	–	–	12
Stahl, Magnetstahl AlNiCo12/6		–	–	–	–	–	–	11,5
Stahl, Nickelstahl 36 % Ni (Invar)		–	–	–	–	–	–	1,5
Steatit		2,6 … 2,7	≈ 1520	–	1,6[8]	0,83	–	8 … 9[9]
Steinkohle (Anthrazit)		1,35	–	–	0,24	1,02	–	–
Tantal	Ta	16,65	2996	5487	57,5	0,14	174	6,6
Tellur	Te	6,24	449,5	989,8	2,3	0,20	106	16,7
Thorium	Th	11,72	1750	4227	54	0,14	< 83	12,5
Titan	Ti	4,51	1660	3313	21,9	0,52	437	8,3
Tombak	CuZn20	8,65	1000	≈ 1300	159	0,38	–	–
Ton, trocken		1,5 … 1,8	≈ 1600	–	0,9 … 1,3	0,88	–	–
Uran	U	18,95	1132,3	3677	27,6	0,12	65	12,6
Vanadium	V	6,11	1890	3000	30,7	0,50	345	8,3
Vulkanfiber		1,28	–	–	0,21	1,26	–	–
Wachs		0,96	60	–	0,084	3,4	–	–
Weichgummi		1,08	–	–	0,14 … 0,24	–	–	–
Widerstandslegierung	CuNi44	8,9	1280	≈ 2400	22,6	0,41	–	15,2
Wolfram	W	19,25	3422	5727	174	0,13	191	4,6
Zement, abgebunden		2 … 2,2	–	–	0,9 … 1,2	1,13	–	–
Ziegelmauerwerk		> 1,9	–	–	1,0	0,9	–	–
Zink	Zn	7,14	419,58	907	116	0,38	102	25,0
Zinn (weiß)	Sn	7,28	231,97	2270	65,7	0,23	61	21,2
Zirconium	Zr	6,51	1852	4377	22,7	0,28	252	5,8

[1]) bei 1,013 bar
[2]) bei 20 °C. ΔH der chemischen Elemente bei 27 °C (300 K)
[3]) bei 0 … 100 °C
[4]) bei Schmelztemperatur und 1,013 bar
[5]) parallel zur Kristallachse
[6]) senkrecht zur Kristallachse
[7]) bei 1000 °C
[8]) bei 20 … 1000 °C
[9]) bei 100 … 200°C

Eigenschaftswerte flüssiger Stoffe

Stoff	Dichte[1] ϱ_m g/cm³	Schmelztemperatur[2] ϑ_S °C	Siedetemperatur[2] ϑ_V °C	Wärmeleitfähigkeit[1] λ W/(m·K)	Spezifi. Wärmekapazität[1] c kJ/(kg·K)	Schmelzenthalpie ΔH[3] q_S kJ/kg	Verdampfungsenthalpie[4] q_V kJ/kg	Volumenausdehnungskoeffizient γ x 10^{-3}/K
Aceton $(CH_3)_2CO$	0,79	–95	56	0,16	2,21	98,0	523	–
Benzin	0,72 … 0,75	–50 … –30	25 … 210	0,13	2,02	–	–	1,0
Benzol C_6H_6	0,88	+5,5[5]	80	0,15	1,70	127	394	1,25
Dieselkraftstoff	0,81 … 0,85	–30	150 … 360	0,15	2,05	–	–	–
Ethanol C_2H_5OH	0,79	–117	78,5	0,17	2,43	109	904	1,1
Ethylether $(C_2H_5)_2O$	0,71	–116	34,5	0,13	2,28	98,1	377	1,6
Ethylchlorid C_2H_5Cl	0,90	–136	12	0,11[6]	1,54[6]	69,0	437	–
Ethylenglykol $C_2H_4(OH)_2$	1,11	–12	198	0,25	2,40	–	–	–
Glycerin $C_3H_5(OH)_3$	1,26	+20	290	0,29	2,37	200	828	0,5
Heizöl EL	≈ 0,83	–10	> 175	0,14	2,07	–	–	–
Kochsalzlösung 20 %	1,15	–18	109	0,58	3,43	–	–	–
Leinöl	0,93	–15	316	0,17	1,88	–	–	–
Methanol CH_3OH	0,79	–98	65	0,20	2,51	99,2	1109	–
Methylchlorid CH_3Cl	0,99[7]	–92	–24	0,16	1,38	–	406	–
m-Xylol $C_6H_4(CH_3)_2$	0,86	–48	139	–	–	–	339	–
Petrolether	0,66	–160	> 40	0,14	1,76	–	–	–
Petroleum	0,76 … 0,86	–70	> 150	0,13	2,16	–	–	1,0
Quecksilber[8] Hg	13,55	–38,84	356,6	10	0,14	11,6	295	0,18
Salpetersäure, konz. HNO_3	1,51	–41	84	0,26	1,72	–	–	–
Salzsäure, 10 % HCl	1,05	–14	102	0,50	3,14	–	–	–
Schmieröl	0,91	–20	> 300	0,13	2,09	–	–	–
Schwefelsäure, konz. H_2SO_4	1,83	+10,5[9]	338	0,47	1,42	–	–	0,55
Silikonöl	0,76 … 0,98	–	–	0,13	1,09	–	–	–
Spiritus 95 %[10]	0,81	–114	78	0,17	2,43	–	–	–
Teer, Koksofen-	1,2	–15	300	0,19	1,56	–	–	–
Terpentinöl	0,86	–10	160	0,11	1,80	–	293	1,0
Toluol C_7H_8	0,87	–93	111	0,14	1,67	74,4	364	
Transformatorenöl	0,88	–30	170	0,13	1,88	–	–	–
Trichlorethylen C_2HCl_3	1,46	–85	87	0,12	0,93	–	265	1,19
Wasser	1,00[11]	±0	100	0,60	4,18	332	2256	0,18[12]

[1]) bei 20 °C
[2]) bei 1,013 bar
[3]) bei Schmelztemperatur und 1,013 bar
[4]) bei Siedetemperatur und 1,013 bar
[5]) Erstarrungstemperatur 0 °C
[6]) bei 0 °C
[7]) bei –24 °C
[8]) für Umrechnung von Torr in Pa-Wert 13,5951 g/cm³ (bei 0 °C) verwenden
[9]) Erstarrungstemperatur 0 °C
[10]) Ethanol vergällt
[11]) bei 4 °C
[12]) Volumenausdehnung beim Gefrieren: 9 %

Wasserdampf

Absoluter Druck bar p_{abs}	Siedetemperatur °C ϑ_V	Verdampfungsenthalpie kJ/kg q_V
0,1233	50	2382
0,3855	75	2321
1,0133	100	2256
2,3216	125	2187
4,760	150	2113
8,925	175	2031
15,55	200	1941
25,5	225	1837
39,78	250	1716
59,49	275	1573
85,92	300	1403
120,5	325	1189
165,4	350	892
221,1	374,2	0

Halbleitende Materialien

Substanz	Gruppe im Periodensystem	Schmelztemperatur ϑ_S in °C	Werte bei Raumtemperatur: Dichte ϱ_m in g/cm³	Dielektrizitätszahl ε_r	Bandabstand in eV	Beweglichkeit der Elektronen in cm²/V s	Beweglichkeit der Löcher in cm²/V s
Ge	IV kristallin	947	5,33	16,3	0,66	3900	1900
Si		1420	2,33	11,7	1,107	1350	480
SiC		2830	3,22	–	2,8	4690	–
C (Diamant)		≈ 4000 bei 150 kbar	3,52	5,7	5,48	1800	1600
a – Si: H	IV amorph	1420	2,1	≈ 11	1,75	1	0,01
a –Ge: H		947	≈ 5,1		1,0		
Se	VI	217	4,79	–	1,8	2	17
Te		450	6,24	–	0,32	2200	1000
BN	III–V	3000	2,25	–	4,6	–	–
BP		> 2000	2,97	11,6	6,0	–	300
AlP		> 1500	2,38	11,6	3,0	3500	–
AlAs		> 1600	3,79	–	2,16	1200	200
AlSb		1050	4,26	10,1	1,6	900	400
GaP		1465	4,13	8,5	2,25	300	150
GaAs		1238	5,35	11,1	1,43	8500	450
GaSb		712	5,60	14,0	0,68	5000	1000
InP		1070	4,78	10,7	1,27	5300	100
InAs		942	5,66	11,7	0,36	33000	450
InSb		525	5,77	15,7	0,17	80000	7000
ZnS	II–VI	1850	4,09	5,13	3,58	120	–
ZnSe		1515	5,26	8,4	2,67	530	16
ZnTe		1238	5,70	≈ 9	2,26	530	900
CdS		1750	4,84	5,38	2,59	340	18
CdSe		1350	5,74	–	1,7	600	–
CdTe		1098	5,86	≈ 11	1,50	700	65
HgSe		800	8,26	5,8	0,6	18500	–
HgTe		670	8,20	–	0,025	22000	160
PbS	IV–VI	1077	7,50	–	0,37	600	200
PbSe		1062	8,15	–	0,26	1400	1400
PbTe		904	8,16	–	0,29	6000	4000
$CuGaSe_2$	I–III–VI_2	≈ 1020			1,68	–	20
$CuInSe_2$		990		13,6	1,04	320	10

Eigenschaften von Isolierstoffen

Isolierstoff (Abkürzung)	Dielektrizitätszahl ε_r (Luft = 1) bei 50 Hz	Verlustfaktor $\tan\delta$ bei 50 Hz 10^{-4} ×	Verlustfaktor $\tan\delta$ bei 1 MHz 10^{-4} ×	Spezifischer Widerstand ϱ bei 20 °C Ωcm	Durchschlagfestigkeit U_D kV/mm	Elastizitäts-Modul E bei 20 °C N/mm²	Grenztemperatur nach VDE ϑ_L 0304/2 °C
Glas	3,5 … 9	5 … 100	5 … 100	> 10^{10}	10 … 40		
keramische Isolierstoffe							
Hartporzellan	6	170 … 250	60 … 120	> 10^{11}	35		
Steatit	6	10 … 30	3 … 20	10^{12} … 10^{13}	30 … 45		> 180
Sinterkorund®	11	15	10	10^{15}	25 … 45		
Mineralöl (Transf.-Öl)	2 … 2,5	1 … 5	1 … 5	10^{13} … 10^{14}	10 … 25		
Papier (Isolierpapier)							
trocken	2 … 2,5	25 … 40	200 … 400	10^{15}	10 … 20		
ölgetränkt	3 … 4	10 … 30		10^{15}	40 … 50		105
Celluloseacetobutyrat-Folie CAB	3,8 … 4,1	70 … 100	240 … 260	10^{15}	125 … 130	3300	120
Epoxidgießharze EP	3,2 … 3,9	35 … 50	100 … 200	10^{15} … 10^{16}	20 … 45	3500 … 4000	90 … 130
Phenolharzpressstoffe	5 … 15	100 … 300	50 … 700	10^{9} … 10^{14}	10 … 40	6000 … 8000	120 … 155
Polyamid PA	3,5 … 4	300 … 1000	230 … 270	10^{8} … 10^{11}	50	1300 … 2800	105
Polyethylen PE	2,3	2 … 4	2 … 4	> 10^{16}	≈ 40	200 … 1100	90
Polyethylenterephthalat PET	3,2	20	190	> 10^{15}	50 … >100	4000	130
Polycarbonat PC	3	7	110	≥ 10^{16}	35 … >100	2100	120
ungesättigte Polyestergießharze UP	3 … 7	30 … 300	60 … 400	10^{13} … 10^{15}	25 … 45	3000 … 4000	120 … 140
Polyacetal POM	4	10 … 15	55	10^{15}	70	3000	105
Polymethylmethacrylat PMMA	3,5 … 4,5	500 … 600	150 … 300	10^{16}	≈ 35	3000	90
Polypropylen PP	2,3 … 2,5	5 … 6	5 … 6	10^{16}	75	1000 … 1500	105
Polystyrol PS	2,5	1,5 … 2,5	1,5 … 2,5	10^{17}	≈ 55	3000 … 3300	80 … 90
Polytetrafluorethylen PTFE	2,1	< 2	< 2	10^{17}	≈ 25	500	> 180
Polyvinylchlorid hart PVC	3,8 … 4,3	120 … 1500	60 … 1000	10^{15} … 10^{16}	40	2000 … 3000	90
Siliconkautschuk SIR	2,5 … 5	5 … 500	5 … 500	10^{13} … 10^{16}	20 … 30	> 50	180

Weichmagnetische Werkstoffe: kristalline Legierungen

Werkstoff	Bezeichnung	Anteil des Nichteisenmetalls etwa %	Curietemperatur ϑ_C °C	Permeabilität Anfang [1]) μ_i 10^3 ×	Permeabilität maximal μ_{max} 10^3 ×	Sättigungsflussdichte B_{max} T	Statische Koerzitivfeldstärke etwa H_C A/m	Remanenzverhältnis[2]) B_r/B_m	Ummagnetisierungsverlust v bei 50 Hz T	Ummagnetisierungsverlust v bei 50 Hz W/kg	Spez. elektr. Widerstand ϱ μΩcm	Dichte ϱ_m g/cm³
Reineisen[4])	–	–	770	0,6–2	10–40	2,15	12–240	–	–	[3])	12	7,85
Elektrobleche: nicht orientiert	Sorte[5])											
	V 360–50 A	1	763	B_{25} = 1,58 T		2,1	100	–	1	3,6	28	7,80
	V 200–50 A	2	757	= 1,52 T		2,05	60	–	1	2,0	40	7,70
	V 130–35 B	3	750	= 1,47 T		2,0	36	–	1	1,3	52	7,60
kornorientiert	VM 111–35	3	750	B_8 = 1,75 T		2,03	10	–	1,5	1,11	40	7,65
	VM 97–30	3	750	= 1,75 T		2,03	10	–	1,5	0,97	40	7,65
	VM 89-27	3	750	= 1,75 T		2,03	10	–	1,5	0,89	40	7,65
CoFe-Leg.[6])	Vacoflux® 50	50	950	1	12	2,35	100	–	2	4,0[7])	35	8,15
dgl. mit Rechteckschleife	Vacoflux® Z	50	950	–	40	2,35	20	0,97	2	2,0[7])	35	8,15
NiFe-Legierungen[6])	Permenorm® 5000 H 2	50	440	12	80	1,55	4	–	1	0,25	45	8,25
	Permax® M	56	540	50	110	1,5	1,2	–	1	0,1	45	8,25
	Recovac® 100[8])	77	280	40	100	0,48	1,5	–	0,3	0,01	90	8,7
	Mumetall®	77	400	50	140	0,8	1,2	–	0,5	0,025	55	8,7
	Ultraperm® 200	77	360	250	400	0,74	0,3	–	0,5	0,005	60	8,7
NiFe-Legierungen mit Rechteckschleife[6])	Permenorm® 5000 Z	50	470	–	50	1,55	12	0,97	1,5	0,8	45	8,25
	Ultraperm® Z	77	400	–	250	0,8	0,8	0,91[9])	0,5	0,015	55	8,7
NiFe-Legierungen mit flacher Hystereseschleife[6])	Permenorm® 5050 F	50	470	2	–	1,52	7	0,05–0,1	1	0,2	45	8,25
	Permax® F	65	520	3	–	1,25	7	0,1	1	0,2	60	8,5
	Ultraperm® F	77	360	20	–	0,74	1	0,15	0,5	0,01	55	8,7

[1]) gemessen bei 4 mA/cm
[2]) B_m optimale Aussteuerung, B_r remanente Flussdichte bei B_m
[3]) nicht für Wechselfeldanwendung geeignet
[4]) nach IEC 404-8-6, Legierungsklasse A
[5]) nach DIN 46400
[6]) Daten der Vacuumschmelze GmbH
[7]) bei Blech 0,2 mm dick
[8]) verschleißfest (Tonkopf-Material)
[9]) aussteuerungsabhängig

Hartmagnetische Werkstoffe

Werkstoff	Bezeichnung	Zusammensetzung[1]) (Rest Fe und sonstige Elemente) %	Curie-temperatur ϑ_C °C	Max. Anwendungs temperatur ϑ °C	Remanenz B_r T	Koerzitivfeldstärke $_BH_C$ kA/m	Max. Energiedichte $(BH)_{max}$ kJ/m³	Revers. reman. Permeabilität μ_{rem}	Dichte ϱ_m g/cm³
halbharte Legierungen[2])	Vacozet® 655	Co 55, Ni 12	800	400	1,4	3…5	3…5		8,1
isotrope Legierungen	AlNiCo 250	Al 8, Ni 14, Co 38	860	450	0,7	75	19	3,0	7,2
anisotrope Legierungen[3])	AlNiCo 450 AlNiCo 600 AlNiCo 800	Al 8, Ni 14, Co 38 Al 8, Ni 14, Co 24 Al 8, Ni 13, Co 24	860 850 850	450 400 400	0,83 1,26 1,3	110 53 68	35 47 > 59	3,0 3,0 2,0	7,2 7,4 7,6
Sinterwerkstoffe[2])	Vacomax® 170 Vacomax® 225 Vacodym® 362 Vacodym® 400	Co 64, Sm 36 Sm25(CoCuFeZr)75 (NdDy)33Fe66B1 (NdDy)33Fe66B1	720 800 310 310	250 300 120 240	0,95 1,05 1,33 1,10	720 800 1020 830	180 220 340 230	1,05 1,05 1,04 1,05	8,4 8,4 7,5 7,5
verformbare Legierungen[2])	Magnetoflex® 35 Magnetoflex® 40	Co 52, V 13 Co 52, V 8	700 700	500 500	0,9 1,2	25 10,5	12,5 8	7 9	8,1 8,1
	Crovac® 10/130 Crovac® 15/400	Cr 28, Co 10 Cr 28, Co 15	640 640	480 480	0,95 1,20	35 50	12 35		7,6 7,6

[1]) Ni 20 bedeutet z. B. 20 % Nickelanteil [2]) Daten Vacuumschmelze GmbH, Hanau [3]) nicht verformbar

Grundgleichungen der Mechanik

	Masse	Dichte
Formelzeichen	m	ϱ
Einheitenzeichen	kg	kg/dm³
Merkmale	Maß für ■ die Trägheit eines Körpers, d. h. für den Widerstand, den der Körper einer Bewegungsänderung entgegensetzt, ■ die den Körper bildende Stoffmenge, ■ die Anziehung auf andere Körper (Gravitation).	Dichte ϱ eines Körpers ist die auf das Körpervolumen V bezogene Masse m. $\varrho = \frac{m}{V}$ | ϱ Dichte in kg/dm³ Die Dichte ■ von festen und flüssigen Stoffen ist praktisch nur von der Stoffart abhängig; ■ von Gasen ist auch abhängig von Umgebungsdruck und Temperatur: definierter Zustand bei 0 °C und 1,01325 bar.

Dichte von festen Stoffen, Flüssigkeiten, Gasen und Dämpfen

Feste Stoffe	kg/dm³
Beton	2,2…2,6
Glas	2,2…3,9
Hölzer, trocken	0,4…0,8
Kalkstein	2,46…2,84
Kies	1,8…2,0
Kork	0,2…0,35
Porzellan	2,3…2,5
Schnee, frisch gefallen	0,08…0,19
Ziegel, massiv	1,0…2,2

Feste Stoffe	kg/dm³
Aluminium	2,70
Baustahl	7,85
Blei	11,34
Gold	19,3
Gusseisen, grau	7,6
Kupfer	8,96
Messing	8,4…8,9
Platin	21,45
Silber	10,50

Feste Stoffe	kg/dm³
Titan	4,51
Wolfram	19,27
Zink	7,13
Zinn	7,29
Gießharz, Expoxid-	1,2
Gießharz, Polyester-	1,3
Gummi	0,92 … 0,99
Melaminharz	1,45 … 1,6
Papier	0,7 … 1,2
Phenolharz, Typ 31	1,4
Polyethylen	0,90 … 0,95
Polymethacrylsäuremethylester	1,2
Polystyrol	1,1
Polytetrafluorethylen (Teflon)	2,1 … 2,3
Polyvinylchlorid	1,3 … 1,4
Siliconkautschuk, ungefüllt	1,2

Feste Stoffe	kg/m³ (Schüttgewicht)
Braunkohle, stückig, lufttrocken	650 … 800
Koks	350 … 650
Steinkohle	720 … 950

Flüssigkeiten	kg/dm³	bei °C
Alkohol (Ethanol)	0,79	20
Benzin	0,68 … 0,80	15
Benzol	0,88	20
Dieselöl	0,88 … 0,92	20
Glycerin, wasserfrei	1,26	20
Mineralschmieröle	0,86 … 0,95	20
Petroleum, Leucht-	0,79 … 0,82	15
Quecksilber	13,55	20
Salpetersäure, konz. (68 %)	1,41	15
Salzsäure, konz. (37 %)	1,19	15
Schwefelsäure, konz. (96 %)	1,84	15

Gase und Dämpfe bei 0 °C und 1,013 bar (760 Torr)	kg/m³
Alkoholdampf¹) (bei 78,4 °C)	1,64
Etherdampf¹) (bei 34,6 °C)	3,11
Grubengas (Methan)	0,717
Kohlendioxid	1,977
Leuchtgas etwa	0,5
Luft, trocken	1,293
Sauerstoff	1,429
Stickstoff	1,251
Wasserdampf¹) (100 °C)	0,598
Wasserstoff	0,0899

¹) Dichte des Sattdampfes   1 g/dm³ = 1 kg/m³

Kraft

	Kraft	Gewichtskraft
Formelzeichen	F	F_G; G
Einheitenzeichen	N (Newton) = 1 kg · m/s²	
Merkmale	Ursache für ■ Formänderungen oder Bewegungsänderungen eines Körpers ■ Kraft F kann als Produkt der Masse m eines Körpers und der Beschleunigung a, die er unter der Einwirkung der Kraft F erfahren würde, dargestellt werden. $F = m \cdot a$ F Kraft in N m Masse in kg a Beschleunigung in m/s² ■ Die Kraft ist eine gerichtete Größe, gekennzeichnet durch Zahlenwert, Einheit und Richtung im Raum oder in der Ebene. Vektorielle Schreibweise: $\vec{F}$	Eine Form der wechselseitigen Anziehungskraft, die ■ allgemein beliebige Körper aufgrund ihrer Massen unabhängig von ihrer chemischen Zusammensetzung aufeinander ausüben und ■ im Besonderen die Massenanziehung der Erde auf Körper kennzeichnet und somit ortsabhängig ist. Sie kann als Produkt der Masse m des Körpers und der (örtlichen) Fallbeschleunigung g dargestellt werden. $F_G = m \cdot g$ F_G Gewichtskraft in N m Masse in kg g Fallbeschleunigung in m/s² Pol $g = 9{,}84$ m/s 45. Breitengrad $g = 9{,}80616$ m/s² Äquator $g = 9{,}78$ m/s² Normfallbeschleunigung $g = 9{,}80665$ m/s²

Zusammenwirken von Kräften

Zwei Kräfte $\vec{F}_1$ und $\vec{F}_2$

Winkel zwischen den Kräften	Darstellung	Resultierende Kraft
$\alpha = 0°$	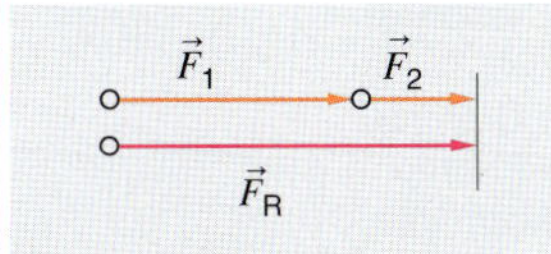	$F_R = F_1 + F_2$
$\alpha = 180°$	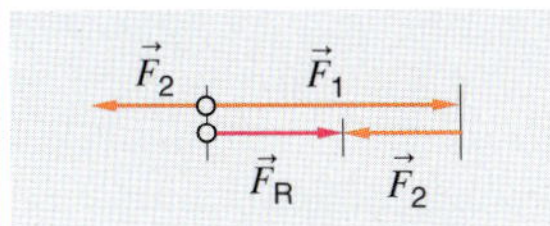	$F_r = F_1 - F_2$
$\alpha = 90°$	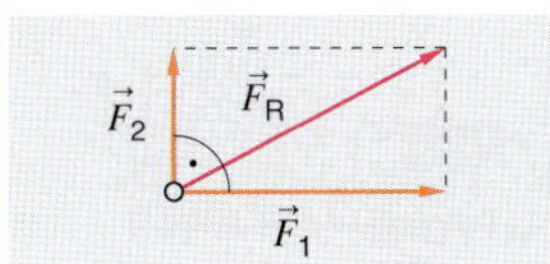	$F_R = \sqrt{F_1^2 + F_2^2}$
α beliebig	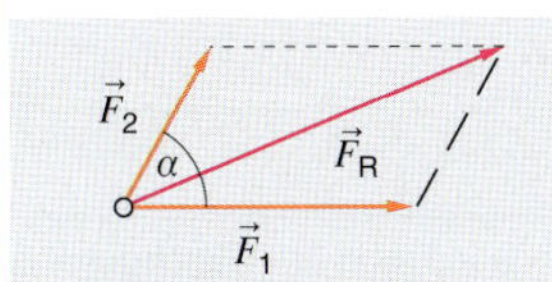 Kräfteparallelogramm	$F_r = \sqrt{F_1^2 + F_2^2 - 2 \cdot F_1 \cdot F_2 \cdot \cos(180° - \alpha)}$

n Kräfte $\vec{F}_1$ bis $\vec{F}_n$ — Parallelverschieben der Vektoren und Bilden eines Kräftepolygons

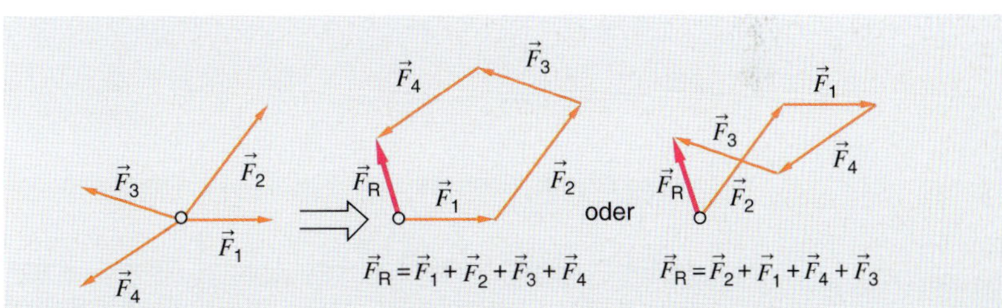

Zerlegen von Kräften

Rechtwinkliges Koordinatensystem	Schiefe Ebene mit dem Neigungswinkel γ
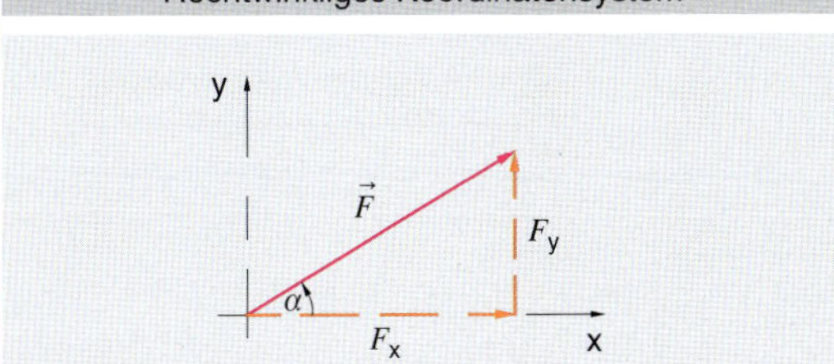	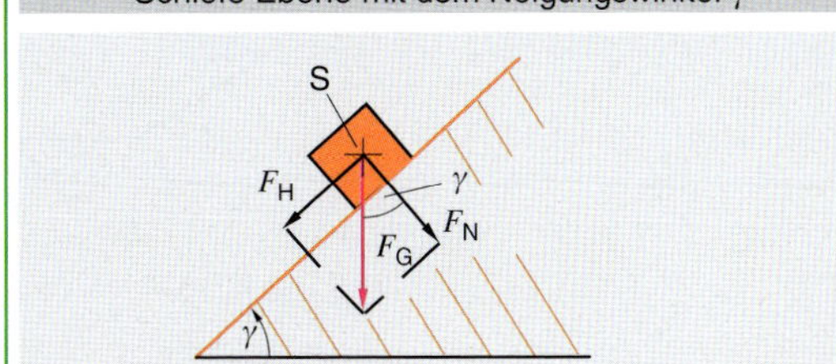
Kraftkomponenten in den Koordinatenrichtungen x und y	Hangabtriebskraft F_H und Normalkraft F_N als Komponenten der Gewichtskraft F_G
$F_x = F \cdot \cos\alpha$ $F_y = F \cdot \sin\alpha$	$F_H = m \cdot g \cdot \sin\gamma$ $F_N = m \cdot g \cdot \cos\gamma$

Drehmoment und Hebelgesetze

Drehmoment

- Vektorielle Ursachengröße für die Drehung eines Körpers
- Es entsteht, wenn die Kraft F im Abstand r vom Drehpunkt eines Körpers angreift.
- Für den Betrag des Drehmomentes M ist nur die Komponente der Kraft wirksam, die senkrecht zum Abstand wirkt.

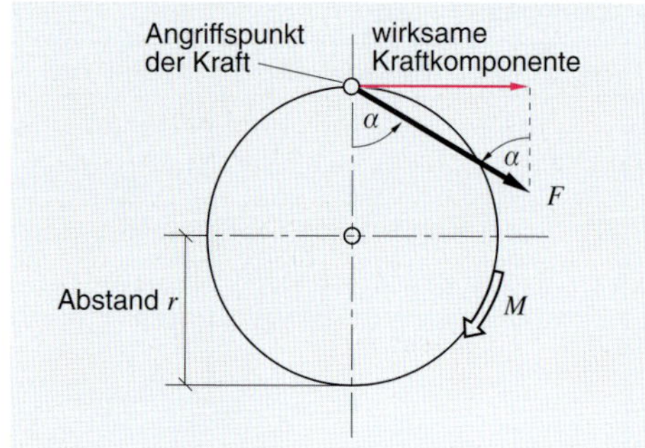

Drehmoment, allgemein

$M = r \cdot \mathrm{F} \cdot \sin\alpha$

M	Drehmoment in Nm
F	Kraft in N
r	Abstand vom Drehpunkt in m
α	Angriffswinkel der Kraft

Sonderfall $\alpha = 90°$: $M = F \cdot r$

Drehmoment an der Motorwelle

$M_{/\mathrm{Nm}} = 9{,}549 \cdot \dfrac{P_{/\mathrm{W}}}{\mathrm{n}_{/\,\mathrm{min}^{-1}}}$

M	Drehmoment an der Welle
P	abgegebene mechanische Leistung des Motors
n	Drehzahl der Motorwelle

Hebelgesetze

Ein Körper befindet sich in Ruhe (im Gleichgewicht), wenn die Summe der richtungsbehafteten Drehmomente gleich null ist.

Zweiseitiger Hebel

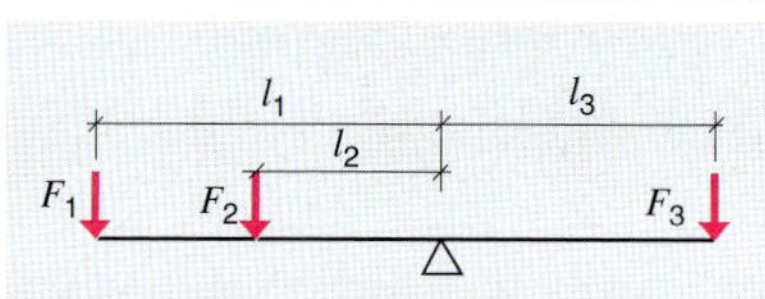

linksdrehende Momente
$F_1 \cdot l_1$ und $F_2 \cdot l_2$

rechtsdrehendes Moment
$F_3 \cdot l_3$

$F_1 \cdot l_1 + F_2 \cdot l_2 = F_3 \cdot l_3$

Einseitiger Hebel

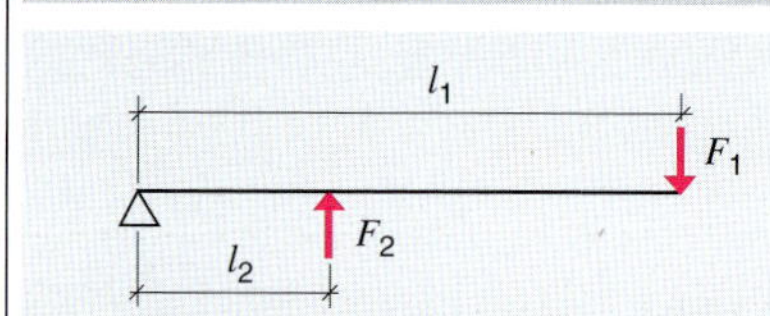

rechtsdrehendes Moment
$F_1 \cdot l_1$

linksdrehendes Moment
$F_2 \cdot l_2$

$F_1 \cdot l_1 = F_2 \cdot l_2$

Winkelhebel

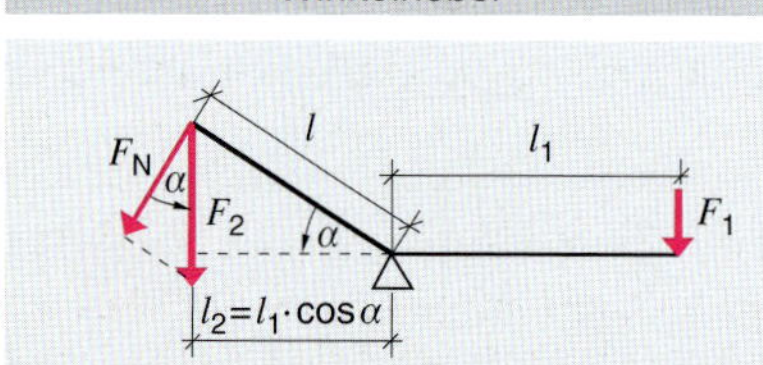

$F_\mathrm{N} \cdot l = F_1 \cdot l_1$

$F_\mathrm{N} = F_2 \cdot \cos\alpha$

$l = \dfrac{l_2}{\cos\alpha}$

$F_2 \cdot l_2 = F_1 \cdot l_1$

Auflagekräfte

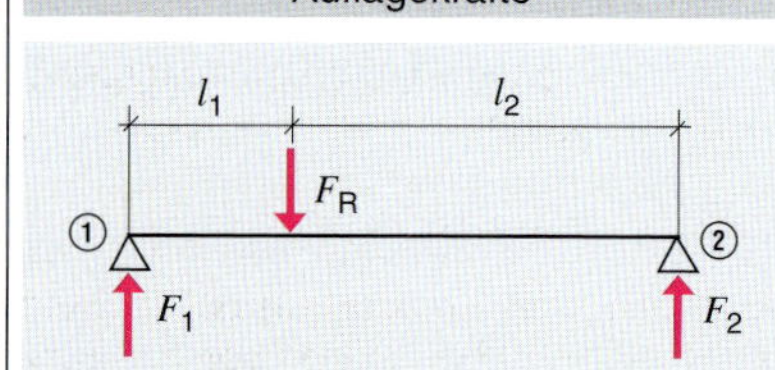

① $F_\mathrm{R} \cdot l_1 = F_2 \cdot (l_1 + l_2)$

$F_2 = F_\mathrm{R} \cdot \dfrac{l_1}{l_1 + l_2}$

② $F_1 \cdot (l_1 + l_2) = F_\mathrm{R} \cdot l_2$

$F_1 = F_\mathrm{R} \cdot \dfrac{l_2}{l_1 + l_2}$

$F_\mathrm{R} = F_1 + F_2$

Trägheitsmoment

(Formelzeichen J) Physikalische Größe, die die Trägheit starr rotierender Körper gegenüber der zeitlichen Änderung der Winkelgeschwindigkeit $\Delta\omega / \Delta t$ unter dem Einfluss des Drehmomentes M charakterisiert: $M = J \cdot \Delta\omega / \Delta t$.

Trägheitsmoment

- eines Masseteilchens — Produkt aus seiner Masse und dem Quadrat seines Abstandes von der Drehachse
- eines starren Körpers — Summe der Trägheitsmomente seiner Masseteilchen

Starrer Körper		Trägheitsmomente J_x um die x-Achse J_y um die y-Achse
Quader mit der Masse m	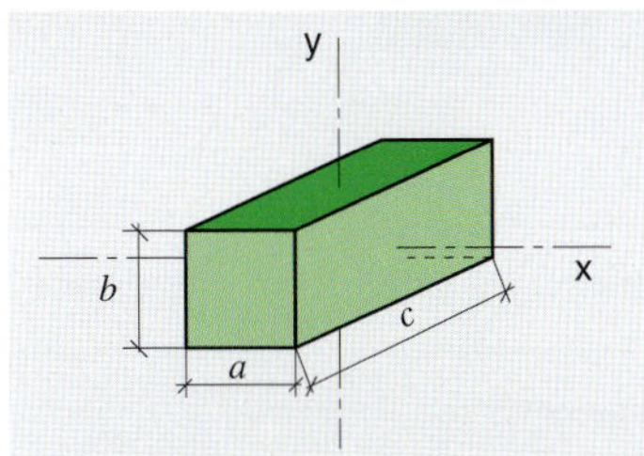	$J_x = m \cdot \frac{b^2 + c^2}{12}$ $J_y = m \cdot \frac{a^2 + c^2}{12}$ Würfel mit der Seitenlänge a: $J_x = J_y = m \cdot \frac{a^2}{6}$
Kreiszylinder mit der Masse m	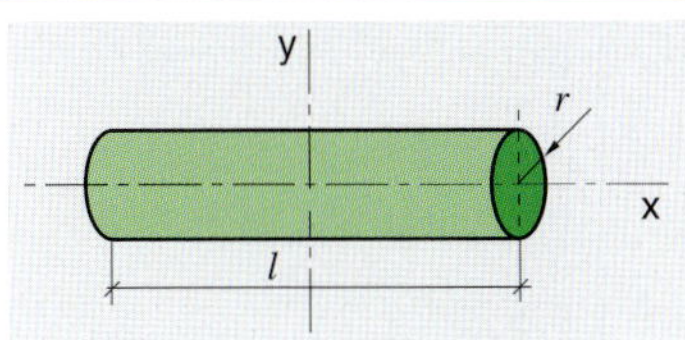	$J_x = m \cdot \frac{r^2}{2}$ $J_y = m \cdot \frac{3\,r^2 + l^2}{12}$
Kegel mit der Masse m	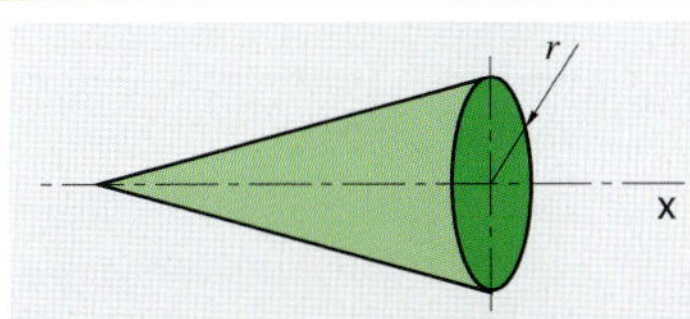	$J_x = m \cdot \frac{3 \cdot r^2}{10}$
Kegelstumpf mit der Masse m	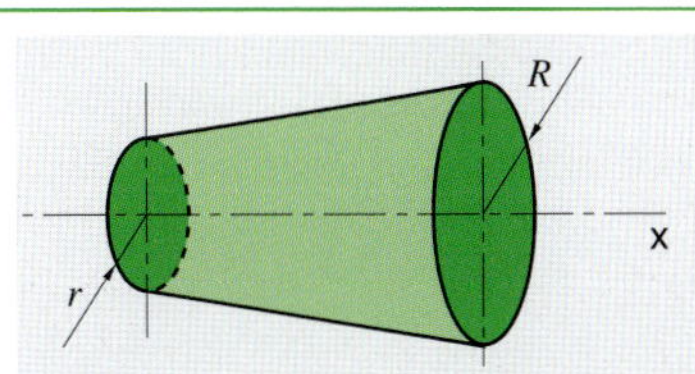	$J_x = m \cdot \frac{3 \cdot (R^5 - r^5)}{10 \cdot (R^3 - r^3)}$

Reibung an festen Körpern

Eine der Bewegung von Körpern entgegengesetzte Kraft, die an zwei sich berührenden und gegeneinander bewegten Flächen auftritt.

Haftreibung	Gleitreibung	Rollreibung
Widerstand eines Körpers, aus der Ruhe in eine Gleitbewegung überzugehen. $F_{Ha} = \mu_H \cdot F_N$	Hemmen der gegenseitigen Bewegung zweier sich berührender Körper durch die Rauheit ihrer Berührungsflächen. $F_{Gl} = \mu_G \cdot F_N$	Behindern zweier sich berührender Flächen, wenn wenigstens eine gekrümmt ist, meistens kugel-, zylinder- oder kegelförmig. Sie entsteht durch Deformation des abrollenden Körpers, der Unterlage oder von beiden. $F_{Ro} = \frac{f}{r} \cdot F_N$

F_N Normalkraft, mit der die Berührungsflächen gegeneinander gedrückt werden

μ_H Haftreibungszahl — μ_G Gleitreibungszahl — f Rollenreibungszahl

Haftreibung	Gleitreibung	Rollreibung
kann durch den tan des Neigungswinkels einer schiefen Ebene bestimmt werden, bei dem der Körper gerade zu gleiten beginnt: $\mu_H = \tan\alpha$	eine Systemeigenschaft, die u. a. durch die Materialpaarung, das Umgebungsmedium, den Zwischenstoff bestimmt wird.	Abstand in m zwischen den Wirkungslinien der Gewichtskraft F_G und der Normalkraft F_N r Rollen- bzw. Radradius

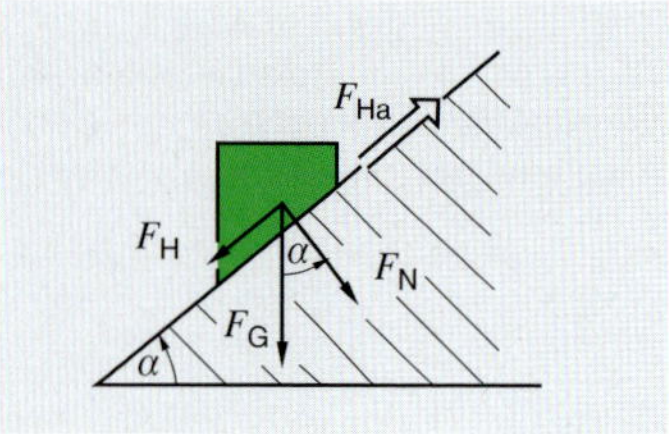

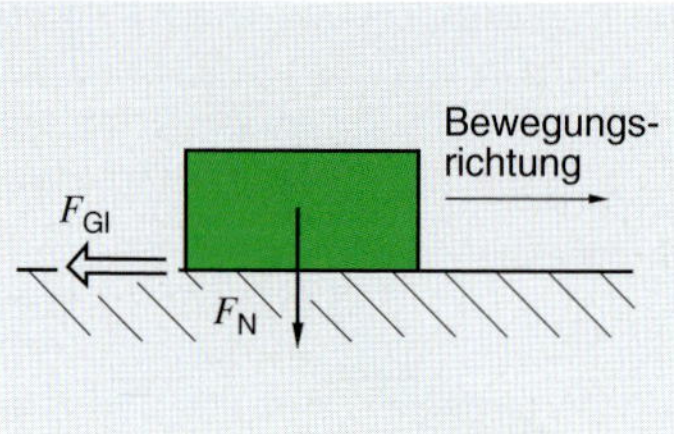

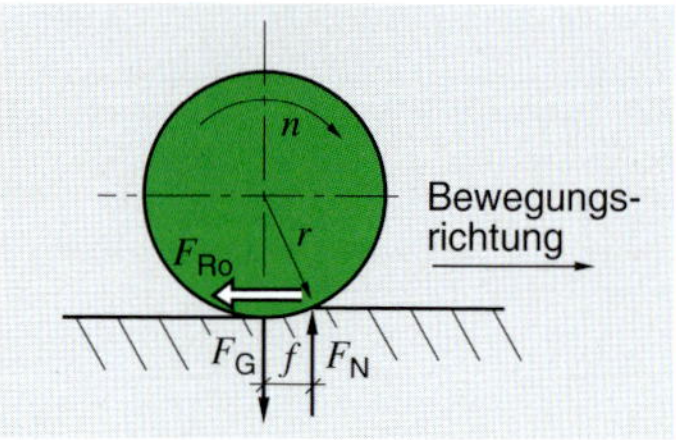

Reibungszahlen

Stoffsysteme	Haftreibungszahl	Gleitreibungszahl trocken	Gleitreibungszahl flüssig	Rollreibungszahl (f in m)
Stahl/Stahl	0,25	0,15	0,06	$5 \cdot 10^{-5} \ldots 5 \cdot 10^{-4}$
Stahl/Grauguss	0,25	0,2	0,05	
Stahl/CuSn-Legierung	0,25	0,2	0,08	
Metall/Holz	0,5	0,4	0,1	
Leder/Metall	0,6	0,3	–	
Gummireifen/Asphalt	0,8	0,7	0,3	$2 \cdot 10^{-5} \ldots 3 \cdot 10^{-4}$
Mauerwerk/Beton	1,0	0,8	–	

Allgemeine Bewegungsgrößen

Geradlinige Bewegung

Geschwindigkeit

$v = \frac{\Delta s}{\Delta t}$ $\quad \Delta s = s_2 - s_1$ $\quad \Delta t = t_2 - t_1$

- s Wegstrecke
- t Zeit

Beschleunigung

$a = \frac{\Delta v}{\Delta t}$ $\quad \Delta v = v_2 - v_1$ $\quad \Delta t = t_2 - t_1$

aus dem Ruhestand $v_1 = 0$

Verzögerung

$v_2 < v_1 \Rightarrow a < 0$ (negativ)

Kreisförmige Bewegung (Drehung)

Umfangsgeschwindigkeit

$v = \frac{2\pi \cdot r}{T}$

Winkelgeschwindigkeit

$\omega = \frac{v}{r}$

$\omega = \frac{\widehat{\alpha}}{t}$

- $s = 2\pi \cdot r$ Wegstrecke bei einer Umdrehung
- r Abstand vom Drehpunkt
- T Zeit für eine Umdrehung
- $\widehat{\alpha}$ Winkel im Bogenmaß

Geradlinige Bewegung

Gleichförmige Bewegung

Geschwindigkeit v = konstant

$v = \frac{s}{t}$

$s = v \cdot t$

- s zurückgelegte Wegstrecke
- t Zeitdauer

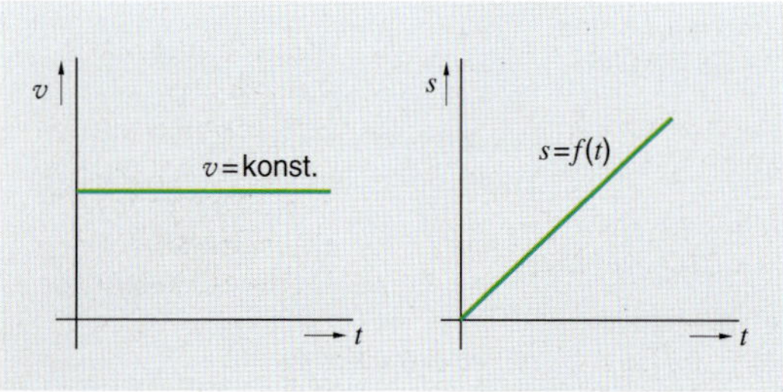

Gleichmäßig beschleunigte Bewegung

Beschleunigung a = konstant

$a = \frac{v_2 - v_1}{t}$

mittlere Geschwindigkeit

$v_m = \frac{v_1 + v_2}{2}$

Endgeschwindigkeit

$v_2 = v_1 + a \cdot t_2$

zurückgelegte Wegstrecke

$s = v_1 \cdot t + \frac{a \cdot t_2}{2}$

$s = \frac{v_2^2 - v_1^2}{2 \cdot a}$

- v_1 Anfangsgeschwindigkeit
- v_2 Endgeschwindigkeit

Drehbewegung

Gleichförmige Drehbewegung

Betrag der Umfangsgeschwindigkeit v = konstant

$$v = \frac{b}{t}$$

- b Kreisbogen
- t Zeitdauer

Betrag der Winkelgeschwindigkeit ω = konstant

$$\omega = \frac{\widehat{\alpha}}{t}$$

$$\omega = \frac{v}{r}$$

$$\omega_{/\mathrm{s}^{-1}} = \frac{\pi \cdot n_{/\mathrm{min}^{-1}}}{30}$$

- $\widehat{\alpha}$ Winkel im Bogenmaß
- r Radius
- n Drehzahl

Gleichmäßig beschleunigte Drehbewegung

Betrag der Winkelbeschleunigung α = konstant

$$\alpha = \frac{\omega_2 - \omega_1}{t}$$

$$\alpha_{/\mathrm{s}^{-2}} = \frac{\pi \cdot (n_{2/\mathrm{min}^{-1}} - n_{1/\mathrm{min}^{-1}})}{30 \cdot t_{/\mathrm{s}}}$$

- ω_1 Anfangswinkelgeschwindigkeit
- ω_2 Endwinkelgeschwindigkeit

mittlere Winkelgeschwindigkeit

$$\omega_m = \frac{\omega_1 + \omega_2}{2}$$

Endwinkelgeschwindigkeit

$$\omega_2 = \omega_1 + \alpha \cdot t$$

Mechanik der Flüssigkeiten

Ruhende Flüssigkeit im offenen Gefäß

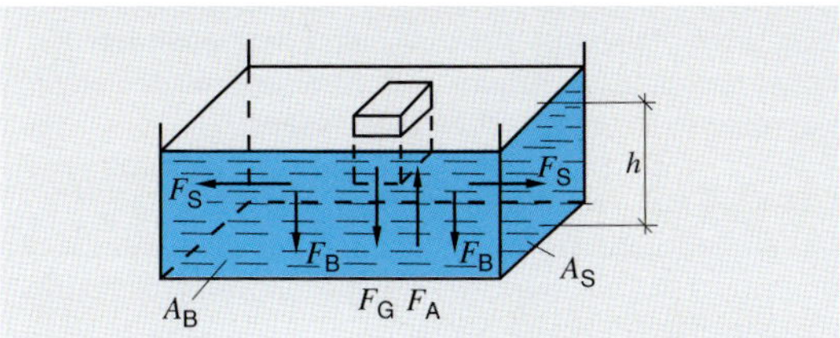

Bodenkraft

$$F_B = A_B \cdot h \cdot \varrho \cdot g$$

Seitenkraft

$$F_S = 0{,}5 \cdot A_S \cdot h \cdot \varrho \cdot g$$

Auftriebskraft

$$F_A = V_K \cdot \varrho \cdot g$$

$$F_A = m_{Fl} \cdot g$$

Körper schwimmt, wenn $F_A > F_G$

- A_B Bodenfläche
- h Flüssigkeitshöhe
- ϱ Dichte der Flüssigkeit
- $g = 9{,}81\ \mathrm{m/s^2}$
- A_S Seitenfläche
- V_K Volumen des eingetauchten Körpers
- m_{Fl} Masse der verdrängten Flüssigkeit
- F_G Gewichtskraft

Hydraulische Presse

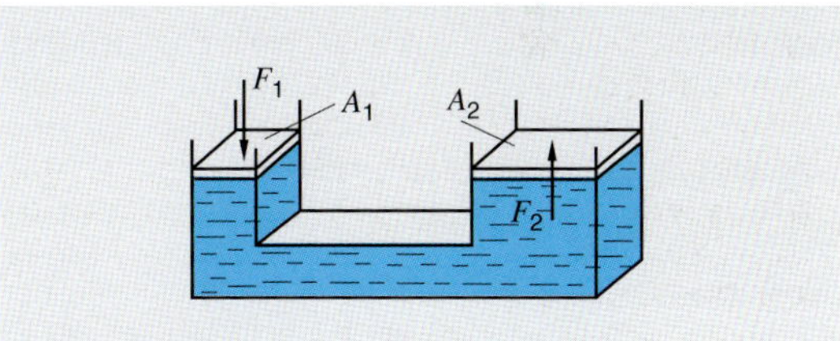

Flüssigkeitsdruck

$$p = \frac{F_1}{A_1} = \frac{F_2}{A_2}$$

Kolbenkräfte

$$F_1 = p \cdot A_1$$

$$F_2 = p \cdot A_2$$

$$\frac{F_1}{F_2} = \frac{A_1}{A_2}$$

Stationäre Strömung

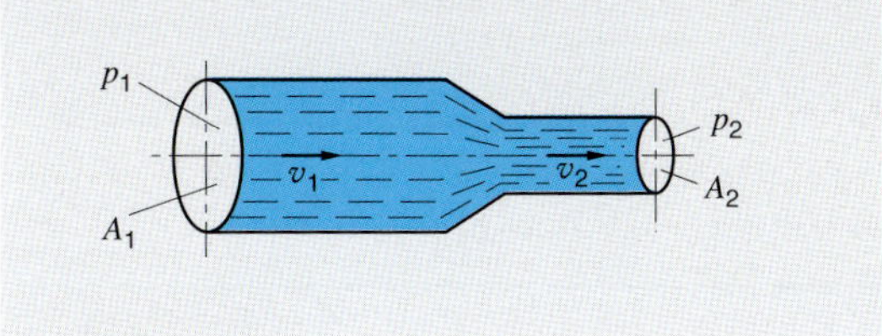

Durchflussmenge

$$Q = A_1 \cdot v_1 = A_2 \cdot v_2$$

$$\frac{A_1}{A_2} = \frac{v_2}{v_1}$$

$$Q = \sqrt{\frac{2}{\varrho} \cdot \frac{p_1 - p_2}{1/A_2^2 - 1/A_1^2}}$$

$$\frac{\varrho}{2} \cdot v_1^2 + p_1 = \frac{\varrho}{2} \cdot v_2^2 + p_2$$

- $A_1; A_2$ Rohrquerschnitte
- $v_1; v_2$ Strömungsgeschwindigkeiten
- $p_1; p_2$ Flüssigkeitsdrücke
- ϱ Dichte der Flüssigkeit

Ausfluss aus Gefäßen

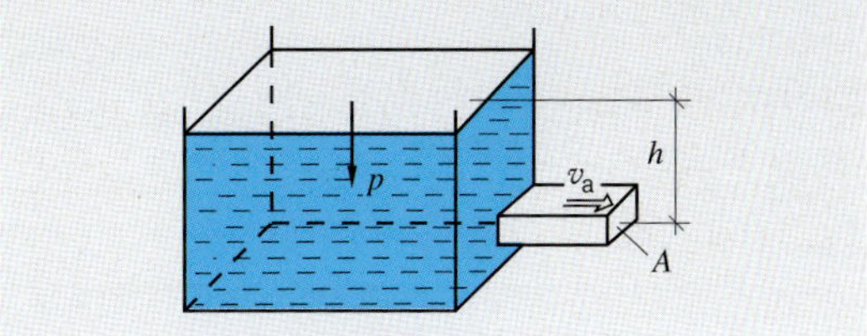

Ausflussgeschwindigkeit

$$v_a = \psi \cdot \sqrt{2 \cdot g \cdot h + \frac{2 \cdot p}{\varrho}}$$

Ausflussmenge

$$Q_a = \varkappa \cdot A \cdot v_a$$

Ausflusszahl

ψ = 0,97 bis 0,998

Einschnürzahl

$\varkappa$ = 0,62 bis 0,64 bei scharfen Kanten

$\varkappa$ = 0,9 bis 0,98 bei gerundeten Kanten

- A Querschnitt der Ausflussöffnung
- h Höhe des Flüssigkeitsspiegels über der Ausflussöffnung
- p Flüssigkeitsdruck
- ϱ Dichte der Flüssigkeit

Energie, Arbeit, Leistung

Energie und ihre Erscheinungsformen

Energie	Fähigkeit eines Systems, Arbeit zu verrichten.
Energieumwandlung	Energie (Formelzeichen E) kann nach dem Energiesatz bei Gültigkeit genauer Umrechnungszahlen (Äquivalente) von einer Form in eine oder mehrere andere Arten umgewandelt werden. Bei Energieumwandlung wird Arbeit (Formelzeichen W) verrichtet: $E = W$ Einheitenzeichen $[W]$ = Nm (Newtonmeter) = Ws (Wattsekunde) = J (Joule) Zur Nutzbarmachung von Energie durch Umwandlungsprozesse sind Energieunterschiede nötig oder hierfür maßgebliche Differenzen an Druck, Höhe, Geschwindigkeit, Temperatur oder Spannung.
Leistung	Arbeit W, die von einem System in der Zeit t verrichtet wird: $p = \frac{W}{t}$ $[P] = \text{N} \cdot \text{m/s} = \text{W} = \text{J/s}$
Verluste	Die bei einer Energieumwandlung unvermeidbaren Verluste sind Energiebeträge von nicht nutzbar zu machender unerwünschter Energieform, z. B. Stromwärmeverluste in Wicklungen, Reibungsverluste in rotierenden elektrischen Maschinen: $P_\text{v} = P_\text{zu} - P_\text{ab}$ | P_zu einem System zugeführte Leistung P_ab vom System abgegebene Leistung
Wirkungsgrad	Maß für die Ausnutzung der aufgewandten Leistung bzw. Energie zur Kennzeichnung der Wirtschaftlichkeit des Energieumsatzes in einem System: $\eta = \frac{P_\text{ab}}{P_\text{zu}}$ $\eta = \frac{P_\text{ab}}{P_\text{ab} + P_\text{v}}$ Da stets $P_\text{ab} < P_\text{zu}$, ist immer $\eta < 1$ oder < 100 %.

Energieformen der Mechanik

Potenzielle Energie	Kinetische Energie	Rotationsenergie
Ein gegen das Anfangsniveau 0 um die Höhe h gehobener Körper der Masse m hat die potenzielle Energie (Lageenergie) $E_\text{p} = m \cdot g \cdot h$ Gewicht des Körpers $G = m \cdot g$ $[G] = \text{N} = \text{kgm} \cdot \text{s}^{-2}$ Fallbeschleunigung $g = 9{,}81\ \text{m} \cdot \text{s}^{-2}$	Ein in einem ruhenden System mit der Geschwindigkeit v bewegter Körper der Masse m hat die kinetische Energie (Bewegungsenergie) $E_\text{k} = \frac{1}{2} \cdot m \cdot v^2$ $[m]$ = kg $[v]$ = m/s	Ein mit der Winkelgeschwindigkeit ω um eine Achse drehender Körper mit dem Trägheitsmoment J hat die Rotationsenergie $E_\text{r} = \frac{1}{2} \cdot J \cdot \omega^2$ $[J] = \text{kgm}^2$ $[\omega] = \text{s}^{-1}$

Wärmeenergie und Temperatur

Wärme	Ungeordnete Eigenbewegung der zu einem Körper (physikalisches System) gehörenden Moleküle, Atome und Elektronen. Wärmeenergie ist die Energie dieser Bewegung. ■ Wärme (Energie) kann nie vollständig in Arbeit umgewandelt werden. ■ Wärme breitet sich von selbst nur von Stellen höherer Temperatur nach Stellen tieferer Temperatur aus.
Temperatur	Maß für die Intensität der Wärmebewegung, d. h. für die mittlere Geschwindigkeit der Teilchen eines Körpers.

Temperatureinheiten

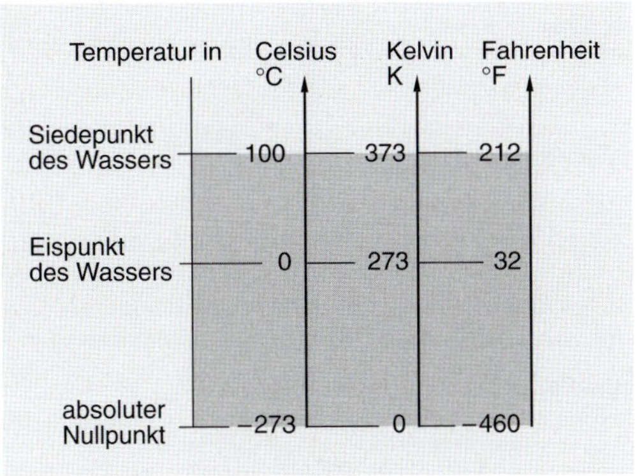

$T = 273 + \vartheta_C$

$\vartheta_C = \frac{5}{9} \cdot (\vartheta_F - 32)$

$\vartheta_F = \frac{9}{5} \cdot (\vartheta_C + 32)$

Temperaturdifferenz
$\Delta T = \Delta\vartheta$ in Kelvin

T	Temperatur in K (Kelvin)
ϑ_C	Temperatur in °C (Grad Celsius)
ϑ_F	Temperatur in °F (Grad Fahrenheit)

Anwendungsbereiche von Temperaturmessgeräten

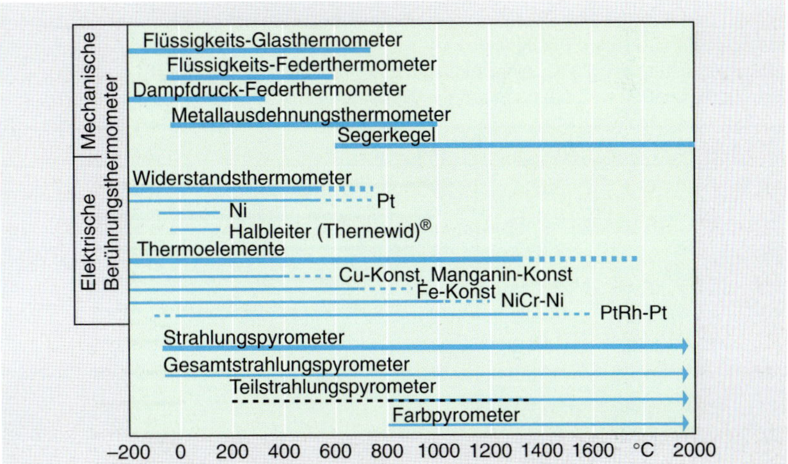

Anmerkung: Konst ist eine Abkürzung für Konstantan®

Wärmemenge

Maß für die in einem Körper (System) enthaltene Wärme(Energie).
Formelzeichen: Q Einheit: J (Joule)
– Seit 1978 ist die Einheit Kalorie nicht mehr zulässig: 1 cal = 4,1868 J. –

Wärmekapazität eines Stoffes

$C_{th} = \frac{Q}{T}$ Wärmemenge Q, die dem Stoff zugeführt werden muss, um seine Temperatur um 1 K zu erhöhen: $[C_{th}]$ = J / K

Spezifische Wärmekapazität (massenbezogene Wärmekapazität)

$c = \frac{C_{th}}{m}$ Wärmemenge, die einem Körper mit der Masse 1 kg zugeführt werden muss, um seine Temperatur um 1 K zu erhöhen: $[c]$ = J / (kg · K)

Molare Wärmekapazität (stoffmengenbezogene Wärmekapazität)

$c_n = \frac{C_{th}}{n}$ Wärmemenge, die einer Stoffmenge n von 1 mol zugeführt werden muss, um ihre Temperatur um 1 K zu erhöhen: $[c_n]$ J / (mol · K).

Zu- oder abgeführte Wärmeenergie

Wärmemenge Q, die bei einem Körper mit der Masse m zu der Temperaturänderung ΔT führt:

$Q = m \cdot c \cdot \Delta T$

Q	in J
c	in J / (kg · K)
ΔT	in K

Änderung des Aggregatzustandes (fest ⇒ gasförmig)

$Q = m \cdot c \cdot \Delta T + m \cdot L_S + m \cdot L_V$

L_S	Schmelzwärme in kJ/kg
L_V	Verdampfungswärme in kJ/kg

Elektrische Energie

Elektrische Energie
Energie, die an elektrische Ladungen gebunden ist und in potenzieller und kinetischer Form auftritt.

Potenzielle elektrische Energie
Elektrische Ladungen befinden sich im Ruhezustand.

- **Unbelastete Stromquelle** (geöffneter Stromkreis)
  Die potenzielle Energie E_p der Ladungen entspricht der Arbeit, die zur Erzeugung der Spannung U_Q bzw. U notwendig ist.
  $E_p = U_Q \cdot Q$

U_Q	Quellenspannung (Leerlaufspannung) in V
Q	an den Polen konzentrierte Ladungsmenge in As

- **Wandlung chemischer Bindungsenergie in elektrische Energie**
  durch die Wechselwirkung von Lösungsdruck und osmotischem Druck an den Grenzflächen von Elektrode und Elektrolyt

Elektrolytische Spannungsreihe
Polarität und Betrag elektrolytischer Spannungen, bezogen auf eine Normal-Wasserstoff-Elektrode (eine mit Wasserstoffmolekülen bedeckte Platinelektrode)
(wässrige Lösung von 25 °C, einer Aktivität von 1 mol/l, Druck von 1 bar)
Normalpotenzial E_h in V, bezogen auf die Wasserstoffelektrode

Zellreaktion	E_h
Li → $Li^+ + e$	−3,045
K → $K^+ + e$	−2,925
Na → $Na^+ + e$	−2,713
Mg → $Mg^{2+} + 2e$	−2,375
Ce → $Ce^{3+} + 3e$	−2,335
Al → $Al^{3+} + 3e$	−1,662
Mn → $Mn^{2+} + 2e$	−1,190
Zn → $Zn^{2+} + 2e$	−0,763
Cr → $Cr^{3+} + 3e$	−0,744
Ga → $Ga^{3+} + 3e$	−0,529
Fe → $Fe^{2+} + 2e$	−0,440
Cd → $Cd^{2+} + 2e$	−0,403
In → $In^{3+} + 3e$	−0,338
Co → $Co^{2+} + 2e$	−0,277
Ni → $Ni^{2+} + 2e$	−0,230
Mo → $Mo^{3+} + 3e$	−0,2[1]
Sn → $Sn^{2+} + 2e$	−0,136
Pb → $Pb^{2+} + 2e$	−0,126
H_2 → $2\,H^+ + 2e$	±0,000
Cu → $Cu^{2} + 2e$	+0,337
Cu → $Cu^+ + e$	+0,522
Hg → $Hg^{2+} + 2e$	+0,796
Ag → $Ag^+ + e$	+0,799
Pd → $Pd^{2+} + 2e$	+0,987
Pt → $Pt^{2+} + 2e$	+1,2[1]
Au → $Au^{3+} + 3e$	+1,498
Au → $Au^+ + e$	+1,694
$2\,Cl^-$ → $Cl_2 + 2e$	+1,358
$2\,F^-$ → $F_2 + 2e$	+2,87

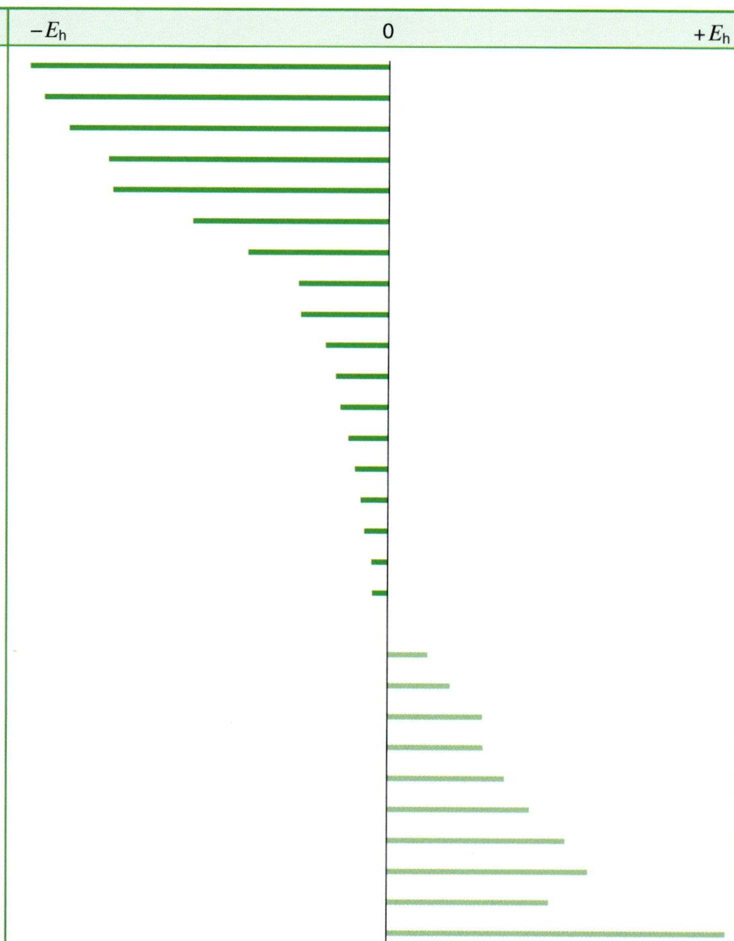

[1]) angenähert

Elektrodenkombinationen als Konstruktionsgrundlage galvanischer Elemente

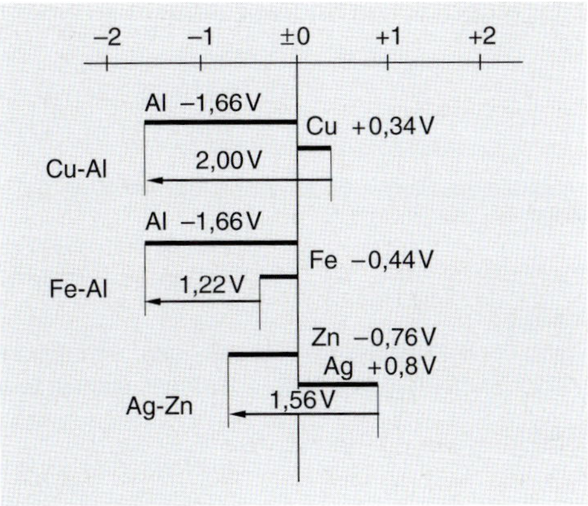

■ **Wandlung von Wärmeenergie in elektrische Energie**
durch die unterschiedliche temperaturabhängige Dichte und Beweglichkeit freier Elektronen von Leitern und Halbleitern

Thermoelektrische Spannungsreihe
Polarität und Betrag von Thermospannungen, bezogen auf Platin

Werkstoff	Thermospannung 10^{-6} V/°C
Selen	1003
Tellur	500
Silicium	448
Germanium	303
Antimon	47 ... 48,6
Nickelchrom	22
Eisen	18,7 ... 18,9
Molybdän	11,6 ... 13,1
Cer	10,3
Cadmium	8,5 ... 9,2
Stahl (V2A)	7,7
Kupfer	7,2 ... 7,7
Silber	6,7 ... 7,9
Wolfram	6,5 ... 9,0
Iridium	6,5 ... 6,8
Rhodium	6,5
Zink	6,0 ... 7,9
Manganin	5,7 ... 8,2
Gold	5,6 ... 8,0
Zinn	4,1 ... 4,6
Blei	4,0 ... 4,4
Magnesium	4,0 ... 4,3
Aluminium	3,7 ... 4,1
Platin	±0
Quecksilber	−0,1
Natrium	−2,1
Kalium	−9,4
Nickel	−19,4 ... −12,0
Kobalt	−19,9 ... −15,2
Konstantan	−34,7 ... −30,4
Bismut ⊥ Achse	−52
Bismut ∥ Achse	−77

Grundwerte von Thermopaaren
Bezugstemperatur 0 °C; für eine Bezugstemperatur von 20 °C sind von allen Grundwerten die Werte der Zeile für 20 °C zu subtrahieren.

Typ	U	L	K	S
Plus-Schenkel Minus-Schenkel	Cu CuNi	Fe CuNi	NiCr Ni	Pt 10 % Rh Pt
Messtemperatur °C	Grundwerte mV	mV	mV	mV
−200	−5,70	−8,15		
−100	−3,40	−4,75		
− 50	−1,85	−2,51	−1,889	−0,236
0	0	0	0	0
20	0,80	1,05	0,798	0,113
100	4,25	5,37	4,10	0,645
200	9,20	10,95	8,137	1,440
300	14,90	16,56	12,207	2,323
400	21,00	22,16	16,395	3,260
500	27,41	27,85	20,640	4,234
600	34,31	33,67	24,902	5,237
700		39,72	29,128	6,274
800		46,22	33,277	7,345
900		53,14	37,325	8,448
1000			41,269	9,585
1100			45,108	10,754
1200			48,828	11,947
1300			52,398	13,155
1400				14,368
1500				15,576
1600				16,771

Zulässige Abweichungen: bei Typ U und L zwischen 0 °C und 400 °C: ± 3 °C, darüber ± 0,75 % (DIN 43710); bei Typ K, Klasse 2 zwischen − 40 °C und 1200 °C: ± 3 °C oder ± 0,75 % (jeweils der größere Wert); bei Typ S, KLasse 2 zwischen 0 °C und 1600 °C: ± 1,5 °C oder ± 0,25 % (DIN IEC 584).
Die Stufenlinie (aufgrund von Betriebserfahrungen ermittelt) begrenzt den Temperaturbereich für Dauerbenutzung von Thermopaaren in reiner Luft.

Elektrostatisches Feld des aufgeladenen Kondensators

$W = \frac{1}{2} \cdot U \cdot Q$

$W = \frac{1}{2} \cdot C \cdot U^2$

U	Spannung am Kondensator in V
Q	auf den Platten gespeicherte Ladungmenge in As
C	Kapazität des Kondensators in F (Farad): 1 F = 1As/V

Energiedichte des elektrostatischen Feldes (volumenbezogener Energiebetrag)

$w_{\text{elt}} = \frac{1}{2} \cdot \varepsilon \cdot E^2$

ε	Permittivität in As/(Vm)
E	elektrische Feldstärke in V/m

Kinetische elektrische Energie

Bei der gerichteten Bewegung der elektrischen Ladungen findet eine Energieumwandlung statt. Es wird Arbeit verrichtet. Der Betrag der elektrischen Energie nimmt ab oder muss ständig erneuert und aufrechterhalten werden.

Geschlossener Stromkreis

$W = U \cdot Q$

$W = U \cdot I \cdot t$

U	Spannungsfall (Spannung) in V
Q	strömende Ladungsmenge in C = As)
I	Stromstärke in A
t	Zeitdauer des Stromflusses in s

Wandlung elektrischer Energie in chemische Energie

bei Stromfluss in Elektrolyten (wässrige Lösungen von Säuren, Basen, Salzen)

Faradaysche Gesetze

Kennzeichnung der Abhängigkeit der an den Elektroden abgeschiedenen Stoffmenge m von der Ladungsmenge Q

1. $m = k \cdot Q$

m	Masse in g
k	elektrochemisches Äquivalent in g/C. Es gibt an, wie viel g der Ionen von 1 Coulomb abgeschieden werden. $k = \frac{A}{Z} \cdot \frac{1}{F} = 1{,}036 \cdot 10^{-5} \frac{A}{Z}$
A	Atomgewicht
Z	Wertigkeit

F = 96485 C/g-Äquivalent (Faradaysche Konstante)
g-Äquivalent ist die Menge in g, die dem Äquivalentgewicht A/Z entspricht.

2. Die durch gleiche Elektrizitätsmengen abgeschiedenen Massen verschiedener Elektrolyte verhalten sich entsprechend den Äquivalentgewichten.

Elektrochemische Äquivalente

Stoff		Wertigkeit w	Elektrochemisches Äquivalent k 10^{-3} g/C
Kationen			
Aluminium	Al	3	0,0932
Blei	Pb	2	1,0735
Chrom	Cr	3	0,1796
Cadmium	Cd	2	0,5824
Kupfer	Cu	1	0,6588
		2	0,3294
Natrium	Na	1	o,2384
Nickel	Ni	2	0,3041
		3	0,2027
Silber	Ag	1	1,1180
Wasserstoff	H	1	0,01044
Zink	Zn	2	0,3387

Stoff		Wertigkeit w	Elektrochemisches Äquivalent k 10^{-3} g/C
Anionen			
Chlor	Cl	1	0,3675
Sauerstoff	O	2	0,0829
Hydroxyl	OH	1	0,1763
Chlorat	ClO_3	1	0,8649
Chromat	CrO_4	2	0,6011
Carbonat	CO_3	2	0,3109
Manganat	MnO_2	2	0,6163
Permanganat	MnO_4	1	1,2325
Nitrat	NO_3	1	0,6426
Phosphat	PO_4	3	0,3280
Sulfat	SO_4	2	0,4978

Elektromagnetisches Feld stromdurchflossener Spulen

$W = \frac{1}{2} \cdot B \cdot H$

$W = \frac{1}{2} \cdot L \cdot I^2$

B	magnetische Flussdichte in T (1 T = 1 Vs/m²)
H	magnetische Feldstärke in A/m
L	Induktivität der Spule in H (1 H = 1 Vs/A)
I	Stromstärke in A

Energiedichte des magnetischen Feldes (volumenbezogener Energiebetrag)

$w_{\text{mag}} = \frac{1}{2} \cdot \mu \cdot H^2$

μ	Permeabilität in H/m

■ Spannungen und Stromstärken – Parameter der elektrischen Energie

IEC-Normspannungen (vollständig in Deutsche Norm übernommen)
Nennspannungen von Betriebsmitteln unter 120 V Wechselspannung und unter 750 V Gleichspannung

Nennwerte von Gleichspannungen in V																									
bevorzugte	–	–	–	–	–	6	–	–	12	–	24	–	36	–	48	60	72	–	96	110	–	220	–	440	
ergänzende	2,4	3	4	4,5	5	–	7,5	9	–	15	–	30	–	40	–	–	–	80	–	–	125	–	250	–	600
Nennwerte von Wechselspannungen in V																									
bevorzugte	–	6	12	–	24	–	–	48	–	–	110														
ergänzende	5	–	–	15	–	36	42	–	60	100	–														

Hinweis: Die Spannungen der Primär- und Sekundärzellen wurden nicht in die Tabelle aufgenommen, da ihre Auswahl nicht aufgrund ihrer unter 2,4 V liegenden Spannung, sondern aufgrund anderer Eigenschaften erfolgt.

Nennspannungen für Wechselspannungsnetze und zugehörige Betriebsmittel zwischen 100 V und 1000 V

Drehstrom-Vierleiter- oder Dreileiternetze	Nennspannung in V					
50 Hz	–	-	400/230	690/400	–	1000
60 Hz	208/120	240	480/277	480	600/347	600
Einphasennetze oder Dreileiternetze	**Nennspannung in V**					
60 Hz	240/120	–	–	–	–	–

Nennspannungen für Gleichstrom- und Wechselstrom-Bahnnetze

	Niedrigste Spannung V	Nenn-spannung V	Höchste Spannung V	Nennfrequenz Wechselstromnetze Hz
Gleichstromnetze	(400) 500 1000 2000	(600) 750 1500 3000	(720) 900 1800 3600	– – – –
Wechselstrom-Einphasennetze	(4750) 12 000 19 000	(6250) 15 000 25 000	(6900) 17 250 27 500	50 oder 60 $16^2/_3$ 50 oder 60

Klammerwerte für neue Netze nicht mehr verwenden.

Nennspannungen für Drehstromnetze und zugehörige Betriebsmittel über 1 kV

Netz-Nennspannung in kV	3,3*) 3*)	6,6*) 6*)	11 10	– (15)	22 20	33 –	– 35	(45) –	66 69	110 115	132 138	(150) –	220 230
Höchste Spannung für Betriebsmittel in kV	3,6*)	7,2*)	12	(17,5)	24	36	40,5	(52)	72,5	123	145	(170)	245

*) Werte nicht für öffentliche Verteilungsnetze; Klammerwerte für neue Netze nicht mehr verwenden.

IEC-Normstromstärken (vollständig in Deutsche Norm übernommen)

Nennströme in A									
1 10 100 1 000 10 000	1,25 12,5 125 1250	1,6 16 160 1600	2 20 200 2000	2,5 25 250 2500	3,15 31,5 315 3150	4 40 400 4000	5 50 500 5000	6,3 63 630 6300	8 80 800 8000
Falls erforderlich, können anstatt 1,6 A; 3,15 A; 6,3 A und 8 A auch die Werte 1,5 A; 3 A, 6 A und 7,5 A bzw. das 10-, 100- und 1000fache dieser Werte vorgesehen werden.									

3 Technische Darstellungen der Elektrotechnik

Darstellungselemente für Schaltpläne

Schaltzeichen

Grafische Symbole, mit denen elektrische Betriebsmittel (Einzelteile, Geräte, Funktionseinheiten, Anlagen) in Schaltplänen dargestellt werden.

Schaltzeichenaufbau

Grundsymbole	Ergänzungen
Einfache, geometrische Figuren, die charakteristisch für eine Klasse von Schaltelementen sind, z. B. Rechtecke, Quadrate, Dreiecke, Kreise und Linien.	Kennzeichen und Zusatzzeichen für Funktionen oder Eigenschaften der Betriebsmittel zur Komplettierung der Schaltzeichen.

Beispiele:

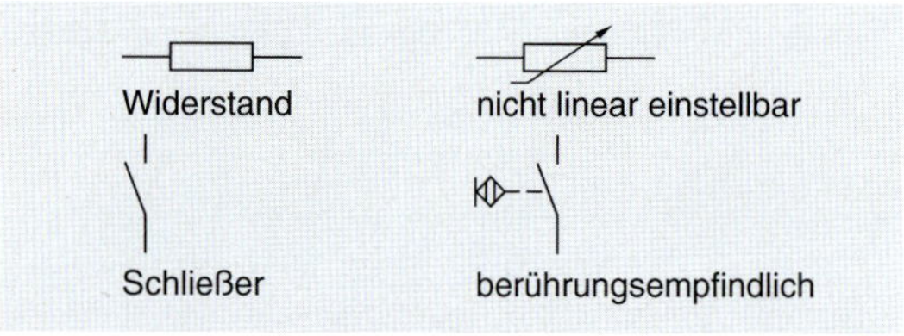

Schaltzeichendarstellung

Größe
- nicht genormt
- abhängig von Größe und Zeichendichte des Schaltplanes
- Proportionen (Seitenverhältnisse) sind einzuhalten.

Lage
- bevorzugt: senkrecht oder waagerecht
- Drehung oder Spiegelung ist dann zulässig, wenn die Bedeutung des Schaltzeichens nicht verändert wird.

Form
- Für zahlreiche Schaltzeichen sind zwei Formen genormt:
  Form 1: vereinfachte Darstellung in einpoligen Schaltplänen
  Form 2: ausführliche Darstellung in mehrpoligen Schaltplänen
- Blocksymbole zur vereinfachten Darstellung von Funktionen oder Baueinheiten

Schaltzeichenbildung

Kombinieren von Grundsymbolen und Schaltzeichenergänzungen zum Bilden eines zusammengesetzten Schaltzeichens

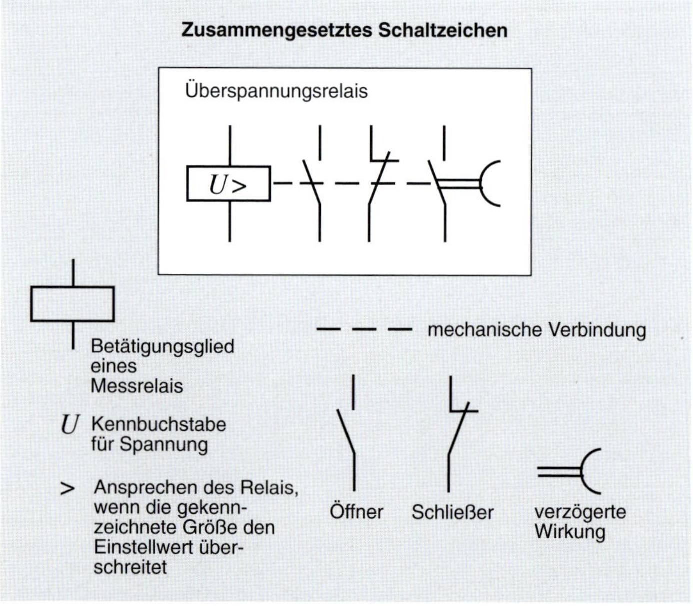

Zusammenfassung wesentlicher Schaltzeichen

Symbolelemente und Kennzeichen für allgemeine Anwendungen

Konturen und Umhüllungen

Schaltzeichen/Symbol	Beschreibung
Form 1, Form 2, Form 3	Objekt, zum Beispiel Betriebsmittel, Gerät, Funktionseinheit Ergänzungen zur Kennzeichnung des Objekttyps
Form 1	Hülle (Kolben oder Kessel)
Form 2	Gehäuse
	Begrenzung

Jede Kombination von kurzen und langen Strichen darf angewendet werden.

Schaltzeichen/Symbol	Beschreibung
	Schirm Abschirmung

Arten von Strömen und Spannungen

Schaltzeichen/Symbol	Beschreibung
⎓	Gleichstrom

Ergänzung: Spannung rechts, Systemart links vom Schaltzeichen
Beispiel: 2/M ⎓ 220/110 V

Schaltzeichen/Symbol	Beschreibung
~	Wechselstrom
~10...60 kHz	Wechselstrom mit Frequenzbereich
3/N~400/230 V	Angabe der Spannung und Systemart
~	Wechselstrom
≈	verschiedener Frequenzbereiche
	Gleichgerichteter Strom mit Wechselstromanteil
+	positive Polarität
−	negative Polarität
N	Neutralleiter
M	Mittelleiter

Einstellbarkeit, Veränderbarkeit und automatische Steuerung

Schaltzeichen/Symbol	Beschreibung
	Einstellbarkeit, allgemein
	Einstellbarkeit, nicht linear
	Veränderbarkeit, allgemein
	Einstellbarkeit, trimmbar
	stufige Funktion
5	stufenweise Einstellbarkeit, 5 Stufen
	stetige Funktion Beispiel: Einstellbarkeit, stetig
G	Regelung oder automatische Steuerung Beispiel: Verstärker

Richtung von Kraft und Bewegung

Schaltzeichen/Symbol	Beschreibung
	einfachgerichtete Kraft oder Bewegung, in Richtung der Pfeilspitze
	bidirektionale Kraft oder Bewegung
	einfachgerichtete kreisförmige Bewegung
	bidirektionale kreisförmige Bewegung
	bidirektionale kreisförmige Bewegung, begrenzt
	schwingende Bewegung

Wirkungsrichtung

Schaltzeichen/Symbol	Beschreibung
	Ausbreitung in einer Richtung, z. B. Energie, Signal, Information
	Ausbreitung in beiden Richtungen, gleichzeitig
	Ausbreitung in beiden Richtungen, nicht gleichzeitig
	Senden
	Empfangen
	Energiefluss von Sammelschiene weg
	Energiefluss zur Sammelschiene hin

Abhängigkeit von einer charakteristischen Größe

Schaltzeichen/Symbol	Beschreibung
>	auslösend, wenn die Größe höher als der Einstellwert ist
<	auslösend, wenn die Größe niedriger als der Einstellwert ist
= 0	auslösend, wenn der Wert der Größe gleich null ist
≈ 0	auslösend, wenn der Wert der Größe annähernd null ist

Arten von Wirkungen oder Abhängigkeiten

Schaltzeichen/Symbol	Beschreibung
	thermische Wirkung
	elektromagnetische Wirkung

Schaltzeichen/Symbol	Beschreibung
	magnetostriktive Wirkung
×	Magnetfeld-Wirkung oder -Abhängigkeit
	Verzögerung
	Halbleiter-Effekt

Strahlung

Schaltzeichen/Symbol	Beschreibung
	elektromagnetische Strahlung, nicht ionisierend, z. B. Radiowellen oder sichtbares Licht
	kohärente Strahlung, nicht ionisierend
	Strahlung, ionisierend
	elektromagnetische Strahlung, nicht ionisierend, bidirektional

Impulsformen

Schaltzeichen/Symbol	Beschreibung
	positiver Impuls
	negativer Impuls
	Wechselstrom-Impuls
	positive Schrittfunktion
	negative Schrittfunktion
	Sägezahn

Mechanische und andere Stellteile

Schaltzeichen/Symbol	Beschreibung
Form 1, Form 2	Wirkverbindung, z. B. mechanisch, pneumatisch
	Wirkverbindung mit Angabe der Drehrichtung
	verzögerte Wirkung bei Bewegung vom Bogen zu dessen Mittelpunkt
	selbsttätiger Rückgang
	Raste, kein selbsttätiger Rückgang, nicht eingerastet
	eingerastet
	Sperre, nicht verklinkt
	verklinkt
	mechanische Verriegelung zweier Geräte
	mechanische Kupplung
	Bremse
M	Elektromotor mit gelöster Bremse

Schaltzeichen/Symbol	Beschreibung
Steller, durch äußere Kräfte betätigt	
	Handbetrieb, allgemein
	Betätigung durch Ziehen
	Betätigung durch Drücken
	Betätigung durch Drehen
	Betätigung durch Annähern
	Notschalter Typ „Pilzschalter“
	Betätigung durch Hebel
	Betätigung durch Schlüssel
	Betätigung durch Rolle
	Betätigung durch Nocken
	Kraftantrieb, allgemein

Schaltzeichen/Symbol	Beschreibung
	Auslösung durch pneumatische oder hydraulische Kraft
	Auslösung durch elektromagnetischen Effekt
	Auslösung durch elektromagnetisches Gerät, z.B. Überstromschutz
	Betätigung durch thermisches Gerät, z.B. Überstromschutz
M	Betätigung durch Motor
	Auslösung durch Flüssigkeits-Pegel
	Auslösung durch einen Zähler
	Auslösung durch Strömung
% H_2O	Auslösung durch relative Feuchte

Schaltzeichen/Symbol	Beschreibung
Erde und Masseanschlüsse, Potenzialausgleich	
	Erde, allgemein
	Schutzerde, Schutzleiteranschluss
	Masse, Gehäuse
	Äquipotenzial
Verschiedenes	
	Fehler, Fehlerort
	Überschlag, Isolationsfehler
	Dauermagnet
	bewegbarer Kontakt z.B. Schleifkontakt
	Umsetzer, Umformer, Umrichter allgemein
	analog
	digital

Schaltzeichen für Leiter und Verbinder

Schaltzeichen/Symbol	Beschreibung
Verbindungen	
Form 1 /// Form 2 / 3 110 V 2x120 mm² Al	Verbindungen Beispiele: Leiter, Kabel, Leitung, Übertragungsweg – drei Verbindungen – Zusatzinformationen: Stromart, Netzart, Frequenz, Spannung, Anzahl der Leiter, Querschnitt und Material der Leiter
	Verbindung, bewegbar
	Verbindung, verdrillt
	Leiter, geschirmt
	Leiter in einem Kabel
	Leiter, koaxial
	Leiter, koaxial, geschirmt
	Leitung oder Kabel, nicht angeschlossen
	Leitung oder Kabel, nicht angeschlossen, besonders isoliert
Anschlüsse und Leiterverbindungen	
	Kreuzungspunkt Verbindung
	Anschluss, z.B. Klemme

Schaltzeichen/Symbol	Beschreibung
Form 1 / Form 2	T-Verbindung
Form 1 / Form 2	Doppelabzweig von Leitern
	Anschlussleiste
	Abgriff, bei dem der Leiter nicht unterbrochen ist
L1 / L3	Tausch von Leitern, z.B. Wechsel von Phasenfolgen
G	Neutralpunkt z.B. Drehstrom-Synchrongenerator
Verbinder	
	Buchse von einer Steckdose oder -verbindung
	Stecker für eine Steckdose oder -verbindung
	Buchse mit Stecker
6	Buchse mit Stecker, vielpolig

Schaltzeichen/Symbol	Beschreibung
	Steckverbindung Steckerseite fest, Buchsenseite beweglich
	Trennstelle Lasche, geschlossen
	Trennstelle Lasche, offen
	Steckverbindung mit Adapter
Kabelverbinder	
	Kabelendverschluss mit dreiadrigem Kabel
	Kabelendverschluss mit drei einadrigen Kabeln
Form 1 Form 2 3 / 3	Verbindungsmuffe mit drei Leitungen
Form 1 Form 2 3 / 3 / 3	Abzweigmuffe mit drei Leitungen

Schaltzeichen für passive Bauelemente

Widerstände

Schaltzeichen/Symbol	Beschreibung
	Widerstand, Dämpfungsglied, allgemein
	Widerstand, veränderbar
	Widerstand, spannungsabhängig; Varistor
	Widerstand mit beweglichem Kontakt, „Aus"-Stellung
	Widerstand mit beweglichem Kontakt, Potentiometer
	Potentiometer, einstellbar
	Widerstand mit festen Anzapfungen
	Shunt, Nebenschlusswiderstand (getrennte Strom- und Spannungsanschlüsse)
	Kohle-Säulen-Widerstand
	Heizelement

Kondensatoren

Schaltzeichen/Symbol	Beschreibung
	Kondensator, allgemein
	Durchführungskondensator
	Kondensator, gepolt (Elektrolyt-Kondensator)
	Kondensator, veränderbar
	Kondensator mit Voreinstellung
	Kondensator mit einstellbarem Elektrodenabstand
	Kondensator, gepolt, temperaturabhängig
	Kondensator, gepolt, spannungsabhängig

Induktivitäten

Schaltzeichen/Symbol	Beschreibung
	Induktivität, Spule, Wicklung, Drossel
	Induktivität mit Magnetkern
	Induktivität mit Luftspalt im Magnetkern
	Induktivität, stetig veränderbar
	Induktivität mit festen Anzapfungen
	Induktivität mit beweglichem Kontakt, stufig veränderbar
	Variometer
	koaxiale Drossel mit Magnetkern

Piezoelektrische Kristalle, Verzögerungsleitungen

Schaltzeichen/Symbol	Beschreibung
	piezoelektrischer Kristall mit zwei Elektroden
	piezoelektrischer Kristall mit drei Elektroden
	piezoelektrischer Kristall mit zwei Elektrodenpaaren
	magnetostriktive Verzögerungsleitung mit drei Wicklungen
	magnetostriktive Verzögerungsleitung mit Eingang und Ausgang
	koaxiale Verzögerungsleitung

Schaltzeichen für Halbleiter und Elektronenröhren

Halbleiter-Symbolelemente

Schaltzeichen/Symbol	Beschreibung
	Halbleiterzone mit einem ohmschen Widerstand
	gleichrichtender Übergang
Form 1, Form 2, Form 3	Halbleiterzone mit mehreren ohmschen Anschlüssen
	leitender Kanal für Elemente vom Verarmungstyp
	vom Anreicherungstyp
	Sperrschicht, z. B. Sperrschicht-Feldeffekt-Transistor P-Gebiet, das eine N-Zone beeinflusst. N-Gebiet, das eine P-Zone beeinflusst.
	Kanal-Leitfähigkeit für Isolierschicht-Feldeffekt-Transistor N-leitender Kanal auf P-Substrat (Verarmungsstyp) P-leitender Kanal auf N-Substrat (Anreicherungstyp)
	P-Emitter auf N-Zone
	mehrere P-Emitter auf N-Zone
	N-Emitter auf P-Zone
	mehrere N-Emitter auf P-Zone
	Kollektor auf Zone von entgegengesetztem Leitertyp
	Mehrere Kollektoren auf Zone von entgegengesetztem Leitertyp

Kennzeichen für Halbleiter-Bauelemente

Schaltzeichen/Symbol	Beschreibung
	Schottky-Effekt
	Tunnel-Effekt
	Durchbruch-Effekt in einer Richtung
	Rückwärts-Effekt (Unitunnel-Effekt)

Beispiele für Halbleiter-Dioden

Schaltzeichen/Symbol	Beschreibung
	Halbleiterdiode, allgemein
	Leuchtdiode (LED), allgemein
	Diode mit Nutzung der Temperaturabhängigkeit
	Kapazitätsdiode, Varactor
	Tunneldiode, Esaki-Diode
	Durchbruch-Diode, Z-Diode
	Rückwärts-Diode, (Unitunnel-Diode)
	bidirektionale Diode

Schaltzeichen/Symbol | Beschreibung

Beispiele für Thyristoren

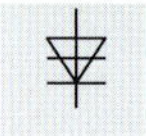
Thyristordiode, rückwärts sperrend

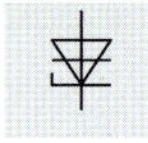
Thyristordiode, rückwärts leitend

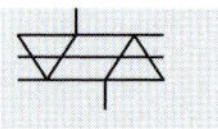
Thyristordiode, bidirektional; Diac

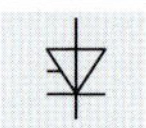
Thyristortriode, Art nicht spezifiziert

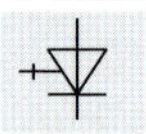
Abschalt-Thyristortriode, Gate nicht spezifiziert

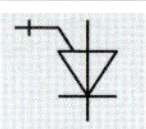
Abschalt-Thyristortriode, N-Gate (Anode gesteuert)

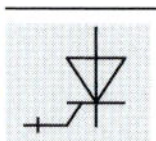
Abschalt-Thyristortriode, P-Gate (Katode gesteuert)

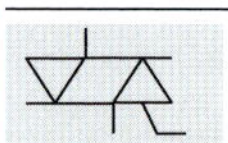
bidirektionale Thyristortriode, Triac

Beispiele für licht- und magnetfeldempfindliche Elemente

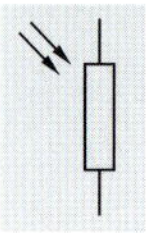
Fotowiderstand

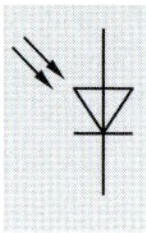
Fotodiode

Schaltzeichen/Symbol | Beschreibung

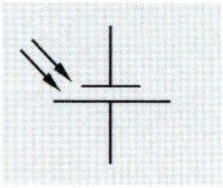
Fotozelle

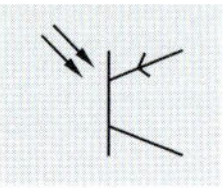
Fototransistor

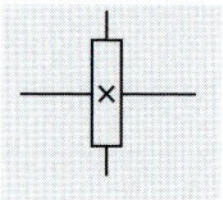
Hall-Generator mit vier Anschlüssen

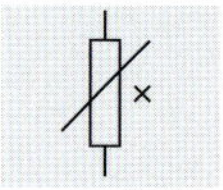
Widerstand, magnetfeldempfindlich, lineare Abhängigkeit

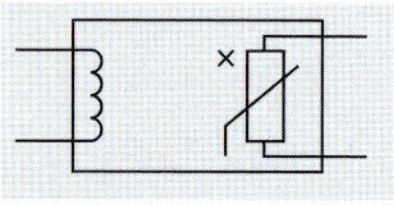
Magnetischer Koppler, magnetischer Isolator

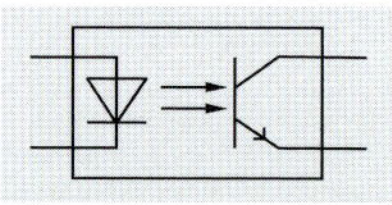
Optokoppler, optischer Isolator

Beispiele für Elektronen- und Katodenstrahlröhren

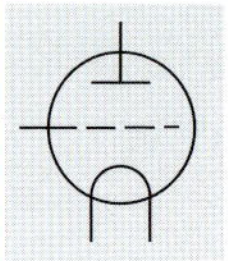
Triode, Katode direkt geheizt

Schaltzeichen/Symbol | Beschreibung

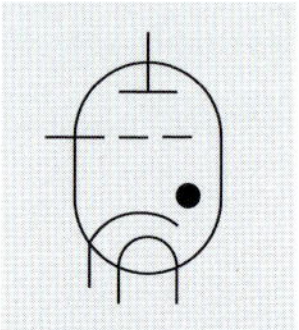
Thyratron, gasgefüllte Triode Katode indirekt geheizt

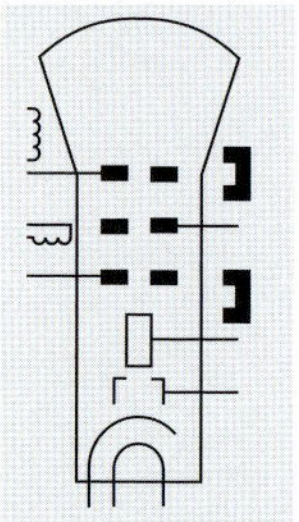
Katodenstrahlröhre mit
- elektromagnetischer Ablenkung
- Permanentmagnet-Fokussierung
- Wehnelt-Zylinder
- indirekt geheizter Katode

z. B. Fernsehbildröhre

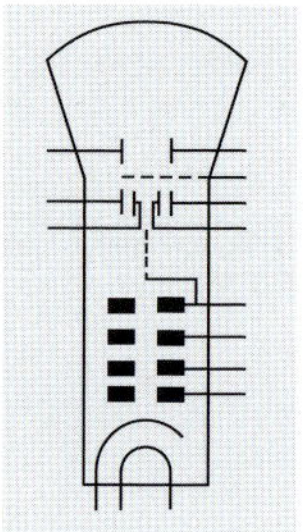
Doppel-Katodenstrahlröhre mit
- geteiltem Strahl
- elektrostatischer Ablenkung
- indirekt geheizter Katode

Schaltzeichen für die Erzeugung und Umwandlung elektrischer Energie

Schaltzeichen/Symbol | Beschreibung

Kennzeichnung für Schaltungsarten von Wicklungen

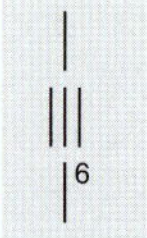

Wicklung

drei getrennte Wicklungen

sechs getrennte Wicklungen

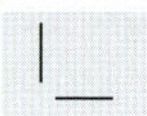
zwei getrennte Wicklungen, Vierleitersystem

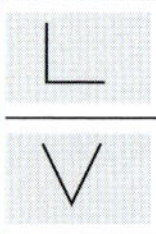
Zweiphasenwicklung, L-Schaltung

Dreiphasenwicklung, V-Schaltung (60°)

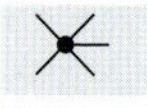
Vierphasenwicklung, Sternpunkt herausgeführt

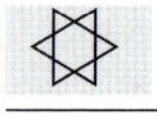
Sechsphasenwicklung, Doppeldreieckschaltung

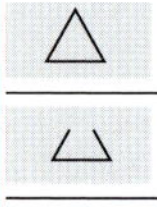
Dreiphasenwicklung, Dreieckschaltung

Dreiphasenwicklung, offene Dreieckschaltung

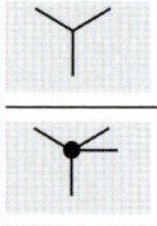
Dreiphasenwicklung, Sternschaltung

Dreiphasenwicklung, Sternschaltung, Sternpunkt herausgeführt

Schaltzeichen/Symbol | Beschreibung

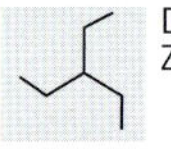
Dreiphasenwicklung, Zickzackschaltung

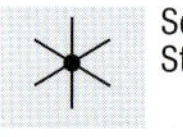
Sechsphasenwicklung, Sternschaltung

Maschinen – Symbolelemente

Wicklungen mit unterschiedlichen Funktionen

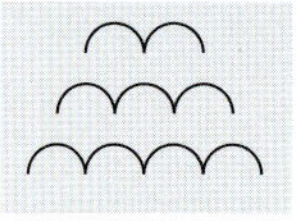
Wendepol- oder Kompensationswicklung
Reihenschlusswicklung
Nebenschlusswicklung

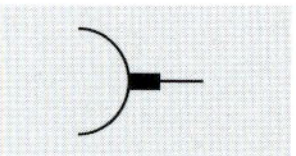
Bürste an Schleifring oder Kommutator (nur bei Bedarf darstellen)

Maschinenarten

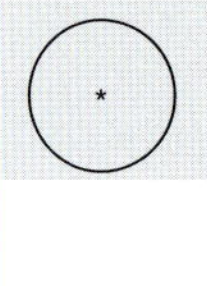

Maschine, allgemein
* ersetzen durch
- C rotierender Umformer
- G Generator
- GS Synchrongenerator
- M Motor
- MG als Motor oder Generator nutzbar
- MS Synchronmotor

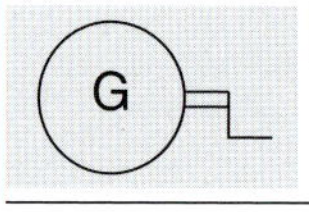

Handgenerator, Kurbelinduktor

Schaltzeichen/Symbol | Beschreibung

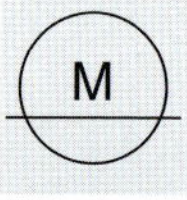

Linearmotor, allgemein

Schrittmotor, allgemein

Beispiele für Gleichstrommaschinen

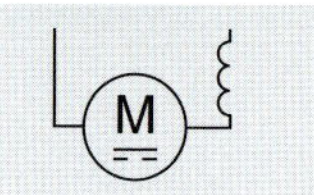

Gleichstrom-Reihenschlussmotor

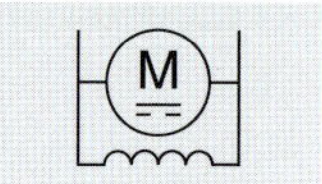

Gleichstrom-Nebenschlussmotor

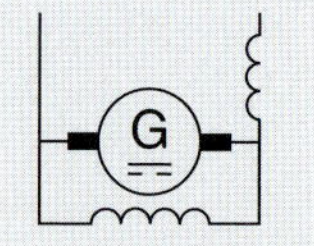

Gleichstrom-Doppelschlussgenerator mit Anschlüssen und Bürsten

Gleichstrom-Umformer mit gemeinsamer Feldwicklung (Einankerumformer)

Beispiele für Wechselstrom-Kommutatormaschinen

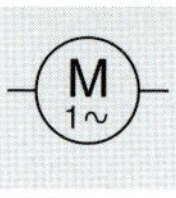

Reihenschlussmotor, einphasig

Schaltzeichen / Symbol | **Beschreibung**

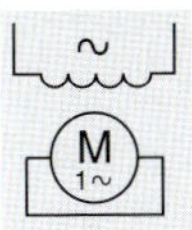

Repulsionsmotor, einphasig

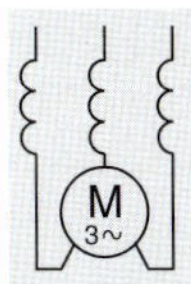

Drehstrom-Reihenschlussmotor

Beispiele für Synchronmaschinen

Drehstrom-Synchrongenerator, Sternschaltung, Sternpunkt herausgeführt

Drehstrom-Synchrongenerator, beide Enden einer jeden Wicklung herausgeführt

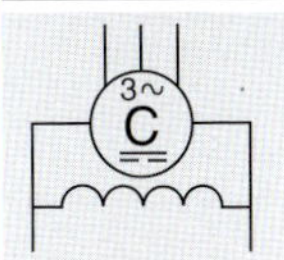

Drehstrom-Umformer mit Nebenschlusserregung

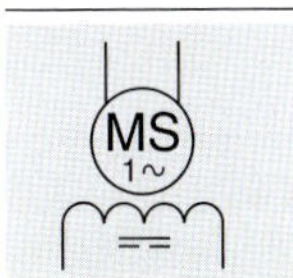

Synchronmotor, einphasig

Beispiele für Asynchronmaschinen

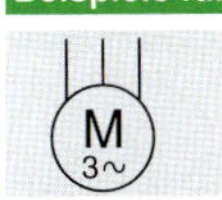

Drehstrom-Asynchronmotor mit Käfigläufer

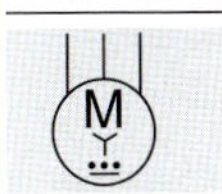

Drehstrom-Asynchronmotor in Sternschaltung mit Anlaufwicklung im Läufer

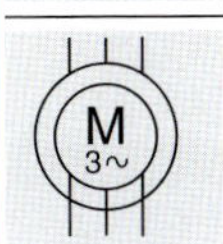

Drehstrom-Asynchronmotor mit Schleifringläufer

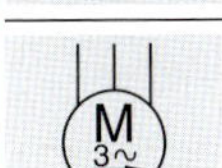

Drehstrom-Linearmotor Bewegung nur in einer Richtung

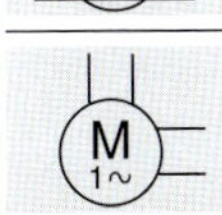

Asynchronmotor, einphasig mit Käfigläufer Enden der Anlaufwicklung herausgeführt

Transformatoren und Drosseln – allgemeine Symbole

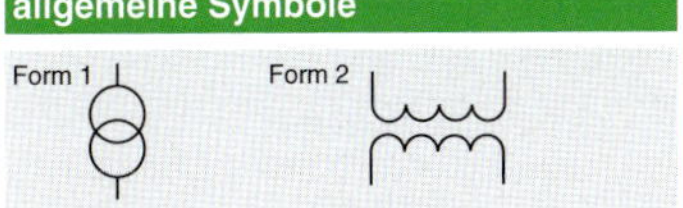

Transformator mit zwei Wicklungen

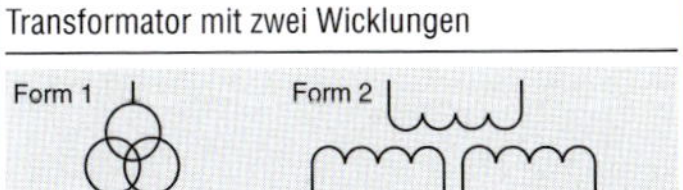

Transformator mit drei Wicklungen

Schaltzeichen / Symbol | **Beschreibung**

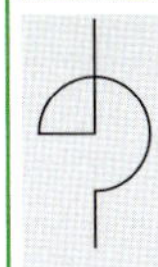

Drossel

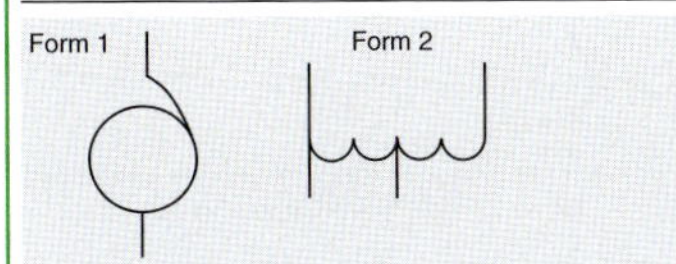

Induktiver Spannungsteiler

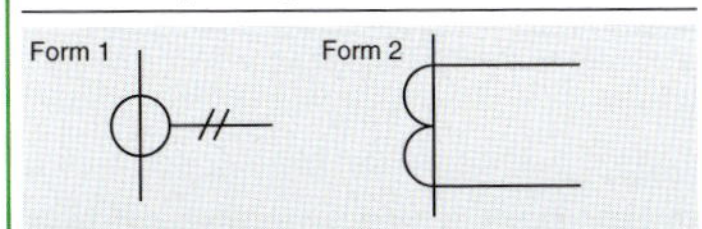

Impulstransformator

Beispiele für Transformatoren mit getrennten Wicklungen

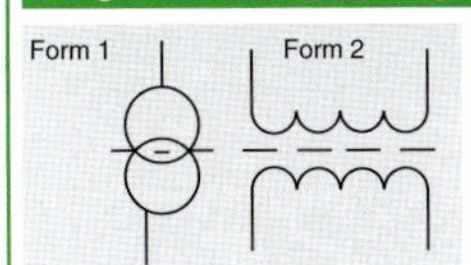

Einphasentransformator mit zwei Wicklungen und Schirm

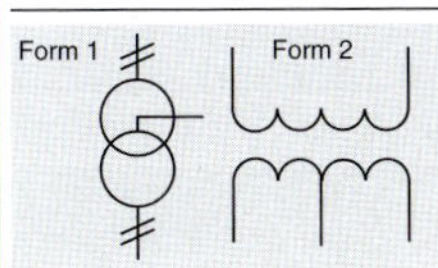

Einphasentransformator mit Mittenanzapfung an einer Wicklung

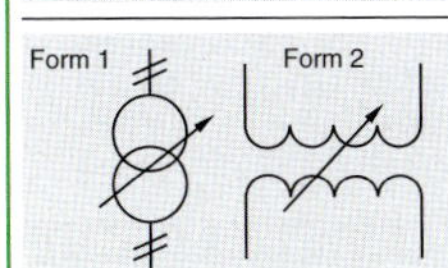

Transformator mit veränderbarer Kopplung

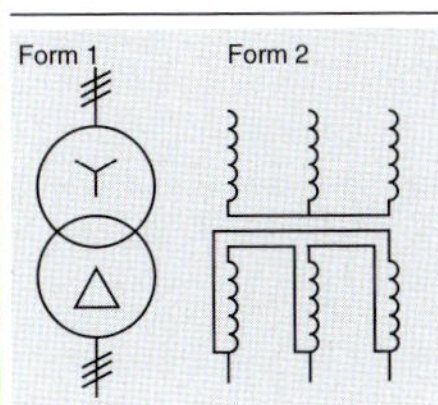

Drehstromtransformator, Stern-/Dreieckschaltung

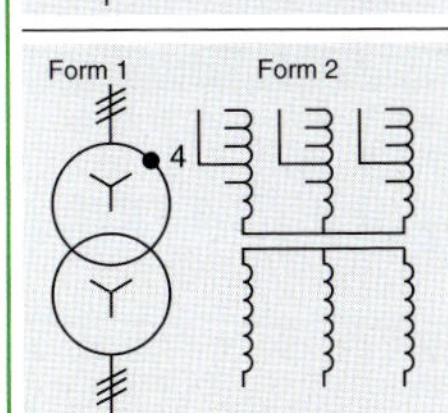

Drehstromtransformator mit vier Anzapfungen, Stern-/Dreieckschaltung

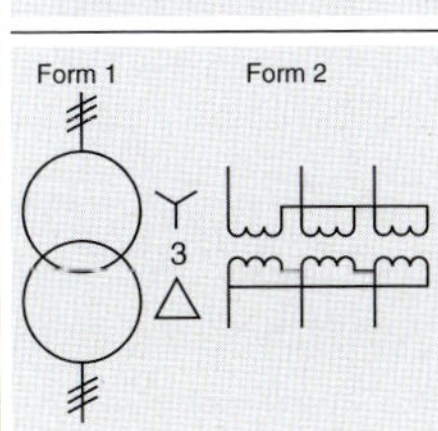

Drehstromeinheit aus Einphasentransformatoren, Stern-/Dreieckschaltung

Schaltzeichen / Symbol | **Beschreibung**

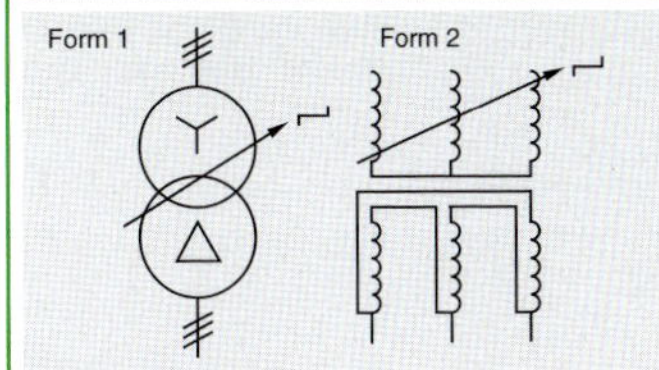

Drehstromtransformator mit Last-Stufenschalter, Stern-/Dreieckschaltung

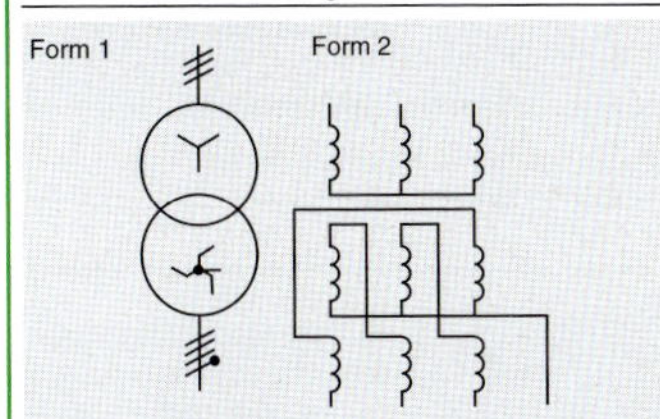

Drehstromtransformator, Stern-/Zickzackschaltung mit Neutralleiter

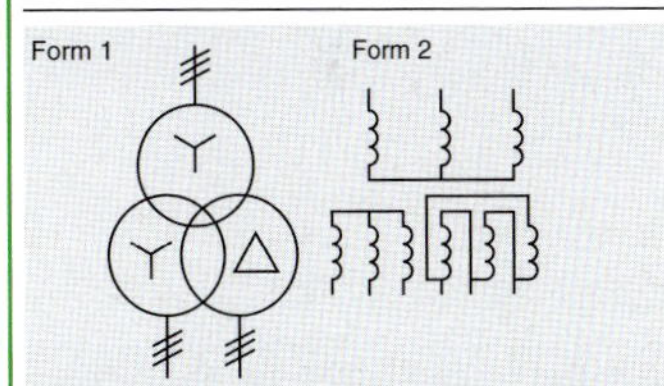

Drehstromtransformator, Stern-/Stern-/Dreieckschaltung

Beispiele für Spartransformatoren

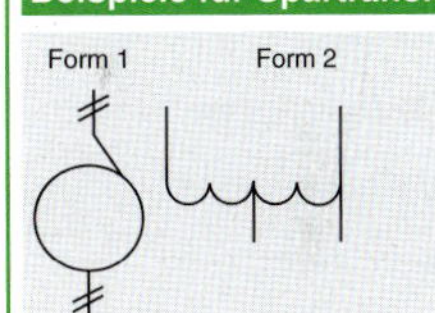

Spartransformator, einphasig

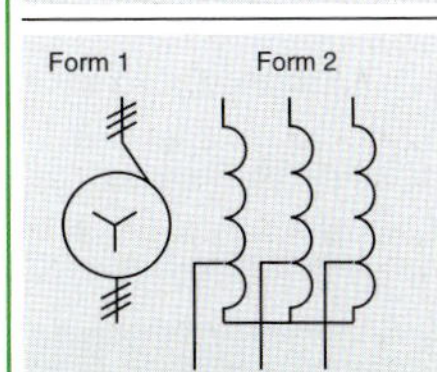

Drehstrom-Spartransformator, Sternschaltung

Beispiel für Induktionssteller

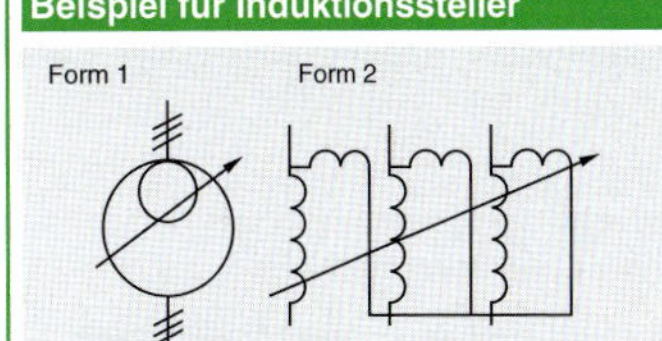

Drehstrom-Induktionssteller, Drehtransformator

Beispiele für Messwandler und Impulstransformatoren

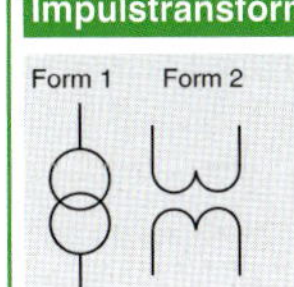

Spannungswandler

Schaltzeichen/Symbol	Beschreibung
Form 1 Form 2 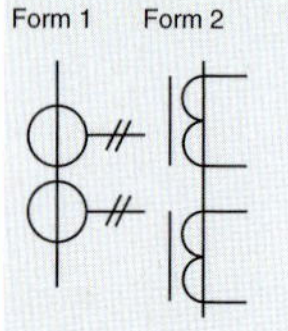	Stromwandler mit zwei Kernen und Sekundärwicklung auf jedem Kern
Form 1 Form 2 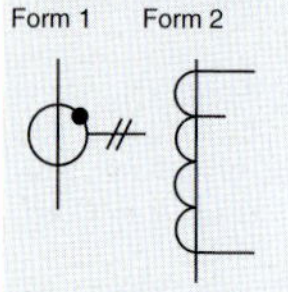	Stromwandler mit einer Sekundärwicklung und einer Anzapfung
Form 1 Form 2 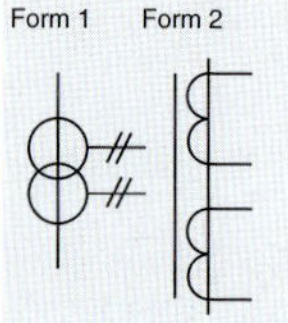	Stromwandler mit zwei Sekundärwicklungen auf einem Kern

Schaltzeichen/Symbol	Beschreibung
Blocksymbole für Leistungsumrichter	
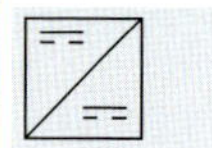	Gleichstrom-Umrichter
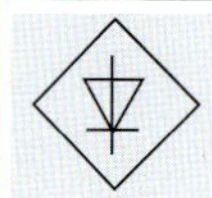	Gleichrichter in Brückenschaltung
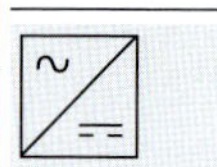	Gleichrichter
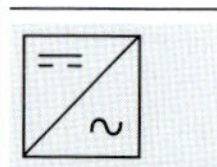	Wechselrichter
Beispiele für Primärzellen, Akkumulatoren und Heizquellen	
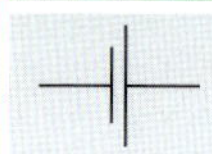	Primärzelle, -element Sekundärzelle, -element Akkumulator

Schaltzeichen/Symbol	Beschreibung
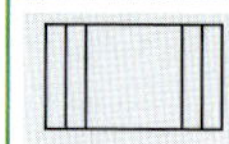	Heizquelle, allgemein
	Radioisotopen-Heizquelle
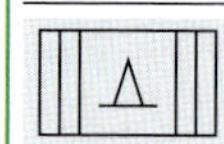	Verbrennungs-Heizquelle
Beispiele für besondere, nicht rotierende Generatoren	
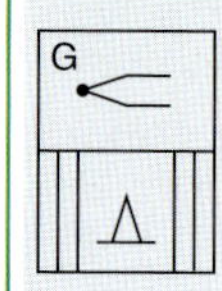	thermoelektrischer Generator, betrieben durch Verbrennungswärme
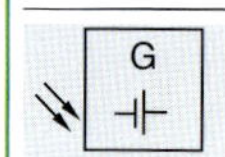	fotoelektrischer Generator

Schaltzeichen für Schalt- und Schutzeinrichtungen

Schaltzeichen/Symbol	Beschreibung
Kennzeichen	
(	Schützfunktion
	Lasttrennschalter-Funktion
×	Leistungsschalter-Funktion
	Endschalter-Funktion
—	Trennschalter-Funktion
■	Selbsttätige Ausschaltung durch eingebaute Messrelais
◁	Funktion „selbsttätiger Rückgang"
○	Funktion „nicht selbsttätiger Rückgang"
Kontakte mit zwei oder drei Schaltstellungen	
Form 1 Form 2 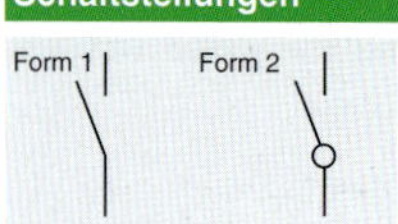	Schließer, allgemein auch Schalter
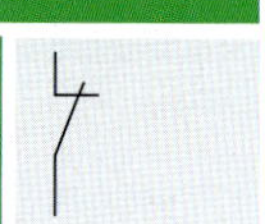	Öffner
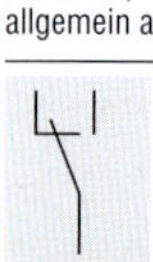	Wechsler mit Unterbrechung
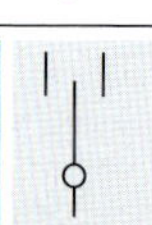	Wechsler mit Mittelstellung „Aus"
Form 1 Form 2 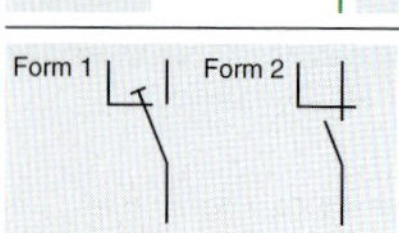	Wechsler ohne Unterbrechung Folgeumschaltglied
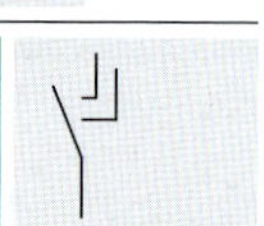	Zwillingsschließer

Schaltzeichen/Symbol	Beschreibung
Wischkontakt mit zwei Schaltstellungen	
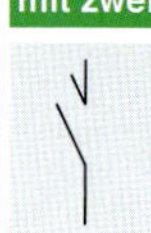	Wischer mit Kontaktgabe bei Betätigung
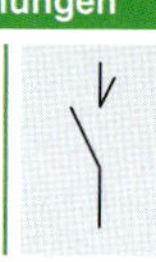	Wischer mit Kontaktgabe bei Rückfall
Voreilende und nacheilende Kontakte	
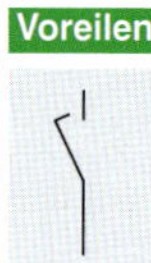	voreilender Schließer (eines Kontaktsatzes)
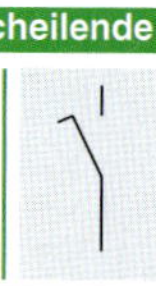	nacheilender Schließer (eines Kontaktsatzes)
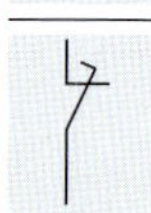	nacheilender Öffner (eines Kontaktsatzes)
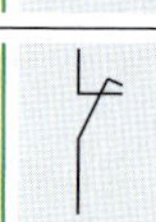	voreilender Öffner (eines Kontaktsatzes)
Verzögerte Kontakte	
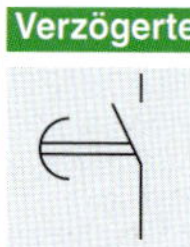	anzugsverzögerter Schließer
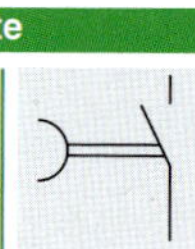	abfallverzögerter Schließer
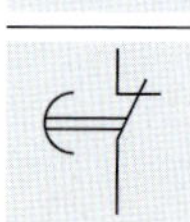	anzugsverzögerter Öffner
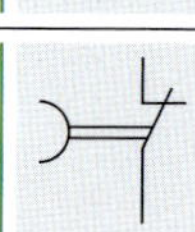	abfallverzögerter Öffner
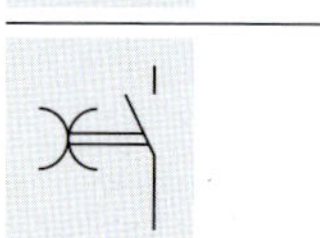	anzugs- und abfallverzögerter Schließer
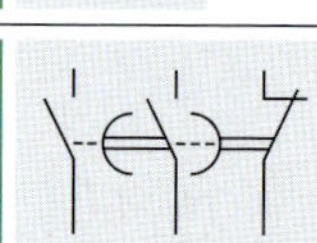	Beispiel eines Kontaktsatzes

Schaltzeichen/Symbol	Beschreibung
Kontakte mit selbsttätigem und nicht selbsttätigem Rückgang	
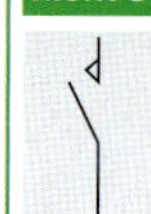	Schließer mit selbsttätigem Rückgang
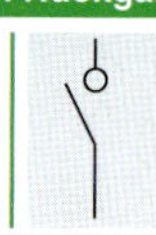	Schließer mit nicht-selbsttätigem Rückgang
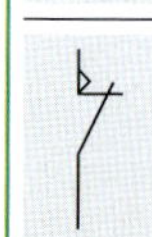	Öffner mit selbsttätigem Rückgang
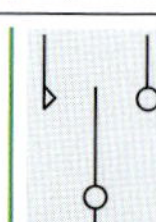	Zweiwegschalter mit Aus-Stellung in der Mitte
Handbetätigte Schalter	
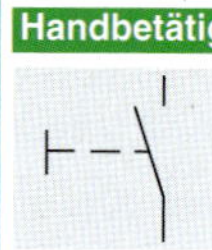	handbetätigter Schalter, allgemein
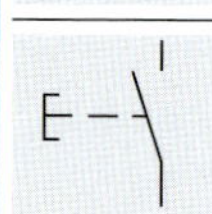	Druckschalter, Schließer mit selbsttätigem Rückgang (zusätzliches Kennzeichen nicht erforderlich)
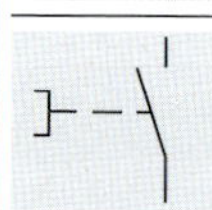	Zugschalter, Schließer mit selbsttätigem Rückgang
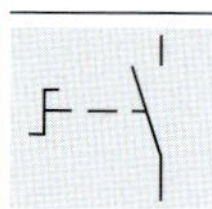	Drehschalter, Schließer ohne selbsttätigen Rückgang
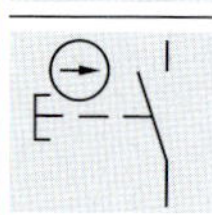	Taster mit zwangsläufiger Betätigung des Schließers

Schaltzeichen/Symbol	Beschreibung

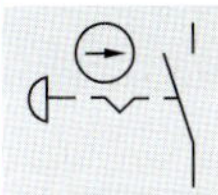

Pilz-Notdrucktaster mit zwangsläufiger Betätigung und Selbsthaltung

Schalter

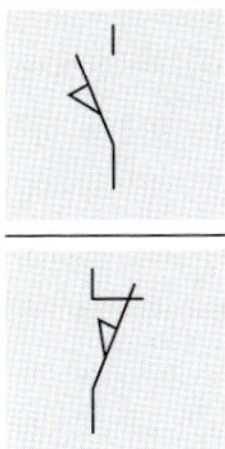

Endschalter, Schließer

Endschalter, Öffner

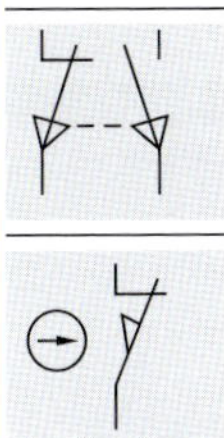

Endschalter, mechanische Betätigung in beiden Richtungen

Endschalter, mit zwangsläufiger Betätigung

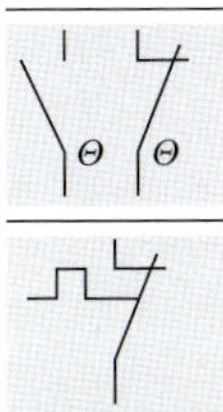

Schließer/Öffner temperaturabhängig

Öffner mit selbsttätiger thermischer Betätigung, Thermokontakt

Beispiele für Mehrstellungsschalter

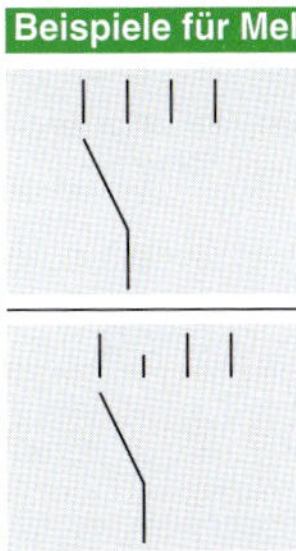

Mehrstellungsschalter, nur bei wenigen Schaltstellungen

Mehrstellungsschalter, Stellung 2 kann nicht angeschlossen werden

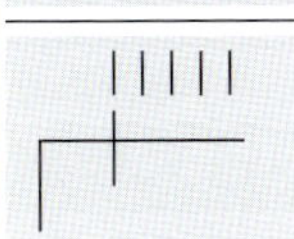

Mehrstellungsschalter, mit sechs Schaltstellungen

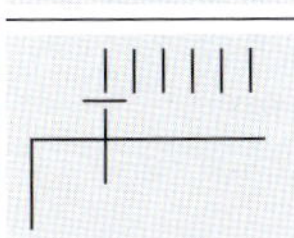

Mehrstellungsschalter, bei Umschaltung sind benachbarte Anschlüsse gebrückt

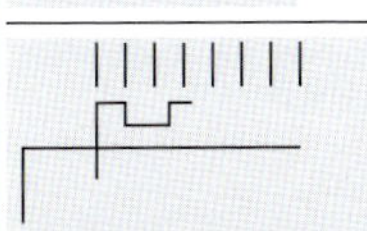

Mehrstellungsschalter, ein dazwischenliegender Anschluss bleibt frei

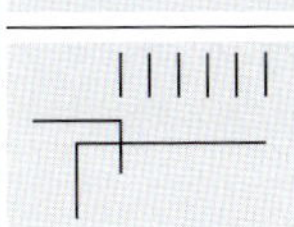

Mehrstellungsschalter, für zunehmende Parallelschaltung der Anschlüsse

Schaltzeichen/Symbol	Beschreibung

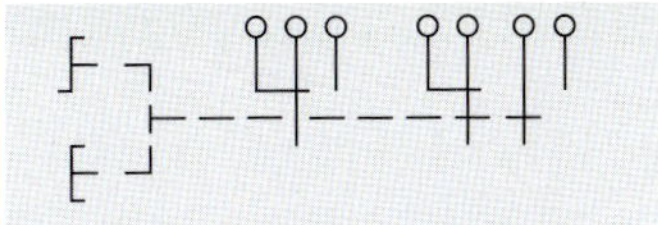

Druck-Drehschalter, Betätigung drehend, dann rastend oder drückend mit selbsttätigem Rückgang (Darstellung der Anschlussklemmen)

Blocksymbole für komplexe Schalter

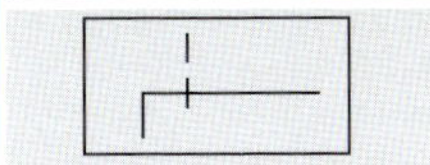

komplexer Schalter, allgemein

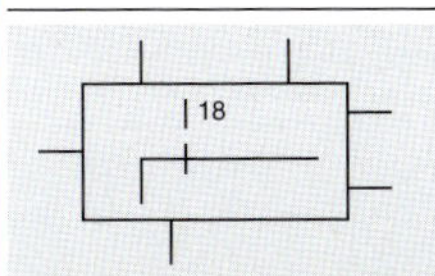

Stufendrehschalter mit 18 Schaltstellungen und 6 Anschlüssen

Schaltgeräte

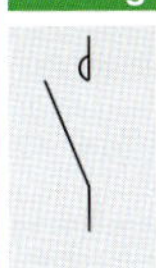

Schütz, Leistungskontakt, im ausgeschalteten Zustand geöffnet

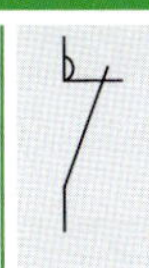

Schütz, Leistungskontakt, im ausgeschalteten Zustand geschlossen

Leistungsschalter

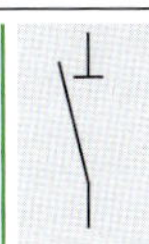

Trennschalter

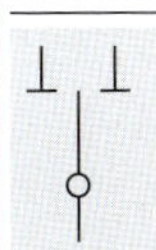

Zweiweg-Trennschalter mit Mittelstellung „Aus"

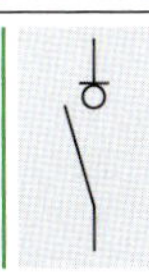

Lasttrennschalter

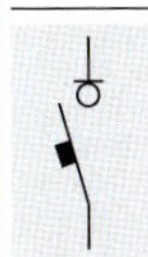

Lasttrennschalter mit selbsttätiger Auslösung durch eingebautes Messrelais

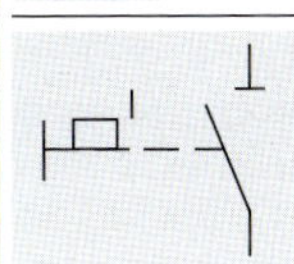

Trennschalter mit Blockiereinrichtung, handbetätigt

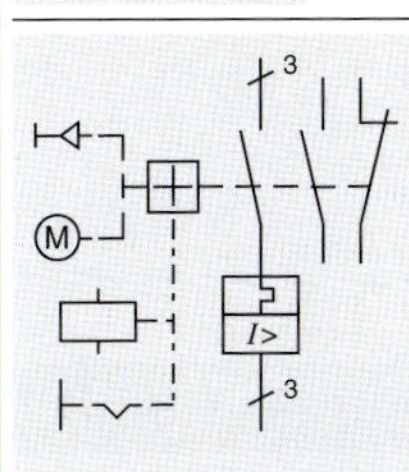

dreipoliges Schaltgerät motor- oder handbetätigt, Auslösung bei thermischer Überlast, bei Überstrom Handauslösung mit Sperre, Fernauslösung mit Magnetspule, Öffner und Schließer als Hilfskontakte

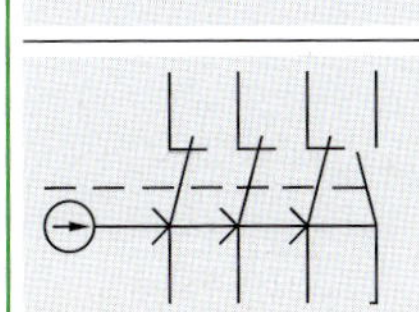

Schalter mit zwangsläufiger Öffnung der drei Hauptkontakte, Hilfskontakt ohne Zwangslauf

Schaltzeichen/Symbol	Beschreibung

Blocksymbole für Anlasser

Anlasser, allgemein

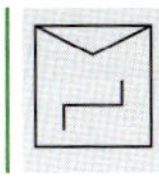

Anlasser, Betätigung stufenweise

Anlasser, stetig veränderbar

Anlasser, für Stern-Dreieck-Schaltung

Anlasser, mit Spartransformator

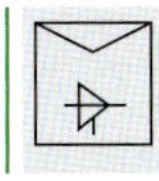

Anlasser, mit Thyristoren, stetig veränderbar

Elektromechanische Antriebe

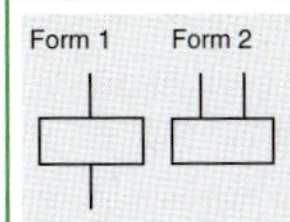

elektromechanischer Antrieb, Relaisspule allgemein

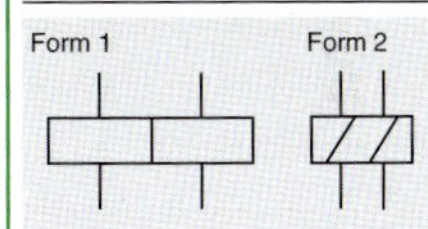

Antrieb mit zwei getrennten Wicklungen, zusammenhängende Darstellung

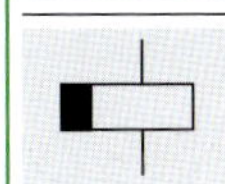

elektromechanischer Antrieb mit Rückfallverzögerung

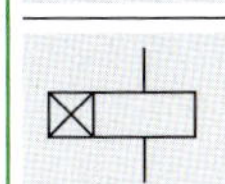

elektromechanischer Antrieb mit Ansprechverzögerung

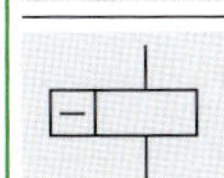

elektromechanischer Antrieb Relais schnell ansprechend und rückfallend

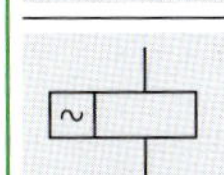

elektromechanischer Antrieb eines Wechselstromrelais

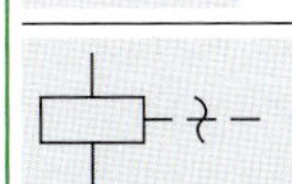

elektromechanischer Antrieb eines Resonanzrelais

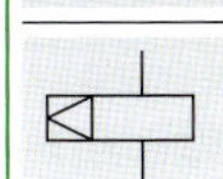

elektromechanischer Antrieb eines Stützrelais

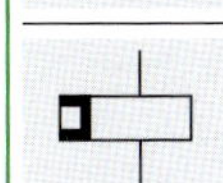

elektromechanischer Antrieb eines polarisierten Relais

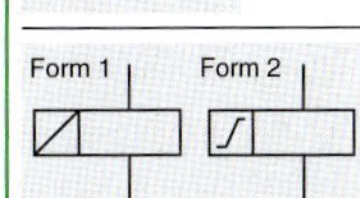

elektromechanischer Antrieb eines Remanenzrelais

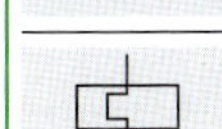

elektromechanischer Antrieb eines Thermorelais

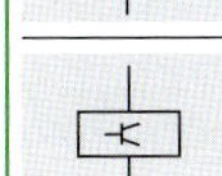

elektromechanischer Antrieb eines elektronischen Relais

Schaltzeichen/Symbol	Beschreibung
Blocksymbol und Kennzeichen von Messrelais und verwandten Einrichtungen	
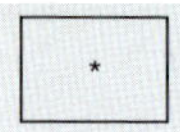	Messrelais und verwandte Einrichtungen Stern ist durch Buchstaben oder Kennzeichen zu ersetzen
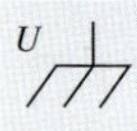	Fehlerspannung gegen Körper
U_{rsd}	Restspannung, Verlagerungsspannung
I ←	Rückstrom
I_d	Differenzialstrom
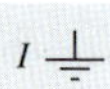	Fehlerstrom gegen Erde
I_N	Strom im Neutralleiter
[U=0]	Nullspannungsrelais
[I ←]	Rückstromrelais
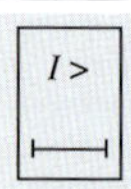	Überstomrelais, verzögert
[Z<]	Unterimpedanzrelais
[U< 50…80V 130%]	Unterspannungsrelais Ansprechbereich 50 V… 80 V Rückfall bei 130 %
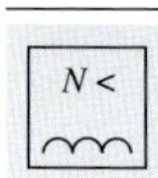	Messrelais zum Erfassen von Windungsschlüssen
	Buchholzrelais
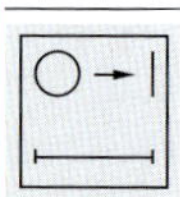	selbsttätige Wiedereinschalteinrichtung KU-Relais

Schaltzeichen/Symbol	Beschreibung
Sensoren und Detektoren	
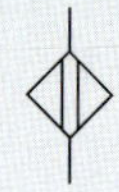	Näherungssensor
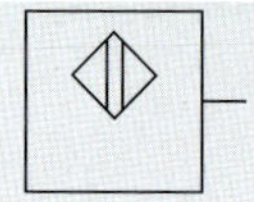	näherungsempfindliche Einrichtung (Blocksymbol)
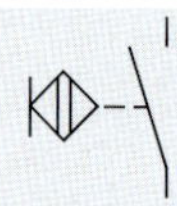	berührungsempfindlicher Schließer
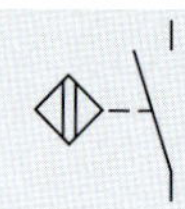	näherungsempfindlicher Schließer
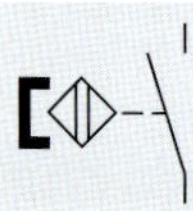	näherungsempfindlicher Schließer, betätigt durch Näherung eines Magneten
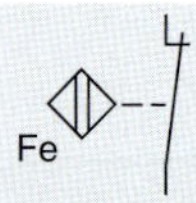	näherungsempfindlicher Öffner, betätigt durch Näherung von Eisen
Sicherungen und Sicherungsschalter	
	Sicherung, allgemein
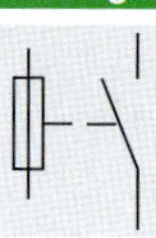	Sicherung mit getrenntem Meldekontakt
	Sicherungsschalter
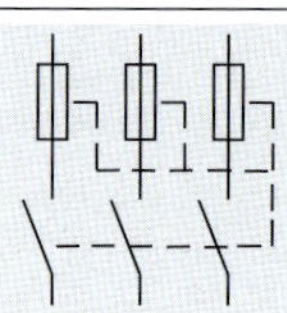	dreipoliger Schalter mit selbsttätiger Auslösung durch den Schlagbolzen jeder einzelnen Sicherung

Schaltzeichen/Symbol	Beschreibung
Funkenstrecken und Überspannungsableiter	
	Funkenstrecke
	Überspannungsableiter
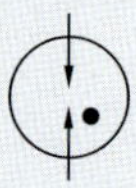	Überspannungsableiter in einer Gasentladungsröhre
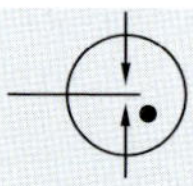	Überspannungsableiter in einer Gasentladungsröhre, Doppelfunkenstrecke
Elektronische Schalteinrichtungen	
	elektronischer Schalter, allgemein
	elektronisches Schütz (Halbleiter)
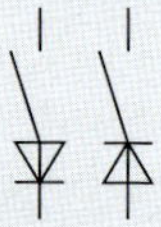	elektronischer Schalter, nur in einer Richtung stromdurchlässig
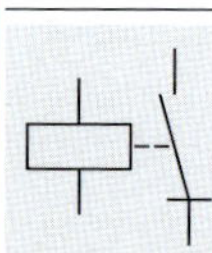	elektronisches Relais, allgemein mit Schließer als Halbleiter

Schaltzeichen für Mess-, Melde- und Signaleinrichtungen

Schaltzeichen/Symbol	Beschreibung
Allgemeine Schaltzeichen	
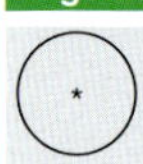	Messgerät, anzeigend Stern ersetzen durch ■ Einheitenzeichen ■ chemisches Zeichen ■ grafische Kennzeichen
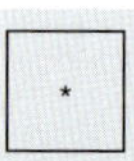	Messgerät, aufzeichnend
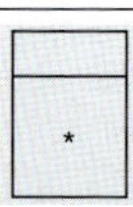	Messgerät, integrierend z. B. Elektrizitätszähler
Beispiele für anzeigende Messgeräte	
(V)	Spannungsmessgerät, anzeigend
(var)	Blindleistungsmessgerät, anzeigend
(cos φ)	Leistungsfaktormessgerät, anzeigend
(Hz)	Frequenzmessgerät

Schaltzeichen/Symbol	Beschreibung
	Synchronoskop
	Oszilloskop
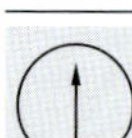	Galvanometer
(NaCl)	Solekonzentrationsmessgerät
Beispiele für aufzeichnende Messgeräte	
[W | var]	Wirk- und Blindleistungsschreiber, kombiniert
	Kurvenschreiber

Schaltzeichen/Symbol	Beschreibung
Beispiele für integrierende Messgeräte	
[Ah]	Amperestundenzähler
[Wh]	Wattstundenzähler
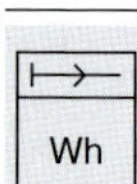	Wattstundenzähler, zählt nur die von der Sammelschiene abgegebene Energie
[varh]	Blindverbrauchszähler

Schaltzeichen/Symbol | Beschreibung

Zähleinrichtungen

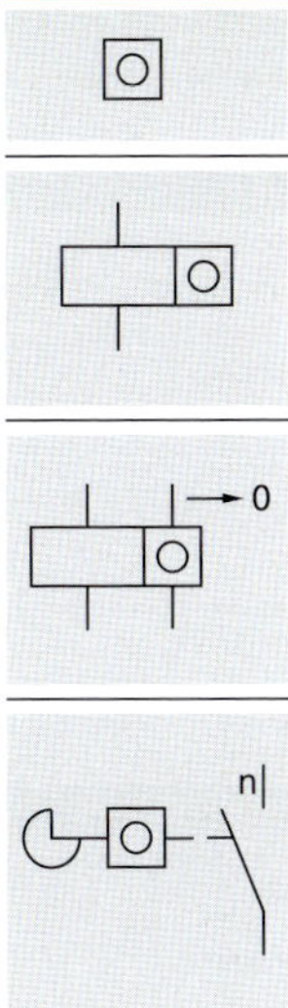

- Zählfunktion, Kennzeichen
- Impulszähler (elektrisch betätigte Zähleinrichtung)
- Impulszähler mit elektrischer Rückstellung auf null
- Zähleinrichtung, betätigt durch Nocken, Kontakt wird bei jeder n-ten Betätigung geschlossen

Thermoelemente

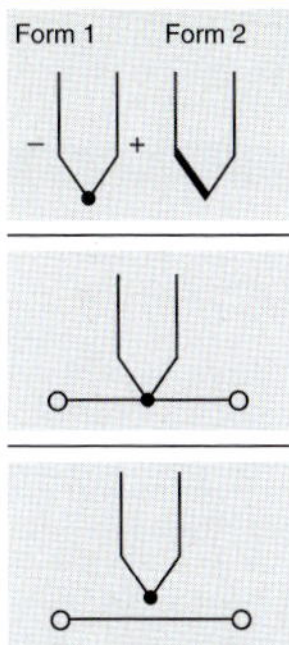

- Thermoelement (negativer Pol mit der breiteren Linie dargestellt)
- Thermoelement mit nicht isoliertem Heizelement
- Thermoelement mit isoliertem Heizelement

Elektrische Uhren

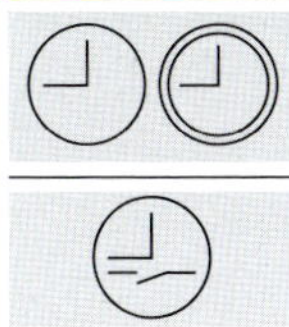

- Uhr, allgemein; Nebenuhr; Hauptuhr
- Uhr mit Kontaktgeber

Lampen und Signaleinrichtungen

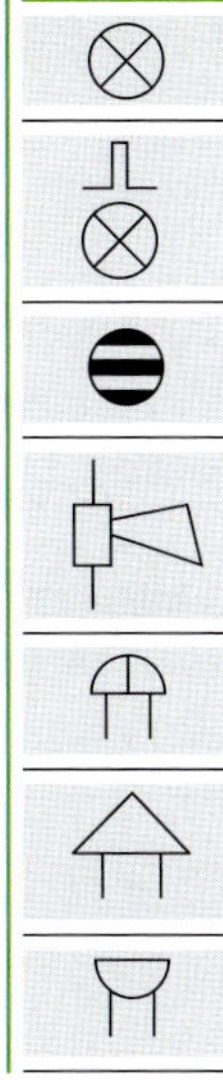
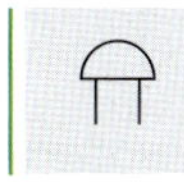

- Lampe, allgemein; Leuchtmelder, allgemein
- Leuchtmelder, blinkend
- Sichtmelder, elektromechanisch; Schauzeichen; Fallklappe
- Horn, Hupe | Wecker, Klingel
- Gong, Einschlagwecker
- Sirene
- Schnarre, Summer

Schaltzeichen für gebäudebezogene und topografische Installationspläne und Schaltpläne

Schaltzeichen/Symbol | Beschreibung

Kraftwerke und Stationen

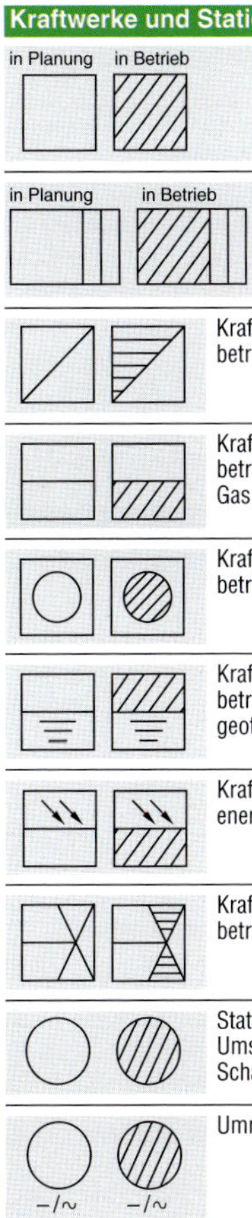

- Kraftwerk, allgemein
- Heizkraftwerk
- Kraftwerk mit Wasserkraft betrieben
- Kraftwerk mit Brennstoffen betrieben, z. B. Kohle, Öl, Gas
- Kraftwerk mit Kernenergie betrieben
- Kraftwerk mit Erdwärme betrieben; geothermisches Kraftwerk
- Kraftwerk mit Sonnenenergie betrieben
- Kraftwerk mit Windkraft betrieben
- Station, allgemein; Umspannstation; Schaltstation
- Umrichterstation

Netzwerke – Leiter, Leitungen

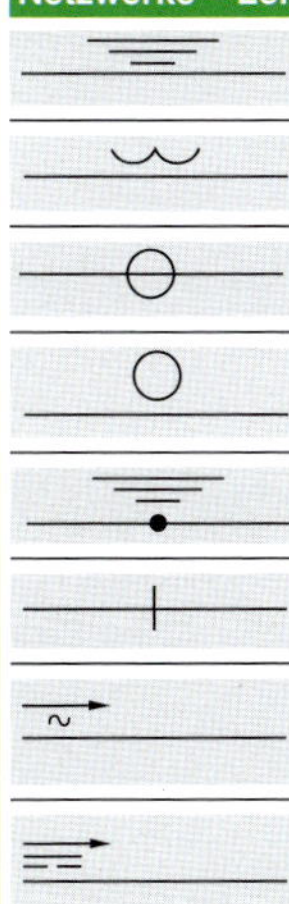

- Leiter im Erdreich; Erdkabel
- Leiter im Gewässer; Seekabel
- Leiter, oberirdisch; Freileitung
- Leiter in einem Kabelkanal, in einer Trasse
- Leiter mit Verbindungsstelle
- Leiter, gegen Gas oder Öl abgeschottet
- Wechselstrom für die Ferneinspeisung von Fernmeldeeinrichtungen
- Gleichstrom für die Ferneinspeisung von Fernmeldeeinrichtungen

Verschiedenes

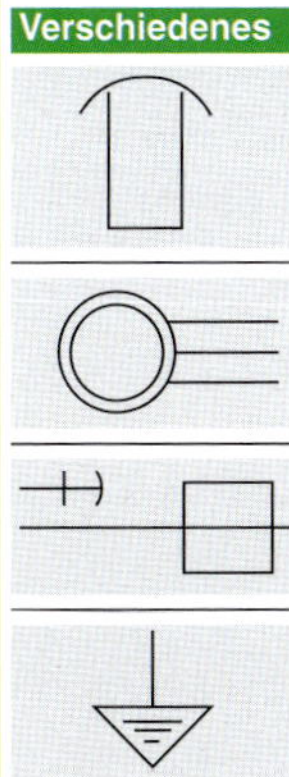

- Gehäuse, oberirdisch, wetterfest, allgemein
- Querverbindungspunkt, Anordnung der Ein- und Ausgänge beliebig
- Einstiegsschacht, Kabel mit Kriechstromkompensator
- Schutzanode aus Magnesium

Kabelverteilsysteme für Ton- und Fernsehrundfunk

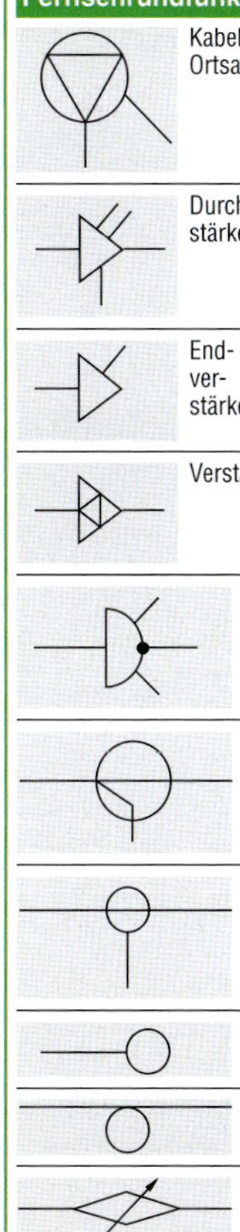

- Kabelkopf (Empfangsstelle) mit Ortsantenne
- Durchgangs- und Abzweigverstärker (drei Abzweige)
- Endverstärker
- Verstärker mit Rückwärtskanal
- Dreiwegverteiler (ein Ausgang mit höherem Pegel)
- Richtungskoppler
- Abzweigdose
- Stichdose
- Durchschleifdose
- Entzerrer, veränderbar

Schaltzeichen/Symbol	Beschreibung
	Dämpfungsglied
	Fernspeise-Netzgerät für Wechselstrom
	Einspeisepunkt

Installation in Gebäuden – Kennzeichen für besondere Leiter

Schaltzeichen/Symbol	Beschreibung
	Neutralleiter (N) Mittelleiter (M)
	Schutzleiter (PE)
	Neutralleiter mit Schutzfunktion (PEN)
	Beispiel: 3 Leiter, 1 Neutralleiter, 1 Schutzleiter

Einspeisungen

Schaltzeichen/Symbol	Beschreibung
	Leitung, führt nach oben
	Leitung, führt nach unten
	Dose, allgemein Leerdose
	Anschlussdose Verbindungsdose
	Hausanschlusskasten mit Anschlüssen
	Verteiler mit fünf Anschlüssen

Steckdosen

Schaltzeichen/Symbol	Beschreibung
	Steckdose, allgemein
3	Mehrfachsteckdose (Dreifachsteckdose)
	Schutzkontaktsteckdose
	Steckdose mit Abdeckung
	Steckdose, abschaltbar
	Steckdose mit verriegeltem Schalter
	Steckdose mit Trenntransformator

Schaltzeichen/Symbol	Beschreibung
	Fernmeldesteckdose, allgemein Ergänzung z. B. durch TP = Telefon TV = Fernsehen TX = Telex

Schalter

Schaltzeichen/Symbol	Beschreibung
	Schalter, allgemein
	Schalter mit Kontrolleuchte
t	Zeitschalter, einpolig
	Schalter, zweipolig
	Serienschalter, einpolig
	Wechselschalter, einpolig
	Kreuzschalter
	Darstellung im Stromlaufplan
	Dimmer
	Taster
	Taster mit Leuchte
	Taster, gegen unbeabsichtigte Betätigung gechützt, z. B. Glasabdeckung
t	Zeitrelais
	Schaltuhr
	Schlüsselschalter, Wächtermelder

Auslässe und Installationen für Leuchten

Schaltzeichen/Symbol	Beschreibung
	Leuchtenauslass mit Leitung
	Leuchtenauslass auf Putz
	Leuchte, allgemein
5	Leuchte, für Leuchtstofflampen, allgemein mit fünf Leuchtstofflampen
	Scheinwerfer, allgemein
	Punktleuchte
	Flutlichtleuchte
	Vorschaltgerät für Entladungslampen, von Leuchte getrennt

Schaltzeichen/Symbol	Beschreibung
	Sicherheitsleuchte, Notleuchte mit getrenntem Stromkreis
	Sicherheitsleuchte mit eingebauter Stromversorgung

Verschiedene Geräte

Schaltzeichen/Symbol	Beschreibung
	Heißwassergerät mit Leitung
	Ventilator mit Leitung
	Türöffner
	Wechselsprechstelle

Fertigteile für Kabel-Verteilsysteme

Schaltzeichen/Symbol	Beschreibung
	Elektro-Installationskanal, allgemein
	Endabdeckung
	T-Abzweig
	Kreuzung von zwei Verteilsystemen ohne Verbindung, z. B. auf zwei Ebenen
	flexibler Elektro-Installationskanal
	Endeinspeisung (Einspeisung von links)
	Gerader Elektro-Installationskanal mit mehreren Abzweigen
	Gerader Elektro-Installationskanal mit beweglichem Abzweig

Flugplatzbefeuerung

Schaltzeichen/Symbol	Beschreibung
	Flugplatzfeuer, Überflur, allgemein
	Flugplatzfeuer, Unterflur, allgemein
	Flugplatzfeuer, weiß einseitig strahlend
	Flugplatzfeuer, weiß/weiß zweiseitig strahlend
	Flugplatzfeuer, weiß rundstrahlend
	Flugplatzfeuer, grün blitzend, einseitig strahlend

Schaltzeichen für die Nachrichtentechnik

Vermittlungssysteme und -einrichtungen

Schaltzeichen/Symbol	Beschreibung
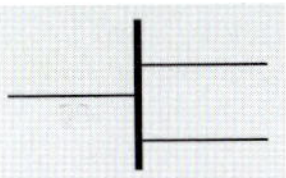	Koppelstufe mit einer Gruppe von Eingängen und zwei Gruppen von Ausgängen
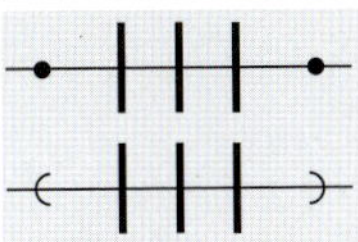	Koppelfeld sowie Wahlstufe mit abgehenden Gesprächen über drei Koppelstufen
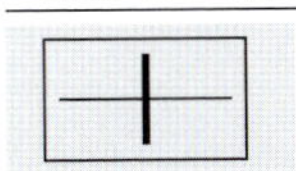	automatische Wähleinrichtung (Blocksystem)
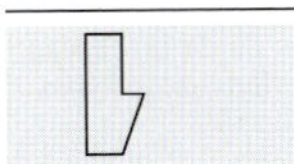	Handvermittlung (Blocksystem)
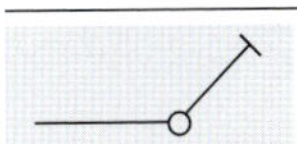	Schaltarm, überbrückend
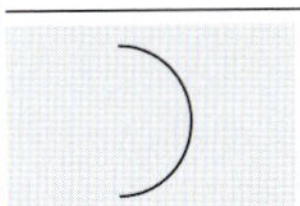	Kontaktsegment, (Kontaktbank eines Wählers)
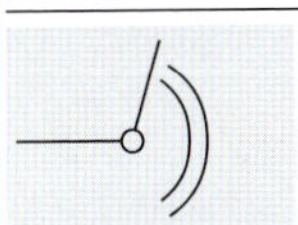	Wähler mit Nullstellung und zwei unterschiedlichen Einstellvorgängen
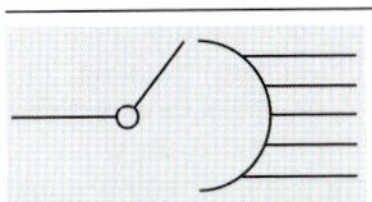	Wähler mit einem Einstellvorgang und einzelnen Ausgängen

Fernsprecher, Telegrafen- und Datenendgeräte

Schaltzeichen/Symbol	Beschreibung
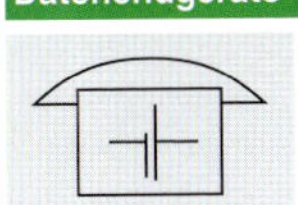	Fernsprecher für Ortsbatterie-Betrieb
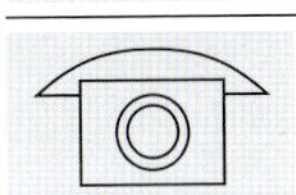	Fernsprecher für Zentralbatterie-Betrieb
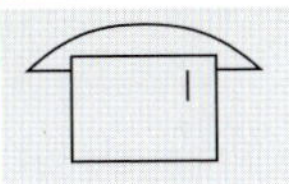	Münzfernsprecher
	Fernsprecher für zwei oder mehr Amtsleitungen oder Nebenstellenleitungen
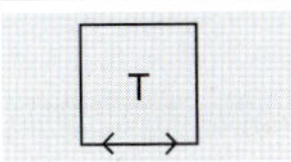	Telegrafen-Sende- und -Empfangsgerät, halbduplex
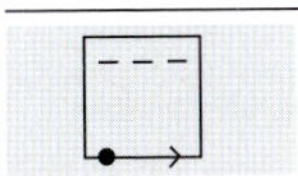	Lochstreifensendegerät
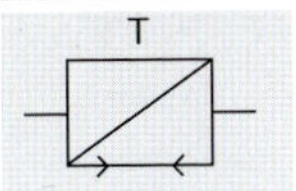	Telegrafie-Umsetzer, vollduplex
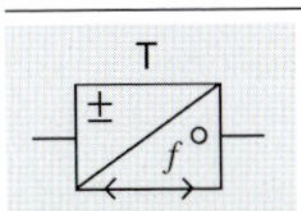	Telegrafie-Umsetzer, Doppelstrom/Wechselstrom, simplex

Wandler, Aufzeichnungs- und Wiedergabegeräte

Schaltzeichen/Symbol	Beschreibung
	Kennzeichen: magnetischer Typ
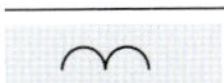	Kennzeichen: Tauchspulen- und Bändchentyp
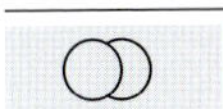	Kennzeichen: Stereo
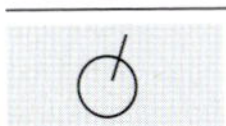	Kennzeichen: Platte
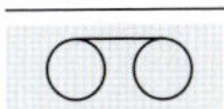	Kennzeichen: Band, Film
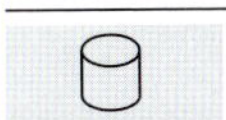	Kennzeichen: Zylinder, Walze, Trommel
	Kennzeichen: Aufnehmen und Wiedergeben
	Kennzeichen: Löschen
	Mikrofon, allgemein
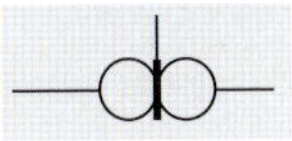	Gegentaktmikrofon
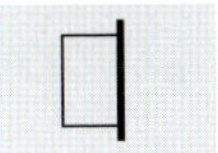	Hörer, allgemein
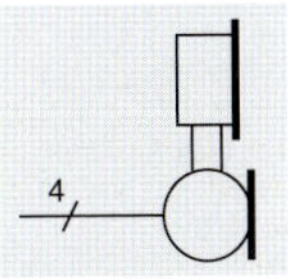	Handapparat mit vier Anschlüssen
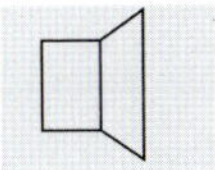	Lautsprecher
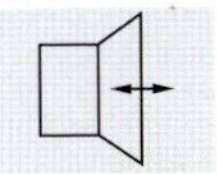	Lautsprecher/Mikrofon
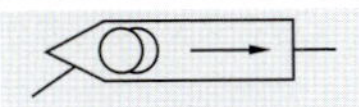	Tonabnehmer, stereophon, mit Aufnahme- und Wiedergabekopf
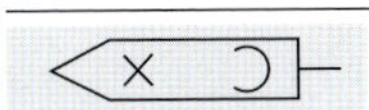	Löschkopf, magnetisch
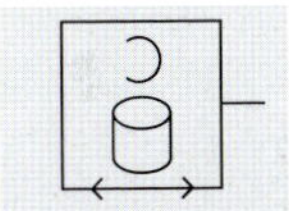	Aufzeichnungs-/Wiedergabegerät mit Magnettrommelspeicher
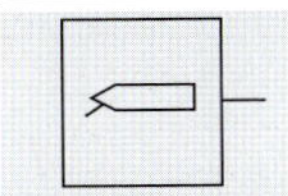	Wiedergabegerät mit Tonabnehmer
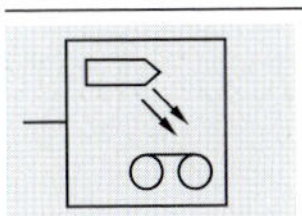	opto-elektronisches Aufzeichnungsgerät
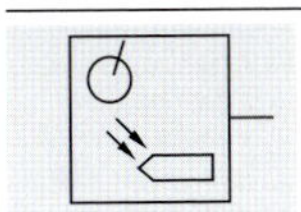	opto-elektronisches Wiedergabegerät

Grafische Symbole für analoge Elemente

Kennzeichen an Eingängen, Ausgängen und anderen Verbindungen

Schaltzeichen/Symbol	Beschreibung
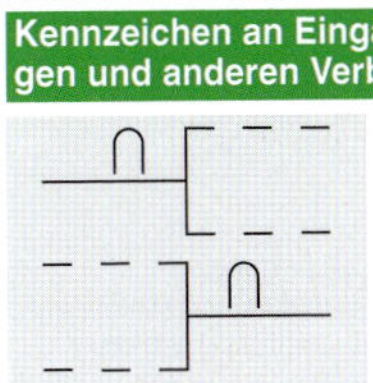	analoger Eingang analoger Ausgang
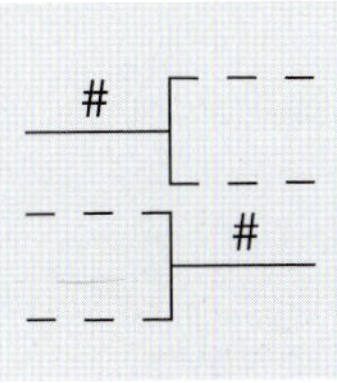	digitaler Eingang digitaler Ausgang
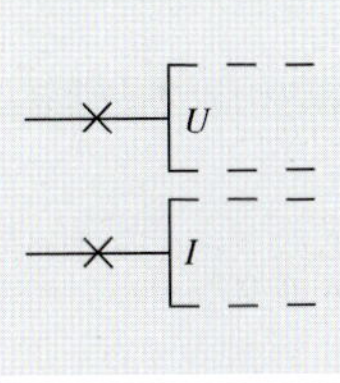	Anschluss der Spannungsversorgung, links Anschluss der Stromversorgung, links

Schaltzeichen/Symbol | Beschreibung

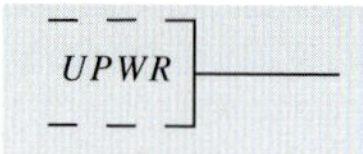

Ausgang der Spannungsversorgung
U kann ersetzt werden, z. B: +5 V

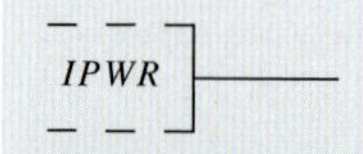

Ausgang der Stromversorgung
I kann ersetzt werden, z. B. 1 A

Elemente, die mathematische Funktionen ausführen

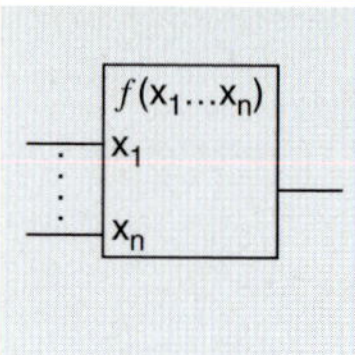

Element, das Funktionswerte berechnet, allgemein
$f(x_1 \ldots x_n)$ durch Symbol oder Grafik und $x_1 \ldots, x_n$ durch Angaben der Argumente der Funktion ersetzen

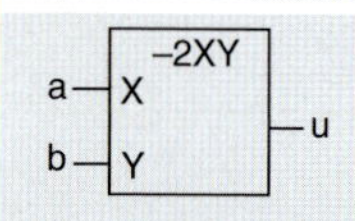

Beispiele:
Multiplizierer mit einem Bewertungsfaktor –2
$u = -2\,ab$

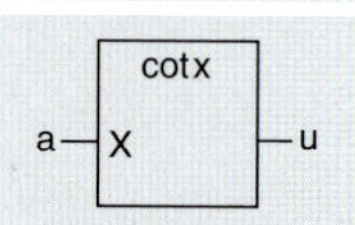

Cotangens-Funktion
$u = \cot a$

Schaltzeichen/Symbol | Beschreibung

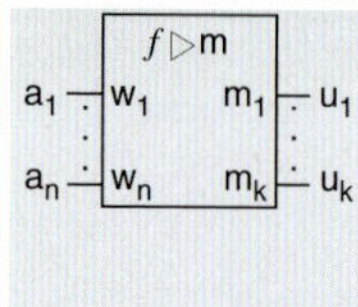

Verstärker, allgemein
$u_i = m \cdot m_i \cdot f \begin{pmatrix} w_1 \cdot a_1, \\ w_2 \cdot a_2, \\ w_n \cdot a_n \end{pmatrix}$
$m \cdot m_i$ Verstärkung am Ausgang i
m gemeinsamer Faktor der Verstärkung

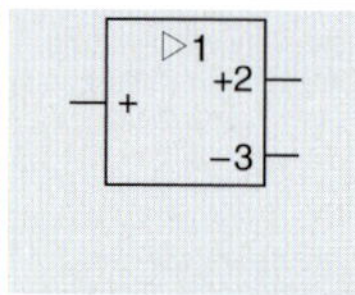

Beispiel: Verstärker mit zwei Ausgängen, oberer Ausgang: nicht invertierend, Verstärkung von 2
unterer Ausgang: invertierend, Verstärkung von 3

Wandler

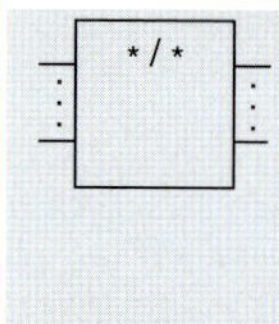

Wandler, allgemein
Sterne durch Angaben der betreffenden Größen oder Eigenschaften ersetzen, z. B.

DAC	digital/analog
U oder V	Spannung
I	Strom
f	Frequenz

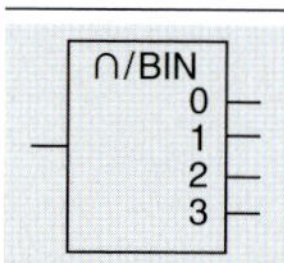

Analog/Digital-Umsetzer
Umsetzung eines Eingangswertes in einen 4-Bit-Binärcode

Schaltzeichen/Symbol | Beschreibung

Regler, Vergleicher

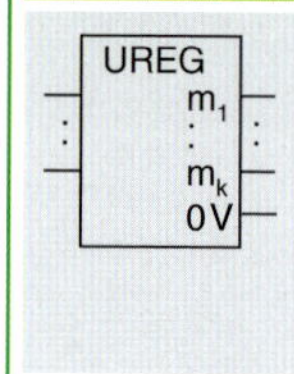

Spannungsregler, allgemein
$m_1 \ldots m_k$ stabilisierte Spannungen, bezogen auf den allgemeinen (0V)-Anschluss, ersetzt durch $U_1 \ldots U_k$, gefolgt vom Polaritätszeichen oder aktuellen Wert

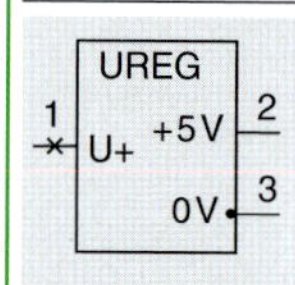

Spannungsregler, positiv, fest
z. B. LM309H

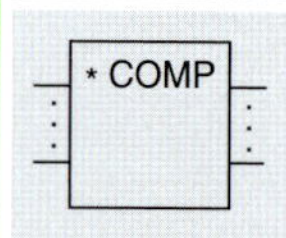

Vergleicher, allgemein
Stern ersetzen durch das Formelzeichen für die Größe oder für die Operanden, deren Werte verglichen werden sollen

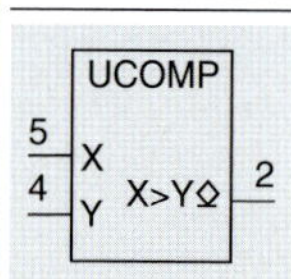

Spannungsvergleicher
z. B. Teil von LM339

Grafische Symbole für binäre Elemente

Schaltzeichen/Symbol | Beschreibung

Aufbau der Symbole

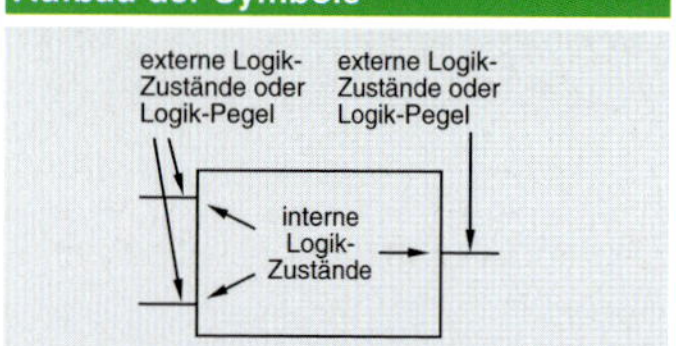

Logik-Pegel ist die physikalische Eigenschaft, die einen Logik-Zustand 0-Zustand oder 1-Zustand einer binären Variablen darstellt.
Binäre Variable sind physikalische Größen, für die zwei getrennte Wertebereiche definiert werden können, bezeichnet als Logik-Pegel
H High oder L Low

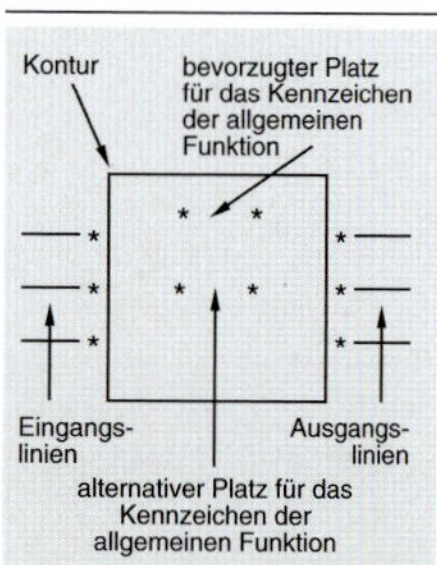

Der einzelne Stern (*) zeigt mögliche Plätze für Kennzeichen, die sich auf Eingänge und Ausgänge beziehen.

Konturen

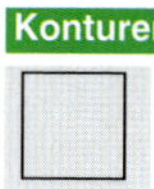

Element-Kontur

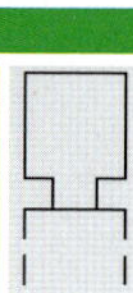

Steuerblock-Kontur

Schaltzeichen/Symbol | Beschreibung

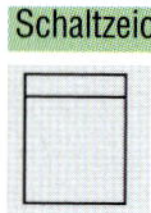

Ausgangsblock-Kontur

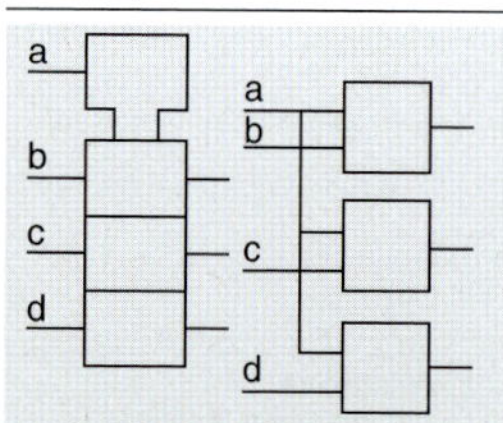

Zusammengehörende Elemente mit Steuerblock

Funktionszeichen von Eingängen, Ausgängen und anderen Verbindungen

Negation an einem Eingang

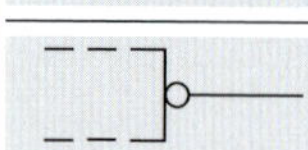

Negation an einem Ausgang

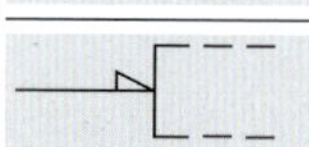

Logik-Polarität, Polaritätsindikator an einem Eingang

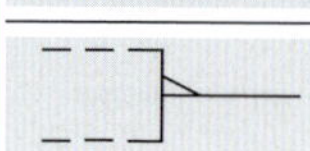

Logik-Polarität, Polaritätsindikator an einem Ausgang

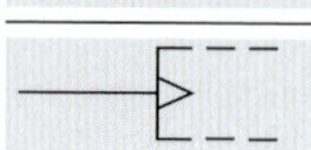

dynamischer Eingang

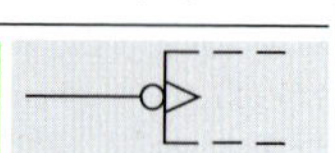

dynamischer Eingang mit Negation

Schaltzeichen/Symbol | Beschreibung

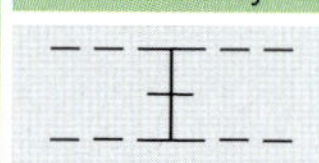

interne Verbindung

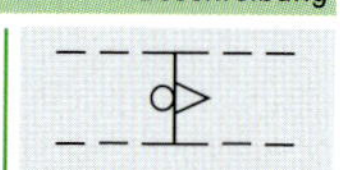

interne Verbindung mit Negation und dynamischer Wirkung

Kennzeichen innerhalb der Kontur

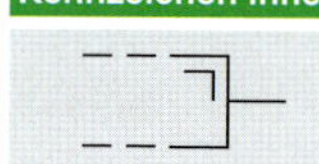

retardierter (verzögerter) Ausgang

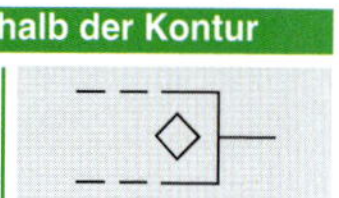

offener Ausgang
z. B. offener Kollektor
offener Emitter

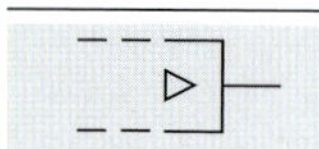

Ausgang mit besonderer Verstärkung

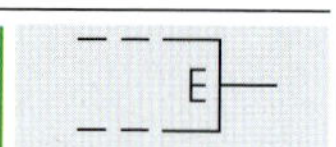

Erweiterungsausgang

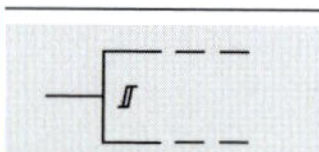

Eingang mit zwei Schwellenwerten

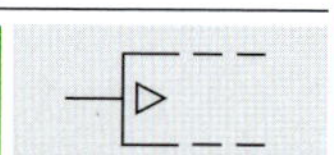

Eingang mit besonderer Verstärkung

Abhängigkeitsnotation

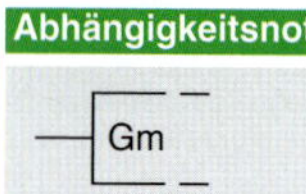

UND-Abhängigkeit (G-Abhängigkeit)
Gm-Eingang

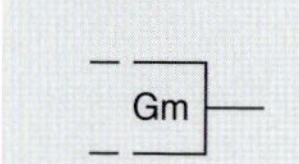

Gm-Ausgang
(m durch entsprechende Kennzahl ersetzen)

Schaltzeichen/Symbol	Beschreibung
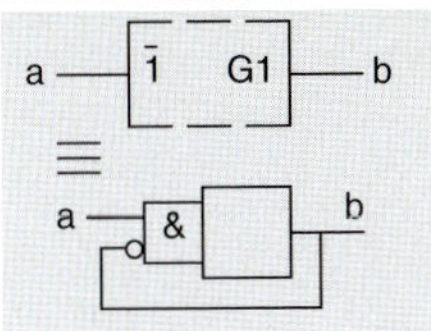	Gm-Abhängigkeit Beispiel
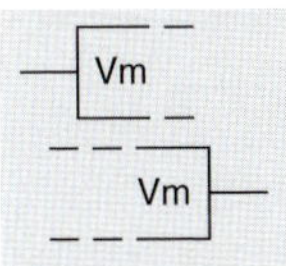	ODER-Abhängigkeit (V-Abhängigkeit) Vm-Eingang Vm-Ausgang (m durch entsprechende Kennzahl ersetzen)
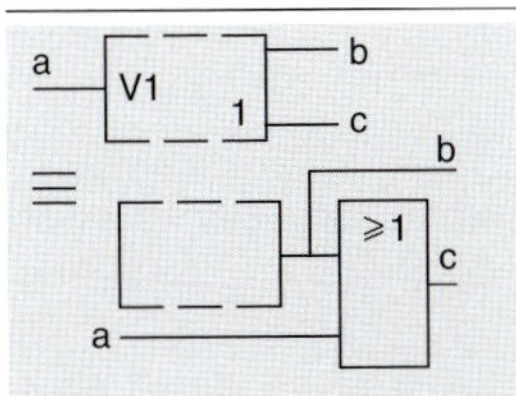	Vm-Abhängigkeit Beispiel

Schaltzeichen/Symbol	Beschreibung
Kombinatorische und sequenzielle Elemente	
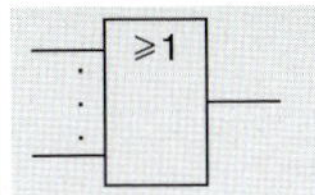	ODER-Element, allgemein
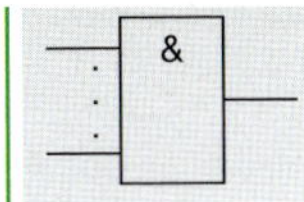	UND-Element, allgemein
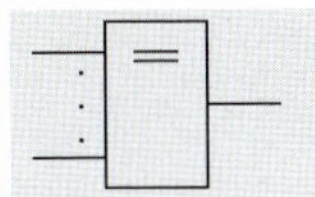	Äquivalenz-Element, allgemein
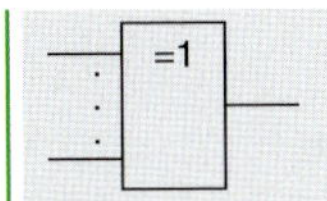	Exklusiv-ODER-Element, Antivalenz-Element, allgemein
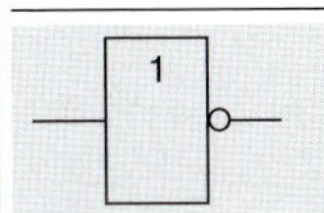	NICHT-Element Inverter
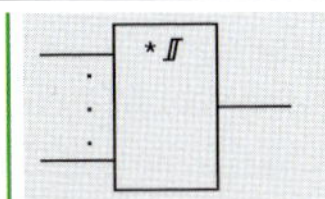	Element mit Hysterese, allgemein

Schaltzeichen/Symbol	Beschreibung
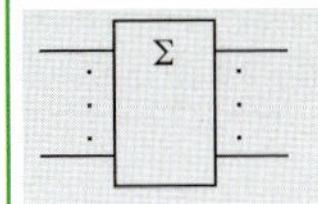	Addierer, allgemein
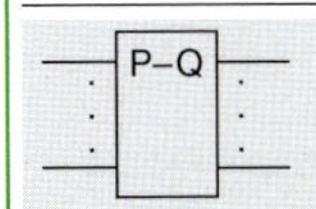	Subtrahierer, allgemein
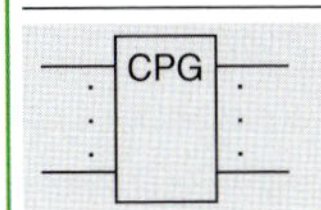	Übertragungseinheit, allgemein
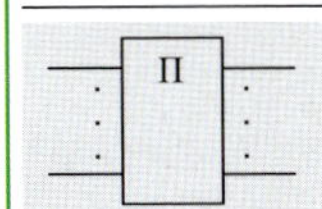	Multiplizierer, allgemein

Referenzkennzeichnung von elektrischen Betriebsmitteln

Referenzkennzeichnung	Bezeichnung von Objekten zur Identifizierung innerhalb eines Systems, angewendet auf industrielle Systeme, Anlagen, Ausrüstungen und Industrieprodukte, so z. B. auf Objekte der Elektrotechnik sowie auch auf solche der Mechanik, der Hydraulik, der Pneumatik
Objekt	Betrachtungseinheit, die Teil eines Konstruktions-, Planungs-, Realisierungs-, Betriebs-, Wartungs- und Demontageprozesses ist.
System	Menge von Objekten, die untereinander in Beziehung stehen.
Aspekte	Spezifische Betrachtungsweise, Informationen, z. B. über die Struktur eines Systems, auszuwählen oder ein Objekt eines Systems zu beschreiben. Funktionsaspekt – Was macht das System oder Objekt? Produktaspekt – Wie ist das System oder Objekt zusammengesetzt? Ortsaspekt – Wo befindet sich das System oder Objekt?

Strukturen von Systemen

gekennzeichnet durch die Beziehungen zwischen den Objekten des Systems

Funktionsbezogene Struktur	Zweck der Bestandteil-Objekte, d. h. ihre Teilfunktionen im System
Produktbezogene Struktur	Art und Weise, in dem ein System aus Bestandteil-Objekten zusammengesetzt ist.
Ortsbezogene Struktur	topografische Anordnung eines Systems, bei dem Orte wiederholt unterteilt werden können, z. B. in ■ Gebiet ■ Gebäude ■ Stockwerk ■ Raum ■ Ort eines Objekts im Schaltschrank

Aufbau eines Referenzkennzeichens

Einzelebenen-Referenzkennzeichen

bestehend aus

Vorzeichen zur Identifikation des Aspekttyps

=	Funktionsaspekt
–	Produktaspekt
+	Ortsaspekt

- Buchstabencode oder
- Buchstabencode mit Zahl oder
- Zahl

Buchstabencode
- benennt Objekte oder Objektklassen,
- kann aus mehreren Buchstaben bestehen, wenn der folgende Buchstabe eine Unterklasse des vorstehenden bezeichnet.

Buchstabencode mit Zahl
Durch die Zahl werden Objekte mit dem gleichen Buchstabencode unterschieden, die Bestandteile desselben Objekts sind.

Beispiele

Referenzkennzeichen eines Objekts		
funktionsbezogen	produktbezogen	ortsbezogen
= A1 = CD = 122	– A1 = RELAY – 482	+ G1 + RM + 202

Mehrebenen-Referenzkennzeichen

Kodierte Darstellung des Pfades eines Strukturbaumes von der Spitze beginnend bis zum betrachteten Teilobjekt durch Aneinanderreihung ihrer Einzelebenen-Referenzkennzeichen.

Beispiel für die ortsbezogene Struktur eines Teilsystems

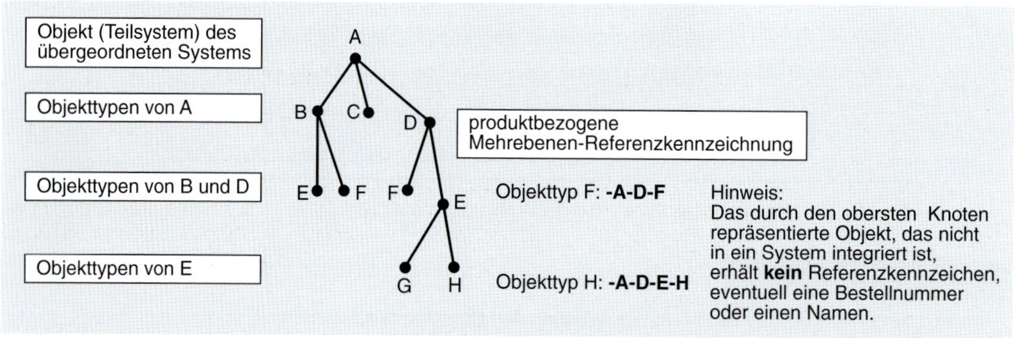

Zulässige Vereinfachungen bei gleichem Vorzeichen des Einzelebenen-Referenzkennzeichens wie das vorstehende:
- Weglassen, wenn das davor stehende Kennzeichen mit einer Zahl endet und das folgende mit einem Buchstaben beginnt,
  oder
- Ersetzen des Vorzeichens durch einen Punkt (.)

Beispiele

Schreibweisen von Mehrebenen-Referenzkennzeichen		
= A1 = B3 = C4 = A1B3C4 = A1.B3.C4	- A1 – B3 – C – D4 - A1B3C – D4 - A1.B3.C.D4	+ G1 + H2 + 5 + S6 + G1H2 + 5S6 + G1.H2.5.S6

Klassifizierung von Objekten und Kodierung von Klassen

Die Kennbuchstaben der Tabelle sind dem Zweck oder der Aufgabe des Objekts in einer für die Elektrotechnik gekürzten Fassung zugeordnet.

Klassifizierung von Objekten und zugeordneten Kennbuchstaben

Kenn-buch-stabe	Zweck oder Aufgabe des Objekts	Funktionen des Objekts	Beispiele für typische elektrische Betriebsmittel
A	zwei oder mehrere Aufgaben (den Objekten dieser Klasse kann kein Hauptzweck zugeordnet werden)		
B	Umwandeln einer Eingangsvariablen (physikalische Eigenschaft, Zustand oder Ereignis) in ein zur Weiterverarbeitung bestimmtes Signal	Ermitteln; Messen; Überwachen; Erfassen; Wiegen (Erfassen von Werten)	Buchholz-Relais; Messelement; Messwiderstand; Messwandler; Bewegungsmelder; Näherungsschalter; Tachogenerator; thermisches Überlastrelais
C	Speichern von Material, Energie oder Information	Aufzeichnen / Registrieren; Speichern	Pufferbatterie; Kondensator; Energiespeicher; Festplatte; Spannungsschreiber
D	für spätere Normung reserviert		
E	Bereitstellung von Strahlung oder Wärmeenergie	Kühlen; Heizen; Beleuchten; Strahlen	Boiler; Lampe; Leuchte; Heizung; Radiator
F	Direkter (selbsttätiger) Schutz eines Energie- oder Signalflusses von Personen und Einrichtungen vor gefährlichen oder unerwünschten Zuständen, einschließlich Systeme für Schutzzwecke	Absorbieren; Bewachen; Verhindern; Schützen; Sichern; Bewehren	Sicherung; Leitungsschutzschalter; Überspannungsableiter; thermischer Überlastauslöser; faradayscher Käfig; katodische Schutzanode
G	Initiieren eines Energie- oder Materialflusses; Erzeugen von Signalen als Informationsträger; Produzieren von Material oder Produkten	Montieren; Demontieren; Erzeugen; Zerkleinern; Mahlen; Herstellen	Trockenzellen-Batterie; Brennstoffzelle; Generator; Signalgenerator; Solarzelle; Wellengenerator
H	für spätere Normung reserviert		
I	nicht anwendbar		
J	für spätere Normung reserviert		
K	Empfang, Verarbeitung und Bereitstellung von Signalen oder Informationen (keine Objekte für Schutzzwecke – Kennbuchstabe F)	Schalten von Steuer- und Regelkreisen; Regeln; Verzögern; Sychronisieren	Schaltrelais; Hilfsschütz; Zeitrelais; Transistor; Regler; Mikroprozessor; Sychronisiergerät
L	für spätere Normung reserviert		
M	Bereitstellen von mechanischer Energie zu Antriebszwecken	Betätigen; Antreiben	Elektromotor; Stellantrieb; Betätigungsspule
N	für spätere Normung reserviert		
O	nicht anwendbar		
P	Darstellung von Informationen	Alarmieren; Kommunizieren; Anzeigen; Melden; Messen (Darstellung von Größen)	Messgerät; akustisches Signalgerät; Geigerzähler; LED; Signallampe; Synchronoskop
Q	kontrolliertes Schalten eines Energie-, Signal- oder Materialflusses (bei Signalen in Steuerkreisen Kennbuchstabe K oder S)	Öffnen; Schließen; Schalten; Kuppeln	Leistungsschalter; Leistungsschütz; Trennschalter; Motoranlasser; Thyristor

Kenn-buch-stabe	Zweck oder Aufgabe des Objekts	Funktionen des Objekts	Beispiele für typische elektrische Betriebsmittel
R	Begrenzung oder Stabilisierung von Bewegung oder Fluss von Energie, Information oder Material	Blockieren; Dämpfen; Begrenzen; Stabilisieren	Diode; Drosselspule; Begrenzer; Widerstand
S	Umwandeln einer manuellen Betätigung in ein zur Weiterverarbeitung bestimmtes Signal	manuelles Steuern; Beeinflussen; Wählen	Steuerschalter; Quittierschalter; Tastschalter; Sollwerteinsteller; Tastatur
T	Umwandeln der Energie unter Beibehaltung der Energieart, Umwandeln eines Signals unter Beibehaltung des Informationsgehaltes	Verstärken; Modulieren; Transformieren; Verdichten; Umformen; Schmieden	Leistungstransformator; Gleichrichter; Frequenzwandler; AC/DC-Umformer; Messumformer; Signalwandler
U	Halten von Objekten in einer definierten Lage	Lagern; Tragen; Halten; Stützen	Isolator
V	Verarbeitung von Materialien oder Produkten	Beschichten; Reinigen; Filtern; Sortieren	Filter
W	Leiten oder Führen von Energie, Signalen, Materialien von einem Ort zum anderen	Leiten (elektrisch, mechanisch); Verteilen; Positionieren	Sammelschiene; Kabel; Leitung; Durchführung; Informationsbus
X	Verbinden von Objekten	Verbinden; Koppeln; Fügen	Verbinder; Steckdose; Klemmen
Y	für spätere Normung reserviert		
Z	für spätere Normung reserviert		

Kennzeichnung elektrischer Betriebsmittel in älteren Schaltungsunterlagen – DIN 40719-2

Anordnung zusammengehöriger Angaben als Folge von Buchstaben und Ziffern in Kennzeichnungsblöcken, die durch Vorzeichen identifiziert werden.

=	Übergeordnete Zuordnung z. B. Anlage	+	Ort	–	Art	Zähl-nummer	Funktion	:	Anschluss
	NANA		NANA		A	N	A		N oder A oder AN

Kennzeichnung: A alphabetische Datenstelle (Buchstabe)
N numerische Datenstelle (Ziffer)

Kennzeichnung der Anschlüsse elektrischer Betriebsmittel

Kennzeichnungsgrundsätze

- Die in Produktnormen festgelegten Anschlussbezeichnungen elektrischer Betriebsmittel sind in die Schaltungsunterlagen zu übernehmen.
  Anschlussbezeichnungen von
  - drehenden elektrischen Maschinen
  - Transformatoren und Drosselspulen
  - Messwandlern
  - Impedanzen von Niederspannungsschaltgeräten
- Schaltzeichen nicht bezeichneter Betriebsmittel sind alphanumerisch zu kennzeichnen:
  lateinische Buchstaben für
  - Gleichstrommaschinen aus der ersten Hälfte des Alphabetes
  - Wechselstrommaschinen aus der zweiten Hälfte des Alphabetes
  - Die Buchstaben I und O sind nicht zu verwenden.

  Ziffern müssen arabische Ziffern sein.

Anschlüsse am einzelnen Schaltelement ohne/mit Anzapfungen

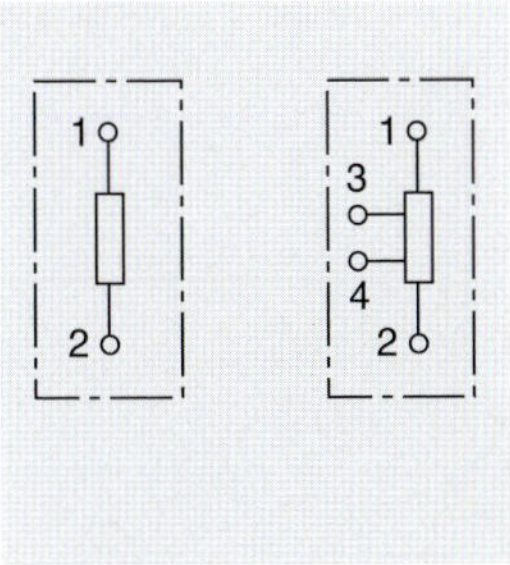

Anschlüsse an ähnlichen Schaltelementen, die zu einer Gruppe zusammengefasst sind

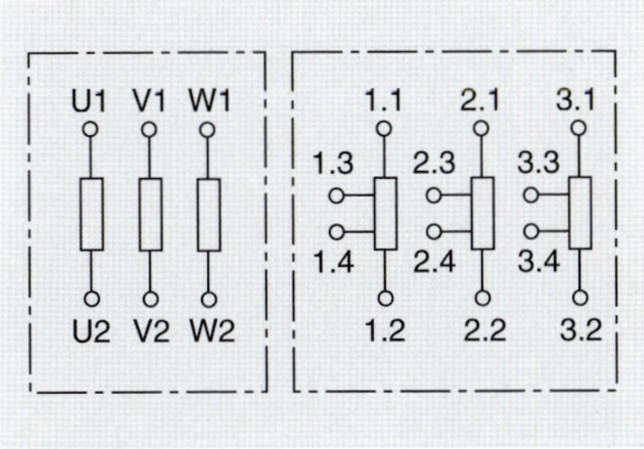

Kennzeichnung von Betriebsmittelanschlüssen in Abhängigkeit vom Anschluss bestimmter Leiter

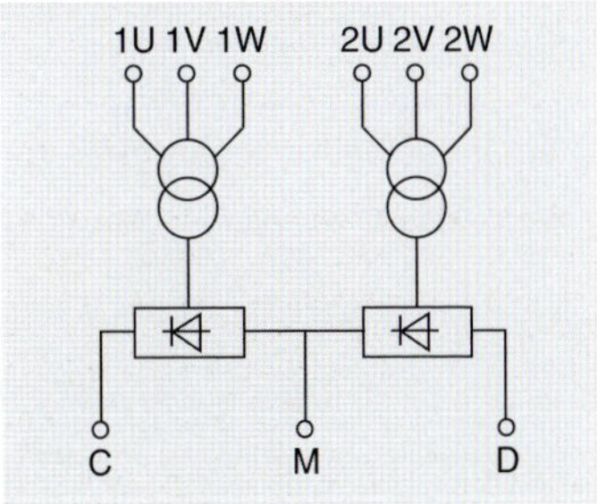

Bestimmter Leiter	Alphanumerische Kennzeichnung	
	Betriebsmittelanschlüsse	Leiterenden
Leiter des Wechselstromnetzes		
Außenleiter 1	U	L1
Außenleiter 2	V	L2
Außenleiter 3	W	L3
Neutralleiter	N	N
Leiter des Gleichstromnetzes		
Plus-Leiter	C	L+
Minus-Leiter	D	L–
Mittelleiter	M	M

Bestimmter Leiter	Alphanumerische Kennzeichnung	
	Betriebsmittelanschlüsse	Leiterenden
Schutzleiter	PE	PE
PEN-Leiter	–	PEN
Erdungsleiter	E	E
Fremdspannungsarmer Erdleiter	TE	TE
Masseverbindung*)	MM	MM
Äquipotenzialleiter*)	CC	CC

*) Die Kennzeichen gelten nur, wenn die Anschlüsse oder Leiter nicht dazu bestimmt sind, das Potenzial des Schutzleiters oder der Erde zu führen.

Kennzeichnung der Anschlüsse von Schaltgliedern

- Hauptschaltglieder eines Lastschalters, Leistungsschalters oder -schützes Kennzeichnung durch die Ziffern 1 bis 9

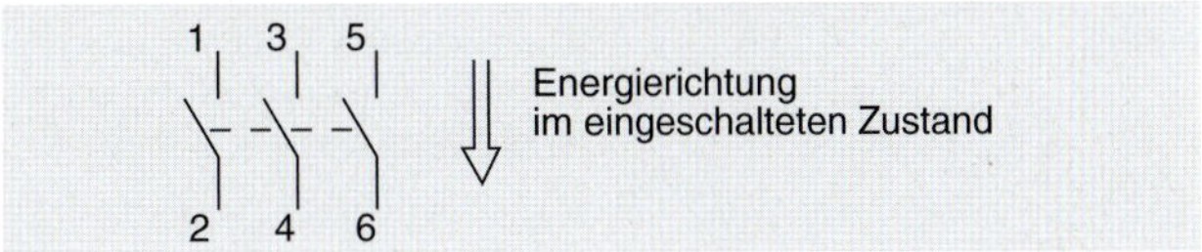

- Hilfsschaltglieder zur Steuerung oder Meldung Kennzeichnung durch die Ziffern 11 bis 98

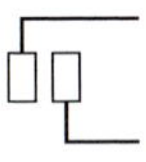

Ordnungsziffer als fortlaufende Nummerierung der Schaltglieder eines elektrischen Betriebsmittels
9 nur für Schaltglieder einer Überlastschutzeinrichtung

Funktionsziffer
1–2 für Öffner
3–4 für Schließer
5–6 für Öffner mit Verzögerungsfunktion
7–8 für Schließer mit Verzögerungsfunktion

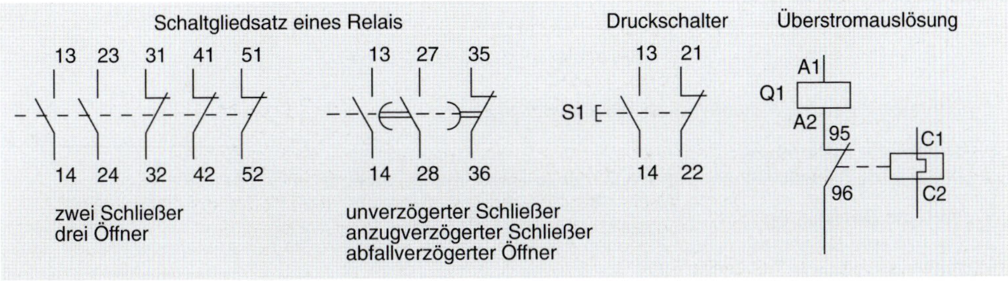

Kennzeichnung elektromechanischer Antriebe

Kennzeichnung durch Buchstabe und Ziffer

Schütz- oder Relaisspule	A1 – A2 A1 – A2 und B1 – B2 (zwei getrennte Wicklungen)
Spule des Überstromauslösers	C1 – C2
Spule des Unterspannungsauslösers	D1 – D2

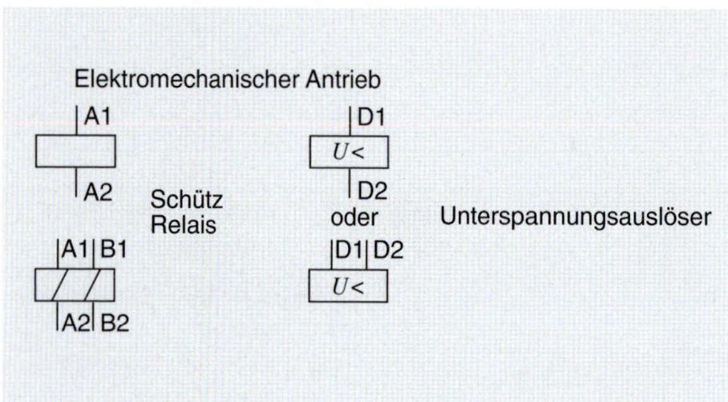

Darstellungsarten von Bauteilen und Verbindungen in Schaltplänen

Funktionell voneinander abhängige Teile eines Bauteils

Zusammenhängende Darstellung

Die Teile eines aus mehreren Schaltzeichen bestehenden Symbols sind benachbart angeordnet.

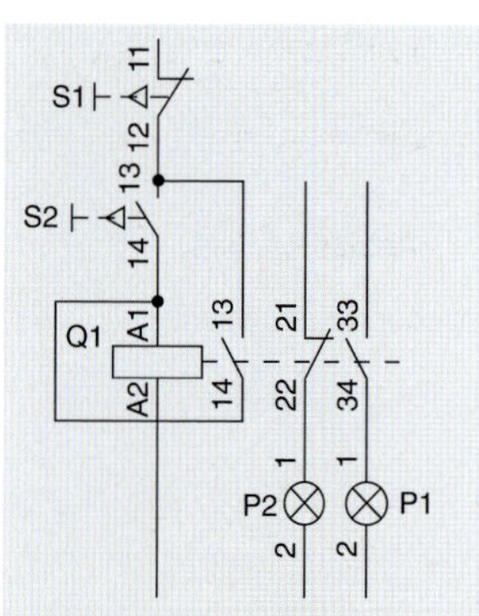

Halb zusammenhängende Darstellung

Das Symbol für Bauteile mit mechanischer Wirkverbindung ist auseinander gezogen dargestellt.
Die einzelnen Teile sind durch das Symbol der Wirkverbindung miteinander verbunden.

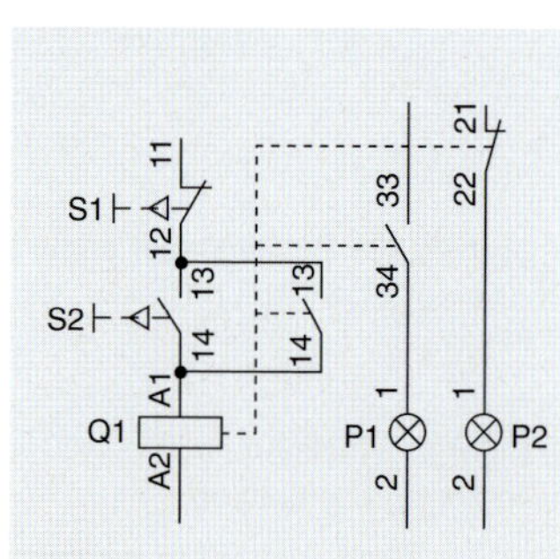

Aufgelöste Darstellung

Das Symbol der Bauteile mit Wirkverbindung ist in einzelne Teile zerlegt.
Sie werden durch ihre Betriebsmittelkennzeichnung zueinander in Beziehung gesetzt.

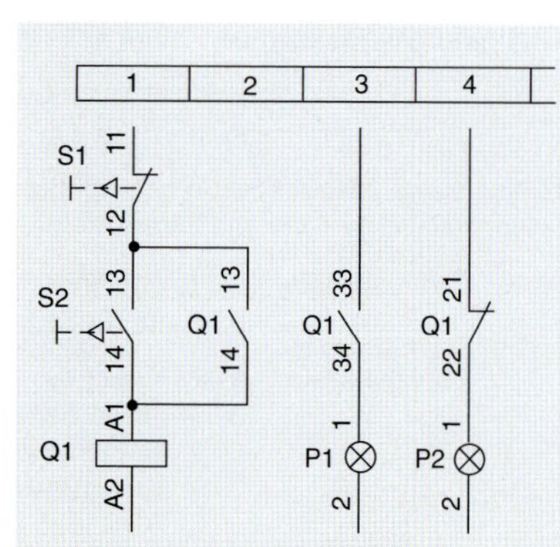

Funktionell voneinander unabhängige Teile eines Bauteils

Gruppierte Darstellung
Die Teile des Schaltzeichens werden von einer Umrahmung umgeben.

Verteilte Darstellung
Die getrennt dargestellten Schaltzeichen der Teile werden durch ihre Betriebsmittelkennzeichen zueinander in Beziehung gesetzt.

Schaltverbindungen

- **Mehrpolige Darstellung**
  Jede einzelne Verbindung ist durch eine eigene Linie dargestellt.
- **Einpolige Darstellung**
  Zwei oder mehr Verbindungen werden durch eine einzige Linie dargestellt.

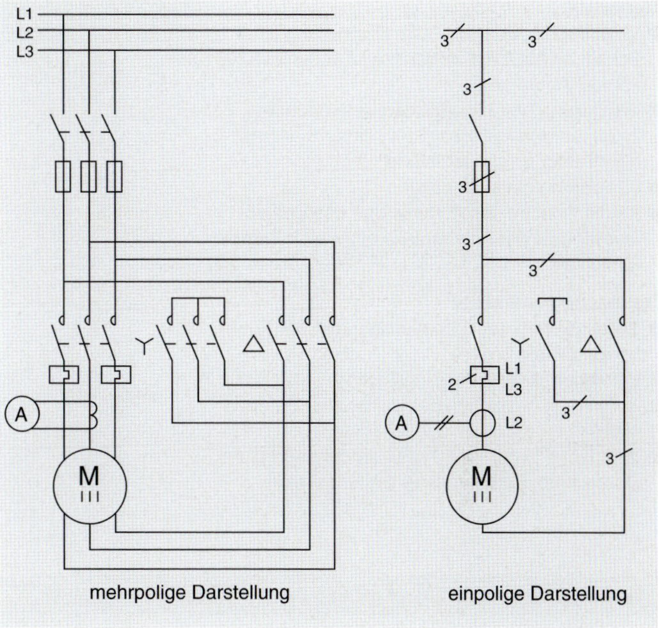

Dokumentenklassen

Funktionsbezogene Dokumente

- **Übersichtsschaltplan**
  - Blockschaltplan
  - Netzwerkkarte
- **Funktionsschaltplan**
  - Logik-Funktions-Schaltplan
  - Ersatzschaltplan
- **Diagramme**
  - Funktionsdiagramm/-plan
  - Ablaufdiagramm/-tabelle
  - Zeitablaufdiagramm
- **Stromlaufplan**

Ortsbezogene Dokumente

- **Lageplan**
- **Installationsplan/-zeichnung**
  - Installationsschaltplan
- **Gruppenzeichnung**
  - Anordnungsplan

Verbindungsbezogene Dokumente

- **Verdrahtungsplan/-tabelle**
  - Geräteverdrahtungsplan/-tabelle
  - Verbindungsplan/-tabelle
  - Anschlussplan/-tabelle
- **Kabelplan**

Anlagenbezogene Dokumente

- **Betriebsmittellisten**
- **Dokumente** der
  - Montage
  - Inbetriebnahme
  - Betriebsführung
  - Instandhaltung

Merkmale und Darstellungselemente der Übersichtsschaltpläne

Merkmale
- Vereinfachte, übersichtliche Darstellung einer Schaltung mit ihren wesentlichen Teilen in funktionaler Anordnung
- Darstellung der wesentlichen Verbindungen zwischen den Betriebsmitteln eines Systems oder Teilen einer Ausrüstung
- Ausführung meist einpolig
- Verdeutlichung des Aufbaus und des Zusammenwirkens der Anlagenteile einer elektrischen Einrichtung

Darstellungselemente
- Schaltzeichen der Betriebsmittel und der Funktionseinheiten
- Verbindungs- und Wirkungslinien
- Referenzkennzeichen der wichtigsten Betriebsmittel
- technische Daten und Typ-Bezeichnungen, wie Querschnitt, Verlegungsart, Leitungstyp

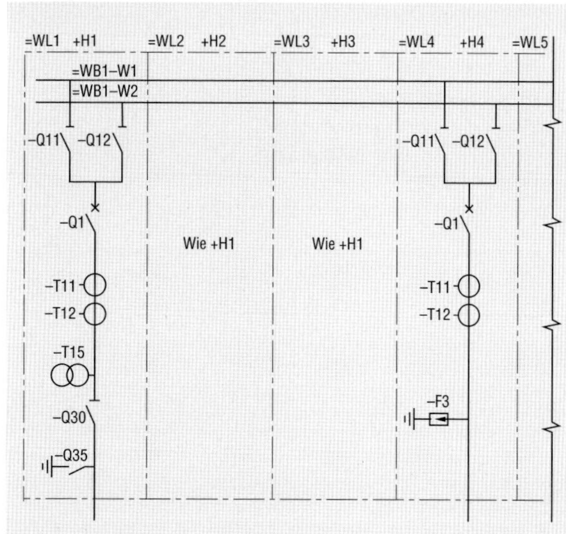

Merkmale und Darstellungselemente der Elektro-Installationspläne

Merkmale
- Annähernd lagerichtige Darstellung aller elektrischen Einrichtungen in Gebäudegrundrissen
- im Installationsschaltplan zusätzliche Darstellung der Verbindungen zwischen den einzelnen Teilen der Installationsanlage
- meist getrennte Darstellung für Beleuchtungs- und Kraftanlagen, Fernsprecheinrichtungen und Signalanlagen

Darstellungselemente
- Gebäudeumrisse, vorzugsweise im Maßstab 1:50, außerhalb von Bauwerken (z. B. Straßen- und Platzbeleuchtung) im Maßstab 1:500
- Darstellung spezieller Bauteile, wie Türöffnungen, Fenster, Schornsteine und Treppen
- Anschlussstelle des Verteilungsnetzbetreibers (VNB)
- Schaltzeichen der Betriebsmittel mit Kennzeichnung der ihnen zugeordneten Stromkreise
- Verlegeart der Leitungen, Kabel und Rohre
- Angabe zur Schutzmaßnahme und Schutzart
- Hinweise auf besondere Betriebsstätten und Umgebungsbedingungen, z. B. feuchte und nasse Räume, feuergefährdete Betriebsstätten
- Angabe der Höhe der Schalter, Steckdosen u. a. über Oberkante des fertigen Fußbodens (OKFFB)

Legende zur Abbildung Seite 503:

1 Stromkreisnummer

1.4 Stromkreisnummer mit Angabe der Kennziffer für einander zugeordnete Betriebsmittel

Verlegeart: unter Putz mit Abzweigdosen

Montagehöhe der Installations-Geräte über OKFFB:

Installationsschalter	1,10 m

Schutzkontaktsteckdosen:

Küche, Hausarbeitsraum	1,10 m
sonstige Räume	0,30 m

Schutz bei indirektem Berühren:	Schutz durch automatische Abschaltung der Stromversorgung im TN-System nach DIN 57100 Teil 410/VDE 0100 Teil 410
zusätzlicher Schutz:	Fehlerstrom-Schutzeinrichtung im TN-S-Netz nach DIN 57100 Teil 410 / VDE 0100 Teil 410
im Baderaum:	zusätzlicher Schutzpotenzialausgleich nach DIN 57100 Teil 701/VDE 0100 Teil 701

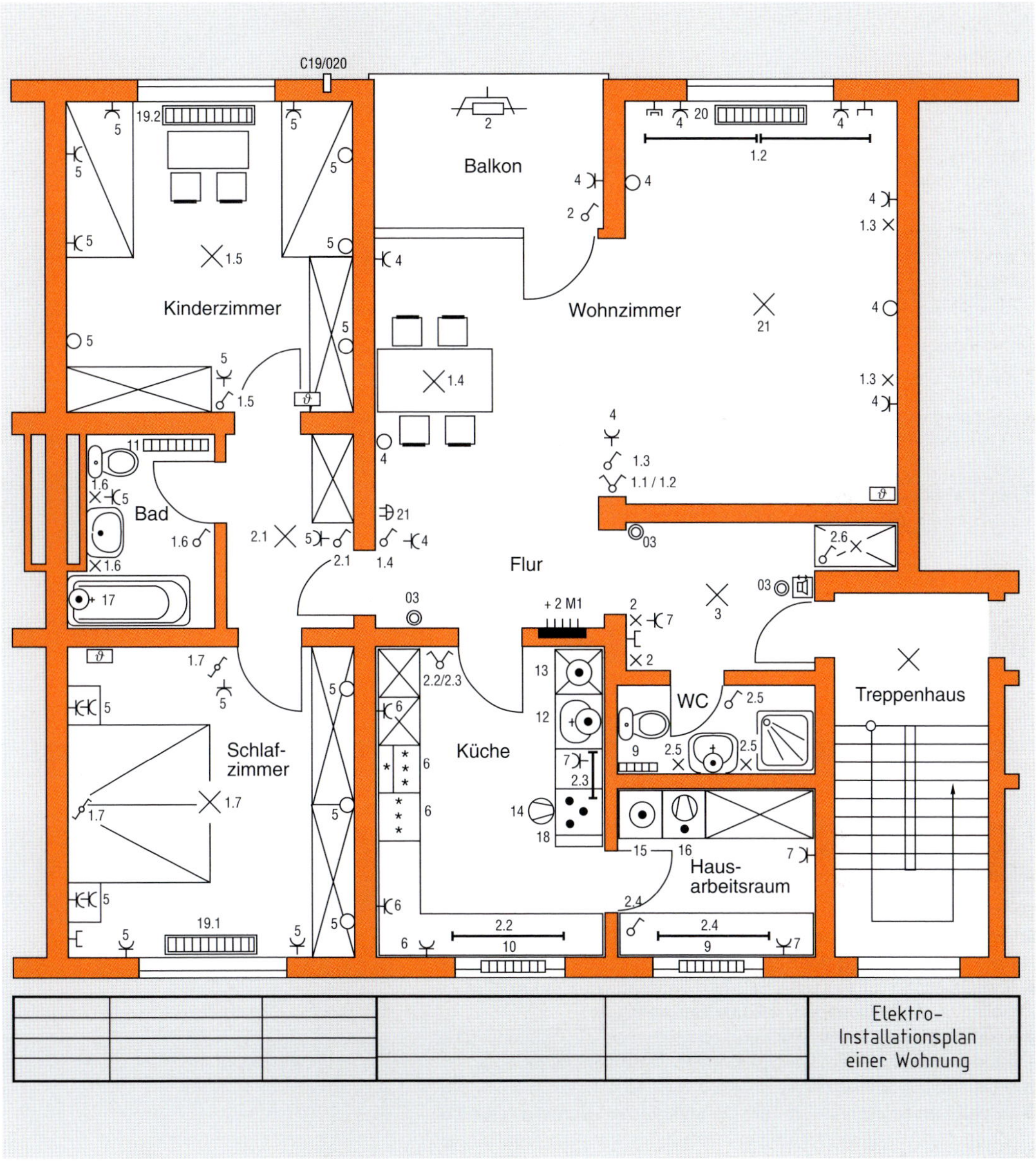

Merkmale und Darstellungselemente der Stromlaufpläne

Merkmale

- Ausführliche Darstellung einer Schaltung mit allen Einzelheiten zum Erkennen ihrer Struktur und Wirkungsweise
- Anordnung aller Einzelteile eines Betriebsmittels mit mechanischer Wirkverbindung in der sog. zusammenhängenden Darstellung
- in der aufgelösten Darstellung Anordnung der grafischen Symbole der Bauelemente eines Betriebsmittels unabhängig von ihrer räumlichen Lage oder konstruktiven Zusammengehörigkeit in den entsprechenden Stromwegen

Darstellungselemente

- Schaltzeichen der Bauelemente
- geradlinige, vorzugsweise senkrechte und waagerechte Verbindungslinien, möglichst kreuzungsfrei
- Referenzkennzeichen der Betriebsmittel und Anschlussbezeichnungen
- Nummerierung der Stromwege
- Schaltgliedtabellen in den aufgelösten Darstellungen

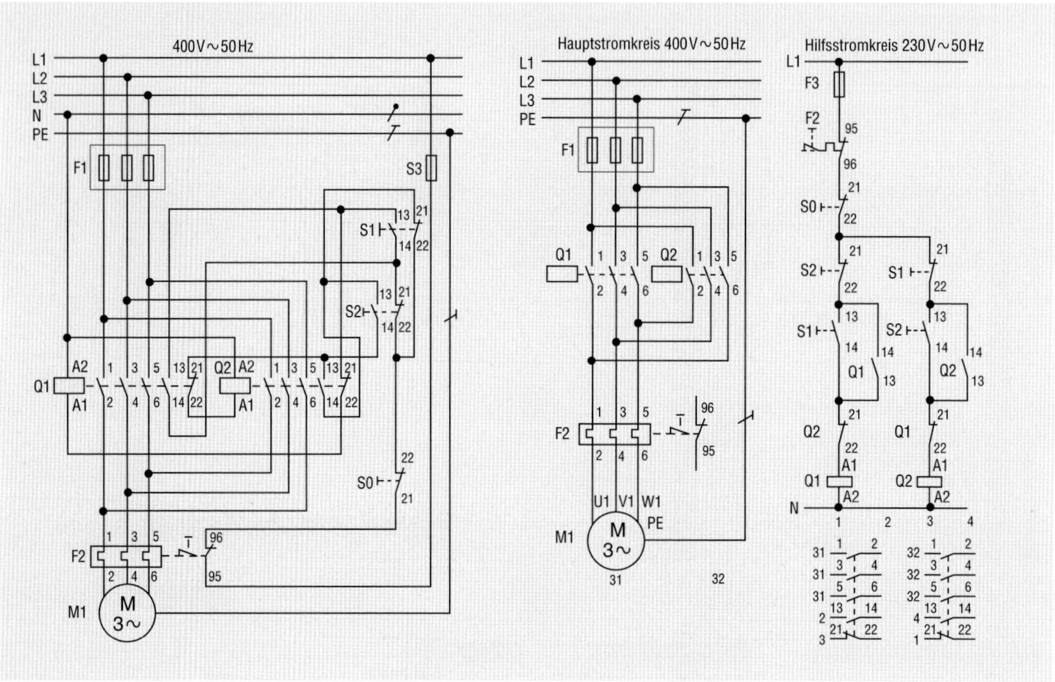

Merkmale und Darstellungselemente in Geräteverdrahtungsplänen

Merkmale

- Darstellung aller Verbindungen innerhalb eines Gerätes oder einer Gerätekombination als Fertigungsunterlage
- Die Funktion des Gerätes im System ist nicht erkennbar.

Darstellungselemente

- Einfache geometrische Figuren wie Quadrate, Kreise oder Rechtecke zur Darstellung der Bauteile und Baugruppen eines Gerätes
- Schaltzeichen für einfache Bauelemente mit wenigen Anschlussstellen, z. B. Sicherungen, passive Bauelemente
- Kennzeichnungselemente der grafischen Symbole entsprechend den Referenzkennzeichen des zugehörigen Stromlaufplanes
- Bezeichnung der Anschlussstellen
- Einzellinien zur Kennzeichnung der elektrischen Verbindungen zwischen den Bauteilanschlüssen oder gemeinsame Linien für Leitungsgruppen

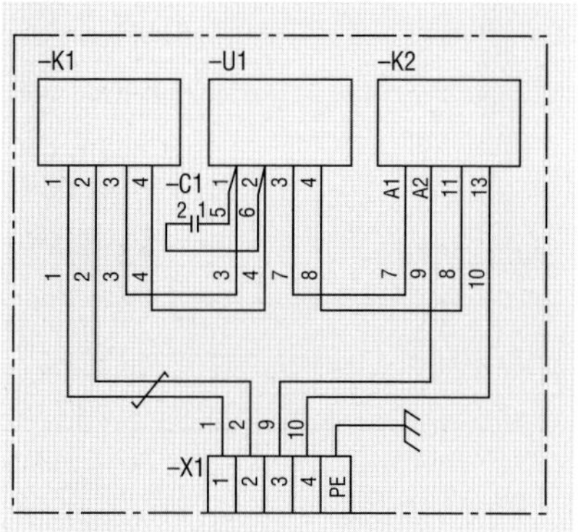

Merkmale und Darstellungselemente der Anschlusspläne

Merkmale

- Darstellung der Anschlusspunkte der Bauelemente sowie der inneren und äußeren Verbindungen von Baueinheiten als Fertigungs- und Montageunterlage

Darstellungselemente

- Quadrate, Rechtecke, Punkte, Kreise als grafische Symbole der Anschlussstellen
- kurze, gerade Linien an den Anschlussstellen
- Kennzeichnungselemente für die Betriebsmittel und Anschlussstellen
- Zielbezeichnungen oder Leitungsnummern zum Finden der Gegenanschlüsse
  (In den Verbindungsplänen entfallen durch die direkten Verbindungen zwischen den Anschlussstellen die Zielbezeichnungen und Leitungsnummern.)

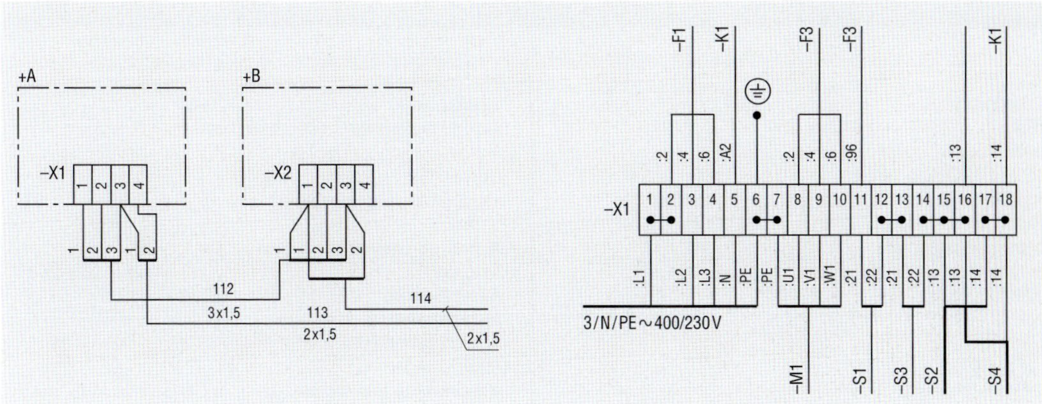

Normen

DIN 1302	Allgemeine mathematische Zeichen und Begriffe
DIN 1315	Winkeleinheiten
DIN 1301-1	Einheiten; Einheitennamen, Einheitenzeichen
DIN 1301-2	–; Allgemein angewendete Teile und Vielfache
DIN 1304-1	Formelzeichen; Allgemeine Formelzeichen
DIN 1313	Physikalische Größen und Gleichungen; Begriffe, Schreibweisen
DIN IEC 60038	IEC-Normspannungen
DIN EN 61346-1	Strukturierungsprinzipien und Referenzkennzeichnung; Allgemeine Regeln
DIN EN 61346-2	–; Klassifizierung von Objekten und Kodierung von Klassen
DIN EN 60617-2	Grafische Symbole für Schaltpläne; Symbolelemente, Kennzeichen und andere Schaltzeichen für allgemeine Anwendungen
DIN EN 60617-3	–; Schaltzeichen für Leiter und Verbinder
DIN EN 60617-4	–; Schaltzeichen für passive Bauelemente
DIN EN 60617-5	–; Schaltzeichen für Halbleiter und Elektronenröhren
DIN EN 60617-6	–; Schaltzeichen für Erzeugung und Umwandlung elektrischer Energie
DIN EN 60617-7	–; Schaltzeichen für Schalt- und Schutzeinrichtungen
DIN EN 60617-8	–; Schaltzeichen für Mess-, Melde- und Signaleinrichtungen
DIN EN 60617-9	–; Schaltzeichen für die Nachrichtentechnik; Vermittlungs- und Endeinrichtungen
DIN EN 60617-11	–; Gebäudebezogene und topographische Installationspläne und Schaltpläne
DIN EN 60617-12	–; Binäre Elemente
DIN EN 60617-13	–; Analoge Elemente
DIN EN 61082-1	Dokumente der Elektrotechnik; Allgemeine Regeln
DIN EN 61082-2	–; Funktionsbezogene Schaltpläne
DIN EN 61082-3	–; Verbindungspläne, Verbindungstabellen und Verbindungslisten
DIN 40719-2	Schaltungsunterlagen; Kennzeichnung von elektrischen Betriebsmitteln
DIN 40719-5	–; Elektroinstallation
DIN 60445	Kennzeichnung der Anschlüsse elektrischer Betriebsmittel und einiger bestimmter Leiter; Allgemeine Regeln für ein alphanumerisches Kennzeichnungssystem

Sachwortverzeichnis

A

B

C

D

E

F

G

H

L

M

O

P

Q

R

S

T

U

V

W

Umstellen von Formeln

Notwendigkeit

Ist die zu bestimmende Größe mit anderen Größen bzw. Zahlen verknüpft, sind die Verbindungen aufzulösen. Die Formel ist so umzustellen, dass diese Größe allein – meist links des Gleichheitszeichens – steht.

Prinzip

Beide Seiten der Formel sind durch äquivalente Terme und gleiche Rechenoperationen, oft in mehreren Schritten, umzuformen.

Regeln

- Vertauschen der rechten mit der linken Seite, oft der letzte Umstellungsschritt.

$$U_{Q1} - U_{Q2} = U_1 + U_2 \Rightarrow U_1 + U_2 = U_{Q1} - U_{Q2}$$
$$I \cdot N = \Theta \Rightarrow \Theta = I \cdot N$$

- Umkehren der Vorzeichen durch Multiplizieren beider Seiten mit (–1)

$$U_{Q1} - U_{Q2} = U_1 + U_2 \quad | \cdot (-1) \Rightarrow -U_{Q1} + U_{Q2} = -U_1 - U_2$$
$$-\Theta = -I \cdot N \quad | \cdot (-1) \Rightarrow \Theta = I \cdot N$$

- Bilden des Kehrwertes

$$\frac{1}{\omega \cdot C} = X_C \Rightarrow \omega \cdot C = \frac{1}{X_C}$$

- Eliminieren von Größen und Zahlen, die durch die Grundrechenarten mit der gesuchten Größe verknüpft sind, indem die entgegengesetzte Rechenoperation angewendet wird.
  - Verknüpfung durch Addition — Umkehroperation: Subtraktion

$$I_1 + I_4 = I_2 + I_3 \quad | - I_4$$
$$I_1 + I_4 - I_4 = I_2 + I_3 - I_4 \Rightarrow I_1 = I_2 + I_3 - I_4$$

  - Verknüpfung durch Subtraktion — Umkehroperation: Addition

$$I_1 - I_2 = I_3 - I_4 \quad | + I_2$$
$$I_1 - I_2 + I_2 = I_3 - I_4 + I_2 \Rightarrow I_1 = I_3 - I_4 + I_2$$

  - Verknüpfung durch Multiplikation — Umkehroperation: Division

$$U \cdot I = P \quad | : I$$
$$\frac{U \cdot I}{I} = \frac{P}{I} \Rightarrow U = \frac{P}{I}$$

  - Verknüpfung durch Division — Umkehroperation: Multiplikation

$$\frac{U}{I} = R \quad | \cdot I$$
$$\frac{U \cdot I}{I} = R \cdot I \Rightarrow U = R \cdot I$$

- Ziehen der n-ten Wurzel auf beiden Seiten, wenn die gesuchte Größe eine n-te Potenz ist. Zuvor ist so umzuformen, dass der Potenzausdruck allein steht.

$$P = I^2 \cdot R \qquad \frac{P}{R} = \frac{I^2 \cdot R}{R} \qquad I^2 = \frac{P}{R}$$
$$\sqrt[2]{I^2} = \sqrt[2]{\frac{P}{R}} \Rightarrow I = \sqrt{\frac{P}{R}}$$

- Erheben beider Seiten in n-te Potenz, wenn die gesuchte Größe der Radikand unter einer n-ten Wurzel ist. Zuvor ist so umzuformen, dass der Wurzelausdruck allein steht.

$$\omega_0 = \frac{1}{\sqrt{L \cdot C}} \qquad \sqrt{L \cdot C} = \frac{1}{\omega_0}$$
$$\left(\sqrt{L \cdot C}\right)^2 = \left(\frac{1}{\omega_0}\right)^2$$
$$L \cdot C = \frac{1}{\omega_0^2} \Rightarrow L = \frac{1}{\omega_0^2 \cdot C}$$